2024年

执业兽医资格考试

（兽医全科类）

预防科目应试指南

《执业兽医资格考试应试指南》编写组　编

中国农业出版社

北京

目 录

第 一 篇

兽医微生物学与免疫学

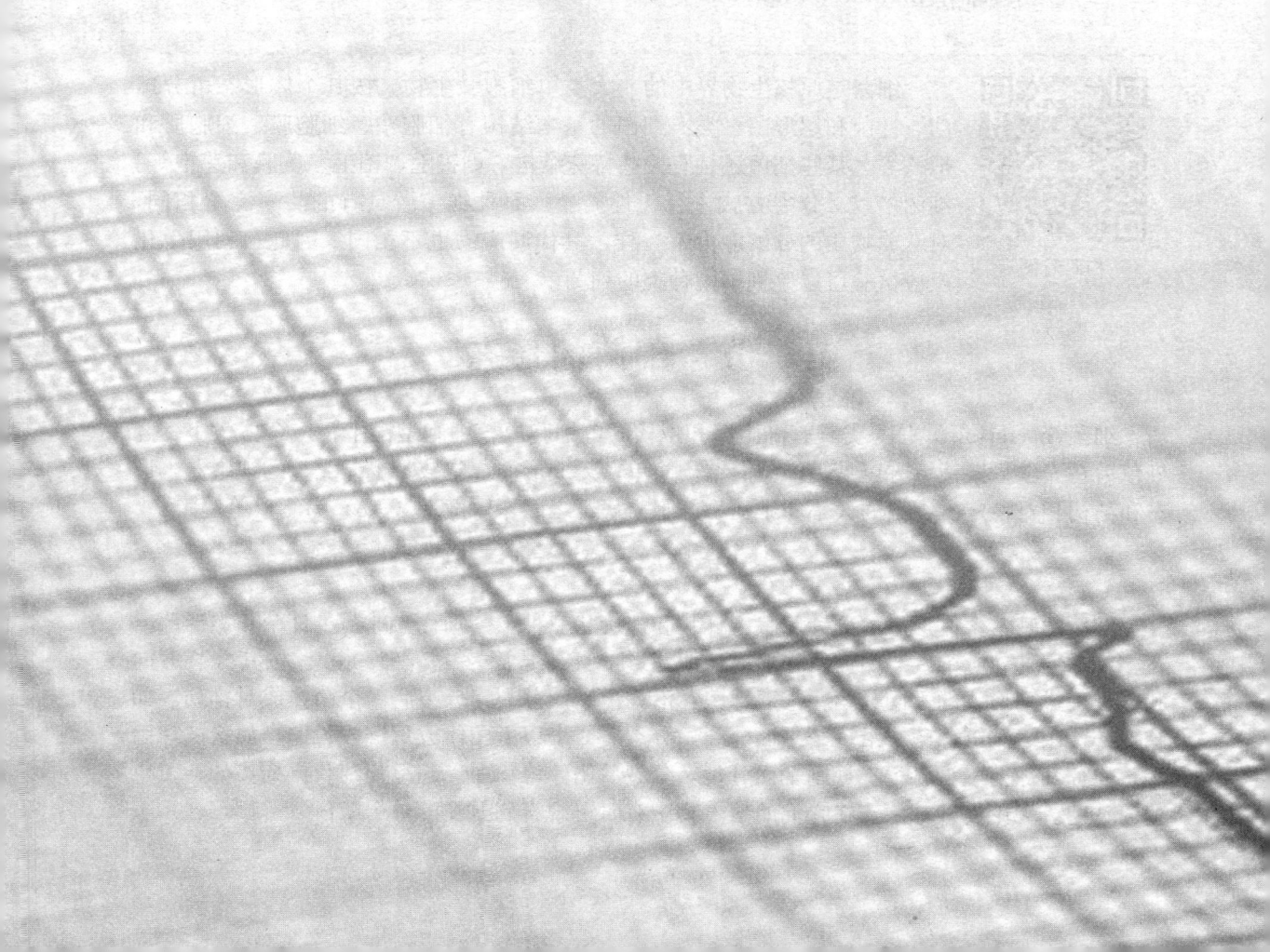

第一单元　细菌的结构与生理

扫码看图

细菌是原核生物界中的一大类单细胞微生物。按其个体形态可分球菌、杆菌和螺形菌三类。细菌的基本结构有细胞壁、细胞膜、细胞质和拟核等。某些细菌还具有一些特殊结构，如鞭毛、菌毛、荚膜和芽孢等。细菌多以二分裂方式进行无性繁殖。每种细菌所具有的酶不完全相同，对营养物质的分解能力不一样，其代谢产物也不相同。因此，利用生化反应试验可以鉴别不同种类的细菌。

第一节　细菌的形态

细菌（bacterium）是一类具有细胞壁和拟核的单细胞原核细胞型微生物，个体微小，经染色后在光学显微镜下方可见。细菌的结构简单，无成形的细胞核，也无完整的细胞器，形态和结构相对稳定。细菌的大小介于动物细胞与病毒之间，以微米（μm）为测量单位。

一、细菌的个体形态

细菌的基本个体形态可分为球状、杆状和螺旋状三种，分别称为球菌、杆菌和螺形菌。

1. 球菌（coccus）　菌体呈球形或近似球形，直径通常为 $0.5\sim2.0\mu m$。按其分裂方向和分裂后排列形式的不同分为：①双球菌，沿一个平面分裂，分裂后两个菌体成对排列，如肺炎链球菌。②链球菌，沿一个平面分裂，分裂后 3 个以上菌体成短链或长链，如猪链球菌等。③葡萄球菌，沿多个不规则平面分裂，分裂后菌体堆积在一起呈葡萄状排列，如金黄色葡萄球菌。无论何种球菌，在它们的培养物中有时可观察到散在的单个菌体。

2. 杆菌 （bacillus） 菌体形态多样，多数呈直杆状，也有的菌体稍弯，两端大多呈钝圆形，其大小用长和宽表示，中等大小的杆菌长 $2.0 \sim 3.0 \mu m$、宽 $0.5 \sim 1.0 \mu m$。有的杆菌末端膨大呈棒状，称棒状杆菌，如化脓棒状杆菌；有的菌体短小，近似椭圆形，称为球杆菌，如多杀性巴氏杆菌；少数菌体两端平齐，如炭疽芽孢杆菌。

3. 螺形菌 （spiral bacterium） 菌体呈弯曲或螺旋状，分为弧菌和螺菌两种。弧菌的菌体短小，长 $2.0 \sim 3.0 \mu m$，只有一个弯曲，呈弧形或逗点状，如霍乱弧菌。螺菌菌体较长，为 $3.0 \sim 6.0 \mu m$，有数个弯曲，如鼠咬热螺菌。也有的菌体细长弯曲呈弧形或螺旋形，称为螺杆菌，如幽门螺杆菌。

细菌的形态易受环境因素（如培养温度、培养基成分、pH 等）的影响，在适宜条件下培养 $8 \sim 18h$ 的形态较为典型。幼龄或衰老的细菌，或在机体感染部位受到药物等因素作用后，常呈多形性。因此，在实验室鉴定细菌时应予甄别。

二、细菌的群体形态

细菌在人工培养基中以菌落形态出现。在适宜的固体培养基中，适宜条件下经过一定时间（一般 $18 \sim 24h$）培养，细菌在培养基表面或内部分裂增殖为大量菌体细胞，形成肉眼可见的、有一定形态的独立群体，称为**菌落**（colony），又称克隆（clone）。若菌落连成一片，称**菌苔**（lawn）。不同种细菌的菌落在大小、色泽、表面性状、边缘结构等方面各具特征，由此可以初步判断细菌的种类。例如，金黄色葡萄球菌在普通营养琼脂上的菌落为圆形、边缘整齐、呈黄色，菌落直径 $1 \sim 2mm$；炭疽芽孢杆菌的菌落大而扁平，形状不规则，边缘呈卷发状。将细菌样本在固体培养基上划线接种，经适当时间培养后获得单个菌落，是细菌纯化、传代和鉴定的重要步骤之一。

第二节 细菌的基本结构

基本结构是所有细菌都具有的细胞结构，包括细胞壁、细胞膜、细胞质和拟核等（图 1-1*）。

一、细 胞 壁

细胞壁 （cell wall） 是细菌的最外层结构，紧贴于细胞膜之外，坚韧而有弹性，平均厚度 $15 \sim 30nm$，占菌体干重的 $10\% \sim 25\%$。经高渗溶液处理使其与细胞膜分离后，再经特殊染色才可在光学显微镜下观察，或用电子显微镜直接观察。细菌细胞壁的化学组成比较复杂，用革兰氏染色法可将细菌分为革兰氏阳性菌和革兰氏阴性菌两大类，其细胞壁构成有较大差异（图 1-2）。

(一) 革兰氏阳性菌细胞壁

细胞壁较厚（$20 \sim 80nm$），由肽聚糖和穿插于其内的磷壁酸组成。肽聚糖为原核生物细胞所特有，又称黏肽，是构成细菌细胞壁的共有成分。革兰氏阳性菌细胞壁可聚合多层（$15 \sim 50$ 层）肽聚糖，其含量占细胞壁干重的 $50\% \sim 80\%$。

---

　　* 本篇图片请扫描第 2 页"扫码看图"二维码。

肽聚糖由聚糖骨架、四肽侧链和五肽交联桥三部分组成：①聚糖骨架是由 N-乙酰葡萄糖胺和 N-乙酰胞壁酸两种单糖交替排列，经 β-1,4 糖苷键连接成聚多糖。②四肽侧链是由 4～5 个氨基酸组成的侧链，连接在聚糖骨架的胞壁酸分子上，四肽侧链之间由交联桥连接。侧链上氨基酸的数量、种类和连接方式，随细菌种类不同而异。③五肽交联桥是由 5 个甘氨酸组成的桥链，将两个相邻的四肽侧链连接在一起，一端与四肽侧链的第三位氨基酸相连，另一端与另一侧链的第四位氨基酸相连，使三者构成坚韧牢固的三维立体框架结构。

磷壁酸是革兰氏阳性菌细胞壁的特有成分，依据其结合部位的不同可分为壁磷壁酸和膜磷壁酸，前者以共价键结合于聚糖骨架的胞壁酸上，从肽聚糖内穿出于细胞壁外；后者又称脂磷壁酸，其一端以共价键结合于胞质膜外层的糖脂上，另一端贯穿肽聚糖层而游离于细胞壁表面。磷壁酸的抗原性较强，可介导细菌对宿主细胞的黏附，或为噬菌体提供特异的受体。

此外，某些革兰氏阳性菌细胞壁表面尚有一些特殊的蛋白质，如金黄色葡萄球菌的 A 蛋白、A 群链球菌的 M 蛋白等。

（二）革兰氏阴性菌细胞壁

细胞壁较薄（10～15nm），结构较革兰氏阳性菌更为复杂，除含有肽聚糖层外，还有外膜和周质间隙，约占细胞壁干重的 80%。革兰氏阴性菌细胞壁所含肽聚糖较少，仅 1～3 层，占细胞壁干重的 5%～10%，无五肽交联桥结构，属于疏松薄弱的二维结构。

外膜由外膜蛋白、脂质双层和脂多糖三部分组成：①外膜蛋白，是外膜中镶嵌的多种蛋白质的统称，主要包括脂蛋白和微孔蛋白。脂蛋白位于肽聚糖与外膜之间，其蛋白部分结合于肽聚糖的四肽侧链上，脂质部分插入外膜，牢固地连接着肽聚糖层与外膜。微孔蛋白一般由 3 个相同分子质量的亚单位组成，形成跨越外膜的孔道，起到分子筛的作用，仅允许小分子质量的物质（如无机盐类、双糖、氨基酸、二肽或三肽等）通过，大分子物质不能通过。一些细菌的外膜蛋白作为噬菌体、性菌毛或细菌素的受体。②脂质双层，结构类似细胞膜，能阻止大分子物质进入菌体，其内镶嵌着多种外膜蛋白。③脂多糖，由类脂 A、核心多糖和特异性多糖组成。类脂 A 是一种结合有多种长链脂肪酸的氨基葡萄糖聚二糖链，在各种革兰氏阴性菌中的结构相似，是内毒素的主要毒性成分，具有多种生物学效应，能导致动物体发热、白细胞增多，甚至引起休克、死亡。核心多糖位于类脂 A 的外侧，由葡萄糖、乳糖等组成，具有细菌属的特异性，如沙门氏菌属不同种细菌的核心多糖都相似。特异性多糖是脂多糖的最外层，具有种、型特异性，由 3～5 个低聚糖单元重复构成的多糖链构成菌体抗原（即 O 抗原）。脂多糖能够吸附 Mg^{2+}、Ca^{2+} 等阳离子，也是一些噬菌体在细菌表面的特异性吸附受体。

革兰氏阴性菌外膜与细胞膜之间有 2～3nm 厚的空隙，占细胞体积的 20%～40%，称周浆间隙。该间隙含有多种蛋白酶、核酸酶以及特殊结合蛋白等，在细菌获得营养、解除有害物质毒性等方面起重要作用。

由于革兰氏阴性菌与革兰氏阳性菌细胞壁结构显著不同，因而它们在染色特性、抗原性、致病性及对药物的敏感性方面差异很大，前者革兰氏染色为红色，而后者为紫色。革兰氏阳性菌对溶菌酶和青霉素敏感，溶菌酶能破坏细胞壁肽聚糖中 N-乙酰胞壁酸与 N-乙酰葡萄糖胺之间的 β-1,4 糖苷键，而青霉素能抑制细胞壁合成过程中五肽桥与四肽侧链末端的 D-丙氨酸之间的连接，从而破坏肽聚糖骨架、干扰细胞壁合成，导致细胞死亡。革兰氏阴性菌细胞壁中肽聚糖含量较少，又有外膜的保护，所以对溶菌酶和青霉素不敏感。

（三）细胞壁的主要功能

（1）维持菌体的固有形态，保护细菌抵抗低渗环境。细菌细胞内含有高浓度的无机盐和大分子营养物质，渗透压可达 25 个大气压，高出胞外数百倍，细胞壁的存在避免了细菌在此环境条件下的破裂和变形。

（2）与细胞内、外物质交换有关，细胞壁有许多微孔，可使水和小分子物质自由通过，并阻留大分子物质，它与细胞膜共同完成细胞内、外物质交换。

（3）细胞壁为表面结构，携带多种决定细菌抗原性的抗原决定簇。

（4）与细菌的致病性有关。革兰氏阴性菌细胞壁上的脂多糖具有内毒素作用，革兰氏阳性菌的磷壁酸、A 群链球菌的 M 蛋白介导细菌对宿主细胞的黏附。

当细菌受到某些理化因素或药物作用时，其细胞壁可被直接破坏或合成受到扣制，这种细胞壁缺陷型的细菌仍能够生长、繁殖和分裂，称为 L 型细菌。这种缺乏完整细胞壁的 L 型细菌不能维持其固有形态，呈多形性，染色不易着色，但仍有一定致病力；在普通培养基中不能耐受菌体内的高渗透压而胀裂死亡，但在高渗低琼脂含血清的培养基中能缓慢生长。

二、细 胞 膜

细胞膜（cell membrane）位于细胞壁内侧，紧密包绕着细胞质，是一层富有弹性及半渗透性的生物膜，厚 5～10nm，约占细菌干重的 10%。其结构与真核生物细胞膜基本相同，为脂质双层并镶嵌有特殊功能的载体蛋白和酶类，但不含胆固醇。

细胞膜的主要功能：①具有选择通透性，与细胞壁共同完成菌体内、外的物质交换。②分泌胞外酶，解除环境中不利因素的毒性。③有多种呼吸酶类，如细胞色素酶和脱氢酶，可以转运电子，完成氧化磷酸化，参与细胞呼吸过程，与细菌的能量产生、利用和贮存有关。④有多种合成酶类，是细菌细胞生物合成的场所，菌体的多种成分（如肽聚糖、磷壁酸、脂多糖等）均可由细胞膜合成。

三、细 胞 质

细胞质（cytoplasm）指细胞膜所包围的、除核体以外的所有物质，其基本成分是水、蛋白质、脂类、核酸及少量的无机盐等，还含有一些有形成分如核糖体、质粒等亚显微结构。细胞质内含有多种酶系统，是细菌新陈代谢的主要场所。

1. 核糖体（ribosome） 是游离于细胞质中的微小颗粒，由 RNA 和蛋白质组成，其数目随生长阶段不同而异，生长旺盛时最多，数量可达数万个。沉降系数为 70S，它由 50S 和 30S 两个亚基组成，链霉素、红霉素能分别与 30S 和 50S 亚基结合，以此干扰菌体蛋白的合成而呈现抗菌作用。当 mRNA 与核糖体结合并将核糖体串成多聚核糖体时，就成为蛋白质合成的场所。

2. 质粒（plasmid） 是细菌染色体外的遗传物质，为闭合环状双股 DNA 分子，编码细菌生命活动非必需的基因，赋予其某些特定的遗传性状。医学上重要的质粒有 F 质粒、R 质粒和毒力质粒等，分别决定细菌的致育性、耐药性及致病性等。质粒能够自我复制，传给子代，也可自然丢失，或从一个细菌转移至另一细菌。主要用于克隆或亚克隆；或利用特定的、经过改造的质粒表达外源目的基因，如具有生物活性的蛋白（如酶类），或具有良好抗原性的蛋白作为亚单位疫苗。

四、拟　核

拟核（nucleoid）是细菌的染色体，由裸露的双链 DNA 堆积而成，无核膜和核仁，有少量的 RNA 多聚酶和组蛋白样蛋白，旧称核体（nuclear body）。拟核在细胞质中心或边缘区，呈球形、哑铃状或带状等形态。拟核具有细胞核的功能，是细菌遗传变异的物质基础，仅在复制的短时间内为双倍体。

第三节　细菌的特殊结构

某些细菌在一定条件下可形成一些特殊结构，如鞭毛、菌毛、荚膜和芽孢等。

一、荚　膜

荚膜（capsule）是某些细菌在细胞壁外包绕的一层边界清楚且较厚的黏液样物质。荚膜的化学成分随种而异，大多数细菌的荚膜为多糖，炭疽芽孢杆菌、鼠疫耶尔森菌等少数细菌的荚膜为多肽，还有一些细菌的荚膜为透明质酸。荚膜无折光性，普通染色时呈负染，光镜下仅见菌体周围有一层无色透明圈。用特殊染色法可将荚膜染成与菌体不同的颜色而易于观察。荚膜的形成与细菌所处的环境有关，一般在机体内或营养丰富的培养基中容易形成，而在环境不良或普通培养基上则易消失。荚膜的主要功能：①保护细菌抵御吞噬细胞的吞噬，增加细菌的侵袭力，是构成细菌致病性的重要因素。②荚膜成分具有特异的抗原性，可作为细菌鉴别及细菌分型的依据。③参与形成生物被膜。

二、鞭　毛

鞭毛（flagellum）是某些细菌表面附着的细长呈波浪状弯曲的丝状物，其数目从一到数十根不等，直径 $5\sim20nm$，长度可达 $5\sim20\mu m$。鞭毛的成分是蛋白质，由鞭毛蛋白亚单位组成，与动物的肌动蛋白相似，具有收缩性。根据鞭毛的数目、位置等可将有鞭毛的细菌分为单毛菌、双毛菌、丛毛菌和周毛菌四种，经特殊染色后在普通显微镜下可见。鞭毛的主要功能：①菌体运动，有鞭毛的细菌不仅能做位移运动，而且也可用培养法检查有鞭毛细菌在平板表面及在半固体中生长的动力，作为细菌鉴别的依据之一。如伤寒沙门氏菌与志贺菌形态相似，但前者有鞭毛能运动，后者无鞭毛不能运动，借此可区别这两种菌。②鞭毛具有特异的抗原性，通常称为 H 抗原，对细菌的鉴别、分型有一定意义。③有些细菌（如霍乱弧菌、空肠弯曲菌等）的鞭毛与细菌的黏附有关，能增强细菌对宿主的致病性。

三、菌　毛

菌毛（pilus）是大多数革兰氏阴性菌和少数革兰氏阳性菌菌体表面遍布、比鞭毛细而短的丝状物，直径 $5\sim10nm$，长度 $0.5\sim1.5\mu m$，只有在电子显微镜下才能观察到。其化学成分为蛋白质，称菌毛素。菌毛与细菌的运动无关，但具有良好的抗原性，按其形态、分布和功能可分为普通菌毛和性菌毛两种。菌毛分为六个型，分别用阿拉伯或大写罗马数字表示，其中 2 型（F2）为性菌毛，其余均为普通菌毛（F1，F3～F6）。

1. 普通菌毛　遍布于菌体表面，可达数百根之多。普通菌毛是一种黏附结构，细菌借此黏附于呼吸道、消化道和泌尿生殖道的黏膜上皮细胞上，进而侵入细胞，因此与细菌的致病性有关。无菌毛的细菌则易被黏膜上皮细胞纤毛的摆动、肠蠕动或尿液冲洗而排出。

2. 性菌毛　由质粒携带的致育因子（F 因子）编码，故又称 F 菌毛。性菌毛比普通菌毛长而粗，每个菌体仅有 1~4 根，为中空管状，与细菌的接合和 F 质粒的转移有关。

四、芽　孢

芽孢（spore）是某些细菌在一定条件下胞质脱水浓缩形成的具有多层膜包裹、通透性低的圆形或椭圆形休眠体。芽孢带有完整的核质与酶系统，保持着细菌的全部代谢活动，但芽孢代谢相对静止，不能分裂繁殖，当条件适宜时又可发芽而形成新的菌体。因此，芽孢的形成不是细菌的繁殖方式，而是细菌的休眠状态，是细菌抵抗不良环境的特殊存活形式。芽孢壁厚、不易着色，普通染色法光镜下可见菌体内有无色透明的芽孢体，经特殊的芽孢染色可被染成与菌体不同的颜色而易于观察。芽孢形成的意义：①芽孢对热、干燥、化学消毒剂和辐射等有较强的抵抗力，在自然界中分布广泛并可存活数年甚至数十年。芽孢可耐受 100℃数小时，杀灭芽孢的可靠方法是 160℃ 干热灭菌或高压蒸汽灭菌。器械、敷料、培养基等进行灭菌或环境消毒时，常以杀灭细菌芽孢作为灭菌或消毒是否彻底的标准。②环境中的芽孢一旦进入机体后又可发芽而形成新的繁殖体，故应防止芽孢污染周围环境，威胁动物和人的健康。③芽孢的大小、形态和在菌体中的位置随菌种而异，有助于细菌的鉴别。如炭疽杆菌的芽孢为卵圆形，位于菌体中央；破伤风梭菌的芽孢为圆形，比菌体大，位于菌体末端。

第四节　细菌的染色方法

细菌个体微小，肉眼不可见，需借助普通光学显微镜或电子显微镜放大后才能观察到其形态和结构。也可用暗视野显微镜、相差显微镜和荧光显微镜等进行观察。使用暗视野显微镜观察时，可在黑暗的背景中看到发亮的菌体，明暗反差可以提高观察效果，多用于不易染色的微生物（如螺旋体等）的形态和运动观察。在细菌学检验中最常用的是明视野显微镜，但由于细菌为无色半透明的生物，且具有一些特殊的结构，需要经过染色才能在明视野显微镜下清楚地观察细菌的形态和结构。

细菌的等电点较低（pI 2~5），在近中性环境中多带负电荷，易与带正电荷的碱性染料结合，故多选用碱性染料，如美蓝、碱性复红、甲紫等。细菌的染色方法有多种，可分为单染法和复染法两大类。单染法是仅用一种染料进行染色，如美蓝染色法。该法简易方便，多用于观察细菌的形态、大小与排列，但不能显示细菌的结构与染色特性。复染法是用两种或两种以上的染料进行染色，可将细菌染成不同颜色，除可观察细菌的大小、形态外，还能鉴别细菌的不同染色特性，故又称鉴别染色法，常用的有革兰氏染色、瑞氏染色、抗酸染色和特殊染色（如芽孢染色、异染颗粒染色）等。

一、革兰氏染色法

不同的革兰氏染色特性说明细菌属性不同，可用于细菌的初步鉴别，即细菌可按这种染色方法分为革兰氏阴性菌和革兰氏阳性菌两大类。其方法是：将样本固定后先用草酸铵结晶紫染色 1min，水洗后加碘液染 1min，然后用 95％乙醇脱色 30s，最后用稀释的石炭酸复红或沙黄复染 1min 后水洗。干后镜检，被染成紫色的为革兰氏阳性菌，被乙醇脱色后复染成红色的为革兰氏阴性菌。

革兰氏染色法与细菌细胞壁结构密切相关，经结晶紫初染和碘液媒染后，所有细菌都染上不溶于水的结晶紫与碘的复合物而呈现深紫色。但革兰氏阴性菌肽聚糖少，交联疏松，且细胞壁脂质含量高，易被乙醇溶解，使胞壁通透性增高，结合的染料复合物容易溶解洗脱，最后被红色的染料复染。革兰氏阳性菌等电点低于革兰氏阴性菌，在同等条件下结合带正电荷的碱性染料多；革兰氏阳性菌细胞壁脂质含量低，肽聚糖层厚，立体网格状结构紧密，染料复合物不易从菌体细胞内溶出。

革兰氏染色法的临床意义在于：①鉴别细菌，革兰氏染色可将细菌分为革兰氏阳性菌和革兰氏阴性菌两大类。②与致病性有关，大多数革兰氏阳性菌以外毒素为主要致病物质，而革兰氏阴性菌主要以内毒素致病，二者临床表现和致病机制各不相同。③选择抗菌药物，大多数革兰氏阳性菌对青霉素、头孢菌素、龙胆紫等敏感，大多革兰氏阴性菌对氨基糖苷类抗生素敏感。

二、瑞氏染色法

瑞氏染料是碱性美蓝与酸性伊红钠盐混合而成的染料，当溶于甲醇后即发生分离，分解成酸性和碱性两种染料。由于细菌带负电荷，与带正电荷的碱性染料结合而呈蓝色。组织细胞的细胞核含有大量的核糖核酸镁盐，也与碱性染料结合染成蓝色；而背景和细胞质一般为中性，易与酸性染料结合染成红色。其方法是：抹片自然干燥后，滴加瑞氏染色液，经 1～3min，再加约与染液等量的中性蒸馏水或缓冲液，轻轻晃动玻片，使之与染液混合，经 3～5min 后直接用水冲洗，吸干后镜检。细菌染成蓝色，组织细胞的胞质呈红色，细胞核呈蓝色。

三、特殊染色法

主要是针对细菌的特殊结构（如鞭毛、荚膜、芽孢等）和某些特殊细菌的染色技术。

（一）抗酸染色法

细胞壁含有丰富蜡质的抗酸杆菌类细菌（如结核分枝杆菌）一般不易着色，需用浓染液加温或延长时间才能着色，但一旦着色后即使用强酸、强碱或酸性酒精也不能使其脱色。其方法是在已干燥、固定好的抹片上滴加较多的石炭酸复红染色液，在玻片下以酒精灯火焰微微加热至产生蒸汽为度（不要煮沸），经 3～5min 后水洗；然后用 3% 盐酸酒精脱色，至样本无色脱出为止；充分水洗后再用碱性美蓝染色液复染约 1min，水洗。吸干后镜检。抗酸性细菌呈红色，非抗酸性细菌呈蓝色。

（二）芽孢、荚膜和鞭毛染色法

1. 芽孢染色法　根据细菌的菌体和芽孢对染料亲和力不同的原理，用不同染料进行染色，使芽孢和菌体呈不同颜色而便于区别。芽孢壁厚、透性低，着色、脱色均较困难，当用弱碱性染料孔雀绿在加热的情况下进行染色时，染料可以进入菌体及芽孢使其着色，而进入芽孢的染料则难以透出。若再用番红液复染，则菌体呈红色而芽孢呈绿色。

2. 荚膜染色法　通常采用负染法，即将菌体染色后，再使背景着色（常用美蓝），从而把荚膜衬托出来。有荚膜的细菌菌体为蓝色，荚膜不着色（菌体周围呈现一透明圈），背景呈蓝紫色；无荚膜的细菌菌本为蓝色，背景呈蓝紫色。

3. 鞭毛染色法 在染色的同时将染料堆积在鞭毛上使其加粗的方法：在风干的载玻片上滴加以丹宁酸和氯化高铁为主要成分的甲液，4～6min 后用蒸馏水轻轻冲净；再加以硝酸银为主要成分的乙液，缓缓加热至冒气，维持约 30s；在菌体多的部位可呈深褐色到黑色，用水冲净，干后镜检。菌体及鞭毛为深褐色到黑色。

第五节 细菌的生长繁殖

细菌是一类能独立进行生命活动的单细胞微生物，其生长繁殖涉及复杂的新陈代谢过程。细菌的生长繁殖与环境条件密切相关，条件适宜时生长繁殖及代谢旺盛；反之，则易受到抑制或死亡。了解细菌生长繁殖的条件和规律，对实验室检测和临床实践有重要指导意义。

一、细菌生长繁殖的基本条件

1. 营养物质 营养物质是构成菌体成分的原料，也是细菌生命活动所需能量的来源。细菌生长所需的营养物质与菌体细胞的化学组成密切相关，其化学组成包括水、无机盐、蛋白质、糖类、脂类和核酸等。水占菌体重量的 80%，固体成分仅占 15%～20%。细菌生长繁殖所需的营养物质主要有：①水分，细菌对物质的吸收、渗透、分泌、排泄及代谢过程的生化反应均必须在水中进行。②碳源，各种含碳的无机、有机化合物，如 CO_2、碳酸盐、糖、脂肪等都能被细菌吸收利用，作为合成菌体的必需原料，同时也作为细菌代谢的主要能量来源。③氮源，细菌对氮源（如蛋白胨、氨基酸等）的需要仅次于碳源，其主要功能是作为菌体成分的原料。④无机盐，细菌需要钾、钠、镁、磷、铁、硫、氯等无机盐，除构成菌体成分外，其主要作用是调节菌体的渗透压和酸碱平衡，以及激活酶的活性。⑤生长因子，是某些细菌生长繁殖所必需而又不能自身合成的有机化合物，主要是 B 族维生素、某些特定的氨基酸、嘌呤、嘧啶等。

2. pH 大多数细菌最适 pH 为 7.2～7.6，个别细菌如霍乱弧菌在 pH 8.4～9.2 的碱性条件下生长最好，而结核分枝杆菌则在 pH 6.0～6.5 的弱酸性条件下生长最适宜。细菌代谢过程中分解糖类产酸，pH 下降，不利于细菌生长。

3. 温度 各类细菌对温度的要求不同，根据其对温度的适应范围，可将细菌分为三类：嗜冷菌，生长范围-5～30℃，最适生长温度 10～20℃；嗜温菌，生长范围 10～45℃，最适生长温度 20～40℃；嗜热菌，生长范围 25～95℃，最适生长温度 50～60℃。大多数病原菌的最适生长温度为 37℃，个别细菌（如鼠疫耶尔森菌）在 28～30℃ 的条件下生长最好。

4. 气体 细菌生长繁殖需要的气体主要是氧和二氧化碳。根据细菌代谢时对分子氧的需要与否，分为四种类型：①专性需氧菌：必须在有氧条件下才能生长繁殖的细菌，如结核分枝杆菌、铜绿假单胞菌等。②微需氧菌：在低氧压（5%～6%）的环境中生长最好，氧压＞10%对其生长有抑制作用，如空肠弯曲菌。③专性厌氧菌：必须在无氧条件下才能生长繁殖的细菌，如破伤风芽孢梭菌。④兼性厌氧菌：在有氧或无氧条件下均能生长繁殖，但在有氧时生长较好，大多数病原菌属此类，如葡萄球菌、伤寒沙门菌等。

5. 渗透压 一般培养基的渗透压和盐浓度对大多数细菌是安全的，少数细菌（如嗜盐菌）在较高浓度（3%）的 NaCl 环境中生长良好。

二、细菌个体的生长繁殖

细菌个体多以二分裂方式进行无性繁殖，当细菌生长到一定时间，即在细胞中间逐渐形成横隔，将一个细胞分裂成两个等大的子细胞。球菌一般沿不同平面进行分裂，杆菌则沿横轴分裂。一个菌体分裂为两个菌体所需的时间称为世代时间。细菌繁殖速度与其所处的环境条件有关，适宜条件下多数细菌繁殖速度很快，一般细菌（如大肠杆菌）繁殖一代只需20～30min；个别细菌分裂较慢，如结核分枝杆菌繁殖一代需18～20h。

单个细菌在固体培养基上分裂繁殖后可以形成肉眼可见的细菌集落，称为菌落。将临床样本或食品样本进行一定的稀释后在固体培养基上培养，根据形成的菌落数进行细菌计数，用菌落形成单位（colony-forming unit，CFU）表示。

三、细菌群体的生长繁殖

细菌繁殖极快，但由于生长环境中营养物质不断消耗、毒性代谢产物不断积聚以及环境pH的改变，细菌不可能无限增殖，而是呈现一定的规律。如将一定数量的细菌接种于适宜的液体培养基后，连续定时取样检查活菌数，以培养时间为横坐标，培养物中活菌数的对数为纵坐标，可绘制出一条反映细菌增殖规律的曲线，称为生长曲线。生长曲线分为四个时期：①迟缓期，为细菌进入新环境的适应阶段，主要是合成和积累生长繁殖所需的各种酶系统，一般为最初培养的1～4h。此期菌体增大，代谢活跃，但分裂迟缓，细菌数并不显著增加。②对数期，又称指数期，细菌经过迟缓期的适应后，以恒定的速度分裂增殖，活菌数目呈对数直线上升。此期细菌的大小、形态、染色性、生物活性等都较典型，对外界环境因素（如抗生素等）的作用也较敏感；对数期可持续数小时至数天不等，如大肠杆菌的对数期可持续6～10h。③稳定期，由于细菌经过对数期生长后培养基中营养物质的消耗、毒性代谢产物的蓄积以及pH下降等，使细菌繁殖速度渐趋减慢，死亡菌数逐渐增加，新繁殖的活菌数与死菌数大致平衡。此期细菌的形态、染色和生理特性常有改变，如革兰氏阳性菌可能被染成阴性菌。一些细菌的芽孢、外毒素和抗生素等代谢产物大多在此期产生。④衰亡期，细菌的繁殖速度减慢或停止，死菌数超过活菌数，生理代谢活动也趋于停滞。此期菌体形态改变显著，出现多形态的衰退型，甚至菌体自溶。

也有用微量分光光度法（96孔板）检测细菌的生长，即根据细菌生长过程中的浊度变化反映其在特定培养基中的生长状况，以培养时间为横坐标，浊度值为纵坐标绘制生长曲线，显示的生长特征包括迟缓期、对数期和稳定期。由于衰亡期的培养物（菌体自溶除外）浊度基本不发生变化，因此该法不能反映这个时期实际的细菌数。但因为方法简便，并可以用96孔板（甚至384孔板）在全自动分光光度仪中进行在线培养和检测，适用于同一种细菌不同分离株对同一种抗菌药物敏感性（耐药性）的比较，或同一种细菌对不同抗菌药物敏感性（耐药性）分析。

第六节 细菌的代谢

细菌的代谢是细菌生命活动的中心环节，包括合成代谢和分解代谢，这些代谢反应都是在一系列酶的催化下完成。

一、细菌的基本代谢过程

细菌的代谢有两个突出的特点：①代谢活跃，细菌菌体微小，相对表面积很大，因此物质交换频繁、迅速，呈现十分活跃的代谢过程。②代谢类型多样化，各种细菌其营养要求、能量来源、酶系统、代谢产物各不相同，形成多种多样的代谢类型，以适应复杂的外界环境。细菌的代谢过程以胞外酶水解外环境中的大分子营养物质开始，产生小分子物质如单糖、短肽、脂肪酸等，经主动或被动转运机制进入细胞内后合成新的糖类、蛋白质、脂类和核酸。细菌的合成代谢与真核细菌类似，但其分解代谢因细菌酶系统的不同而呈现较大差异。分解代谢可伴有 ATP 及其他形式能量的产生。

细菌细胞对营养物质的吸收、鞭毛菌的运动等所消耗的能量要由 ATP 供给，蛋白质、核酸、类脂和多糖等组成菌体细胞的物质合成需要 ATP。因此，能量代谢是细菌代谢活动的核心。细菌代谢所需的能量绝大部分是通过生物氧化作用而获得，生物氧化是在酶的作用下细胞内所发生的系列氧化还原反应。细菌生物氧化的类型分为呼吸与发酵，以有机物为受氢体的称为发酵，以无机物为受氢体的称为呼吸；其中以分子氧为受氢体的是有氧呼吸，以无机物（硝酸盐、硫酸盐等）为受氢体的是厌氧呼吸。细菌获得能量的基质主要是糖类，通过糖的氧化或酵解释放能量，并以高能磷酸键的形式（ADP、ATP）储存能量。

二、细菌的合成代谢产物及其作用

细菌在合成代谢中除合成菌体自身成分外，还合成一些在兽医学上具有重要意义的代谢产物。

1. 热原质（又称致热源） 是大多数革兰氏阴性菌和少数革兰氏阳性菌合成的多糖，微量注入动物体内即可引起发热反应的物质。革兰氏阴性菌的热原质就是细胞壁中的脂多糖，革兰氏阳性菌的热原质是多糖。热原质耐热，高压蒸汽灭菌 20min 不会被破坏。因此，在制备和使用生物制品、注射液、抗生素等过程中应严格无菌操作，防止细菌污染，保证无热原质存在。

2. 毒素 是病原菌在代谢过程中合成的对机体有毒害作用的物质，包括外毒素和内毒素。内毒素是革兰氏阴性菌细胞壁中的脂多糖，菌体死亡或裂解后才能释放出来。外毒素是由革兰氏阳性菌和少数革兰氏阴性菌产生的一类蛋白质，在代谢过程中分泌到菌体外，毒性极强。

3. 侵袭性酶类 有些细菌能合成一些胞外酶，如透明质酸酶、卵磷脂酶、链激酶等，促使细菌扩散，增强病原菌的侵袭力。

4. 色素 某些细菌在代谢过程中能产生不同颜色的色素，对细菌的鉴别有一定意义。分为水溶性和脂溶性两种，前者能扩散至培养基等周围环境中，如铜绿假单胞菌产生的水溶性绿色色素，使伤口脓汁呈绿色；后者只存在于菌体，不扩散至含水的培养基等周围环境中，如金黄色葡萄球菌合成的脂溶性金黄色色素。

5. 细菌素 某些细菌产生的仅对近缘菌株有抗菌作用的蛋白质或蛋白质与脂多糖的复合物。其种类繁多，常以产生的菌种命名，如葡萄球菌素、绿脓菌素、弧菌素等。乳酸链球菌产生的 Nisin 也属于细菌素，目前被认为是食品级的抑菌剂，对多种革兰氏阳性菌有良好的抑制作用，也有学者将其试用于奶牛乳腺炎的非抗生素治疗。

6. 抗生素　某些微生物在代谢过程中产生的一种能抑制和杀灭其他微生物或肿瘤细胞的物质。多由放线菌和真菌产生，少数由细菌产生。

7. 维生素　某些细菌能合成自身所需的维生素，并能分泌至菌体外，供动物体吸收利用。如大肠杆菌在肠道内能合成 B 族维生素和维生素 K。

三、细菌的分解代谢与生化反应

各种细菌所具有的酶不完全相同，对营养物质的分解能力不一致，因而其代谢产物也不相同。据此特点，利用生物化学方法可以鉴别不同种细菌，即生化反应试验。

1. 氧化发酵试验　不同细菌分解糖类的能力及代谢产物不同，有氧条件下的分解称为氧化，无氧条件下的分解称为发酵。有些细菌能分解糖类产酸并产气，有的则不能。如大肠杆菌可分解葡萄糖和乳糖，产酸产气；而伤寒沙门氏菌仅分解葡萄糖产酸不产气。

2. 氧化酶试验　氧化酶又名细胞色素氧化酶，该酶在细胞色素 C 存在时可氧化对二苯二胺，出现紫色反应。如假单胞菌、气单胞菌氧化酶阳性，而肠杆菌科细菌则为阴性。

3. 过氧化氢酶试验　具有过氧化氢酶的细菌能催化过氧化氢生成水和新生态氧，继而形成分子氧出现气泡。革兰氏阳性球菌中，葡萄球菌和微球菌均产生过氧化氢酶，而链球菌属为阴性，故此试验常用于革兰氏阳性球菌的初步分群；乳杆菌及许多厌氧菌为阴性。

4. VP 试验　大肠杆菌和产气杆菌均能分解葡萄糖，产酸产气，两者不能区别。但产气杆菌可使丙酮酸脱羧、氧化产生二乙酰，二乙酰可与含胍基化合物反应生成红色化合物，为VP 试验阳性，而大肠杆菌则 VP 试验阴性。

5. 甲基红试验　产气杆菌分解葡萄糖产生丙酮酸，后者经脱羧后产生中性的乙酰甲基甲醇，培养液 pH＞5.4，加入甲基红指示剂后呈橘黄色，为甲基红试验阴性。大肠杆菌分解葡萄糖产生的丙酮酸不进一步转化为乙酰甲基甲醇，培养液 pH≤4.5，甲基红指示剂呈红色，则为甲基红试验阳性。

6. 枸橼酸盐利用试验　某些细菌（如产气肠杆菌）利用铵盐及枸橼酸盐作为唯一氮源和碳源时，可在枸橼酸盐培养基上生长，分解铵盐及枸橼酸盐，培养基变为碱性，使指示剂溴麝香草酚蓝由淡绿色转为深蓝色，此为枸橼酸盐利用试验阳性。大肠杆菌不能利用枸橼酸盐为唯一碳源，故在该培养基上不能生长，为枸橼酸盐试验阴性。

7. 吲哚试验　某些细菌（如大肠杆菌、变形杆菌等）含有色氨酸酶，能分解培养基中的色氨酸生成吲哚；当培养基中滴加靛基质试剂（对二甲基氨基苯甲醛）时，可在接触界面上生成玫瑰吲哚而呈红色，为吲哚试验阳性。

8. 硫化氢试验　某些细菌（如变形杆菌等）能分解培养基中含硫氨基酸（如胱氨酸、蛋氨酸等）生成硫化氢，硫化氢遇铅或铁离子产生黑色的硫化物，为硫化氢试验阳性。

9. 尿素酶试验　变形杆菌有尿素酶，能分解培养基中的尿素产生氨，使培养基变为碱性，以酚红指示剂检测时为红色，为尿素酶试验阳性。

细菌的生化反应试验主要用于鉴别细菌，对形态、革兰氏染色反应和培养特性相同或相似的细菌更为重要。吲哚（I）、甲基红（M）、VP（V）、枸橼酸盐利用（C）四种试验，常用于鉴定肠道杆菌，统称为 IMViC 试验。大肠杆菌呈"＋＋－－"，产气杆菌为"－－＋＋"。

与传统生化试验方法相比，微量生化鉴定系统具有快速、准确、微量化、操作简便等优点。随着人们对一些重要病原细菌代谢过程的深入认识，有更多的生化反应增加到了这些细菌原有的鉴定体系中，以提高鉴定的准确性。但目前市场上多为国外公司的产品，价格较高，主要在医院和食源性病原检测机构使用。

第七节　细菌的人工培养

用人工方法为细菌提供必需的营养及适宜的生长环境，使其在体外生长繁殖，以研究各种细菌的生物学性状、制备生物制品、诊断细菌性疾病、分析对抗菌药物的敏感性等。

一、培养基的概念及种类

培养基是人工配制、适合细菌生长繁殖的营养基质，根据不同细菌生长繁殖的要求，将氮源、碳源、无机盐、生长因子、水等物质按一定比例配制，调整 pH 为 7.2～7.6，并经灭菌后使用。培养基按其理化性状可分为液体、半固体和固体三大类。液体培养基可供细菌增菌及鉴定使用；在液体培养基中加入 0.5% 的琼脂即成为半固体培养基，可用于观察细菌的动力及菌种的短期保存；液体培养基中加入 1.5%～2% 琼脂，即为固体培养基，可供细菌分离培养、计数、药敏试验等使用。根据营养组成和用途，培养基有以下几类：

1. 基础培养基　含有细菌生长繁殖所需要的基本营养成分，可供大多数细菌培养用。最常用的是普通肉汤培养基，含蛋白胨、牛肉浸膏、氯化钠、水等，常用于糖发酵试验。

2. 营养培养基　在基础培养基中加入葡萄糖、血液、血清、酵母浸膏等，最常用的是血琼脂平板培养基。可供营养要求较高的细菌生长，如链球菌的生长需要加入血液、血清；结核分枝杆菌的生长需要加入鸡蛋、马铃薯、甘油等。

3. 选择培养基　根据特定目的，在培养基中加入某种化学物质以抑制某些细菌生长、促进另一类细菌的生长繁殖，以便从混杂多种细菌的样本中分离出所需细菌。如麦康凯培养基含胆酸盐，能抑制革兰氏阳性菌的生长，有利于大肠杆菌和沙门氏菌的生长。

4. 鉴别培养基　在培养基中加入特定作用底物及产生显色反应指示剂，用肉眼可以初步鉴别细菌。如各种糖发酵管、硫化氢管、伊红美蓝培养基等。

5. 厌氧培养基　专供培养厌氧菌而设计。常用的有疱肉培养基，是在肉浸液中加入煮过的肉渣，肉渣中含有不饱和脂肪酸、谷胱甘肽等还原性物质，能降低培养基中的氧化还原电势，并用凡士林或石蜡封口，隔绝空气，造成厌氧环境。也可将细菌接种在固体琼脂培养基上，然后在厌氧袋、厌氧箱或厌氧罐中培养。

二、细菌在培养基中的生长现象

将细菌接种到培养基中，经 37℃ 培养 18～24h 后可观察其生长现象，个别生长缓慢的细菌需培养数天甚至数周后才能观察。

1. 液体培养基中的生长现象　不同细菌在液体培养基中可出现：①混浊生长，多数细菌呈此现象，多属兼性厌氧菌，如葡萄球菌。②沉淀生长，少数呈链状生长的细菌或较粗的杆菌在液体培养基底部形成沉淀，培养液较清，如链球菌、乳杆菌。③菌膜生长，专性需氧菌可浮在液体表面生长，形成菌膜，如枯草杆菌。

2. 半固体培养基中的生长现象 用接种针将细菌穿刺接种于半固体培养基中，如细菌无动力（无鞭毛），则沿此穿刺线生长，而周围培养基清澈透明；如细菌有鞭毛、能运动，可由穿刺线向四周扩散，呈放射状或云雾状生长。

3. 固体培养基中的生长现象 固体培养基分平板与斜面，细菌在平板上经划线分离培养后，平板表面出现由单个细胞生长繁殖形成的肉眼可见菌落，菌落的大小、形状、颜色、边缘、表面光滑度、湿润度、透明度及在血平板上的溶血情况等，可因细菌种类和所用培养基不同而有所差异，是鉴别细菌的重要依据之一。挑取单个菌落划线接种于斜面上，由于划线密集重叠，可见长出的菌落融合成片，形成菌苔。

三、人工培养细菌的意义

1. 细菌的鉴定 研究细菌的形态、生理、抗原性、致病性、遗传与变异等生物学性状，均需人工培养细菌才能实现，而且分离培养细菌也是人们发现未知新病原的先决条件。

2. 传染性疾病的诊断 从患畜（禽）样本中分离培养出病原菌是诊断传染性疾病最可靠的依据，并可对分离出的病原菌进行药物敏感试验，帮助临床选择有效药物进行治疗。

3. 分子流行病学调查 对细菌特异基因的分子检测、序列测定、基因组 DNA 指纹分析等分子流行病学研究也需要细菌的纯培养。

4. 生物制品的制备 经人工培养获得的细菌可用于制备菌苗、类毒素、诊断用菌液等生物制品。

5. 饲料或畜产品卫生学指标的检测 可通过定性或定量方法对饲料、畜产品等中的微生物污染状况进行检测。

第二单元　细菌的感染☆

细菌侵入动物体后，一旦突破宿主的防御功能，可引起机体出现不同程度的病理变化。病原菌侵入机体能否致病、致病性强弱与其毒力有关。细菌毒力可以通过测定半数致死量（LD_{50}）或半数感染量（ID_{50}）来确定，同种细菌的不同型或菌株，致病力强弱有差异。细菌的毒力因子主要包括侵袭相关因素和毒素。许多微生物都有耐药现象，不同细菌对不同种类抗菌药物耐药性的机制有所不同。

第一节　正常菌群

一、正常菌群的概念

幼畜出生前是无菌的，出生后因与环境接触、吮乳、采食等，体表和整个消化道就有细菌栖居。寄生在正常动物的体表、消化道和其他与外界相通的开放部位的微生物群以细菌数量最多。通常把这些在动物体各部位正常寄居而对动物无害的细菌称为正常菌群，这些细菌之间、细菌与动物体间及环境之间形成了一种生态关系，这种微生态环境处于相对平衡的状态。

二、动物体内正常菌群的分布

在动物体内不同部位的细菌种类和数量差异很大。①消化道：口腔温度适宜，含有食物残渣，具备微生物生长的良好条件，主要有多种球菌、乳杆菌、棒状杆菌等。胃内因胃酸的杀菌作用，细菌极少，只有乳杆菌、幽门螺杆菌、八叠球菌等少量耐酸细菌。反刍动物前胃没有消化腺，主要靠微生物的发酵作用消化食物，大多数为无芽孢的厌氧菌，也存在一些兼性厌氧菌。小肠中由于多种消化液的作用，细菌较少。大肠积存有食物残渣，又有合适的pH，适于细菌繁殖，微生物的种类繁多，每克肠内容物的总菌数可达 $10^9 \sim 10^{10}$ CFU，主要是厌氧菌（如双歧杆菌、拟杆菌等），其次是肠球菌、大肠杆菌、乳杆菌、葡萄球菌、变形杆菌、酵母菌等。大肠杆菌并非大肠内的优势菌。②呼吸道：鼻腔和咽部常存在葡萄球菌等，在咽喉及扁桃体黏膜上，主要是甲型链球菌和卡他球菌占优势；此外还存在着潜在致病性微生物如肺炎链球菌、乙型链球菌等。正常动物的支气管和肺泡是无菌的。③泌尿生殖道：正常情况下，仅在泌尿道外部有细菌存在。阴道内主要是乳杆菌，其次是葡萄球菌、链球菌、大肠杆菌等；尿道口有葡萄球菌、棒状杆菌等。

三、正常菌群的生理作用

正常菌群对动物体内局部的微生态平衡起着重要作用。

1. 生物拮抗作用　正常菌群与黏膜上皮细胞紧密结合，在定植处起着占位性生物屏障作用。其机制是寄居的正常菌群通过空间和营养竞争以及产生有害代谢产物，抵制病原菌定植、抑制其生长或将其杀灭。抗生素使用不当将会破坏这一保护作用，使病原菌在数量上占优势，并引发疾病。

2. 营养作用　正常菌群在其生命活动中能影响和参与动物体物质代谢、营养转化与合成。肠道正常菌群能参与营养物质的消化，如纤维素只能在微生物纤维素酶的作用下被分解为挥发性脂肪酸；肠道细菌能利用非蛋白氮化合物合成蛋白质，能合成 B 族维生素和维生素 K 并被宿主吸收。

3. 免疫作用　正常菌群的免疫作用表现在两个方面：①作为与宿主终生相伴的抗原库，刺激宿主产生免疫应答，产生的免疫物质对具有交叉抗原组分的致病菌有一定的抑制作用。特别是肠道中乳杆菌和双歧杆菌能诱导分泌型 IgA 的产生，激活免疫细胞产生细胞因子，对胃肠道的抗感染免疫功能具有重要作用。②促进宿主免疫器官发育，研究发现，无菌动物免疫器官发育不良，使之建立正常菌群两周后，免疫系统发育与普通动物一样。

第二节　细菌的致病性

细菌的致病性是指细菌侵入动物体后突破宿主的防御功能，引起机体出现不同程度病理变化的能力。通常把细菌这种不同程度的致病能力称细菌的毒力，即致病性的强弱程度。致病性是针对特定宿主而言的，有些细菌对多种动物有致病性，有些只对某些动物有致病性，还有些则对人和动物都有致病性。同种细菌的不同型或株，其致病力也不一样。因此，病原菌侵入机体能否致病，与特定细菌型或菌株本身的毒力、数量、侵入途径以及机体的免疫力、环境因素等密切相关。

一、细菌致病性的确定

著名的柯赫法则（Koch's postulates）是确定某种细菌是否具有致病性的主要依据，其要点是：①特定的病原菌应在同一疾病中可见，在健康动物中不存在。②此病原菌能被分离培养而得到纯种。③此纯培养物接种易感动物能导致同样病症。④从人工接种感染的动物体内能重新获得该病原菌的纯培养物。柯赫法则在确定细菌致病性方面具有重要意义，特别是鉴定一种新的病原时非常重要。但它也具有一定的局限性，有些情况并不符合该法则。如健康带菌或隐性感染，有些病原菌迄今仍无法在体外人工培养，有的则没有可用的易感动物。

二、细菌毒力的测定

在病原生物学研究、疫苗研制等工作中都需要知道细菌的毒力。致病性是"质"的概念，而细菌的毒力具有"量"的概念，常用半数致死量和半数感染量来表示。

1. 半数致死量（LD_{50}）　是指能使接种的实验动物在感染后一定时限内死亡一半所需的微生物量或毒素量。测定 LD_{50} 应选取品种、年龄、体重等各方面都相同的易感动物，分成若干组，每组数量相同，以递减剂量的微生物或毒素分别接种各组动物，在一定时限内观察记录结果，最后以生物统计学方法计算出 LD_{50}。由于采用了生物统计学方法对数据进行处理，可避免动物个体差异造成的误差。

2. 半数感染量（ID_{50}）　某些病原微生物只能感染实验动物、鸡胚或细胞，但不引致死亡，可用 ID_{50} 来表示其毒力。测定的方法与测定 LD_{50} 类似，但统计结果以引起一半动物（或鸡胚、细胞）感染所需的微生物量或毒素量来表示。

三、细菌的毒力因子

构成细菌毒力的菌体成分或分泌产物称为毒力因子（virulence factor），主要包括与细菌侵袭力相关的毒力因子和毒素。鉴定细菌的某种分子是否是毒力因子，可以通过基因敲除的方法，结合致病性试验进行确定。即利用基因敲除技术，将编码疑似毒力因子的基因全部或部分缺失，使其不表达该因子，细菌的致病力显著降低甚至丧失，再将这个基因回补到缺失的菌株中，其致病力得到恢复，则表明该因子与细菌的致病性紧密相关。

（一）侵袭力相关毒力因子

病原菌突破动物体的防御系统，在体内定居、繁殖和扩散的能力称为侵袭力。与侵袭力有关的毒力因子主要包括黏附或定植因子、侵袭性酶、分泌系统和干扰宿主的防御机制四类。

1. 黏附或定植因子 细菌引起感染首先需黏附于宿主体表或呼吸道、消化道、泌尿生殖道黏膜上，以抵抗黏液的冲刷、呼吸道上皮细胞纤毛的摆动及肠蠕动的清除作用，然后进一步在局部繁殖，积聚毒素引起疾病；有些细菌可穿过黏膜上皮细胞，经细胞间隙进入深层组织或血液，甚至向全身扩散，造成深部或全身感染。也有些细菌可以通过其特定的分子与宿主细胞受体结合侵入细胞，继而通过细胞间的迁移，引起全身感染。如产单核细胞李氏杆菌是细胞内感染菌，其内化素 A 可与肠上皮细胞的 E-钙黏素受体结合，入侵细胞。

具有黏附作用的细菌结构称为黏附因子，通常是细菌表面的一些大分子结构成分。革兰氏阴性菌的黏附因子为菌毛，如肠道中产毒性大肠杆菌的菌毛；革兰氏阳性菌的黏附因子是菌体表面的层蛋白、脂磷壁酸等。某些黏附因子没有宿主特异性或组织嗜性，如 F1 菌毛能与细胞表面的 D-甘乳糖残基结合，不论何种动物、何种组织细胞的 D-甘乳糖残基皆可结合。但大多数黏附因子具有宿主特异性或组织嗜性，如大肠杆菌 F4（K88）菌毛仅黏附于猪的小肠前段，F6 菌毛（987P）黏附于猪的小肠后段等。这种组织特异性与宿主易感细胞表面的相应糖蛋白受体有关，其中的糖残基是黏附因子直接结合的部位。

2. 侵袭性酶 多为胞外酶类，在感染过程中能协助病原菌扩散。如某些链球菌产生透明质酸酶和链激酶等，前者能降解细胞间质的透明质酸，后者能溶解纤维蛋白，两者均利于细菌在组织中的扩散。梭菌、气单胞菌等能产生胶原酶，分解胞外基质中的胶原蛋白。致病性葡萄球菌产生血浆凝固酶，能使血浆中的纤维蛋白原变为纤维蛋白，进而使血浆凝固；纤维蛋白沉积在菌体表面，可使细菌免受吞噬细胞的吞噬作用，利于细菌在局部繁殖。

3. 分泌系统 细菌分泌系统的发现是近年来细菌致病机制研究的重要进展之一，目前已发现的分泌系统有 9 种，其中的Ⅲ型分泌系统与动物的许多革兰氏阴性病原菌毒力因子的分泌有关。在病原菌与宿主细胞接触后这一系统得以启动，具有接触介导的特征。启动后细菌分泌与毒力有关的多种蛋白质，与相应的伴侣蛋白结合，从细菌的胞质直接进入宿主细胞胞质，发挥毒性作用。Ⅲ型分泌系统通常由 30～40kb 大小的基因组编码，以毒力岛的形式存在于细菌的大质粒或染色体。已确定具有Ⅲ型分泌系统的细菌有沙门氏菌、耶尔森菌、大肠杆菌、铜绿假单胞菌等。

除Ⅲ型分泌系统之外，部分革兰氏阴性菌还有Ⅰ型、Ⅱ型、Ⅳ型和Ⅵ型分泌系统。Ⅰ型可将蛋白质直接从胞质送达菌体表面，如大肠杆菌溶血素。Ⅱ型则是先将蛋白质分泌到周质间隙，经切割加工，然后通过微孔蛋白穿越外膜分泌到菌体外。Ⅳ型是一种自主运输系统，其分泌的蛋白质需剪切加工，而后形成一个孔道穿过外膜分泌。相对于Ⅲ型分泌系统，Ⅵ型分泌系统比较简单，包括起运载作用的结构蛋白和有细胞毒性的效应蛋白，该系统可将效应蛋白转运至与之接触的其他细菌或宿主细胞内，在菌间竞争中有重要作用，是细菌的一种重要的生存适应性机制，也与细菌的致病性有关。

4. 干扰宿主的防御机制 病原菌黏附于细胞表面后，必须克服机体局部的防御机制，特别是要干扰或逃避局部的吞噬作用及抗体介导的免疫作用。①荚膜：细菌的荚膜本身对宿主无毒性，但具有抵抗吞噬和体液中杀菌物质的作用，使病原菌在宿主体内迅速繁殖，引起疾病。②细菌表面的蛋白，如金黄色葡萄球菌的 A 蛋白、A 群链球菌的 M 蛋白以及某些大肠杆菌的 K 抗原等，都具有抗吞噬作用和保护菌体免受相应抗体、补体的作用。③蛋白酶，如嗜血杆菌等可分泌 IgA 蛋白酶，能分解黏膜表面的 IgA。④细胞内逃逸，包括非吞噬细胞的内化作用、吞噬细胞中的生存机制等。如产单核细胞李氏杆菌可产生内化素，能进入肠上皮细胞或其他组织细胞，使宿主细胞成为其生存的庇护所，逃避宿主免疫系统的杀灭作用；沙门氏菌的某些成分能够抑制溶酶体与吞噬小体的融合，产单核细胞李氏杆菌的磷脂酶和溶血素能裂解吞噬小体，这些都有利于病原菌在吞噬细胞内的生存；金黄色葡萄球菌可以产生大量过氧化氢酶，猪链球菌 2 型产生超氧化物歧化酶，能中和吞噬细胞产生的活性氧分子。

（二）毒素

细菌毒素（toxin）按其来源、性质和作用分为外毒素和内毒素两类（表 1-1）。

1. 外毒素（exotoxin）　是某些细菌在生长繁殖过程中产生并分泌到菌体外的毒性物质。产生菌主要是革兰氏阳性菌（如炭疽杆菌、肉毒梭菌、产气荚膜梭菌、破伤风梭菌、金黄色葡萄球菌、A 群溶血性链球菌等）及少数革兰氏阴性菌（如产毒性大肠杆菌、铜绿假单胞菌、霍乱弧菌等）。大多数外毒素是在菌体细胞内合成并分泌至胞外；也有少数外毒素存在于菌体内的胞周间隙，菌体裂解后才释放出来，产毒性大肠杆菌的外毒素属此。

外毒素的化学成分是蛋白质，性质不稳定，不耐热，易被热、酸、蛋白酶分解破坏，如破伤风毒素在 62℃ 20min 即被破坏。但葡萄球菌肠毒素例外，其能耐 100℃ 30min。外毒素毒性极强，如肉毒毒素极少量可致动物死亡。外毒素免疫原性亦强，经过 0.3%～0.4% 甲醛处理后脱去毒性而成为类毒素，但仍保留抗原性。类毒素能刺激机体产生抗毒素，抗毒素具有中和游离外毒素的作用，故类毒素可用于预防接种，而抗毒素常用于治疗和紧急预防。

不同细菌产生的外毒素对宿主的组织器官具有高度选择性，根据外毒素对宿主细胞的亲和性及作用方式不同而分为神经毒素、细胞毒素和肠毒素三类。如破伤风外毒素主要与中枢神经系统的抑制性突触前膜结合，阻断抑制性介质释放，引起骨骼肌强直性痉挛收缩；肉毒毒素主要作用于胆碱能神经轴突终端，干扰乙酰胆碱释放，引起肌肉松弛性麻痹，出现软瘫。但也有一些毒素具有相似的作用，如霍乱弧菌、大肠杆菌、金黄色葡萄球菌等细菌均可产生肠毒素。

2. 内毒素（endotoxin）　是革兰氏阴性菌细胞壁中的脂多糖成分，只有当细菌死亡裂解后才能游离出来。螺旋体、衣原体、立克次氏体等胞壁中亦含有脂多糖，也具有内毒素活性。内毒素的化学成分是脂多糖，位于细胞壁的最外层，由 O 特异性多糖侧链、非特异性核心多糖、脂质 A 三部分组成。脂质 A 是内毒素的主要毒性成分。内毒素耐热，加热 100℃ 1h 不被破坏，必须经 160℃ 2～4h，或用强碱、强酸或强氧化剂加温煮沸 30min 才被灭活。不能用甲醛处理脱毒成为类毒素。内毒素刺激机体可产生特异性抗体，但抗体中和作用较弱，不能中和内毒素的毒性作用。不同革兰氏阴性菌感染时，由内毒素引起的毒性作用、病理变化和临床症状大致相似，主要包括发热反应、内毒素血症与内毒素休克、弥散性血管内凝血等。内毒素还能直接活化并促进纤维蛋白溶解，使血管内的凝血又被溶解，因而有出血现象发生，表现为皮肤黏膜出血点和广泛内脏出血、渗血，严重者可致死亡。

表 1-1 细菌外毒素和内毒素的基本特性比较

特性	外毒素	内毒素
化学性质	蛋白质	脂多糖
产生	一些革兰氏阳性菌或阴性菌分泌	由革兰氏阴性菌菌体裂解产生
耐热	通常不耐热	极为耐热
毒性作用	特异性，对特定的细胞或组织发挥特定作用，如细胞毒素、肠毒素或神经毒素	全身性，致发热、腹泻、呕吐
毒性程度	高，致死性	弱，很少致死
致热性	对宿主不致热	常致宿主发热
免疫原性	强，刺激机体产生口和抗体（抗毒素）	较弱，免疫应答不足以中和毒性
能否产生类毒素	能，用 0.3%～0.4% 甲醛处理	不能

四、细菌的侵入数量、途径与感染

病原菌侵入机体引起感染，除具有一定毒力外，还需有足够的数量。一般来说细菌毒力愈强，致病所需菌量愈小；反之则需菌量大。感染所需菌量的多少，一方面与致病菌的毒力强弱有关，另一方面还与宿主的免疫力有关。如毒力强的鼠疫耶尔森菌，在无特异性免疫的机体只需数个菌侵入即能引起鼠疫。

有了一定毒力和足够数量的病原菌，若侵入易感机体的部位不适宜，仍不能引起感染。各种病原菌都有其特定的侵入途径和部位，这与病原菌生长繁殖需要特定的微环境有关。如破伤风梭菌及其芽孢必须侵入缺氧的深部创口才能致病；但也有一些病原菌有多种侵入途径，如结核分枝杆菌可经呼吸道、消化道、皮肤创伤等多个部位侵入引起感染。

五、感染的类型

感染的发生、发展和转归涉及机体与病原菌在一定条件下相互作用的复杂过程。根据两者之间的力量对比，感染类型分为隐性感染、显性感染和带菌状态，三种类型可以随着两者力量的变化而处于相互转化或交替出现的动态变化中。

1. 隐性感染 当机体抗感染的免疫力较强或侵入的病原菌数量较少、毒力较弱时，感染后病原菌对机体损害较轻，不出现或仅出现轻微的临床症状者，称为隐性感染或**亚临床感染**。隐性感染后，机体一般可获得足够的特异性免疫力，能抵御同种病原菌的再次感染。隐性感染的动物为带菌者，能向体外排出病原菌，是重要的传染源。

2. 显性感染 当机体抗感染的免疫力较弱或侵入的病原菌数量较多、毒力较强时，导致机体组织细胞受到严重损害，生理功能发生改变，出现一系列的临床症状和体征者，称为**显性感染**。

显性感染可分为急性感染和慢性感染。前者指发病急、病程短，一般只有数日至数周，病愈后，病原菌即从宿主体内消失；后者指发病缓、病程长，常持续数月至数年。而按感染部位及性质不同，显性感染又可分为局部感染和全身感染。局部感染是指病原菌侵入机体，仅局限在一定部位生长繁殖，引起局限病变；全身感染是指感染发生后，病原菌及其毒性代谢产物向全身扩散，引起全身症状。临床上常见的全身感染有以下几种情况：①菌血症，即病原菌由原发部位一时性或间断性侵入血流，但并不在血液中生长繁殖。②毒血症，即病原菌侵入机体后，仅在局部生长繁殖而不入血，但其产生的外毒素入血，到达易感组织和细胞，引起特殊的毒性症状。③败血症，即病原菌侵入血流并在其中大量繁殖，产生毒性代谢产物，引起严重的全身中毒症状，如高热、皮肤黏膜瘀斑、肝脾肿大等。④脓毒血症，即化脓性细菌由病灶局部侵入血流，在其中大量繁殖，并随血流扩散至全身组织和器官，产生新的化脓性病灶。

3. 带菌状态　机体在显性感染或隐性感染后，病原菌在体内继续留存一段时间，与机体免疫力处于相对平衡状态，称为**带菌状态**。处于带菌状态的动物称为带菌者，带菌者可经常或间歇性排出病原菌，是重要的传染源之一。

第三节　细菌的耐药性

一、细菌耐药性的概念

耐药性是指微生物多次与药物接触发生敏感性降低的现象，其程度以该药物对某种微生物最小抑菌浓度来衡量。在抗菌药应用的早期，几乎所有细菌感染性疾病都很容易治愈。随着抗菌药的大量和长期使用，耐药细菌越来越多、耐药范围越来越广，对三种或三种以上药物耐药的多重耐药菌不断出现。养殖业为防止感染性疾病、促进动物生长，将抗菌药物作为饲料添加剂长期使用，对耐药菌株的出现及耐药性的传播也起到了重要作用，并且耐药性可通过食物链转移到人群，从而危害人自身的安全。因此，监测细菌耐药性的变化趋势，了解细菌的耐药机理，对有效控制细菌耐药性的产生及传播具有重要意义。农业农村部发布 194 号公告，要求自 2020 年 7 月 1 日起，饲料生产企业停止生产含有促生长类药物饲料添加剂（中药类除外）的商品饲料，其目标主要是抗菌药物，有望从源头上遏制细菌耐药性的产生。

二、细菌耐药性的检测方法

耐药菌监测既是鉴定细菌和临床合理选用抗菌药物的需要，也可以为有效控制耐药菌引起的感染性疾病和耐药性进一步扩散提供重要依据。目前主要采用以下两种方法：

1. 表型检测法　采用药物敏感试验，即在体外测定抗菌药物对细菌有无抑制或杀灭作用。

（1）稀释法　将抗菌药物作一系列稀释后分别加入适宜的液体培养基中，再接种一定量的待测细菌，经适宜温度和一定培养时间后观察其最小抑菌浓度（MIC）。此法既定性又定量，包括试管稀释法和微孔板稀释法。

（2）纸片扩散法　将含有一定量抗菌药物的纸片贴在涂有被测菌株的琼脂培养基上，经适宜温度和一定培养时间后观察有无抑菌圈及其大小。K-B 法是 WHO 推荐的标准化纸片法，结果判定按照美国临床试验标准研究所（CLSI）推荐的标准，分为敏感、中敏和耐药三级。敏感是指被测菌株所致感染使用常用剂量该抗菌药物治疗有效；中敏是指被测菌株的 MIC 与该抗菌药物常用剂量所能达到的血清和组织浓度相近；耐药是指被测菌株不能被该抗菌药物常用剂量达到的血液浓度所抑制，临床治疗无效。纸片法虽不能定量但方便，是临床常用方法。近年发展了一种方法，称为 E-试验，其中的抗菌药浓度由高至低连续梯度分布，如同扩散法操作简单，抗菌药浓度越高形成的抑菌圈越大，由上至下形成的是一直径递减的抑菌圈，形似长"水滴"形，能直接判定抗菌药物对被测菌株的 MIC 值。

2. 耐药基因检测法　细菌耐药性由耐药基因编码，耐药基因表达受其调节基因及细菌生存的外界因素等影响，用 PCR 法检测耐药基因较表型检测准确，也较快速。也可以通过对 PCR 产物测序，分析耐药基因变异与耐药性产生的关系。

第三单元　细菌感染的诊断

　　细菌性疾病的诊断，除个别有典型临床症状不需进行细菌学诊断外，一般均需采集相应部位的样本进行细菌学诊断以明确病因。从样本中分离到细菌并不一定意味着该菌为疾病的病原，还需要根据病畜的临床表现特征、采集样本的部位、获得的细菌种类进行综合分析。对分离到的细菌常需做药物敏感试验，以便选用适当的药物进行治疗。由于细菌及其代谢产物具有抗原性，细菌性感染还可通过检测抗体进行诊断；还可以通过对细菌特异性 DNA 片段进行检测作为细菌感染诊断的新方法，即基因诊断方法。

第一节　样本的采集

　　样本的采集是细菌学诊断的第一步，直接关系到检验结果的正确性或可靠性。为此，采集样本应：①严格无菌操作，尽量避免样本被杂菌污染。②根据不同疾病或同一疾病不同时期采集不同的样本。③应在使用抗菌药物前采集样本。采集局部不得使用消毒剂，必要时用无菌生理盐水冲洗，拭干后再取材。④样本必须新鲜，尽快送检。⑤根据病原菌特点，多数病原菌可冷藏运输。粪便样本常加入甘油缓冲盐水保存液。⑥对疑似烈性传染病或人畜共患病样本，严格按相关的生物安全规定包装、冷藏、专人递送。⑦样本应做好标记，并在相应检验单中详细填写检验目的、样本种类、临床诊断初步结果等。

第二节　细菌的分离鉴定

一、常规细菌学检测

　　1. 细菌形态与结构检查　凡在形态和染色性上具有特征的致病菌，样本直接涂片染色（如革兰氏染色法、抗酸染色法等）后显微镜观察可以进行初步诊断。如患畜痰中查见抗酸染色阳性的分枝状细长杆菌，可初步诊断为结核杆菌。直接涂片法还可结合免疫荧光技术，将特异性荧光抗体与相应的细菌结合，在荧光显微镜下见有发荧光的菌体亦可作出快速诊断。此外，制作悬滴样本并借助于暗视野显微镜可观察不染色活菌、螺旋体及其运动性。很多细菌仅凭形态学不能作出确切鉴定，需经分离培养，并用生化反应、血清学等方法进一步鉴定。

2. 分离培养 原则上应对所有送检样本做分离培养，以便获得单个菌落后进行纯培养，从而对细菌做进一步鉴定。细菌培养时应选择适宜的培养基、培养时间和温度等，以提供特定细菌生长所需的必要条件。由无菌部位采集的样本，如血液、脑脊液等可直接接种至营养丰富的液体或固体培养基。取自正常菌群部位的样本应接种至选择性培养基或鉴别培养基。分离培养后，根据菌落的大小、形态、颜色、表面性状、透明度和溶血性等对细菌作出初步识别，同时取单个菌落进行革兰氏染色镜检观察，进行生化试验。此外，在液体培养基中生长状态及在半固体培养基是否表现出动力等，也是鉴别某些细菌的重要依据。

3. 生化试验 利用各种生化反应，可对分离到的细菌进行鉴定。对于鉴别一些在形态和培养特性上不能区别而代谢产物不同的细菌尤为重要。例如，肠道杆菌种类很多，一般为革兰氏阴性菌，它们的染色性、镜下形态和菌落特征基本相同。因此，利用生化反应对肠道杆菌进行鉴定是必不可少的步骤。目前多种微量、快速、半自动和全自动的细菌鉴定系统和仪器已广泛应用于临床，能较准确地鉴定出兽医临床上常见的致病菌。

4. 药物敏感性试验 在已确定患畜（禽）所感染的病原菌后，临床上按常规用药又没有明显疗效时，有必要做抗菌药物敏感试验。

二、血清学检测

有些细菌即使用生化反应也难以鉴别，但其细菌抗原成分（包括菌体抗原、鞭毛抗原）却不同。利用已知的特异抗体检测有无相应的细菌抗原可以确定菌种或菌型；也可利用已知菌检测感染动物血清中的抗体，从而对细菌感染作出诊断。

1. 抗原检测 多种免疫检测技术可用于细菌抗原的检测，如采用含已知特异性抗体的沙门氏菌、猪链球菌等细菌的特异性多价和单价诊断血清，可对分离的细菌进行属、种和血清型鉴定。常用的免疫检测技术有玻片凝集试验、协同凝集试验、乳胶凝集试验、间接血凝试验、免疫标记抗体技术等。有的方法既可直接检测样本中的微量抗原，也可检测细菌分离培养物。

2. 抗体检测 用已知细菌或其特异性抗原来检测患畜（禽）血清或其他体液中的相应特异性抗体，可对某些细菌性传染病作出诊断。血清学诊断主要适用于抗原性较强的致病菌和病程较长的感染性疾病。抗体检测最好取患畜（禽）急性期和恢复期双份血清样本，后者的抗体效价比前者升高 4 倍或 4 倍以上时才具有诊断价值。从某种意义上说，血清学诊断主要为病后的回顾性诊断。但利用检测某些细菌特异性 IgM 抗体，可进行早期诊断。酶联免疫吸附试验（ELISA）是进行细菌性感染血清学诊断或血清流行病学监测的常用技术，也可以用凝集试验、免疫沉淀试验、免疫标记抗体技术等。

三、基因检测

不同种类细菌的基因序列不同，可通过检测细菌的特异性基因而对细菌感染进行诊断，称基因诊断。常用的方法主要有聚合酶链式反应和核酸杂交技术。

1. 聚合酶链式反应（polymerase chain reaction，PCR） 是一种特异的 DNA 体外扩增技术。基本原理是在 DNA 模板（含被检测细菌的基因序列）、引物、耐热 DNA 聚合酶、脱氧核苷酸这 4 种主要材料存在的情况下，经加温变性、降温复性、延伸等基本步骤的多次重复循环，使目的基因片段在引物的"引导"下得到指数扩增，经数十个循环后，目的基因的扩增倍数可达 $10^6 \sim 10^7$，经琼脂糖电泳，可显示出一条特定的 DNA 条带，与阳性对照比较可做出鉴定。为了提高诊断的准确性，也可以对同一种细菌中的 2 个或 2 个以上基因进行多重 PCR 检测。多重 PCR 也可以根据基因的特异性，用于同属细菌中不同种细菌的鉴别检测。若需进一步鉴定和分析，可回收扩增产物，进行核苷酸序列测定。

实时 PCR（real-time PCR）用于细菌的基因诊断原理与 PCR 基本相同，但特异性目的基因扩增结果（荧光信号曲线）直接显示在联机的电脑上（部分直接显示在 PCR 仪上），而不用进行凝胶电泳，因此比较省时省力。

PCR 可用于：①形态和生化反应不典型的病原微生物鉴定。②从混合样本中检测特定的目标细菌。③生长缓慢或难于培养的病原菌（如分枝杆菌、支原体），可以直接提取疑似感染组织样品中的细菌 DNA 进行鉴定。

2. 核酸杂交技术 核酸杂交是根据 DNA 双螺旋分子的碱基互补原理而设计。将病原菌特异的基因序列标记后作为探针，与待检样本中的细菌核酸进行杂交，若待检样本中有与探针序列完全互补的核酸片段，探针和相应的核酸片段互相结合，标记有化学发光物质、辣根过氧化物酶、地高辛的探针可以经一定方法处理后检测到相应的信号，从而可实现对细菌的鉴定。

第四单元　消毒与灭菌★

兽医临床上常用多种物理、化学或生物学方法来抑制或杀灭物体上或环境中的病原微生物或所有微生物，以切断病原菌的传播途径，从而控制和消灭传染病。

第一节　基本概念

一、消　毒

杀灭物体上病原微生物的方法，但并不一定能杀死含芽孢的细菌。消毒只要求达到消除传染性的目的，而对非病原微生物及其芽孢和孢子并不严格要求全部杀死。用于消毒的化学药物称为消毒剂。一般消毒剂在常用浓度下只对细菌的繁殖体有效，对其芽孢则需要提高消毒剂的浓度和作用时间。

二、灭　菌

杀灭物体上所有病原微生物和非病原微生物及其芽孢的方法。

三、无　菌

物体上、容器内或特定的操作空间内没有活微生物的状态。防止任何微生物进入动物机体、特定操作空间或相关物品的操作技术称无菌操作。外科手术、微生物学试验过程等均需进行严格的无菌操作。以无菌技术剖腹产取出即将分娩的胎畜，并在无菌条件下饲喂的动物称无菌动物。

四、防　腐

阻止或抑制物品上微生物生长繁殖的方法。微生物不一定死亡，常用于食品、畜产品和生物制品等物品中微生物生长繁殖的抑制，防止其腐败。用于防腐的化学药物称防腐剂。

第二节　物理消毒灭菌法

用于消毒灭菌的物理方法主要有热力、紫外线、辐射、滤过除菌等。

一、热力灭菌法

热力灭菌主要是利用高温使菌体蛋白变性或凝固、酶失去活性，而使细菌死亡。热力灭菌是最可靠而普遍应用的灭菌方法，分干热和湿热灭菌两类。在同一温度下，湿热的灭菌效果比干热好，因为湿热的穿透力比干热强，可迅速提高灭菌物体的温度，加速菌体蛋白的变性或凝固。

（一）湿热灭菌法

1. 高压蒸汽灭菌法　是应用最广、灭菌效果最好的方法。使用密闭的高压蒸汽灭菌器，当加热产生蒸汽时，随着蒸汽压力的不断增加，温度也会随之上升。当压力在 103.4kPa时，容器内温度可达 121.3℃，在此温度下维持 15～30min 可杀死包括芽孢在内的所有微生物。此法适用于耐高温和不怕潮湿物品的灭菌，如培养基、生理盐水、玻璃器皿、塑料移液枪头、手术器械、敷料、注射器、使用过的微生物培养物、小型实验动物（如小鼠）尸体等。灭菌时必须使锅内冷空气排尽，并注意放置的物品不宜过于紧密，否则会影响灭菌效果。

2. 煮沸法　100℃煮沸 5min 可杀死细菌的繁殖体，杀死芽孢则需 1～3h。若水中加入 2% 碳酸钠可提高沸点至 105℃，既可加速芽孢的死亡，又能防止金属器械生锈。常用于消毒食具、刀剪、注射器等。

3. 流通蒸汽法　是利用蒸笼或蒸汽灭菌器产生 100℃的蒸汽，30min 可杀死细菌繁殖体，但不能杀死其芽孢。常用于不耐高温的营养物品，如含糖或含血清培养基的灭菌。

4. 巴氏消毒法　是以较低温度杀灭液态食品中的病原菌或特定微生物，而又不致严重损害其营养成分和风味的消毒方法。由巴斯德首创，用以消毒乳品与酒类，目前主要用于葡萄酒、啤酒、果酒及牛乳等食品的消毒。具体方法可分为三类，第一类为低温维持巴氏消毒法，在 63～65℃保持 30min；第二类为高温瞬时巴氏消毒法，在 71～72℃保持 15s；第三类为超高温巴氏消毒法，在 132℃保持 1～2s，加热消毒后应迅速冷却至 10℃以下，称为冷击法，这样可进一步促使细菌死亡，也有利于鲜乳等食品马上转入冷藏保存。

（二）干热灭菌法

1. 火焰灭菌法 以火焰直接烧灼杀死物体中全部微生物的方法，分为灼烧和焚烧两种。灼烧主要用于耐烧物品，直接在火焰上烧灼，如接种针（环）、金属器具、试管口等的灭菌；焚烧常用于烧毁的物品，直接点燃或在焚烧炉内焚烧，如传染病畜禽及试验感染动物的尸体、病畜禽的垫料以及其他污染废弃物等的无害化处理。

2. 热空气灭菌法 利用干烤箱灭菌，以干热空气进行灭菌的方法。该方法一般比湿热灭菌需要更高的温度与较长的时间，即需要加热至160～170℃，维持2h才能杀死包括芽孢在内的一切微生物。适用于高温下不变质、不损坏、不蒸发的物品，如玻璃器皿、瓷器或需干燥的注射器等。

二、辐射灭菌法

1. 紫外线 紫外线是一种低能量的电磁辐射，波长在200～300nm的紫外线具有杀菌作用。其中以265～266nm波长的紫外线杀菌能力最强，因为在此波长范围内细菌染色体DNA吸收量最大。紫外线的杀菌原理是在DNA吸收紫外线后，一条链上相邻的两个胸腺嘧啶通过共价键结合形成嘧啶二聚体，干扰DNA复制与转录时的正常碱基配对，导致细菌死亡或变异。此外，紫外线还可使空气中的分子氧变为臭氧，臭氧放出氧化能力强的原子氧，也具有杀菌作用。若紫外线照射量不足以致死细菌，但可引起蛋白或核酸的部分改变，使其发生突变。

紫外线穿透力弱，玻璃、纸张、尘埃、水蒸气等均能阻挡紫外线，所以只能用紫外线杀菌灯消毒物体表面，常用于微生物实验室、无菌室、养殖场入口的消毒室、手术室、传染病房、种蛋室等的空气消毒，或用于不能用高温或化学药品消毒物品的表面消毒，有效距离不超过2～3m。杀菌波长的紫外线对人体皮肤、眼睛有损伤作用，使用时应注意防护。

2. 电离辐射 X射线、γ射线等可将被照射物质原子核周围的电子击出，引起电离，故称电离辐射。有较高的能量与穿透力，因而可产生较强的致死效应，可在常温下对不耐热的物品灭菌，故又称"冷灭菌"。其机制在于产生游离基，破坏DNA，使细菌死亡或发生突变。常用于大量一次性医用塑料制品的消毒，也可用于食品的消毒而不破坏其中的营养成分。

三、滤过除菌法

滤过除菌法是利用物理阻留的方法，通过含有微细小孔的滤器将液体或空气中的细菌除去，以达到无菌的目的。所用的器具为滤菌器，其除菌能力取决于滤膜的孔径大小。不耐热的血清、抗毒素、抗生素、药液等液体的除菌现在多用可更换滤膜的滤器或一次性滤器，其孔径为0.22～0.45μm，一般不能除去病毒、支原体等。空气过滤器可进行超净工作台、无菌隔离器、无菌操作室、实验动物室以及疫苗、药品、食品等生产中洁净厂房的空气过滤除菌，一般由不同孔径过滤效率（0.45～5μm）的滤芯构成，以便达到特定净化级别的要求。

第三节 化学消毒灭菌法

用于杀灭病原微生物的化学药物称为消毒剂，用于抑制微生物生长繁殖的化学药物称为防腐剂或抑菌剂。实际上，消毒剂在低浓度时只能抑菌，而防腐剂在高浓度时也能杀菌，它们之间并没有严格的界限，统称为防腐消毒剂。用于消除宿主体内病原微生物或其他寄生虫的化学药物称为化学治疗剂。消毒剂与化学治疗剂不同，它在杀灭病原微生物的同时，对动物体的组织细胞也有损害作用，所以只能外用或用于环境的消毒。

一、常用消毒剂的种类及应用

消毒剂的种类很多，其杀菌作用亦不相同，总体上可概括为三种作用机制：①使菌体蛋白质变性或凝固，如醇类、酚类、醛类、重金属盐类可使菌体蛋白质脱水凝固，或与菌体蛋白、酶蛋白等结合使之变性失活。②干扰或破坏细菌的酶系统和代谢，如酚类、表面活性剂、重金属盐类等能与细菌酶蛋白中的巯基（—SH）结合，使酶失去活性，引起细菌代谢障碍。③改变细菌细胞壁或细胞膜的通透性，使胞质内重要代谢物质（酶、辅酶、中间产物代谢等）逸出，胞外物质（消毒剂、药物等）直接进入细胞内，并能破坏细胞膜上的氧化酶和脱氢酶，最终导致细菌死亡，如新洁尔灭、酚类、表面活性剂等。一般可根据用途与消毒剂特点选择使用。最理想的消毒剂应是杀菌力强、价格低、无腐蚀性、能长期保存、对动物无毒性或毒性较小、无残留或对环境无污染的化学药物。常用化学消毒剂有如下主要类型。

1. 含氯消毒剂　常用无机氯化合物消毒剂，如次氯酸钠（有效氯10%～12%）、漂白粉（有效氯25%）和有机氯制剂二氯异氰脲酸钠粉（有效氯30%）等。含氯消毒剂可杀灭各种微生物，包括细菌繁殖体及其芽孢、病毒、真菌等。无机氯性质不稳定，易受光、热和潮湿的影响，丧失其有效成分。它们杀微生物作用受使用浓度、作用时间的影响。一般说来，有效氯浓度越高、作用时间越长消毒效果越好，pH越低消毒效果越好，温度越高杀微生物作用越强，有机物（如血液、唾液和排泄物）存在时消毒效果会明显下降。此类消毒剂常用于环境、物品表面、饮用水、污水、排泄物、垃圾等的消毒。畜禽饮用水根据水源不同，有效氯含量要求介于0.6～4mg/L，地面环境或物体表面可用1%～3%的漂白粉溶液喷洒，粪便等排泄物消毒可按5份干粪加1份漂白粉搅匀放置2h，杀灭病毒可选用有效氯1 000mg/L作用30min。

2. 过氧化物类　具有强氧化能力，各种微生物对其十分敏感，可将所有微生物杀灭。这类消毒剂包括过氧乙酸（18%～20%）、二氧化氯等。它们的优点是消毒后在物品上不留残余毒性。但由于化学性质不稳定须现用现配，使用不方便。其氧化能力强，高浓度时可刺激、损害皮肤黏膜、腐蚀物品。过氧乙酸常用于被病毒污染物品或皮肤的消毒，一般消毒物品时可用0.5%，消毒皮肤时可用0.2%～0.45%，作用时间为3min。在无畜禽饲养的环境中可用于空气消毒，用2%过氧乙酸喷雾（按8mL/m³计算），或加热过氧乙酸（按1g/m³计算），作用1h后开窗通风。带鸡消毒鸡舍可用0.3%溶液，每立方米空间喷雾需30mL。二氧化氯可用于物品表面消毒，浓度为500mg/L，作用30min。

3. 酚类　常用的有煤酚皂（又名来苏儿），其主要成分为甲基苯酚。卤化苯酚可增强杀菌作用，如三氯羟基二苯醚。可杀灭细菌、霉菌和病毒，主要用于畜舍、笼具、场地、车辆消毒。喷洒浓度为0.35%～1.0%的水溶液。这类消毒药为有机酸，禁止与碱性药物及其他消毒药物混用。

4. 碱类　常用的有氢氧化钠（烧碱）和生石灰。烧碱能破坏病原体的酶系统和菌体结构，从而起到消毒作用。2%水溶液能杀灭细菌繁殖体和病毒，4%溶液45min能杀灭芽孢。生石灰（氧化钙）的消毒作用不强，对大多数细菌繁殖体有较强杀灭作用，但对芽孢无效。一般配成20%石灰乳涂刷厩舍墙壁、畜栏及地面消毒等。

5. 醛类　主要是甲醛，无论在气态或液态下均能凝固蛋白质、溶解类脂，还能与氨基结合而使蛋白质变性，因此具有较强大的广谱杀菌作用，对细菌繁殖体、芽孢、真菌和病毒均有效。消毒方法：一是熏蒸消毒，适用于室内、器具的消毒，每立方米空间用甲醛溶液20mL加等量水，然后加热使甲醛变为气体熏蒸消毒，温度应不低于15℃、相对湿度60%～80%，消毒时间为8～10h；二是2%水溶液用于地面消毒，用量为每100m² 13mL。对人有一定的刺激性，使用时要注意防护。

6. 醇类　最常用的是乙醇，可凝固蛋白质，导致微生物死亡。属于中效消毒剂，可杀灭细菌繁殖体和多数亲脂性病毒，对芽孢无效。醇类杀微生物作用亦可受有机物影响，而且由于易挥发，应采用浸泡消毒或反复擦拭以保证其作用时间。醇类常作为某些消毒剂的溶剂，而且有增效作用，常用浓度为75%。

7. 含碘消毒剂　包括碘酊和碘伏，能使细菌蛋白氧化变性，破坏细菌胞膜的通透性屏障，使菌体蛋白漏出而失活。可杀灭细菌繁殖体、真菌和部分病毒。主要用于皮肤消毒。碘酊的一般使用浓度为2%，碘伏使用浓度为0.3%～0.5%。

8. 季铵盐类　属于阳离子表面活性剂，能吸附带阴电的细菌，破坏其细胞膜，导致菌体自溶死亡。具有杀菌和去污作用，使用浓度为0.1%～0.2%。一般用于非关键物品的清洁消毒，也可用于手消毒，将其溶于乙醇可增强杀菌效果用于皮肤消毒。

二、影响消毒剂作用的因素

1. 消毒剂的性质、浓度和作用时间　各种消毒剂的理化性质不同，对微生物的作用强弱也有差异。一般而言，消毒剂浓度越高、作用时间越长、杀菌效果就越好。但95%的乙醇消毒效果反而不如75%，因高浓度乙醇使菌体蛋白表面迅速凝固，影响乙醇继续进入菌体内发挥作用。

2. 温度和酸碱度　升高温度可提高消毒剂的杀菌效果，温度每增高10℃，石炭酸的杀菌作用增加5～8倍。

3. 细菌的种类、数量与状态　不同种类的细菌对消毒剂的敏感性不同。如一般消毒剂对结核分枝杆菌的作用要比对其他细菌繁殖体的作用差；70%乙醇可杀死一般细菌繁殖体，但不能杀灭细菌的芽孢；有荚膜的细菌抵抗力强；老龄菌比幼龄菌抵抗力强；细菌数量越多，所需消毒剂浓度越高、作用时间越长。

4. 有机物　环境中有机物能显著影响消毒剂的效果。病原菌常随同排泄物、分泌物一起存在，这些物质可阻碍消毒剂与病原菌的接触，对细菌有保护作用，而且可与消毒剂发生化学反应，降低消毒剂的作用效果。因此，在有机物存在情况下的消毒，需要提高消毒剂的浓度和作用时间，以确保消毒效果。

第五单元　主要动物病原菌★★★★☆

细菌种类繁多，可引起动物疾病的病原菌也很多，而且有的是人畜共患。各类动物病原菌的分类、形态与染色特征、培养与生化特性、致病与毒力，是动物细菌性传染病的微生物学诊断的基础。

第一节 球 菌

球菌是细菌中的一个大类，根据革兰氏染色特性不同，分成革兰氏阳性和革兰氏阴性球菌两类。兽医临床上重要的是革兰氏阳性球菌，其中葡萄球菌属和链球菌属的某些成员是人和动物的重要致病菌。

一、链球菌属

链球菌属（*Streptococcus*）广泛分布于自然界，有些是动物正常菌群，有些可引起各种化脓性炎症、乳腺炎、败血症等。一般依据溶血现象和抗原结构对链球菌进行分类。根据链球菌在血琼脂平板上的溶血现象将其分为 α、β、γ 三大类。α 溶血性链球菌——菌落周围有朦胧的不透明溶血环，这类链球菌亦称草绿色链球菌，为条件致病菌；β 溶血性链球菌——菌落周围形成一个界限分明、完全透明的溶血环，这类细菌又称溶血性链球菌，致病力强，引起多种疾病；γ 溶血性链球菌——菌落周围无溶血环，故又称不溶血性链球菌，一般不致病。

猪 链 球 菌

猪链球菌（*S. suis*）可致猪急性败血症，近年来已成为集约化养猪业中的一个重要问题。猪链球菌也可感染人，引起脑膜炎、败血症和心内膜炎。

根据荚膜抗原的差异，猪链球菌分为 35 个血清型（1～34 及 1/2）及相当数量无法定型的菌株，其中1、2、7、9型是猪的致病菌。2型最为常见也最为重要，它可感染人并可致死。我国曾有猪链球菌2型大范围感染猪和人的报道。

【形态与染色】圆形或卵圆形，呈短链、长链或成对排列。无芽孢，无鞭毛。革兰氏染色阳性。陈旧培养物革兰氏染色往往呈阴性、单个或双个卵圆形，在液体培养中才呈短链状（图1-3）。

【培养及生化特性】生长要求较高。血液琼脂平板上长成灰白色、表面光滑、边缘整齐的小菌落。α或β溶血，一般起初为α溶血，延时培养后则变为β溶血。或者菌落周围不见溶血，刮去菌落则可见α或β溶血。猪链球菌2型在绵羊血平板呈α溶血，马血平板则为β溶血。

【致病性及毒力因子】可致猪脑膜炎、关节炎、肺炎、心内膜炎、多发性浆膜炎、流产和局部脓肿。在易感猪群可暴发败血症而引起猪突然死亡。猪链球菌2型是人的机会致病菌，从事屠宰或其他与生猪相关的从业人员易经伤口感染，引起人的脑膜炎、败血症、心内膜炎，并可致死。

链球菌的毒力因子较为复杂，至少包括两大类：一类与黏附有关，另一类为毒素。与黏附有关的有溶菌酶释放蛋白（MRP）、磷酸甘油醛脱氢酶（GAPDH）及纤连蛋白结合蛋白（FB-PS）。MRP分子质量136ku，是一种半乳糖黏附素，可致细胞凋亡。毒素仅发现溶血素，是一种具有巯基的穿孔毒素，有较强的免疫原性。另一种可能的毒力因子为细胞外蛋白因子（EF），分子质量110ku。不同分离株的MRP、EF、GAPDH、FBPS及溶血素的基因高度保守。

【微生物学诊断】微生物学诊断可进行猪链球菌的分离培养。可用鉴定荚膜等毒力相关基因的多重PCR直接检测分离的菌落，进行快速诊断。SPF微型猪、某些品系的小鼠或豚鼠可试用为接种本菌的动物模型，斑马鱼可作为猪链球菌感染及免疫研究的动物模型。

二、葡萄球菌属

葡萄球菌（Staphylococcus）广泛存在于自然界中，也是人和动物体表和呼吸道的常在菌。多数为不致病的腐物寄生菌，致病性葡萄球菌可引起各种化脓性炎症、败血症、食物中毒等。根据细胞壁组成、血浆凝固酶、外毒素和生化反应的不同，可将葡萄球菌属分为金黄色葡萄球菌（S. aureus）、腐生葡萄球菌（S. saprophyticus）和表皮葡萄球菌（S. epidermidis）。其中金黄色葡萄球菌为主要致病菌。

金黄色葡萄球菌

金黄色葡萄球菌（S. aureus）是人和动物化脓感染中最常见的病原菌，可引起局部化脓性炎症，也可引起肺炎、假膜性肠炎、心内膜炎等，甚至引起败血症、脓毒血症等全身感染。根据金黄色葡萄球菌的荚膜多糖抗原可将其分为11个型，临床分离株多为5型和8型。

【形态与染色】革兰氏阳性球菌，直径0.5～1.5μm，无芽孢、鞭毛，有的形成荚膜或黏液层，常呈葡萄串状排列，在脓汁、乳汁或液体培养基中呈双球或短链排列。

【培养及生化特性】在普通培养基上生长良好，需氧或兼性厌氧，触酶阳性。在普通培养基上形成湿润、光滑、隆起的圆形菌落，菌落颜色依菌株而异，初呈灰白色，继而为金黄色或柠檬色。在血平板上形成的菌落较大，致病菌株常呈β溶血。多数能分解葡萄糖、乳糖、麦芽糖、蔗糖，产酸不产气。致病菌株多能分解甘露醇，产生凝固酶。

【致病性及毒力因子】金黄色葡萄球菌常引起侵袭性疾病和毒素性疾病，前者主要是细菌通过各种途径侵入机体引起化脓性炎症，如动物的创伤感染、脓肿、关节炎、乳腺炎、蜂窝组织炎、败血症、脓毒血症等；后者主要是被金黄色葡萄球菌污染的食物或饲料引起人和动物的肠炎、中毒性呕吐以及人的毒素休克综合征等。金黄色葡萄球菌的毒力因子主要是毒素和酶，包括α溶血素、肠毒素、血浆凝固酶、透明质酸酶、表皮剥脱毒素、毒素休克综合征毒素1、杀白细胞素等。

【微生物学诊断】化脓性病灶取脓汁、渗出液，乳腺炎取乳汁，败血症取血液、肝、脾等涂片，革兰氏染色后镜检，依据细菌形态、排列和染色特性可初步诊断。对无污染的病料（如血液等）可接种于血平板，对已污染的病料可接种于含7.5%氯化钠甘露醇琼脂平板，挑取金黄色、溶血或甘露醇阳性菌落进行染色镜检。进一步鉴定还可做凝固酶试验、耐热核酸酶试验等。必要时可做动物试验，家兔最为易感，皮下接种可引起局部皮肤溃疡坏死；静脉接种，于24～48h致死动物。剖检可见浆膜出血，肾及其他脏器出现大小不等的脓肿。

三、蜜蜂球菌属

本属仅包含蜂房蜜蜂球菌（*Melissococcus pluton*）单个种，其感染蜜蜂幼虫引起欧洲幼虫腐臭病（European foulbrood，EFB），又称烂子病、黑幼虫病。该病广泛发生，其传播迅速，危害大，以3～4日龄未封盖幼虫死亡为特征。

【形态与染色】蜂房蜜蜂球菌为革兰氏阳性菌，但染色不稳定，有时呈阴性。披针形球菌，多呈单个存在，有时排列成对或短链状，无荚膜、无芽孢、无鞭毛。

【培养及生化特性】在马铃薯琼脂培养基上生长良好，微需氧或厌氧且需CO_2。培养24～48h，形成半透明水滴样、表面光滑、中心突起的小菌落。蛋白胨可抑制其生长。能利用葡萄糖、果糖、蔗糖、阿拉伯糖、麦芽糖和海藻糖，不能利用甘露糖、乳糖、柠檬酸钾和柠檬酸钠。对不良环境的抵抗力强，能在蜂尸上存活数年，在蜂蜜里也能保持长时间的活力。

【致病性及毒力因子】本菌引起的欧洲幼虫腐臭病是蜜蜂幼虫的一种恶性消化道传染病，为OIE*规定的检疫对象。中蜂比意蜂更易感，1～2日龄幼虫最易感，侵染中肠上皮，细菌可随粪便排至幼虫巢房内，成为重要的传染源。发病幼虫失去光泽成为水湿状、水肿、发黄，体节逐渐消失，最后呈棕色，虫体腐烂，发出酸臭味。该菌产生的酪胺是目前发现的唯一毒力因子，为细胞毒素。

【微生物学诊断】可先进行涂片镜检，将病死幼虫的尸骸或其体液置于载玻片上，加无菌水，用玻璃棒研磨混悬液，用10%苯胺黑染色液染色，干燥后用油镜观察。细菌分离培养后，根据染色特性、形态和生化试验进行鉴定。也可用抗血清做凝集试验。PCR技术可快速、准确地鉴定该菌。

第二节　肠杆菌科

肠杆菌是一大群寄居于人和动物肠道中的革兰氏阴性、无芽孢的兼性厌氧菌，常随人与

---

* OIE是世界动物卫生组织的原英文缩写，现缩写为WOAH，下同。

动物粪便排出，广泛分布于水、土壤或腐物中。其中部分成员对人和动物有广泛的致病性，在公共卫生和兽医临床上有重要意义。

一、埃希菌属

埃希菌属（*Escherichia*）至少有 6 个种，其中最重要的是大肠杆菌（*E.coli*）。

大 肠 杆 菌

大多数大肠杆菌是人和动物肠道内的正常菌群成员之一，常随粪便排出，故被用作水、食品和饲料等卫生检测的指标。少数具有致病性，可以引起畜禽特别是幼畜禽的大肠杆菌病。

【形态与染色】 革兰氏阴性无芽孢杆菌，大小为（0.4～0.7）μm×（2～3）μm，两端钝圆、散在，周生鞭毛可运动，多有菌毛（图 1-4）。

【培养及生化特性】 需氧或兼性厌氧菌，在普通培养基上生长良好。在琼脂平板上长成圆形、隆起、光滑、湿润、灰白色、中等大小的菌落。在肉汤中生长，均匀混浊，可在管底形成黏性沉淀。大多可以发酵乳糖产酸产气，麦康凯琼脂上形成红色菌落，据此可与沙门氏菌作鉴别；在伊红美蓝琼脂上产生黑色带金属闪光的菌落；一些致病性菌株在绵羊血平板上呈 β 溶血。

【致病性及毒力因子】

1. 致病性 大肠杆菌为人和动物肠道中的常居菌，一般多不致病，在一定条件下可引起肠道外感染。肠道外感染多为内源性感染，以泌尿系统感染为主，如尿道炎、膀胱炎、肾炎。某些血清型菌株的致病性强，可侵入血液引起各种动物败血症、幼畜腹泻、家禽卵巢炎、腹膜炎、猪水肿病等。与动物疾病有关的致病性大肠杆菌可分为 5 类：产肠毒素大肠杆菌（ETEC）、产类志贺毒素大肠杆菌（SLTEC）、肠致病性大肠杆菌（EPEC）、败血性大肠杆菌（SEPEC）及尿道致病性大肠杆菌（UPEC）。ETEC 是一类致人和幼畜腹泻的最常见的病原性大肠杆菌。

2. 与大肠杆菌致病有关的毒力因子

（1）**定居因子** 也称黏附素，即大肠杆菌的菌毛。致病性大肠杆菌须先黏附于宿主肠壁，以免被肠蠕动和肠分泌液清除。定居因子具有较强的免疫原性，能刺激机体产生特异性抗体。

（2）**肠毒素** 是产肠毒素大肠杆菌在生长繁殖过程中释放的一种蛋白质毒素，分为耐热和不耐热两种。不耐热肠毒素（LT）对热不稳定，65℃经 30min 即失活。LT 为蛋白质，分子质量大，有免疫原性。LT 的免疫原性与霍乱弧菌肠毒素相似，两者的抗血清有交叉中和作用。耐热肠毒素（ST）对热稳定，100℃经 20min 仍不被破坏，分子质量小，免疫原性弱。ST 与霍乱毒素无共同的抗原关系。

产肠毒素大肠杆菌的有些菌株只产生一种肠毒素，即 LT 或 ST；有些则两种均可产生。有些致病大肠杆菌还可产生 vero 毒素。

（3）**其他** 胞壁脂多糖的类脂 A 具有毒性，O 特异多糖有抵抗宿主防御屏障的作用。大肠杆菌的 K 抗原有吞噬作用。

【微生物学诊断】

（1）**病料的分离培养** 败血症病例采集内脏组织（肝、脾、肾等），幼畜腹泻及猪水肿病病例应取各段小肠内容物或黏膜刮取物以及相应肠段的肠系膜淋巴结，分别在麦康凯平板和血平板上划线分离培养。

（2）可疑菌落的生化鉴定　挑取麦康凯平板上的红色菌落或血平板上呈 β 溶血（仔猪黄痢与水肿病菌株）的典型菌落几个，分别转种三糖铁（TSI）培养基和普通琼脂斜面做初步生化鉴定和纯培养。

（3）纯培养物的抗原鉴定　将 TSI 琼脂反应模式符合埃希菌属的生长物或其相应的普通斜面纯培养物做 O 抗原、K 抗原鉴定。

（4）检测毒力因子　确定其属于哪类致病性大肠杆菌。

二、沙门氏菌属

沙门氏菌属（*Salmonella*）是一大群寄生于人和动物肠道内的生化反应和抗原构造相似的革兰氏阴性杆菌。绝大多数沙门氏菌对人和动物有致病性，主要通过消化道传染，能引起人和动物不同临床表现的沙门氏菌病，并为人类食物中毒的主要病原之一，在医学、兽医和公共卫生上均十分重要。

沙 门 氏 菌

沙门氏菌具有极其广泛的动物宿主。感染动物后常导致严重的疾病，并成为人类沙门氏菌病的传染源之一。因此，沙门氏菌病是一种重要的人畜共患病。

【形态与染色】两端钝圆、中等大小的革兰氏阴性菌，无芽孢，一般无荚膜，除鸡白痢沙门氏菌和鸡伤寒沙门氏菌外，其余都有周身鞭毛、能运动，大多数具有纤毛。

【培养及生化特性】需氧或兼性厌氧菌，在普通培养基上即能生长，在普通肉汤中生长呈均匀混浊，有些菌株可形成菌膜或沉淀。绝大多数菌株不分解乳糖，在麦康凯琼脂培养基或远藤培养基上生长成无色透明、圆形、光滑、扁平的小菌落，可与大肠杆菌区别。

【致病性及毒力因子】

1. 致病性　沙门氏菌最常侵害幼、青年动物，使之发生败血症、胃肠炎及其他组织局部炎症。对成年动物则引起散发性或局限性沙门氏菌病。发生败血症的怀孕母畜可表现流产，在一定条件下亦可引起急性流行性暴发。沙门氏菌常在动物与动物、动物与人、人与人之间通过直接或间接的途径传播，没有中间宿主。主要传染途径是消化道。许多不良环境条件，如卫生不良、过度拥挤、气候恶劣等均可增加易感动物发病。

根据对宿主的嗜性不同，可将沙门氏菌分成三群。①第一群：具有高度专嗜性沙门氏菌，只对人或某种动物产生特定的疾病。例如，鸡白痢和鸡伤寒沙门氏菌仅使鸡和火鸡发病，马流产、牛流产和羊流产等沙门氏菌；猪伤寒沙门氏菌仅侵害猪。②第二群：是在一定程度适应于特定动物的偏嗜性沙门氏菌，如猪霍乱和都柏林沙门氏菌，分别是猪和牛羊的致病菌。③第三群：是泛嗜性沙门氏菌，有广泛宿主谱，能引起人和各种动物的沙门氏菌病，具有重要的公共卫生意义。如鼠伤寒沙门氏菌能致各种畜禽、宠物及实验动物的副伤寒，表现胃肠炎或败血症，也可引起人的食物中毒。

2. 毒力因子　沙门氏菌毒力因子有多种，主要有菌毛、内毒素及肠毒素等。

（1）菌毛　吸附于小肠黏膜上皮细胞表面，并穿过上皮细胞层到达上皮下组织。

（2）内毒素　沙门氏菌内毒素毒性较强，可引起发热、白细胞减少、中毒性休克。内毒素可激活补体系统释放趋化因子，吸引白细胞，导致肠道局部炎症反应。

（3）肠毒素 某些沙门氏菌如鼠伤寒沙门氏菌能产生肠毒素，其性质类似肠产毒性大肠杆菌的肠毒素。

【微生物学诊断】

1. 分离培养 未污染病料直接接种普通琼脂、血琼脂或鉴别培养基平板分离细菌；污染材料如饮水、粪便、饲料、肠内容物和已败坏组织等，常需要增菌培养基增菌后再行分离。

2. 生化鉴定 挑可疑菌落涂片、染色、镜检，并分别接种三糖铁（TSI）琼脂和尿素琼脂等培养，疑为沙门氏菌时，进行生化反应，试验观察其生化特性。

3. 血清型分型 鉴定分离菌株的血清型，可应用分群抗 O 血清（A～F 群）做凝集试验，以鉴定其群别。也可用直接凝集、免疫荧光、ELISA、PCR 等方法鉴定。

第三节　巴氏杆菌科及相关属

近年来，由于 DNA 杂交、16S rRNA 序列分析等分子生物学技术的应用，巴氏杆菌科的细菌分类变动较大。目前，巴氏杆菌科有 30 个属，包括巴氏杆菌属、放线杆菌属、嗜血杆菌属等。2020 年新设立格拉瑟菌属。里氏杆菌属划入黄杆菌科。

一、巴氏杆菌属

巴氏杆菌属（*Pasteurella*）的细菌已报道有 20 多种，其中，多杀性巴氏杆菌是最重要的畜禽致病菌。

多杀性巴氏杆菌

多杀性巴氏杆菌（*P. multocida*）是引起多种畜禽巴氏杆菌病的病原体，主要使动物发生出血性败血病或传染性肺炎。在同种或不同动物间可相互传染，也可感染人，大多因被动物咬伤所致。

【形态与染色】细小球杆状，革兰氏阴性菌，两端钝圆，单个存在，有时成双排列。新分离的细菌有微荚膜，在动物血液和脏器中的细菌经瑞氏染色或美蓝染色呈明显的两极着色。无鞭毛，不形成芽孢（图 1-5）。

【培养及生化特性】需氧或兼性厌氧菌，营养要求较高，普通培养基中生长差。在麦康凯培养基上不生长。在血琼脂平板上长成露滴样小菌落，不溶血。在血清肉汤中培养开始轻微混浊，4～6d 后液体变清，液面形成菌环，管底出现黏稠沉淀。从病料新分离的强毒菌株具有荚膜。菌落为黏液型，较大。

培养 48h 可分解葡萄糖、果糖、蔗糖、甘露糖和半乳糖，产酸不产气。大多数菌株可发酵甘露醇、山梨醇和木糖。一般对乳糖、鼠李糖、杨苷、肌醇、菊糖、侧金盏花醇不发酵。可形成靛基质。触酶和氧化酶均为阳性，甲基红试验和 VP 试验均为阴性，石蕊牛乳无变化，不液化明胶，产生硫化氢和氨。

【致病性及毒力因子】

1. 致病性 对鸡、鸭、鹅、野禽及猪、牛、羊、马、兔等都可致病，急性型呈出血性败血症，迅速死亡，如牛出血性败血症、猪肺疫、禽霍乱、兔巴氏杆菌病等；亚急性型呈出血性炎症，见于黏膜关节等部位；慢性型呈萎缩性鼻炎（猪、羊）、关节炎及局部化脓性炎症等。实验动物中小鼠极易感染，鸽对杀禽亚种的易感性强。

2. 相关毒力因子 具有荚膜的菌株有较强的抗性，荚膜成分为透明质酸，有抗吞噬作用。杀禽亚种的致病力与菌体的内毒素有关。该内毒素是一种含氮的磷酸酯多糖，与菌体结合不紧密，用福尔马林盐水可洗脱，少量注入鸡体即可引起禽霍乱，表现出血性败血症状。

【微生物学诊断】

1. 显微镜检查 采取渗出液、心血、肝、脾、淋巴结、骨髓等新鲜病料涂片或触片，以碱性美蓝液或瑞氏染色液染色，显微镜检查，如发现典型的两极着色的短杆菌，结合流行病学及剖检，可做出初步诊断。但慢性病例或腐败材料不易发现典型菌体，必须进行培养和动物试验。可用血琼脂分离培养，疑似菌落再接种在三糖铁培养基，细菌生长使底部变黄。必要时可进一步做生化反应进行鉴定。

2. 分离培养 慢性病例或腐败材料不易发现典型菌体，必须进行培养和动物试验。可用血琼脂分离培养，疑似菌落再接种三糖铁培养基，细菌生长使底部变黄。必要时可进一步做生化反应进行鉴定。

3. 动物试验 用病料悬液或分离培养菌，皮下注射小鼠、家兔或鸽，动物多在 24～48h 内死亡。参照患畜的生前临床症状和剖检变化，结合分离菌株的毒力试验，做出诊断。

4. 血清型学鉴定 若要鉴定荚膜抗原和菌体抗原型，则要用抗血清或单克隆抗体进行血清学试验。检测动物血清中的抗体，可用试管凝集试验、间接凝集试验、琼脂扩散试验或 ELISA。

二、里氏杆菌属

里氏杆菌属（*Riemerella*）的代表种是鸭疫里氏杆菌（*R. anatipestifer*），原名鸭疫巴氏杆菌，是雏鸭传染性浆膜炎的病原菌。

鸭疫里氏杆菌

【形态与染色】菌体呈杆状或椭圆形，大小为（0.3～0.5）μm×（0.7～6.5）μm，偶见个别长丝状，长为 11～24μm。多为单个，少数成双或短链排列。可形成荚膜，无芽孢，无鞭毛。瑞氏染色可见两极着色。革兰氏染色阴性。

【培养及生化特性】营养要求较高，普通培养基和麦康凯培养基上不生长。初次分离培养需要供给 5%～10% CO_2。在巧克力或胰蛋白胨大豆琼脂（TSA）平板上、CO_2 培养箱或蜡烛缸中，37℃培养 24～48h，生长的菌落无色素、圆形、表面光滑，直径 1～2mm。在含血清或胰蛋白胨酵母的肉汤中，37℃培养 48h，呈上下一致的轻微混浊，管底有少量沉淀。不发酵葡萄糖、蔗糖，可与多杀性巴氏杆菌区别。极少数菌株发酵麦芽糖或肌醇。靛基质、硝酸盐还原、柠檬酸盐利用、VP 试验、甲基红试验、硫化氢产生、尿素分解等均为阴性。氧化酶、触酶试验为阳性。多不溶血，多液化明胶，（G+C）mol% 多为 35。

【致病性及毒力因子】鸭疫里氏杆菌可引起 1～8 周龄，尤其是 2～3 周龄雏鸭大批发病、死亡，生长发育严重受阻。兔和小鼠不易感。豚鼠腹腔注射大量细菌可致死。*vapl* 基因的编码产物是可能的毒力因子，为 cAMP 协同溶血素，存在于 1、2、3、5、6 及 19 型菌株。

【微生物学诊断】取发病初期病鸭的脑及心血，用巧克力培养基容易分离到本菌。肝、脾分离率低，仅 10% 左右。分离时应同时接种麦康凯培养基，以便及时与大肠杆菌相区别。分离的细菌应进行葡萄糖和蔗糖发酵试验，也可接种小鼠，与多杀性巴氏菌相区别。PCR 方法可用于快速诊断。

三、嗜血杆菌属

嗜血杆菌属（*Haemophilus*）是一群酶系统不完全的革兰氏阴性杆菌，生长需要血液中的生长因子，尤其是 X 因子和 V 因子，人工培养时必须供给新鲜血液，故名嗜血杆菌。嗜血杆菌存在于人和动物的呼吸道黏膜，常分离自人和动物的各种病灶和分泌物。原归于嗜血杆菌属的副猪嗜血杆菌划入新设立的格拉瑟菌属（*Glasserella*），新名称为副猪格拉瑟菌（*G. parasuis*）。

副猪嗜血杆菌（副猪格拉瑟菌）

副猪嗜血杆菌（副猪格拉瑟菌，*G. parasuis*）可引起副猪嗜血杆菌病［格拉瑟病（Glässer's disease），或称猪多发性浆膜炎与关节炎］，是目前养猪生产中重要的细菌性呼吸道疾病。根据热稳定抗原的差异，可分为至少 15 个血清型，约 25% 的分离株无法定型。目前的优势菌型为 4 型及 5 型。不同血清型菌株的毒力存在差异，1、5、10、12、13 及 14 型为高毒力，2、4、15 为中毒力，其他血清型视为无毒力。同一血清型的不同菌株毒力也有所不同。

【形态与染色】多为短杆状，也有的呈球状、杆状或长丝状等多形性。大小为 $1.5\mu m \times (0.3 \sim 0.4)\mu m$。多单个存在，也有短链排列。无鞭毛，无芽孢。新分离的致病菌株有荚膜，美蓝染色呈两极浓染，革兰氏染色为阴性。

【培养及生化特性】需氧或兼性厌氧，最适生长温度 37℃，最适 pH 7.6~7.8。初次分离培养时供给 5%~10%CO_2 可促进生长。生长需供给 X 因子和 V 因子。在巧克力琼脂上，经 37℃ 24~48h 培养，生长的菌落呈圆形、表面光滑、边缘整齐、灰白色、半透明。菌落的大小可因菌种和培养基的营养程度不同而异，从针尖大直至绿豆大小。对糖类发酵多不稳定。

【致病性及毒力因子】副猪嗜血杆菌存在于猪的上呼吸道，猪繁殖与呼吸综合征病毒（PRRSV）、猪圆环病毒 2 型（PCV2）感染造成的免疫抑制可加剧其感染，成为常见的继发病。疾病的临床特征表现为高热、关节肿胀、呼吸道紊乱及中枢神经症状。严重者剖检可见多发性浆膜炎，包括心包炎、腹膜炎、胸膜炎、脑膜炎以及关节炎。10 日龄以下仔猪往往从带菌母猪感染。断奶猪较易发病，应激因素常是发病的诱因。此外，副猪嗜血杆菌常与猪流感病毒共感染。

副猪嗜血杆菌的毒力因子不完全清楚，其毒力因子可能为荚膜、菌毛和内毒素等。

【微生物学诊断】副猪嗜血杆菌对培养条件要求高，可用胰蛋白胨大豆琼脂（TSA）平板进行分离培养。可采用 PCR 方法直接检测病料中的细菌。

四、放线杆菌属

放线杆菌属（*Actinobacillus*）包括猪胸膜肺炎放线杆菌、林氏放线杆菌、驹放线杆菌等若干种。猪胸膜肺炎放线杆菌是猪的重要致病菌。

胸膜肺炎放线杆菌

猪胸膜肺炎放线杆菌（*A. pleuropneumoniae*）所引起的猪传染性胸膜肺炎是规模化猪场常见的疾病之一。

【形态与染色】小球杆菌，具多形性。新鲜病料呈两极染色，有荚膜和鞭毛，具运动性。

【培养及生化特性】兼性厌氧，置 $10\%CO_2$ 中可长出黏液性菌落。最适生长温度 37℃。在普通营养基不生长，需添加 V 因子，常用巧克力培养基培养。在绵羊血平板上，可产生稳定的 β 溶血，金黄色葡萄球菌可增强其溶血圈（CAMP 试验阳性）。

【致病性及毒力因子】

1. 致病性　猪是本菌高度专一性的宿主，寄生在猪肺坏死灶内或扁桃体，较少在鼻腔。引起猪的高度接触传染性呼吸道疾病，以纤维素性胸膜炎和肺炎为特征。慢性感染猪或康复猪成为带菌者。小于 6 月龄的猪最易感，经空气传染或猪与猪直接接触传染。应激可促使发病。

2. 毒力因子　本菌的毒力因子较复杂。荚膜有抗吞噬作用，但如存在特异的调理素抗体，则可被吞噬细胞消化。脂多糖是典型的内毒素，能引致肺部炎性细胞渗出，但不足以诱发胸膜肺炎的特征性病变。

毒素是本菌最重要的毒力因子。不同血清型的菌株可产生 4 种细胞毒素，名为 ApxⅠ～Ⅳ，具有细胞毒性或溶血性，是一种穿孔毒素，属于含重复子毒素家族。Ⅲ型毒素与大肠杆菌 α-溶血素有相同的操纵子编码基因。Ⅳ型毒素存在于所有血清型，但只在猪体内才产生。

【微生物学诊断】

1. 显微镜检查　取病死猪肺坏死组织、胸水、鼻及气管渗出物做涂片，镜检是否有革兰氏阴性两极染色的球杆菌。

2. 分离培养与鉴定　取上述病料接种巧克力琼脂或绵羊血琼脂，置 5% CO_2 37℃过夜培养。如有溶血小菌落生长，应进一步做 CAMP 试验，检测其脲酶活性及甘露醇发酵能力。用琼脂扩散试验或直接凝集试验鉴定分离菌株的血清型。

3. 基因检测　采用 PCR 方法检测荚膜基因，可用于快速诊断和定型。

第四节　革兰氏阴性需氧杆菌

革兰氏阴性需氧菌成员众多，在兽医学和公共卫生方面具有重要意义的主要有布鲁氏菌属、伯氏菌属、波氏菌属等。

一、布鲁氏菌属

布鲁氏菌（*Brucella*）又称布氏杆菌，有羊、牛、猪、鼠、绵羊及犬布鲁氏菌 6 个种，20 个生物型。是一类引起多种动物和人布鲁氏菌病的病原，不但危害畜牧业生产，而且严重影响人的健康。

【形态与染色】菌体多呈球杆状。无鞭毛，不形成芽孢，毒力菌株有菲薄的微荚膜，经传代培养渐呈杆状。革兰氏染色阴性，但着色不佳，柯兹洛夫斯基（柯氏）染色呈红色

(图 1-6)。

【培养及生化特性】严格需氧菌。牛布鲁氏菌在初次分离时，需在 5%～10% CO_2 环境中才能生长，最适温度 37℃，最适 pH 6.6～7.1。对营养要求较高，在含 5%～10% 马血清的培养基中生长良好。此菌生长缓慢，培养 48h 后才出现透明的小菌落。鸡胚培养也能生长。

【致病性及毒力因子】

1. 致病性 可感染的动物种类较多，目前已知有 60 多种，包括马、牛、猪、绵羊、山羊、骆驼、鹿、兔、犬等各种家畜、野生哺乳动物、啮齿动物、鸟类、爬虫类、两栖类和鱼类。引起人和多种动物的布鲁氏菌病是一种重要的人畜共患病。以牛、羊、猪最易感，主要侵害生殖系统，引起妊娠母畜流产、子宫炎，公畜睾丸炎。布鲁氏菌可引起豚鼠、小鼠和家兔等实验动物感染，豚鼠最为易感。人主要通过接触病畜及其分泌物或接触被污染的畜类产品，经皮肤、眼结膜、消化道、呼吸道等不同途径感染，表现为不定期发热（称为"波浪热"）、关节炎、睾丸炎等病症。

2. 毒力因子 与布鲁氏菌致病性相关的有内毒素、荚膜和透明质酸酶等。布鲁氏菌侵袭力强，通过完整的皮肤、黏膜进入宿主体内后，被吞噬细胞吞噬成为胞内寄生菌，并有很强的繁殖与扩散能力，这与荚膜的抗吞噬作用和透明质酸酶的扩散作用有关。动物患病时，布鲁氏菌常局限于腺体组织和生殖器官，与这些组织赤鲜醇含量较高有关。因此，病畜主要表现为睾丸炎、附睾炎、乳腺炎、子宫炎等。孕期动物对布鲁氏菌最敏感，感染后常引起母畜流产。

在不同种别和生物型，甚至同型细菌的不同菌株之间，毒力差异较大。对豚鼠致病性顺序是马耳他布鲁氏菌＞猪布鲁氏菌＞流产布鲁氏菌＞沙林鼠布鲁氏菌＞犬布鲁氏菌＞绵羊布鲁氏菌。

【微生物学诊断】布鲁氏菌感染常表现为慢性或隐性，其诊断和检疫主要依靠血清学检查及变态反应检查。

1. 细菌学检查 病料最好用流产胎儿的胃内容物、肺、肝和脾以及流产胎盘和羊水等。也可采用阴道分泌物、乳汁、血液、精液、尿液以及急宰病畜的子宫、乳房、精囊、睾丸、附睾、淋巴结、骨髓和其他局部病变的器官。病料直接涂片，革兰和柯兹洛夫斯基染色镜检。若发现革兰氏阴性、鉴别染色为红色的球状杆菌或短小杆菌，即可作出初步的疑似诊断。

2. 分离培养鉴定 无污染病料可直接划线接种于适宜培养基，5%～10%CO_2 环境 37℃培养。每 3d 观察一次，如有细菌生长，可挑选可疑菌落进行细菌鉴定。

3. 血清学检查 有多种检查方法，血清中布鲁氏菌抗体检查和病料中布鲁氏菌检查两类方法。

（1）检测细菌 用已知抗体可检查病料中是否存在布鲁氏菌，或分离培养物是否为布鲁氏菌，比细菌学检查法简便快速，因而具有较好的实用价值。常用方法有荧光抗体技术、反向间接血凝试验、间接炭凝集试验以及免疫酶组化法染色等。

（2）检测抗体 动物在感染布鲁氏菌 7～15d 可出现抗体，检测血清中的抗体是布鲁氏菌病诊断和检疫的主要手段。在实际工作中，最好用一种以上的方法相互配合。国内常用玻板凝集试验、虎红平板凝集试验、乳汁环状试验进行现场或牧区大群检疫，以试管凝集试验和补体结合试验进行实验室最后确诊。

4. 变态反应检查 皮肤变态反应一般在感染后的 20～25d 出现，因此，不宜用作早期诊断。本法适用于动物的大群检疫，主要用于绵羊和山羊，其次为猪。

检测时，将布鲁氏菌水解素 0.2mL 注射于羊尾根皱襞部或猪耳根部皮内，24h 及 48h 后各观察反应一次。若注射部位发生红肿，即判为阳性反应。此法对慢性病例的检出率较高，且注射水解素后无抗体产生，不影响以后的血清学检查。

凝集反应、补体结合反应和变态反应出现的时间各有特点。即动物感染布鲁氏菌后，首先出现凝集反应，消失较早；其次出现补体结合反应，消失较晚；最后出现变态反应，保持时间也较长。为了彻底消除各类病畜，应同时使用三种方法进行综合诊断。

二、伯氏菌属

伯氏菌属（*Burkholderia*）成员原归于假单胞菌属，1992 年将其独立成为伯氏菌科。本属的表型特点与假单胞菌属相似，现有 30 多种，对动物有致病性的仅两种，即鼻疽伯氏菌及伪鼻疽伯氏菌，均可经气溶胶传播，生物安全风险较大。

鼻疽伯氏菌

鼻疽伯氏菌（*B. mallei*）（旧名鼻疽假单胞菌），习惯称鼻疽杆菌，为马、骡、驴等单蹄兽鼻疽的病原，也能感染人、其他家畜和多种野生动物，是一种人畜共患病病原。

【形态与染色】中等大小杆菌，大小为 $0.5\mu m \times (1.5 \sim 4.0)\ \mu m$。无芽孢，无荚膜，不运动。革兰氏阴性，一般苯胺染料易于着色，但在组织中及老龄培养菌常着色不均。

【培养及生化特性】专性需氧菌，最适生长温度为 37℃，可生长范围为 25～40℃，41℃ 尚能生长，4℃ 则不生长。最适 pH 为 6.4～6.8，在 pH 4.5 不生长。普通培养基中生长缓慢，加 5%绵羊血或 1%甘油可促进生长。正常菌落为光滑（S）型，变异的菌落最常见的为粗糙（R）型。

可还原硝酸盐和液化明胶，产生 H_2S，不产生吲哚，VP 及甲基红试验阴性。氧化酶阳性，脂酶（水解吐温-80）部分菌株阴性，脲酶阴性。可使石蕊牛乳产酸继而凝固及胨化。

【致病性及毒力因子】

1. 致病性　主要感染马属动物。表现为鼻疽，可呈急性或慢性经过，病变特征为皮肤、鼻腔黏膜、肺脏及其他实质器官形成典型的鼻疽结节和溃疡。肉食兽可因采食感染动物的肉而致败血症，猫科动物较犬科动物更为易感，曾有动物园饲养的虎、豹发病的报道。绵羊、山羊及骆驼偶尔感染，猪及牛则不易感。人也可经创伤或吸入含菌材料而感染，并引起致死性疾病。

实验动物以猫和仓鼠易感性最强，豚鼠次之。雄性豚鼠腹腔感染后，可引起典型的睾丸炎和睾丸周围炎，睾丸肿胀、化脓而后破溃，称为 Strauss（施特劳斯）反应，具有一定的诊断价值。

2. 毒力因子　鼻疽伯氏菌的毒力因子尚不明确。用马属动物作为动物模型的研究显示，无荚膜变异株不致病，证实荚膜多糖确为重要的毒力因子。此外，毒素如绿脓素、卵磷脂酶、胶原酶和脂酶也有致病作用。

【微生物学诊断】诊断和检疫主要采用变态反应检查和血清学检查，而细菌学检查只用于特殊病例，仅允许在生物安全三级实验室进行。

1. 变态反应检查　是鼻疽诊断和检疫最常用的方法，所用反应原为鼻疽菌素。马匹感染鼻疽后 2～3 周呈现阳性反应，以后随着病程发展，反应逐渐增强。鼻疽病马保持变态反应的时间较长，有的可达 8～10 年，甚至终身。

变态反应有点眼反应、眼睑试验、皮下试验（热反应）、皮肤试验和喷雾诊断 5 种方法。其中以点眼法简便易行而且检出率高，为我国检疫规定的主要方法，可检出急性、慢性、潜伏性及初愈者，但不能区分鼻疽的类型。

点眼法是将鼻疽菌素 3～4 滴滴入马匹一侧眼结膜囊内，分别于点眼后 3h、6h、9h 及 24h 观察反应。如眼结膜红肿并排出脓性分泌物，即为阳性反应。点眼一般应以 5～6d 的间隔连续进行 2～3 次，以提高检出率。

2. 血清学检查　列入检疫规程者仅为补体结合试验。此法特异性很高，有 90%～95% 呈阳性反应的马匹，剖检时有鼻疽病变。但是敏感性不高，凡呈现阳性的马匹多为活动性鼻疽；慢性病例只能检出 10%～25%。因此，该方法只能作为对鼻疽菌素点眼试验阳性动物的附加诊断方法。

其他血清学诊断方法，如间接荧光抗体法，可用于检测临床病料。PCR 方法可直接从全血白细胞层中检出细菌。

三、波氏菌属

波氏菌属（*Bordetella*）又译作博代氏菌，属产碱杆菌科。除百日咳波氏菌外，本属还有副百日咳波氏菌及支气管败血波氏菌等 15 个种。大多成员专性寄生于哺乳动物或禽类，定植在呼吸道上皮细胞的纤毛上，并致呼吸道疾病。

支气管败血波氏菌

支气管败血波氏菌（*B. bronchiseptica*）曾称为犬支气管杆菌，因最初从患呼吸道病犬发现，此后发现该菌有多种宿主。

【形态与染色】为革兰氏阴性，小杆状，大小为（0.2～0.5）μm×（0.5～2.0）μm。不产生芽孢。

【培养及生化特性】需氧或兼性厌氧。触酶阳性，不分解糖类，甲基红、VP 或吲哚试验阴性。在牛血平板 35℃培养 48h，菌落直径 0.5～1mm，圆形、光滑、边缘整齐，某些菌株呈 β 溶血，并可同时出现大小不等的溶血菌落及不溶血变异菌落。麦康凯平板培养菌落显蓝灰色，周边有狭窄的红色环，培养基着染琥珀色。

【致病性及毒力因子】

1. 致病性　可感染多种哺乳动物，包括猪、犬、猫、马、牛、绵羊和山羊等家畜，兔、豚鼠、水鼠、大鼠、仓鼠及猴等实验动物，鼠、雪貂、刺猬、浣熊、狐、臭鼬、狨、考拉及海洋哺乳动物等野生动物。引起呼吸道的不显性感染及急、慢性炎症，统称为波氏菌病。最有代表性的是犬传染性气管支气管炎（幼犬窝咳）和兔传染性鼻炎，并且是猪传染性萎缩性鼻炎的病原之一。在冬季可致 3～4 日龄仔猪原发性支气管肺炎，幼猫易感并可致支气管肺炎，豚鼠可发生流行性呼吸道病，死亡率高，并致流产和死胎。人偶有感染的报道，主要是免疫抑制患者。

2. 毒力因子　包括黏附素及毒素两大类。黏附素有菌毛血凝素、菌毛、百日咳毒素和支气管定植因子。毒素有腺苷酸环化酶溶血素、皮肤坏死毒素、骨毒素、支气管细胞毒素以及 LPS。皮肤坏死毒素引致外周血管收缩、局部贫血和出血，不耐热，56℃ 30min 完全失活，0.3％甲醛 37℃处理 20h 完全失去毒性但保留免疫原性。支气管细胞毒素对支气管上皮细胞有特异亲和力，致纤毛静滞。

【微生物学诊断】

1. 细菌学检查 可采集鼻腔后部分泌物、气管分泌物或病变组织（如气管、支气管和肺等），接种麦康凯琼脂或血琼脂平板等，要浓厚涂抹。37℃需氧培养 40～48h，挑选可疑菌落进行革兰氏染色镜检，并进一步做生化试验进行鉴定。国外文献推荐用 Smith & Baskerville 培养基，可从呼吸道菌群中选择培养。PCR 方法可用作快速诊断。

2. 血清学检查 常规应用试管凝集试验，主要用于猪萎缩性鼻炎的诊断，也可用于兔、豚鼠、犬、猫、马、猴等动物波氏杆菌感染症的诊断。判定标准暂定为凝集价 1：80 以上为阳性，1：40 为可疑，1：20 以下为阴性。

第五节 革兰氏阳性无芽孢杆菌

李氏杆菌属

李氏杆菌属（*Listeria*）为革兰氏阳性杆菌，需氧或兼性厌氧，无芽孢，不生产荚膜。本属现有 20 个种，可归并为 4 个群。第一群包括产单核细胞李氏杆菌、莫氏李氏杆菌、无害李氏杆菌、韦氏李氏杆菌及塞氏李氏杆菌，具有致病性，其他 3 个群被认为无致病性。本属代表种是产单核细胞李氏杆菌，引起人和动物的李氏杆菌病。

产单核细胞李氏杆菌

产单核细胞李氏杆菌（*L. monocytogenes*）对人、家畜、家禽、野生动物均有侵袭力，亦可寄生在蜱、蝇、昆虫、鱼及甲壳类动物体内，存在于河水、污泥、屠宰场（厂、点）废弃物、青贮料、奶及其制品中。该菌在 4℃环境中仍可生长繁殖，是冷藏食品威胁人体健康的主要病原菌之一。

【形态与染色】革兰氏阳性，短杆菌，直或稍弯，两端钝圆，大小为（0.4～0.5）$\mu m \times$（0.5～2.0）μm，常呈 V 形排列或成对排列。无芽孢，一般不形成荚膜，但在营养丰富的环境中可形成荚膜。在陈旧培养中的菌体可呈丝状及革兰氏阴性。在 20～25℃培养可产生周鞭毛，具有运动性（图 1-7）。

【培养及生化特性】需氧或兼性厌氧，普通培养基中均能生长，在葡萄糖血液或血清培养基上长成露滴状小菌落，呈 β 溶血。在 45°斜射光线下观察，菌落可见淡蓝绿色荧光，这有助于与猪丹毒丝菌的菌落相鉴别。

【致病性及毒力因子】可致人、绵羊、山羊、猪、兔、牛、禽等的李氏杆菌病，引起败血症、神经症状、母畜流产等。该菌的抗原结构与毒力无关，是寄生物介导的细胞内增生，使它附着及进入肠细胞与巨噬细胞。

【微生物学诊断】

1. 增菌培养 样品应在 4℃下处理、存放和运送，如果是冷冻样品，则在检验前要保持冷冻状态。样品放入无选择性试剂增菌肉汤（EB）培养 20h。

2. 分离培养 增菌培养后，取 EB 培养物分别在 OXA 和 LPM 或加七叶苷/Fe^{3+} LPM

琼脂平板上划线。LPM 平板在 30℃培养 24～48h。然后，把 LPM 平板放于解剖镜载物台上，以 45°角入射光从平板下面照射平板，通过目镜垂直向下观察寻找可疑菌落，在 LPM 平板上呈有光泽的蓝色或灰色。

3. 动物试验 将分离的菌株接种到 10mL TSBYE 肉汤中，35℃培养 24h，将培养物离心、浓缩，用 1mL 生理盐水制成菌悬液（浓度为 10^{10} 个/mL），取 0.1mL 腹腔注射体重为 16～18g 小鼠，每组 5 个，观察 7d 内小鼠死亡情况。

4. 血清学鉴定 将肉汤培养物接种到琼脂斜面，35℃培养 24h。用 3mL 0.01mol/L 磷酸盐缓冲液将斜面菌苔洗下，菌悬液于 80℃水浴中加热 1h，以 2 500r/min 离心 30min，弃去 2mL 上清液，将剩余液与沉淀混匀制成菌悬液，进行玻片凝集试验。

第六节　革兰氏阳性产芽孢杆菌

产芽孢的细菌是一群差异很大的细菌，大多数为革兰氏阳性，并能运动。芽孢杆菌科有 84 个属，其中芽孢杆菌属含 203 个种。梭菌科有 49 个属。在兽医学和医学上重要的是芽孢杆菌属和梭菌属。

一、芽孢杆菌属

芽孢杆菌属（*Bacillus*）是一大群形态较大、在有氧环境中能形成芽孢的革兰氏阳性杆菌，其中炭疽芽孢杆菌是人畜共患传染病——炭疽的病原，蜡样芽孢杆菌可引起食物中毒。其他与炭疽芽孢杆菌相似的需氧芽孢杆菌，一般无致病性。

炭疽芽孢杆菌

炭疽芽孢杆菌（*B. anthracis*）又称炭疽杆菌，是引起人、各种家畜和野生动物炭疽的病原，在兽医学和医学上均具有相当重要的地位。

【形态与染色】 炭疽杆菌是菌体最大的细菌。菌体两端平切，在人工培养基中常呈竹节状长链排列。革兰氏染色阳性，无鞭毛，不运动。在机体内或含有血清的培养基中形成荚膜，在人工培养基或外界环境中易形成芽孢。在生活机体或未经剖检的尸体内不易形成芽孢。芽孢呈椭圆形，位于菌体中央。可形成荚膜（图 1-8）。

【培养及生化特性】 炭疽杆菌对营养要求不高，普通琼脂平板上培养 24h，长出灰白色、干燥、表面无光泽、不透明、边缘不整齐的粗糙型菌落。在血琼脂平板上，早期无溶血环，24h 后有轻微溶血。在肉汤中生长后呈絮状卷绕成团的沉淀生长，表面稍混浊，无菌膜。有的菌株在碳酸氢钠琼脂平板上，置 5%CO_2 环境中孵育 48h，由于产生荚膜而形成黏液型菌落。在含青霉素的培养基中菌体形成串珠。

【致病性及毒力因子】

1. 致病性 可引致各种家畜、野兽和人的炭疽，牛、绵羊、鹿等易感性最强，马、驼、猪、山羊等次之，犬、猫、肉食动物等则有相当强的抵抗力，禽类一般不感染。人对炭疽杆菌的易感性介于草食动物与猪之间，经消化道、呼吸道或皮肤创伤感染而发生肠炭疽、肺炭疽或皮肤炭疽。

2. 毒力因子 炭疽杆菌的毒力主要与荚膜和炭疽毒素有关。荚膜具有抗吞噬作用，有利于细菌在机体内定居。炭疽毒素的毒性作用主要是直接损伤微血管的内皮细胞，使血管通透性增加，有效循环血量不足，血液呈高凝状态，极易导致弥散性血管内凝血。

【微生物学诊断】疑似炭疽的病畜尸体严禁剖检，只能自耳根部采取血液，必要时可切开肋间采取脾脏。皮肤炭疽可采取病灶水肿液或渗出物，肠炭疽可采取粪便。

1. 细菌学检查 病料涂片以碱性美蓝、瑞氏染色法或吉姆萨染色法染色镜检，如发现有荚膜、竹节状大杆菌，即可作出初步诊断。涂片也可用特异性荧光抗体染色法或荚膜肿胀试验进行检查。细菌分离可用普通琼脂或血琼脂平板培养，培养后根据菌落特点，并进行青霉素串珠试验及动物试验等进行鉴定。

2. 血清学检查 有多种血清学方法，多以已知抗体来检查被检的抗原。Ascoli 沉淀反应是用加热抽提待检炭疽杆菌多糖抗原与已知抗体进行的沉淀试验，适用于各种病料、皮张、严重腐败污染尸体材料，方法简便，反应清晰，应用广泛。

二、梭 菌 属

梭菌属（*Clostridium*）是一大群厌氧的革兰氏阳性大杆菌，目前有 147 个种，在自然界分布广泛，主要存在于土壤、污水和人畜肠道中。通常在厌氧条件下形成芽孢，芽孢大于菌体，常使菌体膨大，位于中央、近端或顶端，使菌体呈梭形、匙形或鼓槌状。当芽孢位于菌体中央时，菌体形如梭状。运动或不运动，运动者具有周鞭毛。

致病性梭菌主要包括：致牛、绵羊气肿疽病的气肿疽梭菌；致各种家畜恶性水肿和羊快疫的腐败梭菌；致人畜破伤风病的破伤风梭菌；致人、畜肉毒中毒病的肉毒梭菌；致绵羊、山羊黑疫病的诺维梭菌；致犊牛、羔羊、仔猪、家兔等多种家畜肠毒血症和坏死性肠炎的产气荚膜梭菌（旧称魏氏梭菌）。它们在适宜环境中均可产生毒性强的外毒素。

产气荚膜梭菌

产气荚膜梭菌（*C. perfringens*）曾称魏氏梭菌或产气荚膜杆菌，广泛分布于自然界及人和动物肠道中。在一定条件下，可引起多种严重疾病。

【形态与染色】菌体直杆状，两端钝圆，单在，革兰氏阳性。芽孢大而钝圆，位于菌体中央或近端，使菌体膨胀，但在一般条件下罕见形成芽孢。在动物创伤组织中形成荚膜。多数菌株可形成荚膜，无鞭毛，不运动。

【培养及生化特性】对厌氧的要求不严，对营养条件需求不苛刻，在牛乳培养基中形成汹涌发酵是本菌的特征之一。血平板上形成双层溶血环，内环完全溶血，外环不完全溶血。

【致病性及毒力因子】

1. 致病性 A 型菌主要引起人气性坏疽和食物中毒，也引起动物气性坏疽，还可引起牛、羔羊、新生羊驼、野山羊、驯鹿、仔猪等的肠毒血症；B 型菌主要引起羔羊痢疾，还可引起驹、犊牛、羔羊、绵羊和山羊的肠毒血症或坏死性肠炎；C 型菌主要是绵羊猝狙的病原，也能引起羔羊、犊牛、仔猪、绵羊的肠毒血症和坏死性肠炎以及人的坏死性肠炎；D 型菌引起羔羊、绵羊、山羊、牛的肠毒血症；E 型菌可致犊牛、羔羊肠毒血症。

（1）气性坏疽 是一种严重创伤感染性疾病，细菌侵入肌肉组织，迅速繁殖，释放侵袭性酶，溶解组织造成坏死；并形成大量气体，导致组织气肿，压迫软组织，阻碍血液供应，加重肌肉坏死；局部浆液渗出，形成扩散性水肿。病变迅速蔓延，造成大块组织坏死。

（2）食物中毒　食入细菌肠毒素污染的食物后可引起食物中毒，出现剧烈腹痛、腹泻等中毒症状。

（3）坏死性肠炎　发病急，剧烈腹痛、腹泻，肠黏膜血性坏死，粪便带血，可并发周围循环衰竭。死亡率高达 40%。

2. 毒力因子　包括多种外毒素和侵袭性酶。

【微生物学诊断】A 型菌所致气性坏疽及人食物中毒的微生物学诊断，主要依靠细菌分离鉴定。其余各型所致的各种疾病，均系细菌在肠道内产生毒素所致。因此，从病料中检出该菌，并不能说明它就是病原。因此，细菌学检查只有分离到毒力强大的细菌才具有一定的参考意义。

鉴定本菌的要点：厌氧生长，菌落整齐，生长快，革兰氏阳性粗杆菌，不运动，接种至血琼脂平板有双层溶血环，引起牛奶汹涌发酵等；胸肌注射鸽过夜死亡，胸肌涂片可见有荚膜的菌体。

可靠的微生物学诊断方法是肠内容物毒素检查：取回肠内容物，加适量生理盐水，离心取上清液分两份，一份不加热，一份加热（60℃ 30min），分别静脉注射家兔（1～3mL）或小鼠（0.1～0.3mL）。如有毒素存在，不加热组动物常于数分钟至十数小时内死亡；而加热组动物不死亡。

三、拟幼虫芽孢杆菌

拟幼虫芽孢杆菌（*Paenibacillus larvae*）又称幼虫类芽孢杆菌，其引起美洲幼虫腐臭病（American foulbrood，AFB）是目前危害蜜蜂幼虫生长的主要细菌病。此病危害极大，有较高传染性，是一种全球性、毁灭性病害，被 OIE 列为检疫对象。

【形态与染色】本菌为革兰氏阳性细长杆菌，链状排列，有周鞭毛，产卵圆形偏端芽孢，宽度为菌体两倍。

【培养及生化特性】兼性厌氧，培养时需加胡萝卜、酵母、马铃薯或蜜蜂幼虫提取物。菌落呈乳白色、半透明，在琼脂表面可迁移。分解葡萄糖、半乳糖和木糖，产酸不产气，部分菌株可分解乳糖和蔗糖。在生长过程中产生能抑制其他细菌和自身生长的毒素，培养时可用活性炭吸附其毒素。

【致病性及毒力因子】拟幼虫芽孢杆菌在蜜蜂群内能以水平和垂直两种方式进行传播，其芽孢对热、化学消毒剂等有极强的抵抗力，极端环境中可存活多年，在适宜的环境就能萌发。美洲幼虫腐臭病主要由蜜蜂幼虫食入拟幼虫芽孢杆菌引起，1～2 日龄幼虫对此菌非常敏感，10 个芽孢即可致死，3 日龄后不感染。细菌通过细胞旁扩散途径破坏幼虫中肠上皮壁而进入和定植于中肠组织，感染的幼虫从珍珠白变为黄色、褐色甚至黑褐色，虫体不断失水干瘪，腐烂，腥臭，最后成为紧贴于巢房壁的黑褐色鳞片状物。毒力因子包括多种溶血素和细胞穿孔素、毒性金属蛋白酶、菌毛及Ⅲ型分泌系统等。

【微生物学诊断】诊断可取幼虫中肠的白色凝块，直接压片染色镜检。分离培养可用含萘啶酸和吡哌酸的半选择培养基，在 CO_2 培养箱中培养。也可利用特异性引物进行 PCR 鉴定。

第七节 分枝杆菌属

分枝杆菌属（*Mycobacterium*）的细菌分布广泛，许多是人和多种动物的病原菌。对动物有致病性的主要是结核分枝杆菌、牛分枝杆菌、禽分枝杆菌和副结核分枝杆菌。结核分枝杆菌主要侵害人，尤其是儿童，对家畜的毒力较低；牛分枝杆菌主要使牛致病，也可感染人、猪、绵羊和山羊等；禽分枝杆菌主要侵害家禽，其次可感染猪和牛，人很少感染。

本属菌均为平直或微弯的杆菌，有时分枝，呈丝状，不产生鞭毛、芽孢或荚膜。革兰氏阳性，能抵抗3‰盐酸酒精的脱色作用，故称为抗酸菌。常用齐尼二氏（Ziehl-Neelson）染色法染色，本属菌染成红色，非抗酸菌呈蓝色。菌体细胞壁含有大量类脂，占干重的20%～40%。需要特殊营养条件才能生长，根据生长速度分为快生长和慢生长两类。

一、牛分枝杆菌

【形态与染色】牛分枝杆菌（*M. bovis*）菌体较短而粗。在陈旧的培养基或干酪性病灶内的菌体可见分枝现象。与一般革兰氏阳性菌不同，牛分枝杆菌的细胞壁不仅有肽聚糖，还有特殊的糖脂。因为糖脂的影响，致使革兰氏染色不易着染，而抗酸染色为红色（图1-9）。

【培养及生化特性】专性需氧菌，对营养要求严格，最适pH 6.4～7.0，最适温度37～37.5℃，在30～34℃可生长；低于30℃或高于42℃均不生长。在添加特殊营养物质的培养基上才能生长，但生长缓慢，特别是初代培养，一般需10～30d才能看到菌落。菌落粗糙、隆起、不透明、边缘不整齐，呈颗粒、结节或花菜状，乳白色或米黄色。在液体培养基中，因菌体含类脂而具疏水性，形成浮于液面有皱褶的菌膜。

常用的培养基是罗杰二氏（Lowenstein-Jensen）培养基（内含蛋黄、甘油、马铃薯、无机盐及孔雀绿等）、改良罗杰二氏培养基、丙酮酸培养基和小川培养基。

【致病性及毒力因子】

1. 致病性 主要引起牛结核病，其他家畜、野生反刍动物、人、灵长目动物以及犬、猫等肉食动物均可感染。实验动物中豚鼠、兔有高度敏感性，对仓鼠、小鼠有中等致病力，对家禽无致病性。

致病过程以细胞内寄生和形成局部病灶为特点。细菌主要通过呼吸道侵入机体肺泡，被巨噬细胞吞噬，但不被消化降解，相反在其内繁殖，形成病灶，产生干酪样坏死。坏死灶被吞噬细胞、T细胞和B细胞等包围，形成结核结节。免疫低下者此种局限性病灶可能破溃，菌体排入支气管，随痰咳出体外；或者病灶液化，扩散进入血流及其他器官，引起机体死亡。对于免疫正常者而言，局限性病灶在活化的巨噬细胞作用下，其内细菌停止生长，病灶钙化而痊愈。

2. 毒力因子 毒力因子尚不十分清楚。已有的研究显示，牛分枝杆菌能在吞噬细胞内存活与其*eis*基因有关，*eis*基因及sodC编码铜、锌超氧化物歧化酶，有助于抵抗活性巨噬细胞产生的氧化物的毒性作用。胞壁富含糖脂和脂类，LAM可抑制巨噬细胞产生IFN-γ并释放肿瘤坏死因子和清除氧自由基。分枝菌酸及其类似物对于细菌的体内繁殖、持续感染具有重要作用。胞壁成分胞壁酰二肽由N-乙酰胞壁酰-L-丙氨酸-D-异谷酰胺组成，可激活机体免疫应答，增强体液免疫和细胞免疫，激活巨噬细胞，产生肿瘤坏死因子等细胞因子，正是后者造成动物肺脏的损害。

【微生物学诊断】

1. 显微镜检查　取病变器官的结核结节及病变与非病变交界处组织直接涂片，抗酸染色后镜检，如发现红色成丛杆菌，可做出初步诊断。

2. 分离培养　将病料中加入 6% H_2SO_4 或 46%NaOH 液处理 15min 后，经中和、离心，取少许沉淀物接种在培养基斜面上，每份病料接 4～6 管，管口封严，置 37℃培养 8 周，每周观察一次。培养阳性时，需进行培养特性和生化特性鉴定。

3. 动物接种　将上述经处理的供分离培养用的病料接种于动物，皮下或腹腔注射 0.5mL。牛分枝杆菌对兔有致病性，接种后 3 周至 3 个月死亡。

4. 变态反应　临床上最广泛应用的是迟发性变态反应试验，即结核菌素试验。采用 PPD 皮内注射法，按我国《动物检疫操作规程》规定，牛颈部皮内注射 0.1mL（10 万 IU/mL）72h 后局部炎症反应明显，皮肤肿胀厚度差≥4mm 为阳性；如局部炎症不明显，皮肤肿胀厚度差在 2～4mm 间，为疑似；如无炎症反应，皮肤肿胀厚度差在 2mm 以下，为阴性。凡判为疑似反应牛，30d 后需复检一次；如仍为疑似，经 30～45d 再次复检，如仍为疑似可判为阳性。

但结核菌素试验阳性仅表示在过去某一时间曾经发生过结核杆菌感染或接种过 BCG，无法证明目前是否为活动性感染。且结核菌素与非结核分枝杆菌、某些寄生虫的蛋白组分有一定的抗原交叉，因而降低了结核菌素试验的特异性。Esat-6、CFP10 蛋白是结核杆菌的分泌蛋白，主要存在于致病性结核杆菌，含有多个 T 淋巴细胞表位，可刺激机体的淋巴细胞增殖，诱导机体产生迟发性超敏反应，诱导淋巴细胞有效释放 IFN-γ。因此，采用皮试法和 IFN-γ 释放试验的特异性高于结核菌素试验，且能鉴别 BCG 接种。

5. 血清学检查　鉴于结核病细胞免疫与体液免疫的分离现象，抗体阳性意味着病情恶化，正处于感染活动期，检测特异性抗体可诊断结核病。酶联免疫吸附试验（ELISA）是目前检测抗体的较好方法，决定 ELISA 特异性的关键是选择分枝杆菌特异性诊断抗原。

此外，PCR 广泛应用于分离菌株及临床样本的检测，特异性强而且快速。但该菌 DNA 提取较困难，含菌量少的样本检测结果的可靠性较差。

二、副结核分枝杆菌

副结核分枝杆菌（*M. paratuberculosis*）可引致反刍兽慢性消耗性传染病，牛的主要临床症状为持续性腹泻和进行性消瘦。

【形态与染色】　短杆菌，大小为（0.2～0.5）μm×（0.5～1.5）μm，无鞭毛，不形成荚膜和芽孢。在病料和培养基上呈丛排列，革兰氏染色阳性，抗酸染色阳性。

【培养特性】　需氧菌，最适温度 37.5℃，最适 pH 6.8～7.2。属于慢生长型，初代分离极为困难，需在培养基中添加枯草分枝杆菌素抽提物，一般需 6～8 周，长者可达 6 个月，才能发现小菌落。粪便分离率较低，而病变肠段及肠淋巴结分离率较高。病料需先用 4% H_2SO_4 或 2% NaOH 处理，经中和再接种选择培养基，如 Herrald 卵黄培养基、小川氏培养基、Dubos 培养基或 Waston-Reid 培养基。

【致病性】　反刍动物如牛、绵羊、山羊、骆驼和鹿对本菌易感，其中奶牛和黄牛最易感。感染牛呈间歇性腹泻，回肠和空肠呈明显的增生性肠炎，黏膜呈脑回状。实验动物中家兔、豚鼠、小鼠、大鼠、鸡、犬不感染。

该菌是胞内生长菌，在机体内首先产生细胞免疫，然后出现体液免疫。细胞免疫随病情发展而降低，体液免疫随病情发展而升高。

【微生物学诊断】

1. 显微镜检查 患持续性腹泻和进行性消瘦的病牛可多次采其粪便或直肠刮取物，涂片、抗酸染色，如发现红色成丛的两端钝圆的中小杆菌，即可确诊。但如结果为阴性，需进行分离培养。

2. 分离培养 生前可采取粪便或直肠刮取物，死后可采取病变肠段或肠淋巴结，用酸或碱处理并中和，接种固体培养基37℃培养5～7周，发现有菌落生长时进行抗酸染色、镜检。必要时可用PCR法确证。

3. 变态反应 采取提纯的副结核菌素或禽结核菌素（PPD）进行皮内注射，剂量为0.1mL，72h后观察注射部位炎症反应并测定皮厚差，此法能检出大部分隐性病畜。副结核菌素检出率为94%，禽结核菌素为80%左右。隐性感染病牛无临床症状，有30%～50%是排菌者。临床症状重剧的病牛，变态反应可能消失，在检查时要注意。

4. 抗体检测 可采用补体结合反应或酶联免疫吸附试验（ELISA）。前者采用冷感作法，抗原采用禽结核菌提取的糖脂，各反应成分均为0.1mL，总量为0.6mL，以常规术式进行。各国判定标准不同，我国在被检血1：10稀释时"＋＋"以上判为阳性。ELISA抗体比补体结合反应抗体出现早，较敏感。同时采用两种方法检测可提高检出率。

第八节 螺 旋 体

螺旋体（Spirochaete）是一类细长、柔软、弯曲呈螺旋状、能活泼运动的原核单细胞微生物。它的基本结构与细菌类似，细胞壁中有脂多糖和磷壁酸，胞质内含核质，以二分裂繁殖。依靠位于胞壁和胞膜间的轴丝的屈曲和旋转使其运动。

螺旋体广泛存在于水生环境，也有许多分布在人和动物体内。大部分营自由的腐生生活或共生，无致病性，只有一小部分可引起人和动物的疾病。

猪 痢 疾 短 螺 旋 体

【形态与染色】 猪痢疾短螺旋体（B. hyodysenteraie）菌体长6～8μm，宽0.3～0.4μm，多为2～4个弯曲，两端尖锐。革兰氏阴性，吉姆萨和镀银法均能使其较好着色（图1-10）。

【培养及生化特性】 严格厌氧，一般厌氧环境不易培养成功，必须使用预先还原的培养基，并置于含H_2（或N_2）和CO_2（二者比例为80：20）混合气体以及以冷钯为触媒的环境中才能生长。对培养基要求苛刻，通常使用含10%胎牛（犊牛或兔）血清或血液的TSB或BHIB培养基。在TSB血液琼脂上，38℃ 48～96 min可形成扁平、半透明、针尖状、强β溶血性菌落。

【致病性】 猪痢疾短螺旋体所致疾病称为猪痢疾，又名血痢，最常发生于8～14周龄幼猪。主要症状是严重的黏膜出血性腹泻和迅速减重。特征病变为大肠黏膜发生部液渗出性（卡他性）、出血性和坏死性炎症。经口传染，传播迅速，发病率较高（约75%）而致死率较低（5%～20%）。

【微生物学诊断】

1. 直接镜检　有以下三种方法。

（1）染色镜检　以病猪的新鲜粪便黏液，或病变结肠黏膜刮取物制成薄涂片，染色镜检。多用吉姆萨染色法，也可用印度墨汁做负染或镀银染色法染色镜检。

（2）相差或暗视野显微镜活体检查　待检样品与适量生理盐水混合后制成压滴样本片，用相差或暗视野显微镜镜检。若每个高倍视野中见有 2～3 个或更多个蛇样运动的较大螺旋体即可确诊。

（3）染色组织切片检查　将采集的病变肠组织先用 10%甲醛缓冲液固定后切片，再用维多利亚蓝染色法染色。镜检时可见螺旋体大量存在于组织表面及黏液囊腔内，有时数量多到堆积成网状。

2. 分离培养　过滤培养法：将样品做 5～10 倍稀释，低速离心，上清液用 0.8μm 和 0.45μm 滤膜依次过滤。取滤液直接涂布接种于鲜血琼脂平板上，37～38℃厌氧培养3～6 d，每隔 2d 检查一次。当观察到平板上出现 β 溶血现象时，即可挑取可疑菌落，做成悬滴或压滴样本，用暗视野显微镜检查。

第九节　支　原　体

支原体（*Mycoplasma*）又称霉形体，是一类无细胞壁的原核单细胞微生物。呈高度多形性，能通过细菌滤器，能在人工培养基中生长繁殖。含有 DNA 和 RNA，二分裂或芽生繁殖。广泛分布于环境和动植物体中，常污染实验室的细胞培养及生物制品，有的种对人或畜禽有致病性。兽医上重要的有禽的支原体和猪的支原体。禽的支原体主要有鸡毒支原体、滑液支原体、火鸡支原体等。对猪具有致病性的主要有猪肺炎支原体、猪鼻支原体、猪滑液支原体等。此外，曾归为附红细胞体属的猪附红细胞体现称为猪支原体（*M. suis*），并已划入支原体属。

一、鸡毒支原体

鸡毒支原体（*M. gallisepticum*）又名禽败血支原体，是引起鸡和火鸡等多种禽类慢性呼吸道病（CRD）或火鸡传染性窦炎的病原，从鸡、火鸡、雉、珍珠鸡、鹌鹑、鹧鸪、鸭、鸽、孔雀、麻雀等多种禽类均可分离到。

【形态与染色】球形或卵圆形，细胞的一端或两端具有"小泡"极体，该结构与菌体的吸附性有关。吉姆萨或瑞氏染料着色良好，革兰氏染色为弱阴性。

【培养及生化特性】需氧和兼性厌氧。在含马血清或灭活鸡、猪血清的培养基中生长良好。一般常用牛心浸出液培养基，用前加入 10%～20%马血清。为了抑制杂菌的生长需加入醋酸铊（1∶4 000）和青霉素 1 000 IU/mL，调 pH 7.8～8.0。在液体培养基中，37℃经2～5d 可呈现轻度混浊。在固体培养基上经 3～10d，可形成圆形露滴样小菌落，直径0.2～0.3mm。生长于固体培养基上的菌落，在 37℃可吸附鸡的红细胞、气管上皮细胞、HeLa 细胞等。此吸附作用可被相应的抗血清所抑制，吸附的受体可被神经氨酸酶所破坏。在 5～7d 龄鸡胚卵黄囊内繁殖良好，并可使鸡胚在接种后 5～7d 内死亡，病变表现为胚体发育不良，水肿，肝肿大、坏死等，死胚的卵黄及绒毛尿囊膜中含本菌量最高。

【致病性】主要感染鸡和火鸡，引起鸡和火鸡等多种禽类慢性呼吸道病或火鸡传染性窦炎。病原体存在于病鸡和带菌鸡的呼吸道、卵巢、输卵管和公鸡精液中，带菌鸡胚可垂直传递给后代。鸡群一旦染病即难以彻底根除。火鸡较鸡易感。雏鸡比成鸡易感。成鸡常无明显临床症状，应激因子及其他呼吸道病原微生物以及鸡新城疫弱毒株的协同作用，使病情恶化、症状明显。大肠杆菌特别是 O78、O2、O1 株继发感染时，可引起特征性的肝包膜炎、心包炎以及气囊炎。

【微生物学诊断】无细胞的特殊培养基分离不易成功，鸡胚的分离率也不高。且非致病性支原体繁殖快，故很少采用病原分离和鉴定进行诊断，血清学试验可准确、快速诊断。

血清学诊断一般常用的方法有平板凝集试验、试管凝集试验、血细胞凝集抑制试验等。多采用抽样检查法，一旦检出血液中支原体抗体阳性鸡，即可作为整个鸡群污染的定性指标，判为阳性鸡群。

病原分离可取气管、气囊、肺、眶下窦渗出液。活体可从后胸气囊处打一个小孔，以棉拭子擦拭。在培养基中加入一定量的鸡血清和鸡肉汤，可提高分离率。可在平板的菌落中进行红细胞吸附试验：取 0.25％鸡红细胞液滴于琼脂培养物表面，静置 15 min，倾去红细胞液，用生理盐水轻洗 2～3 次，低倍镜检，可见菌落表面吸附有多量红细胞，吸附可被相应的抗血清所抑制。

二、猪肺炎支原体

【形态与染色】猪肺炎支原体（$M. hyopneumoniae$）的形态多样，大小不等。可通过 $0.3\mu m$ 孔径滤膜，革兰氏阴性，吉姆萨或瑞氏染色良好。

【培养及生化特性】兼性厌氧，对营养要求更高，在 A26 的液体培养基中，37℃培养 2～10d 可长成直径 25～100μm 的菌落，但不呈"煎荷包蛋状"。

【致病性】猪肺炎支原体仅感染猪，引起猪地方流行性肺炎（又称猪喘气病）。幼猪最为易感，不良的环境因素和继发感染将加剧病情。

【微生物学诊断】一般根据临床症状、病理剖检变化，结合流行病学即可确诊。X 线检查具有重要诊断价值。必要时可进行微生物学诊断。

三、牛支原体

在牛的支原体中，丝状支原体丝状亚种是最早确认与动物致病有关的支原体，引起牛传染性胸膜肺炎（又称牛肺疫）。菌体可形成有分支的丝状体，在固体培养基上生长的菌落呈"荷包蛋状"。按菌落大小，丝状支原体丝状亚种分为两个型，即小菌落型（SC）和大菌落型（LC）。前者分离自牛，是牛肺疫、关节炎、乳腺炎的病原体，对羊无致病性；后者分离自山羊，可引起山羊关节炎、乳腺炎、肺炎和败血症等，对牛无致病性。

四、丝状支原体山羊亚种

丝状支原体山羊亚种（$Mycoplasma mycoides$ subsp. Capri，Mmc）是引起山羊支原体性肺炎（Mycoplasmal pneumonia of sheep and goats，MPGS）的重要病原之一，传染性强，发病率可达 50％，给国内外养羊业造成严重的经济损失。

【形态与染色】菌体呈多形性，可形成丝状，长 10~30μm，革兰氏阴性，吉姆萨染色法、卡斯坦奈达染色法或美蓝染色法着色良好。吉姆萨染色呈淡紫色细小的球状、双球状。

【培养及生化特性】丝状支原体山羊亚种对理化因素的抵抗力很弱，对红霉素高度敏感，四环素类和喹诺酮类药物也有较强的作用。20%马血清马丁肉汤中培养 4~5 d 后呈轻度混浊带乳光样纤细菌丝生长，无菌膜，无沉淀，无颗粒悬浮。在马丁琼脂斜面或平板上生长迟缓，生长呈露滴状透明菌落，放大镜观察可见大小悬殊且不很规整的圆形或椭圆形菌落，中央乳头状突起明显（呈煎蛋状）。

【致病性】引起羊支原体肺炎，还可引起山羊的乳腺炎、败血病、角膜结膜炎等。MPGS 以羊持续流鼻液、渐进性消瘦为主要临床症状，剖检以肺实质、小叶间质及胸膜发生浆液性和纤维素性炎为主要特征，传染性强，发病率约为 50%，致死率约为 40%。

【微生物学诊断】病原分离可将样品拭子悬浮于 2~3mL 20%马血清马丁肉汤中。组织样品用剪刀剪碎后加 20%马血清马丁肉汤震荡，并进行梯度稀释，可经 0.45μm 滤器过滤后接种马丁肉汤液体或琼脂培养基。可疑菌落进行吉姆萨染色镜检，通过生化试验、间接血凝试验、PCR 等方法进一步鉴定。

五、嗜血支原体

嗜血支原体包括附红细胞体（eperythrozoon）（现称为猪支原体）和嗜血巴通体（hae-mobartonella），它们均无细胞壁，黏附并生长于红细胞表面。专性细胞内寄生，需要昆虫媒介传播。先前归类于立克次体目乏质体科，近年来根据 16S rRNA 基因的序列分析及电镜观察的结果，两者与肺炎支原体群密切相关，应作为支原体目的一员。主要成员中的犬血支原体、猫血支原体、猪支原体等，现已划入支原体属。

【形态与染色】嗜血支原体形态多样，大小不一，大多为盘形体或球形小体，直径小于 0.9μm，平均直径为 0.2μm。月 Romanovsky-type 染色，可见红细胞表面的菌体，蓝紫色，单个或链状。吖啶橙染色效果更好。

【培养及生化特性】嗜血支原体是一种高度特化的细菌，寄生于红细胞表面，无法在除血液外的组织中繁殖。嗜血支原体对四环素、强力霉素、土霉素等抗生素以及砷制剂敏感，对磺胺类药物和青霉素不敏感，常用消毒剂几分钟内可杀死该病原体，对低温有一定的抵抗力。

【致病性及毒力因子】嗜血支原体在隐性感染的动物体内可存活数年之久。应激、免疫抑制性疾病或脾切除手术可导致感染的红细胞进入血液或出现临床症状。嗜血支原体具有黏附素，由于菌体的黏附作用致使红细胞凹陷，进而破坏红细胞的细胞骨架，增加细胞的脆性，同时红细胞膜的通透性增加。嗜血支原体感染的主要特点是引致贫血，本质是自身免疫病。造成贫血的原因是由于膜的脆性和通透性增加使红细胞易于溶解和破裂，从而导致隐蔽的自身抗原暴露出来或者已有抗原发生变化，致使被免疫系统视为异物，机体产生自身抗体 IgM 冷凝集素，其既结合感染的红细胞，又结合未感染的红细胞，产生抗原抗体复合物，介导宿主细胞对红细胞的吞噬作用，从而导致自身免疫溶血性贫血。

【微生物学诊断】该病的实验室诊断通常依赖于化学染色血涂片的显微检测，直接读血涂片是嗜血支原体病常用的诊断方法，吉姆萨染色镜检发现附红细胞体。然而此方法的灵敏度和特异性不高。运用 PCR 检测 16S rRNA 方法的特异性高、灵敏性好，被认为是诊断动物血液中嗜血支原体的最有效方法。另外，补体固定试验、间接血凝试验、酶联免疫吸附试验等血清学方法也可对本病进行诊断。

第十节　真　菌

真菌是一大类真核微生物，其种类多、数量大、分布极为广泛。绝大多数真菌对人和动物有益，某些类群可感染人或动物致病。可分为感染性真菌和中毒性真菌，少数真菌在感染动物组织的同时也能产生毒素。

一、白 僵 菌

白僵菌属归类于半知菌门，丛梗孢科。白僵菌是一种子囊菌类的虫生真菌，主要种类包括球孢白僵菌、小球孢白僵菌、布氏白僵菌等。

【形态与染色】由于发育阶段不同，其生长发育周期分为分生孢子、营养菌丝和气生菌丝三个阶段。菌落平坦，呈绒毛状，形成孢子后呈粉状，表面白色至淡黄色。菌丝在生长过程中会分泌出白僵菌毒素。分生孢子梗瓶状，单生或分枝，产生在小梗上，球形至卵形。

【致病性】白僵菌寄生在蝗虫科、蝉科、白蜡虫科、蚜虫科等 10 多种的幼虫、蛹及成虫上。白僵菌已成功应用于森林、苗圃、草坪、农田等的蛴螬、玉米螟、松毛虫、茶小绿叶蝉等害虫的生物防制上。白僵菌孢子在虫体上萌发后，穿过体壁进入虫体进行大量繁殖并吸收营养，致使昆虫死亡。昆虫死后僵直并呈白绒毛状，故称白僵菌。感染桑蚕引起白僵病，出现皮肤病斑，死后尸体逐渐变硬，全身被菌丝和白色粉末状的分生孢子覆盖。

【微生物学诊断】一般根据临床症状变化，结合显微镜检查即可确诊。显微镜检查血液中有无菌丝及圆筒形孢子，结合其形态特征进行诊断。

二、蜜蜂球囊菌变种

蜜蜂球囊菌（*Ascosphaera apis*）是一种真菌，只侵袭蜜蜂幼虫。蜜蜂球囊菌寄生会引起蜜蜂幼虫死亡的真菌性传染病——白垩病（chalkbrood）。蜜蜂球囊菌有 2 种变种，即蜜蜂球囊霉蜜蜂变种（模式变种）与蜜蜂球囊霉大孢变种。这两个变种的主要区别在于成熟的滋养细胞、孢囊和孢子的大小不同，以及这两个类型间彼此不能杂交。

【形态与染色】蜜蜂球囊菌形态上是异宗配合的，具有分隔的菌丝体。蜜蜂球囊霉蜜蜂变种，孢囊为墨绿色，直径通常约 $65\mu m$，孢子为 $(3\sim3.8)\mu m \times (1.5\sim2.3)\mu m$。蜜蜂球囊霉大孢变种，孢囊颜色相同，直径平均为 $128\mu m$。

【培养及生化特性】蜜蜂球囊菌在 $11\sim37℃$ 范围内能产生孢子囊，但其最适温度为 $30℃$，孢子萌发的最适温度为 $20\sim35℃$。蜜蜂球囊菌的菌丝在 PDA 培养基上生长良好，高浓度的 CO_2 有利于孢子的萌发。

【致病性】白垩病的发生在很大程度上取决于当时的温湿度，有着较明显的季节性，一般此病多流行于春季和初夏，特别是在阴雨潮湿、温度变化频繁的气候条件下容易发生。染病幼虫呈苍白色，开始肿胀，长出白色绒毛充满整个巢房，然后皱缩，变硬，尸体干枯后形成质地疏松的白色块状物，这是此病的特征。死虫尸体上长出的白毛，是蜂球囊菌的菌丝。患白垩病的幼虫在封盖的前后死亡，雄蜂幼虫比工蜂幼虫更易被感染。

【微生物学诊断】一般情况下直观即可诊断，幼虫发病后呈深黄色或白色，然后发生石灰化，逐渐变为灰白色至黑色。死亡幼虫尸体干枯后变成一块质地疏松似白垩状物，体表覆盖一层白菌丝。还可使用 PCR 技术来对蜜蜂球囊菌感染进行不同变种感染的鉴定。

第十一节 类菌质体

类菌质体是一类无细胞壁或细胞壁在形态学和超显微结构上与支原体极其相似的原核生物，其分类地位尚不明确。

蜜蜂螺旋菌质体

蜜蜂螺旋菌质体又称蜜蜂螺原体（*Spiroplasma melliferum*），属柔膜菌纲螺原体属，是一群微小的有细胞膜、无细胞壁的原核生物。个体呈现细丝螺旋状，会螺旋状摆动。能导致蜜蜂爬蜂病和"五月病"，引起蜜蜂成年蜂腹胀，行动迟缓，失去飞翔能力，在蜂箱周围地面爬行。

【形态与染色】蜜蜂螺旋菌质体无细胞壁，细胞呈丝状，有的能形成分枝的丝状结构。革兰氏染色阴性，细胞表面包有单一的、三片层结构的膜。菌体微小，在显微镜下呈现细丝螺旋状，宽 $0.1\sim0.2\mu m$，长 $2\sim8\mu m$。

【培养及生化特性】细胞的形态大小随生长年龄、培养基的性质及渗透压而有所变化。用 C-3G 或 R-2 培养基培养暗视野显微镜检查，可见到大量螺旋式运动的螺旋丝状菌体存在。菌体长度随生长期有很大变化，一般初期为单条螺旋丝状，后期则较长，出现分枝并聚团，菌体上有泡状结构，螺旋性减弱。菌体培养需用特殊培养基，菌落呈煎蛋状。

【致病性】目前仅发生于西方蜜蜂，引起成蜂腹部膨大，行动迟缓，下垂，不能飞行，只有在蜂箱周围地面爬行，剖检以中肠变白、肿胀，环纹消失，后肠积满绿色水样粪便为主要特征。

【微生物学诊断】结合临床症状和病理变化进行诊断，镜检可取病蜂加蒸馏水研磨制备悬浮液，离心后取上清液涂片，观察蜜蜂螺旋菌质体的形态及运动状态。常规血清学诊断方法和 PCR 技术可进一步确诊。

第六单元 病毒基本特性★★☆

病毒（virus）是最小的微生物，必须用电子显微镜放大几万至几十万倍后方可观察到。

其结构简单，表现为无完整的细胞结构，仅有一种核酸（DNA 或 RNA）作为遗传物质，必须在活细胞内方可显示其生命活性。病毒在活细胞内，不是进行类似细菌等的二分裂繁殖，而是根据病毒核酸的指令，大量复制出病毒的子代，并导致细胞发生多种改变。

病毒在自然界分布广泛，人与动物、植物、藻类、真菌和细菌都有病毒感染。动物病毒种类繁多，多数对宿主有致病作用，可引发疫病流行，造成畜牧养殖业的重大经济损失。有的则可引致肿瘤。

第一节　病毒的结构

病毒一般以病毒颗粒或病毒子的形式存在，具有一定的形态、结构以及传染性。病毒颗粒极其微小，测量单位为纳米（nm，1/1 000μm），用电子显微镜才能观察到。最大的病毒为痘病毒，约 300nm；最小的圆环病毒仅 17nm。病毒颗粒的形态有多种，多数为球状，少数为杆状、丝状或子弹状等。有的表现为多形性，如副黏病毒和冠状病毒等。痘病毒为砖状。

一、病毒的基本结构

1. 核衣壳　完整的病毒颗粒主要由核酸和蛋白质组成。核酸构成病毒的基因组，为病毒的复制、遗传和变异等功能提供遗传信息。由核酸组成的芯髓被衣壳包裹，衣壳与芯髓一起组成核衣壳。衣壳的成分是蛋白质，其功能是保护病毒的核酸免受环境中核酸酶或其他影响因素的破坏，并能介导病毒核酸进入宿主细胞。衣壳蛋白具有抗原性，是病毒颗粒的主要抗原成分。衣壳系由一定数量的壳粒组成，壳粒的排列方式呈对称性。不同种类的病毒，衣壳所含的壳粒数目和对称方式不同，是病毒鉴别和分类的依据之一。病毒可分为螺旋对称型、二十面体对称型和复合对称型。

2. 囊膜　有些病毒在核衣壳外面尚有囊膜。囊膜是病毒在成熟过程中从宿主细胞获得的，含有宿主细胞膜或核膜的化学成分。有的囊膜表面有突起，称为纤突或膜粒。囊膜与纤突构成病毒颗粒的表面抗原，与宿主细胞嗜性、致病性和免疫原性有密切关系。囊膜具有病毒种、型特异性，是病毒鉴定、分型的依据之一。有囊膜的病毒称为囊膜病毒，无囊膜的病毒称裸露病毒。

二、病毒的化学组成

病毒的化学组成包括核酸、蛋白质、脂质与糖类，前两种是最主要的成分。

（一）核酸

病毒的核酸分两大类，DNA 或 RNA，二者不同时存在。病毒的核酸可分单股或双股、线状或环状、分节段或不分节段。对于 RNA 病毒，以 mRNA 的碱基序列为标准，凡与此相同的核酸称为正链，与其互补的则为负链。

病毒核酸携带病毒全部的遗传信息，是病毒的基因组。动物病毒基因组的大小有差异，最小的圆环病毒长 1.7 kb，最大的痘病毒为 375 kb。由于病毒的基因组很小，为充分利用其核酸，病毒基因组中的多种基因常以互相重叠形式存在，即编码的几个开放阅读框（open reading frame，ORF）间有重叠。

病毒的核酸是决定病毒感染性、复制特性、遗传特性的物质基础。病毒核酸作为模板可在细胞内复制合成子代病毒基因组，并最终形成完整的子代病毒。部分动物病毒去除其囊膜和衣壳，裸露的 DNA 或 RNA 也能感染细胞，这样的核酸称为感染性核酸。感染性核酸不分节段，其本身能作为 mRNA 或者能利用宿主细胞的 RNA 聚合酶转录病毒的 mRNA。冠状病毒、微 RNA 病毒、疱疹病毒等都具有感染性核酸。感染性核酸不受衣壳蛋白和宿主细胞表面受体的限制，易感细胞范围较广，但易被体液中核酸酶等因素破坏，因此，其感染性比完整的病毒体要低。

（二）蛋白质

蛋白质是病毒的主要组成成分，约占病毒体总重量的 70%，由病毒基因组编码，具有特异性。病毒蛋白可分为结构蛋白和非结构蛋白。

1. 结构蛋白 组成病毒结构的蛋白。病毒结构蛋白主要构成全部衣壳成分和囊膜的主要成分，具有保护病毒核酸的功能，可避免环境中核酸酶和其他理化因素对核酸的破坏。衣壳蛋白、囊膜蛋白或纤突蛋白可特异地吸附易感细胞受体并促使病毒穿入细胞，是决定病毒对宿主细胞嗜性的重要因素。病毒蛋白质是良好的抗原，可激发机体产生免疫应答。

2. 非结构蛋白 由病毒基因组编码的、不参与病毒体构成的蛋白，是病毒复制过程中的某些中间产物，具有酶的活性或其他功能。它不一定存在于病毒体内，也可存在于感染细胞中。在一些病毒的感染过程中，非结构蛋白具有免疫原性，可诱导产生相应的特异性抗体。通过检测动物血清中的非结构蛋白抗体，可以区分野毒感染与灭活疫苗接种的动物。

（三）脂质与糖类

均来自宿主细胞。脂质主要存在于囊膜，主要是磷脂（50%～60%），其次是胆固醇（20%～30%）。囊膜中所含的脂类能加固病毒体的结构。来自宿主细胞膜的病毒体囊膜的脂类与细胞脂类成分同源，彼此易于亲和及融合，因此，囊膜起辅助病毒感染的作用。用脂溶剂可去除囊膜中的脂质，使病毒失活。因此，常用乙醚或氯仿处理病毒，再检测其感染活性，以确定该病毒是否具有囊膜结构。

糖类一般以糖蛋白的形式存在，是某些病毒纤突的成分，如流感病毒的血凝素（HA）、神经氨酸酶（NA）等，与病毒吸附细胞受体有关。

三、病毒的分类

国际病毒分类委员会（International Committee on Taxonomy of Viruses，ICTV）是国际公认的病毒分类与命名的权威机构。2012 年 ICTV 发布的第 9 次分类报告，将目前已知病毒分为 87 个科、19 个亚科及 348 个属。脊椎动物病毒有 31 个科，与兽医相关的无脊椎动物为主的有 7 个科，其余分别为植物病毒、细菌及古生菌病毒（噬菌体）、真菌病毒、原生动物病毒和藻类病毒。科下设属，有的科还分亚科，科和属是病毒分类的最主要单位。根据病毒演化的系统发生学关系，第 7 次分类报告在部分科之上建立了 3 个目，第 8 次报告维持不变，第 9 次报告又增加了 3 个目。6 个目中涉及动物的有 4 个，包括单负股病毒目、套式病毒目、疱疹病毒目和微 RNA 病毒目。2017 年的第 10 次报告，在病毒分类的目、科、属上又有一些新的变化，分为 9 个目、131 个科、46 个亚科及 802 个属。2020 年 ICTV 发布的病毒分类报告有 55 个目、168 个科、103 个亚科及 1 421 个属。

病毒的名称由 ICTV 认定。其命名与细菌不同，不采用拉丁文双名法，而是采用英文或英语化的拉丁文，只用单名。目、科、亚科、属分别用拉丁文后缀 "*-virales*" "*-viridae*" "*-virinae*" 及 "*-virus*"。

第二节 病毒的增殖

病毒是专性寄生物，自身无完整的酶系统，不能进行独立的物质代谢，必须在活的宿主细胞内才能复制和增殖。病毒在复制增殖过程中，直接利用宿主细胞的成分合成自身的核酸和蛋白质，因此宿主细胞的营养就成为病毒合成所需能量和组成成分的来源。

一、病毒的培养方法及其特点

实验动物、鸡胚、细胞可用于病毒培养。

1. 实验动物培养法　是一种最古老的方法，可用于病毒致病性的测定、疫苗效力试验、疫苗生产、抗血清制造及病毒性传染病的诊断等。试验时选用敏感、适龄、体重合格的实验动物，而且尽量采用无特定病原（SPF）动物或无菌动物。病毒感染增殖可引起实验动物发病或死亡，产生相应的病理变化。实验动物难于管理、成本高、个体差异大，因此，许多病毒的培养已由细胞培养法或鸡胚培养法代替。

2. 鸡胚培养法　鸡胚培养病毒是简单、方便而经济的方法。对鸡胚的要求是健康、不含有接种病毒的特异抗体，最好是 SPF 鸡胚。不同种类病毒接种鸡胚的部位不同，有绒毛尿囊膜、羊膜腔、尿囊或卵黄囊等。卵黄囊接种常用 5 日龄鸡胚，羊膜腔和尿囊接种用 10 日龄鸡胚，绒毛尿囊膜接种用 9～11 日龄鸡胚。病毒接种后经一定时间培养，常可引起鸡胚病变或死亡。鸡胚培养法可用于病毒分离鉴定，也可用于病毒增殖、制备抗原或疫苗生产。

3. 细胞培养法　细胞培养法比鸡胚培养法更经济、效果更好、用途更广，可用于多种病毒的分离、增殖、病毒抗原及疫苗的制备、中和试验、病毒空斑测定及克隆纯化等。

细胞培养法的优点很多，每个细胞生理特性基本一致，对病毒的易感性也相等，没有实验动物的个体差异，不涉及动物保护问题。而且可用于试验的数量远远超过动物或鸡胚，并且可在无菌条件下进行标准化的试验，重复性好。

二、病毒的细胞培养

1. 细胞培养的类型　培养病毒所用的细胞有原代细胞、二倍体细胞及传代细胞。

（1）原代细胞　动物组织经胰蛋白酶等消化、分散，获得单个细胞，再生长于培养器皿中。大多数组织均可制备原代细胞。肾和睾丸最为常用，甲状腺细胞生长较慢，只用于某些特定病毒如猪传染性胃肠炎病毒的培养。原代细胞一般对病毒较易感，尤其是来源于胚胎或幼畜组织的细胞。最好用 SPF 动物的组织，以免携带潜伏的病毒。

（2）二倍体细胞株　将长成的原代细胞消化分散成单个细胞，继续培养传代，其细胞染色体数与原代细胞一样，仍为二倍体。此种细胞数量可扩大，对病毒的易感性则基本无变化。从样本中分离培养病毒，一般多采用此种细胞。

（3）传代细胞系　在体外可无限制分裂的细胞。有的来源于肿瘤组织或转化的细胞，染色体数目不正常，为异倍体。传代及培养方便是其优点。缺点是有的对分离野毒不敏感。由于担心致肿瘤的潜在危险，传代细胞系一般不能用于制备活疫苗。

2. 细胞培养的方法 最常用的方法为静置培养及旋转培养。为满足某些特定的需要，还可采用悬浮培养或微载体培养技术等。

三、病毒感染后产生的细胞病变、包涵体及空斑

病毒在细胞内增殖过程中常伴有一定的形态学与生化变化，最早观察病毒的复制是从细胞发生形态变化入手。

1. 细胞病变 某些病毒接种培养的单层细胞后，第一轮感染产生的子代病毒将蔓延感染邻近的细胞，最终感染所有细胞。病毒感染导致的细胞损伤称为细胞病变（cytopathic effect，CPE）。CPE可在光学显微镜下观察，其表现因病毒与细胞的种类而异，有多种形式，如细胞圆缩、肿大、形成合胞体或空泡等。不少病毒产生CPE的能力与其对动物的致病力正相关，是病毒学检测及研究的常规手段之一。因此，通常用CPE作为指标，计算病毒的半数细胞感染量（$TCID_{50}$）来判定病毒的毒力。在判定减毒活疫苗的质量时，常需用所含病毒量作为重要标准。

2. 包涵体 包涵体是指某些病毒感染细胞产生的特征性的形态变化，可通过固定染色，而后在光学显微镜下检测。包涵体可在细胞核内或胞质内，可单个或多个，有的较大，有的较小，或圆形或无规律形态，可嗜酸或嗜碱，因病毒的种类而异。包涵体的性质并不相同，有的是病毒成分的蓄积，如狂犬病病毒产生的Negri氏体，是堆积的核衣壳；有的则是病毒合成的场所，如痘病毒的包涵体；有的包涵体由大量晶格样排列的病毒颗粒组成，如腺病毒、呼肠孤病毒的包涵体；有一些包涵体则是细胞退行性变化的产物，如疱疹病毒感染所产生的"猫头鹰眼"，是感染细胞染色质浓缩，经固定后位于中心的核质与周边染色质之间形成一个圈，清晰可辨。检测包涵体可作为组织学上诊断某些病毒性传染病的依据。

3. 空斑 将10倍梯度稀释的病毒样本接种吸附于单层细胞，而后在细胞上覆盖一层含营养液的琼脂，以防止游离的病毒通过营养液扩散，但病毒可在细胞间传递。经过一段时间培养，进行染色，原先感染病毒的细胞及病毒扩散的周围细胞会形成一个近似圆形的斑点，类似固体培养基上的菌落形态，称为空斑或蚀斑。空斑是细胞病变的一种特殊表现形式。一个空斑可能由一个以上病毒颗粒感染所致，因此可将获得的单个空斑制作悬液，梯度稀释后再做空斑，最终可获得只含一个病毒颗粒及其子代的空斑，这就是病毒克隆。借助空斑技术不仅可纯化病毒，还可对病毒定量，定量单位称为空斑形成单位（plaque forming unit，PFU）。通过PFU的计数及PFU减数试验，可滴定血清的效价、测定干扰素的活性等。

第三节 病毒的感染

根据病毒在体内的感染过程与滞留时间，病毒感染分为急性感染和持续性感染。持续性感染又分为潜伏感染、慢性感染、慢发病毒感染和迟发性临床症状的急性感染。

一、急性感染

急性感染也称病原消灭型感染。病毒侵入机体后，在细胞内增殖，经数日乃至数周的潜伏期后发病。在潜伏期内病毒增殖到一定水平，导致靶细胞损伤和死亡而造成组织器官损伤和功能障碍，出现临床症状。且从潜伏期开始，宿主即动员非特异性和特异性免疫机制清除

病毒。除死亡病例外，宿主一般能在出现症状后的一段时间内，把病毒清除而进入恢复期。其特点为潜伏期短、发病急，病程数日至数周，病后常获得特异性免疫。因此，特异性抗体可作为受过感染的证据。

二、持续性感染

持续性感染是指病毒在机体持续存在数月至数年，甚至数十年。可出现症状，也可不出现症状而长期带毒，成为重要的传染源。持续性感染可以再次激活，引起宿主的疾病复发，并能引致免疫病理疾病，还与肿瘤的形成有关。病毒能在经免疫的动物体内以持续性感染的方式存活，成为传染源，具有流行病学上的重要性。病毒持续性感染可分为 4 种类型。

1. 潜伏感染　某些病毒在显性或隐性感染后，病毒基因存在于细胞内，有的病毒潜伏于某些组织器官内而不复制。但在一定条件下，病毒被激活又开始复制，使疾病复发。在显性感染时，可查到病毒的存在，而在潜伏期查不出病毒。例如，牛疱疹病毒 1 型引致的奶牛传染性鼻气管炎，如果不发病，在潜伏感染的奶牛体内不能分离到病毒。凡是可致机体免疫力下降的因素均可激活这些潜伏的病毒而使感染复发。

2. 慢性感染　病毒在显性或隐性感染后未完全清除，血中可持续检测出病毒，患病动物可表现轻微或无临床症状，但常反复发作而不愈。

3. 慢发病毒感染　是慢性发展的进行性加重的病毒感染，较为少见，但后果严重。病毒感染后有很长的潜伏期，可达数月、数年甚至数十年。在症状出现后呈进行性加重，最终死亡。例如，绵羊痒病的朊病毒，在感染神经组织若干年后才能检出，直至动物死亡时在脑部才达到较高滴度。

4. 迟发性临床症状的急性感染　此类病毒的持续性复制与疾病的进程无关。例如，猫泛白细胞减少症病毒，胎猫已受感染，直至青年猫才表现小脑综合征，在神经损伤出现时，并不能分离出病毒。因此，这种小脑综合征多年来一直被误认为是一种先天性的小脑畸形。

第七单元　病毒的检测★★☆

病毒检测对于病毒研究和病毒病的诊断十分重要。除对病毒进行分离鉴定外，检测病毒的方法可分为 3 类。一是病毒感染性的检测，即感染单位的测定。二是病毒的血清学检测，基于病毒抗原与宿主所产生的相应抗体的特异性免疫应答。可用已知特异性抗体检测感染细胞或组织中的病毒蛋白，也可检测宿主体内对病毒感染所产生的特异性抗体。三是病毒的分子检测与诊断，可以检测感染细胞或组织中具有特定序列的病毒核酸片段。

第一节　病料的采集与准备

病料采集适当与否，直接影响病毒的检测结果。一般可采集发病或死亡动物的组织病料、分泌物或粪便等，采样因动物及病毒的种类而异。例如，腹泻幼犬或犊牛，一般应采集粪样，检测犬细小病毒或轮状病毒；怀疑为口蹄疫的猪或牛，则应采其水疱液及水疱皮送检。

采集样本在接种细胞、鸡胚或动物之前，需要做适当的处理，以保证病毒分离的成功概率。采集的器官或组织样本如肺脏、脑、肝、脾、淋巴结等，可取一小块进行充分研磨，加入含青霉素、链霉素的 Hank's 液，离心取上清液作为接种物；鼻液、脓汁、乳液汁等分泌物或渗出液、粪便，应加入高浓度的抗生素，充分混匀后，置 4℃冰箱内处理 2～4h 或过夜，离心后取上清作接种用；咽喉拭子在取样后应迅速将其浸泡入含有 2% 犊牛血清和一定浓度的青霉素、链霉素的 Hank's 液中，充分涮洗棉拭子，反复冻融 3～5 次，离心后取上清液作为接种材料。

第二节　病毒的分离鉴定

病毒的分离与鉴定可为病毒感染提供最为直接的病原学证据，同时可为进一步的病毒学研究提供材料。但方法复杂、要求严格且需较长时间，故不适合临床诊断，只适用于病毒的实验室研究或流行病学调查。

一、病毒的分离与培养

细胞、鸡胚和实验动物可用于病毒的分离与培养，其中细胞培养是用于病毒分离与培养最常用的方法。采用细胞培养进行病毒分离时，应盲传 3 代，观察细胞病变。

二、病毒的鉴定

1. **病毒形态学鉴定**　可通过电子显微镜观察病毒的形态和大小。
2. **病毒的血清学鉴定**　病毒分离后，可用已知的抗病毒血清或单克隆抗体，对分离毒株进行血清学鉴定，以确定病毒的种类、血清型及其亚型。常用的血清学试验有血清中和试验、血凝抑制试验、免疫荧光抗体技术等。此外，可采用一些血清学技术如免疫沉淀技术和免疫转印技术分析病毒的结构蛋白成分。
3. **分子生物学鉴定**　可采用 PCR 技术扩增病毒的特定基因，进一步可对扩增产物进行克隆和序列分析，以及对病毒进行全基因组序列测定分析，可获得分离毒株的基因组信息，依据基因组序列绘制遗传进化树，分析比较分离毒株的遗传变异情况，确定分离毒株的基因型。也可采用核酸杂交技术鉴定分离的病毒。

4. 病毒特性的测定 病毒特性是病毒鉴定的重要依据，一般应进行病毒核酸型鉴定、耐酸性试验、脂溶剂敏感性试验、耐热性试验、胰蛋白酶敏感试验等。许多动物病毒，如正黏病毒科、副黏病毒科、腺病毒科的成员，能够凝集某些种类动物的红细胞。利用这种特性，可做血凝试验来检测这些病毒的存在。

第三节 病毒感染单位的测定

测定样本中病毒浓度，即病毒滴度是病毒学中最重要的技术之一。病毒滴度可以通过用系列稀释的病毒接种细胞、鸡胚或实验动物，检测病毒增殖的情况而确定。常用于病毒滴度测定的技术有空斑试验、终点稀释法、荧光-斑点试验、转化试验等，最常用的是前二者。

一、空斑试验

空斑试验是一种可靠的病毒滴度测定方法。根据样本的稀释度和空斑数，计算每毫升含有的 PFU，即可确定病毒的滴度。空斑试验是纯化和滴定病毒的一个重要手段，只是并非所有病毒或毒株都能形成空斑。

二、终点稀释法

终点稀释法用于测定几乎所有种类的病毒滴度，包括某些不能形成空斑的病毒，并可用于确定病毒对动物的毒力或毒价。将病毒做系列稀释，选择 4～6 个稀释度，接种一定数量的细胞、鸡胚或动物，每个稀释度做 3～6 个重复。使用细胞培养，可通过 CPE 来判定 $TCID_{50}$。在鸡胚或动物是以死亡或发病来测定。以感染发病作为指标时，可计算半数感染量（ID_{50}）；以体温反应作指标时，可计算半数反应量（RD_{50}）。用鸡胚测定时，可计算鸡胚半数致死量（ELD_{50}）或鸡胚半数感染量（EID_{50}）。

第四节 病毒感染的血清学诊断

许多基于抗原与抗体反应特异性的血清学技术可用于病毒及其相应抗体的检测。

一、病毒中和试验

具有很强的特异性，是检测病毒和新分离病毒毒株鉴定的最经典方法，也可用于检测病毒感染动物血清中的抗体。

二、血凝抑制试验

原理是具有血凝活性病毒的抗体可阻断病毒与红细胞的结合。利用血凝抑制试验（HI）可以检测和鉴定具有血凝特性的病毒，如流感病毒。方法是将特异性抗体与病毒作用，然后观察血凝抑制现象。该方法敏感、简单、费用低，而且操作简便。同时，也可用于检测动物血清中的血凝抑制抗体。

三、免疫组化技术

可采用免疫荧光抗体技术和免疫酶染色技术。

四、免疫转印技术

免疫转印技术是基于抗体与固定在滤膜上的病毒蛋白质的相互作用。病毒蛋白经聚丙烯酰胺凝胶电泳，然后转印到对蛋白质有很强亲和性的滤膜（如硝酸纤维素滤膜）上。经免疫染色（如免疫酶染色）检测结合在膜上的蛋白质。由于结合到膜上的蛋白质是变性的，因此，识别非线性抗原表位的抗体不适合用于检测。该方法可用于病毒蛋白的分析，其主要优点在于不需要进行病毒蛋白的标记，因此，适用于组织、器官或培养细胞中病毒蛋白的检测。

五、酶联免疫吸附试验

可用于样本中病毒的检测和动物血清中病毒特异性抗体的检测。

第五节 病毒感染的分子诊断

一、聚合酶链式反应及序列分析

聚合酶链式反应（PCR）是一种广泛用于检测病毒核酸和病毒感染诊断的分子生物学技术。利用寡核酸引物和 DNA 聚合酶，以提取的 DNA 样本为模板，经变性、退火、延伸等基本步骤，经多次循环，最后获得所扩增的目的基因片段，经凝胶电泳可检测目的片段的大小。扩增的片段克隆后或直接进行 DNA 测序，结果与已知病毒序列比对，即可得出结论。PCR 用于 DNA 病毒的检测，如果是 RNA 病毒，则需在扩增之前进行反转录，即提取病毒 RNA，加入反转录酶合成 cDNA 后，再进行 PCR 扩增，称为 RT-PCR。为确保 PCR 反应的特性扩增，可采用套式 PCR 或套式 RT-PCR。为提高检测的敏感性，荧光定量 PCR 技术也逐渐用于病毒的检测和病毒病的诊断。

二、核酸杂交

核酸杂交包括 DNA 杂交和 RNA 杂交。前者即 Southern 杂交，用于检测病毒 DNA。DNA 样本经限制性内切酶消化，凝胶电泳，变性，转移到滤膜上，然后用标记的病毒核酸序列探针检测结合到膜上的 DNA。有一种改良的方法，称为斑点杂交，可用于样本中病毒核酸的快速检测。RNA 杂交即 Northern 杂交，用于病毒 RNA 的检测，基本过程与 DNA 杂交相似。核酸杂交技术可用于细胞、组织中病毒基因组或转录本的定位检测，即称为原位杂交。

三、DNA 芯片

DNA 芯片技术是一类新型的分子生物学技术。该技术是将病毒 DNA 片段有序地固化于支持物（如玻片、硅片）的表面，组成密集二维分子排列，然后与已知标记的待测样本中靶分子杂交，通过特定的仪器如激光共聚集扫描或电荷偶联摄影像机对杂交信号的强度进行快速、并行、高效的检测分析，从而可检测样品中靶分子的数量。该技术可用于大批量样本的检测和不同病毒病的鉴别诊断。

第八单元 主要的动物病毒★★★★☆

　　重要的动物病毒如新城疫病毒、口蹄疫病毒、非洲猪瘟病毒、猪瘟病毒、猪繁殖与呼吸综合征病毒等，危害畜牧养殖生产，造成重大的经济损失。有些病毒还是人的重要病原或潜在病原，如高致病性禽流感病毒、狂犬病病毒等对人的健康构成了极大的威胁，因而具有重要的公共卫生意义。

第一节　痘病毒科

痘病毒科（*Poxviridae*）的若干成员在病毒学上有重要意义。痘苗病毒及其他痘病毒作为基因工程疫苗的载体被广泛应用，鸡痘、羊痘及羊口疮在畜牧业上危害较严重。禽痘病毒与哺乳动物痘病毒之间不能交叉感染和交叉免疫，但各属哺乳动物痘病毒之间、各种禽痘病毒之间，在抗原性方面相似，免疫学上也存在或多或少的交叉反应。

一、绵羊痘病毒与山羊痘病毒

绵羊痘病毒（sheeppox virus）与山羊痘病毒（goatpox virus）同属痘病毒科脊椎动物痘病毒亚科羊痘病毒属的成员，分别引起绵羊和山羊皮肤及黏膜形成疱疹，逐渐发展为化脓、结痂并引起全身痘疹，死亡率很高。

【形态】绵羊痘病毒与山羊痘病毒形态相似，病毒粒子大小为（115～200）nm×（200～250）nm，呈卵圆形。病毒粒子结构复杂，衣壳复合对称，外面有蛋白质和脂类形成的囊状层，囊状层外还有一层可溶性蛋白，最外层是囊膜。

【分子特征】核酸由双股 DNA 组成。基因组约有 150 kb，彼此十分相似，约有 96% 的核苷酸完全相同。和其他痘病毒一样，羊痘病毒基因组包括中间编码区和两端相同的反向末端重复序列（ITR）。

【抗原特性】绵羊痘病毒与山羊痘病毒存在共同抗原，呈交叉反应，但在自然条件下不会发生交叉感染。

【致病特性】在自然条件下绵羊痘病毒仅感染绵羊，山羊痘病毒仅感染山羊。绵羊痘病毒可致全身性疱疹，肺常出现特征性干酪样结节。各种绵羊对绵羊痘病毒的易感性不同，死亡率为 5%～50%。山羊和小羚羊实验室感染时出现局部病灶。传播途径为皮肤伤口。在流行时，病毒可能通过呼吸道传染，也可因厩蝇等吸血昆虫叮咬而感染。山羊痘与绵羊痘类似，表现为发热，有黏液性、脓性鼻漏及全身性皮肤丘疹。

【诊断】根据临床症状一般不难诊断，必要时可取病变组织做切片，检查感染细胞中的胞质包涵体，或用电镜观察病毒颗粒。也可应用琼脂扩散试验，以抗绵羊痘高免血清检查皮肤结节和结痂中的抗原。

二、黏液瘤病毒

黏液瘤病毒（myxoma virus），为兔痘病毒属成员，野兔、家兔均易感。病毒可通过呼吸道传播，但蚊、蚤、蝉、螨等吸血昆虫的机械传递更为重要。兔感染后 48h 出现临床症状，首先是眼结膜炎，接着头部广泛肿胀，呈特征性的"狮子头"，严重者体温升高到 42℃，多在 48h 后死亡。

诊断可取病料制成悬液，处理后接种鸡胚绒尿膜，3d 后产生圆形痘疱，可用中和试验等进行鉴定。常用兔肾、心和皮肤等细胞分离病毒。兔肾细胞培养，感染细胞核发生空泡化，并出现酸性胞质内包涵体，在接种后 3～6d，细胞单层上出现空斑。

三、口疮病毒

口疮病毒（orf virus）为副痘病毒属成员，引致羊的口疮，即绵羊接触传染性脓疱皮炎，主要感染绵羊及山羊。羊口疮广泛分布于世界各国养羊地区。

【形态】典型的病毒粒子外观呈圆形或卵圆形，有囊膜，大小约 150 nm×250 nm，病毒粒子表面有绳索样结构缠绕。

【分子特征】核酸由双股 DNA 组成，基因组有 130～150 kb，包含 131 个基因。

【抗原特性】口疮病毒与正痘病毒属的某些成员（如痘苗病毒等）有轻度的血清学交叉反应。抗山羊痘血清能中和口疮病毒，但抗口疮血清却不能中和山羊痘病毒。山羊痘和兔痘病毒对口疮病毒有免疫作用，反之却无。

【致病特性】羊口疮以羊口唇、乳房等处的皮肤和黏膜形成红斑、丘疹、脓疮、溃疡和结痂等为主要特征。患羊和隐性带毒羊是主要传染源。

【诊断】依据临床表现，尤其是羊嘴角周围肿大似桑葚状突起的特征性病变，可做出简单的诊断。必要时可取病羊的水疱、脓疱或痂皮等进行电镜检查可确诊；或接种绵羊睾丸细胞分离病毒。本病毒不能在鸡胚中生长增殖，也不能在豚鼠、小鼠等实验动物体内增殖。但可用绵羊胚的多种器官细胞培养，睾丸细胞最为合适，并出现 CPE，胞质内见嗜酸性包涵体。

第二节 非洲猪瘟病毒科

非洲猪瘟病毒科（Asfarviridae）只有非洲猪瘟病毒（African swine fever virus，ASFV）一种，引起的非洲猪瘟与古典猪瘟相似，以急性高热为特征，全身出血，病程短，死亡率高。目前，非洲猪瘟主要流行于非洲、欧洲（特别是东欧）和亚洲地区。

【形态】病毒颗粒有囊膜，直径 175～215 nm，核衣壳二十面体对称。

【分子特征】基因组由单分子线状双股 DNA 组成。DNA 分子具有共价的闭合末端，并有倒置末端重复子及发夹结构，编码 200 多种蛋白质。目前报道的基因型有 24 种，主要基于编码主要衣壳蛋白 p72 的 *B646L* 基因 C 末端区域序列的变异特征来区分。中国流行的是基因 II 型。

【抗原特性】非洲猪瘟病毒在交叉免疫试验中与猪瘟病毒完全不同。ASFV 感染猪能对非致死病毒株产生保护性免疫反应，但产生的抗体仅能降低病毒感染性并不能中和病毒。

【致病特性】ASFV 是唯一已知核酸为 DNA 的虫媒病毒，由软蜱传递。自然条件下仅家猪易感，以全身出血、呼吸障碍和神经症状为特征。

【诊断】非洲猪瘟为世界动物卫生组织规定的通报疫病，诊断只能由官方认可的机构进行。基于 *p72* 基因建立的 PCR 及免疫荧光法均为世界动物卫生组织推荐方法。病毒分离可采集猪血液、脾脏、淋巴结等组织样本，接种猪肺泡巨噬细胞等原代细胞，ASFV 会在易感细胞中复制并产生细胞病变。在细胞培养中加入猪红细胞后，多数毒株会产生红细胞吸附反应。

第三节　疱疹病毒科

疱疹病毒科（*Herpesviridae*）的成员在哺乳类、鸟类、爬行类、两栖类、昆虫及软体动物均有发现。除绵羊外的家畜家禽，均可引致重要的传染病，如牛鼻气管炎病毒、伪狂犬病病毒及马立克病病毒等。

疱疹病毒在外环境中不易存在，一般需密切接触才能传染，尤其是通过交配、舔等导致的黏膜感染。在集约化养殖的牛、猪、鸡场中最易发生。疱疹病毒可通过持续感染代代相传，此种感染动物周期性排毒。在某些情况下也可垂直感染。多数疱疹病毒都有专一的宿主。

一、伪狂犬病病毒

伪狂犬病病毒（pseudorabies virus，PRV）属甲型疱疹病毒亚科，学名为猪疱疹病毒1型。猪为伪狂犬病病毒的原始宿主，并作为贮存宿主。PRV 可感染其他动物如马、牛、绵羊、山羊、犬、猫及多种野生动物。近年来有人感染 PRV 致重症脑炎的报道，提示具有潜在的公共卫生意义。

【形态】病毒粒子呈球形，有囊膜，囊膜表面有呈放射状排列的纤突，与病毒的感染有密切关系。

【分子特征】基因组为线形双股 DNA。已测定功能的病毒蛋白包括 11 种糖蛋白，其中 gC、gE、gG、gI 和 gM 是病毒复制的非必需糖蛋白。与病毒毒力有关的基因如胸苷激酶（TK）、核苷酸还原酶（RR）和蛋白激酶（PK）等缺失不影响病毒的复制。世界上第一个获准使用的基因缺失疫苗就是伪狂犬病病毒的 TK 基因缺失疫苗。在此基础上缺失不影响免疫原性的某个糖蛋白基因（如 *gE*），可进一步减低病毒毒力，但不影响病毒的复制。利用 *gE* 基因缺失疫苗免疫动物，检测 gE 抗体可区分野毒感染与疫苗接种的动物。目前 TK^-/gE^- 双基因缺失疫苗是国际通用的较理想的疫苗。

【抗原特性】伪狂犬病病毒只有一种血清型，但不同的分离株毒力有一定差异。我国近年来出现和流行的伪狂犬病病毒变异毒株在抗原性和致病性上均有所变异。采用限制性内切酶对病毒的基因组进行酶切是区分强毒株和弱毒株常用的方法。

【致病特性】成年猪多为隐性感染，怀孕母猪 50% 可发生流产、产出死胎或木乃伊胎。仔猪表现为发热及神经症状，无母源抗体的新生仔猪死亡率可达 100%，育肥猪死亡率一般不超过 2%。病毒最初定位于扁桃体。在感染的最初 24h 内可从头部神经节、脊髓及脑桥中分离到病毒。康复猪可通过鼻腔分泌物及唾液持续排毒，但粪、尿不带毒。用核酸探针或 PCR 可从康复猪的神经节中检出病毒。

【诊断】可用标准化的 ELISA 试剂盒检测抗体，用于区分基因缺失疫苗免疫猪和野毒感染猪，组织病料可用于荧光抗体检查和 PCR 检测等。

二、牛传染性鼻气管炎病毒

牛传染性鼻气管炎病毒（infectious bovine rhinotracheitis virus，IBRV）学名为牛疱疹病毒1型，属甲型疱疹病毒亚科，可引起牛的多系统感染。该病毒的潜伏感染给防治带来很大困难。

【形态】病毒颗粒呈球状，直径约 200nm，壳体为二十面体对称，有囊膜和纤突。

【分子特征】基因组为线状双链 DNA，编码 30～40 种结构蛋白，其中有 11 种为糖蛋白。病毒在犊牛肺、睾丸或肾细胞培养生长良好，1～2d 可产生明显的细胞病变，并有嗜酸性核内包涵体。经适应可在 HeLa 细胞培养中生长，不能在鸡胚生长。

【抗原特性】只有一个血清型。

【致病特性】牛传染性鼻气管炎主要有呼吸道及生殖道两种表现型。呼吸道型极少发生于舍饲牛，常见于围栏牛。引致多种症状，包括鼻气管炎、脓疱性阴道炎、龟头包皮炎、结膜炎、流产及肠炎；新生犊牛可为全身性疾病，并可有脑炎。

【诊断】可取病变组织做涂片或切片，进行荧光抗体染色或 PCR 检测。必要时可接种牛胚肺细胞等分离病毒。ELISA 法可检测血清及奶中的抗体。

三、马立克病病毒

马立克病病毒（Marek's disease virus，MDV）学名禽疱疹病毒 2 型，是鸡的重要传染病病原，具有致肿瘤特性。其主要特征是外周神经发生淋巴样细胞浸润和肿大，引起一肢或两肢麻痹，各种脏器、性腺、虹膜、肌肉和皮肤也发生同样病变并形成淋巴细胞性肿瘤病灶。

【形态】MDV 感染的细胞培养物进行超薄切片，可见六角形裸露的病毒颗粒或核衣壳，核衣壳二十面体对称，也可看到有囊膜的病毒颗粒。羽毛囊上皮的超薄切片可见有大量的有囊膜的病毒粒子，表现为不定型结构。

【分子特征】病毒基因组为线形双股 DNA，基因组全长约 180 kb。MDV 在细胞培养上呈严格的细胞结合性。

【抗原特性】MDV 可分为 3 个血清型：一般所说马立克病病毒系指致肿瘤性的血清1 型；2 型为非致瘤毒株；3 型为火鸡疱疹病毒（HVT），对火鸡可致产蛋下降，对鸡无致病性。由于 HVT 与 MDV 基因组 DNA 95％同源，常用作疫苗进行预防接种。

【致病特性】病毒对鸡及鹌鹑有致病性，其他禽类无致病性。马立克病按患鸡形成肿瘤的部位和临床症状可分为 4 种病型，即内脏型、神经型、皮肤型和眼型。致病的严重程度与病毒毒株的毒力及鸡的日龄、性别、免疫状况、遗传品系有关。隐性感染鸡可终生带毒并排毒，其羽囊角化层的上皮细胞含有病毒，是污染源，易感鸡通过吸入此种毛屑感染。病毒不经卵传递。该病毒是细胞结合性疱疹病毒，靶细胞为 T 淋巴细胞。

【诊断】用免疫荧光试验等血清学方法可检测病毒。病毒分离可用全血白细胞层接种细胞，或接种 4 日龄鸡胚卵黄囊或绒毛尿囊膜，再进行荧光抗体染色或电镜检查作出诊断。

四、禽传染性喉气管炎病毒

禽传染性喉气管炎病毒（infectious laryngotracheitis virus，ILV）学名禽疱疹病毒1 型，引致鸡传染性喉气管炎，遍及世界各地。

【形态】病毒颗粒呈球形，有囊膜。囊膜和核衣壳之间有一层球状蛋白形成的皮层。

【分子特征】病毒基因组为线形双股 DNA，目前全基因组测序已完成。该病毒具有高度的宿主特异性，只能在鸡胚及鸡胚的细胞培养物内良好增殖。

【抗原特性】世界各地分离的毒株具有广泛的抗原相似性，但也存在微小的抗原差异。不同毒株，尤其是野毒与疫苗毒株不易区分。

【致病特性】所有日龄的鸡均易感，表现为咳嗽和气喘、流涕等，严重的呼吸困难，并咳出血样黏液以及白喉样病变。发病率可达100％，死亡率为50％～70％，因毒株的毒力而异。低毒株死亡率只有20％，表现为结膜炎及产蛋下降等。

【诊断】可取病变组织做涂片或冰冻切片，用荧光抗体染色检出病毒。或接种9～12日龄鸡胚绒毛尿囊膜或气管培养，分离病毒。用PCR法可检出潜伏感染的病毒。检测□和抗体可用空斑减数法，病毒在鸡胚绒毛尿囊膜上可形成痘疱，也可通过计数痘疱测定抗体效价。

五、鸭瘟病毒

鸭瘟病毒（duck plaque virus，DPV）学名鸭疱疹病毒1型，引致鸭瘟（鸭病毒性肠炎），主要危害家鸭等水禽。

【形态】病毒粒子呈圆形，直径为120～180 nm，有囊膜，核衣壳二十面体对称。

【分子特征】病毒基因组为线形双股DNA，基因组150～170 kb，编码12种糖蛋白和7种衣壳蛋白，其中gB蛋白是DPV的优势结构蛋白，并为其主要免疫原性蛋白。

【抗原特性】DPV只有1个血清型。世界各地分离到的鸭瘟毒株，虽然毒力不同，但抗原性基本一致。

【致病特性】鸭感染引起肠炎、脉管炎以及广泛的局灶性坏死，产蛋率可下降25％～40％，发病率5％～100％，出现临床症状的鸭大多数死亡。某些病鸭头颈部严重浮肿，俗称"大头瘟"。

【诊断】可采取病死鸭组织进行荧光抗体染色，或检测包涵体进行诊断，鸭瘟的分子生物学诊断主要是采用PCR。必要时可接种9～14日龄鸭胚分离病毒。

第四节　腺病毒科

腺病毒科（*Adenoviridae*）的成员较多，人类、哺乳动物及禽类的许多腺病毒具有高度的宿主特异性。本科多数成员产生亚临床感染，偶致上呼吸道疾病，但是犬传染性肝炎病毒及鸡产蛋下降综合征病毒有重要致病意义。

许多腺病毒凝集红细胞，是由其五邻体纤丝顶端与红细胞受体形成间桥之故。血凝与血凝抑制（HA－HI）试验多三来用于腺病毒感染的血清学诊断。由于腺病毒具有宿主的高度特异性，除少数例外，一般只能用天然宿主的细胞培养。

一、犬传染性肝炎病毒

犬传染性肝炎病毒（infectious canine hepatitis virus，ICHV）学名犬腺病毒（canine adenovirus，CAV），是重要的动物致病腺病毒，遍及世界。CAV分1型和2型两种，CAV-2引致幼犬传染性气管支气管炎，CAV-1引致犬的传染性肝炎。

【形态】CAV-1具有腺病毒典型的形态结构特征。无囊膜，呈二十面体立体对称，衣壳由252个壳粒组成，12个五邻体上有突出的纤丝。

【分子特征】哺乳动物腺病毒属成员，基因组为单分子的、线状双链DNA，长30～31 kb，在DNA分子两端存在末端反向重复（ITR），5′端连接有末端蛋白。

【抗原特性】CAV-1与CAV-2抗原性高度交叉，因此可用2型弱毒疫苗接种，既可对传染性肝炎免疫，又不会发生角膜水肿。犬崽出生后 9～12 周仍有母源抗体，可能干扰主动免疫。犬传染性肝炎的免疫预防是兽医实践中最见效的，原因是疫苗弱毒被接种犬排放到环境，其他犬与之接触可获得免疫，造就了高水平的群体免疫。

【致病特性】病毒经鼻咽、口及黏膜途径进入体内，最初感染扁桃体及肠系膜集合淋巴结，而后产生病毒血症，感染内皮及实质细胞，导致出血及坏死，肝、肾、脾、肺尤为严重。在自然感染的康复期或接种病毒弱毒疫苗后 8～12 d，因产生抗原抗体复合物而致角膜水肿及肾小球肾炎，前者导致"蓝眼"。感染犬通过尿、粪及唾液排毒，康复 6 个月以后仍可从尿中检出病毒。

【诊断】可用 ELISA、HA‑HI、中和试验以及 PCR 检测病毒。必要时可进行病毒分离，用 MDCK 或其他犬源细胞，24～48 h 出现 CPE，再用荧光抗体鉴定。

二、产蛋下降综合征病毒

产蛋下降综合征病毒（egg dorp syndrome virus，EDSV）除感染鸡而外，家鸭、野鸭及鹅也可感染和发病。

【形态】病毒粒子直径 75～80nm，无囊膜，呈典型的二十面体对称，壳粒清晰可见，每一基底壳粒上有一纤丝，这一特征与典型的腺病毒无区别。

【分子特征】禽腺病毒属成员，基因组由线性双链 DNA 组成。六邻体蛋白是病毒的主要结构蛋白，它与五邻体蛋白和纤维蛋白一起构成腺病毒的外壳，其中含有主要的属和亚属特异抗原决定簇和次要的抗原决定簇。此外，DNA 结合蛋白也是一种重要的结构蛋白，不仅对病毒 DNA 的复制是必需的，而且还参与病毒宿主范围的决定及病毒转录和转录后的基因调控。

【抗原特性】只有 1 个血清型。

【致病特性】感染禽产褐色蛋、软壳蛋或无壳蛋，其蛋壳分泌腺及输卵管上皮细胞坏死，往往有炎性渗出，并可见核内包涵体。感染禽所产蛋是主要的传染源，粪也带毒，造成污染。种禽场因孵化带毒种蛋全群感染，散发病例则因鸡接触鸭、鹅或带毒的水禽粪所致。

【诊断】根据症状诊断并不困难，确诊可进行病毒分离、HA‑HI 或中和试验检测抗体。

第五节　细小病毒科

细小病毒科（*Parvoviridae*）成员中，最早报道的是猫泛白细胞减少症病毒，此后发现的貂细小病毒与犬细小病毒推测均来自猫的细小病毒。猪细小病毒、鹅细小病毒及番鸭细小病毒对猪的胎儿、雏鹅或雏番鸭有致病性。不论什么年龄的动物，病毒都感染持续分裂的淋巴组织及肠上皮细胞，导致泛白细胞减少及肠炎。

一、猪细小病毒

猪细小病毒（porcine parvovirus，PPV）所致的繁殖障碍是世界养猪业面临的问题，一旦病毒侵入易感猪群，发病率非常高。

【形态】PPV 外观呈六角形或圆形，无囊膜，直径为 18～26nm，核衣壳呈二十面体等轴立体对称。

【分子特征】单分子线状单股 DNA。编码 3 种结构蛋白 VP1、VP2 和 VP3，VP2 是细小病毒的主要免疫原性蛋白，具有血凝特性的血凝部位分布在 VP2 蛋白上。编码 3 种非结构蛋白 NS1、NS2 和 NS3，在细小病毒的 DNA 复制、RNA 转录及病毒的组装过程中都具有重要作用，NS1 也具有抗原性，并能刺激机体产生抗体。

【抗原特性】只发现一个血清型。

【致病特性】猪细小病毒病主要特征是初产母猪发生流产、死产、胚胎死亡、胎儿木乃伊化和病毒血症，而母猪本身并不表现临床症状，其他猪感染后也无明显临床症状。胎儿 30d 感染病毒后死亡并被吸收，70d 以上的感染后患病较轻，并产生免疫应答。与其他细小病毒相比，猪细小病毒更易引致慢性排毒的持续性感染。

【诊断】快速诊断可用标准化的荧光抗体检测胎儿冰冻切片。也可用豚鼠红细胞做 HA－HI，检测胎儿组织悬液中的病毒。PCR 法适用于持续感染的诊断。检测血清抗体诊断价值不大。

二、犬细小病毒

1978 年首次报道了犬细小病毒病，病原为犬细小病毒 2 型（canine parvovirus 2，CPV－2）。由于病毒的高度稳定性，可经粪-口途径有效地传播，同时存在着大量易感的犬群，所以犬细小病毒病在全世界大流行。

【形态】病毒粒子较小，直径 20～22nm，呈二十面体对称，无囊膜。

【分子特征】单分子线状单股 DNA，编码 3 种结构蛋白 VP1、VP2 和 VP3，其中 VP2 是其保护性抗原；两种非结构蛋白 NS1 和 NS2。犬细小病毒变异株的出现主要与 VP2 蛋白氨基酸位点发生改变有关。

【抗原特性】犬细小病毒与猫细小病毒、貂细小病毒有密切关系，能够产生交叉免疫和血清学的交叉反应；与猪和牛细小病毒关系较远。CPV－2 发现 20 多年来，出现了抗原性漂移：CPV－2a 在 1979 年出现，CPV－2b 则始于 1984 年前后出现，二者致病性未见差异；2000 年 CPV－2c 在意大利出现并逐步取代 CPV－2a 和 CPV－2b，占主要地位；2007 年，CPV－2c 在欧洲其他一些国家和南美、北美等地均有报道。

【致病特性】所有犬科动物均易感，并有很高的发病率与死亡率。临床上以呕吐、腹泻、血液白细胞显著减少、出血性肠炎和严重脱水为特征。

【诊断】最简便的方法是做 HA－HI 试验，用猪或恒河猴红细胞于 pH 6.5、4℃做血凝试验，检测犬粪悬液。还可用 ELISA、PCR 等方法检出病毒。检测 IgM 抗体可作早期感染的诊断。

三、鹅细小病毒

鹅细小病毒（goose parvovirus，GPV）又名小鹅瘟病毒，主要侵害 3～20 日龄小鹅，以传染快、高发病率、高死亡率、严重腹泻以及渗出性肠炎为特征。

【形态】病毒粒子呈球形或六角形，直径 20～22nm，无囊膜，二十面体对称。电镜下，可见完整病毒粒子和病毒空壳。

【分子特征】核酸为单股线状 DNA。结构蛋白有三种：VP1、VP2、VP3，其中 VP3 为主要结构蛋白。病毒无血凝活性。

【抗原特性】只有一个血清型，与鸡新城疫病毒、鸡传染性法氏囊病病毒、鸭瘟病毒、鸭病毒性肝炎病毒等无抗原关系，但与番鸭细小病毒存在部分共同抗原。可在12～14日龄的鹅胚、番鸭胚或它们的细胞培养中增殖。

【致病特性】小鹅瘟发病及死亡率的高低与母鹅免疫状况有关。病愈的雏鹅、隐性感染的成年鹅均可获得坚强的免疫力。成年鹅的免疫力可通过卵黄将抗体传给后代，使雏鹅获得被动免疫。鹅细小病毒对雏番鸭有致病性。

【诊断】快速诊断可用标准化的荧光抗体检测病变的实质脏器。还可用病毒中和试验、ELISA、PCR检测病毒。如做病毒分离，可采用鹅胚或番鸭胚接种，5～8d内死亡，收获尿囊液做进一步鉴定。

四、猫泛白细胞减少症病毒

猫泛白细胞减少症病毒（feline panleukopenia virus，FPV）又名猫瘟热病毒。猫感染后可很快产生免疫应答，3～5d即可检测到中和抗体，高滴度的抗体与免疫保护成正比。母源抗体可提供被动免疫保护。诊断可用HA-HI试验、分离病毒、ELISA或免疫荧光技术、PCR等。

五、貂肠炎病毒

貂肠炎病毒（mink enteritis virus，MEV）又名貂细小病毒，形态、理化特征和生物学特点与猫泛白细胞减少症病毒相似。用常规血清学方法不能区别MEV、FPV和CPV。MEV可引起貂的急性呼吸道传染病，主要特征为急性肠炎和白细胞减少。常用的诊断方法是HA-HI试验。

六、貂阿留申病病毒

貂阿留申病病毒（aleutian mink disease virus）呈二十面体对称，无囊膜，基因组为单股DNA。该病毒可引起水貂慢性消耗性、超敏感性和自身免疫性疾病，表现为浆细胞增多、高γ球蛋白血症、持续性病毒血症等。虽然可产生高滴度的抗体，但不能中和病毒。病毒与抗体复合物在血管壁沉积，引致肝炎、关节炎、肾小球肾炎、贫血乃至死亡。病毒可通过胎盘感染胎儿，慢性感染貂可常年排毒。目前的检测方法主要有碘凝集试验、荧光抗体技术、补体结合试验、对流免疫电泳、ELISA等。

第六节 圆环病毒科

圆环病毒科（Circoviridae）于1995年确立，成员包括猪、禽及植物的圆环病毒，是已知最小的动植物病毒。本科成员的病毒颗粒形态及基因组均类似，但生态学、生物学及抗原性相差甚远，无共同抗原决定簇及序列同源性。

猪 圆 环 病 毒

猪圆环病毒（porcine circovirus，PCV）是在猪肾细胞系PK15中发现的第一个与动物有关的圆环病毒，命名为 PCV1。1997 年在法国首次分离到 PCV2，与 PCV1 抗原性有差异，引起断奶仔猪多系统衰竭综合征（post-weaning multisystemic wasting syndrome, PWMS）。PCV2 感染还可致繁殖障碍、皮炎与肾病综合征、呼吸道疾病等。最近发现猪有 PCV3，其临床致病性与 PCV2 相似。

【形态】 病毒颗粒呈球形，无囊膜，直径 17nm，是目前发现的最小的动物病毒。

【分子特征】 圆环病毒属成员，基因组为共价闭合环状的双义单链 DNA。有 11 个 ORF，但其中两个主要的阅读框，分别编码病毒复制相关（Rep）蛋白和衣壳（Cap）蛋白。Rep 蛋白是病毒的非结构蛋白，在所有圆环病毒中相对保守。Cap 蛋白构成病毒的衣壳，具有良好的免疫原性，能够刺激机体产生特异性的免疫保护反应。

【抗原特性】 具有 PCV1 和 PCV2 两种血清型，两血清型之间 Rep 蛋白有一定的抗原交叉性。

【致病特性】 PCV1 无致病性，而 PCV2 感染可引起 PMWS 等疾病。一些病原体如猪细小病毒、猪繁殖与呼吸综合征病毒、猪多杀性巴氏杆菌、猪肺炎支原体等与 PCV2 有协同致病作用。免疫刺激、环境因素以及其他应激因素也是发病诱因。PCV2 感染还可使猪的免疫功能受到抑制。

【诊断】 依据流行特点、临床表现，结合剖检病变，可对 PCV2 所致的 PMWS 作出初步诊断。确诊需分离病毒，可取肺脏、淋巴结、肾脏、血清，用 PK15 细胞培养，结合免疫荧光、PCR、免疫酶染色等方法进行鉴定。也可直接从组织中检测 PCV2，可用 ELISA 检测抗体。

第七节 反录病毒科

反录病毒科的成员均具有反转录酶，许多成员对动物有致病性。

一、禽白血病病毒

禽白血病病毒（avian leucosis virus，ALV）可引致各种传染性肿瘤，如淋巴细胞增多症、成红细胞增多症、成髓细胞增多症、髓样细胞瘤、内皮瘤、肾胚细胞瘤等，以淋巴细胞增多症最为常见。

【形态】 病毒粒子近似球形，有囊膜，囊膜处有放射状突起。

【分子特征】 甲型反录病毒属成员，病毒基因组为二倍体，由两个线状的正股单股 RNA 组成。内源性禽白血病病毒以前病毒的形式存在于鸡体的基因组，很少表达；外源性禽白血病病毒复制完全，具有 *gag*、*pol* 及 *env* 基因。

【抗原特性】 根据病毒中和试验、宿主范围及分子特性，ALV 已分类至 10 个亚群，分别命名为 A~J，其中 A~D 亚群为外源性，E 亚群为内源性。在同一亚群的病毒之间通常存在一些交叉中和作用，而不同亚群的病毒之间没有共同的中和作用抗原，但 B、D 亚群除外。

【致病特性】 雏鸡先天性感染外源性非缺陷型白血病病毒时，可发生肿瘤，并产生病毒血症。缺陷型的白血病病毒在与外源性非缺陷型的白血病病毒共同感染鸡时，可复制并致病，引致成红细胞增多症、成髓细胞增多症以及髓样细胞瘤，所致肿瘤的不同是由于病毒的 *v-onc* 基因不同。病毒可经水平或垂直传播。水平传播需要长时期密切接触，垂直传播更为重要。

【诊断】根据病史、症状及剖检发现肿瘤通常可作出诊断，但应与马立克病相鉴别。可用 ELISA 等检测病毒抗原。必要时可送专业实验室进行病毒分离鉴定。

二、山羊关节炎/脑脊髓炎病毒

山羊关节炎/脑脊髓炎病毒（caprine arthritis/encephalomyelitis virus，CAEV）是山羊最重要的病毒，某些羊群的感染率高达 80%。CAEV 为慢病毒属成员，病毒粒子呈球形，有囊膜，基因组为单股 RNA。与维斯纳/梅迪病毒抗原存在强烈的交叉反应。CAEV 所致疾病有两种表现形式，2～4 月龄的羔羊发生脑脊髓炎，1 岁左右的山羊发生多发性关节炎，后者更为常见。病毒可人工感染绵羊，但自然感染仅限于山羊。初生羔羊通过初乳及乳感染。诊断方法采用琼脂凝胶免疫扩散试验检测抗体，此法亦用于羊群的免疫监测。

三、马传染性贫血病毒

马传染性贫血病毒（equine infectious anemia virus，EIAV）感染马属动物，马最易感，骡、驴次之，在世界各地的马均有发现。EIAV 为慢病毒属成员，病毒粒子呈球形，有囊膜，基因组为单股 RNA。EIAV 至少有 8 个血清型，在持续感染期间，随着病马连续发热，体内的病毒不断发生抗原漂移。EIAV 感染表现为急性、亚急性、慢性及亚临床 4 种类型。急性型症状最为典型，出现发热、严重贫血、黄疸等，80%患马死亡。急性或亚急性耐过的马可终身持续感染。病毒首先感染巨噬细胞，然后是淋巴细胞，所有感染马终身出现细胞结合的病毒血症。诊断方法采用补体结合反应和琼脂扩散试验。

第八节 呼肠孤病毒科

呼肠孤病毒科（*Reoviridae*）是病毒学上最复杂的一个科，有 9 个属，宿主包括哺乳动物、禽类、爬行类、两栖类、鱼类、无脊椎动物以及植物。对动物有致病性的有 6 个属。

一、禽正呼肠孤病毒

禽正呼肠孤病毒（avian orthoreoviruses）为正呼肠孤病毒属成员，具有典型的呼肠孤病毒形态，但无血凝活性，抗原性不与哺乳动物毒株交叉，核酸电泳图谱也不相同。禽正呼肠孤病毒具有共同的群特异抗原，可用中和试验分为 11 个血清型。

病毒的感染在鸡群中普遍存在，常无症状，也可表现为禽病毒性关节炎综合征以及暂时性消化系统紊乱。禽正呼肠孤病毒常见于 MDV、IBDV 等感染的病例，一般认为由于它的混合感染，加剧了病情。

诊断上，通常对出现临床症状的病例检出或分离病毒。分离病毒可取病变组织的上清液接种 5～7 日龄鸡胚。亦可用鸡胚肝细胞分离病毒。某些毒株可用 Vero 细胞培养。病毒可在细胞上产生合胞体及胞质包涵体，包涵体内的病毒颗粒可呈晶格样排列。检测可做病毒核酸电泳。抗体检测可做琼脂扩散试验或空斑减数中和试验。

二、蓝舌病毒

蓝舌病毒（blue tongue viruses，BTV）引致蓝舌病，蓝舌病是 OIE 规定的通报疫病。

【形态】病毒颗粒无囊膜，近似球形，直径约 80nm。具有外、中、内三层衣壳，每层均为二十面体对称。

【分子特征】环状病毒属成员，基因组为双股 RNA，10 个节段。壳体中含有 4 个主要多肽和 3 个次要多肽。其中核心多肽 VP7 为群特异性抗原，VP2 为型特异性抗原。BTV 可凝集绵羊及人 O 型红细胞。

【抗原特性】用中和试验可将 BATV 分为 25 个血清型。不同地区存在不同的血清型，我国已鉴定有 1 型及 6 型等共 7 个型。BTV 感染可产生体液免疫应答，对某型病毒产生的型特异抗体虽不能完全抵抗其他血清型毒株的感染，但可使暴发性流行减弱为温和性流行。

【致病特性】BTV 通过吸血昆虫主要是库蠓传播。疾病特征表现为高热，口鼻黏膜高度充血，唇部水肿继而发生坏疽性鼻炎，口腔黏膜溃疡，蹄部炎症及骨骼肌变形。病羊舌部可能发绀因此称之为蓝舌病。患羔还可腹泻，致死率高者可达 95%。牛和山羊易感性较低。

【诊断】蓝舌病必须结合临床症状与病毒分离才能确认，抗体阳性只表明发生感染。国际通用的方法为补体结合、荧光抗体或琼脂扩散等试验，用以检测群特异抗体。其中以琼脂扩散试验最为方便实用，在感染后 4d 即可检出抗体，且可持续 1 年。琼脂扩散试验可与茨城病毒及鹿流行性出血症病毒出现交叉反应，因此，有必要应用群特异的羊克隆抗体检测。

分离病毒应取急性发热期病畜的全血，离心取红细胞，洗去血液中可能存在的抗体；而后用超声波裂解红细胞使病毒释放，再用它静脉接种 11 日龄鸡胚或接种 2d 以内的新鲜 Vero 细胞，分离的毒株做中和试验定型。

三、轮状病毒

轮状病毒（rotavirus）可感染多种动物，主要引起腹泻，各种动物的轮状病毒所致的腹泻症状、流行病学及诊断方法均类似，一般仅发生于 1～8 周龄的动物。

【形态】病毒颗粒无囊膜，外缘光滑似车轮状，直径 65～75 nm，二十面体对称。

【分子特征】轮状病毒属成员，基因组为双股 RNA，11 个节段，编码 13 种蛋白。病毒颗粒由三层同心圆状的核衣壳蛋白组成，VP7 和 VP4 是最外层蛋白层（外衣壳）的组成成分，均携带有中和表位；中间蛋白层（内衣壳）是由 VP6 构成，并且包围着由 VP2 组成的最内层（核心壳）蛋白层。

【抗原特性】衣壳抗原 VP6 为群特异抗原，根据中和试验可分为甲、乙、丙、丁、戊型（A、B、C、D、E），另有己、庚（F、G）两个暂定型。甲型又称典型轮状病毒，其余各群称为非典型轮状病毒。甲型对人、牛及其他动物有致病性，乙型仅对人致病（我国发现的成人轮状病毒），戊型仅对猪致病，丁、己和庚型仅对禽类致病。

【致病特性】感染潜伏期 16～24h，引起水样腹泻，往往带有黏液。少数由于失水或大肠杆菌等继发感染导致患畜死亡，一般能在 3～4d 内康复。

【诊断】电镜检测是最理想的方法，但要求每克粪中病毒颗粒的含量不少于 10^5，用免疫电镜可提高其灵敏度。亦可用 RT-PCR 检测粪样中的病毒 RNA。细胞培养分离轮状病毒比较困难，一般选用 MA-104 细胞（恒河猴肾细胞系）。

四、蚕质型多角体病毒

蚕质型多角体病毒（Bombyx mori cytoplasmic polyhedrosis virus，BmCPV）是一种常见的昆虫病毒，可引起蚕质型多角体病，又叫中肠型脓病。该病毒最早在蚕及灯蛾体内发现。BmCPV 的主要宿主有鳞翅目、膜翅目、双翅目和鞘翅目昆虫等。

【形态】病毒粒子结构为正二十面体，直径为 60～70 nm，在电镜下呈多角体分布，多角体颗粒大小为 0.5～10 μm，通常呈六面体、八面体或十二面体，每个多角体包含数万个病毒颗粒，在环境中具有较高的稳定性。

【分子特征】基因组为 dsRNA，由 10 个基因片段组成，每个片段都具有一个完整的开放阅读框，片段 S1～S4、S6 和 S7 编码病毒的结构蛋白，S5 和 S8～S10 分别编码病毒的非结构蛋白。

【致病特性】蚕质型多角体病的潜伏期和发病期均较长，属于慢性传染性蚕病。该病可导致蚕胸部呈半透明（即胸部空虚），食欲减退，体型消瘦，行动迟缓，群体发育不整齐。BmCPV 只感染蚕中肠上皮圆筒形细胞，并在细胞质内形成多角体，中肠可见乳白色褶皱，后部尤为明显。

【诊断】根据蚕质型多角体病的临床症状和中肠乳白色病变可做出初步诊断。实验室检查可取蚕中肠后半部组织，显微镜观察是否存在多角体，还可采用 ELISA、PCR 等方法确诊。

第九节　双 RNA 病毒科

双 RNA 病毒科（*Birnaviridae*）有两个重要成员：禽的传染性法氏囊病病毒和鱼的传染性胰坏死病毒。

传染性法氏囊病病毒

传染性法氏囊病病毒（infectious bursal disease virus，IBDV）是引起鸡传染性法氏囊病（IBD）的病原体。IBD 最早在美国特拉华州甘保罗镇的肉鸡群中暴发，因此又称为甘保罗病。近年来，IBDV 变异株和超强毒株（vvIBDV）的出现及其引起的免疫抑制给世界养鸡业造成了严重危害。

【形态】病毒粒子为球形，无囊膜，单层核衣壳，二十面体对称，直径为 55～65nm。除完整的病毒粒子外，还常见空衣壳。在感染细胞内，病毒常呈晶格状排列。

【分子特征】IBDV 基因组为双链双节段 RNA：A 节段编码 VP2～VP5 蛋白，B 节段编码 VP1 蛋白。VP1 是一种 RNA 多聚酶，以基因组结合蛋白（VPg）的形式存在，将 A、B 两个节段的末端紧紧相连，对其进行序列分析有助于了解病毒间的进化关系。VP2 位于衣壳外表面，是主要的保护性抗原。

【抗原特性】病毒有两个血清型，二者有较低的交叉保护。1 型为鸡源毒株，只对鸡有致病性，火鸡和鸭为亚临床感染；2 型为火鸡源性，无致病性。

【致病特性】IBD 是幼龄鸡的一种急性、高度接触性传染病，发病率高，病程短，主要侵害鸡的中枢免疫器官法氏囊，导致免疫抑制，从而增强机体对其他疫病的易感性和降低对其他疫苗的反应性。3～6周龄鸡的法氏囊发育最完全，因此最易感。1～14日龄的鸡易感性较小，通常可得到母源抗体的保护。6周龄以上的鸡很少表现疾病症状。

【诊断】可取囊组织的触片用免疫荧光抗体检测，或用囊组织的悬液做琼脂扩散试验，检出病毒抗原。用鸡胚分离病毒较为敏感，可取9～11日龄鸡胚，接种绒毛尿囊膜，通常在3～5d内死亡。胚体皮下及肾出血，肝微绿并有坏死灶。有些毒株也能在鸡胚源的细胞上生长，产生CPE，易产生缺陷型病毒颗粒。检测抗体可用中和试验或ELISA。

第十节　副黏病毒科

副黏病毒科（*Paramyxoviridae*）的病毒主要发现于哺乳动物及禽类。

一、新城疫病毒

新城疫病毒（newcastle disease virus，NDV）旧称禽副黏病毒1型，引起禽新城疫。自从高密度的、封闭式养殖系统出现以来，新城疫已成为世界养禽业最重要的疾病之一，是世界动物卫生组织规定的通报疫病。

【形态】病毒粒子具多形性，一般近似球形，直径100～300nm，有时也可呈长丝状。病毒粒子的外部是双层脂质囊膜，表面带有两种类型的纤突。

【分子特征】NDV纤突具有两种糖蛋白：血凝素神经氨酸酶（HN）及融合蛋白（F）。NDV的毒力主要取决于其HN及F的裂解及活化。无毒株的HN及F为无活性的前体，有毒株的这些前体可被组织内的蛋白酶切割并活化。病毒只有在具有嗜性的感染组织才能裂解活化和扩散。强毒株与弱毒株的切割位点有差异，前者碱性氨基酸较多，后者中性氨基酸取代了碱性氨基酸，因此不易被酶切割，融合活性低、感染性差、毒力弱。

根据毒力的差异可将NDV分成3个类型：强毒型、中毒型和弱毒型。区分依据为如下致病指数：病毒对1日龄雏鸡脑内接种的致病指数（ICPI）、42日龄鸡静脉接种的致病指数（IVPI）、最小致死量致死鸡胚的平均死亡时间（MDT），一般认为，MDT在68h以上、ICPI≤0.25者为弱毒株；MDT在44～70h之间、ICPI＝0.6～1.8为中毒株；MDT在40～70h之间、ICPI＞2.0者为强毒株。IVPI作为参考，强毒株IVPI常大于2.0。

【抗原特性】NDV只有一个血清型，抗体产生迅速。HI抗体在感染后4～6d即可检出，可持续至少2年。HI抗体水平是衡量免疫力的指标。雏鸡的母源抗体保护可有3～4周。血液中IgG不能预防呼吸道感染，但可阻断病毒血症。分泌型IgA在呼吸道及肠道的保护方面作用重大。

【致病特性】病毒首先在呼吸道及肠道黏膜上皮复制，借助血流扩散到脾及骨髓，产生二次病毒血症，从而感染肺、肠及中枢神经系统。因肺充血及脑内呼吸中枢的损伤导致呼吸困难。病毒通过气雾、污染的食物及饮水传播。

【诊断】必须做病毒分离及血清学试验或RT-PCR。可取脾、脑或肺匀浆，接种10日龄鸡胚尿囊腔分离病毒，病毒能凝集鸡、人及小鼠等红细胞，再做HI试验进行鉴别。当存在循环抗体时，可从肠道分离病毒。用气管切片或抹片做免疫荧光染色诊断快速，但不太敏感。抗体检测只适用于对未进行免疫接种鸡群的诊断，可用HI试验。在慢性新城疫流行的地区，可用HI试验作为监测手段。分离株有必要进一步测定其毒力，如ICPI＞0.7，必须向世界动物卫生组织申报疫情。

二、小反刍兽疫病毒

小反刍兽疫病毒（peste des petits ruminants virus，PPRV）对山羊及绵羊致病，类似于牛瘟，主要发生于非洲西部。山羊的死亡率可高达 95%，绵羊略低。小反刍兽疫（PPR）是世界动物卫生组织规定的通报疫病。

【形态】病毒粒子多为圆形或椭圆形，外被囊膜，纤突含血凝素而无神经氨酸酶，核衣壳呈螺旋对称。

【分子特征】PPRV 为麻疹病毒属成员。基因组为单股负链不分节段 RNA，长 15 948bp，是麻疹病毒属中最长的病毒。融合蛋白（F）和血凝素（H）在诱导机体产生保护性免疫中非常重要。F 蛋白是一种融合蛋白，在麻疹病毒属中高度保守，组成病毒囊膜表面的一种纤突，是决定病毒感染成功与否的关键因素，具有诱导细胞融合和启动感染的生物学活性。H 蛋白构成病毒的另一种纤突，是最易变异的蛋白。PPRV 不含神经氨酸酶，H 蛋白同时具有血凝素和神经氨酸酶的功能。H 蛋白有利于病毒与细胞膜受体的结合，从而导致病毒囊膜与细胞膜融合，引起细胞病变。

【抗原特性】目前发现该病毒仅有 1 个血清型，与牛瘟病毒在抗原性上存在高度的交叉保护反应。根据 PPRV 与牛瘟病毒抗原相关原理，在发生小反刍兽疫的地区，可用牛瘟组织培养苗进行免疫接种。

【致病特性】PPRV 主要感染山羊、绵羊、长角羚等小反刍动物。骆驼、猪和牛也可感染，但通常无临床症状。PPR 的症状与牛瘟相似，发病时体温骤升至 40～41℃，唾液分泌增多，出现脓性鼻液和结膜炎。最常见的变化是口腔溃疡、坏死；后期伴有支气管肺炎，孕畜流产和血性腹泻，常在发病后 5～10 d 死亡。病理变化主要表现为消化道的糜烂性损伤，回肠、盲肠、盲—结肠交界处和直肠严重出血。病毒能抑制淋巴细胞的增殖，从而引起免疫抑制，造成继发感染，可能是导致 PPR 死亡的主要原因。

【诊断】采集眼结膜、鼻腔分泌物或口腔、回肠、直肠黏膜、血液等，接种合适的细胞如绵羊或山羊胎肾、BHK21、Vero 细胞等。CPE 一般在接种后 6～15 d 出现，其特点是出现多核细胞。分离物通常采用病毒中和试验或用电子显微镜做进一步鉴定。血清学试验采用病毒中和试验、竞争 ELISA 或间接 ELISA 检测抗体，采用琼脂扩散试验、夹心 ELISA 或间接免疫荧光试验检测抗原。也可采用 RT－PCR 技术检测病毒 RNA。

三、犬瘟热病毒

犬瘟热病毒（canine distemper virus，CDV）引致犬瘟热。该病是犬的最重要的病毒病，遍及全世界。

【形态】病毒粒子具有多形性，一般呈近似球形，直径 100～300nm，其大小差异较大，有时可见更大的畸形粒子和长达数微米的长丝形粒子。

【分子特征】麻疹病毒属，单负股 RNA，不分节段。血凝素蛋白（H）和融合蛋白（F）构成囊膜上的两种纤突，H 纤突只有血凝素活性而无神经氨酸酶活性。

【抗原特性】CDV 只有一个血清型，与麻疹病毒和牛瘟病毒具有共同抗原，能够产生交叉免疫。犬和雪貂接种麻疹病毒后对犬瘟热有一定的免疫力。犬瘟热病毒可引起细胞免疫和体液免疫，抗体水平不能完全反映机体的免疫状态。

【致病特性】具有高度传染性。最常见的急性型有两个阶段的体温升高（双相热），在第二阶段体温升高时伴有严重的白细胞减少症，并有呼吸道症状或胃肠道症状。亚急性型出现神经症状，有永久的中枢系统后遗症。患畜在感染后 5d 在临床症状出现之前，所有的分泌物及排泄物均排毒，有时持续数周。凡是产生中和抗体的动物即具有免疫力，细胞免疫对抗感染也非常重要。免疫力可持续终身。

【诊断】病毒分离可以取病畜的淋巴细胞与经丝裂原刺激的健康犬淋巴细胞共培养。经传代后，可在 MDCK、Vero 或犬原代肺细胞生长。盲传数代可见典型的 CPE，特点为出现放射状细胞及形成合胞体。也可取临死前的动物外周血淋巴细胞或剖检动物的肺、胃、肠及膀胱组织做压片或提取 RNA，用免疫组化技术检测抗原或 RT－PCR 检测病毒 RNA。

第十一节 弹状病毒科

弹状病毒科（*Rhabdoviridae*）有 175 种以上的成员，宿主包括脊椎动物、无脊椎动物及植物，其中狂犬病病毒是重要的致病病毒。

一、狂犬病病毒

狂犬病病毒（rabies virus）可感染所有温血动物，引致人与动物狂犬病。感染的动物和人一旦发病，最终死亡。狂犬病表现神经症状，有兴奋型及麻痹型两种。犬、猫、马比反刍动物及实验动物更多出现兴奋型。

【形态】成熟的病毒粒子呈典型的子弹状，表面有许多钉状纤突。直径为 75～80nm，长度为 180～200nm。在电镜下观察，病毒颗粒由两个结构单元组成：中央密集的柱状体（紧密的螺旋核衣壳）和外层囊膜。

【分子特征】狂犬病病毒属成员，基因组为单分子负链单股 RNA。编码 5 种病毒蛋白，分别为 L（RNA 依赖的 RNA 聚合酶）、G（糖蛋白的三聚体）、N（核衣壳蛋白）、P（病毒聚合酶的一个组分）、M（基质蛋白）。N、P 及 L 蛋白共同构成核衣壳。糖蛋白 G 含中和表位，核衣壳蛋白则与诱导细胞免疫有关。病毒含有类脂和糖，前者来自宿主细胞膜，后者构成糖蛋白的侧链。

【抗原特性】根据不同毒株的免疫血清反应和抗狂犬病病毒单克隆抗体的分析，将狂犬病病毒分成 4 个血清型和 3 个尚待定型的病毒株。但这种抗原差异对免疫保护力的影响不明显。

【致病特性】主要传播途径为被带毒动物咬伤，是否发病取决于咬伤的部位与程度以及带毒动物的种类。在出现兴奋狂暴症状乱咬时，唾液具有高度感染性。在病毒从咬伤部位向中枢系统扩散的过程中，如用抗体处理，可推迟感染进程。病毒通过实验动物（主要是家兔）脑内传代培养，潜伏期缩短，脑组织不产生狂犬病病毒特异 Negri 氏小体，丧失了一定程度的沿神经纤维转移的能力；而且病毒不在唾液腺中增殖，称为固定毒，以与天然的所谓"街毒"相区别。

【诊断】大多数国家仅限于获得认可的实验室及人员才能进行狂犬病的实验室诊断。通常要确定咬人的动物是否患狂犬病，需做脑组织切片，检测 Negri 氏包涵体；或取其脑组织如小脑、海马或唾液腺做荧光抗体染色检测，观察胞质内是否有着染颗粒。可采用 RT－PCR 技术检测组织中的病毒 RNA，比标准化的荧光抗体法敏感 100～1 000 倍，尤其适用于已掩埋的动物样本。活体诊断可取皮肤或唾液样本，或做角膜压片进行检测，但敏感性较差。

二、牛暂时热病毒

牛暂时热病毒（bovine ephemeral fever virus，BEFV）又名牛流行热病毒或三日热病毒，为暂时热病毒属成员。病毒粒子呈子弹形或圆锥形，有囊膜，囊膜表面有纤突。国内外分离的毒株形态上有差异，但抗原性上基本一致。

病毒以库蠓、疟蚊等节肢动物为传播媒介，可引起奶牛、黄牛和水牛急性热性传染病。表现为体温突然升高至 40℃ 以上，呼吸迫促，全身虚弱，伴有消化机能和运动器官的机能障碍。本病在亚洲、非洲及澳大利亚的热带及亚热带地区流行，多呈地方流行，突然发作，有周期性。发病率可高达 100%，死亡率一般只有 1%～2%，但肉牛及高产奶牛死亡率可达 10%～20%。

根据流行病学及临床表现并不难诊断，但实验室诊断却不容易。分离病毒可接种伊蚊的细胞或脑内接种吮乳小鼠，盲传数代可得结果。一般用 ELISA 检测抗体。

第十二节　正黏病毒科

正黏病毒科（*Orthomyxoviridae*）的流感病毒是对人与动物健康影响最大、研究最为深入的病毒之一。流感病毒的血凝素（HA）及神经氨酸酶（NA）是两个最为重要的分类指标，目前，甲型流感病毒分为 16 个 HA 亚型及 9 个 NA 亚型。

禽 流 感 病 毒

禽流感病毒（avian influenzavirus，AIV）毒力有很大差异，其高致病力毒株对鸡有致病性。禽流感旧称"真性鸡瘟"，现名高致病性禽流感（highly pathogenic avian influenza，HPAI），是 OIE 规定的通报疫病。高致病力毒株主要有 H5N1 和 H7N7 亚型的某些毒株。

【形态】AIV 具有多种形态，一般为球形，但有的呈丝状，有的呈杆状。丝状体长短不一，长度有时可达几个纳米。

【分子特征】AIV 为甲型流感病毒属，单负股 RNA，分 8 个节段。有囊膜，表面有两种纤突：血凝素（HA）和神经氨酸酶（NA），可组合成多种亚型病毒。当成熟的流感病毒以出芽的方式脱离宿主细胞之后，病毒表面的 HA 会经由唾液酸与宿主细胞膜保持联系，需要由 NA 将唾液酸水解，切断病毒与宿主细胞的最后联系。HA 有血凝性，并能被相应抗血清所抑制。HA 具有免疫原性，抗血凝素抗体可以中和流感病毒。

【抗原特性】AIV 有两类重要的抗原，它们分别为表面抗原和型特异性抗原。表面抗原主要指 HA 和 NA，它们是病毒亚型的基本因素。型特异性抗原主要由核蛋白和基质蛋白构成，它们为所有亚型的禽流感病毒亚型共有。

禽流感病毒的基因组有 8 个节段，在病毒的增殖过程中很容易发生基因的重排，因此其抗原性发生变异的概率比一般 RNA 病毒大。依变异的程度不同，可将它们的变异分为抗原性漂移和抗原性转变。抗原性漂移是指由编码病毒表面蛋白的基因发生点突变导致病毒抗原位点发生变异，引起免疫逃逸。抗原性转移指病毒基因发生重组或重排，变异幅度大，形成新亚型即新毒株的 H 和 N 与前次流行株不同。

【致病特性】大量病毒可通过粪排出，在环境中长期存活，尤其是在低温的水中。病毒通过野禽传播，特别是野鸭。未裂解的 HA 无感染性，在靶器官呼吸道及肠道组织相应的蛋白酶作用下，HA 裂解为 HA_1 和 HA_2，暴露融合肽段，通过融合进入宿主细胞。已知高致病力毒株与低致病力毒株的 H 裂解位点的氨基酸序列有差异，前者为-X-X-精氨酸-X-精氨酸/赖氨酸-精氨酸-（X 为非碱性氨基酸），而低毒株仅有单个精氨酸，切割率极低，不易裂解。毒力因子除 HA 和 NA 外，还包括 NP 基因及聚合酶基因等表达产物的综合作用。非结构蛋白 NS1 具有抗干扰素活性，有助于病毒感染。

【诊断】分离病毒对鉴定病原及其毒力均不可少，但鉴于高致病性毒株的潜在危险，一般实验室只做血清学或 RT-PCR 检测。高致病力毒株的分离及进一步鉴定需送国家级的参考实验室完成。一般从泄殖腔采样，接种 8～10 日龄鸡胚尿囊腔，取尿囊液用鸡红细胞做 HA-HI、ELISA 或 RT-PCR。亦可从病料直接检测病毒，但检出率一般低于经鸡胚传代者。

世界动物卫生组织规定的毒株高致病性标准为：将含病毒的鸡胚尿囊液原液用灭菌生理盐水做 1:10 稀释，静脉内接种 4～8 周龄 SPF 鸡 8 只，每只 0.2mL，隔离饲养观察 10d，死亡≥6 只者，判定为 HPAI 病毒。此外世界动物卫生组织还规定，不论 H5 或 H7 亚型分离株上述雏鸡致病力结果如何，只要其 HA 裂解位点氨基酸序列与高致病力毒株相似，也判为 HPAI 病毒。

第十三节　冠状病毒科

冠状病毒科（Coronaviridae）成员是已知 RNA 病毒中基因组最大的病毒，只感染脊椎动物，与多种动物和人的疾病有关。

一、禽传染性支气管炎病毒

禽传染性支气管炎病毒（avian infectious bronchitis virus，AIBV）是最早发现的冠状病毒，呈世界性分布，严重影响养鸡业的发展。

【形态】病毒颗粒为多形性，多数为圆形或球形，直径为 90～200nm。有囊膜，囊膜表面有松散、均匀排列的花瓣样纤突，使整个病毒粒子呈皇冠状。

【分子特征】AIBV 为冠状病毒属，基因组为单分子线状正链单股 RNA，有 4 种主要结构蛋白，包括核衣壳蛋白（N）、主要纤突糖蛋白（S）、主要嵌膜蛋白（M）以及次要嵌膜蛋白（E）。S 蛋白位于病毒的最外面，含有与病毒中和、血凝抑制抗体、细胞吸附、组织亲和性、毒力、血清型特异性有关的抗原位点。

【抗原特性】AIBV 的基因组核酸在复制过程中易发生突变和高频重组，因此血清型众多。该病毒新的血清型和变异株不断出现，各型之间仅有部分或完全没有交叉保护性，给传染性支气管炎的预防带来很大困难。

【致病特性】病毒主要感染鸡，此外还对雉、鸽、珍珠鸡有致病性。临床表现取决于鸡的日龄、感染途径、鸡体免疫状况以及病毒的毒株。可急性暴发，1～4 周龄雏鸡最易感，表现为气喘、咳嗽及呼吸抑制，并可突然死亡。弱毒株感染几乎无临床症状，但导致生长迟缓成为侏儒。产蛋鸡影响显著，产蛋量下降或者停止，或产异常蛋。近年来还出现以肾、肠或腺胃病变为主的致病型。

【诊断】早期诊断可取器官组织切片做直接免疫荧光染色。分离病毒可取病料匀浆上清液接种鸡胚尿囊腔，绒毛尿囊血管肿胀，鸡胚卷缩并矮小化。病毒的进一步鉴定通常可用免疫荧光、琼脂扩散或免疫电镜，也可用 RT - PCR 或 cDNA 探针。

二、猪传染性胃肠炎病毒

猪传染性胃肠炎病毒（transmissible gastroenteritis virus of swine，TGEV）可引起猪的高度接触性肠道传染病，遍及世界各主要养猪国家与地区，给养猪业带来严重的经济损失。

【形态】病毒粒子呈圆形，直径 90～160 nm，有囊膜，囊膜上有花瓣状纤突，纤突长 18～24 nm，其末端呈球状。

【分子特征】甲（α）型冠状病毒属成员，基因组为单股正链 RNA。基因组中 2/3 的 RNA 编码 ORF1a 和 ORF1b 复制酶，另外 1/3 的 RNA 编码结构和非结构蛋白。TGEV 结构蛋白包括磷蛋白（N）、膜结合蛋白（M）、小囊膜蛋白（E）及糖蛋白（S），其中 S 蛋白是诱导机体产生抗病毒中和抗体的主要靶标。

【抗原特性】TGEV 只有 1 个血清型，但与某些冠状病毒存在抗原相关性，特别是与猪呼吸道冠状病毒（porcine respiratory coronavirus，PRCV）有交叉免疫反应。PRCV 在结构上与 TGEV 非常相似，同源性达 96% 以上，被认为是 TGEV 的自然突变株。

【致病特性】TGEV 在世界各地均有发现，可致仔猪腹泻，伴有呕吐，3 周龄以下的仔猪有较高死亡率。集约化的养猪场常年产仔，导致在断奶仔猪常年流行。病变仅限于胃肠道，包括胃肿胀及小肠肿胀，内含未吸收的乳。由于绒毛损坏，肠壁变薄，如将肠道浸于等渗的缓冲液中，清晰可见。可通过初乳及奶液获得母源 IgA 抗体，仔猪产生被动免疫。但血清中的 IgG 抗体不能提供保护。非经肠免疫不能产生母源免疫，唯有通过黏膜免疫才有效。

【诊断】取疾病早期阶段的仔猪肠黏膜制作涂片或冰冻切片，通过荧光抗体或 ELISA 可快速检出病毒。病毒分离可用猪甲状腺原代细胞、猪甲状腺细胞系 PD5 或睾丸细胞，产生 CPE，再进一步用免疫学方法或 RT - PCR 进行鉴定。采集发病期及康复期双份血清样品做中和试验或 ELISA 检测抗体，具有流行病学价值。

三、猪流行性腹泻病毒

猪流行性腹泻病毒（porcine epidemic diarrhea virus，PEDV）是引起猪流行性腹泻的病原，其引起的临床症状与 TGEV 所致疾病症状相似，难于区分。PEDV 最早出现于 20 世纪 70 年代，最初仅是发病率高但死亡率相对较低。然而，自 2010 年底 PEDV 的变异型毒株在我国出现后，对哺乳仔猪呈现高致病性、高发病率和高死亡率的特点。

PEDV 与 TGEV 所引起的临床症状、组织病理变化极为相似，因此只能依靠实验室诊断（如病毒学诊断、RT - PCR 检测和血清学诊断）来鉴别。

四、猫冠状病毒

基于引起猫临床症状及产生的病理变化不同，猫冠状病毒（feline coronavirus，FCoV）

分为两个生物型：猫传染性腹膜炎病毒（feline infectious peritonitis virus，FIPV）及猫肠道冠状病毒（feline enteric coronavirus，FECV）。

【形态】病毒粒子呈圆形，直径 90～100 nm，有囊膜，囊膜上有花瓣状纤突，电镜下呈皇冠状。

【分子特征】甲（α）型冠状病毒属成员，基因组为单股正链 RNA，全长约 29 kb，具有典型的冠状病毒基因组结构。

【抗原特性】基于病毒中和抗体反应及 S 蛋白基因序列不同，可将 FCoV（包括 FIPV 及 FECV）分为 2 种血清型：FCoV-Ⅰ和 FCoV-Ⅱ型。FCoV-Ⅰ型在世界范围内广泛流行；某些 FCoV-Ⅱ型，毒株来源于 FCoV-Ⅰ型与犬冠状病毒的基因重组。FCoV-Ⅱ型毒株在体外培养中复制良好，FCoV-Ⅰ型毒株在体外复制较为困难。

【致病特性】FECV 在猫肠道中普遍存在，可致幼猫温和性腹泻，一般可自愈，死亡率低。FIPV 感染则导致致死率较高的猫传染性腹膜炎（FIP），以浆膜炎、系统性炎症和肉芽肿样病变为主要特征，临床上有渗出性及非渗出性两种形式：前者表现为发热，有黏稠的黄色腹水蓄积，导致渐进性腹胀；后者为非发热型，只有少量或无分泌物，主要临床特征为不同器官出现肉芽肿样病变。

【诊断】可采集患猫的粪便、血液、渗出液、组织等不同样品，采用 RT-PCR 方法检测病毒 RNA，敏感性较高。可用间接免疫荧光或 ELISA 检测抗体，但抗体水平并无诊断意义。某些病猫血清学阴性或仅有很低滴度的抗体，而一些健康的无症状的猫则有较高滴度的抗体。抗体检测在猫群 FCoV 感染的管理（如创建无 FCoV 猫舍）上具有实际意义。

五、犬冠状病毒

犬冠状病毒（canine coronavirus，CCoV）是引起犬胃肠炎的重要病原之一。

【形态】与 FCoV 形态相似，病毒粒子呈圆形，直径 60～200 nm，有囊膜，囊膜上有花瓣状纤突，电镜下呈皇冠状。

【分子特征】甲（α）型冠状病毒属成员，基因组为单股正链 RNA，全长 28～31 kb。

【抗原特性】CCoV 只有 1 个血清型，但有 CCoV-Ⅰ和 CCoV-Ⅱ两个基因型，CCoV-Ⅱ又可分为 CCoV-Ⅱa 和 CCoV-Ⅱb 两个基因亚型。CCoV 与 FIPV、TGEV 具有相近的抗原性，可与其抗血清发生交叉反应。

【致病特性】CCoV 存在毒力不同的毒株，主要感染犬科动物，2～4 月龄幼犬发病率最高。CCoV 可导致幼犬轻度腹泻，当与其他肠道病原体（如犬细小病毒）共感染时，往往导致致死性腹泻。

【诊断】CCoV 的诊断依赖于实验室检测，感染犬在粪中排毒一般持续 6～9c，可采粪样通过电镜观察病毒，或用 RT-PCR 检测。也可用犬原代细胞系、A72 细胞分离病毒。

第十四节　动脉炎病毒科

动脉炎病毒科（*Arteriviridae*）成员对其天然宿主往往为无症状的持续感染，但一定的条件下可致严重疾病。

猪繁殖与呼吸综合征病毒

猪繁殖与呼吸综合征病毒（porcine reproductive and respiratory syndrome virus, PRRSV）是猪繁殖与呼吸综合征（PRRS）（俗称"蓝耳病"）的病原，可引起母猪繁殖障碍和不同生长阶段猪的呼吸道疾病。1987 年在美国、1990 年在欧洲相继发现，目前几乎遍及世界各养猪国家，引致巨大的经济损失。

【形态】PRRSV 在电镜下呈球形，直径为 48～83nm，有囊膜，内含一个呈立体对称的、具有电子致密性的二十面体核衣壳。病毒粒子表面有明显的突起。

【分子特征】基因组为单链、不分节段的正链 RNA，大小约 15kb。新的分类将 PRRSV 划为乙（β）型动脉炎病毒属，有两个种（PRRSV1 和 PRRSV2），即欧、美两个基因型（基因 1 型和基因 2 型）：欧洲型的代表毒株是 Lelystad 病毒，北美洲型的代表毒株为 VR2332，二者的核苷酸序列相似性约为 60%。同一基因型的 PRRSV 毒株之间存在着较广泛的变异，有基因突变、缺失和插入现象，又可分为不同的亚型和谱系。不同基因型的病毒有重组现象。

【抗原特性】北美洲型和欧洲型毒株之间的差异很大，只有很少的交叉反应性。早期针对 PRRSV 的抗体，特别是亚中和水平的 PRRSV 特异性抗体对病毒的复制具有增强效应，这种抗体依赖性增强作用是 PRRSV 的一个重要生物学特性。

【致病特性】感染猪在几周内抗体存在的同时出现病毒血症。病毒可穿过胎盘感染仔猪，导致脐带出血性病变，组织学检查可见坏死性脐带动脉炎。病毒感染单核细胞及巨噬细胞，造成免疫抑制。感染猪表现为厌食、发热、耳发绀、流涕等。母猪则可见流产、早产、死产、产木乃伊胎和弱仔；仔猪呼吸困难，在出生 1 周内半数死亡。不同生长阶段的猪可出现呼吸道症状，如有继发感染，则死亡率升高。高致病性毒株感染可造成不同阶段猪的高发病率和高死亡率。

【诊断】在流产仔猪中的病毒很快失活，应尽可能迅速采样。分离病毒可采肺脏、脾脏、淋巴结等，病毒培养较困难，仅在猪肺泡巨噬细胞及非洲绿猴肾细胞系 MA－104、MARC－145细胞中生长。可用免疫荧光抗体技术、ELISA 等检测抗体，RT－PCR、Real－time PCR 可用于检测样本中的病毒核酸。

第十五节　微 RNA 病毒科

微 RNA 病毒科（*Picornaviridae*）有许多重要的病毒。1898 年报道的口蹄疫病毒是人类历史上第一个被发现的动物病毒，也是目前研究最为深入的动物病毒之一。

一、口蹄疫病毒

口蹄疫病毒（foot－and－mouth disease virus，FMDV）所致的口蹄疫是 OIE 规定的通报疫病。

【形态】病毒颗粒呈球形，无囊膜，直径 28～30nm。病毒颗粒的表面相对平滑，无沟槽结构，电镜下可见病毒中心是紧密团集的 RNA，外裹一层薄的（约 5nm）衣壳。

【分子特征】为口蹄疫病毒属成员，单分子正股 RNA，病毒衣壳由 4 种结构蛋白VP1～

VP4 装配而成。VP1 大部分暴露于核衣壳表面，参与构成病毒粒子的主要中和抗原位点；VP1 基因变异最频繁，一旦发生突变就可改变病毒的抗原性。根据 VP1 基因的核苷酸序列，可推导出口蹄疫流行毒株的亲缘关系。非结构蛋白有前导蛋白酶、2A、2B、2C、3A、3B、3C 蛋白酶和 3D 聚合酶（VIA）及两种以上蛋白的复合体。检测非结构蛋白 3ABC 的抗体可区别感染动物和灭活疫苗免疫动物。

【抗原特性】口蹄疫病毒有 7 个血清型，分别命名为 O、A、C、SAT1、SAT2、SAT3 及亚洲 1 型，每个型又可进一步划分亚型。由于不断发生抗原漂移，因此并不能严格区分亚型。各血清型之间无交叉免疫，同一血清型的亚型之间交叉免疫力也较弱，从而给免疫预防工作带来很大困难。

【致病特性】口蹄疫传播迅速，常在牛群及猪群大范围流行。除马以外，羊及多种偶蹄动物都易感。病畜口、鼻、蹄等部位出现水疱为主要症状，且可能跛行。不同动物的症状稍有不同，怀孕母牛可能流产，而后导致繁殖力降低；猪则以跛蹄为最主要的症状；山羊和绵羊的症状通常比牛温和。反刍类动物感染的主要途径是通过吸入感染，但也可通过采食或接触污染物感染。

【诊断】口蹄疫的诊断需在指定的实验室进行。送检样品包括水疱液、剥落的水疱皮、抗凝血或血清等。死亡动物还可采淋巴结、扁桃体及心。样品应冰冻保存，或置于 pH 7.6 的甘油缓冲液中。

有多种检测方法。OIE 推荐使用商品化及标准化的 ELISA 试剂盒用于诊断，如果水疱液或组织中含有足够量的抗原，数小时之内就可获得结果。可采用 RT - PCR 检测样本中的病毒。如果样品中病毒的滴度较低，可用 BHK - 21 细胞培养分离病毒。分离的病毒通过 ELISA 或中和试验加以鉴定。

通过检测 3ABC 抗体可区分野毒感染与疫苗接种，免疫动物 3ABC 抗体阴性，感染动物则为阳性。

二、猪水疱病病毒

猪水疱病病毒（swine vesicular disease virus，SVDV）引致猪急性接触性传染病，临床症状与口蹄疫相似。

【形态】病毒粒子呈球形，无囊膜，直径 30～32nm。

【分子特征】为肠病毒属成员，基因组为单正股 RNA。SVDV 的 ORF 包括 P1、P2 和 P3 区，其中 P1 区为结构蛋白编码区，编码 4 种结构蛋白（VP1～ VP4），组成二十面体对称的病毒衣壳。SVDV 的抗原表位位于外壳蛋白 VP2、VP3 和 VP1 上，且 VP1 的第 132 位氨基酸与毒力强弱有关。P2 和 P3 裂解产生 7 种非结构蛋白，参与病毒的复制。

【抗原特性】只有一个血清型，与口蹄疫、水疱性口炎病毒无抗原关系，但与人肠道病毒 C 和 E 型有共同抗原，与人的阿赛奇病毒 B5 相同。

【致病特性】病毒通过皮肤伤口感染，也可经消化道感染。表现为发热、蹄冠部水疱，10％病猪的嘴、唇、舌出现水疱，偶有脑脊髓炎。家畜中仅猪感染发病。人偶可感染，发生类流感。

【诊断】要注意与口蹄疫等鉴别诊断。ELISA 用于检测水疱液或水疱皮中的病毒抗原，4～24h 可获得结果。也可用 PCR 做快速鉴别诊断。病毒在猪肾细胞生长良好，早则 6h 就可产生 CPE。也可用乳鼠脑内接种分离病毒，乳鼠感染后麻痹并死亡。

三、鸭甲型肝炎病毒

鸭甲型肝炎病毒（duck hepatitis A virus，DHAV）现称为禽肝炎病毒甲型（avihepato-virus A），归属于微 RNA 病毒科禽肝炎病毒属，引致鸭病毒性肝炎，主要感染 5 周龄以内的小鸭，病鸭常在出现角弓反张症状后迅速死亡。

DHAV 有 3 个血清型（DHAV-1、DHAV-2 和 DHAV-3），3 个血清型之间无抗原相关性，没有交叉保护和交叉中和作用。

鸭甲型肝炎病毒 1 型分布遍及全世界，引致雏鸭发生急性肝炎，有的可能腹泻。死亡率可高达 100%。组织学检查可见严重的肝坏死、炎性细胞渗出以及胆管上皮细胞增生，还有脑炎的病变。主要通过接触传播，不由鸭胚垂直传递。雏鹅、雏火鸡及鹌鹑等对人工接种易感，但不感染鸡。

取病鸭肝、胆等组织冰冻切片做荧光抗体染色，可快速诊断。分离病毒可接种 10 日龄鸡胚尿囊腔，鸡胚多在 4d 内死亡，胚液发绿。也可用鸭胚细胞等分离病毒。应注意与鸭瘟病毒等相鉴别。

四、囊状幼虫病病毒

囊状幼虫病病毒（sacbrood virus，SBV）可导致蜜蜂囊状幼虫病，也称囊雏病，其主要侵染蜜蜂的幼虫并在体内大量繁殖，使其不能正常化蛹。危害严重时，蜂群大量的幼虫因被感染而死亡，最终导致蜂群灭亡。

【形态】 病毒粒子呈球形，结构二十面体对称，无囊膜，直径 26～30nm。

【分子特性】 基因组为单链正股 RNA，编码 4 种结构蛋白，其中 VP1、VP2 和 VP3 构成衣壳蛋白，VP4 是位于衣壳中间的一层膜状物，与壳层松散连接。病毒核酸呈球形，放射状排列，位于最里面，排列不紧密，外与 VP4 相结合。

【致病特性】 SBV 主要侵染 2 日龄幼虫，并导致其死亡。感染成年蜜蜂时，症状不明显，但会缩短其寿命。幼虫在发病初期症状并不明显，刚死亡的幼虫颜色无明显变化，头部呈钩状；随后，幼虫背部出现棕色斑点，逐渐变成暗灰色，皮下渗出液增多，略带黄色，形似水袋，这是蜜蜂囊状幼虫病的主要症状。

【诊断】 SBV 感染的最典型症状是幼虫具有囊状水样外观。日龄较大的幼虫在感染此病毒后，头部上翘，体表失去光泽。实验室检查方法有琼脂扩散法、PCR 法和 ELISA 法等。

五、蜜蜂慢性麻痹病毒

蜜蜂慢性麻痹病毒（chronic bee paralysis virus，CBPV）主要侵袭成年蜜蜂神经系统，导致蜜蜂麻痹病，又叫"瘫痪病"或"黑蜂病"。

【形态】 病毒粒子呈椭圆形，无囊膜，通常长 30～60nm，宽 20nm。

【分子特征】 基因组为单链正股 RNA，分为 5 段单链 RNA 组成，分别为 2 个主要 RNA（RNA1 和 RNA2）及 3 个卫星 RNA。RNA1 和 RNA2 分别编码 3 个和 4 个 ORF。RNA2 的 ORF2 和 ORF3 编码结构蛋白。

【致病特性】CBPV 感染的蜂群主要出现 2 种典型病症：春季以大肚型为主，表现为患病蜜蜂身体不停震颤，双翅无法闭合，不能飞翔，只能爬行，同时伴有腹部膨大、腹泻等明显的病症，病蜂多在出现病症后数日内死亡；秋季以黑蜂型为主，感病初期的蜜蜂身体绒毛逐渐脱落，体色加深变黑，腹部油亮光泽，逐渐丧失飞行能力，表现为身体颤抖等麻痹症状，最终在短时间内死亡。

【诊断】若发现蜂群内有腹部膨大或头部和腹部末端体色暗黑，身体颤抖的病蜂，即可做出初步诊断。病毒的进一步鉴定通常采用电镜观察、ELISA 法或 PCR 法。

六、家蚕软化病病毒

家蚕软化病病毒（bombyx mcri infectious flacherie virus，BmIFV）可引起家蚕传染性软化病，桑螟是其中间宿主和主要传染源。目前，确切分离到家蚕软化病病毒的国家只有中国（2007 年）和日本（1972 年）。

【形态】病毒粒子呈球形，结构二十面体对称，直径 24～28nm，无囊膜。

【分子特征】基因组为单链正股 RNA，只有 1 个 ORF，编码 1 个多聚蛋白，ORF 两侧分别是短的 5′非编码区和较长的 3′非编码区。病毒粒子由 4 个结构蛋白组成，按分子质量大小降序命名为 VP1～VP4。

【致病特性】BmIFV 只感染中肠上皮杯型细胞。感染的家蚕中肠呈淡黄色，略透明，肠壁细胞内无多角体形成，无乳白横纹，有别于质型多角体病。病变一般是从中肠前部开始，逐渐向中后部延展，这一与家蚕质型多角体病毒感染后病变首先发生于后部的情况不同。

【诊断】BmIFV 对家蚕所引起的病症与家蚕浓核病病毒及细菌感染引起的病症相似，因此无法通过临床症状确诊。实验室诊断主要有荧光抗体法、琼脂扩散法、ELISA 法和套氏 RT - PCR 法等。

第十六节　嵌杯病毒科

嵌杯病毒科（*Caliciviridae*）病毒表面有 32 个杯状凹陷，形成特征性嵌杯结构，诺瓦克病毒除外。不少嵌杯病毒难于培养，因而使相关研究受到限制。

兔出血症病毒

兔出血症病毒（rabbit hemorrhagic disease virus，RHDV）引致兔出血性败血症，俗称"兔瘟"，是严重威胁养兔业的病毒性疫病。病死兔全身出现严重出血，肺及肝病变最为严重。

【形态】病毒粒子呈球形，直径 25～35nm。有核衣壳，无囊膜。

【分子特征】RHDV 基因组为单股正链 RNA，仅含两个 ORF，ORF1 的长度约占整个基因组全长的 94％，编码一个多聚蛋白。该多聚蛋白在蛋白酶解过程中被病毒编码的蛋白酶进一步酶解加工释放，可产生 1 个主要结构蛋白 VP60 和多种非结构蛋白。VP60 在诱导抗病毒感染的免疫反应中起重要作用，是病毒免疫保护性抗原。RHDV 至今未找到合适的稳定的传代细胞，所以现仍然采用本动物兔来增殖病毒制备疫苗。病毒能凝集人红细胞。

【抗原特性】只有一个血清型。2010 年法国发现 RHDV 的新毒株，命名为 RHDV2，我国于 2020 年确认存在。RHDV 免疫原性很强，无论是自然感染耐过兔，还是接种疫苗的免疫兔，均可产生坚强的免疫力。新生仔兔可从胎盘和母乳中获得母源抗体，抗体水平与母体几乎相同。

【致病特性】病毒经粪-口途径传播，2 月龄以上兔易感。最急性者常在 6～24 h 内死亡；急性或亚急性病例可见流鼻液，并可表现各种神经症状。发病率 100％，死亡率 90％。剖检可见凝血块充满全身组织的血管，血管内凝血可能引发了肝坏死。

【诊断】从感染组织主要是肝可获得高滴度的病毒，用人红细胞做血凝试验，再以抗体做血凝抑制试验即可确诊。也可用其他方法如电镜观察或 ELISA 等进行诊断。

第十七节　黄病毒科

黄病毒科（*Flaviviridae*）有若干重要的动物病毒，如猪瘟病毒、牛病毒性腹泻病毒等，以及重要的人畜共患病病毒（如日本脑炎病毒等）。

一、猪瘟病毒

猪瘟病毒（classical swine fever virus，CSFV）是世界范围内最重要的猪病病毒。亚洲、非洲、中南美洲仍然不断发生猪瘟。美国、加拿大、澳大利亚及欧洲许多国家已消灭该病，但在欧洲一些国家近 10 年来仍有再次发病的报道。猪瘟是 WOAH 规定的通报疫病。

【形态】病毒粒子略呈圆形，直径 34～50nm。病毒粒子外面有囊膜，内部有二十面体对称的核衣壳。

【分子特征】为黄病毒科瘟病毒属，单正股 RNA。结构蛋白有衣壳蛋白（C）和 3 种囊膜糖蛋白（E0、E1、E2）。E0 蛋白是唯一分泌到 CSFV 感染细胞上清液中的糖蛋白，在机体内可诱导产生中和抗体；E1 不能诱导猪产生抗体；E2 是引起猪产生针对猪瘟保护性抗体的主要抗原，在猪瘟诊断和新型疫苗的研究上都起着重要的作用。

【抗原特性】只有一个血清型，但存在血清学变种。根据病毒膜粒糖蛋白 E2 基因的序列差异，可将我国的猪瘟流行毒株分为两个基因群，目前基因 2 群在我国占主导地位，与欧洲流行的基因 2 群毒株遗传关系较近。作为参考株的石门系强毒株于 1945 年在我国分离，属基因 1 群。

【致病特性】典型的猪瘟为急性感染，伴有高热、厌食、精神委顿及结膜炎。亚急性型及慢性型的潜伏期及病程均延长，感染怀孕母猪导致死胎、流产、木乃伊胎或死产，所产仔猪不死者产生免疫耐性，表现为颤抖、矮小并终身排毒，多在数月内死亡。病毒最主要的入侵途径是通过采食，扁桃体是最先定居的器官。组织器官的出血病灶和脾梗死是特征性病变。肠黏膜的坏死性溃疡可见于亚急性或慢性病例。病死的慢性病猪最显著的病变是胸腺、脾及淋巴结生发中心完全萎缩。

【诊断】应在国家认可的实验室进行。病料可取胰、淋巴结、扁桃体、脾及血液。用荧光抗体法、免疫组化法或抗原捕捉 ELISA 可快速检出组织中的病毒抗原，也可用 RT - PCR 检测样本中的猪瘟病毒核酸。用细胞培养可分离病毒，但由于不产生 CPE，需用免疫学方法进一步鉴定。

二、牛病毒性腹泻病毒

牛病毒性腹泻病毒（bovine viral diarrhea virus，BVDV）引起的急性疾病称为牛病毒性腹泻，慢性持续性感染称为黏膜病，遍及全世界。主要以发热、黏膜糜烂溃疡、白细胞减少、腹泻、咳嗽及怀孕母牛流产或产出畸形胎儿为主要特征。

【形态】 病毒粒子呈球状，直径 50～80nm，二十面体对称，有囊膜。

【分子特征】 BVDV 基因组为单股正链 RNA，编码的结构蛋白主要位于 BVDV 基因组的 $5'-N$ 端部分。前体蛋白经蛋白水解酶的切割和糖基化酶的修饰，被加工成为成熟的病毒结构蛋白。

【抗原特性】 根据致病性、抗原性及基因序列的差异，提出将 BVDV 分为两个种：BVDV1 及 BVDV2。二者均可引致牛病毒性腹泻和黏膜病，但 BVDV2 毒力更强。BVDV2 与猪瘟病毒抗原性无交叉，BVDV1 则有之。后者还可自然感染猪。

【致病特性】 各种年龄的奶牛、肉牛都易感，但是 8～24 月龄最常见。黏膜病可突然发病，也可延续数周或数月反复发生，表现为发热、厌食、腹泻、流鼻涕、糜烂性或溃疡性胃炎、脱水等，数周或数月内死亡。从口部直至肠道整个消化道出现糜烂性或溃疡性病灶，是急性病毒性腹泻患牛的特征性表现。肠系膜淋巴集结出血坏死。

【诊断】 在根据临床症状初步诊断的基础上可用细胞分离病毒，或用免疫学方法及 RT-PCR 检测病毒。分离病毒应取鼻分泌物、全血或流产胎儿。

三、日本脑炎病毒

日本脑炎病毒（Japanese encephalitis virus，JEV）又名乙型脑炎病毒，为黄病毒科黄病毒属成员，引起流行性乙型脑炎，人和多种动物均可感染，在公共卫生上具有重要意义。

【形态】 病毒颗粒呈球形，直径 40 nm，有囊膜及纤突。能凝集鸽、鹅、雏鸡和绵羊红细胞，经过长期传代的毒株会丧失其血凝活性。

【分子特征】 JEV 基因组为单股正链 RNA，长约 11 kb，编码产生一个多聚蛋白，随后被切割成 3 种结构蛋白即核心蛋白、囊膜糖蛋白、膜蛋白和 7 种非结构蛋白。

【抗原特性】 自然界分离毒株血凝滴度不同，但无抗原性差异。JEV 共有 5 个基因型：基因Ⅰ～Ⅴ型，分布具有区域性，中国主要流行的是基因Ⅰ、Ⅲ型。目前常用的疫苗毒株为基因Ⅲ型。

【致病特性】 JEV 主要通过蚊虫叮咬传播。多种动物包括猪、马、犬、鸡、鸭及爬行类均可自然感染，通常无症状，猪是乙脑主要的储存宿主和扩散宿主，可造成孕猪流产或死产以及公猪睾丸炎。

【诊断】 血清学诊断技术包括补体结合试验、血凝抑制试验、乳胶凝集试验、中和试验及 ELISA，其中猪乙型脑炎乳胶凝集试验试剂盒已商品化。分离病毒可采用乳鼠或仓鼠肾原代细胞。

四、鸭坦布苏病毒

鸭坦布苏病毒（duck tembusu virus，DTMUV）为黄病毒科黄病毒属成员，该病毒引起的鸭病 2010 年在我国江浙地区首先暴发，随后波及全国主要养鸭省份，造成了严重的经济损失。

【形态】 病毒粒子球形，直径为 40～50 nm，有囊膜，二十面体对称。

【分子特征】 与 JEV 基因组相似，DTMUV 也为单股正链 RNA，长约 11kb，整个基因组含有一个独立的开放阅读框（ORF），编码产生一个多聚蛋白，随后被切割成 3 种结构蛋白即核心蛋白、囊膜糖蛋白、膜蛋白和 7 种非结构蛋白。

【抗原特性】 囊膜糖蛋白 E 蛋白是 DTMUV 的主要保护性抗原，含有多种抗原表位，可诱导产生中和抗体。同时，E 蛋白是 DTMUV 的主要结构蛋白，在病毒吸附、与宿主细胞膜融合、细胞嗜性、病毒毒力以及病毒组装过程中发挥重要的作用。

【致病特性】 主要引起蛋鸭、种鸭及鹅发病，特点为突发性产蛋急剧下降，主要表现卵泡变性、变形，卵泡膜充血、出血，曾称为鸭出血性卵巢炎。发病率超过 90%，死亡率 5%～30%。

【诊断】 根据临床症状、病理变化和流行病学做出初步诊断，再通过病毒分离鉴定、血清学检测和分子生物学检测等实验室方法进行确诊。病毒分离通常将病料接种 9 日龄鸡胚，或鸡胚成纤维细胞、DF-1 细胞和 Vero 细胞等进行。

第十八节 朊 病 毒

朊病毒（prion）是动物与人传染性海绵状脑病的病原，本质上不是传统意义的病毒，它没有核酸，是有传染性的蛋白质颗粒。目前，由朊病毒引起的疾病在世界多国已有发生，危害严重，经济损失巨大，并对人类的健康构成很大威胁。

一、朊病毒的特性

朊病毒的致病性在于正常的朊病毒蛋白（PrP^c）转变为致病性朊蛋白（PrP^{sc}），PrP^{sc} 是发病的直接原因。PrP^c 在大多数哺乳动物的基因组中均有编码，并在许多组织尤其是神经元及淋巴内皮细胞中表达。PrP^{sc} 为 PrP^c 的同源异构体，在同一宿主二者的氨基酸序列相同，但是 PrP^{sc} 的构象发生改变，由以 α 螺旋为主变成以 β 折叠为主。PrP^{sc} 在脑组织内聚集形成神经元空斑，导致海绵状损害及丧失神经元功能。朊病毒感染后，脑组织出现空泡变性、淀粉样蛋白斑块、神经胶质细胞增生等，但不引起炎性反应，无包涵体产生，不诱导干扰素，不破坏宿主 B 细胞和 T 细胞的免疫功能，不引起宿主的免疫反应。

二、朊病毒所致疾病

按照感染宿主不同，朊病毒引起的疾病分为动物的朊病毒病和人类的朊病毒病。前者主要包括羊痒病、牛海绵状脑病、猫海绵状脑病、传染性貂脑病等；后者则主要有克雅氏病、新型克雅氏病、库鲁病等。痒病是最古老的朊病毒病，系朊病毒病的原型，病羊表现神经症状，初期兴奋性增高，进而头、颈震颤，有的体躯发痒，病程长达 1～6 个月，最终死亡。牛海绵状脑病俗称"疯牛病"，往往突然发作，表现为颤抖、感觉过敏、体位异常、后肢共济失调、有攻击行为甚至狂暴，病程 2～3 周，长者可达 1 年，最终死亡。朊病毒病的诊断主要根据症状、病史再结合脑的组织学检查可做出初步诊断；确诊需用 PrP 抗体对脑组织做免疫组化，或用脑组织抽提液或脑脊液做免疫转印。

第九单元 抗原与抗体

第九单元 抗原与抗体★★★★☆

对动物机体而言，凡是非自身的物质都可成为抗原。一些自身的成分在特定情况下，也可成为抗原。抗体是动物机体对抗原应答的产物。相应的抗原刺激动物机体产生相应的特异性抗体，不同的抗原刺激机体产生不同的特异性抗体。抗体的本质是免疫球蛋白，有 IgM、IgG、IgA、IgE、IgD 五种类型，具有相似的单体分子结构，但有各自的结构特点及免疫学功能。

第一节 抗 原

一、抗原与抗原性的概念

1. 抗原 凡是能刺激机体产生抗体和效应淋巴细胞，并能与之结合引起特异性免疫反应的物质称为**抗原**（antigen）。自然界的抗原物质种类繁多，细菌、病毒、真菌、寄生虫等都是抗原。

2. 抗原性 抗原性（antigenicity）包括免疫原性与反应原性。免疫原性（immunogenicity）是指抗原能刺激机体产生抗体和效应淋巴细胞的特性；反应原性（reactogenicity）又称为免疫反应性（immunoreactivity），是指抗原与相应的抗体或效应淋巴细胞发生特异性结合的特性。既具有免疫原性又有反应原性的抗原物质称为**完全抗原**，又可称为**免疫原**（immunogen），如大多数蛋白质、细菌、病毒等；仅具有反应原性而无免疫原性的抗原物质称为**不完全抗原或半抗原**（hapter），多为简单的小分子物质（分子质量小于 1 ku），单独免疫时不具免疫原性，但与大分子蛋白质载体结合后可呈现免疫原性，如多糖、类脂、药物、激素等。

二、影响抗原免疫原性的因素

1. 抗原分子的特性 抗原分子本身的特性是影响免疫原性的关键因素。

（1）异源性 对动物机体而言，必须是异源性即非自身的物质才能成其为抗原。异种动

· 87 ·

物之间的组织、细胞及蛋白质均是免疫原性良好的抗原。异种动物间的亲缘关系相距越远、生物种系差异越大，其组织成分的化学结构差异就越大、免疫原性越好。同种异体之间因某些组织成分的化学结构差异，如血型抗原、组织移植抗原，也具有一定的抗原性。动物自身组织成分通常情况下不具有免疫原性，但在一些异常情况下（如在烧伤、感染及电离辐射等因素的作用下，自身成分的结构可发生改变；机体的免疫识别功能紊乱；某些隐蔽的自身组织成分如眼球晶状体蛋白、精子蛋白、甲状腺蛋白等进入血液循环系统）可成为自身抗原。

（2）分子大小　抗原物质应具有一定的分子大小才具有免疫原性。抗原的免疫原性与其分子大小直接相关，分子质量越大、免疫原性越强。蛋白质分子大多是良好的抗原，如细菌、病毒、外毒素、异种动物的血清都是抗原性很强的物质。一般而言，免疫原性良好的物质分子质量一般都在 10ku 以上；分子质量小于 5 ku 的物质其免疫原性较弱；分子质量在 1 ku 以下的物质则缺乏免疫原性（半抗原），与大分子蛋白质载体结合后方可获得免疫原性。

（3）化学组成与结构　抗原的化学组成与结构越复杂，免疫原性越强。大分子物质并不一定都具有抗原性。例如，明胶是蛋白质，分子质量达到 100ku 以上，但其免疫原性很弱，这与明胶所含成分为直链氨基酸和分子不稳定、易水解有关。若在明胶分子中加入少量酪氨酸，则能增强其抗原性。相同大小的分子如果化学组成、分子结构和空间构象不同，其免疫原性也有一定的差异。分子结构和空间构象愈复杂的物质免疫原性愈强，譬如含芳香族氨基酸的蛋白质比含非芳香族氨基酸的蛋白质免疫原性强。

（4）物理状态　不同物理状态的抗原物质其免疫原性也有差异。颗粒性抗原的免疫原性通常比可溶性抗原强。可溶性抗原分子聚合后或吸附在颗粒表面可增强其免疫原性。某些抗原性弱的物质，如使其聚合或附着在某些大分子颗粒（如氢氧化铝胶、脂质体等）的表面，可使其抗原性得到增强。

（5）完整性　具有免疫原性的物质须经非消化道途径进入机体（包括注射、吸入、伤口等），被抗原递呈细胞加工和递呈并接触免疫活性细胞，才能成为良好抗原。如大分子胶体异物，口服后可被消化酶水解，从而丧失其免疫原性。

2. 宿主生物系统　动物中不同种类对同一种抗原的应答有很大差别，同一种动物不同品系，甚至不同个体对相同抗原的应答也有所不同。因受体动物个体基因不同，故对同一抗原可有高、中、低不同程度的应答。如多糖抗原对人和小鼠具有免疫原性，而对豚鼠则无免疫原性。此外，动物的年龄、性别与健康状态也是影响其对抗原免疫应答的因素。

3. 免疫剂量与免疫途径　抗原的免疫剂量、接种途径、接种次数及免疫佐剂的选择等都显著影响机体对抗原的应答。在一定范围内，动物机体免疫应答的强弱与免疫剂量呈正相关。免疫剂量过大、过低均可引起动物机体的免疫耐受，而不发生免疫应答。颗粒性抗原如细菌、细胞等用量较小，免疫原性较强；可溶性蛋白或多糖抗原，用量应适当增大，并要多次免疫或加佐剂。免疫途径以皮内免疫最佳，皮下免疫次之，肌内注射、腹腔注射和静脉注射效果差。

三、抗原表位

抗原表位（epitope），又称抗原决定簇（antigenic determinant），是指抗原分子中与淋巴细胞抗原受体和抗体结合，具有特殊立体构型的免疫活性区域。抗原表位的大小相对恒定，主要受淋巴细胞抗原受体和抗体分子的抗原结合点所制约。

一般而言，蛋白质抗原的表位由 5～7 个氨基酸残基组成，多糖抗原由 5～6 个单糖残基组成，核酸抗原的表位由 5～8 个核苷酸残基组成。抗原分子抗原表位的数量称为抗原价，含有多个抗原表位的抗原称为多价抗原，大部分蛋白质抗原都属于这类，只有一个抗原表位的抗原称为单价抗原，如简单半抗原。根据表位种类的不同，分为单特异性表位和多特异性表位，前者只含有一种表位，后者则含有两种以上不同的表位。抗原分子中由分子基团间特定的空间构象形成的表位为构象表位(conformational epitope)，又称不连续表位(discontinuous epitope)，一般是由位于伸展肽链上相距很远的几个残基或位于不同肽链上的几个残基由于抗原分子内肽链盘绕折叠而在空间上彼此靠近而构成。抗原分子中直接由分子基团的一级结构序列（如氨基酸序列）决定的表位为线性表位(linear epitope)（图 1-11），又称顺序表位（sequential epitope）或连续表位（continuous epitope）。抗原分子中被 B 细胞抗原受体（BCR）和抗体分子所识别或结合的表位为 B 细胞表位，而被 MHC 分子递呈并被 T 细胞受体（TCR）识别的表位为 T 细胞表位。

四、抗原的交叉性

自然界中不同抗原物质之间、不同种属的微生物间、微生物与其他抗原物质间，存在有相同或相似的抗原组成或结构，或有共同的抗原表位，这种现象称为抗原的交叉性或类属性。这些共有的抗原组成或表位称为共同抗原或交叉反应抗原。种属相关的生物之间的共同抗原又称为类属抗原。抗原的交叉性有三种情况：①不同物种间存在共同的抗原组成。②不同抗原分子存在共同的抗原表位。③不同表位之间有部分结构相同。

如果两种微生物之间具有抗原的交叉性，进行血清学试验时就会产生交叉反应，根据其交叉反应程度，可以对微生物进行血清型或血清亚型的区分与鉴定。

五、抗原的分类

自然界抗原物质种类繁多，从不同的角度可以将抗原分成许多类型。

1. 依据抗原的性质　可分为完全抗原和不完全抗原（即半抗原）。既具有免疫原性又有反应原性的物质为完全抗原(complete antigen)；只具有反应原性而缺乏免疫原性的物质为半抗原(hapten)。

2. 根据与抗原加工和递呈的关系　可分为外源性抗原(exogenous antigen)与内源性抗原(endogenous antigen)。前者是指存在于细胞间，自细胞外被巨噬细胞、树突状细胞等抗原递呈细胞摄取后而进入细胞内的抗原，包括所有自体外进入的微生物、疫苗、异种蛋白等，以及自身合成而又释放于细胞外的非自身物质；后者是指自身细胞内合成的抗原，如胞内菌和病毒感染细胞所合成的细菌抗原和病毒抗原，肿瘤细胞合成的肿瘤抗原等。

3. 根据抗原来源　分为异种抗原、同种异型抗原、自身抗原、异嗜性抗原。

（1）异种抗原（heteroantigen）　与免疫动物不同种属的抗原物质称为异种抗原。如各种微生物及其代谢产物对动物来说都是异种抗原，猪的血清对兔而言是异种抗原。

（2）同种异型抗原（alloantigen）　与免疫动物同种而基因型不同的个体的抗原物质称为同种异型抗原。如血型抗原、同种移植物抗原。

（3）自身抗原（autoantigen）　能引起自身免疫应答的自身组织成分称为自身抗原。

（4）异嗜性抗原（heterophile antigen）　与种属特异性无关，存在于人、动物、植物及微生物之间的共同抗原称为异嗜性抗原。

4. 根据对胸腺（T 细胞）的依赖性 抗原分为胸腺依赖性抗原（thymus dependent antigen）和非胸腺依赖性抗原（thymus independent antigen）。前者在刺激 B 细胞分化和产生抗体的过程中需要抗原递呈细胞及辅助性 T 细胞（T_H）的协助，绝大多数抗原属于这一类；后者可直接刺激 B 细胞产生抗体，不需要 T 细胞的协助，如脂多糖、荚膜多糖、聚合鞭毛素。

5. 根据化学性质 抗原可分为蛋白质、脂蛋白、糖蛋白、脂质、多糖、脂多糖和核酸抗原。

六、重要的抗原

1. 微生物抗原 各类细菌、真菌、病毒等都具有较强的抗原性，一般都能刺激机体产生抗体。细菌抗原结构复杂，是多种抗原的复合体，有菌体抗原、鞭毛抗原、荚膜抗原和菌毛抗原；病毒抗原有囊膜抗原、衣壳抗原、核蛋白抗原等；很多细菌（如破伤风杆菌、白喉杆菌、肉毒梭菌）能产生外毒素，其成分为糖蛋白或蛋白质，具有很强的抗原性，外毒素经灭活后可制成类毒素疫苗；此外，真菌、寄生虫都具有相应的特异性抗原。在微生物的抗原成分中，可刺激机体产生具有抗感染作用抗体（如中和抗体）的抗原称为保护性抗原。某些细菌或病毒的产物具有强大的刺激 T 细胞活化的能力，只需极低浓度（$1\sim10\text{ng/mL}$）即可诱发最大的免疫效应，这类抗原称为**超抗原**（superantigen，SAg），如金黄色葡萄球菌分泌的肠毒素。

2. 非微生物抗原 主要有 ABO 血型抗原、动物血清与组织浸液、酶类物质和激素。

3. 人工抗原 包括合成抗原与结合抗原。前者是依据蛋白质的氨基酸序列，用人工方法合成蛋白质肽链或短肽，并与大分子蛋白质载体连接，使其具有免疫原性。后者是将天然的半抗原与大分子蛋白质载体连接而成，用于免疫动物制备针对半抗原的特异性抗体。目前可应用基因工程技术表达和制备各种蛋白质抗原。

七、佐剂与免疫调节剂

1. 佐剂 一种物质先于抗原或与抗原混合同时注入动物体内，能非特异性地改变或增强机体对该抗原的特异性免疫应答，发挥辅佐作用，这类物质称为**佐剂**（adjuvant）或**免疫佐剂**（immunoadjuvant）。

佐剂的种类很多。常用的有铝盐类佐剂和油乳佐剂，此外还有一些新型的免疫佐剂。佐剂在人工免疫中得到了广泛应用，除可增强弱抗原性物质的抗原性外，还可通过加入佐剂减少抗原用量和接种次数，增强抗原所激发的抗体应答。此外，一些佐剂可增强机体对肿瘤细胞或胞内感染细胞的有效免疫反应，增强吞噬细胞的非特异性杀伤功能和特异性细胞免疫的刺激作用。

（1）铝盐类佐剂 通常使用的主要有氢氧化铝胶、明矾（钾明矾、铵明矾）和磷酸三钙。这类佐剂在疫苗制备上应用很广，对疫苗免疫的体液免疫应答的辅佐作用十分明显。

（2）油乳佐剂 用矿物油、乳化剂（如 Span‑80、Tween‑80）及稳定剂（硬脂酸铝）按一定比例混合制成，抗原液与之混合可制成各种类型的油水乳剂（如油包水型乳剂，水包油包水型双乳化佐剂等）。实验室免疫常用的弗氏佐剂是用矿物油（液体石蜡）、乳化剂（羊毛脂）和杀死的结核分枝杆菌或卡介苗组成的油包水乳化佐剂，含分枝杆菌者为弗氏完全佐剂，不含分枝杆菌者为弗氏不完全佐剂。

（3）微生物及其代谢产物佐剂 某些杀死的菌体及其成分、代谢产物等均可起到佐剂作用，如革兰氏阴性菌脂多糖（LPS）、分枝杆菌及其组成成分、革兰氏阳性菌的脂磷壁酸（LTA）、短小棒状杆菌和酵母菌的细胞壁成分、白色念珠菌提取物、细菌的蛋白毒素（如霍乱毒素、百日咳杆菌毒素及破伤风毒素）等。

（4）核酸及其类似物佐剂 一些微生物中的核酸成分（如非甲基化的 CpG 序列）可起到佐剂作用。

（5）细胞因子佐剂 多种细胞因子（如白细胞介素 1、白细胞介素 2、干扰素-γ 等）都具有佐剂作用，可提高和增强疫苗的免疫效果。

（6）免疫刺激复合物 是一种较高免疫活性的脂质小体，由两歧性抗原与植物皂苷和胆固醇按 1∶1∶1 的分子比例混匀共价结合而成。

（7）蜂胶佐剂 蜂胶是蜜蜂采自植物幼芽分泌的树脂，并混入蜜蜂上颚腺分泌物，以及蜂蜡、花粉及其他一些有机与无机物的一种天然物质。

（8）脂质体 是由磷脂和其他极性两性分子以双层脂膜构型形成的密闭的向心性囊泡，它对与其结合或偶联的蛋白或多肽抗原具有免疫佐剂作用。

（9）人工合成佐剂 这类佐剂有胞壁酰二肽（MDP）及其衍生物、海藻糖合成衍生物。

2. 免疫调节剂（immunomodulator） 包括具有正调节功能的免疫增强剂和具有负调节功能的免疫抑制剂。前者是指一些单独使用即能引起机体出现短暂的免疫功能增强作用的物质，有的可与抗原同时使用，有的佐剂本身也是免疫增强剂。免疫增强剂的种类繁多，主要有生物性免疫增强剂、细菌性免疫增强剂、化学性免疫增强剂、营养性免疫增强剂和中药类免疫增强剂。免疫增强剂可用于治疗某些传染病（如真菌感染）、免疫性疾病（如免疫缺陷、免疫抑制性疾病）以及非免疫性疾病（如肿瘤）。后者是指在治疗剂量下可产生明显免疫抑制效应的物质，已广泛用于抗移植排斥反应、自身免疫病、变态反应以及感染性疾病等的治疗，主要有合成性免疫抑制剂、微生物性免疫抑制剂、生物性免疫抑制剂以及中药类免疫抑制剂。

第二节 抗 体

一、免疫球蛋白与抗体的概念

1. 免疫球蛋白（immunoglobulin，Ig） 指存在于动物血液（血清）、组织液及其他外分泌液中的一类具有相似结构的球蛋白。依据化学结构和抗原性差异，免疫球蛋白可分为 IgG、IgM、IgA、IgE 和 IgD，大多数动物均具有，少数动物无 IgE 和 IgD。

2. 抗体（antibody，Ab） 是动物机体受到抗原物质刺激后，由 B 淋巴细胞转化为浆细胞产生的，能与相应抗原发生特异性结合反应的免疫球蛋白。抗体是机体对抗原物质产生免疫应答的重要产物，具有各种免疫功能，主要存在于动物的血液（血清）、淋巴液、组织液及其他外分泌液中，因此将抗体介导的免疫称为**体液免疫**（humoral immunity）。有的抗体可与细胞结合，如 IgG 可与 B 细胞、巨噬细胞等结合，IgE 可与肥大细胞和嗜碱性粒细胞结合，这类抗体称为亲细胞性抗体。在成熟的 B 细胞表面具有抗原受体（BCR），其成分之一称为**膜免疫球蛋白**（membrane immunoglobulin，mIg）。

二、抗体的基本结构

所有种类抗体（免疫球蛋白）的单体分子结构都是相似的，即是由两条相同的重链和两条相同的轻链（四条肽链）构成的 Y 形分子（图 1 - 12）。IgG、IgE、血清型 IgA、IgD 均以单体分子形式存在，IgM 是以五个单体分子构成的五聚体，分泌型的 IgA 是以两个单体构成的二聚体。

（一）重链（heavy chain，H 链）

由 420～440 个氨基酸组成，两条重链之间由一对或一对以上的二硫键（—S—S—）互相连接。从氨基端（N 端）开始最初的 110 个氨基酸的排列顺序以及结构是随抗体分子的特异性不同而有所变化，这一区域称为重链的可变区（variable region，V_H），其余的氨基酸比较稳定，称为稳（恒）定区（constant region，C_H）。重链的可变区内有 3 个区域的氨基酸呈现高变异性，称为高（超）变区（hypervariable region，HVR），是决定抗体分子特异性和构成抗体分子的抗原结合点的关键区域；其余的氨基酸变异较小，称为骨架区（framework region，FR）。重链有 5 种类型——γ、μ、α、ϵ 和 δ，由此决定免疫球蛋白的类型，即 IgG、IgM、IgA、IgE 和 IgD 的重链分别为 γ、μ、α、ϵ 和 δ。

（二）轻链（light chain，L 链）

由 213～214 个氨基酸组成，两条轻链完全相同，其羧基端（C 端）靠二硫键分别与两条重链连接。从氨基端开始最初的 109 个氨基酸（约占轻链的 1/2）的排列顺序及结构是随抗体分子的特异性变化而有差异，称为轻链的可变区（V_L），与重链的可变区相对应，构成抗体分子的抗原结合部位，其余的氨基酸比较稳定，称为恒定区（C_L）。轻链的可变区内同样有 3 个高变区，其氨基酸呈现高变异性，与重链的高变区共同决定抗体分子特异性和构成抗体分子的抗原结合点；其余的氨基酸变异较小，称为骨架区。免疫球蛋白的轻链可分为 κ 型和 λ 型，各类免疫球蛋白都有 κ 型和 λ 型两型轻链分子，其同型轻链是相同的。

此外，个别免疫球蛋白还具有一些特殊分子结构，包括：①连接链（J 链），为 IgM 和分泌型 IgA（sIgA）所具有（图 1 - 13），是连接单体的一条多肽链，由分泌 IgM 和 IgA 的同一浆细胞所合成。②分泌成分（SC），是分泌型 IgA 所特有的，由局部黏膜的上皮细胞所合成。SC 具有促进上皮细胞积极地从组织中吸收分泌型 IgA，并将其释放于胃肠道和呼吸道，同时可防止 IgA 在消化道内为蛋白酶所降解，从而使 IgA 能充分发挥免疫作用。③糖类，免疫球蛋白是含糖量相当高的蛋白质，糖类是以共价键结合在 H 链的氨基酸上。

（三）抗体的功能区

抗体分子的多肽链分子可折叠形成几个由链内二硫键连接成的环状球形结构，这些球形结构称为**功能区**（domain）。免疫球蛋白的每一个功能区都是由约 110 个氨基酸组成。IgG、IgA 和 IgD 的重链有 4 个功能区，其中有一个功能区在可变区，其余的在恒定区，分别称为 V_H、C_H1、C_H2 和 C_H3；IgM 和 IgE 有 5 个功能区，即多了一个 C_H4。轻链有 2 个功能区，即 V_L 和 C_L，分别位于可变区和恒定区。

1. V_H - V_L 抗体分子结合抗原的所在部位。由重链和轻链可变区内的高变区构成抗体分子的抗原结合点（antigen-binding site），又称为**抗体分子的互补决定区**（complementarity-determining regions，CDRs），决定抗体分子的特异性。

2. C_H1-C_L 免疫球蛋白同种异型差异（遗传标志）的区域。

3. C_H2 为抗体分子的补体结合位点，与补体的活化有关。

4. C_H3-C_H4 与抗体的亲细胞性有关。C_H3 是 IgG 与一些免疫细胞 Fc 受体的结合部位，C_H4 是 IgE 与肥大细胞和嗜碱性粒细胞的 Fc 受体的结合部位。

5. 铰链区（hinge region） 位于 C_H1 与 C_H2 之间大约 30 个氨基酸残基的区域，由 2～5 个链间二硫键、C_H1 尾部和 C_H2 头部的小段肽链构成。此部位与抗体分子的构型变化有关，当抗体与抗原结合时，该区可转动，以便一方面使可变区的抗原结合点尽量与抗原结合，和与不同距离的两个抗原表位结合，起弹性和调节作用；另一方面可使抗体分子变构，其补体结合位点暴露出来。

三、免疫球蛋白的种类与抗原性

（一）免疫球蛋白的种类

免疫球蛋白可分为类、亚类、型、亚型等。免疫球蛋白可分为五大类，即 IgG、IgM、IgA、IgE 和 IgD。IgG 又可分为不同的亚类，如小鼠的 IgG 有 IgG1、IgG2a、IgG2b、IgG3，猪 IgG 有 IgG1、IgG2a、IgG2b、IgG3 和 IgG4。各类免疫球蛋白的轻链分为 κ 和 λ 两个型。任何种类的免疫球蛋白均有两型轻链分子，如 IgG 的分子式为（$\gamma\kappa$）2 或（$\gamma\lambda$）2。

（二）免疫球蛋白的抗原性

免疫球蛋白是蛋白质，具有抗原性，可作为免疫原诱导产生抗体。一种动物的免疫球蛋白对另一种动物而言是良好的抗原。免疫球蛋白不仅在异种动物之间具有抗原性，而且在同一种属动物不同个体之间，以及自身体内同样是一种抗原物质。免疫球蛋白分子的抗原决定簇（表位）分为同种型决定簇、同种异型决定簇和独特型决定簇 3 种类型。

1. 同种型决定簇（isotypic determinant） 在同一种属动物所有个体共同具有的免疫球蛋白抗原决定簇，在同一种动物不同个体之间不表现出抗原性，只是在异种动物之间才具有抗原性。因此，将一种动物的免疫球蛋白注射到另一种动物体内，可诱导产生对同种型决定簇的抗体，称为**抗抗体或二抗**（secondary antibody）。抗抗体主要用于血清学的标记抗体技术。

2. 同种异型决定簇（allotypic determinant） 虽然一种动物的所有个体的免疫球蛋白具有相同的同种型决定簇，但一些基因存在多等位基因。这些等位基因编码微小的氨基酸差异，称为**同种异型决定簇**。因此，免疫球蛋白在同一种动物不同个体之间会呈现出抗原性。同种异型决定簇存在于 IgG、IgA 和 IgE 的重链 C 区和 κ 型轻链的 C 区。

3. 独特型决定簇（idiotypic determinant） 又称为个体基因型。动物机体可产生针对各种各样抗原的抗体，其特异性均不相同。抗体分子的特异性是由免疫球蛋白的重链和轻链可变区所决定的，因此在一个个体内针对不同抗原分子的抗体之间的差别表现在免疫球蛋白分子的可变区。这种差别就决定了抗体分子在机体内具有抗原性，所以由抗体分子重链和轻链可变区的构型可产生独特型决定簇。可变区内单个的抗原决定簇称为独特位（idiotope）。每种抗体都有多个独特位，独特位的总和称为抗体的**独特型**（idiotype）。独特型在异种、同种异体乃至同一个体内均可刺激产生相应的抗体，这种抗体称为**抗独特型抗体**（anti-diotype antibody）。由此可见，抗体的多样性极大，自然界有多少种抗原，有多少种抗原表位，机体均可产生相应的特异性抗体并具有相应的独特型。

四、各类抗体的特点及生物学功能

抗原刺激动物机体可产生 IgG、IgM、IgA 及 IgE 抗体。

1. IgG 为动物血清中含量最高的免疫球蛋白，是动物自然感染和人工主动免疫后所产生的主要抗体。IgG 是动物机体抗感染免疫的主力，同时也是血清学诊断和疫苗免疫后监测的主要抗体。在动物体内 IgG 不仅含量高，而且持续时间长，可发挥抗菌、中和病毒和毒素等免疫学活性。

2. IgM 是动物机体初次体液免疫反应最早产生的免疫球蛋白，但持续时间短，不是机体抗感染免疫的主力，但在抗感染免疫的早期起着十分重要的作用。可通过检测 IgM 抗体进行疫病的血清学早期诊断。IgM 具有抗菌、中和病毒和毒素等免疫活性。

3. IgA 分泌型 IgA 对机体呼吸道、消化道等局部黏膜免疫起着相当重要的作用，特别是对于一些经黏膜途径感染的病原微生物。因此，分泌型 IgA 是机体黏膜免疫的一道"屏障"。在传染病的预防接种中，经滴鼻、点眼、饮水及喷雾途径接种疫苗，均可产生分泌型 IgA 而建立相应的黏膜免疫力。

4. IgE IgE 在血清中的含量甚微，是一种亲细胞性抗体，易于与皮肤组织、肥大细胞、血液中的嗜碱性粒细胞和血管内皮细胞结合，而介导 I 型过敏反应。IgE 在抗寄生虫感染中具有重要的作用。

五、主要畜禽免疫球蛋白的特点

哺乳动物基本都具有 IgG、IgM、IgA 和 IgE，大多数有 IgD。主要畜禽的各类免疫球蛋的基本特性无明显差异，但亚类存在差异。

(一) 马的免疫球蛋白

分为 IgG、IgM、IgA、IgE 和 IgD。其 IgG 有 7 个亚类，为 IgG1（IgGa）、IgG2（IgGc）、IgG3、IgG4（IgGb）、IgG5、IgG6［IgG（BT）］和 IgG7。IgG3 曾被命名为 IgG（T），最初被认为是 IgA 的同源物，T 是指源于观察到它在用于生产破伤风免疫球蛋白的马血清中水平较高。IgG3 不能活化豚鼠补体，但参与沉淀反应并出现明显的特征性絮状沉淀。

(二) 牛的免疫球蛋白

分为 IgG、IgM、IgA、IgE 和 IgD。牛 IgG 有 3 个亚类，即 IgG1、IgG2 和 IgG3，IgG2 可能还有 IgG2a 和 IgG2b 两个亚类。IgG1 占血清 IgG 的 50%，也是牛奶中的主要免疫球蛋白。IgG2 的水平在牛个体之间的变异很大。牛的巨噬细胞和中性粒细胞具有独特的免疫球蛋白 Fc 受体，其结构与其他动物的 Fc 受体不同，仅与 IgG2 结合。IgG2 有 2 种同种异型（G2A1 和 G2A2），IgG1 有 1 种同种异型（G1A1），某些牛的轻链有同种异型 B1，但极不常见。

(三) 猪的免疫球蛋白

分为 IgG、IgM、IgA、IgE 和 IgD。猪 IgG 有 5 个亚类，包括 IgG1、IgG2a、IgG2b、IgG3 和 IgG4。猪 IgG 是主要的血清免疫球蛋白，占总量的 85%；IgM 占 12%；二聚体 IgA 占血清免疫球蛋白的 3%。猪 IgA 有 2 个亚类，即 IgA1 和 IgA2，IgA1 的铰链区含 12 个氨基酸，而 IgA2 的铰链区仅由 2 个氨基酸构成。猪 IgG 有 4 种同种异型，IgM 有 1 种同种异型。此外，新生仔猪可能有一类无轻链的 5S IgG。猪与人的免疫球蛋白轻链存在部分同源区，具有相似的特性，而与反刍动物的差异极大。

（四）绵羊的免疫球蛋白

分为 IgG、IgM、IgE 和 IgD。绵羊 IgG 有 IgG1、IgG2 和 IgG3，IgG1a 可能属于同种异型。IgA 有 2 个亚类（IgA1 和 IgA2）。

（五）犬和猫的免疫球蛋白

犬 IgG 有 4 个亚类，为 IgG1、IgG2、IgG3 和 IgG4，其中 IgG1 的含量最高。犬也有 IgA、IgM、IgE 和 IgD。IgE 有 2 个亚类（IgE1 和 IgE2），是其独特之处。

猫有 IgG、IgM 和 IgA，有一种热敏抗体可能是 IgE，猫的 IgD 尚未确定。IgG 至少有 3 个亚类，为 IgG1、IgG2 和 IgG3，可能有 IgG4。IgM 有 1 种同种异型。

（六）小鼠的免疫球蛋白

分为 IgG、IgM、IgA、IgE 和 IgD。IgG 有 4 个亚类，为 IgG1、IgG2a、IgG2b 和 IgG3。

（七）兔的免疫球蛋白

有 IgG、IgM、IgA 和 IgE，无 IgD。兔 IgG 无亚类。

（八）鸡的免疫球蛋白

有 IgG、IgM、IgA，无 IgE，已鉴定出禽类 IgD 的同源区，但未确证 IgD 的存在。鸡 IgG 性质独特，因而称其为 IgY，功能与哺乳动物 IgG 相似；分子质量为 200 ku，有 3 个亚类（IgG1、IgG2 和 IgG3）。鸡 IgA 主要存在于分泌液中，以二聚体形式存在。鸡 IgM 主要是在初次免疫反应中产生，并含有 J 链。鸡胚尿囊液和 1 日龄雏鸡含有 IgM 单体，可能来自母鸡的输卵管分泌液。鸡免疫球蛋白至少有 5 种同种异型，其中 2 个位于 IgG 的 CH1 区，2 个位于 IgM 重链，还有 1 个位于轻链。

（九）鸭的免疫球蛋白

鸭的免疫球蛋白称为 IgY，有 2 类（7.8 S 和 5.7 S）。鸭的 IgG 和 IgE 均来自 IgY，卵黄中主要含 7.8 S IgG，是唯一可通过卵黄传递给新生雏鸭的免疫球蛋白。鸭的卵黄抗体不能结合葡萄球菌蛋白 A（SPA）和链球菌蛋白 G（SPG），鸭胆汁中含有 IgA，黏膜免疫系统中也有 IgA。鸭血清中含有 IgM，尚未发现鸭有 IgD。

六、多克隆抗体

采用传统的免疫方法，将抗原物质经不同途径注入动物体内，经数次免疫后采取动物血液，分离出血清，由此获得的抗血清即为**多克隆抗体**（polyclonal antibody，PcAb）。无论细菌抗原还是病毒抗原，均是由多种抗原成分所组成，而即使纯蛋白质抗原也含有多种抗原表位，因此进入机体后即可激活许多淋巴细胞克隆，机体可产生针对各种抗原成分或抗原决定簇（表位）的抗体，由此获得的抗血清是一种多克隆的混合抗体，具有高度的异质性。

七、单克隆抗体

单克隆抗体是指由一个 B 细胞分化增殖的子代细胞（浆细胞）产生的针对单一抗原决定簇的抗体。这种抗体的重链、轻链及其可变区独特型的特异性、亲和力、生物学性状及分子结构均完全相同。单克隆抗体的制备是采用体外淋巴细胞杂交瘤技术，用人工的方法将产生特异性抗体的 B 细胞与骨髓瘤细胞融合，形成 B 细胞杂交瘤，这种杂交瘤细胞既具有骨髓瘤细胞无限繁殖的特性，又具有 B 细胞分泌特异性抗体的能力，由克隆化的 B 细胞杂交瘤所产生的抗体即为**单克隆抗体**（monoclonal antibody，McAb）。

八、基因工程抗体

利用 DNA 重组技术及蛋白质工程技术对编码抗体的基因进行加工改造和重新组装，利用相应的表达系统制备的抗体分子称为基因工程抗体（genetic engineering antibody）。基因工程抗体是按人类设计所重新组装的新型抗体分子，可保留或增加天然抗体的特异性和主要生物学活性，去除或减少无关结构。

第十单元　免疫系统★

免疫系统（immune system）是动物机体产生免疫应答的物质基础，主要由免疫器官、免疫细胞和免疫分子组成。免疫器官可分为中枢淋巴器官和外周淋巴器官；免疫细胞主要包括淋巴细胞、抗原递呈细胞和其他免疫细胞，它们不仅定居在淋巴器官中，也分布在黏膜和皮肤等组织中；免疫分子则由抗体、补体、细胞因子等组成。

第一节　免疫器官

机体执行免疫功能的组织结构称为**免疫器官**（immune organ），它们是淋巴细胞和其他免疫细胞发生、发育、分化成熟、定居和增殖以及产生免疫应答的场所。根据其功能的不同可分为中枢淋巴器官和外周淋巴器官。

一、中枢淋巴器官

中枢淋巴器官（central lymphoid organ）又称初级或一级淋巴器官（primary lymphoid organ），是淋巴细胞等免疫细胞发生、发育、分化和成熟的场所，包括骨髓、胸腺和法氏囊。其共同特点是：在胚胎发育的早期出现，出生之后，它们中有的（如胸腺和法氏囊）在青春期后就逐步退化为淋巴上皮组织，具有诱导淋巴细胞增殖分化为免疫活性细胞的功能。如果在新生期切除动物的这类器官，可造成淋巴细胞因不能正常发育分化而缺乏具有功能的淋巴细胞，出现免疫缺陷或免疫功能低下甚至丧失。

（一）骨髓

骨髓（bone marrow）是动物体最重要的造血器官。出生后所有血细胞均来源于骨髓，同时骨髓也是各种免疫细胞发生、发育和分化的场所。骨髓中存在的造血多能干细胞可分化成髓样干细胞和淋巴样干细胞，前者进一步分化成红细胞系、单核细胞系、粒细胞系和巨核细胞系等；后者则发育成各种淋巴细胞。抗原再次刺激动物后，外周免疫器官对该抗原快速应答，但产生抗体的时间持续短；而在骨髓内可缓慢、持久地产生抗体，所以它们是血清抗体的主要来源。骨髓产生抗体的免疫球蛋白类别主要是 IgG，其次为 IgA，由此可见，骨髓也是再次免疫应答发生的主要场所。

（二）胸腺

胸腺（thymus）是 T 细胞分化成熟的中枢淋巴器官。胸腺还有内分泌腺的功能，胸腺上皮细胞可产生多种小分子，它们对诱导 T 细胞成熟有重要作用，其中胸腺素是一种小分子多肽混合物，能使来自动物骨髓的前体 T 细胞成熟，成为具有某些 T 细胞特征的细胞；胸腺生成素能诱导前体 T 细胞的分化，降低 cAMP 水平和增强 T 细胞的功能；胸腺血清因子是由胸腺上皮细胞分泌的肽类，能部分地恢复胸腺切除动物的 T 细胞功能；胸腺激素对外周成熟的 T 细胞具有调节功能。

（三）法氏囊

法氏囊（bursa of fabricius）又称腔上囊，为禽类所特有的淋巴器官，位于泄殖腔背侧，并有短管与之相连。法氏囊是诱导 B 细胞分化和成熟的场所。来自骨髓的淋巴干细胞在法氏囊诱导分化为成熟的 B 细胞，然后经淋巴和血液循环迁移到外周淋巴器官，参与体液免疫。胚胎后期和初孵出壳的雏禽如被切除法氏囊，则体液免疫应答受到抑制，表现出浆细胞减少或消失，在抗原刺激后不能产生特异性抗体；但是法氏囊对细胞免疫则影响很小，被切除的雏禽仍能排斥皮肤移植。法氏囊的另一功能是可作为外周淋巴器官，即能捕捉亢原和合成某些抗体。

二、外周淋巴器官

外周淋巴器官（peripheral lymphoid organ）又称次级或二级淋巴器官（secondary lymphoid organ），分布于机体各个部位，是成熟的 T 细胞和 B 细胞栖居、增殖和对抗原刺激产生免疫应答的场所，它们主要是脾脏、淋巴结和存在于消化道、呼吸道和泌尿生殖道的黏膜相关淋巴组织等。这类器官或组织富含捕捉和处理抗原的树突状细胞和巨噬细胞，它们能迅速捕获和处理抗原，并将处理后的抗原递呈给免疫活性细胞。外周淋巴器官的共同特点是均起源于胚胎晚期的中胚层，并终身存在。切除部分外周淋巴器官对动物免疫功能的影响一般不明显。

（一）淋巴结

淋巴结（lymph node）呈圆形或豆状，遍布于淋巴循环系统的各个部位，具有捕获体外进入血液-淋巴液的抗原的功能。淋巴结的免疫功能表现在：①过滤和清除异物。侵入机体的致病菌、毒素或其他有害异物，通常随组织淋巴液进入局部淋巴结内，淋巴窦中的巨噬细胞能有效地吞噬和清除这些细菌等异物，但对病毒和癌细胞的清除能力较低。②免疫应答的场所。淋巴结的实质部分中的树突状细胞和巨噬细胞能捕获和处理外来的异物性抗原，并将抗原递呈给 T 细胞和 B 细胞，使其活化增殖，形成效应性 T 细胞和浆细胞。在此过程中，因淋巴细胞大量增殖而生发中心增大。因此，细菌等异物侵入机体后，局部淋巴结肿大，与淋巴细胞受抗原刺激后大量增殖有关，是产生免疫应答的表现。

（二）脾脏

脾脏（spleen）脾脏外部包有被膜，内部的实质分为两部分，一部分称为红髓，主要功能是生成红细胞和贮存红细胞，还有是捕获抗原；另一部分称为白髓，是产生免疫应答的部位。脾脏的免疫功能主要表现在：①滤过血液作用。循环血液通过脾脏时，脾脏中的巨噬细胞可吞噬和清除侵入血液的细菌等异物和自身衰老与凋亡的血细胞等物质。②滞留淋巴细胞的作用。在正常情况下淋巴细胞经血液循环进入并自由通过脾脏或淋巴结，但是当抗原进入脾脏或淋巴结以后，就会引起淋巴细胞在这些器官中滞留，使抗原敏感细胞集中到抗原集聚的部位附近，增进免疫应答的效应。③免疫应答的重要场所。脾脏中栖居着大量淋巴细胞和其他免疫细胞，抗原一旦进入脾脏即可诱导 T 细胞和 B 细胞的活化和增殖，产生致敏 T 细胞和浆细胞，所以脾脏是体内产生抗体的主要器官。④产生吞噬细胞增强激素。在脾脏有一种四肽激素称为特夫素，能增强巨噬细胞及中性粒细胞的吞噬作用。

（三）其他淋巴组织

抗体主要是由外周淋巴器官和相关组织产生的，它们不仅包括脾脏和淋巴结，也包括骨髓、扁桃体和散布全身的淋巴组织，特别是黏膜相关淋巴组织（mucosal-associated lymphoid tissue，MALT），虽然在形态学方面不具备完整的淋巴结结构，但却构成了机体重要的黏膜免疫系统。MALT 主要包括：①广泛存在于消化道、呼吸道和泌尿生殖道等组织黏膜固有层和上皮细胞下弥散性的淋巴组织。②带有生发中心的器官化的淋巴小结，如扁桃体、小肠派氏集合淋巴结等。③一些外分泌腺（如哈德氏腺、胰腺、乳腺、泪道、唾液腺分泌管等）。

黏膜是大多数病原微生物入侵动物机体的门户。黏膜免疫系统的主要功能是为机体提供黏膜表面的防御作用，包括天然免疫和特异性免疫两个方面。天然免疫功能涉及：①正常栖居的菌群可产生对侵入的病原菌的抑制作用；②黏膜的蠕动和纤毛活动以及分泌，可减少潜在病原菌与上皮细胞的作用；③胃酸、肠胆盐的微环境不利于病菌生长；④乳铁蛋白、乳过氧化物酶、溶菌酶等对某些病原菌有抑制和杀灭作用。特异性免疫功能包括捕获抗原物质，并通过局部免疫应答（特异性细胞免疫和体液免疫产生 sIgA），清除外来病原微生物，使其难以进入体内引起全身性的免疫反应。

第二节 免疫细胞

所有直接或间接参与免疫应答的细胞统称为**免疫细胞**（immunocyte），它们种类繁多，功能相异，但是互相作用、互相依存。根据它们在免疫应答中的功能及其作用机制，可分为淋巴细胞、抗原递呈细胞两大类。此外，还有一些其他细胞，如各种粒细胞和肥大细胞等。

一、淋巴细胞

（一）T 淋巴细胞和 B 淋巴细胞

受抗原物质刺激后，T 细胞和 B 细胞能分化增殖并产生特异性免疫应答，故称为免疫活性细胞或抗原特异性淋巴细胞，在特异性免疫应答过程中起核心作用。它们均来源于骨髓的造血干细胞，造血干细胞中的淋巴干细胞分化为前体 T 细胞和前体 B 细胞。T 细胞和 B

细胞在光学显微镜下均为小淋巴细胞，形态上难于区分。淋巴细胞表面存在着大量不同种类的蛋白质分子，这些表面分子又称为表面标志（包括表面抗原和表面受体），它们不仅可用于鉴别 T 细胞和 B 细胞及其亚群，还在研究淋巴细胞的分化过程和功能以及临床诊断方面具有重要意义。淋巴细胞表面分子统一以分化群（cluster of differentiation，CD）命名。

1. T 淋巴细胞（T lymphocyte） 前体 T 细胞进入胸腺发育为成熟的 T 淋巴细胞，称胸腺依赖性淋巴细胞，简称 T 细胞。成熟的 T 细胞经血液循环分布到外周淋巴器官的胸腺依赖区定居和增殖，或再经血液或淋巴循环，进入组织，经血液和淋巴再循环，巡游机体全身各部位，参与细胞免疫反应。扫描电镜下多数 T 细胞表面光滑，有较小绒毛突起。T 细胞的重要表面标志包括 T 细胞受体（T-cell receptor，TCR）、CD3、CD2（也称红细胞受体）、CD4 和 CD8 等。

T 细胞受体（TCR）是 T 细胞识别抗原的物质基础，绝大多数（约 95%）T 细胞的 TCR 是由 α 链和 β 链经二硫键连接组成的异二聚体，每条链又可折叠形成可变区（V 区）和恒定区（C 区）两个功能区。少数 T 细胞（约 5%）的 TCR 是由 γ 链和 δ 链组成，称为 $\gamma\delta$T 细胞，它们在局部免疫中发挥抗菌等作用。TCR 与细胞膜上的 CD3 分子紧密结合在一起形成复合体，称TCR 复合体（TCR complex）（图 1-14）。

CD4 和 CD8 分别称为 MHC Ⅱ类分子和 Ⅰ类分子的受体。CD4 和 CD8 分别出现在具有不同功能亚群的 T 细胞表面，同一 T 细胞只表达其中之一，因此，可将 T 细胞分成 $CD4^+$T 细胞和 $CD8^+$T 细胞两大亚群。$CD4^+$T 细胞包括辅助性 T 细胞（helper T cell，T_H）和迟发型变态反应性 T 细胞（delayed type hypersensitivity T cell，T_{DTH}或 T_D）。T_H 细胞活化后可产生不同的效应性 T_H 细胞，产生的细胞因子种类有所不同，可分为 T_H1、T_H2、T_H9、T_H17、T_H22、T_{REG}等亚型，它们在细胞因子合成及免疫调节功能上既有联系又有区别。$CD8^+$T 细胞主要为细胞毒性 T 细胞（cytotoxic T cell，T_C），又称为杀伤性 T 细胞，活化后称为细胞毒性 T 淋巴细胞（cytotoxic T lymphocyte，CTL），在免疫效应阶段，T_C 活化产生的 CTL 对靶细胞（如被病毒感染的细胞或肿瘤细胞等）发挥杀伤作用。

2. B 淋巴细胞（B lymphocyte） 前体 B 细胞在哺乳类动物的骨髓或禽类的法氏囊分化发育为成熟的 B 淋巴细胞，称骨髓依赖性淋巴细胞或囊依赖性淋巴细胞，简称 B 细胞，参与体液免疫反应。扫描电镜下多数 B 细胞表面较为粗糙，有较多绒毛突起。B 细胞的重要表面标志包括 B 细胞受体（B-cell receptor，BCR）、Fc 受体、补体结合位点等。

B 细胞受体（BCR）是 B 细胞识别抗原的物质基础，是 B 细胞表面的膜免疫球蛋白（membrane immunoglobulin，mIg）。mIg 与一个经二硫键连接的异二聚体分子（Ig-α/Ig-β）构成复合体，两个 Ig-α/Ig-β 异二聚体分子与一个 mIg 分子结合形成一个 BCR 复合体（BCR complex）。

（二）自然杀伤细胞

自然杀伤细胞（natural killer cell，NK cell）简称 NK 细胞，是一群既不依赖抗体，也不需要抗原刺激和活化就能杀伤靶细胞的淋巴细胞，是重要的天然免疫细胞之一。NK 细胞表面存在着识别靶细胞表面分子的受体结构，通过此受体直接与靶细胞结合而发挥杀伤作用。NK 细胞表面也有 IgG 的 Fc 受体，凡被 IgG 结合的靶细胞均可被 NK 细胞通过其 Fc 受体的结合而导致靶细胞溶解，即抗体依赖性细胞介导的细胞毒作用（antibody-dependent cell-mediated-cytotoxicity，ADCC）（图 1-15）。NK 细胞主要存在于外周血和脾脏中，主要生物功能为非特异性地杀伤肿瘤细胞、抵抗多种微生物感染及排斥移植物，也有免疫调节作用。早期命名的一种称为杀伤细胞（killer cell）的淋巴细胞，即 K 细胞，其功能与 NK 细胞类似，可以介导 ADCC。后来统一称为 NK 细胞。

（三）NKT 细胞

一类具有 T 细胞和 NK 细胞相关特性的细胞，称为自然杀伤性 T 细胞，参与机体的特异性免疫和天然免疫。活化的 NKT 细胞可释放细胞毒性颗粒，介导对靶细胞的杀伤，并可分泌细胞因子，增强或抑制免疫应答。

二、抗原递呈细胞

T 细胞和 B 细胞是免疫应答的主要承担者，但这一反应的完成，必须有树突状细胞和巨噬细胞等的协助参与，对抗原进行捕获、加工和处理，这些细胞称为**抗原递呈细胞**（antigen-presenting cell，APC）。抗原递呈细胞在免疫应答中将抗原递呈给 T 细胞，专职的 APC 包括树突状细胞、巨噬细胞和 B 细胞。

（一）树突状细胞

树突状细胞（dendritic cell，D cell）简称 D 细胞或 DC，来源于骨髓和脾脏的红髓，成熟后主要分布在脾脏、淋巴结和淋巴组织中，结缔组织中也广泛存在。树突状细胞表面伸出许多树突状突起，胞内线粒体丰富，高尔基体发达，但无溶酶体及吞噬体，故无吞噬能力，但抗原加工和递呈功能强大。大多数 D 细胞可通过结合抗原-抗体复合物将抗原递呈给淋巴细胞。

（二）巨噬细胞

巨噬细胞（macrophage）单核细胞在骨髓分化成熟进入血液，在血液中停留数小时至数月后，经血液循环分布到全身多种组织器官中，分化成熟为巨噬细胞。巨噬细胞寿命较长（数月以上），具有较强的吞噬功能。单核-巨噬细胞的免疫功能主要表现在：①吞噬和杀伤作用。组织中的巨噬细胞可吞噬和杀灭多种病原微生物和处理凋亡损伤的细胞，是机体非特异性免疫的重要因素。特别是结合有抗体（IgG）和补体（C3b）的抗原性物质更易被巨噬细胞吞噬。巨噬细胞可在抗体存在下发挥 ADCC 作用。巨噬细胞也是细胞免疫的效应细胞，经细胞因子（如 IFN - γ）激活的巨噬细胞更能有效地杀伤细胞内寄生菌和肿瘤细胞。②抗原加工和递呈。外源性抗原物质经巨噬细胞通过吞噬、胞饮等方式摄取，经过胞内酶的降解处理，形成许多具有抗原决定簇的抗原肽，随后这些抗原肽与 MHC Ⅱ 类分子结合形成抗原肽-MHC Ⅱ 类分子复合物，并呈送到细胞表面，供免疫活性细胞识别。因此，巨噬细胞是免疫应答中不可缺少的免疫细胞。③合成和分泌各种活性因子。活化的巨噬细胞能合成和分泌 50 余种生物活性物质，如许多酶类、细胞因子、血浆蛋白和各种补体成分等。

（三）B 细胞

B 细胞也是一类重要的抗原递呈细胞，特别是活化的 B 细胞，具有较强的抗原递呈能力。

三、其他免疫细胞

细胞质中含有颗粒的白细胞统称粒细胞（granulocyte）。根据胞质颗粒的染色特性，粒细胞分为中性粒细胞、嗜酸性粒细胞和嗜碱性粒细胞。

1. 中性粒细胞（neutrophil）　血液中的主要吞噬细胞，具有高度的移动性和吞噬功能，在防御感染的天然免疫中起重要作用。细胞表面有 Fc 受体和 C3b 受体，可分泌炎症介质促进炎症反应，可处理颗粒性抗原并提供给巨噬细胞，也可发挥 ADCC 效应杀伤靶细胞，活化的中性粒细胞可释放中性粒细胞胞外诱捕网（neutrophil extracellular traps，NETs）发挥杀灭病原微生物的作用。

2. 嗜酸性粒细胞（eosinophil）　胞质内有许多在电镜下呈晶体样结构的嗜酸性颗粒，内含有多种酶，尤其富含过氧化物酶。在寄生虫感染及 I 型超敏反应中常见嗜酸性粒细胞数量增多。嗜酸性粒细胞能结合至被抗体覆盖的血吸虫体上而发挥杀伤作用，且能吞噬抗原-抗体复合物。同时，可释放出一些酶（如组胺酶、磷脂酶 D 等）分别作用于组胺、血小板活化因子，在超敏反应中发挥负反馈调节作用。

3. 嗜碱性粒细胞（basophil）　嗜碱性粒细胞内含有大小不等的嗜碱性颗粒，内含组胺、白三烯、肝素等参与 I 型超敏反应的介质。细胞表面有 IgE 的 Fc 受体，能与 IgE 抗体结合，带 IgE 的嗜碱性粒细胞与相应抗原结合后引起细胞脱粒和释放组胺等介质，导致超敏反应。

4. 肥大细胞（mast cell）　肥大细胞存在于周围淋巴组织、皮肤的结缔组织，特别是在小血管周围、脂肪组织和小肠黏膜下组织等。肥大细胞表面有 IgE 的 Fc 受体、胞质内的嗜碱性颗粒、脱粒机制及其在超敏反应中的作用与嗜碱性粒细胞十分相似。肥大细胞可分泌多种细胞因子，参与免疫调节。

此外，红细胞（erythrocyte）表面存在一些受体和活性分子，通过吸附并运输抗原-抗体复合物，参与抗原物质的清除。红细胞也参与机体的免疫应答和免疫调节。

第三节　免疫分子

免疫分子包括抗体、补体、细胞因子等，此节主要简单介绍补体和细胞因子。

一、补体系统

补体（complement）是存在于正常动物和人血清中的一组不耐热具有酶活性的球蛋白。早在 19 世纪末 Bordet 发现新鲜血清中含有能引起细菌溶解的、对热不稳定的成分，称为**补体**。参与补体激活的各种成分以及调控补体成分的各种灭活或抑制因子及补体结合位点，称为**补体系统**（complement system），是机体天然免疫的重要成分之一。补体系统含量相对稳定，与抗原刺激无关，不随机体的免疫应答而增加，但在某些病理情况下可引起改变。补体系统激活过程中，可产生多种具有生物活性的物质，引起一系列重要的生物学效应，参与机体的防御功能和维持机体与自身稳定，同时也作为一种介质，引起炎症反应，导致组织损伤。此外，补体系统还与凝血系统、纤维蛋白溶解系统等存在互相促进与制约的关系。

（一）组成与特性

补体系统包括参与补体激活经典途径（C1～C4）、替代途径（如备解素、D 因子、B 因子）、凝集素途径（如苷露糖凝集素）、攻膜复合体（C5～C9）以及补体结合位点与调节因子等成分，有数十种，均属糖蛋白。补体各成分结构不同，分子质量变动范围较大，各成分在血清中的含量也有差异。一些补体成分对热不稳定，经 56℃30 min 即可灭活，在室温下很快失活，在 0～10℃中活性仅能保持 3～4d，然而在−20℃以下可保存较长时间。许多理化因素，如紫外线、机械振荡、酸碱等都能破坏补体。补体成分在动物体内的含量稳定，不受免疫的影响，补体以豚鼠血清中的含量最丰富，因而在实验中常以豚鼠血清作为补体应用。补体可与任何抗原−抗体复合物结合而发生反应，其作用无特异性，基于这一特性建立了补体结合试验等血清学技术。

（二）激活后的生物学效应

通常情况下，补体多以非活性状态的酶原形式存在于血清和体液中，经激活后，补体成分按一定顺序发生连锁的酶促反应，并在激活过程中不断组成具有不同酶活性的新的中间复合物，将相应的补体成分裂解为大小不等的片段，呈现不同的生物学活性，直至靶细胞溶解。补体的激活途径主要有经典途径、替代途径以及凝集素途径，最终形成攻膜复合体（membrane attack complex，MAC）。补体激活后的生物学效应包括细胞溶解、细胞黏附、调理作用、免疫调节、炎症反应、病毒中和、免疫复合物溶解。

二、细胞因子

细胞因子（cytokine，CK）是指由免疫细胞（如 T 细胞、B 细胞、单核-巨噬细胞、NK 细胞等）和某些非免疫细胞（如血管内皮细胞、表皮细胞、成纤维细胞等）合成和分泌的一类高活性多功能蛋白质多肽分子。细胞因子多属小分子多肽或糖蛋白，作为细胞间信号传递分子，主要介导和调节免疫应答及炎症反应、刺激造血功能，并参与组织修复等。

（一）细胞因子的种类

细胞因子种类多，功能复杂。主要有白细胞介素、干扰素、肿瘤坏死因子、集落刺激因子等。

1. 白细胞介素（interleukin，IL） 是在白细胞间起免疫调节作用的细胞因子。主要白细胞介素的生物学功能见表 1-2。

表 1-2 主要白细胞介素的种类与功能

名称	主要产生细胞	主要生物学功能
IL-1	单核细胞、巨噬细胞等	1. APC 协同刺激；2. T 细胞和 B 细胞增殖分化和 Ig 生成；3. 炎症和全身反应；4. 促进造血作用
IL-2	T_H1 细胞、T_C 细胞、NK 细胞	1. 促进 T 细胞增殖分化和细胞因子生成；2. 增强 T_C 细胞、NK 细胞和 LAK 细胞活性；3. 促进 B 细胞增殖和抗体生成
IL-3	T 细胞	促进早期造血干细胞生长
IL-4	T_H2 细胞、肥大细胞	1. 促进 B 细胞增殖；2. IgE 表达；3. 促进肥大细胞增殖；4. 抑制 T_H1 细胞；5. 增强巨噬细胞、T_C 细胞功能
IL-5	T_H2 细胞、肥大细胞	1. 诱导 IgA 合成；2. 促进 B 细胞增殖与分化
IL-6	单核细胞、巨噬细胞、T_H2 细胞、成纤维细胞	1. 促进 B 细胞分化和产生 Ig；2. 促进杂交瘤、骨髓瘤生长；3. 诱生肝细胞生成急性相蛋白；4. 促进 T_C 细胞成熟
IL-7	骨髓和胸腺基质细胞	1. 促进 B 细胞增殖；2. 促进活化 T 细胞的增殖与分化

（续）

名称	主要产生细胞	主要生物学功能
IL-8	单核细胞、巨噬细胞等	1. 趋化作用与炎症反应；2. 激活中性粒细胞
IL-9	T细胞	协同 IL-3 和 IL-4 刺激肥大细胞生长
IL-10	巨噬细胞、T$_H$2细胞、CD8$^+$ T细胞、B细胞	1. 抑制巨噬细胞；2. 抑制 T$_H$1 细胞分泌细胞因子；3. 促进 B 细胞增殖和抗体生成；4. 促进胸腺和肥大细胞增殖
IL-11	基质细胞	1. 与 CSF 协同造血作用；2. 促进 B 细胞抗体生成
IL-12	B细胞、巨噬细胞、T$_H$2细胞	1. 协同 IL-2 促进 T$_C$、NK 和 LAK 细胞分化；2. 诱导 T$_H$1 细胞，抑制 T$_H$2 细胞；3. 促进 B 细胞 Ig 产生和类型转换
IL-13	活化T细胞	1. 抑制巨噬细胞分泌细胞因子；2. 促进 B 细胞增殖和表达 CD23
IL-14	活化T细胞	1. 刺激 B 细胞增殖；2. 抑制丝裂原诱生 Ig
IL-15	T细胞等	1. 刺激 T 细胞增殖；2. 诱导 T$_C$ 细胞、LAK 细胞
IL-16	CD8$^+$ T细胞	1. CD4$^+$ T 细胞趋化因子；2. 诱导 CD4$^+$ T 细胞活化
IL-17	T$_H$17细胞等	1. 促进中性粒细胞聚集与活化；2. 炎症反应；3. 抗胞外菌与真菌感染；4. 自身免疫性疾病
IL-18	枯否氏细胞等	1. 促进 T$_H$1 细胞增殖；2. 增强 NK 细胞和 FasL 的细胞毒作用

2. 干扰素（interferon，IFN） 是最早发现的细胞因子。根据来源和理化性质，干扰素可分为Ⅰ型干扰素、Ⅱ型干扰素和Ⅲ型干扰素。Ⅰ型干扰素包括 IFN-α、IFN-β、IFN-ω、IFN-τ 等；Ⅱ型干扰素即 IFN-γ。IFN-α 来源于病毒感染的白细胞，IFN-β 由病毒感染的成纤维细胞产生，IFN-ω 来自胚胎滋养层，IFN-τ 来自反刍动物滋养层。IFN-α 和 IFN-β 具有抗病毒作用，IFN-ω 和 IFN-τ 与胎儿保护有关。IFN-γ 由抗原刺激 T 细胞（T$_H$1 细胞）产生，主要发挥免疫调节功能。Ⅲ型干扰素 IFN-λ 是一种新发现的细胞因子，可能具有特殊的生理学功能。

3. 肿瘤坏死因子（tumor recrosis factor，TNF） 是在 1975 年从免疫动物血清中发现的分子。TNF 分为 TNF-α 和 TNF-β，前者主要由活化的单核-巨噬细胞产生，抗原刺激的 T 细胞、活化的 NK 细胞和肥大细胞也可分泌 TNF-α。TNF-β 主要由活化的 T 细胞产生。TNF 的最主要功能是参与机体防御反应，是重要的促炎症因子和免疫调节分子。

4. 集落刺激因子（colony stimulating factor，CSF） 是一组促进造血细胞，尤其是造血干细胞增殖、分化和成熟的因子。主要有单核-巨噬细胞集落刺激因子（M-CSF）、粒细胞集落刺激因子（G-CSF）、粒细胞巨噬细胞集落刺激因子（GM-CSF）、红细胞生成素（EPO）等。近年来发现干细胞生成因子（stem cell factor，SCP）、血小板生成素（TPO）以及多能集落刺激因子（multi-CSF）。

（二）细胞因子的特性

细胞因子的种类很多，每种细胞因子都有各自独特的分子结构、理化特性及生物学功能，但它们也具有共同特点。

1. 理化特性 细胞因子均为分子质量低的分泌型蛋白，绝大多数为糖蛋白，一般分子质量均小于 30 ku。多数细胞因子以单体形式存在，少数细胞因子（如 IL - 5、IL - 12、M - CSF、TGF - β）是二聚体，TNF 呈三聚体。

2. 分泌特性 ①多细胞来源。一种细胞因子可由不同类型细胞产生，如 IL - 1 可由单核-巨噬细胞，内皮细胞、B 细胞、成纤维细胞、表皮细胞等产生；而一种细胞也可产生多种细胞因子，如活化的 T 细胞可产生 IL - 2～IL - 6、IL - 9、IL - 10、IL - I3、IFN - α、TGF - β、GM - CSF 等。②短暂的自限性分泌。细胞因子一般无前体，当细胞因子产生细胞受刺激后，启动细胞因子基因转录，分泌过程通常十分短暂，而且细胞因子的 mRNA 极易降解，故细胞因子的合成具有自限性。③自分泌与旁分泌特点。多数细胞因子以自分泌、旁分泌形式发挥效应，即主要作用于产生细胞本身和（或）邻近细胞，即在局部发挥效应。少数细胞因子（如 IL - 1、IL - 6、TNF - α 等）在一定条件下，也可以内分泌形式作用于远端靶细胞，介导全身性反应。

3. 生物学作用特性 ①具有激素样活性作用。细胞因子的产量非常低，却具有极高的生物学活性。在极微量水平（pmol/L）即可发挥明显的生物学效应。②细胞因子通过细胞因子受体发挥效应。细胞因子必须与靶细胞表面特异性受体结合才能发挥其生物学效应。以非特异性方式发挥生物学作用，不受 MHC 的限制。③多效性。一种细胞因子可以作用于不同的靶细胞，表现不同的生物学效应。细胞因子可介导和调节免疫应答、炎症反应，也可作为生长因子，促进靶细胞增生和分化、刺激造血和促进组织修复等。④冗余性。两种或多种细胞因子可介导相似的生物学活性，可作用于同一种靶细胞。⑤协同性。细胞因子之间可发挥协同作用，表现为两种细胞因子对细胞活性的联合作用要大于单个细胞因子效应的累加。⑥拮抗性。一种细胞因子的效应抑制可抵消其他细胞因子的效应。⑦网络性。细胞因子的产生、生物学作用、受体表达、相互调节等均具有网络特点。

（三）细胞因子的主要生物学作用

细胞因子的生物学作用极其广泛而复杂，不同细胞因子其功能既有特殊性，又有重叠性、协同性与拮抗性。

1. 参与免疫应答与免疫调节 细胞因子在动物机体的免疫应答过程中起着十分重要的作用，对天然免疫应答和特异性免疫应答均可发挥调节功能。如干扰素（IFN）等细胞因子可诱导 APC 表达 MHC Ⅱ 类分子，从而促进抗原递呈作用，而 IL - 10 则可降低 APC 的 MHC Ⅱ 类分子和 B7 等协同刺激分子的表达，对抗原递呈产生抑制作用；IL - 2、IL - 4、IL - 5、IL - 6 等可促进 T 细胞、B 细胞的活化、增殖与分化，而 TGF - β 则可起负调节作用；趋化因子可吸引炎性细胞，TNF - α、IL - 1、IFN - γ 和 GM-CSF 等可使巨噬细胞活化，增强其吞噬、杀伤等活性；TNF - α 具有细胞毒作用，可促进中性粒细胞活化；IFN - γ 可抑制病毒复制。在免疫应答整个过程中，免疫细胞间可通过所分泌的细胞因子而相互刺激，彼此约束，从而对免疫应答进行调节。

2. 刺激造血功能 某些细胞因子（如 IL - 3）可刺激造血多能干细胞和多种祖细胞的增殖与分化；GM-CSF、G-CSF、M-CSF 等可促进粒细胞和巨噬细胞等增殖与分化。

3. 细胞因子与神经-内分泌-免疫网络 神经-内分泌-免疫网络是体内重要的调节机制。在该网络中，细胞因子作为免疫细胞的递质，与激素、神经肽、神经递质共同构成细胞间信号分子系统。细胞因子对神经和内分泌可产生影响，反之，神经-内分泌系统对细胞因子的产生也有影响作用。

第十一单元　特异性免疫应答☆

　　免疫应答是动物机体对进入体内的病原微生物和一切抗原物质所产生的复杂的生物学过程，最终清除病原微生物和外来抗原物质，并建立对病原微生物的特异性抵抗力。免疫应答包括先天性免疫应答和获得性免疫应答。参与先天性免疫应答的因素有机体的解剖屏障、可溶性分子与膜结合受体、炎症反应、NK 细胞、吞噬细胞等。而获得性免疫应答分致敏、反应及效应三个阶段，涉及对抗原的加工和递呈、淋巴细胞识别和增殖与分化，最终产生特异性的细胞免疫和体液免疫。

第一节　概　　述

一、特异性免疫应答的概念

　　特异性免疫应答（specific immune response）是动物机体免疫系统在受到病原微生物感染和外来抗原物质的刺激后，启动一系列复杂的免疫连锁反应和特定的生物学效应，并最终清除病原微生物和外来抗原物质的过程，由此建立特异性免疫力。特异性免疫又称适应性免疫（adaptive immunity）。

二、特异性免疫应答产生的部位

　　动物机体的外周淋巴器官及淋巴组织（如黏膜相关淋巴组织）是免疫应答产生的部位，其中淋巴结和脾脏是免疫应答的主要场所。抗原进入机体后，一般先通过淋巴循环进入引流区的淋巴结，进入血液的抗原则在脾脏滞留，并被淋巴结髓窦和脾脏移行区中的抗原递呈细胞所摄取、加工，再表达于其细胞表面。与此同时，血液循环中的成熟 T 细胞和 B 细胞，经淋巴组织的毛细血管后静脉进入淋巴器官，与抗原递呈细胞上表达的抗原接触后，滞留于淋巴器官内并被活化、增殖和分化为效应细胞。

第二节　特异性免疫应答的基本过程

　　特异性免疫应答是一个十分复杂的生物学过程，除了由树突状细胞、巨噬细胞和淋巴细胞协同完成外，还有很多细胞因子发挥辅助效应。虽然其过程是连续的和不可分割的，但可人为地划分为 3 个阶段。

一、致敏阶段

又称感应阶段，是抗原物质进入体内，抗原递呈细胞对其捕获、加工处理和递呈以及 T 细胞和 B 细胞对抗原的识别阶段。

（一）抗原的加工和递呈

抗原递呈细胞（APC）通过吞噬、吞饮以及受体介导的内吞作用，内化蛋白质抗原，或对细胞内的抗原蛋白，进行消化降解成抗原肽的过程称为**抗原加工**。降解产生的抗原肽在 APC 内与 MHC 分子结合形成抗原肽- MHC 复合物，然后被运送到抗原递呈细胞膜表面进行展示，以供免疫细胞识别的过程称为**抗原递呈**。

按照细胞表面的 MHC Ⅰ 类和 Ⅱ 类分子，APC 可分为带有 MHC Ⅱ 类分子的细胞和带有 MHC Ⅰ 类分子的细胞。前者包括树突状细胞（DC）、巨噬细胞（MΦ）、B 细胞等专职的 APC，主要递呈外源性抗原；此外，还有皮肤中的成纤维细胞、脑组织的小胶质细胞、胸腺上皮细胞、甲状腺上皮细胞、血管内皮细胞、胰腺 β 细胞等非专职的 APC。后者包括体内所有的有核细胞，作为内源性抗原的递呈细胞，如病毒感染细胞、肿瘤细胞、胞内菌感染的细胞、衰老的细胞、移植的同种异体细胞，可作为靶细胞将内源性抗原递呈给细胞毒性 T 细胞（T_C）。

在专职的 APC 中，树突状细胞是最有效的抗原递呈细胞，可持续地表达高水平的 MHC Ⅱ 类分子和共刺激分子 B7（CD80/CD86），并可活化幼稚型 T_H 细胞。静止的巨噬细胞膜上仅能表达很少的 MHC Ⅱ 类分子或 B7 分子，因此不能活化幼稚型的 T_H 细胞；对记忆细胞和效应细胞的活化能力也很弱。在受到吞噬的微生物、IFN-γ 和 T_H 细胞分泌的细胞因子的活化后，上调表达 MHC Ⅱ 类分子或共刺激 B7 分子。活化 B 细胞的抗原递呈能力与巨噬细胞相近。B 细胞可依靠其抗原受体（BCR）捕获抗原物质。活化后的 B 细胞可上调并持续表达 MHC Ⅱ 类分子，并表达 B7 分子，可活化幼稚型 T 细胞和记忆性细胞及效应性细胞。细胞因子可促进 B 细胞表达 MHC Ⅱ 类分子，增强其递呈抗原的能力。经典的抗原加工和递呈途径包括外源性途径和内源性途径（图 1-16）。

1. 外源性抗原的加工和递呈　外源性抗原经**外源性途径**（exogenous pathway）被 APC 加工和递呈。抗原物质经内化形成吞噬体，吞噬体与溶酶体融合形成吞噬溶酶体（或称内体）。外源性抗原在内体的酸性环境中被水解成 13～18 个氨基酸的抗原肽。同时，在粗面内质网中新合成的 MHC Ⅱ 类分子转运到内体与产生的抗原肽结合，形成抗原肽与 MHC Ⅱ 类分子的复合物，然后被高尔基复合体运送至抗原递呈细胞的表面供 T_H 细胞所识别。B 细胞可非特异性地吞饮抗原物质，也可借助其抗原受体特异性地结合抗原，然后细胞膜将抗原和受体卷入细胞内，抗原在 B 细胞内被加工处理后，以与 MHC Ⅱ 类分子复合物的形式，运送到 B 细胞表面，外露的 T 细胞表位可供 T_H 细胞的 TCR 所识别。

2. 内源性抗原的加工和递呈　内源性抗原经**内源性途径**（endogenous pathway）被 APC 加工和递呈。内源性抗原（如细胞内增殖病毒产生的病毒抗原）在靶细胞内被蛋白酶体酶解成 9 个氨基酸肽段（抗原肽），然后被抗原加工转运体（TAP）从细胞质转运到粗面内质网，与粗面内质网中新合成的 MHC Ⅰ 类分子结合，所形成的抗原肽- MHC Ⅰ 类分子复合物被高尔基体运送至细胞表面供 CD8$^+$ 细胞毒性 T 细胞所识别。

（二）T、B 淋巴细胞对抗原的识别

1. T 细胞对抗原的识别　对外源性和内源性抗原的识别分别是由两类不同的 T 细胞执行的，即识别外源性抗原的细胞为 CD4$^+$ 的 T_H 细胞，识别内源性抗原的细胞为 CD8$^+$ 的细胞毒性 T 细胞。T 细胞识别抗原的分子基础是其抗原受体（TCR）和抗原递呈细胞的 MHC 分子。TCR 不能识别游离的、未经抗原递呈细胞处理的抗原物质，只能识别经抗原递呈细胞处理并与 MHCⅠ类或Ⅱ类分子结合了的抗原肽，而且 T 细胞识别的抗原表位是线性表位。

2. B 细胞对抗原的识别　B 细胞识别抗原的物质基础是其膜表面抗原受体（BCR）。B 细胞通过不同的机制识别非胸腺依赖性抗原（TI 抗原）和胸腺依赖性抗原（TD 抗原）。TI 抗原又分为 1 型和 2 型抗原，前者有细菌的脂多糖和多聚鞭毛素等，这类抗原在高浓度时可与 B 细胞上的有丝分裂原受体结合，从而活化大多数 B 细胞，它们活化 B 细胞与 BCR 无关。TI－2 型抗原有肺炎链球菌多糖和 D-氨基酸聚合物等，这类抗原具有适当间隔的、高度重复的决定簇，呈线状排列，在体内不易被降解，可长期地持续吸附于巨噬细胞表面，并能与具有高亲和力的特异性 B 细胞 BCR 交联，形成帽化而使 B 细胞活化。

大部分抗原物质均属于 TD 抗原，都需要树突状细胞、巨噬细胞等抗原递呈细胞的处理后递呈给 T_H 细胞，然后，B 细胞对其加以识别。因此，B 细胞对 TD 抗原的识别需要树突状细胞、巨噬细胞和 T_H 细胞参加。经过巨噬细胞处理和递呈的抗原肽上含有两种决定簇：一是供 T_H 细胞识别的载体决定簇（T 细胞表位）；二是供 B 细胞识别的抗原表位。T_H 细胞与 B 细胞相互作用，将抗原的信息传递给 B 细胞，B 细胞对抗原表位加以识别，称为连接识别。B 细胞活化后，不需要连接识别即可产生再次应答，而且可作为 APC 将抗原递呈给 T_H 细胞。

二、反应阶段

又称增殖与分化阶段，是抗原特异性淋巴细胞识别抗原后活化，进行增殖与分化，以及产生效应性淋巴细胞和效应分子的过程。T 淋巴细胞增殖分化为淋巴母细胞，最终成为效应性淋巴细胞，并产生多种细胞因子；B 细胞增殖分化为浆细胞，合成并分泌抗体。一部分 T、B 淋巴细胞在分化的过程中变为记忆性细胞（Tm 和 Bm）。这个阶段有多种细胞间的协作和多种细胞因子的参加。

（一）T 细胞的活化、增殖与分化

体液免疫和细胞免疫产生的中心环节是 T_H 细胞的活化和克隆增殖（T_C 细胞的活化与 T_H 细胞的活化相似）。通过 TCR－CD3 复合体与存在于抗原递呈细胞表面并与 MHCⅡ类分子结合的加工过的抗原肽之间的相互反应，而介导 T_H 细胞的活化。这种反应和引起的活化信号也涉及许多存在于 T_H 细胞和抗原细胞表面的辅助膜分子。T_H 细胞与抗原的相互反应可激发级联式的生化反应，诱导静止的 T_H 细胞进入细胞周期，最终表达高亲和力的 IL－2 受体和分泌 IL－2。与 IL－2 和 IL－4 反应后，活化的 T_H 细胞经历细胞周期，增殖和分化成效应性细胞。效应性 T_H 细胞分泌一系列细胞因子，如 IL－2、IL－4、IL－5、IL－6、IL－9 和 IFN－γ 等，从而发挥 T_H 细胞的辅助效应。其中一部分 T 细胞停留在分化中间阶段而不再往前分化，成为记忆性 T 细胞。

在 T_H 细胞产生的细胞因子中，IL－2 的作用相当重要，它是促进各亚群的 T 细胞分化、增殖的重要介质。在 IL－2 的作用下，增殖的 T 细胞最终分化为致敏的 T 细胞，即效应性 T 细胞——CTL 和 T$_{DTH}$细胞，并发挥细胞免疫效应。

（二）B 细胞的活化、增殖与分化

B 细胞在活化信号的刺激下，由 G$_0$ 期进入 G$_1$ 期，IL－4 可诱导静止的 B 细胞体积增大，并刺激其 DNA 和蛋白质的合成。活化的 B 细胞表面可依次表达 IL－2、IL－4、IL－5、IL－6 等细胞因子受体，分别与活化的 T 细胞所释放的 IL－2、IL－4、IL－5、IL－6 结合，然后进入 S 期，并开始增殖分化为成熟的浆细胞，合成并分泌抗体。一部分 B 细胞在分化过程中变为记忆性 B 细胞（Bm）。在 B 细胞的活化过程中，与 B 细胞抗原受体（BCR）复合体中的 Ig－α/Ig－β 异二聚体在抗原信息传递中具有重要的作用。

由 TI 抗原活化的 B 细胞，最终分化成浆细胞，只产生 IgM 抗体，而不产生 IgG 抗体，不形成记忆细胞，因此无免疫记忆。由 TD 抗原刺激产生的浆细胞最初几代分泌 IgM 抗体，因此体内最早产生 IgM 抗体，以后分化的浆细胞可产生 IgG，以及 IgA 和 IgE 抗体。

三、效应阶段

此阶段是由活化的效应性细胞——细胞毒性 T 细胞（CTL）与迟发型变态反应 T 细胞（T$_{DTH}$）和效应分子——抗体与细胞因子发挥细胞免疫效应和体液免疫效应的过程，这些效应细胞和效应分子共同作用清除抗原物质。

第三节　细胞免疫

特异性的细胞免疫是指机体通过致敏阶段和反应阶段，T 细胞分化成效应性 T 淋巴细胞（CTL、T$_{DTH}$细胞）并产生细胞因子，从而发挥免疫效应。机体的细胞免疫效应主要表现为抗感染作用、抗肿瘤效应，此外细胞免疫也可引起机体的免疫损伤（表 1－3）。

表 1－3　细胞免疫效应

细胞免疫效应	针对的对象	参与因素
抗感染作用	1. 胞内细菌，如结核杆菌、布鲁氏菌、沙门氏菌等 2. 病毒 3. 真菌，如白色念珠菌等 4. 寄生虫，如原虫	CTL、T$_{DTH}$、细胞因子
抗肿瘤作用	肿瘤细胞	CTL、肿瘤坏死因子（TNF－β）、穿孔素、粒酶、Fas 配体
免疫损伤作用	1. Ⅳ型变态反应细胞 2. 移植排斥反应 3. 自身免疫病	T$_{DTH}$与细胞因子 CTL 与细胞因子 细胞因子

一、细胞毒性 T 细胞与细胞毒作用

细胞毒性 T 细胞（CTL）是特异性细胞免疫的很重要的一类效应细胞，为 CD8$^+$ 的 T 细胞亚群，在动物机体内是以非活化的前体形式（即 T$_C$ 细胞或 CTL－P）存在的。其 TCR

识别由靶细胞（病毒感染细胞、肿瘤细胞、胞内菌感染细胞等）递呈而来的内源性抗原，并与抗原肽特异性结合，并经活化的 T_H 细胞产生的白细胞介素（IL-2、IL-4、IL-5、IL-6、IL-9等）作用下，CTL-P活化、增殖并分化成具有杀伤能力的效应性CTL。CTL具有溶解活性，在对已发生改变的自身细胞（如病毒感染细胞和肿瘤细胞）的识别与清除和移植物排斥反应中，起着关键的作用。CTL与靶细胞的相互作用受到MHC I 类分子的限制，即CTL在识别靶细胞抗原的同时，要识别靶细胞上的MHC I 类分子，它只能杀伤携带有与自身相同的MHC I 类分子的靶细胞。

　　CTL介导的免疫反应分为两个阶段，第一阶段是CTL的活化，即幼稚型 T_C 细胞活化成有功能的效应性CTL；第二阶段为效应性CTL识别特异性靶细胞。参与CTL溶解靶细胞的因素主要有两个，一是其释放的穿孔素（perforin）和粒酶（granzyme），这是导致靶细胞溶解的重要介质；二是CTL释放的肿瘤坏死因子（TNF-β），它可与靶细胞表面的相应受体结合，诱导靶细胞自杀。这些毒性蛋白可定向传递给靶细胞，并被靶细胞摄取。此外，CTL上的膜结合 Fas 配体与靶细胞表面的 Fas 受体相互作用，可导致靶细胞破坏。

二、T_{DTH} 细胞与迟发型变态反应

　　介导迟发型变态反应的 T_H 细胞称为迟发型变态反应 T 细胞，简称 T_{DTH} 细胞，属于 $CD4^+$ T_H 细胞亚群，大多数为 T_H1细胞。在体内以非活化前体形式存在，其表面抗原受体与靶细胞的抗原特异性结合，并在活化的 T_H 细胞释放的 IL-2、IL-4、IL-5、IL-6、IL-9 等作用下活化、增殖、分化成具有免疫效应的 T_{DTH} 细胞。其免疫效应是通过释放多种可溶性的细胞因子或淋巴因子而发挥作用的，主要引起以局部单核细胞浸润为主的炎症反应，即迟发型变态反应。

第四节　体液免疫

　　体液免疫效应是由 B 细胞通过对抗原的识别、活化、增殖，最后分化成浆细胞并分泌抗体来实现的。因此，抗体是介导体液免疫效应的免疫分子。体液免疫应答在清除细胞外病原体方面是十分有效的免疫机制，其特征是机体大量产生针对外源性病原体和抗原物质的特异性抗体，最终通过由抗体介导的各种途径和相应机制从动物体内清除外来病原体和抗原物质。

一、抗体产生的一般规律及特点

　　动物机体初次和再次接触抗原后，引起体内抗体产生的种类及其水平等都有差异（表1-4）。

　　1. 初次应答（primary response）　动物机体初次接触抗原，也就是某种抗原首次进入体内引起的抗体产生过程称为初次应答。抗原首次进入体内后，B 细胞克隆被选择性活化，随之进行增殖与分化，经过10次分裂，形成一群浆细胞克隆，导致特异性抗体的产生。初次应答有以下几个特点：

　　（1）具有潜伏期。机体初次接触抗原后，在一定时期内体内查不到抗体或抗体产生很

少，这一时期称为潜伏期，又称为诱导期。潜伏期的长短视抗原的种类而异，如细菌抗原一般经 5～7d 血液中才出现抗体，病毒抗原为 3～4d，而毒素则需 2～3 周才出现抗体。潜伏期之后为抗体的对数上升期，抗体含量直线上升，抗体达到高峰需 7～10d，然后为高峰持续期，抗体产生和排出相对平衡，最后为下降期。

（2）初次应答最早产生的抗体为 IgM，可在几天内达到高峰，然后开始下降；接着才产生 IgG，即 IgG 抗体产生的潜伏期比 IgM 长。如果抗原剂量少，可能仅产生 IgM。IgA 产生最迟，常在 IgG 产生后 2 周至 1～2 个月才能在血液中检出，而且含量少。

（3）初次应答产生的抗体总量较低，维持时间也较短。其中 IgM 的维持时间最短，IgG 可在较长时间内维持较高水平，其含量也比 IgM 高。

2. 再次应答（secondary response） 动物机体第二次接触相同抗原时体内产生的抗体过程称为再次应答。再次应答有以下几个特点：

（1）潜伏期显著缩短 机体再次接触与第一次相同的抗原时，起初原有抗体水平略有降低，接着抗体水平很快上升，3～5d 抗体水平即可达到高峰。

（2）抗体含量高，而且维持时间长 再次应答可产生高水平的抗体，可比初次应答高100～1 000 倍，而且维持很长时间。

（3）倾向于产生 IgG 再次应答产生的抗体大部分为 IgG，而 IgM 很少，再次应答间隔的时间越长，机体越倾向于只产生 IgG。

3. 回忆应答（anamnestic response） 抗原刺激机体产生的抗体经一定时间后，在体内逐渐消失，此时若机体再次接触相同的抗原物质，可使已消失的抗体快速回升，这称为抗体的回忆应答。

抗原物质经消化道和呼吸道等黏膜途径进入机体，可诱导产生分泌型 IgA，在局部黏膜组织发挥免疫效应。

表 1-4 初次和再次抗体应答的比较

特　　性	初次应答	再次应答
反应的 B 细胞	幼稚型 B 细胞	记忆性 B 细胞
接触抗原后的潜伏期	一般 4～7d	一般 1～3d
抗体达高峰的时间	7～10d	3～5d
产生抗体的量	变化较大，取决于抗原	一般是初次应答的 100～1 000 倍
产生抗体的种类	应答早期主要是 IgM	主要是 IgG
抗原	TD 和 TI 抗原	TD 抗原
抗体的亲和力	低	高

二、抗体的免疫学功能

抗体作为机体体液免疫的重要分子，在体内可发挥多种免疫功能。由抗体介导的免疫效应在大多数情况下对机体是有利的，但有时也会造成机体的免疫损伤。抗体的免疫学功能有以下几个方面。

1. 中和作用 体内针对细菌毒素（外毒素或类毒素）的抗体和针对病毒的抗体，可对相应的毒素和病毒产生中和效应。针对毒素的抗体一方面与相应的毒素结合可改变毒素分子的构型而使其失去毒性作用，另一方面毒素与相应的抗体形成的复合物容易被单核/巨噬细胞吞噬。针对病毒的抗体可通过与病毒表面抗原结合，而抑制病毒侵染细胞的能力或使其失去对细胞的感染性，从而发挥中和作用。

2. 免疫溶解作用 一些革兰氏阴性菌（如霍乱弧菌）和某些原虫（如锥虫），体内相应的抗体与之结合后，可活化补体，最终导致菌体或虫体溶解。

3. 免疫调理作用 对于一些毒力比较强的细菌，特别是有荚膜的细菌，相应的抗体（IgG 或 IgM）与之结合后，容易受到单核-巨噬细胞的吞噬，若再活化补体形成细菌-抗体-补体复合物，则更容易被吞噬。这是由于单核-巨噬细胞表面具有抗体分子的 Fc 片段和 C3b 的受体，体内形成的抗原-抗体或抗原-抗体-补体复合物容易受到它们的捕获。抗体的这种作用称为免疫调理作用。

4. 局部黏膜免疫作用 由黏膜固有层中浆细胞产生的分泌型 IgA 是机体抵抗从呼吸道、消化道及泌尿生殖道感染的病原微生物的主要防御力量，分泌型 IgA 可阻止病原微生物吸附于黏膜上皮细胞。

5. 抗体依赖性细胞介导的细胞毒作用（antibody dependent cell - mediated cytotoxicity, ADCC） 一些免疫细胞（如 NK 细胞、巨噬细胞）的表面具有抗体分子（如 IgG）的 Fc 片段的受体，当抗体分子与相应的靶细胞（如肿瘤细胞）结合后，即可借助于 Fc 受体与抗体分子的 Fc 片段结合，从而发挥其细胞毒作用，将靶细胞杀伤。

6. 对病原微生物生长的抑制作用 一般而言，细菌的抗体与之结合后，不会影响其生长和代谢，仅表现为凝集和制动现象。只有支原体和钩端螺旋体，其抗体与之结合后可表现出生长抑制作用。

此外，抗体具有免疫损伤作用。抗体在体内引起的免疫损伤主要是介导Ⅰ型（IgG）、Ⅱ型和Ⅲ型（IgG 和 IgM）变态反应，以及一些自身免疫疾病。

第十二单元　变态反应☆

变态反应(hypersensitivity)是指免疫系统对再次进入机体的抗原（变应原）作出过于强烈或不适当而导致组织器官损伤的一类反应，又称超敏反应。除了伴有炎症反应和组织损伤外，与维持机体正常功能的免疫反应并无实质性区别。变态反应可分为过敏反应型（Ⅰ型）、细胞毒型（Ⅱ型）、免疫复合物型（Ⅲ型）和迟发型（Ⅳ型）。其中，前三型是由抗体介导的，共同特点是反应发生快，故又称为速发型变态反应；Ⅳ型则是细胞介导的，称为迟发型变态反应。

第一节 过敏反应型（Ⅰ型）变态反应

过敏反应是指机体再次接触抗原时引起的在数分钟至数小时内以出现急性炎症为特点的反应。引起过敏反应的抗原称为过敏原(allergen)。

一、参与过敏反应的成分

1. 过敏原 引起过敏反应的过敏原很多，包括异源血清、疫苗、植物花粉、药物、食物、昆虫产物、霉菌孢子、动物毛发和皮屑等。这些过敏原可通过呼吸道、消化道或皮肤、黏膜等途径进入动物机体，在黏膜表面引起 IgE 抗体应答。

2. IgE IgE 是介导Ⅰ型变态反应的抗体。IgE 是一种亲细胞性的过敏性抗体，其重链的恒定区有 C_H4，是与肥大细胞和嗜碱性粒细胞上的 IgE Fc 受体（FcεR）结合的部位。

3. 肥大细胞和嗜碱性粒细胞 肥大细胞和嗜碱性粒细胞含有大量的膜性结合颗粒，分布于整个细胞质内，颗粒内含有药理作用的活性介质，可引起炎症反应。此外，大多数肥大细胞还可分泌一些细胞因子，包括 IL-1、IL-3、IL-4、IL-5、IL-6、GM-CSF、TGF-β 和 TNF-α，这些细胞因子可发挥多种生物学效应。

4. 与 IgE 结合的 Fc 受体 IgE 抗体的反应活性取决于它与 FcεR 的结合能力。已鉴定出两类 FcεR，称为 FcεRI 和 FcεRII，它们表达于不同类型的细胞上，与 IgE 的亲和力可相差1 000 倍。在肥大细胞和嗜碱性粒细胞可表达高亲和力的 FcεRI。

二、Ⅰ型变态反应的机理

过敏原首次进入体内引起免疫应答，即在 APC 和 T_H 细胞作用下，刺激分布于黏膜固有层或局部淋巴结中的产生 IgE 的 B 细胞，后者经增殖分化，分泌 IgE 抗体。IgE 与肥大细胞和嗜碱性粒细胞的表面 Fc 受体（FcεR）结合，使之致敏，机体处于致敏状态。当过敏原再次进入机体，与肥大细胞和嗜碱性粒细胞表面的特异性 IgE 抗体结合。肥大细胞和嗜碱性粒细胞结合 IgE 后即被致敏。致敏后的细胞只要相邻的两个 IgE 分子或者表面 IgE 受体分子被交联，细胞就被活化，脱颗粒，并释放出药理作用的活性介质，如组胺、缓慢反应物质A、5-羟色胺、过敏毒素、白三烯和前列腺素等。这些介质可作用于不同组织，引起毛细血管扩张，通透性增加，皮肤黏膜水肿，血压下降及呼吸道和消化道平滑肌痉挛等一系列临床反应，出现过敏反应症状。在临床上可表现为呼吸困难、腹泻和腹痛，以及全身性休克。

三、临床常见的过敏反应型变态反应

临床上常见的过敏反应有两类：一是因大量过敏原（如静脉注射）进入体内而引起的急

性全身性反应，如青霉素过敏反应；二是局部的过敏反应，这类反应尽管较广泛但往往因为表现较温和而易被临床兽医忽视。局部的过敏反应主要是由饲料引起的消化道和皮肤症状，由霉菌、花粉等引起的呼吸系统（支气管和肺）和皮肤症状以及由药物、疫苗和蠕虫感染引起的反应。

第二节　细胞毒型（Ⅱ型）变态反应

一、Ⅱ型变态反应的机理

Ⅱ型变态反应又称为抗体依赖性细胞毒型变态反应。在Ⅱ型变态反应中，与细胞或器官表面抗原结合的抗体与补体及吞噬细胞等互相作用，导致了这些细胞或器官损伤。在此过程中抗体的 Fc 端与补体系统的 C1q 或其他吞噬细胞的 Fc 受体结合，另一端则与抗原结合，起到桥梁和启动作用。

补体系统在免疫反应中具有双重作用。一是通过经典和旁路溶解被抗体结合（致敏）的靶细胞；二是补体系统的一些成分能调理抗体抗原复合物，促进巨噬细胞吞噬病原菌。在Ⅱ型变态反应中，吞噬细胞溶解细胞同溶解病原菌的生理作用是相同的。在大多数病原菌，被吞噬进入细胞后，进一步在胞内溶酶体的酶、离子等因子的作用下致死并消化；但如果靶细胞过大，吞噬细胞不能将其包入细胞内，则将胞内的活性颗粒和溶酶体释放，从而使周围的宿主组织细胞受损伤。

二、临床常见的细胞毒型变态反应

1. 输血反应　输入血液的血型不同，就会造成输血反应，严重的可导致死亡。这是因为在红细胞表面存在着各种抗原，而在不同血型的个体血清中有相应的抗体（称为天然抗体），通常为 IgM。当输血者的红细胞进入不同血型的受血者的血管，红细胞与抗体结合而凝集，并激活补体系统，产生血管内溶血；在局部则形成微循环障碍等。在输血过程中除了针对红细胞抗原，还有针对血小板和淋巴细胞抗原的抗体反应，但因为它们数量较少，反应不明显。

2. 新生畜溶血性贫血　这也是一种因血型不同而产生的溶血反应。以新生骡驹为例，有 8%～10% 的骡驹发生这种溶血反应。这是因为骡的亲代血型抗原差异较大，所以母马在妊娠期间或初次分娩时易被致敏而产生抗体。这种抗体通常经初乳进入新生驹的体内引起溶血反应。这与人因 RhD 血型而导致的溶血反应是类似的。所以在临床上初产母马的幼驹发生的可能性较经产的要少。

3. 自身免疫溶血性贫血　由抗自身细胞抗体或在红细胞表面沉积的免疫复合物而导致的溶血性贫血。药物及其代谢产物可通过下述几种形式产生抗红细胞的（包括自身免疫病）反应：①抗体与吸附于红细胞表面的药物结合并激活补体系统。②药物和相应抗体形成的免疫复合物通过 C3b 或 Fc 受体吸附于红细胞，激活补体而损伤红细胞。③在药物的作用下，使原来被"封闭"的自身抗原产生自身抗体。

4. 其他　有些病原微生物（如沙门氏菌、马传染性贫血病毒、阿留申病病毒和一些原虫）的抗原成分能吸附于宿主红细胞，这些表面有微生物抗原的红细胞受到自身免疫系统的攻击而产生溶血反应。在器官或组织的受体已有相应抗体时，被移植的器官在数分钟或 48h 后发生排斥反应。在移植中发生排斥的根本原因是受体与供体间 MHCⅠ类抗原不一致。

第三节　免疫复合物型（Ⅲ型）变态反应

在抗原抗体反应中不可避免地产生免疫复合物。通常它们可及时地被单核吞噬细胞系统清除而不影响机体的正常机能；但在某些状态下却可引起变态反应，造成细胞组织的损伤。

一、Ⅲ型变态反应的机理

免疫复合物可引起一系列炎症反应，并激活补体，刺激形成具有过敏毒性和促细胞迁移性的 C3a 和 C5a，使肥大细胞和嗜碱性粒细胞释放舒血管组胺，提高血管通透性和在局部聚集多形细胞；其次，它们还能通过 Fc 受体而与血小板反应，形成微血凝，提高血管通透性。

一旦免疫复合物在局部组织沉积，吞噬细胞将迁移而至。但吞噬细胞不能把沉积于组织的复合物与组织分开，也不能把复合物连同组织细胞一起吞噬到细胞内，结果只能释放胞内的溶解酶等活性物质。这些物质尽管溶解了复合物，但同时也损伤了周围的组织。在血液或组织液，这些溶解酶类并不产生炎症刺激或组织损伤，是因为在血清中存在着酶抑制物，能很快将其失活。但当巨噬细胞聚集在狭小的局部，并直接接触组织时，这些溶解酶类就能摆脱相应抑制物的作用而损伤自身组织。免疫复合物不断产生和持续存在是形成并加剧炎症反应的重要前提，而免疫复合物在组织的沉积是导致组织损伤的关键原因。

二、临床常见的免疫复合物疾病

1. 血清病　血清病是因循环免疫复合物吸附并沉积于组织，导致血管通透性增高和形成炎症性病变，如肾炎和关节炎。譬如在使用异种抗血清治疗时，一方面抗血清具有中和毒素的作用，另一方面异源性蛋白质会诱导相应的免疫反应，当再次使用这种血清时就会产生免疫复合物。

2. 自身免疫复合物病　全身性红斑狼疮属于这类疾病。一些自身免疫疾病常伴有Ⅲ型变态反应：由于自身抗体和抗原以及相应的免疫复合物持续不断地生成，超过了单核吞噬细胞系统的清除能力，于是这些复合物也同样吸附并沉积在周围的组织器官。

3. Arthus 反应　这种反应是由皮下注射过多抗原，形成中等大小免疫复合物并沉积于注射局部的毛细血管壁上，激活补体系统，引起中性粒细胞积聚等，最后导致组织损伤，如局部出血和血栓，严重时可发生组织坏死。

4. 由感染病原微生物引起的免疫复合物　在慢性感染过程中，如 α-溶血性链球菌或葡萄球菌性心内膜炎、病毒性肝炎、寄生虫感染等，这些病原持续刺激机体产生弱的抗体反应，并与相应抗原结合形成免疫复合物，吸附并沉积在周围的组织器官。

第四节　迟发型（Ⅳ型）变态反应

经典的Ⅳ型变态反应是指所有在 12h 或更长时间产生的变态反应，又称迟发型变态反应。

一、Ⅳ型变态反应的细胞反应机理

迟发型变态反应属于典型的细胞免疫反应。迟发型变态反应 T 细胞与巨噬细胞互相作用而产生各种可溶性淋巴因子。这些因子除了具有其调节各类免疫反应的功能外，还能活化巨噬细胞，使之迁移并滞留于抗原聚集部位，加剧局部免疫应答，引起炎症反应。

二、临床常见的迟发型变态反应

根据皮肤试验观察出现皮肤肿胀的时间和程度以及其他指标，可将迟发型变态反应分为Jones－mote、接触性、结核菌素和肉芽肿四种类型。前三种是在再次接触抗原后 72h 内出现反应，第四种则在 14d 后才出现。

1. Jones－mote 反应　由嗜碱性粒细胞在皮下直接浸润为特点的反应。在再次接触抗原大约 24h 后在皮肤出现最大的肿胀，持续最长时间为 7～10d。由可溶性抗原也能引起这种反应。在 Jones－mote 反应的细胞浸润过程中，有大量嗜碱性粒细胞，而结核菌素变态反应中这类细胞极少。

2. 接触性变态反应　这是者人和动物接触部位的皮肤湿疹，一般发生在再次接触抗原物质 48h 后，镍、丙烯酸盐和含树胶的药物等可成为抗原或半抗原。在正常情况下，这类物质并无抗原性，但它们进入皮肤以共价键或其他方式与机体的蛋白质结合，即能产生免疫原活性，活化 T 细胞。被活化的 T 细胞再次接触这些物质时，就产生一系列反应：在 6～8h 出现单核细胞浸润，在 12～15h 反应最强烈，伴有皮肤水肿和形成水泡。这类变态反应与化脓性感染的区别在于病变部位缺少中性多形粒细胞。

3. 结核菌素变态反应　在患结核病动物皮下注射结核菌素 48h 后，观察到该部位发生肿胀和硬变。在接种抗原 24h 后，局部大量单核吞噬细胞浸润，其中一半是淋巴细胞和单核细胞；48h 后淋巴细胞从血管迁移并在皮肤胶原蛋白滞留。在其后的 48h 反应最为剧烈，同时巨噬细胞减少。随病变发展，出现以肉芽肿为特点的反应，其过程取决于抗原存在的时间。

4. 肉芽肿变态反应　在迟发型变态反应中肉芽肿具有重要的临床意义。在许多细胞介导的免疫反应中都产生肉芽肿，其原因是微生物持续存在并刺激巨噬细胞，而后者不能溶解消除这些异物。

第十三单元　抗感染免疫☆

抗感染免疫是动物机体抵抗病原体感染的能力。根据不同的病原体可将其分为抗细菌免疫、抗病毒免疫、抗真菌免疫、亢寄生虫免疫等。抗感染免疫包括先天性免疫和获得性免疫两大类。抗感染免疫能力的强弱受动物的种属、年龄、营养状况及内分泌等方面因素的影响，但最重要的是与体机的免疫功能有关。抗感染免疫能使机体抵御、清除病原体及其有害产物以维持机体内部环境的稳定和平衡。

第一节　天然免疫

天然免疫（natural immunity）是指动物体内的天然免疫因素介导的对所有病原微生物和外来抗原物质的免疫反应，又称固有免疫（innate immunity）或非特异性免疫。

一、组成与生物学作用

参与先天性免疫应答的因素多种多样，主要有机体的解剖屏障、可溶性分子与膜结合受体、炎症反应、天然免疫细胞等。

（一）解剖屏障

1. 皮肤和黏膜　健康的皮肤和黏膜对病原微生物的入侵具有以下几方面的作用。①机械阻挡与排除作用。②分泌液的局部杀菌作用，皮肤皮脂腺分泌的饱和脂肪酸、汗腺分泌的乳酸都有杀菌作用。胃液中的胃酸能杀灭吞入的多种细菌。③正常菌群的拮抗作用，动物体内、体表的正常菌群起着一定的屏障作用，是重要的非特异性免疫因素之一。新生幼畜皮肤和黏膜基本无菌，出生后很快从母体和周围环境中获得微生物，它们在动物体内某一特定的栖居所（主要是消化道）定居繁殖，种类与数量基本稳定，与宿主保持着相对平衡而成为正常菌群，可阻止或限制外来微生物或毒力较强微生物的定居和繁殖，并可刺激机体产生天然抗体。

2. 其他屏障　血脑屏障是防止中枢神经系统发生感染的重要防卫结构。它主要由软脑膜、脑毛细血管壁和包在血管壁外的由星状胶质细胞形成的胶质膜所构成，能阻止病原体及其他大分子物质由血液进入脑组织和脑脊液。血胎屏障是保护胎儿免受感染的一种防卫结构。此外，机体还存在着血睾屏障和血胸腺屏障，都是保护机体正常生理活动的重要屏障结构。

（二）可溶性分子与膜结合受体

正常动物的血液、组织液及其他体液中存在有多种抗微生物物质，如补体、溶菌酶、乙型溶素、干扰素、抗菌肽、C-反应蛋白等。这些物质对某些微生物分别有抑菌、杀菌或溶菌作用，若它们配合抗体、细胞及其他免疫因子则可表现出较强的免疫作用。此外，还存在大量的模式识别受体（pattern recognition receptors，PRRs），如 Toll 样受体等，可识别病原微生物的病原相关分子模式（pathogen - associated molecular patterns，PAMPs），如细菌的脂多糖、肽聚糖、细菌 DNA 和病毒 RNA，从而诱导天然免疫应答，发挥抗菌、抗病毒等作用。

（三）炎症反应

病原微生物突破动物机体的天然免疫的皮肤和黏膜屏障，引起感染和组织损伤，从而诱发炎症反应。

（四）天然免疫细胞

参与天然免疫的细胞有多种，主要包括树突状细胞、单核-巨噬细胞、NK 细胞、NKT细胞和中性粒细胞。

二、特　点

先天性免疫是机体在种系发育和进化过程中逐渐建立起来的一系列天然防御功能，是个体生下来就有的，具有遗传性，它只能识别自身和非自身，对异物无特异性区别作用，对病原微生物和一切外来抗原物质起着第一道防线的防御作用。

第二节　特异性免疫

特异性免疫是动物机体通过特异性免疫应答建立的针对病原微生物和抗原物质的特异性免疫力。

一、组成与生物学作用

获得性免疫在抗微生物感染中起关键作用，其效应比先天性免疫强，分为体液免疫和细胞免疫。在具体的感染中，以何者为主，因不同的病原体而异。由于抗体难于进入细胞之内对细胞内寄生的微生物发挥作用，故体液免疫主要对胞外细胞起作用，而对细胞内寄生的病原微生物则靠细胞免疫发挥作用。

1. 体液免疫的抗感染作用　主要是通过抗体来实现的。抗体在动物体内可发挥中和作用、对病原体生长的抑制作用、局部黏膜免疫作用、免疫溶解作用、免疫调理作用和抗体依赖性细胞介导的细胞毒作用（ADCC）。

2. 细胞免疫的抗感染作用　参与特异性细胞免疫的效应性 T 细胞主要是细胞毒性 T 细胞（CTL）和迟发型变态反应 T 细胞（T_{DTH}）。CTL 可直接杀伤被微生物（病毒、胞内菌）感染的靶细胞。T_{DTH}细胞激活后，能释放多种细胞因子，使巨噬细胞被吸引、聚集、激活，引起迟发型变态反应，最终导致细胞内寄生菌的清除。特异性细胞免疫对慢性细菌感染（如布鲁氏菌、结核杆菌等）、病毒性感染及寄生虫病均有重要防御作用。

二、特　点

参与机体获得性免疫应答的核心细胞是 T 淋巴细胞、B 淋巴细胞，巨噬细胞、树突状细胞等是免疫应答的辅佐细胞。获得性免疫应答具有三大特点，一是特异性，即只针对某种特异性抗原物质；二是具有一定的免疫期；三是具有免疫记忆。

第三节　抗细菌、真菌感染免疫

一、抗细胞外细菌感染免疫

抗细胞外细菌感染以体液免疫为主，包括以下作用：①抗毒素性免疫。对以外毒素为主要致病因素的细菌感染，机体主要依靠抗毒素中和外毒素发挥保护作用。②溶菌杀菌作用。抗菌性抗体（IgG、IgM）与病原菌结合，在补体参与下，可引起细菌的损伤或溶解。③调理吞噬作用。躲过了补体经典与旁路途径破坏的细菌可被急性期反应物或特异性抗体调理，并被表达这些抗体 Fc 段受体的吞噬细胞所吞噬。此类抗感染免疫主要针对化脓性细菌感染。当机体受到肺炎链球菌、葡萄球菌和链球菌等病原菌感染后，特异性抗体与细菌表面的抗原表位结合，可促进吞噬细胞将其吞噬；当有补体参与时，抗体的调理作用更强；抗体与相应细菌结合后，还可通过激活补体产生的趋化因子，吸引吞噬细胞聚集到细菌侵入繁殖的部位，从而加强吞噬作用。

对于以产生内毒素为主要致病物质的革兰氏阴性细菌感染，因内毒素抗原性较弱，机体主要通过补体、吞噬细胞、抗体介导的免疫应答将其清除。在肠道感染病原菌的免疫中，局部分泌型 IgA 抗体的黏膜免疫作用有重要功能。

二、抗细胞内细菌感染免疫

抗细胞内细菌感染以细胞免疫为主。细胞内细菌感染多为慢性细菌性感染，如结核杆菌、布鲁氏菌、李氏杆菌等细胞内寄生菌所引起的感染。在这类感染中，细胞免疫起决定性作用，而体液免疫作用不大。当这些病原菌侵入机体后，一般先由中性粒细胞吞噬，但不能被杀灭，反而在其中繁殖并被带至体内深部。中性粒细胞仅有数天寿命，一旦死亡破溃，病菌随之散播。一般无特异性免疫机体中的巨噬细胞，也不能将吞入病菌消灭，因而它们仍能在巨噬细胞内繁殖。直至机体产生了特异性免疫，巨噬细胞在其他因素协同作用下，才逐步将病菌杀死消灭。参与细胞免疫应答的细胞包括 CD4$^+$ 细胞（T$_H$1、T$_H$2）亚群、CD8$^+$ 细胞、单核-巨噬细胞以及 NK 细胞。当致敏的 T 细胞接触到含病原菌的巨噬细胞或散在胞外的病原菌时，则释放出许多细胞因子（如 T$_H$1 细胞释放的能够增强单核-巨噬细胞杀伤细胞内细菌以及增强抗原递呈能力的 IFN - γ），使巨噬细胞集聚于炎区，并激活其功能，促进和加速胞内菌的杀灭，从而感染告终。

三、抗真菌感染免疫

真菌的致病作用，包括能在侵入部位建立局部性感染如皮肤霉菌所致的皮肤、角质、被毛感染，或能广泛侵袭引起全身性感染。真菌在体内主要依靠顽强的增殖力及产生破坏性酶及毒素破坏易感组织。真菌侵入，如果机体的防御机能不健全或受到抑制时，则导致慢性经过，于局部形成肉芽肿及溃疡性坏死，并可产生迟发型变态反应。真菌感染后，机体产生非特异性和特异性免疫的防御。

1. 非特异性免疫作用 完整的皮肤及黏膜可抗御真菌侵犯，皮肤分泌的脂肪酸有抗真菌的作用，阴道分泌的酸性分泌物也有抑制真菌的作用。真菌一旦进入体内后，可经旁路途径激活补体，吸引中性粒细胞至感染部位，对入侵真菌行使吞噬作用。但粒细胞不能完全吞噬侵入的真菌，真菌尚能在细胞内增殖，刺激组织增生，引起细胞浸润，形成肉芽肿。小的真菌片段或孢子可由巨噬细胞或 NK 细胞吞噬杀灭。

2. 特异性免疫作用 真菌在深部感染中，由于真菌抗原的刺激，机体可以产生特异性抗体及细胞免疫予以对抗，其中以细胞免疫较为重要。致敏淋巴细胞遇到真菌时，可以释放细胞因子，招引吞噬细胞和加强吞噬细胞消灭真菌，表现为迟发型变态反应的产生。

第四节 抗病毒感染免疫

一、抗病毒天然免疫

在病毒感染初期，机体主要通过细胞因子（如 TNF - α、IL - 12、IFN）和 NK 细胞行使抗病毒作用。其中干扰素是动物机体抗病毒抵抗力的主要非特异性防御因素，具有广谱抗病毒作用。在入侵部位的细胞产生的干扰素可渗透到邻近细胞而限制病毒向四周扩散。干扰素具有种属特异性，即某一种属细胞产生的干扰素，只作用于相同种属的其他细胞，使其获得免疫力。如猪干扰素只对猪具有保护作用，对其他动物则无。

二、抗病毒特异性免疫

抗病毒特异性免疫包括以中和抗体为主的体液免疫和以 T 细胞为中心的细胞免疫。对于预防再传染来说，主要靠体液免疫作用，而疾病的恢复主要依靠细胞免疫作用。

（一）体液免疫

抗体是病毒体液免疫的主要因素，在机体抗病毒感染免疫中起重要作用的是 IgG、IgM 和 IgA。分泌型 IgA 可防止病毒的局部入侵，IgG、IgM 可阻断已入侵的病毒通过血循环扩散。其抗病毒机制主要是中和病毒和调理作用。

病毒感染之后，首先出现的是 IgM，经过数天或 10 d 之后，才为 IgG 所代替，IgM 的升高常常是短暂的（2 周以内），当再感染时则通常只出现 IgG 而不出现 IgM，因此测定特异性 IgM 可作为病毒早期诊断。IgM 对病毒的中和能力不强，有补体参与时可增强其中和作用。IgG 是病毒感染后的主要抗体，在病毒感染后 2～3 周达到高峰，之后可持续比较长的时期。IgG 是抗病毒的主要抗体，在病毒的中和作用和 NK 细胞参与的 ADCC 反应中占主要地位。它发生中和反应不需补体的参与，当然有补体参与时，可加强其作用，而且 IgG 可通过调理作用增强巨噬细胞的吞噬作用。分泌型 IgA 在抗病毒的体液免疫中相当重要，是消化道、呼吸道、泌尿生殖道黏膜免疫的抗体。

1. 中和作用　循环抗体（IgG、IgM）能有效地中和进入血液的病毒，但其作用受抗体所能达到部位的限制。对进入细胞内的病毒，抗体的中和作用很难发挥。如鸡新城疫的母源抗体能保护雏鸡抵抗病毒的全身感染，但不能阻止呼吸道的局部感染，因为这种抗体达不到上呼吸道黏膜。中和抗体在初次感染的恢复中起的作用不大，但在防止病毒再感染中起很重要的作用。

2. 促进病毒被吞噬　抗体可与病毒结合而导致游离的病毒颗粒丛集、凝聚，从而易被巨噬细胞所吞噬，补体的参与可加强这种作用。

3. 抗体依赖性细胞介导的细胞毒作用和免疫溶解作用　抗体不仅能直接与游离病毒抗原结合，还能与表达于受感染细胞表面的病毒抗原结合，进而介导 NK 细胞的杀伤作用，或通过激活补体导致细胞裂解。

（二）细胞免疫

因中和抗体不能进入受感染的细胞，细胞内病毒的消灭依靠细胞免疫。细胞免疫在病毒性疾病的康复中起着极为重要的作用，参与抗病毒感染的细胞免疫主要有：①细胞毒性 T 细胞能特异性地识别病毒和感染细胞表面的病毒抗原，杀死病毒或裂解感染细胞。CTL 一般出现于病毒感染早期，其效应迟于 NK 细胞。②T 细胞释放的细胞因子可直接破坏病毒，或增强巨噬细胞吞噬、破坏病毒的活力，或分泌干扰素抑制病毒复制。③NK 细胞的 ADCC 作用。④在干扰素激活下，NK 细胞识别和破坏异常细胞。

第五节　抗寄生虫感染免疫

一、抗原虫感染免疫

原虫是单细胞动物，其免疫原性的强弱取决于入侵宿主组织的程度。例如，肠道的痢疾阿米巴原虫，只有当它们侵入肠壁组织后才激发抗体的产生。引起弓形虫病的龚地弓形虫，在滋养体阶段，其寄生性几乎完全没有种的特异性，能感染所有哺乳动物和多种鸟类。

1. 天然免疫防御机制　抵抗原虫的天然免疫机制尚不十分清楚，但通常认为这种机制在性质上与细菌性和病毒性疾病中的机制相似。种的影响可能是最重要的因素，例如，路氏锥虫仅见于大鼠而肌肉锥虫仅见于小鼠，两者都不引起疾病；布氏锥虫、刚果锥虫和活泼锥虫对东非野生动物不致病，但对家养牛毒力很大。这种种属的差异可能与长期选择有关，由动物的遗传性能决定对原虫病的抵抗力。

2. 特异性免疫防御机制　大多数寄生虫具有完全的抗原性，当它适应寄生生活时，逐渐能形成抵抗免疫反应的机制，故而能赖以生存。原虫既能刺激机体产生体液免疫，又能刺激细胞免疫应答。抗体通常作用于血液和组织液中游离生活的原虫，而细胞免疫则主要针对细胞内寄生的原虫。

抗体对原虫作用的机制与其他颗粒性抗原相类似，针对原虫表面抗原的血清抗体能调理、凝聚或使原虫不能活动；抗体和补体以及细胞毒性细胞一起杀死这些原虫。

龚地弓形虫和小泰勒虫的免疫应答主要为细胞介导免疫。因为这些原虫为专性细胞内寄生，所以抗体与补体联合作用能消灭体液中的游离原虫，但对细胞内的寄生虫则很少或没有影响。对细胞内的原虫是由细胞介导的免疫应答加以破坏，其机理与结核杆菌的免疫应答相类似。

某些原虫病，如球虫病，其保护性免疫机制尚不十分清楚。鸡感染肠道寄生的巨型艾美耳球虫产生对感染有保护作用的免疫力，这种免疫力能抑制侵袭早期的滋养体在肠上皮细胞内的生长。免疫鸡血清中能检出巨型艾美耳球虫的抗体，免疫鸡的吞噬细胞对球虫孢子囊的吞噬能力增强。

二、抗蠕虫感染免疫

蠕虫是多细胞动物，同一蠕虫在不同的发育阶段，既可有共同的抗原，也可有某一阶段的特异性抗原。高度适应的寄生蠕虫很少引起宿主强烈的免疫应答，它们很容易逃避宿主的免疫应答。所以，这种寄生虫引起疾病一般很轻微或不显临床症状。只有当它们侵入不能充分适应的宿主体内，或者有异常大量的蠕虫寄生时，才会引起急性病的发生。

1. 天然免疫防御机制　影响蠕虫感染的因素多而复杂，不仅包括宿主方面的因素，而且也包括宿主体内其他蠕虫产生的因素。已知存在种类和种间的竞争作用。这种竞争作用使蠕虫之间对寄生场所和营养的竞争，对动物体内蠕虫群体的数量和组成起着调节作用。

宿主方面影响蠕虫寄生的因素包括寄主的年龄、品种和性别。性别和年龄对蠕虫寄生的影响与激素有很大关系。动物的性周期是有季节性的，寄生虫的繁殖周期往往与宿主的繁殖周期相一致。此外，遗传因素对蠕虫的抵抗力也有较大影响。

2. 特异性免疫防御机制　蠕虫在宿主体内以两种形式存在，一是以幼虫形式存在于组织中，另一是以成虫形式寄生于胃肠道或呼吸道。虽然针对蠕虫抗原的免疫应答能产生常规的 IgM、IgG 和 IgA 抗体，但参与抗蠕虫感染的免疫球蛋白主要是 IgE。巨噬细胞和 NK 细胞可能参与对蠕虫的免疫，但主要的防护机制是由嗜酸性粒细胞和肥大细胞介导的（这两种细胞表面都有与 IgE 结合的 Fc 受体）。在许多蠕虫感染中，血内 IgE 抗体显著增高，可以呈现I型变态反应，出现嗜酸性粒细胞增多、水肿、哮喘和荨麻疹性皮炎等。由 IgE 引起的局部过敏反应，可能有利于驱虫。蠕虫感染动物时，嗜碱性粒细胞和肥大细胞向感染部位集聚，当该虫抗原与吸附于这些细胞表面的 IgE 抗体相遇时，脱颗粒而释放出的血管活性胺可导致肠管的强烈收缩，从而驱出虫体。除 IgE 外，其他免疫球蛋白也起着重要的作用。蠕虫感染通常使免疫系统朝向 T_H2 应答，产生 IgE、IgA 以及 T_H2 细胞因子和趋化因子（eotaxin）。T_H2 细胞因子 IL-3、IL-4 和 IL-5 以及趋化因子对嗜酸性粒细胞和肥大细胞有趋化性。

细胞免疫通常对高度适应的寄生蠕虫不引起强烈的排斥反应，但其作用也是不可忽视的。效应 T 细胞以两种机制抑制蠕虫的活性：第一，通过迟发型变态反应将单核-巨噬细胞吸引到幼虫侵袭的部位，诱发局部炎症反应；第二，通过细胞毒性 T 淋巴细胞的作用杀伤幼虫，在组织切片中可以看到许多大淋巴细胞吸附在正在移行的线虫幼虫上。

第十四单元　免疫防治★

疫苗免疫接种是控制动物传染病最重要的手段之一，尤其是病毒性疫病。免疫预防是通过应用疫苗免疫的方法使动物获得针对某种传染病的特异性抵抗力，以达到控制疫病的目的。机体获得特异性免疫力有多种途径，主要分两大类型，即天然获得性免疫和人工获得性免疫。其中，天然获得性免疫是指个体动物本身未经疫苗免疫接种而具有的对某些疫病的特异性抵抗力，包括天然被动免疫和天然主动免疫两种类型。人工获得性免疫是指人为地对动物进行疫苗免疫接种，使动物机体产生对某种病原微生物的特异性免疫力，包括人工被动免疫和人工主动免疫两种类型。

第一节　主动免疫

主动免疫（active immunization）是动物机体免疫系统对自然感染的病原微生物或疫苗接种产生免疫应答，获得对某种病原微生物的特异性抵抗力，包括天然主动免疫和人工主动免疫。

一、天然主动免疫

自然环境中存在着多种致病微生物，可通过呼吸道、消化道、皮肤或黏膜侵入动物机体，在体内不断增殖，同时刺激动物机体的免疫系统产生免疫应答。如果动物机体的免疫系统不能将其识别和加以清除，病原体繁殖越来越多，达到一定数量后就会给机体造成严重的损害，甚至导致死亡。如果机体免疫系统能将其彻底清除，动物即可耐过发病过程而康复，耐过的动物对该病原体的再次入侵具有坚强的特异性抵抗力。机体这种特异性免疫力是自身免疫系统对病原微生物刺激产生免疫应答（包括体液免疫与细胞免疫）的结果。

二、人工主动免疫

人工主动免疫是给动物接种疫苗，刺激机体免疫系统发生应答反应，产生特异性免疫力。与人工被动免疫比较而言，所接种的物质不是现成的免疫血清或卵黄抗体，而是刺激产生免疫应答的各种疫苗制品，因而有一定的诱导期或潜伏期，出现免疫力的时间与疫苗抗原的种类有关，如病毒抗原需3～4d，细菌抗原需5～7d，毒素抗原需2～3周。人工主动免疫产生的免疫力持续时间长，免疫期可达数月甚至数年，而且有回忆反应，某些疫苗免疫后可产生终生免疫。由于人工主动免疫不能立即产生免疫力，需要一定的诱导期，因而在免疫防治中应充分考虑到这一特点，动物机体对重复免疫接种可不断产生再次应答反应。

第二节　被动免疫

被动免疫（passive immunization）是指动物机体从母体获得特异性抗体，或经人工给予免疫血清，从而获得对某种病原微生物的抵抗力，包括天然被动免疫和人工被动免疫。

一、天然被动免疫

天然被动免疫是新生动物通过母体胎盘、初乳或卵黄从母体获得某种特异性抗体，从而获得对某种病原体的免疫力。天然被动免疫是动物疫病免疫防制中重要的措施之一，在临床上应用广泛。动物在生长发育的早期（如胎儿和幼龄动物），免疫系统还不够健全，对病原体感染的抵抗力较弱，但可通过初乳或卵黄获取母源抗体增强免疫力，从而可抵抗一些病原微生物的感染。实际生产中，可通过给母畜（或种禽）实施疫苗免疫接种，使其产生高水平的母源抗体。例如，用小鸭肝炎疫苗免疫母鸭以防雏鸭患小鸭肝炎，母猪产前免疫伪狂犬病疫苗可保护仔猪免受伪狂犬病病毒的感染。天然被动免疫的意义在于：①保护胎儿免受病原体的感染。②抵御幼龄动物传染病。

初乳中的特异性 IgG、IgM 可抵抗一些病原微生物的败血性感染，IgA 可抵抗肠道病原体的感染。然而，母源抗体的存在也有其不利的一面，母源抗体可干扰弱毒活疫苗对幼龄动物的免疫效果，是导致免疫失败的原因之一。

二、人工被动免疫

将免疫血清或自然发病后康复动物的血清人工输入未免疫的动物，使其获得对某种病原微生物的抵抗力，称为人工被动免疫。例如，抗犬瘟热病毒血清可防治犬瘟热，抗小鹅瘟血清可防治小鹅瘟等。对一些珍贵动物，可用抗血清防治病毒性疫病。采用人工被动免疫注射免疫血清可使抗体立即发挥作用，无诱导期，免疫力出现快；但由于抗体在体内逐渐减少，免疫力维持时间短，一般维持 2～4 周。

免疫血清可用同种动物或异种动物制备，用同种动物制备的血清称为同种血清，而用异种动物制备的血清称为异种血清。抗细菌血清和抗毒素通常用大动物（马、牛等）制备，如用马制备破伤风抗毒素，用牛制备猪丹毒血清均为异种血清。抗病毒血清常用同种动物制备，如用猪制备猪瘟血清、用鸡制备新城疫血清等。同种动物血清的产量有限，但被动免疫后不引起受体动物产生针对抗血清的免疫应答反应，因而比异种血清免疫期长。

除了用免疫血清进行人工被动免疫外，在家禽还常用卵黄抗体制剂进行某些疾病的防治。例如，鸡群暴发鸡传染性法氏囊病时，用免疫后含有高效价抗体的蛋，取其卵黄处理后，进行紧急注射，可起到良好的防治效果。也常用卵黄抗体进行小鸭肝炎的紧急防治。

第三节　疫苗与免疫预防

一、疫苗的种类、特点及应用

疫苗总体可分为传统疫苗与生物技术疫苗两大类。传统疫苗目前应用最广泛，包括活疫苗、灭活疫苗、代谢产物和亚单位疫苗；生物技术疫苗包括基因工程重组亚单位疫苗、基因工程重组活载体疫苗、基因缺失疫苗以及核酸疫苗、合成肽疫苗、抗独特型疫苗等，一些疫苗制品已在实际生产中得到应用。

1. 活疫苗　活疫苗（living vaccines）有弱毒疫苗和异源疫苗两种。

（1）弱毒疫苗　又称为减毒活疫苗。弱毒疫苗是目前生产中使用最广泛的疫苗，虽然弱毒疫苗的毒力已经致弱，但仍然保持着原有的抗原性，并能在体内繁殖，因而可用较少的免疫剂量诱导产生坚实的免疫力，而且不须使用佐剂，免疫期长，不影响动物产品（如肉类）的品质。有些弱毒疫苗可刺激机体细胞产生干扰素，对抵抗其他病毒强毒的感染也是有益的。弱毒疫苗贮存与运输不便，而且保存期较短。弱毒疫苗制成冻干制品可延长保存期。

大多数弱毒疫苗是通过人工致弱强毒株而制成的，也有的是自然分离的弱毒株或低致病性毒株。致弱方法是使强毒株在异常的条件下生长繁殖，使其毒力减弱或丧失。例如，炭疽芽孢疫苗是通过高温（42℃）培养而制成的，禽霍乱疫苗最初是用多杀性巴氏杆菌在营养缺乏的条件下培养的，病毒疫苗弱毒株通常是用鸡胚、细胞培养或实验动物接种传代制成的。例如，我国培育成功的猪瘟兔化弱毒疫苗、牛瘟山羊化或兔化弱毒疫苗。将哺乳动物的病毒接种于鸡胚也是毒力致弱的常用方法，将病毒在不适应的细胞中培养也可致弱病毒毒力。致弱后的疫苗株应毒力稳定、毒力不返强，因此，多用高代次的疫苗株制苗。此外，其他理化方法（如辐射）也可用于筛选和培育弱毒株。

（2）异源疫苗　是用具有共同保护性抗原的不同病毒制备成的疫苗。例如，用火鸡疱疹病毒（HVT）接种预防鸡马立克病，用鸽痘病毒预防鸡痘等。

在活疫苗使用中应注意的问题是活疫苗会出现异种微生物或同种强毒污染的危险，经接种途径人为地传播疫病。例如，马立克病疫苗常污染禽网状内皮组织增生病病毒。因此在禽类活疫苗的生产过程中，应使用 SPF 鸡胚（或细胞），杜绝一些蛋传性病原体对疫苗的污染。

2. 灭活疫苗　病原微生物经理化方法灭活后，仍然保持免疫原性，接种后使动物产生特异性抵抗力，这种疫苗称为灭活疫苗（killed vaccines/inactivated vaccines）或死疫苗。由于灭活疫苗接种后不能在动物体内繁殖，因此使用接种剂量较大、免疫期较短，需加入适当的佐剂以增强免疫效果。灭活疫苗的优点是研制周期短、使用安全和易于保存；缺点是免疫效果次于活疫苗，注射次数多、接种量大，有的灭活疫苗接种后副反应较大。目前所使用的灭活疫苗主要是油乳剂灭活疫苗和氢氧化铝胶灭活疫苗等。

油乳剂灭活疫苗是以矿物油为佐剂与经灭活的抗原液混合乳化制成的，有单相苗和双相苗之分。单相苗是油相与水相（抗原液）按一定比例制成油包水乳剂（W/O）；双相苗是在制成油包水乳剂的基础上，再与水相（加入吐温-80）进一步乳化而成的外层是水相、内层是油相、中心为水相（W/O/W）的剂型。油相中除矿物油外还需加入乳化剂（司本-80）和稳定剂（硬脂酸铝）。油乳剂灭活疫苗的免疫效果较好，免疫期也较长。氢氧化铝胶灭活疫苗（铝胶苗）是将灭活后的抗原液加入氢氧化铝胶制成的。铝胶苗制备比较方便、价格较低，免疫效果良好，但其缺点是难以吸收，易在体内形成结节，影响肉产品的质量。

3. 提纯的大分子疫苗

（1）多糖蛋白结合疫苗　是将多糖与蛋白载体（如白喉、破伤风或霍乱类毒素等）结合制成疫苗。

（2）类毒素疫苗　是将细菌外毒素经甲醛脱毒，使其失去致病性而保留免疫原性的制剂，如破伤风类毒素、白喉类毒素、肉毒类毒素等。另外，一些病原微生物的代谢产物（如致病性大肠杆菌肠毒素）也可制成代谢产物疫苗。

（3）亚单位疫苗　除去核酸等其他成分，从细菌或病毒抗原中分离出蛋白质成分而制成的疫苗。此类疫苗只含有病毒蛋白质，无核酸，使用安全，效果较好。但亚单位疫苗的成本较高。

4. 基因工程重组亚单位疫苗　用DNA重组技术，将编码病原微生物保护性抗原的基因导入原核细胞或真核细胞，使其在受体细胞中高效表达，分泌保护性抗原蛋白。提取表达蛋白，加入佐剂即制成基因工程重组亚单位疫苗。

5. 基因工程重组活载体疫苗　用基因工程技术将编码保护性抗原的基因（目的基因）与病毒或细菌载体基因组重组，筛选可表达目的基因的重组病毒或细菌，制成活载体疫苗。目前有多种理想的病毒或细菌载体，如痘病毒、腺病毒、疱疹病毒、沙门氏菌等都可用于活载体疫苗的制备。

6. 基因缺失疫苗　基因缺失疫苗是用基因工程技术将强毒株毒力相关基因切除构建的活疫苗。该类疫苗安全性好，免疫接种与强毒感染相似，免疫效力高，免疫期长。伪狂犬病病毒基因缺失疫苗是目前最成功且应用最广的基因缺失疫苗。

7. 核酸疫苗　将编码病原体保护性抗原的基因片段与质粒载体重组，制成重组质粒，经常规注射或基因枪免疫动物，可诱导特异性的免疫反应。

8. 合成肽疫苗　用化学合成法人工合成病原微生物的保护性抗原多肽，并将其连接到大分子载体上，再加入佐剂制成疫苗。

9. 抗独特型疫苗　利用抗独特型抗体可以模拟抗原，刺激机体产生与抗原特异性抗体具有同等免疫效应的抗体，由此制成的疫苗称为抗独特型疫苗，又称内影像疫苗。

10. 转基因植物疫苗　又称为可食疫苗。是将编码病原微生物保护性抗原的基因经植物转基因技术，实现在转基因植株中表达。

传统的疫苗和生物技术疫苗均可制成多价苗与联苗。多价苗是指将同一种细菌（或病毒）的不同血清型混合制成的疫苗。联苗是指由两种以上的细菌（或病毒）联合制成的疫苗。

二、疫苗的免疫接种

1. 免疫途径 疫苗的免疫接种途径有多种，包括滴鼻、点眼、刺种、注射、饮水和气雾等。应根据疫苗的类型、疫病特点及免疫程序选择疫苗免疫的接种途径。例如，死苗、类毒素和亚单位苗不能经消化道接种，一般用于肌内或皮下注射。注射时应选择活动少的易于注射的部位，如颈部皮下、禽胸部肌肉等。在禽类，滴鼻与点眼免疫效果较好，仅用于接种弱毒疫苗，疫苗毒可直接刺激眼底哈氏腺和结膜下弥散淋巴组织，另外还可刺激鼻、咽、口腔黏膜和扁桃体等，这些部位是许多病原微生物的感染部位，因而局部免疫很重要。饮水免疫是最方便的疫苗接种方法，适用于大型鸡群，但其免疫效果较差，不适合于初次免疫。刺种与注射也是常用的免疫方法，前者适用于某些弱毒苗如鸡痘疫苗，灭活疫苗和弱毒活疫苗可注射播种。刺种与注射播种的免疫效果确实。气雾免疫不仅可诱导产生循环抗体，而且也可产生黏膜局部免疫力，但气雾免疫会造成一定程度的应激反应，容易引起呼吸道感染。

2. 免疫程序 在实际生产中，没有固定的免疫程序。制订免疫程序时应考虑本地区的疫病流行情况、畜禽种类、年龄、饲养管理水平、母源抗体水平及疫苗的性质、类型、免疫途径等各方面的因素。而且，免疫程序也不能固定不变，应根据应用的实际效果随时进行合理的调整，血清学抗体监测是重要的参考依据。

三、影响疫苗免疫效果的因素

免疫应答受多种因素的影响。在接种疫苗的动物群体中，不同个体的免疫应答程度都有差异，免疫应答的强弱或水平高低呈正态分布，因而绝大多数动物在接种疫苗后都能产生较强的免疫应答，但因个体差异，会有少数动物应答能力差，因而在有强毒感染时，不能抵抗攻击而发病。如果群体免疫力强，则不会发生流行；如果群体抵抗力弱，则会发生较大的疾病流行。影响疫苗免疫效果的因素主要有以下几种。

1. 遗传因素 动物机体对接种抗原的免疫应答在一定程度上是受遗传控制的，因此不同品种、甚至同一品种不同个体的动物，对同一种抗原的免疫反应强弱也有差异。

2. 营养状况 动物的营养状况也是影响免疫应答的因素之一。维生素、微量元素及氨基酸缺乏都会使机体的免疫功能下降。例如，维生素 A 缺乏会导致淋巴器官萎缩，影响淋巴细胞的分化、增殖、受体表达与活化，导致体内的 T 淋巴细胞、NK 细胞数量减少，吞噬细胞的吞噬能力下降，B 淋巴细胞的抗体产生能力下降。因此，营养状况是免疫防治中不可忽视的因素。

3. 环境因素 环境因素包括动物生长环境的温度、湿度、通风状况、卫生及消毒等。动物机体的免疫功能在一定程度上受到神经、体液和内分泌的调节。环境过冷、过热、湿度过大、通风不良都会使动物出现不同程度的应激反应，导致动物对抗原的免疫应答能力下降，接种疫苗后不能取得相应的免疫效果，表现为抗体水平低、细胞免疫应答减弱。环境卫生和消毒工作做得好可减少或杜绝强毒感染的机会，使动物安全渡过接种疫苗后的诱导期，大大减少动物发病的机会，即使动物群体抗体水平不高也能得到保护。如果环境差、存在有大量的病原，抗体水平较高的动物群体也存在着发病的可能。

4. 疫苗质量　疫苗质量是免疫成败的关键因素。弱毒苗接种后在体内有个繁殖过程。因而接种的疫苗中必须含有足够量的有活力的病原，否则会影响免疫效果。灭活苗必须有足够的抗原量，才能刺激机体产生坚强的免疫力。油佐剂灭活苗的性状必须稳定。疫苗的保存与运输是免疫防治工作中十分重要的环节。保存与运输不当会使疫苗质量下降甚至失效，湿苗应低温冷冻保存，弱毒冻干苗应保存于 2～8℃，马立克病细胞结合毒疫苗应在液氮中保存。灭活疫苗应贮存于 2～8℃，严防冻结，否则会破乳或出现凝集块，影响免疫效果。此外，在疫苗使用过程中，有很多因素会影响免疫效果，疫苗稀释方法、水质、雾粒大小、接种途径、免疫程序等都是影响免疫效果的重要因素，各环节都应给予足够的重视。疫苗的安全性问题亦常会导致免疫失败，如减毒活疫苗可能会出现返强现象，灭活疫苗则可能会出现灭活不彻底。

5. 病原的血清型与变异　有些疾病的病原含有多个血清型，如传染性支气管炎病毒、大肠杆菌等，给免疫防治造成困难。如果疫苗毒株（或菌株）的血清型与引起疾病病原的血清型不同，则难以取得良好的预防效果。因而针对多血清型的疾病应考虑使用多价苗。针对一些易变异的病原，疫苗免疫常常不能取得很好的免疫效果。

6. 疾病对免疫的影响　有些疾病可引起免疫抑制，从而严重影响疫苗的免疫效果。例如，鸡群感染马立克病病毒（MDV）、传染性法氏囊病病毒（IBDV）、鸡传染性贫血因子（CAA）等都会影响其他疫苗的免疫效果，甚至导致免疫失败。另外，免疫缺陷病、中毒病等对动物的疫苗免疫效果都有不同程度的影响。

7. 母源抗体　母源抗体的被动免疫对新生动物是十分重要的，但其对疫苗的接种有一定的影响。如果动物存在较高水平的母源抗体，会严重影响疫苗的免疫效果。鸡新城疫、马立克病、传染性法氏囊病的免疫都存在母源抗体的干扰问题，需测定雏鸡的母源抗体水平来确定首免日龄。

8. 病原微生物之间的干扰作用　同时免疫两种或多种弱毒疫苗往往会产生干扰现象，影响疫苗的免疫效果。

第十五单元　免疫学技术★

第一节　概　　述

一、免疫学技术的概念及分类

免疫学技术是指利用免疫反应的特异性原理，建立各种检测与分析技术以及建立这些技术的各种制备方法。包括：①用于抗原或抗体检测的体外免疫反应技术，或称免疫检测技术，这类技术一般都需要用血清进行试验，故又称为免疫血清学反应或免疫血清学技术。②用于研究机体细胞免疫功能与状态的细胞免疫技术。③用于建立免疫检测方法的免疫制备技术，如抗体或抗原的纯化技术、抗体的标记技术。凡是与抗原、抗体、免疫细胞、细胞因子等有关的技术都可称为免疫学技术。

二、免疫血清学反应的特点及影响因素

（一）免疫血清学反应的一般特点

1. 特异性与交叉性　血清学反应具有高度特异性，如抗猪瘟病毒的抗体只能与猪瘟病毒结合，而不能与口蹄疫病毒结合。这是血清学试验用于分析各种抗原和进行疾病诊断的基础。但若两种天然抗原之间含有部分共同抗原时，则发生交叉反应。例如，鼠伤寒沙门氏菌的血清能凝集肠炎沙门氏菌，反之亦然。一般遗传关系越近，交叉反应的程度也越高。除相互交叉反应外，血清学交叉反应是区分病原微生物血清型和亚型的重要依据，交叉反应的程度通常以相关系数（R）表示，可依据如下公式计算 R 值：

$$R = \sqrt{r_1 \cdot r_2} \times 100\%$$

式中，r_1＝异源血清效价 1/同源血清效价 1；r_2＝异源血清效价 2/同源血清效价 2。依据 R 值的大小来判定病原微生物的血清型和亚型。一般标准为：$R > 80\%$ 时为同一亚型；R 为 $25\% \sim 80\%$ 为同型的不同亚型；$R < 25\%$ 时为不同的型。也有表现为单向交叉的，单向交叉在选择疫苗用菌（毒）株时有重要意义。

2. 抗原与抗体结合力　抗原和抗体的结合为弱能量的非共价键结合，其结合力决定于抗体的抗原结合位点与抗原表位之间形成的非共价键的数量、性质和距离，由此可分为高亲和力、中亲和力和低亲和力抗体。抗原与抗体的结合是分子表面的结合，这一过程受物理、化学、热力学的法则所制约，结合温度应在 $0 \sim 40\,^{\circ}\mathrm{C}$ 范围内，pH 在 $4 \sim 9$ 范围内。如温度超过 $60\,^{\circ}\mathrm{C}$ 或 pH 降到 3 以下时，则抗原抗体复合物又可重新解离。利用抗原抗体既能特异性地结合、又能

在一定条件下重新分离这一特性，可进行免疫亲和层析，以制备免疫纯的抗原或抗体。

3. 最适比例性　抗原与抗体在适宜的条件下就能发生结合反应。但对于常规的血清学反应，如凝集反应、沉淀反应、补体结合反应等，只有在抗原与抗体呈适当比例时，结合反应才出现凝集、沉淀等可见反应结果。在最适比例时，反应最明显。这种因抗原过多或抗体过多而出现抑制可见反应的现象，称为带现象。凝集反应时，因抗原为大的颗粒性抗原，容易因抗体过多而出现前带现象。相反，沉淀反应的抗原为可溶性抗原，因抗原过量而出现后带现象。通常以格子学说解释带现象，即大多数抗体为二价，而大多数抗原则为多价，只有两者比例适当时，才能形成彼此连接的大的复合物；而抗原过多或抗体过多时，形成的单个复合物不能连接成可见的复合物。为了克服带现象，在进行血清学反应时，需将抗原和抗体做适当稀释，通常是固定一种成分而稀释另一种成分。为了选择抗原和抗体的最适用量，也可同时递进稀释抗原和抗体，用综合变量法进行方阵测定。

4. 反应的阶段性　血清学反应存在二阶段性，但其间无严格的界限。第一阶段为抗原与抗体的特异性结合阶段，反应快，几秒钟至几分钟即可，但无可见反应。第二阶段为抗原与抗体反应的可见阶段，表现为凝集、沉淀、补体结合等反应，反应进行较慢，需几分钟、几十分钟或更长时间，实际上是单一复合物凝聚形成大复合物的过程。第二阶段反应受电解质、温度、pH 等的影响，如果参加反应的抗原是简单半抗原，或抗原抗体比例不合适，则不出现反应。

（二）免疫血清学反应的影响因素

影响免疫血清学反应的因素主要有电解质、温度、pH 等。

1. 电解质　特异性的抗原和抗体具有对应的极性基（羧基、氨基等），它们互相吸附后，其电荷和极性被中和因而失去亲水性，变为憎水系统。此时易受电解质的作用失去电荷而互相凝聚、发生凝集或沉淀反应。因此需在适当浓度的电解质参与下，才出现可见反应。故血清学反应一般用生理盐水作稀释液，标记抗体技术中，用磷酸盐缓冲生理盐水（PBS）作稀释液。但用禽类血清时，需用 $8\%\sim10\%$ 高渗氯化钠溶液作稀释液，否则不出现反应或反应微弱。

2. 温度　在一定温度下，将抗原抗体保温一定时间，可促使两个阶段的反应。较高的温度可以增加抗原和抗体接触的机会，从而加速反应的出现。抗原、抗体反应通常在 37℃（培养箱或水浴）、也可在室温下进行，用 56℃ 水浴则反应更快。有的抗原或抗体系统在低温长时间结合反应更充分。

3. 酸碱度　血清学反应常用 pH 为 $6\sim8$，过高或过低的 pH 可使抗原抗体复合物重新离解。如 pH 降至抗原或抗体的等电点时，可引起非特异性的酸凝集，造成假象，出现假阳性。

三、细胞免疫技术的种类

细胞免疫技术是指与细胞免疫有关的各种检测技术，包括对免疫细胞、细胞因子的检测及功能分析。可分为淋巴细胞计数及分类技术、淋巴细胞功能测定技术和细胞因子检测技术以及体内细胞免疫试验四大类。目前逐渐发展用血清学方法检测细胞免疫，如用单克隆抗体检测 CD 抗原进行 T 细胞亚群分析，血清学反应测定白细胞介素和干扰素等，即细胞免疫技术与血清学技术融为一体。此外，近年来各种先进的检测仪器应用于细胞免疫技术，如流式细胞仪、激光共聚焦显微镜等，使免疫细胞表面分子的检测、定位及其功能的研究有了较大的发展。

四、免疫制备技术的种类

免疫制备技术是指制备与免疫检测有关制剂的各种技术，包括抗原制备、抗体制备、抗体纯化及抗体标记等技术。免疫制备技术是免疫检测技术的第一步，正是由于免疫制备技术的进展，才使免疫检测技术日新月异、层出不穷。在免疫制备技术中，最为主要的是单克隆抗体制备技术，它大大提高了免疫检测技术的特异性和敏感性，推动了免疫检测试剂的标准化和商品化。

五、免疫学技术的应用

1. 动物疫病诊断 用免疫血清学方法对动物传染病、寄生虫病等进行诊断，是免疫学技术最突出的应用。应用免疫血清学技术可以检测病原微生物的抗原或抗体，其中酶标记抗体技术，已成为动物多种传染病的常规诊断方法，其简便、快速，具有高度的敏感性、特异性和可重复性，已有一批商品化的酶联免疫吸附试验（ELISA）诊断试剂盒。

2. 动植物生理活动研究 动物、植物体中存在一些活性物质，如激素、维生素等，它们在体内含量极微少，但在调节机体生理活动中起着重要作用。因此，可通过分析测定这些生物活性物质的含量及变化来研究机体的各种生理功能（如生长、生殖等）。由于这些物质含量极低，用常规检测方法不能准确测出。目前放射免疫测定和酶免疫技术已能精确测出纳克（ng，10^{-9}g）及皮克（pg，10^{-12}g）级水平的物质，已成为测定动物、植物以及昆虫体内微量激素及其他活性物质、植物生理和生物防治的重要技术手段。

3. 物种及微生物鉴定 各种生物之间的差异都可表现在抗原性的不同，物种种源越远，抗原性差异越大。因此，可用区分抗原性的血清学反应进行物种鉴定与物种的分类等工作。血清学反应在细菌、病毒等微生物鉴定和血清型及亚型的分析方面已得到广泛应用。

4. 动植物性状的免疫标记 通过分析动物、植物一些优良性状（如高产、优质、抗逆性等）的特异性抗原，然后用血清学方法进行标记选择育种，比分子遗传标记选择育种简便。

5. 生物制品研究 在生物制品（如疫苗、诊断制品、免疫增强剂等）的研究与开发中，免疫学技术是必不可少支撑技术。疫苗研究中需用血清学技术和细胞免疫技术作为免疫效力的评价手段。在研究一些免疫增强药物，尤其研究抗肿瘤药物时，需用细胞免疫技术分析测定它们对机体细胞免疫功能的增强作用。

6. 动物疫病致病机理研究 动物传染病的病原从机体特定部位感染，并在特定组织细胞内增殖，引起致病。采用免疫荧光抗体染色或免疫酶组化染色技术，可在细胞水平上确定病毒等病原微生物的感染细胞，还可用免疫电镜技术等在亚细胞水平上进行抗原的定位。免疫学技术还可用于研究自身免疫病和变态反应性疾病的发病机理。

7. 分子生物学研究 在基因工程研究中，目的基因的分离、表达产物的特异性检测与定量分析，以及表达产物的纯化等均涉及免疫学技术。如可用抗体免疫沉淀分离目的基因的mRNA、酶标抗体核酸探针（地高辛核酸探针）检测筛选基因克隆、免疫转印技术分析表达产物的特异性和分子质量、ELISA 或 RIA 分析表达量、免疫亲和层析纯化表达产物、免疫方法分析表达产物的免疫原性。

第二节 凝集反应

细菌、红细胞等颗粒性抗原，或吸附在红细胞、乳胶颗粒性载体表面的可溶性抗原，与相应抗体结合，在有适当电解质存在下，经过一定时间，形成肉眼可见的凝集团块，称为**凝集反应**。

一、原 理

参与凝集试验的抗体主要为 IgG 和 IgM，当颗粒性抗原直接与相应的特异性抗体结合，反应达到最适比，使颗粒性抗原相互聚集，形成肉眼可见的凝集团块，称为直接凝集试验。可溶性抗原分子与颗粒性载体结合，与相应的抗体结合，也可形成肉眼可见的凝集团块，称为间接凝集试验。

二、方法的类型与应用

凝集试验（图 1-17）一般用于检测抗体，也可用已知的抗体检测和鉴定抗原（如新分离未知菌的检测与鉴定）。在间接凝集试验中，如将特异性抗体结合在颗粒性载体上，可用于检测抗原，称为反向间接凝集试验。

1. 直接凝集试验 可分玻片法和试管法两种。

（1）**玻片法** 一般用于新分离细菌的鉴定，为一种定性试验。将含有已知抗体的诊断血清（适当稀释）与待检菌悬液各一滴在玻片上混合，数分钟后，如出现颗粒状或絮状凝集，即为阳性反应。此法简便快速，如沙门氏菌的鉴定、血型的鉴定等多采用此法。也可用已知的诊断抗原悬液，检测待检血清中是否存在相应的抗体，如布鲁氏菌的玻板凝集反应和鸡白痢全血平板凝集试验等。

（2）**试管法** 为一种定量试验，用以检测待测血清中是否存在相应抗体和测定血清的抗体效价（滴度），可用于临床诊断或流行病学调查。将待检血清用生理盐水做倍比稀释，然后加入等量抗原，置 37℃ 水浴观察数小时。视不同凝集程度记录为＋＋＋＋（100％凝集）、＋＋＋（75％凝集）、＋＋（50％凝集）、＋（25％凝集）和－（不凝集）。以出现（＋＋）凝集 50％以上的血清最大稀释度为该血清的凝集效价。

2. 间接凝集试验 间接凝集试验常用的载体有红细胞（O 型人红细胞、绵羊红细胞）、聚苯乙烯乳胶颗粒，其次为活性炭、白陶土、离子交换树脂、火棉胶等。抗原多为可溶性蛋白质如细菌裂解物或浸出液、病毒与寄生虫分泌物、裂解物或浸出液，以及各种蛋白质抗原。应用较多的是间接血凝试验和乳胶凝集试验，即以红细胞或乳胶颗粒为载体，将可溶性抗原或抗体致敏于红细胞或乳胶颗粒表面，用以检测相应抗体或抗原。

第三节 沉淀反应

可溶性抗原（如细菌的外毒素、内毒素、菌体裂解液，病毒的可溶性抗原、血清、组织浸出液等）与相应抗体结合，在适量电解质存在下，形成肉眼可见的白色沉淀，称为**沉淀反应**。

一、原　理

沉淀试验的抗原可以是多糖、蛋白质、类脂等，这些可溶性抗原与相应的特异性抗体结合，反应达到最适比，形成肉眼可见的抗原抗体复合物白色沉淀。参与沉淀反应的抗体主要是 IgG 和 IgM。

二、方法的类型与应用

沉淀试验有多种类型，包括环状沉淀试验、琼脂凝胶扩散试验、免疫电泳技术。

(一) 环状沉淀试验

是最简单、最古老的一种沉淀试验。在小口径试管内先加入已知抗血清，然后小心沿管壁加入待检抗原于血清表面，使之成为分界清晰的两层。数分钟后，两层液面交界处出现白色环状沉淀，即为阳性反应。该法主要用于抗原的定性检测，如诊断炭疽的 Ascoli 试验、链球菌血清型鉴定、血迹鉴定和沉淀素的效价滴定等。

(二) 琼脂凝胶扩散试验

利用可溶性抗原和抗体在半固体琼脂凝胶中进行反应，当抗原抗体分子相遇并达到适当比例时，就会互相结合、凝聚，出现白色的沉淀线，从而判定相应的抗体和抗原。琼脂免疫扩散试验有多种类型，但最常用的是双向双扩散和双向单扩散（图 1-18）。

1. 双向双扩散　简称双扩散。此法系用 1% 琼脂浇成厚 2～3mm 的凝胶板，在其上按 1/2 图形打圆孔或长方形槽，于相邻孔（槽）内滴加抗原和抗体，在饱和湿度下，扩散 24h 或数日，观察沉淀带。双扩散主要用于抗原的比较和鉴定，也可用于抗体的检测。检测抗体时，可打成梅花型孔，中央孔为抗原，外周孔加待检血清，并设阳性血清和阴性血清对照。测定抗体效价时可倍比稀释血清，以出现沉淀带的血清最大稀释度为抗体效价。

2. 双向单扩散　又称辐射扩散。试验在玻璃板或平皿上进行，用 1.6%～2.0% 琼脂加一定浓度的等量抗血清浇成凝胶板，厚度为 2～3mm，在其上打直径为 2mm 的小孔，孔内滴加抗原液。抗原在孔内向四周辐射扩散，与凝胶中的抗体接触形成白色沉淀环。沉淀环面积与抗原浓度成正比，因此，可用已知浓度的抗原制成标准曲线，即可用以测定抗原的量。此法在兽医临床可用于鸡马立克病的诊断，将鸡马立克病病毒高免血清浇成血清琼脂平板，拔取病鸡新换的羽毛数根，将毛根剪下，插于此血清平板上，阳性者毛囊中病毒抗原向四周扩散，形成白色沉淀环。

(三) 免疫电泳技术

免疫电泳技术是凝胶扩散试验与电泳技术相结合的免疫检测技术，在抗原抗体凝胶扩散的同时，加入电泳的电场作用，使抗体或抗原在凝胶中的扩散移动速度加快，缩短了试验时间；同时限制了扩散移动的方向，使其集中朝电泳的方向扩散移动，增加了试验的敏感性。根据试验的用途和操作不同可分为免疫电泳、对流免疫电泳、火箭免疫电泳等技术（图 1-19），其中对流免疫电泳比较常用。

1. 免疫电泳　免疫电泳技术由琼脂双扩散与琼脂电泳技术结合而成。不同带电颗粒在同一电场中，其泳动的速度不同，通常用迁移率表示。如其他因素恒定，则迁移率主要取决于分子的大小和所带净电荷的多少。蛋白质为两性电解质，每种蛋白质都有各自的等电点，在 pH 大于其等电点的溶液中，羧基离解多，此时蛋白质带负电，向正极泳动；反之，在

pH 小于其等电点的溶液中，氨基离解多，此时蛋白质带正电，向负极泳动。pH 离等电点越远，所带净电荷越多，泳动速度也越快。因此，可以通过电泳将复合的蛋白质分开。检样先在琼脂凝胶板上电泳，将抗原的各个组分在板上初步分开；然后再在点样孔一侧或两侧打槽，加入抗血清，进行双向扩散。电泳迁移率相近而不能分开的抗原物质，又可按扩散系数不同形成不同的沉淀带，进一步加强了对复合抗原组成的分辨能力。

2. 对流免疫电泳　大部分抗原在碱性溶液（pH＞8.2）中带负电荷，在电场中向正极移动；而抗体球蛋白带电荷弱，在琼脂电泳时，由于电渗作用，向相反的负极泳动。如将抗体置正极端，抗原置负极端，则电泳时抗原抗体相向泳动，在两孔之间形成沉淀带。试验时，同上法制备琼脂凝胶板，凝固后在其上打孔，挑去孔内琼脂后，将抗原置负极一侧孔内，抗血清置正极侧孔。加样后电泳 30～90min 观察结果。本法较双扩散敏感 10～16 倍，并大大缩短了沉淀带出现的时间，简易快速，可用于检测抗体或抗原，适于动物传染病的定性快速诊断。

3. 火箭免疫电泳　简称火箭电泳，系将双向单扩散与电泳技术相结合。用巴比妥缓冲液配制琼脂并融化，冷却至 56℃左右，加入一定量的已知抗血清，浇成含有抗体的琼脂凝胶板；在板的负极端打一列孔，滴加待检抗原和已知抗原，电泳时抗原在琼脂中向正极迁移，与凝胶中抗体结合形成火箭状沉淀弧。固定抗体浓度时，沉淀弧峰高与抗原浓度成正比，用已知浓度抗原制成标准曲线，此法可用于测定抗原的量。

第四节　标记抗体技术

抗原与抗体能特异性结合，但抗体、抗原分子小，在含量低时形成的抗原抗体复合物是不可见的。有一些物质即使在超微量时也能通过特殊的方法将其检测出来，如果将这些物质标记在抗体分子上，可以通过检测标记分子来显示抗原抗体复合物的存在，此种根据抗原抗体结合的特异性和标记分子的敏感性建立的技术，称为标记抗体技术。高敏感性的标记分子主要有荧光素、酶、放射性同位素三种，由此建立了免疫荧光抗体技术、免疫酶标记技术和放射免疫分析技术。其特异性和敏感性远远超过常规血清学方法，已广泛应用于病原微生物的鉴定、动物疫病的诊断与血清流行病学监测与调查。

一、免疫荧光抗体技术

免疫荧光抗体技术是指用荧光素对抗体或抗原进行标记，然后用荧光显微镜观察荧光以分析示踪相应的抗原或抗体的方法，是将抗原抗体反应的特异性、荧光检测的高敏感性及显微镜技术的精确性三者相结合的一种免疫检测技术。

可用于标记的荧光素有异硫氰酸荧光素（FITC）、四乙基罗丹明（RB 200）和四甲基异硫氰酸罗丹明（TMRITC），其中应用最广的是 FITC。抗体经过荧光色素标记后，并不影响其结合抗原的能力和特异性，因此当荧光抗体与相应的抗原结合时，就形成带有荧光性的抗原抗体复合物，从而可在荧光显微镜下检出抗原的存在。最常用的是以荧光素标记抗体或抗抗体，用于检测相应的抗原或抗体。

（一）荧光抗体染色方法

1. 样本制备　样本制作的要求首先是保持抗原的完整性，并尽可能减少形态变化，保持抗原位置不变。同时还必须使抗原-标记抗体复合物易于接受激发光源，以便良好地观察和记录。这就要求样本要相当薄，并要有适宜的固定处理方法。

细菌培养物、感染动物的组织或血液、脓汁、粪便、尿沉渣等，可用涂片或压印片。组织学、细胞学和感染组织主要采用冰冻切片或低温石蜡切片。也可用生长在盖玻片上的单层细胞培养作样本。细胞培养可用胰酶消化后做成涂片。细胞或原虫悬液可直接用荧光抗体染色后，再转移至玻片上直接观察。

样本的固定有两个目的，一是防止被检材料从玻片上脱落，二是消除抑制抗原抗体反应的因素（如脂肪）。检测细胞内的抗原，用有机溶剂固定可增加细胞膜的通透性而有利于荧光抗体渗入。最常用的固定剂为丙酮和95％乙醇。固定后应随即用 PBS 反复冲洗，干后即可用于染色。

2. 染色方法　荧光抗体染色法有多类，常用的有直接法和间接法。

（1）直接法　直接滴加 2～4 个单位的标记抗体于样本区，置湿盒中，于 37℃ 染色 30min 左右；然后置大量 pH 7 0～7.2 PBS 中漂洗 15min，干燥、封载即可镜检。直接法应设以下对照：样本自发荧光对照、阳性样本对照和阴性样本对照。直接法用于检测抗原，每检测一种抗原均需制备相应的荧光抗体。

（2）间接法　将样本先滴加特异性的抗血清，置湿盒中，于 37℃ 作用 30min；漂洗后，再用标记的第二抗体（抗抗体）染色，漂洗、干燥、封载。对照除自发荧光、阳性和阴性对照外，间接法首次试验时应设无中间层对照（样本＋标记抗抗体）和阴性血清对照（中间层用阴性血清代替特异性抗血清）。间接法既可用于检测抗原又可用于检测抗体，而且制备一种荧光抗抗体即可用于同种属动物的多种抗原抗体系统的检测。将 SPA 标记上 FITC 制成 FITC－SPA，性质稳定，可制成商品，用以代替标记的抗抗体，可用于多种动物的抗原抗体系统的检测。

（3）荧光显微镜观察　样本滴加缓冲甘油（分析纯甘油 9 份加 PBS 1 份）后用盖玻片封载，即可在荧光显微镜下观察。荧光显微镜不同于光学显微镜之处，在于它的光源是高压汞灯或溴钨灯，并有一套位于集光器与光源之间的激发滤光片，它只让一定波长的紫外线及少量可见光（蓝紫光）通过；此外还有一套位于目镜内的屏障滤光片，只让激发的荧光通过，而不让紫外线通过，以保护眼睛并能增加反差。为了直接观察微量滴定板中的抗原抗体反应，如感染细胞培养上的荧光，可使用倒置荧光显微镜。

（二）免疫荧光抗体技术的应用

1. 细菌学诊断　利用免疫荧光抗体技术可直接检出或鉴定新分离的细菌，具有较高的敏感性和特异性。动物的粪便、黏膜拭子涂片、病变组织的触片或切片以及尿沉渣等均可作为检测样本，经直接法检出目的菌，具有很高的诊断价值。对含菌量少的样本，可采用滤膜集菌法，然后直接在滤膜上进行免疫荧光染色。以较低浓度的荧光抗体加入培养基中，进行微量短期的玻片培养，于荧光显微镜下直接观察荧光集落的"荧光菌球法"，可用于粪便中的病原体检测。

免疫荧光抗体间接染色法可用于检测细菌的抗体，用于细菌病的流行病学调查和早期诊断。如钩端螺旋体 IgM 抗体的检测，可作为早期诊断或近期感染的指征。

2. 病毒病诊断　用免疫荧光抗体技术直接检出患畜病变组织中的病毒，已成为病毒感染快速诊断的重要手段。如猪瘟、鸡新城疫等可取感染组织做成冰冻切片或触片，用直接或间接免疫荧光染色可检测病毒抗原。猪流行性腹泻在临床上与猪传染性胃肠炎十分相似，将患病猪小肠冰冻切片用猪流行性腹泻病毒的特异性荧光抗体做直接免疫荧光检查，即可对猪流行性腹泻进行确诊。

对含病毒较低的病理组织，需先在细胞培养上短期培养增殖后，再用荧光抗体检测病毒抗原，可提高检出率。某些病毒（如猪瘟病毒、猪圆环病毒）在细胞培养上不出现细胞病变，亦可应用免疫荧光作为病毒增殖的指征。应用间接免疫荧光染色法以检测血清中的病毒抗体，亦常作为诊断和流行病学调查之用，尤以 IgM 型抗体的检出可供早期诊断和作为近期感染的指征。

3. 其他方面的应用　免疫荧光抗体技术已广泛应用于淋巴细胞 CD 分子的检测，用以鉴定淋巴细胞分类和亚群（型）。

二、免疫酶标记技术

免疫酶标记技术是根据抗原抗体反应的特异性和酶催化反应的高敏感性建立起来的免疫检测技术。酶是一种有机催化剂，催化反应过程中酶不被消耗，能反复作用，微量的酶即可导致大量的催化过程，如果产物为有色可见产物，则极为敏感。常用的有辣根过氧化物酶（HRP）、碱性磷酸酶、葡萄糖氧化酶等。其中，以辣根过氧化物酶应用最广，其次为碱性磷酸酶。辣根过氧化物酶是由无色的酶蛋白和深棕色的铁卟啉构成的一种糖蛋白（含糖18%），分子质量约 40ku。HRP 的作用底物为过氧化氢，催化时需要供氢体，供氢体由无色的还原型变为有色的氧化型而呈现颜色反应。免疫酶标记技术可用于在细胞或亚细胞水平上示踪抗原或抗体的所在部位，或在微克、纳克水平上测定它们的量，既特异又敏感，是目前应用最为广泛的一种免疫检测方法之一。

1. 免疫酶组化染色技术　用于免疫酶染色的样本有组织切片（冷冻切片和低温石蜡切片）、组织压印片、涂片以及细胞培养的单层细胞盖片等。这些样本的制作和固定与荧光抗体技术相同，但尚要进行一些特殊处理。可采用直接法、间接法、抗抗体搭桥法、杂交抗体法、酶抗酶复合物法、增效抗体法等各种染色方法，其中直接法和间接法最常用。显色后的样本可在普通显微镜下观察，抗原所在部位呈色。亦可用常规染料做反衬染色，使细胞结构更为清晰，有利于抗原的定位。本法优于免疫荧光抗体技术之处，在于无需应用荧光显微镜，且样本可以长期保存。

2. 酶联免疫吸附试验（enzyme linked immunosorbent assay，ELISA）　ELISA 是应用最广、发展最快的一项新技术。其基本过程是将抗原（或抗体）吸附于固相载体，在载体上进行免疫酶反应，底物显色后用肉眼或 ELISA 测定仪判定结果。ELISA 的核心是利用抗原抗体的特异性吸附，在固相载体上一层层地叠加，可以是两层、三层甚至多层，犹如搭积木一样。整个反应都必须在抗原抗体结合的最适条件下进行。每层试剂均稀释于最适于抗原抗体反应的稀释液中，加入后置 37℃ 反应一定时间（一般 0.5~2 h）。每加一层反应后均需充分洗涤。应设阳性、阴性对照。ELISA 的试验方法有多种，以间接法、夹心法（又称双抗体法）、双夹心法、阻断法、酶标抗原或抗体竞争法比较常用。①间接法用于测定抗体，基本程序为：抗原包被固相载体→加入待检血清样本→加入酶标抗抗体。样本中含抗体越多，颜色越深。②夹心法用于测定大分子抗原，基本程序为：纯化的特异性抗体包被固相载体→加入待检抗原样本→加入酶标抗体。颜色的深浅与样本中的抗原含量成正比。③双夹心法用于测定大分子抗原，基本程序为：纯化的特异性抗体（如豚鼠免疫血清 Ab1）包被固相载体→加入待检抗原样本→加入特异性抗体（不同种动物制备的特异性相同的抗体，如兔免疫血清 Ab2）→加入酶标抗抗体（羊抗兔 IgG－Ab3）。呈色反应的深浅与样本中的抗原量成正比。④阻断法用于检测抗体，基本程序为：抗原包被固相载体→加入待检血清样本→加入酶标单克隆抗体（mAb）。呈色反应的深浅与样本中的抗体含量成反比。⑤竞争法用于测定小分子抗原及半抗原，又分为酶标抗原竞争法和酶标抗体竞争法。前者的基本程序为：用特异性抗体包被固相载体，然后加入含待测抗原的溶液和一定量的酶标抗原共同孵育，设置仅加酶标抗原的对照。后者的基本程序为：用抗原包被固相载体→加入抗原待检样本与一定量的特异性抗体共同孵育→加入酶标抗抗体，呈色反应的深浅与样本中的抗原量成反比。可用不同浓度的标准抗原进行反应绘制出标准曲线，可计算出样品中的抗原含量。

ELISA 试验结果可用肉眼观察，也可测定样本的光密度（OD）值。肉眼观察时，如样本颜色反应超过阴性对照，即判为阳性。用 ELISA 测定仪测定 OD 值，所用波长随底物供氢体不同而异。试验结果可按下列方法表示。①用阳性"＋"与阴性"－"表示。若样本的 OD 值超过规定吸收值（临界值）判为阳性，否则为阴性〔规定吸收值＝一组阴性样本的吸收值之均值＋（2倍或3倍SD），SD 为标准差〕。②以 S/N（或 P/N）比值表示。样本的 OD 值与一组阴性样本 OD 值均值之比即为 P/N 比值，若样本的 S/N 值≥1.5倍、2倍或3倍，即判为阳性。③以终点滴度（即 ELISA 效价，简称 ET）表示。将样本作倍比稀释，测定各稀释度的 OD 值，高于规定吸收值（或 S/N 值大于1.5倍、2倍或3倍）的最大稀释度即仍出现阳性反应的最大稀释度，即为样本的 ELISA 滴度或效价。可以作出 OD 值与效价之间的关系，样本只需作一个稀释度即可推算出其效价，一些公司的 ELISA 试剂盒都配备有相应的计算程序。④定量测定。对于抗原的定量测定（如酶标抗原竞争法），需事先用标准抗原制备一条吸收值与浓度的相关标准曲线，只要测出样本的吸收值，即可查出其抗原浓度。

3. 斑点-酶联免疫吸附试验（Dot－ELISA）　此法的原理及其步骤与 ELISA 基本相同，不同之处在于：一是将固相载体以硝酸纤维素滤膜、硝酸醋酸混合纤维素滤膜、重氮苄氧甲基化纸等固相化基质膜代替，用以吸附抗原或抗体；二是显色底物的供氢体为不溶性的。结果以在基质膜上出现有色斑点来判定。可采用直接法、间接法、双抗体法、双夹心法等。

三、放射免疫分析

放射免疫分析（RIA）是将放射性同位素测量的高度敏感性和抗原抗体反应的高度特异性结合起来建立的一种免疫分析技术。RIA 具有特异性强、灵敏度高、准确性和精密度好等优点，是目前其他分析方法无法比拟的；而且便于标准化，其灵敏度可达纳克（ng）至皮克（pg）级水平，比一般分析方法提高了 1 000～1 000 000 倍。该技术可以用于动物疫病的诊断，但主要用于各种生物活性物质以及药物残留的检测。

第五节　中和试验

根据抗体能否中和病毒的感染性而建立的免疫学试验称为**中和试验**（neutralization test）。中和试验的特异性强、敏感性高，是病毒学研究中十分重要的技术手段。

一、原　　理

凡能与病毒结合使其失去感染力的抗体称为中和抗体。病毒可刺激机体产生中和抗体，中和抗体与病毒结合后使病毒失去吸附细胞的能力，从而丧失感染力。病毒与其特异性的中和抗体相遇之后发生的作用，类似于化学中的相应酸碱相遇之后发生的中和反应，所以称这种作用为中和作用。这种中和作用不仅具有严格的种、型特异性，而且还表现出量的特性，即一定量的病毒必须有相应数量的中和抗体才能被完全中和。

中和试验是以病毒对宿主或细胞的毒力为基础的，所以首先需要根据病毒特性选择合适的细胞培养物、鸡胚或实验动物，然后测定病毒毒价，再比较用被检血清和正常血清中和后的毒价，最后根据产生的保护效果差异，判定被检血清中的抗体中和病毒的能力——中和效价或中和指数。

二、方法的类型与应用

中和试验主要有两种，一是测定能使动物或细胞死亡数目减少至 50％（半数保护率，PD_{50}）的血清稀释度，即终点法中和试验；二是测定使病毒在细胞上形成的空斑数目减少至 50％的血清稀释度，即空斑减少法中和试验。中和试验主要用于病毒感染的血清学诊断和血清流行病学调查、病毒分离毒株的鉴定、不同病毒株间抗原关系分析、评价疫苗免疫效力与免疫血清质量。

（一）毒价的滴定

病毒中和试验涉及对病毒的毒力或毒价滴定，采用半数致死量（LD_{50}）表示毒价单位。以感染或发病作为指标时，可用半数感染量（ID_{50}）；以体温反应作指标时，可用半数反应量（RD_{50}）。用鸡胚测定时，可用鸡胚半数致死量（ELD_{50}）或鸡胚半数感染量（EID_{50}）；在细胞培养上测定时，则用组织或细胞培养半数感染量（$TCID_{50}$、$CCID_{50}$）；测定疫苗的免疫性能时，则可用半数免疫量（IMD_{50}）或半数保护量（PD_{50}）。

病毒的半数剂量测定时，通常将病毒原液做 10 倍递进稀释，选择 4~6 个稀释倍数接种一定体重的试验动物（或细胞培养、鸡胚），每组 3~6 只（孔、个）。接种后，观察一定时间内的死亡（或出现细胞病变）数和生存数。然后按 Reed - Muench 法、内插法或 Karber 法计算半数剂量。

（二）终点法中和试验

终点法中和试验（endpoint neutralization test）是滴定使病毒感染力减少至 50％的血清中和效价或中和指数。滴定方法有以下两种。

1. 固定病毒稀释血清法　将已知病毒量固定而血清做倍比稀释，常用于测定抗血清的中和效价。将病毒原液稀释成每一单位剂量含 $200LD_{50}$（或 EID_{50}、$TCID_{50}$），与等量的递进稀释的待检血清混合，置 37℃感作 1h。每一稀释度接种 3~6 只实验动物（或鸡胚、培养细胞），记录每组动物的存活数和死亡数，按 Reed - Muench 法或 Karber 法，计算该血清的中和价。

2. 固定血清稀释病毒法　将病毒原液做 10 倍递进稀释，分装两列无菌试管。第一列加等量正常血清（对照组），第二列加待检血清（中和组），混合后置 37℃感作 1h，分别接种实验动物（或鸡胚、细胞培养），记录每组死亡数、累积死亡数和累积存活数。用上述 Reed - Muench 法或 Karber 法计算 LD$_{50}$，然后计算中和指数。该法主要用于血清的定性检测。

（三）空斑减少试验

空斑减少试验（plaque reduction test）系应用病毒空斑技术，以使空斑数减少 50% 的血清量作为中和滴度。试验时，将已知空斑单位的病毒稀释到每一接种剂量含 100 空斑形成单位（PFU），加等量递进稀释的血清，37℃感作 1h。每一稀释度接种 3 个已长成单层细胞的容器，每容器接种 0.2~0.5mL。置 37℃感作 1h，使病毒充分吸附，再在其上覆盖低熔点营养琼脂，待琼脂凝固后置 37℃ 的 CO$_2$ 温箱中培养。同时用同一稀释度的病毒加等量 Hanks 液同样处理作对照。数天后分别计算空斑数，用 Reed - Muench 法或 Karber 法计算血清的中和效价。

第六节　补体参与的检测技术

补体参与的检测技术是利用补体能与抗原抗体复合物结合的性质，建立检测扩原或抗体的血清学试验，可用于一些传染病的诊断与流行病学调查。

一、原　理

补体参与的检测技术的基本原理是：抗体分子（IgG、IgM）的 Fc 段存在补体结合位点，当抗体没有与抗原结合时，其 Fab 片段向后卷曲，掩盖 Fc 片段上的补体结合位点，因此不能结合补体。但当抗体与抗原结合时，两个 Fab 片段向前伸展，Fc 片段上的补体结合位点暴露，补体的各种成分相继与之结合使补体活化，从而导致一系列免疫学反应。即通过补体是否激活来证明抗原与抗体是否相对应，进而对抗原或抗体做出检测。

二、方法的类型与应用

补体参与的检测技术可大致分为两类，一类是补体与细胞的免疫复合物结合后，直接引起溶细胞的可见反应，如溶血反应、溶菌反应、杀菌反应、免疫黏附反应、团集反应等；另一类是补体与抗原抗体复合物结合后不引起可见反应（可溶性抗原与抗体），但可用指示系统如溶血反应来测定补体是否已被结合，从而间接地检测反应系统是否存在抗原抗体复合物，如补体结合试验等。其中补体结合试验最为常用。

补体结合试验（complement fixation test）是应用可溶性抗原，如蛋白质、多糖、类脂、病毒等，与相应抗体结合后，其抗原抗体复合物可以结合补体，但这一反应肉眼不能察觉，如再加入作为溶血系统或指示系统的致敏红细胞（红细胞＋抗体），即可根据是否出现溶血反应判定反应系统中是否存在相应的抗原和抗体。参与补体结合反应的抗体称为补体结合抗体。补体结合抗体主要为 IgG 和 IgM；IgE 和 IgA 通常不能结合补体。补体结合试验具有高度的特异性和一定的敏感性，是动物传染病常用的血清学诊断方法之一，可用于结核病、副结核病、马鼻疽、牛肺疫、马传染性贫血、乙型脑炎、布鲁氏菌病、钩端螺旋体病、锥虫病等的诊断；也可用于一些病原本（如乙型脑炎病毒、口蹄疫病毒）的鉴定与定型等。

第七节 免疫检测新技术

免疫学技术（特别是免疫酶标技术、免疫荧光抗体技术和放射免疫分析技术）与现代物理、化学分析技术相结合，使新型的免疫检测技术层出不穷。

一、SPA 免疫检测技术

葡萄球菌蛋白 A（SPA）是金黄色葡萄球菌细胞壁的表面蛋白质，由于 SPA 具有能与多种动物 IgG 的 Fc 片段结合的特性，因而成为免疫检测技术中一种极为有用的试剂。以相应标记物标记 SPA 以替代抗抗体，用于放射免疫分析、免疫酶标记技术、免疫荧光抗体技术、胶体金标记技术等。

二、生物素-亲和素免疫检测技术

利用生物素与亲和素专一性结合以及生物素、亲和素既可标记抗原或抗体，又可被标记物所标记的特性，可建立生物素-亲和素系统来显示抗原抗体特异性反应的各种免疫检测技术，主要用于免疫酶标记技术、免疫荧光抗体技术等。

三、免疫胶体金检测技术

免疫胶体金标记技术是以胶体金颗粒为示踪标记物或显色剂，应用于抗原抗体反应的一种新型免疫标记技术，包括免疫胶体金光镜染色法、免疫胶体金电镜染色法、斑点免疫金渗滤法、胶体金免疫层析法等，主要应用于组织化学染色分析和动物疫病诊断。可制成胶体金试纸条，检测抗原或抗体进行快速诊断，适合于现场应用。

四、免疫电镜技术

免疫电镜技术（immune electron microscopy，IEM）是将抗原抗体反应的特异性与电镜的高分辨能力相结合的检测技术，可用于在电镜下利用标记抗体，直接对抗原在分子水平上进行定位；也可利用特异性抗体捕获、浓缩相应的病毒，经负染后在电镜下检测病毒粒子，大多用于一些动物病毒病的诊断。

五、免疫转印技术

免疫转印（immunoblotting）技术又称免疫印迹（western blotting），是一种将蛋白质凝胶电泳、膜转移电泳与抗原抗体反应相结合的免疫分析技术，主要用于病毒蛋白组成和基因表达重组蛋白的分析，是基因工程及相关研究中不可缺少的方法之一。

六、免疫沉淀技术

免疫沉淀（immunoprecipitation）技术是将放射性同位素标记、免疫沉淀、SDS-聚丙烯酰胺凝胶电泳和放射自显影技术相结合建立起来的一种免疫学技术。已成为病毒学研究中的常用手段，广泛应用于病毒蛋白质的分析。此外，也可用于细胞膜蛋白组分的分析。

七、PCR - ELISA 技术

PCR - ELISA 是将 PCR 技术与 ELISA 相结合的一种抗原检测技术，又称为免疫 PCR（immuno - PCR）。其本质是一种以 PCR 代替酶反应来放大显示抗原抗体结合率的改进型 ELISA。特点是利用 PCR 的指数级扩增效率带来极高的敏感度，同时又具有高特异性的抗原检测系统，具有高灵敏度、检测结果可靠、可以进行半定量检测等优点，主要用于检测体内激素、肿瘤、病毒、细菌等微量抗原。

八、化学发光免疫测定

化学发光免疫测定（chemiluminescent immunoassay，CLIA）是将化学发光与免疫测定法相结合，克服了放射免疫分析及免疫酶标记技术的缺点，是一种无放射性污染而又具有高灵敏度和高特异性的免疫检测技术。

九、免疫传感器

将高灵敏度的传感技术与特异性免疫反应结合起来，用以检测抗原抗体反应的生物传感器称为免疫传感器（immune sensor），分为电化学免疫传感器、质量检测免疫传感器、热量检测免疫传感器等。

十、免疫核酸探针技术

在核酸杂交中，为避免同位素探针半衰期短、操作不安全和废物难以处理的弊端，把抗原抗体反应的免疫学方法引入核酸杂交技术。

十一、蛋白质芯片

将抗原抗体反应引入芯片技术，制成蛋白质微点阵芯片和蛋白质分析微流路芯片，用于高通量和大规模样本的检测与分析，可用于兽医临床样本的多病原检测。

第二篇

兽医传染病学

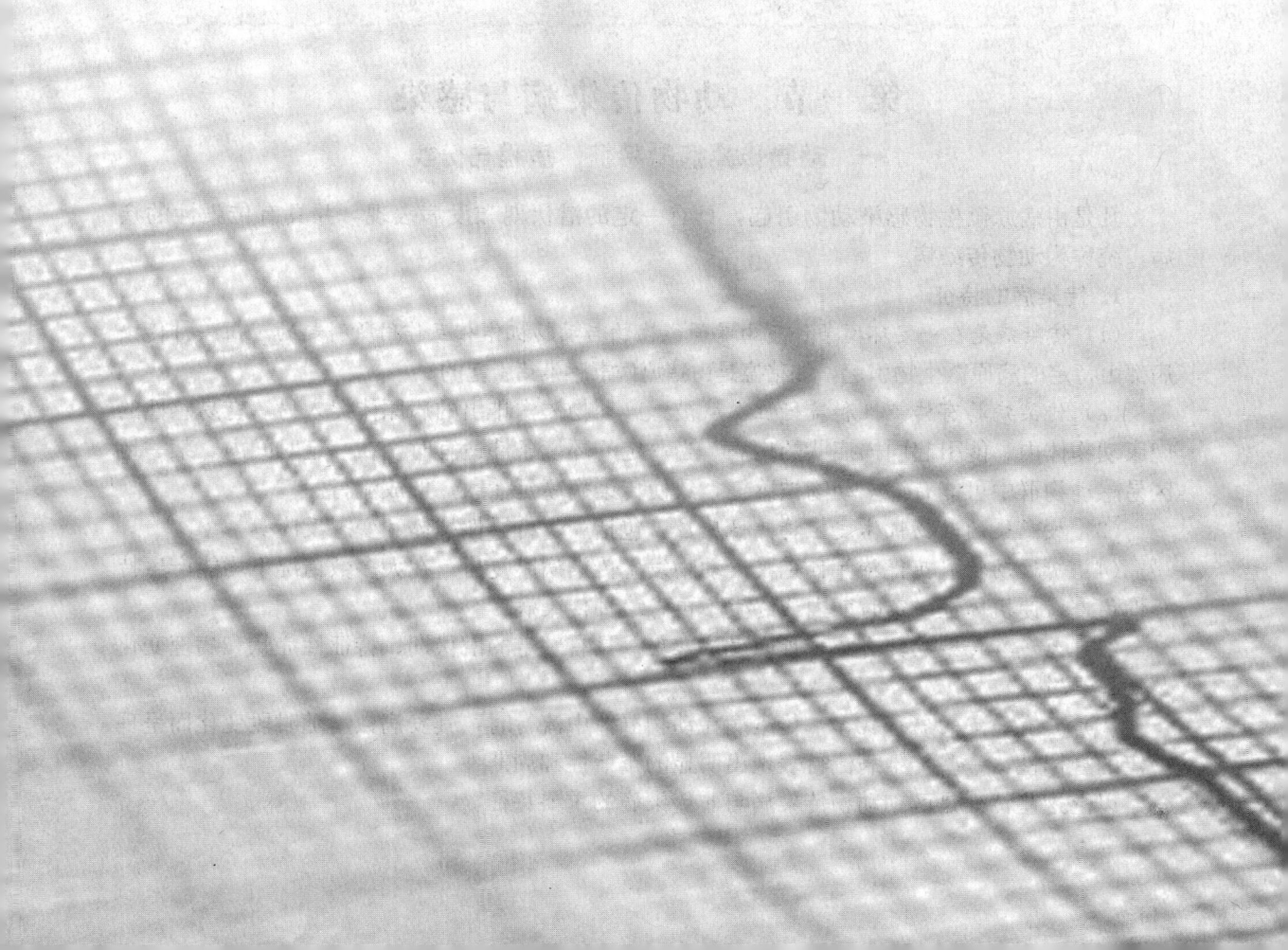

第一单元　总　　论

第一节　动物传染病与感染

一、动物传染病的特征、病程与分类

凡是由病原微生物感染动物引起，具有一定的潜伏期和发病表现，并具有传染性的疾病，统称为动物传染病。

1. 传染病的特征

（1）传染病是在一定环境条件下由病原微生物与动物机体相互作用所引起的　每一种传染病都由特定的病原微生物引起，如猪瘟是由猪瘟病毒感染猪引起的。

（2）传染病具有传染性和流行性　从被感染动物体内排出的病原体侵入另一有易感性的健康动物体内，能引起同样症状的疾病。当一定的环境条件适宜时，在一定时间内，某一地区易感动物群中可能有许多动物被感染，致使传染病蔓延播散，形成流行。

（3）被感染的动物机体发生特异性反应　包括产生特异性抗体和变态反应等。

（4）耐过动物能获得特异性免疫　动物发生传染病康复后，在大多数情况下均能产生特异性免疫，使机体在一定时期内或终生不再患该种传染病。

（5）大多数传染病具有特征性的发病表现　具有一定的潜伏期、特征性症状和病理变化及病程经过。

（6）具有一定的流行规律　传染病在动物群体中流行时，其发病数量随时段变化而呈现一定的规律性，一些传染病流行表现出明显的季节性和周期性。

以上这些特征是区别动物传染病与非传染病的重要特征。

2. 传染病的病程 动物传染病的发展在大多数情况下还具有明显的规律性，大致可以分为潜伏期、前驱期、明显期和转归期 4 个时期。

（1）潜伏期 指从病原体侵入动物机体并开始繁殖时起，直到疾病的最初症状开始出现的一段时间。处于潜伏期能排出病原体的动物也是重要的传染源。

（2）前驱期 指从出现疾病的最初症状至特征性症状刚一出现的一段时间，是疾病的征兆阶段，其特点是发病症状开始表现出来，如体温升高、食欲减退、精神异常等。但其特征性症状尚不明显。

（3）明显期 指前驱期之后一直到充分表现特征性症状的一段时间，是疾病发展到高峰的阶段，在诊断上比较容易识别。

（4）转归期 疾病发展的最后阶段，包括死亡转归和恢复健康。机体恢复健康后在一定时期内对该病的再次发生具有一定的免疫性，有的传染病在康复后的一定时间内还存在带菌（毒）排菌（毒）现象。

3. 一、二、三类动物传染病 根据动物疫病对人和动物危害的严重程度、造成损失的大小和国家扑灭疫病的要求等，我国政府将其分为三大类：

一类疫病：指对人和动物危害严重、需采取紧急、严厉的强制性预防、控制和扑灭措施的疾病，大多为发病急、死亡快、流行广、危害大的急性、烈性传染病或人畜共患传染病，如口蹄疫、猪水疱病、非洲猪瘟、尼帕病毒性脑炎、非洲马瘟、牛海绵状脑病、牛瘟、牛传染性胸膜肺炎、痒病、小反刍兽疫和高致病性禽流感等。按照法律规定，此类疫病一旦暴发，应在疫区采取以封锁、扑杀和销毁动物为主的扑灭措施。

二类疫病：是可造成重大经济损失、需要采取严格控制、扑灭措施的疾病。该类疫病的危害性、暴发强度、传播能力以及控制和扑灭的难度比一类疫病小，如狂犬病、布鲁氏菌病、炭疽、蓝舌病、日本脑炎、牛结节性皮肤病、牛传染性鼻气管炎（传染性脓疱外阴阴道炎）、牛结核病、绵羊痘和山羊痘、山羊传染性胸膜肺炎、马传染性贫血、马鼻疽、猪瘟、猪繁殖与呼吸综合征、猪流行性腹泻、新城疫、鸭瘟、小鹅瘟、兔出血症、美洲蜜蜂幼虫腐臭病和欧洲蜜蜂幼虫腐臭病等。法律规定发现二类疫病时，应根据需要采取必要的控制、扑灭措施，不排除采取与一类疫病相似的强制性措施。

三类疫病：指常见多发、可造成重大经济损失、需要控制和净化的动物疫病。法律规定此类疫病应采取检疫净化的方法，并通过人工免疫、改善环境条件和饲养管理等措施进行预防和控制，如伪狂犬病、产气荚膜梭菌病、大肠杆菌病、巴氏杆菌病、沙门氏菌病、李氏杆菌病、链球菌病、支原体病、牛病毒性腹泻、牛流行热、山羊关节炎/脑炎、羊传染性脓疱皮炎、马流感、马腺疫、猪细小病毒感染、猪丹毒、猪传染性胸膜肺炎、猪波氏菌病、猪圆环病毒病、格拉瑟病、猪传染性胃肠炎、猪痢疾、禽传染性喉气管炎、禽传染性支气管炎、禽白血病、传染性法氏囊病、马立克病、鸭病毒性肝炎、鸭浆膜炎、鸡病毒性关节炎、鸡传染性鼻炎、禽坦布苏病毒感染、蚕多角体病、蚕白僵病、蚕微粒子病、白垩病、水貂阿留申病、水貂病毒性肠炎、犬瘟热、犬细小病毒病、犬传染性肝炎、猫泛白细胞减少症和猫传染性腹膜炎等。

二、感染的类型

（一）外源性和内源性感染

按病原体的来源分类。若病原体从外界侵入动物机体引起的感染过程，称为**外源性感染**。

一些条件性致病微生物已存在于动物机体，当受不良因素影响，动物机体抵抗力减弱时，可导致病原微生物大量繁殖和毒力增强，最终引起机体发病的感染过程，称为**内源性感染**。

（二）单纯感染、混合感染、原发感染和继发感染

根据病原体的种类及感染先后分类。由一种病原微生物所引起的感染，称为**单纯感染**。由两种以上的病原微生物同时参与的感染，称为**混合感染**。动物感染了一种病原微生物之后，在机体抵抗力减弱的情况下，又由新侵入的或原来存在于体内的另一种病原微生物引起感染，这时前一种感染称为**原发感染**，后一种感染称为**继发感染**。

（三）显性感染和隐性感染

依据感染后所出现症状的严重程度分类。把出现该病所特有的明显发病症状的感染称为**显性感染**。在感染后无明显发病症状而呈隐蔽经过的称为**隐性感染**。隐性感染动物在机体抵抗力降低时也能转变为显性感染。

（四）局部感染和全身感染

按照感染部位，把动物机体的抵抗力较强、病原微生物毒力较弱或数量较少、病原微生物被局限在一定部位生长繁殖并引起一定病变的感染称**局部感染**，如化脓性葡萄球菌、链球菌等所引起的各种化脓创。如果动物机体抵抗力较弱，病原微生物突破了机体的各种防御屏障侵入血液向全身扩散，则称为**全身感染**，主要表现为菌血症、病毒血症、毒血症、败血症、脓毒症和脓毒败血症等。

（五）典型感染和非典型感染

均属显性感染。在感染过程中动物表现出该病的特征性发病症状的，称为**典型感染**。而**非典型感染**则指该病的特征性症状表现不够明显，与典型症状不同。

（六）最急性、急性、亚急性和慢性感染

按照感染后病程的长短，可将感染分为三类：最急性感染的病程最短，常在数小时或 1d 内突然死亡，症状和病变不显著；急性感染的病程较短，几天至几周，伴有典型的发病症状和病理变化；亚急性感染的病程稍长，发病表现不如急性感染明显，和急性相比是一种比较缓和的类型。

（七）持续性感染和慢病毒感染

持续性感染是指动物长期持续的感染状态。由于入侵的病毒不能杀死宿主细胞而使两者之间形成共生平衡，感染动物可长期或终生携带有病原体，并经常不定期地向体外排出病原体，但常缺乏或出现与免疫病理反应有关的症状。如猪瘟病毒、猪繁殖与呼吸综合征病毒等感染猪只后可表现为持续性感染。

慢病毒感染是指潜伏期长，发病呈进行性经过，最后常以死亡为转归的病毒感染。与持续性感染的不同点在于疾病过程缓慢，病情不断发展并最终引起死亡。包括反转录病毒科慢病毒属的病毒（寻常病毒）和亚病毒中的朊病毒（非寻常病毒），如马传染性贫血病毒、人免疫缺陷性病毒Ⅰ型（HIV-1）、牛海绵状脑病病原等。

第二节　动物传染病流行过程的基本环节

一、传染源、水平传播、垂直传播的概念

（一）传染源

传染源是指有某种病原体在其中寄居、生长、繁殖，并能排出体外的动物机体。具体说

传染源就是受感染的动物，包括患病动物和病原携带者。

（二）水平传播

水平传播是指传染病在群体之间或个体之间以横向方式传播，包括直接接触和间接接触传播两种方式。

1. 直接接触传播　是指病原体通过被感染的动物与易感动物直接接触（包括交配、舔咬等）、不需要任何外界条件因素的参与而引起的传播方式。如狂犬病的流行特点是一个接一个地发生，形成明显的连锁状，这种传播方式一般不易造成广泛的流行。

2. 间接接触传播　是指病原体通过传播媒介使易感动物发生传染的方式，传播媒介包括：空气、饲料、水、土壤、器械、节肢动物、野生动物、人、体温计、注射针头等。大多数传染病如口蹄疫、牛瘟、猪瘟、鸡新城疫等既可通过间接接触传播，也可通过直接接触传播。两种方式都能传播的传染病称为接触性传染病。

（三）垂直传播

垂直传播是从亲代到其子代之间的纵向传播形式，传播途径包括：胎盘传播、经卵传播和产道传播，如猪瘟、禽白血病、鸡沙门氏菌病等。

二、传染病流行过程的要素

动物传染病在动物群中蔓延流行，必须具备 3 个相互联系的要素，即传染源、传播途径与易感动物。这 3 个要素又常称为传染病流行过程的 3 个基本环节，当这 3 个环节同时存在并相互联系时就会引起传染病的发生或流行。

（一）传染源

根据定义，**传染源**就是受感染的动物，包括患病动物和病原携带者，病原体能在其中寄居、生长、繁殖，并能排出体外，因而具有传染性。

1. 患病动物　病畜是重要的传染源。前驱期和症状明显期的病畜因能排出病原体，尤其是在急性过程或者病程转剧阶段可排出大量毒力强大的病原体，因此作为传染源的危害也最大。潜伏期和恢复期的病畜是否成为传染源，则随病种不同而异。各种传染病的病畜隔离期是根据传染病潜伏期的长短来制订的。为了控制传染源，对病畜原则上应隔离至传染期终了为止。

2. 病原携带者　病原携带者是指外观无明显症状，但携带并排出病原体的动物。病原携带者排出病原体的数量一般不如病畜，但因缺乏症状不易被发现，有时可成为十分重要和危险的传染源。消灭和防止引入病原携带者是传染病防控中的重要工作之一。病原携带者一般分为潜伏期病原携带者、恢复期病原携带者和健康病原携带者三类。

（二）传播途径

病原体由传染源排出后，经一定的方式再侵入其他易感动物所经历的路径称为**传播途径**。动物传染病的传播途径比较复杂，每种传染病都有其特定的传播途径，有的可能只有一种途径，如皮肤霉菌病、虫媒病毒病等；有的有多种途径，如炭疽可经接触、饲料、饮水、空气、土壤或媒介节肢动物由皮肤黏膜创伤、消化道、呼吸道等途径传播。

病原体由传染源排出后，经一定的传播途径再侵入其他易感动物所表现的形式称为传播方式。它可分为两大类，即水平传播和垂直传播。

（三）畜群的易感性

易感性是指动物对于某种传染病病原体感受性的大小。**畜群的易感性**是指一个动物群体作为整体对某种病原体的易感染程度。家畜易感性的高低虽与病原体的种类和毒力有关，但主要还是由动物的遗传特征、特异免疫状态等因素决定的。气候、饲料、饲养管理、卫生条件等外界环境条件都可能直接影响到畜群的易感性和病原体的传播。

（四）疫源地和自然疫源地

1. 疫源地 有传染源及其排出的病原体存在的地区称为**疫源地**。疫源地的含义要比传染源的含义广泛得多，它除包括传染源之外，还包括被污染的物体、房舍、牧地、活动场所，以及这个范围内怀疑有被传染的可疑动物群和储存宿主等。在防疫方面，对于传染源采取隔离、治疗或扑杀处理；而对于疫源地则除以上措施外，还应包括污染环境的消毒，杜绝各种传播媒介，防止易感动物感染等一系列综合措施。目的在于阻止疫源地内传染病的蔓延和杜绝向外散播，防止新疫源地的出现，保护广大的受威胁区和安全区。

2. 疫点、疫区 根据疫源地范围大小，可分别将其称为疫点或疫区。通常将范围小的疫源地或单个传染源所构成的疫源地称为**疫点**。若干个疫源地连成片且范围较大时称为**疫区**，但疫点与疫区的划分不是绝对的。

3. 自然疫源地 有些病原体在自然条件下，即使没有人类或家畜的参与，也可以通过传播媒介（主要是吸血昆虫）感染宿主（主要是野生脊椎动物）造成流行，并且长期在自然界循环延续其后代。人和家畜疫病的感染和流行，对这些病原体在自然界的保存来说不是必要的，这种现象称为**自然疫源性**。具有自然疫源性的疾病，称为**自然疫源性疾病**。存在自然疫源性疾病的地方称为**自然疫源地**，即某些可引起人畜传染病的病原体在自然界的野生动物中长期存在和循环的地区。

自然疫源性人畜共患传染病主要有：狂犬病、伪狂犬病、犬瘟热、流行性乙型脑炎、口蹄疫、布鲁氏菌病、李氏杆菌病、钩端螺旋体病等。

三、传染病流行过程的表现形式和影响因素

（一）传染病流行过程的表现形式

在动物传染病的流行过程中，根据一定时间内发病率的高低和传染范围大小（即流行强度）可将疾病的表现形式分为下列 4 种。

1. 散发性 疾病无规律性随机发生，局部地区病例零星地散在出现，各病例在发病时间与地点上无明显的关系时称为**散发**，如破伤风、狂犬病等。

2. 地方流行性 在一定的地区和畜群中带有局限性传播特征的、并且是比较小规模流行的动物传染病可称为**地方流行性**，如炭疽、猪气喘病等。

3. 流行性 流行性是指在一定时间内一定畜群出现比寻常为多的病例。流行性疾病的传播范围广、发病率高。这些疾病往往是病原的毒力较强，能以多种方式传播，如猪瘟、鸡新城疫等。

"暴发"，常作为流行性的同义词。一般认为，某种传染病在一个畜群单位或一定地区范围内，在短时间突然出现很多病例时，可称为**暴发**。

4. 大流行 大流行是一种规模非常大的流行，流行范围可扩大至数省和全国，甚至可涉及多个国家或整个大陆。在历史上如口蹄疫、牛瘟和流感等都曾出现过大流行。

（二）流行过程的季节性和周期性

某些动物传染病经常发生于一定的季节，或在一定的季节出现发病率显著上升的现象，称为流行过程的季节性。出现季节性的主要原因有：①季节对病原体在外界环境中存在和散播的影响；②季节对活的传播媒介的影响；③季节对动物活动和抵抗力的影响等。

某些动物传染病（如口蹄疫、牛流行热等）经过一定的间隔时期（常以数年计），还可再度流行，这种现象称为动物传染病的周期性。

（三）影响流行过程的因素

1. 自然因素 主要包括地理位置、气候、植被、地质水文等，它们对流行过程的 3 个环节（传染源、传播媒介、易感动物）发生复杂作用。

2. 社会因素 影响动物疫病流行过程的社会因素主要包括社会的政治、经济制度、生产力和人们的经济、文化、科学技术水平以及贯彻执行防疫法规的情况等。

3. 饲养管理因素 畜舍的整体设计、规划布局、建筑结构、通风设施、饲养管理制度、卫生防疫制度和措施、工作人员素质乃至垫料种类等都是影响疾病发生的因素。例如，肉鸡生产采用全进全出制替代连续饲养，疾病的发病率会显著下降。长途运输、过度拥挤、气候突变、饲料更换、转群并群、频繁注射等，都易导致机体抵抗力降低或增加接触机会而诱使某些传染病（如猪瘟、圆环病毒病等）暴发流行。

第三节 动物流行病学调查

一、发病率、死亡率、病死率的概念

发病率：是指发病动物群体中，在一定时间内，具有发病症状的动物数占该群体总动物数的百分比。

死亡率：是指发病动物群体中，在一定时间内，发病死亡的动物数占该群体总动物数的百分比。

病死率：是指发病动物群体中，在一定时间内，发病死亡的动物数占该群体中发病动物总数的百分比。

它们均反应动物传染病的发病严重程度，在一定时间内发病率越高，说明该病传染性越强；死亡率越高，说明该病对该动物群的危害越严重；病死率越高，说明该病对患病动物的后果越严重。

二、动物流行病学调查的步骤和内容

动物流行病学调查对动物传染病预防和控制十分重要，研究对象为动物群体，但有时会涉及人群和野生动物群体，主要方法是对群体中的动物传染病进行调查，收集资料、研究分析和解释资料，并做科学推理。任务是确定病因，阐明分布规律，制定防制对策，并评价其效果，以达到预防、控制和消灭动物疾病的目的。疫情调查不又有助于正确做出流行病学诊断，而且也能为拟定防制措施提供依据。

（一）调查步骤

根据检测材料的不同，动物流行病学调查分为临床流行病学调查、血清流行病学调查和病原学流行病学调查。一旦发生传染病，流行病学调查是确保疾病正确诊断的重要方面之一。

实践中，流行病学调查可通过多种方式进行，如以座谈方式向畜主或相关知情人员询问疫情，或对现场进行仔细观察、检查，取得第一手资料，然后进行综合归纳、整理分析，作出初步诊断。

（二）调查内容

流行病学调查的内容或提纲按不同的疫病和要求而制定，一般应弄清下列有关问题。

1. 疾病流行情况 最初发病的时间、地点，随后蔓延的情况，目前的疫情分布。疫区内各种动物的数量和分布情况，发病家畜的种类、数量、年龄、性别，疫病传播速度和持续时间等。本次发病后是否进行过诊断，采取过哪些措施，效果如何。动物防疫情况如何，接种过哪些疫苗，疫苗来源、免疫方法和剂量、接种次数等。是否做过免疫监测，动物群体抗体水平如何。发病前有无饲养管理、饲料、用药、气候等变化或其他应激因素存在。查明其感染率、发病率、病死率和死亡率。

2. 疫情来源情况 本地过去曾否发生过类似的疫病，何时何地发生，流行情况如何，是否经过确诊，有无历史资料可查；何时采取过何种防治措施，效果如何，如本地未发生过，附近地区曾否发生过；这次发病前，周边地区有无疫情；曾否由其他地方引进畜禽等动物产品或饲料，输出地有无类似的疫病存在；是否有外来人员进入本场或本地区进行参观、访问或购销等活动等。

3. 传播途径和方式情况 本地各类有关家畜的饲养管理制度和方法，使役和放牧情况；牲畜流动、收购以及防疫卫生情况；交通检疫、市场检疫和屠宰检验的情况；死病畜处理情况；有哪些助长疫病传播蔓延的因素和控制疫病的经验；疫区的地理、地形、河流、交通、气候、植被和野生动物、节肢动物等的分布和活动情况，它们与疫病的发生及蔓延传播之间有无关系等。

4. 其他 该地区的政治、经济社会基本情况，群众生产和生活活动的基本情况和特点，畜牧兽医机构和工作的基本情况，当地领导、干部、兽医、饲养员和群众对疫情的看法如何等。

第四节 动物传染病的诊断方法

一、临床综合诊断

（一）流行病学诊断

流行病学诊断是针对患病动物群体、常与临床诊断联系在一起的一种诊断方法。某些家畜疫病的临床症状虽然非常相似，但其流行特点和流行规律却差别很大。因此，这种方法在传染病的诊断工作中具有很重要的实用价值。其方法和内容见本单元第三节中流行病学调查的有关内容。

（二）临床诊断

是指利用人的感官或借助一些简单的器械如体温计、听诊器等直接对患病动物进行检查以作出初步诊断，有时也包括血、粪、尿的常规检验。检查内容主要包括患病动物的精神、食欲、体温、脉搏、体表及被毛变化、分泌物和排泄物特性、呼吸系统、消化系统、泌尿生殖系统、神经系统、运动系统及五官变化等。有些传染病具有特征临床症状，经过仔细的临床检查可以做出诊断，如破伤风、狂犬病和放线菌病等。但在很多情况下，临床诊断只能提出可疑疫病的大致范围，必须结合其他诊断方法才能做出确诊。在进行临床诊断时，应注意对整个发病动物群所表现的综合症状加以分析判断，以免误诊。

（三）病理解剖学诊断

病理解剖学检查是诊断传染病的重要方法之一。它既可验证临床诊断结果的正确与否，又可为实验室诊断方法和内容的选择提供参考依据。病理解剖检查时应注意操作顺序，先观察尸体外观变化，包括有无尸僵出现、被毛及皮肤变化；天然孔有无分泌物、排泄物和出血及其性质；体表有无肿胀或异常；四肢、头部及五官有无变化等。然后检查内脏，先胸腔再腹腔；先看外表（浆膜）再切开实质脏器和浆膜；先检查消化道以外的器官组织，最后检查消化道，以防消化道内容物溢出而影响观察并造成污染。检查时注意实质脏器有无炎症、水肿、出血、变性、坏死、萎缩、肿瘤等异常变化。对家禽还应注意观察气囊和法氏囊。由于每种传染病的所有病理变化不可能在每一个病例都充分表现出来，应尽可能多的选择症状较典型、病程长的、未经治疗的自然死亡病例进行剖检。此外，病理剖检应由兽医人员在规定的地点和场所来完成，不可任意随地剖检，以免造成污染，散播疾病。如果怀疑炭疽时则严禁剖检。

二、实验室诊断

（一）病理组织学诊断

有些疫病引起的大体病变不明显或缺乏，仅靠肉眼很难作出判断，还需作病理组织学检查，如传染性海绵状脑病、猪圆环病毒病、肿瘤等。有些病还需检查特定的组织器官，如疑为狂犬病时应取脑海马角组织进行包涵体检查。

（二）微生物学诊断

1. 病料的采集 正确采集病料是微生物学诊断的重要环节。病料力求新鲜，最好能在濒死时或死后数小时内采取；应从症状明显、濒死期或自然死亡而且未经治疗的病例取材；要求尽量减少杂菌污染，用具、器皿应尽可能严格消毒。通常可根据所怀疑病的类型和特性来决定采取哪些器官或组织。原则上要求采取病原微生物含量多、病变明显的部位，同时易于采取，易于保存和运送。如果缺乏临床资料，剖检时又难以分析诊断可能属何种病时，应比较全面地取材，如血液、肝、脾、肺、肾、脑和淋巴结等，同时要注意带有病变的部分。

2. 病料涂片、镜检 通常把有显著病变的组织器官涂片数张，进行染色、镜检。此法对于一些具有特征性形态的病原菌如炭疽杆菌、巴氏杆菌等可以迅即做出诊断，但对大多数传染病来说，只能提供初步诊断依据或参考。

3. 分离培养和鉴定 分离培养细菌、真菌、螺旋体等可选择适当的人工培养基，分离培养病毒可选用禽胚、动物或细胞组织等。分得病原体后，再进行形态学、培养特性、动物接种、免疫学及分子生物学等鉴定。

4. 动物接种试验 将病料用适当的方法处理后人工接种敏感的动物，然后根据对动物的致病力、症状和病理变化特点来帮助诊断。一般常用的实验动物有家兔、小鼠、豚鼠、仓鼠、家禽、鸽子等。当实验动物对病原体无感受性时，可以采用有易感性的本种动物，在一定条件下进行动物接种试验。

（三）免疫学诊断

1. 血清学试验 可以用已知抗原来测定被检动物血清中的特异性抗体，也可以用已知的抗体来测定被检材料中的抗原。常用的血清学方法有：中和试验、凝集试验（直接凝集试验、间接凝集试验、间接血凝试验、协同凝集试验和血细胞凝集抑制试验）、琼脂扩散沉淀试验、补体结合试验、免疫荧光试验、免疫酶技术。这些方法已成为传染病快速诊断的重要工具。

2. 变态反应 动物患某些传染病（主要是慢性传染病）后，可对该病病原体或其产物（某种抗原物质）的再次进入产生强烈反应，即变态反应。能引起变态反应的物质（病原体或其产物或抽提物）称为变应原，如结核菌素、鼻疽菌素等，将其注入患病动物时，可引起局部或全身反应，故可用于传染病的诊断。

（四）分子生物学诊断

分子生物学诊断又称基因诊断，主要包括 PCR 技术、核酸探针和 DNA 芯片技术，具有很高的特异性和敏感性。

第五节　动物传染病的免疫防控措施

一、基本概念

（一）疫苗

用于人工主动免疫的生物制剂可统称为疫苗，包括用细菌、支原体、螺旋体和衣原体等制成的菌苗、用病毒制成的疫苗和用细菌外毒素制成的类毒素。

（二）免疫接种

免疫接种是指用人工方法将疫苗引入动物体内刺激机体产生特异性免疫力，使该动物对某种病原体由易感转变为不易感的一种疫病预防措施。根据免疫接种进行的时机不同，可将其分为预防接种和紧急接种两大类。

1. 预防接种 在经常发生某些传染病的地区，或有某些传染病潜在的地区，或经常受到邻近地区某些传染病威胁的地区，为了防患于未然，在平时有计划地给健康动物进行的疫苗免疫接种，称为预防接种。

2. 紧急免疫 是指在发生传染病时，为了迅速控制和扑灭疫情而对疫区和受威胁区尚未发病的畜禽进行的应急性免疫接种。

在疫区应用疫苗作紧急接种时，必须对所有受到传染威胁的畜禽逐头进行详细观察和检查，仅能对正常无病的畜禽以疫苗进行紧急接种。对病畜禽及可能已受感染而处于潜伏期的畜禽，必须在严格消毒的情况下立即隔离，不能再接种疫苗。由于在外表正常无病的畜禽中可能混有一部分还处于潜伏期，这一部分在接种疫苗后不能获得保护，反而会促使其更快发病或死亡，因此在紧急接种后的短期内，动物群中发病动物的数量有可能增多，但由于这些急性传染病的潜伏期较短，而疫苗接种后大多数未感染动物很快就能产生抵抗力，因此发病率不久即可下降，最终使疫情很快停息。某些流行性强大的传染病（如禽流感和口蹄疫等），其疫点周围 5～10km 为受威胁区，必须进行紧急接种，其目的是建立"免疫带"以包围疫区，防止其扩散蔓延。但这一措施必须与疫区的封锁、隔离、消毒等综合措施相配合才能取得较好的效果。

（三）免疫程序

免疫程序是指根据一定地区、养殖场或特定动物群体内传染病的流行状况、动物健康状况和不同疫苗特性，为特定动物群制定的接种计划，包括接种疫苗的类型、顺序、时间、次数、方法、时间间隔等规程和次序。不同的传染病其免疫程序也不相同。例如，鸡马立克病和鸡痘一般只用弱毒活疫苗免疫一次，而鸡新城疫和传染性支气管炎则要用弱毒活疫苗和灭活苗免疫多次。数种传染病的免疫程序组合在一起就构成了一个地区、一个牧场或特定动物群体的综合免疫程序。每种传染病的免疫程序之间都有密切联系，某种传染病免疫程序的改变往往会影响到其他传染病的免疫程序。因此，对于一个地区或牧场来说，制定免疫程序是一项非常严肃细微的工作，应该考虑各方面的因素。凡是有条件能做免疫监测的，最好根据免疫监测结果即抗体水平变化结合实际经验来指导、调整免疫程序。

（四）被动免疫

被动免疫是指将免疫血清或自然发病后康复动物的血清人工输入未免疫的动物，使其获得对某种病原的抵抗力。例如抗小鹅瘟病毒血清可防治小鹅瘟，抗鸡传染性法氏囊病毒血清可防治鸡传染性法氏囊病等。采用人工被动免疫注射免疫血清可使抗体立即发挥作用，无诱导期，免疫力出现快，但免疫力维持时间短，一般维持 1～4 周。

二、免疫接种的方法与注意事项

（一）免疫接种的方法

根据所用生物制剂的品种不同，可采用皮下、皮内、肌内注射或皮肤刺种、点眼、滴鼻、喷雾、口服等不同的接种方法。接种后经一定时间（数天至 3 周），可获得数月至 1 年以上的免疫力。

（二）免疫接种注意事项

1. 预防接种应有周密的计划　为了做到预防接种有的放矢，应对当地各种传染病的发生和流行情况进行调查了解。弄清楚存在哪些传染病，在什么季节流行。据此拟订每年的预防接种计划。例如，某些地区为了预防猪瘟、猪丹毒、猪肺疫等传染病，要求每年全面地定期接种两次，尽可能做到头头接种。在两次间隔期间，每月或每半月要检查一次，对新生小猪和新引进的猪只，应及时进行补种，以提高防疫密度。

有时也进行计划外的预防接种。例如引进或运出家畜时，为了避免在运输途中或到达目的地后暴发某些传染病而进行的预防接种。一般可采用抗原激发免疫（接种疫苗、菌苗、类毒素等），若时间紧迫，也可用免疫血清进行被动免疫，后者可立即产生保护力，但维持时间仅 2 周左右。

如果在某一地区过去从未发生过某种传染病，也没有从别处传进来的可能时，则不必进行该传染病的预防接种。

预防接种前，应对被接种的动物群进行详细的检查和调查了解，特别注意其健康状况、年龄大小、是否正在怀孕或泌乳，以及饲养条件的好坏等。成年、体质健壮或饲养管理条件较好的家畜，接种后会产生较坚强的免疫力。反之，接种后产生的抵抗力就差些，也可能引起较明显的接种反应。怀孕母畜，特别是临产前的母畜，在接种时由于驱赶、捕捉等影响或者由于疫苗所引起的反应，有时会发生流产或早产，或者可能影响胎儿的发育。泌乳期的母畜或产卵期的家禽预防接种后，有时会暂时减少产奶量或产卵量。所以，对那些幼龄、体质较弱、有慢性病和怀孕后期的母畜，如果不是已经受到传染的威胁，最好暂时不接种。对那些饲养管理条件不好的家畜，在进行预防接种的同时，必须创造条件改善饲养管理。

接种前，应注意了解当地有无疫病流行，如发现疫情，则首先安排对该病的紧急防疫。如无特殊疫病流行则按计划进行定期预防接种。一方面组织力量向群众做好宣传发动工作；另一方面准备疫苗、器材、消毒药品和其他必要的用具。接种时防疫人员要本着全心全意为人民服务的精神，爱护家畜，做到消毒认真，剂量、部位准确。接种后，要向群众说明应加强饲养管理，使机体产生较好的免疫力，减少接种后的反应。

疫苗接种后经过一定时间（10～20d），应检查免疫状况。尤其是改用新的免疫程序及疫苗种类时更应重视免疫效果的检查，目前常用测定抗体的方法来监测免疫状况。这样可以及早知道是否达到预期免疫效果。如果免疫失败，应尽早、尽快补防，以免发生疫情。

2. 应注意预防接种的反应　免疫接种后，要注意观察动物接种疫苗后的反应，如有不良反应或发病等情况，应及时采取适当措施，并向有关部门报告。预防接种发生反应的原因很复杂，是由多方面的因素造成的。生物制品对机体来说，都是异物，经接种后会有个反应过程，不过反应的性质和强度可以有所不同。在预防接种中成为问题的不是所有的反应，而是指不应有的不良反应或剧烈反应。所谓不良反应，一般认为就是经预防接种后引起了持久的或不可逆的组织器官损害或功能障碍而致的后遗症。反应可分为下列3种类型：

正常反应：是指由于生物制品本身的特性而引起的反应，其性质与反应强度随生物制品而异。例如，某些生物制品有一定毒性，接种后可以引起一定的局部或全身反应。有些生物制品是活菌苗或活疫苗，接种后实际是一次轻度感染，也会发生某种局部反应或全身反应。

严重反应：此类反应和正常反应在本质上没有区别，但程度较重或发生反应的动物数超过正常比例。引起严重反应的原因：生物制品质量较差；使用方法不当，如接种剂量过大、接种技术不正确、接种途径错误等；个别动物对某种生物制品过敏。这类反应通过严格控制产品质量和遵照使用说明书可以减少到最低限度，只有在个别特殊敏感的动物中才会发生。

合并症：是指与正常反应性质不同的反应。主要包括：超敏感（血清病、过敏休克、变态反应等），扩散为全身感染（由于接种活疫苗后，防御机能不全或遭到破坏时可发生）和诱发潜伏感染（如鸡新城疫疫苗气雾免疫时可能诱发幼龄鸡慢性呼吸道病等）。

克服不良免疫反应的办法很多，应根据具体情况采取相应措施。一般来说，活疫苗引起的不良反应较多见，特别是在使用气雾、饮水、点眼、滴鼻等方法进行免疫时，往往易激活呼吸道的某些条件性病原体而诱发呼吸道反应。因此，在这种情况下对病毒性活疫苗可通过加抗生素、保护剂等措施减少应激。也可在免疫接种前或免疫接种时给被接种动物使用抗应激药物、抗生素等。另外，严格遵守操作程序、注意气候条件、控制好畜舍环境条件、选择适当的免疫时机等也能有效避免或降低免疫接种诱发的不良反应。

3. 几种疫苗的联合使用　两种以上疫苗同时给动物接种可能彼此无关，也可能彼此发生影响。例如，1日龄雏鸡同时进行马立克病疫苗和新城疫疫苗接种时，后者会受到前者抑制。如果一次接种疫苗种类过多，机体不能忍受过多刺激时，不仅可能引起较剧烈的不良反应，而且还可能减弱机体产生抗体的机能甚至出现免疫麻痹，从而降低预防接种的效果。为了保证免疫效果，对当地流行最严重的传染病，最好能单独进行接种，以便产生坚强的免疫力。目前，某些疫苗的联合应用是通过大量的科学实验而确定的。实践证明，这些生物制剂一针可防多病，大大提高防疫工作效率和预防效果，给兽医人员和群众带来实际的便利。随着集约化畜牧业的日益发展，这种高效率、低劳动强度的群体防疫方法将日益受到重视。

4. 合理的免疫程序 一个地区、一个养殖场可能发生的传染病不止一种，因此，养殖场往往需用多种疫（菌）苗来预防不同的疫病。用来预防这些传染病的疫（菌）苗的性质各不相同，免疫期长短不一。所以，为了达到理想的免疫效果，需要根据各方面情况制定科学、合理的免疫程序。

制订免疫程序，应考虑以下因素：①当地疾病的流行情况及严重程度。②母源抗体的水平。③上一次免疫接种引起的残余抗体水平。④家畜的免疫应答能力。⑤疫苗的种类和性质。⑥免疫接种方法和途径。⑦各种疫苗的配合。⑧对动物健康及生产能力的影响。这些因素互相联系、互相制约，必须统筹考虑。

免疫种畜禽所产仔畜在一定时间内其体内有母源抗体存在，对建立自主免疫有一定影响，因此对幼龄畜禽免疫接种往往不能获得满意的效果。以猪瘟为例，母猪于配种前后接种猪瘟疫苗者，所产仔猪由于从初乳中获得母源抗体，在 20 日龄以前对猪瘟具有坚强免疫力，30 日龄以后母源抗体急剧衰减，至 40 日龄以后几乎完全丧失。哺乳仔猪如在 20 日龄首次免疫接种猪瘟弱毒疫苗，则至 65 日龄左右应进行第二次免疫接种，这是目前国内认为较合适的猪瘟免疫程序。

5. 影响疫苗免疫效果的因素

（1）疫苗因素 疫苗免疫效果与疫苗的性质和疾病的免疫特性直接有关，很多商业化疫苗免疫效果比较理想，但也有一些疫苗本身的保护性能差或具有一定毒力，如猪副伤寒菌苗、鸡传染性喉气管炎疫苗、鸡法氏囊病中等毒力疫苗、猪繁殖与呼吸综合征弱毒疫苗等。

有些疫苗的毒（菌）株与日间流行毒（菌）株血清型或亚型不一致，或流行株的血清型发生了变化，如口蹄疫、禽流感、传染性支气管炎、猪繁殖与呼吸综合征等都有这种情况；或疫苗选择不当甚至用错疫苗。在疫病严重流行的地区，仅选用安全性好但免疫原性差的疫苗品系，例如，在有速发性嗜内脏型新城疫流行的地区选用了Ⅱ系或Ⅲ系疫苗。新城疫Ⅰ系疫苗只能用于成年鸡，而不能用于雏鸡等。

（2）疫苗保存与运输 疫苗都应该冷冻保存，冷藏运输，疫苗稀释后必须及时使用，否则会造成疫苗失效或减效。疫苗都有有效期，并有特定的物理性状，不能使用过期、变质的疫苗。

（3）免疫程序 接种活苗时动物有较高的母源抗体或前次免疫残留的抗体，对疫苗产生了免疫干扰。此外，不同种类疫苗之间可能存在干扰作用。所以，必须制定合理的免疫程序。

（4）免疫接种方法 应按疫苗说明书使用疫苗，注意免疫接种途径或方法，如只能注射的灭活苗不能采用饮水法接种。免疫接种工作必须认真，饮水免疫时饮水器必须充足，疫苗稀释要均匀，稀释后及时使用，接种剂量足，接种不遗漏等。

使用活菌苗，应注意在免疫接种前后不要使用抗菌药物，以免影响疫苗活菌在动物体内繁殖，减低免疫效果。

（5）动物因素 接种疫苗时，动物应处于健康状态，如果接种时动物已处于潜伏感染，或在接种时由接种人员及工具带入病原体，则会引起免疫动物产生严重副反应。如果动物群中有免疫抑制性疾病存在，如猪圆环病毒病、猪繁殖与呼吸障碍综合征、鸡传染性法氏囊病等，则其免疫效果下降，有时会导致发病。

第六节　动物传染病的综合防控措施

一、防疫工作的基本原则和内容

（一）防疫工作的基本原则

1. 建立、健全各级特别是基层兽医防疫机构，以保证兽医防疫措施的贯彻落实　兽医防疫工作是一项与农业、商业、外贸、卫生、交通等部门都有密切关系的重要工作，只有各有关部门密切配合，从全局出发，大力合作，统一部署，全面安排，建立、健全各级兽医防疫机构，特别是基层兽医防疫机构，拥有稳定的防疫、检疫、监督队伍和懂业务的高素质技术人员，才能保证兽医防疫措施的贯彻落实，把兽医防疫工作做好。

2. 建立、健全并严格执行兽医法规　兽医法规是做好动物传染病防控工作的法律依据。《中华人民共和国进出境动植物检疫法》和《中华人民共和国动物防疫法》是我国开展动物传染病防治和研究工作的指导原则和有效依据，认真贯彻实施这些法律法规将能有效地提高我国动物防疫工作的水平。

3. 贯彻"预防为主"的方针　搞好饲养管理、防疫卫生、预防接种、检疫、隔离、消毒等综合性防疫措施，以提高家畜的健康水平和抗病能力，控制和杜绝传染病的传播蔓延，降低发病率和死亡率。实践证明，只要做好平时的预防工作，很多传染病的发生都可以避免；即或发生传染病，也能及时得到控制。在大规模饲养的动物群中，兽医工作的重点应放在群发病的预防方面，而不是忙于治疗个别病畜，否则会使工作陷入被动的局面。

（二）防疫工作的基本内容

消除或切断动物传染病的传染源、传播途径和易感动物3个基本环节，就可以阻止疫病的发生和传播。因此，在采取防疫措施时，要根据每个传染病3个基本环节上表现的不同特点，分别轻重缓急，找出针对性强的重点措施，以达到在较短时间内，以最少的人力、物力预防和控制传染病的流行。例如，防治和净化猪瘟、鸡新城疫等应以预防接种为重点措施，而预防和净化猪气喘病则以控制病猪和带菌猪为重点措施。但是只进行一项单独的防疫措施是不够的，必须采取包括"养、防、检、治"4个方面的综合性措施。综合性防疫措施可分为平时的预防措施和发生疫病时的扑灭措施两个方面。

1. 平时的预防措施　①加强饲养管理，搞好卫生消毒工作，增强动物机体的抗病能力。贯彻自繁自养的原则，减少疫病传播。②拟订和执行定期预防接种和补种计划。③定期杀虫、灭鼠、防鸟，进行粪便无害化处理。④认真贯彻执行国境检疫、交通检疫、市场检疫和屠宰检验等各项工作，以及时发现并消灭传染源。⑤各地（省、市）兽医机构应调查研究当地疫情分布，组织相邻地区对畜禽传染病的联防协作，有计划地进行消灭和控制，并防止外来疫病的侵入。

2. 发生疫病时的扑灭措施　①及时发现、诊断和上报疫情，并通知邻近单位做好预防工作。②迅速隔离患病动物，污染的地方进行紧急消毒。若发生危害性大的疫病如口蹄疫、高致病性禽流感、炭疽等应采取封锁等综合性措施。③实行紧急免疫接种，并对患病动物进行及时和合理的治疗。④严格处理病死动物和淘汰患病动物。

预防措施和扑灭措施不是截然分开的，它们互相联系、互相配合和互相补充。

二、疫情报告和诊断

饲养、生产、经营、屠宰、加工、运输家畜及其产品的单位和个人，发现动物传染病或疑似传染病时，必须立即报告当地动物防疫检疫机构或乡镇畜牧兽医站。特别是可疑为口蹄疫、高致病性禽流感、炭疽、狂犬病、牛瘟、猪瘟、鸡新城疫、牛流行热等重要法定传染病时，一定要迅速向上级有关部门报告，并通知邻近单位及有关部门注意预防工作。上级机关接到报告后，除及时派人到现场协助诊断和紧急处理外，根据具体情况逐级上报。若为紧急疫情，应以最迅速的方式上报有关领导部门。

当动物突然死亡或怀疑发生传染病时，应立即通知兽医人员。在兽医人员尚未到达现场或尚未作出诊断之前，应采取下列措施：将疑似传染病动物进行隔离，派专人管理；对患病动物停留过的地方和污染的环境、用具进行消毒；完整保留病畜尸体；不得随便急宰，不许食用患病动物的皮、肉、内脏。应经常向群众宣传这些科技知识，使之家喻户晓。

动物传染病发生后，及时而正确的诊断是防制工作的关键和首要环节，它关系到能否正确制定有效的控制措施。正确的诊断来自正确的策略、完善的方案、可靠的方法和先进成熟的技术，特别是对大的疫情，应该全面系统掌握各方面的材料、信息、数据和检测结果。家畜传染病的诊断方法很多，包括临床综合诊断和实验室诊断。但在实际工作中特别强调综合诊断，注意各种诊断方法的配合使用、各种诊断结果的综合分析，最后做出确诊。

三、检疫、隔离、封锁的概念

（一）检疫

检疫是指利用各种诊断和检测方法对动物及其相关产品和物品进行疫病或病原体或抗体检查。检疫的目的是查出传染源、切断传播途径，防止疫病传播。

动物检疫是遵照国家法律、运用强制性手段和科学技术方法预防和阻断动物疾病的发生或从一个地区向另一个地区间传播的日常性工作。实施检疫的动物包括各种家畜、家禽、皮毛兽、实验动物、野生动物、观赏及演艺动物和蜜蜂、鱼苗、鱼种、胚胎等；动物产品包括生皮张、生毛类、生肉、种蛋、精液、鱼粉、兽骨、蹄角等；运载工具包括运输动物及其产品的车船、飞机、包装、铺垫材料、饲养工具和饲料等。动物检疫可分为产地检疫、运输检疫和国境（口岸）检疫。

（二）隔离

将不同健康状态的动物严格分离、隔开，完全、彻底切断其间的来往接触，以防疫病的传播、蔓延即**隔离**。隔离是为了控制传染源，是防制传染病的重要措施之一。隔离有两种情况，一种是正常情况下对新引进动物的隔离，其目的是观察这些动物是否健康，以防把感染动物引入新的地区或动物群体，造成疫病传播和流行。另一种是在发生传染病时实施的隔离，是将未发病动物和可疑感染的动物隔离开。隔离患病动物防止其他动物继续受到传染，以便将疫情控制在最小范围内加以就地扑灭。根据诊断结果，可将全部受检动物分为患病动物、可疑感染动物和假定健康动物等三类，以便分别对待。

1. 病畜　患病动物数目较多，可集中隔离在原来的圈舍里。特别注意严密消毒，加强卫生和护理工作，须有专人看管和及时进行治疗。隔离场所禁止闲杂人员出入和接近。工作人员出入应遵守消毒制度。隔离区内的用具、饲料、粪便等，未经彻底消毒处理，不得运出，没有治疗价值的家畜，由兽医根据国家有关规定进行严密处理。

2. 可疑感染家畜 未发现任何症状，但与病畜及其污染的环境有过明显接触的家畜，如同群、同圈、同槽、同牧、使用共同的水源、用具等。这类家畜应在消毒后另选地方将其隔离、看管，限制其活动，严加观察，出现症状的则按病畜处理。有条件时应立即进行紧急免疫接种或预防性治疗。隔离观察时间的长短，根据该种传染病的潜伏期长短而定，经一定时间不发病者，可取消其限制。

3. 假定健康家畜 除上述两类动物外，疫区内其他易感家畜都属于假定健康家畜。此类家畜应与上述两类严格隔离饲养，加强防疫消毒和相应的保护措施，立即进行紧急免疫接种，必要时可根据实际情况分散喂养或转移至偏僻牧地。

（三）封锁

根据《中华人民共和国动物防疫法》规定，当确诊为口蹄疫、牛传染性胸膜肺炎、高致病性禽流感等一类传染病或当地新发现的家畜传染病时，兽医人员应立即报请当地政府机关，划定疫区范围，进行封锁。执行封锁时应掌握"早、快、严、小"的原则，即执行封锁应在流行早期，行动果断、快速，封锁严密，范围尽可能小。具体措施如下：

1. 封锁疫点应采取的措施 ①严禁人、家畜、车辆出入和畜禽产品及可能污染的物品运出。在特殊情况下人员必须出入时，需经有关兽医人员许可，经严格消毒后出入。②对病死家畜及其同群畜禽，县级以上农牧部门有权采取扑杀、销毁或无害化处理等措施。③疫点出入口必须有消毒设施，疫点内用具、圈舍、场地必须进行严格消毒，疫点内的畜禽粪便、垫草、受污染的草料必须在兽医人员监督指导下进行无害化处理。

2. 封锁疫区应采取的措施 ①交通要道必须建立临时性检疫消毒关卡，备有专人和消毒设备，监视畜禽及其产品移动，对出入人员、车辆进行消毒。②停止集市贸易和疫区内家畜及其产品的采购。③未污染的畜禽产品必须运出疫区时，需经县级以上农牧部门批准，在兽医防疫人员监督指导下，经外包装消毒后运出。④非疫点的易感家畜，必须进行检疫或预防注射。农村城镇饲养及牧区畜禽与放牧水禽必须在指定地区放牧，役畜限制在疫区内使役。

3. 受威胁区应采取的措施 疫区周围地区为受威胁区，其范围应根据疾病的性质、疫区周围的山川、河流、草场、交通等具体情况而定。应采取的措施包括：①对受威胁区内的易感动物应及时进行预防接种，以建立免疫带。②管好本区易感动物，禁止出入疫区，并避免利用疫区水源。③禁止从封锁区购买畜禽、草料和动物产品，如从解除封锁后不久的地区买进牲畜或其产品，应注意隔离观察，必要时对畜禽产品进行无害处理。④对设在本区的屠宰场（厂、点）、加工厂、畜产品仓库进行兽医卫生监督，拒绝接受来自疫区的活畜禽及其产品。

4. 解除封锁 疫区内（包括疫点）最后一头病畜禽扑杀或痊愈后，经过该病一个潜伏期以上的检测、观察未再出现病畜禽时，经彻底清扫和终末消毒，由县级以上农牧部门检查合格后，经原发布封锁令的政府发布解除封锁令，并通报毗邻地区和有关部门。疫区解除封锁后，病愈畜禽需根据其带毒时间，控制在原疫区范围内活动，不能将它们调到安全区去。

四、消毒、杀虫、灭鼠方法

（一）消毒

1. 基本概念 利用物理、化学或生物学方法杀灭或清除外界环境中的病原体，从而切断其传播途径、防止疫病的流行，称为**消毒**。消毒是贯彻"预防为主"方针的一项重要措施。消毒的目的就是消灭被传染源散播于外界环境中的病原体，以切断传播途径，阻止疫病继续蔓延。根据消毒的目的，可分为预防性消毒、临时消毒和终末消毒。

2. 消毒方法

（1）机械性清除 用机械的方法如清扫、洗刷、通风等清除病原体，是最普通、常用的方法。机械性清除不但可以除去环境中 85% 的病原体，而且由于去除了各种有机物对病原体的保护作用，从而可使随后的化学消毒剂对病原体发挥更好的杀灭作用。

（2）物理消毒法 即利用阳光、紫外线和高温进行消毒。阳光对于牧场、草地、畜栏、用具和物品等的消毒具有很大的现实意义，应该充分利用。但阳光的消毒能力大小取决于很多条件，如季节、时间、纬度、天气等。因此利用阳光消毒要灵活掌握，并配合使用其他方法。

在实际工作中，很多场合（如实验室等）用人工紫外线来进行空气消毒。消毒灭菌使用的紫外线波长范围是 $200\sim273$nm，杀菌作用最强的波段是 $250\sim270$nm。紫外线的杀菌作用受很多因素的影响，如只能对表面光滑的物体才有较好的消毒效果。空气中的尘埃能吸收很大部分紫外线，应用紫外线消毒时，室内必须清洁。人亦必须离开现场，因紫外线对人有一定的损害。如应用漫射紫外线则对人无害，漫射紫外线的装置与直射紫外线相反，即反光板装在灯下，紫外线直射天花板，然后漫射向下。对污染表面消毒时，灯管距表面不超过1m。灯管周围 $1.5\sim2$m 处为消毒有效范围。消毒时间为 $1\sim2$h。房舍消毒每 $10\sim15$m^2 面积可设 30W 灯管 1 个，最好每照 2h 间歇 1h，然后再照，以免臭氧浓度过高。当空气相对湿度为 $45\%\sim60\%$ 时，照射 3h 可杀灭 $80\%\sim90\%$ 的病原体。

高温是最彻底的消毒方法之一，包括火焰烧灼和烘烤、煮沸消毒和蒸汽消毒。当发生抵抗力强的病原体引起的传染病（如炭疽、气肿疽等）时，病畜的粪便、饲料残渣、垫草、污染的垃圾和其他价值不大的物品，以及病畜的尸体，均可用火焰加以焚烧。畜舍地面、墙壁可用喷射火焰消毒。金属制品也可用火焰烧灼和烘烤进行消毒。应用火焰消毒时必须注意房舍物品和周围环境的安全。各种金属、木质、玻璃用具、衣物等都可以进行煮沸消毒。将耐煮污染物品浸入含水容器内，加少许碱类物质如 2% 的苏打、0.5% 的肥皂或苛性钠等，可使蛋白、脂肪溶解，防止金属生锈，提高沸点，增强消毒作用。蒸汽消毒与煮沸消毒的效果相似。在一些交通检疫站，可设立专门的蒸汽锅炉或利用蒸汽机车和轮船的蒸汽对运输的车皮、船舱、包装工具等进行消毒。如果蒸汽和化学药品（如甲醛等）并用，杀菌力可以加强。高压蒸汽消毒在实验室和死尸化制站应用较多。

（3）化学消毒法 化学消毒的效果决定于许多因素，如病原体抵抗力的特点、所处环境的情况和性质、消毒时的温度、药剂的浓度、作用时间长短等。在选择化学消毒剂时应考虑对该病原体的消毒力强、对人畜的毒性小、不损害被消毒的物体、易溶于水、在消毒的环境中比较稳定、不易失去消毒作用（如对蛋白质和钙盐的亲和力要小）、价廉易得和使用方便等。

氢氧化钠（苛性钠、烧碱）：对细菌和病毒均有强大的杀灭力，常配成 $1\%\sim2\%$ 的热水溶液消毒被污染的动物舍、地面和用具等。本品对金属物品有腐蚀性，消毒完毕要冲洗干净。对皮肤和黏膜有刺激性，消毒动物舍时，应赶出动物，隔半天以水冲洗饲槽地面后，方可让动物进圈。

石灰乳：取生石灰（氧化钙）1 份加水 1 份制成熟石灰（氢氧化钙，或称消石灰），然后用水配成 10%～20% 的混悬液用于消毒。若熟石灰存放过久，吸收了空气中的二氧化碳，变成碳酸钙，则失去消毒作用。因此在配制石灰乳时，应随配随用，以免失效。石灰乳有相当强的消毒作用，但不能杀灭细菌的芽孢，它适于粉刷墙壁、圈栏、消毒地面、沟渠和粪尿等。生石灰 1 kg 加水 350mL 化开而成的粉末，也可撒布在阴湿地面、粪池周围等处进行消毒。直接将生石灰粉撒播在干燥地面上，不发生消毒作用，反而会使家畜蹄部干燥开裂。生石灰的杀菌作用主要是改变介质的 pH，夺取微生物细胞的水分，并与蛋白质形成蛋白化合物。

漂白粉：是一种广泛应用的消毒剂。其主要成分为次氯酸钙，是用气体氯将石灰氯化而成。漂白粉的消毒作用与有效氯含量有关。其有效氯含量一般为 25%～30%，但有效氯易散失，故应将漂白粉保存于密闭、干燥的容器中，放在阴凉通风处。当有效氯低于 16% 时即不适用于消毒。所以在使用漂白粉前，应测定其有效氯含量。常用剂型有粉剂、乳剂和澄清液（溶液）。常用浓度 1%～20% 不等，视消毒对象和药品的质量而定。一般用于畜舍、地面、水沟、粪便、运输车船、水井等消毒。对金属及衣服、纺织品有破坏力，使用时应加注意。漂白粉溶液有轻度的毒性，使用浓溶液时应注意人畜安全。

二氯异氰脲酸钠：是新型广谱高效安全消毒剂，为白色粉末，易溶于水、性稳定、易保存。以 1∶200 或 1∶100 水溶液可用于喷洒畜舍地面和笼具等消毒，1∶400 用于浸泡消毒种蛋、器皿等。对细菌、病毒均有显著的杀灭效果。以此药为主要成分的商品消毒剂有强力消毒灵、灭菌净、抗毒威等。

过氧乙酸：本品为强氧化剂，消毒效果好，能杀死细菌、真菌、芽孢和病毒，现用现配。除金属制品和橡胶外，可用于消毒各种物品，如 0.2% 溶液用于浸泡污染的各种耐腐蚀的玻璃、塑料、陶瓷用具和白色纺织品；0.5% 溶液用于喷洒消毒畜舍地面、墙壁、食槽、木质车船等；由于分解后形成一些无毒产物，不遗留残药，因此能消毒水果、蔬菜和食品表面（鸡蛋外壳等）；一般用 0.01%～0.5% 溶液浸泡（用 0.03% 溶液在 25℃ 浸泡 3min 可杀死填鸭外表污染的沙门氏菌）；用 5% 溶液按 2.5mL/m³ 喷雾消毒密闭的实验室、无菌室、仓库、加工车间等；用 0.2%～0.3% 溶液在畜舍中喷雾，可作带动物消毒，包括 10 日龄以上雏鸡和成鸡的带鸡消毒。本品高浓度溶液能使皮肤和黏膜烧伤，低浓度溶液对黏膜也有刺激性，用时应注意。

来苏儿：为钾皂制成的甲酚液（或称煤酚皂溶液），应含有不少于 47% 甲酚。皂化较好的来苏儿易溶于水，对一般病原菌具有良好的杀菌作用，但对芽孢和结核杆菌的作用小。常用 3%～5% 的溶液消毒畜舍、用具、日常器械、洗手等。

克辽林：油状黑褐色液体，是皂化的煤焦油产物，带焦油芳香气味，又称臭药水。杀菌作用不强，常用其 5%～10% 水溶液消毒畜舍、用具和排泄物等。

新洁尔灭、洗必泰、消毒净、度米芬：这 4 种都是季铵盐类阳离子表面活性消毒剂。苯扎溴铵为胶状液体，其余为粉剂。均易溶于水，溶解后能降低液体的表面张力。其共同特性为毒性低、无腐蚀性、性质稳定、能长期保存、消毒对象范围广、效力强、速度快。对一般病原细菌均有强大杀灭效能。上述消毒剂的 0.1% 水溶液浸泡器械（需加 0.5% 亚硝酸钠以防锈）、玻璃、搪瓷、衣物、敷料、橡胶制品，用苯扎溴铵需经 30min，其余 3 种消毒剂经 10min 即可达消毒目的。皮肤消毒可用 0.1% 苯扎溴铵溶液或消毒净溶液，或用 0.02%～0.05% 洗必泰、消毒净或度米芬的醇（70%）溶液，消毒皮肤的效果与碘酊相等。0.01%～0.02% 洗必泰用于伤口或黏膜冲洗消毒。使用这些消毒剂时，应注意避免与肥皂或碱类接触。

双链季铵盐：本类消毒药对细菌有强杀灭作用。但与单链季铵盐一样，对病毒的杀灭作用较弱。此类消毒药目前市场上较多，如百毒杀等。

环氧乙烷：低温下为无色透明液体，其气体穿透力强，有较强的杀菌能力，对细菌芽孢也有很好的杀灭作用。对大多数物品不造成损坏，可用于皮毛、皮革、丝毛织品、器械及包装物的熏蒸消毒。对人畜有毒性。使用时，用热水（80℃）使环氧乙烷容器加热，使之汽化。

福尔马林：粗制的福尔马林为含 36% 甲醛的水溶液。它有很强的消毒作用，2%～4%水溶液用于喷洒墙壁、地面、用具、饲槽等，1% 水溶液可作畜体体表消毒。对用 0.5% 碱液洗涤过的皮毛，于 60℃用 4% 福尔马林浸泡 2 h 可以杀死其中的炭疽芽孢。福尔马林亦常用作畜舍、孵化器等的熏蒸消毒。待消毒的畜舍应先将家畜、饲料、粪便等移去，将舍内待消毒的物品、橱柜、用具等敞开，门窗和通气孔尽量密闭。安每立方米空间用 12.5～50mL的剂量，加等量水一起加热蒸发，以提高相对湿度。无热源时，也可加入高锰酸钾（20g/m³）即可产生高热蒸发。福尔马林对皮肤、黏膜刺激强烈，可引起湿疹样皮炎、支气管炎，甚至窒息，使用时应注意人畜安全。

菌毒敌：原名农乐，为一种复合酚类新型消毒剂，抗菌谱广，对细菌、病毒均有较高的杀灭效果，稳定性好，安全有效，可用于喷洒或熏蒸消毒。同类产品有农福、农富、菌毒灭等。

（4）生物热消毒 生物热消毒法主要用于污染的粪便、垃圾等的无害处理。在粪便堆沤过程中，利用粪便中的微生物发酵产热，可使温度高达 70℃以上。经过一段时间，可以杀死病原体（芽孢除外）、寄生虫卵等而达到消毒目的，同时又保持了粪便的良好肥效，但不适用于由产芽孢的病菌所致疫病（如炭疽、气肿疽等）的粪便消毒，这种粪便最好予以焚毁。

（二）杀虫

虻、蝇、蚊、蜱等节肢动物都是动物疫病的重要传播媒介。因此，杀灭这些媒介昆虫和防止它们的出现，在预防和扑灭动物疫病方面有重要的意义。常用的杀虫方法有：

1. 物理杀虫法 ①以喷灯火焰喷烧昆虫聚居的墙壁、用具等的缝隙，或以火焰焚烧昆虫聚居的垃圾等废物。②利用 100～160℃的干热空气，杀灭用具和其他物品上的昆虫及其虫卵。③用沸水或蒸汽烧烫车船、畜舍和衣物上的昆虫。④仪器诱杀，如某些专用灯具、器具。⑤机械的拍、打、捕、捉等方法，亦能杀灭一部分昆虫。

2. 生物杀虫法 这是以昆虫的天敌或病菌及雄虫绝育技术等方法来杀灭昆虫。

3. 药物杀虫法 主要是应用化学杀虫剂来杀虫。根据对节肢动物的毒杀作用，药物杀虫剂可分为胃毒作用药剂、触杀作用药剂、熏蒸作用药剂和内吸作用药剂。目前使用的杀虫剂往往同时兼有两种或两种以上的杀虫作用，主要种类包括：有机磷杀虫剂、拟除虫菊酯类杀虫剂、昆虫生长调节剂和驱避剂等。

（三）灭鼠

鼠类是多种人畜共患传染病的传播媒介和传染源，经其传播的传染病有炭疽、布鲁氏菌病、结核病、钩端螺旋体病、伪狂犬病、口蹄疫、猪丹毒和巴氏杆菌病等，因此，灭鼠具有重要的意义。

五、药物防治

（一）药物预防

药物预防是为了控制某些疫病而在畜禽群的饲料、饮水中加入某种安全的药物进行集体的化学预防，在一定时间内可以使受威胁的易感动物不受疫病的危害，这也是预防和控制动物传染病的有效措施之一。

1. 药物预防的误区

（1）添加药物种类过多　有些人认为添加的药物种类越多越保险，无限制地增加预防药物的种类，有的甚至用药多达6种以上。这样不仅造成不必要的浪费，增加动物机体的负担，而且由于长期使用这些药物，一旦发病，其敏感性均大大降低，找不到合适药物，使疫情很难控制，甚至可能导致中毒。

（2）用药时间过长　有些养殖场担心发生疫情，饲料中长期添加药物。另外，大多数饲料厂为了显示本厂的饲料具有防病、促生长作用，都在饲料中加入不同种类和剂量的抗菌药物，造成饲养场的被动用药，致使动物用药时间过长。

（3）用药剂量过大　与治疗相比，一般预防用药剂量应减半，但有些场往往采用治疗剂量；加之饲料厂一般都在饲料中预先加入了抗生素，养殖场再加药物就等于重复用药，从而导致用药剂量过大。

（4）过早使用二线药物　预防用药应该使用一线药物即常规药物，如青霉素、链霉素、土霉素等；只有在治疗时遇到耐药菌株的情况下才使用二线药物即新一代药物，如头孢类。但很多养殖场往往喜欢把最新的二线药物当作预防用药，长期使用后一旦发病，即使最新的药物也无法控制疫病。

（5）药物拌料或饮水不均匀　有些小型养殖场药物拌料或饮水不均匀，达不到预期效果，甚至引起个别动物中毒。

（6）过分依赖药物预防　不少养殖场把疫病防控寄托在疫苗和药物上，以为只要打过疫苗、用过药物就可以了，从而放松了饲养管理、卫生消毒等综合预防措施。为了避免药物预防产生的各种不良影响，必须遵循科学、合理的药物预防原则，采取正确的药物防治策略和措施。

2. 药物预防的原则和方法　针对上述药物预防的弊端和误区，在生产实践中应注意坚持以下科学用药原则和方法。①选择合适的药物。预防用药一般选用常规药物即常用的一线药物即可，如青霉素、土霉素、喹乙醇等。特殊情况下，预防疾病的目标很明确时可选用特定药物，例如因季节变化而要预防猪气喘病时，可选用泰乐菌素或支原净。②严格掌握药物的种类、剂量和用法。预防用药种类不宜超过2种，剂量、用法应以药物制造商推荐的用量和方法为依据。③掌握好用药时间和时机，做到定期、间断和灵活用药。在无疫情流行、动物健康状况良好的情况下，每个月定期只用一个疗程（5d左右）的预防药物即可。有疫情发生时可根据需要适当增加用药时间或疗程。当天气变化、更换饲料、断奶、转群、长途运输、某些疫苗的免疫接种时，可随时或提前1d给予药物预防，以避免应激而诱发疫病。④穿梭用药，定期更换。一个动物群避免长期使用同一种药物，应定期更换、交叉使用几种药物。一般一种药物连续使用1年左右即可考虑更换。⑤注意经料给药时应将药物搅拌均匀，特别是小型饲养场手工拌料更要注意，采取由少到多、逐级混合的搅拌方法比较可靠。经水给药则应注意让药物充分溶解。

3. 兽药残留产生的原因　一是不正确用药，如药的剂量、给药途径及动物种类不符合用药要求；二是未执行休药期的规定，在休药期未满以前屠宰动物；三是使用违禁药物即标准规定不许使用的药物。另外，动物个体代谢差异也是导致兽药残留超标的原因。

（二）传染病患病动物的治疗

治疗原则：早期治疗，标本兼治，特异和非特异性结合，药物治疗与综合措施相配合。治疗、用药坚持因地制宜、勤俭节约，既要考虑针对病原体，消除其致病作用，又要帮助动物机体增强一般抗病能力和调整、恢复生理机能，采取综合性的治疗方法。

在治疗用药方面应遵循以下原则：注意药物的适应证，合理使用，有的放矢；掌握剂量，既要做到用药足量保证疗效，又要防止用药过量引起中毒；疗程要足，避免一天一换药，否则药物在血液中达不到有效浓度，难以取得应有疗效；对于抗菌药物应定期更换，穿梭用药，不宜长期使用一种药物，以免产生耐药菌株；既要注意联合用药，又要避免药物种类过多造成浪费或药物中毒，或药物间发生拮抗作用。

1. 针对病原体的疗法　在动物传染病的治疗方面，帮助动物机体杀灭或抑制病原体，或消除其致病作用的疗法是很重要的，一般可分为特异性疗法、抗生素疗法和化学疗法等。

（1）特异性疗法　应用针对某种传染病的高度免疫血清、痊愈血清（或全血）、卵黄抗体等特异性生物制品进行治疗。因为这些制品只对某种特定的传染病有疗效，而对他种传染病无效，故称为**特异性疗法**。

高度免疫血清主要用于某些急性传染病的治疗，如小鹅瘟、猪瘟、鸡传染性法氏囊病、破伤风等。一般在诊断确实的基础上于病的早期注射足够剂量的高度免疫血清，常能取得良好的疗效。如缺乏高度免疫血清，可用耐过动物或人工免疫动物的血清或血液代替，也可起到一定的作用，但用量须加大。使用血清时如为异种动物血清，应特别注意防止过敏反应。

（2）抗生素疗法　抗生素为细菌性传染病的主要治疗药物，在兽医实践中的应用广泛，并已获得显著成效。但合理应用抗生素，是发挥抗生素疗效的重要前提。应用不合理或滥用抗生素往往引起种种不良后果。一方面可能使敏感病原体对药物产生耐药性，另一方面可能对机体引起不良反应，甚至中毒。

使用抗生素时应注意以下几个问题：①掌握抗生素的适应证，选用适当药物。②要考虑到用量、疗程、给药途径、不良反应、经济价值等问题。③不要滥用，如常用的抗生素对大多病毒性传染病无效，一般不宜应用，即使在某种情况下为了控制继发感染，但在病毒性感染继续加剧的情况下，对病畜禽也是无益而有害的。食用动物在屠宰前一定时间不准使用抗生素等药物治疗，因为这些药物在动物产品中的残留会对人类产生危害。④应按照药理学理论，并结合临床经验严格控制抗生素的联合应用。不适当的联合使用（如土霉素与链霉素合用）常产生对抗作用。抗生素和磺胺类药物常联合应用。

（3）化学疗法　治疗动物传染病最常用的化学药物有磺胺类药物、抗菌增效剂、喹诺酮类（环丙沙星、恩诺沙星、沙拉沙星等）和中药抗菌药（黄连素、大蒜素等）等。

（4）抗病毒药物　抗病毒感染的药物近年来有所发展，但仍远较抗菌药物为少，毒性一般也较大。主要包括黄芪多糖、板蓝根、干扰素等。

2. 针对动物机体的疗法　在动物传染病的治疗工作中，既要帮助机体消灭或抑制病原体，消除其致病作用，又要帮助机体增强自身抵抗力，调整、恢复生理机能，促使机体战胜疫病，恢复健康。因此应做好以下工作。

（1）加强护理　对患病动物护理工作的好坏，直接关系到医疗效果的好坏，是治疗工作的基础。传染病动物的治疗。应在严格隔离的畜禽舍中进行；冬季应注意防寒保暖，夏季注意避暑降温。隔离舍必须光线充足，通风良好，并有单独的圈栏，防止患病动物彼此接触。应保持安静、干爽清洁，并经常进行消毒，严禁闲人入内。应供给患病动物充分的饮水，每天更换清洁的饮水。给以新鲜而易消化的高质量饲料，少喂勤添，必要时可人工灌服。根据病情的需要，亦可注射葡萄糖、维生素或其他营养性物质以维持其生命，帮助机体渡过难关。

（2）对症疗法　在传染病治疗中，为了减缓或消除某些严重的症状、调节和恢复机体的生理机能而进行的内外科疗法，均称为对症疗法。如使用退热、止痛、止血、镇静、解痉、兴奋、强心、利尿、轻泻、止泻、输氧、防止酸中毒和碱中毒、调节电解质平衡等药物以及某些急救手术和局部治疗等，都属于对症疗法的范畴。

（3）针对群体的治疗　目前集约化饲养规模日益扩大，在越大的饲养场传染病的危害更为严重。除对患病动物进行护理和对症疗法之外，主要是针对整个群体的紧急预防性治疗。除使用药物外，还需紧急注射疫（菌）苗、血清等。

第二单元　人畜共患传染病

第一节　牛海绵状脑病

牛海绵状脑病（英文简称 BSE）俗称疯牛病。此病潜伏期长，以脑组织发生慢性海绵状（空泡）变性、功能退化、精神错乱、死亡率高为特征。本病是 1985 年后才发现的一种新的传染病。近年研究发现，此病可传染给人，引起人的新型克-雅氏症，其致病因子不同于一般的细菌、病毒，而是一种具有生物活性的蛋白质。弄清此病感染、病损的机理是疯牛病研究的关键和重点。中国目前虽无疯牛病发生，但应保持高度的警惕性，严防此病从境外传入。

研究发现，疯牛病致病因子对外界环境和理化因素的抵抗力很强，健康牛可通过食入患牛脑、内脏、肉、骨等组织受感染。感染后潜伏期可达 5～10 年或更长。至今已发现山羊、绵羊、野山羊、羚羊、貂、猫、豹等动物发生类似疯牛病脑病变的报告。国外目前发现的疯牛病患牛都在半岁以上，多为 3～5 岁，无性别差异。发病后主要表现为神经错乱，对声音、触摸敏感，恐惧，烦躁不安，有攻击性；肌肉抽搐，步态不稳，呼吸加快，体重下降，继后痴呆，衰竭死亡，病死率100％。尸检除消瘦、皮肤或有损伤外，肉眼难见病变。中枢神经组织（特别是脑）经病理组织学检查，可见神经细胞皱缩和大小空泡形成，呈海绵样变性，无发炎现象。

疯牛病的病原因为不是通常的细菌、病毒，不引起动物产生免疫反应，也未发现含有核酸，因而用检查细菌、病毒的方法，或用免疫学方法，或检查核酸的方法，都不能确诊本病。1996年世界卫生组织会议指出，可采用脑脊液或用细胞化学方法检查疯牛病致病蛋白。目前主要根据现场诊断资料，对疑似疯牛病患牛的大、小脑组织制作病理组织切片并染色，经显微镜观察，如发现海绵状变性即可确诊。

目前尚无治疗疯牛病的有效药物和方法，因而预防本病的发生至关重要。未发生疯牛病的国家和地区，杜绝疯牛病传入是防控此病最关键、最根本的措施，严禁从发病国家和地区引进牛或牛的肉骨粉、内脏、副产物等。发病地区应扑杀并销毁全部患牛和可疑患牛，停止使用患牛组织制作的各种制品并作无害化处理。严防疯牛病传染给人，杜绝食用患疯牛病的牛肉和牛肉制品，如与患牛接触，应注意个人防护和卫生。

第二节　尼帕病毒性脑炎

尼帕病毒性脑炎（Nipah virus encephalitis）是尼帕病毒感染猪、马、羊、犬等动物和人后出现以神经症状、发热和呼吸道症状为临床症状的急性传染病，此病于1997年在马来西亚首次发现，之后澳大利亚、新加坡、孟加拉国等也曾暴发此病，造成多人死亡和重大经济损失。

【流行病学】本病自然宿主较广泛，包括猪、马、山羊、犬、猫、鼠类等动物和人，尼帕病毒在猪群中传播主要通过直接接触，包括接触病猪的呼吸道和口腔分泌物或排泄物。也可能因公用针头或人工授精等方式传播，人主要通过接触患病动物经伤口感染。带尼帕病毒的蚊蟀及吸血昆虫通过叮咬使人感染，病毒在猪之间的传播速度一般大于猪与人之间的传播。猪感染率高达100％，但死亡率较低，常在5％以下。

【症状及病理变化】

1. 猪　猪感染尼帕病毒后潜伏期1～2周，多表现为温和型或亚临床感染，不同年龄的猪发病表现不尽相同，成年猪可见精神亢进、咬栏等行为或眼球震颤、头部僵直，似破伤风样阵发痉挛，断奶幼猪表现为高热、呼吸急促、惊厥等不同程度呼吸系统和中枢神经系统症状，罕见有乳猪发病的报道，发病后主要表现为肌痉挛、发热、血压升高、心动过速、反射消失、呼吸困难、脑炎。病猪剖检可见不同程度的肺部病变，如充血、气肿和淤血，充满泡沫状液体，肺小叶增厚。脑组织可能出现广泛性充血、水肿。病理检查可见广泛性出血性间质肺炎，肺血管内皮细胞形成合胞体；肺脏、肾脏和脑组织可见明显广泛出血、单核细胞浸润或血栓形成。

2. 人　人感染尼帕病毒后大部分会出现脑炎症状，表现为严重的快速进行性脑炎、血压升高、心动过速、脑干功能失常，特征性症状是颈、腹部痉挛，发声困难，死亡率高。

【诊断】根据流行病学和发病症状可做出初步诊断，确诊需进行实验室诊断，可进行病毒分离、电镜分析、补体结合试验、ELISA、实时荧光定量PCR、MRI及免疫噬斑分析等。

【防控】目前尚无特效药物和治疗方法，防控此病应常年进行流行病学监控，严格动物和人的入关进口检疫，严防病毒传入。

第三节 高致病性禽流感

高致病性禽流感（禽流感英文简称 AI）是由 A 型流感病毒引起的以禽类为主的烈性传染病。该病的流行特点是发病急骤、传播迅速、感染谱广、流行范围大，并可引起鸡和火鸡的大批死亡。世界动物卫生组织将其列为必须报告的动物传染病，我国将其列为一类动物疫病。

【流行病学】鸡、火鸡、鸭、鹅、鹌鹑、雉鸡、鸥鸽、鸵鸟、孔雀等多种禽类易感，多种野鸟也可感染发病。主要传染源为病禽（野鸟）和带毒禽（野鸟）。病毒可长期在污染的粪便、水等环境中存活。病毒传播主要通过接触感染禽（野鸟）及其分泌物和排泄物、污染的饲料、水、蛋托（箱）、垫草、种蛋、鸡胚和精液等媒介，经呼吸道、消化道感染，也可通过气源性媒介传播。该病一年四季都可发生，但以晚秋和冬春寒冷季节多见。本病常突然发生、传播迅速，呈地方性流行或大流行形式。当鸡和火鸡受到高致病力毒株侵袭时，死亡率极高。

【症状】急性发病死亡或不明原因死亡，潜伏期从几小时到数天。常表现为突然发病；体温升高、呆立、闭目昏睡。产蛋量大幅度下降或停止，头面部水肿，无毛处皮肤和鸡冠、肉髯等出血、发绀，流泪；呼吸高度困难，不断吞咽、甩头、口流黏液、叫声沙哑，头颈部上下点动或扭曲颤抖；拉黄白、黄绿或绿色稀粪。鸭、鹅等水禽可见神经和腹泻症状，有时可见角膜炎症，甚至失明。急性者发病后数小时死亡，多数病例病程为 2~3d，致死率可达 100%。

【病理变化】表现为皮下、浆膜下、黏膜、肌肉及各内脏器官的广泛性出血，尤其是腺胃黏膜可呈点状或片状出血，腺胃与食道交界处、腺胃与肌胃交界处有出血带或溃疡。喉头、气管有不同程度的出血，管腔内有大量黏液或干酪样分泌物。卵巢和卵子充血、出血。输卵管内有多量黏液或干酪样物；卵泡充血、出血、萎缩、破裂。整个肠道特别是小肠，从浆膜层即可看到肠壁有大量黄豆至蚕豆大出血斑或坏死灶（即枣核样坏死）。盲肠扁桃体肿胀、出血、坏死。胰脏出血或有黄色坏死灶。有些病例头颈部皮下水肿。腿部可见充血、出血；脚部鳞片淤血、出血、紫黑色，脚趾肿胀，伴有瘀斑性变色。鸡冠、肉髯极度肿胀并伴有眶周水肿。

【诊断】根据该病的流行病学特点、症状及病理变化可做出初步诊断。确诊要进行实验室检查。

1. 病毒分离与鉴定 取禽类的泄殖腔或口腔拭子，以及发病动物的肝、脾、肾、胰腺、脑、肺等脏器，经常规方法除菌后，接种 9~11 日龄鸡胚尿囊腔或羊膜腔内，35℃孵育 2~4d，取鸡胚尿囊液作血凝试验，若为阳性，则证明有病毒繁殖，然后再用琼扩试验和血凝抑制试验分别作病毒型和亚型鉴定。

2. 分子生物学诊断方法 目前最常用的是反转录-聚合酶链反应（RT－PCR），即以病毒某个节段的 RNA 为模板，先进行反转录，得到互补 DNA（即 cDNA），再进行 DNA 扩增，结合电泳技术作出诊断，该法特异、灵敏、快速。

特别需要注意的是进行高致病性禽流感的诊断和病原操作时，一定要按照我国颁布的高致病性禽流感防治技术规范的有关规定进行。病原学诊断由禽流感国家参考实验室进行。

【防控】由于本病流行速度快、波及范围广、危害程度重、防制难度大，因此应采取严格的综合性防治措施。平时应加强饲养管理，搞好卫生和定期消毒，坚持自繁自养的原则；杜绝野鸟进入动物圈舍。

我国对高致病性禽流感实行强制免疫制度，免疫密度必须达到100％，抗体合格率达到70％以上。预防性免疫，要按农业农村部制定的免疫方案中规定的程序进行。突发疫情时的紧急免疫，要按有关条款进行。所用疫苗必须采用农业农村部批准使用的产品，并由动物防疫监督机构统一组织、逐级供应。所有易感禽类饲养者必须按国家制定的免疫程序做好免疫接种，当地动物防疫监督机构负责监督指导。定期对免疫禽群进行免疫水平监测，根据群体抗体水平及时加强免疫。

一旦发生高致病性禽流感，应立即封锁疫区，对所有感染禽只和可疑禽只（包括相关产品）一律进行扑杀、焚烧，封锁区内严格消毒。高致病性禽流感的扑灭，应按农业农村部颁发的处置方案进行。

第四节　狂　犬　病

狂犬病又称恐水症，是由狂犬病病毒引起人和动物的一种接触性传染病。该病的临床特征是患病动物出现极度的神经兴奋、狂暴和意识障碍，最后全身麻痹而死亡。该病潜伏期较长，一旦发病常常因严重的脑脊髓炎而以死亡告终。

【流行病学】该病毒感染的宿主范围非常广泛，人及所有温血动物都能感染，如犬、猫、猪、牛、马及野生肉食类的狼、狐、虎、豺和各种啮齿类动物等。尤其是犬科野生动物（如野犬、狐和狼等）更易感染，并可成为本病的自然保毒者。此外，吸血蝙蝠及某些食虫蝙蝠和食果蝙蝠也可成为该病毒的自然宿主。在患病动物体内，以中枢神经组织、唾液腺和唾液中的含毒量最高，其他脏器、血液和乳汁中也可能有少量病毒存在，病毒可在感染组织的胞质内形成特异的嗜酸性包涵体，叫内基小体（Negri's body）。

患病动物和带毒者是本病的传染源，它们通过咬伤、抓伤其他动物而使其感染。因此该病发生时具有明显的连锁性，容易追查到传染源。此外，当健康动物的皮肤黏膜损伤时，接触病畜的唾液，也有感染的可能性。

【症状】潜伏期差异很大，从一个月至数月甚至数年不等。一般说来，伤口距神经中枢愈近、进入伤口的病毒愈多，潜伏期愈短，最短者只有10d。

1. 犬　典型病例的潜伏期2～8周，有时可达1年或数年。初期病犬精神沉郁、蜷于暗处、不愿和人接近、意识模糊、呆立凝视，病犬对反射的兴奋性明显增高，在受到光线、音响或触摸等刺激时，表现高度惊恐或跳起。此外病犬生活习性异常，有逃跑或躲避趋向，有时失踪数天归来时满身泥泞，主人对其爱抚时常常被咬。在此期间，病犬唾液增多，食欲反常，喜吃异物，如石块、瓦片、干草、破布、毛发等。随后病犬常出现狂暴症状，到处乱跑可远达几十千米，或表现为高度兴奋、性情狂暴，常攻击人和动物。病犬行为凶猛，表现出一种特殊的斜望和惶恐表情，间或神志清醒、重新认识主人。后期下颌、咽喉和尾部等处神经麻痹，病犬下颌及尾巴下垂、唾液外流，最后衰竭死亡。

非典型性病例，有些症状发展急剧，张口、垂舌、唾液增多，行步摇摆、垂头，不久后躯和四肢麻痹、卧地不起，因呼吸中枢麻痹或衰竭而死，病程1周左右。有些则症状出现后不久迅速消退，病程极短，但体内仍然存在并排出病毒。

2. 猫 症状与犬相似。病猫喜躲避暗处，并发出刺耳的粗厉叫声，继而出现狂暴症状，凶猛地攻击人和其他动物。病程较短，为 2~4d。

【病理变化】常见动物尸体消瘦，体表有伤痕，口腔和咽喉黏膜充血或糜烂，胃内空虚或有异物，胃肠道黏膜充血或出血。内脏充血、实质变性。硬脑膜有时充血。组织学检查较为特征，常在大脑海马角及小脑和延脑的神经细胞胞质内出现嗜酸性包涵体（内基小体），呈圆形或卵圆形，内部可见明显的嗜碱性颗粒。

【诊断】根据明显的临床症状，结合病史和病理变化进行综合分析，可做出初步诊断。确诊需进行实验室诊断。

1. 脑组织触片镜检 此方法简单、迅速，但不够准确，可快速观察有无内基小体。方法是将发病动物脑组织触片浸于塞莱（Seller）氏染色剂中染色 1~5s，水洗干燥后即可进行镜检。内基小体呈樱桃红色，嗜碱性颗粒及细胞核呈深蓝色，细胞质呈蓝紫色，间质则呈粉红色。

2. 组织学检查 将脑组织制作切片，观察有无内基小体。若在神经细胞胞质内发现特殊的内基小体即可确诊。此法准确，但所需时间较长。

3. 动物接种试验 由于病初脑组织不容易找到内基小体，因此常用患病动物脑组织乳剂给家兔或小鼠（30 日龄内）作脑内或肌内接种。若为狂犬病，家兔于接种后 14~21d 麻痹死亡，小鼠则经 9~11d 死亡，死前 1~2d 发生兴奋和麻痹症状。死后动物的脑组织可进行内基小体检查。

【防控】狂犬病的控制措施包括建立并实施疫情监测，及时发现并扑杀患病动物，认真贯彻执行所有防止和控制狂犬病的规章制度，包括扑杀野犬、野猫以及各种限养犬等措施；加强对犬猫等动物狂犬病疫苗的免疫接种工作。由于有计划地对犬、猫等动物进行免疫是控制狂犬病的重要措施之一，因此在狂犬病多发地区应定期进行冻干疫苗的免疫接种。目前国内使用的疫苗有狂犬病弱毒苗或与其他疫苗联合制成的多联苗可供选用。

目前狂犬病患病动物仍然无法治愈，因此当发现患病动物或可疑动物时应尽快扑杀，防止其攻击人及其他动物而造成该病的传播。若人或动物被患病动物咬伤，首先应用消毒剂（如肥皂水、碘酊、70%酒精、3%石炭酸等）处理伤口，并迅速进行狂犬病疫苗紧急接种，使其在潜伏期内产生自动免疫。

第五节　猪乙型脑炎

猪乙型脑炎（简称猪乙脑）是由黄病毒科乙型脑炎病毒引起的，生产中常见经蚊媒传播的猪繁殖障碍性疾病，表现为母猪流产、产死胎、木乃伊胎，公猪出现睾丸炎。猪是乙型脑炎病毒的主要扩增宿主和传染源，人乙型脑炎疫情发生与猪乙型脑炎疫情发生相关，因此，防控猪乙型脑炎也具有重要公共卫生意义。

【流行病学】猪是本病毒的主要增殖宿主和传染源。其他家畜、野生脊椎动物、鸟类、蚊、两栖类、爬虫类以及蝙蝠都可充当流行性乙型脑炎病毒的宿主；但除猪外的温血动物感染后，由于产生血清抗体，病毒很快从血液中消失，作为传染源的作用较小。

猪不分品种和性别均易感，发病年龄多与性成熟相吻合。猪感染率高，发病率低，多数在病愈后不再复发，成为带毒猪。此外，人、马属动物、牛和羊等均有易感性。

猪乙型脑炎和人乙型脑炎之间具有相关性，猪自然感染乙脑病毒的高峰比人乙脑流行高峰提前3～4周，通过猪-蚊-人等的循环传播途径，扩大病毒在猪与人之间的传播。

本病发生与蚊虫的活动季节具有明显的相关性，流行地区的吸血昆虫，特别是库蚊属和伊蚊属体内常能分离出病毒，是典型的蚊传传染病。约有90%的病例发生在7—9月，而在12月至次年4月几乎无病例发生。

【症状】人工感染潜伏期一般3～4d。患猪精神沉郁，体温升高达40～41℃，食欲减退、口渴、眼结膜潮红。喜卧、嗜睡、驱赶勉强站立，随后又卧下。心跳加快，呼吸轻微促迫，咳嗽，粪便干燥，尿呈深黄色，有的猪后肢关节肿大，跛行或麻痹，步态不稳。

妊娠母猪常突然发生流产，流产前有轻度减食或发热。流产多在妊娠后期发生，流产后症状减轻，体温、食欲恢复正常。少数母猪流产后从阴道流出红褐色乃至灰褐色黏液，胎衣不下。母猪流产后，不影响再次配种。流产胎儿多数为死胎、木乃伊胎，或濒于死亡。部分存活仔猪虽然外表正常，但体质衰弱不能站立，不能吮乳；有的出生后出现神经症状，全身痉挛，倒地不起，1～3d死亡。幸存者大小不一，弱仔居多。公猪除具有上述一般症状外，突出表现是在发热后出现睾丸炎。一侧或两侧睾丸明显肿大，较正常睾丸大0.5～1倍。患睾因肿胀阴囊皱褶消失，局部温度高，有痛感。白猪阴囊皮肤发红，2～3d后肿胀消退或恢复正常，或者变小、变硬，功能丧失。

【病理变化】流产母猪子宫内膜充血、水肿，黏膜上有少量小点状出血和黏稠的分泌物。刮去分泌物可见黏膜糜烂，下层水肿，胎盘呈炎性反应。流产胎儿可见脑水肿，脑膜和脊髓充血，皮下水肿，胸腔和腹腔积液，肌肉褪色，似煮肉样外观。浆膜上有出血点，淋巴结充血，肝和脾内有坏死灶，部分胎儿大脑和小脑发育不全。公猪睾丸不同程度肿大，睾丸实质充血、出血。切面有大小不等的黄色坏死灶，周围出血。阴囊皱褶消失、发亮，鞘膜腔内潴留大量黄褐色不透明液体。慢性病例可见到睾丸萎缩、硬化，睾丸与阴囊粘连，实质大部分结缔组织化。

【诊断】根据乙脑流行特点、临床症状和病变特征可进行初步诊断。如本病流行具有严格的季节性，多在7—9月发生，母猪以流产、死胎、木乃伊胎为主要症状，公猪睾丸一侧性肿大等。但是确诊需要进行实验室诊断。

1. 病原学诊断 病原的分离鉴定是乙脑检测最为经典的诊断方法。动物发热初期，可采用血液和血清分离病毒；动物死后，应尽快采取脑组织和体液；流产的胎儿和胎盘也可作为样品。血液标本可直接用于实验，脑组织研磨匀浆后，脑内和皮下同时接种乳鼠。近年来多采用BHK细胞进行分离，待细胞出现有规律的病变后，取细胞液接种小鼠，观察发病情况，有可疑发病者，取脑组织传代，再进行病毒鉴定。

2. RT-PCR 本法主要扩增基因组中较为保守的M或E基因，可用于早期病原学诊断。

3. 血清学诊断 目前主要有补体结合试验、中和试验、乳胶凝集试验、酶联免疫吸附试验、间接免疫荧光试验、斑点金免疫渗滤检测法等方法，检测乙脑病患血清或脑脊液中的特异性抗体。其中，血凝抑制试验（HI）最为常用，由于乙脑血凝抗体IgM出现较早，因此HI可用于早期的诊断。也可以根据双份血清IgG抗体滴度增加4倍而作出诊断。

在临床诊断中，应注意与猪布鲁氏菌病、猪细小病毒病、猪伪狂犬病、猪衣原体病、猪繁殖与呼吸综合征、猪传染性脑脊髓炎等相区别。

【防控】本病预防应加强宿主动物的管理，重点管理好没有经过夏秋季节的幼龄动物和从非疫区引进的动物。这类动物大多没有感染过乙脑，一旦感染则产生病毒血症，成为传染源。猪是乙脑的扩散动物，发病的猪只立即进行隔离。

1. 消灭传播媒介和控制传播源　由于蚊虫是该病主要的传播媒介，因此，应加强防蚊和灭蚊。目前灭蚊的主要方法有药物法、生物法和生态学法。但是单纯的灭蚊很难控制该病的流行，因此，免疫接种成为重要的预防措施。

2. 免疫接种　我国已经研制成功动物用乙脑活疫苗。在本病流行地区，在蚊虫开始活动的前1个月对抗体阴性猪或4月龄以上的种猪进行免疫接种，或在配种前1个月注射疫苗，最好在第一次免疫2周后加强免疫一次，以后每年在蚊虫活动季节开始前或配种前注射免疫一次。热带地区如我国华南地区建议1年免疫2次。

第六节　炭　　疽

炭疽是由炭疽杆菌引起的多种家畜、野生动物和人的一种急性、热性、败血性传染病。发病动物以急性死亡为主，脾脏高度肿大、皮下和浆膜下有出血性胶冻样浸润、血液凝固不良呈煤焦油样、尸体极易腐败等；若通过破损的皮肤伤口感染则可能形成炭疽痈。

【流行病学】草食动物对炭疽杆菌最易感，其次是肉食动物。其中绵羊和牛最易感，山羊、驴、马、水牛、骆驼和鹿等次之，猪常表现为慢性的咽喉肿胀、易感性较低，犬和猫则有较强的抵抗力；家禽一般不感染。在野生动物中，虎、豹、象、狐、狮、猴、狼、猞猁、鼬鼠等都易感。人也易感。

本病的主要传染源是患病动物，其排泄物、分泌物及尸体中的病原体一旦形成芽孢，污染周围环境、动物圈舍、运动场、河流、牧场、草场后，可在土壤中长期存活而成为长久的疫源地，随时可传播给易感动物。炭疽杆菌芽孢形成的疫源地一般难以根除。

本病主要经消化道感染，常因采食污染的饲料、饲草及饮水或饲喂含有病原体的肉类而感染。也可通过多种昆虫吸血通过皮肤感染。此外，附着在尘埃中的炭疽芽孢可以通过呼吸道感染易感动物。

本病一年四季均可发生，其中以夏季多雨、洪水泛滥、吸血昆虫多时更为常见。

【症状】根据临床表现可分为最急性型、急性型和亚急性型。

1. 最急性型　多见于牛、绵羊和鹿。个别动物可能突然昏迷、全身痉挛、很快倒地死亡。病程稍缓者，可能在数小时前仍健康，死前体温升高达42℃，精神不振或兴奋不安，食欲、反刍停止，全身抽搐、呼吸困难、可视黏膜发绀，呈蓝紫色或有小点出血。随即出现体温下降、气喘、昏迷、虚脱而死。死后可见血液凝固不良，口腔、鼻孔、肛门、阴门流血，胃肠迅速膨胀，尸僵不全。病程短者几小时，长者1~2d。

2. 急性型　见于牛、马等动物，随炭疽芽孢侵入的部位不同，临床表现有一定的差异。病牛可能在喉部、颈部、腹下、肩胛、乳房、直肠或口腔等处出现局限性炎性水肿，初期硬固有热痛，后变冷而无痛，中央部可发生坏死，有时可形成溃疡称炭疽痈，经数日至数周可能痊愈，也可能恶化死亡。病马则由于摄食芽孢后出现肠炎和肠绞痛，伴有高热和精神沉郁，而于48~96h内死亡。皮下感染或被带菌昆虫叮咬时，则可能出现局部发热、疼痛、水肿，并可传至咽喉、胸腹下、包皮和乳房等处，咽喉肿胀可致呼吸困难，病马于 1～2d 死亡，有些病马能存活 1 周或更长时间。

3. 亚急性型　多见于家养或野生的猪、犬、猫等动物。猪常在摄入芽孢后，炭疽杆菌寄生于咽部附近淋巴结等部位而造成局部组织的严重水肿，可因阻塞呼吸道窒息死亡，也可因扩散后形成菌血症而死亡，但有些猪只发病几天后可能恢复。肉食动物和杂食动物通常表现为胃肠道的变化，如严重的胃肠炎和咽炎等症状，也可能在唇、舌及硬腭等处黏膜发生痈性肿胀。

【病理变化】急性炭疽的病变主要为败血症变化。尸体腹胀明显，尸僵不全，天然孔有黑色血液流出，黏膜发绀，血液呈煤焦油样。全身多发性出血，皮下、肌间、浆膜下胶冻性水肿。脾肿大 2～5 倍，脾软化如糊状、切面呈樱桃红色，有出血。局部炭疽常见于肠、咽及肺等处。肠炭疽为出血性肠炎，有的局部水肿；咽炭疽多见于猪，扁桃体肿胀、出血、坏死并有黄色痂皮覆盖，周围有胶冻样液体浸润，其附近淋巴结出血。肺炭疽局部呈出血性肝变，周围有水肿。

【诊断】根据患病动物的临床表现及流行病学资料，可初步诊断，在未排除炭疽前不得剖检死亡动物，防止炭疽杆菌遇空气后形成芽孢，此时应采集发病动物的血液送检。

1. 涂片镜检　取濒死期末梢血液制成涂片，用瑞氏染液染色，若见带有荚膜、菌端平直的粗大杆菌，结合临床表现，即可诊断为炭疽。

2. 分离培养　采取血液、渗出液或组织等病料样品进行炭疽杆菌的分离培养。如采集毛发、骨粉等污染材料，可将其制成悬液，60℃加热 30min，接种普通营养琼脂。若有可疑菌落，可进行荚膜、溶血性测定。必要时也可利用炭疽杆菌对青霉素敏感的特性进行串珠试验。

此外，Ascoli 反应是诊断炭疽简便而快速的方法，但组织中存在炭疽的菌体多糖，它与蜡状芽孢杆菌的菌体多糖相同，因此该试验不是特异性的，诊断结果还需要进一步的验证。荧光抗体法可用来鉴定炭疽杆菌，但亦存在类属反应的问题。

【防控】由于炭疽的疫源地一旦形成难以在短期内根除，因此对炭疽疫区内的易感动物，每年应定期进行预防接种。常用的疫苗有无毒炭疽芽孢苗或炭疽二号芽孢苗，接种后 14d 产生免疫力，免疫期为 1 年。应用时应严格按照疫苗使用说明操作，并要认真执行兽医卫生制度。

当某地区或饲养场发生炭疽时，应立即上报疫情，划定疫区，封锁发病场所，禁止动物、动物产品和草料出入疫区，禁止食用患病动物乳、肉等产品，并合理处理患病动物及其尸体，其处理方法如下。

（1）死亡动物尸体应依法进行焚烧或覆盖生石灰或 20％漂白粉后深埋，两种方法以前者最为确实。周围假定健康群应立即进行紧急免疫接种。

（2）可疑动物可用药物防治，可选用的药物有青霉素、土霉素、链霉素及磺胺类药等。牛、山羊、绵羊发病后因病程短促往往来不及治疗，常在发病前进行预防性给药，除去病羊后，全群用药 3d，有一定效果。

（3）全场进行彻底消毒，污染的地面连同 15～20cm 厚的表层土一起取下，加入 20％漂白粉溶液混合后深埋。污染的饲料、垫草、粪便焚烧处理。动物圈舍的地面和墙壁可用 20％漂白粉溶液或 10％烧碱水喷洒 3 次，每次间隔 1h，然后认真冲洗，干燥后火焰消毒。

（4）解除封锁　在最后 1 头动物死亡或痊愈 14d 后，若无新病例出现时报请有关部门批准，并经终末消毒后可解除封锁。

第七节 布鲁氏菌病

布鲁氏菌病（简称布病）是由布鲁氏菌引起的人畜共患传染病，牛、绵羊、山羊、猪、犬等家养动物和人均可感染发病。动物发生流产、不育、生殖器官和胎膜发炎，人感染后引起波浪热。本病危害养殖业，影响人类健康。

【流行病学】

1. 传染源 主要是病畜及带菌的羊、牛、猪，其次是犬；发病或带菌的野生动物也可作为传染源。患畜可从粪、尿、乳向外排菌。

2. 传播途径 布鲁氏菌可经消化道、呼吸道、生殖系统黏膜及损伤甚至未损伤的皮肤等多种途径传播，通过接触或食入感染动物的分泌物、体液、尸体及污染的肉、奶等而感染；蜱叮咬也可传播本病。如牛羊群共同放牧，可发生牛种和羊种布鲁氏菌的交叉感染。动物布鲁氏菌可传染给人，但人传人的现象较为少见。

3. 易感动物 目前已知有60多种家畜、家禽和野生动物是布鲁氏菌的宿主，其中羊布鲁氏菌对绵羊、山羊、牛、鹿和人的致病性较强，牛布鲁氏菌对牛、水牛、牦牛及马、人的致病力强，猪布鲁氏菌对猪、野兔及人的致病力较强。实验动物中以豚鼠和小鼠最易感。动物的易感性随性成熟年龄接近而增高，母畜较公畜易感。海洋种布鲁氏菌能感染包括海豹、海豚、海狮、鲸鱼等在内的多种海洋动物和实验室人员。

4. 流行特征 本病流行于世界各地，一年四季均可发生。已有14个国家和地区宣布消灭了布病，大部分国家都有一定程度的布病流行。当前，我国布病发生有增加的趋势，其中非职业人群布鲁氏菌病感染率呈上升趋势，非传统牧区也有本病发生，流行优势的布鲁氏菌种发生了新的变化。

【症状】 不同种的布鲁氏菌宿主动物各不相同，各种动物感染后，主要表现为流产、睾丸炎、附睾炎、乳腺炎、子宫炎、关节炎、后肢麻痹或跛行等。

1. 牛布鲁氏菌病 潜伏期2周至6个月，通常依赖于病原菌毒力、感染剂量及感染时母牛所处妊娠阶段而定。流产常发生在妊娠后3~4个月。流产前体温升高、食欲减退，有的长卧不起，由阴道流出黏液或带血样分泌物等。

2. 羊布鲁氏菌病 母羊发生生殖道病变、繁殖力下降；公羊引起睾丸炎，绵羊还可引起附睾炎。母羊胎盘炎、非习惯性流产、产期死亡率增高。经过1次流产后，病羊能够自愈。其他症状还包括乳腺炎、支气管炎，关节炎和滑液囊炎引起的跛行。

3. 鹿布鲁氏菌病 由猪布鲁氏菌、牛布鲁氏菌和羊布鲁氏菌等引起。主要症状为孕鹿流产，胎衣滞留，公鹿发生睾丸炎和附睾炎，还有关节炎、黏液囊炎、淋巴结和乳腺肿大等症状。

4. 狐和貂布鲁氏菌病 主要症状为流产和死胎。

5. 猪布鲁氏菌病 大部分为隐性经过，少数呈典型症状，表现为不孕，后肢麻痹及跛行，短暂发热或无热，很少发生死亡。流产常见于妊娠第4~12周，流产前猪沉郁，阴唇和乳房肿胀，有时阴道流出灰白色或灰色黏性分泌液。若胎衣滞留，引起子宫炎和不育。公猪常见睾丸炎和附睾炎。

6. 犬布鲁氏菌病 大多数缺乏明显的临床症状，多为隐性感染，尤其是青年犬和未妊娠犬。少数在妊娠后40~50d流产，阴道流出分泌液，淋巴结肿大，出现较长时间的菌血症。公犬常发生睾丸炎和附睾炎、睾丸萎缩、前列腺炎及阴囊皮炎等。

【病理变化】

1. 牛 胎衣呈黄色胶冻样浸润，有些部位覆盖有纤维样蛋白絮片和脓液，有的增厚而夹杂有出血点。绒毛叶部分或全部贫血呈苍白色，或覆有灰色或黄绿色纤维蛋白或脓液絮片或有脂肪状渗出物。胎儿胃特别是第四胃中有淡黄色或白色黏液絮状物，肠胃和膀胱的浆膜下可能见有点状或线状出血。皮下呈出血性浆液浸润。淋巴结、脾脏和肝脏有程度不等的肿胀，有的散在炎性坏死灶。脐带常呈黏液性浸润、肥厚。胎儿和新生犊牛可有肺炎。公牛生殖器官可能有出血点或坏死灶，睾丸和附睾可能有炎性坏死灶和化脓灶。

2. 绵羊、山羊和鹿 与牛的病理变化大致相同。

3. 猪 与牛的类似。胎儿可见干尸化。胎儿绒毛膜出血，有水肿或杂有小出血点，还可能覆盖一层灰黄色渗出物。睾丸和附睾实质中有豌豆大的坏死或化脓灶，其中可能有钙盐沉积。有时精囊发炎，有时也有关节炎、化脓性腱鞘炎和滑液囊炎。

【诊断】根据临床症状和病理变化，可初步怀疑本病。但引起动物流产的疾病较多，确诊必须依赖实验室诊断。

1. 细菌涂片检查与分离 将流产胎儿的胃内容物、肺、肝和脾以及流产胎盘和羊水等标本直接涂片，革兰氏染色和柯兹洛夫斯基鉴别染色（细菌为红色），可作出初步的疑似诊断。将标本划线接种于10％马血清的马丁琼脂培养基进行分离，如病料有污染可用选择性培养基。挑选可疑菌落，进行涂片、染色和镜检，确定为疑似菌后进行纯培养，再以布鲁氏菌抗血清作玻片凝集试验进行鉴定。

2. 补体结合试验 是国际贸易指定用于牛、羊、绵羊附睾种布鲁氏菌病诊断的确诊试验。但是，补体结合试验不适合作为猪的个体诊断，因为猪的补体会干扰豚鼠补体而使得补体结合试验的敏感性降低。

3. 血清凝集试验 包含玻片凝集和试管凝集试验，是我国牛布鲁氏菌病监测的法定试验，作为早期诊断。

4. PCR方法 本方法可以用于检测牛乳中的布鲁氏菌以及不同种型菌株的鉴定。

【防控】应当着重体现"预防为主"的原则，坚持自繁自养，引种时严格执行检疫。

1. 检疫措施 对疫区内的所有家畜、从布病疫区调运的家畜、进入市场交易的家畜及进出口牲畜均应进行布病检疫，查清当地疫情程度和分布范围，掌握畜间布病流行规律和特点，并杜绝传染源的输出和输入，避免非疫区受染。对阳性动物一般不予治疗，直接淘汰。

2. 控制和消灭传染源 病畜的流产物和死畜必须深埋，对其污染的环境用20％漂白粉或10％石灰乳消毒。病畜乳及其制品必须煮沸消毒。皮毛可用过氧乙烷熏蒸消毒并放置3个月以上再运出疫区。应将病、健畜分群分区放牧；病畜用过的牧场需经3个月自然净化后才能供健畜使用。

3. 保护易感人群及健康家畜 密切接触牲畜及其产品的人员，应做好个人防护。处理可疑病畜时，需要戴口罩、眼镜和手套，穿防护衣，皮肤有伤口者应暂时避免接触家畜，防止经皮肤、黏膜和呼吸道感染本病。

4. 免疫接种 疫苗接种是预防本病的重要措施。目前国内外常用的疫苗主要有以下几种：猪布鲁氏菌S2株疫苗、羊型5号（M5）弱毒活菌苗、牛布鲁氏菌19号疫苗、羊种布鲁氏菌Rev.1株疫苗和牛种布鲁氏菌RB51株疫苗。我国主要使用S2和M5疫苗。

5. 建立健康牛群 对于污染牛群，可通过反复检测并淘汰阳性牛，同群阴性牛作为假定健康牛，在一年之内检疫两次均为阴性，且已正常分娩，可认为是无病牛群。另外，从患病群体中培养健康牛群，主要是早期隔离后代，经两次检疫全为阴性即可。

第八节 沙门氏菌病

沙门氏菌病是由沙门氏菌属中多种细菌引起的疾病的总称。沙门氏菌中有些是人类的致病菌，有些是动物的致病菌，多数是人和动物共同的致病菌，或者对动物是致病菌而对人类是条件致病菌。在细菌性食物中毒的病原中，沙门氏菌所占的比例为 20%～30%。本病在动物中主要引起败血症和肠炎，也可使怀孕动物发生流产，在一些地区造成的危害相当严重。因此，防控本病具有重要公共卫生意义。

【流行病学】 由鸡白痢沙门氏菌引起的鸡白痢在雏鸡中流行最为广泛，多发生于孵出不久的雏鸡。成年种鸡的感染常局限于卵巢、卵和输卵管等处。沙门氏菌在禽类中的传播比较复杂，除能通过消化道、眼结膜及交配感染外，还能通过带菌卵而传播。带菌卵有的是康复或带菌母鸡所产，有的是健康蛋壳受污染，以带菌卵孵化时，会形成死胚或孵出病雏。病雏的粪便和其绒毛上含有大量的病菌，可污染饲料、饮水、孵化器和育雏器等，因此与病鸡雏同群的健康雏鸡很快会受到感染。耐过的鸡长期带菌，成年后又产出带菌卵，如此周而复始，代代相传，造成严重的危害。

猪群易感染沙门氏菌病，许多猪可借本身的抵抗力对其免疫，有些则成为带菌猪。如饲养管理不当、气候突变或长途运输等导致猪的抵抗力下降时，或病菌已经通过猪体，毒力增高也可造成本病的暴发。1～4 月龄仔猪易感性较高，6 月龄以上猪的免疫系统已逐步完善，感染后很少发病，但在相当一段时间内带有本菌。在应激因素或其他疾病作用下，尤其是在发生猪瘟时，往往发生本病的并发或继发感染。

人的沙门氏菌病主要是食用污染食物和饮用不洁水，并且通常是同一污染源所污染。多为急性经过，潜伏期短，大多数病例可在短时间内自愈。集体用餐单位常呈暴发流行。多发生于夏、秋季。消化道是沙门氏菌感染人的重要传播途径，人可通过摄取污染的食物和水引起感染发病。

沙门氏菌很容易在动物与动物、动物与人、人与人之间通过直接或间接的途径传播，主要传播途径是消化道。染菌而未经彻底消毒的饮食是主要的传播方式，动物源性食品如肉类、内脏、蛋品、乳制品可传播此病。生、熟食品未严格分开是引起本病流行最常见的原因。水源污染或集体食物污染则可致本病暴发流行。本病亦可通过带菌的蟑螂、鼠或苍蝇污染用具或食物而传播。

【症状及病理变化】 鸡白痢可根据感染日龄和临床表现分为雏鸡白痢、育成鸡白痢和成年鸡白痢。雏鸡白痢表现为经卵垂直感染的雏鸡，在孵化器或孵出后不久即可看到虚弱、昏睡，继而死亡。出壳后感染的雏鸡，多于孵出后 3～5d 出现症状，第 2～3 周龄是雏鸡白痢发病和死亡高峰。病雏表现为不愿走动，聚成一团，不食，羽毛松乱，两翼下垂，低头缩颈，闭眼昏睡。排白色糊样粪便，肛门周围的绒毛被粪便污染，干涸后封住肛门周围，影响排粪。剖检可见肝脏、脾脏和肾脏肿大、充血，有时肝脏可见大小不等的坏死点。卵黄吸收不良，内容物呈奶油状或干酪样黏稠物。有呼吸道症状的雏鸡肺脏可见有坏死或灰白色结节。心包增厚，心脏上可见有坏死或结节，略突出于脏器表面；肠道呈卡他性炎症，盲肠膨大。育成鸡白痢多发生于 40～80 日龄的鸡，地面平养的鸡群发病率比网上和笼养鸡高。常突然发生，全群鸡食欲精神无明显变化，但鸡群中不断出现精神、食欲差和腹泻的鸡，常突然死亡。死亡不见高峰，每天都有鸡死亡，且数量不一。剖检可见肝脏肿大，有的为正常肝脏数倍，质脆，极易破裂。脾脏肿大，心包增厚，心肌可见数量不一的黄色坏死灶，严重的心脏变形、变圆。有时在肌胃上也可见到类似的病变。成年鸡白痢一般无明显症状，当鸡群感染比例较大时，可明显影响产蛋量，产蛋高峰不高，维持时间短，死淘率增高。部分病鸡面色苍白、鸡冠萎缩、精神委顿、缩颈垂翅、食欲丧失、产卵停止，排白色稀粪。有的感染鸡可因卵黄性腹膜炎，而呈"垂腹"现象。剖检可见多数卵巢仅有少量接近成熟的卵子。已发育正常的质地改变，卵子变色，卵子内容物呈干酪样。卵黄膜增厚、卵子形态不规则。变性的卵子有长短粗细不同的卵蒂（柄状物）与卵巢相连。脱落的卵子进入腹腔，可引起广泛的腹膜炎及腹腔脏器粘连。

猪沙门氏菌病又称猪副伤寒，各种年龄的猪都可发病，但易侵害 20 日龄至 4 月龄的小猪。有些外表看来健康的猪实际上都不同程度地感染了多种沙门氏菌，成为无症状感染或隐性感染的个体。急性型呈败血症变化，表现为弥漫性纤维素性坏死性肠炎，临床表现为腹泻，有时发生卡他性或干酪性肺炎。剖检可见脾肿大，色暗带蓝，坚硬似橡皮。肠系膜淋巴结肿大。肝、肾内有不同程度的肿大、充血和出血。有时肝实质可见糠麸状、极为细小的灰黄色坏死小点。全身各黏膜、浆膜均有不同程度的出血斑或出血点，肠胃黏膜可见急性卡他性炎症。

人感染以食物中毒为常见，约占全部有临床症状病例的 70%，引起食物中毒的以鼠伤寒沙门菌、肠炎沙门菌、汤普森沙门菌和猪霍乱沙门菌等常见。由于食用含有大量细菌的食物而引起，潜伏期为 8～48h，有恶心、呕吐、腹泻、腹痛和发热等症状，病程为 2～5d，重者可持续几个星期。粪样中可以分离出病原菌。

【诊断】根据流行病学、临床症状和剖检变化可作初步诊断。确诊需采取肝、脾、肺、卵黄、可疑食物等样品接种选择性培养基（根据情况如人食物中毒时应先进行增菌培养）进行细菌分离，进一步可进行生化试验和血清学分型试验鉴定分离株。

成年鸡感染多呈慢性和隐性经过，可用凝集反应进行诊断。凝集反应分试管法和平板法，平板法又分为全血平板凝集反应和血清平板凝集反应，以全血平板凝集反应较为常用。具体的操作程序和结果判定方法可参见鸡白痢相关检疫规程。

【防控】加强饲养管理，提高畜禽抵抗力，搞好禽、畜场舍的环境卫生，注意饲料卫生。控制传染源，制定疾病防治规范，严格卫生消毒制度。

防控鸡白痢的原则是杜绝病原菌的传入，清除群内带菌鸡，同时严格执行卫生、消毒和隔离制度。①通过严格的卫生检疫和检验措施，建立完善的良种繁育体系，慎重引进种禽、种蛋，必须引进时应了解对方的疫情状况，防止病原菌进入本场。②鸡群应定期通过全血平板凝集反应进行全面检疫，淘汰阳性鸡和可疑鸡，以建立健康种鸡群。③坚持种蛋孵化前的消毒工作，可通过喷雾、浸泡等方法进行，同时应对孵化场、孵化室、孵化器及其用具定期进行彻底消毒，杀灭环境中的病原菌。④加强禽群的饲养管理，保持育雏室、养禽舍及运动场的清洁、干燥，加强日常的消毒工作。发现病禽，迅速隔离（或淘汰）消毒。全群进行抗菌药物预防或治疗，但是治愈后的家禽可能长期带菌，故不能作种用。

人沙门氏菌病的防治重点在于预防。预防动物的沙门氏菌病，降低其带菌状态，从而切断传染源；对于动物的宰杀、肉的保鲜、运输的全过程实施兽医卫生监督，对食品加工、烹调及熟食的保藏实施食品质量卫生控制与监督，以切断传播途径；加强卫生宣传教育，搞好环境卫生，养成良好的生活习惯。

第九节 结 核 病

一、牛结核病

牛结核病主要是由牛分枝杆菌引起牛的一种慢性消耗性传染病，其病理特征是在多种组织器官形成结核性肉芽肿（结核结节），继而结节中心干酪样坏死或钙化。世界范围内约有10％的结核病人是因感染了牛分枝杆菌而发病，因此，本病是一种严重的人畜共患病。近年来，结核病的发病率不断增高，已成为影响人类及养殖业的主要疾病之一。

【流行病学】

1. 传染源　病牛尤其是开放性结核病牛是主要的传染源。病菌可随呼出的气体、鼻液、唾液、痰液、粪、尿、精液、乳汁和阴道分泌物排出和污染饲料、饮水、空气等周围环境。

2. 传播途径　该病主要通过呼吸道和消化道而感染，也可通过交配传播。其中经呼吸道传染的威胁最大。

3. 易感动物　本病可侵害人和多种动物，家畜中牛最易感。人感染牛结核主要是食入未经检疫的畜产品，尤其是饮用未经巴氏消毒或煮沸的患有结核病牛的奶而经消化道感染，特别是幼儿感染牛分枝杆菌者最多。另外，经常与患结核病牛接触的人员（畜牧兽医工作者、挤奶人员、饲养人员等）也易感染结核。犊牛则以消化道感染为主。

4. 诱发因素　外周及小环境不良，如牛舍阴暗潮湿、通风不良、拥挤、病牛与健康牛同栏饲养以及饲料配比不当、饲料中缺乏维生素和矿物质等，均可促进本病的发生。本病多为散发或地方性流行。

【症状】潜伏期长短不一，一般为3～6周，有的长达数月或数年。临床通常呈慢性经过，以肺结核、淋巴结核、乳房结核和肠结核最为常见，生殖器官结核也时有发生。

1. 肺结核　病牛病初有短促干咳，清晨时症状最为明显；随着病程的发展变为湿咳，咳嗽加重、频繁，并有淡黄色黏液或脓性鼻液流出。呼吸次数增加，甚至呼吸困难。病牛食欲下降，消瘦，贫血，产奶减少，体表淋巴结肿大，体温一般正常或稍升高。最后因心力衰竭而死亡。

2. 淋巴结核　常见于肩前、股前、腹股沟、下颌、咽及颈淋巴结等体表部位，可见局部硬肿变形，有时有破溃，形成不易愈合的溃疡。

3. 乳房结核　病牛乳房淋巴结肿大，常在后方乳腺区出现局限性或弥漫性硬结。乳房表面凹凸不平，硬结无热、无痛，乳房硬肿，乳量减少，乳汁稀薄，混有脓块，严重者泌乳停止。

4. 肠结核　多见于犊牛，表现消化不良，食欲不振，腹泻与便秘交替，继而发展为顽固性腹泻，粪便呈粥样，混杂脓汁和黏液。当波及肝、肠系膜淋巴结等腹腔器官组织时，直肠检查可以辨认。

5. 生殖器官结核　可见性机能紊乱。母牛发情频繁、性欲亢进，流产、不孕，从阴道、子宫内流出脓性分泌物。公牛附睾、睾丸肿大，阴茎前部出现结节，发生糜烂等。

【病理变化】在组织器官发生增生性或渗出性炎症，或两者混合存在。当抵抗力强时，机体对结核菌的反应以细胞增生为主，形成增生性结核结节，由上皮细胞和巨噬细胞集结在结核菌周围，构成特异性肉芽肿。

【诊断】本病常呈慢性经过，临床症状又多不明显，往往不易确诊。当动物发生进行性慢性消瘦、咳嗽、肺部听诊异常、体表淋巴结慢性肿胀等，可初步怀疑本病。实验室诊断方法有细菌分离鉴定、结核菌素试验、ELISA、IFN-γ体外释放方法和PCR诊断。临床上，结核菌素试验是诊断牛结核的标准方法，以结核菌素皮内注射法和点眼法同时进行，任何一种呈阳性反应者，即为阳性。

【防控】由于疫苗的免疫效果不甚理想，对动物结核病不采取免疫预防。对病牛也不治疗，采取检疫后淘汰阳性牛的策略，同时采取综合措施，从牛群中净化本病。

1. 检疫监测牛群　对于临床健康的牛群，每年春秋各进行一次变态反应检疫，阳性者淘汰。引进家畜时，在产地检疫阴性方可引进。运回隔离观察1个月以上再行检疫，阴性者才能合群。结核病人不能饲养牲畜。

2. 净化感染牛群　淘汰有临床表现的阳性牛以及检疫后结核菌素阳性的生产性能低下的牛。对污染牛群，每年进行3次以上检疫，检出的阳性牛及可疑牛立即分群隔离，对阳性牛应及时扑杀，进行无害化处理；同时及时对污染的养殖场所及用具严格消毒。可疑病牛在隔离饲养期间生产的乳作无害化处理；假定健康群向健康群过渡的畜群，应在第一年每隔3个月进行一次检疫，直到无阳性牛出现为止。然后在1～1.5年的时间内连续进行3次检疫，全为阴性时，即认为是健康群。

3. 加强消毒　每年进行2～4次预防性消毒，每当畜群出现阳性病牛后，都要进行一次大消毒。常用消毒药为5%来苏儿或克辽林、10%漂白粉、3%福尔马林或3%苛性钠溶液。

二、禽结核病

禽结核病是由禽分枝杆菌引起禽的一种慢性传染病，也可发生于人、牛和猪。该病的特征是在多种组织和器官形成结核结节、干酪样坏死或钙化结节。

【流行病学】该病主要危害鸡和火鸡，成年鸡多发，其他家禽和多种野禽也可感染。但禽结核杆菌也可感染牛、猪和人。患病禽尤其是开放型病禽是本病的主要传染源，其呼吸道分泌物、粪尿和生殖道分泌物等均可带菌，污染饲料、食物、饮水、空气和环境而散播传染。

本病主要经消化道、呼吸道感染，病菌随咳嗽、喷嚏排出体外，存在于空气飞沫中，健康的人或禽吸入后即可感染。饲养管理不良与本病的传播有密切关系，禽舍通风不良、拥挤、潮湿、光照不足、缺乏运动等，最易患病。

【症状】临床表现贫血、消瘦、鸡冠萎缩、跛行以及产蛋减少或停止。病程持续2～3个月，有时可达1年。病禽因衰竭或因肝变性而突然死亡。

【病理变化】禽结核病理变化多发生在肠道、肝、脾、骨骼和关节。肠道发生溃疡，可在任何肠段见到。肝、脾肿大，切面具有大小不一的结节状干酪样病灶，关节肿大，内含干酪样物质。

【诊断】根据鸡临床表现贫血、消瘦、鸡冠萎缩、跛行以及产蛋减少和肝、脾肿大、有结节状干酪样病灶等特征，可初步诊断。确诊可进行如下实验室诊断：

1. 血清学诊断　目前应用极少。

2. 细菌学诊断　本法对开放性结核病有诊断意义。主要采取病禽病灶、痰、粪尿、乳及其他分泌物，做细菌抹片、分离培养和动物接种试验。

3. 结核菌素试验　是目前诊断结核病最常用，最有诊断意义的方法。主要包括提纯结核菌素（PPD）和老结核菌素（OT）诊断方法。诊断鸡结核病用禽分枝杆菌提纯菌素，以0.1mL（2 500U）注射于鸡的肉垂内，24h、48h判定，如注射部位出现增厚、下垂、发热、呈弥漫性水肿者为阳性。

【防控】禽结核和其他动物结核一样，主要采取综合性防疫措施。防止疾病传入，净化污染群，培育健康群。该病一般不进行治疗，而是采取加强检疫、隔离、淘汰，防止疾病传入，净化污染群等综合性防疫措施。

禽分枝杆菌可感染人引起发病，因此与禽密切接触的人群应注意防护。

第十节　猪链球菌病

猪链球菌病是由多种不同群的链球菌引起的不同临床类型传染病的总称，特征为急性病例常表现败血症和脑膜炎，由C群链球菌引起的发病率高，病死率也高，危害大，慢性病例则为关节炎、心内膜炎及组织化脓性炎；以E群链球菌引起的淋巴脓肿最为常见，流行最广。近年来，猪Ⅱ型链球菌病对我国养猪业和人民健康造成了严重危害，猪Ⅱ型链球菌已成为我国当前人畜共患病一种不可忽视的病原菌。

【流行病学】猪Ⅱ型链球菌病无严格的年龄区别，大猪、小猪均可感染，尤以小猪发病率最高，其次为中猪和怀孕的母猪。成年猪发病较少。本病可通过伤口直接接触传播；呼吸道、消化道亦是本病的主要传播途径。在我国呈地方流行性，多数为急性败血型，在短期内波及全群，发病率和病死率甚高。慢性型呈散发性。本病无明显的发病季节，但以天气闷热潮湿的夏秋季节发病率最高。人的感染与直接接触病猪或病死猪有关。

【症状】根据病程的长短和临床表现，猪Ⅱ型链球菌病分为最急性、急性和慢性三种类型。

1. 最急性型　发病急、病程短，多不见任何异常表现而突然死亡。或突然减食或停食，精神委顿，体温升高达41～42℃，卧地不起，呼吸促迫，多在6.5～24h内迅速死于败血症。

2. 急性型　常突然发病，病初体温升高达40～41.5℃，继而升高到42～43℃，呈稽留热，精神沉郁、呆立、嗜卧，食欲减少或废绝，喜饮水。眼结膜潮红，有出血斑，流泪。呼吸促迫，间有咳嗽。鼻镜干燥，流出浆液性、脓性鼻液。颈部、耳郭、腹下及四肢下端皮肤呈紫红色，并有出血点。个别病例出现血尿、便秘或腹泻。病程稍长，多在3～5d内因心力衰竭死亡。

3. 慢性型　多由急性型转化而来。主要表现为多发性关节炎。一肢或多肢关节发炎。关节周围肌肉肿胀，高度跛行，有痛感，站立困难。严重病例后肢瘫痪。最后因体质衰竭、麻痹死亡。

【病理变化】死于出血性败血症的猪，表现颈下、腹下及四肢末端等处皮肤有紫红色出血斑点。急性死亡猪可从天然孔流出暗红色血液，凝固不良。胸腔有大量黄色或浑浊液体，含微黄色纤维素絮片样物质。心包液增量，心肌柔软，色淡呈煮肉样。右心室扩张，心耳、心冠沟和右心室内膜有出血斑点。心肌外膜与心包膜常粘连。脾脏明显肿大，有的可大到1～3倍，呈灰红或暗红色，质脆而软，包膜下有小点出血，边缘有出血梗死区，切面隆起，结构模糊。肝脏边缘钝厚，质硬，切面结构模糊。胆囊水肿，胆囊壁增厚。肾脏稍肿大，皮质、髓质界限不清，有出血斑点。胃肠黏膜、浆膜散在点状出血。全身淋巴结水肿、出血。可见脑脊液增量，脑膜和脊髓软膜充血、出血。个别病例脑膜下水肿，脑切面可见白质与灰质有小点状出血。患病关节多有浆液纤维素性炎症。关节囊膜面充血、粗糙、滑液混浊，并含有黄白色奶酪样块状物。有时关节周围皮下有胶样水肿，严重病例周围肌肉组织化脓、不死。

人的感染视侵入部位不同可能引发不同的疾病，从感染到发病最短2h，最长13d，大多1～3d内发病。多数病例发病初期出现畏寒、发热，伴有头痛、头昏、全身不适、乏力等症状。临床上主要有两个类型，即败血症型和脑膜炎型。败血症型：常发生链球菌中毒性休克症，表现为起病急，多为突发高热，肢体远端部位出现瘀斑或斑点，早期多伴有胃肠道症状、休克，病人很快转入多器官衰竭，预后较差，病死率较高。脑膜炎型：主要表现为头痛、高热、脑膜刺激征阳性等。该型的临床表现较轻，预后较好，病死率较低，但有部分患者可导致耳聋以及运动功能失调，并发吸收性肺炎和继发性大脑缺氧等。

【诊断】根据临床症状和病理变化做出初步诊断，确诊需进一步做实验室诊断。诊断时，根据不同的病型采取不同的病料，如脓肿、化脓灶、肝、脾、肾、血液、关节液、脑脊液及脑组织等，进行涂片、染色、镜检和细菌分离培养鉴定。人感染确诊主要依靠病原菌的分离与鉴定。

【防控】应用疫苗进行免疫接种，对预防和控制本病具有重要作用。我国已研制出用于预防猪链球菌病的灭活苗，在猪链球菌病流行季节前进行预防注射，是预防暴发流行的有力措施。平时应建立和健全消毒隔离制度。保持圈舍清洁、干燥及通风，经常清除粪便，保持地面清洁。患病或死亡猪是本病的主要传染源，因此，应严格禁止擅自宰杀和自行处理，须在兽医监督下，按有关规定处理。应用抗菌类药物治疗时，应分离致病链球菌进行药敏试验。根据试验结果，选出具有敏感作用的药物进行全身治疗。局部治疗：先将皮肤、关节及脐部等处的局部溃烂组织剥离，脓肿应予切开，清除脓汁，清洗和消毒，然后用抗生素或磺胺类药物以悬液、软膏或粉剂置入患处。

人的猪Ⅱ型链球菌感染只要及早、足量使用抗生素，一般是可以治愈的。根据国家卫生和计划生育委员会试行的人猪链球菌感染治疗方案，主要以抗生素治疗及抗休克治疗为主，同时依据病情严重程度、临床类型给予对症治疗。

第十一节　马鼻疽

马鼻疽是由鼻疽杆菌引起的一种人畜共患传染病，该病的临床特征是鼻腔、喉头和气管黏膜以及皮肤上形成鼻疽结节、溃疡和瘢痕，在肺脏、淋巴结或其他实质脏器中形成特异性的鼻疽结节。我国将其列为二类动物疫病，目前已基本控制该病。

【流行病学】该病主要在马、骡、驴等单蹄动物中传播蔓延，以马属动物最易感，也可感染骆驼、狮、虎、猫等猫科动物和其他一些肉食动物和人。鼻疽病马以及患鼻疽的其他动物均为本病的传染源。自然感染主要通过与病畜接触，经消化道或损伤的皮肤、黏膜及呼吸道传染。本病无季节性，多呈散发或地方性流行。在初发地区，多呈急性、暴发性流行；在常发地区多呈慢性经过。

【症状】本病的潜伏期为 6 个月。临床上常分为急性型和慢性型。

1. 急性型 病初表现体温升高，呈不规则热（39～41℃）和下颌淋巴结肿大等全身性变化。急性型鼻疽又分为肺鼻疽、鼻腔鼻疽和皮肤鼻疽三种，后两者又称开放性鼻疽，三种鼻疽之间可相互转化。

（1）肺鼻疽 主要表现为干咳，肺部可出现半浊音、浊音和不同程度的呼吸困难等症状。

（2）鼻腔鼻疽 可见一侧或两侧鼻孔流出浆液、黏液性脓性鼻液，鼻腔黏膜上有小米粒至高粱米粒大的灰白色圆形结节突出黏膜表面，周围绕以红晕，结节坏死后形成溃疡，边缘不整，隆起如堤状，底面凹陷呈灰白色或黄色。

（3）皮肤鼻疽 常于四肢、胸侧和腹下等处发生局限性有热有痛的炎性肿胀并形成硬固的结节。结节破溃排出脓汁，形成边缘不整、喷火口状的溃疡，底部呈油脂样，难以愈合。结节常沿淋巴管径路向附近组织蔓延，形成念珠状的索状肿。后肢皮肤发生鼻疽时可见明显肿胀变粗。

2. 慢性型 临床症状不明显，有的可见一侧或两侧鼻孔流出灰黄色脓性鼻液，在鼻腔黏膜常见有糜烂性溃疡，有的在鼻中隔形成放射状瘢痕。

【病理变化】主要为急性渗出性和增生性变化。渗出性为主的鼻疽病变见于急性鼻疽或慢性鼻疽的恶化过程中；增生性为主的鼻疽病变见于慢性鼻疽。

1. 肺鼻疽 鼻疽结节大小如粟粒、高粱米及黄豆大，常发生在肺膜面下层，呈半球状隆起于表面，有的散布在肺深部组织，也有的密布于全肺，呈暗红色、灰白色或干酪样。

2. 鼻腔鼻疽 鼻中隔多呈典型的溃疡变化。溃疡数量不一，散在或成群，边缘不整，中央像喷火口，底面不平呈颗粒状。鼻疽结节呈黄白色，周围有晕环绕。鼻疽瘢痕的特征是呈星芒状。

3. 皮肤鼻疽 初期表现为沿皮肤淋巴管形成硬固的念珠状结节。多见于前躯及四肢，结节软化破溃后流出脓汁，形成溃疡，溃疡有堤状边缘和油脂样底面，底面覆有坏死性物质或呈颗粒状肉芽组织。

【诊断】根据急性型鼻疽的临床症状、流行病学及病理学检查可以作出初步诊断，但对该病的确诊或对慢性型和隐性型病例的诊断则需要细菌学、血清学和变态反应等方法。

无临床症状慢性马鼻疽的诊断以鼻疽菌素点眼为主，血清学检查为辅；开放性鼻疽的诊断以临床检查为主，病变不典型的，则须进行鼻疽菌素点眼试验或血清学试验。

1. 细菌学检查 可分离到病原体作出确诊。此法只限于确诊开放性鼻疽和对病畜尸体的诊断，而对慢性鼻疽的生前诊断不适用。故实际工作中很少应用。

2. 变态反应诊断 变态反应诊断方法有鼻疽菌素点眼法、鼻疽菌素皮下注射法、鼻疽菌素眼睑皮内注射法，常用鼻疽菌素点眼法。实践中，常将鼻疽菌素多次点眼与临床检查相结合，必要时用补体结合试验作为辅助手段。

3. 血清学方法 补体结合反应试验为较常用的辅助诊断方法，可区分鼻疽阳性马属动物的类型，可检出大多数活动性患畜。其他方法包括凝集反应、沉淀反应、间接血凝试验、ELISA、荧光抗体间接法、乳胶凝集试验、对流免疫电泳、双扩散试验及固相补体结合试验等方法。

4. 病理解剖学诊断 是本病有价值的诊断方法，但解剖时必须做好人员防护工作。

5. 鉴别诊断 必须与流行性淋巴管炎、马腺疫、鼻炎等进行鉴别。

【防控】目前对鼻疽尚无有效菌苗，为了迅速消灭本病，必须控制和消灭传染源，及早检出和严格处理病马，切断传播途径，加强饲养管理，采取"养、检、隔、处、消"等综合性防疫措施。

开放性和急性鼻疽马一般不予治疗。必须治疗时可用金霉素、土霉素、链霉素及磺胺嘧啶等，应用最多的是磺胺和土霉素。在治疗过程中应加强隔离、消毒措施，防止病原菌的散播。

人可经损伤的皮肤、消化道、呼吸道而感染。人感染多与职业有关，多发生于饲养员、屠宰人员、兽医和接触病料的实验室工作人员，预防本病主要依靠个人防护。

第十二节 大肠杆菌病

大肠杆菌病是指由致病性大肠杆菌引起多种动物不同疾病或病型的统称，包括动物的局部性或全身性大肠杆菌感染、大肠杆菌性腹泻、败血症和毒血症等。各种动物大肠杆菌病的表现形式有所不同，但多发生于幼龄动物，给养殖业造成了严重的损失。

一、猪大肠杆菌病

猪感染致病性大肠杆菌时，根据发病日龄及临床表现的差异又分为仔猪黄痢、仔猪白痢和猪水肿病。

【流行病学】致病性大肠杆菌主要存在于母猪的肠道、产道及周围环境中，因此带菌母猪是本病的主要传染源。猪的各种大肠杆菌病主要通过消化道感染。仔猪黄痢最容易发生于1~3日龄的仔猪，但个别仔猪也可能在生后12h内发病，往往在同窝仔猪中的发病率达80%以上，病死率较高。仔猪白痢多发生于10~30日龄的仔猪，如果一窝仔猪有1头发病，其余仔猪便可同时或相继发生，发病率中等，病死率低。猪水肿病主要发生于断奶后1~2周的仔猪，并且病猪绝大多数是生长快而肥壮的仔猪，其发病率虽低，病死率可达90%以上。

寒冷的冬季及炎热潮湿的夏季多发生仔猪白痢和黄痢，饲料骤变，天气湿冷，气候多变时多散发猪水肿病。

【症状及病理变化】

1. 仔猪黄痢 是初生仔猪的一种急性、致死性疾病。临床上以腹泻、排黄色或黄白色粪便为特征。

临床症状：潜伏期短，生后12h以内即可发病。同窝仔猪相继发病，排出黄色浆状稀粪，内含凝乳小片，很快消瘦、昏迷而死。

病理变化：尸体严重脱水，胃肠道膨胀、有多量黄色液体内容物和气体，肠黏膜呈急性卡他性炎症变化，小肠壁变薄，以十二指肠最严重，黏膜上皮变性、坏死。胃膨胀，内有酸臭凝乳块。

2. 仔猪白痢 由致病性大肠杆菌引起2~4周龄仔猪的一种急性肠道传染病。临床上以排灰白色、腥臭、糨糊状稀粪为特征。

临床症状：病猪突然发生腹泻，粪便呈乳白色或灰白色，浆状或糊状，腥臭、黏腻。腹泻次数不等。病程2～3d，长的1周，很少死亡，能自行康复，但仔猪生长发育迟缓，育肥周期延长。

病理变化：剖检尸体外表苍白、消瘦、脱水、肠黏膜有卡他性炎症病变。

3. 猪水肿病　由某些溶血性大肠杆菌引起断奶后仔猪的一种毒血症。其临床特征是突然发病、病程短促、头部和胃壁等处出现水肿、共济失调、惊厥和麻痹等。本病发病率低，但致死率高。

临床症状：病猪感觉过敏，结膜充血，脸部、眼睑、结膜、齿龈，有时波及颈部和腹部皮下等处出现明显的水肿，但体温一般无变化。神经症状明显，表现为肌肉颤抖、阵发性抽搐、蹒跚样步态、盲目运动或转圈，发展为共济失调、麻痹和倒卧，四肢呈划水样，多数病猪于出现神经症状后几分钟或几天内死亡。病死率高达90%以上。

病理变化：主要是水肿，胃壁及肠系膜水肿最为明显。胃贲门区黏膜水肿增厚可达2cm以上，严重时可延伸到黏膜下层组织，水肿液为胶冻状。

【诊断】猪大肠杆菌病通常根据其流行特点和临床症状结合剖检即可作出初步诊断，必要时可进行实验室检测，即取黄痢和白痢病猪的小肠前段，用无菌盐水轻轻冲洗后刮取黏膜，或取水肿病病猪肠系膜淋巴结，接种麦康凯培养基后，37℃培养18～24h，挑取红色菌落做进一步培养和生化试验，并用大肠杆菌因子血清鉴定血清型。

【防控】

1. 加强分娩舍的卫生及消毒工作　定期对母猪进行预防性投药，以减少环境中产肠毒素大肠杆菌污染，最大限度地降低仔猪的发病率。

2. 加强疫苗的免疫接种，使仔猪获得坚强的免疫力　疫苗免疫应在本地区或猪场大肠杆菌血清型调查的基础上，使用与本地区菌株血清型一致的疫苗。预防仔猪黄痢，可对妊娠母猪于产前6周和2周进行两次疫苗免疫。而预防仔猪白痢和猪水肿病，可在仔猪出生后接种猪大肠杆菌腹泻基因工程多价苗或灭活苗。

3. 加强仔猪的饲养管理　保证及时获得足够的初乳。控制分娩舍温度，使其为22～27℃，初生仔猪周围的温度应调整至30～32℃，同时注意适时通风换气。同时应根据仔猪的生长发育特点，及时补铁补硒，增强机体的抗病能力。

4. 定期进行大肠杆菌药敏试验　确保疾病发生后的治疗质量。对于仔猪黄白痢治疗的原则应是抗菌、补液、母仔兼治。猪发病时立即进行全窝给药治疗。

二、禽大肠杆菌病

禽大肠杆菌病是由致病性大肠杆菌引起各种禽类的急性或慢性的细菌性传染病，包括急性败血症、气囊炎、肝周炎、心包炎、卵黄性腹膜炎、输卵管炎、滑膜炎、眼炎、关节炎、脐炎、肉芽肿以及肺炎等，最常见的是急性败血症和卵黄性腹膜炎。在临床上可以单独发生或与其他疫病混杂在一起。

【流行病学】各种品种以及不同日龄的禽类都可感染发病。致病性大肠杆菌普遍存在于患病禽类、隐性感染禽的体内和外界环境中，易感禽群可经污染的饲料、饮水通过消化道感染，此外呼吸道、人工授精或自然交配、种蛋等也具有很重要的传播作用。

该病易与其他疾病并发或继发，当鸡群中存在鸡毒支原体感染、传染性支气管炎、新城疫、低致病力禽流感、传染性法氏囊病、葡萄球菌病等时，常伴发或继发大肠杆菌感染。

【症状及病理变化】禽大肠杆菌病在临床上的表现极其复杂，通常包括以下病型。

1. 急性败血型 可见病鸡精神沉郁、羽毛松乱、食欲减退或废绝。该型病禽的发病率和病死率都较高。死亡病鸡的剖眼病变主要有纤维素性心包炎、纤维素性肝周炎和纤维素性气囊炎。心包炎表现为心包积液，心包膜混浊、增厚，或者内有渗出物与心肌粘连；肝周炎表现肝脏肿大，表面有纤维素性渗出物，或者整个肝脏被纤维素性薄膜所包裹；气囊炎则表现气囊混浊，有纤维素性渗出物，或纤维素性渗出物充斥于腹腔内肠道和脏器间，气囊壁增厚。

2. 生殖器官感染 患病母鸡卵泡膜充血，卵泡变形，局部或整个卵泡红褐色或黑褐色。输卵管感染时剖检可见输卵管充血、出血，内有多量渗出物，或积有干酪样团块。该种病禽常常于发病几个月后死亡，不死者也极少产蛋。公鸡表现为睾丸充血，交媾器充血、肿胀。

3. 卵黄性腹膜炎 多见于产蛋中后期，由于病鸡输卵管感染产生炎症，常导致输卵管伞部粘连，排卵时卵泡掉入腹腔造成本病。病鸡腹部膨胀、重坠，剖检可见腹腔积有大量卵黄，肠道或脏器间相互粘连。

4. 肠炎 致病性大肠杆菌引起的原发性肠炎极少见，但偶尔 ETEC 菌株感染也可引起，可见病禽泄殖腔下方羽毛潮湿、污秽、粘连。当其感染某些病毒性疾病时，常可诱发某些致病性大肠杆菌菌株对肠道的致病作用，表现为腹泻和病态。

5. 关节炎或足垫肿 幼、中雏感染居多。一般呈慢性经过，病鸡消瘦、生长发育缓慢，关节肿胀、跛行。

6. 肉芽肿 部分成鸡感染本菌后常在肠道等处产生大肠杆菌性肉芽肿。主要表现为十二指肠、盲肠、肠系膜和肝脏等部位产生肉芽肿，病变通常为较小的结节状，有时则可形成较大的凝固性组织坏死灶。该型比较少见，但病死率较高。

7. 死胚和孵化率降低 此种情况较为多见，常因污染种蛋的大肠杆菌穿透蛋壳进入蛋内或该菌经蛋内传播所致。检查死胚时可见卵黄囊内容物呈干酪样或黄棕色的水样物，后期死亡的鸡胚或孵出的雏鸡出现卵黄囊炎、脐炎或心包炎。

8. 卵黄囊炎和脐炎 指幼鸡的卵黄囊、脐部及其周围组织的炎症。主要发生于孵化后期的胚胎及 1~2 周龄幼雏，死亡率为 3%~10%，有时高达 40%。临床上表现为蛋黄吸收不良、脐部闭合不全、腹部胀大下垂等变化。

鸭的大肠杆菌病主要表现为败血症型、生殖道感染等。鹅则主要为生殖器官感染、卵黄性腹膜炎等，其他禽类也多表现为败血症型。

【诊断】根据流行病学、症状及病理剖检特征，对某些病型可以作出诊断，但对于大部分病型则需要依靠实验室检验。常采用细菌分离鉴定。

取病变部位组织或心血、脑、骨髓等，划线接种于麦康凯琼脂平板分离细菌，然后进行生化鉴定、血清型鉴定或/和致病力试验。

【防控】一般认为菌苗预防是经济、有效和安全的方法。大肠杆菌菌苗对相同血清型的菌株感染具有较好的保护作用，但对不同血清型菌株感染的交叉保护很低，甚至不存在交叉保护作用。同时，由于禽类致病性大肠杆菌的血清型繁多，造成疫苗保护率偏低，因此在进行疫苗防制前，应在对当地或养殖场内致病性大肠杆菌血清型监测的基础上，选择合适的疫苗进行免疫。另外需要通过药敏试验选择合适的抗菌药物进行配合治疗，以最大限度地减少该病给养禽业造成的损失。

三、犊牛大肠杆菌病

犊牛大肠杆菌病是由致病性大肠杆菌引起犊牛的一种急性细菌性传染病。临床上本病具有败血症、肠毒血症或肠道病变的表现特征，发病急、病程短、死亡率高，主要危害初生牛犊。

【流行病学】病原性大肠杆菌存在于成年牛肠道或发病犊牛的肠道及各组织器官内。主要通过消化道传染，也可通过子宫内感染和脐带感染。该病多见于初生犊牛，尤其 2～3 日龄犊牛最为易感，常见于冬春舍饲时期，呈地方性流行或散发，在放牧季节很少发生。母牛在分娩前后营养不足、饲料中缺乏足够的维生素或蛋白质、乳房部污秽不洁、厩舍阴冷潮湿、通风不良、气候突变等，都能促进本病的发生流行或使病情加重。

【症状】潜伏期短，一般为几小时至十几小时。按临床表现分为败血症型、肠毒血症型和肠炎型等类型。

1. 败血症型 发病初期体温升高至 40℃，精神委顿，食欲降低或废绝，随后出现腹泻，很快陷入脱水状态，常于症状出现后数小时至 1d 内出现急性败血症而死亡。病死率可达 80% 以上。

2. 肠毒血症型 该型通常不出现明显临床表现即突然死亡。有症状者则为典型的中毒性症状，如体温正常或稍高，初期兴奋不安，随后转为沉郁甚至昏迷，然后进入濒死期。死前伴有剧烈腹泻，排出白色而充满气泡的稀粪。

3. 肠炎型 多见于 7～10 日龄的犊牛，表现为体温升高、食欲减退、喜躺卧，数小时后开始腹泻，粪便初呈黄色粥样，随后变为水样、呈灰白色，并混有未消化的凝乳块、血液、泡沫，有酸败气味。后期病犊排粪失禁，尾和后躯染有稀粪。

【病理变化】急性死亡的病犊常无明显的病理变化。伴有腹泻时，可见急性胃肠炎的变化，真胃内有大量凝乳块，黏膜充血、水肿，表面覆盖胶冻状黏液，皱褶处出血；整个肠管弛缓、缺乏弹性，肠内容物常混有血液和气泡，小肠黏膜充血、出血，部分黏膜上皮脱落；有时直肠黏膜也有同样的变化；肠系膜淋巴结肿大、切面多汁。肝脏和肾脏苍白，被膜下可见出血点。心内膜有小出血点。肠炎型病犊除上述变化外，整个消化道弛缓，肠壁菲薄，内容物呈水样。

【诊断】根据临床、剖检及流行病学特征可初步诊断，或者通过细菌分离鉴定确诊。

【防控】加强妊娠母牛和犊牛的饲养管理，保持牛舍干燥和清洁卫生。母牛临产时用温肥皂水洗去乳房周围污物，再用淡盐水洗净擦干。坚持环境及用具的日常消毒，防止犊牛受潮湿气和寒风侵袭及饮用脏水。犊牛初生后应尽早哺乳初乳。发现病牛及时隔离治疗，即通过人工哺乳、加强护理和抗菌药物治疗。对腹泻严重的犊牛，还应进行强心、补液、预防酸中毒等措施，减少犊牛的死亡。也可通过对妊娠母牛的疫苗免疫接种进行预防。

四、羔羊大肠杆菌病

羔羊大肠杆菌病是由特定血清型病原性大肠杆菌引起的一种急性传染病。临床特征是病羊具有败血症的变化或表现为剧烈腹泻。

【流行病学】本病多发于初生至 3 月龄的绵羊和山羊，致病性大肠杆菌在发病羔羊肠道或各组织器官内增殖，随粪便等排泄物散布于外界。本病主要通过消化道传播，呈散发或地方流行性，多见于冬春季节。母羊营养不良、乳房部污秽不洁、羔羊生后未吃初乳、圈舍阴冷潮湿、通风不良、气候突变等均与该病发生有密切的关系。

【症状】潜伏期一般为几小时或 1~2d。按该病的临床表现分为败血型和肠炎型。

1. 败血型 多见于 2~6 周龄以至 3 月龄的羔羊，病初体温升高达 41.5~42℃，精神委顿，结膜充血、潮红，呼吸浅表，随后出现明显的中枢神经系统紊乱，病羊口吐白沫，四肢僵硬，运步失调，视力障碍，继而卧地磨牙，头向后仰，一肢或数肢泳动。病羔很少腹泻，少数排出带血的稀粪。死前腹部膨胀，肛门外凸，可视黏膜发绀，多数于发病后 4~12h 内死亡，很少有恢复者。

2. 肠炎型 多见于 7 日龄内羔羊，初体温升高到 40.5~41℃，随后出现腹泻，粪便先呈糊状，由黄色变为灰色，随后粪便为液状，带气泡，有时混有血液和黏液。病羊腹痛，拱背，卧地。如不及时治疗，常在 24~36h 死亡。致死率为 15%~75%。

病理剖检：败血型者无明显特征性变化。主要是在胸、腹腔和心包内可见有大量积液，内混有纤维蛋白；某些病例的关节，尤其是肘和腕关节肿大，内含混浊滑液和纤维素性脓性絮片。脑膜充血，小点出血。腹泻型患羔脱水，真胃及肠内容物呈黄灰色半液状，瘤胃和网胃黏膜脱落，真胃和十二指肠及小肠中段呈严重的充血及出血。肠系膜淋巴结肿胀充血。真胃、小肠和大肠内容物呈黄灰色半液状。肠系膜淋巴结肿胀发红。脑膜充血。有的肺脏呈肺炎病变。

【诊断】根据细菌学检查，结合流行病学、临床症状、剖检变化，不难作出诊断。确诊需要进行实验室细菌分离鉴定。

【防控】同犊牛大肠杆菌病。

第十三节　李氏杆菌病

李氏杆菌病是由产单核细胞李氏杆菌引起的动物和人的一种食源性、散发性人畜共患传染病，该病致死率较高。病畜主要表现为脑膜炎、败血症和妊娠流产；患禽主要表现为坏死性肝炎和心肌炎，有的可出现单核细胞增多。本病广泛分布在全世界，我国许多地区均有发生。

【流行病学】本病的易感动物非常广泛，已证明至少有 42 种哺乳动物和 22 种鸟类有易感性。自然发病家畜以绵羊、牛、猪及兔感受性较高，家禽以鸡、火鸡、鹅较多，野兽、野禽、啮齿动物均易感染，且常为本病的贮存宿主。人也能自然感染。

本病呈散发性，一般只有少数发病，但致死率很高，各种年龄的动物都可感染发病，以幼龄较易感，发病急，有些地区牛羊发病多在冬季和早春。

患病动物和带菌动物是传染源，患病动物的粪、尿、乳、黏液以及眼鼻、生殖道的分泌物均含有本菌，鼠类是本病的贮存宿主。

本病传播途径可能通过消化道、呼吸道、眼结膜以及受伤的皮肤，被污染的水、饲料是主要传播媒介，吸血昆虫也能传播；冬季缺乏青贮饲料，天气骤变，有内寄生虫或沙门氏菌感染时，均可为本病发生的诱因；土壤肥沃的地方发病多。

【症状】该病潜伏期一般为 2~3 周，短可数日，长可达 2 个月；临床主要以发热，神经症状，孕畜流产，幼龄动物、啮齿动物和家禽呈败血症为特征，不同动物临床表现不同。

（1）猪　自然感染潜伏期多为2～3周，断奶仔猪及哺乳仔猪多表现为脑膜炎症状。病初体温一般正常或有的发低热，后期体温可下降到36.5℃以下。病初意识障碍，运动失常，作圆圈运动或无目的地行走，或以头抵地不动；有的头颈后仰，前肢或后肢张开，呈典型的"观星"姿势；有的肌肉震颤、强硬，以颈部和颊部明显；有的阵发性痉挛，口吐白沫，倒卧地上，四肢划动呈游泳状。较大的猪体躯摇晃，共济失调，步态强拘；有的后肢麻痹，不能起立，拖地而行。一般1～4d衰竭死亡，病程长的可达7～9d。仔猪多发败血症，表现体温升高，食欲减少或废绝、咳嗽、腹泻、皮疹、肺水肿、呼吸困难，皮肤蓝紫等，病程1～3d，病死率较高。妊娠母猪常发生流产。

（2）牛、羊　病初体温升高1～2℃，不久降至常温。原发性败血症多见于幼畜，表现为精神沉郁、呆立、低头垂耳，不随群行动，不听驱使，流泪、流涎、流鼻涕、咀嚼吞咽困难，有时于口颊一端积聚多量没有嚼烂的草料。脑膜炎发于成年牛羊，主要表现为一侧麻痹，弯向对侧，该侧耳下垂、眼半闭、视力丧失，沿头方向旋转，做圆圈运动，头抵墙不动，颈项强硬，有的呈角弓反张。最后卧地，呈昏迷状，妊娠的母畜流产，病程短的2～3d，长的1～3周或更长。水牛突然发生脑炎，临床症状相似，但其病程更短，死亡率更高。

（3）马　主要表现为脑脊髓炎症状，体温升高，感觉过敏，易兴奋，共济失调，四肢、下颌和喉部不全麻痹，意识和视力显著减弱，病程月余，多痊愈，幼驹可见腹泻，不安、黄疸和血尿等症状。

（4）兔　病兔常呈急性死亡，死前症状不明显。病兔常表现精神萎靡、少动、口流白沫，神经症状呈间歇性发作，无目的前冲或转圈，头部偏向一侧，扭曲，抽搐，2～3d死亡。慢性病例则出现脑膜炎和子宫炎等，表现为斜颈和运动失调，母兔阴道流出红棕色或脓性分泌物，有的病兔很快衰竭死亡，有的病兔可延续数月之久。

（5）家禽　一般无特殊症状，主要表现为败血症。病禽表现为精神沉郁、停食、腹泻，多在短时间内急性死亡于败血症。病程较长的某些病禽可能出现神经症状，如痉挛、斜颈等。

（6）人　主要表现为脑膜炎、粟粒样脓肿、败血症和心内膜炎等。

【病理变化】通常不见肉眼病变，有神经临床症状的患病动物，脑膜和脑可能有充血、炎症和水肿的变化，脑脊液增加，稍混浊，含很多细胞，脑干变软，诊断靠组织学检查，在脑桥、延脑有炎性变化。败血症的患病动物，有败血症变化，肝、脾、心肌能见到小点状坏死或多发性脓肿以及皮下组织黄染等。

【诊断】根据流行病学、临床症状和病理变化进行初步诊断，病畜如表现特殊神经症状，妊娠流产，血液中单核细胞增多；剖检见到脑膜充血、水肿，肝有小坏死灶；镜检脑组织见有以单核细胞浸润为主的血管套和微细的化脓灶等病变，可做出初步诊断。

本病的确诊需要进行实验室检查。

（1）病原检查　采取病畜的血液、肝、脾、肾、脑脊液或脑等病变组织进行触片、涂片或直接抹片，革兰氏染色镜检，如见有呈V形排列或并列的革兰氏阳性细小杆菌即可初步确诊；或接种于葡萄糖琼脂平板或亚硝酸钠胰蛋白胨琼脂平板进行分离培养鉴定，培养平板的细菌菌落呈典型的中央黑色而周围绿色特征。

（2）动物试验　取血液、肝、脾、肾、脑脊液或脑等病变组织制成病料悬液，取幼兔、小鼠、幼鸽或豚鼠进行腹腔注射、点眼或静脉注射，试验动物可观察到神经症状、败血症、结膜炎或流产等症状，采取病料继续进行分离培养鉴定。

（3）血清学检查　可用凝集试验和补体结合反应进行诊断。凝集反应可用李氏杆菌Ⅰ、Ⅱ、Ⅲ 3种O抗原做凝集反应，并结合病原检查，可以检出畜群中隐性或潜伏感染的动物。

【防控】

（1）做好卫生防疫和饲养管理　怀疑青贮饲料与发病有关须改用其他饲料，平时注意驱除鼠类和其他啮齿动物，驱除体外寄生虫，不从疫区引进畜禽。发病后病畜应隔离治疗，用漂白粉等消毒剂对畜舍、笼具、用具、环境和饲槽等进行消毒并采取综合防疫措施。

（2）人对李氏杆菌有易感性，以脑炎症状多见，相关人员应注意防护　注意饮食卫生，出现李氏杆菌病的牲畜，不能食用，但恢复健康的可允许宰杀。

（3）部分抗生素对单核细胞增多性李斯特菌敏感，常用于本病预防和治疗　如磺胺类药物、庆大霉素、链霉素、四环素等，但对青霉素耐药。早期大剂量使用磺胺类药物配合庆大霉素、四环素等都有良好效果。但神经症状表现明显的病例，治疗都难以奏效。

第三单元　多种动物共患传染病

第一节　口　蹄　疫

口蹄疫（英文简称FMD）是由口蹄疫病毒引起偶蹄兽的一种急性、热性、高度接触性传染病。该病的临床特征是传播速度快、流行范围广，成年动物的口腔黏膜、蹄部和乳房等处皮肤发生水疱和溃烂，幼龄动物多因心肌炎使其死亡率升高。此病流行可造成巨大经济损失，WOAH将其列为必须报告的动物传染病，我国将其列为一类动物疫病。

【流行病学】 口蹄疫病毒可感染的动物种类多达33种，但以偶蹄动物的易感性较高，从易感性的高低顺序排列为黄牛、牦牛、犏牛和水牛、骆驼、绵羊、山羊和猪。野生动物（如野猪和象等）均可感染本病。人对本病也具有易感性。马对口蹄疫具有极强的抵抗力。

患病动物是本病最主要的传染源。发病初期的动物是最重要的传染源，因为症状出现后几天内动物的排毒量最多，病毒毒力也最强，其中以舌面水疱皮的含毒量最多，其次为粪、乳、尿、呼出的气体和精液。病猪在本病的传播上具有重要作用。病愈后动物在一定时间内可以携带病毒。大约50%的病牛带毒时间可达4～6个月，有时康复1年后仍然带毒而引起本病的传播流行。病羊因其仅表现为短期跛行而易被忽略，但可带毒2～3个月，故可以在羊群中成为长期的传染源。病猪康复后可带毒2～3周。

本病毒可经同群饲养动物间进行直接接触传播，特别是在大群放牧与密集饲养条件下最常见，但通过各种传播媒介的间接接触传播是最主要的传播方式。患病动物的分泌物、排泄物、脏器、血液和各种动物产品（皮毛、肉品等）及被其污染的车辆、水源、牧地、饲养用具、饲料、饲草，以及来往人员等都是重要的传播媒介。

最常见的感染门户是消化道和呼吸道，也可以经损伤的皮肤和黏膜而感染。本病没有明显的季节性，但低温时节发病较多。具有一定的周期性，这主要与动物群的免疫状态有关。痊愈动物对本病具有一定的抵抗力，但随着群体的更新、高易感性后代的不断增多，常导致本病每隔一二年或三五年暴发流行一次。

【症状】

1. 牛　体温 40～41℃，口腔有明显牵缕状流涎并带有泡沫，开口时有吸吮声。口腔黏膜发炎，口腔、舌及蹄部出现水疱，水疱呈蚕豆至核桃大小，内含透明的液体，主要发生于口唇、舌面、齿龈、软腭、颊部黏膜及蹄冠、蹄踵和趾间的皮肤，偶尔见于鼻镜、乳房、阴唇等部位。经过 1～2d 后水疱破裂，表皮剥脱，形成浅表的边缘整齐的红色糜烂。若继发细菌感染则可导致病牛不能采食、站立困难，甚至蹄匣脱落，病程延长。病牛体重减轻和泌乳量显著减少，特别是引起乳腺炎时，产乳量损失可高达 75%，甚至泌乳停止乃至不能恢复。本病多取良性经过，经 1 周即可痊愈，但有蹄部病变时病程可延长至 2～3 周以上。病死率在 1%～3% 以下，但也有些患牛可能在恢复过程中突然恶化，表现为全身虚弱，肌肉震颤，心脏麻痹而突然死亡。

2. 猪　病初体温高达 40～41℃，口腔黏膜（舌、唇、齿龈、咽、腭）及鼻周围形成小的水疱，有些病例在蹄冠、蹄叉、蹄踵等部出现红、热、痛或敏感区域，不久该部位便形成米粒大至蚕豆大的水疱，水疱破裂后表面出血，形成糜烂。如无细菌感染，则 1 周左右痊愈。如继发细菌感染，则可导致蹄匣脱落，使患肢不能着地，病猪常常卧地不起。有时病猪乳房上也出现烂斑，特别是哺乳的母猪尤为常见。吮乳仔猪多呈急性胃肠炎和心肌炎而突然死亡，病死率高达 60%～80%。有的甚至整窝死亡。

3. 绵羊和山羊　感染率较牛低，症状也不如牛明显，往往在齿龈、硬腭和舌面形成小的水疱。最明显的症状是跛行。羔羊感染后多因出血性胃肠炎和心肌炎而死亡。

【病理变化】在患病动物的口腔、蹄部、乳房、咽喉、气管、支气管和前胃黏膜发生水疱、圆形烂斑和溃疡，上面覆有黑棕色的痂块。真胃和大小肠黏膜可见出血性炎症。具有重要诊断意义的是心脏病变，心包膜有弥漫性及点状出血，心肌切面有灰白色或淡黄色的斑点或条纹，似老虎身上的斑纹，因此称为"虎斑心"。心脏松软似煮过样。

【诊断】根据该病的流行病学、临床症状和病理剖检的特点，一般不难做出疑似诊断，但为了与其他疫病进行鉴别，有必要按下列程序进行实验室诊断。

被检材料的采集：可供检查的病料有水疱液、水疱皮、脱落的表皮组织、食道-咽部黏液、肝素抗凝血液（约 5mL）、血清（约 10mL）等。被检材料送检时，除血清外可将其他病料浸入 50% 的甘油磷酸盐缓冲液（浓度为 0.04mol/L，pH 7.2～7.6）中，经密封包装运送。死亡动物可采集淋巴结、肾上腺、肾脏、心脏等组织（各 10g）和水疱皮、食道-咽喉黏液和血清送检。

在严格隔离的条件下，可将病料接种于易感动物，或通过组织培养分离病毒。也可接种实验动物，如腹腔内接种乳鼠及豚鼠等来增殖病毒。为了确定流行毒株的血清型和亚型，可用上述材料进行补体结合试验（CFT）或微量补体结合试验进行鉴定，或用恢复期动物的血清进行乳鼠中和试验、病毒中和试验、琼脂扩散试验或放射免疫、免疫荧光技术以及被动血凝试验来鉴定病毒的血清型。

【防控】当发生口蹄疫时，必须立即上报疫情，确切诊断，划定疫点、疫区和受威胁区，并分别进行封锁和监督，禁止人、动物和物品的流动。在严格封锁的基础上，扑杀患病动物及其同群动物，并对其进行无害化处理；对剩余的饲料、饮水、场地、患病动物污染的道路、圈舍、动物产品及其他物品进行全面严格的消毒。当疫点内最后一头患病动物被扑杀后，3个月内不出现新病例时，报上级机关批准，经终末彻底大消毒后，可以解除封锁。

第二节　伪狂犬病

伪狂犬病（英文简称PR）是由疱疹病毒科伪狂犬病病毒引起猪、马、牛、羊等家养动物，犬、猫等伴侣动物，家兔和小鼠等实验动物，以及浣熊、狐狸等野生动物等多种动物共患的一种传染病。除猪外，其他动物感染后均出现奇痒和脑脊髓炎。猪是本病毒的自然宿主，妊娠母猪繁殖障碍，初生仔猪出现神经症状，育肥猪出现呼吸道症状，生长不良等；公猪精液质量下降。本病给养殖业造成严重的经济损失。

【流行病学】

1. 传染源　患病动物、流产的胎儿和死胎、隐性感染动物以及带毒鼠类是本病的主要传染源。病毒随发病动物的分泌物（鼻液、唾液、尿液和乳汁等）排出，污染饲料、饮水、垫草及圈舍等环境。潜伏感染动物可终身带毒，排毒与否与应激、免疫力下降等因素有关。病毒也可存活于胴体中，可通过肉品传播。鼠类带毒是猪场中最为常见和最难清除的传染源。

2. 传播途径　易感动物与发病动物或带毒动物之间通过直接或间接接触而感染。病毒主要经呼吸道和消化道传播，通过吸入带毒的飞沫或污染的饲料而感染。公猪精液可传播病毒。母猪乳汁可带毒，仔猪可因吃乳而感染。妊娠母猪感染后，病毒常可侵入子宫通过胎盘感染胎儿，造成流产、产死胎、木乃伊胎等。

3. 易感动物　各种日龄的动物均可感染，感染日龄越小，死亡率越高。对于猪群，哺乳仔猪日龄越小，发病率和死亡率越高。随着日龄增长，虽然可以出现腹泻或呼吸道症状，生长缓慢，饲料报酬降低，如无继发其他病原感染，死亡率很低。

在其他动物中，牛羊等家养动物、犬猫等宠物、家兔等实验动物和浣熊、狐狸等野生动物也可感染。

【症状及病理变化】

1. 猪

（1）新生仔猪　表现为体温升高，达40℃以上，精神委顿、咳嗽、采食停止、呕吐、呼吸困难，继而出现神经症状，转圈运动，死亡前四肢呈划水状运动或倒地抽搐，衰竭而死亡。15日龄前的小猪死亡率可高达100%。

（2）3~4周龄猪　主要症状同新生仔猪，病程略长，多便秘，有时出现顽固性腹泻。病死率可达40%~60%，部分耐过猪常有后遗症，如偏瘫和发育受阻等。

（3）2月龄以上猪　症状轻微或隐性感染，表现为一过性发热，咳嗽、便秘，有的猪呕吐，多在3~4d恢复。多数猪发生呼吸道症状，饲料报酬降低（常常误认为是支原体肺炎、格拉瑟病以及巴氏杆菌病等），少部分病猪则表现为神经症状，震颤、共济失调，倒地后四肢痉挛，间歇发作。

（4）**妊娠母猪** 常发生咳嗽、发热、精神不振，继而流产、死胎、木乃伊等繁殖障碍，以产死胎为主。后备母猪和空怀母猪表现为不发情，即使配种，返情率较高；公猪有些表现为睾丸肿胀、萎缩，丧失种用价值。

眼观病变：肾脏有针尖大小的出血点，脑膜明显充血，颅腔出血和水肿，脑脊液明显增多；扁桃体、肝和脾均有散在灰白色坏死点；肺水肿、小叶性坏死、出血和肺炎；胃黏膜有卡他性炎症、胃底黏膜出血。流产母猪有子宫内膜炎、子宫壁增厚和水肿；流产胎儿的脑部及臀部皮肤有出血点，肾脏和心肌有出血点。

组织学检查：可见中枢神经系统呈弥散性化脓性脑炎和神经节炎，同时伴有明显的以单核细胞为主的血管套和胶质细胞坏死。在神经系统外的组织，如鼻咽部黏膜、脾脏、受侵害的肠上皮细胞和淋巴结等，可观察到核内包涵体。

2. 其他动物 除猪外，所有动物发病后，均出现奇痒和神经症状，以死亡为结局。牛伪狂犬病病例，瘙痒处皮下组织呈现弥散性肿胀，脑的病理变化与猪的相似。

【诊断】根据临床症状以及流行病学，可初步诊断为本病。确诊必须进行实验室检查。

1. 实验室诊断 可采取脑组织、侵入部的神经干、脊髓、扁桃体等组织，制备匀浆，接种家兔进行诊断，接种兔常出现奇痒症状后死亡。亦可接种小鼠，也可出现奇痒，但不如兔敏感。亦可接种敏感细胞如猪肾传代细胞（PK-15和IBRS-2）、仓鼠肾传代细胞（BHK-21）或鸡胚成纤维细胞（CEF）以分离病毒，在接种后24～72h内可出现典型的细胞病理变化。分离出的病毒再用已知血清作中和试验以确诊本病。

对自然病例，可以取脑或扁桃体组织作压片或冰冻切片，用直接免疫荧光抗体检查，常可于神经节细胞的胞质及核内检测到病毒抗原，几小时即可获得可靠结果。

PCR具有快速、敏感、特异性强等优点，能同时检测大批量的样品，并且能进行活体检测，适合于临床诊断。

猪感染本病经常呈隐性经过，因此诊断要依靠血清学方法，包括血清中和试验、琼脂扩散试验、补体结合试验、荧光抗体试验及酶联免疫吸附试验（ELISA）等。其中血清中和试验和ELISA是国际贸易指定试验。

随着伪狂犬病基因缺失疫苗的应用，在临床上已能区分疫苗免疫动物与野毒感染动物。由于基因缺失疫苗免疫动物后不产生针对缺失蛋白的抗体，而自然感染动物则具有该抗体，因此可将其区分开来。目前，针对缺失的糖蛋白建立的鉴别诊断方法有：gE-ELISA、gG-ELISA、gC-ELISA以及gE-LAT（乳胶凝集试验）、gG-LAT等。

2. 与类症的鉴别 由于伪狂犬病在不同年龄猪的临床表现各异，因此，本病要与相似症状的疾病相区分。在母猪繁殖障碍方面，与猪繁殖与呼吸综合征、细小病毒感染、猪乙型脑炎和猪瘟等传染病以及黄曲霉毒素中毒等区分；在育肥猪呼吸道症状中，要与支原体肺炎、巴氏杆菌病、传染性胸膜肺炎和格拉瑟病相区分；在猪出现神经症状时，与猪李氏杆菌病、猪脑脊髓炎和狂犬病等相区分；在出现腹泻时，与大肠杆菌病、慢性猪瘟等相区分。

【防控】

1. 加强检疫 不引入野毒感染的种猪。

2. 免疫接种 是预防和控制本病的主要措施，目前PR弱毒苗、弱毒灭活苗、野毒灭活苗及基因缺失苗（缺失gE糖蛋白的基因工程苗已成为世界首选使用的疫苗）已研制成功，在许多流行地区应用，能有效减缓猪感染后的临床症状，降低疾病的发生，减少经济损失，但靠疫苗接种不能消灭本病。一般无本病猪场可采用灭活疫苗预防本病。弱毒疫苗如Bartha株疫苗，可以用于牛、羊的免疫预防。野生动物和宠物一般不免疫。

3. 控制传染源 鼠类可携带病毒，消灭鼠类对猪场预防本病有重要意义。猪为重要带毒者，因此牛、猪要严格分开饲养。严禁犬、猫和鸟类等进入猪场；及时深埋流产的胎儿和死胎等。

4. 其他措施 本病尚无有效药物治疗，紧急情况下用高免血清治疗，可降低死亡率。另外，采取一些对症治疗措施，如口服补液盐，可减少由于电解质丢失而造成猪的死亡。

5. 伪狂犬病净化与根除计划 利用基因缺失疫苗进行免疫，采用配套的鉴别诊断方法对猪群进行野毒感染的抗体检测和监测，再根据野毒感染阳性率高低，分别制定全群（或部分）淘汰、再引种、高强度免疫、免疫与淘汰等净化方案，培养和建立后备种猪群，在种猪群中逐步净化伪狂犬病，为商品猪场提供健康的种猪，即伪狂犬病的净化与根除计划。伪狂犬病根除计划是国际上控制本病的重要方案。

第三节 梭菌性疾病

梭菌性疾病是由产气荚膜梭菌（旧称魏氏梭菌）、腐败梭菌或诺维梭菌引起的多种动物发生的一类传染病的总称。主要包括仔猪梭菌性肠炎、羊梭菌性疾病（羊快疫、羊猝狙、羊肠毒血症、羔羊痢疾）、兔魏氏梭菌病等疫病。

一、仔猪梭菌性肠炎（仔猪红痢）

仔猪梭菌性肠炎又称**仔猪专染性坏死性肠炎**，俗称**仔猪红痢**，是由 C 型和/或 A 型产气荚膜梭菌主要引起 1 周龄内仔猪发生高度致死性的肠毒血症，其特征为出血性腹泻、病程短、病死率高、小肠后段的弥漫性出血或坏死性变化。

1955 年，英国首次报道本病，以后在美国、丹麦、匈牙利、德国、苏联和日本等地陆续报道。我国也有本病。

【流行病学】本病主要侵害 1～3 日龄仔猪，1 周龄以上仔猪很少发病。在同一猪群各窝仔猪的发病率不同，病死率一般为 20%～70%，最高可达 100%。本菌常随母猪粪便排出，污染哺乳母猪的乳头及垫料，当初生仔猪吮奶或吞入污染物而感染。

本病除猪和绵羊易感外，还可感染马、牛、鸡、兔等动物。

本菌在自然界分布很广，存在于人、畜的肠道、土壤、下水道和尘埃中，不易消除，猪场一旦感染该病，则顽固存在而难以根除。

【症状】按病程经过分为最急性型、急性型、亚急性型和慢性型。

1. 最急性型 仔猪出生后，1d 内就可发病，临床症状多不明显，只见仔猪后躯沾满血样稀粪，病猪虚弱，很快进入濒死状态。少数病猪尚无血痢便昏倒和死亡。

2. 急性型 最常见。病猪排出含有灰色组织碎片的红褐色液状稀粪。病猪日见消瘦和虚弱，病程常维持 2d，一般在第 3 天死亡。

3. 亚急性型 持续性腹泻，病初排出黄色软粪，以后变成液状，内含坏死组织碎片。病猪极度消瘦和脱水，一般 5～7d 死亡。

4. 慢性型 病程在 1 周以上，间歇性或持续性腹泻，粪便呈黄灰色糊状。病猪逐渐消瘦、生长停滞，于数周后死亡或淘汰。

【病理变化】眼观病理变化常见于空肠，有的可扩展到回肠。浆膜下和肠系膜中有数量不等的小气泡，空肠呈暗红色，肠腔充满含血液体，空肠部绒毛坏死，肠系膜淋巴结呈鲜红色。病程长的以坏死性炎症为主，黏膜呈黄色或灰色坏死性假膜，容易剥离，肠腔内有坏死组织碎片。脾边缘有小点出血，肾呈灰白色，肾皮质部小点出血。腹水增多呈血性，有的病例出现胸水。

组织学观察可见肠黏膜下层和肌层有炎性细胞浸润。

【诊断】根据流行病学、临床症状和病理变化特点可做出初步诊断，确诊必须进行实验室检查，包括涂片镜检、分离培养和细菌毒素试验等。

查明病猪肠道是否存在 A 型或 C 型产气荚膜梭菌毒素对本病诊断有重要意义。取病猪肠内容物，加等量灭菌生理盐水，以 3 000r/min 离心沉淀 30~60min，取上清液经细菌滤器过滤，取滤液按 0.2~0.5mL/只静脉注射一组小鼠，并取滤液与 A 型和/或 C 型产气荚膜梭菌抗毒素血清混合，作用 40min 后注射另一组小鼠。如单注射滤液的小鼠死亡，而另一组小鼠健活，即可确诊。检测细菌毒素基因类型可用 PCR、多重 PCR 及毒素表型的 Western blot 等方法诊断。

应注意本病与其他腹泻性疾病的鉴别诊断。

【防控】本病关键在于预防，一旦发病，发病迅速，病程短，来不及治疗和药物治疗疗效不佳。预防重在加强防疫卫生和消毒工作，特别是产前母猪体表和产床的卫生消毒。

经常发生本病的猪场可进行药物预防和疫苗接种：①新生小猪立即药物预防，如氟苯尼考、庆大霉素、青霉素等，每日 2~3 次。②仔猪出生后可尽早注射抗红痢血清预防。③最有效的方法是疫苗接种，对怀孕母猪注射 C 型和/或 A 型魏氏梭菌氢氧化铝菌苗和仔猪红痢干粉菌苗，于产前 1 个月和半个月注射一次，5~10mL/次，仔猪可经初乳获得被动免疫，由于 A 型和 C 型均会引起发病，最好针对 A 型和 C 型都采取免疫预防措施。

二、羊梭菌性疾病

羊梭菌性疾病（clostridiosis of sheep）是由梭菌属病原菌引起的一类羊急性传染病的总称，包括羊快疫、羊猝狙、羊肠毒血症、羊黑疫及羔羊痢疾等多种疾病。这类疾病均表现为发病急、病死率高，羊常无明显症状突然死亡。

羊快疫由腐败梭菌引起，羊猝狙由 C 型产气荚膜梭菌的毒素引起，羊肠毒血症是由 D 型产气荚膜梭菌引起，羊黑疫由 B 型诺维氏梭菌引起，羔羊痢疾是由 B 型产气荚膜梭菌引起。

【流行病学】

1. 羊快疫 绵羊对快疫最敏感，山羊和鹿也可感染发病。发病羊多在 6~18 月龄。肥胖绵羊多发。主要经消化道感染。多发于秋、冬、早春气候剧变的寒冷霜降时。腐败梭菌通常以芽孢的形式散布于自然界中，潮湿低洼的环境以及寒冷、饥饿、抵抗力低时常可促使发病。

2. 羊猝狙 本病发生于成年绵羊，以 1~2 岁绵羊发病较多。常见于低洼、沼泽地区，多发生于冬、春季节。主要经消化道感染。常呈地方流行性。

3. 羊肠毒血症 绵羊、山羊均可感染本病。D 型产气荚膜梭菌为土壤常在菌，也存在于污水中。羊只采食被病原菌芽孢污染的饲料或饮水，芽孢便进入消化道而感染。本病有明显的季节性和条件性。在牧区，多发于春末夏初青草萌发和秋季牧草结籽后的一段时期；在农区，则常常是在收菜季节，羊只食入多量菜根、菜叶，或收了庄稼后羊群抢茬吃了大量谷类的时候发生此病。本病多呈散发，绵羊发生较多，山羊较少，2～12月龄的羊最易发病，发病羊多为膘情较好的羊。

4. 羊黑疫 绵羊、山羊均可发病，以2～4岁绵羊最多发。主要发生于春夏季节肝片吸虫流行的低洼牧场。发病羊多为营养良好的肥胖羊只，主要是食入被本菌污染的牧草、饲料及饮水等，经消化道感染。

5. 羔羊痢疾 本病主要危害7日龄以内的羔羊，其中又以2～3日龄羊发病最多，7日龄以上的很少患病。该病的诱发因素有：母羊怀孕期营养不良，羔羊体质瘦弱；气候寒冷，羔羊受冻；哺乳不当，羔羊饥饱不匀。纯种细毛羊的适应性差，发病率和死亡率最高；杂种羊则介于纯种与土种羊之间，杂交代数愈高者，发病率和病死率也愈高。传染途径主要是通过消化道，也可通过脐带或创伤感染。

【症状及病理变化】

1. 羊快疫 突然发病，往往还没出现症状羊就死亡。常见病羊放牧时死在牧场上或清晨发现死于圈内，多是较为肥胖的羊只。有的病羊死前发生疝痛、臌气、眼结膜发红、磨牙呻吟、痉挛，口内流出带血泡沫，排便困难，粪便中混有黏液、脱落的黏膜，有时排黑色稀粪，间带血液。病羊通常在出现症状后数分钟至数小时内死亡。病羊死亡后尸体迅速腐败，腹部膨胀，皮下组织胶冻样。

剖检变化特征是真胃出血性坏死性炎症，黏膜肿胀、充血，黏膜下层水肿，幽门及胃底部见点状、斑状或弥漫性出血，并可见溃疡和坏死灶。肠内充满气体（气泡），黏膜也见充血、出血。腹腔、胸腔、心包腔见积水，接触空气即凝固。心内外膜可见点状出血。胆囊多肿胀。如病尸未及时剖检，则尸体迅速腐败。

2. 羊猝狙 病程短促，常未见到临床症状羊即突然死亡。有时发现病羊掉群、卧地，表现不安、衰弱、痉挛，眼球突出，在数小时内死亡。死亡是由于毒素侵害神经元发生休克所致。该病常与羊快疫混合感染，表现为突然发病、病程短，几乎看不到临床症状即死亡。

病理变化主要见于消化道和循环系统。十二指肠和空肠黏膜严重充血、糜烂，有的区段可见大小不等的溃疡。胸腔、腹腔和心包大量积液，后者暴露于空气可形成纤维素絮块。浆膜上有小点状出血。病羊刚死时骨骼肌表现正常，但在死后8h内，细菌在骨骼肌里增殖，使肌间隔积聚血样液体。肌肉出血，有气性裂孔。该病与羊快疫混合感染时，胃肠道呈出血性、溃疡性炎症变化，肠内容物混有气泡，肝肿大、质脆、色多变淡，常伴有腹膜炎。

3. 羊肠毒血症 本病潜伏期很短，多突然发病，很少见到临床症状，往往在出现临床症状后羊便很快死亡。症状可分为两种类型：一类以搐搦为特征，另一类以昏迷和静静死去为特征。前者在倒毙前，羊四肢出现强烈的划动，肌肉震颤，眼球转动，磨牙，口水过多，随后头颈显著抽缩，往往于2～4h内死亡。后者病程不太急，其早期临床症状为步态不稳，以后卧倒，并有感觉过敏、流涎、上下颌"咯咯"作响；继而昏迷，角膜反射消失，有的病羊发生腹泻，通常在3～4h内静静地死去。搐搦型和昏迷型在临床症状上的差别是吸收毒素多少不一的结果。

病理变化常限于消化道、呼吸道和心血管系统。真胃含有未消化的饲料；回肠的某些区段呈急性出血性炎症变化，重症病例整个肠段变为红色；心包常扩大，内含灰黄色液体和纤维素絮块，左心室的心内外膜下有多数小点出血；肺脏出血和水肿；胸腺常发生出血；肾脏比平时更易于软化，似脑髓状，这是一种死后变化，但不能在死后立刻见到。组织学检查可见肾皮质坏死，脑和脑膜血管周围水肿，脑膜出血，脑组织液化性坏死。

4. 羊黑疫 与羊快疫、羊肠毒血症极相似，病程极短，多数未见症状突然死亡，少数可延长至 1～2 d。病羊精神沉郁，食欲废绝，反刍停止，离群或呆立不动，呼吸急促，体温可升至 41～42℃；之后，症状加重，病羊磨牙，呼吸困难，呈俯卧姿势昏迷死亡。死羊尸体迅速腐败，皮下静脉充血、发黑，使羊皮呈现暗黑色，故名"黑疫"。

剖检见胸腔、腹腔、心包积液。肝脏肿大、坏死，在其表面和深层有数目不等的灰黄色坏死灶。病灶界限清晰，圆形，直径多为 2～3cm，常被一充血带所包绕，其中偶见肝片吸虫的幼虫，或发现黄绿色弯曲似虫的带状病痕，具诊断意义。真胃幽门部和小肠黏膜充血、出血。

5. 羔羊痢疾 自然感染的潜伏期为 1～2d。病初羊精神委顿，低头拱背，不想吃奶。不久就发生腹泻，粪便恶臭，呈糊状或稀薄如水。后期粪便有的还含有血液。病羔逐渐虚弱，卧地不起，不及时治疗，常在 1～2d 内死亡，只有少数较轻的可能自愈。有的病羔腹胀而不腹泻，或只排少量稀粪（也可能带血），主要表现神经症状，四肢瘫软，卧地不起，呼吸急促，口流白沫，最后昏迷，头向后仰，体温降至常温以下。病情严重、病程很短，常在数小时到十几小时内死亡。

病理变化见尸体脱水现象严重，最显著的病理变化是在消化道。真胃内存在未消化的凝乳块；小肠（特别是回肠）黏膜充血，可见多数直径 1～2mm 的溃疡，溃疡周围有血带环绕；有的肠内容物呈血色，肠系膜淋巴结肿胀、充血、出血。心包积液，心内膜有时有出血点。肺常有充血或淤血区域。

【诊断】根据临床症状和病理变化可初步诊断，确诊需依靠实验室细菌学检测。

1. 初步诊断

（1）羊快疫 秋季霜冻时发病，1 岁左右的健壮羊突然死亡；病羊尸体迅速膨胀；胃底出血，并见溃疡和坏死灶；肠内容物充满气泡。

（2）羊猝狙 根据成年绵羊突然发病死亡，剖检见糜烂和溃疡性肠炎、腹膜炎、体腔积液可初步诊断。

（3）羊肠毒血症 初步诊断可依据本病发生的情况和病理变化，确诊需依靠实验室检验。实验室确诊本病应根据以下几点：肠道内发现大量 D 型产气荚膜梭菌，小肠内检出 ε 毒素，肾脏和其他实质脏器内发现 D 型产气荚膜梭菌，尿内发现葡萄糖。产气荚膜梭菌毒素的检查和鉴定可用小鼠或豚鼠做中和试验。

（4）羊黑疫 羊群放牧于低洼潮湿的沼泽牧场；发病急，羊只突然死亡或在昏迷状态下死亡；死羊尸体迅速肿胀，皮肤发黑；多为 2～4 岁羊只发病。

（5）羔羊痢疾 在常发地区，依据流行病学、临床症状和病理变化一般可以做出初步诊断。确诊需进行实验室检查，以鉴定病原菌及其毒素。

2. 实验室诊断 实验室诊断包括涂片染色镜检、细菌分离培养、动物接种试验、毒素检测、血液常规检查等。

【防控】由于羊梭菌病发病急、病死率高，常来不及治疗，因此重在预防和管理。

1. 预防 ①春秋两季定期注射羊梭菌三联四防蜂胶灭活浓缩疫苗,每次 1mL,皮下或肌内注射;或羊梭菌三联四防浓缩疫苗(油乳苗),每次 1mL,皮下或肌内注射。②羊群可补充微量元素(如微量元素盐砖,任其自由舔食)和定期驱虫,增强抵抗力。③搞好圈舍定期消毒,交替使用敏感消毒剂。④发病后及时隔离病羊,妥善处理病死羊的尸体(焚烧或深埋并加垫生石灰)。⑤高发季节搞好管理,也可全群预防性添加抗菌药,如阿莫西林、氨苄西林、多西环素、长效土霉素等。

2. 治疗 病羊的治疗越早越好,主要采用抗菌治疗结合对症处理,也可用抗血清或抗毒素配合治疗。

(1)抗菌 羊梭菌病的有效药物主要包括青霉素类(如青霉素、阿莫西林、氨苄西林等)、四环素类(如土霉素、匹环素、强力霉素等)、林可胺类(如林可霉素)、硝咪唑类(可选用甲硝唑或地美硝唑等)和磺胺类(可选用磺胺-6-甲氧嘧啶、复方磺胺嘧啶、复方新诺明或复方磺胺-5-甲氧嘧啶等)。羊快疫治疗早期可灌服 10%石灰乳每只50~100mL。

(2)对症处理 在抗菌治疗的同时,应酌情采取轻泻(硫酸镁)、止血(维生素 K)、强心(安钠咖)、输液(5%葡萄糖、0.9%氯化钠或复方盐水)、调整酸碱平衡(5%碳酸氢钠)、收敛、助消化和保护胃肠黏膜(胃蛋白酶、乳酶生、次硝酸铋、鞣酸蛋白等)等对症治疗措施。

三、兔魏氏梭菌病

兔魏氏梭菌病又叫**兔魏氏梭菌性肠炎**,是由魏氏梭菌毒素引起的一种中毒性传染病,其特征是急性腹泻,排出腥臭、带血、呈胶冻样或黑褐色粪便,病理变化主要在消化道。

我国现有多个省份有本病发生。侵害家兔的魏氏梭菌多为 A 型,少数为 E 型。

【流行病学】各品种的兔均可感染,但长毛兔高于皮、肉用兔,进口毛用兔及獭兔易感性高于杂交毛兔;以 1~3 月龄仔兔发病率最高;冬春季节发病较多,此时青饲料减少,谷类饲料过多,从而引起肠道正常菌群平衡失调及厌氧状态,使魏氏梭菌得以大量繁殖,产生毒素引起本病的暴发。本病主要经消化道传播。

【症状】潜伏期短的 2~3d,长的可达 10d,最急性常见不到临床症状而突然死亡。多数临床症状为腹泻,病兔精神沉郁、拒食,粪便初期灰褐色、稀软,很快变成带血的水样或胶冻状稀粪,或者黑褐色水样粪便,并有腥臭气味,粪便污染臀部及后腿;抓起患兔摇晃躯体有泼水音;体温一般不高甚至偏低,多于出现水泻的当天或 2~3d 后死亡;发病率可达 90%,病死率几乎达 100%。

【病理变化】外观眼球下陷、明显脱水,后躯被粪便污染,腹腔可嗅到特殊腥臭味。急性死亡兔胃内积有食物和气体。胃底黏膜部分脱落,常见有出血和黑色溃疡,部分兔的胃破裂。空肠和回肠充满胶冻样液体和少量气体,肠壁薄而透明。盲肠浆膜有鲜红色出血点,肠内容物稀薄呈黑色或褐色水样,有腐败气味,肠黏膜弥漫性充血或出血,肠系膜淋巴结水肿。肝略微肿大、质脆,呈土黄色。脾肿大,呈深褐色。胆囊肿胀,充盈胆汁。膀胱积有茶色尿液。心外膜血管怒张,呈树枝状。肺充血、淤血。

【诊断】根据流行病学和临床特征等可以做出初步诊断,确诊要进行实验室诊断。

1. 微生物学诊断

(1)病原检查 取肠内容物故涂片,革兰氏染色,镜检可见有大量革兰氏阳性大杆菌。

取肠内容物经 80℃ 加热 10min，再以 2 000r/min 离心 10min，吸取上清液接种厌氧熟肉肝汤，37℃ 培养 20～24h，可见特征性产气。取肝、脾或心血划线接种血平板，厌氧培养 24h，可见典型双重溶血圈的菌落。再经生化试验和标准血清定型予以确诊。用培养物 0.3～0.5mL 肌内注射或用滤液 5mL 腹腔注射家兔，均可在 24h 内死亡，可观察到与自然病例相同的病理变化。

（2）毒素鉴定　取大肠内容物用生理盐水做 1∶3 稀释，3 000r/min 离心 10min，上清经过滤除菌，取滤液腹腔注射体重 16～20g 的小鼠数只，剂量 0.1～0.5mL，如在 24h 内死亡，进一步做毒素中和试验，确定毒素的类型。已有商品化的反向被动乳胶凝集、ELISA 试剂盒用于毒素的鉴定。

2. 血清学诊断　包括对流免疫电泳、间接微量凝集试验、中和试验和 SPA－ELISA 等方法。

3. 鉴别诊断　本病应与球虫病、巴氏杆菌病、沙门氏菌病及泰泽菌病鉴别。

【防控】

1. 预防

（1）饲养管理　搞好兔场的饲养管理和兽医防疫卫生工作，减少疫病诱发应激因素。防止饲喂过多谷物饲料和含蛋白质过多的饲料。

（2）疫苗预防　有病史的兔场可用 A 型魏氏梭菌灭活苗免疫接种，成年兔 2mL，青年兔 1.5mL，间隔 1 周后二免，免疫期可达 6 个月。断乳兔应立即接种疫苗。

2. 发病后的控制措施

（1）隔离和消毒　迅速作好隔离和消毒，用 0.1% 苯扎溴铵喷洒兔舍及周围，然后用石灰粉铺垫兔舍地面，每天 1 次。

（2）治疗　由于本病发病急，病程短，出现腹泻时可尽早用抗血清治疗，每千克体重 2～3mL，疗效较好。

（3）药物紧急预防　未发病兔用金霉素拌料饲喂，每天 2 次，连用 3d。

（4）紧急接种　兔群用 A 型魏氏梭菌氢氧化铝灭活疫苗紧急预防接种。

第四节　副结核病

副结核病（英文简称 PT）也叫**副结核性肠炎**，是由副结核分枝杆菌引起牛的一种慢性传染病，偶见于羊、骆驼和鹿。患病动物的临床特征是慢性卡他性肠炎、顽固性腹泻和逐渐消瘦，剖检可见肠黏膜增厚并形成皱襞。目前此病广泛流行于世界各地。

【流行病学】副结核分枝杆菌主要引起牛（尤其是乳牛）发病，幼年牛最易感。绵羊、山羊、骆驼、猪、马、驴、鹿等动物也可感染。

病牛和隐性感染的牛是传染源。患病家畜和隐性带菌家畜从粪便排出大量病原菌，从而污染外界环境并可以存活很长时间（数月）。病原菌经消化道侵入健康畜体内。病原菌随乳汁和尿排出体外。本病可通过子宫传染给犊牛。皮下或静脉接种也可使犊牛感染。

本病的散播比较缓慢，从表面上似呈散发性，实际上是地方流行性疾病。

虽然幼年牛对本病最为易感，但是在母牛开始怀孕、分娩以及泌乳时，才出现临床症状。此病在公牛和阉牛少见；高产牛的临床症状较低产牛为严重。饲料中缺乏无机盐，可能促进本病的发展。

【症状】

1. 牛　本病的潜伏期很长，可达 6~12 个月，甚至更长。有时幼年牛感染直到 2~5 岁才表现临床症状。早期临床症状不明显，以后逐渐明显，表现为间断性腹泻或顽固腹泻，排泄物稀薄、恶臭带有气泡、黏液和血凝块；食欲逐渐减退、逐渐消瘦、精神不好、经常躺卧；泌乳逐渐减少，最后完全停止；皮肤粗糙，被毛粗乱，下颌及垂皮可见水肿；体温常无变化。尽管病畜消瘦，但仍有性欲。有时腹泻停止，恢复常态，但再度复发。腹泻不止的牛一般经 3~4 个月因衰竭而死。染疫牛群的死亡率每年高达 10%。

2. 绵羊和山羊　症状相似，潜伏期可达数月至数年，精神食欲基本正常，体温正常或略高；间断性或持续性腹泻，但有的病羊排泄物较软；体重逐渐减轻，发病数月后，病羊消瘦、衰弱、脱毛、卧地；病的末期可并发肺炎。染疫羊群的发病率为 1%~10%，多数归于死亡。

【病理变化】尸体消瘦，主要病理变化在消化道和肠系膜淋巴结。消化道局限于空肠、回肠和结肠前段，特别是回肠的浆膜和肠系膜显著水肿，肠黏膜常增厚 3~20 倍，并发生硬而弯曲的皱襞，黏膜呈黄色或灰黄色；皱襞突起处常充血，黏膜紧附黏稠混浊的黏液，但无结节、无坏死和无溃疡；有时肠外表无大变化，但肠壁常增厚。浆膜下淋巴管和肠系膜淋巴管常肿大呈索状，淋巴结肿大变软、切面湿润，有黄白色病灶，一般无干酪样变。肠腔内容物甚少。

羊的病理变化与牛的基本相似。

【诊断】根据流行病学、临床症状和病理变化，一般可做出初步诊断。但顽固性腹泻和消瘦现象也可见于其他疾病，如沙门氏菌病、肝脓肿、肾盂肾炎、创伤性网胃炎等。因此，需进行实验室诊断鉴别。

1. 细菌学诊断　已有临床症状的病牛，可刮取直肠黏膜或取粪便中的小块黏液及血凝块，尸体可取回肠末端与附近肠系膜淋巴结，或取回盲瓣附近的肠黏膜，制成涂片，经抗酸染色后镜检：①如见到红色、成堆或丛状的细小杆菌，即为副结核分枝杆菌，镜检时应注意与肠道中的其他腐生性抗酸菌相区别。②镜检未发现副结核分枝杆菌的，应隔多日后再对病牛进行检查。

有条件或必要时可进行副结核分枝杆菌的分离培养。

2. 变态反应诊断　没有临床症状或临床症状不明显的家畜，可以用副结核菌素或禽结核菌素做皮内变态反应试验：取上述菌素 0.2mL 注射于待检动物颈侧皮内，48h 后检查结果，凡皮肤出现弥漫性肿胀、有热痛表现、皮肤增厚 1 倍以上者即可判定为阳性。对于可疑动物和阴性动物，于同处再注射同剂量的变应原，24h 后检查判定。变态反应能检出大部分隐性型病畜（副结核菌素检出率为 94%，禽结核菌素检出率为 80%），这些隐性型病畜，尽管不显临床症状，但可能是排菌者。

3. 血清学诊断

（1）补体结合反应　病牛在出现临床症状之前即对补体结合反应呈阳性，但其消失却比变态反应迟。缺点是有些未感染牛可出现假阳性；有的病牛在临床症状出现前呈阳性反应，而临床症状明显后滴度又下降。据实际观察，补体结合反应与变态反应具有互补关系，两者不能互相代替，而应配合使用。

（2）ELISA　近年来，国内外应用 ELISA 诊断本病的报道日益增多，其敏感性和特异性均优于补体结合反应，尤其适宜于检测无临床症状的带菌牛和临床症状出现前补体结合反应呈阴性反应的牛。

（3）琼脂扩散试验　可用于确诊临床上疑似患病的绵羊和山羊。

（4）免疫斑点试验　敏感度可与 ELISA 相比，其优点是实用、简便。

此外，还有间接血凝试验、免疫荧光抗体及对流免疫电泳等诊断方法。

4. 核酸检测方法　比免疫方法更简单、特异和快速，包括核酸探针技术、PCR 技术等。

【防控】由于病牛往往在感染后期才出现临床症状，因此药物治疗常无效。预防本病重在加强饲养管理、搞好环境卫生和消毒，特别是对幼牛更应注意给以足够的营养，以增强其抗病力。不要从疫区引进牛只，必须引进时，则进行严格检疫，并隔离、观察确保健康时，方可混群。

检出过病牛的牛群，在随时做观察和定期进行临床检查的基础上，对所有牛只，每年要做 4 次（间隔 3 个月）变态反应和 ELISA 检查，阴性牛方准调群或出场。连续 3 次检疫不再出现阳性反应牛，可视为健康牛群。

检测出的病牛（排除类症的前提下），根据不同情况采取不同方法处理：①具有明显临床症状的开放性病牛和细菌学检查阳性的病牛，要及时扑杀，但对妊娠后期的母牛，可在严格隔离不散菌的情况下，待产犊牛后 3d 扑杀。②对变态反应阳性牛要集中隔离，分批淘汰，在隔离期间加强临床检查，有条件时采直肠刮取物、粪便内的血液或黏液做细菌学检查，发现有明显临床症状和菌检阳性的牛，及时扑杀。③对变态反应疑似牛，隔 15～30d 检疫一次，连续 3 次呈疑似反应的牛，应酌情处理。④变态反应阳性及有明显临床症状或菌检阳性母牛所生的犊牛，立即和母牛分开，人工喂母牛初乳 3d，单独组群，人工喂以健康牛乳，待长至 1、3、6 个月龄时各做变态反应检查一次，如均为阴性，可按健牛处理。

在检疫的基础上，加强环境的消毒，切断该病的传播途径。病牛污染的牛舍、栏杆、饲槽、用具、绳索和运动场等，要用生石灰、来苏儿、苛性钠、漂白粉、石炭酸等进行喷雾、浸泡或冲洗。粪便应堆积发酵后再作为肥料使用。

本病的疫苗免疫预防效果尚不理想。

第五节　多杀性巴氏杆菌病

多杀性巴氏杆菌病是由多杀性巴氏杆菌引起多种畜禽、野生动物发生的一类传染病的总称。动物感染发病后多出现急性败血症表现，可见内脏器官广泛出血，部分表现为慢性过程。在防疫工作较差的养殖场，本病是常见动物传染病之一。

【流行病学】此病可感染多种动物，家畜中以牛（黄牛、水牛、牦牛）、猪发病较多，禽、兔也易感，马、鹿感染较少见。病畜禽和健康带菌动物是本病的传染源，病原体可随分泌物及排泄物排出体外，经呼吸道、消化道及损伤的皮肤感染。不同日龄猪均有易感性，小猪和中猪的发病率较高。饲养管理不当、抵抗力降低时，更易发生本病。牛感染本病一般散发或呈地方流行，同种动物能相互传染。本病可以感染多种禽类，在鸡多见于育成鸡和成年产蛋鸡，鸡只营养状况良好、高产鸡易发。畜禽发病无明显季节性，但以冷热交替、气候剧变、闷热、潮湿、多雨的时期多发。本菌可存在于健康动物的上呼吸道和消化道中，饲养管理不良、气候突变、受寒、饥饿、拥挤、圈舍通风不良、长途运输、过度疲劳、饲料突变、营养缺乏、寄生虫等可诱发本病。

【症状及病理变化】

1. 猪 猪发生本病常称猪肺疫，根据发病表现分为最急性型、急性型和慢性型。

（1）最急性型 常无明显症状猪突然死亡。病程稍长者则表现体温升高（41～42℃），呼吸高度困难，咽喉部发热、水肿，严重者延及耳根和胸前。临死前病猪呼吸高度困难，呈犬坐姿势，伸长头颈呼吸，有时发生喘鸣声，口鼻流出泡沫，可视黏膜发绀，腹侧、耳根和四肢内侧皮肤出现红斑，最后窒息而死。病死率100%。病理剖检可见皮肤、皮下组织、浆膜和黏膜有大量出血点，咽喉部及其周围组织发生出血性浆液浸润，全身淋巴结肿大、出血、切面红色，肺急性水肿，胸、腹腔和心包腔内液体增多。

（2）急性型 较常见，多呈纤维素性胸膜肺炎症状。体温升高（40～41℃）；咳嗽，初为痉挛性干咳，后为湿咳，咳时有痛感；呼吸困难，张口吐舌，呈犬坐姿势，可视黏膜发绀；鼻流黏稠液体，有时混有血液；常有黏脓性结膜炎；皮肤有紫斑或小出血点。病猪消瘦无力，卧地不起，多因窒息而死。病理剖检变化除全身浆膜、黏膜、实质器官、淋巴结出血性病变外，其特征性病变为纤维素性肺炎，即肺有出血、水肿、气肿、红色和灰黄色肝变，切面呈大理石样；胸膜常有纤维素性附着物，严重时胸膜与肺脏粘连；胸腔和心包积液；支气管、气管内含有多量泡沫黏液。

（3）慢性型 多见于流行后期，主要表现慢性肺炎或慢性胃肠炎症状。剖检变化表现为尸体极度消瘦、贫血；肺有多处坏死灶，内含干酪样物质；胸膜及心包有纤维素性絮状物附着，胸膜变厚，常与病肺粘连；支气管周围淋巴结、肠系膜淋巴结以及扁桃体、关节和皮下组织见有坏死灶。

2. 牛 牛发生本病常称为牛出血性败血病，简称牛出败，根据发病表现分为急性败血型、肺炎型、水肿型。

（1）急性败血型 临床表现为体温突然升高到41～42℃，精神沉郁，食欲废绝，呼吸困难，黏膜发绀，鼻流带血泡沫，腹泻，粪便带血，一般于24h内因虚脱而死亡，甚至突然死亡。剖检时往往没有特征性病变，只见黏膜和内脏表面有广泛性的点状出血。

（2）肺炎型 此型最常见。病牛呼吸困难，有痛性干咳，鼻流无色或带血泡沫。叩诊胸部，一侧或两侧有浊音区；听诊有支气管呼吸音和啰音，或胸膜摩擦音。严重时，呼吸高度困难，头颈前伸，张口伸舌，病牛迅速窒息死亡。主要病变为纤维素性胸膜肺炎，胸腔内有大量蛋花样液体，肺与胸膜、心包粘连，肺组织肝样变，切面红色或灰黄色、灰白色，散在有小坏死灶，小叶间质稍增宽。

（3）水肿型 多见于牛、牦牛，病牛胸前和头颈部水肿，严重者波及腹下，肿胀硬固热痛。舌咽高度肿胀，呼吸困难，皮肤和黏膜发绀，眼红肿、流泪。病牛常因窒息而死亡。死后可见肿胀部呈出血性胶样浸润。

3. 禽 禽发生本病常称为禽霍乱，根据发病表现分为最急性型、急性型和慢性型。

（1）最急性型 多见于流行初期。个别禽只，尤其是高产禽和营养状况良好的禽常无明显症状，突然倒地，双翼扑动几下就死亡。该型常看不到明显病理变化，有时只能看见心外膜有少量出血点，肝脏表面有数个针尖大小的灰黄色或灰白色坏死点。

（2）急性型　大多数病例为急性经过，主要表现呼吸困难，鼻和口中流出混有泡沫的黏液，冠髯发绀呈黑紫色，肉髯水肿。常有剧烈腹泻。剖检可见皮下组织、腹部脂肪和肠系膜常见大小不等出血点。心包变厚，心包积有淡黄色液体，并混有纤维素；心外膜、心冠脂肪有出血点。肝脏病变具有特征性，表现为肿大、质脆，呈棕红色或棕黄色或紫红色，表面广泛分布针尖大小、灰白色或灰黄色、边缘整齐、大小一致的坏死点。肠道尤其是十二指肠黏膜红肿，呈暗红色，有弥漫性出血或溃疡，肠内容物含有血液，病死鸭可见肠道淋巴集结环状出血。

（3）慢性型　多发于流行后期或由急性病例转来。病鸡冠和肉髯肿胀、苍白，随后干酪样化，甚至坏死脱落；关节肿胀、跛行，以及慢性肺炎和胃肠炎症状。病程可达 1 个月以上，生长发育和产蛋长期不能恢复。病理变化常因侵害的器官不同而有差异，一般可见鼻腔、气管、支气管有多量黏性分泌物，肺质地变硬；肉髯肿大，内有干酪样渗出物；关节肿大、变形，有炎性渗出物和干酪样坏死；产蛋母鸡还可见到卵巢出血，卵黄破裂，腹腔内脏表面上附有卵黄样物质。

【诊断】临床根据流行病学特点、临床症状和病理剖检变化做出初步诊断，确诊需通过实验室检测。本病的实验室诊断方法主要是通过采取急性病例的心、肝、脾或体腔渗出物，以及其他病型的病变部位、渗出物、脓汁等作病料，进行下列检查。

1. 涂片镜检　将病料涂片，瑞氏或吉姆萨染色镜检，可见两极染色的卵圆形杆菌。

2. 细菌培养　将病料接种于鲜血琼脂、血清琼脂或马丁琼脂培养基，置 37℃ 培养 24h，观察培养结果。必要时可进一步作生化特性鉴定。

【防控】平时的预防措施主要应包括加强饲养管理，注意通风换气和防暑防寒，避免过度拥挤，减少或消除降低机体抗病能力的因素；定期进行动物舍及运动场消毒，杀灭环境中可能存在的病原体。坚持全进全出饲养制度。新引进的动物一般隔离观察 1 个月以上，证明无病时方可混群饲养。

发生本病时，应立即隔离患病畜禽并严格消毒其污染的场所，在严格隔离的条件下对患病动物进行治疗。常用的治疗药物有青霉素、磺胺类等多种抗菌药物。应用弱毒菌苗接种时，动物于接种前后至少 1 周内不得使用抗菌药物。

第四单元　猪的传染病

第一节 猪 瘟

猪瘟（英文简称 SF 或 HC）是由猪瘟病毒引起的猪的高度致死性烈性传染病，其特征是病猪高热稽留、全身广泛性出血，呈现败血症状或者母猪发生繁殖障碍，严重危害全球养猪业。世界动物卫生组织将其列入 A 类传染病，我国将其列为二类动物疫病。

【流行病学】

1. 传染源 家猪和野猪是猪瘟病毒的自然宿主，病猪和带毒猪是最主要的传染源。

2. 传播途径

（1）口鼻传播 易感猪与感染的野猪或家猪发生直接接触，或食入含有猪瘟病毒的分泌物、排泄物和组织污染的饲料而感染。

（2）精液传播 使用含猪瘟病毒的精液导致在不同猪群之间传播。

（3）胎盘传播 猪瘟病毒能够通过母猪胎盘屏障而感染胎儿，感染胎儿的转归与胎儿感染的时间以及病毒的毒力等有关。胚胎期感染病毒后出生的仔猪表面健康，但对猪瘟疫苗发生免疫耐受，免疫后不能产生抗猪瘟病毒抗体，并持续数月排出大量的猪瘟病毒。

【症状及病理变化】

1. 急性型 是由猪瘟病毒强毒株引起，临床上较为常见。病猪体温 41℃左右，呈现稽留热、喜卧、弓背、寒战及行走摇晃，食欲减退或废绝，喜欢饮水，部分发生呕吐，结膜发炎，脓性分泌物将上下眼睑粘连，流脓性鼻液。病初便秘，后期腹泻，粪便恶臭，带有黏液或血液，病猪的鼻端、耳后根、腹部及四肢内侧的皮肤及齿龈、唇内、肛门等处黏膜出现针尖状出血点，逐渐发展为出血斑；腹股沟淋巴结肿大。公猪包皮发炎，用手挤压时有恶臭浑浊液体射出。病猪可出现神经症状，表现磨牙、后退、转圈、强直及游泳状，甚至昏迷等。有的病猪可见后肢麻痹。怀孕母猪感染低毒力猪瘟病毒可表现流产、产死胎、胎儿干尸化、畸形和产出震颤的弱仔猪或外观健康但已感染带毒的仔猪。

病理变化：白细胞及血小板减少，全身皮肤、浆膜、黏膜和内脏器官有不同程度的出血。全身淋巴结肿大、多汁、充血、出血，呈暗红色，切面周围出血明显，整个切面呈红白相间的大理石样纹理；脾脏表面及边缘可见出血性梗死，最具有猪瘟诊断意义；肾脏表面有密集或散在的大小不一的出血点或出血斑（麻雀蛋肾）；盲肠、回盲瓣口及结肠黏膜出现大小不一的圆形纽扣状溃疡；喉头、会厌软骨、膀胱黏膜以及心外膜等也出现出血点或出血斑。

2. 慢性型 多由急性型转变而来。体温时高时低，主要表现消瘦、贫血、全身衰弱，常伏卧、步态缓慢无力、食欲不振、便秘和腹泻交替；有的病猪在耳端、尾尖及四肢皮肤上有紫斑或坏死痂出现。病程一般在 20d 以上，最后衰弱死亡；耐过猪成为僵猪。

病理变化：全身性出血变化不明显，主要表现为坏死性肠炎。在回盲瓣口、盲肠及结肠黏膜上形成同心轮状的纽扣状溃疡，突出于黏膜面，颜色黑褐，中央凹陷。全身性淋巴组织萎缩。

3. 迟发型 是先天感染的后遗症。感染猪出生后一段时间内不表现症状，数月后出现轻度厌食、不活泼、结膜炎、后躯麻痹，但体温正常。病理变化主要是胸腺萎缩和外周淋巴器官严重缺乏淋巴细胞。

【诊断】

1. 病原学诊断

（1）病毒的分离培养 是目前检测猪瘟病毒最确切的方法。病死猪或扑杀猪的扁桃体是分离病毒的首选样品，其次是脾脏、肾脏或淋巴结。常用 PK-15 细胞来分离猪瘟病毒，接种后 24～72h 可用荧光抗体法检测。

（2）荧光抗体试验 该方法快速、特异，可以用来检测扁桃体、脾脏、肾脏和回肠远端冰冻切片中的猪瘟病毒抗原。扁桃体是最适合的样品，因为无论经过何种途径感染，扁桃体都是病毒最先侵袭的部位；用异硫氰酸荧光素（FITC）标记的猪瘟免疫球蛋白或 FITC 标记的二抗，分别采用直接法和间接法对冷冻切片进行检测，在荧光显微镜下观察。在亚急性或慢性病例中，回肠常呈阳性反应。当荧光抗体试验阴性时，不能完全排除猪瘟病毒的感染，需进一步作病毒分离鉴定。

（3）反转录聚合酶链反应（RT-PCR） 通过扩增猪瘟病毒中 $5'$-非编码区（$5'$-URT）和 E_2 基因而检测。套式 RT-PCR 可提高敏感性。通过比较扩增的 E_2 基因序列可进行分子流行病学调查。此外，根据弱毒株 $3'$-非编码区（$3'$-URT）存在 12 个核苷酸的插入以及 E_2 基因特征，设计引物进行 RT-PCR，比较扩增产物大小或对扩增产物进行酶切分析，从而区分弱毒和强毒株。

（4）抗原捕获 ELISA 本法适用于活猪近期感染的快速检测。利用单克隆抗体和/或抗各种猪瘟病毒蛋白成分的多抗建立双抗夹心 ELISA，对白细胞或抗凝全血进行检测。在成年猪以及临床表现温和或亚临床病例中，该方法的敏感性低于病毒分离方法。

（5）免疫组化 将被检的扁桃体或肾脏在干净的玻片上制成触片，用丙酮固定，再经叠氮钠处理。空气干燥后，加工作浓度的猪瘟酶标抗体，在 37℃作用 30min。将触片洗净后，浸泡在相应的底物溶液中 10～15min，用蒸馏水将触片洗净后即可判定。细胞质被染成棕黄色时判为阳性，反之判为阴性。

2. 血清学诊断

（1）荧光抗体病毒中和试验 将血清灭活后做适当稀释，与等体积的 $200TCID_{50}$ 病毒液混合后，接种到 PK-15 单层细胞中，培养 2d 后固定细胞，用荧光抗体进行染色，在显微镜下观察。本法是检测猪瘟抗体最敏感和特异性的方法，是国际贸易指定试验。

（2）过氧化物酶联中和试验 基本过程同荧光抗体病毒中和试验。不同的是加入酶标抗体（而不是荧光素标记的二抗）以及底物。如果猪瘟抗体阳性，感染细胞被完全或部分染成红棕色。

（3）ELISA 将猪瘟病毒或相应蛋白包被 ELISA 板，建立竞争法及间接法 ELISA，检测血清抗体，适用于群体监测。本法是国际贸易指定试验。

（4）正向间接血凝试验 将猪瘟病毒致敏红细胞，制备抗原。待检血清稀释后与抗原进行反应，根据红细胞的凝集现象判定抗体的效价。本法具有简便、快捷、易操作的特点，利于基层使用。

3. 鉴别诊断 当出现败血症，应与沙门氏菌病、巴氏杆菌病、链球菌病、猪丹毒相鉴别。实际上，猪瘟病毒经常和这些细菌发生混合感染。当出现繁殖障碍时，应与猪繁殖与呼吸综合征、猪伪狂犬病和细小病毒感染等疾病相区别。

【防控】 本病尚无特效药物。应采取免疫预防和淘汰感染猪相结合的综合防制措施。

1. 引种检疫 加强引种检疫，杜绝传染源的引入。

2. 免疫预防　免疫接种是防制猪瘟的最重要手段，我国自 2007 年起将猪瘟纳入国家强制性免疫范畴。我国使用的猪瘟疫苗有单苗和联苗两类。猪瘟单苗有组织苗（脾淋苗/乳兔苗）和细胞苗（犊牛睾丸细胞苗），联苗为猪瘟-猪丹毒-猪肺疫三联活疫苗。疫苗毒株为猪瘟兔化弱毒株（C 株），安全性高，免疫原性强。

免疫程序：种公猪和母猪每年免疫 2 次。母猪也可以在空怀期免疫。仔猪的免疫程序制定必须根据猪场的实际情况。一般仔猪采取超前（零时）免疫、30～35 日龄和 70 日龄进行 3 次免疫或在 20～25 日龄和 60～65 日龄的 2 次免疫策略。按照说明书推荐使用剂量，细胞苗和脾淋苗的免疫效果是满意的。

用活疫苗免疫后，现有血清学方法无法区分感染猪与免疫猪的抗体，因此一些国家限制此疫苗的使用。为了克服不免疫带来的风险，新型疫苗的研制已成为必然。已经有两种以杆状病毒为载体表达猪瘟 E_2 糖蛋白而制备的标记疫苗获得了欧盟的批准，通过检测猪血清中针对猪瘟病毒其他蛋白的抗体，可区分免疫与感染猪。标记疫苗在我国还在试验阶段，没有进入临床使用。

3. 免疫失败分析　猪瘟免疫失败的原因很多，通常认为有以下可能：①疫苗保管条件和使用过程不规范。②免疫程序不合理。③饲料霉变或营养价值不全面。④其他免疫抑制疾病的发生，如猪繁殖与呼吸综合征、圆环病毒 2 型感染。

4. 猪瘟的根除净化　定期以荧光抗体试验等方法逐头检查种猪，及时发现带毒猪并立即淘汰，建立新的无带毒健康种猪群，培育健康后代。经过多次反复检测淘汰，猪瘟可得到净化。

第二节　非洲猪瘟

非洲猪瘟（英文简称 ASF）是由非洲猪瘟病毒引起猪的一种急性、热性、高度接触性的传染病。发病表现以高热、皮肤发绀、淋巴结和全身内脏器官严重出血为特征，病死率可达 100%。此病被世界动物卫生组织列为法定报告的疫病。非洲猪瘟常发生跨国传播，因此被列为重要的国际检疫对象。我国将此病列为一类动物疫病。此病 1921 年在非洲肯尼亚首次被确认，之后传入欧洲、美洲，近年在东欧各国流行，2018 年 8 月，我国发生首例非洲猪瘟疫情，对此病的进一步防控已引起高度重视。

【流行病学】非洲猪瘟只发生于猪和野猪，不同品种、年龄和性别的猪均可感染，猪是本病病原唯一的自然宿主。病猪的分泌物和排泄物可散布大量感染性病毒。感染猪与健康易感猪的直接接触可传播本病。非洲猪瘟病毒可通过饲喂污染的甘水、饲料，或通过污染的垫草、车辆、设备、衣物等间接传播，还可经钝缘软蜱、猪虱等叮咬生猪传播。消化道和呼吸道是最主要的感染途径。猪群一旦受感染，传播很快，发病猪可达 50% 以上，甚至达 100%，病死率可达 100%。

【症状及病理变化】本病潜伏期在家猪为 4～19d 不等。发病症状与猪瘟相似。根据感染的情况不同，发病可有多种表现。最急性可未见到明显症状几小时内即倒地死亡；急性型可见食欲废绝，体温升高到 40℃以上，甚达 42℃，稽留，腹泻或血痢，耳朵、腹部及四肢皮肤常见明显充血、紫斑和出血点（图 2-1），心跳加快，呼吸急促；亚急性型可见鼻、耳部发绀，有出血斑，眼、鼻有浆性、黏性分泌物，关节肿胀；慢性型见妊娠母猪流产，死胎（图 2-2），腹泻或呕吐，粪便有黏液或带血，呼吸困难，消瘦。

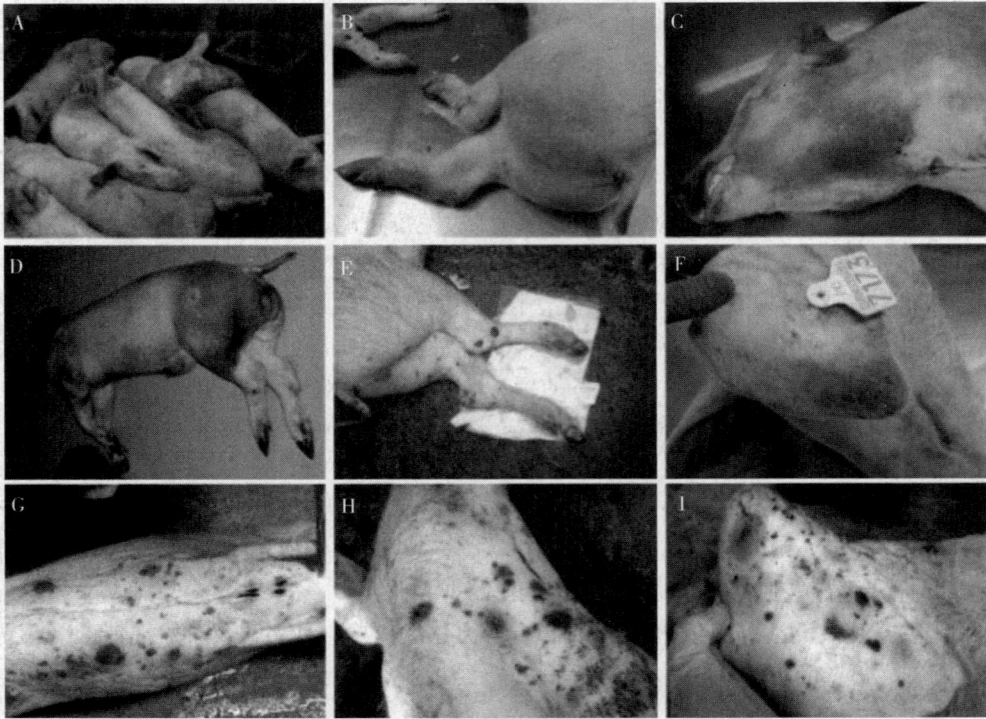

图2-1 急性非洲猪瘟临床症状

A. 病猪表现为虚弱，团缩在一起取暖；B～E. 在颈部、胸部和四肢的皮肤上有出血性渗出和明显的充血（呈红色）区域；F. 耳朵尖端的青色；G～I. 腹部、颈部和耳朵皮肤上的坏死病变。

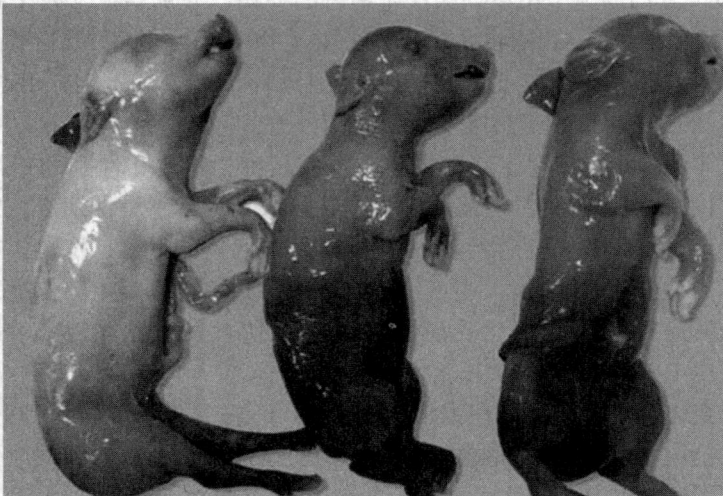

图2-2 母猪流产，胎儿全身水肿，胎盘、皮肤、心肌或肝脏有淤血点

非洲猪瘟特征性病理变化表现为内脏心、肺（图2-3）、肾等实质器官严重出血，淋巴

结肿大出血、呈血瘤样（图 2-4），脾脏显著肿大，脾髓呈紫黑色。

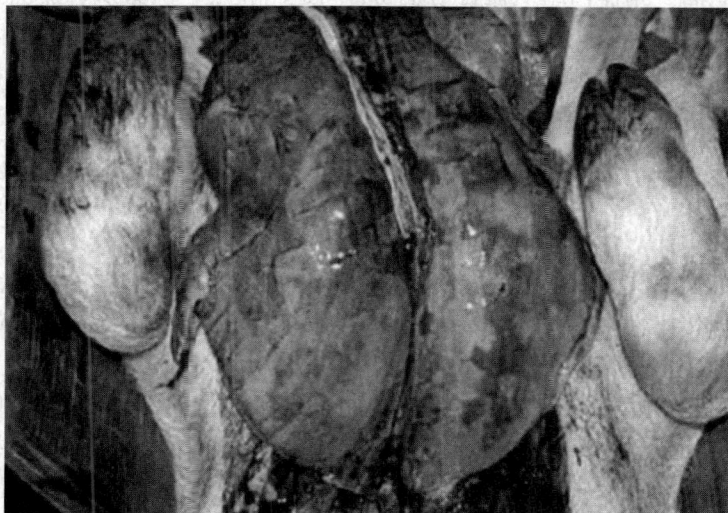

图 2-3 肺脏表面出血或淤血斑

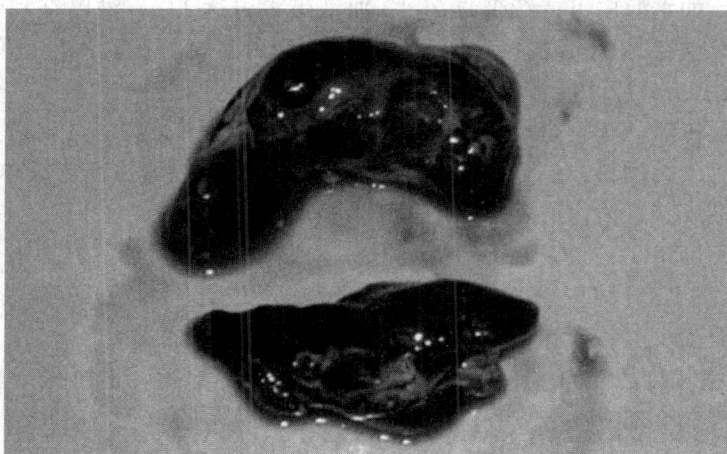

图 2-4 淋巴结肿大、出血

【诊断】本病可根据流行病学、发病症状及病理变化做出初步诊断，确诊需进行抗体和病原检测。

实验室诊断方法主要有红细胞吸附试验、补体结合试验、琼脂扩散试验、免疫荧光试验、ELISA 和电子显微镜检查等。

本病要注意与猪瘟、高致病性猪蓝耳病和圆环病毒感染等疫病相区别。如免疫过猪瘟的猪无症状突然死亡，或出现呼吸困难，步态不稳，关节肿胀，腹泻或便秘，粪中带血，皮肤有出血点等症状，可怀疑为非洲猪瘟。对可疑病例应采集抗凝血或血清，脾脏、肾脏、扁桃体、淋巴结等病料，低温送至国家外来动物疫病研究中心进行确诊。

【防控】目前尚无有效的疫苗用于预防本病。发现非洲猪瘟疫情后，我国应按有关法规和农业农村部 2018 年 8 月以来的要求，及时上报疫情，迅速封锁疫区，扑杀疫区内病猪和带毒猪，环境消毒和对死亡猪进行无害化处理，严防疫病扩散，以彻底扑灭此病。严格对进口猪、猪肉及其制品、猪体内组织器官与生物材料进行检疫，严禁从有非洲猪瘟疫情的国家或地区进口猪及其产品，防止进境运输工具机械带毒传播；对途经我国的国际运输工具的废弃物和泔水等严格无害化处理。加强养猪场防疫监管，提高生物安全水平，杜绝病原传入猪场，包括防止野猪进入猪场和被蜱等吸血昆虫叮咬等。

第三节　猪水疱病

猪水疱病（英文简称 SVD）是由猪水疱病病毒（SVDV）引起猪的一种急性、热性和接触性传染病，该病传染性强，发病率高，其主要临床特征是在猪的蹄部、鼻端、口腔黏膜、乳房皮肤发生水疱。该病症状与口蹄疫类似，但只引起猪发病，对其他家畜无致病性。

【流行病学】猪水疱病在自然感染中仅发生于猪，不同品种、年龄、性别的猪均可感染。牛、羊等家畜与病猪接触感染不发病，但牛、羊可带毒，血清中可检出中和抗体。与感染猪群接触的人员，也可在鼻液中发现病毒。

病猪和带毒猪是本病的主要传染源，通过粪、尿、水疱液、乳汁排出病毒。健康猪与病猪接触 1～2d，虽无临床症状，但已感染带毒。病猪的肌肉、内脏、水疱皮，血液、淋巴结和骨髓均可带毒，如水疱皮可持续带毒 20d、血液带毒可达 11d，淋巴结和骨髓带毒可达 2 周以上。于－20℃保存 11 个月的病猪肉块、皮肤、肋骨、肾等病毒滴度变化不大。盐渍病猪肉中的病毒需经 110d 后才能被灭活。

该病通过接触传播，健康猪接触被病毒污染的泔水、屠宰下脚料、生猪交易、运输工具而引起。被病毒污染的饲料、垫草、运动场和用具以及饲养员等往往造成本病的间接传播。受伤的蹄部、鼻端皮肤、消化道黏膜等是主要传播途径。

猪群在饲养密度过高、频繁调运等情况下易造成本病的流行，散养猪很少发生流行。

【症状】自然感染潜伏期一般为 2～5d，有的 7～8d 或更长。人工感染最短为 36h。根据临床症状可分为典型、温和型和亚临床型（隐性型）。

1. 典型水疱病　特征性的水疱常见于主趾和附趾的蹄冠上，也可见于鼻盘、舌、唇和乳头上。早期表现病变部皮肤上皮苍白肿胀（在蹄冠和蹄踵的角质与皮肤结合处首先见到），36～48h 水疱凸出并充满水疱液，有的很快破裂，有的维持数天。水疱破后形成溃疡，真皮暴露呈鲜红色，常环绕蹄冠皮肤，与蹄壳之间裂开，严重的蹄壳脱落。有时继发细菌感染而化脓性溃疡，因疼痛而跛行、呈犬坐姿势、躺卧或用膝部爬行。仔猪多在鼻盘发生水疱，体温升高（40～42℃），水疱破裂后体温恢复正常，病猪精神沉郁、食欲减退或停食；育肥猪显著掉膘。初生仔猪可造成死亡。病猪康复较快，病愈后 2 周，创面可痊愈，如蹄壳脱落，则相当长时间后才能恢复。

水疱病发生后，约有 2% 的猪会出现神经症状，表现向前冲、转圈运动、用鼻摩擦、眼球转动和强直性痉挛等。

2. 温和型　只见少数猪出现水疱，传播缓慢，症状轻微，常不易察觉。

3. 亚临床型　感染猪无临床症状，但可检测到高滴度中和抗体。亚临床感染猪能排出病毒，是潜在传染源。

【病理变化】特征性病理变化为在蹄部、鼻盘、唇、舌面、乳房出现水疱，水疱破裂，水疱皮脱落后，暴露出创面有出血和溃疡。个别病例心内膜上有条状出血斑。其他内脏器官无可见病理变化。组织学变化为非化脓性脑膜炎和脑脊髓炎病理变化，大脑中部病理变化较背部严重，脑膜含有大量淋巴细胞，血管嵌边明显，多数为网状组织细胞，少数为淋巴细胞和嗜伊红细胞，脑灰质和白质发现软化病灶。

【诊断】根据临床症状和病理变化可初步诊断，但无法与口蹄疫、猪水疱性疹和猪水疱性口炎等疫病相鉴别，因此必须进行实验室鉴别诊断。

1. 病毒分离鉴定　取发病猪的水疱皮和水疱液等样本，送实验室处理后接种 IB-RS-2 等细胞，若出现细胞病变，则可用 RT-PCR、ELISA 或补体结合试验等进行鉴定。

2. 动物接种　将病料分别姿种 1~2 日龄和 7~9 日龄乳鼠，如 2 组乳鼠均死亡者为口蹄疫；1~2 日龄乳鼠死亡，而 7~9 日龄乳鼠不死者，为猪水疱病；病料经在 pH 3~5 缓冲液处理后，接种 1~2 日龄乳鼠死亡者为猪水疱病，反之则为口蹄疫；或以猪水疱病免疫猪或病愈猪与发病猪混群饲养，如两种猪都发病者为口蹄疫。

3. RT-PCR　可采集病料直接检测病原，能鉴别口蹄疫和猪水疱病。

4. 血清学方法　反向间接血凝试验、补体结合试验、ELISA、荧光抗体试验等方法较常用。此外，放射免疫、对流免疫电泳、中和试验等均可诊断本病。

【防控】加强检疫和管理，防止疫病传播。控制水疱病应重点防止将病原带到非疫区，因此平时要加强动物及动物产品的检疫，加强交通运输工具消毒，收购和调运时，应逐头进行检疫；饲喂的屠宰下脚料和泔水应彻底煮沸。

一旦发现疫情立即上报，按"早、快、严、小"的原则进行处理。病猪及屠宰猪肉、下脚料应严格实行无害处理；环境及猪舍要严格消毒，常用于本病的消毒剂有过氧乙酸、菌毒敌（原名农乐）、氨水和次氯酸钠等。

疫区和受威胁区可采用疫苗紧急接种和预防接种。水疱病的疫苗有弱毒疫苗和灭活疫苗，灭活疫苗安全可靠，注苗后 7~10d 可产生免疫力，保护率在 80% 以上，免疫保护期在 4 个月以上。用水疱皮和仓鼠传代毒制成灭活苗有良好免疫效果，保护率为 75%~100%。

猪水疱病高免血清和康复血清可用于被动免疫，免疫期达 1 个月以上，对控制疫情扩散和减少发病率有良好作用。

公共卫生方面，猪水疱病与人的柯萨奇 B5 病毒密切相关，实验人员和饲养员可感染 SVDV 而得病，临床症状与柯萨奇 B5 病毒感染相似，感染 SVDV 的小鼠、猪和人都有不同程度的神经系统损害，因此实验人员和饲养员均应小心处理这种病毒和病猪，重视自身防护。

第四节　猪繁殖与呼吸综合征

猪繁殖与呼吸综合征（英文简称 PRRS）是由猪繁殖与呼吸综合征病毒（PRRSV）引起的一种猪的高度接触性传染病，又称猪蓝耳病。不同年龄、品种和性别的猪均可发生，但以妊娠母猪和仔猪最为常见。该病以母猪发生流产、产死胎、弱胎、木乃伊胎以及仔猪呼吸困难、高死亡率等为主要特征，严重危害全球养猪业生产。在 2006 年夏季，由猪繁殖与呼吸综合征病毒变异毒株引起的"高热综合征"在我国暴发，呈现高发病率和高病死率的特点，成为危害我国养猪业的新疫病之一，我国将其称为"高致病性猪蓝耳病"。

【流行病学】

1. 易感动物 猪是唯一感染本病并出现症状的自然宿主，不同年龄的猪均可感染。

2. 传染源 感染猪和康复猪是本病的主要传染源。感染猪常可导致长期的病毒血症/持续感染而排毒；即使在临床症状消失后 8 周还可向外排毒，导致病毒在猪群中反复传播而难以根除。

3. 传播途径 本病主要经呼吸道、精液水平传播和生殖道垂直传播。隐性感染猪引入猪群时，在应激状态下，会排出病毒，并通过多种途径如口、鼻、眼、粪便等感染其他易感猪只。公猪通过精液在同猪群间水平传播 PRRSV，怀孕母猪感染病毒后，经胎盘感染胎儿，造成繁殖障碍。此外，某些禽（鸟）类带毒也是重要的传播媒介。

4. 季节性 本病的发生多呈明显的季节性，尤以寒冷季节多发。

【症状】本病潜伏期可因地域、季节的不同而长短不一。本病的病程通常为 3～4 周，最长可达 6～12 周。临床症状在不同的感染猪群中有很大差异。

1. 母猪 发病初期，出现食欲不振、发热等，尤其妊娠后期较为严重。少数母猪可见耳朵、腹部、腿部发绀。母猪出现早产，产奶量下降，少部分早产猪的四肢末端、尾、乳头、阴户和耳尖发绀，其中以耳尖发绀最为常见。妊娠晚期发生流产、产弱仔、死胎、木乃伊胎。配种前感染的母猪产仔率降低、推迟发情、屡配不孕或不发情等。

2. 仔猪 如在 28 日龄前感染，体温达 40～41℃，表现为严重呼吸道症状，如呼吸急促、咳嗽、腹式呼吸及眼睑水肿，腹泻，耳尖至耳根皮肤发绀；病猪也可出现神经症状，如肌肉震颤、呆立、前肢呈八字脚，或运动失调、后躯麻痹。有时断尾后可能严重出血。

3. 保育和生长猪 以 30～90 日龄最易感。体温升高至 39.5～42℃，呈稽留热；精神沉郁和食欲不振，扎堆；多数猪呼吸困难，有的腹泻或四肢关节肿胀；皮肤发红，后期耳尖、臀部皮肤发紫；可有结膜炎；迅速消瘦，多数死亡或成僵猪，少数康复。

4. 育肥猪 感染初期出现呼吸系统症状，如咳嗽、喷嚏；随后眼睑肿胀、结膜炎、腹泻和肺炎等，死亡率高。

种公猪除上述表现外，还有性欲减退、精液品质下降、射精量减少；公猪无发热现象，极少数出现双耳皮肤变蓝。

【病理变化】本病的病理变化主要发生在肺和淋巴结。

1. 眼观病变 肺组织呈弥漫性间质性肺炎，肺肿胀、硬变，肺边缘发生弥散性出血。淋巴结都有不同程度的淤血、出血、肿胀等症状，切面湿润多汁；肺门淋巴结出血、大理石样外观为本病的特征之一。大多数病猪的脾呈暗紫色，轻度肿胀。肾脏肿大、出血，急性死亡的病例，可见到肾脏布满大小不一的、弥散型的出血点；脑充血。

2. 显微镜检查 显微镜下可见肺支气管、细支气管及毛细支气管扩张；各级支气管的管腔内充斥着数量不一的炎症细胞、脱落的黏膜上皮细胞及组织细胞坏死的崩解物；小叶间质和肺泡隔明显增宽，炎性细胞浸润、充血等。淋巴结的皮质、髓质有数量不等的红细胞，淋巴小结数量减少；皮质淋巴窦中有多量炎症细胞及组织坏死崩解物。

【诊断】根据该病的流行病学、临床症状和病理变化，可初步做出诊断。但应将本病与猪细小病毒病、猪伪狂犬病、乙型脑炎及迟发性猪瘟等相鉴别。确诊须经实验室诊断。

1. 病毒分离与鉴定　病猪的肺、死胎儿的肠和腹水、母猪血液、鼻拭子和粪便等可用于病毒的分离。病料经处理后接种猪肺泡巨噬细胞，用免疫过氧化物酶法染色，检查肺泡巨噬细胞中的本病毒抗原。或将上述处理好的病料接种 Marc－145 细胞培养，37℃培养 5d 观察 CPE，用间接荧光抗体试验或中和试验鉴定病毒。

2. RT－PCR　目前已建立多种扩增本病毒基因的 RT－PCR 方法，并已广泛应用于临床检测。该法还可区分美洲型和欧洲型毒株。此外，对一些特殊的样品，尤其是对细胞有毒性而不能进行病毒分离的样品（如精液）、已灭活的样品、已被 PRRSV 特异性抗体中和的样品和病毒含量不高的样品等，RT－PCR 不失为一种更有效的检测方法。

3. ELISA 方法　本法包括间接 ELISA 以及阻断 ELISA，可用于检测病毒抗体，其敏感性和特异性都较好，许多国家已将此法作为监测和诊断 PRRS 的常规方法。感染后第 9 天即可检测到抗体，30～50d 达到高峰，抗体可维持 4～12 个月。

4. 间接免疫荧光试验　采用感染的 PAM 和 Marc－145 单层细胞作为抗原，也是国际上检测 PRRS 阳性抗体通用而且比较敏感的血清学检测方法。血清抗体效价大于1∶20为阳性，能在感染后 6～8d 检测出 PRRSV 抗体。

【防控】应加强生物安全体系建设，采取综合防制措施。提倡自繁自养，引种时要严格检测，避免引进带毒猪和发病猪。新引进的猪要隔离饲养，观察 1 个月无异常后再混群。本病毒有囊膜，不耐酸碱，因此，消毒时要调整消毒剂的 pH 和选择针对囊膜病毒的消毒剂，每周消毒一次。发生疫情时应隔离淘汰病猪，流产胎儿、胎衣要深埋处理，并增加消毒次数。运载活猪的车辆是远距离传播疫病的重要因素，猪舍内的生产工具以及车辆等使用后均应进行消毒。

我国已研制出灭活疫苗和活疫苗。灭活疫苗安全性高，但免疫效果差，需要多次免疫，适用于母猪和种公猪配种前和每年的常规免疫；活疫苗免疫效果较好，可适用于仔猪和保育猪免疫接种，但存在散毒和毒力返强的危险，应严格按产品说明书方法使用。

目前，本病尚无有效的治疗措施。本病发生时，往往继发细菌（如猪链球菌和副猪嗜血杆菌等）感染，因此，应注意针对常见细菌病采取适当的防控措施，如免疫预防和药物预防；但是，用能提高机体免疫力的中药制剂，并添加电解多维等，可促进机体尽快康复，减少损失。

第五节　猪细小病毒病

猪细小病毒病（英文简称 PPI）是由猪细小病毒引起的母猪繁殖障碍性疾病，主要发生于初产母猪，其特征为流产，产死胎、木乃伊胎及病弱仔猪，但母猪通常不表现其他临床症状。近年来发现，猪细小病毒与猪圆环病毒Ⅱ型混合感染后，可促进圆环病毒病症状的出现。本病呈世界性分布。

【流行病学】

1. 传染源　感染本病毒的公猪和母猪是本病主要的传染源；公猪精液可携带病毒，此病毒可来自体内和体外污染。母猪所产死胎、木乃伊胎、弱仔及子宫分泌物中均含有高滴度的细小病毒。由于病毒对外界的抵抗力强，污染的圈舍在 4 个月内还具有感染性。

2. 传播途径　主要为胎盘感染、精液传播（交配感染）。另外，感染猪排毒时间为 2 周左右，易感猪接触感染猪或被细小病毒污染的物体后，可经口鼻途径感染。

3. 易感动物 不同年龄、性别、品种的猪都可以感染，呈地方流行或散发。

本病的发生没有明显的季节性。

【症状及病理变化】本病的主要临床症状是母猪的繁殖障碍。不同孕期感染时，对胎儿的影响有所不同。在怀孕后 30d 内感染时表现为胎儿死亡，死亡的胚胎被母体迅速吸收，母猪有可能重新发情；在怀孕后 30～50d 感染，主要产木乃伊胎；在怀孕后 50～60d 感染主要产死胎；怀孕后 70d 感染时出现流产；怀孕 70d 之后感染，母猪多能正常产仔，但仔猪带毒。本病还可引起母猪发情不正常和久配不孕等症状。

眼观病变：可见母猪子宫内膜有轻度的炎症反应，胎盘部分钙化，胎儿在子宫内被溶解吸收。组织学检查可见母猪子宫上皮组织和固有层有局灶性或弥散性单核细胞浸润，在大脑、脊髓有浆细胞和淋巴细胞形成的血管套。

感染的胎儿表现出不同程度的发育障碍和生长不良，出现木乃伊胎、畸形、骨质溶解的腐败黑化胎儿。胎儿皮肤充血、出血、水肿和脱水等，全身组织器官可见广泛的细胞坏死、炎症。

【诊断】根据临床症状和流行病学可作出初步诊断。初次妊娠母猪发生流产、产死胎、木乃伊胎、胎儿发育异常等现象，而无其他临床症状，有证据表明是传染性疾病时，则应考虑本病的可能，但确诊必须进行实验室诊断。

1. 病原学诊断

（1）病毒分离鉴定 采取流产或死产胎儿的新鲜脏器（如脑、肾、肝、肺、睾丸、胎盘及肠系膜淋巴结等），研磨冻融后，取上清同步接种 PK - 15 细胞和 IBRS - 2 细胞，逐日观察细胞病变。进一步用免疫荧光试验、血凝试验和 PCR 等方法进行确认。在上述样本中，以肠系膜淋巴结和肝脏的分离率最高；但是如果胎儿死亡时间过长，组织中病毒的感染性逐渐丧失，影响分离结果。本法优点是结果准确可靠，可作为确诊。

（2）红细胞凝集试验（HA） 将含毒组织或分离的病毒在稀释液中研磨，离心后取上清液，利用豚鼠红细胞进行血凝试验，再用已知的细小病毒阳性血清作血凝抑制试验，进一步确认。本法操作简便易行，能进行快速、大量检测，但是其灵敏度低。

（3）免疫荧光技术（IFA） 本方法可以对感染细胞和疑似病例组织中的细小病毒进行快速检测。感染细胞经丙酮固定，待检组织需制成冰冻切片。随后，用阳性血清和荧光素标记的二抗依次染色，最后在荧光显微镜下观察。出现荧光，表明细胞或组织中含有病毒。

（4）PCR 技术 此法是目前大多数实验室采用的方法，用于分离病毒的鉴定和病料中细小病毒的检测，具有快速和敏感的优点。

2. 抗体检测 血凝抑制试验、血清中和试验、酶联免疫吸附试验、乳胶凝集试验、琼脂扩散试验和补体结合试验等都可用于检测抗体。其中最常用的是血凝抑制试验。可采取母猪血清，也可用 70 日龄以上感染胎儿的心血或组织浸出液。被检血清先经 56℃ 30min 灭活，加入 50% 豚鼠红细胞（最终浓度）和等量的高岭土，摇匀后放室温 15min，经 2 000r/min 离心 10min，取上清液，以除掉血清中的非特异性凝集素和抑制因素。抗原用 4 个血凝单位的细小病毒，红细胞用 0.5% 豚鼠红细胞悬液。判定标准暂定 1∶16 以上为阳性。

由于本病毒广泛存在，感染率较高，因此检测成年猪及种猪的细小病毒抗体，仅作为感染的依据，没有临床诊断意义。对仔猪在吃初乳前采血检测，如果抗体阳性，可以判定为生后感染细小病毒，因为感染母猪产生的抗体不能经过胎盘传递给胎儿。

引起母猪繁殖障碍的原因很多，应区分猪伪狂犬病、猪乙型脑炎、猪瘟、衣原体感染、弓形虫感染和猪布鲁氏菌病等。

【防控】本病无有效的治疗方法。防控原则是不引进带毒猪，以免疫预防为主，初产母猪配种前需获得免疫力。

1. 加强饲养管理和消毒措施　坚持自繁自养的原则。如需引种，应从未发生过本病的猪场引进，隔离饲养半个月后，经两次血清学检测，HI效价在1∶256以下或阴性时方可混群饲养。经确诊为细小病毒感染后同窝的幸存猪不能作为种用；母猪流产时，应做好猪场（尤其是繁殖猪舍）的消毒。

2. 免疫预防　由于PPV血清型单一及其较强的免疫原性，免疫接种已成为预防本病的最有效措施。初胎母猪在配种前2个月用灭活疫苗免疫一次（必要时可在1个月后加强免疫），可获得坚强的保护。我国部分地区使用弱毒疫苗，也取得满意的效果。

第六节　猪传染性胃肠炎

猪传染性胃肠炎（英文简称TGE）是由猪传染性胃肠炎病毒（TGEV）引起的猪的一种高度接触性肠道疾病，临床上以呕吐，严重腹泻和脱水为特征。各种年龄猪都可发生，但主要影响10日龄以内仔猪，病死率可达100%；5周龄以上猪死亡率低，但生产性能下降，饲料报酬率降低。

【流行病学】

1. 传染源　病猪和带毒猪是本病的主要传染源。病猪的粪便、呕吐物、乳汁、鼻分泌物以及呼出气体中含有病毒，污染饲料、饮水、空气、用具等。部分康复猪带毒排毒达2~8周。有些成年猪感染后症状不严重，处于带毒状态，当应激或机体抵抗力下降时，可重新排毒感染其他猪。

2. 传播途径　健康猪与病猪及其排泄物接触或食入污染的饲料和饮水等，经呼吸道和消化道而感染。发病母猪乳汁含有病毒，哺乳仔猪吃奶时被感染。

3. 易感动物　本病主要发生于猪，不同年龄均可感染。德国猎犬发生过本病，表现为腹泻、呕吐、衰竭，用病犬排泄物喂服健康仔猪可复制出病例，康复犬的血清中含有TGEV抗体。从口服本病毒的猫、犬和燕八哥的粪便中回收到病毒。其他动物未见感染发病的报道。

本病多发生于冬季和春季等寒冷季节。在新疫区，本病可呈急性暴发，传播迅速；在老疫区，虽然不断有易感猪出生，但发病率低。

【症状】本病的潜伏期很短，多数为15~18h，有时为2~3d，传播迅速，数日内可波及全群。仔猪突然发病，先呕吐，继而水样腹泻，粪便为黄色、绿色或白色等，可含有未消化的乳凝块。病猪明显脱水，10日龄以内的仔猪多在出现症状后2~7d内死亡；如母猪泌乳量减少，小猪没有足够的乳汁，病死率更高。如无继发感染，3周龄以上的猪可以自行恢复，但生长发育不良。

育肥猪和母猪通常只有一天或至数天的食欲不振，个别猪有呕吐、灰色褐色水样腹泻，

5～8d 后腹泻停止，极少死亡。

【病理变化】外观尸体脱水明显，胃内充满乳凝块，胃底黏膜充血、出血。肠内充满水样粪便，肠壁变薄呈半透明状，肠系膜充血，肠系膜淋巴结肿胀。组织学变化是小肠黏膜绒毛变短和萎缩，肠上皮变性明显，上皮细胞为扁平至方形的未成熟细胞。黏膜固有层内可见细胞浸润。

【诊断】

1. 病原学诊断

（1）形态学观察　用 PBS 稀释病猪粪便样品，高速离心，取上清，用于电镜观察；病毒表面具有放射状纤突，为"冠状"结构。

（2）病毒分离和鉴定　取病猪的肛拭子、粪、肠内容物或空肠、回肠段为样品，处理后取上清，接种猪肾细胞，盲传 2 代以上，可见细胞病变。用标准抗血清进行鉴定，对分离的病毒可用电镜观察、中和试验、荧光抗体试验和 RT‑PCR 进行鉴定。

（3）免疫荧光试验　取正在腹泻病猪的空肠和回肠刮取物制备涂片，或取肠管制作冰冻切片或经福尔马林固定石蜡包埋的组织，进行直接或间接荧光染色，在荧光显微镜下观察，呈现荧光者为阳性。此法快速，可在 2～3h 内完成。

（4）抗原捕获 ELISA　用于检测粪便中的病毒抗原。采用针对 S 蛋白 A 和 D 抗原位点以及 N 蛋白的单抗作为捕获抗体，包被 ELISA 板。粪便样品用培养基（1/10）稀释，振荡后以 2 000g 低速离心 15min，上清用于检测，随后依次加入生物素标记的多抗、辣根过氧化物酶偶联的链霉亲和素和底物。

（5）RT‑PCR　本法可检测粪便中的传染性胃肠炎病毒，同时与流行性腹泻病毒和/或猪呼吸道冠状病毒（PRCV）相区分。对扩增产物进行测序或酶切鉴定，能区分不同的传染性胃肠病毒毒株。

2. 血清学试验　使用较广泛的是中和试验和 ELISA，ELISA 能区分本病毒感染与呼吸道冠状病毒（PRCV）感染，而中和试验不能，但是中和试验比 ELISA 敏感。在双份血清中，如果发现抗体滴度升高，才能判定为感染。

3. 鉴别诊断　临床上引起仔猪腹泻的原因较多，应与仔猪大肠杆菌病、猪流行性腹泻、猪轮状病毒病等区分。

【防控】由于气温骤然变化和带毒猪排毒是诱发本病的主要原因，脱水和电解质的丢失是导致死亡的直接因素，因此，平时预防与发病时所采取的防控措施的侧重点应不同。

首先要加强饲养管理，确保哺乳猪舍的温度达到要求。其次，采取免疫接种。我国较为常用的疫苗是猪传染性胃肠炎-猪流行性腹泻二联灭活苗，主要用于妊娠母猪的接种，经后海穴注射，免疫后 14d 产生免疫力，免疫期 6 个月，仔猪被动免疫的免疫期维持到断奶后 7d。

采用弱毒疫苗通过黏膜免疫，能产生具有抗感染意义的 IgA 抗体，国外已培育出弱毒疫苗如匈牙利的 CKP 疫苗、德国的 BI‑300 疫苗株和美国 TGE‑Vae 株。我国哈尔滨兽医研究所也培育成功华株弱毒疫苗，妊娠母猪产前免疫，仔猪出生后吸吮乳汁获得保护。该疫苗也可用于受接种 TGE 威胁的仔猪，在生后 1～2 日龄进行口服接种，4～5d 后产生免疫力。

目前，少数猪场仍在采用强毒或病猪的粪便进行母猪人工感染，旨在产生主动免疫，有一定效果。但是，缺点是扩散病毒，加重圈舍的病毒污染；如果用于接种的粪便中含有其他病原，风险就更大了，所以本法不宜提倡。

发病时，迅速隔离病猪，给病猪补充水分和电解质，如口服补盐液，避免脱水；对发病猪舍和用具要经常消毒，避免病原扩散。使用广谱抗生素，防止继发细菌感染。

第七节 猪流行性腹泻

猪流行性腹泻（porcine epidemic diarrhea，PED）是由猪流行性腹泻病毒引起猪的一种高度接触性肠道传染病。猪发病后常表现呕吐、腹泻、食欲下降、脱水等症状，其流行特点、发病表现和病理变化与猪传染性胃肠炎相似，近年在生产猪场发病有增多趋势。

【流行病学】本病各年龄的猪都能感染发病。哺乳猪、架子猪或育肥猪的发病率较高，尤以哺乳猪受害最为严重，母猪发病率波动较大。本病多发生在寒冷季节，在我国每年12月至次年2月为本病高发期，夏季也有发病的报道。病猪和带毒猪是主要传染源。病毒存在于肠绒毛上皮细胞和肠系膜淋巴结，随粪便排出后，污染环境、饲料、饮水、交通工具及用具等而传播。主要感染途径是消化道。如果猪场不断有新生仔猪出生，则病原可能会在猪场持续感染较长时间。据报道，近年本病流行区域扩大，并与猪传染性胃肠炎、猪圆环病毒病等呈混合感染。

【症状】潜伏期一般为5～8d，人工感染潜伏期为10～30h。猪发病后主要表现为水样腹泻，或者伴随呕吐。呕吐多发生于采食或吃奶后。症状的轻重随年龄的大小而有差异，年龄越小、症状越重。1周龄内新生仔猪发生腹泻后3～4d，呈现严重脱水而死亡，死亡率可达50%以上。病仔猪体温正常或稍高，精神沉郁，食欲减退或废绝。断奶猪、母猪常呈精神委顿、厌食和持续性腹泻大约1周，逐渐恢复正常。少数猪恢复后生长发育不良。育肥猪在感染后常发生腹泻，多1周后康复，成年猪症状较轻，有的仅表现呕吐，重者水样腹泻3～4d可自愈。

【病理变化】眼观变化仅限于小肠。见小肠扩张，内充满黄色液体，肠系膜充血，肠系膜淋巴结水肿，小肠绒毛缩短。组织学变化，见空肠段上皮细胞的空泡形成和表皮脱落，肠绒毛显著萎缩。绒毛长度与肠腺隐窝深度的比值可由正常的7：1降到3：1。上皮细胞脱落最早发生于腹泻后2h。胃常排空或充满胆汁样黄色液体。

【诊断】本病依据流行病学、发病表现和病理变化可初步诊断，但与猪传染性胃肠炎难以区别，近年此病病死率有增高趋势。确诊需依靠实验室诊断。目前主要诊断方法有免疫电镜、免疫荧光、间接血凝试验、ELISA、RT－PCR等，其中免疫荧光、ELISA 和 RT－PCR 较为常用。

【防控】免疫接种是预防猪流行性腹泻的主要手段。该病由于其发病日龄低、发病急、病死率高，依靠自身的主动免疫往往来不及，因此现行的猪流行性腹泻疫苗大多通过给母猪预防注射，依靠初乳中的特异性母源抗体给仔猪提供保护。根据实际情况可选择弱毒活疫苗或灭活疫苗进行接种。

本病目前尚无特效药物和疗法。发现仔猪出现呕吐腹泻后，立即隔离病猪，同时加强圈舍环境消毒，搞好饲养管理，减少人员流动，避免易感猪群受到感染。如有条件，猪场最好采用全进全出饲养方式。本病病猪用抗生素治疗无效，可参考猪传染性胃肠炎的治疗方法，采取支持和对症治疗等措施。有报道，在本病流行地区，可尝试用病猪粪便或小肠内容物饲喂临产前 2 周的怀孕母猪，使胎儿出生后通过初乳获得特异性母源抗体，可缩短本病在猪场中的流行，但该方法存在扩散病原的危险。在易发生 TGEV 和 PEDV 混合感染的地区，可选用 TGE－PED 二联弱毒苗进行免疫。

第八节 猪 丹 毒

猪丹毒（swine erysipelas）俗称"打火印"或"红热病"，是由红斑丹毒丝菌引起猪的一种急性、热性传染病。其主要特征为败血症、皮肤疹块、慢性疣状心内膜炎、皮肤坏死及多发性非化脓性关节炎等。本病呈世界性分布，目前集约化养猪场较少发生，但部分地区仍未得到完全控制。

【流行病学】本病主要发生于架子猪，其他家畜和禽类也有感染的报道。病猪和带菌猪是本病的传染源。35％～50％健康猪的扁桃体和其他淋巴组织中存在此菌。本菌在弱碱性土壤中能长期存活，最长可达 1 年以上，故土壤污染在本病的流行病学上有重要意义。病猪、带菌猪以及其他带菌动物（分泌物、排泄物）排出菌体污染饲料、饮水、土壤、用具和场舍等，经消化道传染给易感猪，也可以通过损伤的皮肤及蚊、蝇、虱、蝉等吸血昆虫、鼠类和鸟类等传播。屠宰场（厂、点）、加工厂的废料、废水，食堂的残羹，动物性蛋白质饲料（如鱼粉、肉粉等）喂猪常引起发病。猪丹毒一年四季都有发生，以炎热多雨季节发病较多。本病常为散发性或地方流行性传染，有时也发生暴发性流行。

【症状】潜伏期 1～7d。按病程经过分为急性型、亚急性型和慢性型。

1. 急性型 此型常见，以突然发生、急性经过和高死亡率为特征。病猪精神不振、高热不退，厌食并伴呕吐，结膜充血，粪便干硬附有黏液，耳、颈、背皮肤潮红、发紫。死前部分病猪全身皮肤不同区域可见红色斑块，多于 2～4d 内死亡，病死率 80％左右。不死者转为疹块型或慢性型。哺乳仔猪和刚断乳的小猪发生猪丹毒时，一般突然发病，表现神经症状，抽搐，倒地而死，病程多不超过 1d。

2. 亚急性型（疹块型） 病症稍轻，头 1～2d 在身体不同部位，尤其胸侧、背部、颈部出现界限明显，圆形、四边形，有热感的疹块，俗称"打火印"，指压退色。疹块突出皮肤 2～3mm，大小数量不等，干枯后形成棕色痂皮。病猪口渴、便秘、呕吐、体温高。疹块发生后，体温开始下降，病势减轻，经数日，多数病猪自愈。也有部分病猪在发病过程中，症状恶化发生败血症导致死亡。病程 1～2 周。

3. 慢性型 由急性型或亚急性型转变而来，少数为原发性。常见的有慢性关节炎、慢性心内膜炎和皮肤坏死等几种。①慢性关节炎型：主要表现为四肢关节炎性肿胀，病腿僵硬、疼痛，而后关节变形，呈现跛行或卧地不起。病猪食欲正常，但生长缓慢，体质虚弱，消瘦。病程数周或数月。②慢性心内膜炎型：主要表现消瘦，贫血，全身衰弱，喜卧，厌走动。听诊心脏有杂音，心跳加速、亢进，心律不齐，呼吸急促。此型病猪通常由于心脏麻痹突然倒地死亡，病程数周。③皮肤坏死型：主要可见背、肩、耳、蹄和尾等皮肤肿胀、隆起、坏死、色黑、干硬、似皮革，逐渐与其下层新生组织分离，犹如一层甲壳。经 2～3 个月坏死皮肤脱落，遗留一片无毛、色淡的疤痕而愈。如有继发感染，则病情加重，病程延长。

【病理变化】

1. 急性型　以败血症的全身变化，肾、脾肿大及皮肤呈现红斑为特征。胃底及幽门部黏膜发生弥漫性出血、小点状出血；整个肠道有不同程度的卡他性或出血性炎症；脾肿大、充血、呈樱红色，呈典型的败血脾；肾淤血、肿大、呈花斑状，有"大紫肾"之称；淋巴结充血、肿大，切面外翻多汁，或有出血；心外膜小点状出血；肺脏淤血、水肿。

2. 亚急性型　以皮肤疹块为特征，疹块内血管扩张，中心可因水肿压迫呈苍白色。

3. 慢性型　在心脏可见到疣状心内膜炎的病变，心脏瓣膜上可见灰白色菜花状增生物；有的关节肿胀，有浆液性、纤维素性渗出物蓄积，后期滑膜绒毛增生肥厚。

【诊断】根据流行病学、发病症状、剖检变化等可做出初步诊断，特别是当病猪皮肤呈典型病理变化时。确诊需进行实验室诊断。本病病原较容易培养，必要时可进行病原学和血清学检测（血清凝集试验、琼脂扩散试验等）及用分子生物学技术（PCR）检测。

【防控】

（1）猪丹毒通过积极治疗，治愈率较高。首选青霉素类和头孢类药物。一次性给予足够药量，以迅速达到有效血药浓度，提高治愈率。

（2）如果生长猪群不断发病，可选用猪丹毒、猪肺疫二联苗或猪瘟、猪丹毒、猪肺疫三联苗进行免疫接种，分别于8周龄和12周龄进行两次疫苗接种。为防止母源抗体干扰，一般8周龄以前不做免疫接种。

（3）疫病流行期间，可全群选用清开灵、阿莫西林等拌料预防。

（4）加强饲养管理，搞好圈舍环境消毒、保持通风干燥，避免高温高湿。

（5）种公、母猪每年可春秋两次进行猪丹毒灭活苗。育肥猪一般在60日龄进行一次猪丹毒灭活苗或三联苗免疫即可。

第九节　猪传染性胸膜肺炎

猪传染性胸膜肺炎是由胸膜肺炎放线杆菌（*Actinobacillus pleuropneumoniae*，APP）引起的一种高度接触性呼吸道传染病。急性型呈现高度呼吸困难而急性死亡，耐过或慢性型表现生长缓慢、饲料报酬降低。病理特征是胸膜炎和出血性坏死性肺炎。病原产生的毒素能杀死巨噬细胞和中性粒细胞，从而降低机体抵抗力。本病是影响规模化养猪的主要呼吸道传染病之一。

【流行病学】病猪和处于潜伏期的感染猪是主要的传染源。传播途径是飞沫传播。另外，气候突变、饲养密度大、通风不良等因素是诱发本病的重要因素。各阶段猪均可感染，但以生长阶段和育肥阶段的猪较为常见，保育猪较少发生。

本病呈世界分布，但不同国家和地区流行的优势血清型有差异，如北美地区流行的为血清型1、5和7，欧洲多为血清型2、3和9，我国台湾省主要流行血清型1和5，韩国为血清型5、4、3和2，日本为血清型5和2。在我国大陆，优势血清型为血清型1、2、3和7等。随着国内外种猪交流日益频繁，我国的优势血清型将发生变化。

【症状】

1. 急性型　体温升高至41.5℃以上，持续不退，呼吸困难，呈腹式呼吸，并伴有阵发性咳嗽，濒死前口鼻流出带血的泡沫样分泌物，耳、鼻及四肢皮肤呈紫蓝色，常于1d内窒息死亡。

2. 亚急性型　体温升至 $40.5 \sim 41.5\ ℃$，通常由急性型转变而来，主要表现为气喘、食欲不振和间歇性咳嗽，最后可逐渐痊愈或转为慢性型经过。

3. 慢性型　精神和食欲变化不明显，但消瘦、生长缓慢，饲料报酬降低。

【病理变化】主要在胸腔与肺脏。肺炎病变多是双侧性的，常发生于膈叶、心叶和尖叶，与正常组织界线分明。急性死亡猪的气管、支气管中充满泡沫状、血性黏液及黏膜渗出物。随着病程的发展，纤维素性胸膜炎蔓延至整个肺脏，使肺和胸膜粘连，以致难以将肺脏与胸膜分离。

病猪有时可见关节炎、心内膜炎、脑膜脑炎和不同部位的脓肿（尤其是肺脏）。在病的早期，其组织学病变包括坏死、出血、中性粒细胞浸润；急性型后期则主要以巨噬细胞浸润、坏死灶周围有大量的纤维以及纤维素胸膜炎为特征。

【诊断】对于急性型病例，可根据发病日龄、死前口鼻流出带血液的液体以及肺脏特征性病变可以作出初步临床诊断。慢性病例较难与其他慢性消耗性疾病区分。确诊则必须依赖于实验室检测。

1. 病原学检测

（1）细菌分离鉴定　取病死猪肺坏死组织、胸水及气管渗出物作涂片镜检，应为革兰氏阴性两极着色的球杆菌。病料中的胸膜肺炎放线杆菌比较容易死亡，样本采集后，在冷藏条件下迅速送检。将病料无菌接种于巧克力琼脂或含绵羊血和金色葡萄球菌的琼脂培养基，置 $5\%\ CO_2\ 37℃$ 过夜培养。如有溶血小菌落生长，呈现 cAMP 及卫星生长现象，尿素酶试验阳性，可鉴定为胸膜肺炎放线杆菌生物 I 型菌株。如果生长不需要 NAD，其他特性与生物 I 型相同，判定为生物 II 型。分离菌株可用标准的分型血清，采用平板凝集试验或琼脂扩散试验进行血清型鉴定。

（2）PCR 检测方法　多数 PCR 检测中，以编码外膜脂蛋白、荚膜多糖以及转铁结合蛋白等保守基因以及 Apx I、Apx II 和 Apx III 基因为扩增对象。可以直接从扁桃体和病变肺脏提取 DNA 作为模板进行检测；但如将组织在液体培养中增殖 $6 \sim 8h$，煮沸、离心后取上清作为模板或从中提取 DNA 作为模板，可以提高检测率。扩增 3 种 Apx 毒素基因与外膜脂蛋白基因，建立基因分型方法，取代常规的血清学分型方法。

2. 血清学检测　采用 ELISA 检测猪体内针对 Apx I、Apx II 和 Apx III 抗体，或者用菌体致敏绵羊红细胞而建立的间接血凝方法，检测不同血清型胸膜肺炎放线杆菌抗体，从而作出诊断。

多价灭活疫苗的临床应用，有效预防了此病，但如何区分免疫动物产生的抗体与自然感染猪，成为种猪引进以及实现疾病净化中的关键问题。由于在体外培养时，胸膜肺炎放线杆菌不能产生 Apx IV，因而灭活疫苗中不含有此抗原成分，灭活疫苗免疫后，动物体内不产生针对 Apx IV 的抗体；胸膜肺炎放线杆菌能在动物体内表达分泌 Apx IV，感染动物体内可检测到此抗体。因此，将原核表达纯化的 Apx IV 作为抗原，建立间接 ELISA 方法，检测 Apx IV 抗体，可区分灭活疫苗免疫和自然感染猪，为淘汰感染猪并净化猪群提供了有效的手段。

3. 鉴别诊断　本病应注意与猪肺疫、格拉瑟病、支原体肺炎和猪流感等相区分。

【防控】

1. 加强饲养管理　如同其他呼吸系统疾病一样，气温剧变、闷热、潮湿、寒冷、通风不良、饲养密度过高和猪群的转栏等因素易诱发本病，因此，要改善饲养环境，减少应激。另外，定期使用消毒药对猪舍内外进行消毒，有助于降低环境中病原微生物的数量，降低本病发生的概率。

2. 引种检测　引种时，除了无呼吸道症状等临床健康外，引进猪应该采用 Apx Ⅳ-ELISA 检测血清抗体，如抗体阴性，方可引进，并隔离观察 1 个月，再混群饲养。

3. 免疫预防　目前，商业化的疫苗有灭活疫苗和亚单位疫苗。本病原共有 15 个血清型，不同血清型之间的交叉保护力较差，因此，大多数国家均使用本地区流行优势菌株来研制多价灭活苗。免疫程序为发病前 1 个月免疫一次，免疫期为 6 个月。一些国家则使用以 Apx 毒素和外膜蛋白为主要免疫原的亚单位疫苗。需要强调的是，免疫接种不能阻止感染，仅能降低临床发病严重程度，减少死亡和经济损失。

4. 药物预防　猪胸膜肺炎放线杆菌对四环素、链霉素、卡那霉素、氟苯尼考、替米考星和环丙沙星等敏感。对出现临床症状的猪，可用敏感药物进行注射。对受威胁而未发病的猪只，可在饲料或饮水中添加给药。为了防止耐药现象产生，须定期轮换使用不同品种的药物。

第十节　猪传染性萎缩性鼻炎

猪传染性萎缩性鼻炎是由支气管败血波氏杆菌和产毒多杀性巴氏杆菌引起的以鼻炎、鼻中隔弯曲、鼻甲骨萎缩和病猪生长迟缓为特征的慢性接触性呼吸道传染病。如仅由支气管败血波氏杆菌引起时，又称猪波氏菌病。本病分成两种临床类型，即非进行性萎缩性鼻炎和进行性萎缩性鼻炎，前者主要由支气管败血波氏杆菌或与其他因子共同所致（如多杀性巴氏杆菌）；后者主要由产毒素多杀性巴氏杆菌引起。本病感染率高死亡率低，但容易造成其他呼吸道病原的继发感染。

【流行病学】病猪和带菌猪是主要传染源。病菌在猪的鼻腔内繁殖，且能定居 5 个月以上。健康猪与病猪或带菌猪通过直接接触以及飞沫传播，经呼吸道感染。如果母猪带菌，仔猪出生时即可被感染。

任何年龄的猪都可感染本病，尤其以仔猪易感性最强。1 周龄猪感染后，可引起原发性肺炎，导致全窝仔猪死亡。随日龄的增加，发病率和死亡率也下降。

本病在猪群内传播比较缓慢，多为散发或地方流行性。当前养猪业集约化程度较高，饲养密度大，可诱发本病。另外，饲料中营养缺乏、不同日龄的猪混合饲养、通风不良、长期饲喂粉料和遗传因素等均可能促进本病的发生。

【症状及病理变化】本病的临床症状多出现在 4～12 周龄以上的猪。

仔猪病初为鼻炎症状，表现为打喷嚏和呼吸困难，若病情进一步发展，病猪出现鼻涕、鼻塞、气喘，有时还有不同程度的浆液性、黏性或脓性鼻分泌物，甚至造成鼻出血。由于泪液黏附尘土而在眼角出现斑纹，俗称"泪斑"，但此症状不能作为诊断的唯一指标。

感染 2～3 个月后，病猪出现鼻甲骨萎缩，导致鼻腔和面部变形。如果两侧鼻甲骨损伤大致相等，则鼻腔变得短小，鼻端向上翘起，鼻背部皮肤粗厚；下颌伸长，上下门齿错开，不能正常咬合。如果两侧鼻甲骨损伤程度不同，则两个鼻孔大小不一，鼻部歪向病损严重的一侧。同时，由于鼻甲骨萎缩，额窦受损，两眼间宽度变窄以及头部形状变形。病猪体温一般正常，生长迟滞，成为僵猪。

最特征的病变是鼻中隔软骨和鼻甲骨的软化和萎缩。常见一侧的鼻甲骨上下卷曲萎缩，通常鼻甲骨的下卷曲萎缩较严重，鼻中隔扭曲，鼻黏膜充血、潮红，附有少量黏稠脓性分泌物，甚至混有血丝。最严重的表现为鼻甲骨结构消失，形成空洞。

【诊断】　根据病猪频繁喷嚏、鼻黏膜发炎、鼻孔流出浆液黏液脓性鼻涕、泪斑、鼻面部变形、鼻甲骨病变和生长停滞等临床症状可作出初步诊断。实验室诊断方法主要有：

1. 病原学诊断　先保定动物，将受检猪的鼻外部清洗干净，并用70%的酒精棉球对鼻外部进行消毒，用灭菌鼻拭子插入鼻腔1/2处，轻轻转动几次，刮取鼻黏液，将鼻拭子放入灭菌磷酸盐缓冲液中，并在4～8℃条件下24h内送到实验室。也可以活体或解剖后采集扁桃体进行分离。如果样品含有杂菌，可选用含一些抗生素的选择性培养基。含10mL/L脱纤维兔血或羊血琼脂培养基可用于分离支气管败血波氏杆菌；选择马丁琼脂培养基或加有血清或血液的培养基用于分离产毒素多杀性巴氏杆菌。如果样本在8℃运输超过24h，可接种小鼠来提高产毒素多杀性巴氏杆菌的分离率。对可疑菌落，通过形态学和生化反应鉴定。

利用PCR扩增产毒性多杀性巴氏杆菌毒素基因，测序分析，必要时需检测毒素活性。

2. 血清学诊断　常用平板凝集试验、试管凝集试验法，具有特异、简便、快速的特点。猪感染2～4周后，血清中会出现凝集抗体，至少维持4个月。

3. X线诊断　有条件的地方可根据猪鼻X线影像发生的异常变化而作出早期诊断。

在临床诊断中，应鉴别传染性坏死性鼻炎、猪传染性鼻炎等疾病。

【防控】

1. 加强猪群管理　采用全进全出饲养方式，降低饲养密度，改善通风条件，定期做好栏舍消毒。坚持自繁自养的原则，应该做到少引猪或不引猪。购入种猪，必须隔离观察和检疫。

2. 免疫接种　通过免疫母猪，为仔猪提供母源抗体保护，是仔猪度过早期感染和易感期的一种最经济的方法。成年母猪和后备母猪产前8周肌内注射灭活苗，首次免疫后，间隔6周，再加强免疫。以后每胎产前2周免疫。使用的疫苗有支气管败血波氏杆菌单苗、支气管败血波氏杆菌-多杀性巴氏杆菌二联苗以及支气管败血波氏杆菌加D型/A型多杀性巴氏杆菌类毒素疫苗等疫苗。其中含有纯化的巴氏杆菌类毒素的疫苗免疫效果最好。

3. 药物防治　为了有效控制母仔垂直传播，应在母猪妊娠最后1个月内的饲料中加入预防性药物。药物预防应以广谱高效为原则，如磺胺二甲嘧啶、金霉素、土霉素、泰乐菌素、阿莫西林、强力霉素、氟苯尼考等。仔猪在出生3周内，每周注射1次磺胺嘧啶钠或强力霉素，连用3次。育成猪也可用药物进行预防，但要遵守休药期。

对症状轻微的病猪，可用上述药物治疗。药物鼻内喷雾和冲洗，加快鼻腔内病原菌的清除，并能促进鼻甲骨的恢复，但对症状严重猪如鼻腔严重变形，直接淘汰，减少传染源。

第十一节　猪支原体肺炎

猪支原体肺炎是由猪肺炎支原体引起的一种接触性、慢性、消耗性呼吸道传染病，俗称猪气喘病。其特征是体温及食欲变化不大，有明显的气喘、咳嗽、腹式呼吸，生长发育迟缓，饲料报酬低。病理特征是肺脏呈现双侧对称性实变。本病是规模化猪场较为常见的呼吸道疾病之一。

【流行病学】

1. 传染源　自然条件下，病猪与带菌猪是主要传染源，病原存在于感染猪的呼吸道中。

2. 传播途径　病猪通过咳嗽、喘气和打喷嚏，排出大量病原，形成飞沫，通过呼吸道传播。母猪与哺乳阶段小猪以及不同猪只之间可通过这种途径发生水平传播。尚未发现精液传播和胎盘感染的可能。

3. 易感动物　本病的自然病例仅见于猪。不同年龄、性别和品种的猪均能感染，其中哺乳仔猪及幼猪最易感，其次是妊娠后期和哺乳母猪，成年猪多呈隐性感染。我国地方猪种比外来品种更易感，但原因仍不清楚。人工感染其他实验动物未见成功的报道。

4. 其他诱发因素　本病一年四季均可发生。但在寒冷、多雨、潮湿或气候骤变时较为多见。猪的饲养密度过高，容易诱发本病。

5. 混合感染　猪感染肺炎支原体后，体液免疫与细胞免疫功能下降，表现在肺泡巨噬细胞对外来病原的吞噬和消除能力下降；同时，感染了肺炎支原体后，气管上的纤毛受到损害，机械性吸附和清除外来病原的作用下降，因此，本病常常继发感染其他呼吸道病原，如猪繁殖与呼吸综合征病毒以及猪 2 型圆环病毒等。

【症状】本病初期表现为干咳、气喘，尤其在驱赶时猪群表现较为明显。多数病猪体温正常或略有发热，食欲和精神状况正常。新生仔猪和小猪感染后，极少出现呼吸道症状，但消瘦、生长缓慢、猪只个体大小不一；中猪多数以肺炎症状为主；成年猪以隐性感染、亚临床感染为主，临床症状不明显，仅在寒冷刺激时发出咳嗽声。

【病理变化】在双侧肺的心叶、尖叶、中间叶的腹面和膈叶，呈实变外观，颜色多为灰红、半透明，像鲜嫩的肌肉样，俗称肉变，病变部与正常部位界限明显。肺门和纵隔淋巴结肿大、质硬、灰白色，有时边缘轻度充血，切面外翻湿润。如无继发感染，其他内脏器官一般无明显病变。

【诊断】根据病猪特征性干咳、生长不良、体温变化不大以及肺脏对称性肉变，可作出临床诊断，但是病猪以及隐性感染猪的确诊必须依靠实验室诊断。

1. X 线检查　X 线检查对本病的诊断有重要价值，尤其是对隐性感染或可疑感染猪的诊断。有直观、快速和简便的优点。

2. 病原学检测　病原分离与鉴定：通常采用病猪的气管、支气管和肺组织作为分离的样本。先接种液体培养基，然后再转入固体培养基。在分离培养本菌时，培养基中需要使用无猪肺炎支原体抗体的血清；在样本中，如果怀疑有其他支原体如猪鼻支原体的存在，必须选用选择性培养基，否则会阻碍目的菌的生长。由于猪肺炎支原体很难分离，又费时，需要很长时间才能得出结果。因其不能作为快速诊断的方法，所以不太常用。

荧光抗体试验：间接免疫荧光法可用于肺脏冰冻切块中肺炎支原体的检测。

PCR 方法：肺脏和气管冲洗液可作为 PCR 检测的样品。在 PCR 检测方法中，大多以 16S RNA 为扩增的靶基因。为了提高敏感性，可以采用套式 PCR。另外，Real-time PCR 也应用于本病原的检测。

3. 抗体检测　ELISA、间接血凝试验、免疫荧光、补体结合试验和放射免疫酶试验等均可用于抗体检测。其中，ELISA 和间接血凝试验最常用。

【防控】

1. 实行自繁自养　尽量减少引种的次数，降低引进带毒猪的风险；如需引种，种猪需进行隔离。遵守全进全出原则，减少仔猪寄养和不同阶段猪的混养。实施早期隔离断奶技术或加药早期断奶技术，减少病原从母猪传到仔猪的机会；使用人工授精，减少公猪与母猪接触而发生感染的机会。应选择广谱、高效的消毒剂，以减少肺炎支原体在圈舍空气中的数量。改善饲养条件，避免圈舍日夜温差较大、高密度饲养、通风不良等。

2. 免疫预防　疫苗接种是预防本病的重要措施。目前，商业化的疫苗有中国兽医药品监察所和江苏农业科学院研制的弱毒疫苗以及进口的亚单位疫苗。在制订免疫程序时，要考虑母源抗体对免疫效果的干扰。

3. 药物预防与治疗　对猪肺炎支原体较敏感的药物主要有替米考星、泰妙菌素、克林霉素、壮观霉素以及喹诺酮等；一些肺炎支原体分离株对土霉素和泰乐菌素等产生了耐药性，使用效果较差。青霉素和磺胺类药物对本病原无效。

4. 建立健康猪群　利用药物控制和早期断奶技术，建立新猪群，同时对猪群进行检疫监测，不断淘汰感染阳性猪，检查屠宰肥猪的肺脏病变，并使用哨兵猪作为指示，可以逐步建立无支原体肺炎的猪群。

5. 做好其他病毒性疾病的预防　如猪繁殖与呼吸综合征和猪圆环病毒病的预防，减少继发感染。

第十二节　猪圆环病毒病

猪圆环病毒病（英文简称 PCVD）是由猪圆环病毒 2 型（PCV2）引起猪的一种新的传染病，引起仔猪断奶衰竭综合征、猪皮炎与肾病综合征和母猪的繁殖障碍，其临床表现多种多样。还可导致猪群严重的免疫抑制，从而容易继发或并发其他传染病，给世界养猪业造成严重经济损失。

【流行病学】家猪和野猪是本病的自然宿主，各种年龄猪均易感，但本病主要发生在保育阶段和生长期的仔猪，即 5～12 周龄猪。断奶应激以及缺乏母源抗体的保护可能是重要的诱导因素。用 PCV2 感染小鼠，可出现与猪感染猪圆环病毒 2 型（PCV2）相似的病理变化，可以作为感染的动物模型。除此之外，其他动物对 PCV2 不易感。

病猪和带毒猪以及公猪精液、流产胎儿均是本病的传染源。PCV2 可随粪便、鼻腔分泌物排出体外，易感猪通过消化道、呼吸道而感染。也可通过精液感染，怀孕母猪感染 PCV2 后，经胎盘垂直感染胎儿，引起繁殖障碍。

PCV2 感染是 PCVD 的必要因素，但其他因素可协同增强其致病性，使感染猪出现临床症状，这些因素包括细小病毒、肺炎支原体、链球菌和副猪嗜血杆菌等病原的混合感染以及温度不适、通风不良、不同阶段猪混养、频繁转栏、过于频繁的免疫接种等管理因素。

【症状及病理变化】

1. 仔猪断奶衰竭综合征　本病常发生于保育阶段猪和生长期猪，表现为生长不良或停滞，消瘦、被毛粗乱、皮肤苍白和呼吸困难，有时腹泻和黄疸等。早期常出现腹股沟淋巴结肿大，眼睑水肿。剖检可见淋巴结肿大 2～5 倍，尤其是腹股沟淋巴结、肺门淋巴结、肠系膜淋巴结和下颌淋巴结等。肠系膜水肿有时可以观察到。

2. 猪皮炎与肾炎 本病常发生于 12～14 周龄的猪。病猪食欲减退，轻度发热，不愿走动，皮肤出现圆形或不规则形状的隆起，呈现周围红色或紫色而中央为黑色的病灶，病灶通常出现在后躯和腹部，逐渐蔓延到胸部或耳部，融合呈条带状和斑块状。严重感染的猪往往出现症状后几天就死亡；部分猪可以自动康复，但是影响种猪的外观。

病理变化一般表现为双侧肾肿大、苍白，表面出现白色斑点，皮质红色点状坏死，肾盂水肿。有时可见淋巴结肿大或发红，脾脏肿大并出现梗死。特征性的组织损伤为全身性坏死性脉管炎和纤维蛋白坏死性肾小球肾炎。

3. 繁殖障碍性疾病 可发生于不同妊娠阶段，但多见于妊娠后期，表现为流产、产死胎和木乃伊胎。死亡胎儿表现明显的心肌肥大和心肌损伤，组织学变化是纤维素性或坏死性心肌炎。

4. 增生性坏死性间质性肺炎 此病主要危害 6～14 周龄的猪，虽然与 PCV2 有关，但尚需其他病原参与。发病率为 2%～30%，死亡率为 4%～10%。眼观病理变化为弥漫性间质性肺炎，颜色灰红色。组织学变化表现为增生性和坏死性肺炎。

5. 新生仔猪先天性震颤 新生仔猪全身震颤，无法站立，如躺卧后，震颤减轻或停止，再站立又出现症状；有的仔猪只头颈部震颤，或后躯震颤不能站立，如能吃乳，预后良好；病情轻的猪可运动，体温、脉搏、呼吸均无明显变化，经数小时或数日自愈。本病只从母猪垂直传给仔猪，不能在仔猪之间水平传播。

【诊断】本病诊断依赖于发病日龄、特征性临床表现、病理变化和病毒检测为阳性。

1. 病毒分离与鉴定 通常采用病猪的淋巴结、病变肺脏和脾脏作为样本。接种 PK-15 细胞，24h 后，用浓度为 300mmol/L 的 D-氨基葡萄糖处理细胞 30min，再加入 DMEM 维持液，置 37℃培养箱中，72h 后，用 ORF2 多抗或 PCV2 单克隆抗体和荧光素标记的二抗染色，进行免疫荧光试验。在荧光显微镜下，在细胞核中出现荧光，判定为 PCV2 阳性。也可以将细胞收获后，用 PCR 进行扩增，测序确认。

2. 间接免疫荧光技术 将感染细胞用冷 100%乙醇或丙酮固定后，依次加入阳性血清和 FITC 标记的二抗，在显微镜下观察，如出现荧光，判为 PCV2 阳性。

如果将 PCV2 感染细胞固定作为抗原，采用间接法，可以用于检测猪血清中 PCV2 抗体。

3. 免疫组化技术 将感染组织制备成冰冻切片，分别使用抗圆环病毒血清和酶标抗体，按照间接法程序进行反应，观察是否出现阳性信号，从而作出判定。

4. PCR 技术 大多数的 PCR 方法都是扩增 PCV2 基因组中 ORF2 基因。使用淋巴结、脾脏、病变肺脏和流产胎儿的心肌作为待检组织；此外，检测粪便、尿、鼻拭子和公猪精液等样本可监测感染猪是否排毒。实时定量 PCR 也有用于本病诊断的报道，敏感性较高，但成本更高。

ELISA 方法主要用于检测血清中的 PCV2 抗体，其结具只能作为参考，因为猪健康带毒比例较高。

由于本病在不同年龄猪的临床表现不同，因此需要与许多类症相区分。保育阶段出现衰竭综合征并具有呼吸道症状时，要与猪繁殖与呼吸综合征和格拉瑟病相区分；肠系膜水肿时，要与大肠杆菌水肿病和猪维生素 C-硒缺乏症相区分；发生皮炎时，与葡萄球菌所致渗出性皮炎、锌缺乏相区分；发生繁殖障碍时，要区分伪狂犬病和繁殖与呼吸综合征等疾病。

【防控】由于本病发病机制还有许多未知因素，因而尚无特异性治疗措施。随着疫苗的成功研制，应该采取以免疫预防为主的综合防制措施。

1. 加强饲养管理 主要是减少各种应激，尽量减少仔猪哺乳阶段注射次数、定期消毒、严格实施生物安全措施等。饲料营养要全面，可添加能增强机体免疫力的一些中草药，提高猪群的整体免疫力。同时，加强对种公猪的检测，使用无 PCV2 污染的精液，直至淘汰排毒公猪。

2. 免疫预防 国内外的疫苗分别有以杆状病毒表达 PCV2 的衣壳蛋白、表达 PCV2 衣壳蛋白的 PCV1 嵌合病毒和灭活的 PCV2 等为免疫原的三种疫苗。前两种疫苗用于 3～4 周龄商品猪免疫，需一次免疫即可。第三种疫苗用于母猪免疫。免疫后，可减少断奶衰竭综合征发生，降低仔猪死亡率，提高料肉比。

3. 控制继发感染 PCV2 经常与猪繁殖与呼吸综合征病毒、猪链球菌、副猪嗜血杆菌和肺炎支原体等病原混合感染，加重疾病严重程度。因此，要重视这些疾病的免疫预防或药物预防。

第十三节 格拉瑟病

格拉瑟病原称**副猪嗜血杆菌病**或**猪多发性浆膜炎与关节炎**。格拉瑟病是由某些高毒力或中等毒力血清型的副猪格拉瑟菌引起的。该病可见于 2～16 周龄的猪，但最常见于 5～8 周龄的保育猪。临床上以体温升高、呼吸困难、关节肿大和运动障碍为特征，少数猪表现神经症状。近年来，本病的发生呈逐年增长的趋势。

【流行病学】

1. 传染源 由于本菌是猪上呼吸道中的常在菌，因此，健康带菌猪可成为传染源。在转群、断奶后失去母源抗体保护、其他疾病导致免疫力下降时，可出现症状，排出病原菌。

2. 传播途径 本病主要通过呼吸道传播，污染的器械也是传播媒介。

3. 易感动物 本病只发生于猪，从 2 周龄仔猪到 4 月龄的育肥猪均可感染发病，但常见于 5～8 周龄的保育仔猪，发病率一般为 10%～15%，严重时死亡率可达 50%。在健康猪群中引入带菌的种猪时，将会引起疾病的暴发。

临床上，副猪格拉瑟菌继发于猪的其他呼吸道疾病，如支原体肺炎、猪流感、伪狂犬病、猪繁殖与呼吸综合征病或猪圆环病毒病。

【症状】本病的临床症状中，呼吸道症状最为常见，其次为关节肿大，运动障碍，少数为神经症状。

感染高毒力菌株后，病猪发热、食欲不振、厌食；呼吸困难、咳嗽；关节肿胀、跛行、颤抖；共济失调、可视黏膜发绀，随之可能死亡。急性感染后可能留下后遗症，即母猪流产、公猪慢性跛行。

感染中等毒力菌株的猪，往往出现浆膜炎与关节炎。

【病理变化】初期心包积液、胸水、腹水和关节液增加，继而在胸腔、腹腔和关节等部位出现淡黄色的纤维素性渗出物，严重病例发现心包与心脏、肺与胸膜粘连，或整个腹腔各脏器包括肝脏、脾脏与肠道等粘连。脑膜充血出血或浑浊增厚，脑回展平，脑沟变浅，脑沟中有浆液性渗出物。渗出物中可见纤维蛋白、中性粒细胞和较少量的巨噬细胞。此外，副猪格拉瑟菌引起的急性败血症中，可见皮肤发绀、皮下水肿和肺水肿。

【诊断】根据特征的临床症状和剖检变化可以作出初步诊断，确诊需作实验室检查。

1. 细菌分离 病猪的肺脏、气管黏液、脑组织、关节液和浆膜表面的纤维渗出物均可用于细菌分离检测，其中浆膜表面物质、渗出的脑脊液及心血是最好的样品。使用抗生素治疗后，会降低细菌的分离率。由于本菌在外界环境中容易失活，因此病料要求新鲜，尽快送到实验室。

将病料无菌接种于巧克力琼脂平板或含 NAD 和血清的 TSA 培养基，37℃培养 48h 后，可观察到针尖大小、无色透明、光滑湿润的菌落。可进一步进行生化特征和血清型鉴定。同一猪群或同一猪只中，可以分离出不同血清型的菌株。

用生化鉴定后，能区分副猪嗜血杆菌与其他 NAD 依赖的细菌（L 类嗜血杆菌、猪放线菌、吲哚放线菌等），它们在鼻窦、扁桃体或肺脏中大量存在，但致病力较低。

2. PCR 检测　基于扩增 16S rDNA 的 PCR 方法，可以快速准确直接检测病料中或已经分离的副猪格拉瑟菌。将样品先在液体培养基中培养 6～8h 后再检测，可提高检出率。用 ERIC - PCR（扩增肠道菌基因间重复序列的 PCR）可以对副猪格拉瑟菌进行基因分型。本法能用于细菌分离为阴性的样品检测。

3. 血清学诊断　主要采用琼脂扩散试验、补体结合试验和间接血凝试验等。用不同血清型的菌株制备的抗原可进行血清流行病学调查，明确流行的优势血清型；也可用制备的标准血清对分离的菌株进行血清型鉴定，但是还有一些菌株不能分型。

当出现败血症时，应与链球菌病、传染性胸膜肺炎、猪丹毒等区别。当出现呼吸道症状时，与传染性胸膜肺炎、慢性猪肺疫、支原体肺炎等相区分。

【防控】

1. 加强饲养管理　由于本病为机体内常在菌，如果抵抗力降低，会引起本病的发生。因此，应加强猪群的饲养管理，如保持合理的饲养密度、加强通风与保温、确保饲料营养全面、保证维生素与微量元素充足等。由于仔猪出生 7 日龄内在鼻腔内已经有本菌定居，因此早期断奶技术不适用于本病的防控。

2. 药物预防　早期用抗生素治疗有效，可减少死亡；临床症状出现后，需立即采用口服之外的方式应用大剂量的抗生素对整个猪群进行投药治疗，而不仅仅只针对出现临床症状的猪。多数副猪格拉瑟菌分离株对氟苯尼考、替米考星、阿莫西林、头孢类、四环素和庆大霉素等药物敏感，但对红霉素、氨基糖苷类、壮观霉素和林可霉素等有抗药性。近年来，副猪格拉瑟菌对氟喹诺酮类和磺胺类药物的抗药性有增加的趋势。

3. 免疫预防　目前国内有不同的格拉瑟病灭活疫苗供应，其制苗菌株的血清型有所不同。国外有血清 1 型和 6 型菌株制备的灭活苗。由于不同血清型副猪格拉瑟菌之间缺乏交叉保护力，根据流行病学调查的结果，华中农业大学以国内流行的优势血清型（4 型与 5 型）研制了副猪格拉瑟菌二价灭活苗，其免疫程序是：母猪产前 4～6 周免疫，仔猪在 14～16 日龄免疫，必要时在 1 个月后再免疫，可维持到商品猪出栏。如果免疫后效果不理想，建议进行新血清型的分离鉴定或准确鉴别诊断。

第十四节　猪　痢　疾

猪痢疾（Swine dysentery）俗称**猪血痢**，是由致病性猪痢疾短螺旋体引起猪的一种肠道传染病，其特征为黏液性或黏液性出血性腹泻，大肠黏膜发生卡他性出血性炎症，有的发展为纤维性坏死性炎症。目前本病已遍及全世界主要的养猪国家。

【流行病学】猪痢疾仅见猪发病。不同年龄和品种猪均易感，但以 7～12 周龄的猪多发。小猪的发病率和病死率比大猪高。一般发病率约 75％，病死率 5％～25％。

病猪或带菌猪是主要传染源，康复猪也可带菌达数月，经常从粪便中排出大量菌体，污染环境、饲料、饮水，或由饲养员、用具、运输工具的携带，经消化道而传播。犬、鸟、苍蝇和小鼠也是重要带菌动物，不容忽视。猪痢疾通常由于引进带菌猪而引发流行，但也可发生于没有购入新猪历史的猪群，与传播媒介引起有关。

本病无明显季节性，流行过程缓慢，持续时间较长，常反复发病。运输、拥挤、寒冷、过热或环境卫生不良等都是本病发生的诱因。本病通常先在一个猪舍零星发生，随后逐渐蔓延。本病一旦传入猪群，很难根除。

【症状】潜伏期 3～60d，自然感染多为 1～2 周。根据临床表现可分为急性型和慢性型。

1. 急性型　个别猪突然死亡，随后出现病猪，多数病初精神稍差，食欲减少，随后迅速腹泻，粪便黄色柔软或水样；严重的在 1～2d 后粪便充满血液和黏液，伴随腹痛和体温升高，维持数天；随着病程的发展，病猪精神沉郁，体重减轻，渴欲增加，粪便恶臭带有血液、黏液和坏死上皮组织碎片，病猪迅速消瘦，弓腰缩腹，起立无力，极度衰弱，最后死亡或转为慢性。病程约 1 周。

2. 慢性型　病情时轻时重，表现腹泻，黏液及坏死组织碎片较多，血液较少，病期较长，进行性消瘦，生长发育不良，不少病例能自然康复，部分康复后可复发甚至死亡。病程为 1 个月以上。

【病理变化】病理变化局限于大肠、回盲结合处。大肠黏膜肿胀，并覆盖着黏液和带血块的纤维素，大肠内容物软至稀薄，并混有黏液、血液和组织碎片；当病情进一步发展时，黏膜表面坏死，形成假膜；有时黏膜上覆盖成片的薄而密集的纤维素，剥离假膜露出浅表糜烂面。其他脏器无明显病理变化。

组织学变化：在早期病例，黏膜上皮与固有层分离，微血管外露而发生灶性坏死。当病变进一步发展时，肠黏膜表层细胞坏死，黏膜完整性受到不同程度的破坏，并形成假膜。在固有层内有多量炎性细胞浸润，肠腺上皮细胞不同程度变性、萎缩和坏死。黏膜表层及腺窝内可见数量不一的猪痢疾短螺旋体，但以急性期数量较多，有时密集呈网状。病理反应局限于黏膜层，一般不超过黏膜下层，其他各层保持相对完整性。

【诊断】

1. 初步诊断　根据特征性流行规律、临床症状及病理变化等可作出初步诊断，必要时可进行实验室细菌学检查和血清学诊断。

2. 实验室诊断

（1）定性诊断　一般取急性病例的猪粪便和肠黏膜制成涂片染色，用暗视野显微镜检查，每视野见有 3～5 条短螺旋体，可以做定性诊断依据。

（2）分离鉴定　但确诊需从结肠黏膜和粪便采集样品，接种特殊培养基，分离出猪痢疾短螺旋体，并通过动物试验（可做肠致病性试验）鉴定致病性。也可用 PCR 方法进行病原体的快速鉴定。

（3）血清学方法　包括凝集试验、间接荧光抗体、被动溶血试验、ELISA 等，其中 ELISA 和凝集试验较常用，可用于猪群检疫和综合诊断。

3. 类症鉴别　本病应注意与沙门氏菌病、猪增生性肠炎、结肠炎等腹泻性疾病相鉴别，同时还应注意与猪瘟、传染性胃肠炎、猪流行性腹泻及其他胃肠道疫病相鉴别。

【防控】　本病尚无疫苗可使用，因此主要采取以药物防治、加强饲养管理等综合防制措施。严禁从疫区引进活猪，必须引进时，应隔离检疫 2 个月；加强饲养管理，保持良好的饲养环境，保持舍内外干燥；实行"全进全出"饲养制度，严格执行猪场消毒卫生制度；防鼠灭鼠，粪便及时做无害处理，饮水应消毒；发病猪场最好全群淘汰，彻底清理和消毒，空舍2～3 个月，再引进健康猪；易感猪群可选用多痢菌净、新霉素、林可霉素、泰乐菌素、泰妙菌素、杆菌肽等药物防治，结合清除粪便、消毒、干燥及隔离措施，管理好的猪场可以控制甚至净化该病。

第五单元　牛、羊的传染病

第一节　牛传染性胸膜肺炎

牛传染性胸膜肺炎又称牛肺疫，是由丝状支原体引起的一种急性或慢性、接触性传染病，以纤维素性胸膜肺炎为特征。世界动物卫生组织将此病列为 A 类传染病。我国于 1996 年宣布消灭了本病。

【流行病学】

1. 传染源　传染源主要是病牛及带菌牛，病牛康复后 15 个月、甚至 2～3 年，还具有感染性。

2. 传播途径　本病原主要经呼吸道随飞沫排出传播，也可由尿及乳汁排出，在产犊时还可由子宫渗出物中排出。

3. 易感动物　主要是牦牛、奶牛、黄牛、水牛、犏牛、驯鹿及羚羊。山羊、绵羊及骆驼在自然情况下不易感染。其他动物及人无易感性。

4. 流行特点

（1）地区分布　本病曾经在我国流行甚广。1989 年在新疆扑杀最后一头病牛后，到目前为止，除引进牛外，本地牛没有新病例报道。国际上，在非洲的肯尼亚、乌干达、马里、卢旺达、坦桑尼亚等国家，本病呈现地方性流行；在亚洲的巴基斯坦、尼泊尔以及中东地区的也门、阿联酋、沙特、科威特、黎巴嫩等，出现零星暴发。

（2）流行形式　本病一年四季均可发生，但以冬季多见。带菌牛进入易感牛群，常引起本病的急性暴发，以后转为地方流行性。饲养条件差或畜舍拥挤等因素能促进本病的发生与流行。

【症状】

1. 潜伏期　潜伏期为 2～4 周，短则 8d，长可达 4 个月。

2. 急性期　病初动物体温达 40～42℃。动物表现为呆滞、厌食、不规则反刍。长时间发生轻咳或干咳。动物衰竭或呈弓形站立，头前伸和肘外展。犊牛可见典型的呼吸道症状和关节炎，也可观察到心内膜炎和心肌炎等并发症。在非洲，牛出现典型症状时，死亡率达到 10%～70%。

3. 亚急性或慢性期　慢性病牛可能局限于轻微的咳嗽，或仅在受冷空气、冷饮刺激或运动时，发生短干咳嗽，以后咳嗽次数逐渐增多，食欲减退，反刍迟缓，泌乳减少。

【病理变化】多出现在呼吸道和关节。胸腔和肺脏的病变通常是单侧性，不同阶段炎性病变的肺脏可呈现出红色、灰白色和黄色，出现特有的大理石样外观。有时可见肺脏和胸壁粘连，胸腔和肺脏表面可见干酪样沉积物。慢性和长期病例中，肺脏发生坏死，直径达 1～10cm。另外，犊牛可发生渗出性腹膜炎、关节黏液囊炎、腕骨的蛋白性关节炎。有时可观察到颈下淋巴结肿大。

组织学变化：初期肺泡壁的微血管显著充血。肺泡上皮肿胀和脱落，肺泡内积聚浆液、红细胞与单核细胞等，呈现典型的支气管肺炎。偶尔在肺泡内有少量纤维素性渗出物，随后可见肺间质结缔组织的坏死以及后期的机化。支气管动脉的血管周围机化灶是本病的特征性病变，血管周围是以纤维细胞和新生的毛细血管为主的非特异性肉芽组织；靠近外层有一透明区，细胞成分很少，呈淡红色的蛋白性物质；外层是核崩解层或称崩解环，与坏死组织连接，由细胞崩解物质堆积而成。支气管周围的间质组织也有同样的变化，即水肿、淋巴管扩张与栓塞、坏死及机化等，坏死组织先由肉芽组织，后由纤维结缔组织代替，形成支气管周围结缔组织性套膜；在支气管外层有核崩解区，即机化灶。

【诊断】可依据流行病学、临床症状及病理变化（如典型的胸腔病变）等进行综合判断。确诊有赖于病原学和血清学检查。

1. 病原学诊断　包括支原体培养和形态学检查。

分离培养时，应在密封的液体培养基中传代，培养基中应含多种营养基质，包括葡萄糖、甘油、维生素、核苷酸、类脂化合物和脂肪酸等。盲传 2 代后再接种固体培养基，置 5%CO_2 培养箱中继续培养 72～96 h，至少进行 3 次克隆纯化。为了防止其他杂菌生长，培养基中需加抑制剂，如青霉素、醋酸铊等。纯培养的菌落在普通光学显微镜下观察时，应呈圆形煎蛋状形态，边缘整齐，中间突起。

2. 血清学诊断　最常用的是补体结合试验，是 OIE 推荐使用的血清学诊断方法，在国际贸易使用。被动血凝抑制试验方法比较实用，在筛选检查时敏感性高于补体结合试验。酶联免疫试验敏感性高且操作方便。此外还有琼脂扩散试验、间接免疫荧光、生长抑制试验、代谢抑制试验、间接血凝试验和微量凝集试验等。

3. 分子生物学诊断　主要为 PCR。可用胸腔积液作为检测样品。可利用巢式 PCR 扩增 CAP - 21 基因 0.5kb 的 DNA 片段；如果以核糖体（r）RNA 为扩增靶基因，结果更加敏感，因为在每个菌体细胞中含有大约 10^4 个拷贝的核糖体基因。

需要注意的是，有些牛虽然血清学阴性，也没有明显临床症状，但是 PCR 结果为阳性；相反，少数血清阳性的牛，PCR 却为阴性。

4. 鉴别诊断　本病应与牛支原体肺炎、牛巴氏杆菌病和牛结核相区分。牛支原体肺炎的病理变化主要集中在肺部，轻者可见肺局部肉样变，严重病例的肺广泛分布干酪样或化脓性坏死灶。牛巴氏杆菌病也称牛出败，是由多杀性巴氏杆菌（或溶血性巴氏杆菌）引起，表现为流涎、流泪，有黏液性鼻液流出；咳嗽，呼吸困难；心跳加快，运动失调；心脏、肺脏及可视黏膜、浆膜出血；血液呈暗红色，凝固不良，病牛一般在数小时至 2d 内死亡。牛结核是由牛分枝杆菌引起，表现为病程缓慢、渐进性消瘦、咳嗽和衰竭，在多种器官形成结节和肉芽肿（结核结节）。

【防控】在我国，采取的控制措施包括：检疫、隔离、扑杀病牛和对血清学阴性牛进行免疫接种。由于我国已经消灭了本病，因此，预防重点是防止病原从国外疫区传入。从国外引种时，需按照《中华人民共和国进出境动植物检疫法》进行检疫并使用牛传染性胸膜肺炎活疫苗接种。出现病牛时将病牛隔离扑杀，病死牛尸体深埋，并用 2% 来苏儿溶液或 10%～20% 石灰乳对污染场地进行消毒。

当暴发此病时，国际上通常采取的策略有两种，即屠宰所有病牛及与病牛相接触的牛，是最有效和最简单的办法，但是成本较高；第二种策略是屠宰病牛并给受威胁的牛或假定健康的牛接种疫苗。目前，世界动物卫生组织推荐使用的疫苗是 T1-44，其疫苗毒株是利用分离自坦桑尼亚的中等毒力菌株经鸡胚传 44 代后而获得。

第二节 蓝舌病

蓝舌病是由蓝舌病毒引起反刍动物的一种病毒性虫媒传染病。该病主要发生于绵羊，其临床特征主要为发热、白细胞减少，消瘦，口、鼻和胃黏膜的溃疡性炎性变化。本病最早于 1876 年发现于南非的绢羊，1906 年定名为蓝舌病，1943 年发现于牛。本病分布很广，主要广泛分布于热带、亚热带和温带的 50 多个国家和地区，很多国家均有本病存在。

【流行病学】

1. 易感动物 主要是各种反刍动物，其中绵羊最易感，不分品种、年龄和性别，尤以 1 岁左右的绵羊更易感，哺乳羔羊有一定抵抗力；牛和山羊易感性较低；野生动物中鹿和羚羊易感，其中鹿的易感性较高。

2. 传染源 主要是病畜，包括发病的绵羊和隐性感染的带毒牛等，其中病愈的绵羊血液能带毒达 4 个月之久。

3. 传播途径 主要通过库蠓传递，库蠓经吸吮带毒血液后，使病毒在其体内增殖，当再次叮咬其他健康动物时，即可引发传染；绵羊的虱蝇也能机械传播本病；公牛精液带毒可通过交配和人工授精传染给母牛；病毒可通过胎盘感染胎儿。

本病的发生与流行具有严格的季节性，多发生于湿热的夏季和早秋。该特点与传播媒介库蠓的分布、习性和生活史密切相关。

【症状】

（1）本病绵羊易发病，症状明显；山羊症状与绵羊相似，但一般较轻微；牛多呈隐性感染。

（2）该病潜伏期为 3～10d。

（3）病初体温升高可达 40.5～41.5℃，稽留 5～6d；可表现厌食，精神委顿，流涎，口唇水肿严重，可蔓延到面部及耳郭，甚至颈部和腹部；口腔黏膜充血、发绀，呈青紫色，严重者口腔连同唇、齿龈、颊和舌黏膜糜烂，吞咽困难；随病情发展，口腔溃疡部位渗出血液，唾液呈红色，口腔发臭；鼻腔流出炎性、黏性分泌物，鼻孔周围结痂，能引起呼吸困难和鼾声；有时蹄叶发生炎症，呈不同程度跛行，甚至卧地不动。病羊转归呈消瘦、衰弱，羊毛变粗变细，有的便秘和腹泻；并发肺炎和胃肠炎可致其死亡。本病程一般为 6～14d，发病率可达 30%～40%，病死率一般为2%～3%。

【病理变化】主要见于口腔、瘤胃、心脏、肌肉、皮肤和蹄部；口腔出现糜烂和深红色区，舌、齿龈、硬腭、颊黏膜和唇水肿，有的绵羊舌发绀，故有蓝舌病之称；瘤胃有暗红色区，表面有空泡变性和坏死；皮肤真皮充血、出血和水肿；心脏肌肉、心内外膜均有小点出血；肌肉出血、肌纤维呈弥散性混浊或呈云雾状，严重者呈灰色；蹄部有时有蹄叶炎变化；肺动脉基部有时可见明显出血，出血斑直径 2～15mm，一般认为其有一定的证病意义。

【诊断】根据流行病学、典型症状和病理变化可以作初步诊断。发病绵羊主要表现为发热、白细胞减少，口和唇的肿胀和糜烂，跛行，行动强直，蹄的炎症及流行季节等；牛和其他反刍动物经常是亚临床感染，须依靠实验室诊断才能确诊。

实验室确诊：采取病料进行病毒分离培养，用于病毒分离培养的理想材料是病畜的全血或组织（如脾脏等）。将采取的病料处理后可以用三种方法进行分离培养，接种易感动物绵羊、接种鸡胚和接种敏感细胞（如 BHK - 21、Vero 等）。鸡胚接种和细胞培养相结合是分离培养 BTV 较敏感的方法。我国现行 BTV 分离鉴定的方法基本程序为：病料的采集、接种鸡胚、适应 C6/36 细胞、BHK - 21 细胞自传 2～3 代、鉴定定型。应用血清学试验可以进行诊断和鉴定。血清学试验中，琼脂扩散试验、补体结合反应、免疫荧光抗体技术具有群特异性，可用于病的定性试验；而病毒中和试验（常用微量血清中和试验）具有型特异性，可用来鉴定蓝舌病毒的不同血清型。

【防控】目前尚无治疗本病的有效方法。对病羊应加强营养，精心护理，严格避免烈日风雨，给以易消化的饲料，进行对症治疗，每天用温和的消毒液冲洗口腔和蹄部。预防继发感染可用磺胺药或抗生素。非疫区一旦传入本病，应立即采取坚决措施，扑杀发病羊群和与其接触过的所有羊群及其他易感动物，并彻底消毒。在疫区，病畜或分离出病毒的阳性带毒畜应予以扑杀，应防止吸血昆虫叮咬，提倡在高地放牧和驱赶畜群回圈舍过夜，血清学阳性动物，要定期复检，限制其流动，就地饲养使用，不能留作种用。

为防止本病传入，须加强海关检疫和运输检疫，严禁从有该病的国家或地区引进牛羊或冻精。加强国内疫情监测，切实做好冷冻精液的管理工作，严防通过带毒精液传播。普遍认为预防和控制本病的关键是有效疫苗的应用。在流行地区可在每年发病季节前 1 个月接种疫苗；在新发地区可用疫苗进行紧急接种。值得注意的是，本病病原具有多型性，型与型之间无交互免疫力，因此在接种前清楚了解当地该病流行毒株的主要血清型，并选用相对应血清型的疫苗，对本病的免疫预防效果至关重要。目前所用疫苗有弱毒疫苗、灭活疫苗和亚单位疫苗等，其中以弱毒疫苗最为常用。

第三节　牛传染性鼻气管炎

牛传染性鼻气管炎又称红鼻病，是由牛传染性鼻气管炎病毒引起牛的一种接触性传染病，临床表现为上呼吸道及气管黏膜发炎、呼吸困难、流鼻液等，还可引起生殖道感染、结膜炎、脑膜炎、流产、乳腺炎等多种病型。

【流行病学】本病主要感染牛，尤以肉牛较为多见，其次是奶牛。肉用牛群发病率可高达75%，其中，20～60日龄犊牛最易感，病死率较高。病牛和带毒牛为主要传染源，常通过空气、飞沫、精液和接触传播，病毒也可通过胎盘侵入胎儿引起流产。本病毒可导致持续性感染，隐性带毒牛往往是最危险的传染源。

【症状及病理变化】本病可表现多种类型，主要有：

1. 呼吸道型　常见于较冷季节，病情轻重不等。病初高热达39.5～42℃，沉郁，拒食，有多量黏脓性鼻漏，鼻黏膜高度充血，有浅溃疡，鼻窦及鼻镜因组织高度发炎而称为红鼻子。呼吸困难，呼气中常有臭味。呼吸加快，咳嗽。有结膜炎及流泪。有时可见苇血腹泻。乳牛产乳量减少。多数病程达10d以上。发病率可达75%以上，病死率10%以下。肺脏可出现片状化脓性肺炎病变，呼吸道上皮细胞中有核内包涵体。

2. 生殖道感染型　可发生于母牛及公牛。病初发热，沉郁，无食欲，尿频，有痛感。阴道发炎充血，有黏稠无臭的黏液性分泌物，黏膜出现白色病灶、脓疱或灰色坏死膜。公牛感染后生殖道黏膜充血，严重的病例发热，包皮肿胀及水肿，阴茎上发生脓疱，病程10～14d。精液带毒。

3. 脑膜脑炎型　主要发生于犊牛，体温40℃以上，共济失调，沉郁，随后兴奋、惊厥，口吐白沫，角弓反张，磨牙，四肢划动，病程短促，多归于死亡。主要特征性病理变化是非化脓性感觉神经节炎和脑脊髓炎。

4. 眼炎型　一般无明显全身反应，有时也可伴随呼吸型一同出现。主要临床症状是结膜角膜炎，表现结膜充血、水肿或坏死。角膜轻度浑浊，眼、鼻流浆液脓性分泌物。很少引起死亡。

5. 流产型　病毒经血液循环进入胎膜、胎儿所致，胎儿感染后7～10d死亡，再经一至数天排出体外。流产胎儿肝、脾有局部坏死，有时皮肤有水肿。

【诊断】根据病史及临床症状，可初步诊断为本病。确诊本病要作病毒分离，可采取感染发热期病畜鼻腔洗涤物，流产胎儿可取其胸腔液，或用胎盘子叶。可用牛肾细胞培养分离，再用中和试验及荧光抗体来鉴定病毒。RT-PCR技术也可以用于检测病毒。间接血凝试验或ELISA可用于本病诊断或血清流行病学调查。

【防控】最重要的防控措施是严格检疫，防止引入传染源和带入病毒。抗体阳性牛实际上就是本病的带毒者，因此具有抗本病病毒抗体的任何动物都应视为危险的传染源，应采取措施对其严格管理。欧洲有的国家（如丹麦和瑞士）对抗体阳性牛采取扑杀政策，防制效果显著。我国发生本病时，应采取隔离、封锁、消毒等综合性措施，最好予以扑杀或根据具体情况逐渐将其淘汰。

目前使用的疫苗有灭活疫苗和弱毒疫苗，可以起到防御临床发病的效果，但疫苗免疫不能阻止野毒感染，也不能阻止潜伏病毒的持续性感染。因此，采用敏感的检测方法（如PCR技术）检出阳性牛并扑杀应该是目前根除本病的有效途径。

第四节　牛流行热

牛流行热又称三日热或暂时热，是由牛流行热病毒引起牛的一种急性热性传染病，其临床特征为突发高热、流泪，有泡沫样流涎，鼻漏，呼吸急促，后躯僵硬，跛行，一般呈良性经过，发病率高，病死率低。

【流行病学】本病主要侵害奶牛和黄牛，水牛较少感染。以3～5岁牛多发。母牛尤以怀孕牛发病率高于公牛，产奶量高的母牛发病率高。本病呈周期性流行，流行周期为3～5年。本病具有季节性，夏末秋初，多雨潮湿、高温季节多发。流行方式为跳跃式蔓延，即以疫区和非疫区相嵌的形式流行。本病传染力强，传播迅速，短期内可使很多牛发病，呈流行或大流行。本病发病率高，死亡率低。病牛是本病的主要传染源。吸血昆虫（蚊、蠓、蝇）是重要的传播媒介。

【症状及病理变化】按临床表现可分为三型：呼吸型、胃肠型和瘫痪型。

1. 呼吸型　分为最急性型和急性型两种。病牛主要表现为食欲减少，体温40～41℃，眼结膜潮红、流泪、结膜充血，眼睑水肿，呼吸急促，口角出现多量泡沫状黏液，精神不振，病程3～4d。严重病牛发病后数小时内死亡。

2. 胃肠型　病牛眼结膜潮红，流泪，口腔流涎及鼻流浆液性鼻液，腹式呼吸，不食，精神萎靡，体温40℃。粪便干硬，呈黄褐色，有时混有黏液，胃肠蠕动减弱，瘤胃停滞，反刍停止。还有少数病牛表现腹泻和腹痛等，病程3～4d。

3. 瘫痪型　多数体温不高，四肢关节肿胀，疼痛，卧地不起，食欲减退，肌肉颤抖，皮温不整，精神萎靡，站立则四肢特别是后躯表现僵硬，不愿移动。

本病死亡率一般不超过1%，但有些牛因跛行、瘫痪而被淘汰。

急性死亡病例主要病理变化为：咽、喉黏膜呈点状或弥漫性出血，有明显的肺间质性气肿，多在尖叶、心叶及膈叶前缘，肺高度膨隆，间质增宽，内有气泡，压迫肺呈捻发音。或肺充血与肺水肿，胸腔积有多量暗紫红色液，肺间质增宽，内有胶冻样浸润，肺切面流出大量暗紫红色液体，气管内积有多量泡沫状黏液。心内膜、心肌乳头部呈条状或点状出血，肝轻度肿大，脆弱。脾髓粥样。肩、肘、跗关节肿大，关节液增多，呈浆液性。关节液中混有块状纤维素。全身淋巴结充血、肿胀和出血。真胃、小肠和盲肠呈卡他性炎症和渗出性出血。

【诊断】本病的特点是大群发生，传播快速，有明显的季节性，发病率高、病死率低，结合病畜临床上表现的特点，可以初步诊断。但确诊本病需进行实验室检验，必要时采取病牛全血，用易感牛作交叉保护试验。病原分离应取病牛发热期的血液白细胞悬液，接种于乳仓鼠肾或肺或猴肾细胞。

血清学诊断：用中和试验、琼脂扩散试验、免疫荧光抗体技术、补体结合试验及ELISA等，都能取得良好的检测结果。

动物接种试验：采取病牛发热初期血液（收集血小板层和白细胞，做成悬液）接种于生后24h以内的乳鼠、乳仓鼠等脑内，一般接种后5～6d发病，不久死亡。取死鼠脑做成乳剂传代，传3代后可导致仓鼠100%死亡，然后进行中和试验。

【防控】预防本病主要应根据本病的流行规律，做好疫情监测和预防工作。注意环境卫生，清理牛舍周围的杂草污物，加强消毒，扑灭蚊、蠓等吸血昆虫，每周用杀虫剂喷洒一次，切断本病的传播途径。注意牛舍的通风，对牛群要防晒防暑，饲喂适口饲料，减少外界各种应激因素。发生本病时，要对病牛及时隔离、治疗，对假定健康牛及受威胁牛群可采用高免血清进行紧急预防接种。自然病例恢复后可获得2年以上的坚强免疫力。

一旦发生本病，多采取对症治疗，减轻病情，提高机体抗病力。病初可根据具体情况进行退热、强心、利尿、整肠健胃、镇静，停食时间长可适当补充生理盐水及葡萄糖溶液。用抗菌药物防止并发症和继发感染。呼吸困难者应及时输氧，也可用中药治疗。治疗时，切忌灌药，因病牛咽肌麻痹，药物易流入气管和肺里，引起异物性肺炎。

第五节　牛病毒性腹泻/黏膜病

牛病毒性腹泻/黏膜病（英文简称 BVD/MD）即牛病毒性腹泻或牛黏膜病，是由牛病毒性腹泻病毒（BVDV）引起的、主要发生于牛的一种急性、热性传染病，其临床特征为黏膜发炎、糜烂、坏死和腹泻。

【流行病学】本病可感染黄牛、水牛、牦牛、绵羊、山羊、猪、鹿及小袋鼠。各种年龄的牛对本病毒均易感，以 6～18 月龄者居多。患病动物的分泌物和排泄物中含有病毒。亚临床感染居多，康复牛可带毒 6 个月。主要通过消化道和呼吸道而感染，也可通过胎盘感染。

本病呈地方流行性，常年均可发生，但多见于冬末和春季。新疫区急性病例多，发病率通常约为 5%，病死率 90%～100%；老疫区则急性病例很少，发病率和病死率很低，而隐性感染率在 50% 以上。本病也常见于肉用牛群中，舍饲牛群发病时往往呈暴发式。

近年来，猪对本病毒的感染率日趋上升，不但增加了猪作为本病传染源的重要性，而且由于本病毒与猪瘟病毒在分类上同为瘟病毒属，有共同的抗原关系，使猪瘟的防治工作变得更加复杂。

【症状】急性者突然发病，体温升至 40～42℃，持续 4～7d，有的可发生第二次升高。随体温升高，白细胞减少，持续 1～6d。继而又有白细胞微量增多，有的可发生第二次白细胞减少。病畜精神沉郁，厌食，鼻、眼有浆液性分泌物，2～3d 内可能有鼻镜及口腔黏膜表面糜烂，舌面上皮坏死，流涎增多，呼气恶臭。通常在口内损害之后常发生严重腹泻，开始水泻，以后带有黏液和血。急性病例恢复的少见，通常死于发病后 1～2 周，少数病程可拖延 1 个月。

慢性病牛很少有明显的发热症状，主要表现为鼻镜上的糜烂，此种糜烂可在全鼻镜上连成一片。眼常有浆液性分泌物。蹄叶炎及趾间皮肤糜烂坏死、跛行。淋巴结不肿大。大多数患牛均死于 2～6 个月内，也有些可拖延到 1 年以上。

母牛在妊娠期感染常发生流产，或产下先天性缺陷犊牛。最常见的缺陷是小脑发育不全。患犊可能只呈现轻度共济失调或不能站立。

【病理变化】鼻镜、鼻腔黏膜、齿龈、上腭、舌面两侧及颊部黏膜有糜烂及浅溃疡，严重病例在咽喉黏膜有溃疡及弥散性坏死。特征性损害是食道黏膜糜烂，呈大小不等形状与直线排列。瘤胃黏膜偶见出血和糜烂，第四胃炎性水肿和糜烂。肠壁因水肿增厚，肠淋巴结肿大。蹄部趾间皮肤及全蹄冠有糜烂、溃疡和坏死。

【诊断】在本病严重暴发流行时，可根据其发病史、临床症状及病理变化初步诊断，最后确诊需依赖病毒的分离鉴定及血清学检查。

1. 病原学鉴定　病毒的分离应于病牛急性发热期间采取血液、尿、鼻液或眼分泌物，采取脾、骨髓、肠系膜淋巴结等病料，人工感染易感犊牛或乳兔来分离病毒；也可用牛胎肾、牛睾丸细胞分离病毒。RT-PCR 方法可用于检测器官、组织、培养细胞中的病毒。

2. 血清学试验　主要包括 ELISA、血清中和试验、免疫荧光技术、琼脂扩散试验等，可用于检测血清抗体和 BVDV 抗原。

【防控】本病尚无有效的疗法。应用收敛剂和补液疗法可缩短恢复期，减少损失。用抗生素和磺胺类药物，可减少继发性细菌感染。平时预防要加强口岸检疫，防止引入带毒牛、羊和猪。国内在进行牛只调拨或交易时，要加强检疫，防止本病的扩大或蔓延。

第六节　小反刍兽疫

小反刍兽疫是由小反刍兽疫病毒引起小反刍动物的一种急性接触性传染性疾病。世界动物卫生组织将该病定为 A 类疾病。其特征是发病急剧、高热稽留、眼鼻分泌物增加、口腔糜烂、腹泻和肺炎。本病毒主要感染绵羊和山羊。

【流行病学】自然发病主要见于绵羊、山羊、羚羊、美国白尾鹿等小反刍动物，但山羊发病时比较严重。牛、猪等可以感染，但通常为亚临床经过。该病的传染源主要为患病动物和隐性感染者，处于亚临床状态的羊尤为危险，通过其分泌物和排泄物可经直接接触或呼吸道飞沫传染。在易感动物群中该病的发病率可达 100%，严重暴发时致死率为 100%，中度暴发时致死率达 50%。但是在该病的老疫区，常常为零星发生，只有在易感动物增加时才可发生流行。

【症状】患病动物发病急剧、高热 41℃以上，稽留 3～5d；初期精神沉郁，食欲减退，鼻镜干燥，口、鼻腔流黏脓性分泌物，呼出恶臭气体。口腔黏膜和齿龈充血，进一步发展为颊黏膜出现广泛性损害，导致涎液大量分泌排出；随后黏膜出现坏死性病灶，感染部位包括下唇、下齿龈等处，严重病例可见坏死病灶波及齿龈、腭、颊部及其乳头、舌等处。后期常出现带血的水样腹泻，病羊严重脱水，消瘦，并常有咳嗽、胸部啰音以及腹式呼吸的表现。死前体温下降。

【病理变化】尸体病变可见结膜炎、坏死性口炎等肉眼病变，严重病例可蔓延到硬腭及咽喉部。瘤胃、网胃、瓣胃很少出现病变，皱胃则常出现糜烂病灶，其创面出血呈红色。肠道有糜烂或出血变化，特别在结肠和直肠结合处常常能发现特征性的线状出血或斑马样条纹。淋巴结肿大，脾有坏死性病变。在鼻甲、喉、气管等处有出血斑。

【诊断】根据本病的流行规律、临床表现和病理变化可作出初步诊断，确诊需要进行实验室检查。实验室诊断通常包括病毒分离鉴定和血清学试验。病毒分离鉴定可用棉拭子采集活体动物的眼结膜分泌物、鼻腔分泌物、颊及直肠黏膜，或病死动物的脏器如肠系膜淋巴结、支气管淋巴结、脾脏、大肠和肺脏等病料接种适当的细胞，当细胞培养物出现病变或形成合胞体时，表明病料样品中存在病毒，然后用血清学方法或 PCR 方法鉴定。

鉴别诊断：该病应与牛瘟进行区别，小反刍兽疫可引起山羊和绵羊临床症状，但被感染的牛不表现症状，因此仅限绵羊和山羊发病时应首先怀疑为小反刍兽疫。

【防控】该病的危害相当严重，无特效的治疗方法。一旦发生，立即扑杀，销毁处理。受威胁地区可通过接种牛瘟弱毒疫苗建立免疫带，防止该病传入国内。

第七节　绵羊痘和山羊痘

绵羊痘和山羊痘是由痘病毒引起的一种急性、热性共患性传染病。绵羊痘是各种动物痘病中危害最严重的一种急性热性接触性传染病。临床特征是在病羊的皮肤和黏膜上发生特异性的痘疹。绵羊痘和山羊痘是世界动物卫生组织规定的 A 类疾病。

【流行病学】在自然情况下，绵羊痘病毒主要感染绵羊；山羊痘病毒则可感染绵羊和山羊并引起绵羊和山羊的恶性痘病。不同地区的流行是由不同毒株所引起，敏感的绵羊和山羊呈现特征性的临床表现，容易与其他疫病相区别，其中以细毛羊、羔羊最易感，病死率高。妊娠母羊感染时常常引起流产，但本土动物的发病率和病死率较低，主要感染从外地引进的绵羊和山羊新品种，对养羊业的发展影响极大。该病主要通过呼吸道感染，也可通过损伤的皮肤或黏膜侵入机体。饲养管理人员、护理用具、皮毛产品、饲料、垫草、外寄生虫以及吸血昆虫等都可成为该病的传播媒介。

【症状及病理变化】典型性病羊可表现为体温升高达 41~42℃，结膜潮红，鼻孔流出浆液、黏液或脓性分泌物。1~4d 后出现本病特征性症状和病变，即多在眼周围、唇、鼻、颊、四肢、尾内面及阴唇、乳旁、阴囊和包皮上形成痘疹。最初局部皮肤出现红斑，1~2d 后形成丘疹并突出于表面，随后丘疹逐渐扩大，变成灰白色或淡红色的隆起结节；结节在几天之内转变成水疱，水疱内容物起初为透明液体，后变成脓性。如果无继发感染则局部病变在几天内干燥成棕色痂块，此痂块脱落后留下红斑，随着时间的推移，该红斑逐渐变淡。病羊的前胃或第四胃黏膜上也常出现大小不等的结节、糜烂或溃疡，有时发现咽部和支气管黏膜表面亦有痘疹。

【诊断】典型病例根据其临床症状、病理变化和流行特点可做出初步诊断。确诊可通过病料样品的分离培养、荧光抗本检测或电镜观察进行病原学检测。

【防控】发病后对病羊及其同群羊及时扑杀销毁，并对污染场所进行严格消毒，防止病毒扩散；周围未发病羊只或受威胁羊群用羊痘鸡胚化弱毒疫苗进行紧急接种，所有羊一律尾部或股内侧皮内注射疫苗 0.5mL，4~6d 后可产生坚强免疫力，免疫期可达 1 年。疫区内羊群每年定期进行预防接种。平时加强饲养管理，抓好秋膘，特别是冬春季适当补饲，注意防寒过冬。

第八节　山羊关节炎-脑炎

山羊关节炎-脑炎是由山羊关节炎-脑炎病毒引起的以成年羊呈慢性多发性关节炎间或伴发间质性乳腺炎，羔羊呈脑脊髓炎为临床特征的传染病。

【流行病学】

（1）本病病原为山羊关节炎-脑炎病毒（caprine arthriis-encephalitis virus，CAV），属于反转录病毒科慢病毒属。

（2）在自然条件下，本病只在山羊间相互传染，绵羊不感染；试验动物感染后不发病，人工接种该病毒对绵羊有一定致病性。山羊发病无年龄、性别、品系间的差异，但以成年山羊感染居多。

（3）患病山羊和隐形感染羊是本病的主要传染源。

（4）本病的传播途径是以消化道传播为主，羊群通过误食被污染的饲草、饲料、饮水等而患病。该病毒也可经乳汁感染羔羊，也可通过生殖道感染而垂直传播。

（5）自然感染本病的山羊多表现为隐性感染状态，临床症状不明显，只有通过血清学检查才能发现，在应激因素刺激下，则会出现临床症状。

（6）本病的流行常呈地方流行性。

【症状及病理变化】多数山羊感染后不表现临床症状，但终生带毒，并具有传染性。如感染后有临床症状，主要表现为三型：脑脊髓炎型、关节炎型和间质性肺炎型。

1. 脑脊髓炎型　潜伏期53～131d。主要发生于2～4月龄羔羊。有明显的季节性，80%以上的病例发生于3—8月，与晚冬和春季产羔有关。病初病羊精神沉郁、跛行，进而四肢强直或共济失调，一肢或数肢麻痹，横卧不起，四肢划动。有的病例眼球震颤、惊恐、角弓反张，头颈歪斜或做圆圈运动，有时面神经麻痹，吞咽困难或双目失明。病程半月至1年。个别耐过病例留有后遗症。少数病例兼有肺炎或关节炎症状。

2. 关节炎型　发生于1岁以上的成年山羊，病程1～3年。典型临床症状是腕关节肿大和跛行。膝关节和跗关节也有症状。病情逐渐加重或突然发生。开始关节周围的软组织水肿、温热、波动、疼痛，有轻重不一的跛行，进而关节肿大如拳，活动不便，常见前肢跪行。有时病羊颈浅淋巴结肿大。透视检查，轻型病例关节周围软组织水肿；重症病例软组织坏死、纤维化或钙化，关节液呈黄色或粉红色。

3. 间质性肺炎型　较少见。无年龄限制，病程3～6个月。患羊进行性消瘦，咳嗽，呼吸困难，胸部叩诊有浊音，听诊有湿啰音。

除上述三种主要病型外，哺乳母羊有时发生间质性乳腺炎。母羊分娩后乳房坚硬，肿胀、无乳，有的山羊乳房随着时间的推移能变软，大部分病羊的产奶量终生处于较低水平。

本病的病变特点主要见于中枢神经系统、四肢关节及肺脏，其次是乳腺。小脑和脊髓的灰质有淋巴样细胞、单核细胞和网状纤维增生，形成管套，管套周围有胶质细胞增生包围，神经纤维不同程度脱髓鞘；肺脏有轻度肿大，质地硬，呈灰色，表面散在灰白色小点，切面有大叶或斑块状实变区。支气管淋巴结和纵隔淋巴结肿大，支气管空虚或充满浆液及黏液；关节周围软组织肿胀波动，皮下浆液渗出。关节囊肥厚，滑膜与关节软骨常覆有黏液。关节腔扩张，充满黄色、粉红色液体，其中悬浮纤维蛋白条索或淤血块。滑膜表面光滑，或有结节状增生物。透过滑膜可见到组织中钙化斑。镜检见滑膜绒毛增生折叠，淋巴细胞、浆细胞及单核细胞灶状聚集，严重者发生纤维素性坏死；肾脏表面有直径1～2mm的灰白小点，镜检可见广泛性的肾小球肾炎。乳腺镜检可见血管、乳导管周围及腺叶间有大量淋巴细胞、单核细胞渗出，间质常发生灶状坏死。

【诊断】依据病史、临床症状和病理变化可做出初步诊断，确诊需要进行病毒分离鉴定和血清学试验。

1. 病毒分离　对典型病例，用注射器抽取关节液，死亡动物应无菌打开关节，采取关节软骨和骨膜细胞样品。将所采取的样品接种山羊滑液膜、软骨细胞或山羊的脉络丛、胎儿睾丸或角膜等细胞进行培养，每2～4周进行反复传代，直到出现多形核白细胞和合胞体时为止。

2. 病毒抗原鉴定　可用琼脂免疫扩散试验、酶联免疫吸附试验和直接免疫荧光试验检测病毒抗原，出现阳性时可确诊。或用电镜观察病毒粒子，该病毒粒子在电镜下呈球形，直径80～100nm。

3. 病毒核酸检测　可以用已建立的RT-PCR方法，检测细胞培养物或山羊外周血细胞中的病毒RNA，同时设立严格的对照，可以防止产生假阳性反应。

4. 血清学试验　最广泛应用的血清学试验有琼脂免疫扩散试验、酶联免疫吸附试验（ELISA）和免疫印迹试验，而我国多用免疫印迹试验。

【防控】本病目前尚无有效治疗方法和预防疫苗，当前主要是通过加强饲养管理和采取综合性措施进行防制。加强进口检疫，禁止从疫区（疫场）引进种羊；引进种羊前，应先做血清学检查，运回后隔离观察 1 年，其间再做 2 次血清学检查（间隔半年），均为阴性才可混群。对感染羊群应采取检疫、扑杀、隔离、消毒和培养健康羔羊群的方法进行净化。即每年对超过 2 月龄的山羊全部进行 1～2 次血清学检查，对检出的阳性羊一律扑杀、淘汰并做无害化处理。在全部羊只间隔半年至少连续 2 次血清学检测呈阴性时，方可认为该羊群已净化。

第九节　山羊传染性胸膜肺炎

山羊传染性胸膜肺炎（contagious caprine pleuropneumonia，CCPP）又名山羊支原体肺炎，俗称烂肺病，是由丝状支原体山羊亚种、山羊支原体山羊肺炎亚种等引起山羊的一种特有的高度接触性传染病，以急性纤维素性胸膜肺炎为特征，临床主要表现为高热、咳嗽、呼吸困难、流产等。

【流行病学】本病在自然条件下一般见于山羊，尤其是奶山羊，以 3 岁以下的山羊最易感。妊娠母羊的病死率较一般羊高。病羊通过支气管分泌物排出病原体，为主要传染源。耐过病羊的肺组织在病愈后一段时间内仍有病原存在。

本病主要通过空气飞沫经呼吸道传染，也可经接触传播。一年四季均可发生，多发于冬春季节，常呈地方流行性。阴冷潮湿、气候骤变、营养缺乏、圈舍拥挤等不良因素均可促使本病的发生与流行。本病发病率可达 30%，病死率可高达 60%以上。新疫区暴发本病时几乎都是由引进病羊或带菌羊所致，发病后传播迅速，20d 左右可波及全群。

【症状】本病潜伏期为 3～6d，长的可达 20～30d。根据发病表现可分为三个型。

1. 最急性型　病初病羊高热，体温可达 41～43℃，精神萎靡，食欲废绝。咳嗽且逐渐加剧，呼吸困难，有的发出痛苦的咩叫。数小时后呈现肺炎症状，呼吸困难、咳嗽，流浆液性带血鼻液。在 12～36h 内，因渗出物充满肺部并进入胸腔，病羊可视黏膜充血、发绀，卧地不起，四肢伸直，呼吸极度困难，不久窒息死亡。病程多为 1～3d，个别病例为12～24h。

2. 急性型　此型较多见，病初羊体温升高，食欲减退，呆立一隅，很快出现短促的湿咳，流浆液性鼻液。4～5d 后湿咳转为痛苦的干咳，并流铁锈色黏性或脓性鼻液。多数病例一侧胸及胸膜发生浆液性和纤维素性炎症，按压时疼痛敏感。肺部叩诊呈浊音或实音，叩诊肋部疼痛敏感。听诊肺泡音减弱、消失（叩诊浊音区）或有啰音和胸膜摩擦音。病羊高热稽留，食欲大减，呼吸极度困难（头颈伸直，腰背拱起），眼睑肿胀，流泪或有眼分泌物，口流泡沫状唾液。口腔糜烂。唇、乳房出现丘疹。患病孕羊多数（60%～80%）流产。病末期发生胃肠炎，伴有出血性腹泻。羊临死前体温可降至常温以下，病死率可达 80%。病程多为 5～7d，有的可达 15～30d。幸存者转为慢性。

3. 慢性型　主要见于夏季。病羊全身症状轻微，体温高达 40℃左右。鼻液时有时无，有时可见咳嗽或腹泻症状，极度衰弱。奶羊常见乳腺炎、败血症、关节炎及肺炎等症状。易复发或发生并发症而导致死亡。

【病理变化】病变限于胸腔，多为单侧。肺表面不平，呈现大小不等的肝变区，切面呈红色或暗红色，也有中间为灰色、灰红色，如大理石外观，流出带血液和大量泡沫的褐色液体。肺子叶间组织增宽，子叶界限明显，支气管扩张，血管内有血栓形成。肋胸膜增厚，覆有粗糙的黄白色纤维素。肺胸膜、肋胸膜、心包相互粘连。纵隔淋巴结和肺门淋巴结肿大。肝脏、胆囊、脾脏及肾脏肿大。病程较长的肺肝变区机化，结缔组织增生。心包积液，心肌松弛变软。胸腔内积液量大，多的可达 2 000mL，淡黄色，暴露于空气中易凝集成胶冻样。

【诊断】根据流行病学特点、发病症状和特征性病理变化可做出初步诊断。必要时需进行实验室诊断（细菌分离鉴定和血清学检查），并注意与临床特点相近的一些疾病相鉴别。

1. 实验室诊断

（1）病原学检查 取肺的病变部位、胸水、肺门淋巴结或纵隔淋巴结做涂片染色镜检；可将病料接种于含 10% 马血清的琼脂培养基中，对病原作分离培养和鉴定。用病料或培养物接种家兔或小鼠，常不引起发病。

（2）血清学检查 常用的方法有补体结合试验（是本病最有诊断价值的方法，多用于检测慢性病例，特异性高，但灵敏度较低）、间接血凝试验、乳胶凝集试验和 ELISA 等。

（3）分子生物学诊断 可取肺组织和胸水等材料，用 PCR 等方法鉴定病原。

2. 鉴别诊断

（1）羊肺炎链球菌病 绵羊亦发病，死前表现磨牙、抽搐等症状。病理剖检见脾脏肿大。病料涂片镜检见革兰氏阳性双球形并有明显荚膜 3～5 个相连的链球菌。

（2）羊巴氏杆菌病 病羊高热（41～42℃），呼吸困难，急性死亡，颈胸部皮下浆液性浸润和点状出血水肿，触之无捻发音。大叶性肺炎和全身性出血性败血症变化，肺脏见黄豆或胡桃大小化脓灶。脾不肿大。病料涂片瑞氏染色镜检见两极着色的小球杆菌，革兰氏染色阴性。

（3）山羊传染性无乳症 本病的肺炎型很少，病山羊以乳腺炎、关节炎及眼角膜炎为主要特征。绵羊也感染发病。

【防控】

1. 预防 ①从外地购入羊只时，应隔离观察 30d，证明健康方可并群。②发生本病时应严格执行检疫、隔离、封锁、消毒、治疗和疫苗接种等综合防制措施。③发病后要划定疫区进行封锁，封锁期间严禁山羊出入，疫病停止后经 2 个月方可解除封锁。④疫苗接种可选择山羊传染性胸膜肺炎氢氧化铝菌苗，6 月龄以下山羊皮下或肌内注射 3mL，6 月龄以上注射 5mL。疫苗注射 14d 后产生免疫抗体，保护期为 1 年。⑤病羊在隔离治疗过程中须加强饲养管理，如保暖、通风、供给优质饲料。

2. 治疗 可选用大环内酯类（替米考星、泰乐菌素、红霉素、罗红霉素等）或四环素类（多西环素、四环素、土霉素等）抗菌药。新胂凡纳明（914）亦有效。

第十节　羊传染性脓疱皮炎

羊传染性脓疱皮炎又称羊传染性脓疱，俗称羊口疮，是一种由传染性脓疱病毒引起的急性、接触性传染病。主要侵害幼羊和羔羊，以口唇等处皮肤和黏膜形成丘疹、脓疱、溃疡和结成疣状厚痂为特征。

【流行病学】本病绵羊、山羊最易感，尤以羔羊和 3～6 月龄幼羊更敏感。成年羊不易感，发病较少，但其易感性不存在性别和品种间的差异。

病羊和带毒羊是传染源。病羊唾液和病痂含大量病毒，被污染的饮水、饲料、圈舍、用具和牧场可成为传播媒介。

本病主要通过传播媒介间接传染，幼羊或羔羊在皮肤或黏膜有损伤的情况下易感染此病。

本病多发生于秋季，常散发或呈地方性流行。

【症状及病理变化】本病潜伏期人工感染 2～7d，自然感染 4～7d，在临床上分为三型，也偶有混合型发生。

1. 唇型 口角、鼻镜上发生散在的小红斑，变成黄豆粒或花生米大小的小结节，依次变成水疱、脓疱、结痂。口角形成增生性桑葚状痂垢（花椰菜状），不断地干燥，结痂可于 10～14d 脱落，受损的皮肤则需数天后恢复正常。重症见唇部肿胀，因丘疹不断产生，水疱、脓疱和结痂相互不断融合，可波及唇周围、颜面、耳郭等部，形成大面积龟裂，可见出血和不洁痂皮，皮下肉芽增生。下颌部发生水肿，可影响正常采食。病羊无腹泻症状。此期可继发细菌（如坏死杆菌、化脓棒状杆菌或巴氏杆菌等）感染，使病情加重，病羊多因衰竭或败血症死亡。剖检见肺、肝、乳房中发生转移性病灶，瘤胃黏膜也可见结节、糜烂和溃疡。

2. 蹄型 只侵害绵羊，一般只发生于一足，在蹄叉、蹄冠或系部皮肤上形成水疱或脓疱，常继发化脓性感染，破裂后有脓性分泌物覆盖在溃疡面上。病羊跛行喜卧，不能站立，长期卧地，严重者衰弱或因败血症死亡。

3. 外阴型 少见，在雌雄动物外阴或乳房皮肤形成脓疱或溃疡，外阴常肿胀，流黏性或脓性阴道分泌物。公羊阴茎肿胀，与阴茎鞘口的皮肤上和阴茎上产生小脓疱及破裂后的溃疡。单纯的外阴型病例很少死亡。

4. 混合型 很少见，除上述变化外，少数山羊还可见结膜炎变化，重症可致失明。

【诊断】

1. 现场诊断 依据流行病学、临床症状和病羊口角的增生性桑葚状痂垢可做出初步诊断，确诊或进行鉴别诊断时需要进行实验室诊断。

2. 实验室诊断

（1）电镜观察 取唇部病变皮肤，以 2.5% 戊二醛固定后加工脱水，树脂包埋，超薄切片，在电子显微镜下观察。在上皮细胞的胞质内可见到散在的、形如痘病毒的颗粒，大小约为 290nm×160nm。也可直接取水疱、脓疱液直接负染后电镜观察。

（2）动物试验 将病料制成乳剂，在健康小羊唇部划线接种，3～5d 可形成脓疱，并在患部细胞质内见到包涵体。

（3）血清学检查 诊断本病的血清学方法有补体结合试验、琼脂扩散试验、反向间接血凝试验、酶联免疫吸附试验、免疫荧光试验和变态反应等。

3. 鉴别诊断 主要与以下疾病相区别。

（1）口蹄疫 是一种高度接触性传播迅速的传染病，多见于较寒冷季节，猪、牛、羊都可感染。病羊体温可升高，主要在口腔黏膜、蹄部和乳房发生水疱和烂斑。剖检有时可见特征性的"虎斑心"病理变化。

（2）羊痘 病羊出现全身性的丘疹，体温升高，全身反应严重。丘疹结节为扁平圆形，凸出表面，界限明显，后呈脐状。剖检特征性病变在咽喉、气管和肺等部位出现痘疹。消化道（嘴唇、食管及胃肠）黏膜上出现扁平的灰白色痘疹。

（3）蓝舌病 以颊黏膜和胃肠道黏膜严重卡他性炎症为主，乳房和蹄冠等部位发生病变，但不发生水疱。有严重的全身反应，病死率高。因由库蠓传播，其发生具有明显的季节性。肺动脉和主动脉基底明显出血为其特征病变。

（4）坏死杆菌病 主要表现组织坏死，而无水疱、脓疱病变，也无增生性的疣状物出现。在感染的皮肤及皮下组织形成化脓性空腔，在口腔部位感染的为坏死性口炎（白喉），在蹄部的为腐蹄病。体温不高，全身症状不重。脓液污秽、恶臭。有的在内脏形成转移性的干酪样坏死灶。

【防控】

1. 预防

（1）加强饲养管理，保护黏膜、皮肤，防止发生损伤。如注意补充微量元素和食盐，避免羊只啃墙啃土，拣出饲料或垫草中的芒刺和硬物。

（2）禁止从疫区购入活畜或产品。购入的种羊应隔离检疫2～3周。

（3）发病时应对全群羊进行检疫，隔离治疗发病羊，淘汰重症病羊。用2%氢氧化钠或10%石灰乳彻底消毒畜舍、工具、垫草和环境。用高效季铵盐类消毒剂消毒畜体。

（4）在本病流行地区，用羊传染性脓疱活疫苗定期进行免疫接种。羔羊在15日龄以上进行第一次接种，1～2个月后加强免疫一次。发病时可用该疫苗进行紧急接种。

2. 治疗 治疗本病要同时重视局部处理和全身给药。

（1）局部处理

①唇型或外阴部病变处理。可先用清水、0.1%～0.2%高锰酸钾或食醋反复清洗创面，再涂布（抹）2%龙胆紫、碘甘油、1%～2%明矾溶液、冰硼散或抗生素软膏（如红霉素、四环素、金霉素、林可霉素等），每天1～2次。

②蹄型病变处理。可将病蹄浸泡在5%福尔马林中1min，必要时每周1次，连用3次；也可涂擦3%龙胆紫或10%硫酸锌酒精溶液，2～3d一次；或用3%来苏儿清洗，再涂抹松馏油、鱼石脂软膏或抗生素软膏，用绷带包扎，2～3d一次。

③乳房病变处理。可用2%～3%硼酸或肥皂水冲洗，再涂抹抗生素软膏或氧化锌鱼肝油软膏，每天1～2次。

（2）全身给药 严重的病羊应行全身抗感染给药。

①血清治疗。肌内或皮下注射康复羊血清或全血，治疗量为每千克体重1～2mL。预防量为大羊每次10～20mL，小羊每次5～10mL。必要时可在1～3d后重复一次。

②防止继发细菌感染。可选用青霉素、庆大霉素或链霉素、头孢噻呋、磺胺嘧啶钠等抗菌药物，连用3～5d。

③提高机体抵抗力。可选用黄芪多糖、左旋咪唑或/和维生素C。

④抗炎。全身症状（如下颌水肿、呼吸困难等）重者，可选用地塞米松等糖皮质激素类药物。

⑤中药治疗。处方：贯众15g，木通、桔梗、荆芥、连翘、大黄各12g，甘草、赤芍、花粉、丹皮各10g，生地7g，共研为末，加蜂蜜150g为引，用开水冲，降温灌服。

第十一节　坏死杆菌病

坏死杆菌病（Necrobacillcsis）是由坏死梭杆菌引起的多种畜禽和野生动物共患的一种慢性传染病。其特征是口腔黏膜、体表皮肤、皮下组织发生坏死性炎症，常可转移到内脏器官形成转移性坏死灶。本病因动物种类、年龄和病原侵害部位不同而名称各异。犊牛感染坏死杆菌常发生坏死性口炎，亦称犊白喉；成年牛、绵羊和山羊感染本菌则常发生坏死性蹄炎，又称腐蹄病。

【流行病学】坏死杆菌在自然界分布广泛，健康草食家畜胃肠道中常有本菌存在，牛羊等多种家畜和野生动物对本病易感，禽易感性较小，实验动物中兔、小鼠易感，豚鼠次之。患病和带菌动物是本病的主要传染源，通常经损伤的皮肤和黏膜感染，本病原常为继发感染菌。新生动物可经脐带感染。本病多发生于低洼潮湿地区，常发于炎热、多雨季节，一般呈散发或地方流行性。卫生条件差、圈舍污秽、泥泞、饲养密度大、易造成家畜蹄部损伤的因素及吸血昆虫叮咬等都可诱发或促使本病发生发展。

【症状及病理变化】本病潜伏期为数小时至1～2周。本病因家畜受侵害组织和部位不同而有不同的名称。

1. 牛坏死杆菌病　以坏死性口炎和坏死性蹄炎为特征，前者常见于犊牛，后者多见于成年牛。

（1）坏死性口炎　又称犊白喉，潜伏期为4～7d。病牛体温可达41℃，精神沉郁，食欲减退，流鼻液，流涎和腹泻。其特征性症状可见颊部、舌、齿龈、硬腭等部位口腔黏膜发生坏死，出现糜烂或溃疡，表面覆盖有灰黄色或灰白色坏死组织（假膜）。假膜脱落后露出鲜红色的粗糙糜烂面或溃疡面。如果坏死发生在咽喉部，则可引起吞咽和呼吸困难。剖检还可在鼻腔、咽喉部、气管发现坏死灶。有的病例可在肝脏、肺脏发现转移性的坏死灶，针头至豌豆大小不等，质地较硬，外围有红晕，常凸出于脏器表面。

（2）坏死性蹄炎　病菌侵害蹄部，发生腐烂，故又称"腐蹄病"。病初蹄冠、趾间和蹄踵肿胀、发热、疼痛，之后坏死、溃烂，病畜跛行。坏死还可蔓延至腕关节至跗关节之间。严重者蹄匣脱落，病牛卧地不起。坏死灶内可见黄色恶臭脓汁。严重病例可因继发败血症死亡。剖检在肝脏、肺脏和前胃可见转移性坏死灶。此外，分娩母牛可发生坏死性子宫炎。

2. 羊坏死杆菌病　羊发病症状及病变特征与牛基本相同，但蹄部感染更为常见，绵羊发病多于山羊。

（1）坏死性口炎　多见于羔羊，亦称坏死性喉炎或羔羊白喉，常发生于生齿期。病初羊体温升高，有鼻漏和流涎，气喘。口腔黏膜红肿，在齿龈、上腭、喉头、颊及咽后壁黏膜发生坏死，可见粗糙、污秽的灰褐色或灰白色假膜。撕去假膜后露出易出血、不规则的溃疡面。病变发生在咽喉部时，表现颌下水肿、呕吐、不能吞咽，严重的呼吸困难。此病轻症者可很快恢复，重者往往因发生内脏转移性坏死灶而死亡。病程4～5d，有的可拖延2～3周。

（2）腐蹄病　羊病初跛行，病肢不敢负重，喜卧地，严重者有全身症状。叩击蹄壳或用力按压患部疼痛敏感。清理蹄底时，可见小孔或创洞，内有腐烂角质和乌黑臭水。在趾间、蹄踵和蹄冠部发生红肿热痛，随后发生坏死，形成溃疡，溃烂处流出恶臭脓液。感染向深部扩散时，可波及腱、韧带、关节和骨骼，造成蹄匣或趾端脱落。病羊卧地不起，全身症状如恶化可发展为脓毒败血症死亡。剖检可在其他脏器发现转移性坏死灶，尤其是肝脏的凝固性坏死病变（形成干酪样坏死灶）甚为典型。

坏死杆菌还可引起羊的坏死性皮炎、坏死性肠炎和坏死性鼻炎，但均不及羊腐蹄病常见。

【诊断】

1. 临床诊断　根据本病肢蹄部皮肤和口腔黏膜坏死性炎症为主，坏死组织有特殊臭味、病变及机能障碍，结合流行病学特点可做出初步诊断。确诊需要进行实验室诊断。

2. 实验室检查

（1）涂片镜检　皮肤坏死者可刮取病健交界处组织，口腔黏膜可取黏膜覆盖物及唾液，直接涂片，固定后以石炭酸-复红或碱性美蓝染色后，镜检见着色不均匀、佛珠状的长丝状菌体即为坏死杆菌。

（2）细菌分离培养　坏死杆菌严格厌氧，可从病死家畜的肝、脾等内脏病变部位采集病料。若需从皮肤坏死处分离细菌，则应从病健交界处采取病料接种于兔或小鼠皮下，然后从死后的实验动物脏器病变处采集病料，结合动物试验，进行细菌分离培养鉴定。

【防控】

1. 预防　避免皮肤、黏膜损伤。及时外科处理创伤。及时清理粪尿，保持畜舍、环境、用具的清洁与干燥。注意护蹄，防止拥挤、顶伤，不在泥泞、潮湿地区放牧。在多雨或长途运输时要及时检查，发现外伤及时处理。

2. 治疗　发病后要加强饲养管理，做好护理工作，保持蹄部清洁卫生，适当补充精料及干草。

（1）腐蹄病　对患病蹄肢按外科治疗原则进行。

（2）坏死性口炎　除去口腔内的假膜再用 0.1% 高锰酸钾冲洗，然后外用碘甘油或撒布冰硼散（配方：冰片 15g、朱砂 18g、元明粉 150g，研末即成），每天 2 次，直至痊愈。

（3）全身抗感染给药　如果发生转移性病灶，应全身使用抗菌药物。治疗坏死杆菌的有效抗菌药物为磺胺类（尤其是增效磺胺）、四环素类（多西环素、四环素、金霉素等）、氟苯尼考和螺旋霉素等。治疗的同时注意根据病情对症治疗，可提高治愈率。

第六单元　马的传染病

第一节　马传染性贫血

马传染性贫血简称马传贫，是由马传染性贫血病毒引起的马属动物的一种传染病，临床特征是发热、贫血、出血、黄疸、心脏衰弱、浮肿和消瘦等，并反复发作，发热期（有热期）临床症状明显。

【流行病学】只有马属动物易感，其中马的易感性最强，无品种、年龄、性别差异。发热期的病马，其血液和脏器中含有多量病毒，其分泌物和排泄物可散播病毒。慢性和隐性病马长期带毒，是危险的传染源。本病主要通过吸血昆虫（虻、蚊、蠓等）的叮咬而机械性传染，也可经消化道、交配、污染的器械等传染。此外，也可通过胎盘垂直传染。本病有明显季节性，多发生在7—9月。

【症状及病理变化】临床上表现为急性、亚急性和慢性，其共同临床症状为：发热主要表现为稽留热和间歇热，也有不规则热型。除体温升高外，有时还出现温差倒转现象（上午体温高，下午体温低），特别是慢性型病马更为明显。

1. 临床症状　主要有：①贫血、黄疸及出血，发热初期，可视黏膜潮红，充血及轻度黄染。随着病程的发展，贫血逐渐加重，可视黏膜也随之变为黄白至苍白。舌下、眼结膜、鼻翼黏膜、齿龈、阴道黏膜有出血点。②心脏机能紊乱，表现心搏动亢进，第一心音增强，混浊或心音分裂，心律不齐，缩期杂音。脉搏增数、减弱，每分钟达60～100次以上。③四肢下部、胸前、腹下、包皮、阴囊等处浮肿。④全身状态，病马精神沉郁，低头耷耳，站立不动，食欲减少，逐渐消瘦，容易疲劳和出汗，后躯无力，运步时左右摇晃，步样不稳。

2. 血液学变化　主要表现为：①红细胞数减少、血红蛋白量降低、血沉速度加快，病程初期变化不大，此后红细胞数显著减少，常低于500万个/mm³。血红蛋白量常减少到40%以下。血液稀薄，血沉显著加快。②白细胞数和白细胞象发生变化，发热中后期，白细胞数常低至4 000～5 000个/mm³。淋巴细胞比例增多，成年马、驴可达50%以上。1～2岁幼驹可达70%以上。单核细胞增加，中性粒细胞相对减少至20%左右。③静脉血中出现吞铁细胞。

3. 主要病理变化　表现为全身败血症变化、贫血、网状内皮细胞增生反应和铁代谢障碍。肝脏具有特征性组织病理变化，肝细胞变性，星状细胞肿大、增生及脱落，肝细胞索紊乱，有多量吞铁细胞和淋巴样细胞浸润。

【诊断】常用的诊断方法有临床综合诊断、补体结合试验和琼脂扩散试验，其中任何一种方法呈现阳性，都可判定为传染性贫血病马。必要时进行病毒学诊断和动物接种试验。临床综合诊断在排除类症的基础上，凡符合下列条件之一者，判为传染性贫血病马：①体温在39℃以上，呈稽留热或间歇热，并有明显的临床和血液学变化者。②体温在38.6℃以上呈稽留热、间歇热或不规则热型，临床及血液学变化不够明显，但吞铁细胞万分之二以上，或病理学检验呈阳性者。③病史中体温记载不全，但经系统检查，具有明显的临床及血液学变化，吞铁细胞万分之二以上，或病理学检验呈阳性者。④可疑传染性贫血病马死亡后，根据生前诊断资料，结合尸体剖检及病理组织学检查，其病理变化符合传染性贫血变化者。

鉴别诊断：本病需与梨形虫病、伊氏锥虫病、钩端螺旋体病及营养性贫血相鉴别。

【防控】1975年我国首创马传染性贫血驴白细胞活疫苗。随着该病"养、检、免、隔、封、消、处"等综合性防疫措施的实施，本病已得到有效控制。综合性措施主要指：加强饲养管理、定期检疫（补体结合反应或琼扩试验检测抗体）、健康马免疫接种马传染性贫血驴白细胞活疫苗，一旦发病，立即封锁、隔离消毒，病马集中扑杀无害化处理等。

第二节　马　腺　疫

马腺疫（equine strangles）俗称喷喉，中兽医称槽结、喉骨胀，是由C群链球菌中的马链球菌马亚种（*Streptococcus equi*）引起马属动物的一种急性、热性、高度接触性传染病。以发热、呼吸道黏膜发炎、下颌淋巴结肿胀化脓为特征。

【流行病学】马属动物易感，以马最易感，骡和驴次之，尤以 1～2 岁马多发。病菌存在于病马的鼻液和肿胀内，有时健康马的扁桃体及上呼吸道黏膜也存在病菌，当饲养管理不善、天气骤变、受惊、长途运输等因素造成马匹应激时，可因机体抵抗力降低而发病。本病可通过污染的饲料、饮水、用具等经消化道感染，也可通过飞沫经呼吸道感染，还可通过创伤及交配感染。本病多发生于春、秋季节，常呈地方性流行。

【症状】潜伏期为 1～8d。临床常见 3 种病型。

1. 一过型腺疫　病马症状轻微，体温稍高，主要表现为鼻黏膜的卡他性炎症，流浆液性或黏液性鼻液，下颌淋巴结轻度肿胀，不化脓且迅速自行吸收。

2. 典型腺疫　病畜体温突然升高（39～41℃），精神沉郁，食欲不振。鼻腔黏膜发炎，流出黏性至脓性鼻液。下颌淋巴结初期肿大，表面凹凸不平，触之硬实；当周围发生炎症时，肿胀加剧，热痛明显，病马呼吸、吞咽困难；随着炎症的发展，局部组织肿胀化脓，触诊稍有波动，被毛脱落，皮肤变薄，肿胀完全成熟，自行破溃，流出大量黄白色黏稠脓汁，之后创内肉芽组织新生，逐渐愈合。

3. 恶性型腺疫　病菌可由下颌淋巴结的化脓灶转移到其他淋巴结，形成化脓灶，甚至转移至肺和脑等器官，发生脓肿。根据病菌侵袭淋巴结所在部位的不同，病马可表现为流脓性鼻液，淋巴管肿大、化脓，支气管肺炎等临床表现。此型腺疫体温多稽留不降，病马常因极度衰弱或脓毒败血症死亡。

【病理变化】常见鼻喉黏膜呈急性化脓性炎症，有出血点或出血斑，覆盖有黏液脓性分泌物。淋巴结充血、肿胀，后形成化脓灶或脓肿。有时可见化脓性心包炎、胸膜炎、腹膜炎及在肝、肾、脾、脑、脊髓、乳房、睾丸、骨骼肌及心肌等有大小不等的化脓灶和出血点。

【诊断】根据本病的流行规律、临床表现和病理变化可做出初步诊断，其诊断要点为：病马体温 39～41℃；眼结膜充血，鼻流浆液性、黏性或脓性鼻液，多发于 1～2 岁马；下颌淋巴结急性肿胀，热痛，先硬后软有波动，有时延及咽喉部肿胀，呼吸困难。确诊需进一步进行实验室诊断，需取病马的脓汁或鼻液做涂片染色镜检，如见弯曲的长链、革兰氏阳性球菌，细菌在鲜血平板上培养出现典型的 β 溶血，则可确诊。诊断本病时，注意与鼻疽、鼻炎、流行性感冒和传染性支气管炎相鉴别。

【防控】定期消毒圈舍、运动场、饲槽、饮水槽等马接触的场所和设施。严防病马混入健康马群，新引进的幼驹隔离观察 2 周后，方可混入健康马群中。采用马腺疫灭活疫苗注射预防，可有效降低发病率和减轻临床症状，但不能完全预防本病的发生。发生本病时，病马隔离治疗；污染的场舍、运动场及用具等彻底消毒。本病流行期，对尚未发病的适龄马可用磺胺嘧啶＋小苏打拌料喂给，可起到预防作用。氨基青霉素类（氨苄西林、阿莫西林）、四环素类（土霉素、四环素、多西环素等）和头孢噻呋等药物对病马的治疗有效，可酌情选用。对于淋巴结肿胀而未化脓的病马，宜用热敷，然后涂擦碘酒；脓肿成熟时，切开排脓，用 0.1% 高锰酸钾溶液冲洗，然后涂擦软膏，经数日后可痊愈。不能进食的病马可静脉注射葡萄糖，不能饮水的可用 0.9% 氯化钠注射液与 5% 葡萄糖注射液混合静脉注射。此外，也可采用中药治疗，以泻心肺、清咽喉为治则，病初下颌肿硬，内服郁金散加减，外敷白及拔毒散。若服药后肿硬不散，可用黄芪散加味，待脓肿成熟后针刺排脓，后按外科常规方法治疗。

第三节 马流行性感冒

马流行性感冒（equine influenza）简称马流感，是由正黏病毒科流感病毒属马 A 型流感病毒（equine influenza A virus）引起马属动物的一种急性传染病。该病以发热、结膜潮红、咳嗽、流浆液性或脓性鼻液、母马流产等为主要特征。

【流行病学】只有马属动物易感，其中马的易感性最高，无品种、年龄、性别差异，以 2 岁以下的马多发。病马是主要传染源，康复马和隐性感染马在一定时间内也能带毒排毒。本病可通过空气传染，也可通过污染的饲料、饮水经口传染，因康复公马精液中长期存在病毒，也可通过交配传染。本病秋末至初春多发，传播迅速，流行猛烈，发病率可高达 60%～80%，但病死率通常低于 5%。

【症状】根据病毒型的不同，表现的临床症状不完全一样。H7N7 亚型所致的疾病比较温和，H3N8 亚型所致的疾病较重。本病潜伏期为 2～10d，多在感染后 3～4d 发病。马匹突然发病，体温升高，精神沉郁，食欲减少或废绝。四肢无力，不愿走动，呼吸与脉搏加快。眼结膜潮红，眼睑肿大，眼角流出黏稠或脓性分泌物，鼻腔黏膜潮红，从鼻孔流出水样或黏稠分泌物，初干咳，随后逐渐变为湿咳，持续 2～3 周。有的病马可发展为支气管炎和肺炎。

【病理变化】以呼吸道（鼻、喉、气管及支气管）黏膜卡他性、充血性炎症变化为主。发病时白细胞减少，有细菌感染时白细胞增多。致死性病例可见化脓性支气管肺炎、间质性肺炎及胸膜炎病变，肠卡他性、出血性炎症，心包和胸腔积液，心肌变性，肝、肾肿大、变性。

【诊断】根据流行特点、临床表现和病理变化可做出初步诊断，其诊断要点为：多为 2 岁以下马发病，传播迅速，发病率高但病死率低，病马出现相同的临床表现，如轻热或高热，干咳，气喘，结膜充血，肌肉及关节痛，不愿活动，白细胞减少，但感染细菌时则增多。确诊需进一步进行实验室诊断，诊断内容通常包括病毒的分离鉴定和血清学试验。分离病毒应取病程早期的鼻液或鼻咽部分泌物，接种 9～11 日龄鸡胚羊膜腔或尿囊腔，35～37℃ 孵育 3～5d，收集羊水和尿囊液，进行血凝试验（HA）及血凝抑制试验（HI）。用鸡胚成纤维细胞或犬肾细胞株 MDCK 亦可分离病毒。取发病期及康复期双份血清检测抗体，可做血清学诊断。诊断本病时，注意与传染性支气管炎、鼻肺炎、腺疫和鼻疽相鉴别。

【防控】加强饲养管理，防止应激，饲喂易消化的草料，保持畜舍清洁和良好的通风。免疫接种可用 H7N7 及 H3N8 亚型灭活疫苗，第一年注射 2 次，间隔 3 个月，以后每年注射 1 次，对预防本病有较好的效果。发生本病时，应隔离病马，对病马加强护理；严格封锁，疫区至少封锁 4 周；加强消毒，对污染的马厩、运动场和用具等，可用 2% 烧碱溶液彻底消毒；病马粪便及垫草要堆积发酵，经消毒后再用作肥料；病死马匹应无害化处理。本病尚无特效药，应以对症疗法和控制细菌继发感染为治疗原则。抗菌消炎可选用青霉素 G 钠、头孢噻呋钠、盐酸沙拉沙星或庆大霉素，根据条件选一或两药联合应用；对症疗法包括解热镇痛和止咳平喘，对不能进食的病马，可静脉注射 10%～25% 葡萄糖溶液，对不能饮水的病马，可静脉注射 0.9% 氯化钠注射液、5% 葡萄糖注射液和维生素 C。本病的治疗也可选用中药疗法，如选用清瘟败毒散，可使病程缩短，加速病马康复。

第四节 非洲马瘟

非洲马瘟（African horse sickness，AHS）是由非洲马瘟病毒引起马属动物的一种急性或亚急性虫媒传染病。临床上以发热、肺和皮下组织水肿及部分脏器出血为特征。本病被世界动物卫生组织列为 A 类疫病，也是马属动物唯一的 A 类疫病。

非洲马瘟病毒属于呼肠孤病毒科环状病毒属，已知有 9 个血清型，不同型病毒的毒力强弱不同，其间也无交叉免疫关系。

【流行病学】本病发生有明显的季节性和地域性，多见于温热潮湿季节，传播迅速，常呈地方流行或暴发流行，主要流行于非洲撒哈拉沙漠以南地区，在中东、欧洲、亚洲西南部等地时有发生。中国尚无本病发生。

马、骡、驴、斑马等单蹄动物是病毒的易感宿主。马，尤其是幼龄马易感性最高，病死率高达 95%。大象、野驴、骆驼、犬因接触带有非洲马瘟病毒的血或马肉也偶可感染。本病的传染源为病马、带毒马及其血液、内脏、精液、尿、分泌物及其脱落组织。传播媒介是库蠓，其中拟蚊库蠓是最重要的传播媒介。

【症状】本病的潜伏期 2～14d，根据临诊表现一般可分为肺型、心型、肺心型及发热型。

1. 肺型 多呈急性经过，常见于流行初期和新疫区。病马主要表现体温迅速升高达 40～42℃，精神沉郁，心率加快；结膜潮红，羞明流泪；剧烈咳嗽，呼吸困难，鼻孔扩张，流出大量泡沫样的鼻液；头向下伸直，耳下垂；前肢开张并有大面积出汗，最后常因窒息死亡。病程 11～14d，病死率极高，仅有少数病例恢复。

2. 心型 多为亚急性经过，常见于免疫马匹或弱毒株病毒感染的马匹，以发热并持续几周为特征。病马体温一般不超过 40.5℃，主要表现为头部、颈部皮下水肿，上眼睑、口唇和颌等部位肿胀，并向胸、肩、腹部及四肢扩展。濒死期病马出现呼吸数迅速增加、倒地横卧、肌肉震颤、出汗等症状。该型主要是由于肺水肿而引起心包炎、心肌炎、心内膜炎等病变，伴有心衰症状。该型病死率较低，大多可以康复。

3. 肺心型 表现出肺型和心型两种病型的各种症状，多为亚急性经过，通常只有温和到中等程度的发热和眶上窝水肿，无死亡。

4. 发热型 此型多见于免疫或部分免疫的马匹。该型潜伏期长，病程短。病马表现为体温升高到 40℃，持续 1～3d。厌食，结膜微红，脉搏和呼吸均加快。

【病理变化】本病各型之间病变差异较大，但其主要病变特征为急性肺水肿、心肌炎和心肌弥漫性出血，心、肺有黄色胶样水肿。淋巴结高度肿胀。肝轻度肿胀，脾脏一般不肿大。最特征和最常见的病理变化是皮下和肌间组织胶冻样浸润，此病变以眶上窝、眼和喉最为显著。

【诊断】本病实验室诊断常用的方法包括病毒分离鉴定、RT－PCR、ELISA 抗原检测、竞争性 ELISA 抗体检测、血清中和试验、琼脂扩散试验、红细胞凝集试验等。

【防控】我国没有非洲马瘟发生，因此严格的进境检疫是防止非洲马瘟传入我国最重要的措施。控制方法包括：禁止进口或经其领域过境运输具有 AHS 感染国家或地区的马科动物及其精液和胚胎等相关材料；对从无 AHS 国家进口的马科动物要经过法定检疫程序，兽医行政管理部门应出具国际动物健康证书；从污染国参赛返回的马匹，必须进行严格的检疫，并隔离观察 2 个月。当发现可疑病例时，应及时确诊，并进行严格的隔离、消毒；病死马焚烧或深埋，周围环境进行严格消毒处理。

第七单元　禽的传染病

第一节　新　城　疫

新城疫（英文简称 ND）也称亚洲鸡瘟，俗称鸡瘟，是由新城疫病毒引起的鸡和火鸡的急性高度接触性传染病，常呈败血症经过。主要特征是呼吸困难、腹泻、神经机能紊乱以及浆膜和黏膜显著出血。世界动物卫生组织将本病列为必须报告的疫病。

【流行病学】鸡、野鸡、火鸡、珍珠鸡对本病都有易感性，其中以鸡最易感。尤其幼雏和中雏易感性最高，两年以上的老鸡易感性较低。鸭、鹅对本病有抵抗力，但近年来，在我国一些地区出现对鹅有致病力的新城疫病毒（NDV）；鹌鹑和鸽也有自然感染而暴发新城疫，并可造成大批死亡。哺乳动物对本病有很强的抵抗力，人大量接触 NDV 可表现为结膜炎或类似流感症状。

病禽以及在流行间歇期的带毒鸡是本病的主要传染源。受感染的鸡在出现症状前 24h，其口、鼻分泌物和粪便中已能排出病毒。而痊愈鸡多数在症状消失后 5～7d 就停止排毒。

本病的传播途径主要是呼吸道和消化道，也可经眼结膜、受伤的皮肤和泄殖腔黏膜感染。在一定时间内鸡蛋也可带毒而传播本病。

本病一年四季均可发生，但以春秋季发病较多。发病率和死亡率可高达 90% 以上。

【症状】自然感染潜伏期一般为 3～5d。根据临床发病特点将本病分为最急性型、急性型、亚急性型或慢性型。

1. 最急性型　突然发病，无特征临床症状而迅速死亡。多在流行初期，雏鸡多见。

2. 急性型　病初体温升高达 43～44℃，食欲减退或废绝，精神萎靡，垂头缩颈，翅膀下垂，眼半开半闭，似昏睡状，鸡冠及肉髯逐渐变为暗红色或暗紫色。产蛋母鸡产蛋量急剧下降，有时可降到 40%～60%，软壳蛋增多，甚至产蛋停止。随着病程的发展，出现比较典型的症状：病鸡呼吸困难，咳嗽，有黏液性鼻液，常表现为伸头，张口呼吸，并发出"咯咯"的喘鸣声或尖叫声。嗉囊积液，倒提时常有大量酸臭液体从口内流出。粪便稀薄，呈黄绿色或黄白色，有时混有少量血液。部分病鸡出现明显的神经症状，如翅、腿麻痹等。最后体温下降，不久在昏迷中死亡。

3. 亚急性或慢性型　初期临床症状与急性相似，不久后逐渐减轻，但同时出现神经症状，患鸡头颈向后或向一侧扭转，翅膀麻痹，跛行或站立不稳，动作失调，常伏地旋转，反复发作，瘫痪或半瘫痪，一般经 10～20d 死亡。

个别患鸡可以康复，部分不死病鸡遗留有特殊的神经症状，表现头颈歪斜或腿翅麻痹。有的鸡状似健康，但若受到惊扰或抢食时，突然后仰倒地，全身抽搐伏地旋转，数分钟后又恢复正常。

鹅感染 NDV 后表现精神不振，食欲减退并有腹泻，排出带血色或绿色粪便。有些病鹅在病程的后期出现神经症状，发病率和病死率分别为 20％和 10％。

鸽感染鸽 I 型副黏病毒（PPMV-1）时，其临床症状主要是腹泻和神经症状；幼龄鹌鹑感染 NDV 时，表现神经症状，病死率较高，成年鹌鹑多为隐性感染。火鸡和珍珠鸡感染 NDV 后，一般与鸡相似，但成年火鸡症状不明显或无症状。鸵鸟的发病率和病死率略低于鸡。

【病理变化】全身黏膜和浆膜出血，淋巴组织肿胀、出血和坏死，尤其以消化道和呼吸道最为明显。

嗉囊内充满黄色酸臭液体及气体。腺胃黏膜水肿，其乳头或乳头间有出血点，或有溃疡和坏死，此为特征性病理变化。腺胃和肌胃交界处出血明显，肌胃角质层下也常见有出血点。肠外观可见紫红色枣核样肿大的肠淋巴滤泡，小肠黏膜出血、有局灶性纤维素性坏死性病变，有的形成假膜，假膜脱落后即成溃疡。盲肠扁桃体肿大、出血、坏死，坏死灶呈岛屿状隆起于黏膜表面，直肠黏膜出血明显。心外膜和心冠脂肪有针尖大的出血点。产蛋母鸡卵泡和输卵管显著充血，卵泡膜极易破裂以致卵黄流入腹腔引起卵黄性腹膜炎。腹膜充血或出血。肝、脾、肾无特殊病变。脑膜充血或出血，脑实质无眼观变化，仅在组织学检查时，见有明显的非化脓性脑炎病变。

非典型新城疫病变轻微，仅见黏膜卡他性炎症，喉头和气管黏膜充血，腺胃乳头出血少见，但多剖检数只，可见部分病鸡腺胃乳头有少量出血点，直肠黏膜和盲肠扁桃体多见出血。

鹅最明显的和最常见的大体病理变化是在消化道和免疫器官。食管有散在的白色或带黄色的坏死灶。腺胃和肌胃黏膜有坏死和出血，肠道有广泛的糜烂性坏死灶并伴有出血。

【诊断】病毒分离和鉴定是诊断新城疫最可靠的方法。常用鸡胚接种、血凝试验和血凝抑制试验、中和试验及荧光抗体试验等。但应该注意，从鸡分离到的 NDV 不一定是强毒，不能证明该鸡群流行新城疫，因为有的鸡群存在弱毒和中等毒力的 NDV。

1. 病毒分离和鉴定　取病鸡脑、肺、脾含毒量高的组织器官，经除菌处理后，通过尿囊腔接种 9～11 日龄 SPF 鸡胚，取 24h 后死亡的鸡胚的尿囊液进行血凝试验（HA）和血凝抑制试验（HI），进行病毒鉴定。

2. 血清学诊断　常用的方法有 HA 和 HI、病毒中和试验、ELISA、免疫组化、荧光抗体等。

临床上本病易与禽流感和禽霍乱相混淆，应注意区别。

禽流感病禽呼吸困难和神经症状不如新城疫明显，嗉囊没有大量积液，常见皮下水肿和黄色胶样浸润，黏膜、浆膜和脂肪出血比新城疫广泛而明显，且禽流感肌肉和脚爪部鳞片出血明显，通过 HA 和 HI 可作出诊断。禽霍乱，鸡、鸭、鹅均可发病，但无神经症状，肝脏有灰白色的坏死点，心血涂片或肝触片，染色镜检可见两极浓染的巴氏杆菌，抗兰素类药物治疗有效。

【防控】目前尚无有效的治疗方法，预防本病仍是禽病防疫工作的重点。

1. 采取严格的生物安全措施　高度警惕病原侵入鸡群，防止一切带毒动物（特别是鸟类）和污染物品进入鸡群，进入鸡场的人员和车辆必须消毒；饲料来源要安全；不从疫区购进种蛋和鸡苗；新购进的鸡必须接种新城疫疫苗，并隔离观察 2 周以上，证明健康方可混群。

2. 做好预防接种工作　按照科学的免疫程序，定期预防接种是防制本病的关键。

免疫失败的主要原因包括：① 雏鸡的母源抗体或其他年龄鸡群的残留抗体水平较高，接种疫苗后新城疫疫苗被部分中和掉，不能获得坚强免疫力。②免疫后时间较长，保护力下降到临界水平，当鸡群内本身存在 NDV 强毒循环传播，或有强毒侵入时，仍可发病。③接种疫苗剂量不足。④免疫方法不当，导致效力降低。⑤鸡群有其他疫病，特别是免疫抑制性疫病存在等。

（1）正确选择疫苗　新城疫疫苗分为活疫苗和灭活疫苗两大类。活疫苗接种后疫苗在体内繁殖，刺激机体产生体液免疫、细胞免疫和局部黏膜免疫。灭活疫苗接种后无病毒增殖，靠注射入体内的抗原刺激产生体液免疫，对细胞免疫和局部黏膜免疫无大作用。目前，国内使用的活疫苗有 Ⅰ 系苗（Mukt_eswar 株）、Ⅱ系苗（B1 株）、Ⅲ系苗（F 株）、Ⅳ系苗（La-Sota 株）和 V4 弱毒苗。Ⅰ系苗是一种中等毒力的活疫苗，ICPI 为 1.4，绝大多数国家已禁止使用，我国家禽生产中也逐步停止使用。Ⅱ、Ⅲ和Ⅳ系苗属弱毒疫苗，各种日龄鸡均可使用，多采用滴鼻、点眼、饮水及气雾等方法接种，但气雾免疫最好在 2 月龄以后采用，以防止诱发慢性呼吸道疾病。V4 弱毒苗具有耐热和嗜肠道的特点，适用于热带、亚热带地区散养的鸡群。灭活疫苗的质量取决于所含有的抗原量和佐剂，灭活疫苗对鸡安全，可产生坚强而持久的免疫力，但是注射后需 10～20d 才产生免疫力。灭活苗和活苗同时使用，活苗能促进灭活苗的免疫反应。

（2）制定合理的免疫程序　主要根据雏鸡母源抗体水平确定最佳首免日龄，以及根据疫苗接种后抗体滴度和鸡群生产特点，确定加强免疫的时间。一般母源抗体 HI 在 2^5 时可以进行第一次免疫，在 HI 高于 2^5 时，进行首免几乎不产生免疫应答。

（3）建立免疫监测制度　在有条件的鸡场，定期检测鸡群血清 HI 抗体水平，全面了解鸡群的免疫状态，确保免疫程序的合理性以及疫苗接种的效果。

鸡群一旦发生本病，应立即封锁鸡场，禁止转场或出售，可疑病鸡及其污染的羽毛、垫草、粪便应焚烧或深埋，污染的环境进行彻底消毒，并对鸡群进行紧急接种。待最后一个病例处理后 2 周，不再有新病例发生，并通过彻底消毒，方可解除封锁。

第二节　鸡传染性喉气管炎

鸡传染性喉气管炎是由疱疹病毒引起的鸡的一种急性高度接触性呼吸道传染病，其特征为呼吸困难，咳嗽，咳出含有血液的渗出物，喉部和气管黏膜肿胀、出血并形成糜烂。该病传播快，死亡率较高。在疾病早期，感染细胞的胞核内见有包涵体。

【流行病学】自然条件下，本病主要侵害鸡，各种年龄的鸡均可感染，但成年鸡尤为严重，且多表现典型症状。野鸡、鹌鹑、孔雀和幼火鸡也可感染，而其他禽类和实验动物有抵抗力。

病鸡和康复后的带毒鸡是主要传染源。病毒存在于气管和上呼吸道分泌液中，通过咳出血液和黏液而经上呼吸道和眼内感染。约2%康复鸡可带毒，时间可长达2年。目前还未有ILTV能垂直传播的证据。

本病一年四季均可发生，但秋、冬寒冷季节多发。本病在易感鸡群内传播很快，感染率可达90%，病死率为5%～70%，平均在10%～20%，高产的成年鸡病死率较高。

【症状及病理变化】自然感染的潜伏期为6～12d。突然发病和迅速传播是本病发生的特点。在临床上可分为喉气管炎型和结膜炎型。

1. 喉气管炎型 特征症状是鼻孔有分泌物和呼吸时发出湿性啰音，继而咳嗽和气喘。严重病例呈明显的呼吸困难，咳出带血的黏液，有时死于窒息。检查口腔时，可见喉部黏膜上有淡黄色凝固物附着，不易擦去。病鸡迅速消瘦，鸡冠发绀，有时排绿色稀粪，衰竭死亡。病程5～7d或更长。部分鸡逐渐恢复并成为带毒者。

2. 结膜炎型 往往由低致病性病毒株引起，病情较轻，呈地方流行性，其临床症状为生长迟缓，产蛋减少，流泪，发生结膜炎，严重病例可见眶下窦肿胀。发病率仅为2%～5%，病程长短不一，病鸡多死于窒息，呈间歇性发生死亡。

典型的病变为喉和气管黏膜充血和出血。喉部黏膜肿胀，有出血斑，并覆盖黏液性分泌物，有时呈干酪样假膜，可将气管完全堵塞。炎症也可扩散到支气管、肺、气囊、眶下窦。比较缓和的病例，仅见结膜和眶下窦内上皮的水肿及充血。

病毒感染后12h，在气管、喉头黏膜上皮细胞核内可见嗜酸性包涵体。临床症状出现48h内包涵体最多。病毒接种鸡胚组织细胞12h也可见到核内包涵体。

【诊断】

1. 鸡胚接种 以病鸡的喉头、气管黏膜和分泌物，经无菌处理后，接种10～12日龄鸡胚绒毛尿囊膜，接种后4～5d鸡胚死亡，见绒毛尿囊膜增厚，有灰白色坏死斑。

2. 包涵体检查 取发病后2～3d的喉头黏膜上皮，或者将病料接种鸡胚，取死亡胚的绒毛尿囊膜做包涵体检查，见细胞核内有嗜酸性包涵体。

3. 中和试验 用单层细胞培养的蚀斑减数或绒毛尿囊膜坏死斑减数技术进行测定，做出确诊。

此外，荧光抗体、免疫琼脂扩散试验也可作为本病的诊断方法。

【防控】坚持严格隔离、消毒等措施是防止本病流行的有效方法，封锁疫点，禁止可能污染的人员、饲料、设备和鸡只的移动是成功控制本病的关键。野毒感染和疫苗接种都可造成ILTV潜伏感染的带毒鸡，因此避免将康复鸡或接种疫苗的鸡与易感鸡混群饲养尤其重要。未发生过ILT的鸡场，非到万不得已，不要使用活疫苗。使用红霉素、支原净、强力霉素等药物仅是对症疗法，可缓解呼吸困难等临床症状，并预防和控制继发感染，促进康复。

目前，有几种疫苗可用于免疫接种：①弱毒疫苗，经点眼、滴鼻免疫，但一般毒力较强，可引起不同的反应，甚至成批死亡，应严格按说明书选择接种途径和接种剂量。②强毒苗，可涂擦于泄殖腔黏膜，4～5d后黏膜出现水肿和出血性炎症，表示接种有效。但排毒的危险性很大，一般只用于发病鸡场。③灭活疫苗的免疫效果一般不理想。

第三节　鸡传染性支气管炎

鸡传染性支气管炎是由传染性支气管炎病毒（IBV）引起的一种急性、高度接触传染性呼吸道疾病。其特征是病鸡咳嗽、喷嚏和气管发出啰音。在雏鸡可出现流涕，产蛋鸡产蛋减少和劣质蛋。肾型传染性支气管炎表现为肾炎综合征和尿酸盐沉积。

本病在 20 世纪 40 年代主要表现为呼吸道症状，到 60 年代又出现肾病变型，目前本病是危害养禽业的几种主要禽病之一。近年来，又见有腺胃型和肠型传染性支气管炎的报道。

【流行病学】本病仅发生于鸡，其他家禽均不感染。各种年龄的鸡都可发病，但雏鸡最为严重。病鸡和带毒鸡是主要传染源，主要传播方式是通过空气飞沫经呼吸道感染，也可通过污染的饲料、饮水及饲养用具等经消化道感染。各血清型间没有或仅有部分交互免疫作用。

病毒主要存在于病鸡呼吸道渗出物中。肝、脾、肾和法氏囊中也能发现病毒。在肾和法氏囊内停留的时间可能比在肺和气管中还要长。

【症状】潜伏期 36h 或更长，人工感染为 18～36h。

1. 呼吸型　病鸡常看不到前驱临床症状，突然出现呼吸临床症状，并迅速波及全群为本病特征。4 周龄以下鸡常表现伸颈、张口呼吸，喷嚏、咳嗽、啰音，全身衰弱，精神不振，食欲减少，羽毛松乱，昏睡、翅下垂。常挤在一起，借以保暖。个别鸡鼻窦肿胀，流黏性鼻液，眼泪多，逐渐消瘦。康复鸡发育不良。5～6 周龄以上鸡，突出的临床症状是啰音、气喘和微咳，同时伴有减食、沉郁或腹泻等临床症状。成年鸡出现轻微的呼吸道症状，产蛋鸡产蛋量下降，并产软壳蛋、畸形蛋、"鸽子蛋"或粗壳蛋。蛋的质量变劣，蛋白稀薄呈水样，蛋黄和蛋白分离以及蛋白黏着于壳膜表面等。

病程一般为 1～2 周，有的拖延至 3 周。雏鸡的病死率可达 25％，6 周龄以上的鸡病死率很低。康复后的鸡具有免疫力。血清中的相应抗体至少有 1 年可被测出，但其高峰期是在感染后 3 周前后。

2. 肾型　多发生于 2～4 周龄的鸡，呼吸道临床症状轻微或不出现，或呼吸临床症状消失后，病鸡极度沉郁，持续排白色或水样腹泻，迅速消瘦，饮水量增加。雏鸡病死率为 10％～30％，6 周龄以上鸡病死率为 0.5％～1％。

3. 腺胃型　主要是由于接种生物制品引起，水平传播不强，发病率为 30％～50％，病死率 30％左右，病鸡临床表现主要为发育停滞，腹泻，消瘦。

【病理变化】

1. 呼吸型　气管、支气管、鼻腔和窦内有浆液性、卡他性和干酪样渗出物。气囊混浊或含有黄色干酪样渗出物。在死亡鸡的气管后段或支气管中可能有一种干酪性的栓子。在大的支气管周围可见到小灶性肺炎。产蛋母鸡的腹腔内可以发现液状的卵黄物质，卵泡充血、出血、变形，输卵管呈节段不连续，或不发育如幼鸡般细小。

2. 肾型　肾肿大出血，多数表面红白相间呈斑驳状的"花斑肾"，切开后有多量石灰渣样物流出。肾小管和输尿管因尿酸盐沉积而扩张。严重病例，白色尿酸盐沉积可见于其他组织器官表面。

3. 腺胃型　腺胃显著肿大、胃壁增厚、胃黏膜水肿、充血、出血、坏死，肠道内黏液分泌增多，法氏囊、脾脏等免疫器官萎缩。

【诊断】

1. 病毒的分离与鉴定 无菌采取数只急性期的病鸡气管渗出物或肺组织，经尿囊腔接种于10～11日龄的鸡胚或气管组织培养物中。在鸡胚中连续传几代，则可使鸡胚呈现规律性死亡，并能引起蜷曲胚、僵化胚、侏儒胚等一系列典型变化，发育受阻，胚体萎缩成小丸形，羊膜增厚，紧贴胚体，卵黄囊缩小，尿囊液增多等。也可收集尿囊液再经气管内接种易感鸡，如有本病毒存在，则被接种的鸡在18～36h后可出现症状，发生气管啰音。感染鸡胚尿囊液不凝集鸡红细胞，但经1%胰酶或磷脂酶C处理后，则具有血凝性，可以进行HA和HI。

2. 干扰试验 IBV在鸡胚内可干扰NDV-B1株（即Ⅱ系苗）血凝素的产生，因此可利用这种方法对IBV进行诊断：取9～11日龄鸡胚10枚，分两组，一组先尿囊腔接种被检IBV鸡胚液；另一组作为对照。10～18h后两组同时尿囊腔内接种NDV-B1，孵化36～48h后，置鸡胚于4℃8h，取鸡胚液做HA。如果为IBV，则试验组鸡胚液有50%以上HA滴度在1∶20以下，对照组90%以上鸡胚液HA滴度在1∶40以上。

3. 气管环培养 利用18～20日龄鸡胚，取1mm厚气管环做旋转培养，37℃24h，在倒置显微镜下可见气管环纤毛运动活泼。感染IBV，1～4d可见纤毛运动停止，继而上皮细胞脱落。此法可用作IBV分离、毒价滴定，若结合病毒中和试验则还可做血清分型。

4. 血清学诊断 酶联免疫吸附试验、免疫荧光及免疫扩散，一般用于群特异血清检测；而中和试验、血凝抑制试验一般可用于初期反应抗体的型特异抗体检测。琼脂扩散沉淀试验用感染鸡胚的绒毛尿囊膜制备抗原，按常规方法测定血清抗体。

本病应与新城疫、传染性喉气管炎、传染性鼻炎等鉴别诊断。ND呼吸道症状比IB更为严重，并出现神经症状和大批死亡；传染性喉气管炎很少发生于幼雏，高度呼吸困难，气管分泌物中有带血的分泌物，气管黏膜出血和气管中有血凝块；传染性鼻炎脸部明显肿胀和流泪，用敏感的抗菌药物治疗有一定疗效。肾型传染性支气管炎常与痛风相混淆，痛风一般无呼吸道症状，无传染性，且多与饲料配合不当有关，通过对饲料中蛋白、钙、磷分析即可确定。

【防控】 我国一直采用以疫苗免疫为主的手段预防控制本病。严格执行隔离、检疫等卫生防疫措施，加强饲养管理，改善环境条件，对本病的防控十分重要。鸡舍要注意通风换气，防止过度拥挤，注意保温，加强饲养管理，补充维生素和矿物质饲料，增强鸡体抗病力。同时，配合疫苗进行人工免疫。

常用M41型的弱毒苗（如H120、H52）及其灭活油剂苗。H120毒力较弱，对雏鸡安全；H52毒力较强，适用于20日龄以上的鸡；各种日龄均可使用油苗。对肾型IB，弱毒苗有Ma-5，1日龄及15日龄各免疫1次。

第四节 鸡传染性法氏囊病

鸡传染性法氏囊病（英文简称IBD）又称鸡传染性腔上囊炎，是由传染性法氏囊病病毒引起的主要危害雏鸡的一种急性高度接触性传染病。发病率高、病程短。法氏囊、肾脏的病理变化、腿肌和胸肌出血、腺胃和肌胃交界处条状出血是具有特征性的病理变化。幼鸡感染后，可导致免疫抑制，并可诱发多种疫病或使多种疫苗免疫失败。

【流行病学】 目前已知传染性法氏囊病毒（IBDV）有2个血清型，即血清Ⅰ型（鸡源性毒株）和血清Ⅱ型（火鸡源性毒株）。鸡对本病最易感，主要发生于2～15周龄的鸡，以3～6周龄的鸡最易感。近年来，该病发病日龄范围已大为扩展，小至10日龄左右，大到138日龄的鸡群均有发病的报道。成年鸡多呈隐性经过。

病鸡和带毒鸡是主要的传染源，其粪便中含有大量的病毒。病毒在外界环境极为稳定，在鸡舍内能够持续存在122d。病毒特别耐热、耐阳光及紫外线照射。病毒耐酸不耐碱，pH为2时不受影响，pH为12时可被灭活。病毒对乙醚和氯仿不敏感。3‰煤酚皂溶液、0.2‰过氧乙酸、2‰次氯酸钠、5‰漂白粉、3‰石炭酸、3‰福尔马林、0.1‰升汞溶液可在30min内灭活病毒。

本病可直接接触传播，也可经污染的饲料、饮水、垫料、用具等间接接触传播。感染途径包括消化道、呼吸道和眼结膜等。尚无垂直传播的证据。

本病的流行特点是突然发病、传染性强、传播迅速、感染率高、发病率高、病程短。

【症状】本病潜伏期为2～3d。典型病例早期症状是有些鸡自啄泄殖腔，病鸡羽毛蓬松，采食减少，畏寒，挤堆，精神委顿。随即出现腹泻，排出白色黏稠或水样稀粪，泄殖腔周围的羽毛被粪便污染。严重病鸡头垂地，闭眼呈昏睡状态。后期体温低于正常，严重脱水，极度虚弱，最后死亡。

【病理变化】死于IBD的鸡表现脱水，腿部和胸部肌肉出血。法氏囊的病变具有特征性：法氏囊充血、水肿、变大、浆膜覆盖有淡黄色胶冻样渗出物，法氏囊由正常的白色变为奶油黄色，严重出血时，呈紫黑色，似紫葡萄状。切开囊腔后，黏膜皱褶多混浊不清，黏膜表面有出血点或出血斑，腔内有脓性分泌物；5d后法氏囊开始萎缩，8d后仅为原来的1/3左右，此时法氏囊呈纺锤状；有些慢性病例，外观法氏囊的体积增大，囊壁变薄，囊内积存干酪样物。腺胃和肌胃交界处有条状出血。肾肿大苍白，呈花斑状，肾小管和输尿管有白色尿酸盐沉积。

【诊断】根据突然发病、传播迅速、发病率高、有明显的高峰死亡和迅速康复的曲线、法氏囊水肿和出血等就可作出诊断。

1. 病毒分离鉴定　鸡群在发病后的2～3d，法氏囊中的病毒含量最高，其次是脾和肾。取典型病例的法氏囊和脾磨碎后，加灭菌生理盐水做1∶（5～10）稀释，离心取上清液加入抗生素作用1h，经绒毛尿囊膜接种9～12日龄SPF鸡胚。接种后3～5d鸡胚死亡，胚胎全身水肿，头部和趾部充血和小点出血，肝有斑驳状坏死。在鸡胚中适应的IBDV毒株也能适应于细胞培养，其中包括鸡胚源细胞、法氏囊细胞和一些禽源与哺乳动物源传代细胞系。可用已知阳性血清在鸡胚或CEF上做中和试验鉴定分离的IBDV。

2. 琼脂扩散试验　既可检测抗原，也可检测抗体，进行流行病学调查和检测疫苗免疫后的IBDV抗体，但是本方法不能区分血清型差异，主要检查群特异性抗原。

IBD变异毒株能诱发胚胎的肝坏死，脾肿大，不引起鸡胚死亡，可采用交叉中和试验加以区别。

3. 易感鸡感染试验　取病死鸡有典型病理变化的法氏囊磨碎制成悬液，经滴鼻和口服感染21～35日龄易感鸡，在感染后48～72h出现临床症状，死后剖检见法氏囊有特征性的病理变化。

本病通常有急性肾炎，应注意与肾型传染性支气管炎鉴别。肾型传染性支气管炎的雏鸡常见肾肿大，输尿管扩张并沉积尿酸盐。有时见法氏囊充血和轻度出血，但法氏囊无黄色胶冻样水肿，耐过鸡的法氏囊不见萎缩，腺胃和肌胃交界处无出血；传染性法氏囊病的肌肉出血，与鸡传染性贫血病、缺硒、磺胺类药物中毒和真菌毒素引起的出血相似，但这些病都缺乏法氏囊肿大和出血的病变；腺胃出血要与新城疫相区别，关键区别点是新城疫不具有法氏囊肿大、出血病变，并且多有呼吸困难和扭颈的神经症状。

【防控】

1. 严格的兽医卫生措施　首先要注意对环境的消毒，特别是育雏室。对环境、鸡舍、用具、笼具进行消毒，经 4～6h 后，进行彻底清扫和冲洗，然后再经 2～3 次消毒。

2. 提高种鸡的母源抗体水平　种鸡群经疫苗免疫后，可产生高的抗体水平，并可将其传递给子代。如果种鸡在 18～20 周龄和 40～42 周龄经 2 次接种 IBD 油佐剂灭活苗后，雏鸡可获得较整齐和较高的母源抗体，在 2～3 周龄内得到较好的保护，能防止雏鸡早期感染和免疫抑制。但是，高母源抗体可干扰主动免疫，因此对雏鸡应选择合适的疫苗和首免日龄。

3. 雏鸡的免疫接种　用琼扩试验测定雏鸡母源抗体消长情况从而确定弱毒疫苗首次免疫日龄。1 日龄雏鸡抗体阳性率不到 80% 的鸡群在 10～16 日龄间首免；阳性率达 80%～100% 的鸡群，在 7～10 日龄再检测一次抗体，阳性率在 50% 时，可于 14～18 日龄首免。

目前，我国常用的疫苗有两大类，即弱毒活疫苗和灭活疫苗。活苗有三种类型：①弱毒苗，对法氏囊没有任何损害。②中等毒力苗，接种后对法氏囊有轻度损伤，这种反应在 10d 后消失，对血清 I 型的强毒的保护率高。③中等偏强毒力苗，在 2 周龄前使用均能对法氏囊造成严重损害，引起免疫抑制。

第五节　鸡马立克病

鸡马立克病（英文简称 MD）是由疱疹病毒引起的最常见的一种鸡淋巴组织增生性疾病，以外周神经、性腺、虹膜、各种内脏器官、肌肉和皮肤单核细胞性浸润和形成肿瘤为特征。该病常引起急性死亡、消瘦或肢体麻痹，传染力极强，在经济上造成巨大损失。

【流行病学】鸡是最重要的自然宿主，本病最易发生在 2～5 月龄的鸡。年龄大的鸡发生感染，病毒可在体内复制，并随脱落的羽囊皮屑排出体外，但大多不发病。

病鸡和带毒鸡是主要传染源。本病主要通过直接或间接接触传染，其传播途径主要是经带毒的尘埃通过呼吸道感染，并可长距离传播。目前尚无垂直传播的报道。

【症状及病理变化】本病是一种肿瘤性疾病，潜伏期较长。多数以 8～9 周龄发病严重，种鸡和产蛋鸡常在 16～20 周龄出现临床症状，少数情况下，直至 24～30 周龄发病。

根据症状和病变的部位，分为四种类型。

1. 神经型　当坐骨神经受到侵害时，最早看到的症状为步态不稳，甚至完全麻痹，不能行走，蹲伏地上，或一腿伸向前方，另一腿伸向后方，呈"大劈叉"的特征性姿势。翅膀神经受到侵害时，病侧翅下垂。控制颈肌的神经受到侵害可导致头下垂或头颈歪斜。迷走神经受到侵害可引起嗉囊扩张或喘息。

2. 内脏型　多呈急性暴发，该型的特征是一种或多种内脏器官及性腺发生肿瘤。病鸡起初无明显症状，呈进行性消瘦，冠髯萎缩、颜色变淡、无光泽，羽毛脏乱，后期精神委顿，极度消瘦，最后衰竭死亡。

3. 眼型　出现于单眼或双眼，视力减退或消失。表现为虹膜褪色，呈同心环状或斑点状以至弥漫的灰白色，俗称"鱼眼"。瞳孔边缘不整齐，呈锯齿状，而且瞳孔逐渐缩小，到严重阶段瞳孔只剩下一个针尖大小的孔，不能随外界光线强弱而调节大小，病眼视力丧失。

4. 皮肤型 肿瘤大多发生于翅膀、颈部、背部、尾部上方及大腿皮肤，表现为羽毛囊肿大，并以羽毛囊为中心，在皮肤上形成淡白色小结节或瘤状物。

神经型以外周神经病变为主，坐骨神经丛、腹腔神经丛、前肠系膜神经丛、臂神经丛和内脏大神经最常见。受害神经横纹消失，变为灰白色或黄白色，有时呈水肿样外观，局部弥漫性增粗，可达正常的2倍以上。病变常为单侧性，将两侧神经对比有助于诊断。

内脏器官最常被侵害的卵巢，其次为肾、脾、肝、心、肺、胰、肠系膜、腺胃和肠道。肌肉和皮肤也可受害。在上述器官和组织中可见大小不等的肿瘤块，灰白色，质地坚硬而致密，有时肿瘤呈弥漫性，使整个器官变得很大。内脏的眼观变化很难与禽白血病等其他肿瘤相区别。

法氏囊的病变通常为萎缩，有时因滤泡间肿瘤细胞分布呈弥漫性增厚，但不会形成结节状肿瘤，肿瘤组织细胞为T细胞，这是本病与鸡淋巴白血病的重要区别。

【诊断】马立克病病毒（MDV）是高度接触传染性的，在商品鸡群中普遍存在，但在感染鸡中仅有一小部分表现出症状。此外，接种疫苗的鸡虽能得到保护不发生MD，但仍能感染MDV强毒。因此，是否感染MDV不能作为诊断MD的标准，必须根据疾病特异的流行病学、临床症状、病理学和肿瘤标记作出诊断，而血清学和病毒学方法主要用于鸡群感染情况的监测。

【防控】疫苗接种是防制本病的关键，以防止出雏室和育雏室早期感染为中心的综合性防治措施对提高免疫效果和减少损失亦起重要作用。

用于制造疫苗的病毒有3种：人工致弱的1型MDV（如CVI988）、自然不致瘤的2型MDV（如SB1、Z4）和3型MDV（HVT）（如FC126）。多价疫苗主要由2型和3型或1型和3型病毒组成。1型毒和2型毒只能制成细胞结合疫苗，需在液氮条件下保存。由超强毒株引起MD暴发，常在用HVT疫苗免疫的鸡群中造成严重损失，用1型CVI988疫苗和2、3型毒组成的双价疫苗或1、2、3型毒组成的三价疫苗可以控制。2型和3型毒之间存在显著的免疫协同作用，由它们组成的双价疫苗免疫效率比单价疫苗显著提高。由于双价苗是细胞结合疫苗，其免疫效果受母源抗体的影响很小。

选育生产性能好的抗病品系鸡，是未来防控鸡马立克病的一个重要方面。

第六节 鸡产蛋下降综合征

鸡产蛋下降综合征（英文简称EDS76）是由禽腺病毒Ⅲ群引起的一种以产蛋下降为特征的传染病，其主要表现为鸡群产蛋急剧下降，软壳蛋、畸形蛋增加，褐色蛋壳颜色变浅。

【流行病学】本病主要感染鸡，自然宿主为鸭、鹅和野鸭，但均不表现临床症状。本病主要侵害26~32周龄鸡，35周龄以上较少发病。

本病传播方式主要是垂直传播。但水平传播也不可忽视，因为从鸡的输卵管、泄殖腔、粪便、肠内容物都能分离到病毒，它可向外排毒经水平途径感染易感鸡。当病毒侵入鸡体后，在性成熟前对鸡不表现致病性，在产蛋初期由于应激反应，致使病毒活化而使产蛋鸡发病，血清抗体才转为阳性。

【症状】感染鸡无明显临床症状，主要表现为突然性群体性产蛋下降，比正常下降20％～38％甚至达50％。病初蛋壳的色泽变淡，紧接着产畸形蛋，蛋壳粗糙像沙粒样，蛋壳变薄易破损，软壳蛋增多，占15％以上。受精率和孵化率不受影响，病程一般可持续4～10周。

【病理变化】本病无明显病理变化，可发现卵巢变小、萎缩，子宫和输卵管黏膜发生出血和卡他性炎症。输卵管腺体水肿，单核细胞浸润，黏膜上皮细胞变性坏死，病理变化细胞中可见到核内包涵体。

【诊断】

1. 病原分离和鉴定　病毒能在鸭胚、鸭胚肾细胞、鸭胚成纤维细胞、鸡胚、鸡胚肝细胞和鸡胚成纤维细胞上生长繁殖，但在鸡胚肾细胞和火鸡细胞中生长不良，在哺乳动物细胞中不能生长。在鸭胚上生长良好，可使鸭胚致死。

从病鸡的输卵管、泄殖腔、肠内容物和粪便采取病料，经无菌处理后，以尿囊腔接种10～12日龄鸭胚（无腺病毒抗体）。首次分离时鸭胚死亡不多，随着传代次数增加，鸭胚死亡数增多。病料也可以接种于鸭胚、鸡胚成纤维细胞。

EDS76病毒能凝集鸡、鸭、火鸡、鹅、鸽的红细胞，但不能凝集家兔、绵羊、马、猪、牛的红细胞。血凝滴度在4℃可保持很长时间，但70℃却被破坏。鸭胚尿囊液中病毒的HA滴度较高，而鸡胚尿囊液中病毒的HA滴度较低。用已知抗EDS76病毒血清做HI或中和试验进行鉴定。

2. 血清学试验　鸡感染EDS76病毒后，能产生高效价抗体。HI是最常用的诊断方法，如果鸡群HI效价在1：8以上，证明此鸡群已感染。此外，还可采用中和试验、ELISA、荧光抗体技术和双向免疫扩散试验等方法诊断本病。

【防控】主要采取综合防制措施。

1. 杜绝病毒传入　本病主要是经胚胎垂直传播，所以应从非疫区鸡群引种，引种种鸡要严格隔离饲养，产蛋后经HI监测，确认HI抗体阴性者，才能留作种鸡用。

2. 严格执行兽医卫生措施　加强鸡场和孵化室消毒工作，在日粮配合中，必须注意氨基酸、维生素的平衡。

3. 免疫接种　油佐剂灭活苗对鸡免疫接种有良好的保护作用。

第七节　禽白血病

禽白血病（英文简称AL）是一类ALV相关的反转录病毒引起鸡的不同组织良性和恶性肿瘤病的总称。禽白血病病毒（ALV）主要引起感染鸡在性成熟前后发生肿瘤死亡，感染率和发病死亡率高低不等，死亡率最高可达20％。一些鸡感染后虽不发生肿瘤，但可造成产蛋性能下降甚至免疫抑制。

【流行病学】鸡是本群所有病毒的自然宿主。Rous肉瘤病毒（RSV）宿主范围最广，野鸡、珠鸡、鸭、鸽、鹌鹑、火鸡和鹧鸪人工接种也可引起肿瘤。不同品种或品系的鸡对病毒感染和肿瘤发生的抵抗力差异很大。ALV-J主要引起肉鸡的肿瘤和其他病症，但最近研究表明也可引起商品蛋鸡的感染并发生肿瘤。

垂直传播是本病的主要传播方式，同群鸡也能通过直接或间接接触水平传播。病鸡和带毒鸡是传染源，大多数鸡通过与先天感染鸡的密切接触获得感染。感染的种蛋孵出的雏鸡将终身带毒，有免疫耐受性，并通过鸡蛋代代相传。

成年鸡的 LLV 感染有四种情况：无病毒血症又无抗体（V^-A^-）；无病毒血症而有抗体（V^-A^+）；有病毒血症又有抗体（V^+A^+）；有病毒血症而无抗体（V^+A^-）。先天感染的胚胎对病毒产生免疫耐受，出壳后成为 V^+A^- 鸡，血液和组织含毒很高，到成年时母鸡把病毒传给子代有相当高的比例。先天感染与母鸡向蛋白排毒和阴道存在病毒有关，电镜检查显示输卵管膨大部病毒复制的浓变很高。被感染胚胎的胰腺积聚大量病毒，可从新出壳鸡的粪便中排出，传染性很强。

通常感染鸡部分发生淋巴白血病（LL），但不发病的鸡可带毒并排毒。V^+A^- 鸡死于 LL 的比 V^-A^+ 鸡高好几倍。

内源病毒无致瘤性或致瘤性很弱。

【症状及病理变化】淋巴白血病（LL）的潜伏期长，以标准毒株（如 RPR12）接种易感胚或 1~14 日龄易感雏鸡，在 14~30 周之间发病。自然病例可见于 14 周龄后的任何时间，但通常以性成熟时发病率最高。但 ALV－J 接种易感胚或 1 日龄 SPF 鸡，最短可在 4 周内发病。

LL 无特异临床症状，可见鸡冠苍白、皱缩，间或发绀。食欲不振、消瘦和衰弱。腹部增大，可触摸到肿大的肝、法氏囊和/或肾。一旦显现临床症状，通常病程发展很快。淋巴样白血病是最为常见的经典型白血病肿瘤，肿瘤可见于肝、脾、法氏囊、肾、肺、性腺、心、骨髓等器官组织，肿瘤可表现为较大的结节状（瘤块状或米粒状，或弥漫性分布）。肿瘤结节的大小和数量差异很大，表面平滑，切开后呈灰白色至奶酪色，但很少有坏死区。在成红细胞性白血病、成骨髓性细胞白血病、骨髓细胞白血病，多使肝、脾、肾呈弥漫性增大。J 亚型 ALV 感染主要诱发骨髓细胞样肿瘤，它最常见的特征性变化主要为肝、脾肿大或布满无数的针尖、针头大小的白色增生性肿瘤结节。在一些病例，还可能在胸骨和肋骨表面出现肿瘤结节。

单纯 HE 染色的病理组织切片观察在诊断上只有参考意义，在表现为淋巴样细胞肿瘤结节时，要注意与 MDV 或 REV 诱发的肿瘤相区别，在表现为骨髓样细胞瘤时，既要与 REV 诱发的类似肿瘤细胞相区别，也要与中性粒细胞浸润性炎症相区别，如鸡戊型肝炎病毒感染引起的肝局部炎症。最终的鉴别诊断必须以组织中的病毒抗原检测或病毒分离鉴定的结果为最可靠依据。

ALV－J 感染的蛋鸡主要以本表出现血管瘤，血管一旦破裂，流血不止，病鸡因失血过多死亡。发病日龄一般在 16~40 周。

隐性感染可使蛋鸡和种鸡的产蛋性能受到严重影响。肝、法氏囊和脾几乎都有眼观肿瘤，肾、肺、性腺、心、骨髓和肠系膜也可受害。肿瘤大小不一，可为结节性、粟粒性或弥漫性。肿瘤组织的显微变化呈灶性和多中心性，即使弥漫性肿瘤也是如此。

ALV－J 感染发病可发生在 4 周龄或更大日龄的肉鸡，产生髓细胞瘤的时间比 ALV－A 产生的成淋巴群细胞瘤要早，4~20 周龄病鸡在肝、脾、肾和胸骨可见病理变化。组织病理学变化的特征是肿瘤由含酸性颗粒的未成熟的髓细胞组成。

【诊断】病毒分离的最好材料是病鸡的血浆、血清和肿瘤，新下蛋的蛋清、10 日龄鸡胚和病鸡的粪便中也含有病毒。分离鉴定不同亚型 ALV 需要对病毒易感的细胞。

病料接种细胞单层后，置于37℃培养箱中培养2h。然后吸去培养液，换入新鲜培养液，继续培养5～7d，然后用间接免疫荧光抗体反应检测，可以用单克隆抗体（如抗ALV-J亚群特异性单克隆抗体）或抗ALV单因子鸡血清进行鉴别。被感染的CEF细胞内呈现亮绿色荧光，周围未被感染的细胞不被着色或颜色很淡。在放大200～400倍时，可见被感染细胞胞质着色，判为ALV阳性，无亮绿色荧光者判为阴性。

1. ELISA检测ALV p27抗原　可以用培养7～14d后的细胞上清液直接检测；也可取细胞培养物冻融后检测；或用从泄殖腔采集的棉拭子。当样本在DF1或CEF细胞（C/E品系）上检测出ALV p27抗原时，判为ALV阳性，否则判为阴性。

2. 病毒的分型　利用J亚型ALV特异性单克隆抗体进行IFA检测，可以鉴定J亚型ALV，但不能鉴别其他ALV亚型如A、B、C、D亚型。对分离到的病毒用RT-PCR（上清液中的游离病毒）或PCR（细胞中的前病毒cDNA）扩增和克隆囊膜蛋白$gp85$基因，测序后与Genebank中的已知A、B、C、D亚型的$gp85$基因序列做同源性比较，即可对病毒进行分型。

【防控】由于本病可垂直传播，水平传播仅占次要地位，先天感染的免疫耐受鸡是最重要的传染源，所以疫苗免疫对防制的意义不大，目前也没有可用的疫苗。减少种鸡群的感染率和建立无白血病的种鸡群是防制本病最有效的措施。从种鸡群中消灭LLV的步骤包括：从蛋清和阴道拭子试验呈阴性的母鸡选择受精蛋进行孵化；在隔离条件下小批量出雏，避免人工性别鉴定，接种疫苗每雏换针头；测定雏鸡血液是否LLV阳性，淘汰阳性雏和与之接触者；在隔离条件下饲养无LLV的各组鸡，连续进行4代，建立无LLV替代群。

第八节　鸡病毒性关节炎

病毒性关节炎又称**病毒性腱鞘炎**，是一种由禽呼肠孤病毒引起的鸡和火鸡的病毒性传染病。以发生关节炎、腱鞘炎及腓肠肌腱断裂为主要特征。

【流行病学】本病只感染鸡和火鸡，肉鸡比蛋鸡易感，5～7周龄的肉用仔鸡最常见。本病的发生与鸡只日龄有着密切的关系，日龄越小，易感性愈高，1日龄雏鸡最易感。鸭、鹅、鹦鹉也有一定的易感性。

病鸡和带毒鸡是主要的传染源，病毒可在鸡体内存留115～289d。本病既可水平传播又可垂直传播。排毒途径主要是粪便，粪便污染是接触感染的主要来源。

【症状】足掌接种第2天即见症状，肌肉接种需要5～9d，鼻窦内或气管内接种需要9～11d，接触感染的潜伏期13～50d。

本病感染率高达95%～100%，病死率不超过6%。多数感染鸡呈隐性经过，发病率仅5%～10%。急性发病鸡群，病初有较轻微的呼吸道症状，食欲减退，不愿走动，蹲伏，贫血，消瘦，胫关节、趾关节及连接的肌腱发炎肿胀，随后出现跛行。病程延长且严重时，可见一侧或两侧跗关节肿胀，跖骨歪扭，趾后屈。在日龄较大的肉鸡中可见腓肠腱断裂，导致顽固性跛行。种鸡群或蛋鸡群受感染后，关节变化不显著，仅表现产蛋量下降10%～15%。

【病理变化】急性病例病理变化主要见关节囊及腱鞘水肿、充血或点状出血，关节腔内含有少量淡黄色或带血色的渗出物，少数病例有脓性分泌物存在，有时含纤维素絮片。慢性病例，关节腔渗出物较少，关节硬固变形，表面皮肤呈褐色，甚至溃疡。切开关节囊可见关节软骨糜烂及滑膜出血，腱鞘显著水肿，严重病例可见肌腱断裂、出血和坏死等。有时还可见心外膜炎，肝、脾和心肌上有细小的坏死灶。

【诊断】

1. 病毒分离与鉴定

（1）病料的采集　肿胀的腱鞘、趾关节或股关节液、气管及肠内容物、脾脏等均含有较多的病毒，可作为病料的采集部位。

（2）鸡胚接种　用5～7日龄无呼肠孤病毒的鸡胚，卵黄囊接种0.1～0.2mL可疑病料，3～5d后鸡胚死亡，可见胚体明显出血或紫红，内脏器官充血、出血，存活的鸡胚矮小，肝脾和心脏增大，有坏死点。或绒毛尿囊膜接种10日龄鸡胚，3～5d可见死亡鸡胚绒毛尿囊膜痘斑样病变和胞质包涵体。

（3）病毒鉴定　通过病毒理化特性测定，结合琼脂扩散和病毒中和试验进行病毒鉴定。用鸡胚液经脚垫接种1日龄SPF雏鸡，应出现病毒性关节炎的典型病变。

2. 血清学试验　本病的血清学诊断多用琼脂扩散试验。

本病易与传染性滑膜炎及葡萄球菌感染等相混淆，应注意鉴别。传染性滑膜炎由滑膜支原体引起，病鸡关节腔内的渗出物比较黏稠，呈乳酪样，肉眼鉴别有困难时，可进行血清学试验或病原的分离鉴定。葡萄球菌病引起的关节炎多发生于2～4周龄的鸡，滑液混浊呈脓性，细菌分离有大量的金黄色葡萄球菌，早期注射青霉素有效。

【防控】目前尚无有效的治疗方法，对本病的预防和控制，主要依靠综合性防疫措施。

第九节　鸡传染性鼻炎

鸡传染性鼻炎（infectious coryza，IC）是由副鸡嗜血杆菌引起鸡的急性呼吸系统疾病，主要表现鼻腔与鼻窦发炎、流涕、面部肿胀、打喷嚏和结膜炎等。此病呈世界性分布，导致产蛋鸡产蛋量下降，生长鸡及肉鸡增重停滞，常造成养鸡业巨大经济损失。

【流行病学】本病可发生于各种年龄的鸡，老龄鸡感染较严重，人工感染4～8周龄小鸡有90%出现典型的症状。13周龄或以上的鸡可100%感染。在较老龄的鸡中，潜伏期较短，病程拖长。病鸡及隐性带菌鸡是主要传染源，慢性病鸡及隐性带菌鸡是鸡群中发生本病的重要原因。传播途径主要以飞沫及尘埃经呼吸道传播，也可通过污染的饲料和饮水经消化道传染。麻雀等野生鸟类也能成为传播媒介。

本病的发生与一些使机体抵抗力下降的诱因有关。如鸡群拥挤，不同年龄的鸡混群饲养，通风不良，鸡舍内闷热，氨气浓度高，或鸡舍寒冷潮湿，缺乏维生素A，受寄生虫侵袭等都能促使鸡群发病。鸡群接种禽痘疫苗引起的全身反应，也常常是传染性鼻炎的诱因。本病多发于秋冬两季，传播较快，常与气候和饲养管理条件相关。

【症状及病理变化】本病潜伏期短。自然感染一般在3d内出现临床症状。鼻腔和鼻窦发生炎症者，仅表现鼻腔流稀薄清液，常不为人注意。一般常见症状为鼻孔先流出清液以后转为浆液黏性分泌物，有时打喷嚏。眼周及脸部肿胀、眼结膜发炎、充血、肿胀。采食及饮水减少，或有腹泻，体重减轻。病鸡精神沉郁、缩头、呆立。仔鸡生长不良，成年母鸡产蛋减少甚至停止，公鸡肉髯常见肿大。如炎症蔓延至下呼吸道，则呼吸困难并伴啰音；如转为慢性或并发其他疾病，鸡群发出污浊的恶臭。病鸡常摇头欲将呼吸道内的黏液排出，咽喉亦可积有分泌物的凝块，最后常窒息而死亡。病程一般4～8d。夏季发病较缓和，病程也较短。

本病发病率虽高，但死亡率较低，尤其是在流行的早、中期鸡群很少有死鸡出现。但在鸡群恢复阶段，死淘率增加，但不见死亡高峰。这部分死淘鸡多属继发感染所致。病理剖检变化较复杂多样，有的死鸡仅呈现一种主要病理变化，有的鸡则有两三种病理变化特征。本病感染致死的鸡中常见鸡慢性呼吸道疾病、鸡大肠杆菌病、鸡白痢等混合感染。主要病变为鼻腔和窦黏膜呈急性炎症，黏膜充血肿胀，表面覆有大量黏液，窦内有渗出物凝块，后成为干酪样坏死物。常见卡他性结膜炎，结膜充血、肿胀。脸部及肉髯皮下水肿。严重时可见气管黏膜炎症，偶有肺炎及气囊炎。卵泡变性、坏死和萎缩。

【诊断】本病和慢性呼吸道病、慢性鸡霍乱、禽痘以及维生素 A 缺乏症等的临床症状类似，故仅从发病表现确诊本病有一定困难。如群内死亡率高、病期延长时，则需考虑有混合感染的可能。实验室常用病原分离鉴定和血清学诊断（凝集试验、血凝抑制试验、琼脂扩散试验等）和分子生物学技术（PCR 技术）来进行确诊。

【防控】鉴于本病发生常由于外界不良因素而诱发，因此平时养鸡场在饲养管理方面应注意：①鸡舍内氨气含量过大是发生本病的重要因素，安装供暖设备和自动控制通风装置，可明显降低鸡舍内氨气的浓度。②寒冷季节气候干燥，舍内空气污浊、尘土飞扬，应采取降尘和净化空气等措施。③饲料、饮水污染是造成本病传播的重要途径，需加强饮水及饮水用具的清洗消毒。④人员流动是病原重要的机械携带者和传播者，鸡场工作人员应严格执行更衣、洗澡、换鞋等防疫制度。

免疫接种是防制本病的重要手段，可用鸡传染性鼻炎油佐剂灭活苗，对 25～30 日龄鸡只进行首免，120 日龄左右进行第二次免疫，整个产蛋期鸡只可受到保护。

副鸡嗜血杆菌对磺胺类药物敏感性较高。一般用复方新诺明或磺胺增效剂与其他磺胺药物合用，或用 2～3 种磺胺类药物组成的联磺制剂均能取得较明显效果。如若鸡群食欲下降，经饲料给药血中达不到有效浓度，治疗效果差，此时可考虑采取注射方式给药，效果更好。红霉素、土霉素、青霉素、链霉素及喹诺酮类药物是常用药物。总之磺胺类药物和抗生素均可用于治疗，关键是给药方法能保证每天足够的药物剂量。

第十节 鸡败血支原体感染

鸡败血支原体感染又称鸡毒支原体感染或鸡慢性呼吸道病，是由鸡败血支原体引起鸡和火鸡的一种慢性呼吸道传染病。鸡主要表现为气管炎和气囊炎，以咳嗽、气喘、流鼻液和呼吸啰音为特征。该病流行缓慢、病程长，成年鸡多呈隐性感染，可在鸡群长期存在和蔓延。

【流行病学】鸡和火鸡对本病都有易感性，不同年龄的鸡均可感染，以 4～8 周龄鸡最易感。成年鸡多呈隐性经过。鹌鹑、珍珠鸡、孔雀、鹧鸪和鸽子也能感染。

支原体对外界环境的抵抗力不强，离开鸡体后很快失去活力。在 18～20℃的室温下可存活 6d。在 20℃的鸡粪中存活 1～3d，在卵黄中 37℃时存活 18 周。低温条件下存活时间更长，在 4℃冰箱中可以存活 10～14 年之久。一般消毒药物均能将它迅速杀死。

病鸡和隐性感染鸡是本病的传染源。本病的传播有垂直传播和水平传播两种方式。病原体可通过空气中的尘埃或飞沫经呼吸道感染，也可经被污染的饲料及饮水由消化道传染。但最重要的是经卵垂直传播，感染早期和疾病严重的鸡群经卵传播率很高，使本病在鸡群中连续不断地发生。

本病一年四季都可发生，但以寒冷季节较严重。

【症状及病理变化】幼龄鸡发病，症状比较典型，表现为浆液或黏液性鼻液，鼻孔堵塞、频频摇头、喷嚏。当炎症蔓延下部呼吸道时，则喘气和咳嗽更为显著，有呼吸道啰音。病鸡食欲不振，生长停滞。后期可因鼻腔和眶下窦中蓄积渗出物而引起眼睑肿胀，症状消失后，发育受到不同程度的抑制。如无并发症，病死率较低。病程在 1 个月以上，甚至 3～4 个月。产蛋鸡感染后，只表现产蛋量下降和孵化率低，孵出的雏鸡活力降低。病理变化表现为鼻道、气管、支气管和气囊内含有混浊的黏稠渗出物。气囊壁变厚和混浊，严重者有干酪样渗出物。

【诊断】分离培养可取气管或气囊的渗出物制成悬液，直接接种支原体肉汤或琼脂培养基，但由于鸡败血支原体对培养条件要求较高，分离培养难度较大，故很少进行；血清学诊断以血清平板凝集试验最常用，此外还可用 HI 和 ELISA 等方法。

鉴别诊断应注意与传染性支气管炎、传染性喉气管炎和传染性鼻炎相区别（表 2-1）。

表 2-1 鸡败血支原体感染、传染性鼻炎、传染性喉气管炎、传染性支气管炎鉴别诊断

诊断要点	鸡败血支原体感染	传染性鼻炎	传染性喉气管炎	传染性支气管炎
病原	鸡败血支原体	副鸡嗜血杆菌	疱疹病毒	冠状病毒
发病禽种	鸡、火鸡能自然感染	只有鸡能自然感染	只有鸡能自然感染	只有鸡能自然感染
流行病学	主要侵害 4～8 周龄幼鸡，呈慢性经过，可经蛋垂直传染	1 周龄内幼雏有一定抵抗力，4 周龄以上的鸡均易感，以育成鸡和产蛋鸡最易感，呈急性经过	主要侵害成年鸡，传播迅速，发病率高	各种年龄的鸡均可发病，但雏鸡最严重，传播迅速，发病率高
主要症状	流鼻液，喷嚏，咳嗽，呼吸困难，出现啰音；后期眼睑肿胀，眼部突出，眼球萎缩，甚至失明	鼻腔与窦发炎，流鼻液、喷嚏，脸部和肉髯水肿；眼结膜炎，眼睑肿胀，严重者引起失明	呼吸困难，呈现头颈上伸和张口呼吸的特殊姿势；咳嗽，咳出血性黏液	咳嗽、喷嚏和气管啰音，雏鸡流涕；产蛋鸡产蛋减少和质量变劣
病程	1 个月以上	4～18d	5～7d 或更长	1～2 周
病理变化	鼻、气管、支气管和气囊内有黏稠渗出物，气囊膜变厚和混浊，内含干酪样物	鼻腔和鼻窦黏膜卡他性炎症，表面有大量黏液；鼻窦、眶下窦和眼结膜囊内有干酪样物	喉头和气管黏膜肿胀、出血、溃疡，覆有纤维素性干酪样假膜，气管内有血性渗出物	鼻腔、气管、支气管黏膜卡他性炎症，有浆液性或干酪样渗出物；产蛋鸡卵泡充血、出血、变形，腹腔有卵黄物；肾型传支表现为肾脏肿胀和尿酸盐沉积
实验室诊断	分离培养支原体；或取病料接种 7 日龄鸡胚卵黄囊，5～7d 死亡，检查死胚；活鸡检疫可用凝集试验	分离培养副鸡嗜血杆菌；或取病料接种健康幼鸡，可在 1～2d 后出现鼻炎症状	取病料接种 9～12 日龄鸡胚绒毛尿囊膜，3d 后绒毛尿囊膜出现增生性病灶，细胞核内有包涵体	取病料接种 9～11 日龄鸡胚绒毛尿囊腔，可阻碍鸡胚发育，胚体缩小成小丸形，羊膜增厚，紧贴胚体，卵黄囊缩小，尿囊液增多
治疗	泰乐菌素、壮观霉素、链霉素和红霉素等有效	磺胺嘧啶、强力霉素、链霉素、红霉素等有效	尚无有效药物治疗	尚无有效药物治疗

【防控】加强饲养管理，严格执行全进全出的饲养管理制度，消除引起鸡抵抗力下降的一切因素是预防本病的前提。

1. 免疫接种 控制本病感染的疫苗有灭活苗和活疫苗两大类。灭活疫苗以油乳剂灭活苗效果较好，多用于蛋鸡和种鸡；活疫苗主要是 F 株和温度敏感突变株 S6 株，即可用于尚未感染的健康鸡群，也可用于已感染的鸡群，据报道免疫保护率在 80% 以上。

2. 消除种蛋内支原体 鸡败血支原体病属于蛋传递疾病，选用有效的药物浸泡种蛋，或种蛋加热处理，可以减少蛋内的支原体感染，但降低孵化率 3%～5%，一般很难被接受。

3. 建立无支原体病的种鸡群 主要方法如下：①选用对支原体有抑制作用的药物，降低种鸡群的带菌率和带菌的强度，减低种蛋的污染率。②种蛋 45℃ 处理 14h，或在 5℃ 泰乐菌素药液中浸泡 15min。③雏鸡小群饲养，定期进行血清学监测，一旦出现阳性鸡，立即将小群淘汰。④做好孵化箱、孵化室、用具、鸡舍等环境的消毒，加强兽医生物安全措施，防止外来感染。⑤产蛋前进行一次血清学检查，均为阴性时方可用作种鸡。当完全阴性反应亲代鸡群所产种蛋不经过处理孵出的子代雏鸡群，经过多次检测未出现阳性时，方可认为是无支原体病的种鸡群。

第十一节 鸭 瘟

鸭瘟（英文简称 DP）又称鸭病毒性肠炎，是由鸭瘟病毒（DPV）引起的常见于鸭、鹅等雁行目禽类的一种急性败血性和高度接触性传染病。典型的临床特点是体温升高、流泪和部分病鸭头颈部肿大，两腿麻痹和排出绿色稀粪。病理特征可见食道和泄殖腔黏膜出血、水肿和坏死，并有黄褐色假膜覆盖或溃疡，肝灰白色坏死点。该病的特征是流行广泛、传播迅速、发病率和病死率高，是目前对世界范围水禽危害最为严重的疫病之一。

【流行病学】鸭瘟呈世界性分布，一年四季均可发生，但以春秋季最为多见，不同品种和年龄的鸭均可以感染 DPV，但发病率和病死率有一定的差异，成年鸭的发病率高于幼鸭，20 日龄内的雏鸭较少流行本病。

鸭瘟的主要传染源是病鸭（鹅）以及带毒的家养和野生水禽。一些候鸟如野鸭和大雁等，既是本病的易感者，又是 DPV 长距离的携带者和自然传染源。

本病自然感染情况下的传播途径主要是消化道，其次可通过交配、眼结膜、呼吸道、泄殖腔和损伤的皮肤传播。

DPV 的自然感染仅限于雁形目的鸭科成员（如鸭、鹅、天鹅等），而与病鸭直接接触的其他禽类如鸡、火鸡、鸽及哺乳动物均不感染。

鸭瘟的传播方式既可通过易感鸭与感染鸭直接接触，也可间接接触被污染的环境。

DP 康复鸭可能成为带毒鸭，并周期性地向外排毒，从而引起家鸭和野生禽类 DP 的暴发。因为，水禽往往在一共同水域中觅食、饮水和栖居，所以水是本病从感染禽传播到易感禽的重要自然传播媒介。

【症状】本病自然感染的潜伏期 3～5d，人工感染的潜伏期为 2～4d，有时甚至不到 1d。病初体温急剧升高，达 43℃ 以上，持续不退，呈稽留热，体温升高并稽留至中后期是本病非常明确的发病特征之一。病鸭精神沉郁，头颈缩起，离群独处；羽毛松乱，翅膀下垂；饮欲增加，食欲减退或废绝；两腿发软，麻痹无力，走动困难，行动迟缓或伏坐地上不能走动，强行驱赶时常以双翅扑地行走，走几步即倒地，此时病鸭不愿下水，若强迫其下水，则漂浮水面并挣扎回岸；腹泻，排出绿色或灰白色稀粪，有腥臭味，泄殖腔周围的羽毛沾污或结块；肛门肿胀，严重者黏膜外翻，黏膜面有黄绿色的假膜且不易剥离，翻开肛门可见泄殖腔黏膜充血、出血及水肿，黏膜上有绿色假膜，剥离后可留下溃疡；部分病鸭头部肿大，触之有波动感，所以本病又俗称"大头瘟"或"肿头瘟"；眼有分泌物，初为浆液性，使眼睑周围羽毛湿润，后变为脓性，常造成眼睑粘连；眼结膜充血、水肿，甚至形成小溃疡，部分外翻；初期鼻中流出稀薄的分泌物，后期鼻中流出黏稠的分泌物；呼吸困难，并发生鼻塞音，叫声嘶哑，部分病鸭有咳嗽；倒提病鸭时从口腔流出污褐色液体；病的后期，体温降至常温以下，体质衰竭，不久死亡。本病一般呈急性经过，有的病例甚至可在泄殖腔发现外形完整而未来得及产出的鸭蛋，少数病例呈亚急性过程，拖延数天，部分转为慢性经过。急性病例病程一般为 2～5d，致死率在 90% 以上。少数不死转为慢性，表现消瘦，生长发育不良。亚急性病例病程 6～10d，病死率达 90% 以上，也有不到 1% 的，个别不死的病例转为慢性，呈现消瘦、生长发育不良，产蛋减少，并因采食困难而引起死亡，病程可达 2 周以上。产蛋鸭群的产蛋量减少，一般减产 30% 左右，随着病死率的增高，可减产 60% 以上，甚至停产。

鹅感染鸭瘟的临床症状一般与病鸭的相似。特征为头颈羽毛松乱，脚软，行动缓慢或卧地不愿行走；食欲减少甚至废绝，但饮水较多；体温升高；流眼泪、眼结膜充血、出血，严重的出现眼周水肿和脱毛现象；个别病鹅下颌水肿，鼻孔有大量分泌物，咳嗽，呼吸困难；肛门水肿，排黄白色或淡绿色黏液状稀粪；少数患病公鹅的生殖器官突出，有的病鹅倒提时从口中流出绿色恶臭液体。病程为 2～3d，病死率可达 90% 以上。

【病理变化】食道黏膜有纵行排列的灰黄色假膜覆盖或小出血斑点，假膜易剥离，剥离后留有溃疡瘢痕；泄殖腔黏膜表面覆盖一层灰褐色或绿色的坏死痂，黏着很牢固，不易剥离，黏膜上有出血斑点和水肿；肝脏早期有出血性斑点，后期出现大小不同的灰白色坏死灶，在坏死灶周围有时可见环形出血带；坏死灶中心常见小出血点，肝表面和切面有大小不等的灰黄色或灰白色的坏死点。腺胃与食道膨大部的交界处有一条灰黄色坏死带或出血带，肌胃角质膜下层充血。肠黏膜有充血和出血性炎症。2 月龄以下鸭肠道浆膜面常见 4 条环状出血带。

【诊断】现场诊断可以根据流行病学、特征临床症状和病理变化等作出初步判断。实验室确诊需要进行如下检查。

1. 病毒分离 病毒的分离一般采用急性发病期或死亡后的病鸭血液、肝、脾或肾作为分离病毒的检样。一般采用 9～14 日龄鸭胚，通过尿囊膜途径接种，分离病毒。鸭胚在接种后 4～10d 死亡，胚体有典型出血病变，若初次分离为阴性，可将收获尿囊膜盲传 3 代。肝和脑是病原学诊断的最佳取材部位。可用 PCR、中和试验鉴定分离到的病毒。

2. 其他实验室方法 琼脂凝胶扩散试验、酶联免疫吸附试验、反向间接血凝试验、斑点酶联免疫吸附试验可用于该病的特异诊断。

【防控】鸭瘟目前尚无有效的治疗方法，控制本病主要依赖于平时的预防措施。预防应从消除传染源、切断传播途径和对易感水禽进行免疫接种等方面着手。

1. 不从疫区引进种鸭、鸭苗或种蛋 一定要引进时，必须先了解当地有无疫情，确无疫情，经过检疫后才能引进。鸭运回后隔离饲养，观察 2 周。

2. 避免接触可能污染的各种用具物品和运载工具　防止健康鸭到鸭瘟流行地区和有野生水禽出没的水域放牧。严格卫生消毒制度，对鸭舍、运动场、饲养管理用具等保持清洁卫生，定期用 10%石灰乳和 5%漂白粉消毒。

3. 病愈鸭以及人工免疫鸭能获得坚强的免疫力　免疫母鸭可使雏鸭产生被动免疫，但 13 日龄雏鸭体内母源抗体大多迅速消失。对受威胁的鸭群可用鸡胚适应鸭瘟弱毒疫苗进行免疫。20 日龄雏鸭开始首免，每只鸭肌内注射 0.2mL，5 个月后再免疫接种一次即可，种鸭每年接种 2 次，产蛋鸭在停产期接种，一般在 1 周内产生坚强的免疫力。3 月龄以上鸭肌内注射 1mL，免疫期可达 1 年。

4. DPV 弱毒疫苗接种　通常只需几个小时接种鸭就呈现出一定的保护力。鸭群一旦发生鸭瘟，必须迅速采取严格封锁、隔离、消毒、毁尸及紧急预防接种等综合性防疫措施。紧急预防接种关键在于尽早确诊，尽早注射疫苗，这对控制疫情，减少损失，具有显著作用，各地实践证明，当发现鸭瘟就应立即用鸭瘟弱毒疫苗进行紧急接种（有用多倍剂量、10 倍甚至更高），一般在接种后 1 周内死亡率显著降低，随后停止发病和死亡。如果时间拖延后再注射疫苗，或者不配合进行严格隔离、消毒等措施，则保护率就很差。同时严格禁止病鸭外调或上市出售，应停止放牧，防止扩大疫情。

5. 在发病初期肌内注射抗鸭瘟高免血清　每只鸭注射 0.5mL，有一定的疗效，配合聚肌胞成年鸭每次肌内注射 1mL，3d 一次，用药 2～3 次，可收到较好的防治效果。

第十二节　鸭病毒性肝炎

鸭病毒性肝炎（英文简称 DVH）是由不同型鸭肝炎病毒（DHV）引起雏鸭的一种以肝脏肿大和出血斑点为病理特征的病毒性传染病。其中以 1 型鸭肝炎病毒（DHV-1）危害最大，对易感雏鸭具有高度致死性且传播迅速，1 周龄以内的易感雏鸭病死率常在 95%以上。我国以 DHV-1 流行最为严重，几乎各养鸭地区均有发生和流行。因此，这里只介绍 DHV-1。

【流行病学】在自然条件下，DHV-1 仅发生于雏鸭，成年种鸭即使在污染的环境中也无临床症状，并且不影响产蛋率，但能够产生中和抗体，并通过卵黄传递使下一代雏鸭获得一定程度母源抗体的被动保护。被感染的雏鸭从出现临床症状即开始通过肠道向外排毒，成为本病的重要传染源。

该病无明显的季节性，一年四季均可发生，雏鸭的发病率为 100%，1 周龄雏鸭的病死率可达 95%或以上，而 1～3 周龄的雏鸭病死率为 50%或更低，4～5 周龄雏鸭的发病率和病死率都很低。

在我国广大农村散养的鸭群，种鸭没有进行合理免疫，下一代雏鸭对 DHV 易感，常常发生暴发流行，流行过后幸存鸭作为种鸭也能为其后代雏鸭提供一定程度母源抗体的保护，因此在这些地区鸭病毒性肝炎的流行呈现一种 1～1.5 年出现一次流行高峰周期规律。

在我国进行集约化养殖的鸭群，常常对种鸭在开产前进行 1～2 次鸭病毒性肝炎弱毒疫苗的免疫，其后代雏鸭能够获得良好的免疫保护。但在疫苗免疫后 5 个月以上的种鸭群，其后代雏鸭的免疫保护力开始降低，如环境污染较为严重就会有部分雏鸭发病，其特点是发病年龄增大，常在 10 日龄以上，发病率 10%～30%，病死率 5%～20%。

【症状及病理变化】Ⅰ型鸭肝炎的潜伏期短，其发生和传播迅速，死亡几乎都发生在感染后3～4d。病鸭发病初期精神沉郁、厌食、眼半闭呈昏睡状，以头触地，不久即转为神经症状，运动失调，身体倒向一侧，两脚痉挛性后蹬，全身抽搐，仰脖，头弯向背部。有的在地上旋转，抽搐几分钟至几小时后死亡。死时大多头向背部后仰，呈角弓反张姿态。

Ⅰ型鸭肝炎的病变表现为肝肿大、质脆，表面有大小不等的出血点。胆囊肿胀并充满胆汁，胆汁呈褐色、淡茶色或淡绿色。脾脏充血，心肌质软。

急性病例最初的组织学病变为肝细胞大量坏死、出血，慢性则表现为肝脏的广泛胆管增生，也可见肝实质增生，部分肝细胞发生脂肪变性，并有不同程度的异嗜性白细胞和淋巴细胞浸润及出血，脾组织呈退行性变性或坏死，肾组织的毛细血管和静脉腔充满红细胞。电镜下，可见肝细胞的核变形、浓缩，突出的特点是普遍存在"核小体"的结构，胞质线粒体扩张、空泡化，线粒体膜破裂，溶酶体数目增加，粗面内质网扩张，核糖体从内质网上脱落，糖原消失，脂滴增多，在感染后1h，可见到病毒样粒子类晶状格排列于肝细胞内。

【诊断】本病现场诊断的主要依据是流行病学特征（如自然条件下发生于雏鸭等）、典型临床症状（如神经症状等）和典型大体解剖病变（如肝肿大和出血斑点等）作出初步诊断。Ⅰ型DVH实验室诊断方法为：

1. 病毒分离鉴定 无菌采取雏鸭肝脏制成悬液，经尿囊腔接种8～10日龄鸡胚或10～14日龄鸭胚，观察死亡情况。然后收集尿囊液作为待鉴定材料（此法也可同时设立阳性血清中和肝脏悬液对病料进行初步鉴定）。

2. 其他实验室方法 中和试验（VNT）、雏鸭血清保护试验、间接ELISA、琼脂扩散试验、荧光抗体技术、斑点酶联免疫吸附试验、免疫组织化学法、RT-PCR等方法可用于该病的特异诊断。

【防控】我国现在控制雏鸭病毒性肝炎的主要技术手段是对种鸭免疫，使下一代雏鸭获得被动保护，以及对刚孵出雏鸭注射高免抗体，实践证明是有效和可行的。目前存在的主要问题是在我国广大农村散养的鸭群，农民没有对种鸭进行免疫的积极性，国家没有强制免疫的具体措施，下一代雏鸭对DHV-1易感，常常发生暴发流行，损失严重。

1. 种鸭免疫 由于DHV-1主要发生于3周龄以内的雏鸭，特别是3～7日龄雏鸭发病死亡严重，所以通过免疫种鸭而使雏鸭获得抵抗DHV-1的能力有重要意义。实践中主要有以下一些程序：①种鸭在产蛋前2周用弱毒疫苗免疫一次，5个月内可使下一代雏鸭获得抗DHV-1的免疫。②在DHV-1流行严重地区，为了使子代雏鸭获得较高的母源抗体水平，在种鸭产蛋前2～3周进行两次（间隔7d）弱毒疫苗免疫后4～5个月，在种鸭产蛋高峰期开始下降时，用DHV-1弱毒疫苗免疫一次。

在严重发病鸭场，如无其他措施（如没有弱毒疫苗等），可采用本场分离的DHV-1强毒接种全部种鸭，第一次接种后间隔2周再注射一次，再经过2周即可获得具有高度免疫力的种蛋，这种方法只适用于发病严重的鸭场使用，同时应采取措施防止病毒扩散。

种鸭和雏鸭均进行免疫适用于发病较严重的地区。虽然对种鸭进行严格免疫，15d以后的雏鸭仍有少数发病，这种情况可在1日龄时使用弱毒疫苗进行口服，使雏鸭产生的主动抗体的上升能够弥补母源抗体的下降，从而防止DVH的发生。

2. 雏鸭免疫 ①没有母源抗体的雏鸭在1日龄时用弱毒疫苗进行皮下注射或口服，经2d产生抗体，5d达到高峰，此后略有下降，一直维持到8周龄。②有母源抗体的1日龄雏鸭可改用口服途径进行免疫，已经证明 DVH 弱毒活苗饮水免疫与皮下注射效果相似，其中母源抗体对注射活毒有中和作用，对口服免疫效果影响很小。

除了母源抗体外，免疫效果还受暴露于强毒的时间和严重程度的影响。如果雏鸭在出壳后早期暴露于强毒，特别是雏鸭病毒性肝炎呈地方性流行及严重感染的地区，其弱毒疫苗免疫效果也会降低。采用适当的卫生措施有助于解决这一问题。

3. 免疫治疗　在鸭场暴发 DVH 时，除了采取一些预防传播的紧急预防措施外，如果能对病鸭及时治疗，将可减少甚至阻止死亡的发生，减少经济损失，目前能用于治疗 DVH 的有康复鸭血清、高免血清和卵黄等，鸭场发病后，可用于早期治疗和阻止未发病鸭感染。如果抗体效价高、治疗及时则效果极佳。刚出孵的 1～3 日龄雏鸭使用高免卵黄抗体皮下注射 1～3mL，可预防 DVH 的发生。

第十三节　鸭浆膜炎

鸭浆膜病亦称鸭疫里默氏杆菌病，是由鸭疫里默氏杆菌引起的主要侵害雏鸭（鹅、火鸡）等多种禽类的一种接触传染病。该病多发于 1～8 周龄的小鸭，呈急性或慢性败血症，雏鸭常出现眼和鼻分泌物增多、腹泻、共济失调、头颈震颤等症状。剖检以纤维索性心包炎、肝周炎、气囊炎、脑膜炎以及部分病例出现干酪性输卵管炎、结膜炎、关节炎为特征。死亡率为 5%～70%，甚至高达 95% 以上。耐过的鸭生长迟缓、增重减慢、饲料报酬显著下降。该病是造成养鸭业经济损失最严重的疫病之一。

【流行病学】 鸭疫里默氏杆菌可引起多种禽类发生败血性疾病。自然条件下最易感的是鸭，不同品种的雏鸭均有自然感染发病的报道，其次是火鸡和鹅，也可引起野鸭、雉、天鹅、鸡感染发病。

1～8 周龄的鸭高度易感，近年鸭浆膜炎发病年龄有向幼龄化和大龄化方向发生的趋势。本病常由日龄较小的鸭群逐渐扩散到日龄较大的鸭群。某个鸭场一旦发病，其周围的鸭场或鸭群也会相继发生该病的流行，呈现典型的"疫点"流行特征，而且一旦发生很难根除，如果不改善饲养条件和环境卫生，就会引起不同批次的易感日龄的小鸭感染发病。在我国较为潮湿的南方地区更为严重。由于受不同菌株毒力差异、其他病原微生物的继发或并发感染、环境条件的改变、饲养管理水平等应激因素的影响，本病所造成的发病率和死亡率相差也较大，发病率为 5%～100%，病死率通常为 5%～70% 或更高。新疫区的发病率和病死率明显高于老疫区，日龄较小的鸭群发病及病死率明显高于日龄较大的鸭群，1 日龄雏鸭病死率可达 90% 以上。

本病可通过污染的饲料、饮水、飞沫、尘土经呼吸道、消化道、刺破的足部皮肤的伤口、蚊子叮咬等多种途径传播，库蚊是鸭浆膜炎的重要传播媒介。

本病一年四季均可发生，但以低温、阴雨、潮湿的季节以及冬季和春季较为多见。卫生及饲养管理条件较好的鸭场常表现为散发且多为慢性。气候寒冷、阴雨，饲养密度过高、鸭舍通风不良，垫料潮湿且未及时更换、场地潮湿、肮脏，从育雏室转移到育成舍饲养，从温度较高的鸭舍转移到温度较低的鸭舍，从舍内转移到舍外饲养或池塘内放养，饲料配比不当、缺乏维生素及微量元素，运输应激，其他病原微生物的感染或并发感染等因素均能诱导和加剧本病的发生和流行。

本病常与大肠杆菌病、沙门氏菌病并发或继发感染。

【症状】该病潜伏期一般为 1～3d 或 1 周左右。最急性型病例出现于鸭群刚开始发病时，通常看不到任何明显症状即突然死亡。

1. 急性病例　多见于 2～3 周龄的幼鸭，病程一般为 1～3d。其临床症状主要表现为精神沉郁、厌食、离群、不愿走动或行动迟缓，甚至伏卧不起、垂翅、衰弱、昏睡、咳嗽、打喷嚏，眼鼻分泌物增多，眼有浆液性、黏液性或脓性分泌物，常使眼眶周围的羽毛粘连，甚至脱落，鼻内流出浆液性或黏液性分泌物，分泌物凝结后堵塞鼻孔，使患鸭表现呼吸困难，部分患鸭缩颈或以喙抵地，濒死期神经症状明显，如头颈震颤、摇头或点头，呈角弓反张，尾部摇摆，抽搐而死。也有部分患鸭临死前表现阵发性痉挛。

2. 亚急性或慢性病例　多见于 4～7 周龄幼鸭，病程可达 7～10d 或以上。临床症状主要表现为精神沉郁、厌食、腿软弱无力、不愿走动、伏卧或呈犬坐姿势，共济失调、痉挛性点头或头左右摇摆，难以维持躯体平衡，部分病例头颈歪斜，当遇到惊扰时，呈转圈运动或倒退，有些患鸭跛行。病程稍长、发病后未死的鸭往往发育不良，生长迟缓，平均体重比正常鸭低 1～1.5kg，甚至不到正常鸭的一半。

【病理变化】

1. 最急性型　常见肝脏肿大、充血，脑膜充血，其他无明显肉眼病变。

2. 急性、亚急性或慢性　肉眼病变最为明显，主要在心包、肝脏和气囊形成纤维素性渗出炎症，俗有"雏鸭三炎"之称。纤维素性渗出性炎症可发生于全身的浆膜面，以心包膜、气囊、肝脏表面以及脑膜最为常见。急性病例的心包液明显增多，其中可见数量不等的白色絮状的纤维素性渗出物，心包膜增厚，心包膜表面常见一层灰白色或灰黄色的纤维素性渗出物，亚急性或慢性病例，心包液相对减少。纤维素性渗出物凝结，使心外膜与心包膜粘连，难以剥离。气囊混浊增厚，上有纤维素性渗出物附着，呈絮状或斑块状，颈、胸气囊最为明显。肝脏表面覆盖着一层灰白色或灰黄色的纤维素性膜，厚薄不均，易剥离。肝肿大、质脆，呈土黄色或棕红色。胆囊往往肿大，充盈着浓厚的胆汁。有神经症状的病例，可见脑膜充血、水肿、增厚，也可见有纤维素性渗出物附着。有些慢性病例常出现单侧或两侧关节肿大，关节液增多，关节炎的发生率有时可达病鸭的 40%～50%。少数患鸭可见有干酪性输卵管炎，输卵管明显膨大增粗，其中充满大量的干酪样物质。脾脏肿大。脾脏表面可见有纤维素性渗出物附着，但数量往往比肝脏表面少。肠黏膜出血，主要见于十二指肠、空肠或直肠，也有不少病例肠黏膜未见异常。偶见有腹腔积液的报道，蓄积的液体清亮、呈橙黄色。鼻窦肿大的病例，将鼻窦刺破并挤压，可见有大量恶臭的干酪样物质蓄积。

鸭的大肠杆菌与鸭疫里默氏菌所致病变也很相似，某些血清型的沙门氏菌感染也能引起与鸭疫里默氏菌很相似的病变。

【诊断】本病主要依据是流行病学特征（如自然条件下发生于雏鸭、鹅雏等）、典型临床症状（如神经症状等）和典型大体解剖病变（如心包、肝和气囊纤维素性渗出物形成的膜）作出初步诊断，但难与大肠杆菌病等区分。实验室诊断方法如下：

1. 细菌学检查　取病料进行病原的分离培养，观察其培养特性。选择纯培养物鉴定其主要生化特性是否与鸭疫里默氏菌相符合。

应用标准的分型抗血清，可进行玻板或试管凝集试验以及琼脂扩散试验鉴定血清型。

2. 其他实验室方法　凝集试验、琼脂扩散试验、间接酶联免疫吸附试验、荧光抗体技术、PCR 等方法可用于该病的特异诊断。

【防控】

1. 预防 应充分认识和强调良好饲养管理的关键作用，切实落实兽医卫生安全措施。只要饲养管理正确，兽医卫生安全措施得到切实落实的鸭场，鸭浆膜炎的发病率就会很低或者不发生。平时应该非常注意以下几个方面：注意减少各种应激因素，由于该病的发生和流行与应激因素密切相关，在将雏鸭转舍、舍内迁至舍外以及下塘饲养时，应特别注意气候和温度的变化，减少运输和驱赶等应激因素对鸭群的影响；应注意环境卫生，及时清除粪便，鸭群的饲养密度不能过高，注意鸭舍的通风及温湿度；对鸭舍、场地及各种用具定期进行彻底、严格的清洗和消毒；如果气候突变或有其他较强烈的应激因素存在，可在饲料或饮水中适量添加敏感的抗菌药物。

疫苗的预防接种是预防 RA 的有效的措施，但由于本菌血清型多，各血清型之间缺乏交叉免疫保护，因此在应用疫苗时，要经常分离鉴定各地流行菌株的血清型，选用同型菌株的疫苗，以确保免疫效果。

目前我国有批准文号的疫苗是灭活苗，根据当地发病日龄的早晚，于 1～7 日龄进行一次免疫，在流行严重地区可以考虑 1～2 周后进行一次加强免疫。

2. 治疗 药物治疗应该建立在药物敏感实验的基础上，不能滥用和乱用。应用敏感的药物治疗，虽然可以明显地降低发病率和死亡率，但由于鸭舍、场地、池塘以及用具等受到污染，当下一批幼鸭进入易感日龄后，又会出现该病的暴发。如果每批鸭都采用药物进行治疗或预防，一方面会增加生产成本，另一方面会导致菌株产生耐药性而带来公共卫生安全问题，所以应该积极创造条件放弃使用药物进行预防该病的不正确做法。

最急性和急性病例且在治疗之前已出现一定程度的死亡鸭群，对那些症状和病变严重的病鸭，即使使用敏感药物，疗效也并不理想。有效地控制该病的流行关键在于预防，包括环境生物安全措施和疫苗预防。

第十四节 禽坦布苏病毒感染

禽坦布苏病毒感染又称禽黄病毒病、禽出血性卵巢炎，是由禽坦布苏病毒引起一种以禽类（生产中常见种鸭、蛋鸭）产蛋量迅速下降为特征的新发急性传染病。发病禽表现发热，食欲下降，产蛋量急剧减少，蛋质量下降，卵泡膜出血，卵泡变性等。发病率可达 90% 以上，给禽养殖业造成严重经济损失。

【流行病学】本病在自然条件下可感染除番鸭以外的所有品种产蛋鸭（如绍兴鸭、缙云麻鸭、山麻鸭、金定鸭、康贝尔鸭、台湾白改鸭等）、肉鸭（如樱桃谷鸭、北京鸭等）、野鸭以及产蛋鸡和产蛋鹅。2010 年 4 月我国浙江首先发生该病，随后迅速传播到福建、江苏等南方地区。本病在新发地区发病率高，可达 90% 以上。幼禽感染发病，可引起死亡，死亡率高低与并发和继发感染有密切关系。本病病原为蚊传虫媒病毒，带毒蚊虫可使病原在不同养殖场间传播，导致本病在夏、秋两季大面积流行，但进入冬季之后仍有发生，说明其流行与传播可不完全依赖于蚊虫。消化道和呼吸道均为本病感染途径，病毒可经污染场地、饲料、饮水、器具等媒介传播，病毒亦可经卵垂直传播。从鸭场内死亡麻雀体内曾检出禽坦布苏病毒，提示鸟类在病毒的越冬机制和传播过程中有重要作用。本病流行有三个特点：有一定季节性，主要在夏、秋两季流行；疫区内老鸭群发病率低或不发病，新鸭群发病率高；新疫区发病率高，多呈地方流行性，老疫区发病率相对较低，多呈散发性流行。

【症状】本病潜伏期3～5d，病禽采食量下降或食欲废绝，体温升高，体重减轻，排灰白色或草绿色稀粪。蛋鸭产蛋量急剧下降，一周内减蛋可超过90％，甚至停产，并出现砂壳蛋、畸形蛋、软皮蛋等。病程20～30d，病禽发病10d后采食量缓慢增多，2～3周后逐步恢复正常采食，但产蛋量难达高峰期。少数病禽后期出现神经症状，表现头颈抽搐，共济失调，甚至瘫痪。若无并发继发感染，死亡率不高。将病料人工接种雏禽，表现食欲废绝、腹泻、站立不稳、跛行、抽搐等症状，死亡率可达50％以上。患病期间，受精率和出雏率下降，死胎率、弱雏和雏禽死亡率上升。

【病理变化】病禽卵巢中大卵泡膜大面积充血、出血，小卵泡膜充血，卵泡变性，卵黄液化，卵泡破裂于腹腔，溢出的卵黄液可引起卵黄性腹膜炎。输卵管浆膜严重充血，黏膜充血、出血，可见血凝块和凝固蛋白。心肌色淡，心内膜出血。有的肝脏肿大、淤血，表面见白色点状坏死。胰腺出血坏死。脾脏呈大理石样，有的极度肿大。肠道局部有灰白色坏死灶，部分病例肠黏膜有弥漫性出血。有神经症状的病禽脑膜出血，脑组织水肿。育成鸭部分出现腺胃乳头出血。病群孵化24～28d种蛋中出现部分胚胎死亡，死亡胚胎头颈部肿胀，皮下淡黄色胶样浸润，头壳有斑状出血。

【诊断】根据流行病学特点、发病症状和病变特征可作出初步现场诊断，确诊需进行实验室诊断。

1. 病毒分离　采集病鸭的脑、卵巢、脾脏、肝脏等组织作为分离病毒的材料。将组织病料用灭菌PBS制成20％悬液，反复冻融两次后，低速离心，取上清液过滤除菌，经尿囊腔接种9～12日龄鸭胚成纤维细胞进行病毒分离。采用鸭胚接种分离病毒时，盲传1～2代，通常在3～6d内致死鸭胚，死亡胚体有明显出血，部分胚体肝脏可见坏死灶。病毒分离是最经典的诊断方法，准确性高、可靠性强，但试验耗时较长、操作较复杂。

2. 分子生物学检测　采用RT-PCR方法简便、快速、敏感、特异，通过直接检测感染鸭组织中的特异性基因片段，可对禽坦布苏病毒进行快速检测，此方法已得到较多应用。此外荧光定量RT-PCR和RT-LAMP等方法也被用于该病毒的检测。荧光定量RT-PCR灵敏度更高，并已实现PCR扩增反应的实时跟踪，但仪器设备要求较高；RT-LAMP法无需特殊仪器设备，建立了标准，肉眼即可判读，操作简单，更适合基层兽医部门应用。

3. 抗体检测　抗体检测可掌握群体禽坦布苏病毒的感染情况。当前禽坦布苏病毒的血清学检测方法有ELISA、琼脂扩散试验、凝集试验、中和试验等，其中ELISA是血清学诊断的常用方法，具有特异性强、灵敏度高及检测速度快等优点。以鸭源坦布苏病毒分离株（FX2010）为包被抗原建立的禽坦布苏病毒血清抗体间接ELISA检测法，具有较高的敏感性和特异性，可以用于本病的诊断和流行病学调查。

【防控】接种疫苗是控制本病最有效的方法。有本病流行区域的水禽群，尤其是种禽和产蛋群，在流行季节前15d左右，一般在5—6月，注射灭活油乳苗或基因工程苗。也可以在雏禽或仔禽期先免疫一次，到夏初进行第二次免疫。经有效疫苗免疫的禽群，整个夏秋产蛋期能获得较好的保护效果。无病区种禽无需疫苗免疫。本病目前尚无有效的治疗药物，针对发病禽群可适当采取支持性疗法治疗。在饮水中添加一定量复合维生素，并给予适量抗生素以防止禽群并发或继发细菌感染。作为蚊媒性传染病，防蚊灭蚊是预防本病发生的重要措施。应采用综合防控方案，包括选好养殖场地，做好养禽场与外界的隔离，改善饲养条件，搞好环境卫生，加强消毒，特别注意提供优质饲料和清洁饮水，防止饲料霉变。同时做好其他重要家禽疫病的免疫防控工作，才能最大限度地预防本病的发生和减少疫病发生后的经济损失。此外，DTMUV 属于黄病毒科的成员，而黄病毒可引起人类和动物严重疾病，是重要的人畜共患病病原，因此，存在 DTMUV 在哺乳动物和人之间传播的潜在危险，需要密切关注该病原的公共卫生意义。

第十五节　小　鹅　瘟

小鹅瘟（英文简称 GP）是由小鹅瘟病毒引起的雏鹅和雏番鸭的一种急性或亚急性败血性的传染病，主要侵害 3～20 日龄小鹅，引起急性死亡，其临床特征为传染快、高发病率、高死亡率、严重腹泻。其特征性病理变化为出血性、纤维素性渗出性、坏死性肠炎。该病又称鹅细小病毒感染、雏鹅病毒性肠炎，是严重危害养鹅业最严重的传染病。

【流行病学】自然条件下，只有雏鹅和雏番鸭对本病易感，且不同品种都易感，其他禽类和哺乳动物均不感染发病。

本病多发于 1 月龄内的雏鹅和雏番鸭，但随着日龄的增大，其发病率、病死率随之下降。最早发病的雏鹅一般在 2～7 日龄，病死率可高达 100%，1 周龄以后的雏鹅病死率常常不超过 60%，3 周龄以后的雏鹅发病率低、病死率也低，而 1 月龄以上鹅则很少发病，易感的青年鹅、成年鹅自然感染小鹅瘟病毒（GPV）后往往不表现临床症状。

本病的主要传播途径是消化道，在自然条件下，易感的成年鹅群一旦传入小鹅瘟强毒，先使少数鹅感染，通过消化道排出病毒，引起其他易感鹅感染，并可能传播至另一个鹅群。鹅群的带毒期长短与鹅群大小、饲养环境以及鹅群的易感性有密切关系。带毒鹅群所产种蛋可能带有病毒，在孵化过程中引起胚胎死亡或使出壳后的雏鹅带毒，从而污染孵化环境或将病毒传染给其他易感雏鹅，造成雏鹅在出壳后 3～5d 内大批发病和流行。

发病雏鹅、康复带毒雏鹅以及隐性感染的成年鹅的排泄物、分泌物等可污染孵化器、水源、饲料、用具和草场等，易感雏鹅通过直接或间接接触而感染发病，并很快传遍全群。

小鹅瘟发病及死亡率的高低，与母鹅的免疫状况有关。病愈的雏鹅、隐性感染的成鹅均可获得坚强的免疫力，成鹅的这种免疫力通过卵黄将抗体传给后代，使后代雏鹅获得被动免疫。因此，本病的发生及流行有一定的周期性。一般在大流行以后，当年幸存的鹅群由于获得了主动免疫，次年的雏鹅具有天然被动免疫力而不发病或少见发病，其周期一般为 1～2 年。

本病一年四季均有流行发生，在我国由于南方和北方饲养鹅的季节及饲养方式的不同，发生本病的季节也有所不同，南方多在春夏两季，北方地区多见于夏季和早秋发病。

【症状】小鹅瘟的潜伏期与感染雏鹅的日龄密切相关，通常情况下日龄愈小潜伏期愈短，出壳即感染者其潜伏期为 2～3d，1 周龄以上雏鸭潜伏期为 4～7d。

1. 最急性型　多见于 1 周龄内的雏鹅或雏番鸭，发病突然，死亡和传播迅速，易感雏发病率可达 100%，病死率高达 95% 以上，常见雏出现精神沉郁后数小时内即表现衰弱、倒地两腿划动并迅速死亡，或在昏睡中衰竭死亡。死亡雏鹅喙端、爪尖发绀。

2. 急性型　多见于 1～2 周龄内的雏鹅，患病雏鹅症状明显，表现为精神委顿，食欲不振或不食，饮欲增强，不愿活动，出现严重腹泻，排灰白色或青绿色稀粪，粪中带有纤维碎片或未消化的饲料等，临死前头多触地、两腿麻痹或抽搐。病程2～4d。

3. 亚急性型 多见于2周龄以上的雏鹅，常见于流行后期或低母源抗体的雏鹅。以精神沉郁、腹泻和消瘦为主要症状。少量幸存者则出现生长发育不良。病程一般为5～7d或更长。部分病鹅可以自然康复。

【病理变化】剖检可见明显病变主要集中在肠道，GPV感染后1～2d只有部分肠段轻度充血肿胀而无其他明显变化，第3天开始小肠各段充血和肿胀明显，黏液增多，黏膜上出现少量黄白色蛋花样的纤维素性渗出物。第4～5天这种渗出物明显增多，并在中下肠段形成淡黄色的假膜或形成直径约0.3cm、长20cm左右细条状的凝固物，黏膜明显充血发红，并见小点出血。第6～9天病鹅处于濒死期或发生死亡，肠内的纤维素性渗出物和坏死组织更为增多，此期病鹅小肠出现凝固性栓子。这些肠段膨大增粗，可比正常增大1～3倍，肠壁菲薄，触摸有紧实感，外观如香肠状，这种变化，主要发生在小肠中下段的空肠和回肠部，但可在多处肠段出现。栓子有两种类型：①第一种是比较粗大的凝栓物，紧密充满肠腔，由两层构成，中心为干燥密实的肠内容物，外面由纤维素性渗出物和坏死组织混杂凝固形成的厚层假膜包被，这种栓子表面干燥灰白色或灰褐色，直径在1.0cm左右，长2～15cm。②第二种凝栓物完全是由纤维素性渗出物和坏死物质凝固而成，但形状不一，有的呈圆条状，表面光滑，两端尖细，直径0.4～0.7cm，长度可达20cm左右，如蛔虫样；有的呈扁平状，灰白色如绦虫样。这些凝栓物均不与肠壁粘连，很易从肠腔中拽出，肠壁仍保持平整，但黏膜面明显充血、出血，有的肠段出血严重，黏膜面成片染成红色。

盲肠和直肠早期可见充血、发红、肿胀，出血，后期有较多的黏液附着，泄殖腔扩张、发红、肿胀，有黄褐色稀薄的内容物。

【诊断】根据本病的流行病学、临床症状和剖检病变可作为初步诊断，确诊需要进行实验室诊断。

1. 病毒分离 可取感染雏鹅的肝脏、脾脏、肾脏、脑等脏器用灭菌的PBS制成10%～20%的悬液，经过无菌处理后经尿囊腔或绒毛尿囊膜途径接种12～14日龄易感鹅胚分离病毒，或者用病料或鹅胚尿囊液接种感染易感雏鹅，观察雏鹅的病变情况。分离到病毒后可用中和试验、琼脂扩散试验、免疫荧光技术、PCR等进行鉴定。

2. 其他实验室方法 酶联免疫吸附试验、免疫组化技术、核酸探针技术等可用于该病的特异诊断。

【防控】预防小鹅瘟最为有效和经济的办法是对种鹅进行免疫，在雏鹅易感日龄对环境实行严格兽医卫生措施。

1. 切实做好种鹅免疫接种 我国多采用鸭胚化弱毒疫苗在种鹅产蛋前1个月免疫注射母鹅（流行严重地区免疫两次），可使下一代雏鹅获得坚强的被动免疫。

2. 高度重视雏鹅易感年龄段的防控工作 对雏鹅来说，做好两方面工作：一是孵坊中的一切用具和种蛋彻底消毒，刚出壳的雏鹅不要与新进的种蛋和成年鹅接触，以免感染。二是做好雏鹅的预防，对未免疫种鹅所产蛋孵出的雏鹅于出壳后1日龄注射小鹅瘟弱毒疫苗，且隔离饲养到7日龄；而免疫种鹅所产蛋孵出的雏鹅一般于7～10日龄时需注射小鹅瘟高免血清或高免蛋黄。

如果对雏鹅是否含母源抗体不清楚，最为稳妥的办法是对刚出壳后的每只雏鹅肌内注射

0.5～1mL 小鹅瘟高免血清，可防止小鹅瘟的暴发流行。

雏鹅群一旦发生本病，应迅速将病雏鹅挑选出来，隔离饲养，且对整群鹅尽早注射小鹅瘟高免血清或高免蛋黄，每羽 1.0～1.5mL，必要时隔 2～3d 后再注射一次，一般治愈率为 50%～80%。

第八单元　犬、猫的传染病

第一节　犬　瘟　热

犬瘟热是由犬瘟热病毒引起的主要发生于犬的一种急性、接触传染性传染病。临床特征为双相热、急性鼻（支气管、肺、胃肠）卡他性炎和神经症状为特征。少数患病犬可在皮肤上形成湿疹样病变，足底皮肤过度角化而增厚，故该病亦称厚足底病。

【流行病学】犬是本病最易感的动物，各种年龄、性别和品种的犬都可感染，哺乳期的幼犬常常有母源抗体的保护而不发病，断奶至 1 岁的犬易感性最高，此后随着年龄的增长易感性有所下降。妊娠的母犬常常导致弱胎、流产、死胎等。患病犬康复后可获长期免疫力。本病常发生于犬饲养密度较大的区域。

除犬外，犬科其他动物（如狼、豺等）易感，鼬鼠科动物（如水貂、雪貂、白鼬、南美鼬鼠、黄鼠狼、獾、水獭等）也易感，浣熊科动物（如浣熊、蜜熊、白鼻熊、大熊猫、小熊猫等）同样易感。

本病的主要传染源是患病犬和康复带毒犬，其眼（鼻）分泌物、唾液、体液、内脏器官、尿液等含有大量病毒，可对环境（如犬窝、犬到过的地方等）造成污染。本病的主要传播方式是直接接触和间接接触。主要传播途径是消化道和呼吸道，也可经交配、眼结膜和胎盘传染。主要传播媒介是污染的饲料、饮水、灰尘、飞沫等。

本病常年都可发生，但以冬季较为多发。由于康复犬获得的免疫力、母源抗体的保护等因素的作用，本病在疫苗免疫密度较低或未进行疫苗免疫的地区常常表现为间隔 3 年左右流行一次的特点。

【症状】本病自然感染潜伏期 3～5d，来源于异种动物传染时潜伏期可达 30～90d。

患病初期表现为精神委顿，食欲不振或食欲废绝，眼、鼻流出浆液性或黏液性分泌物，随着病程延长则逐渐变为脓性，有时混有血丝，有难闻气味。病犬体温升高至 39.5～41℃，持续约 2d，以后下降到常温，病犬精神趋好，食欲恢复。2～3d 后体温再次升高并持续数周之久，并致病情再度恶化。鼻端等干燥甚至龟裂，厌食，常有呕吐和发生肺炎。严重病例发生腹泻，粪便呈水样，恶臭，混有黏液和血液。病犬消瘦，脱水。

当临床症状出现后 3～4 周、全身症状好转后多数病例才出现神经症状。经胎盘感染的幼犬可在 4～7 周龄时发生神经症状，常常成窝暴发，表现为癫痫、转圈，或共济失调、反射异常，或颈部强直、肌肉痉挛，其中以咬肌群反复节律性颤动的神经症状最为常见。病犬出现惊厥症状后，一般多取死亡转归。有些病例在其症状消失后，还遗留舞蹈病、瘫痪和麻痹等症状。

仔犬于 7 日龄内感染时出现心肌炎，双目失明，幼犬在永久齿长出之前感染本病，由于牙釉质严重损害，表现牙齿生长不规则。警犬、军犬发生本病后，常因嗅觉细胞萎缩而有嗅觉缺损。妊娠母犬感染本病可发生流产、死胚和仔犬成活率下降等症状。

在感染初期白细胞减少，到后期如发生细菌性继发感染可出现明显的白细胞增多。

病程一般 2 周，如有并发卡他性肺炎和肠炎则病程会延长，出现神经症状的病程最长。受品种、年龄、有无并发和继发感染、护理和治疗条件等因素的影响，病死率差异很大，可不足 30%，也有超过 80% 的。

【病理变化】由于犬瘟热病毒对易感动物各组织器官具有泛嗜性，感染发生后造成的病变分布广泛。有些病例皮肤出现水疱性或脓疱性皮疹；有些病例鼻端和脚底表皮角质层增生而呈角化增厚。

上呼吸道、眼结膜呈卡他性或化脓性炎。肺呈卡他性或化脓性支气管肺炎，支气管或肺泡中充满渗出液。在消化道中可见胃黏膜潮红，卡他性或出血性肠炎，大肠常有大量黏液，直肠黏膜出血。脾肿大。胸腺常明显缩小，且多呈胶冻状。具体病例可出现差异，一些病例以呼吸器官的病理变化为主，有些病例以消化器官的病理变化为主。

该病特征性的组织学变化是在患病犬的组织细胞可观察到嗜酸性包涵体，特别是容易在呼吸器官、泌尿道、膀胱、肠黏膜上皮细胞胞质内观察到 $1～2\mu m$ 的椭圆形或圆形包涵体。

【诊断】临床上常见犬瘟热病毒与其他病毒的混合感染或由于犬瘟热病毒感染后机体抵抗力的降低而导致继发细菌性感染的情况，因此临床确诊比较困难，确诊往往需要综合分析流行病学资料、临床症状、病理变化和实验室检查结果才能得出。

1. 病理组织学诊断 刮取患病犬鼻（舌、结膜等）黏膜或者死亡犬膀胱（肾盂、胆囊和胆管等）黏膜，做成涂片进行包涵体检查，于胞质内中可观察到红色包涵体，有较好的诊断价值。

2. 病毒分离 在发病早期体温升高阶段的血液白细胞或急性死亡犬的胸腺、脾、肺、肝、淋巴结容易分离到病毒。

3. 其他实验室诊断方法 中和试验、荧光抗体技术、酶联免疫吸附试验、核酸探针技术、RT-PCR 等方法可用于该病的特异诊断。

【防控】

1. 免疫接种 免疫接种是预防犬瘟热最为有效的方法。可根据各地犬瘟热流行病学情况和疫苗特性制定切实可靠的免疫程序，一般 2 月龄进行首次免疫，3～4 月龄进行加强免疫，以后每半年或 1 年进行加强免疫一次。

2. 治疗 犬瘟热的治疗宜早不宜迟，在发病早期可按照每千克体重肌内注射 2～3mL 抗犬瘟热高免血清，配合对症治疗和精心护理，往往可获得较好疗效。对临床症状危重的患病犬，治疗难度较大。

第二节 犬细小病毒病

犬细小病毒病又称犬传染性出血性肠炎，是由犬细小病毒引起犬的一种急性传染病。临床表现为肠炎型和心肌炎型，肠炎型以剧烈呕吐、血水样腹泻、脱水、白细胞显著减少、小肠出血性坏死性肠炎为特征；心肌炎型以急性非化脓性心肌炎为特征。世界各地都有本病暴发的报道，给养犬业造成极大威胁，是危害犬群的最主要传染病之一。

【流行病学】本病主要经消化道传染，没有明显的季节性，城市饲养犬的感染率较农村饲养犬要高。

自然条件下，对本病易感的动物主要是犬，各种年龄和品种的犬均可感染。断乳前后的仔犬易感性最高，往往以同窝暴发为特征。3～4 周龄犬感染后呈急性致死性心肌炎的为多；8～10 周龄的犬则以肠炎为主，但心肌细胞有核内包涵体。小于 4 周龄的仔犬和大于 5 岁的老犬发病率低。也曾有貉、狼、狐和浣熊感染发病的报道。

患病犬是本病的主要传染源，其腹泻物、尿、唾液和呕吐物中均含有病毒。而康复犬可能从粪、尿中长期排毒，污染饲料、饮水、垫草、食具和周围环境。健康易感犬常因接触病犬或食入污染的食物而感染，感染犬出现症状后 47d 粪便排毒量最高，91d 后病毒含量趋于减少，但传染性可持续 1～8 个月。

本病初发地区常常呈现暴发性流行，各种年龄的犬只往往都能感染，病死率较高，经过一段时间后，往往只有幼龄犬才出现新病例。

【症状】临床上犬细小病毒感染常表现为肠炎型或心肌炎型，极少数病例在同一个体上可同时出现肠炎型和心肌炎型并发。

1. 肠炎型 常发于青年犬，潜伏期 1～2 周。临床表现为常常突然出现呕吐，继而腹泻，粪便黄色或灰黄色，覆以多量黏液和假膜，接着排番茄汁样稀粪，有难闻的恶臭味。患病犬精神沉郁，食欲废绝，体温升到 40℃以上，血液浓稠，但血清总蛋白减少，白细胞总数显著减少，转氨酶指数上升。后期病犬体温降至常温以下，可视黏膜苍白，呼吸困难，迅速脱水，急性衰竭而死。病程短的 4～5d，长的 1 周以上。有些病犬只表现间歇性腹泻或仅排较稀软的粪便。成年犬发病体温一般不升高，症状较轻，有较高治愈率。

2. 心肌炎型 多见于 8 周龄以下的幼犬，常突然发病，数小时内死亡。感染犬精神、食欲正常，间或呕吐，或有轻度腹泻和体温升高。或有呼吸困难，持续 20～30 min，脉快而弱，可视黏膜苍白，心律不齐，常因心力衰竭死亡，病死率 60%～100%，临床症状轻微者可以治愈。

【病理变化】

1. 肠炎型 自然死亡的病例均显消瘦，腹部蜷缩，眼球下陷，可视黏膜苍白，眼角常有灰白色黏稠分泌物。肛门有血样稀便流出。皮下组织因脱水而显干燥。血液黏稠呈暗红色。全身肌肉淡红色。少数病例可见腹腔液体增多。胃和十二指肠空虚或有稀薄液体，黏膜轻度潮红、肿胀，被覆较多的黏液。空肠和回肠的病理的变化最为严重而且具有特征性，表现肠壁呈程度不同的增厚，肠管增粗，肠腔狭窄，充积血粥样内容物或混有紫黑色血凝块；黏膜潮红、肿胀，散布斑点状或弥漫性出血，并形成厚的黏膜皱褶，集合淋巴小结肿胀。盲肠、结肠和直肠的内容物稀软，呈酱油色，具腥臭味，黏膜肿胀，散在小量出血点。肝脏肿大，呈紫红色或红色，质地脆弱，切面有大量凝固不良的血液。胆囊膨大，内贮多量绿色胆汁，黏膜光滑，呈黄绿色。脾脏轻度肿大，偶见出血性梗死灶。心脏呈现右心扩张，心肌黄红色、柔软。

2. 心肌炎型　肺呈灰红色或花斑点状，肺胸膜散在出血斑点。气管和支气管充满泡沫样液体。肺切面经挤压可见有较多量的血样液体流出。左心室扩张，心外膜散布黄红色与白色条纹，心肌呈白色条纹状，左心室壁变薄。具有诊断意义的病理变化是在心肌纤维有核内包涵体。

【诊断】　现场诊断可以根据流行病学、特征临床症状和病理变化等做出初步判断。实验室确诊需要进行如下检查。

1. 病毒分离　用患病犬粪液或濒死期扑杀犬的肠内容物，加适量氯仿混匀，置4℃过夜处理，离心后上清液接种 MDCK、F81 等传代细胞分离培养病毒。也可采取濒死期病犬的肾、肺或睾丸作细胞培养，5～7d 后转原代或继代细胞，也易获得病毒。可用荧光抗体染色、微量血凝试验和血凝抑制试验等对分离病毒进行鉴定。

2. 血清学诊断　微量血凝试验和血凝抑制试验、荧光抗体技术、酶联免疫吸附试验等方法可用于该病的特异快速诊断。

【防控】

1. 免疫预防　我国有的单位生产犬细小病毒弱毒苗、犬细小病毒-传染性肝炎二联弱毒苗、犬细小病毒-犬瘟热-传染性肝炎三联弱毒苗和犬细小病毒-犬瘟热-传染性肝炎-狂犬病-犬副流感五联弱毒苗。于2～3月龄首免，间隔2周再加强免疫接种一次，以后6个月加强免疫一次。母犬则在产前3～4周免疫接种。

2. 治疗　①心肌炎型往往来不及治疗就发生死亡，即使治疗，其效果往往不佳，常以死亡告终。②肠炎型治疗原则是特异性血清治疗，配合对症、抗菌、解毒、抗休克治疗和防止继发感染。③特异性血清治疗：使用抗犬细小病毒高免血清进行治疗，效果可靠。④对症治疗：如注射阿托品止呕吐；腹泻可口服硝酸铋、鞣酸蛋白；出血性腹泻可注射维生素 K、安络血等止血剂；出现脱水可补液，注意先盐后糖，采用静脉注射，如困难可采用腹腔注射；结膜发绀时则加入碳酸氢钠防止酸中毒。⑤防止继发感染：可使用庆大霉素、红霉素、卡那霉素等抗菌药物，也可配合使用抗病毒药物。

第三节　犬传染性肝炎

犬传染性肝炎是由犬腺病毒感染犬引起的一种急性、高度接触传染性、败血性的传染病，其病理特征为血液循环障碍、肝小叶中心坏死以及肝实质和内皮细胞出现核内包涵体。目前本病呈世界性分布。

【流行病学】　除了感染犬和狐，犬传染性肝炎也可感染黑熊、浣熊、狼等。人群中有约35％呈现抗体阳性，与犬密切接触机会较多的兽医工作人员抗体阳性率可达49％，但人无任何临床症状。本病的主要传染源是患病犬和带毒犬，病毒通过分泌物和排泄物排出体外，污染周围环境，易感犬通过直接或间接接触而感染。康复犬可排毒6～9个月。

本病的发病无明显季节差异。不同品种、不同年龄的犬均可感染发病，其中以1周岁以下犬最易感染和发病。

本病的主要传染途径是消化道，此外亦可通过呼吸道、胎盘等途径传染。

【症状】本病自然感染的潜伏期为 6～9d，人工感染的潜伏期为 2～6d。

病犬体温升高到 40～41℃约 1d，下降到常温约 1d，然后升高，使体温曲线呈"马鞍形"。患病犬心跳增强，呼吸次数增加，触压腹部肝区由于有痛感而出现呻吟。患病犬黏膜苍白，扁桃体常肿大，精神和食欲不振，饮欲增加，多有腹泻和呕吐症状，在腹部、颈部、头部和眼睑等处常见水肿。

患病犬多在 2 周内死亡或康复。大多能够耐过 2d 的幼犬可康复，成年犬多能耐过。部分患病犬在康复期可出现角膜混浊，呈白色或蓝白色，经过 2～3d 可自然恢复。患病康复犬可获得坚强免疫力。

【病理变化】剖检病死犬多在腹部、颈部、头部和眼睑等处皮下有较多水肿液，病程较长的呈现胶冻样。腹腔积有血色液体，接触空气容易凝固。肝脏常肿大导致肝包膜紧张，肝小叶清晰可见。常见胆囊壁水肿和出血，有纤维蛋白沉着。全身较大的淋巴结（如肠系膜淋巴结、颈淋巴结等）出血。脾肿大。胸腺出血。

特征性的组织学变化是肝、脾、淋巴结、肾等切片或抹片染色镜检即可检查到内皮细胞有圆形或椭圆形核内包涵体。

【诊断】本病在临床上与犬感染钩端螺旋体、犬瘟热等具有相类似症状，因此根据流行病学、临床症状和病理变化往往只能进行初步诊断，确诊需要结合实验室检查结果进行综合分析。

1. 病理组织学诊断　取病死犬肝、脾、淋巴结、肾等制作切片或抹片染色镜检，如果观察到内皮细胞有核内包涵体，则有较好的诊断价值。

2. 病毒分离　取体温升高阶段的血液或死亡犬肝、淋巴结、腹水等，用犬、猪、豚鼠等肾细胞进行分离培养。

3. 其他实验室诊断方法　血凝和血凝抑制试验、琼脂扩散试验、荧光抗体技术、PCR技术等方法可用于该病的特异诊断。

【防控】

1. 免疫接种　免疫接种是预防犬传染性肝炎最为有效的方法。可根据各地犬传染性肝炎流行病学情况和疫苗特性制定切实可靠的免疫程序，一般 2 月龄进行首次免疫，3 月龄进行加强免疫，以后每半年或 1 年进行加强免疫一次。

2. 治疗　犬传染性肝炎的治疗宜早不宜迟，在发病早期可按照每千克体重肌内注射 4～5mL 抗犬传染性肝炎高免血清，配合对症治疗、防止继发感染和精心护理，往往可获得较好疗效。对临床症状明显和病情危重的患病犬，治疗难度较大。

第四节　犬冠状病毒性腹泻

犬冠状病毒性腹泻又称犬冠状病毒病（CCD），是由犬冠状病毒（CCV）引起的一种临床上以呕吐、腹泻、脱水及易复发为特征的高度接触性传染病。该病对幼犬危害尤其严重，病死率很高，是目前对养犬业危害较大的疾病之一。

【流行病学】可感染人和多种动物，包括犬、猫、牛、猪、马、鼠、禽等。犬科动物易感性最高，如犬、貂和狐狸等。本病的发生无品种、年龄、性别之分，但在犬群中流行时，通常幼犬先发病，然后波及其他年龄的犬。幼犬的发病率和病死率均明显高于成年犬，发病率可达 100％，病死率 50％。病犬和带毒犬是本病的主要传染源。病毒通过直接接触和间接接触，经呼吸道和消化道传染给健康犬及其他易感动物。感染犬可通过粪便排毒 2 周或更长时间，含病毒的粪便污染环境是本病流行的主要原因。本病一年四季均可发生，但多发于寒冷季节，传播迅速，常成窝暴发。气候突变、卫生条件差、犬群密度大、断乳转舍及长途运输等因素可诱发本病。

【症状】本病潜伏期很短，自然感染 1～4d，人工感染只有 24～48h。

本病的临床症状表现差别较大，与品种、年龄和性别等有关。通常 2 岁以下的犬感染，主要表现为呕吐和腹泻，严重者精神不振、嗜睡、食欲废绝、口渴、鼻镜干燥，多数无体温变化。感染犬通常表现突然腹泻，间有呕吐；严重病例出现水样腹泻，继而出现脱水和电解质紊乱，同时伴有视觉和嗅觉障碍。排泄物呈粥样或水样，红色、深褐色或黄绿色，恶臭，混有黏液或少量血液。血常规检测白细胞数基本正常。病程 7～10d，有些病犬尤其是幼犬在发病后 1～2d 内死亡，成年犬病死率较低。

【病理变化】轻度感染者病变不明显，严重病例小肠壁变薄，肠管膨胀，充满稀薄、黄绿色或红褐色液体。胃肠黏膜充血、出血和脱落，胃内有黏液。肠系膜淋巴结和胆囊肿大。组织病理学检查主要见小肠绒毛变短、融合，隐窝变深，绒毛长度与隐窝深度之比发生明显变化。肠黏膜上皮细胞变平或变性，胞质出现空泡，杯状细胞破损，固有层水肿，炎性细胞浸润。

【诊断】根据临床症状，结合流行病学、病理变化可作出初步诊断，确诊需要借助实验室手段。

1. 电镜检查 采集病犬新鲜腹泻粪便，离心取上清液，负染后电镜观察可发现典型的冠状病毒。收集病料要早，7d 后病毒含量大幅减少。

2. 病毒分离鉴定 用犬原代肾细胞、胸腺细胞分离冠状病毒，可观察到细胞病变。用已知阳性血清做中和试验鉴定病毒。从粪便和小肠内容物分离成功率最高。为提高病毒分离率，粪便要新鲜，避免反复冻融，最好先将病料感染健康犬，取典型发病犬腹泻粪便作为样品分离病毒。但实际操作时病毒分离难度较大，因此不宜作为常规诊断方法。

3. 血清学试验 中和试验、荧光抗体技术、乳胶凝集试验、ELISA 等方法均可用于检测血清抗体。

4. 基因诊断 PCR 技术发展迅猛，可作为准确快速的病原诊断方法应用于该病临床检测。

5. 鉴别诊断 本病的临床症状、流行病学与犬细小病毒、轮状病毒感染相似，且常混合感染，给疾病的诊断增加了难度，需要注意鉴别。

【防控】目前本病尚无有效疫苗用于预防，也无特效疗法，主要采取综合措施防控。发现病犬应及时隔离，并采取对症治疗，如止吐、止泻、补液，用抗生素防止继发感染。早期应用犬高免血清或免疫球蛋白，有较好疗效。止吐可选用维生素 B_6、爱茂尔、氯丙嗪等，止血可选用安络血、酚磺乙胺、氨甲苯酸等，补液可选用乳酸林格氏液。可使用肠黏膜保护剂，如次硝酸铋、氢氧化铝。可应用硫酸新霉素等抗生素防止继发感染。

同时，加强护理，抗寒保暖减少病死率。幼犬要及时吃初乳，以获得母源抗体。加强清洁卫生，定期对犬舍、食具及环境进行消毒。对新引进犬实施隔离检疫，防止病原传入。

第五节 猫泛白细胞减少症

猫泛白细胞减少症是由猫细小病毒感染猫导致的一种急性、高度接触性传染病。其特征是突发双相高热、腹泻、呕吐、脱水、白细胞显著减少和出血性肠炎。本病又称猫传染性肠炎、猫瘟热、猫运动失调症。

【流行病学】对此病易感的动物包括猫和其他猫科动物（如虎、豹、猞猁、野猫、山猫、豹猫等），非猫科动物（如貂、浣熊和环尾雏等）也易感。

本病在冬季和春季多发，不良的环境因素可促进其暴发流行，各种年龄猫感染 FPV 都可发病，其中以 1 岁以内幼龄猫多见，特别是 2～5 月龄的猫最为易感。

本病的主要传染源是患病猫以及康复带毒猫。猫在患病早期即可从唾液、眼鼻分泌物、粪尿和呕吐物中排毒，康复猫可从粪尿中排毒数周。

本病的主要传播途径是消化道，易感猫通过直接或间接接触被污染的食物、环境等而发生传播。本病也可经胎盘垂直传染。

【症状】本病潜伏期 2～6d，易感猫感染猫细小病毒后临床症状可分为最急性、急性、亚急性三个类型。

1. 最急性型 患病猫常无临床症状，突然死亡，常误判为中毒。

2. 急性型 患病猫出现精神萎靡、食欲不振的症状后，于 24h 内突然死亡。

3. 亚急性型 患病猫精神萎靡、食欲不振，体温很快升到 40℃以上，持续 24h 后降到常温，经 2～3d 后体温再度上升到 40℃以上，呈典型双相热。第二次体温升高时患病猫的临床症状加剧，表现出高度沉郁、极度衰弱、卧地不起、无力抬头而搁于前肢等处。随着病程延长，患病猫出现呕吐和腹泻症状，粪便呈水样并常混有血液，由于迅速脱水而致消瘦。

白细胞数减少是本病的一个重要特征。当患病猫的体温升到高峰时，白细胞可减少到 2 000个/mm³ 以下（猫的正常值为 15 000～20 000 个/mm³）。当白细胞数减少到 5 000 个/mm³ 以下即可判为重症，2 000 个/mm³ 以下大多预后不良。临床有 20%左右的病例白细胞数仅 0～200个/mm³。

本病的病程 3～6d，如能耐过 7d，多能康复。病死率多为 60%～70%，有的可达 90% 以上。妊娠猫感染后可发生胚胎吸收、死胎、流产、早产或产畸形胎儿。在严重流行地区可出现幼龄猫几乎全部死亡的情况。

【病理变化】剖检特征性病变可见尸体脱水、消瘦；小肠黏膜肿胀、充血、出血，病程稍长的部分病例可出现假膜；小肠内容物恶臭，呈水样；肠系膜淋巴结充血、出血、水肿。

其他剖检病变可见肝肿大、呈红褐色；胆囊充满黏稠胆汁；脾出血；肺水肿、充血、出血。组织学变化可见肠黏膜上皮变性。

【诊断】现场诊断可以根据流行病学资料、临床特征为腹泻和白细胞减少、剖检病理特征为小肠呈急性卡他性出血性肠炎以及肠系膜淋巴结水肿出血等作出初步判断。试验室确诊需要进行如下检查。

1. 病毒分离 取病料（生前采血液、死后采脾和胸腺等），常规处理后接种易感断乳仔猫或其肾、肺原代细胞培养或 F81、FK 等传代细胞系细胞，观察动物发病情况或接种细胞的病变情况，分离到病毒后可用 PCR、免疫荧光进行鉴定。

2. 其他实验室诊断方法　凉扩试验、血凝抑制试验（HI）等方法可用于该病的特异诊断。

【防控】

1. 免疫接种　免疫接种是预防猫泛白细胞减少症最为有效的方法。可根据各地猫泛白细胞减少症流行病学情况和疫苗特性制定切实可靠的免疫程序，一般 1 月龄进行免疫，以后每隔 6 个月加强免疫一次。

2. 治疗　本病目前尚无令人满意的治疗方法。一旦猫发病，应该立即采取隔离患病猫、封锁疫点、严格消毒环境等措施。对病猫可注射猫泛白细胞减少症高免血清，配合对症和防止继发感染治疗的综合性措施，有一定疗效。

第六节　猫传染性腹膜炎

猫传染性腹膜炎（FIP）是由猫传染性腹膜炎病毒（FIPV）引起的一种慢性、渐进性、致死性传染病，以发生腹膜炎和出现腹水为特征。本病广泛分布于世界各地，特别是美国和欧洲，发生于各种年龄和不同性别的猫，且健康猫血清阳性率较高。

【流行病学】本病在美国和欧洲甚至全世界的家猫和大型野猫中广泛存在。3 月龄至 17 岁的猫均可感染发病，且雄性发病率明显高于雌性，纯种猫发病率高于一般家猫。本病除可通过媒介昆虫传播外，也可垂直感染。本病的发生无严格季节性，常呈地方流行性，发病率一般较低，但一旦感染发病，病死率几乎为 100%。在有猫白血病存在的养猫场中，本病的发病率更高。妊娠、断乳、环境改变等应激条件以及感染猫的自身疾病和猫免疫缺陷病都能促使本病发生。

【症状】本病潜伏期长短不一，从数月至数年不等。人工感染的潜伏期为 2～14d，自然感染的潜伏期为 4 个月或更长时间。

临床上主要有两种表现类型，即渗出型和非渗出型。前者较多见，病猫初期食欲减退，体重减轻，体温升高并维持在 39.7～41℃，血液白细胞总数增加。持续 1～6 周后腹部膨大，母猫常被误诊为妊娠。触诊无痛感、有波动。呼吸困难，贫血或黄疸，病程可持续 2 周至 3 个月而最终死亡。非渗出型主要表现为眼、中枢神经、肾和肝脏损伤。眼角膜水肿，虹膜睫状体发炎，眼房液变红，眼前房中有纤维蛋白凝块；神经症状为后躯运动障碍，背部感觉过敏、痉挛；肝脏受损时出现黄疸；肾功能衰竭，腹部触诊可触及肿大的肾脏。

【病理变化】渗出型的死亡猫可见腹腔大量积液，无色透明或淡黄色，易凝固，腹膜混浊，腹膜与腹腔脏器有纤维蛋白渗出物覆盖。肝脏表面有直径 1～3mm 的小坏死灶，这些病灶可在小血管周围聚集形成脉管炎。实际病例中有部分病例无法完全区分，有的以渗出型为主而有器官病变，有的以非渗出型为主而在腹腔中有少量渗出液。但以渗出型较为多见，是非渗出型病例的 2～3 倍。

【诊断】根据临床症状、病理变化和流行病学可作出初步诊断，确诊应取腹腔渗出液或血液接种于猫胎肺细胞进行病毒分离和鉴定。也可用中和试验、荧光抗体试验、ELISA、RT-PCR、组织病理学和免疫组化等方法诊断本病。

【防控】目前对本病无有效疫苗可用。应避免病猫与健康猫的相互接触。本病预后多不良。做好猫舍环境卫生，控制猫舍内吸血昆虫和啮齿类动物是防控本病的重要措施。加强猫泛白细胞减少症病毒的监测，及时清除病猫，也有利于控制本病。

目前本病尚无特效治疗方法。治疗时首先采取抗病毒药物治疗，临床上常用干扰素、转移因子等口服、肌内或静脉注射。同时，合理使用阿莫西林、克拉维酸钾和头孢菌素等抗生素防止继发感染。对于腹水过多的猫，可进行腹腔穿刺放液。另外，同时使用10%葡萄糖、ATP、聚肌胞制剂等补充能量，增强病猫体质，进而增加其对病毒的抵抗力。

第七节 猫艾滋病

猫艾滋病又称猫免疫缺陷病（FID），是由猫免疫缺陷病毒（FIV）引起的危害猫类的慢性病毒性传染病，以严重的口腔炎、牙龈炎、鼻炎、腹泻以及神经系统紊乱和免疫机能障碍为特征。本病与1986年首先发现于美国，现在全世界均有发生。

【流行病学】本病主要发生于家猫，群养感染率明细高于单养，流浪猫和野猫高于家养猫，公猫高于母猫，做过绝育手术的猫感染率较低。苏格兰野猫、山猫及非洲狮、美洲豹等其他猫科动物也可感染，但人和其他动物不感染。病原主要通过唾液和血液传播；其次通过啃咬和打斗的伤口传播，如虫螨叮咬和打架咬伤等；妊娠猫可通过子宫传染给胎儿，母子代之间可通过初乳、唾液传染；亦可通过性交传染。一般接触、共用食盆等不会传染。平均感染年龄为3～5岁。在自然环境下先天感染和新生感染不可低估。本病呈世界流行，但不同国家和地区感染率有所不同，在1%～28%。日本和美国的血清型追溯调查发现，1968年收集的猫血清中就有本病抗体，表明此病毒感染在猫群间已存在了很长时间。

【症状】本病潜伏期较长，一般在3年左右。临床上出现症状的猫的平均年龄为10岁，故自然病例主要见于中、老龄猫。发病后按主要症状不同，可分为急性期、无症状期和慢性期。

1. 急性期 即病程初期，呈现不明原因的发热、精神不振、全身不适、淋巴结肿胀、贫血和中性粒细胞减少等。半数以上病猫出现口腔炎、牙龈红肿、口臭、流涎，严重者因疼痛而不能进食；约1/4的病猫表现为慢性鼻炎、喷嚏、流鼻液，鼻腔内大量脓样鼻液蓄积，常年不愈；少数病猫慢性腹泻；个别猫出现神经紊乱症状。阳性猫也可发生前眼色素层炎、青光眼、睫状体炎、视网膜变性出血及肾病、皮炎和呼吸道病。

2. 无症状期 急性期症状消退后，多数患猫进入无症状感染状态，但仍常见轻微的淋巴结肿胀，并能较容易地从血液和唾液中分离到病原。无症状期持续时间与环境、营养、免疫和遗传因素等有关，最长可持续5年，转入慢性期。

3. 慢性期 即发病的后期，大多数患猫呈进行性消瘦并转入衰竭，贫血加剧，全身淋巴结再度肿胀，因免疫缺陷而呈现恶性肿瘤和细菌性感染。常发生各种慢性病，如口腔炎、慢性呼吸道病、慢性皮肤病、持续性腹泻、泌尿系统炎症、全身蠕形螨、耳痒螨、附红细胞体病、血液巴尔通体病等，这些也称为艾滋病关联综合征。有的患猫因免疫力下降，对病原微生物抵抗力下降，体质衰弱，稍有外伤或继发感染即导致菌血症而死亡。免疫系统严重破坏时，对肿瘤和病原体感染的治疗均无反应。患猫自发病到死亡多为2～3年。有约50%患猫持续无症状状态，能存活4～6年，但持续或终身带毒。

【病理变化】主要病变有口腔黏膜红肿、溃疡，结肠多发性溃疡灶，盲肠、结肠肉芽肿，空肠轻度炎症，淋巴结肿大，鼻腔蓄脓、鼻黏膜充血，脑部出现神经胶质瘤和神经胶质结节。组织病理学检查常见淋巴滤泡增生，发育异常、呈不对称状，并渗入周围皮质，副皮质区明显萎缩。脾脏红髓、肝窦、肺泡、肾及脑组织有大量未成熟单核细胞浸润。

【诊断】根据本病的临床症状和病理变化特征可作出初步诊断，确诊需依靠实验室检测技术。

1. 病毒分离鉴定 为确诊本病的最佳方法。提取猫外周血淋巴细胞用刀豆素 A 刺激后培养于含 IL-2 的 RPMI 培养液中，然后加入被检病猫血液样品制备的血沉棕黄层，37℃培养。14d 后细胞出现病变，取有细胞病变培养物电镜观察或用血清学方法鉴定抗原，用 PCR 方法鉴定基因。因检测周期长，此法不适宜作为常规检测手段，且有些感染猫血液中缺乏病毒抗原。

2. 血清型方法 抗体检测方法有 ELISA、间接免疫荧光技术、免疫印迹试验等。应注意抗体检测结果有时不能完全反映猫当前的感染状态，也不能区分疫苗免疫与自然感染后产生的抗体。

3. 分子生物学方法 用 PCR 方法检测血液中 FIV 的前病毒 DNA，具有很好的特异性，偶见假阳性结果。

4. 血液学检验 血液学检验主要为血细胞容量<24%，白细胞总数<5 500 个/mm^3，淋巴细胞<1 500 个/mm^3，有一定参考意义，可作为诊断和判断预后的辅助方法。

【防控】防止猫间传染是控制本病的主要措施。引进猫应进行病原和抗体检测，并在条件允许的情况下隔离饲养 6~8 周。对公猫实施去势手术，减少健康猫在室外活动时间，宠物猫单养，防止猫间相互啃咬打斗。加强猫舍和食具的清洁和消毒，病死猫集中无害化处理。

目前，国外已研制出本病疫苗，包括灭活苗、弱毒苗、DNA 载体苗、亚单位苗和合成肽疫苗等，可以对高危猫群接种。但应注意猫接种某些灭活或弱毒苗后，仅能抵抗同源毒株感染，对异源毒株无效。在疫苗选择上应根据实际流行情况合理选用。

第九单元 兔和貂的传染病

第一节 兔出血症

兔出血症俗称**兔瘟**，是由兔病毒性出血症病毒感染兔引起的一种急性、高度接触性传染病，以呼吸系统出血、肝坏死、实质脏器水肿、淤血及出血性变化为特征。

【流行病学】本病初次发生时常呈暴发性流行，发病率可达 100%，病死率可达 90% 以上，成为危害养兔业的严重传染病。

本病自然条件下只发生于兔，不同品种、不同性别的兔都可感染发病，其中以长毛兔最为易感，2 月龄以上兔的易感染性最高，2 月龄以内兔的易感染性较低，哺乳期的仔兔一般不发病死亡。本病的传染源是病兔和带毒兔，可通过分泌物和排泄物排毒。感染康复兔可带毒和从粪中排毒 1 个月以上。本病的传播方式可以通过病兔或其分泌物和排泄物与易感兔直接接触传染，也可通过被污染的饮水、饲料、毛剪等用具、沾染病毒的人员等间接接触传播。

本病在老疫区多呈地方流行性，一年四季都可发生，在天气突然改变、气候潮湿寒冷时更易发。

【症状】自然感染的潜伏期 2～3d，人工感染的潜伏期 38～72h。按照临床症状可分最急性、急性和慢性三个型，其中最急性和急性多数发生于青年兔和成年兔。

最急性型：部分感染兔突然发病，没有明显症状，迅速死亡，一些正在采食的兔突然抽搐而死。部分病例体温升高到 41℃，持续 6～8h 死亡。最急性型病例多发生在易感兔群传入此病的初期。

急性型：感染兔体温升高到 41℃以上，食欲不振，饮欲增加，精神委顿，死前出现挣扎、咬笼架等兴奋症状，随着病程发展，出现全身颤抖，身体侧卧，四肢乱蹬，惨叫而死。病兔死前肛门常松弛，流出附有淡黄色黏液的粪球，肛门周围的兔毛也被这种淡黄色黏液污染。部分病死兔鼻孔中流出泡沫状血液。病程 1～2d。急性型病例多发生在兔群流行此病的中期。

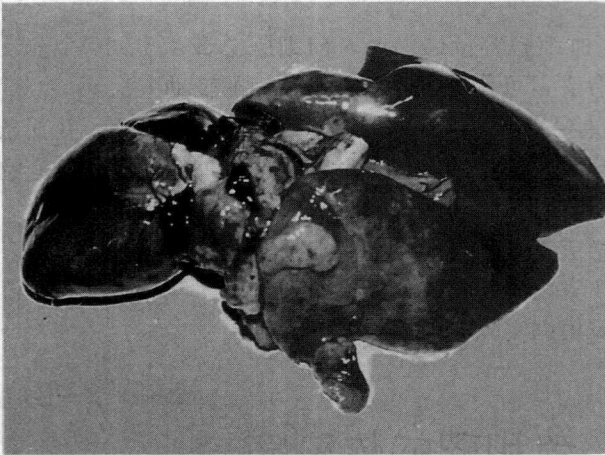

图 2-5 肺淤血、水肿和出血，心外膜充血、出血

慢性型：感染兔体温升高到 41℃左右，精神委顿，食欲不振，被毛凌乱，迅速消瘦，最后衰弱而死。部分病兔耐过后生长缓慢，发育受阻。慢性型病例多发生在老疫区或兔群流行此病的后期。

【病理变化】剖检可见特征病变主要包括：①气管和支气管内有泡沫状血液，鼻腔、喉头和气管黏膜淤血和出血；肺严重充血、出血，切开肺时流出大量红色泡沫状液体（图 2-5）。②肝淤血、肿大、质脆，表面呈淡黄或灰白色条纹，切面粗糙，流出多量暗红色血液（图 2-6）。

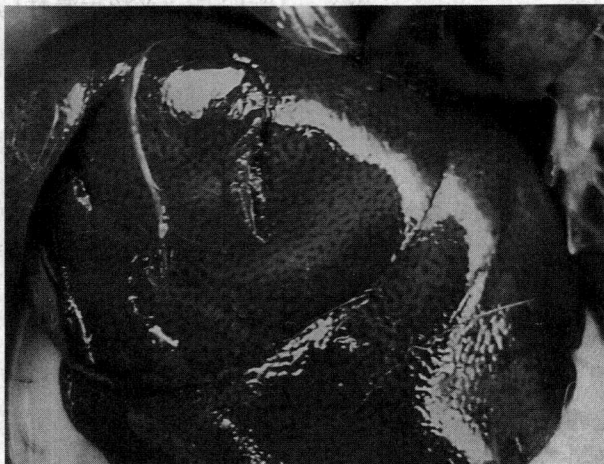

图 2-6 肝脏淤血、肿大，呈花斑色

其他剖检病变，可见胆囊胀大，充满稀薄胆汁。部分病例脾充血增大2～3倍（图2-7）。肾皮质部有针尖大小出血点。部分病例心内外膜有少量出血点（图2-8）。胸腺水肿，有少量出血点。胃肠充满内容物，胃的部分区域黏膜脱落，小肠黏膜充血、出血。肠系膜淋巴结肿大。妊娠母兔子宫充血、出血。

【诊断】本病在临床上与兔巴氏杆菌病引起的出血具有相类似的症状，因此根据流行病学、临床症状和病理变化往往只能获得初步诊断结论，确诊需要结合实验室检查结果进行综合分析。

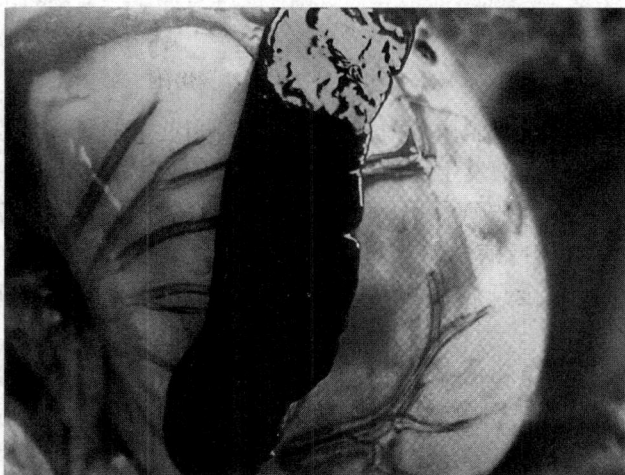

图2-7　脾脏肿大，呈暗红色

1. 血凝和血凝抑制试验　取病死兔肝脏，制成1∶10悬液，离心后取上清液，并用红细胞做血凝试验和血凝抑制试验。如果血凝试验阳性且能够被抗兔病毒性出血症阳性血清所抑制，即可确诊。

2. 琼脂扩散试验　取病死兔肝脏制成1∶（5～10）悬液，离心沉淀后的上清液作为抗原，与阳性血清进行琼脂扩散试验，可作出诊断。该法具有简便、特异等优点，适合基层使用，但敏感性稍低。

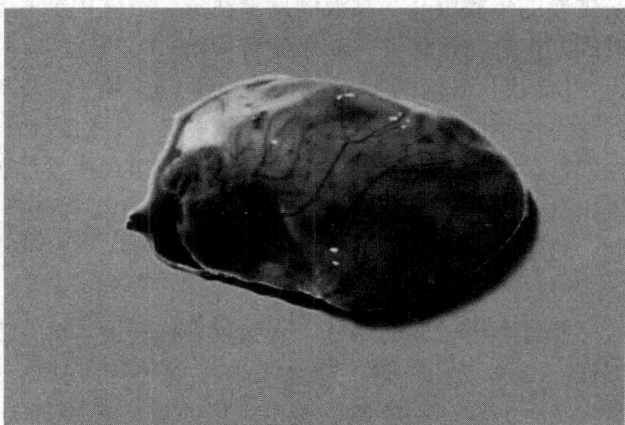

图2-8　心外膜血管淤血怒张，有出血点

3. 其他实验室方法　免疫组化技术、酶联免疫吸附试验、RT-PCR等也可用于该病的特异检测。

【防控】

1. 免疫预防　兔场除了平时坚持定期消毒和切实有效执行兽医卫生防疫措施外，疫苗免疫是预防兔病毒性出血病的关键措施。目前使用得较多的疫苗是兔病毒性出血症灭活苗或兔病毒性出血症-兔巴氏杆菌病二联灭活苗，一般20日龄首免，2月龄加强免疫一次，以后每6个月免疫一次。

2. 治疗　目前尚无有效治疗兔病毒性出血病的化学药物。兔群一旦发病，应该立即封锁、隔离、彻底消毒等措施。对兔群中没有临床症状的兔实行紧急接种疫苗。临床症状较轻的病兔注射高兔血清进行治疗，具有较好疗效。临床症状危重的病兔可扑杀，尸体深埋。病、死兔污染的环境和用具等进行彻底消毒。

第二节　兔黏液瘤病

兔黏液瘤病是由兔黏液瘤病毒引起的一种高度接触传染病，以全身皮肤，尤其是面部和天然孔周围发生黏液瘤样肿胀为特征，因切开黏液瘤时从切面流出黏液蛋白样渗出物而得名。本病被 WOAH 列为 B 类疾病，我国将其列为禁止输入的疾病。

【流行病学】本病只侵害家兔和野兔，其他动物不易感。家兔和欧洲野兔最为易感，可引起全身症状，病死率很高。棉尾兔和田兔有抵抗力，北美野兔仅引起局部良性的纤维瘤。

病兔和带毒兔是传染源，与病兔或带毒兔的直接接触，或通过污染物的间接接触而发生传染。可经呼吸道飞沫传播；在自然界中主要是通过吸血昆虫机械传播，如蚊子、兔蚤、刺蝇、蜱和螨等昆虫。

本病呈季节性发生，每年 8—10 月，在蚊子大量滋生的季节是发病高峰季节。冬季蚤类是主要的传播媒介。黏液瘤病毒在兔、蚤体内能存活 105d 以上，在蚊体内可越冬。本病还有周期性趋向，每 8～10 年流行一次。

【症状】潜伏期 4～11d，平均约 5d。由于毒株间毒力差异、不同品种、品系的兔对病毒的易感性不同，所以临床症状比较复杂。通过吸血昆虫叮咬感染时，初期局部皮肤形成原发性病灶。经过 5～6d 可在全身各处皮肤出现次发性肿瘤样结节，病兔眼睑水肿，口、鼻和眼流出黏脓性分泌物；上下唇、耳根、肛门及生殖器官显著充血和水肿，开始时可能硬而突起，最后破溃流出淡黄色的浆液。病程 1～2 周，死前可能出现神经症状，病死率几乎达 100%。

感染毒力较弱的毒株，病兔仅表现轻度水肿，有少量鼻漏和界限明显的肿瘤结节，病死率低。

另外，在一些养兔业较发达的疫区，还表现为呼吸型。潜伏期长达 20～28d，接触传播，一年四季都可发生。初期为卡他性、继而脓性的鼻炎和结膜炎，皮肤损伤轻微，仅在耳部和生殖器官的皮肤上见有炎症斑点，少数病例的背部皮肤有散在性肿瘤结节。

痊愈兔可获得 18 个月的特异性抗病力。

【病理变化】特征性的眼观病变是皮肤肿瘤结节、皮肤和皮下组织水肿，尤其是颜面和身体天然孔周围的皮下组织充血、水肿，皮下切开见胶冻状液体积聚。胃肠浆膜、心内外膜可见出血点，有时脾肿大，淋巴结水肿或出血。

皮肤肿瘤切片检查，可见许多大型的星状细胞、上皮细胞肿胀和空泡化。在上皮细胞脑浆内有嗜酸性包涵体，包涵体内有蓝染的球菌样小颗粒即原生小体。

【诊断】

1. 初步诊断　根据本病的特征性临床症状和病理变化，结合流行病学资料可做出初步诊断，但临床症状和病理变化不明显时，确诊需进行试验室诊断。

2. 实验室诊断

（1）病理组织检查　病变组织做切片或涂片，检查黏液瘤细胞和嗜酸性包涵体。

（2）动物试验　取新鲜病料磨碎后经皮下接种幼兔，2～5d 内接种部位出现病灶，并可用血清学方法检查存活的兔。

（3）病原分离鉴定 将病料接种 11～13 日龄鸡胚绒毛尿囊膜，孵育 4～6d，观察绒毛尿囊膜上的灶性痘斑。或用鸡胚成纤维细胞、兔肾细胞、兔睾丸细胞等原代细胞、RK13 传代细胞分离病毒。病毒鉴定可用电镜和病原检测技术。

（4）电镜观察 用电镜检查病变的渗出物或涂片，可观察病毒特征性形态。

（5）血清学方法 可用琼脂双扩散试验、ELISA、Dot - ELISA、IFA、中和试验及补体结合试验等方法，可用于诊断和监测。

3. 鉴别诊断 主要应与兔纤维瘤病相区别，可通过血清学方法和人工接种易感兔进行鉴别。

【防控】 我国尚无该病流行，应加强国境检疫，严防疫病传入。

平时严防野兔进入饲养场、杀灭吸血昆虫；严禁从有本病的国家或地区进口家兔及其产品；引进兔种及兔产品时，应严格口岸检疫；新引进兔必须在防昆虫的动物房内隔离饲养 14d，检疫合格者方可混群饲养；毗邻国家流行本病时，应封锁国境；发现可疑病例时，应立即上报疫情，及时确诊和采取扑杀病兔、销毁尸体、环境消毒和紧急接种疫苗等综合防制措施。

本病无特效的治疗方法，疫区主要依靠疫苗预防接种。国外使用的疫苗有 Shope 纤维瘤病毒疫苗，或美国及法国生产的弱毒疫苗，预防注射 3 周龄以上的兔，4～7d 产生免疫力，免疫保护率达 90％以上。近年推荐使用的 MSD/S 株疫苗，免疫效果更好。

第三节 水貂阿留申病

水貂阿留申病是由阿留申病毒引起的水貂的一种慢性消耗性、超敏感性和自身免疫损伤性疾病，特征为终生性持续性病毒血症、淋巴细胞增生、丙种球蛋白异常增加、肾小球肾炎、血管炎和肝炎。

【流行病学】 自然条件下，只有水貂对本病易感，且不同品种、年龄和性别的水貂都易感。试验感染浣熊、狐、臭鼬等可导致各器官组织增生和诱导产生抗体；试验感染貉不出现组织学变化却可诱导抗体产生。

然各种年龄和性别的貂都可感染阿留申病毒，但临床上成年貂的感染率比幼貂高，公貂的感染率比母貂高。

水貂对阿留申病的易感性与貂毛色遗传类型的关系密切，其中阿留申基因型水貂及与其有亲缘关系的蓝宝石貂的易感性更大，其发病率与病死率均较高；而非阿留申基因型毛色种系遗传因子的黑色皮毛水貂的易感性则较低。

本病的主要传染源是患病貂和康复（或隐性）带毒貂。患病貂各器官组织、体液和唾液等分泌物以及粪、尿中都含有病毒。患病貂和带毒貂通过分泌物和排泄物等排毒污染环境。本病的主要传播途径是消化道和呼吸道，也可通过交配、胎盘、污染的采血针头、带毒昆虫吸血、水貂打架和相互撕咬等途径传播。本病的主要传播方式是直接接触和间接接触患病貂、康复带毒貂或污染的食物以及环境媒介等而发生感染。临床实践中苍蝇、蚊子、野猫、鸟类、饲养员或兽医等可参与本病传播。

水貂感染本病可出现一段时间的毒血症，并终身带毒。

本病的发生往往具有明显季节性，以秋、冬季节多见。本病初次发生往往呈现暴发性流行，2～3 年后转为地方性流行，是一种难以根除的疾病。

不良的饲养管理、缺乏必要的保暖措施、环境阴冷潮湿、水貂营养不良、兽医卫生管理措施不到位等各种不良因素可以促进本病的发生。

【症状】本病的潜伏期差异较大，人工感染为 3～10d，自然感染常需要 2～3 个月，甚至 7～12 个月。

急性型：常常表现为精神委顿，食欲不振或不食，出现症状 2～3d 即发生死亡，死前常有抽搐、痉挛症状。

慢性型：慢性型病例的病程较长，常拖延数周或数月，临床表现为患病貂采食量不足，食欲时好时坏，渴欲显著增加。出现渐进性贫血和消瘦，可视黏膜苍白。部分病例口腔、齿龈、软腭和肛门等处有出血和溃疡。粪便稀软而不成形，粪便发黑似煤焦油样。部分病例出现抽搐、共济失调、后肢麻痹或不全麻痹等神经症状。感染母貂常常无法正常妊娠，妊娠母貂常出现胎儿被吸收、流产或产弱仔，所产仔貂成活率低。

病貂外周血液浆细胞和淋巴细胞增多，血清丙种球蛋白增高 4 倍以上（3.5～11g/dL，正常为 0.74g/dL）。病貂最后常常由于发生尿毒症和恶病质而死，病死率高。

【病理变化】剖检可见特征病变主要集中在肾，表现为肾脏比正常肿大 2～3 倍，灰色或淡黄色，有出血斑点或灰黄色斑点。其他可见病变包括肝肿大，有散在的灰白色坏死灶；脾和淋巴结肿胀；口腔黏膜有出血性溃疡；胃肠黏膜有出血点。

特征性组织学变化为肾脏的浆细胞增多（正常情况下，肾内不含或极少含浆细胞）。其他组织学变化包括脾、肝、淋巴结和骨髓的浆细胞增多，动脉炎，肾小球炎和肾小管上皮变性及透明管型。

【诊断】现场可根据流行病学、典型临床症状和特征性病理变化做出初步诊断，确诊则需进行如下实验室检验。

1. 病毒分离 采取病貂血液或病死貂肾脏和脾等，常规处理后接种貂或猫的肾原代细胞或猫肾传代细胞 CRFK，如产生 CPE，可用免疫荧光技术、琼脂扩散试验等进行鉴定，以便得到确诊。

2. 碘凝集试验 采病貂血分离血清，将 1 滴血清和 1 滴新配制的鲁戈氏碘溶液于载玻片上充分混合，如果 1～2min 出现暗褐色絮状凝集现象者可判为阳性反应（表明血清中丙种球蛋白含量增多）。此法为非特异性方法，导致血清球蛋白增多的疾病可出现假阳性。该法由于简便易行而在基层受到欢迎，在具体使用时应该注意这种方法对早期感染（5 周以内）常常检不出，同时也要注意结合其他诊断资料进行综合分析。

3. 其他实验室诊断方法 免疫荧光技术、酶联免疫吸附试验（ELISA）等方法可用于该病的特异诊断。

【防控】

1. 预防 没有本病的貂场，建立和切实有效执行良好的饲养管理和兽医卫生措施是控制本病的关键，特别是保持貂场饲养环境的清洁卫生，实施合理有序的消毒、严格检疫、严格淘汰和不引进感染貂等。对于有本病存在的貂场，可以根据情况使用阿留申病灭活疫苗。

2. 治疗 貂场发生阿留申病时，尚无令人满意的治疗方法。应迅速将感染貂隔离饲养，结合检疫和淘汰逐渐建立无病貂场。

第四节 水貂病毒性肠炎

水貂病毒性肠炎是由貂细小病毒（MPV）引起貂的一种急性传染病，其特征为急性肠炎和白细胞减少。该病又称貂泛白细胞减少症或貂传染性肠炎。

【流行病学】本病的易感动物是貂。猫、雪貂、小鼠、家鼠和田鼠都不感染MPV，即使人工接种也都不出现症状和病变。不同品种、不同年龄的貂对MPV都有易感性，其中以50～60日龄的幼貂最为易感，发病率50%～60%。病貂的年龄越小病死率越高，最高可达90%。

本病的主要传染源是患病貂以及康复带毒貂，可从唾液、眼鼻分泌物、粪尿等排毒污染环境。

本病的主要传播途径是消化道和呼吸道，易感貂通过直接或间接接触被污染的饲料、环境等而发生传染。鸟类、鼠类和昆虫等可成为本病的传播媒介。

本病常呈地方流行性，一年四季均可发生，其中南方5—7月多发，北方8—10月多发。貂场一旦发生本病，应该采取严格的兽医卫生措施，否则将长期存在并呈现周期性流行。

【症状】本病潜伏期4～9d。感染貂出现精神和食欲不振，体温升高到40～40.5℃，渴欲显著增加。部分病例于12～24h迅速死亡。

病程在1d以上者常发生急性肠炎，表现为腹泻、粪便稀软；或粪便呈水样，粉红色、褐色、灰白色或绿色，腹泻物内含有脱落的肠黏膜、黏液或血液。白细胞显著减少，由正常的9 500个/mm³下降到5 000个/mm³以下。病貂脱水、虚弱、消瘦，衰竭而死，病程0.5～14d，病死率10%～80%或90%以上。部分病例可康复，康复貂将长期带毒，生长发育迟缓。

【病理变化】剖检特征性病变可见小肠呈急性卡他性纤维素性或出血性肠炎，表现为肠管变粗、肠壁变薄、肠内容物中含有脱落的黏膜上皮和纤维蛋白样物质和血液；肠系膜淋巴结充血、水肿。

其他剖检病变可见肝肿大、质脆，胆囊胀大、充满胆汁，脾肿大、暗紫色。组织学变化可见小肠黏膜上皮变性、坏死。

【诊断】现场诊断可以根据流行病学资料、临床特征为腹泻和白细胞减少、剖检病理特征为小肠呈急性卡他性纤维素性或出血性肠炎等做出初步判断。实验室确诊需要进行如下检查。

1. 病毒分离 采取新鲜病料（肝、脾等），常规处理后接种猫肾细胞进行病毒分离。

2. 其他实验室诊断方法 琼扩试验、血凝抑制试验、荧光抗体技术、核酸探针技术、PCR技术等方法可用于该病的特异诊断。

【防控】

1. 免疫接种 免疫接种是预防貂病毒性肠炎最为有效的方法。可根据各地貂病毒性肠炎流行病学情况和疫苗特性制定切实可靠的免疫程序，一般种貂在配种前1个月进行免疫；仔貂4～5周龄免疫，6～7月龄加强免疫一次。

2. 治疗 本病目前尚无令人满意的治疗方法。貂群一旦发病，应该立即采取隔离患病貂、封锁疫点、严格消毒环境等措施，对受威胁的易感貂立即用貂病毒性肠炎弱毒苗紧急接种，通常2周即可控制疫情。对病貂可注射貂病毒性肠炎高免血清，配合对症和防止继发感染治疗的综合性措施，有一定疗效。

第一节 蚕核型多角体病

蚕核型多角体病是由病毒寄生在蚕血细胞和体腔内各种组织细胞的细胞核中，并在其中形成多角体引起，又称蚕血液型脓病或脓病。该病是养蚕生产中最常见、危害又较为严重的一类疾病。

【流行病学】

1. 传染来源 蚕核型多角体病的病原来源很广，但从根本上说，是来源于病蚕及其尸体，而且在病蚕的排泄物、吐出物中潜藏着大量的病毒，并扩散污染到使用过的蚕室及蔟室周围的地面、墙壁、屋顶、灰尘、蚕具及蔟具等一切养蚕周围环境和养蚕有关的用具。此外，有些桑园害虫及野外昆虫病毒与蚕可以交叉感染，因此患病昆虫的虫粪、尸体等可通过污染桑叶导致蚕感染发病。

2. 病原的扩散 病原的扩散是指病原在宿主群体中及整个环境中分布的过程，包括自然扩散、人为的扩散和通过家畜家禽等的扩散等。病蚕的尸体、粪便等在蚕沙的搬运过程中可随蚕沙而扩散。病蚕的尸体与脓汁附着于蚕具上，随具的搬移会扩散开来；洗刷蚕具的污水，病原就随水流而扩散，养蚕工作人员的活动，也是病原扩散的一种方式，如饲养人员在除沙、匀座、扩座等操作中，手上沾染的病原物随操作人员的手由一只蚕匾带到另一只蚕匾，亦会从蚕室带到贮桑室，甚至从一个蚕室传到另一个蚕室。病蚕尸体、粪便及其蚕沙用以喂鸡、猪、羊等后病原物不仅可以随家禽家畜的走动而扩散，而且也可以随禽畜的粪便而扩散。

3. 传染途径与传播方式

（1）传染途径 核型多角体病具有食下传染和创伤传染两种传染途径，但食下传染的机会较多，而创伤传染的发病率较高。纯净的多角体经伤口进入蚕体腔，由于血液呈酸性，多角体不解离，包含的病毒释放不出来，故不会对蚕引起感染。

（2）传播方式 蚕座传染是传染性蚕病传播的重要形式，对病毒病来说尤为显著。核型多角体病蚕，在发病过程中体皮组织逐渐破坏，最终导致破皮流脓，这种脓汁中含有大量的病毒，且病毒新鲜，毒力强，通过污染桑叶被蚕食下或由体表伤口进入体内就会引起健蚕感染。蚕核型多角体病的垂直传播主要指上一季蚕残留的病毒对下一季蚕的传染。垂直传播发生的程度主要取决于上一季蚕的发病程度、在自然环境中病原的生存能力、两季蚕的间隔时间、病毒对消毒剂的抵抗力以及两个蚕期之间的气象条件。

4. 蚕的体质　蚕核型多角体病的发生是病毒、环境、蚕体质等多种因素共同作用的结果，蚕的体质对病毒病的感染抵抗能力有很大的影响。蚕体对疾病的抵抗性是对病原体主动而有力的防御反应能力，这种能力既受到遗传基因的影响，又受到发育过程中环境因子的作用。

【症状】蚕核型多角体病属于亚急性传染病。当蚕感染后，小蚕一般经3～4d，大蚕4～6d发病死亡。患病蚕由于发育阶段不同，外表症状也有差异，但都表现出本病所特有的典型病症。即体色乳白，体躯肿胀，狂躁爬行，体壁易破。大蚕常爬行到蚕匾边缘堕地流出乳白色脓汁而死。病蚕初死时，由于脓汁泄尽，体壁贴于消化管上，外观呈现暗绿色，以此可区别于其他病蚕。不久，尸体腐败变黑。本病因发病时期不同，在上述典型病症的基础上还出现不眠蚕、起节蚕、高节蚕、脓蚕和斑蚕等症状。5龄后期感染，有部分能营茧化蛹。病蛹体色暗褐，体壁易破，一经震动，即流出脓汁而死，造成茧层污染。内部污染茧的发生往往与此病的发生有关（图2-9）。

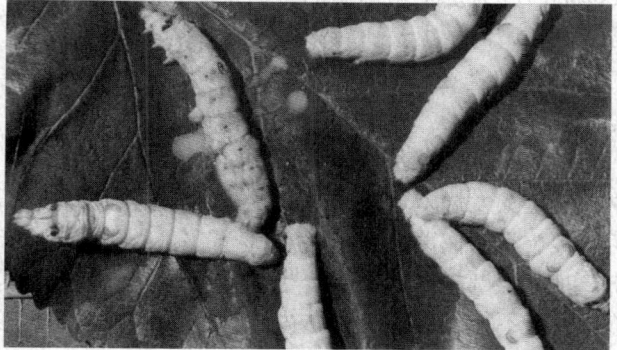

图2-9　患蚕核型多角体病的蚕

【病理变化】蚕核型多角体病毒（BmNPV）可以在蚕的不同组织细胞内寄生、增殖，并形成多角体。虽然病毒的入侵的迟早以及多角体形成的难易程度有区别，但一般说来，最易形成核多角体的组织为血细胞、气管上皮、脂肪组织及真皮细胞，生殖腺和神经细胞只能形成少量的多角体，而蜕皮腺、唾腺和马氏管等则很难形成。在丝腺中除前部丝腺不能形成多角体外，中后部丝腺的细胞核都能形成多角体。BmNPV在中肠细胞内能增殖形成病毒粒子，但多角体却很难形成，即使偶尔形成多角体，形状也很小。

【诊断】

1. 肉眼鉴别　本病开始出现病蚕一般都在迟眠蚕中，此后陆续发生时，则情况变化多样。病蚕鉴别的主要依据是：体壁紧张，体色乳白，体躯肿胀，爬行不止。剪去尾角或腹足滴出的血液呈乳白色，均为本病的特征。

2. 显微镜检查　以上鉴别尚不能肯定时，可取病蚕的血液制成临时标本，用400倍以上的显微镜检查有无多角体存在。

3. PCR检测　利用PCR的方法，在体外，可以在短时间内使基因组的某个部分扩增几百万倍检测。从患病蚕血淋巴中抽提总DNA后，用根据病毒基因组序列设计的一对特异性引物在体外进行扩增，如果产物在琼脂糖凝胶电泳中有特异性条带，则可判别为该病。

【防控】蚕病毒病是目前生产上普遍发生、危害严重的一类传染性蚕病。一旦发生，就会迅速蔓延，往往造成较大损失。应根据其发病规律，结合具体的环境及饲养条件，运用综合防治的措施和群防群治的经验，才能收到防治的效果。根据目前对病毒病的认识，对于防治原则和方法可以从以下几个方面考虑：①合理布局，切断垂直传播。②严格消毒，消灭病原，切断传染途径。③消灭桑园害虫，防止交叉传染。④严格提青分批，防止蚕座传染。⑤加强管理，增强蚕的体质。⑥选用抗病力较强的品种。

第二节　蚕白僵病

蚕白僵病是白僵菌属中不同种类的白僵菌寄生蚕体引起的，病蚕尸体被覆白色或类白色分生孢子粉被，故称白僵病。

【流行特点】

1. 传染来源　家蚕真菌病原大多为兼性寄生菌，即具有寄生和腐生的能力。白僵菌寄主范围极广，患病昆虫的粪便、尸体将会形成大量的分生孢子，通过污染桑叶，随桑叶而带入蚕室，成为蚕发生僵病的传染来源。在晚秋蚕期，由于气候环境适宜于真菌的生长发育，桑园内染病的昆虫又比较多，因此，容易发生僵病。

2. 传染途径　真菌病是病菌的分生孢子通过空气传播的。传染途经主要是接触传染，其次是创伤传染，一般不能食下传染。

3. 传染条件　各种真菌病原的分生孢子发芽、生长发育和繁殖都要求有一定的条件，才能引起蚕发病。僵病的发生一方面与蚕的发育阶段有关，但另一方面主要受环境条件温湿度的影响。白僵菌在适宜的湿度下（如饱和湿度），分生孢子在10℃才开始发芽，在10~28℃时，温度越高，发芽、生长越好，其最适温度为24~28℃，30℃以上生长即受到抑制，33℃以上不能发芽。另外，发病经过的快慢也与温度有关，在适温范围内温度高时发病快，病程短，反之，温度低时发病慢，病程长。

【症状】病蚕从感染到发病死亡的时间，在一般情况下，1~2龄为2~3d，3龄3~4d，4龄4~5d，5龄5~6d。发病初期，体色稍暗，反应迟钝，行动稍见呆滞。发病后期，蚕体上常出现油渍状或细小针点病斑。濒死时排软粪，少量吐液。刚死的蚕，头胸部向前伸出，肌肉松弛，身体柔软，略有弹性，有的体色略带淡红色或桃红色，以后逐渐硬化。经1~2d，从硬化尸体的气门、口器及节间膜等处先长出白色气生菌丝，逐渐增多，布满全身，最后长出无数分生孢子，遍体如覆白粉（图2-10）。如在休眠期发病，则多呈半蜕皮蚕或不蜕皮蚕，尸体潮湿，呈污褐色，容易腐烂。

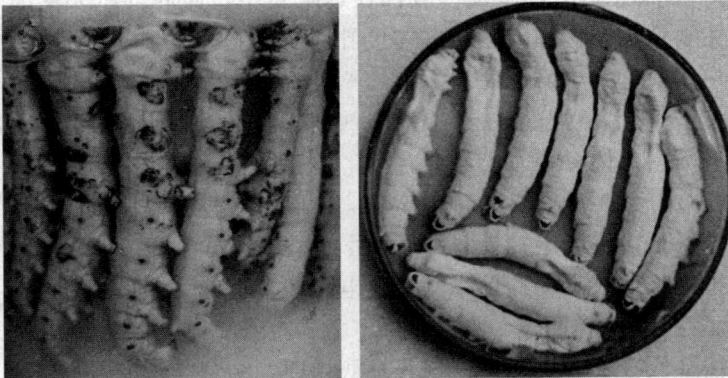

图2-10　白僵病病蚕的病症

蚕蛹发生白僵病后形成僵蛹，蚕茧又干又轻，病蛹在死亡前弹性显著降低，环节失去蠕动能力，死后，胸部皱缩，由于失水而全身干瘪，在皱褶及节间膜处逐渐长出气生菌丝及分生孢子，但数量远不及病蚕体多。蛹期感染白僵病者，有时虽能化蛾而成白僵病蛾，但不能产卵。死后尸体干瘪，翅、足容易折落。

【病理变化】 白僵菌的主要侵入途径是对蚕的体壁接触感染。白僵菌分生孢子表面带有黏性物质，通过气流或其他机械方式被传播，并附着在蚕体壁上，在适宜的温湿度条件下经6～8h，开始膨大发芽，然后在孢子的端部或侧面伸出1～2根发芽管，同时能分泌几丁质分解酶、蛋白质分解酶和解酯酶，通过这些酶的共同作用溶化寄生部位的体壁，并借助发芽管伸长生长的机械压力，穿过体壁，进入体内寄生。菌丝穿过外表皮下进入真皮细胞及肌肉层时，它的直径开始增粗，并产生分支。当营养菌丝到达血液后，大量吸收营养，能迅速地分支生长，并产生芽生孢子。芽生孢子随血液循环分布到全身。由于营养菌丝、芽生孢子及节孢子大量生长而不断消耗蚕体的养分及水分，同时又向体液中分泌各种酶类、毒素并形成结晶，以至体液变得混浊，黏度、比重、屈折率等显著上升，而血细胞数和体液中的多种氨基酸的含量则较正常值减少，血液循环受到妨碍，体液功能遭受破坏，最后蚕停止食桑，行动呆滞，麻痹而死。此外，感染末期的白僵病蚕，由于消化液的抗菌性下降，消化道中细菌迅速繁殖，4～6环节往往有软化、腐烂的现象，但最终因白僵菌的大量增殖，故尸体并不腐败而呈僵化。

【诊断】

1. 肉眼鉴定　初死时蚕体伸展，头胸部突出，吐少量肠液。体色灰白或桃红，手触柔软而略有弹性。体壁上往往出现油渍状病斑，或呈现散发性的褐色小病斑。血液混浊，尸体逐渐变硬，最后被覆白色粉末。若尸体呈淡黄或桃红色，气生菌丝较长，尸体被覆分生孢子后呈淡黄色，此为黄僵病。

2. 显微镜检查　病症不明显时，可取濒死前的病蚕血液制成临时标本作显微镜检查，如有圆筒形或长卵圆形的芽生孢子即为本病。

【防控】 根据蚕白僵病的发生规律，对真菌病的防治主要采取以下几方面的措施：①彻底消毒，严防污染。②加强桑园害虫防治。③使用防僵药剂进行蚕体、蚕座消毒。④熏烟防僵。⑤调节蚕室、蚕座湿度。⑥及时除去病蚕、控制蚕座再传染。

第三节　蚕微粒子病

蚕微粒子病是蚕业生产上的毁灭性病害。该病害的病原为蚕微粒子，可通过胚种传染和食下传染感染蚕，是蚕业上唯一的法定检疫对象。

【病原】 蚕微粒子属于微孢子虫门双单倍期纲离异双单倍期目微孢子虫总科微孢子虫科微孢子虫属，学名为 *Nosema bombycis*（Naegeli，1857），是微孢子虫属的典型种。

1. 孢子的形态和结构　蚕微粒子的孢子一般为卵圆形大小（2.9～4.1）μm×（1.7～2.1）μm，由于寄生发育阶段和寄生部位的不同其大小略有差异（图2-11）。自然标本用光学显微镜观察，孢子呈上下摆动状，具有很强的折光、呈淡绿色，孢子中部可见一极丝。孢子由孢子壁、极膜层、

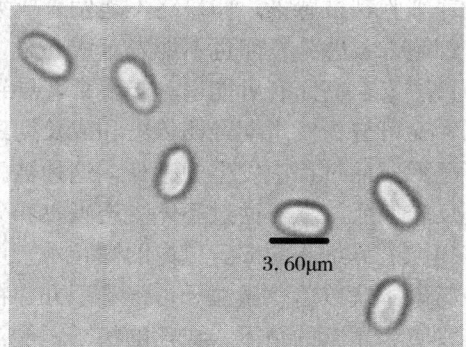

3.60μm

图2-11　蚕微粒子病病原形态

极丝、孢原质和后极泡等组成。

2. 蚕微粒子的生活史　蚕微粒子在经历孢子发芽、裂殖生殖期和孢子形成期几个阶段后，完成一个世代。在裂殖生殖期裂殖体的细胞核保持单核。单核裂殖体细胞膜变厚是孢子形成期开始的标志，此时的细胞为纺锤形，也称母孢子；母孢子细胞核二均分裂形成 2 个双核的孢子母细胞；孢子母细胞进一步发育，出现细胞膜的肥厚化和与寄主细胞界面的分离，内质网、高尔基体、膜系统和极丝等器官分化和形成，最后产生一个孢子。蚕微粒子在细胞内繁殖的过程中，除形成卵圆形、孢子壁厚和极丝圈数为 12 圈的长极丝孢子外，期间还可产生外形为洋梨型、极丝圈数为 4～6 圈，以及可在寄主细胞内自动发芽、产生可感染邻近细胞和组织的二次感染体——短极丝孢子。短极丝孢子可认为是一种适合于体内传播的孢子，而不适于抵御恶劣的环境条件。长极丝孢子可认为是一种适合于体外传播的孢子，能抵御恶劣的环境条件。

3. 孢子的稳定性　孢子是蚕微粒子的休眠体。坚韧的孢子壁对外界环境中理化因子的冲击具有较强的抵抗力。将蚕微粒子病的病死蚕在阴暗处保存 7 年后，其中的孢子对蚕仍有 10％的感染性。在潮湿的土壤和水中，也能存活相当长的时间。经过一些家畜或家禽的消化管后仍有感染性。但在干热和光亮环境中容易失活。在沤制的堆肥中（71～82℃）只能存活 1 周左右。

【流行病学】

1. 传染来源　在病蚕的尸体、排泄物（蚕粪、熟蚕尿和蛾尿等）和脱出物（卵壳、蜕皮壳、鳞毛和蚕茧等）中都有微粒子孢子的存在，这些都是直接的传染来源。蚕微粒子不但可以感染蚕，还可以感染野蚕、桑尺蠖、桑螟、桑毛虫、桑卷叶蛾、桑红腹灯蛾、菜粉蝶、稻黄褐眼蝶和美国白蛾等野外昆虫。野外昆虫被蚕微粒子感染，再加桑园等治虫不力，就会使微粒子的传染来源变得更为广泛和复杂。

2. 传染途径　蚕微粒子病病原体的传染途径有食下传染和经卵（胚种）传染两种。

（1）食下传染　食下传染有两种情况：一种是卵壳传染，即蚁蚕在孵化时，咽下被微粒子孢子污染的卵壳而感染；另一种是桑叶传染，即蚕食下被微粒子孢子污染的桑叶而感染。

（2）经卵（胚种）传染　经卵传染是本病特有的传染途径。蚕在 4～5 龄感染本病以后，就可能发生经卵传染。蚕微粒子感染雌蚕以后，可侵入其卵原细胞，卵原细胞再分化为卵细胞和滋养细胞。在此过程中，有三种寄生情况，对蚕的传染和致病结果也不同。①卵细胞和滋养细胞都被感染，卵最终不能发育成为胚子，成为不受精卵或死卵；②卵细胞被感染，滋养细胞未被感染，卵也不能发育成胚子，成为不受精卵或死卵；③卵细胞未被感染，滋养细胞被感染，其卵有可能进一步发育，导致经卵传染的发生。因微粒子孢子侵入胚子的时期不同，又可分为发生期经卵传染和成长期经卵传染。发生期经卵传染是指微粒子在卵产下后到胚子形成的过程中发生的感染，这种被感染的胚子不能继续发育，而成为死卵；当胚子发育到反转期后，不再通过胚体渗透吸收养分，而是通过第二环节背面的脐孔吸收养分，此时，寄生在滋养细胞的卵黄球内的微粒子，可随养分的吸收而进入消化管，导致胚子被感染。雄蛾感染本病以后，微粒子可侵染睾丸、精原细胞、精母细胞及精囊；精母细胞被寄生后，不能发育为正常的精子。成熟的精子不能被寄生。在交配时，寄生在精囊中的微粒子可以随精液进入雌蛾的贮精囊或受精囊，但微粒子不能通过卵孔或其他途径而进入，所以交配时不会造成经卵传染。

3. 发病和流行规律　蚕感染微粒子的发病时期因传染途径、感染时期和感染量的不同而异。经卵传染的蚁蚕，一般孵化迟、发育缓慢，严重者当龄死亡，轻度者最长不能发育到4龄；大蚕期4～5龄食下微粒子孢子而感染的情况下，一般能正常发育营茧，感染较轻的蚕，其全茧量和茧层量等经济性状与正常接近，往往也能羽化、交配和产卵，在实际生产中很难被发现，但可成为经卵传染的来源。

【症状】蚕微粒子病是一种全身性感染的慢性蚕病，病程较长。在蚕的各个发育阶段都有不同的病症和病变。

1. 蚕期病症　养蚕群体在发生微粒子病以后，往往表现为群体发育不齐、大小不匀和尸体不易腐烂等症状。经卵感染的蚁蚕，收蚁后3d仍不疏毛，体色深暗，体躯瘦小，发育缓慢，重病蚕当龄死亡，轻者可延续到2～3龄。蚁蚕食下感染，病症大致同上，但多出现迟眠蚕或不眠蚕。2～3龄感染，可延续到大蚕期才发病。大蚕期发病，体壁缩皱、呈锈色，有微细不规则的黑褐色病斑（或称胡椒蚕），病斑多出现在尾角末端、气门周围和胸腹足的外侧部位；体质虚弱，蜕皮困难，甚至蜕皮中死亡成为半蜕皮蚕。熟蚕期发病：重病蚕不能结茧，轻度发病的蚕多结畸形茧或薄皮茧。

2. 蛹和蛾期的病症　病蛹的表皮无光泽，反应迟钝，腹部松弛，甚至可透视到腹中的卵，有的体壁上出现大小不等的黑斑。病情较轻的蛹，较健康蛹羽化早；病情较重的蛹，大多成为死笼，即使能羽化也较健康蛹迟。病蛾羽化后不能展翅或展翅不良，甚至翅脉上出现水疱和黑斑的拳翅蛾；羽化时胸腹部鳞毛易脱落，腹部膨大，节间膜松弛，甚至可透视到腹内的卵粒；病蛾的交配能力较差，产卵不正常。

3. 卵的病症　重病蛾产的卵，卵形不整齐，大小不一，卵粒的排列不规则，多重叠卵。卵的产附差，容易脱落，不受精卵和死卵多。常有催青死卵、不孵化或孵化途中死亡的现象，点青和转青期参差，孵化不齐。

【病理变化】蚕微粒子对蚕的感染是全身性的，除几丁质的外表皮、气管的螺旋丝及前后消化管壁外，能侵入蚕体的各种组织器官寄生，并出现各种病变。典型的组织病变：①消化管是最早出现病变的器官，微粒子在感染的中肠上皮细胞内繁殖，使细胞肿大和变成乳白色，并突出于管腔；最后中肠上皮细胞破裂，孢子散落在消化管内，随粪排出。有时消化管还会出现黑色的斑点。②血细胞的病变：蚕微粒子主要在颗粒细胞、原血细胞和浆细胞中寄生和繁殖，细胞膨大破裂，大量孢子和细胞碎片在血液中悬浮使血液呈混浊状。③丝腺的病变：前、中和后部丝腺都可以被微粒子虫寄生，寄生后在丝腺出现肉眼可见的乳白色脓包状的斑块，这是该病害的典型病变。

【诊断】

1. 肉眼诊断　肉眼诊断法主要是根据本病在不同发育阶段所表现的病症和群体症状而进行。蚕微粒子病病蚕所表现的食欲减退、发育不良、眠起不齐、半蜕皮蚕、不结茧蚕和裸蛹等病症，一般因发病个体数少和发病较轻而较难发现，且其他蚕病也有类似的症状。所以，根据这些病症的观察，只能作出初步的诊断而不能确诊。蚕微粒子病病蚕的丝腺，在出现肉眼可见的乳白色脓包状斑块的典型病变时，可通过肉眼诊断法作出确诊。

2. 光学显微镜诊断法　从患有蚕微粒子病的个体（卵、幼虫、蛹和蛾）中，用光学显微镜可检测到微粒子虫的孢子，这是确诊该病害的有效方法。临时标本在光学显微镜的

400～640下，可观察到卵圆形并具有很强折光或呈淡绿色的孢子。

【防控】根据蚕微粒子病具有经卵传染和经口传染两个传染途径的特点，以及病害发生和流行规律，制造无毒蚕种是防控本病的根本措施，综合防治是防控本病的有效途径，严格执行蚕种生产和经营规范是防控本病的重要保证。①严格执行母蛾检验制度。②加强补正检查和预知检查。③严防养蚕环境被病原体污染。④严格消毒消灭病原体。⑤加强原蚕区的微粒子病防治。

第四节　美洲蜜蜂幼虫腐臭病

美洲蜜蜂幼虫腐臭病为发生于蜜蜂幼虫的细菌性病害，主要是 7 日龄后的大幼虫或前蛹期表现症状。目前仅见于西方蜜蜂。此病是世界性的蜜蜂幼虫病害，广泛发生于全球西方蜜蜂饲养区。在我国台湾省发病严重，大陆地区发病轻微，呈局部偶发状态。

【病原】病原为拟幼虫芽孢杆菌（*Peanibacillus larvae*）（图 2-12），全基因组长约为 4.0Mb（GenBank 收录号：AARF01000000）。拟幼虫芽孢杆菌又分为 *P. l.* subsp. *larvae* 和 *P. l.* subsp. *pulvifaciens* 两个亚种。前者已被确定为美洲蜜蜂幼虫腐臭病的病原，后者也被认为可以引起类似但症状相对较轻的病症。菌体为细长杆状，大小 $(2～5)\mu m×(0.5～0.8)\mu m$，革兰氏染色阳性，具周生鞭毛，能运动。在条件

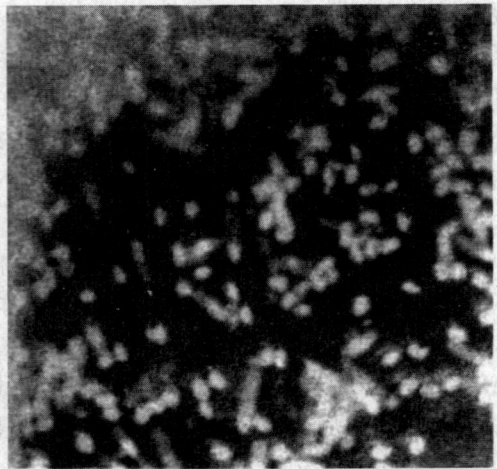

图 2-12　拟幼虫芽孢杆菌营养体及芽孢

不利时能形成椭圆形的芽孢，中生至端生，芽孢囊膨大。芽孢常常游离，呈卵圆形，大小约 $1.3\mu m×0.6\mu m$。芽孢抵抗力极强，对热、化学消毒剂、干燥环境至少有 35 年的抵抗力。

1. 培养特性　在一般培养基上不能生长，一定要有丰富的维生素 B_1，如在培养基中加入蛋黄、酵母膏、胡萝卜浸提液等。

该菌采用半固体培养基混合培养，接种后置 34℃下，几日内芽孢于培养基表面下 5～10mm 处萌发及生长、繁殖，最后细菌的营养体扩展到培养基表面。菌落为乳白色、半透明、稍凸起、略具光泽。

2. 生化特性　能发酵葡萄糖、果糖、半乳糖产酸，比较突出的是还原 NO_3^- 为 NO_2^-，实际上在不加 NO_3^- 的培养基中都能产生 NO_2^-。

拟幼虫芽孢杆菌另一重要的培养特征是出现"巨鞭"（图 2-13），即在细菌培养物中可见到螺旋形的巨大的鞭毛，是鞭毛从着生的细胞

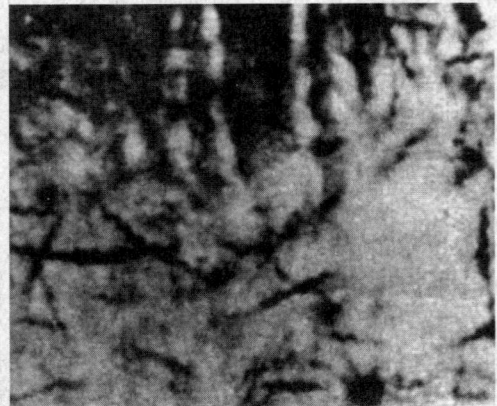

图 2-13　拟幼虫芽孢杆菌的"巨鞭"

上脱落，而后凝集、盘绕在一起形成。

【流行病学】在我国目前仅西方蜜蜂发生该病，东方蜜蜂未见发病报道。本病发生没有明显的季节性，一年中只要蜂群中有幼虫，病害就能在任何季节发生。患病蜂群在主要蜜源大流蜜期到来时，病情减轻，甚至"自愈"。其原因为：①病原芽孢可能被采进的花蜜稀释，从而降低了幼虫从食物中接受病原芽孢的机会。②花蜜的充盈刺激了蜂群中内勤蜂的清洁行为，内勤蜂发现和清除病虫的能力加强。③刚采回的新鲜花粉作为幼虫的食物，在一定程度上减少了幼虫被芽孢侵染的机会。但是在一个蜂群中，若病虫数量在百只以上时，疾病将在蜂群内的蜜蜂幼虫个体间迅速传染，导致蜂群灭亡。

【症状及病理变化】被感染的蜜蜂幼虫平均在卵孵化后的 12.5 d 表现出症状。首先幼虫体色明显变化，从正常的珍珠白变为黄色、淡褐色、褐色直至黑褐色。同时，虫体不断失水干瘪，最后变成紧贴于巢房壁的、黑褐色的、难以清除的鳞片状物（图 2-14）。

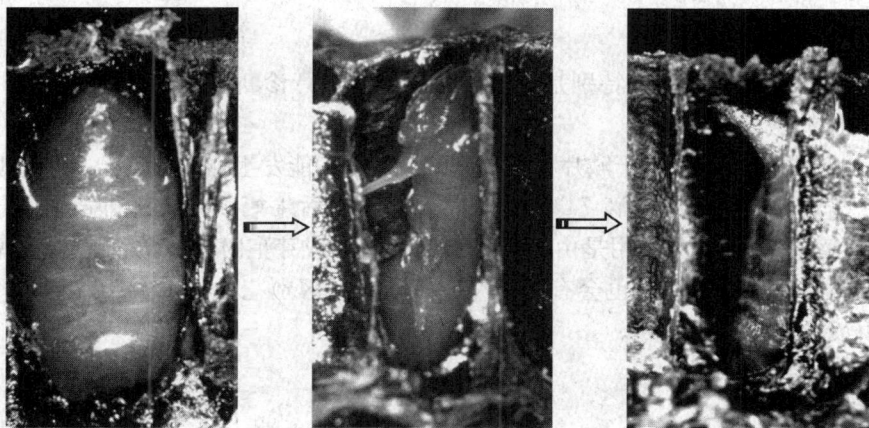

图 2-14 病虫尸体变化过程

病虫的死亡几乎都发生于蜜蜂幼虫封盖后的前蛹期，少数在幼虫期或蛹期死亡。死亡的幼虫伸直，头部伸向巢房口，它们的"吻"常从鳞片状物前部穿出，形如伸出的舌。病虫死亡后，在其腐烂过程中能使蜡盖变色（颜色变深）、湿润、下陷、穿孔（图 2-15）。在封盖下陷穿孔时期，用火柴杆插入封盖房，稍搅动后能拉出褐色的、黏稠的、具腥臭味的长丝（图 2-16）。

图 2-15 患病蜂群封盖子脾

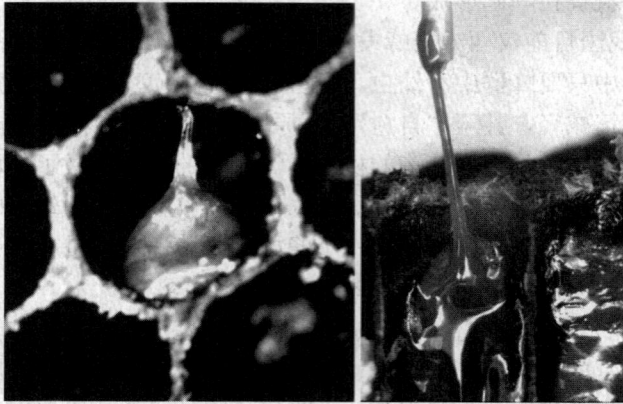

图 2-16 病蜂伸出的"吻"（左）及烂虫拉"丝"（右）

【诊断】

1. 诊断 根据典型症状，特别是烂虫能"拉丝"进行诊断。

2. 干虫尸的检查

①将干虫尸置紫外灯下，干鳞片在紫外光的激发下，能发生强烈的荧光，这有助于诊断。

②牛乳试验，虫尸上加 6 滴 74℃ 的热牛奶，1min 后牛奶凝结，随即凝乳块开始溶解，15min 后，全部溶尽。这个作用是由拟幼虫芽孢杆菌形成芽孢时释放的稳定的水解蛋白酶引起的（注意：巢内贮存的花粉也会有这种反应，应注意区别花粉与干虫尸）。

③采用荧光抗体技术诊断。

④采用 PCR 技术诊断。

【防控】

1. 预防

①加强检疫，控制病群的流动。

②及时控制群内的螨害，因蜂螨能携带、传播病原菌。

③培育抗病品种。

2. 治疗

①病害刚在部分蜂群发生时，及时烧毁少量病脾、病群，以免病害传播后损失更大。

②用干净的箱、脾将病群的箱、病虫脾、空脾换出消毒。箱、脾的消毒方法有：^{60}Co、γ 射线照射，EO（乙烯氧化物）气体密闭熏蒸，高锰酸钾加福尔马林密闭熏蒸，硫黄燃烧后的烟雾密闭熏蒸。

③换过洁净蜂箱后的蜂群饲喂四环素，用药量为每 10 框蜂 0.125g。药物的饲喂方法：配制含药花粉，将药物溶于少量糖浆后调入花粉中（花粉量以 2d 内被蜜蜂食尽为宜），至花粉团不粘手后压成饼状，饲喂蜂群，不易造成蜂蜜污染；配制含药炼糖饲喂蜂群，是国外常用的方法，将药物磨成极细粉末，加入炼糖中，揉匀即可（224g 热蜜加 544g 糖粉，稍凉后加入 7.8g 四环素粉，搓至硬，可喂 100 群中等群势的蜂群）。每 7d 喂药一次，2 次为一个疗程。视蜂群病情，酌情进行第二疗程治疗。

注意事项：病群的换箱过程是必不可少的，否则病害极易复发；一味使用抗生素，仅能暂时控制病情；原病群中的贮蜜不得作为其他蜂群的饲料，病群贮蜜中含有大量病菌的芽孢，而芽孢恰恰是该病发生的主要因素；在蜂群繁殖季节，可采用抗生素治疗，但在进入采集期前45～60d应停药，防止药物残留。生产蜂王浆的蜂群不能采用抗生素治疗，否则蜂王浆中抗生素残留严重。

第五节　欧洲蜜蜂幼虫腐臭病

欧洲蜜蜂幼虫腐臭病为蜜蜂的幼虫细菌性病害，主要发生于2～4日龄的小幼虫。西方蜜蜂与东方蜜蜂均被其侵染，但东方蜜蜂发病较西方蜜蜂严重，为常见的东方蜜蜂病害。此病是世界性的蜜蜂幼虫病害，广泛发生于全球蜜蜂饲养区。在我国主要发生于南方山区、半山区的中华蜜蜂饲养地区。中华蜜蜂的发病较西方蜜蜂严重。

【病原】病原为蜂房球菌（*Melissococcus pluton*）。该菌单个形态为披针形球菌，直径0.5～1.0 μm，革兰氏染色阳性，常结成短链状或成簇排列（图2-17），不产芽孢。

培养特性：在普通培养基及好气培养条件下，该菌不生长。但可在下述新鲜的培养基中生长：酵母膏10g，葡萄糖10g，KH_2PO_4 1.35g，淀粉1g，琼脂20g，蒸馏水1 000mL，用KOH调pH至6.6，116℃灭菌20min。可采用混合法接种，接种后培养皿放入带有10% CO_2的厌气细菌培养箱中，34℃培养。一般4d后长出菌落。直径1～1.5mm，白色、边缘光

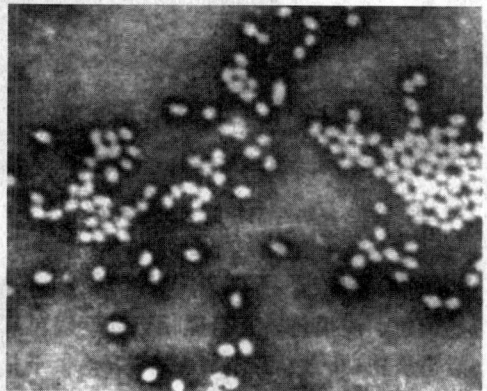

图2-17　蜂房球菌

滑，表面微突起。培养基中培养出的菌具多形性，常为类似短杆状的形态。

【流行病学】该病害的发生有明显的季节性。在我国南方，一年之中常有两个发病高峰。一个是3月初到4月中旬，即油菜花期到荔枝花期；另一个是8月下旬到10月初（广东、福建可至12月）。两个发病高峰期，都与蜂群的春繁、秋繁时期相重叠。北方则发生于降雨较多、湿度大的季节。

病害在蜂群内往往突然"暴发"，其原因为：蜂王刚开始产卵时，蜂群内幼虫数量少，哺育蜂暂时富裕，它们提供给幼虫的营养足，幼虫发育健康，抗病性强，少量病虫也很快被清除。由于幼虫营养丰富，发病后幸存的病虫相对多，于是病原菌数量逐渐积累。随着繁殖高峰期的到来，幼虫数量猛增，哺育蜂数量相对不足，哺育负担加重，给幼虫提供的营养远不如繁殖初期充足，被侵染幼虫增加，哺育蜂清除不及，病害也就严重起来。当大量被侵染的幼虫死亡速度快于内勤蜂发现、清除时，大量虫尸留存于巢房内，出现了典型的"暴发"。

在同样条件下，群势小的蜂群的发病速度相对比群势大的蜂群更快，群势小的蜂群中哺育蜂的数量与幼虫之比较群势大的蜂群达不到平衡，少量的哺育蜂面对大量的待哺育幼虫，不堪重负，幼虫获得营养不足，病害迅速发生，大量死虫清除不及。这就是病害往往突然"暴发"于"弱群"中的原因。

大流蜜期的到来，病害常常"自愈"，其原因也是群内待哺幼虫数量少，扣王停卵抢蜜的生产群无幼虫可育。故少量的幼虫可获得充足的营养，健康发育，极少量病虫被及时发现、清

除，似乎病害"自愈"了。可采蜜期过后，开始繁殖下一次适龄采集蜂时，病害又抬头。

【症状及病理变化】本病一般只感染小于 2 日龄的幼虫，病虫在 4～5 日龄死亡。患病后，虫体变色，失去肥胖状态。从珍珠般白色变为淡黄色、黄色、浅褐色直至黑褐色。变褐色后，幼虫褐色的气管系统清晰可见（图 2-18）。随着变色，幼虫塌陷，似乎被扭曲，最后在巢房底部腐烂、干枯，成为无黏性、易清除的鳞片（图 2-19）。虫体腐烂时有难闻的酸臭味。

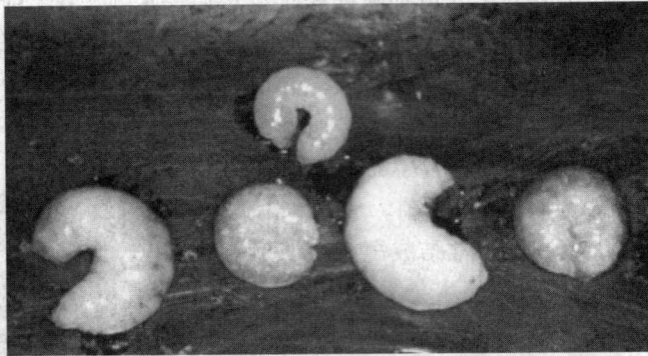

图 2-18　蜜蜂健康幼虫（上）与患欧洲蜜蜂幼虫腐臭病幼虫（下）

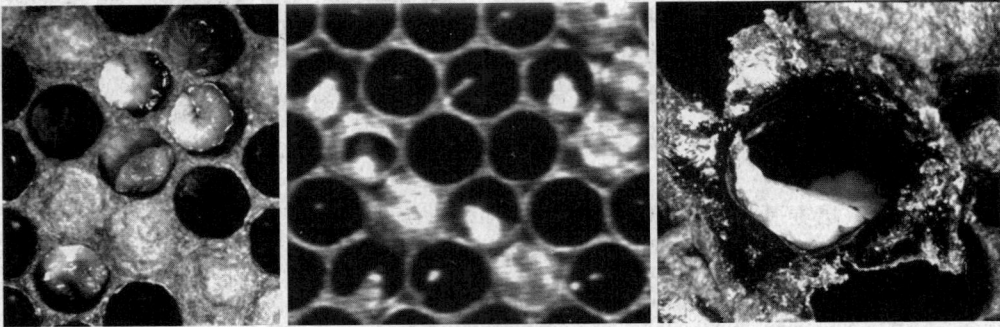

图 2-19　患病幼虫的形态变化

若病害发生严重，巢脾上"花子"严重（图 2-20）。由于幼虫大量死亡，蜂群中长期只见卵、幼虫，不见封盖子。

图 2-20　巢脾上的"花子"

【诊断】

（1）利用典型症状作出初步诊断，先观察脾面是否有"花子现象"，再仔细检查是否有移位、扭曲或腐烂于巢房底的小幼虫。

（2）挑出已移位、扭曲但尚未腐烂的病虫，置载玻片上，用两把镊子夹住躯体中部的表皮平稳地拉开，将中肠内容物留在载玻片上，里面有不透明、白垩色的凝块。挑出凝块，按细菌简单染色法染色，显微镜镜检（1 500×），可见大量病原菌。健康幼虫的中肠不容易剖检，而且中肠内容物是棕黄色的。

（3）采用 PCR 技术诊断。

【防控】 西方蜜蜂患本病一般不甚严重，通常无需治疗，多数蜂群可自愈。而中华蜜蜂患本病常十分严重，严重影响春繁及秋繁，而且病群几乎年年复发，难以根治。但由于病原对抗生素敏感，病群的病情用药物较易控制。需注意的问题是，要合理用药，严防抗生素污染蜂蜜。

1. 预防

（1）选育对病害敏感性低的蜂种。

（2）在病害发生季节前换王，打破群内育虫周期，给内勤蜂足够的时间清除病虫和清扫巢房。

（3）病群内的重病脾取出销毁或严格消毒后再使用（巢脾的消毒方法参阅美洲幼虫腐臭病相关内容）。

2. 治疗 施药防治，常用土霉素或四环素，配制含药花粉饼喂饲。含药花粉的配制：取上述药剂及药量粉碎，拌入适量花粉（10 框蜂取食 2～3d 量），用饱和糖浆或蜂蜜揉至面粉团状，不粘手即可，置于巢脾的上框梁表面，供工蜂搬运饲喂。

重病群可连续喂 3 次，轻病群 7d 喂一次，注意采集前 45～60d 停药。在采集期内发病的蜂群，若采用抗生素治疗，应立即退出生产。

第六节 白 垩 病

蜜蜂白垩病为蜜蜂幼虫真菌性病害，主要发生于 7 日龄后的幼虫或前蛹。西方蜜蜂与东方蜜蜂均发病，西方蜜蜂发病较东方蜜蜂严重。目前在我国有 30% 左右蜂群发病。此病是世界性的蜜蜂幼虫病害，广泛发生于全球蜜蜂饲养区。在我国于 1991 年正式报道后，流行极快，目前为西方蜜蜂饲养中每年发生且发病严重的顽固性传染病。

【病原】 蜜蜂白垩病的病原为蜜蜂球囊菌（*Ascosphaera apis*），该菌有两个变种：蜜蜂球囊菌蜜蜂变种（*A. apis* var. *apis*）（模式变种）与蜜蜂球囊菌大孢变种（*A. apis* var. *major*）。

蜜蜂球囊菌的形态特征：该真菌为异宗结合的、具分隔的菌丝体。阳性菌丝的精子器形成受精突；阳性菌丝形成产囊体，内有受精丝、营养细胞和茎状基部，营养细胞对发育着的产囊系统承担营养机能。受精丝与阳性菌丝的精子器融合。初生造囊丝含阳性、阴性两核。质配后，形成具有子囊的产囊丝。子囊孢子临近成熟时子囊壁消失，多个孢子被共同的外膜包围，集合成紧密的孢子球（图 2-21）。

该菌的两个变种的主要区别在于成熟的滋养细胞和孢囊的大小不同，以及这两个类型间

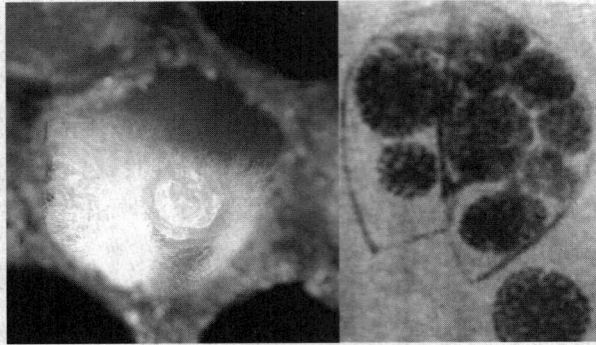

图 2-21 蜜蜂球囊菌的菌丝体（左图）和
孢子囊、孢子球（右图）

彼此不能杂交。

蜜蜂球囊菌蜜蜂变种孢囊为深墨绿色，直径通常 $32 \sim 99 \mu m$，平均 $65.5 \mu m$，孢子大小 $(3 \sim 3.8) \mu m \times (1.5 \sim 2.3) \mu m$，其基因组大小约 21.6Mb（GenBank 收录号：AARE01000000）；蜜蜂球囊菌大孢变种孢囊为深墨绿色，直径一般 $88.4 \sim 168.5 \mu m$，平均 $128.4 \mu m$；孢子比模式种大约 10%。

蜂房中还存在一种与蜜蜂球囊菌形态十分相似的真菌（*Bettsia alvei*），但它的孢囊直径只有 $30 \mu m$，并且它的球形孢子不聚集成孢子球，只在蜂巢中贮存的花粉中有限地生长。

培养特性：在含有酵母膏（1 000mL 培养液加 5g）的马铃薯葡萄糖琼脂和麦芽琼脂培养基上生长良好。

【流行病学】该病在西方蜜蜂发病严重。中华蜜蜂发病轻微，目前仅在中华蜜蜂的雄蜂幼虫上发现真菌的侵染。病害在我国南方发生严重，发病的季节性较明显，一般为春末、初夏，气候多雨潮湿、温度不稳、变化频繁时，蜂群又处于繁殖期，子圈大，边脾或脾边缘受冷机会多，发病率较高。蜂箱通气不良或贮蜜的含水量过高（22%以上），可促进病害的发展。

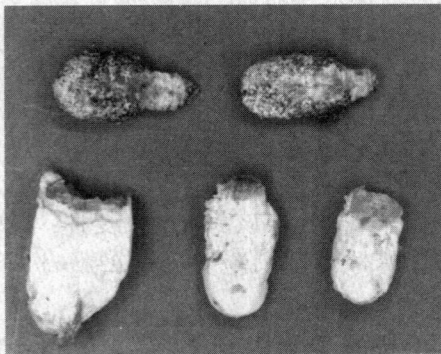

图 2-22 患白垩病死亡的蜜蜂幼虫尸体

【症状及病理变化】患白垩病的幼虫在封盖后的头两天或在前蛹期死亡。幼虫被侵染后先肿胀、微软，后期失水缩小成坚硬的块状物。当只有一个株系（阳性或阴性）感染幼虫时，死亡的幼虫残体为白色粉笔样物；当两个株系共同在幼虫上生长时，死虫体表形成子实体，干尸呈深墨绿色至黑色（图 2-22）。在蜂群中雄蜂幼虫比工蜂幼虫更易受到感染。

在重病群中，可能留下封盖房，但为零散的。封盖房中有结实的僵尸，当摇动巢脾时能发出撞击声响（图 2-23）。

【诊断】

（1）通过在蜂箱前或蜂箱底板查找典型的虫尸进行初步诊断。

（2）取回干虫尸，刮取体表黑色物，置载玻片上做水浸片，显微镜 400× 观察，根据真

图 2-23 患病封盖子脾症状

菌孢囊及孢子球、孢子的形态确定病原菌。

（3）PCR 技术诊断。

（4）LAMP 技术诊断。

【防控】

1. 预防 做好预防是控制白垩病的重要措施。

（1）降低蜂箱内的湿度是预防白垩病发生的要点，应在蜂场选址时就注意这个问题。降湿方法：摆蜂场地应高而干燥；排水、通风良好；春季多雨季节，蜂箱底部使用蜂箱架或蜂箱四角用砖块等物架起，使蜂箱底板离开地面；蜂群内的饲料蜜浓度宜高；晴天注意翻晒保温物。

（2）应注意检查饲喂的花粉，带有病菌孢子的花粉应消毒后使用。

2. 治疗

（1）用干净的蜂箱、巢脾换出病群的箱、重病脾，用福尔马林加高锰酸钾密闭熏蒸消毒；严重的病脾应烧毁。

（2）病群于晴天用 0.5% 高锰酸钾喷雾，进行成年蜂体表消毒，喷至成蜂体表雾湿状为止。

（3）由于目前对食品安全生要求的提高，国内外均对蜂群中使用抗真菌药物做出了严格的限制，抗真菌药物均列入了禁药的范畴。所以，目前国内外均从食用植物中提取抗真菌有效成分用于该病的防治。

国外研究从芸香科植物（如柠檬）中提取柠檬油，国内则从大蒜中提取大蒜油来控制白垩病的发生，均取得较为理想的效果。

第 三 篇

兽 医 寄 生 虫 学

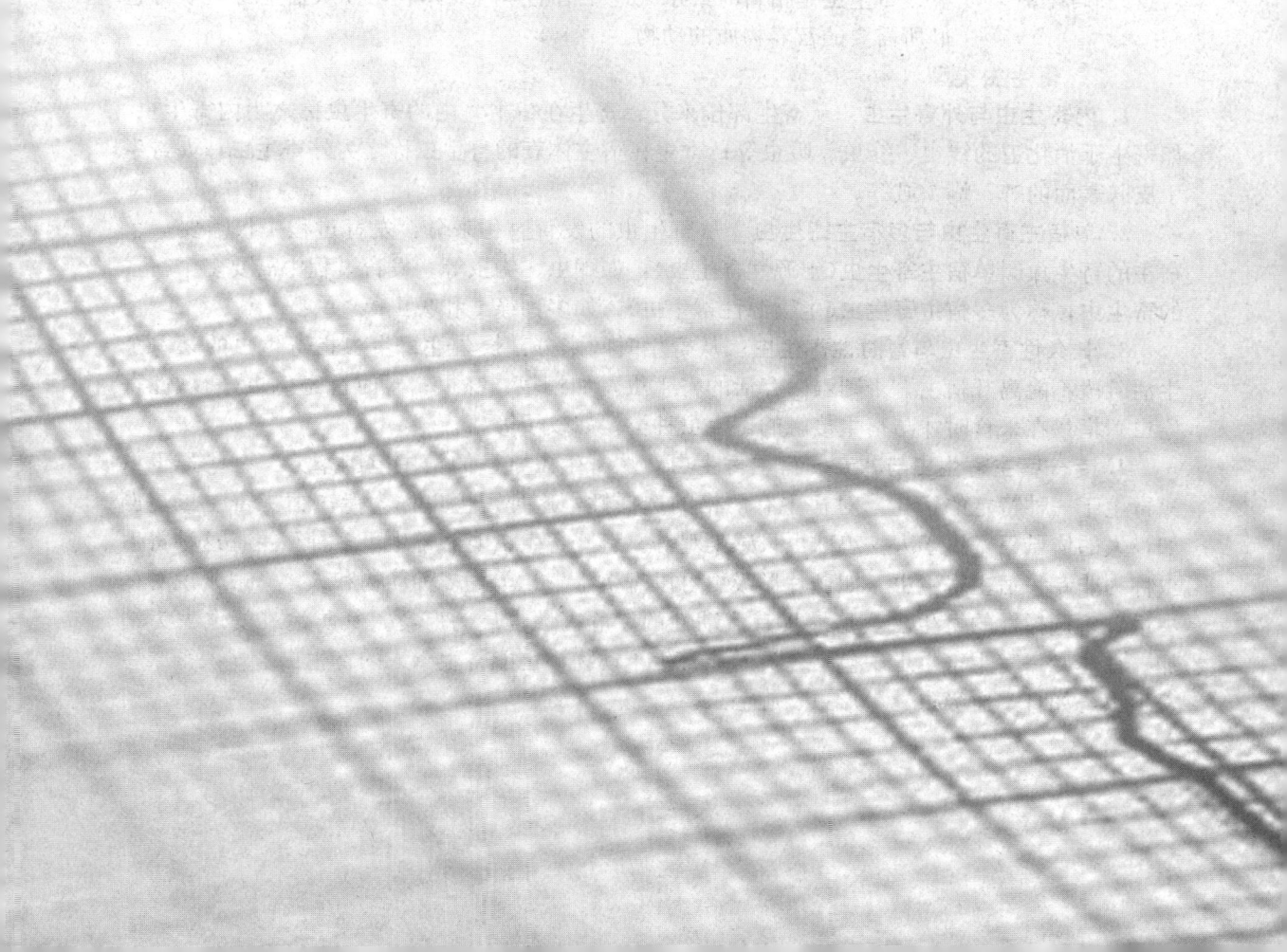

第一单元　寄生虫学基础知识

第一节　寄生虫与宿主的类型

一、寄生虫与寄生虫类型

扫码看图

（一）寄生虫

寄生虫是指暂时或永久地在宿主体内或体表，并从宿主身上取得它们所需要的营养物质的动物。

（二）寄生虫类型

1. 内寄生虫与外寄生虫　从寄生部位来分：寄生在宿主体内的寄生虫称之为内寄生虫，如寄生于消化道的线虫、绦虫、吸虫等；寄生在宿主体表的寄生虫称之为外寄生虫，如寄生于皮肤表面的蜱、螨、虱等。

2. 单宿主寄生虫与多宿主寄生虫　从寄生虫的发育过程来分：发育过程中仅需要一个宿主的寄生虫叫单宿主寄生虫（土源性寄生虫），如蛔虫、钩虫等；发育过程中需要多个宿主的寄生虫，称为多宿主寄生虫（生物源性寄生虫），如多种绦虫和吸虫等。

3. 长久性寄生虫与暂时性寄生虫　从寄生时间来分：长久性寄生虫指寄生虫的某一个生活阶段不能离开宿主，否则难以存活的寄生虫，如蛔虫、绦虫；暂时性寄生虫（间歇性寄生虫）指只在采食时才与宿主接触的寄生虫种类，如蚊子等。

4. 专一宿主寄生虫与非专一宿主寄生虫　从寄生虫寄生的宿主范围来分：有些寄生虫只寄生于一种特定的宿主，对宿主有严格的选择性，这种寄生虫称为专一宿主寄生虫。例如，人的体虱只寄生于人，鸡球虫只感染鸡等。有些寄生虫能够寄生于多种宿主，这种寄生虫称为非专一宿主寄生虫。如肝片形吸虫可以寄生于牛、羊等多种动物和人。一般来说对宿主最缺乏选择性的寄生虫，是最具有流动性的，危害性也最为广泛，其防治难度也大为增加。在非专一宿主寄生虫中包括一类既能寄生于动物，也能寄生于人的寄生虫——人畜共患寄生虫，如日本血吸虫、弓形虫、旋毛虫。

二、宿主与宿主类型

（一）宿主

凡是体内或体表有寄生虫暂时或长期寄生的动物都称为宿主。

（二）宿主的类型

1. 终末宿主　指寄生虫成虫（性成熟阶段）或有性生殖阶段虫体所寄生的动物。如猪带绦虫（成虫）寄生于人的小肠内，人是猪带绦虫的终末宿主；弓形虫的有性生殖阶段（配子生殖）寄生于猫的小肠内，猫是弓形虫的终末宿主。

2. 中间宿主　指寄生虫幼虫期或无性生殖阶段所寄生的动物体。如猪带绦虫的中绦期猪囊尾蚴寄生于猪体内，所以猪是猪带绦虫的中间宿主；弓形虫的无性生殖阶段（速殖子、慢殖子和包囊）寄生于猪、羊等动物体内，所以猪、羊等动物是弓形虫的中间宿主。

3. 补充宿主（第二中间宿主）　某些种类的寄生虫在发育过程中需要两个中间宿主，后一个中间宿主（第二中间宿主）有时就称为补充宿主。如双腔吸虫在发育过程中依次需要在蜗牛和蚂蚁体内发育，其补充宿主是蚂蚁。

4. 贮藏宿主（转续宿主）　或叫转运宿主。即宿主体内有寄生虫虫卵或幼虫存在，虽不发育繁殖，但保持着对易感动物的感染力，这种宿主称为贮藏宿主或转续宿主。它在流行病学上有重要意义，如鸡异刺线虫的虫卵被蚯蚓吞食后在蚯蚓体内不发育但保持感染性，鸡吞食含有异刺线虫的蚯蚓可感染异刺线虫，所以蚯蚓是鸡异刺线虫的贮藏宿主，是影响异刺线虫病流行的重要因素。

5. 保虫宿主　某些惯常寄生于某种宿主的寄生虫，有时也可寄生于其他一些宿主，但寄生不普遍，量也不多，无明显危害，通常把这种不惯常被寄生的宿主称为保虫宿主。如耕牛是日本血吸虫的保虫宿主。这种宿主在流行病学上起一定作用。

6. 带虫宿主（带虫者）　宿主被寄生虫感染后，随着机体抵抗力的增强或药物治疗，处于隐性感染状态，体内仍存留有一定数量的虫体，这种宿主即带虫宿主。它在临床上不表现症状，对同种寄生虫再感染具有一定的免疫力，如牛的巴贝斯虫。

7. 传播媒介　通常是指在脊椎动物宿主间传播寄生虫病的一类动物，多指吸血的节肢动物。例如，蚊子在人之间传播疟原虫，蜱在牛之间传播巴贝斯虫等。

第二节　寄生虫病的流行病学及危害性

研究寄生虫病流行的科学称为寄生虫病流行病学或称寄生虫病流行学，研究动物群体某种寄生虫病的发病原因和条件、传播途径、流行过程及其发展规律。某种寄生虫病在一个地区流行必须具备三个基本环节，即传染源、传播途径和易感动物。这三个环节在某一地区同时存在并相互关联时，就会构成寄生虫病的流行。寄生虫病的流行过程在数量上可表现为散发、暴发、流行或大流行；在地域上可表现为地方性；在时间上可表现出季节性。生物因素、自然因素和社会因素都会对寄生虫病的流行产生影响。

一、寄生虫的感染来源与感染途径

(一) 感染来源

感染来源通常是指寄生有某种寄生虫的终末宿主、中间宿主、补充宿主、保虫宿主、带虫宿主及贮藏宿主等。寄生虫病原体（虫卵、幼虫、虫体）通过这些宿主的粪、尿、痰、血液以及其他分泌物、排泄物不断排出体外，污染外界环境；然后经过发育，经一定的感染方式或途径转移给易感动物，造成感染。

(二) 感染途径

感染途径是指病原从感染来源到感染给易感动物的方式。可以是某种单一途径，也可以是由一系列途径所构成。寄生虫的感染途径随其种类的不同而异，主要有以下几种。

1. 经口感染 即寄生虫通过易感动物的采食、饮水，经口腔进入宿主的方式。多数寄生虫属于这种感染方式。如猪蛔虫、鸡球虫的感染方式。

2. 经皮肤感染 寄生虫通过易感动物的皮肤，进入宿主体的方式。例如，钩虫、血吸虫的感染方式。

3. 接触感染 即寄生虫通过宿主之间直接接触或与用具、人员间的间接接触，在易感动物之间传播流行。属于这种传播方式的主要是一些外寄生虫，如蜱、螨、虱等。

4. 经节肢动物（媒介）感染 即寄生虫通过节肢动物（媒介）的叮咬、吸血，传给易感动物的方式。这类寄生虫主要是一些血液原虫和丝虫。

5. 经胎盘感染 即寄生虫通过胎盘由母体感染给胎儿的方式。如弓形虫等寄生虫可有这种感染途径。

6. 自身感染 有时，某些寄生虫产生的虫卵或幼虫不需要排出宿主体外，即可使原宿主再次遭受感染，这种感染方式就是自身感染。例如猪带绦虫的患者呕吐时，可使孕卵节片或虫卵从小肠逆行入胃，而再次使原患者遭受感染。

(三) 寄生虫病流行病学中的重要概念

寄生虫的生活史比较复杂，有多个生活史阶段，能使动物机体感染的阶段称为**感染性阶段或感染期**。寄生虫侵入动物机体并能生活或长或短一段时间，这种现象称为**寄生虫感染**。有明显临床表现的寄生虫感染称为**寄生虫病**。

慢性感染是寄生虫病的重要特点之一。多次低水平感染或在急性感染之后治疗不彻底，未能清除所有病原体，常常会转入慢性持续性感染。寄生虫在动物机体内可生存相当长的一段时期。在慢性感染期，动物机体往往伴有修复性病变。如血吸虫病流行区大多数患者属慢性感染。

隐性感染是指动物感染寄生虫后，没有出现明显临床表现，也不能用常规方法检测出病原体的一种状态。只有当动物机体抵抗力下降时寄生虫才大量繁殖，导致发病，甚至造成患畜死亡。

从寄生虫侵入宿主之日起，到引起宿主最早出现临床症状的那一段时间，习惯上称为**潜伏期**。从寄生虫感染宿主到从宿主体内排出下一代虫体或虫卵的最短时间称为**潜在期**，亦称**潜隐期**。

二、寄生虫病流行特点

寄生虫病流行具有普遍性、地方性、季节性、长期性、自然疫源性等特点。

1. 普遍性 很多寄生虫，尤其是土源寄生虫分布极为广泛，呈现世界性分布的特点，如弓形虫病、猪蛔虫病、鸡球虫病、兔球虫病、隐孢子虫病、牛羊消化道线虫病，几乎遍及全球，每个国家均有发生。

2. 地方性 某种疾病在某一地区经常发生，无需自外地输入，这种情况称为地方性。寄生虫病的流行常有明显的地方性，这是由于各地的宿主、中间宿主、媒介和气候条件不同造成的。地球上不同地区的地理气候条件不同，造成了植被类型和动物区系的不同，动物区系的不同就意味着寄生虫的终末宿主、中间宿主和媒介的分布不同，这些动物的不同使得相应的寄生虫病具有地方性流行的特点，如棘球蚴病、血吸虫病等。一些专性寄生虫必须依赖于相应的专性宿主的存在；发育中需要有中间宿主的寄生虫只能流行于中间宿主存在的地区；需要媒介传播的寄生虫，只流行于媒介分布的地区；一些直接发育的寄生虫，由于受温度、湿度等的影响，也具有地方性流行的特点；某些社会因素也是造成一些寄生虫病呈地方性流行的原因，如囊虫病等。寄生虫的地理分布也并非一成不变，动物的迁移、人类的旅游和迁移、家畜及野生动物的运输等都可以把一些寄生虫带往新的地区。

3. 季节性 寄生虫病具有明显的季节性，这往往与中间宿主或媒介昆虫的季节性出没相一致，如牛羊的梨形虫病、巴贝斯虫病等与蜱的出没和接触有关；另外，季节性也与自然环境、生产生活的规律有关，如放牧家畜消化道线虫春季感染高峰与春季放牧、线虫在体内越冬及秋冬季驱虫有关。

4. 长期性 大多数寄生虫对外界不利因素有较强的抵抗力，可在外界长期存活，有的寄生虫在宿主体内长期存活，因此，这些寄生虫会在缺乏有效防控措施的条件下在流行区域内长期存在与流行。如动物疥螨病一旦在动物舍和养殖场传播，将会造成长期流行，且很难根除。棘球蚴病在全球尤其是我国西北牧区长期流行，控制其流行是一项长期而艰巨的任务。

5. 自然疫源性 有些寄生虫既可以寄生于家养动物，又可寄生于野生脊椎动物，在未开发的原始森林或荒漠地区，这些寄生虫就在野生动物之间循环，家畜只要进入这种地区就可受到感染，这种地区常称为原发性自然疫源地。如果这些野生动物宿主分布在家畜活动区，其体内的寄生虫除在野生动物之间传播外，还可在家养动物与野生动物之间互相传播，这种地区称为次发性疫源地。这类寄生虫病的流行就带有明显的自然疫源性。例如加拿大棘球绦虫（G8和G10），通常保持在野生动物狼（终末宿主）和野生鹿科动物（中间宿主）之间循环感染，但也可导致犬（终末宿主）和牦牛、绵羊、人等（中间宿主）的感染。目前，世界各地报道的人畜共患寄生虫病（仅蠕虫类和原虫类）已达350余种。野生动物往往是人畜共患寄生虫病（如日本吸虫病、棘球蚴病、旋毛虫病、布氏锥虫病、弓形虫病等）的自然保虫宿主和传染源，对兽医公共卫生、人体健康及社会经济的发展构成了严重威胁。

三、影响寄生虫病流行的主要因素

（一）生物学因素

生物学因素包括寄生虫与宿主等因素。

寄生虫以何种方式或在什么发育阶段排出宿主体外，它们在外界如何生存和发育，在一般条件下和某些特殊的条件下发育到感染性阶段所需的时间、条件，在自然界保持存活、发育和感染能力的期限等，这些因素对寄生虫的流行有重要影响。

中间宿主的分布、密度、习性、栖息场所、出没时间、越冬地点和有无自然天敌等，对寄生虫病的流行有一定影响。

贮藏宿主、保虫宿主、带虫宿主等和有关易感动物接触的可能性及感染寄生虫的有关情形，对寄生虫病的流行有一定影响。

易感动物的品种、性别、年龄、营养状况、饲养管理水平等，均可影响到寄生虫病的流行。

（二）自然因素

自然因素包括气候、地理、生物种群等，会影响到寄生虫的分布和流行。植被的不同，动物区系的不同，意味着宿主、中间宿主和媒介者的不同。所以，寄生虫病的流行表现有明显的季节性和地方性。

（三）社会因素

社会因素包括社会经济状况、文化教育和科学技术水平、法律法规的制定和执行、人们的生活方式、风俗习惯、饲养管理条件以及防疫保健措施等。在某些寄生虫病的流行中，社会因素起着非常重要的作用。

生物学因素、自然因素和社会因素，共同影响寄生虫病的流行。

四、寄生虫的致病机制

寄生虫对宿主的危害，既表现在局部组织器官，也表现在全身。其中包括侵入门户、移行路径和寄生部位。寄生虫种类不同，致病作用往往也不同。寄生虫对宿主的具体危害主要有以下几个方面。

（一）掠夺宿主营养

消化道寄生虫（如蛔虫、绦虫）多数以宿主体内的消化或半消化的食物营养为食；有的寄生虫还可直接吸取宿主血液（如蜱、吸血虱等外寄生虫和捻转血矛线虫、钩虫等某些线虫）；也有的寄生虫可破坏红细胞或其他组织细胞，以血红蛋白、组织液等作为自己的食物（如焦虫、球虫）。寄生虫在宿主体内生长、发育及大量繁殖，所需营养物质绝大部分来自宿主。这些营养还包括宿主不易获得而又必需的物质，如维生素 B_{12}、铁及其他微量元素等。寄生虫对宿主营养的这种掠夺，使宿主长期处于贫血、消瘦和营养不良状态。

（二）机械性损伤

虫体以吸盘、小钩、口囊、吻突等器官附着在宿主的寄生部位，造成局部损伤；幼虫在移行过程中，形成虫道，导致出血、炎症；虫体在肠管或其他组织腔道（胆管、支气管、血管等）内寄生聚集，引起堵塞和其他后果（梗阻、破裂）。如多量蛔虫积聚在小肠所造成的肠堵塞，个别蛔虫误入胆管中所造成的胆管堵塞等，细粒棘球蚴在肝脏中压迫肝脏，都可造成严重的后果。

（三）虫体毒素和免疫损伤作用

寄生虫在寄生期间排出的代谢产物、分泌的物质及虫体崩解后的物质对宿主是有害的，可引起宿主局部或全身性的中毒或免疫病理反应，导致宿主组织及机能的损害。如寄生于胆管系统的华支睾吸虫，其分泌物、代谢产物可引起胆管上皮增生、肝实质萎缩、胆管局限性扩张及管壁增厚，进一步发展可致上皮瘤样增生；血吸虫虫卵分泌的可溶性抗原与宿主抗体结合，可形成抗原-抗体复合物，引起肾小球基底膜损伤；在肝脏所形成的虫卵肉芽肿则是血吸虫病的病理基础。

（四）继发感染

某些寄生虫侵入宿主体时，可把其他病原体（细菌、病毒等）带入体内；此外，寄生虫感染宿主体后，破坏了机体组织屏障，降低了抵抗力，也使得宿主易继发感染其他疾病。例如，某些蚊虫传播人和猪、马等家畜的日本乙型脑炎病毒；某些蚤传播鼠疫耶尔森菌；蜱传播梨形虫等。

寄生虫的种类、数量、寄生部位和致病作用不同，对宿主的危害和影响也各有差异，其表现是复杂的和多方面的。

第三节　寄生虫病的免疫

一、寄生虫的抗原特性

由于寄生虫组织结构和生活史的复杂性，加之虫种发生过程中表现出的遗传差异，以及为适应环境变化，有些寄生虫产生的变异等多种原因，寄生虫的抗原十分复杂。

寄生虫抗原按其在抗感染方面的功能可分为功能抗原或保护性抗原（functional or protective antigen）和非功能抗原（no-functional antigen）。能引起保护性免疫反应的抗原称为功能抗原；不能引起保护性免疫反应的抗原称为非功能抗原。功能抗原大多数是代谢产物，直接针对寄生虫酶的抗体且能中和它们，并改变寄生虫的生理学特性，从而杀伤寄生虫；而针对惰性结构的抗体杀伤寄生虫的可能性小。寄生虫抗原如按来源可分为：

（一）体抗原或结构抗原（domain or structural antigens）

由寄生虫身体结构成分组成的抗原称为体抗原，也称为内抗原（endoantigens）。体抗原作为一种潜在的抗原能引起宿主产生大量的抗体。这些抗体可在和补体或淋巴细胞的共同作用下破坏虫体，从而减少自然感染的发生。体抗原的特异性不强，常被不同种和不同属的寄生虫所共享。如猪蛔虫和犬弓首蛔虫就有许多共同的体抗原。

（二）代谢性抗原、分泌排泄产物或外抗原（metabolism antigens，secretion and excretion products，exoantigens）

寄生虫生理活性产物抗原称为代谢性抗原，这些物质大多数是酶。如寄生虫在入侵宿主组织和移行过程中产生的物质、与脱皮有关的物质、在吸血过程中及和寄生虫其他生命活动有关的物质。已查出孟氏分体吸虫的活性酶至少有16种与抗原有关。代谢产物常有生物学特征，由它产生的相应抗体有很强的特异性，可以区别同一虫种中的不同株，甚至同一寄生虫的不同发育阶段。

（三）可溶性抗原（soluble antigens）

存在于宿主组织或体液中游离的抗原物质。它们可能是寄生虫的代谢产物、死亡虫体释放的体内物质，或由于寄生生活所改变的宿主物质。可溶性抗原在抗寄生虫、感染的病理学及寄生虫的免疫反应逃逸方面起重要作用。

二、寄生虫病获得性免疫的类型

宿主感染寄生虫后，大多可以产生获得性免疫。获得性免疫可大致分为3种类型。

1. 缺少有效的获得性免疫　例如，人体感染杜氏利什曼原虫时，虫体在巨噬细胞内繁殖和传播，自愈现象很少，只有在用药物治愈后才会出现获得性免疫。

2. 非清除性免疫　这是寄生虫感染中常见的一种免疫类型。寄生虫感染常常引起宿主对重复感染产生获得性免疫，此时宿主体内的寄生虫并未完全被清除，而是维持在低水平。如用药物清除宿主体内残留的虫体，免疫力随即消失。通常称这种免疫状态为带虫免疫。

3. 清除性免疫　在寄生虫感染中较为少见。动物感染某种寄生虫并获得对该寄生虫的免疫力后，临床症状消失，虫体被完全清除，并对再感染具有长期的特异性抵抗力。

三、寄生虫病的变态反应类型

宿主感染寄生虫所产生的免疫反应，不仅表现为对再感染的抵抗力，同时还会产生以下几种变态反应。

1. 过敏反应型（Ⅰ型超敏反应）　主要见于蠕虫感染。蠕虫的变应原刺激机体产生反应素（主要是IgE，还有IgG）。IgE结合于肥大细胞和嗜碱性粒细胞表面，当相同的变应原再次进入机体，与附着于细胞表面的IgE结合时，细胞出现脱颗粒现象，释放出组胺、5-羟色胺、缓慢反应物质（SRS-A）以及激肽等介质，导致平滑肌收缩，血管通透性升高，血管扩张，腺体分泌增加，机体出现局部或全身的过敏反应；同时，还释放嗜酸性粒细胞趋化因子（ECF-A），嗜酸性粒细胞聚集，后者含有的组胺酶、芳基硫酸酯酶（arylsulfatase）等物质，可灭活过敏反应所产生的介质，从而控制或停止变态反应的发展。例如，绵羊胃肠道线虫（尤其是捻转血矛线虫）的自愈现象就是局部Ⅰ型超敏反应。寄生于皱胃和小肠黏膜中的幼虫分泌变应原作用的抗原，这种抗原与肥大细胞表面的IgE结合，导致肥大细胞脱粒和释放出血管活性胺，刺激平滑肌收缩和增加血管通透性。在这一反应过程中，肠平滑肌剧烈收缩，因肠毛细血管通透性增加而有多量渗出液进入肠腔，从而导致大部分虫体被驱逐并排出体外。

2. 细胞毒型（Ⅱ型过敏反应）　是抗体与附在宿主细胞膜上的抗原结合，如有补体参与作用，即引起细胞溶解。锥虫和巴贝斯虫的贫血属于细胞毒性变态反应，抗原物质与红细胞表面结合，使宿主自身的红细胞被当作异物而溶解，造成严重的贫血。杜氏利什曼原虫的抗原吸附于红细胞膜上，血中的相应抗体（IgG或IgM）与这种抗原结合，然后补体与抗体结合，诱发补体各成分的连锁反应，引起红细胞的溶解。

3. 免疫复合物型（Ⅲ型过敏反应）　是抗原与抗体在血内结合，形成抗原抗体复合物。这种复合物沉积于血管壁，激活补体，产生白细胞趋化因子，引起中性粒细胞在局部积聚，释放蛋白溶解酶，损伤血管壁及邻近组织，引起血管炎。

4. T细胞型（细胞介导的Ⅳ型超敏反应）　是T细胞介导的细胞免疫反应。已经抗原致敏的T细胞，当再次接触抗原时，出现分化、繁殖并释放淋巴素，在局部组织内形成以单核细胞为主的炎性反应。曼氏血吸虫虫卵肉芽肿以及皮肤利什曼病的局部结节都属于T细胞型变态反应。

在寄生虫感染中，有的寄生虫病可同时存在多型变态反应。如曼氏血吸虫病同时有过敏反应型、免疫复合物型及T细胞型变态反应。

四、寄生虫的免疫逃逸

虽然宿主的免疫系统能抵抗寄生虫的寄生，但绝大多数寄生虫能在宿主有充分免疫力的情况下生活和繁殖。寄生虫与宿主的关系是长期进化的结果。寄生虫往往会演化出一套或多套逃避宿主免疫清除的机制。

（一）组织学隔离

1. 免疫局限位点寄生虫 胎儿、眼组织、脑组织、睾丸、胸腺等通过其特殊的生理结构与免疫系统相对隔离，不存在免疫反应，被称为免疫局限位点。寄生在这些部位的寄生虫通常不受宿主免疫系统的影响。例如，寄生在小鼠脑部的弓首蛔虫的幼虫，寄生在胎儿中的弓形虫等。

2. 细胞内寄生虫 由于宿主的免疫系统往往不能直接作用于细胞内的寄生虫，如果寄生虫的抗原不被递呈到感染细胞的外表面，这样免疫系统往往不能识别感染细胞，因而细胞内的寄生虫往往能有效逃避宿主的免疫反应。如寄生在宿主细胞内的龚地弓形虫、利什曼原虫、巴贝斯虫等。

3. 被宿主包囊膜包裹的寄生虫 如旋毛虫、囊尾蚴、棘球蚴，尽管它们的囊液有很强的抗原性，但由于有厚的囊壁包裹，机体的免疫系统无法作用于包囊内，所以囊内的寄生虫可以保持存活。

（二）表面抗原的改变

1. 抗原变异 寄生虫的不同发育阶段，有不同的特异性抗原。但即使在同一发育阶段，有些虫种抗原也可产生变化。例如，引起非洲锥虫病的原虫显示出"移动靶"的机制，即产生持续不断的抗原变异型，当宿主对一种抗原的抗体反应刚达到一定程度时，另一种新的抗原又出现了，总是与宿主特异抗体合成形成时间差。

2. 分子模拟与抗原伪装 有些寄生虫体表能表达与宿主组织抗原相似的成分，称为分子模拟。有些寄生虫能将宿主的抗原分子镶嵌在虫体体表，或用宿主抗原包被，称为抗原伪装。如分体吸虫可吸收许多宿主抗原，所以宿主免疫系统不能把虫体作为侵入者识别出来。

3. 表膜脱落与更新 蠕虫虫体表膜不断脱落与更新，结果与表膜结合的抗体随之脱落。

（三）抑制宿主的免疫应答

寄生虫抗原有些可直接诱导宿主的免疫抑制。表现为：

1. 特异性 B 细胞克隆的耗竭 如锥虫分泌的某种物质能明显抑制宿主抗体和细胞介导的免疫反应。在感染早期，由于多克隆 B 细胞的激活，而可能导致免疫反应的抑制。B 细胞的许多亚型受刺激而分裂，产生无特异性的 IgG 和自身抗体，白细胞介素（IL-2）分泌和受体表达遭到抑制，T 细胞对正常信号耐受，使免疫系统耗竭，不能产生针对侵入者的任何有用反应。因此，至感染晚期，虽有抗原刺激，B 细胞亦不能分泌抗体，说明多克隆 B 细胞的激活导致能与抗原反应的特异性 B 细胞的耗竭，抑制了宿主的免疫应答，甚至出现继发性免疫缺陷。

2. 抑制性 T 细胞的激活 抑制性 T 细胞（Ts）细胞激活可抑制免疫活性细胞的分化和增殖。动物试验证实，感染利什曼原虫、锥虫和血吸虫小鼠有特异性 Ts 的激活，产生了免疫抑制。

3. 虫源性淋巴细胞毒性因子 有些寄生虫的分泌排泄物中某种成分具有直接的淋巴细胞毒性作用，或可抑制淋巴细胞激活，如感染旋毛虫幼虫小鼠血清、肝片吸虫的排泄分泌物（ES）均可使淋巴细胞凝集杀伤。寄生虫释放的这些淋巴细胞毒性因子也是产生免疫逃避的重要机制。

4. 封闭抗体的产生 有些寄生虫抗原诱导的抗体可结合在虫体表面，不仅对宿主不产生保护作用，反而阻断保护性抗体与之结合，这类抗体称为**封闭抗体**，已证实在曼氏血吸虫、丝虫和旋毛虫感染宿主中存在封闭抗体，这也可用于解释曼氏血吸虫感染流行区人群中，尤其是低龄儿童虽有高滴度抗体水平，但对再感染却无保护能力。

（四）可溶性抗原的产生

研究发现，循环系统或非寄生性组织中寄生虫可溶性抗原的存在，有利于寄生虫数量的增加。这一现象已在内脏型利什曼原虫病、弓形虫病、巴贝斯虫病、丝虫病和分体吸虫病中得到证实。寄生虫的可溶性抗原会阻碍宿主免疫系统对寄生虫的杀灭作用，使寄生虫逃避宿主的保护性免疫反应。

（五）代谢抑制

有些寄生虫在其生活史的潜在期能保持静息状态，此时寄生虫代谢水平降低，对宿主免疫系统功能抗原产生的刺激减少，降低了宿主对寄生虫的免疫反应，从而逃避宿主免疫系统对寄生虫的损伤。如寄生在细胞内的龚地弓形虫、枯氏锥虫、人疟原虫的肝细胞内虫体、许多线虫的受阻幼虫、长期持续的蝇蛆病的第三期幼虫都存在代谢抑制现象。这些处于代谢抑制的寄生虫在适宜的条件下能大量繁殖，重新感染宿主。

第二单元　寄生虫病的诊断与防控技术

第一节　寄生虫病的诊断技术

寄生虫病的确诊应是在流行病学调查研究的基础上，通过实验室检查，查出虫卵、幼虫或成虫，必要时可进行寄生虫学剖检。

病原体检查是寄生虫病最可靠的诊断方法，无论是粪便中的虫卵，还是组织内不同阶段的虫体，只要能够发现其一，便可确诊。但也应注意在有些情况下，即便动物体内发现寄生虫，也不一定引起寄生虫病。当寄生虫感染数量较少时，多不引起明显的临床症状，如鸡球虫、牛羊消化道线虫等；有些条件性致病性寄生虫，在动物机体免疫功能正常的情况下，也不致病。因此，在判断某种疾病是否由寄生虫感染所引起时，除了检查病原体外，还应结合流行病学资料、临床症状、病理解剖变化等综合考虑。

一、消化道、呼吸道与生殖道寄生虫病的诊断

寄生于消化道与呼吸道的绝大多数线虫、吸虫和绦虫所产的虫卵、幼虫或孕节（绦虫）

会随粪便排出体外，因此，通过检查粪便中有无这些线虫、吸虫和绦虫所产的虫卵或孕节可以确定畜禽是否感染这些寄生虫。此外，寄生于消化道的大多数原虫的卵囊（如球虫、隐孢子虫）、包囊或滋养体（如小袋纤毛虫、贾第虫）也会随粪便排出体外，通过粪检也可作出诊断。有些寄生于生殖道和泌尿道的蠕虫也可以通过粪便检查诊断，如禽前殖吸虫、犬肾膨结线虫以及猪冠尾线虫感染。

粪便检查时，一定要用新鲜粪便。粪便中寄生虫虫卵、幼虫、卵囊、包囊或滋养体鉴别的主要依据是形态特征，进行形态观察时一般需要借助显微镜。

（一）常用的粪便检查方法

1. 肉眼观察法 寄生于动物消化道的绦虫会不断随宿主粪便排出呈断续面条状（白色）的孕卵节片；另外，其他一些消化道寄生虫有时也可随粪便排出体外。可直接挑出虫体，判明虫种或进一步鉴定。

2. 直接涂片法 直接涂片法是取50％甘油水溶液或普通水1～2滴放于载玻片上，取黄豆大小的被检粪块与之混匀，剔除粗粪渣，加上盖玻片镜检虫卵。此法最为简便，但检出率不高。

3. 虫卵漂浮法 常用饱和盐水进行漂浮，主要用于检查线虫卵、绦虫卵及球虫卵囊等，以建立生前诊断。饱和盐水的制备是将400g食盐放入1 000mL的沸水中溶解，之后用纱布或棉花过滤，滤液冷却后备用。漂浮时，取大约10g粪便弄碎，放于一容器内，加入适量饱和盐水搅匀，过滤，静置0.5h左右，用直径0.5～1.0cm的金属圈蘸取表面液膜，抖落于载玻片上，加盖片后镜检；或用盖玻片直接蘸取液面，放于载玻片上，在显微镜下检查。其他漂浮液有硫代硫酸钠饱和液、硫酸镁饱和液、硝酸钠饱和液、硝酸铵饱和液、硝酸铅饱和液等。检查比重较大的虫卵，如棘头虫虫卵、猪肺丝虫虫卵及吸虫卵时，需用硫酸镁、硫代硫酸钠以及硫酸锌等饱和溶液。

4. 虫卵沉淀法 自然沉淀法的操作方法是取一定量的粪便（5～10g）捣碎后，放于一容器内，加5～10倍量清水搅匀，用粪筛滤去大块物质后，让其自然沉淀约20min，后将上清液倒掉，再加入清水搅匀，再沉淀，如此反复进行2～3次，至上清液清亮为止。最后倾倒掉大部分上清液，留约为沉淀物1/2的溶液量，用吸管吹吸均匀后，吸取少量于载玻片上，加盖玻片镜检。使用离心沉淀法取代自然沉淀法，可以大大缩短沉淀的时间。

5. 虫卵计数法 常用的有麦克马斯特氏法。计数时，取2g粪便弄碎，放入装有玻璃珠的小瓶内，加入饱和盐水58mL充分震荡混合，通过粪筛过滤。后将滤液边摇晃边用吸管吸取少量，加入计数室内，放于显微镜载物台上，静置几分钟后，用低倍镜将两个计数室内见到的虫卵全部数完，取平均值乘以200，即每克粪便中的虫卵数（EPG）。

6. 幼虫培养法 最常用的方法是在培养皿底部加滤纸一张，而后将欲培养的粪便加水调成硬糊状，塑成半球形，放于皿内的纸上，并使半球形粪球的顶部略高出平皿边沿，使加盖时与皿盖相接触。将此皿置25～30℃温箱（夏季放置室内即可）中培养，注意保持皿内湿度（应使底部的垫纸保持潮湿状态）。7～15d后，多数线虫虫卵即可发育成第三期幼虫，并集中于皿盖上的水滴中。将幼虫吸出置载玻片上，放显微镜下检查。

7. 幼虫分离法 又称为贝尔曼氏法。操作方法：用一小段乳胶管两端分别连接漏斗和小试管，然后置漏斗架上，往漏斗中加40℃温水至漏斗中部，漏斗内放置上有被检材料（粪便或组织）的粪筛或纱布，浸泡在温水液面以下。静置1～3h后，大部分幼虫从被检材料中游出，沉于试管底部。此时拿下小试管，吸弃上清液，取管底沉淀物镜检。也可将分离装置放入温箱内过夜后检查。也可用简单平皿法分离幼虫：即取粪球若干个置于放有少量温水（不超过40℃）的表玻璃或平皿内，经10～15min后，取出粪球，吸取皿内液体，在显微镜下检查幼虫。

8. 毛蚴孵化法　方法是取被检粪便30～100g（牛100g）经沉淀集卵法处理后，将沉淀倒入500mL三角烧瓶内，加温清水（自来水需脱氯处理）至瓶口，置22～26℃孵化，到第1、3、5h时，用肉眼或放大镜观察并记录一次。如见水面下有白色点状物做直线来往运动，即毛蚴，但需与水中一些原虫如草履虫、轮虫等相区别。必要时吸出在显微镜下观察。气温高时，毛蚴孵出迅速，因此，在沉淀处理时应严格掌握换水时间，以免换水时倾去毛蚴造成假阴性结果。也可用1.0%～1.2%食盐水冲洗粪便，以防止毛蚴过早孵出，但孵化时应用清水。

（二）粪便中各类虫卵的基本形态

1. 线虫卵　光学显微镜下可以看见卵壳由两层组成，壳内有卵细胞。但有的线虫卵排到外界时，其内已含有幼虫。各种线虫卵的大小和形态不同，常呈椭圆、卵圆或近圆形；卵壳表面多数光滑，有的凸凹不平，色泽可从无色到黑褐色。不同线虫卵卵壳的厚度不同。蛔虫卵卵壳最厚，其他多数较薄。

2. 吸虫卵　多数呈卵圆或椭圆形。卵壳由数层膜组成，比较厚而坚实。大部分吸虫卵的一端有卵盖，也有的没有；有的吸虫卵卵壳表面光滑，有的有一些突出物（如结节、小刺、丝等）。新排出的吸虫卵内一般含有较多的卵黄细胞及其所包围的胚细胞；有的则含有成形的毛蚴。吸虫卵常呈黄色、黄褐色或灰色，内容物较充满。

3. 绦虫卵　圆叶目绦虫卵呈圆形、方形或三角形。其虫卵中央有一椭圆形具有三对胚钩的六钩蚴（胚胎），它被包在内胚膜内，内胚膜外是外胚膜，内外胚膜呈分离状态，中间含有或多或少的液体，并有颗粒状内含物。有的绦虫卵内胚膜上形成突起，称之为梨形器（灯泡样结构）。各种绦虫卵卵壳的厚度和结构有所不同。绦虫卵大多数无色或灰色，少数呈黄色、黄褐色。假叶目绦虫卵则非常近似于吸虫卵。

二、血液与组织内寄生虫病的诊断

（一）血液寄生虫检查

血液中的寄生虫一般需要采血检查寄生于血浆中或血细胞中的虫体。血液中常见寄生虫主要有锥虫、巴贝斯虫、泰勒虫、住白细胞原虫和心丝虫等。血液寄生虫的检查方法主要有：

1. 血液的涂片与染色　一般在病畜体温升高时取耳静脉血涂片。在固定动物后将欲采血部位剪毛清洁，用75%的酒精棉球消毒，再用一小块干棉球擦干，然后用针头刺破耳静脉，用载玻片接触最先流出的一滴血，制成血液涂片，后用吉姆萨或瑞氏染色后观察。

2. 鲜血压滴的观察　将一滴生理盐水置于载玻片上，滴上被检的血液一滴后充分混合，再盖上盖玻片，静置片刻，放显微镜下用低倍镜检查，发现有运动可疑虫体时，可再换高倍镜检查。由于虫体未染色，检查时应使视野中光线弱些。该方法主要是检查血液中能运动的虫体（如锥虫和心丝虫）。

3. 虫体浓集法　上述方法虽然可以查到血液中的原虫，但当血液中虫体较少时，不易查出虫体。为此，常先进行集虫，再制片检查。其操作过程是，采病畜抗凝血6～7mL，以500r/min速度离心5min，使其中大部分红细胞沉降；而后将含有少量红细胞、白细胞和虫体的上层血浆移入另一离心管中，补加一些生理盐水，以2 500r/min速度离心10min；取沉淀物制成抹片，按上述染色法染色检查。此法适用于伊氏锥虫和梨形虫的检查。对于血液中的微丝蚴，也可用虫体浓集法。方法是采血于离心管中，加入5%醋酸溶液以溶血。待溶血完成后，离心并吸取沉淀检查。

（二）生殖道寄生虫检查

1. 牛胎儿毛滴虫检查　牛胎儿毛滴虫存在于病母牛阴道、子宫分泌物、流产胎儿羊水、羊膜或其第四胃内容物中，也存在于公牛包皮鞘内。采集病料时必须尽可能地避免污染，以免其他鞭毛虫混入病料造成误诊。采集用的器皿和冲洗液应加热使之接近体温，冲洗液应采用蒸馏水配制的生理盐水。采取母畜阴道分泌的透明黏液，以直接自阴道内采集为好，可用一根长45cm、直径1.0cm的玻璃管，在距一端的12cm处，弯成150°角，消毒备用。使用时将管的"短臂"插入受检畜的阴道，另一端接一橡皮管并抽吸，少量阴道黏液即可吸入管内。取出玻管，两端塞以棉球，带回实验室检查。收集公牛包皮冲洗液时，应先准备100～150mL加温到30～35℃的生理盐水，用针筒注入包皮腔。用手指将包皮口捏紧，用另一手按摩包皮后部，而后放松手指，将液体收集于广口瓶中待查。流产胎儿，可取其第四胃内容物、胸水或腹水检查。病料采集后应尽快进行检查。将收集到的病料立即放于载玻片上，并防止材料干燥。对浓稠的阴道黏液，检查前最好以生理盐水稀释2～3倍，羊水或包皮洗涤物最好先以2 000r/min速度离心沉淀5min，而后以沉淀物制片检查。未染色的标本主要检查活动的虫体，在显微镜下可见其长度略大于一般的白细胞，能清楚地见到波动膜，有时尚可见到鞭毛，在虫体内部可见含有一个圆形或椭圆形有强折光性的核。波动膜的发现，常作为本虫与其他一些非致病性鞭毛虫和纤毛虫在形态上相区别的依据。也可将标本固定，用吉姆萨染液或苏木素染液染色后检查。

2. 马媾疫锥虫检查　马媾疫锥虫检查材料应采取浮肿部皮肤或丘疹抽出液、尿道及阴道的黏膜刮取物，特别是在黏膜刮取物中最易发现虫体。采取浮肿液和皮肤丘疹液时，用消毒注射器抽取，为了防止吸入血液发生凝固，可于注射器内先吸入适量2%柠檬酸钠生理盐水。采取马阴道黏膜刮取物时，先用阴道扩张器扩张阴道，再用长柄锐匙在其黏膜有炎症的部位刮取，刮时应稍用力，使刮取物微带血液，则其中容易检到锥虫。采取公马尿道刮取物时，应先将马保定，左手伸入包皮内，以食指插入龟头窝中，徐徐用力以牵出阴茎，用消毒长柄锐匙插入尿道内，刮取病料。以上所采病料加适量生理盐水，置载玻片上，覆以盖玻片，制成压滴标本检查；也可制成抹片，吉姆萨染色后检查。或用灭菌纱布，以生理盐水浸湿，用敷料钳夹持，插入公马尿道或母马阴道，擦洗后，取出纱布，浸入无菌生理盐水中，离心沉淀，取沉淀物检查，方法同上。

（三）其他组织寄生虫检查法

有些原虫可以在动物身体的不同组织内寄生。一般在死后剖检时，取一小块有病变的组织，以其切面在载玻片上做成抹片、触片，或将小块组织固定后制成组织切片，染色检查。抹片或触片可用瑞氏或吉姆萨染色后观察。

感染泰勒虫的病畜，常呈现局部体表淋巴结肿大。可取淋巴结穿刺物，进行显微镜检查以寻找病原体，对本病的早期诊断很有帮助。其方法是，首先将病畜保定，用右手将肿大的淋巴结稍向上方推移，并用左手固定淋巴结；局部剪毛，消毒，以 10mL 注射器和较粗的针头刺入淋巴结，抽取淋巴组织；拔出针头，将针头内容物推挤到载玻片上，涂成抹片，固定，染色，镜检，可以找到柯赫氏蓝体。

家畜患弓形虫病时，除死后可在一些组织中找到包囊和速殖子外，生前诊断可取腹水，检查其中的滋养体（速殖子）。收集腹水时，猪只可采取侧卧保定，穿刺部在白线下侧脐的后方（公畜）或前方（母畜）1～2cm 处。穿刺时先局部消毒，将皮肤推向一侧，针头以略倾斜的方向向下刺入，深度 2～4cm，针头刺入腹腔后会感到阻力骤减，而后有腹水流出。取得的腹水可在载玻片上抹片，经瑞氏或吉姆萨染色后检查。

肌肉中旋毛虫的检查，是肉品卫生检验的重要项目，传统方法为镜检法，但目前欧美等国家和地区多用消化法。镜检法为取膈肌肉样 0.5～1g 剪成 3mm×10mm 的小块，用厚玻片压紧，放显微镜下检查或投放到屏幕上观察。消化法是取 100g 肉样，搅碎或剪碎，放入 3L 烧瓶内。加入 10g 胃蛋白酶，溶于 2L 自来水中。再加入 16mL 盐酸（25%），放入一磁力搅拌棒。置于可加热的磁力搅拌器上，设温度为 44～46℃。30min 后，将消化液用 180μm 的滤筛滤入一 2L 的分离漏斗中，静置 30min 后，放出 40mL 液体于一 50mL 量筒内，静置 10min，吸去 30mL 上清液后，再加入 30mL 水，摇匀。10min 后，再吸去 30mL 上清液。剩下的液体倒入一带有格线的平皿内，用 20～50 倍显微镜观察。

三、外寄生虫病的诊断

寄生于动物体表的寄生虫主要有蜱、螨、虱等。对于它们的检查，可采用肉眼观察和显微镜观察相结合的方法。虱、蜱寄生于动物体表，个体较大，通过肉眼观察即可发现，进一步鉴别时需取虫体在显微镜下根据虫体形态特征进行鉴别。螨个体较小，常需刮取皮屑，于显微镜下寻找虫体或虫卵，根据虫体形态特征进行鉴别。

（一）疥/痒螨的刮取与观察

在宿主皮肤患部与健康部交界处，用外科凸刃小刀，在酒精灯上消毒，使刀刃与皮肤表面垂直，反复刮取表皮，直到稍微出血为止。为了避免刮下的皮屑掉落，刮时可将刀子蘸上甘油或甘油与水的混合液。将刮下的皮屑集中于培养皿或塑料袋内，密封，带回实验室供检查。

可将刮下的皮屑，放于载玻片上，滴加 50%甘油溶液，覆以另一张载玻片，搓压载玻片使病料散开，置显微镜下检查。

（二）蠕形螨的检查

蠕形螨寄生在毛囊内，检查时先在动物四肢的外侧和腹部两侧、背部、眼眶四周、颊部和鼻部的皮肤上摸有否砂粒样或黄豆大的结节。如有，用小刀切开挤压，看到有脓性分泌物或淡黄色干酪样团块时，则可将其挑在载玻片上，滴加生理盐水 1～2 滴，均匀涂成薄片，上覆盖玻片，在显微镜下进行观察。

（三）虱和其他吸血节肢动物寄生虫检查

虱、蜱、蚤（包括蠕形蚤）、虱蝇等吸血节肢动物寄生虫在动物的腋窝、鼠蹊、乳房和趾间及耳后等部位寄生较多。可手持镊子进行仔细检查，采到虫体后将其放入有塞的瓶中或浸泡于 70%酒精中。注意从体表分离蜱时，切勿用力过猛。应将其假头与皮肤垂直，轻轻往外拉，以免口器折断在皮肤内，引起炎症。采集的虫体经透明处理后在显微镜下检查。

四、寄生虫病的免疫学和血清学诊断

用于寄生虫病免疫学或血清学诊断的方法已有数十种之多，其中有些方法已得到较为广泛的应用。以下几种方法已见于多种寄生虫病的诊断。

1. 荧光抗体试验（FA）　将血清学的特异性和敏感性与显微技术的精准性结合起来。其原理是用荧光素对抗原或抗体进行标记，然后用荧光显微镜观察所标记的荧光以分析示踪相应的抗体或抗原的方法。

2. 间接凝集试验（IHA）　是将可溶性抗原吸附于某些载体表面，在电解质存在的条件下，这些吸附抗原的载体颗粒与相应抗体发生凝集反应。由于是抗原与相应抗体的结合使载体颗粒发生凝集，故称为间接凝集。抗原载体的凝集反应称为间接血凝试验。若将抗体吸附于红细胞表面检测抗原，则称为反向间接血凝试验。若以定量已知抗原液与血清样本充分作用后测定其对红细胞凝集的抑制程度，则称为间接血凝抑制试验。胶乳凝集试验、碳素凝集试验、皂土凝集试验等也是常用方法。

3. 酶联免疫吸附试验（ELISA）　已广泛用于弓形虫病、新孢子虫病、旋毛虫病等多种寄生虫病的免疫学诊断。ELISA 可分为多种类型，常用的有间接法、双抗夹心法、竞争抑制法等。

4. 胶体金免疫层析技术（GICA）　可用于检测抗原、抗体或半抗原的检测技术。其原理是基于毛细管床自发运送液体从样品垫至结合垫，使抗原、抗体在膜上定向流动并在特定区域发生特异性结合，胶体金标记沉淀显色，从而实现靶标的检测。该检测方法具有快速简便、特异性强、结果直观、成本低、环保安全等优点，已较为广泛用于多种血液寄生虫、组织内寄生虫感染等多种寄生虫病的检测。

5. 环卵沉淀试验（COPT）　主要用于检测血吸虫感染动物血清中的抗虫卵特异性抗体。原理是虫卵抗原性物质可从卵壳孔中渗出卵外，与病畜血清中的特异性抗体结合，在虫卵周围形成特异性沉淀物，沉淀物的形状、大小取决于血清中特异性抗体的量和抗原物质的渗出量和面积。

第二节　寄生虫病的防控技术

寄生虫病的有效控制往往需要采取综合性防治措施。根据寄生虫病的种类和流行情况不同，防治措施的侧重点也应有所不同。寄生虫病的防治是一个极其复杂的事情，这是因为寄生虫有复杂的生活史，某些寄生虫病的流行与人类的卫生习惯、经济状况、畜牧业的饲养条件、牲畜屠宰管理措施、畜产品贸易中的检疫情况等有着密切的关系。寄生虫的防治工作必须以流行病学的研究为基础，实施综合性防治措施，才能收到较好成效。综合防治措施的制定需以寄生虫的发育史、流行病学与生态学特征为基础。

一、寄生虫病的常规控制措施

（一）控制和消灭感染源

原则上是要有计划地进行定期预防性驱虫，即按照寄生虫病的流行规律，在计划的时间内投药，而不论其发病与否。如肉仔鸡饲养中，把抗球虫药作为添加剂加入饲料中使用（休

药期除外）。驱虫是综合防治中的重要环节，通常是用药物杀灭或驱除寄生虫。这种方法有两个目的：一是在宿主体内或体表杀灭或驱除寄生虫，使宿主康复；二是杀灭寄生虫，即减少了病原体向自然界的散布。

除预防性药物驱虫外，还可利用生物控制技术和免疫学方法来进行防治。如鸡球虫有强毒苗和致弱苗；牛泰勒虫和巴贝斯虫致弱虫苗或裂殖体胶冻细胞苗的应用；还有几种基因工程苗进入了临床应用或中试，如微小牛蜱、细粒棘球绦虫、猪囊虫、鸡球虫等的基因工程重组苗。

（二）切断传播途径

在了解寄生虫是如何传播流行的基础上，因地制宜地、有针对性地阻断它的传播过程。搞好环境卫生是减少或预防寄生虫感染的重要环节。一是尽可能地减少宿主与感染源接触的机会，例如，每日清除粪便，打扫厩舍，便可以减少宿主与寄生虫虫卵或幼虫的接触机会。二是设法杀灭外界环境中的病原体。例如：①粪便堆积发酵，利用生物热杀灭虫卵或幼虫。②清除各种寄生虫的中间宿主或媒介等。③可以利用它们的习性，设法回避或加以控制。如羊莫尼茨绦虫和马裸头绦虫的中间宿主是地螨。地螨畏强光，怕干燥，潮湿和草高而密的地带数量多，黎明和日暮时活跃。据此可采取回避措施，以减少绦虫的感染，如不在黎明、傍晚放牧，放牧时远离潮湿地带。

（三）增强畜禽机体抗病力

加强日常饲养管理。饲料保持平衡全价，使动物获取足够的氨基酸、维生素和矿物质；合理放牧，减少应激因素，使动物处于舒适而有利于健康的环境，提高易感动物对寄生虫病的抵抗力。对于孕畜和幼畜应给予精心的护理。

二、驱虫药的选择与应用

驱虫药的选择原则是高效、低毒、广谱、价廉、使用方便。

选择药物后，驱虫时间的确定非常重要。一定要依据对当地寄生虫病流行病学的调查了解来进行，否则会事倍功半。一般要赶在虫体成熟前驱虫，防止性成熟的成虫排出虫卵或幼虫对外界环境造成污染。或采取秋冬季驱虫，此时驱虫有利于保护畜禽安全过冬；另外，秋冬季外界寒冷，不利于大多数虫卵或幼虫存活发育，可以减轻对环境的污染。

驱虫应在专门的、有隔离条件的场所进行。驱虫后排出的粪便应统一集中，用生物热发酵法进行无害化处理。在驱虫药的使用过程中，一定要注意正确合理用药，避免频繁地连续几年使用同一种药物，尽量推迟或消除抗药性的产生。

驱虫药药效的评定主要是通过驱虫前后动物各方面情况对比来确定，包括对比驱虫前后的发病率与死亡率；对比驱虫前后的各种营养状况比例；观察驱虫前后临床症状减轻与消失的情况；计算动物的虫卵减少率和虫卵转阴率；必要时通过剖检等方法，计算出粗计与精计驱虫率；综合以上情况进行全面的效果评定工作。为了比较准确地评定驱虫效果，驱虫前后粪便检查时所用器具、粪样数量以及操作中每一步骤所用时间要完全一致；驱虫后的粪便检查时间不宜过早（一般为 10d 左右），以避免出现人为的误差；应在驱虫前、后各粪检 3 次。驱虫药药效的评定计算公式如下：

虫卵转阴率＝虫卵转阴动物数／试验动物数×100%

虫卵减少率＝（驱虫前 EPG－驱虫后 EPG）／驱虫前 EPG×100%

（EPG＝每克粪便中的虫卵数）

精计驱虫率＝排出虫体数／（排出虫体数＋残留虫体数）×100％

粗计驱虫率＝（对照组平均残留虫体数－试验组平均残留虫体数）／对照组平均残留虫
　　　　体数×100％

驱净率＝驱净虫体的动物数／全部试验动物数×100％

对于家禽驱虫时，一般按家禽群总重量计算药量，喂前应选择出 10 只以上有代表性的个体做安全试验。喂时先将计算好的总药量拌在少量湿料内，然后再混匀于日常饲料中，在绝食 6～12h 后喂服。禽的驱虫效果评定，要做驱虫前后家禽的营养状况、生长速度、产蛋率等情况的对比，还要通过粪便学检查及配合剖检法计算出虫卵减少率和虫卵转阴率，以及粗计驱虫率或精计驱虫率。

三、免疫预防

由于寄生虫的形态结构和生活史比细菌和病毒更复杂，其功能性抗原的鉴别和批量生产更为困难，抗寄生虫的疫苗较之细菌和病毒更难获得。因此，寄生虫感染中的免疫预防相对落后，但也取得了一些重要的进展。目前对寄生虫感染免疫预防的主要方法有：

1. 低剂量虫体感染　人为地低剂量感染寄生虫，可使宿主对进一步感染产生有效的抵抗力。这一技术已应用于牛的巴贝斯虫病和禽的球虫病（球虫活苗）。这一技术的改良方法是在感染的危险急迫期，加入亚治疗剂量的抗寄生虫药，使宿主体内的寄生虫不足以引起疾病，但能刺激机体产生对再感染的抵抗力。

2. 灭活的寄生虫和寄生虫粗提物　即通过接种死的、整体的或颗粒性寄生虫或寄生虫粗提物，来诱导机体产生获得性抵抗力。但这种抗原虽然能产生免疫反应，但保护性常常是零或微不足道，并且迅速下降。

3. 提纯抗原　从寄生虫匀浆中提取出来的、能引起宿主产生保护性免疫的物质称为提纯抗原。这些物质大多数是寄生虫的分泌物或排泄物，这种抗原的主要缺点是难以批量生产和标准化。然而分子生物学技术和基因工程技术为寄生虫功能抗原的鉴定和生产提供了必要的手段。

4. 致弱虫苗　通过人工致弱或筛选的方法，使寄生虫自然株（野毒株）变为无致病力或弱毒的且保留保护性免疫原性的虫株，用此虫株免疫宿主，使其产生免疫保护力。

第三单元　人畜共患寄生虫病

第一节 弓形虫病

弓形虫病（Toxoplasmosis）是由龚地弓形虫（*Toxoplasma gondii*）引起的人和多种温血脊椎动物共患的寄生虫病，呈世界性分布。弓形虫几乎能够寄生于宿主的所有有核细胞中，对不同宿主造成不同形式和不同程度的危害。弓形虫感染后可造成动物的急性发病甚至死亡，或导致流产、弱胎、死胎等繁殖障碍，或成为无症状的病原携带者；弓形虫感染人不仅会引起生殖障碍，还常有弓形虫性脑炎和眼炎发生。对免疫力低下的动物和人的危害更大。

【病原】龚地弓形虫隶属于顶复合器亚门（Apicomplexa）孢子虫纲（Sporozoa）真球虫目（Eucoccida）弓形虫科（Toxoplasmatidae）弓形虫属（*Toxoplasma*）。龚地弓形虫只有一个种，但是存在不同的基因型。目前有源于不同地域、不同宿主的分离株，根据虫株对远交系小鼠的致病性，可分为Ⅰ型、Ⅱ型和Ⅲ型三种典型基因型，另外还存在多种非典型基因型虫株。

1. 形态特征 弓形虫在其发育过程中有多个发育阶段，呈现多种形态。其中与人和动物致病及传播有关的发育期为速殖子、包囊（缓殖子）和卵囊，此3个阶段的虫体形态描述如下。

速殖子（亦称滋养体）：呈香蕉形或半月形，平均大小为 $1.5\mu m \times 5.0\mu m$。经吉姆萨或瑞氏染色后胞质呈蓝色，胞核呈紫红色。主要出现于疾病的急性期，寄生于有核细胞内，快速分裂繁殖，形成大的裂殖体；常散在于血液、脑脊液和病理渗出液中。

包囊：呈卵圆形或椭圆形，直径 $5\sim100\mu m$，囊壁富有弹性、坚韧，内含数个至数千个虫体，亦称缓殖子，形态与速殖子相似。包囊可长期存在于慢性病例的脑、骨骼肌、心肌和视网膜等处。

卵囊：呈圆形或椭圆形，大小为 $(11\sim14)\mu m \times (7\sim11)\mu m$。新鲜卵囊未孢子化，在外界环境中完成孢子化，孢子化卵囊含2个孢子囊，每个孢子囊内含4个新月形子孢子。见于猫及其他猫科动物等终末宿主的粪便中。

弓形虫的速殖子、包囊和卵囊见图3-1*。

2. 发育过程 猫或其他猫科动物是弓形虫的终末宿主，几乎所有的温血动物和人都可以作为弓形虫的中间宿主，猫科动物也可作为中间宿主。当猫科动物作为终末宿主时，经口感染了卵囊或包囊，其内子孢子和缓殖子在小肠内逸出后侵入肠上皮细胞，进行球虫型发育，经过裂殖生殖和配子生殖后形成卵囊，卵囊随粪便排出体外，在适宜条件下经2~4d发育为具有感染性的孢子化卵囊。当中间宿主吞食了孢子化卵囊或其他中间宿主体内的包囊时，其内的子孢子和缓殖子在小肠释放，或通过口、鼻、咽、呼吸道黏膜、眼结膜和皮肤侵入中间宿主体内的速殖子，均进入淋巴、血液循环，被带到全身各脏器和组织中侵入有核细胞，以二分裂法分裂繁殖。大量繁殖形成的假包囊破裂后，释放出速殖子侵入新细胞，重复分裂繁殖过程，如果虫株致病性强、宿主免疫力低下时，虫体迅速分裂、大量繁殖，引起宿主的急性弓形虫病；当虫株致病性弱且宿主免疫功能正常时，侵入宿主细胞的虫体增殖速度减慢，外围形成囊壁而成为包囊，包囊内缓殖子在宿主体内可存活数月、数年或更长时间。

---

* 本篇图片请扫描第300页"扫码看图"二维码。

脑、眼、骨骼肌等是包囊常见部位。

【流行特点】弓形虫的全部发育过程需要终末宿主和中间宿主两个宿主的参与，在终末宿主肠上皮细胞内进行球虫型发育，在各种中间宿主的有核细胞内进行肠外期发育。猫（猫科动物）是弓形虫的终末宿主，主要通过排出卵囊污染环境、饲料、饮水等传播病原；其他脊椎动物（鸟类、鱼类、哺乳类、爬行类以及猫科动物）和人均为中间宿主，虫体可以寄生于全身组织器官内，引起不同程度和不同方式的弓形虫病。本病主要危害中间宿主。

1. 感染来源与感染途径　各种感染动物都是弓形虫病的传染源，病畜和带虫动物的血液、肉、乳汁、内脏、分泌液以及流产胎儿、胎盘及羊水中均有大量弓形虫虫体的存在，以速殖子或包囊（缓殖子）存在方式传播，其中包囊是重要的感染来源，猫粪便中的卵囊污染饲料、饮水或食具是人畜感染的另一重要来源。

弓形虫的传播方式可分为水平传播和垂直传播。水平传播可以发生在中间宿主和终末宿主之间，也可以发生在中间宿主之间。中间宿主经口食入了终末宿主排至外界且发育至孢子化阶段的卵囊，终末宿主食入了中间宿主体内的包囊；中间宿主之间的传播常常是食入其他中间宿主体内的包囊或速殖子。因此，虫体的各种形式一般情况下均经口感染，滋养体还可通过黏膜、皮肤侵入中间宿主。垂直传播也是弓形虫感染的重要方式，怀孕动物（包括孕妇）体内的弓形虫可以通过胎盘将其体内虫体传给胎儿，引起怀孕动物流产、死胎或产出畸胎等繁殖（生殖）障碍，导致幼年动物先天性弓形虫病或隐性感染。

2. 易感宿主　已经发现 200 多种温血动物和人能够感染弓形虫，包括猫、猪、牛、羊、马、犬、兔、骆驼、鸡等畜禽和猩猩、狼、狐狸、野猪、熊等野生动物，是弓形虫的中间宿主；猫科动物是其终末宿主。

3. 流行现状　弓形虫病呈世界性分布，温暖潮湿地区人群感染率较寒冷干燥地区为高。弓形虫病严重影响畜牧业发展，对猪和羊的危害最大。我国猪弓形虫病流行十分广泛，全国各地均有报道，发病率可高达 60% 以上；羊弓形虫病感染也较为普遍，羊血清抗体阳性率在 5%～30%。其他多种动物（牛、犬、猫及多种野生动物等）都有不同程度的感染。人的感染也较为普遍，世界人口中有 1/4 为血清阳性，我国人群平均血清抗体阳性率为 6% 左右。

【症状与病变】弓形虫病复杂多变，不同动物可以有不同的临床表现，同一种动物也可以呈现不同临床症状。动物弓形虫病的临床表现与多种因素有关，如感染虫株的毒力，动物的年龄、品种、抵抗力，饲养管理等，其中猪和羊的弓形虫病临床表现较为明显。

猪弓形虫病可呈急性发病经过。病猪突然废食，高热稽留，精神沉郁，食欲减退或废绝，便秘或腹泻，呕吐，呼吸困难，咳嗽，肌肉强直，体表淋巴结肿大，耳部和腹下有淤血斑或较大面积发绀。孕猪发生流产或死产。慢性感染的猪或耐过病猪生长发育受阻。

成年羊多呈隐性感染，临床表现以妊娠羊流产为主。在流产组织内可见有弓形虫速殖子，其他症状不明显。流产常出现于正常分娩前 4～6 周。产出的死羔羊皮下水肿，体腔内有过多的液体，肠管充血，脑部（尤其是小脑前部）有泛发性非炎症性小坏死点。多数病羊出现神经系统和呼吸系统的症状。

其他动物如果发生急性感染也可能出现急性热性病的全身症状，隐性感染动物也可发生流产、死胎等繁殖障碍。

急性发病动物的病变主要是脾脏、淋巴结、肝脏、肾脏等内脏器官肿胀、硬结、质脆、渗出增加、坏死，以及全身多发性出血、淤血等。

【诊断】 弓形虫病的临床表现、病理变化和流行病学虽有一定的特点，但仍不足以作为确诊的依据，必须在实验室诊断中查出病原体或特异性抗体，方可确诊。

1. 病原学检查 生前检查可采取病畜发热期的血液、脑脊液、眼房水、尿、唾液以及淋巴结穿刺液作为检查材料；死后采取心血、心、肝、脾、肺、脑、淋巴结及胸、腹水等；慢性或隐性感染患畜应采集脑神经组织；对猫弓形虫病还应采集粪便检查卵囊。

（1）直接涂片或组织切片检查 发现弓形虫速殖子或包囊，一般可初步诊断，应用特异性标记识别如免疫荧光法或免疫组化法进行进一步确诊。

（2）集虫检查法 脏器涂片未发现虫体，可采取集虫法检查。取肝、肺及肺门淋巴结等组织3～5g，研碎后加10倍生理盐水混匀，2层纱布过滤，500r/min离心3min，取上清以2 000r/min离心10min，取其沉淀进行压滴标本或涂片染色检查。

（3）实验动物接种 将被检材料（急性病例的肺脏、淋巴结等）经过研磨、过滤一系列处理，加双抗后接种幼龄小鼠，一定时间后观察其发病情况，当出现大量腹水时抽取腹腔液检查速殖子。如果小鼠不发病，可采集该小鼠的肝、脾、淋巴结处理后重复接种其他小鼠，如此盲传3～4代，以提高检出率。

（4）卵囊检查 猫粪便适量，用饱和盐水漂浮法或蔗糖溶液（30%）漂浮法，蘸取最上层漂浮物镜检是否有卵囊存在。

2. 血清学检查 血清学试验是目前广泛应用的诊断参考依据，适用于早期诊断。常用方法如下：

（1）间接血凝试验（IHA） 该方法检出结果易于判断，敏感性较高，试剂易于商品化，适于大规模流行病学调查时使用，目前已有试剂盒出售。

（2）间接免疫荧光抗体试验（IFA） 以整虫为抗原，采用荧光标记的二抗检测特异抗体，但需荧光显微镜，故在基层推广有困难。

（3）酶联免疫吸附试验（ELISA） 用于检测宿主的特异循环抗体，已有多种改良法广泛用于早期急性感染和先天性弓形虫病的诊断。目前临床上多采用同时检测IgM、IgG诊断现症感染。国外已有多种商品化试剂盒，国内目前还没有兽用ELISA试剂盒出售。

（4）循环抗原（CAg）的检测方法 常用ELISA及其改进方法。具有较高的敏感性和特异性，可诊断弓形虫急性感染。

3. 分子生物学诊断 最常用的是通过PCR方法扩增特异性基因片段。通过设计引物扩增病料内的弓形虫特异性DNA达到确认病料内病原的目的。

鉴别诊断：新孢子虫与弓形虫病原形态相似，宿主范围与弓形虫类似，因此诊断过程中需要对病原进行鉴别和鉴定。新孢子虫病的临床表现与弓形虫病虽有相似之处，但新孢子虫病主要危害牛，而弓形虫对猪、羊危害严重；另外，也可通过特异性基因扩增及测序加以鉴别。

【防治】

1. 治疗 磺胺类药物对急性弓形虫病有很好的治疗效果，与抗菌增效剂联合使用的疗效更好。应在发病初期及时用药，使用磺胺类药物首次剂量加倍，一般需要连用3～4d。可选用下列磺胺类药物：

磺胺甲氧吡嗪（SMPZ）＋甲氧苄啶（TMP）：前者每千克体重30mg，后者每千克体重10mg，每天1次，连用3次。

12%复方磺胺甲氧吡嗪注射液（SMPZ）：TMP＝5：1，每千克体重50～60mg，每天肌内注射 1 次，连用 4 次。

磺胺六甲氧嘧啶（SMM）：每千克体重 60～100mg 口服，或配合甲氧苄啶（每千克体重 14mg）口服。每天 1 次，连用 4 次。

磺胺嘧啶（SD）＋甲氧苄啶（TMP）：前者每千克体重 70mg，后者每千克体重 14mg，每天 2 次口服，连用 3～4d。磺胺嘧啶也可与乙胺嘧啶（剂量为每千克体重 6mg）合用。

2. 预防 预防重于治疗。具体措施如下：禁止猫自由出入圈舍；严防猫粪污染饲料和饮水；扑灭圈舍内外的鼠类。

第二节 利什曼原虫病

利什曼原虫病又称为**黑热病**(Kala-azar)，是流行于人、犬以及多种野生动物的重要人畜共患寄生虫病。该病广泛分布于世界各地，目前已得到很好的控制。

【病原】重要致病虫种为热带利什曼原虫（*Leishmania tropica*）、杜氏利什曼原虫（*L. donovani*）、巴西利什曼原虫（*L. braziliensis*）。

1. 形态特征 无鞭毛体又称利杜体，卵圆形，大小为 (2.9～5.7) μm× (1.8～4.0) μm，经吉姆萨或瑞氏染色，细胞质呈淡蓝或淡红色，核大而明显，呈红色或淡紫色；动基体呈红色的细杆状，位于核旁。

2. 发育过程 利什曼原虫寄生于犬的网状内皮细胞内，由吸血昆虫——白蛉传播。

【流行特点】虫体最初感染野生动物，尤其是啮齿类，人只是在偶然情况下遭受感染。犬是利什曼原虫的天然宿主，是人感染热带利什曼原虫和杜氏利什曼原虫的来源。

【症状与病变】犬常在感染利什曼原虫数月后才出现临床症状。其症状表现也很不一致，皮肤型利什曼原虫病的病变常表现为局限在唇和眼睑部的浅层溃疡，一般能够自愈；内脏型利什曼原虫病更为常见，开始由于眼圈周围脱毛形成特殊的"眼镜"，然后体毛大量脱落，并形成湿疹，利什曼原虫大量存于皮肤中。其他症状如中度体温升高、贫血、恶病质和淋巴组织增生也是常见的。

死后剖检可见脾和淋巴结肿胀。

【诊断】根据临床症状和病原检查进行确诊，在病变处皮肤的涂片或刮片中或通过淋巴结、骨髓穿刺可检出利什曼原虫的无鞭毛体。

【防治】可用锑制剂治疗。但由于本病为人畜共患，且已经基本消灭，因此，一旦发现新病犬，以扑杀为宜。

第三节 日本分体吸虫病

日本分体吸虫病也称为**血吸虫病**。病原为日本分体吸虫（*Schistosoma japonicum*），主要感染人和牛、羊、猪、犬、啮齿类及一些野生动物，寄生于门静脉和肠系膜静脉内，是一种危害严重的人畜共患寄生虫病。

【病原】日本分体吸虫属分体科（Schistosomatidae）分体属（*Schistosoma*）。日本分体吸虫雌雄异体。寄生时呈雌雄合抱状态。虫体呈长圆柱状，外观线状。体表有细棘。口、腹吸盘各一个。口吸盘在体前端。腹吸盘较大，具有粗而短的柄，距口吸盘近。食道长，两旁有食道腺。肠管分支，至虫体后 1/3 处联合为单盲管。

1. 形态特征

（1）雄虫 呈乳白色，粗短，体长 9.5～22mm。自腹吸盘后方至虫体后端，体两侧向腹面卷起形成抱雌沟。睾丸为 6～8 个，多为 7 个，呈线状排列。生殖孔位于腹吸盘的后方。

（2）雌虫 呈暗褐色，体形细长，长 12～26mm。卵巢呈椭圆形，位于虫体中部偏后两肠管之间。卵模位于卵巢前方。子宫前行达于腹吸盘后方，内含虫卵。卵黄腺呈分支状，位于虫体后 1/4 部。雌虫常位于雄虫的抱雌沟内，成对寄生。雌雄合抱的虫体模式见图 3-2。

（3）虫卵 呈椭圆形，大小为（70～100）μm×（50～65）μm，淡黄色，卵壳较薄，无盖，侧方有一小刺。内含毛蚴。

（4）毛蚴 呈梨形，平均大小为 90μm×35μm，周身披有纤毛。在水中活泼游动。

日本分体吸虫生活史需要中间宿主，在我国为湖北钉螺（*Oncomelania hupensis*）。

2. 发育过程 成虫寄生于门静脉和肠系膜静脉内，虫卵产于小静脉中，内含一个毛蚴。产出的虫卵一部分随血流进入其他脏器，沉积在局部组织中，特别是肝脏中，另一部分沉积在肠壁小静脉中。由于卵内毛蚴分泌溶细胞物质，导致肠黏膜坏死、破溃，虫卵随破溃组织进入肠腔，随粪便排至外界。排至外界环境中的成熟虫卵有较强的抵抗力。虫卵在水中于适宜的条件下孵出毛蚴，在水中活泼游动，遇到钉螺，即借助头腺分泌物的溶蛋白酶作用，进入钉螺体内，继续发育。毛蚴进入钉螺体内进行无性繁殖，经母胞蚴、子胞蚴阶段进一步形成尾蚴（图 3-3），尾蚴成熟后逸出螺体。一个毛蚴在钉螺体内经无性繁殖后，可以形成数万条尾蚴。游于水中的尾蚴，遇到终末宿主即经皮肤进入其体内。尾蚴侵入终末宿主皮肤，变为童虫，经小血管或淋巴管随血流经右心、肺、体循环到达肠系膜小静脉寄生，发育为成虫。日本分体吸虫成虫在宿主体内一般能活 3～5 年，在人体内能存活 4.5 年，在黄牛体内能活 10 年以上。

【流行特点】

1. 感染来源与感染途径 人、畜和野生动物等终末宿主均为传染源，其中以人、牛、羊、猪、犬及野鼠为主要传染源。

尾蚴主要经皮肤侵入终末宿主，在饮水或吃草时吞食尾蚴可经口腔黏膜感染。孕妇或怀孕的母畜也可经胎盘感染胎儿。

2. 易感宿主 日本分体吸虫的易感动物主要有人、黄牛、水牛、羊、猫、猪、犬及马属动物等，此外还有 30 多种野生动物，包括家鼠、褐家鼠、田鼠、松鼠、貉、狐、野猪、刺猬、金钱豹等。

3. 流行现状 在我国，日本分体吸虫病的流行与湖北钉螺的分布相一致。我国有湖北钉螺分布的地区主要有江苏、浙江、安徽、江西、湖南、湖北、四川、云南、福建、广东、广西及上海 12 个省（自治区、直辖市）。

根据流行病学特点和钉螺滋生的地理环境，我国血吸虫病流行区域可以划分为 3 种类型，即水网型、湖沼型和山丘型。

水网型：主要指长江和钱塘江之间的长江三角洲的广大平原地区。北自江苏的宝应、兴化、大丰地区，南至浙江的杭嘉湖平原，为长江下游的一片冲积平原，面积为 3 万 km^{2}以上。

湖沼型：又称江湖洲滩型，主要指长江中、下游的湖南、湖北、江西、安徽、江苏 5 省的沿江洲滩及与长江相通的大小湖泊沿岸（包括洞庭湖、鄱阳湖等）。该区有螺面积和患者数均占全国总数的绝大部分，是我国目前血吸虫病流行的主要疫区。近年来，有螺面积出现扩大的趋势。

山丘型：流行区地势高低不平，自然环境复杂多样，疫区往往独立成块，有时仅一峰之隔。除上海市外，其他流行省区均有山丘型流行区的分布。

三种不同类型的疫区中，湖沼型感染率最高，其次为水网型，山丘型感染率较低。

日本分体吸虫病一年四季均可感染，但以春夏季感染机会最多，冬季感染机会较少。

各年龄组人群均可感染日本分体吸虫。一般流行区，5岁以下幼儿感染率较低，青壮年感染率最高，50岁之后感染有下降的趋势。性别对血吸虫病感染没有影响。

【症状与病变】

1. 人　人感染日本分体吸虫后，一般表现为急性、慢性和晚期3种类型。

（1）急性　常发生于对日本分体吸虫感染无免疫力的初次感染者。大多数患者于感染后5～8周出现症状。感染初期，部分患者局部出现丘疹或荨麻疹，称尾蚴性皮炎。此后，少数患者出现以发热为主的急性变态反应性症状，常在接触疫水后1～2个月出现，除发热外，伴有腹痛、腹泻、肝脾肿大及嗜酸性粒细胞增多，粪便检查血吸虫卵或毛蚴孵化结果阳性，然后病情逐步转向慢性期。

（2）慢性　在流行区，90%的病人为慢性血吸虫病。多数患者无明显症状和不适，也可能不定期出现临床症状，表现腹泻、粪中带有黏液及脓血、肝脾肿大、贫血和消瘦等。一般在感染后5年左右，部分重度感染者开始发生晚期病变。

（3）晚期　临床上常见肝脾肿大、腹水等，严重者常因上消化道出血、肝性昏迷等致死。晚期病人较难以治愈。

2. 牛　黄牛症状一般较水牛明显，犊牛症状较成年牛明显。犊牛大量感染时，常呈现急性经过，表现食量减少、精神萎靡、行动迟缓、呆立不动。同时，体温升高，呈不规则间歇热，继而消化不良，腹泻或便血，消瘦，发育迟缓，贫血，严重时全身衰竭而死。若有较好的饲养管理条件，逐渐转为慢性，但可反复发作。胎儿期感染日本分体吸虫的犊牛，症状尤为明显，多于出生后不久死亡。其中存活的犊牛，生长发育障碍，成为"侏儒牛"。母牛感染可导致不孕或发生流产。

其他家畜少量感染日本分体吸虫时，一般不出现明显症状，但能排出虫卵，传播疾病。

日本分体吸虫病的基本病变是由虫卵沉着在组织中所引起的虫卵结节。初期结节中央为虫卵，周围聚积大量嗜酸性粒细胞，并有坏死，外围有新生肉芽组织与各种细胞浸润。之后，卵内毛蚴死亡，虫卵破裂或钙化，外围围绕上皮细胞、巨细胞和淋巴细胞，以后肉芽组织长入结节内部。最后结节发生纤维化。

病变主要出现于肠道、肝脏、脾脏等脏器。

【诊断】人、畜日本分体吸虫病的诊断应根据流行病资料、临床症状、免疫学检查和病原学检查等综合进行。

在流行区有疫水接触史者均有感染的可能。患者有皮炎、发热、荨麻疹、肝肿大与压痛、腹泻、血中嗜酸性粒细胞显著增多等症状对诊断有重要意义。

用于日本分体吸虫病诊断的免疫学方法较多，常用的有间接血细胞凝集试验（IHA）、酶联免疫吸附试验（ELISA）、胶本染料试纸条法（DDIA）等，具有辅助诊断价值。

间接血凝试验：采用日本分体吸虫虫卵抗原致敏红细胞测定病人血清中的抗体，明显凝集者为阳性，特异性与敏感性高，阳性率在 90% 以上，观察结果快，操作简便。本试验与肺吸虫有交叉反应。

酶联免疫吸附试验：以纯化成虫或虫卵抗原与过氧化物酶或碱性磷酸酶结合，测定病人血清或尿中的吸虫抗体，敏感性及特异性高，阳性率在 95% 以上，操作简便，适用于大规模现场使用。

胶体染料试纸条法：该试纸条法与肺、肝吸虫病人血清有部分交叉反应，检测时应加注意。该方法有市售试剂盒。试剂盒在 4℃ 可保存 6 个月。

病原学检查：目前在人群的病原学检查方法是粪便检查法，主要有尼龙袋集卵孵化法和改良加藤厚涂片法。在粪便中发现虫卵或毛蚴即可确诊。

目前有关家畜日本分体吸虫病的诊断，推荐方法为病原学诊断（粪便毛蚴孵化法）和血清学诊断（间接血凝试验）。

粪便毛蚴孵化法：清晨从家畜直肠中采取粪样或采取新排出的粪便，淘洗后直接镜检粪便沉渣或进行毛蚴孵化，发现虫卵或毛蚴即可确诊。检查时所用水的 pH 为 6.8~7.2，无水虫和化学物质污染（包括氯气）。检查时间以春秋两季为好，其次是夏季，冬季不宜。

间接血凝试验：被检血清 10 倍和 20 倍稀释孔出现（＋）以上凝集现象时，判为阳性。

【防治】

1. 治疗　目前，人、畜日本分体吸虫病的推荐治疗药物为吡喹酮。

人：各期患者均适用于治疗。急性患者应在对症治疗的同时采用吡喹酮治疗，成人每千克体重 120mg，儿童每千克体重 140mg，每天分 3 次口服，其中 1/2 总量在前 2d 内服完，其余 1/2 总量在第 3~6 天分服。慢性血吸虫病患者及血清学阳性者，成人每千克体重 40mg 一次服用或每千克体重 60mg 分两日服用。儿童每千克体重 50mg 一次服用或每千克体重 70mg 分两日服用。

吡喹酮的副作用一般轻而短暂，多数无须处理，少数患者可出现明显副作用，应及时对症处理。

家畜：凡血清学或病原学方法查出的阳性家畜，应给予治疗。妊娠 6 个月以上和哺乳期母牛以及 3 月龄以内的犊牛可缓治。有急性传染病、心血管疾病或其他严重疾病的牛以及年老体弱丧失劳动能力或生产能力的牛应淘汰。

各种剂型的吡喹酮一次口服治疗各种家畜均可达到 99.3%~100% 的杀虫效果。黄牛（奶牛）每千克体重 30mg（限体重 300kg），水牛每千克体重 25mg（限体重 400kg），羊每千克体重 20mg，猪每千克体重 60mg，马属动物参照水牛或羊的剂量。

吡喹酮一次口服疗法，一般无副反应或反应轻微。少数病例特别是老弱病畜或奶牛可能出现产奶量下降等反应，应加强观察，对症治疗，即可康复。

2. 预防　由于日本分体吸虫病危害严重，我国非常重视有关该病的综合防治。中华人民共和国成立以来，根据疫情的变化，采用了不同的综合治理策略。国家对血吸虫病防治实行预防为主的方针，坚持防治结合、分类管理、综合治理、联防联控，人与家畜同步防治，重点加强对传染源的管理。主要措施有：

（1）钉螺调查与钉螺控制　通过对钉螺分布和感染性钉螺密度的调查与控制，减轻或消除对人、畜的危害。控制钉螺的方法主要有药物灭螺和环境改造灭螺。灭螺药物为氯硝柳胺乙醇胺盐可湿性粉剂和 4% 氯硝柳胺乙醇胺盐粉剂。环境改造灭螺的主要措施有水改旱、水旱轮作、沟渠硬化、蓄水养殖、有螺洲滩翻耕种植等，以及退耕还林、兴林抑螺、湿地保护等。

（2）人群病情调查与人群治疗　发现日本分体吸虫病人和感染者，通过对感染者的治疗，控制和消除传染源。国家对农民免费提供抗日本分体吸虫基本预防药物，对经济困难农民的日本分体吸虫病治疗费用予以减免。

（3）家畜查治和管理　为开展人、畜同步查治，管理、控制和消除传染源提供依据。

（4）危险因素的控制　包括粪便管理、个人防护和封洲禁牧等。粪便管理的目的是无害化处理人畜粪便，杀灭血吸虫卵。个人防护主要是在接触疫水作业时使用长筒胶靴、尼龙防护裤、手套等防护用具。封洲禁牧主要是在主要疫区禁止到湖滩放牧。

（5）健康教育　普及日本分体吸虫防治知识，增强人群的防病意识，提高人群参与防治日本分体吸虫的意识和积极性。

第四节　片形吸虫病

我国常见的牛、羊吸虫病主要有片形吸虫病、歧腔（双腔）吸虫病、阔盘吸虫病、前后盘吸虫病、东毕吸虫病等。这些吸虫病病原除可寄生在牛、羊等反刍动物外，有些种类还可寄生在其他一些动物体，偶然也可感染人。日本血吸虫病主要感染人，但也可寄生于牛，是重要的人畜共患病，可见于人畜共患寄生虫病单元。

片形吸虫分类上属于片形科片形属（*Fasciola*），在我国有肝片形吸虫（*F. hepatica*）和大片形吸虫（*F. gigantica*）两种。它们在形态上稍有不同，前者更多见一些，肝片形吸虫主要寄生于牛、羊、骆驼和鹿等各种反刍动物的肝脏胆管中，猪、马属动物及一些野生动物亦可寄生，偶见于人体。

【病原】

1. 形态特征

（1）肝片形吸虫（*F. hepatica*）　虫体呈扁平片状，灰红褐色，大小为（21～41）mm×（9～14）mm。前端有头锥，上有口吸盘，口吸盘稍后方为腹吸盘（图 3 - 26）。肠管主干有许多内外侧分支。雄性生殖器官的两个睾丸前后排列于虫体中后部，呈树枝状。雌性生殖器官的卵巢位于腹吸盘后方一侧，呈鹿角状。曲折重叠的子宫内充满虫卵。卵黄腺由许多褐色颗粒组成，分布于虫体两侧。

虫卵呈长卵圆形，黄色或黄褐色，前端较窄，后端较钝，卵盖明显。卵内充满卵黄细胞和一个胚细胞，大小为（133～157）μm×（74～91）μm。

（2）大片形吸虫（*F. gigantica*）　也称为巨片吸虫，与肝片形吸虫在形态上很相似。虫体呈长叶片状，更大一些，体长与宽之比为 5：1；虫体两侧缘较平行，后端钝圆；肩部不明显；腹吸盘较口吸盘大 1.5 倍；肠管和睾丸分支更多且更复杂。

2. 发育过程　成虫在终末宿主的胆管内排出大量虫卵，卵随胆汁进入宿主消化道，由粪便排出体外，在适宜的条件下孵出毛蚴，进入水中，遇中间宿主——淡水螺蛳时，则钻入其体内，经无性繁殖发育为胞蚴、雷蚴和尾蚴。尾蚴自螺体逸出后，附着在水生植物上形成囊蚴。家畜在吃草或饮水时吞食囊蚴即可被感染，幼虫从囊内出来后到寄生部位，经 2～4

个月发育为成虫。

【流行特点】肝片形吸虫分布最广，全国各地都有；大片形吸虫主要见于我国南方一些省区。

本病呈地方性流行，多发生于低洼、沼泽或有河流和湖泊的放牧地区。

因春末夏秋季节气候适合肝片吸虫卵的发育，而且此季节中间宿主——椎实螺活跃，且繁殖数量较多，散布甚广，故感染流行多在每年春末夏秋季节，特别是多雨和洪水的年份，感染严重。肝片吸虫的中间宿主约有 20 多种椎实螺科的淡水螺蛳，主要为小土窝螺（*Gulba pervia*）和斯氏萝卜螺（*Radix swinhoei*），在我国分布极其广泛的是小土窝螺。大片形吸虫的主要中间宿主是耳萝卜螺（*R. auricularia*）。

【症状与病变】幼虫从囊蚴包囊中出来后，在向肝胆管移行过程中，可机械性地损伤和破坏宿主肠壁、肝包膜、肝实质和微血管，导致急性肝炎、腹腔炎和内出血，这是动物患本病时急性死亡的重要原因。虫体进入胆管后，由于虫体长期的机械性刺激和代谢产物的毒性作用，可引起慢性胆管炎、肝硬化和贫血。

患畜一般表现为营养障碍、贫血和消瘦。急性型病例（童虫移行期）多发于夏末、秋季及初冬季节，患畜病势急，表现为体温升高，精神沉郁，食欲减退，衰弱，贫血迅速，肝区压痛明显，严重者几天内死亡。慢性型临床多见，主要发生于冬末初春季节，特点是逐渐消瘦，贫血和低蛋白血症，眼睑、颌下和胸腹下部水肿，腹水。绵羊对片形吸虫最敏感，常发病，死亡率也高；牛感染后多呈慢性经过。

【诊断】根据粪便虫卵检查，病理剖检及流行病学资料进行综合判定。虫卵检查可用沉淀法和锦纶筛集卵法。死后剖检急性病例可在腹腔和肝实质中发现幼虫；慢性病例可在胆管内检获成虫。

【防治】

1. 治疗　治疗肝片形吸虫病时，不仅要进行驱虫，而且应注意对症治疗，尤其对体弱的重症患畜。药物介绍如下。

三氯苯唑：商品名也叫肝蛭净。牛为每千克体重6～12mg，羊为每千克体重 5～10mg，一次口服，对成虫和童虫均有效。对急性肝片形吸虫病的治疗，5 周后应重复用药一次。本药品不得用于牛和羊的泌乳期；禁用于 1 周内将要产犊的奶牛。牛羊的休药期为 28d。

溴酚磷：商品名为蛭得净。除成虫外，本品还对移行于肝实质内的童虫有效，可用于治疗急性病例。一次口服剂量，牛为每千克体重 12mg，羊为每千克体重 12～16mg。妊娠牛应按实际体重减 10% 计算用量，预产期前 2 周内不要给药；注意对重症和瘦弱牛，切不可过量应用本品；有中毒症状时，可用阿托品解救；本品溶于水后静置时有微量沉淀，要充分摇匀后投药；牛羊的休药期为 21d；用药 5d 内，所产牛羊奶不得供人食用。

氯氰碘柳胺：一次口服剂量，牛为每千克体重 5mg，羊为每千克体重 10mg。皮下或肌内注射剂量，牛为每千克体重 2.5～5mg，羊为每千克体重 5～10mg。注射液对局部组织有一定的刺激性，应深层肌内注射；牛羊的休药期为 28d。

阿苯达唑：也叫丙硫咪唑。一次口服剂量，牛为每千克体重 10～20mg，羊为每千克体重 5～15mg。该药为广谱驱虫药，也可用于驱除胃肠道线虫和肺线虫及绦虫，剂型一般有片剂、混悬液、瘤胃控释剂和大丸剂等。本药品有致畸作用，妊娠动物慎用；牛羊屠宰前的休药期分别不少于 14d 及 10d，用药后 3d 内的奶不得供人食用。

硝碘酚腈：又名硝羟碘苄腈，商品名为克虫清，该药对幼虫作用不佳。一次口服剂量，牛为每千克体重 20mg，羊为每千克体重 30mg；皮下注射剂量，牛羊每千克体重 10～15mg。内服不如注射有效，本品的注射液对组织有刺激性；重复用药应间隔 4 周以上；休药期为 30d。

2. 预防　预防措施主要是定期驱虫、防控中间宿主和加强饲养卫生管理。驱虫后的粪便应堆积发酵以杀灭虫卵。在放牧地区，尽可能选择高燥地区放牧。动物饮水最好用自来水、井水或流动的河水。

第五节　猪囊尾蚴病

猪囊尾蚴病是由寄生在人体内的猪带绦虫（*Taenia solium*）的幼虫——猪囊尾蚴（*Cysticercus cellulosae*）寄生于猪的肌肉和其他器官中引起的一种人畜共患的寄生虫病。猪囊尾蚴检查是肉品卫生检验的重要项目之一。

【病原】

1. 形态特征

（1）幼虫　猪囊尾蚴（图 3-4），俗称**猪囊虫**。成熟的猪囊虫，外形椭圆，约黄豆大，为半透明的包囊，大小为（6～10）mm×5mm，囊内充满液体，囊壁是一层薄膜，膜内可见一粟粒大的乳白色结节。

（2）成虫　一猪带绦虫，长 2.5～8m，有 700～1 000 个节片。头节为圆球形（图 3-5），直径为 1mm，顶突上有 25～50 个角质小钩，由内、外两环排列，故又称"有钩绦虫"。颈节细小，长 5～10mm。根据生殖器官的发育程度，将体节分为 3 个部分：即未成熟节片（幼节）；成熟节片，每个节片含有一套生殖器官；孕卵节片（孕节），内充满虫卵的子宫呈树枝状。

（3）虫卵　圆形或椭圆形，直径为 35～42mm，卵壳有两层，内层较厚，浅褐色，内含六钩蚴。

2. 发育过程　猪带绦虫寄生于人的小肠中，其孕节不断脱落并随人的粪便排出体外，污染食物和饮水。猪或人吃了孕卵节片或节片破裂后逸出的虫卵，在消化道中消化液的作用下，六钩蚴逸出，钻入肠壁，经血液或淋巴液流动到全身，主要在横纹肌和心肌中经约 10 周时间发育为成熟的囊尾蚴。

人吃了未煮熟的带有活囊尾蚴的猪肉或被污染的食物而感染，包囊在胃内被消化，囊尾蚴进入人的小肠后，在肠液作用下，伸出头节吸附在肠壁上，经 2 个半月发育为成熟的有钩绦虫。有钩绦虫寄生在人体的小肠内，呈白带状。头节很小，仅有粟粒大。节片由前向后逐渐变大，后端节片里含有很多虫卵（3 万～5 万个），成熟的孕卵节片不断脱落，随粪便排出人体。

【流行特点】猪囊尾蚴病呈全球性分布，但主要流行于亚洲、非洲、拉丁美洲的一些国家和地区。在我国东北、华北和西北等地常发，个别地区有地方性流行，其余省区均为散发。该病的发生和流行与人的生活方式和卫生习惯、烹饪与食肉的方法有关。如人可因吃未煮熟的含猪囊虫的猪肉而感染。

在自然条件下，猪是易感动物，囊尾蚴可在猪体内存活 3～5 年。野猪、犬、猫也可感染。

【症状与病变】猪患轻微的囊虫病一般无明显症状，严重感染的猪，可出现营养不良、贫血、生长迟缓、逐渐消瘦、水肿等症状。某些器官严重感染时则可能出现相应的症状，如猪囊虫寄生在肺和喉头时，会出现呼吸困难、声音嘶哑和吞咽困难等症状；寄生在舌部，采食困难；寄生于心肌中，因心肌无力，会出现血液循环障碍；寄生于脑中，则出现癫痫和急性脑炎症状，甚至死亡。

人感染此虫，成虫在小肠内夺取营养，分泌毒素导致人消瘦、腹痛、消化不良、腹泻等。幼虫因寄生的部位不同，引起不同的症状。若寄生在脑部，可引起头痛、行动障碍、瘫痪等一系列神经症状。

【诊断】生前诊断比较困难，只有当舌部浅表寄生时，触诊可发现结节，但阴性病猪并不能排除感染。确诊只有通过宰后检验。

商检或肉品卫生检验时，如在肌肉中，特别是在心肌、咬肌、舌肌及四肢肌肉中发现囊尾蚴，即可确诊，尤以前臂外侧肌肉群的检出率最高（图3-6）。一旦发现，应做无害化处理，禁止食用。

免疫学检查方法有多种，可用于筛查或流行病学调查，有些已在实践中应用，但目前缺乏一致公认的免疫学检测方法。

【防治】

1. 治疗 可用下列药物。

吡喹酮：每千克体重30～60mg，每天1次，用药3次，每次间隔24～48h。

丙硫咪唑：每千克体重30mg，每天1次，用药3次，每次间隔24～48h，早晨空腹服药。

2. 预防 采取综合性预防措施：大力开展宣传教育，人医、兽医和食品卫生部门紧密配合，开展群众性的防治活动，抓好"查、驱、检、管、改"五个环节，可使该病得到良好的控制。具体措施如下：

（1）积极普查猪带绦虫病患者。

（2）对患者进行驱虫。

（3）做好肉品卫生检验工作，严格按照国家有关规程处理有病猪肉，严禁未经检验的猪肉供应市场或自行处理。

（4）管好厕所，管好猪，防止猪吃病人粪便。做到人有厕所猪有圈。

（5）改变饮食习惯，不吃生的或未煮熟的猪肉。

第六节 棘球蚴病

棘球蚴病又名包虫病（hydatidosis），是由寄生于犬、狼、狐狸等动物小肠的棘球绦虫（*Echinococcus*）中绦期幼虫——棘球蚴感染中间宿主而引起人畜共患寄生虫病。棘球蚴寄生于牛、羊、猪、马、骆驼等家畜，以及多种野生动物和人的肝、肺及其他器官内，对人畜危害严重，甚至引起死亡。在各种动物中，对绵羊的危害最为严重。

【病原】棘球绦虫在分类上隶属于绦虫纲（Cestoidea）圆叶目（Cyclophyllidea）带科（Taeniidae）棘球属（*Echinococus*）的多种绦虫。目前世界上公认的有4种：①细粒棘球绦虫（*E. granulosus*）；②多房棘球绦虫（*E. multilocularis*）；③少节棘球绦虫（*E. oligathrus*）；

④福氏棘球绦虫（*E. vogeli*）。后两种绦虫主要分布于南美洲。我国主要虫种是细粒棘球绦虫和多房棘球绦虫，前者更为多见。两种虫体的形态相似。

1. 形态特征

（1）细粒棘球绦虫　为小型绦虫，长仅 2～7mm，由头节和 3～4 个节片组成。头节上有 4 个吸盘，顶突上有 36～40 个小钩。成节内含有一套雌雄同体的生殖器官。有睾丸 35～55 个，生殖孔位于节片侧缘的后半部。孕节的长度远大于宽度，约占虫体长度的一半。子宫侧枝 12～15 对，内充满虫卵，有 500～800 个或更多。虫卵大小为（32～36)μm×（25～30)μm。

（2）细粒棘球蚴　为细粒棘球绦虫的中绦期虫体，包囊状构造，内含液体。棘球蚴的形状常因寄生部位不同而有变化，一般近似球形，直径为 5～10cm。棘球蚴的囊壁分两层：外层为乳白色的角质层；内层为胚层，又称为生发层。前者是由后者分泌而成。胚层向囊腔芽生出成群的细胞，这些细胞空腔化后形成一个小囊，并长出一个小蒂与胚层相连在囊内壁上生成数量不等的原头蚴，此小囊称为育囊或生发囊。育囊可生长在胚层上或者脱落下来漂浮在囊腔的囊液中。母囊内还可生成与母囊结构相同的子囊，子囊内也可生长出孙囊，与母囊一样亦可生长出育囊和原头蚴。有的棘球蚴还能向外衍生子囊。游离于囊液中的育囊、原头蚴统称为棘球砂（hydatid sand）。原头蚴上有小钩和吸盘及微细的石灰颗粒，具有感染性。但有的胚层不能长出原头蚴，称为不育囊。不育囊可长得很大。不育囊的出现随中间宿主的种类不同而有差别，据报道，猪有 20%，绵羊有 8%，而牛多为不育囊，这表明绵羊是细粒棘球绦虫最适宜的中间宿主。

（3）多房棘球绦虫　虫体很小，与细粒棘球绦虫颇相似，长仅为 1.2～4.5 mm，由 2～6 个节片组成。头节上有吸盘，顶突上有小钩 14～34 个。倒数第二节为成节，睾丸 14～35 个，生殖孔开口于侧缘的前半部。孕节内子宫呈带状，无侧枝。虫卵大小为（30～38）μm×（29～34）μm。

多房棘球蚴，又称为泡球蚴（*Alveococcus*），为圆形的小囊泡，大小由豌豆至核桃大，被膜薄，半透明，由角质层和生发层组成，呈灰白色，囊内有原头蚴，含胶状物。实际上泡球蚴是由无数个小的囊泡聚集而成的。

2. 发育过程　细粒棘球绦虫寄生于犬、狼、狐狸的小肠，虫卵和孕节随末宿主的粪便排出体外，中间宿主随污染的草、料和饮水吞食虫卵后而受到感染，虫卵内的六钩蚴在消化道孵出，钻入肠壁，随血流或淋巴散布到体内各处，以肝脏、肺脏最常见。经 6～12 个月的生长可成为具有感染性的棘球蚴。犬等终末宿主吞食了含有棘球蚴的脏器而感染，经 40～50d 发育为细粒棘球绦虫。成虫在犬等体内的寿命为 5～6 个月。多房棘球蚴寄生于啮齿类动物的肝脏，在肝脏中发育快而凶猛。

【流行特点】

1. 传染来源与传播途径　动物与人主要通过与犬科动物接触，误食棘球绦虫卵而感染，或因吞食被虫卵污染的水、饲草、饲料、食物、蔬菜等而感染；猎人在处理和加工狐狸、狼等的皮毛过程中，易遭受感染。犬或犬科其他动物主要是食入了带有棘球蚴的动物内脏器官和组织而感染棘球绦虫。绵羊、牛、猪及人均为易感动物；此外，马、兔、鼠类等多种哺乳动物也可感染。绵羊对本病比其他动物易感。

2. 易感宿主与寄生部位　绵羊、山羊、牛、猪等多种家畜或野生动物都是较敏感的中间宿主，其中绵羊最为易感，人也是敏感的中间宿主。寄生于动物内脏器官和全身脏器中，尤其多寄生于肝和肺。犬和犬科的多种动物都是其终末宿主，寄生于小肠。

3. 流行现状　在适宜的环境下，孕节可保持活力达几天之久。虫卵对外界环境的抵抗力较强，0℃下4个月内不死亡，50℃经1h才死亡。日光照射对虫卵有致死作用，但虫卵对化学药物和常用消毒剂不敏感。有时体节遗留在犬肛门周围的皱褶内。体节的伸缩活动，使犬瘙痒不安，到处摩擦，或以嘴啃舐，这样在犬的鼻部和脸部就可沾染虫卵，进而随着犬的活动，将虫卵散播到各处，增加人和家畜感染棘球蚴的机会。此外，虫卵还可借助风力散布，鸟类、蝇、甲虫及蚂蚁也可作为转运宿主而散播本病。

细粒棘球蚴病呈全球性分布。主要流行国家有东亚的中国、蒙古，中亚的土耳其、土库曼斯坦，西亚的伊拉克、叙利亚、黎巴嫩，南美的阿根廷、巴西、智利，大洋洲的澳大利亚、新西兰，以及非洲北部、东部和南部的一些国家。我国是世界上包虫病高发的国家之一，主要以新疆、西藏、宁夏、甘肃、青海、内蒙古、四川7省（自治区）最为严重。

泡型包虫病又被称为"虫癌"，是高度致死的疾病，多见于青海、西藏、甘肃、四川、新疆的部分地区。在我国以囊型包虫病为主，主要流行于西北的牧区和半农半牧区，家犬是主要的传染源和终末宿主（棘球绦虫病）。作为终末宿主的家犬在排出成熟节片及大量虫卵时，污染草地、水源、家居环境，或附着在其毛皮上，草食动物和人均因食入虫卵而被感染。作为中间宿主，10种家畜可被感染，其中绵羊的平均感染率约为64%、牛为55%、猪为13%，对我国畜牧业造成极大的经济损失。终末宿主家犬的平均感染率为35%。

多房棘球蚴在新疆、青海、宁夏、甘肃、内蒙古、四川、黑龙江和西藏等地亦有发生，以宁夏为多发区。国内已证实的终末宿主有沙狐、红狐、狼及犬等，中间宿主有布氏田鼠、长爪沙鼠、黄鼠和中华鼢鼠等啮齿类。在牛、绵羊和猪的肝脏亦可发现有多房棘球蚴寄生，但不能发育至感染阶段。

【症状与病变】　棘球蚴对人和动物的致病作用为机械性压迫、毒素作用及过敏反应等。症状的轻重取决于棘球蚴的大小、寄生的部位及数量。棘球蚴多寄生于动物的肝脏，其次为肺脏，机械性压迫可使寄生部位周围组织发生萎缩和功能严重障碍，代谢产物被吸收后，使周围组织发生炎症和全身过敏反应，严重者可致死。

绵羊对细粒棘球蚴敏感，死亡率较高，严重者表现为消瘦、被毛逆立、脱毛、咳嗽、倒地不起。牛严重感染时，常见消瘦、衰弱、呼吸困难或轻度咳嗽，剧烈运动时症状加重，产奶量下降。各种动物都可因囊泡破裂而产生严重的过敏反应，突然死亡。剖检可见肝、肺等器官有大小不等的棘球蚴寄生。

成虫对犬等的致病作用不明显，一般无明显的临床表现。

【诊断】　动物棘球蚴病的生前诊断比较困难。根据流行病学资料和临床症状，采用皮内变态反应、间接血细胞凝集试验（IHA）和酶联免疫吸附试验（ELISA）等方法对动物和人的棘球蚴病有较高的检出率。对动物尸体剖检时，在肝、肺等处发现棘球蚴可以确诊。可用X线和超声波诊断本病。

犬棘球绦虫病可通过粪便检查，检出孕节及虫卵即可做出诊断。

【防治】

1. 治疗　在早期诊断的基础上尽早用药，可取得较好的效果。绵羊棘球蚴病可用丙硫咪唑治疗，剂量为每千克体重 90mg，连服 2 次，对原头蚴的杀虫率为 82%～100%；吡喹酮也有较好的疗效，剂量为每千克体重 25～30mg，每天服 1 次，连用 5d（总剂量为每千克体重 125～150mg）。

2. 预防　对棘球蚴病应实施综合性防控措施，具体包括：

（1）禁止用感染棘球蚴的动物肝、肺等组织器官喂犬。

（2）对牧场上的野犬、狼、狐狸进行监控，可以试行定期在野生动物聚居地投药。

（3）犬定期驱虫可用吡喹酮每千克体重 5mg，一次口服，以根除传染源。驱虫后的犬粪，要进行无害化处理，杀灭其中的虫卵。在疫区每个月需要对犬进行一次驱虫。

（4）保持畜舍、饲草、饲料和饮水卫生，防止犬粪污染。

（5）定点屠宰，加强检疫，防止感染有棘球蚴的动物组织和器官流入市场。

（6）包虫病流行区定期注射细粒棘球绦虫疫苗，提高羊群的免疫力。

（7）加强科普宣传，注意个人卫生，在人与犬等动物接触或加工狼、狐狸等毛皮时，防止误食孕节和虫卵。

（8）绵羊棘球蚴病的免疫预防。在西北疫区，采用羊棘球蚴（包虫）病基因工程亚单位疫苗（EG95）对绵羊进行免疫预防，具有较好的减虫效果。

第七节　旋毛虫病

旋毛虫病是由旋毛虫寄生于人、猪、犬、猫等多种动物而引起的一种人畜共患寄生虫病。该病呈世界性分布。近年来，我国不断有人集体感染旋毛虫病的报道，造成了严重的公共卫生问题。该病是肉品卫生检验项目之一。

【病原】 旋毛虫（*Trichinella spiralis*）属于毛形科（Trichinellidae）毛形属（*Trichinella*）。

1. 形态特征　成虫细小，呈线形，白色，肉眼几乎难以辨认。虫体前部为食道部，较细。食道的前端无食道腺围绕，其后的全部长度均由一列相连的食道腺细胞所包裹。虫体后部较粗，包含着肠管和生殖器官。后部长度占虫体一半稍多。生殖器官为单管型。雄虫大小为（1.4～1.6）mm×（0.04～0.05）mm，尾端有泄殖孔，其外侧为一对呈耳状悬垂的交配叶，内侧有 2 对小乳突，无交合刺。雌虫的大小为（3～4）mm×0.06mm。阴门位于虫体前部（食道部）的中央。胎生。

刚产出的幼虫呈圆柱状，长为 80～120μm；到感染后第 30 天，幼虫长大到长 1mm、宽 35μm。幼虫在感染后第 17～20 天开始卷曲盘绕起来，位于肌纤维内的梭形包囊之中。

2. 发育过程　成虫与幼虫寄生于同一宿主，宿主先为终末宿主，后变为中间宿主。宿主因摄食了含有包囊幼虫的动物肌肉而受感染。包囊在宿主胃内释出幼虫，在十二指肠和空肠内变为性成熟旋毛虫成虫。雌雄虫交配后不久，雄虫死亡，雌虫钻入肠腺中发育。于感染后 7～10d，开始产幼虫，幼虫产于黏膜中，有时直接产于淋巴管或肠绒毛的乳糜管中。雌虫在肠黏膜中的寿命不超过 6 周。雌虫所产幼虫，经肠系膜淋巴结进入胸导管，再到右心，经肺转入体循环，随血流被带至全身各处，但只有进入横纹肌纤维内的才能进一步发育。幼虫在活动量较大的肋间肌、膈肌、咀嚼肌中较多。随着幼虫的发育，从感染后第 21 天开始，肌纤维逐渐形成包囊，幼虫盘绕于包囊之中。充分发育了的幼虫，通常有 2.5 个盘转。包囊初期很小，最后可长达 0.25～0.5mm，肉眼可见。包囊呈梭形，其长轴与肌纤维平行，有两层壁，其中一般含一条幼虫，但有的可达 6～7 条。约 6 个月后包囊壁增厚，囊内发生钙化。包囊钙化并不意味着囊内幼虫的死亡。包囊幼虫的生存时间，随个体的不同，可从数年至 25 年。

【流行特点】猪、犬、猫、鼠是旋毛虫病的主要传染源，其次是野猪、狐、狼和熊等野生动物，其中猪是人类旋毛虫病的主要传染源。

猪感染旋毛虫主要是由于吞食了鼠。鼠是猪旋毛虫病的主要感染来源。某些动物的尸体、蝇蛆、步行虫以及动物粪便中未被消化的肌纤维都是猪的感染源。另外，用生的废肉屑和含有生肉屑的泔水喂猪也可以引起猪的感染。

人感染旋毛虫多因生吃或食用不熟的肉类而引起。此外，切过生肉的菜刀、砧板均可能偶尔黏附有旋毛虫的包囊，亦可能污染食品，造成感染。

旋毛虫病分布于世界各地，宿主除了人、猪、鼠、犬、猫、熊、狐、狼、貂等之外，几乎所有其他哺乳动物均能感染旋毛虫。某些昆虫、海洋动物、甲壳动物也能感染并传播本病。

【症状与病变】人感染旋毛虫症状明显，成虫侵入黏膜时，引起肠炎，严重时有带血性腹泻，称为肠型旋毛虫病。感染后 15d 左右，幼虫进入肌肉，引起肌型旋毛虫病，其主要症状为急性肌炎，发热和肌肉疼痛，同时出现吞咽、咀嚼、行走和呼吸困难，脸特别是眼睑水肿，食欲不振，显著消瘦。轻微感染时不显症状，严重感染时多因呼吸肌麻痹、心肌及其他脏器的病变和毒素的刺激等而引起死亡。

猪和其他动物对旋毛虫的耐受性强，但为旋毛虫的携带者，具有公共卫生意义，往往不显症状。

【诊断】生前诊断困难，以肌肉检查发现幼虫为主要诊断手段。

1. 压片镜检法 取可疑肌肉，自肉上剪取麦粒大小的肉样 24 粒，使肉粒均匀地在玻片上排成一排，用另一玻片压紧，置显微镜下检查，发现包囊幼虫即可确诊。动物常取膈肌，人可通过肌肉穿刺采集肉样。

2. 肌肉消化法 取肉样 100g，搅碎，置消化液中消化后离心，取沉淀显微镜下检查，发现幼虫即可确诊。该方法多用于动物宰后检验。

3. 免疫学诊断 主要方法有间接血凝试验和酶联免疫吸附试验等。该类方法通常作为虫体检查的辅助手段。

【防治】

1. 治疗 人的旋毛虫病治疗药物较多，主要的抗虫药物有阿苯达唑（丙硫咪唑）、甲苯达唑、噻苯达唑、氟苯达唑等。在抗虫的同时，应采用对症治疗。

动物旋毛虫病若要治疗，也可选用阿苯达唑、甲苯咪唑等。

2. 预防 加强卫生宣传教育，不食生的或未煮熟的猪肉、犬肉以及野生动物肉等。

科学养猪，提倡圈养。不用含有旋毛虫的动物碎肉、内脏喂猪。猪粪堆肥发酵处理。

开展灭鼠工作，防止猪、犬等动物吃到鼠尸。

加强肉品卫生检验，未获卫生许可的猪肉不准上市。实行定点屠宰，集中检疫。定点屠宰场的废水、血液、碎肉屑、废弃物等应进行无害化处理。

第四单元　多种动物共患寄生虫病

第一节　伊氏锥虫病

伊氏锥虫病是由伊氏锥虫寄生于马属动物、牛、水牛和骆驼等动物引起的常见疾病，亦称苏拉病。马属动物感染后一般取急性经过，病程一般为 1～2 个月，死亡率高。牛与其他动物感染虽有急性病例，但多取慢性经过，少数为带虫者。

【病原】伊氏锥虫（*Trypanosoma evansi*）隶属于原生动物门（Protozoa）鞭毛虫纲（Mastigophora）动体目（Kinetoplastidda）锥体科（Trypanosomatidae）锥虫属（*Trypanosoma*）。

1. 形态特征　单形性虫体，细长柳叶形，大小为（18～24）μm×（1～2）μm，细胞核位于虫体中部，距虫体后端有一点状动基体，其附近有一生毛体，1 根鞭毛从生毛体生出，沿虫体伸向前方并以波动膜与虫体相连，随后游离。

伊氏锥虫血液涂片见图 3-7。

2. 发育过程　伊氏锥虫寄生在动物的血液和造血器官中，以纵分裂法进行繁殖，由虻及吸血蝇类在吸血时传播。这种传播是机械性的，锥虫在昆虫体内不发育，在其体内的生存时间也较短。

【流行特点】

1. 宿主　伊氏锥虫的宿主极为广泛，病原除了寄生于马、牛、驼、猪、犬等家畜，还能寄生于鹿、兔、象、虎等野生动物，马属动物和犬的易感性最强。伊氏锥虫对不同动物的致病性差异很大，马感染后常呈急性发病，其他多种动物感染后不发病而长期带虫，成为传染源。可人工感染豚鼠、大鼠、小鼠等实验动物，人工接种小鼠后多在 10d 内死亡。

2. 传播途径　虻及吸血蝇类在吸血时食入感染动物体内的虫体，再次吸血时将虫体注入其他动物体内传播该病。此外，消毒不完全的手术器械也可造成感染。孕畜感染后可传给胎儿。

3. 流行现状　本病流行于热带和亚热带地区，发病季节与媒介昆虫的活动季节相关。我国目前有两个疫区，一个在新疆、甘肃、宁夏、内蒙古阿拉善盟和河北北部一带，主要以感染骆驼为主；另一个在秦岭—淮河一线以南，主要以感染马属动物、黄牛、水牛、奶牛和其他动物为主。南方气候温暖，一年四季都可发病，但以 7—9 月为多发季节。

【症状】锥虫在血液中寄生，增殖迅速，产生大量有毒代谢产物，宿主亦产生溶解锥虫的抗体，使锥虫溶解死亡，释放出毒素。由于毒素的作用，中枢神经系统受损伤，引起动物体温升高和运动障碍；损伤造血器官，致红细胞溶解，引起贫血和黄疸；血管壁通透性增高，导致皮下水肿和肝脏损伤；虫体对糖的大量消耗，引发低血糖症和酸中毒现象。不同动物感染后的临床表现有一定的差异。

1. 马属动物 潜伏期 4～7d，体温升高到 40℃ 以上，稽留数日，体温恢复正常，经短时间间歇后再度升高，如此反复。病畜精神不振，呼吸急促，脉搏频数，食欲减退。病马逐渐消瘦，被毛粗乱，眼结膜初充血，后变为黄染、苍白，且在结膜、瞬膜上可见有米粒大到黄豆大的出血斑，眼内常附有浆液性到脓性分泌物。后期多见腋下、胸前水肿。精神日渐沉郁，终至昏睡状，最后共济失调，行走左右摇摆，举步困难，尿量减少，尿色深黄、黏稠，内含蛋白和糖。体表淋巴结轻度肿胀。血液检查可见红细胞数急剧下降，有时血片中可见锥虫。

2. 牛 抵抗力较强，多呈慢性经过或带虫而不发病，但当牛抵抗力减弱，则可呈散发。发病时体温升高，数日后体温回复。经一定时间间歇后，体温再度升高。牛发病后其症状与马的症状基本相似，但发展较慢。

3. 骆驼 多为慢性，可长达数年，如不治疗常最终死亡。

【病变】以皮下水肿为主要特征，最多发部位是胸前、胯下、公畜的阴茎部分。体表淋巴结肿大无血，断面呈髓样浸润，血液稀薄，凝固不良。胸、腹腔内常有大量浆液渗出，胸膜及腹膜上常有出血点。骨骼肌混浊肿胀。脾肿大，表面有出血点。肝肿大、淤血，表面粗糙，质脆，有散在性脂肪变性。肾肿大，混浊肿胀、有点状出血，被膜易剥离。反刍动物第二、四胃黏膜上有出血斑。心脏肥大，心肌炎，心包膜点状出血。有神经症状的病畜，脑腔积液，软脑膜下充血或出血，侧脑室扩大，室壁有出血点或出血斑，腰背部脊椎出现脊髓灰质炎。

【诊断】可根据流行病学特点、症状、血清学诊断和病原学检查进行综合判断，但确诊需检出病原。

在本病流行地区的多发季节发现有可疑症状的病畜，应进一步进行诊断。在血液中查出虫体是最可靠的诊断依据，应反复多次采血检查，以提高检出率。

常用方法如下：

1. 压滴标本检查 采末梢血液一滴于洁净载玻片上，加等量生理盐水，混合后覆以盖玻片，用高倍镜检查。如为阳性可见有活动的虫体。因血片未经染色，应在较暗视野下检查，以便更易发现活动的虫体。

2. 染色血片检查 按常规制成血液涂片，用吉姆萨或瑞氏染色后，镜检。

3. 试管集虫检查 采血于加抗凝剂的离心管中，以 1 500r/min 离心 10min，虫体位于红细胞沉淀的表面。用吸管吸取沉淀表层，涂片、染色、镜检，可提高虫体检出率。

4. 毛细管集虫检查 以内径 0.8mm、长 12cm 的毛细玻管，先将毛细管以肝素处理，吸入病畜血液后插入橡皮泥中，以 3 000r/min 离心 5min，尔后将毛细管平放于载玻片上，镜下检查毛细管中红细胞沉淀层的表层，可见有活动的虫体。

5. 动物接种试验 采病畜血液 0.1～0.2mL，接种于小鼠的腹腔。隔 2～3d 后，逐日采尾尖血液，进行虫体检查。如病畜感染有伊氏锥虫，则在半个月内查到虫体。此法检出率高。

伊氏锥虫病的血清学诊断方法种类很多，早期采用补体结合反应，近年来多采用间接血凝反应。

【防治】

1. 治疗 治疗要早，用药量要足。常用的药物有以下几种。

萘磺苯酰脲：商品名为纳加诺或拜尔205或苏拉明，以生理盐水配成10%溶液，静脉注射。用药后个别病畜有体表水肿、口炎、肛门及蹄冠糜烂、跛行和荨麻疹等副作用。

喹嘧胺：商品名为安锥赛。有硫酸甲基喹嘧胺和氯化喹嘧胺两种。前者易溶于水，易吸收，见效快；后者仅微溶于水，吸收缓慢但能在体内维持较长时间。一般治疗多用前者，按每千克体重5mg，溶于注射用水内，皮下或肌内注射。

三氮脒：亦称贝尔尼、血虫净。以注射用水配成7%溶液，深部肌内注射，马、牛按每千克体重3.5mg，每天一次。连用2~3d。骆驼对本药较敏感，不宜用。

氯化氮氨菲啶盐酸盐：商品名为沙莫林，是非洲家畜锥虫病常用治疗药，按每千克体重1mg，用生理盐水配成2%溶液，深部肌内注射，药液总量超过15mL时应分两点注射。

2. 预防 预防应加强饲养管理，尽可能地消灭环境中虻、吸血蝇等传播媒介。临床上常采用药物预防，注射一次喹嘧胺可达3~5个月，萘磺苯酰脲用药一次可有效预防1.5~2个月，沙莫林预防期可达4个月。

第二节 新孢子虫病

新孢子虫病是由新孢子虫（*Neospora* spp.）引起的多种温血动物共患的原虫病。新孢子虫病主要引起孕畜流产、死胎以及新生儿运动神经障碍，对牛的危害尤为严重，是牛流产的主要原因。新孢子虫病已在世界范围内广泛流行，给畜牧业尤其是养牛业造成巨大经济损失。在中国，奶牛、牦牛、犬、猫、绵羊、山羊、狐狸等多种动物存在着不同程度的感染，是引起奶牛流产的重要原因之一。

【病原】犬新孢子虫（*Neospora caninum*）隶属于复合器亚门（Apicomplexa）孢子虫纲（Sporzoa）球虫目（Coccidiida）弓形虫科（Toxoplasmatidae）新孢子虫属（*Neosppora*）。已经发现两种新孢子虫，即犬新孢子虫（*Neospora caninum*，Dubey，1988）和胡氏新孢子虫（*Neospora hughesi*，Marsh，1998）。犬新孢子虫能够感染多种动物，是引起新孢子虫病的最重要病原，简称新孢子虫。胡氏新孢子虫的基本形态与犬新孢子虫一致，但其超微结构和ITS-1的序列与犬新孢子虫有明显差异，目前认为其只寄生于马属动物。本指南仅阐述由犬新孢子虫引起的新孢子虫病。

1. 形态特征 新孢子虫与弓形虫相似，有复杂的发育过程，犬和多种犬科动物是其终末宿主，其他多种温血动物都是其中间宿主。速殖子、组织包囊和卵囊是目前已知的新孢子虫生活史中三个重要阶段的虫体形态，前两种存在于中间宿主体内，卵囊在终末宿主肠上皮细胞中形成，随粪便排出体外。

（1）卵囊 在终末宿主犬科动物的肠道中形成。卵囊近圆形，直径10~11μm，新鲜卵囊未孢子化，在合适的温度和湿度下发育为孢子化卵囊，孢子化卵囊内含2个孢子囊，每个孢子囊内含有4个子孢子。

(2) 速殖子（滋养体）　存在于中间宿主内。新月形，大小为（4.8~5.3）μm×（1.8~2.3）μm。可以感染多种有核细胞，在带虫空泡中分裂繁殖形成含多个速殖子的假包囊。主要存在于急性病例的胎盘、流产胎儿的脑组织和脊髓组织中。

(3) 包囊　即组织囊（图3-8），只存在于中间宿主，主要存在于中枢神经系统中。圆形或椭圆形，直径可达107μm，内含大量缓殖子，成熟包囊的壁厚约4m。包囊内含大量缓殖子，缓殖子平均大小为7μm×2μm；外形与速殖子相似，不同之处为缓殖子核位于体末端，速殖子核位于中部；缓殖子内棒状体较速殖子少，支链淀粉颗粒多。

2. 发育过程　新孢子虫的完整发育过程需要更换宿主。犬和其他犬科动物是终末宿主，其他动物如牛、绵羊、山羊、马等家畜，禽类以及野生动物等均是其中间宿主，犬也可作为中间宿主。

犬作为终末宿主食入了含有新孢子虫组织包囊的动物组织，虫体释放出来侵入肠上皮细胞进行球虫型发育，随粪便排出卵囊，刚排出的新鲜卵囊没有感染性，卵囊在合适的温度、湿度以及有氧条件下发育为孢子化卵囊，即感染性卵囊。当中间宿主吞食孢子化卵囊遭受感染，子孢子在消化道内释放出来，进入血液到达全身的多种有核细胞内寄生，在细胞内分裂繁殖形成的速殖子释放后侵入新的细胞。当机体免疫力正常时可清除部分虫体，未被清除的速殖子增殖变缓，在细胞内形成包囊，脑和脊髓组织中多见。组织包囊可以在感染宿主体内长期存在而不表现出任何症状。妊娠动物食入新孢子虫卵囊和包囊，或体内原有包囊内虫体释出，侵入新细胞，快速分裂繁殖，形成大量速殖子，经血液循环至胎盘感染胎儿，常在流产母牛的胎盘、胎儿的脑和脊髓等组织器官中见大量速殖子。犬科动物食入含有新孢子虫包囊、速殖子动物组织以及卵囊污染的食物和饮水时遭受感染，虫体进入肠上皮细胞进行球虫型发育。目前，已有数篇在人血清中检出新孢子虫抗体的报道，新孢子虫可能是潜在的人畜共患病原。新孢子虫生活史模式见图3-9。

【流行特点】

1. 传染来源与传播途径　感染了新孢子虫的动物是其他动物和人感染新孢子虫的重要来源。犬科动物作为终末宿主，随粪便排出卵囊污染环境，是新孢子虫感染的重要来源；各种感染动物的组织包囊是新孢子虫感染的另一重要来源，如在流产胎盘、胎牛和羊水中均有大量虫体的存在。

动物通过水平传播和垂直传播两种方式感染新孢子虫。

水平传播：其一，发生在中间宿主与终末宿主犬之间，中间宿主食入终末宿主犬科动物排出的卵囊，终末宿主食入中间宿主组织内的包囊或速殖子；其二，发生在不同中间宿主之间，食入动物组织内的包囊和速殖子发生感染；其三，犬食入孢子化卵囊遭受感染；其四，同种中间宿主群内可能也存在水平传播，具体方式尚不清楚。水平传播被认为是造成新一轮感染的主要原因。

垂直传播：发生在同种中间宿主群内，由母体传播给胎儿是动物群内感染新孢子虫的主要方式。

2. 宿主　犬和狐狸等犬科动物是新孢子虫的终末宿主；其他多种动物如牛、绵羊、山羊、马、鹿、猪、兔、犬，以及多种野生动物等均是其中间宿主。

3. 流行现状　广泛流行于世界各地。对牛的危害最为严重，有些牛群的血清抗体阳性率高达80%，是引起牛流产的主要病原。我国奶牛血清抗体阳性率在25%左右，新孢子虫感染与流产的发生密切相关。

【症状与病变】新孢子虫病是多种动物共患的一种原虫病，对牛和犬的危害尤其严重，主要造成孕牛流产、死胎以及新生儿的运动神经系统疾病。

1. 犬　当犬作为终末宿主时，新孢子虫在其肠道上皮细胞内发育，无明显临床症状。当犬为中间宿主出现时，引起严重神经肌肉损伤，先天感染幼犬后肢瘫痪、脊柱过伸、肌肉萎缩、眼球震颤、吞咽困难、共济失调、反应迟钝等；还可发生心力衰竭。一般有脑炎、肌炎、肝炎和持续性肺炎等症状。感染母犬妊娠后发生死胎或产出衰弱的胎儿。

2. 牛　流产是唯一能观察到的成年牛新孢子虫病临床症状。临床表现主要是流产，产弱胎、死胎、木乃伊胎和先天性神经肌肉损伤的犊牛。常呈局部、散发性或地方性流行，一年四季均可发生，但以春末至秋初更多。从妊娠3个月到妊娠期结束均可发生流产，但多发生于妊娠期的5~6个月。先天感染的犊牛一般不表现临床症状，严重感染者可表现四肢无力、关节拘紧、后肢麻痹、运动失调，头部震颤明显，头盖骨变形，眼睑及反射迟钝、角膜轻度混浊。

其他动物感染新孢子虫后出现类似的临床症状，但一般没有牛的症状严重。

流产胎牛的主要病变是各器官组织的出血、细胞变性和炎性细胞浸润，以中枢神经系统、心脏和肝脏的病变为主。脊髓和脑等神经组织，一般表现为非化脓性脑脊髓炎的典型病变，伴发多位点非化脓性炎性细胞浸润和多位点或弥散性的脑膜下白细胞浸润，有时还存在多位点坏死灶。心脏和骨骼肌可出现灰白色病灶，脑组织中有灰色到黑色的小范围坏死病灶和水肿。胎儿易发生自溶和木乃伊化。有些先天感染的犊牛虽然出生时并无明显临床症状，但依然可出现明显的脑脊髓炎病变。

犬作为中间宿主时，病变主要集中在中枢神经系统和骨骼肌中，同时伴有坏死性非化脓性脑炎以及心肌炎和心肌变性等病理变化。

【诊断】犬发生新孢子虫病的临床症状不典型，临床上很难做出诊断。牛新孢子虫病流行病学、临床症状、病理发生及病理变化均有一定的特点，但确诊需鉴定出病原或特异性抗体，所以病原的分离鉴定、病理组织学、免疫组织化学、血清中抗体检测及分子生物学诊断等是确诊新孢子虫病的常用方法。

1. 病原学诊断　病原分离、鉴定：病原分离和鉴定是最为有力的感染证据，且新孢子虫的分离较为困难，成功率很低，直接从病料涂片检查检出率更低。一般情况下新孢子虫包囊较多集中在流产胎牛神经组织内。可参照弓形虫分离方法进行。因为新孢子虫速殖子或包囊形态与弓形虫、哈氏哈芒球虫和枯氏肉孢子虫非常相似，所以免疫组织化学染色是进一步鉴定的有效方法，用特异性抗体染色能够确认新孢子虫的存在。

2. 血清学诊断　国外已经有多种商品化试剂盒应用。间接免疫荧光试验（IFAT）、直接凝集试验（DAT）和酶联免疫吸附试验（ELISA）是最常用的血清学检测方法。

3. 分子生物学诊断　主要是应用PCR技术检测流产胎牛或其他中间宿主组织内的新孢子虫DNA。已报道多种新孢子虫特异性引物可用于特异性基因的扩增，需对扩增片段进行DNA测序。

【防治】尚未发现治疗新孢子虫病的特效药物，复方新诺明、羟基乙磺胺戊烷脒、四环素类、磷酸克林霉素以及鸡球虫的离子载体抗生素类等可能有一定的疗效。

已经有商业化新孢子虫灭活疫苗，但应用范围较窄，只在少数国家小部分应用。

淘汰病牛和血清抗体阳性牛是防止该病继续扩散的有效方法。此外，防止犬与牛等中间宿主之间的传播可有效阻断外源性感染（水平传播），主要采取的措施是对牛场内及其周围的犬进行严格的管理，禁止犬进入牛栏，禁止犬接触动物饲草、饲料和饮水，减少犬与牛接触的机会；同时禁止用流产胎儿饲喂犬。

第三节 隐孢子虫病

隐孢子虫病是一种或多种隐孢子虫感染引起人、多种哺乳动物以及鱼类等宿主引起的一种共患原虫病。隐孢子虫因能引起起哺乳动物（特别是犊牛和羔羊）的严重腹泻和禽类的剧烈呼吸道症状，而具有重要经济意义；对人的危害尤为严重，目前隐孢子虫病已成为美国六大腹泻病之一，能引起人（特别是免疫功能低下者）的严重腹泻。具有重要公共卫生意义。

【病原】隶属于顶复合器亚门（Apicomplexa）孢子虫纲（Sporzoa）球虫目（Coccidiida）隐孢子虫科（Cryptosporididae）隐孢子虫属（*Cryptosporidium*）。

隐孢子虫有多个种，已发现人和多种动物能够感染隐孢子虫，寄生于畜禽的常见种有小隐孢子虫（*C. parvum*）、牛隐孢子虫（*C. bovis*）、安氏隐孢子虫（*C. andersoni*）、小鼠隐孢子虫（*C. muris*）、火鸡隐孢子虫（*C. meleagridis*）、贝氏隐孢子虫（*C. baileyi*）和猪隐孢子虫（*C. suis*）等，其中有些虫种是动物和人共患病原。迄今，不断有新虫种被发现。常见的隐孢子虫种类见表3-1。

表3-1 常见隐孢子虫种类

种类	主要宿主	次要宿主
小鼠隐孢子虫（*C. muris*）	啮齿动物、双峰驼	人、蹄兔、野生白山羊
安氏隐孢子虫（*C. andersoni*）	牛、双峰驼	绵羊
小隐孢子虫（*C. parvum*）	牛、绵羊、山羊、人	鹿、鼠、猪
人隐孢子虫（*C. hominis*）	人、猴	儒艮、绵羊
魏氏隐孢子虫（*C. wrairi*）	豚鼠	
猫隐孢子虫（*C. felis*）	猫	人、牛
犬隐孢子虫（*C. canis*）	犬	人
火鸡隐孢子虫（*C. meleagridis*）	火鸡、人	鹦鹉
贝氏隐孢子虫（*C. baileyi*）	鸡、火鸡	澳洲鹦鹉、鹌鹑、鸵鸟、鸭
鸡隐孢子虫（*C. galli*）	鸣雀、鸡、capercalle、松雀	
蛇隐孢子虫（*C. serpentis*）	蛇、蜥蜴	
蜥蛇隐孢子虫（*C. saurophilum*）	蜥蜴	蛇
摩氏隐孢子虫（*C. molnari*）	鱼	
猪隐孢子虫（*C. suis*）	猪	
牛隐孢子虫（*C. bovis*）	牛	

1. 形态特征 隐孢子虫各发育阶段的形态构造和艾美耳球虫相似，在发育过程中先后经历卵囊、子孢子、裂殖体、裂殖子、滋养体和配子体、配子等形式。卵囊随宿主粪便排出，呈圆形或椭圆形，在宿主体内孢子化，内含4个裸露子孢子和1个大残体。成熟卵囊有厚壁和薄壁两种类型。隐孢子虫的子孢子和裂殖子均呈香蕉形，具有复顶门寄生虫的典型细胞器，但缺乏极环、线粒体、微孔和类锥体等细胞器。

2. 发育过程 各种隐孢子虫的发育过程类似，以小球隐孢子虫为例简述隐孢子虫发育史。

生活史过程包括脱囊、裂殖生殖、配子生殖、受精、卵囊形成和孢子生殖。隐孢子虫全部发育过程均在细胞膜内、细胞质外的带虫空泡内完成。孢子化卵囊是唯一的外生生阶段，在坚韧的两层卵囊壁内含4个子孢子，随粪便排出体外。卵囊被适宜的宿主摄入之后，子孢子脱囊并侵入胃肠道或呼吸道上支细胞。脱囊的子孢子前端黏附在上皮细胞腔面，向里钻入直到被微绒毛包围，虫体寄生于细胞内而在细胞质外。子孢子分化成球形的滋养体，经过核分裂，进入无性繁殖，即裂殖生殖。贝氏隐孢子虫有3种类型的裂殖体，小球隐孢子虫有2种类型裂殖体。小球隐孢子虫Ⅰ型裂殖体分化成6个或8个裂殖子。理论上每一个成熟的裂殖子感染另一个宿主细胞发育或为另一个Ⅰ型或Ⅱ型裂殖体，成熟的Ⅱ型裂殖体产生4个裂殖子。仅Ⅱ型裂殖体的裂殖子感染新的宿主细胞之后启动有性繁殖（即配子生殖），裂殖子分化为小配子体或大配子体。小配子体发育为多核体，最终形成16个小配子，小配子相当于精细胞。大配子相当于卵细胞。大小配子结合形成合子，合子进一步发育为卵囊，并在原位孢子化形成含4个子孢子的孢子化卵囊。胃肠道中的卵囊随粪便排出，而呼吸道中卵囊随呼吸道或鼻腔分泌物排出体外，部分卵囊经喉头再经消化道被排出体外。有两种类型的卵囊，薄壁卵囊在体内破裂释放子孢子，导致宿主自身感染；厚壁卵囊排出体外感染其他宿主。

【流行特点】

1. 传染来源与传播途径 传染来源是患病动物和向外界非卵囊的动物或人。卵囊对外界环境有很强的抵抗力。小球隐孢子虫卵囊可保持活力达很长时间。20℃放置6个月后，多数卵囊仍对哺乳小鼠有感染性，卵囊放置25℃和30℃保持感染性3个月；高温可使活性迅速丧失，71.7℃仅几秒即可杀死卵囊。速冻和逐渐降温到-70℃可导致卵囊快速失活，干燥对卵囊是致死性的。在干燥2h之后仅3%的卵囊有活性，4h之后100%杀死。卵囊对大多数消毒剂有明显的抵抗力，只有50%以上的氨水和30%以上的福尔马林作用30min才能杀死隐孢子虫卵囊。

卵囊是通过粪便到口途径从感染宿主传播到易感宿主的阶段。一般通过污染的饲料和饮水而传播，也可能有空气传播。

2. 易感宿主 隐孢子虫的宿主范围很广，可寄生于150多种哺乳动物（包括人，尤其是幼龄儿童和免疫抑制病人）、30多种禽类、淡水鱼、海鱼，57种爬行动物。家畜中常见报道的动物种类有奶牛、黄牛、水牛、猪、绵羊、山羊、马以及宠物犬、猫；禽类常见报道的有鸡、鸭、鹅、火鸡、鹌鹑、鸽子、珍珠鸡，野生动物和野生禽类均有较多报道。

隐孢子虫不具有很明显的宿主特异性。如鹌鹑源火鸡隐孢子虫可以感染鹌鹑、鸡、鸭和小鼠，自艾滋病人分离的火鸡隐孢子虫分离株可以感染仔猪、雏鸡、小鼠、幼火鸡、犊牛、鸽、兔。

3. 流行现状 全球性分布。各种动物的感染率都很高，犊牛感染率高达80%，绵羊感染率4%～80%不等，肉鸡粪便阳性率27%。我国绝大多数省份均已报道人和畜禽隐孢子虫感染。禽类中以贝氏隐孢子虫流行最为广泛；奶牛感染以安氏隐孢子虫最为常见；鹌鹑既感染火鸡隐孢子虫又感染贝氏隐孢子虫。国内先后从奶牛、猪、骆驼、小鼠、北京鸭、鹌鹑、鸡、鸽、鸵鸟，以及鹿、狐狸、蜥蜴等动物中分离到隐孢子虫虫株。

人隐孢子虫病已在世界各地发生。欧洲和北美洲发达国家健康人粪便隐孢子虫卵囊阳性率为1%～3%，亚洲发展中国家为5%，非洲国家则高达10%。腹泻病人粪便卵囊阳性率更高。在HIV感染者中，2%～10%的粪便中可检出隐孢子虫卵囊。

水源污染是造成隐孢子虫病暴发流行的重要原因。隐孢子虫感染呈现一定的季节性，潮湿、温暖的季节发病较多。

【症状与病变】 一般情况下，动物和人的隐孢子虫感染均为自限性感染。但是幼年、免疫低下以及有其他疾病的动物和人群中，可出现明显的临床症状。犊牛和羔羊等幼龄动物的腹泻是主要临床症状，未断奶犊牛隐孢子虫病腹泻伴随昏睡、食欲不振、发热、脱水、体况差等。

牛肠型隐孢子虫病主要见小肠远端肠绒毛萎缩、融合，表面上皮细胞转生为低柱状或立方形细胞，肠细胞变性或脱落，微绒毛变短。单核细胞、中性粒细胞浸润固有层。盲肠、结肠和十二指肠也可感染。所有部位隐窝扩张，内含坏死组织碎片或死淋巴细胞。这些病变降低维生素A和糖类的吸收。随粪便和尿排卵囊至腹泻犊牛的输尿管衬里和腹泻犊牛肺脏，也感染隐孢子虫。

禽隐孢子虫可表现呼吸道、肠道和肾脏的病理变化。呼吸道肉眼病变可见气管、鼻窦和鼻腔有过量黏液，气囊可能有分泌物。组织学观察感染上皮细胞肥大、增生，有巨噬细胞、异嗜细胞、淋巴细胞和浆细胞浸润。纤毛减少或脱落，微绒毛分叉、变钝或萎缩。肠道肉眼病变包括小肠和盲肠膨胀，里面充满黏液和气体。显微病变包括绒毛萎缩和融合，以及隐窝增生，出现炎性细胞浸润。肾脏肉眼可见集合管、集合小管、远曲小管和输尿管肥大、增生。时常见到炎性细胞浸润。

【诊断】 隐孢子虫感染多呈隐性经过，感染者一般只向外界排出卵囊，而不表现出任何临床症状。确诊需考虑流行病学、临床表现并结合病原学诊断进行判定。病原学诊断可应用多种方法检测虫体，在显微镜下观察隐孢子虫的各期虫体，或采用免疫学技术检测抗原或抗体。

1. 生前诊断 病原诊断主要从患者粪便、呕吐物或痰液中查找卵囊。采用粪便（或呼吸道排出的黏液）集卵法，用饱和蔗糖溶液漂浮法收集粪便中的卵囊，油镜下检查。在显微镜下可见圆形或椭圆形的卵囊，内含4个裸露的、香蕉形的子孢子和1个较大的残体，隐孢子虫卵囊在饱和蔗糖溶液中往往呈玫瑰红色。

2. 死后诊断 尸体剖检时，刮取死亡病例的消化道（禽法氏囊和泄殖腔）或呼吸道黏膜，做成涂片，用吉姆萨染色，虫体的胞质呈蓝色，内含数个致密的红色颗粒。最佳的染色方法是齐-尼氏染色法，在绿色的背景上可观察到多量的圆形或椭圆形的红色虫体（图3-10），直径为2～5μm。

3. 免疫学和分子生物学检查 免疫荧光试验、抗原捕获ELISA等方法已作为实验室的常用方法。许多健康动物有抗隐孢子虫抗体，血清学检测只有一定的参考价值。聚合酶链反应（PCR）已作为研究性实验室常规技术。

对可疑的病例也可采用实验动物接种加以确诊。

【防治】

1. 治疗　尚无理想的药物治疗隐孢子虫病。目前只能从加强卫生措施和提高机体免疫力来控制本病的发生，尚无可值得推荐的治疗方案。

2. 预防　隐孢子虫感染是因为摄入卵囊，有效控制措施必须针对减少或预防卵囊的传播。卵囊对很多环境因素和绝大多数消毒剂和防腐剂有显著的抵抗力。卵囊在恶劣的环境中散播并存活较长时间。常规的水处理方法不能有效去除或杀死所有卵囊。

预防或限制感染扩散的措施必须针对消除或减少环境中的感染卵囊。

应用各种可用方法控制隐孢子虫病卵囊污染环境、饲料和饮水。其中，粪便的有效处理和环境卫生控制等是最有效的控制措施。

第四节　贾第虫病

贾第虫病（giardiasis）是由贾第虫科贾第虫属（*Giardia*）的各种贾第虫寄生于小肠引起的一种以腹泻为主要症状的人畜共患原虫病。目前确认的虫种有 7 种，其中，十二指肠贾第虫（*Giardia duodenalis*）宿主广泛，可寄生于家畜、伴侣动物和人，危害较大。

【病原】

1. 形态特征　贾第虫在发育过程中包括滋养体（trophozoite）和包囊（cyst）两个阶段。滋养体前端钝圆，后端渐尖细，如半个梨形；背面隆起，腹面前半部向内凹陷，形成腹吸盘；有 4 对鞭毛，大小（12～15）$\mu m\times$（5～9）μm。滋养体内有一对椭圆形的泡状细胞核，核仁很大，后半部中间有一对锤形的中体。包囊为椭圆形，大小（8～12）$\mu m\times$（7～10）μm。囊壁较厚且与虫体间有明显不均匀的空隙，包囊有 4 个核。

2. 发育过程　包囊被宿主吞食后，在十二指肠脱囊，释放滋养体，以二分裂方式增殖。当滋养体到达结肠，可形成包囊。包囊随宿主粪便排到外界环境中即具有感染力，通过污染的水和食物感染其他宿主。

【流行特点】贾第虫病呈世界性流行。其宿主种类众多，其中家畜、伴侣动物及儿童的感染率较高。贾第虫包囊对外界不良因素抵抗力强，在湿冷的环境中经数月仍具有感染力。在土壤中，25℃经 7d 包囊感染力才全部消失；在自来水中 0～4℃经 56d、20～28℃经 14d 仍具有感染力；在湖水中 0～4℃或 6～8℃经 56d、17～20℃经 28d 仍然存活。

贾第虫牛的感染率为 3.3%～57.8%；绵羊的为 1.5%～42.0%；山羊的为 2.9%～42.2%；犬的为 2.0%～64.3%；猫的为 2.0%～44.4%。

【症状与病变】成年动物感染贾第虫后，一般不表现出明显的临床症状。犊牛感染后一般出现慢性腹泻，发病率高但死亡率低。羔羊贾第虫病的症状为增重率下降、吸收不良和饲料转化率下降。成年伴侣动物贾第虫病的临床症状也不明显。幼犬感染后，出现间歇性腹泻，间歇期为 7～8d，高峰期持续 2～3d，排囊持续时间为 25～27d。犬粪便多带有褐色或淡黄色黏液，有的为带光泽的脂肪痢，有腐臭味。猫感染后的多为持续性腹泻，粪便中带有黏液，粪便苍白、稀软并散发恶臭。

滋养体通过其腹吸盘与宿主小肠上皮细胞紧密黏附，可导致小肠囊肿、吸收障碍、微绒毛缩短或萎缩、肠运输速率增加，引发腹泻。

【诊断】诊断方法有形态学、免疫学和分子生物学诊断。

1. 形态学诊断 成形粪便，可直接涂片镜检；水样粪便，离心后取沉淀物涂片后镜检。用饱和硫酸锌离心漂浮法或蔗糖漂浮法可提高样品的检出率。蔗糖漂浮法简便，但易使包囊收缩变形，不适合长时间观察。可滴加适量卢弋氏碘液，以增加胞核与周围结构的反差；染色后包囊呈黄绿色，卵壳内有4个着色较深的核，中轴明显，卵空隙不均匀。对犬进行粪便检查时，应注意包囊排出的间歇规律，应每隔1周进行复检，复检3~4次。

2. 免疫学诊断 采用直接免疫荧光法、酶联免疫吸附试验等，主要检测包囊壁抗原。

3. 分子生物学诊断 PCR方法被广泛用于贾第虫病的诊断。诊断的靶基因有多种，其中以磷酸丙糖异构酶基因（triosephosphate isomerase gene）使用最为广泛。

【防治】

1. 治疗 家畜贾第虫病可用芬苯达唑（fenbendazole）和阿苯达唑（albendazole）进行治疗。用芬苯达唑时，给药方案有3种：一次性服用每千克体重10mg；或每天口服每千克体重5~10mg，用药3d；或每天服用每千克体重0.833mg，连用6d。用阿苯达唑时，每天给药每千克体重20mg，连用3d。

犬贾第虫病的治疗药物主要为阿苯达唑和甲硝唑（metronidazole）。阿苯达唑的用量为每千克体重25mg，每12h 1次，给药4次；甲硝唑的用量为每千克体重22mg，每天2次，连续5d。猫贾第虫病可用甲硝唑口服治疗，用药量为22~25mg，每天2次，持续用药5~7d。犬和猫的贾第虫病也可使用苯硫氨酯（febantel，每千克体重37.8mg）、噻嘧啶（pyrantel，7.56mg）和吡喹酮（praziquantel，每千克体重7.56mg）复方制剂治疗，犬和猫连续用药分别为3d和5d。

2. 预防 保持畜舍及周围环境的干燥和清洁卫生，经常用2%~5%来苏儿（lysol）、1%新洁尔灭（sterinol）或1%次氯酸钠（chlorine bleach）等消毒剂，或用沸水对笼具和饲具进行冲洗，避免粪便污染笼具和饲具。避免动物接触粪便，对粪便进行堆积发酵，利用生物热杀死粪便中的包囊或滋养体。

第五节 肉孢子虫病

肉孢子虫病是由多种肉孢子虫（*Sarcocysitis* spp.）寄生于哺乳动物、鸟类、爬行类、鱼类等多种动物和人所引起的寄生虫病，分布广泛，感染率高，对人畜危害较大。

【病原】隶属于顶复合器亚门（Apicomplexa）孢子虫纲（Sporzoa）球虫目（Coccidiida）住肉孢子虫科（Sarcocystidae）住肉孢子虫属（*Sarcocystis*）。

文献记载的虫种已达150余种。近年来不断有新种报道。所有住肉孢子虫发育过程必须有终末宿主和中间宿主参与。已经发现终末宿主分别是犬、狐和狼等肉食动物，寄生于小肠上皮细胞内；中间宿主是草食动物、禽类、啮齿类和爬虫类等，寄生于中间宿主的肌肉内。人可作为某些住肉孢子虫的中间宿主或终末宿主，所以有些虫种是人畜共患病的病原。目前已有多个虫种被发现和命名。

一般认为寄生于人体小肠并以人为终宿主的住肉孢子虫有两种：猪人肉孢子虫（*S. suihominis*），中间宿主为猪；人肉孢子虫（*S. hominis*），中间宿主为牛。上述两种均寄生于人的小肠，故又统称为人肠肉孢子虫。此外，以人为中间宿主，在人的肌肉组织内形成肉孢子虫包囊的为人肌肉肉孢子虫，也称为林氏肉孢子虫（S. lindemanni），其终末宿主尚不清楚。这三种肉孢子虫在我国均有人体病例报道。表 3-2 列出以犬、猫和人为终末宿主且对人畜有一定危害的重要虫种。

表 3-2 犬、猫和人作为终末宿主的常见住肉孢子虫

终末宿主	虫种	主要中间宿主
犬	枯氏住肉孢子虫（S. cruzi）	黄牛
	莱氏住肉孢子虫（S. levinei）	水牛
	柔嫩住肉孢子虫（S. tenella）	绵羊
	褐犬住肉孢子虫（S. arieticanis）	绵羊
	家山羊住肉孢子虫（S. hircicanis）	山羊
	米氏住肉孢子虫（S. miescheriana）	猪
	菲氏住肉孢子虫（S. fayeri）	马
	马犬住肉孢子虫（S. equicanis）	马
	骆驼住肉孢子虫（S. cameli）	骆驼
猫	毛形住肉孢子虫（S. hirsuta）	黄牛
	梭形住肉孢子虫（S. fusiformis）	水牛
	巨型住肉孢子虫（S. gigantea）	绵羊
	水母住肉孢子虫（S. medusiformis）	绵羊
	牟氏住肉孢子虫（S. moulei）	山羊
	野猪住肉孢子虫（S. porcifelis）	猪
人、狒狒	人住肉孢子虫（S. hominis）	黄牛
猩猩	猪人住肉孢子虫（S. suihomini）	猪

1. 形态特征

（1）中间宿主体内的形态 住肉孢子虫寄生于中间宿主的肌肉组织内，形成包囊。包囊的纵轴与肌肉纤维平行，多呈纺锤形、椭圆形或卵圆形，色灰白至乳白。包囊直径为 1～10mm，外被囊壁，包囊内壁向囊内延伸形成很多隔，将囊腔分成若干个小室。发育成熟包囊的小室中含有许多肾形或香蕉形的慢殖子，又称为南雷氏小体（Rainey's corpuscle）囊孢子，囊孢子长 10～12μm，宽 4～9μm。囊壁的厚度、突起的形态和构造因种而异，小室的数量，是虫种鉴别的重要依据。

（2）终末宿主体内的形态 在终末宿主体内进行球虫型发育，不同的发育阶段结构不同，已知的结构包括由慢殖子侵入上皮细胞后形成的大、小配子体，由大、小配子结合形成合子，合子进一步形成卵囊。卵囊在体内孢子化后形成孢子化卵囊，孢子化卵囊内含 2 个孢子囊，每个孢子囊内含 4 个子孢子。肉孢子虫卵囊壁薄，卵囊壁在排出过程中遭到破坏，释放出孢子囊，所以终末宿主粪便中含的是孢子化卵囊释放出的孢子囊。

2. 发育过程 肉孢子虫生活史过程中均需 2 个宿主参与才能完成，即发育中必须更换

宿主。不同虫种的中间宿主是草食动物、禽类、啮齿类、爬行类和人等，终末宿主是犬、猫和人以及其他灵长类动物。各虫种的基本发育过程相似，终末宿主吞食了中间宿主体内的包囊，囊壁被胃内蛋白水解酶消化，释放出慢殖子，多数侵入小肠黏膜杯状细胞，形成圆形或卵圆形配子体，进而慢殖子侵入小肠黏膜固有层，在上皮细胞内发育为大配子体和小配子体；大配子体发育为成熟的大配子，小配子体分裂成多个小配子。大、小配子结合形成合子，移入黏膜固有层内进行孢子生殖，产生的卵囊经 8～10d 发育成熟，随粪便排出。卵囊壁极易破，孢子囊或卵囊被中间宿主吞食后，子孢子在其小肠内逸出，穿破肠壁进入血管内皮细胞，以内二芽殖法进行两次裂殖生殖，产生裂殖子（速殖子），第二代裂殖子经血液扩散进入肌细胞，发育为包囊。包囊多见于心肌和横纹肌，约经 1 个月发育成熟，具备感染终末宿主的能力。终末宿主吞食了中间宿主体内的包囊遭受感染。

【流行特点】

1. 传染来源与传播途径　中间宿主和终末宿主均是经口感染住肉孢子虫。中间宿主吞食了终末宿主粪便中的卵囊和孢子囊引起感染。终末宿主犬、猫以及人均是由于吞食了生的或未煮熟的含有慢殖子的包囊而遭受感染。包囊破裂，缓殖子可循血流到达肠壁并进入肠管随粪便排出体外，亦可见于其他分泌物中。

2. 宿主与寄生部位　不同的肉孢子虫的宿主不同。大多数种肉孢子虫是以犬、猫为终末宿主，有些虫种以人作为终末宿主，在终末宿主体内均寄生于小肠。草食动物、猪、禽类以及人都可以作为中间宿主，在中间宿主体内寄生于心肌和骨骼肌细胞内。

3. 流行现状　住肉孢子虫广泛分布于世界各地，主要发生于热带和亚热带地区，卫生条件差以及喜食生肉的地区更为多见。世界各地都有动物住肉孢子虫感染的报道，不同地区、不同动物的感染率各不相同，牛、绵羊、山羊的感染率为 60%～100%，猪为 0.2%～96%，马、骆驼为 45%～90%。

由于人住肉孢子虫病的临床症状不明显，所以报道较少。感染多由于食入生肉或未煮熟的含有住肉孢子虫包囊的肉引起。各种年龄的人都易感，病例集中在热带和亚热带地区，该病与当地居民的饮食习惯和环境卫生水平密切相关。

【症状与病变】有些肉孢子虫种具有较强的致病性，严重感染时能够引起动物死亡。但对于终末宿主犬、猫则无明显致病性。肉孢子虫在动物体内主要寄生于肌肉，常见寄生部位是食管壁、舌、胸腹部和四肢肌肉，有时也见于心肌，偶尔见于脑部组织。引起家畜贫血、消瘦、泌乳量降低、流产，甚至死亡。

在肉检过程中，肉眼可见肌肉中有大小不一的黄白色或灰白色线状与肌纤维平行的包囊，若压破包囊在显微镜下观察，则可见大量香蕉形慢殖子。另外，可见嗜酸性脓肿、各种肉芽肿的病变，患部肌纤维常呈不同程度的变性、坏死、断裂、再生和修复等现象，并有间质增生。

【诊断】感染动物一般不出现典型的特异性症状，因此生前诊断比较困难。目前应用血清学方法可以诊断肉孢子虫病。已经应用的方法包括间接血凝试验（IHA）、酶联免疫吸附试验（ELISA）、间接荧光抗体试验（IFA）以及免疫组化等，一般以包囊或慢殖子为诊断抗原，检测动物血清中的特异性抗体。

动物死后，根据病理变化即可确诊。主要是检查肌肉中肉孢子虫的包囊。

当人或动物作为终末宿主时，通过检查粪便可以做出诊断，即检出粪便中的卵囊或孢子囊。

【防治】

1. 治疗　目前尚无特效的治疗药物。

2. 预防　切断传播途径是预防动物和人肉孢子虫病的关键措施。

（1）动物的预防　严禁犬、猫等终末宿主接近家畜、家禽，避免其粪便污染饲料和饮水。人粪必须发酵处理后才能施肥用，禁止人粪中的卵囊或包囊污染蔬菜、水果以及水源等。寄生有肉孢子虫的动物肌肉、内脏和组织应按肉品检验的规定处理，不要将其饲喂犬、猫或其他动物。防止从肉孢子虫病疫区引进家畜、家禽，对于引进动物应进行检疫，防止在引进动物时引入肉孢子虫病。

（2）人的预防　加强各种动物的肉品卫生检验，防止含有住肉孢子虫包囊的肉品进入市场。禁止肉品生食或食入未煮熟的肌肉，尤其在疫区和流行区，防止人食入住肉孢子虫的包囊。饲养犬、猫的人或与犬、猫密切接触的人群，应注意个人卫生，防止食入犬、猎粪便中的卵囊或孢子囊；同时应定期检查犬、猫的粪便。

第六节　华支睾吸虫病

华支睾吸虫病是由华支睾吸虫（*Clonorchis sinensis*）寄生于人、犬、猫、猪等肝脏胆囊及胆管内引起的人畜共患病，可导致肝脏肿大并导致其他肝病变。该病呈世界性分布。

【病原】华支睾吸虫属后睾科（Opisthorchiidae）支睾属（*Clonorchis*）。

1. 形态特征　虫体扁平呈叶状，前端稍尖，后端较钝，体表平滑，大小平均为（10～25）mm×（3～5）mm。口吸盘大于腹吸盘。两条盲肠直达虫体后端。两个分支的睾丸，前后排列在虫体的后1/3。从睾丸各发出一条输出管，在虫体的中部，两管汇合为输精管，其膨大部形成贮精囊，末端为射精管，开口于雄性生殖孔，通入生殖腔。卵巢分叶，位于睾丸之前。受精囊椭圆形，位在睾丸与卵巢之间。输卵管的远端为卵模，周围为梅氏腺，均位于睾丸之前。卵黄腺排列在虫体中部两侧，由许多细颗粒组成，左右卵黄管汇合为一个卵黄囊。子宫从卵模开始，弯曲至虫体的前半部，内充满黄褐色的虫卵。雌雄生殖孔开口在生殖腔内，位于腹吸盘的前方。排泄囊呈S形，弯曲，在虫体的后部。

虫卵甚小，平均为$29\mu m \times 17\mu m$，形似电灯泡，上端有卵盖，后端有一小突起，内含毛蚴。

2. 发育过程　华支睾吸虫的发育过程，需两个中间宿主，第一中间宿主是淡水螺，第二中间宿主是多种淡水鱼和虾，我国有草鱼、青鱼、土鲮、麦穗鱼以及细足米虾、巨掌沼虾等。

成虫（图3-11）寄生在人、犬、猫和猪等的胆管内，所产虫卵（图3-12）随粪便排出，为中间宿主淡水螺吞食，在螺的消化道内孵出毛蚴，发育为胞蚴、雷蚴和尾蚴。成熟尾蚴离开螺体游于水中。尾蚴在水中遇到适宜的第二中间宿主，即钻入其肌肉内，形成囊蚴。人、犬、猫和猪等由于吞吃含有囊蚴的生鱼、虾或未煮熟的鱼、虾而遭到感染。童虫逆胆汁流向经胆总管到达胆管发育为成虫。幼虫在终末宿主体内经1个月后发育为成虫。成虫寿命15～20年。

【流行特点】感染的人和动物均为传染源。能够感染华支睾吸虫的动物除了犬、猫和猪外，还有狐狸、野猫、獾、水獭以及鼠类等多种。这些动物均可排出虫卵而成为传染源。

食入含有囊蚴的第二中间宿主是主要感染途径。人多因生吃或吃未熟的含有囊蚴的鱼、虾而感染。犬、猫多因食生鱼而感染。猪的感染系因用鱼、虾作为猪饲料而感染。

在我国，人的华支睾吸虫病经宣传教育和防治之后，已大大减少，而动物的感染率明显高于人。如北京、上海、湖北和浙江等地，人的感染率不高，而猫、犬的感染率高达70％～80％。四川省猪的虫卵阳性率达3.7％～19.5％。饲喂生鱼的猪的阳性率为50％，不饲喂者为7.4％。放养猪感染率为55.6％，圈养者为7.3％。

人畜粪便不经处理直接排入鱼塘，促进本病的流行。

【症状与病变】人华支睾吸虫病的临床症状轻重悬殊，轻者常毫无症状。一般病例大多消瘦、倦怠乏力、食欲减退、腹泻、腹痛、腹部饱胀等。部分病人出现浮肿、夜盲以及不规则发热。重度感染者除上述症状外，可出现全身浮肿、腹水、脾肿大、贫血等类似肝硬化的症状，或营养不良、生长停滞等发育障碍的症状。少数病例一次大量感染，可出现寒战、高热、肝区疼痛以及轻度黄疸、转氨酶升高等症状。

多数动物为隐性感染，临床症状不明显。严重感染时，主要表现为消化不良、腹泻、贫血、水肿、消瘦，甚至腹水。

虫体寄生于动物的胆管和胆囊内，因机械性刺激，引起胆管和胆囊发炎，管壁增厚。虫体分泌毒素，引起贫血、消瘦和水肿。大量寄生时，虫体阻塞胆管，使胆汁分泌障碍，出现黄疸。随着寄生时间的延长，肝脏结缔组织增生，肝细胞变性萎缩，毛细胆管栓塞形成，引起肝硬化。

【诊断】根据流行病学、病原检查和免疫学方法综合进行。

1. 病原检查　主要为粪便检查虫卵，以离心法检出率最高。

2. 免疫学检查　酶联免疫吸附试验具有高度敏感性和特异性，适合基层单位和现场调查使用。

【防治】

1. 治疗　主要药物有吡喹酮、丙硫咪唑和六氯对二甲苯等，均有较好的疗效。

2. 预防　应采取综合措施。

对流行区的人、猪、犬和猫有计划地分期分批开展普查，治疗查出的病人和患病动物，控制传染源。军犬应定期进行粪便检查，发现患犬即进行治疗。

深入广泛开展宣传教育，使人们了解本病的感染方式、传播途径以及危害性，自觉改变不良生活习惯，不吃半生不熟的鱼、虾，避免感染。禁止以生的或未煮熟的鱼、虾饲喂动物。

结合乡镇建设规划，修建无害化厕所，杜绝在水源旁、池塘边、渠岸附近建厕围圈，防止粪便入水。

第七节　细颈囊尾蚴病

细颈囊尾蚴病（cysticercosis tenuicollis）由带科带属的泡状带绦虫（*Taenia hydatige-*

na）的中绦期幼虫寄生于猪、牛、羊等动物的肝脏浆膜、大网膜和肠系膜等处所引起的一种绦虫蚴病。

【病原】

1. 形态特征 细颈囊尾蚴呈泡囊状，内含透明液体，大小不等，可从 1cm 到鸡蛋大或更大；囊壁薄，其头端有一白色头节，上有 2 圈小钩。细颈囊尾蚴多悬垂于腹腔脏器上，俗称"水铃铛"。寄生于脏器的囊体，由于其外有一层常有宿主组织厚膜包裹，易与棘球蚴混淆。

泡状带绦虫呈乳白色或稍带黄色，体长可达 5m，头节上有顶突和 26~46 个小钩。孕节充满虫卵，子宫侧枝为 5~16 对。虫卵为卵圆形，内含六钩蚴。

2. 发育过程 中间宿主多为猪、羊，偶见于牛。终末宿主为犬、狼、狐狸等犬科动物。成虫寄生于终末宿主小肠内，生卵随粪便排出体外，污染饲料、草场和饮水。当虫卵被中间宿主吞食后，六钩蚴在消化道内孵出，钻入肠壁血管，随血流到达肝脏，并移行至肝脏浆膜、大网膜和肠系膜等处寄生，形成充满透明囊液的乳白色囊泡，约经 3 个月，发育为具有感染性的细颈囊尾蚴。细颈囊尾蚴被终末宿主吞食后，在小肠内经过 52~78d 即可发育为成虫。

【流行特点】该病流行广泛，呈世界性分布。主要流行于放牧或散养的家畜。不同品种年龄的猪、羊均可感染，幼畜尤为易感。牛感染较少。

【症状与病变】

1. 症状 成年动物感染细颈囊尾蚴后，症状一般不明显。幼畜发病时表现为发热、贫血、黄疸、黏膜苍白；伴有急性腹膜炎时，腹部增大，腹水，并有压痛和体温升高的现象。犬感染泡状带绦虫后，多不引起明显的临床症状。

2. 病变 慢性病例可见肝包膜、肠系膜、网膜上具有数量不等、大小不一的包囊，严重时还可在肺、胸腔和食道处发现包囊。急性病例可见肝脏肿大、表面有出血点，肝实质中有虫体移行的孔道，有时出现腹水并混有渗出的血液，病变部有尚在移行发育中的幼虫。

【诊断】生前诊断可通过血清学方法，但较困难。死后剖检发现病变和细颈囊尾蚴可确诊。

【防治】严格屠宰检疫，一旦发现病变内脏，应进行无害化处理，禁用含细颈囊尾蚴的内脏喂犬。此外，对犬进行定期、定点驱虫，对粪便进行无害化处理。

可用吡喹酮（praziquantel）、丙硫咪唑（albendazole）治疗。

第八节 类圆线虫病

类圆线虫病又称杆虫病，是类圆属的线虫寄生于宿主肠道引起的，对幼畜危害很大，特别是仔猪和幼驹，常使幼畜消瘦，生长迟缓，甚至大批死亡。该病世界性分布，在我国各地均有报道。本病可从患畜传染给人。

【病原】类圆线虫（*Strongyloides stercoralis*）属类圆科（Strongyloididae）类圆属（*Strongyloides*）。主要种有兰氏类圆线虫（*S. ransomi*）、韦氏类圆线虫（*S. westeri*）、乳突类圆线虫（*S. papillosus*）和粪类圆线虫（*S. stercoralis*）。

1. 形态特征 寄生于动物体内的虫体均为寄生性行孤雌生殖的雌虫。寄生性雌虫虫体细小，呈乳白色，毛发状，口腔小，有两片唇，食道简单。阴门位于虫体后 1/3 与中 1/3 的交界处，并且稍突出。虫体大小为（2.0～2.5）mm×（0.03～0.07）mm。

自由世代的雌虫大小为 1.0 mm×（0.05～0.075）mm，雄虫大小为 0.7 mm×（0.04～0.05）mm，生活在土壤中。

虫卵卵圆形，透明，大小为（50～58）μm×（30～34）μm。壳薄，内含折刀样幼虫。

幼虫分为 2 期，杆虫型是虫卵孵出的第 1 期幼虫，无鞘膜，长 0.2～0.5mm，可在粪便中找到。丝虫型为感染期幼虫，由杆虫型发育而来，虫体纤细，具有短的口和长的咽管。

2. 发育过程 类圆线虫的生活史比较特殊，有世代交替。孤雌生殖的雌虫在终末宿主肠道产出含有第 1 期幼虫的虫卵并随粪便排到外界，发育为第 1 期（杆虫型）幼虫。在较低的温度（25℃）和不合适的营养环境条件下，第 1 期杆虫型幼虫直接发育为具有感染性的丝虫型幼虫。在温度较高（25～30℃）与食物丰富时，第 1 期杆虫型幼虫在 48h 内变为性成熟的自由生活的雌虫和雄虫，交配后，雌虫产生并排出含有第 1 期杆虫型幼虫的虫卵，之后发育为具有感染性的丝虫型幼虫。只有丝虫型幼虫对动物具有感染性。丝虫型幼虫钻入宿主皮肤或被宿主经口摄入。经皮肤感染时，幼虫通过血液循环到心、肺，然后通过肺泡到支气管、气管、咽，被吞咽后，到肠道发育为成虫。经口感染时，幼虫从胃黏膜钻入血管，以后的移行途径同前。从宿主感染开始到虫体成熟产卵需 10～12d。虫体在宿主体内的寿命可达 5～9 个月。

直接发育和间接发育可以在外界的粪便或土壤中同时进行。

【流行特点】兰氏类圆线虫寄生于猪的小肠，特别是多在十二指肠的黏膜内；韦氏类圆线虫寄生于马属动物的十二指肠的黏膜内；乳突类圆线虫寄生于牛、羊的小肠黏膜内；粪类圆线虫寄生于人、其他灵长类、犬、狐和猫的小肠内。

皮肤感染是主要的感染途径。仔猪可从母乳、皮肤、胎盘或口腔获得感染。幼犬、幼驹亦可从母乳中获得感染。

温暖和潮湿的环境有利于虫体发育和存活，在夏季和雨季，畜舍的清洁卫生不良并且潮湿时，流行特别普遍。

主要侵害仔猪，1 月龄左右的仔猪感染最严重，2 月龄后逐渐减少；春产仔猪较秋产仔猪感染严重。

未孵化的虫卵能在适宜环境中保持其发育能力达 6 个月以上，感染性幼虫在潮湿的环境下可生存 2 个月。

人的感染主要发生在热带和亚热带地区，温带和寒带地区感染较少，且多为散发病例。

【症状与病变】人轻度感染时致病作用较轻微，但重度感染时也可导致患者死亡。幼虫侵入皮肤处可引起局部红斑、丘疹、浮肿及痒感，并常伴有线状或带状的荨麻疹。幼虫在肺部移行，引起咳嗽、哮喘、发热或过敏性肺炎。虫体在肠道寄生时，可表现为腹泻、腹痛、黏液血便、恶心、呕吐、腹胀、脱水，全身衰竭及死亡。

动物症状与人体相似。轻度感染时不显症状。感染早期当幼虫经过皮肤进入宿主体内，能引起皮肤湿疹；进入肺脏引起支气管炎和胸膜炎；在肠内大量寄生时，能引起肠黏膜的剧烈炎症而发生腹痛，消瘦，腹部膨大，精神不振，腹泻甚至呕吐等。此外，当幼虫侵入时可能带入细菌，使病情恶化，甚至导致死亡。大量虫体寄生在仔猪时，能导致死亡，死亡率可达 50%。

幼虫侵入皮肤处，可引起局部红斑、丘疹、浮肿。在肺内移行时，可引起肺泡出血，细支气管炎性细胞浸润。肠道病变有所不同，轻度病变的主要特征为卡他性肠炎，黏膜充血。中度病变的特征为水肿性肠炎，肠壁增厚，水肿。重度病变时以溃疡性肠炎为主，肠壁增厚，黏膜萎缩并有许多溃疡。深及浆膜层的溃疡可引起肠穿孔。

【诊断】根据流行病学特点和临床症状可做出初步诊断，确诊须做下列实验室检查。

病原检查　对具有可疑症状的动物，可检查刚排出的粪便，发现虫卵，即可确诊。也可用粪便培养法检查幼虫。对仔猪的类圆线虫病除作虫卵检查，往往结合病理剖检得出诊断。

【防治】

1. 治疗　噻苯唑为首选药物，也可用丙硫咪唑和左旋咪唑等。

2. 预防　厩舍和运动场应保持清洁、干燥、通风，避免阴暗潮湿。

第九节　毛尾线虫病

毛尾线虫病是由毛尾属的线虫寄生于家畜大肠（主要是盲肠）引起的。由于虫体一端细，一端粗，整个外形像鞭子，又称毛首线虫病或鞭虫病。我国各地均有报道。主要危害幼畜，严重感染时，可引起仔猪死亡；羊也有死亡报道。

【病原】病原属于毛尾科（Trichuridae）毛尾属（Trichuris），有猪毛尾线虫（T. suis）、绵羊毛尾线虫（T. ovis）、球鞘毛尾线虫（T. globulosa）和狐毛尾线虫（T. vulpis）等。

1. 形态特征　虫体呈乳白色。前为食道部，细长，内含由一串单细胞围绕着的食道；后为体部，短粗，内有肠和生殖器官。雄虫后部弯曲，泄殖腔在尾端，有 1 根交合刺，包藏在有刺的交合刺鞘内；雌虫后端钝圆，阴门位于粗细部交界处。

猪毛尾线虫雄虫长 20～52mm，雌虫长 39～53mm，食道部占虫体全长的 2/3，虫卵的大小为（52～61）μm×（27～30）μm。

绵羊毛尾线虫雄虫长 20～80mm，雌虫长 35～70mm，食道部占虫体全长的 2/3～4/5，虫卵大小为（70～80）μm×（30～40）μm。

球鞘毛尾线虫交合刺鞘的末端膨大成球形。

毛尾线虫虫卵呈棕黄色，腰鼓形，卵壳厚，两端有塞。

羊毛尾线虫虫卵见图 3-13，猪毛尾线虫成虫见图 3-14。

2. 发育过程　猪毛尾线虫的雌虫在盲肠产卵，卵随粪便排出体外。卵在适宜的温度和湿度条件下，发育为壳内含第 1 期幼虫的感染性虫卵，猪吞食了感染性虫卵后，第 1 期幼虫在小肠后部孵出，钻入肠绒毛间发育，之后移行到盲肠和结肠内，固着于肠黏膜上；感染后 30～40d 发育为成虫。成虫寿命为 4～5 个月。绵羊毛尾线虫在盲肠内发育为成虫需 12 周。

【流行特点】猪毛尾线虫寄生于猪的盲肠，也寄生于人、野猪和猴。绵羊毛尾线虫寄生于绵羊、牛、长颈鹿和骆驼等反刍兽的盲肠。球鞘毛尾线虫寄生于骆驼、绵羊、山羊和牛等反刍兽的盲肠。

狐毛尾线虫寄生于犬和狐的盲肠。

幼畜感染较多。1.5 月龄的猪即可检出虫卵；4 月龄的猪，虫卵数和感染率均急剧增高，以后渐减；14 月龄的猪极少感染。

由于卵壳厚，抵抗力强，故感染性虫卵可在土壤中存活 5 年。

在清洁卫生好的猪舍，多为夏季放牧感染，秋、冬季出现临床症状。在不卫生的畜舍内，一年四季均可感染，但夏季感染率最高。

近年来研究者多认为人鞭虫和猪鞭虫为同种，故有一定的公共卫生方面的重要性。

【症状与病变】 轻度感染时，有间歇性腹泻，轻度贫血，因而影响猪的生长发育。严重感染时，食欲减退，消瘦，贫血，腹泻；死前数日，排水样血色便，并有黏液。

病变局限于盲肠和结肠。虫体的头部深入黏膜，广泛地引起盲肠和结肠的慢性卡他性炎症。有时有出血性肠炎，通常是瘀斑性出血。严重感染时，盲肠和结肠黏膜有出血性坏死、水肿和溃疡，还有和结节虫病时相似的结节。结节有两种：一种质软有脓，虫体前部埋入其中；另一种在黏膜下，呈圆形包囊状物。组织学检查时，见结节中有虫体和虫卵，并伴有显著的淋巴细胞、浆细胞和嗜伊红白细胞浸润。其他部分的黏膜血管扩张，淋巴细胞浸润，水肿和有过量的黏液。

【诊断】 由于虫卵形态有特征性，易于辨识。用粪便检查法发现大量虫卵或剖检时发现虫体，即可确诊。

【防治】 治疗用左旋咪唑、苯硫咪唑等药驱虫。

对本病须采取综合预防措施。

1. 预防性定期驱虫 在本病流行的猪场，每年定期进行 2 次全面驱虫，以减少仔猪体内的载虫量和降低外界环境的虫卵污染。

2. 保持饲料和饮水的清洁 饲料和饮水要新鲜清洁，避免猪粪污染。

3. 保持猪舍和运动场的清洁 猪舍应通风良好，阳光充足，避免阴暗、潮湿和拥挤；猪圈要勤打扫、勤冲洗，减少虫卵污染。定期消毒。运动场地面应保持平整，排水良好。

4. 猪粪无害化处理 猪的粪便和垫草清除出圈后，堆积发酵，以杀死虫卵。

5. 预防病原的传入 引入猪只时，应先隔离饲养，进行 1~2 次驱虫后再并群饲养。

第十节 疥螨病

疥螨病是由疥螨科疥螨属的疥螨寄生在动物表皮内而引起的慢性寄生性皮肤病。剧痒，湿疹性皮炎，脱毛，患部逐渐向周围扩展和具有高度传染性为本病特征。

【病原】 病原为疥螨属（*Sarcoptes*）的疥螨（*S. scabiei*）。每一种动物寄生的为一个变种，如马疥螨（*S. scabiei* var. *equi*）、牛疥螨（*S. scabiei* var. *bovis*）、骆驼疥螨（*S. scabiei* var. *cameli*）、猪疥螨（*S. scabiei* var. *suis*）、山羊疥螨（*S. scabiei* var. *caprae*）、绵羊疥螨（*S. scabiei* var. *ovis*）及犬疥螨（*S. scabiei* var. *canis*）等。各个变种形态十分相似。

1. 形态特征 成虫身体呈圆形，微黄白色。大小不超过 0.5mm，体表多皱纹。有肢 4 对，2 对伸向前方，另 2 对伸向后方，均粗短。向后的 2 对短小，不超过体缘。疥螨的腹面结构见图 3-15。

2. 发育过程 发育呈不完全变态，有卵、幼虫、若虫、成虫四个阶段。成虫在宿主皮肤中挖隧道，并在其中产卵和孵化成幼虫。幼虫也潜入皮下寄生，并转变为若虫和成虫。

【流行特点】 可以感染马、牛、羊、驼、猪、犬等多种家畜以及狐狸、狼、虎、猴等野生动物，寄生于宿主表皮下。野生动物是重要的传染源。

疥螨病通过直接接触而传播，也可通过污染虫体的畜舍和用具而间接传播。寒冷季节和家畜营养不良时均促使本病发生和蔓延。

【症状与病变】主要表现为剧痒、结痂、脱毛、皮肤增厚及消瘦衰竭。虫体寄生时首先在寄生局部出现小结节，而后变为小水疱，病变部奇痒。由于擦痒，使表皮破损，皮下渗出液体，形成痂块，被毛脱落，皮肤增厚，病变逐渐向四周蔓延扩张。各种家畜中马、猪、山羊、骆驼、兔等患病严重。

1. 绵羊疥螨病　主要在头部明显，嘴唇周围、口角两侧、鼻子边缘和耳根下面。发病后期病变部形成白色坚硬胶皮样痂皮。

2. 山羊疥螨病　主要发生于嘴唇四周、眼圈、鼻背和耳根部，可蔓延到腋下、腹下和四肢曲面等无毛及少毛部位。严重时口唇皮肤皲裂，采食困难。

3. 水牛痒螨病　多发生于角根、背部、腹侧及臀部，严重时头、颈、腹下及四肢内侧也有发生。

4. 牛疥螨病　开始于牛的面部、颈部、背部、尾根等被毛较短的部位，严重时可波及全身。

5. 马疥螨病　先由头部、本侧、躯干及颈部开始，然后蔓延肩部、鬐甲及全身。痂皮硬固不易剥离，勉强剥落时，创面凹凸不平，易出血。

6. 猪疥螨病　仔猪多发，病初从眼周、颊部和耳根开始，以后蔓延到背部、本侧和股内侧。剧痒，脱毛，结痂，皮肤生皱褶或龟裂。

7. 骆驼疥螨病　开始于头部、颈部和体侧皮薄的部位，随后波及全身。痂皮硬厚，不易脱落，患部皮肤往往还形成龟裂和脓疱。

8. 兔疥螨病　先由嘴、鼻孔周围和脚爪部发病，病兔不停地用嘴啃咬脚部或用脚搔抓嘴、鼻等处解痒，严重发痒时呈现前、后脚抓地等特殊动作。病爪上出现灰白色痂皮，嘴唇肿胀，影响采食。

9. 犬疥螨病　先发生在头部，后扩散至全身，小犬尤为严重。患部皮肤发红，有红色或脓性疱疹，上有黄色痂；奇痒，脱毛，皮肤变厚而出现皱纹。

【诊断】根据症状，在健康与病变皮肤交界处采集病料，显微镜下检查发现虫体即可确诊。采集病料时应刮至稍微出血。

【防治】

1. 治疗

（1）注射或浇泼药物　伊维菌素或阿维菌素类药物注射剂，剂量为每千克体重 0.2～0.3mg，严重病畜间隔 7～10d 重复用药一次。

（2）药浴　一般在温暖季节绵羊剪毛后的无风天气进行。可根据情况及条件选用药物及药浴容器；药液温度维持在 36～38℃；成批家畜药浴时，要及时补充药液；药浴前让动物饮足水，以免误饮中毒；药浴时间 1min 左右；注意浸泡头部；药浴后注意观察，加强护理。如一次药浴不彻底，过 1 周后可再进行第二次。药浴药物可用溴氰菊酯（商品名倍特）、二嗪农（商品名螨净）等。

由于大多数杀螨药物对螨卵的作用较差，因此需间隔一定时间后重复用药，以杀死新孵出的虫体。在治疗病畜的同时，应用杀螨药物彻底消毒畜舍和用具，治疗后的病畜应置于消毒过的畜舍内饲养。隔离治疗过程中，饲养管理人员应注意经常消毒，避免通过手、衣服和用具散布病原。

2. 预防　在流行地区，控制本病除定期有计划地进行药物预防外，还要加强饲养管理，保持圈舍干燥清洁，勤换垫草，对圈舍定期消毒（10%～20%石灰乳）。发现患病动物后，立即隔离并进行治疗。新引进动物要隔离观察一段时间后，方可合群。

第十一节　痒 螨 病

痒螨病为痒螨科痒螨属的螨寄生于多种动物皮肤表面而引起的寄生虫病，多寄生于绵羊、牛、马、水牛、山羊和兔等家畜，以绵羊、牛、兔最为常见，多种动物均可感染。

【病原】病原为痒螨科（Psoroptidae）痒螨属（Psoroptes）的痒螨。该属内仅有（P. communis）一个种，但根据宿主不同可分为不同亚种（变种），如绵羊痒螨（P. communis var. ovis）、牛痒螨（P. communis var. bovis）、马痒螨（P. communis var. equi）、水牛痒螨（P. communis var. natalensis）、山羊痒螨（P. communis var. caprae）和兔痒螨（P. communis var. cuniculi）等。痒螨对绵羊的危害性特别严重。

1. 形态特征　各种痒螨形态特征相似，共同特点为，长圆形，体长 0.5～0.9mm。肉眼可见。口器长，呈圆锥形。肛门位于躯体末端。第1和第2对足伸向侧前方，第3和第4对足伸向侧后方，均露出于体缘外侧。足的末端有时着生有带柄的吸盘。雄虫末端有两个向后突出的大结节，上有长毛数根，腹后部有两个性吸盘。痒螨腹面见图3-16。

2. 发育过程　虫体卵生，卵经幼虫和若虫阶段变为成虫，发育的全过程均在家畜体表完成。以吸取体液为营养。

【流行特点】各种家畜体表寄生的痒螨虽形态相似，但有宿主特异性，不相互传染。直接接触或通过管理用具间接接触而传播。痒螨病多发生于秋冬季节，但夏季有潜伏型的痒螨病，病变比较干燥，常见于肛门周围、阴囊、包皮、胸骨处、角基、耳朵以及眼眶下窝。

【症状与病变】寄生时，首先皮肤奇痒，进而出现针头大到米粒大的结节，然后形成水疱和脓疱。由于擦痒而引起表皮损伤，被毛脱落。患部渗出液增多，最后形成浅黄色痂皮。病畜营养障碍，消瘦贫血，全身被毛脱光，最后死亡。

1. 山羊痒螨病　主要发生于耳壳内面，在耳内生成黄色痂，将耳道堵塞，使羊变聋，食欲不振甚至死亡。

2. 牛痒螨病　初期见于颈、肩和垂肉，严重时蔓延到全身。奇痒，常在墙、柱等物体上摩擦或以舌舐患部，被舐部的毛呈波浪状。脱毛，结痂，皮肤增厚失去弹性。

3. 水牛痒螨病　发生于角根、背部、腹侧及臀部，严重时头、颈、腹下及四肢内侧也有发生。体表形成很薄的"油漆起曝"状的痂皮。

4. 马痒螨病　最常发生的部位是鬃、鬣、尾、颌间、股内面及腹股沟。乘用马、挽马常发于鞍具、颈轭、鞍褥部位。皮肤皱褶不明显。痂皮柔软，黄色脂肪样，易剥离。

5. 兔痒螨病　主要侵害耳部，引起外耳道炎，渗出物干燥成黄色痂皮，塞满耳道如纸卷样。病兔耳朵下垂，不断摇头和用腿搔耳朵。严重时蔓延至筛骨或脑部，引起癫痫症状。

【诊断】根据症状和在患部刮取皮屑在显微镜下发现虫体即可确诊。

【防治】同疥螨病。

第十二节 蠕形螨病

蠕形螨病又称毛囊虫病或脂螨病，由蠕形螨科的各种蠕形螨寄生于毛囊或皮脂腺而引起。各种家畜均有固定的蠕形螨寄生。犬多发。世界分布。

【病原】

1. 形态特征 病原属于蠕形螨科（Demodicidae）蠕形螨属（*Demodex*）。各种动物寄生的蠕形螨常以寄生的宿主命名，如犬蠕形螨（*Demodex canis*）、猪蠕形螨（*D. phylloides*）、山羊蠕形螨（*D. caprae*）、绵羊蠕形螨（*D. ovis*）、牛蠕形螨（*D. bovis*）、马蠕形螨（*D. equi*）等。寄生于人体的有毛囊蠕形螨（*D. folliculorum*）和皮脂蠕形螨（*D. brevis*）两种。

蠕形螨虫体狭长，呈半透明乳白色，长 0.10~0.40mm，宽 0.045~0.065mm。分为颚体、足体和末体三个部分。颚体（假头）呈不规则四边形。短喙状刺吸式口器。足体（胸）有 4 对短粗的足，分 4 节。末体（腹）长，呈指状，占体长 2/3 以上，表面具有明显的环形皮纹。雄虫的雄茎自足体的背面突出，雌虫的阴门为一狭长的纵裂，位于腹面第 4 对足基节片之间的后方。

2. 发育过程 蠕形螨的全部发育过程都在宿主体上进行，包括卵、幼虫、两期若虫和成虫。雌虫产卵于毛囊内．卵无色透明，呈蘑菇状。卵孵化为 3 对足的幼虫，幼虫蜕化变为 4 对足的若虫。一个毛囊内可能同时包含所有的发育阶段。整个发育阶段需要 18~24d。

【流行特点】 主要由家畜间互相接触而感染。一般正常的犬、猫体表有少量蠕形螨存在，当机体应激或抵抗力下降时，大量繁殖，引发疾病。

【症状与病变】 蠕形螨钻入毛囊、皮脂腺内，吸取宿主细胞内含物。由于虫体及其排泄物的刺激导致组织出现炎性反应。细菌侵入引起毛囊破坏和化脓。

1. 犬蠕形螨病 多发于 3~10 月龄幼犬，成年犬常见于发情及产后雌犬。轻症多发于眼眶、口唇周围以及肘部、脚趾间等部位。患部脱毛，逐渐形成与周围界限明显的圆形秃斑。皮肤轻度潮红，附有银白色黏性皮屑，有时皮肤肥厚、粗糙、龟裂或带有小结节。痒觉明显。重症时，病变蔓延至全身，特别是下腹部和肢体内侧，患部出现蓝红色、绿豆大至豌豆大的结节，可挤压出微红色脓液或黏稠的皮脂，脓疱破溃后形成溃疡，常覆盖淡棕色痂皮或麸皮样鳞屑，并有难闻的臭味。消瘦，沉郁，食欲减退，体温升高，最终因衰竭中毒或脓毒症死亡。

2. 山羊蠕形螨病 成年羊较羔羊症状明显，主要发生在肩胛、四肢、颈、腹等处，皮下可触摸到黄豆至蚕豆大、圆形或近圆形、高出于皮肤的结节，部分结节中央可见小孔，可挤压出干酪样内容物。重度感染时呈现消瘦，被毛粗乱。

3. 猪蠕形螨病 一般先发生于眼周围、鼻部和耳基部，尔后逐渐向其他部位蔓延。痒觉轻微。病变部呈现小米大小的泡囊，囊内含有很多蠕形螨、表皮碎屑及脓细胞。细菌感染严重时成为小脓肿。皮肤增厚，凹凸不平，覆以皮屑，皲裂。

4. 牛蠕形螨病 一般初发于头部、颈部、肩部、背部或臀部。皮肤表面常见黄豆大小白色结节，内含粉状物或脓状稠液及各个发育阶段的蠕形螨。个别只见鳞屑，不见结节。

【诊断】 挤压结节或脓疱，取其内容物，显微镜检查，发现虫体即可确诊。

【防治】

1. 治疗 伊维菌素注射剂，按每千克体重 0.2～0.3mg，皮下注射；或浇泼剂按每千克体重 0.5mg。间隔 7～10d 重复用药。

2. 预防 对患畜应进行隔离。对污染场所及用具应用杀螨药进行消毒。同时，保持圈舍、运动场等地的环境卫生。

第十三节　蜱　　病

蜱是寄生于畜禽体表的一类重要吸血性寄生虫，有硬蜱和软蜱两类。

【病原】 硬蜱属于硬蜱科（Ixodida），在兽医学上具有重要意义的有六个属：硬蜱属（Ixodes）、扇头蜱属（Rhipicephalus）、牛蜱属（Boophilus）、血蜱属（Haemaphyslis）、革蜱属（Dermacentor）和璃眼蜱属（Hyalomma）。

1. 形态特征 硬蜱呈红褐色或灰褐色，长椭圆形，小米粒至大豆大。分假头和躯体两部分。假头位于躯体前面；躯体背面有一块硬的盾板，雄蜱的盾板几乎覆盖整个背面，雌虫和若虫的盾板仅覆盖背面的前部。躯体腹面前部正中有一生殖孔；肛门位于后部正中，呈纵裂的半球形隆起；有一对气门板位于第 4 对足基节后侧方，其形状随种类和性别不同而异。足由 6 节组成，由基部向外依次为基节、转节、股节、胫节、后跗节和跗节，足末端有爪一对；第 1 对足跗节末端背缘有哈氏器，为蜱的嗅觉器官。硬蜱卵小，呈卵圆形，黄褐色。

软蜱属于软蜱科（Argasidae），与兽医有关的有 2 个属，即锐缘蜱属（Argas）和钝缘蜱属（Ornithodoros）。

软蜱与硬蜱的区别是：体背面无盾板，呈弹性的革状外皮；成虫假头隐于虫体前端腹面（幼虫除外），须肢为圆柱状，末节不隐缩；足的跗节背面生有瘤突，其数目、大小有分类意义；雌雄形态相似，雌蜱生殖孔为半圆形；雄蜱为横沟状。幼虫 3 对足，假头突出。

2. 发育过程 大多数硬蜱发育过程中的幼虫期和若虫期寄生在小型哺乳动物（兔、刺猬、野鼠等），成虫期寄生在家畜体；有的硬蜱发育过程中需要更换宿主，根据其更换宿主的次数，将硬蜱分成三种类型：即一宿主蜱（不更换宿主，幼虫、若虫、成虫在一个宿主体上发育）；二宿主蜱（幼虫、若虫在一个宿主体上发育，成虫在另一个宿主体上发育）；三宿主蜱（幼虫、若虫、成虫分别在三个宿主体上发育）。

雌雄交配后，雌蜱落地产卵，产卵量可达千余到上万个。在适宜的条件下，经一段时间，卵中孵出幼虫，爬到宿主体上吸血，之后根据所需更换宿主次数的不同，逐渐发育为若虫、成虫。从卵发育至成蜱的时间，依种类和气温而异，可为 3～12 个月，甚至 1 年以上。

软蜱生活史为不完全变态。经卵、幼虫、若虫、成虫 4 个阶段。雌蜱一生产卵数次，每次产卵数个至数十个。一生产卵不超过 1 000 个。从卵发育到成虫需 4～12 个月。

【流行特点】 硬蜱的活动有明显的季节性，大多数是在温暖季节活动；越冬场所因种类而异，一般在自然界或在宿主体上过冬；各种蜱均有一定的地理分布区，与气候、地势、土壤、植被及动物区系等有关。

软蜱生活在畜禽舍的缝隙、洞穴等处，只在吸血时才到宿主身上，吸完血后就落下来。成虫吸血多半在夜间，生活习性和臭虫相似；幼虫则不受昼夜限制，吸血时间长些。软蜱寿命长，一般为 6～7 年，甚至可达 15～25 年。各活跃期均能长期耐饥饿，对干燥有较强的适应能力。

【症状与病变】硬蜱可吸食窝主大量血液，幼虫期和若虫期吸血时间一般较短，而成虫期较长，尤其是雌蜱吸血后膨胀很大。寄生数量多时可引起动物贫血、消瘦、发育不良、皮毛质量降低以及产乳量下降等。蜱的叮咬可使宿主皮肤发生水肿、出血。蜱的唾液腺能分泌毒素，使家畜产生厌食、体重减轻、肌萎缩性麻痹和代谢障碍。此外，蜱又是许多种病原体的传播媒介或贮存宿主。

软蜱的危害与硬蜱相似。其中钝缘蜱属传播非洲猪瘟。国外有 8 种，我国大陆和台湾地区有 4 种，包括好角钝缘蜱（*O. capensis*）、拉合钝缘蜱（*O. lahorensis*）、跗突钝缘蜱（*O. papillipes*）和塔氏钝缘蜱（*O. tartakovskyi*），好角钝缘蜱分布于我国台湾地区，后三种仅分布于新疆、西藏及甘肃等地区。

【诊断】在动物身体上发现硬蜱或软蜱即可确诊。

【防治】主要是消灭畜体上的蜱和控制环境中的蜱。

常用杀蜱药物可根据季节和应用对象不同，选用口服、注射、药浴、喷涂或粉剂涂洒等不同的用药方法；还应随蜱种不同，优选合适的药液浓度和使用间隔时间；各种药应交替使用，以避免抗药性的产生。以下是常用杀蜱药物：

伊维菌素或阿维菌素：针剂，剂量为每千克体重 0.2～0.3mg，皮下注射或口服。

拟除虫菊酯类杀虫剂：如溴氰菊酯乳油，用 0.002 5％～0.005 0％浓度的药液进行药浴、喷淋、涂搽或洗刷。本药有触毒和胃毒杀虫作用，具有广谱、高效、药效期长、低残留等优点。牛在用药后 48h 内可能有轻度不适。休药期牛 3d、羊 7d、猪 21d，在此期间内不得屠宰供人食用。

第五单元　猪的寄生虫病

第一节　猪球虫病★★★★★

猪球虫病是由猪的艾美耳球虫和等孢球虫寄生于猪肠上皮细胞引起的一种原虫病。本病只发生于仔猪，多呈良性经过；成年猪感染后不出现任何临床症状，成为隐性带虫者。

【病原】猪球虫病的病原为孢子虫纲（Sporozoa）真球虫目（Eucoccidiorida）艾美耳科（Eimeriidae）艾美耳属（*Eimeria*）和等孢属（*Isospora*）的球虫。已报道的猪球虫有十几种。一般认为致病性较强的是猪等孢球虫（*Isospora suis*）、蒂氏艾美耳球虫（*Eimeria de-*

bliecki）和粗糙艾美耳球虫（*Eimeria scabra*）。

1. 形态特征　猪等孢属球虫的卵囊呈球形或亚球形，内含 2 个孢子囊，每个孢子囊内含 4 个子孢子。艾美耳属球虫的卵囊内有 4 个孢子囊，每个孢子囊内含 2 个子孢子。

2. 发育过程　猪球虫的生活史和其他动物的一样，在宿主体内进行无性世代（裂殖生殖）和有性世代（配子生殖）两个世代繁殖，在外界环境中进行孢子生殖。

【流行特点】　该病主要发生在仔猪，以 7～21 日龄多见，成年猪多为隐性感染。

病猪和带虫猪是主要的传染来源。

该病通过消化道传播。卵囊随病猪或带虫猪的粪便排出体外，污染饲料、饮水、土壤或用具等，在适宜的温度和湿度下发育为具有感染性的孢子化卵囊，仔猪食入后，就可发生感染。

猪球虫病的发生常与气温和雨量的关系密切，通常多在温暖的月份发生，而寒冷的季节少见。在我国北方 4—9 月为流行季节，其中以 7—8 月最为严重；而在南方一年四季均可发生。

【症状与病变】　发病仔猪主要症状是腹泻，持续 4～6d，粪便呈水样或糊状，显黄色至白色，偶尔由于潜血而呈棕色。病猪逐渐消瘦和发育受阻。

仔猪球虫病一般均取良性经过，可自行耐过而逐渐康复；但感染球虫的数量多，腹泻严重的仔猪，以死亡而告终。成年猪感染时一般不出现明显的症状。

仔猪球虫病的病理变化主要是急性肠炎，局限于空肠和回肠。特征性病变是空肠和回肠黏膜出现黄色纤维素性坏死性假膜，松弛地附着在充血的黏膜上，但只有在严重感染的仔猪中出现。

【诊断】　当临床上 7～14 日龄仔猪腹泻，用抗生素治疗无效时可怀疑本病。但确诊要在粪便中利用饱和盐水漂浮法找到卵囊，或利用空肠或回肠的涂片或压片染色查出内生性发育阶段的虫体。

鉴别诊断：要与其他引起仔猪腹泻的病原，如大肠杆菌、传染性胃肠炎病毒、轮状病毒、C 型产气荚膜梭菌等相区别。

【防治】　做好环境卫生是迄今为止减少由仔猪球虫病造成损失的最好办法。要将产房彻底清除干净，并严格消毒。新生仔猪应初乳喂养，保持幼龄猪舍环境清洁干燥，饲槽和饮水器应定期消毒，防止粪便污染。

将药物添加在饲料中预防哺乳仔猪球虫病，效果不理想。把药物加入饮水中或将药物混于铁剂中有较好的效果。

发生球虫病时，可采用妥曲珠利按每千克体重 20～30mg，一次口服。

第二节　猪小袋纤毛虫病

猪小袋纤毛虫病是由纤毛虫纲（Ciliata）毛口目（Trichostomatida）小袋科（Balantiidae）的结肠小袋虫（*Balantidium coli*）寄生于猪的大肠（主要是结肠）引起。轻度感染时不显症状，严重感染时有肠炎症状，甚至可导致死亡。结肠小袋虫还可感染牛、羊等动物和人。

【病原】

1. 形态特征　虫体较大。在其发育过程中有滋养体和包囊两种形态。

（1）滋养体　虫体全身覆有纤毛，能旋转前进运动，呈卵圆形或梨形，大小为（30～150）μm×（25～120）μm；身体前端有一胞口，后端有一肛孔；胞质中有一大的三核，呈腊肠样，位于体中部，其附近有一小核。胞质中尚有空泡和食物泡等结构。

（2）包囊　不能运动，呈球形或卵圆形，直径为40～60 μm，有两层囊膜。囊内包藏着一个虫体。

2. 发育过程　当猪吞食了包囊后，囊壁被胃肠消化液消化，滋养体逸出。以血细胞、组织细胞、淀粉及细菌等为营养。虫体以横二分裂法进行无性繁殖。经过一定时期的无性繁殖后，虫体进行有性接合生殖，然后又进行二分裂法繁殖。在不利的环境或其他条件下，滋养体形成包囊。滋养体和包囊随粪便排出体外，宿主吞食了环境中的包囊而遭感染。

【流行特点】本病呈世界性分布，以热带和亚热带地区多发。我国南方地区多发。各种年龄猪均易感，感染率均较高，可达20%～100%。对仔猪致病力强，往往造成严重疾病，甚至死亡。成年猪常为带虫者。

【症状与病变】一般情况下，猪感染结肠小袋虫后不表现出临床症状，但当宿主的消化功能紊乱、抵抗力下降，特别是并发细菌感染时，可造成溃疡性肠炎。病程有急性和慢性两型。急性型多突然发病，可于2～3d内发生死亡；慢性型可持续数周至数月。患猪表现为精神沉郁，食欲减退或废绝，喜躺卧，有颤抖现象，体温有时升高；腹泻为常见的症状，粪便先半稀后水泻，带有黏膜碎片和血液，并有恶臭。重症病猪可发生死亡。

结肠小袋虫侵害的主要部位是结肠，其次是直肠和盲肠。病理表现为溃疡性结肠炎和直肠炎，肠黏膜充血、水肿、糜烂和溃疡，溃疡呈火山口状，边缘呈锯齿状。

【诊断】生前可根据临床症状和在粪便中找到小袋虫的滋养体和包囊而确诊。在急性病例，粪便中常有大量滋养体，慢性病例粪便中以包囊为主。死后剖检时着重观察结肠和直肠有无溃疡性肠炎病变，并进行肠黏膜涂片检查找到虫体。黏膜上的虫本要比肠内容物中多。

【防治】甲硝唑（灭滴灵）每头按0.25g口服，每日2次，连用3d。预防应以搞好猪场环境卫生和粪便的发酵处理为主。

第三节　猪姜片吸虫病

姜片吸虫病是由片形科（Fasciolidae）姜属（Fasciolopsis）的布氏姜片吸虫（Fasciolopsis buski）寄生于猪和人的十二指肠引起的影响仔猪生长发育和儿童健康的一种重要的人畜共患寄生虫病。

【病原】

1. 形态特征　布氏姜片吸虫新鲜虫体呈肉红色，固定后为灰白色，大小为（20～75）mm×（8～20）mm。虫体肥厚呈长卵圆形，像一个斜切的厚姜片，故称姜片吸虫。虫体体表被有小棘，口吸盘位于虫体前端；腹吸盘发达，与口吸盘相距较近；两条肠管呈波浪状弯曲；两个树枝状分支的睾丸，前后排列在虫体后部的中央；一个分支的卵巢，位于睾丸前方；子宫弯曲在虫体的前半部，内含虫卵；卵黄腺分布在虫体的两侧。

虫卵较大，卵壳薄而均匀，淡黄色，长椭圆形或卵圆形，大小为（130～145）μm×（85～97）μm，一端具有不十分明显的卵盖，近卵盖端有一尚未分裂的卵细胞，周围有20～40个卵黄细胞。

2. 发育过程　姜片吸虫虫卵随宿主粪便排出后，在水中孵出毛蚴，毛蚴遇到合适的中间宿主——扁卷螺后，即侵入其体内，经胞蚴、母雷蚴、子雷蚴及尾蚴等发育阶段。尾蚴离开螺体，进入水中，附着在水生植物上形成囊蚴。猪采食含囊蚴的水生植物而感染，虫体在猪的十二指肠渐发育为成虫。

从猪感染到成虫排卵约需 3 个月。

【流行特点】该病的发生与流行与猪和人吃含有姜片吸虫囊蚴的水生植物密切相关。规模化猪场很少发生。

感染多在春、夏两季，而发病多在冬、秋季。幼龄猪比成年猪易感。

【症状与病变】姜片吸虫多侵害仔猪，少量寄生时无症状，但生长、发育受阻。因虫体较大，吸盘发达，吸附力强，造成小肠机械性损伤，可发生炎症、出血、水肿、坏死、脱落以至溃疡。大量寄生时，猪常出现腹痛，腹泻，食欲减退和呕吐，营养不良，消化功能紊乱；后期贫血、水肿、精神萎靡，严重时阻塞肠道，引起肠破裂或肠套叠而死亡。

【诊断】在流行区，猪如吃食正常但出现身体消瘦且腹部膨大、腹泻与便秘交替等症状，应怀疑猪患有此病。确诊时应采集新鲜粪便用水洗沉淀法查虫卵，如发现虫卵，或剖检时找到虫体即可确诊。因姜片吸虫虫卵较大，颜色较黄，易于识别。

【防治】预防原则包括加强粪便管理，防止人、猪粪便通过各种途径污染水体。大力开展卫生宣传教育，人勿生食未经刷洗及沸水烫过的水生植物，如菱角、茭白等。不用池塘水喂猪，也不用被囊蚴污染的青饲料喂猪。在流行区开展人和猪的姜片吸虫病普查普治工作。如有可能，选择适宜的杀灭扁卷螺的措施。

以下为治疗药物。

吡喹酮：每千克体重 30～50mg，一次喂服。

硫双二氯酚：每千克体重 60～100mg，一次喂服。

第四节　猪消化道线虫病★★★★★

猪消化道线虫病是由多种寄生于猪消化道的线虫所引起的以消化道功能障碍、发育受阻等为特征的一类疾病，其中以猪蛔虫和食道口线虫引起的危害最为严重，是目前我国规模化猪场流行的主要线虫病。

一、猪蛔虫病和猪食道口线虫病

【病原】

1. 形态特征

（1）猪蛔虫（Ascaris suum）　在分类上属于蛔科（Ascaridae）蛔属（Ascaris），是大型虫体。新鲜虫体呈淡红色或淡黄色，圆柱状，两端稍细，雄虫长 15～25cm，尾端弯曲呈钩状，有一对等长的交合刺，泄殖孔周围有许多小乳突。雌虫长 20～40cm，尾端较直，生殖孔开口在虫体前 1/3 部后端。虫卵具特征性，呈黄色椭圆形，卵壳厚，表面粗糙，高低不平，大小为（50～75）μm×（40～80）μm。

（2）猪食道口线虫　分类上属于食道口属（Oesophagostomum），寄生于猪的大肠，主要是结肠。由于食道口线虫幼虫可钻入宿主肠黏膜，使肠壁形成结节病变，故又称结节虫病。猪常见的种类有有齿食道口线虫（*Oe. dentatum*）、长尾食道口线虫（*Oe. longicaudum*）和短尾食道口线虫（*Oe. brevicaudum*）。

食道口属虫体口囊较小，口孔周围有 1 或 2 圈叶冠。雄虫交合伞较发达，有 1 对等长的交合刺。雌虫生殖孔位于肛门前方不远处，排卵器呈肾形。有齿食道口线虫雄虫长 8～9mm，交合刺长 1.15～1.30mm。雌虫长 8.0～11.3mm；尾长 0.35mm。长尾食道口线虫雄虫长 6.5～8.5mm，交合刺长 0.9～0.95mm。雌虫长 8.2～9.4mm；尾长 0.4～0.46mm。短尾食道口线虫雄虫长 6.2～6.8mm，交合刺长 1.05～1.23mm。雌虫长 6.4～8.5mm；尾长 0.081～0.12mm。

2. 发育过程

（1）猪蛔虫　生活史简单，不需要中间宿主参与。成虫寄生于猪的小肠。雌虫产卵后随粪便排出，在适宜的条件下经过 3～5 周发育到感染性虫卵（内含第二期幼虫）。感染性虫卵被猪吞食后，在小肠内孵出幼虫，多数幼虫随血液循环到达肝脏，之后经蜕皮发育为第三期幼虫。又随血液进入右心房、右心室和肺动脉到肺部毛细血管，并穿破毛细血管进入肺泡。幼虫在肺内经 5～6d，进行第三次蜕皮，变为第四期幼虫后离开肺泡，进入细支气管和支气管，上行到气管，随黏液到达咽部，经食道、胃返回小肠并在此发育为成虫。从感染性虫卵被猪吞食，到在猪小肠内发育为成虫，需 2～2.5 个月。猪蛔虫在宿主体内寄生 7～10 个月后，即自行随粪便排出。

（2）猪食道口线虫　寄生在猪的大肠，成虫产卵后随粪便排出。虫卵在外界适宜的条件下发育为披鞘的感染性幼虫（第三期幼虫）。猪吞食感染性幼虫后，在肠内蜕鞘，大部分幼虫在大肠黏膜下形成大小为 1～6mm 的结节并在结节内蜕第三次皮，成为第四期幼虫。之后返回大肠肠腔，蜕皮后发育为成虫。成虫在体内的寿命为 8～10 个月。

【流行特点】猪蛔虫分布流行比较广，属土源性寄生虫。仔猪易感且发病严重，而且与饲养管理方式密切相关。猪可通过吃乳、掘土、采食、饮水经口感染，此外还可经母体胎盘感染。

雌虫产卵量大，一条雌虫平均每天可产卵 10 万～20 万个，产卵旺盛期可达 100 万～200 万个。

蛔虫虫卵抵抗力强，只有 5%～10% 的石炭酸、2%～5% 的热碱水、新鲜的石灰水或 5% 的硫酸及苛性钠才能杀死虫卵。虫卵对高温、干燥、直射日光敏感。绝大部分能够存活越冬。

猪食道口线虫病流行普遍。感染性幼虫可以越冬。潮湿的环境有利于虫卵和幼虫的发育和存活。集约化饲养的猪场常年均有该病发生。

【症状与病变】猪蛔虫幼虫和成虫阶段引起的临床症状不同。幼虫移行过程中会造成宿主肝肺等组织损伤，引起肝出血、肺炎，同时易伴发或继发其他一些传染病。在肝脏表面往往会形成云雾状的乳斑。幼虫在肺脏时仔猪出现咳嗽、体温升高、气喘等症状。成虫期往往导致猪营养不良，严重时成为僵猪。寄生数量多时，会造成肠阻塞或肠破裂。图 3-17 为猪蛔虫钻入胆管，图 3-18 为猪蛔虫移行导致的肝脏病变。

食道口线虫幼虫和成虫引起的临床症状也不同。幼虫钻入宿主肠壁引起炎症，刺激机体产生免疫反应导致局部组织形成大量结节。结节破溃后形成顽固性肠炎。成虫寄生会影响增重和饲料转化。

【诊断】诊断应结合临床症状、流行病学资料和诊断性驱虫等进行综合分析。粪便检查可采用直接涂片法或饱和盐水漂浮法检查粪便中有无虫卵。猪蛔虫幼虫可剖检患病猪肝肺组织，进行幼虫分离而确诊。

【防治】猪蛔虫和食道口线虫均属于土源性寄生虫，因此环境卫生最为重要。平时保持猪圈的干燥与清洁，定时清理粪便并堆积发酵，以杀死虫卵。对流行本病的猪场或地区，坚持预防为主的原则，定期驱虫。断奶仔猪要多给富含维生素和矿物质的饲料，以增强抗病力。

治疗可选用以下药物。

左旋咪唑：剂量为每千克体重 4～6mg，肌内或皮下注射；或每千克饲料 8mg，拌入饲料内喂服。

阿苯达唑：为广谱驱虫药，由于其对一般的线虫、绦虫、吸虫都有效，因此也叫抗蠕敏。药物剂量为每千克体重 5～20mg，拌入饲料喂服。本品有致畸作用，妊娠动物慎用。

阿维菌素或伊维菌素：为高效、广谱的驱线虫药，对体外寄生虫亦有杀灭作用。有效成分剂量为每千克体重 0.3mg，皮下注射（针剂）或口服（片剂）均可。

二、猪胃圆线虫病

猪胃圆线虫病是由毛圆科（Trichostrongylidae）猪圆线虫属（*Hyostrongylus*）的红色猪圆线虫（*H. rubidus*）寄生于猪胃黏膜内引起的，表现为胃炎和胃炎后继发代谢紊乱。我国广东、浙江、江苏、湖南和云南都有报道。

【病原】

1. 形态特征 虫体纤细，带红色。头细小，有颈乳突。雄虫长 4～7mm，交合伞侧叶大、背叶小。交合刺两根，等长，呈有脊的膜质构造。有引器和副引器。雌虫长 5～10mm。阴门在肛门稍前。虫卵大小为（65～83）μm×（33～42）μm，长椭圆形，灰白色，卵壳很薄，排出时胚细胞 8～16 个。

2. 发育过程 在适宜温度下，虫卵约经 30h 孵出幼虫，两次蜕皮后，发育为感染性幼虫。经口感染。幼虫到胃腔后，侵入胃腺窝，蜕皮 2 次，然后重返胃腔。感染后 17～19d 发育为成虫。

【流行特点】虫卵和幼虫均不耐干燥和低温。第 3 期幼虫可以爬上潮湿的草叶和在湿润的环境中移行。运动场上有时有大量的幼虫。各种年龄的猪都可能感染，但主要是仔猪和架子猪。母猪哺乳期间免疫力下降，受感染的较多，停止哺乳后可以自愈。感染主要发生于受污染的潮湿牧场、饮水处、运动场和厩舍。猪饲养在干燥的环境里，不易发生感染。饲料中蛋白质不足时，容易发生感染。

【致病作用和病变】幼虫侵入胃腺窝时，虫体的机械性刺激和有毒物质的作用引起胃底部小点出血，胃腺肥大，并形成扁豆大的扁平突起或圆形结节，上有黄色假膜，进一步发展成为溃疡。病变的程度与感染的虫体数量、感染的持续期和宿主机体的状况密切相关。胃腺窝内有幼虫，患部细胞浸润，腺上皮细胞损坏。成虫可引起慢性胃炎。黏膜增厚，并形成不规则的皱褶；患部和虫体上均被覆有大量黏液。严重感染时，黏膜皱褶有广泛性出血和糜烂。胃溃疡也是本病的一个特征，且特别多发于胃底部。成年母猪的胃溃疡可向深部发展，严重者胃穿孔、死亡。

【症状】虫体侵入胃黏膜吸血。多量寄生或由于其他原因而并发胃炎时，患猪精神萎靡，贫血，发育不良，排混血的黑便。

【诊断】缺少特异性症状，主要应以剖检病尸时发现虫体与相应病变和粪便检查时发现虫卵作为诊断的根据。

【防治】可用噻苯唑或左咪唑等药驱虫。猪舍应保持清洁、干燥，及时清除粪便。保持饲料和饮水的清洁，严防粪便污染。

三、猪胃线虫病

猪胃线虫病是由旋尾目似蛔科（Ascaropsidae）似蛔属（Ascarops）和泡首属（Physocephalus）的线虫寄生于猪胃引起的。我国许多省、市都有本病发生。

【病原】似蛔属和泡首属线虫的咽壁上有成脊状的角质增厚。

1. 形态特征

（1）圆形似蛔线虫（A. strongylina） 咽长 0.083～0.098mm,，咽壁上有三叠或四叠的螺旋形角质厚纹。有一个颈翼膜，在虫体左侧。雄虫长 10～15mm，右侧尾翼膜大，约为左侧的 2 倍；有 4 对肛前乳突和 1 对肛后乳突，配置均不对称。雌虫长 16～22mm。虫卵的大小为（34 ～39）$\mu m \times 20 \mu m$，卵壳厚，外有一层不平整的薄膜，内含幼虫。

（2）有齿似蛔线虫（A. dentata） 雄虫长约 25mm，雌虫长约 55mm。口囊前部有 1 对齿。

（3）六翼泡首线虫（P. sexalatus） 虫体前部（咽区）角皮略为膨大，每侧有 3 个颈翼膜。颈乳突的位置不对称。口小，无齿。咽壁中部有圆环状的增厚，前、后部则为单线的螺旋形增厚。雄虫长 6～13mm，有肛前乳突和肛后乳突各 4 对。不等长交合刺 1 对。雌虫长 13～22.5mm，阴门位于虫体中部的后方。卵的大小为（34～39）$\mu m \times$（15～17）μm，壳厚，内含幼虫。

（4）奇异西蒙线虫（Simondsia. paradoxa） 有 1 对颈翼，口腔内有 1 个背齿和 1 个腹齿。雄虫长 12～15mm，尾部呈螺旋状卷曲，游离于胃腔或部分埋入胃黏膜中。孕卵雌虫长 15mm，后部呈球形，嵌入胃壁中的包囊内，前部纤细，突出于胃腔。卵呈圆形或椭圆形，长 20～29μm。以食粪甲虫作为中间宿主。

2. 发育过程 虫卵随宿主粪便排至外界，被食粪甲虫吞食，幼虫在它们的体内经大约 20d 的发育到达感染期。猪吞食含感染性幼虫的甲虫遭感染。虫体在猪体的寿命约 10.5 个月。六翼泡首线虫的发育史与似蛔线虫相似，有许多种食粪甲虫供作中间宿主。幼虫深入胃黏膜内生长，约经 6 周变为成虫。当不适宜的宿主，如其他哺乳类、鸟类和爬行类吞食了带感染幼虫的甲虫或感染幼虫后，幼虫可以在这些宿主的消化管壁中形成包囊。当终末宿主吞食了此类宿主之后，幼虫仍可在猪体内正常发育。

【致病作用和症状】一般不显症状。当大量寄生时，或因其他因素致使猪的抵抗力减弱时，则引起黏膜发炎、溃疡，有黄色黏液覆盖。患猪出现慢性或急性胃炎症状。

【病变和诊断】胃内容物少 有大量黏液，胃黏膜尤其是胃底部黏膜红肿，有时覆有假膜。假膜下的组织明显发红，并有溃疡。虫体游离于黏膜表面或部分埋入胃黏膜中。用沉淀法在粪便中发现虫卵，结合剖检病尸发现多量虫体即可确诊。

【防治】左咪唑驱虫。预防主要是逐日清除粪便，进行发酵处理。防止猪只摄食甲虫。

第五节　猪肺线虫病

猪肺线虫病是由后圆科（Metastrongylidae）后圆属（Metastrongylus）的线虫寄生于

猪的支气管和细支气管引起的一种呼吸系统寄生虫病。本病遍及全国各地，呈地方性流行，对仔猪危害很大。

【病原】　常见的为野猪后圆线虫（*M. apri*），又称为长刺后圆线虫（*M. elongatus*）和复阴后圆线虫（*M. pudendotectus*），萨氏后圆线虫（*M. salmi*）很少见。

发育过程：后圆线虫的发育是间接的，需以蚯蚓作为中间宿主。雌虫在气管和支气管中产卵，卵在外界孵出第1期幼虫，第1期幼虫或虫卵被蚯蚓吞食后，在其体内约经10d发育至感染性幼虫，猪吞食了带有感染性幼虫的蚯蚓或由蚯蚓体内释出的感染性幼虫遭受感染。感染性幼虫在小肠内被释放出来，钻入肠系膜淋巴结中，随血流进入肺脏，再到支气管和气管发育为成虫。从幼虫感染到成虫排卵约经过1个月。感染后5～9周排卵最多。

【流行特点】　野猪后圆线虫在我国23个省市都有报道，分布甚广。后圆线虫的虫卵和第1期幼虫对外界的抵抗力较强，感染性幼虫可在蚯蚓体内长期保持感染性。猪的发病季节与蚯蚓的活动季节是一致的，一般在夏秋季发生感染。后圆线虫感染主要发生于6～12月龄的散养猪，规模化圈养猪场少见。

【症状与病变】　轻度感染时症状不明显，但影响生长发育。严重感染时，表现强有力的阵咳，呼吸困难，特别在运动、采食或遇冷空气刺激时更加剧烈；病猪贫血，食欲丧失，即使病愈，生长仍缓慢。剖检时，肉眼病变常不显著。膈叶腹面边缘有楔状肺气肿区，支气管增厚，扩张，靠近气肿区有坚实的灰色小结。支气管内有虫体和黏液。幼虫移行对肠壁及淋巴结的损害是轻微的，主要损害肺，呈支气管肺炎的病理变化。猪肺线虫幼虫还可携带流感、猪瘟等病毒，从而加重病情。

【诊断】　对有上述临床表现的猪，可进行粪便检查，用饱和硫酸镁（或硫代硫酸钠）溶液浮集为佳。虫卵（51～63）μm×（33～42）μm，卵壳厚，表面有细小的乳突状突起，稍带暗灰色，内含幼虫。剖检时，剪开并挤压膈叶后缘，可发现成虫。

【防治】

1. 治疗　参考蛔虫病部分，对肺炎严重的猪，应采用抗生素治疗，防止继发感染。

2. 预防

（1）猪舍、运动场应保持干燥，舍内最好铺设水泥地面。

（2）及时清扫粪便，并将粪便堆积发酵。

第六节　猪肾虫病

猪肾虫病是由冠尾科（Stephanuridae）冠尾属（*Stephanurus*）的有齿冠尾线虫（*Stephanurus dentatus*）寄生于猪的肾盂、肾周围脂肪和输尿管壁等处引起的一种寄生虫病。除猪以外，亦能寄生于黄牛、马、驴和豚鼠等动物。

【病原】

1. 形态特征　有齿冠尾线虫俗称猪肾虫，虫体粗壮，形似火柴杆。新鲜时虫体呈灰褐色，体壁比较透明，隐约可见内部器官。具杯状口囊，底部有6～10个小齿。口缘有6个角质隆起和一圈细小的叶冠。雄虫长20～30mm，雌虫长30～45mm。卵呈长椭圆形，较大，灰白色，壳薄，大小为（99.8～120.8）μm×（56～63）μm，内含32～64个胚细胞。

2. 发育过程　虫卵随猪尿排出体外，在适宜的湿度和温度下，经 1～2d 孵出第 1 期幼虫。随后 2～3d 发育为第 3 期感染性幼虫。感染性幼虫可以经口和皮肤两种途径感染。经口感染时幼虫钻入胃壁，脱去鞘膜，并发育为第 4 期幼虫，然后随血流经门静脉循环到肝脏。经皮肤感染时，幼虫钻入皮肤或肌肉，然后随血流经肺和体循环到肝脏。幼虫在肝脏内停留 3 个月或更长时间，经第 4 次蜕皮后穿过肝包膜进入腹腔，移行到肾脏或输尿管组织中形成包囊，并发育为成虫。从感染性幼虫侵入猪体到发育为成虫，一般需要 6～12 个月。

【流行特点】猪冠尾线虫病分布广泛，危害性大，常呈地方性流行，是热带、亚热带地区猪的主要寄生虫病。

在我国南方，猪感染冠尾线虫，多在每年的 3—5 月和 9—11 月。

虫卵和幼虫对干燥和直射阳光的抵抗力很弱。卵和幼虫在 21℃ 以下温度中干燥 56h，全部死亡。虫卵对化学药物的抵抗力很强。在浓度为 1% 的氢氧化钾、硫酸铜等溶液中，均不被杀死；1% 的漂白粉或石炭酸溶液，才具较高的杀虫力。

【症状与病变】猪患病初期表现为皮肤炎症，有丘疹和红色小结节，体表局部淋巴结肿大。之后食欲不振，精神萎靡，逐渐消瘦，贫血，被毛粗乱。随着病程的发展，病猪出现后肢无力，跛行，走路时后躯左右摇摆。尿液内常有白色黏稠的絮状物或脓液。有时可继发后躯麻痹或后躯僵硬，不能站立，拖地爬行。仔猪发育停滞，母猪不孕或流产，公猪性欲减低或失去交配能力。严重的病猪，多因极度衰弱而亡。

【诊断】当怀疑肾虫病时，可采集晨尿，静置后镜检沉渣，发现虫卵，或剖检患猪发现虫体时，即可确诊。5 月龄以下的仔猪，只能在剖检时，在肝、脾、肺等处发现虫体。

【防治】

1. 治疗　可用左旋咪唑、阿苯达唑、氟苯咪唑等药驱虫。

2. 预防　应采取以下综合预防措施。

（1）保持猪舍和运动场的卫生，定期消毒。

（2）加强饲养管理，给予富有营养的饲料，尤应注意补充维生素和矿物质，以增强猪对疾病的抵抗力。

（3）隔离病猪。断奶仔猪应隔离到未经污染的猪舍内饲养并进行驱虫，以杀死可能在哺乳期侵入仔猪肝脏的幼虫。

第七节　猪棘头虫病

猪棘头虫病是由少棘科（Oligacanthorhynchidae）巨吻属（*Macracanthorhynchus*）的蛭形巨吻棘头虫（*M. hirudinaceus*）寄生于猪的小肠内引起的寄生虫病，以空肠为最多。棘头虫也感染野猪、犬和猫，偶见于人。

【病原】

1. 形态特征　蛭形巨吻棘头虫虫体大，呈长圆柱形，乳白色或淡红色，前部较粗，向后逐渐变细，体表有明显的环状皱纹。头端有一个可伸缩的吻突，吻突上有 5～6 列强大向后弯曲的小钩，每列 6 个。雄虫长 7～15cm，呈长逗点状，尾端有一交合伞。雌虫长 30～

68cm。虫卵长椭圆形，深褐色，两端稍尖，卵内含有一幼虫称棘头蚴。虫卵大小为（89～100）μm×（42～56）μm。

2. 发育过程 成虫寄生于猪的小肠，雌虫所产的虫卵随粪便排出体外，散布到外界环境中。如被中间宿主金龟子的幼虫或其他甲虫的幼虫吞食后，棘头蚴在中间宿主的肠内孵化，然后穿过肠壁，进入体腔发育为棘头体，经2～3个月后，形成棘头囊，到达感染阶段。棘头囊一直停留在中间宿主体内，并能保持感染力达2～3年。猪吞食含有棘头囊的甲虫的任一阶段均可感染。随后棘头囊在猪的消化道中脱囊，以吻突固着于肠壁上，经3～4个月发育为成虫。在猪体内的寿命为10～24个月。

【流行特点】本病呈散发或地方性流行。严重时可达60%～80%。有季节性，虫卵抵抗力强，在高温、低温以及干燥潮湿的气候下均可长时间存活。

中间宿主是金龟子及其幼虫。散养和放牧猪感染率高。

【症状与病变】病猪食欲减退，出现刨地、互相对咬或匍匐爬行，以及腹痛症状，腹泻，粪便带血。经1～2个月后，日益消瘦和贫血，生长发育迟缓，有的成为僵猪。有的因肠穿孔起腹膜炎而死亡。

【诊断】结合流行病学、临床症状和实验室检查可确诊。虫卵检查可采用直接涂片法或水洗沉淀法检查。剖检在小肠壁发现成虫即可确诊。

【防治】在流行地区，尽可能改放养为圈养，尤其在6—7月甲虫活跃季节，以防猪吃中间宿主。治疗可选用左旋咪唑和丙硫咪唑，参见猪蛔虫病。

第六单元 牛、羊的寄生虫病

第一节　牛、羊巴贝斯虫病

巴贝斯虫病由巴贝斯科巴贝斯属（*Babesia*）的梨形虫引起。梨形虫曾被称为焦虫或血孢子虫，巴贝斯虫虫体微小，仅寄生于宿主的红细胞内。巴贝斯虫病也被称为"红尿热（red water fever）、特克萨斯热（Texas fever）、塔城热、血红蛋白尿热、蜱热（tick fever）"等。我国牛羊中主要是牛的巴贝斯虫病多见。羊的巴贝斯虫我国仅报道有莫氏巴贝斯虫（*B. motasi*），寄生于羊的红细胞内。

一、牛巴贝斯虫病

牛的巴贝斯虫病是由巴贝斯属的双芽巴贝斯虫（*Babesia bigemina*）和牛巴贝斯虫（*B. bovis*）等寄生于牛的红细胞内所引起的呈急性发作的血液原虫病。该病在热带和亚热带地区常呈地方性流行。

【病原】病原主要是双芽巴贝斯虫（*B. bigemina*）、牛巴贝斯虫（*B. bovis*）或卵形巴贝斯虫（*B. ovata*），偶然也有东方巴贝斯虫（*B. orientalis*）的报道。

1. 形态特征

（1）双芽巴贝斯虫　大型虫体，长度大于红细胞半径，多形性，典型形态是成双的梨籽形虫体以尖端相连成锐角，每个虫体内有一团染色质。双芽巴贝斯虫血液涂片见图 3-19。

（2）牛巴贝斯虫　小型虫体，长度小于红细胞半径，多形性，典型形态为成双的梨籽形虫体以尖端相连成钝角。

（3）卵形巴贝斯虫　大型虫体，长度大于红细胞半径，多形性，典型虫体中央往往不着色，形成空泡，双梨籽形虫体较宽大，位于红细胞中央，两个尖端成锐角相连或不相连。

2. 发育过程　巴贝斯虫的生活史复杂，其在脊椎动物宿主和媒介蜱体内的发育过程尚不完全明了。虫体皆通过硬蜱媒介进行传播。当蜱在患牛体上吸血时，把含有虫体的红细胞吸入体内，虫体在蜱体内发育繁殖一段时间后，经蜱卵传递或经期间（变态过程）传递，将虫体延续到蜱的下一个世代或下一个发育阶段，再叮咬易感动物时，造成感染。

【流行特点】巴贝斯虫病呈世界性分布，牛双芽巴贝斯虫病在我国分布较广，已有 14 个省区报道，主要流行于南方各省及四川、青海、西藏等地；牛巴贝斯虫感染发现于贵州、安徽、湖北、湖南、河南及陕西等省；卵形巴贝斯虫曾见于河南等地。

微小牛蜱（*Boophilus misroptus*）为我国双芽巴贝斯虫和牛巴贝斯虫的传播者，两种虫体常混合感染。由于微小牛蜱在野外发育繁殖，故本病多发生在放牧时期。一般 2 岁以内的犊牛发病率高，但症状轻微，死亡率低；成年牛发病率低，但症状较重，死亡率高。当地牛对本病有抵抗力，良种牛和由外地引入的牛易感性较高。卵形巴贝斯虫的传播媒介为长角血蜱（*Haemaphysalis longicornis*），故该虫常与牛瑟氏泰勒虫混合感染。

【症状与病变】牛患巴贝斯虫病时，体温可升高到 40~42℃，呈稽留热型，迅速消瘦、贫血、黏膜苍白和黄染。最明显的症状是出现血红蛋白尿，尿的颜色由淡红色变为棕红色乃至黑红色。红细胞数降至（100 万~200 万）个/mm³，血红蛋白量减少到 25% 左右，血沉速度加快 10 余倍。红细胞大小不均，着色淡，有时还可见到幼稚型红细胞。白细胞在病初正常或减少，以后增至正常的 3~4 倍；淋巴细胞增加 15%~25%；中性粒细胞减少，嗜酸性粒细胞降至 1% 以下或消失。重症如治疗不及时，可在 4～8d 死亡。

【诊断】

1. 血检虫体　一般在发病初期，体温升高时进行，镜检时注意虫体特征。

2. 流行病学调查　注意发病季节、感染源和传播媒介——蜱的种类和活动情况。

3. 症状观察　主要特征为高热、贫血、黄疸和血红蛋白尿。

4. 免疫学诊断　可用间接荧光抗体试验和酶联免疫吸附试验诊断染虫率较低的带虫牛或进行疫区的流行病学调查。

【防治】

1. 治疗　尽可能地早确诊、早治疗。在应用特效药物杀灭虫体的同时，应根据病畜机体状况，配合以对症疗法并加强护理。常用的药物有以下几种。

三氮脒：即贝尼尔或血虫净。临用时将粉剂用蒸馏水配成 5%～7% 溶液做深部肌肉分点注射：黄牛剂量为每千克体重 3～7mg；水牛剂量为每千克体重 1mg；乳牛剂量为每千克体重 2～5mg。除水牛仅能一次用药外，其他家畜可根据情况连续使用 3 次，每次间隔 24h。动物出现不良反应时，可肌内注射阿托品解救。休药期为 28～35d。

咪唑苯脲：又称为双咪苯脲、咪唑苯脲或咪唑啉卡普。剂量为每千克体重 1～3mg，将药物粉末配成 10% 水溶液，即咪唑苯脲二盐酸盐注射液或咪唑苯脲二丙酸盐注射液，可肌内注射或皮下注射，每天 1～2 次，连用 2～4 次。该药安全性较好，仅有轻微不良反应，表现为流涎、兴奋、轻微或中等程度的疝痛、胃肠蠕动加快等症状，应用小剂量阿托品能减轻。该药最好不要用于乳牛，休药期为 28d。

硫酸喹啉脲：又称为阿卡普林或抗焦虫素。剂量为每千克体重 0.6～1mg，配成 5% 溶液，皮下或肌内注射，48h 后再注射一次效果更好。如有代谢失调或心脏和血液循环疾患，可分 2～3 次注射，每次间隔数小时。治疗时可出现胆碱能神经兴奋的症状，如站立不安、肌肉震颤、腹痛等，一般持续 30～40mim 逐渐消失；严重的患畜频频起卧、呼吸困难、呼吸和心跳加快、频排粪尿，最后可因窒息而死亡；用药前或同时可注射硫酸阿托品，以减轻或防止副作用。需注意妊娠牛使用此药物可能出现流产。

2. 预防　预防的关键在于消灭动物体及周围环境中的蜱。外地调入家畜时，要加强检疫，隔离观察，并选择无蜱活动季节进行调动。在发病季节，可进行药物预防注射。据报道咪唑苯脲的保护期可达 2～10 周，且不影响动物产生自然免疫力；台盼蓝保护期约 1 个月；三氮脒或硫酸喹啉脲约 20d。另外，目前国外一些地区已广泛应用抗巴贝斯虫弱毒虫苗或分泌性抗原疫苗进行免疫预防接种。

二、羊巴贝斯虫病

【病原】羊的巴贝斯虫主要有莫氏巴贝斯虫（*Babesia motasi*）、绵羊巴贝斯虫（*Babesia ovis*）和粗糙巴贝斯虫（*Babesia crassa*）等病原。我国存在有羊莫氏巴贝斯虫病。

1. 莫氏巴贝斯虫（*Babesia motasi*）　大型虫体，虫体大于红细胞半径，形态具有多形性，有双梨籽形、单梨籽形、圆环形、棒状、逗点形、三叶形和不规则形；典型虫体是双梨籽形虫体，以尖端相连（图 3-20）。

2. 绵羊巴贝斯虫（*Babesia ovis*）　小型虫体，长度小于红细胞半径，双梨籽形虫体大部分虫体两尖端相连。感染初期以圆形、卵圆形和单梨籽形为主；当红细胞染虫率升高后，双梨籽形、三叶形和不规则形虫体的比例也升高。

【流行特点】莫氏巴贝斯虫主要分布于欧洲、中亚、东亚、北非、印度和拉丁美洲等地区，文献记载刻点血蜱（*Haemaphysalis punctata*）、篦子硬蜱（*Ixodes ricinus*）和囊形扇头蜱（*Rhipicephalus bursa*）等可作为其传播媒介，特别是刻点血蜱。在我国主要的传播媒介是长角血蜱（*Haemaphysalis longicornis*）和青海血蜱（*H. qinghaiensis*）。虫体可经卵传递，次代幼蜱、若蜱和成蜱均具有传播能力。

羊巴贝斯虫主要分布于匈牙利、德国、罗马尼亚、保加利亚、法国、西班牙、土耳其、伊朗、伊拉克等。病原也可经卵传递。囊形扇头蜱是唯一已证实的羊巴贝斯虫的传播媒介。另外，据报道图兰扇头蜱（*R. turanicus*）、血红扇头蜱（*R. sanguineus*）和小亚璃眼蜱（*Hyalomma anatolicum*）也有可能是其传播媒介。

【症状与病变】发病初期体温高达 41～42℃，呈稽留热。心跳弱而快，呼吸浅而促。贫血黄疸，可视黏膜黄染；血液稀薄，红细胞减少至 400 万个/mm³ 以下，红细胞大小不均。严重病例可见血红蛋白尿。精神沉郁，喜卧，落群。急性病例，发病后 3～5d 死亡；慢性病例，延长至 1 个月左右死亡，有的可自愈。

【诊断和防治】可参照牛巴贝斯虫病。

第二节 牛、羊泰勒虫病

牛、羊泰勒虫病系由泰勒科的泰勒属虫体（*Theileria* spp.）寄生于牛羊红细胞和单核巨噬系统细胞内引起。寄生于血液红细胞中的虫体称为**血液型虫体**，一般比巴贝斯虫虫体更微小；寄生于单核巨噬系统细胞内的虫体称为**"石榴体"**。该病的传播媒介为硬蜱，在蜱体内存在有性繁殖过程。

一、牛泰勒虫病

我国牛泰勒虫病主要由环形泰勒虫（*Theileria annulata*）和瑟氏泰勒虫（*T. sergenti*）引起，尤其是前者更为多见。

【病原】

1. 形态特征

（1）环形泰勒虫 寄生于红细胞内的虫体为血液型虫体（配子体）。虫体小，形态多样，在各种虫体中以环形和卵圆形为主；典型虫体为环形，呈戒指状；寄生于单核巨噬系统细胞内进行裂体增殖时所形成的多核虫体为裂殖体（或称石榴体、柯赫氏蓝体）。裂殖体呈圆形、椭圆形或肾形，位于淋巴细胞或巨噬细胞胞质内或散在于细胞外（图 3-21）。

（2）瑟氏泰勒虫 除有特别长的杆状形外，其他的形态和大小与环形泰勒虫相似。它与环形泰勒虫的主要区别是在各种虫体形态中以杆形和梨籽形为主，占 67%～90%；且随着病程不同，两种形态的虫体比例会发生变化。上升期，杆形虫体为 60%～70%，梨籽形虫体为 15%～20%；高峰期，杆形虫体和梨籽形虫体均为 35%～45%；下降期和带虫期，杆形虫体为 35%～45%，梨籽形虫体为 25%～45%。

2. 发育过程 发育经过裂殖生殖、配子生殖和孢子生殖三个阶段；即感染泰勒虫的硬蜱在牛体吸血时，子孢子随蜱的唾液进入牛体，主要在脾、淋巴结等组织的单核巨噬系统细胞内进行反复裂体增殖。尔后一部分小裂殖子进入宿主红细胞内，变为配子体（血液型虫体）。幼蜱或若蜱在病牛体吸血时，将带有配子体的红细胞吸入蜱的胃内后，配子体由红细胞逸出并变为大配子、小配子，二者结合形成合子（配子生殖），进入蜱的肠管及体腔各部。当蜱完成蜕化时，再进入蜱的唾液腺细胞内开始孢子增殖，分裂产生许多子孢子，当若蜱或成蜱在牛体吸血时即造成对牛的感染。

【流行特点】环形泰勒虫病在我国的传播者主要是残缘璃眼蜱（*Hyalomma detritum*），另一种是小亚璃眼蜱（*H. anatolicum*），报道仅见于新疆南部。残缘璃眼蜱是一种二宿主蜱，经期间传递（变态过程传递）环形泰勒虫，即在蜱的同一个世代不同发育阶段传播。它主要在牛圈内生活，因此本病主要在舍饲条件下发生传播。1～3 岁龄的牛易发病；外地牛、土种牛易感且发病严重。环形泰勒虫病在世界上许多国家都有分布，在我国内蒙古、山西、河北、宁夏、陕西、甘肃、新疆、河南、山东、黑龙江、吉林、辽宁、广东、湖北、重庆、西藏都曾有过该病的报道。

环形泰勒虫病在我国内蒙古地区的流行季节是 6 月开始，7 月达高峰，8 月逐渐平息。耐过的牛成为带虫者，带虫免疫可达 2.5～6 年，但在抵抗力下降（饲养管理不良、使役过度、感染其他疾病）时，仍可复发。

瑟氏泰勒虫病在我国的传播者主要是长角血蜱（*Haemaphysalis longicornis*）。这是一种三宿主蜱，也经变态过程传递。长角血蜱主要生活在山野或农区，因此本病主要在放牧条件下发生。始发于 5 月，终止于 10 月，6—7 月为发病高峰。

【症状与病变】泰勒梨形虫子孢子随蜱吸血进入牛体后，首先侵入局部淋巴结反复进行裂体增殖，在虫体本身及其产生的毒素作用下，局部淋巴结出现肿胀、疼痛，宿主体温升高，继而虫体随血液和淋巴循环，由局部组织向全身扩散，使宿主许多组织器官受到损伤。特征性病变是全身皮下、肌间、黏膜和浆膜上均见到大量的出血点和出血斑；全身淋巴结肿大，以颈浅淋巴结，腹股沟淋巴结，肝、脾、肾、胃淋巴结表现最为明显；在第四胃黏膜上，可见到高粱米到蚕豆大的溃疡斑，其边缘隆起呈红色，中央凹陷呈灰色。严重者病变面积可达整个黏膜面的一半以上。

环形泰勒虫病常取急性经过，病牛在 3～20d 内死亡。初期体温升高达 40～42℃，以稽留热为主。后期食欲减退，反刍停止，体温下降，衰弱而死。耐过的牛则成为带虫者。瑟氏泰勒虫病的症状基本与环形泰勒虫病相似，特点是病程长（一般 10d 以上，个别可达数月），症状缓和，死亡率较低。

【诊断】根据流行病学资料（当地有无本病、传播者蜱的有无及活动情况等）、临床症状（高热、贫血及体表淋巴结肿大）、病理变化（全身性出血，淋巴结肿大，第四胃黏膜溃疡斑）考虑是否为泰勒虫病。血液涂片检出虫体是确诊本病的主要依据。此外，环形泰勒虫病可作淋巴结穿刺检查石榴体；瑟氏泰勒虫病淋巴结穿刺较难检出石榴体。

【防治】

1. 治疗 可参考采用以下药物。

磷酸伯氨喹啉：剂量为每千克体重 0.75～1.5mg，每天口服 1 次，连服 3 次。杀虫效果较好，给药后 24h，即发生作用；疗程结束后 2～3d，染虫率可降到 1% 左右。被杀死的虫体表现为变形、变色、变小，1～2 周内从红细胞内消失。

布帕伐醌：对环形泰勒虫和瑟氏泰勒虫均有良好杀灭作用，5% 注射剂按每千克体重

2.5mg 剂量肌内注射安全有效。

三氮脒：剂量为每千克体重 7mg，配成 7％溶液肌内注射，每天 1 次，连用 3d，如红细胞染虫率不下降，还可继续治疗两次。

硫酸喹啉脲：剂量为每千克体重 0.6～1mg，配成 5％溶液，皮下或肌内注射，一般 1 次即可，必要时隔日再注射 1 次。

2. 预防　关键在于灭蜱，可根据流行地区蜱的活动规律，使用杀蜱药消灭牛体上、牛舍内及环境中的蜱；在流行季节，采取避开传播者蜱的措施。发病季节也可给牛定期注射有效药物进行预防。在环形泰勒虫流行地区还可用"牛环形泰勒虫病裂殖体胶冻细胞苗"进行预防接种，接种后 20d 可产生免疫力，免疫持续期为一年以上。但此种虫苗对瑟氏泰勒虫病无交叉免疫保护作用。

二、羊泰勒虫病

羊泰勒虫病由山羊泰勒虫（*T. hirci*）或绵羊泰勒虫（*T. ovis*）引起，我国羊泰勒虫病的病原主要为山羊泰勒虫。

【病原】

1. 形态特征

（1）莱氏泰勒虫（*Theileria lestoquardi*）　又名山羊泰勒虫（*Theileria hirci*），羊泰勒虫中的代表性种类。形态与牛环形泰勒虫相似，有环形、椭圆形、短杆形、逗点形、钉子形、圆点形等多种形态。以圆形虫体最多见，其直径为 0.6～1.6m。一个红细胞内一般只有 1 个虫体，有时可见到 2～3 个。红细胞染虫率 0.5％～30％，最高达 90％以上。裂殖体的形态与牛环形泰勒虫相似，可在淋巴结、脾、肝等的涂片中查到。

（2）绵羊泰勒虫（*T. ovis*）　血液性虫体也呈多形性，以圆形和梨籽形虫体为主，其中圆形虫体最多，直径为 1.0～1.9μm；梨籽形虫体次之，针形和马耳他型虫体极少。裂殖体稀少或没有（图 3 - 22）。

2. 发育过程　羊泰勒虫病传播方式为期间传播，不能经卵传递。幼蜱阶段感染，若蜱传播；若蜱阶段感染，成蜱传播。尤氏泰勒虫（*T. uilenbergi*）和吕氏泰勒虫（*T. luwenshuni*）主要分布于我国北方地区；在我国南方和华中地区，未见尤氏泰勒虫的报道，而有吕氏泰勒虫的报道；两者的传播媒介为青海血蜱（*Haemaphysalis qinghaiensis*）和长角血蜱（*Haemaphysalis longicornis*）。绵羊泰勒虫目前仅在我国新疆南疆地区发现，证实小亚璃眼蜱（*Hyalomma anatolicum*）为其传播媒介。

【流行特点】羊泰勒虫病在我国四川、甘肃和青海省曾陆续发生过，地方性流行。

在甘肃省大部分地区，羊泰勒虫病发生于每年 3 月中旬至 6 月中旬，发病高峰期为 4 月上旬至 5 月中旬，9 月中旬至 1 月初亦可见到病羊，但死亡率较低。发病羊只年龄多在 1～6 月龄，成年羊发病率和病死率较低。绵羊和山羊均有发病，绵羊发病率稍高。外地引进羊发病较重。

【症状与病变】虫体寄生于红细胞和巨噬细胞、淋巴细胞内。潜伏期 4～12d。病羊精神沉郁，食欲减退，体温升高到 40～42℃，稽留 4～7d，呼吸促迫，反刍及胃肠蠕动减弱或停止。有的病羊排恶臭稀粥样粪便，杂有黏液或血液。个别羊尿液混浊或血尿。结膜初充血，继而出现贫血和轻度黄疸，体表淋巴结肿大有痛感。肢体僵硬，以羔羊最明显，有的羊行走时前肢提举困难或后肢僵硬，举步十分艰难；有的羔羊四肢发软，卧地不起。病程6～12d。

病理剖检特点为尸体消瘦，血液稀薄，皮下脂肪胶冻样，有点状出血。全身淋巴结呈不同程度肿胀，以肩前、肠系膜、肝、肺等处较显著，切面多汁、充血，有一些淋巴结呈灰白色，有时表面可见颗粒状突起。肝脾肿大。肾呈黄褐色，表面有结节和小点出血。皱胃黏膜上有溃疡斑。肠黏膜上有少量出血点。

【诊断】 根据临床症状、流行病学资料和尸体剖检可做出初步诊断，在血片和淋巴结或脾脏涂片上发现虫体即可确诊。另外，国内外均建立了羊的泰勒虫病 ELISA 诊断方法，可用于血清流行病学调查；还可以利用分子生物学检测技术，如 PCR、反向线状印迹（RLB）和 LAMP 等，进行病原核酸检测和虫种鉴定。

【防治】 治疗可用三氮脒、咪唑苯脲或硫酸喹啉脲、蒿甲醚或青蒿琥酯等药物。

预防首先要做好灭蜱工作。在发病季节对羔羊可应用三氮脒、咪唑苯脲进行药物预防。

第三节　牛、羊球虫病★★★★★

牛、羊球虫病由艾美耳科（Eimeriidae）艾美耳属（*Eimeria*）球虫或等孢属（*Isospora*）球虫引起。球虫为细胞内寄生虫，不同种类对宿主和寄生部位有严格的选择性。球虫是否引起发病，取决于球虫的种类、感染强度、宿主年龄及抵抗力、饲养管理条件及其他外界环境因素。严重的球虫病对牛羊养殖业危害也比较大。

一、牛球虫病

牛球虫病是牛常见的寄生虫病，是由艾美耳科（Eimeriidae）艾美耳属（*Eimeria*）或等孢属（*Isospora*）球虫引起，以出血性肠炎为特征，多发生于犊牛。临床上表现为渐进性贫血、消瘦及血痢。

【病原】

1. 形态特征　牛的球虫有10种，其中9种为艾美耳属球虫（*Eimeria* spp.），另外一种为阿沙卡等孢球虫（*I. akscaica*）。主要寄生于牛的小肠下段和整个大肠的上皮细胞内。其中以邱氏艾美耳球虫（*E. zurnii*）和牛艾美耳球虫（*E. bovis*）常见且致病力最强。

（1）邱氏艾美耳球虫　卵囊为圆形或椭圆形，低倍显微镜下观察为无色，高倍镜下呈淡玫瑰色。原生质团几乎充满卵囊。囊壁光滑为两层，厚0.8～1.6μm，外壁无色，内壁为淡绿色。无卵模孔，无内外残体。卵囊大小（17～20）μm×（14～17）μm。孢子化时间是48～72h。主要寄生于直肠，有时在盲肠和结肠下段也能发现。

（2）牛艾美耳球虫　卵囊呈卵圆形，低倍显微镜下呈淡黄玫瑰色。卵囊壁光滑两层，内壁为淡褐色，厚约0.4μm；外壁无色，厚1.3μm。卵模孔不明显，有内残体，无外残体。卵囊大小为（27～29）μm×（20～21）μm。孢子化时间为2～3d。寄生于小肠、盲肠和结肠。

2. 发育过程　发育史基本上同鸡艾美耳球虫相似，经过宿主体内发育（裂殖生殖和配子生殖）和外界环境发育（孢子生殖）阶段。邱氏艾美耳球虫的潜隐期（prepatent period，即从感染到排出卵囊的期间）为15～17d。

【流行特点】 各个品种的牛对艾美耳球虫都有易感性。不同月龄的小牛感染情况不同，2岁以内的犊牛发病率高，死亡率亦高；老龄牛常呈隐性感染。感染来源主要是成年带虫牛及临床治愈的牛，它们不断地向外界排泄卵囊而使病原广泛存在。舍饲牛主要由于饲料、垫草、母牛的乳房被粪污染，使犊牛遭受感染。自然条件下，一般都是几种球虫混合感染，且各种球虫的感染率也不完全相同。

本病多发于温暖多雨的放牧季节，特别是在潮湿、多沼泽的牧场上时最易发病，因为潮湿的环境有利于球虫卵囊的发育和存活。据报道，北京、天津、长春等地乳牛球虫病多发生于6—9月。卵囊对外界环境的抵抗力特别强，在土壤中可存活半年以上。不良环境条件及患某些传染病（如口蹄疫等）、寄生虫病（消化道线虫）时，容易诱发犊牛球虫病。牛群拥挤和卫生条件差会增加发生球虫病的危险性。

【症状与病变】 牛球虫主要寄生于小肠下段和整个大肠的上皮细胞内，可引起肠壁炎症，细胞崩解，出血；产生的有毒物质蓄积在肠道中，被宿主吸收后会引起全身中毒。感染10万个以上卵囊，可产生明显的临床症状；感染25万个卵囊以上时，可致犊牛死亡。

牛球虫病的潜伏期为2～3周，有时达1个月。急性型病程通常为10～15d，个别情况时，发病后1～2d犊牛死亡。初期精神沉郁，被毛松乱，体温升至40～41℃，瘤胃蠕动及反刍停止，肠蠕动增强，排带血稀便，有恶臭。病的后期，粪便呈黑色，几乎全为血便，体温下降，极度贫血和衰弱。慢性病牛一般在发病后3～5d逐渐好转，但腹泻和贫血症状持续存在数月。牛艾美耳球虫引起的严重病变出现在盲肠、结肠和回肠后段处。肠黏膜充血、水肿，有出血斑和弥散性出血点，肠腔中含大量血液。病牛有时伴发神经症状，其发病率占球虫病牛的20%～50%，表现为肌肉震颤，痉挛，角弓反张，眼球震颤且偶有失明。具有神经症状的球虫病病牛，死亡率高达50%～80%。

【诊断】 生前诊断可用饱和盐水漂浮法检查粪便中的卵囊；死后剖检可作寄生部位肠黏膜抹片，观察裂殖子（香蕉形）和卵囊。确诊要结合虫体种类、流行病学资料（季节、饲养条件及感染强度）、临床症状（腹泻、血便、粪便恶臭）及病理变化（直肠出血性炎症和溃疡）等进行综合判定。单纯根据粪便中有无卵囊作出诊断，常会造成误诊，因为在粪便中找到少量卵囊，并不表示该牛发生了球虫病。

在实践中应注意球虫病与大肠杆菌病的鉴别诊断，后者多发于出生后数日内的犊牛；而球虫病则多发生于1月龄以上的犊牛；大肠杆菌病的病变特征之一是脾脏肿大，而球虫病不直接侵害脾脏。慢性型球虫病还应与副结核病相鉴别：副结核病病程长，体温不升高，粪内间或有血丝，但无球虫卵囊。牛的某些寄生线虫病，如牛新蛔虫病、乳突类圆线虫病和毛圆线虫病也能引起犊牛腹泻，但这几种线虫病都可在粪便中检查到特征性线虫卵。

【防治】

1. 治疗 可参考使用下列药物。

磺胺类药物：如磺胺二甲基嘧啶、磺胺六甲氧嘧啶等，可减轻症状，抑制病情发展，剂量为每千克体重140mg，口服，每天2次，连服3d。磺胺类药物轻度毒性反应，一般停药后即可自行恢复，用药过程中可适当增加给水量；肝肾功能不良的动物以及脱水、少尿、酸中毒和休克病畜使用应慎重。如发生严重中毒反应时，除立即停药外，可静脉注射补液剂和碳酸氢钠，并采取其他综合治疗措施。

氨丙啉：剂量为每千克体重20～50mg，口服，连用5～6d，可抑制球虫的繁殖和发育，并有促进增重和饲料转化的效果。大剂量可引起多发性神经炎，维生素 B_1 可预防毒性反应。

莫能霉素：是一种有良效的抗球虫药，同时也是生长促进剂，推荐量是每吨饲料中加入 $16\sim33g$。屠宰前 3d 停药。

癸氧喹酯：也叫乙羟喹啉。每千克体重 $0.5\sim0.8mg$，口服，对卵囊产生有抑制作用。注意球虫易对该药产生耐药性。

妥曲珠利：5%混悬液，每千克体重 15 mg，一次口服。

2. 预防　在流行地区，应当采取隔离、治疗、消毒等综合性措施。成年牛与犊牛最好分开饲养；发现病牛后应立即隔离治疗；哺乳母牛的乳房要经常擦洗；定期用开水、3%～5%热碱水消毒地面、牛栏、饲槽、饮水槽等，一般每周一次。牛圈要保持干燥；粪便要及时清除，集中进行生物热发酵处理；要保持饲料和饮水的清洁卫生。

药物预防可用氨丙啉，以每千克体重 5mg 混入饲料，连用 21d；莫能菌素以每千克体重 1mg 混入饲料，连用 33d；都可抑制牛球虫病的发生。

二、羊球虫病

绵羊和山羊的球虫病均由艾美耳属（*Eimeria*）球虫引起，是一种急性或慢性肠炎性疾病。绵羊球虫有 14 种，山羊球虫有 15 种，寄生于绵羊或山羊的肠道中。其中，阿氏艾美耳球虫（*E. ahsata*）对绵羊致病力最强，雅氏艾美耳球虫（*E. ninakohlyakimovae*）对山羊致病力最强。

【病原】

1. 形态特征

（1）阿氏艾美耳球虫　卵囊呈卵圆形或椭圆形，有卵模孔和极帽。卵囊壁光滑两层，外层无色，厚 $1\mu m$；内层褐黄色，厚 $0.4\sim0.5\mu m$。无外残体而有内残体。孢子化时间为 $48\sim72h$。卵囊平均大小为 $27\mu m\times18\mu m$。寄生于宿主小肠。

（2）雅氏艾美耳球虫　卵囊呈卵圆形或椭圆形，平均大小为 $23\mu m\times18\mu m$。卵囊壁光滑两层，外层无色或稍呈淡黄色，厚 $1\mu m$；内层淡黄褐色，厚 $0.4\mu m$。无卵模孔，也无极帽，无内外残体。孢子化时间是 $24\sim48h$。寄生于宿主小肠后段、盲肠和结肠。

山羊粪便中艾美耳球虫卵囊见图 3-23。

2. 发育过程　羊的艾美耳球虫发育与其他艾美耳属球虫相似。雅氏艾美耳球虫在回肠进行第一代裂殖生殖，在盲肠和结肠的滤泡细胞中进行第二代裂殖生殖，在大肠进行配子生殖。雅氏艾美耳球虫除了寄生于宿主肠道细胞外，还可以寄生于肝脏胆管上皮细胞。

【流行特点】羊的艾美耳球虫发育史与致病作用与其他艾美耳属球虫相似。各个品种的绵羊、山羊对球虫病均有易感性。成年羊一般都是带虫者，羊羔极易感染且发病严重，时有死亡。流行季节多半在春、夏、秋三季，感染率视各地气候条件而定。在春、夏季骤然更换饲料时，感染率往往较高，在低湿的牧场上放牧或在潮湿的羊圈中饲养很容易感染。

【症状与病变】1 岁以内的羔羊症状最为明显。病羊精神不振，食欲减退或消失，渴欲增加，被毛粗乱，可视黏膜苍白，腹泻，粪便中常杂有血液、黏膜和脱落的上皮，粪恶臭，含大量卵囊。时见病羊肚胀，被毛脱落，眼和鼻的黏膜有卡他性炎症，消瘦迅速，常发生死亡，死亡率通常在 10%～25%，有时高达 80%。急性经过为 $2\sim7d$，慢性者可迁延数周。

病理剖检可见小肠黏膜上有淡黄白色、圆形或卵圆形的结节，粟粒或绿豆大，常常成簇分布。这些结节从浆膜面也能看见。此外，十二指肠和回肠段卡他性炎症，有点状或带状出血。尸体消瘦，后肢和尾部污秽（图3-24、图3-25）。

【诊断】 因为带虫现象在羊群中极为普遍，所以单凭粪检发现球虫卵囊而进行诊断是不可靠的。在粪检的同时还要根据动物的年龄、发病季节、饲养管理条件、症状、病理剖检等加以综合判定。

【防治】 治疗可用下述药物。

氨丙啉：剂量为每千克体重20mg，连喂4～5d。

磺胺二甲基嘧啶：第1天剂量为每千克体重200mg，后改为每千克体重100mg，连用4d。

莫能霉素：山羊，饲料内添加，剂量为每千克体重22mg，连喂7～10d。

拉沙里菌素：绵羊，每只羊每天用量为15～17mg，连用7～10d。

可用地克珠利、妥曲珠利、莫能霉素和癸氧喹酯等药物进行预防。

第四节 牛胎儿毛滴虫病

牛胎儿毛滴虫病是由三毛滴虫属的胎儿三毛滴虫（*Tritrichomonas foetus*）寄生于牛生殖道引起的疾病。胎儿三毛滴虫见于病畜的阴道分泌物中，通过配种传播。该病分布于世界各地，我国也有发生。

【病原】

1. 形态特征 新鲜阴道分泌物中的虫体呈纺锤形、梨形、西瓜子形或长卵圆形，混杂于上皮细胞与白细胞之间，进行活泼的蛇形运动，这时不易看出虫体鞭毛，运动减弱时才能看见。牛胎儿三毛滴虫的形状随环境变化而发生改变，在不良条件下，如病料存放时间稍长，则多数虫体近似圆形，透明，失去鞭毛和波动膜，不易辨认，应注意与白细胞相区别。

吉姆萨染色标本中，虫体呈纺锤形或梨形，长9～25μm，宽3～10μm；细胞前半部有核，核前有动基体，由此伸出4根鞭毛，3根向前游离，1根向后以波动膜与虫体相连，至虫体后部成游离鞭毛。虫体中部有一轴柱，起于虫体前部，并穿过虫体中线向后延伸，其末端突出于体后端。

2. 发育过程 胎儿三毛滴虫属于胞外寄生虫，虫体主要寄生于母牛的阴道、子宫及公牛的包皮鞘内，母牛妊娠后寄生于胎儿的第4胃内及胎盘和胎液中。感染多发生于配种季节，通过交配传播；人工授精时因精液中带虫或人工授精器械的污染也可造成传染。生活史过程中无包囊阶段，滋养体以纵分裂方式繁殖，虫体从宿主获取脂类和脂肪酸，以提供自身营养需求。偶尔从胎儿肠道和肺部分离到虫体，很可能是吞咽或吸入了子宫中的羊水所致。

【流行特点】 虫体主要寄生于母牛的阴道、子宫及公牛的包皮鞘内，母牛妊娠后寄生于胎儿的第4胃内及胎盘和胎液中。感染多发生于配种季节，通过交配传播；人工授精时因精液中带虫或人工授精器械的污染也可造成传染。牛胎儿三毛滴虫在20～22℃室温下的病理材料里，可存活3～8d；在粪尿中存活18d。能耐受较低温度，如在0℃时存活2～18d；在家蝇肠道中，能存活8h。对高温及消毒药的抵抗力很弱。

公牛在临床上往往没有明显症状，但可带虫达3年之久，在本病的传播上起相当大的作用。饲养条件对本病有一定影响，当放牧和供给全价饲料（富含维生素A、B族维生素和矿物质）时，可提高牛对本病的抵抗力。

胎儿三毛滴虫也可感染猫，在猫大肠黏膜中以二分裂方式繁殖。猫感染该病通过粪-口途径传播，不存在性传播途径。

【症状与病变】公牛感染后可引起包皮炎症，黏膜上可出现粟粒大的结节，有痛感，不愿交配或交配时不射精。母牛感染后发生阴道炎、子宫颈炎及子宫内膜炎等。初期阴道黏膜红肿，以后从阴道内流出灰白色混有絮状物的黏性分泌物，阴道黏膜出现小丘疹，后变为粟粒大结节。探诊阴道时，感觉黏膜粗糙，如同触及砂纸一般。当子宫发生化脓性炎症时，体温往往升高，泌乳量显著下降。病情进展为不发情、不妊娠或妊娠1～3个月发生死胎或流产。

【诊断】凡畜群繁殖异常，早期流产，母畜常需多次发情交配才能受孕，常见阴道分泌物增加，子宫蓄脓等情况呈现时，应怀疑为本病，此时应查找虫体进行确诊。

检查病料可取病畜的生殖道分泌物或冲洗液、胎液、流产胎儿的第4胃内容物等，采集后应尽快进行检查。可将病料立即放于载玻片上并防止干燥，未染色的标本主要检查活动的虫体；也可将标本固定，用吉姆萨染液或苏木素染液染色后检查，牛胎儿三毛滴虫的鞭毛清晰易见，体内构造色泽分明，细胞质多呈浅蓝色，有时略带红色；核、染色质粒、鞭毛及波动膜等结构均呈深红色或浅红色。也可取病牛阴道分泌物或包皮冲洗液为病料，接种于妊娠豚鼠的腹腔内，接种后1～20d可以使妊娠豚鼠发生流产，在其流产胎儿的消化道和胎盘里可查出大量胎儿三毛滴虫。

【防治】

1. 治疗 虫体对消毒药抵抗力不强，可用0.2%碘液、8%鱼石脂甘油溶液、0.1%黄色素（吖啶黄）、1%三氮脒（血虫净、贝尼尔）药液冲洗患畜的生殖道，在30min内，可使牛胎儿三毛滴虫死亡。此外，1%大蒜酒精浸液、0.5%硝酸银溶液也很有效。在5～6d内，可用上述药液洗涤2～3次，为一个疗程。根据生殖道的情况，可按5d的间隔，实施2～3个疗程。

2. 预防 对新引进的牛，须隔离检查有无胎儿三毛滴虫病。严防母牛与来历不明的公牛自然交配。加强病牛群的卫生工作，并经常用来苏儿和克辽林溶液消毒，清除感染和携带病原的动物。存在该病的奶牛场可通过停止自然交配、淘汰公牛以及使用商品化精液等方法解决。

第五节　牛、羊吸虫病

一、歧腔吸虫病

歧腔吸虫病是由歧腔科歧腔属（*Dicrocoelium*）的矛形歧腔吸虫（*D. dendriticum*）或中华歧腔吸虫（*D. chinensis*）引起。虫体寄生在牛、羊、猪、骆驼、马、驴和兔等动物的胆管和胆囊中，偶尔也见于人体。

【病原】

1. 形态特征

（1）矛形歧腔吸虫　狭长呈矛形，体壁光滑半透明，大小为（6.67～8.34）mm×（1.61～2.14）mm（图3-27）。腹吸盘大于口吸盘。两个睾丸前后排列或斜列于腹吸盘的后方。卵巢圆形，位于睾丸后方扁右。卵黄腺位于体中部两侧。子宫弯曲，充满虫体的后半部，内含大量虫卵。虫卵似卵圆形，黄褐色，具卵盖，大小为（34～44）μm×（29～33）μm。

（2）中华歧腔吸虫　与矛形歧腔吸虫最主要的区别是两个睾丸左右并列。

2. 发育过程　歧腔吸虫在其发育过程中需要两个中间宿主：第一中间宿主为陆地螺（蜗牛）；第二中间宿主为蚂蚁，且两种歧腔吸虫的中间宿主蜗牛和蚂蚁的种类并不完全一致。虫卵随终末宿主粪便排至体外，被第一中间宿主蜗牛吞食后，在其体内孵出毛蚴，进而发育为母胞蚴、子胞蚴和尾蚴。当含尾蚴的黏性球从螺体排出后，被第二中间宿主蚂蚁吞食，尾蚴在其体内形成囊蚴。动物吃草时吞食了含囊蚴的蚂蚁而感染。虫体经十二指肠到达胆管内寄生，逐渐发育为成虫，然后产卵。

【流行特点】本病的分布几乎遍及世界各地，多呈地方性流行。宿主极其广泛，且随动物年龄的增加，其感染率和感染强度也逐渐增加。虫卵和在第一、二中间宿主体内的各期幼虫均可越冬，且不丧失感染性。

【症状与病变】由于虫体在胆管内的机械性刺激和毒素作用，可引起胆管卡他性炎症、胆管壁增厚、肝肿大。但多数牛羊症状轻微或不表现症状。严重感染时，尤其在早春，可能会表现出严重的症状。一般表现为慢性消耗性疾病的临床特征，如精神沉郁、食欲不振、渐进性消瘦、可视黏膜黄染、贫血、颌下水肿、腹泻、行动迟缓、喜卧等，严重的病例可导致死亡。

【诊断】在流行病学调查的基础上，结合临床症状，可用水洗沉淀法进行粪便虫卵检查。死后剖检可在胆管中发现大量虫本，即可确诊。

【防治】可参考选用下列药物。

1. 治疗

阿苯达唑：绵羊为每千克体重 30～40mg；牛为每千克体重 10～15mg；配成 5％的悬混液，经口灌服，疗效甚好。

吡喹酮：口服剂量，绵羊为每千克体重 50～70mg；油剂腹腔注射剂量，绵羊为每千克体重 50mg，牛为每千克体重 35～45mg；疗效都在 96％以上。治疗量对动物安全，偶尔出现体温升高、肌肉震颤及臌气等，多能自行耐过。休药期为 28d。

三氯苯丙酰嗪：也叫三氯苯派嗪。内服一次剂量，牛为每千克体重 30～40mg，羊为每千克体重 40～60mg，配成 2％的混悬液，经口灌服。对牛矛形双腔吸虫，一般需用药 2 次以上，才能杀灭所有虫体。产奶牛用药后 30d 内乳汁有异味，不宜供人食用。

2. 预防　最好在每年的秋后和冬季定期对所有患畜进行驱虫，以防虫卵污染草场，坚持 2～3 年后可达到净化草场的目的；同时要灭螺、灭蚁；加强饲养管理。

二、阔盘吸虫病

阔盘吸虫病由双腔科阔盘属（*Eurytrema*）的吸虫引起，虫体主要寄生在牛、羊、骆驼等反刍动物胰脏的胰管内，有时也可寄生在胆管和十二指肠，猪和人也可感染。

【病原】

1. 形态特征　阔盘吸虫大小介于肝片吸虫和双腔吸虫之间，虫体厚而扁平，呈长卵圆形。我国报道常见的有 3 种：胰阔盘吸虫（*E. pancreaticum*）、腔阔盘吸虫（*E. coelomatioum*）

和枝睾阔盘吸虫（*E. cladorchis*）。

胰阔盘吸虫体长 8～16mm，宽 5～5.8mm。显微镜下观察，口吸盘较腹吸盘大；两个睾丸呈圆形或略分叶，左右排列在腹吸盘稍后方；雄茎囊长管状，位于腹吸盘前方与肠管分枝之间；生殖孔开口于肠管分叉处的后方；卵巢分叶，位于睾丸之后；子宫弯曲在虫体后半部，内充满虫卵；颗粒状卵黄腺位于虫体中部两侧。虫卵呈黄棕色或深褐色，椭圆形，两侧稍不对称，一端有卵盖，大小为（42～50）μm×（26～33）μm，内含一个椭圆形的毛蚴。

腔阔盘吸虫呈短椭圆形，口吸盘和腹吸盘大小相近，体后端具一明显的尾突。枝睾阔盘吸虫呈前端尖、后端钝的瓜子形，口吸盘小于腹吸盘。

2. 发育过程 阔盘吸虫的发育需要两个中间宿主。卵随胰液到消化道后经粪便排出，被第一中间宿主陆地螺蛳（蜗牛）吞食后，经毛蚴、母胞蚴、子胞蚴阶段，然后将含有尾蚴的成熟子胞蚴排出螺体，再被第二中间宿主草螽或针蟀所食，在第二中间宿主体内形成囊蚴。牛羊在牧地上吞食了含有囊蚴的草螽或针蟀而感染，之后幼虫逸出，进入终末宿主胰管中发育为成虫后产卵。

阔盘吸虫的整个发育时间较长，需 10～16 个月，才能从卵发育为成虫。

【流行特点】阔盘吸虫病呈世界性分布，我国的东北、西北牧区及南方各省都有本病流行，主要发生在有水和潮湿的环境地区，牛、羊感染多在 7—10 月，在冬春季节发病。

【症状与病变】虫体的机械性刺激和排出的毒性物质作用，使胰管发生慢性增生性炎症。胰管增厚，管腔狭小，重度感染时管腔完全闭塞，导致患畜胰脏功能异常，引起消化不良。患畜表现为消瘦，贫血，颌下、胸前出现水肿，腹泻，粪便常含有黏液，严重时可导致死亡。

【诊断】可用水洗沉淀法进行粪便检查，发现虫卵作为诊断的依据；剖检时发现虫体即可确诊。

【防治】治疗可用吡喹酮，羊按每千克体重 60～70mg，牛按每千克体重 35～45mg，一次口服；或按每千克体重 30～50mg，用液体石蜡或植物油配成灭菌油剂，腹腔注射；均有较好的疗效。其休药期为 28d，弃奶期为 7d。

预防应根据当地情况采取综合措施，包括定期驱虫、控制中间宿主、切断生活史环节、加强饲养管理等。

三、东毕吸虫病

东毕吸虫病系分体科东毕属（*Orientobilharzia*）的吸虫所引起。成虫寄生于牛羊及其他哺乳动物门脉血管系统中。土耳其斯坦东毕吸虫（*O. turkestazicum*）为常见的种类。

【病原】

1. 形态特征 东毕吸虫线状，呈 C 形弯曲，雌雄异体，但雌雄经常呈抱合状态。雄虫粗大乳白色，雌虫细小棕色。腹吸盘常突出于体表，无咽，食道在腹吸盘前方分为两条肠管，后又合并为一条，抵达体末端。雄虫大小为（4.39～4.56）mm×（0.36～0.42）mm。体壁向腹面蜷曲，形成抱雌沟。睾丸数目为 78～80 个，呈不规则的双行排列，位于腹吸盘后体壁的背侧方。生殖孔开口于腹吸盘后方。雌虫大小为（3.95～5.73）mm×（0.07～0.116）mm，通常生活在雄虫的抱雌沟内。卵巢呈螺旋状扭曲，位于两肠管合并处的前方。

卵黄腺在肠单支的两侧。子宫短，在卵巢前方，其内通常只有一个虫卵。虫卵大小为（72～74）μm×（22～26）μm，无卵盖，两端各有一个附属物，一端较尖，另一端钝圆。

2. 发育过程　雌虫在终末宿主肠系膜静脉内寄生产卵。卵从破溃的肠黏膜下末梢血管落入肠腔，含有毛蚴的虫卵随粪便排出，在适宜的条件下孵出毛蚴，毛蚴在水中遇到中间宿主（淡水螺蛳），即钻入螺体内，经母胞蚴、子胞蚴发育成尾蚴。尾蚴自螺体逸出，进入水中，易感动物在有水的地方吃草或饮水时经皮肤感染。

【流行特点】东毕吸虫病发生具有季节性，多发于每年 5—10 月。成年牛、羊的感染率往往比幼龄动物的高，黄牛和羊的感染率又比水牛的高。本病常呈地方性流行，在青海、宁夏、内蒙古的个别地区十分严重，感染强度可高达 1 万～2 万条，可引起大批羊只死亡，也有许多牛死亡的报道。

【症状与病变】尾蚴的侵袭及其在体内的移行，会引起一系列的组织损伤、炎症和出血。虫体机械性的刺激和有毒代谢产物的作用对患畜的危害更严重。当门静脉循环受到机械性阻碍时会发生腹水；肝细胞的损伤会导致肝硬化。本病多取慢性经过，患畜表现腹泻、贫血、消瘦、颌下与腹下水肿、发育障碍。虫体大量寄生时，则可引起急性死亡。

【诊断】①生前诊断：在流行病学资料分析的基础上，结合临床症状，采用毛蚴孵化法作出诊断。②死后诊断：剖检发现虫体即可确诊。

【防治】

1. 治疗

硝硫氰胺：剂量为每千克体重 4mg，以 2％水悬液静脉注射；或以 10％的水悬液，按每千克体重 15mg 经第三胃投服；或 10％的水悬液肌内一次多点注射，黄牛为每千克体重 20～25mg，水牛为每千克体重 15～20mg。肝功能不全、妊娠或泌乳动物禁用。

吡喹酮：剂量为每千克体重 60～80mg，分两次内服。

2. 预防　应定期检查易感动物，并在尾蚴停止感染的秋后进行冬季驱虫。采用药物或生物方法灭螺。加强易感动物的粪便管理。在该病流行区，动物最好饮用井水或自来水。

四、前后盘吸虫病

前后盘吸虫病是由前后盘科（Paramphistomidae）各属的多种前后盘吸虫引起。成虫主要寄生于牛、羊等反刍兽的瘤胃壁上；幼虫移行寄生于真胃、小肠、胆管、胆囊时，可引起较严重的疾病，甚至导致死亡。

【病原】

1. 形态特征　前后盘吸虫种类繁多，虫体的大小、颜色、形状及内部形态结构均因种类不同而有差异（图 3 - 28）。虫体长度从数毫米到 20mm 不等，色彩多呈粉红色，也有的呈乳白色。但在形态结构上具有某些共同特征，即虫体肥实呈圆筒、圆锥或大米粒状。腹吸盘位于虫体后端，且显著大于口吸盘，称为后吸盘，故名前后盘吸虫。虫体角皮光滑，缺咽，睾丸多分叶，常位于圆形卵巢之前。卵黄腺位于虫体两侧。虫卵呈淡灰色，椭圆形。

2. 发育过程　生活史类似于肝片吸虫。成虫在终末宿主的瘤胃内产卵，卵随粪便排至体外，在适宜的环境条件下孵出毛蚴。毛蚴在水中遇到适宜的中间宿主——扁卷螺，即钻入其体内，逐渐发育为胞蚴、雷蚴和尾蚴。尾蚴离开螺体后，附着在水草上形成囊蚴。牛、羊吞食含囊蚴的水草后感染。囊蚴到达肠道后，童虫从囊内游离出来，先在小肠、胆管、胆囊和真胃内移行寄生数十天，最后到瘤胃中经3个月发育为成虫。

【流行特点】前后盘吸虫病在我国各地普遍存在，时有碰到。不仅感染率高，而且感染强度也比较大。有水的环境地区和多雨年份容易发生，南方可常年感染，北方主要是5—10月感染。

【症状与病变】成虫危害较轻，主要是童虫在移行期间可引起小肠和真胃黏膜水肿出血，发生出血性胃肠炎。患畜可表现为顽固性腹泻，粪便呈粥样或水样，常有腥臭；表现为消瘦、贫血、颌下水肿、黏膜苍白；最后呈严重的消耗性恶病质状态，卧地不起，因衰竭而死亡。

【诊断】成虫寄生时可用水洗沉淀法在粪便中找虫卵。虫卵的形态与肝片吸虫很相似，但颜色为淡灰色；童虫引起的疾病，其生前诊断主要是结合症状，分析流行病学资料作出推断；剖检在瘤胃发现虫体，即可确诊。

【防治】治疗可用氯硝柳胺，牛按每千克体重50～60mg，羊每千克体重70～80mg，一次口服；也可使用硫双二氯酚等药物进行治疗。

预防措施主要是在流行地区，定期驱虫、消灭中间宿主和加强饲养卫生管理。驱虫后的粪便应堆积发酵以产热而杀灭虫卵。在放牧地区消灭椎实螺，放牧时尽可能选择高燥地区。动物饮水最好用自来水、井水或流动的河水，保持水源的清洁。

第六节 牛、羊绦虫病

牛、羊绦虫病由裸头科莫尼茨属（*Moniezia*）、曲子宫属（*Helictometra*）及无卵黄腺属（*Avitellina*）的数种绦虫寄生于小肠中引起，对羔羊和犊牛危害严重。各属绦虫仅在病原体形态上有差异，生活史及其他方面大致相同，多呈混合感染。

【病原】

1. 形态特征

（1）莫尼茨绦虫　大型绦虫，长1～5m。头节小，无顶突和小钩（图3-29）。体节宽，内有两套生殖器官，生殖孔开口于节片两侧，虫体外观边缘整齐。卵巢和卵黄腺在近体两侧处构成花环状。睾丸数百个，分布于整个体节内。莫尼茨绦虫卵内有灯泡样的梨形器，内含六钩蚴。

扩展莫尼茨绦虫（*M. expansa*）和贝氏莫尼茨绦虫（*M. benedeni*）的主要区别是虫体节间腺的形态不同。扩展莫尼茨绦虫节间腺为一排小的圆形囊状物，沿节片后缘分布；而贝氏莫尼茨绦虫的节间腺呈密集的小点组成的带状，位于节片后缘的中央。

（2）曲子宫绦虫　大小与莫尼茨绦虫类似（图3-30），主要特征是体节中仅有一套生殖器官，生殖孔左右不规则地交替排列；由于雄茎囊外伸，因此，虫体两侧外观边缘不整齐。孕卵节片子宫呈波状弯曲。虫卵无梨形器。每5～15个虫卵被包在一个副子宫器内。

（3）无卵黄腺绦虫　虫体窄细，宽度仅为2～3mm，因而眼观分节不明显。成节内有一套生殖器官，生殖孔左右不规则地交替排列在节片侧缘，子宫位于节片中央，无卵黄腺。

2. 发育过程　终末宿主将孕节和虫卵随粪便排至体外，被中间宿主——甲螨（地螨、土壤螨）吞食后，六钩蚴从虫卵内出来，逐渐发育为具有感染性的似囊尾蚴。反刍兽吃草时吞食了含似囊尾蚴的甲螨而感染，虫体经 45～60d 发育为成虫。

【流行特点】牛羊绦虫为全球性分布。在我国西北、内蒙古和东北的广大牧区，几乎每年都有不少的羔羊和黄牛死于本病；西南、华中及东南各省的牛羊也经常感染；农区虽不如牧区严重，但亦有局部沉行。本病的流行与地螨生态特性密切关系。地螨在适当的温度、高湿度和阴暗而富有腐殖质的土壤中极易滋生，反之在日照强或干燥的环境则不能生存。

【症状与病变】虫体大且生长快，可夺取大量营养，导致动物发育不良；寄生数量多时，可引起肠堵塞、肠套叠、肠扭转和肠破裂；虫体的大量代谢产物常引起宿主中毒。成年动物一般临床症状不明显，幼龄动物最初的表现是精神不振，离群，粪便变软，后发展为腹泻，进而加剧为衰弱，贫血，有的有神经症状，可能导致死亡。

【诊断】清理牛舍时，注意查看新鲜粪便，可能找到活动性的孕卵节片，将其夹在两块载玻片间压薄，根据虫体的构造便可诊断。还可采用漂浮法或沉淀法检查粪便中的虫卵，结合临床症状和流行病学资料分析进行确诊。

【防治】

1. 治疗

吡喹酮：每千克体重 10～15mg，一次口服。

氯硝柳胺：又名灭绦灵，剂量为每千克体重 60～70mg，配成 10%水悬液灌服。动物给药前应隔夜禁食，牛羊休药期为 28d。

阿苯达唑：每千克体重 10～20mg，配成 1%水悬液灌服。

甲苯咪唑：牛每千克体重 10mg，羊每千克体重 15mg，一次口服。

2. 预防 由于动物在早春放牧开始就可感染，因此，应在放牧后 4～5 周时进行"成虫期前驱虫"；此次驱虫后 2～3 周，最好再进行第二次驱虫。经过驱虫的动物要及时地转移到干净的牧场。污染的牧地空闲 2 年后可以净化。土地经过几年的耕作后，甲螨量会大大减少，有利于绦虫病的预防。尽可能地避免在低湿地、清晨、黄昏和雨后放牧，以减少感染机会。

第七节 脑多头蚴病

脑多头蚴病又称脑包虫病，系带科带属的多头带绦虫（*Taenia multiceps*），或称为多头属的多头多头绦虫（*Mulitceps multiceps*）的中绦期幼虫-脑多头蚴（*Coenurus cerebralis*）引起，虫体寄生于牛羊的脑组织及脊髓中。偶见于骆驼、猪、马及其他野生反刍动物感染，极少见于人；成虫寄生于犬、狼、狐狸的小肠中。

【病原】

1. 形态特征 脑多头蚴（*Coenurus cerebralis*）为乳白色半透明的囊泡，呈圆形或卵圆形，从大豆大到皮球大不等（图 3-31、图 3-32）。囊壁由两层膜组成，外膜为角质层，内膜为生发层，其上有十几个到上百个分布不均匀的原头蚴（头节）。成虫长 40～100cm，由 200～250 个节片组成。头节上有顶突，上有排列成两圈的小钩。孕节的子宫内充满虫卵，子宫侧支为 14～26 对。

2. 发育过程 孕节随终末宿主粪便排出体外，虫卵污染草、饲料和饮水，中间宿主——牛、羊等吞食后，六钩蚴逸出，钻入肠壁血管，随血流到达脑和脊髓中，经 2～3 个月发育为脑多头蚴。犬等肉食动物（终末宿主）吞食了含多头蚴的中间宿主的脑、脊髓而感染，经消化后，原头蚴被释放并附着于小肠壁上发育，经 45～75d 虫体成熟。

【流行特点】本病为世界性分布，主要流行于以羊养殖为主要经济收入的发展中国家。发病率随不同农业气候带差异而变化，也与地理、社会及生态因素有关。脑多头蚴病在我国西北、华北、东北等广大牧区常见，呈地方性流行，该病一年四季均可发生，无明显季节性。其主要传染源是犬，圈养羊群如形成了犬-羊感染循环，发病率往往很高。非洲及亚洲地区小反刍兽脑多头蚴病的感染率为 1.3%～9.8%。北美洲多头蚴病感染率为 4%～19%，成虫在终末宿主的感染率为 3%～29%。

【症状与病变】牛、羊感染后 1～3 周，虫体在脑内移行时，呈现体温升高及类似脑炎或脑膜炎的症状，重度感染的动物常在此期间死亡。耐过的动物上述症状不久消失。但往往牛、羊感染后 2～7 个月，由于虫体生长对脑髓的压迫而出现典型的神经症状，即表现为异常的运动和姿势，其症状取决于虫体的寄生部位。寄生于大脑正前部时，头下垂，向前直线运动或常把头抵在障碍物上呆立不动；寄生于大脑半球时，常向患侧做转圈运动，因此，又称回旋病，多数病例对侧视力减弱或全部消失；寄生于大脑后部时，头高举，后退，可能倒地不起，颈部肌肉强直性痉挛或角弓反张；寄生于小脑时，表现知觉过敏，容易惊恐，行走急促或步样蹒跚，平衡失调，痉挛；寄生于腰部脊髓时，引起渐进性后躯及盆腔脏器麻痹；严重病例最后因贫血、高度消瘦或重要的神经中枢受损害而死亡。如果寄生多个虫体而又位于不同部位时，则出现综合性症状。

【诊断】根据特殊的临床症状、病史可作出初步诊断。寄生在大脑表层时，头部触诊（患部皮肤隆起，头骨变薄变软，甚至穿孔）可以判定虫体所在部位。有些病例需经剖检才能确诊。

【防治】对脑表层寄生的囊体，可施行手术摘除，在脑深部寄生者则难以去除，可试用吡喹酮和阿苯达唑（丙硫咪唑）口服或注射治疗。

本病只要不让犬吃到含有脑多头蚴患畜的脑和脊髓即可得到控制。对牧羊犬定期驱虫，排出的犬粪和虫体应深埋或烧毁。

第八节　牛囊尾蚴病

牛囊尾蚴病是由带科带吻属的肥胖带吻绦虫（*Taeniarhynchus saginatus*）的中绦期幼虫-牛囊尾蚴（*Cysticercus bovis*）寄生于牛的肌肉中引起。其成虫又称为牛带绦虫，寄生于人小肠；牛囊尾蚴亦称为牛囊虫。本病在人和牛之间传播，属人畜共患寄生虫病。

【病原】

1. 形态特征　牛囊尾蚴又称为牛囊虫，呈灰白色半透明囊泡，囊内充满液体，外形与猪囊尾蚴相似，直径约 1cm，内壁上有一个粟粒大的头节，头节的形态与成虫头节相似（图 3-33）。

牛带绦虫是大型绦虫，长 5～10 m，最长可达 25 m，由 1 000～2 000 个节片组成。头节上有 4 个吸盘，无顶突和小钩，因此又称为无钩绦虫。成熟节片近似方形，有 1 套雌雄同体的生殖器官，睾丸数 300～400 个，生殖孔位于体侧缘，左右无规律地交替开口；孕卵节片窄长，子宫侧枝 15～30 对；虫卵大小为（30～40）μm×（20～30）μm。

2. 发育过程　牛带绦虫成虫寄生于人的小肠，孕节和虫卵随人的粪便排出体外，污染草场、饲料或饮水，被牛吞食后，虫卵内的六钩蚴从卵内逸出，钻入肠壁，随血流散布于全身肌肉组织，经 10～12 周的发育，囊尾蚴成熟。人吃了生的或半生的含有牛囊尾蚴的牛肉而被感染，虫体经 2～3 个月发育为成虫，其寿命可达 25 年以上。

【流行特点】人是牛带绦虫的唯一终末宿主，主要中间宿主是牛科动物，包括黄牛、水牛、瘤牛和牦牛等。牛囊尾蚴病的发生和流行与牛的饲养管理方式、人的粪便管理及人的饮食卫生习惯有密切关系。在流行地区，有的牛圈多兼做厕所，即连茅圈。有时用未经处理的人粪作肥料，会造成环境污染，也可导致牛被感染。牛带绦虫卵在外界的抵抗力较强，在牧地上，一般可存活 200d 以上。犊牛较成年牛易感，还发现有经胎盘感染的犊牛。

牛带吻绦虫分布于世界各地，以亚洲和非洲较多，在北美洲和欧洲多零星发生。过去在我国西藏、内蒙古、四川、贵州、广西等有吃生的或未熟牛肉的地区呈地方性流行，其余地区多系散发。

【症状与病变】牛感染牛带绦虫虫卵后，初期由于六钩蚴在体内的移行，症状明显，可见体温升高，虚弱、腹泻，反刍减弱或消失，有时甚至发生死亡。当牛囊尾蚴在肌肉内定居并发育成熟后，则宿主几乎不表现临床症状。牛囊尾蚴多寄生在牛的咬肌、舌肌、心肌、肩胛肌（三头肌）、颈肌及臀肌等处，亦可寄生在肺、肝、肾及脂肪等处，往往在牛被屠宰后才被发现。

牛带绦虫成虫可引起人的腹痛、腹泻、恶心、消瘦、贫血等症状。

【诊断】牛囊尾蚴病的生前诊断比较困难，可采用血清学方法（如 ELISA 和 IHA）和分子生物学方法（PCR 等）作出诊断；尸体剖检发现牛囊尾蚴便可确诊。应认真细致地进行肉食品卫生检验。

人牛带绦虫病的诊断可根据粪便中孕节或虫卵的检查来进行。

【防治】治疗牛囊尾蚴病可试用吡喹酮、阿苯达唑或甲苯咪唑等药物。成虫的驱除可使用吡喹酮、阿苯达唑、氯硝柳胺等。

预防首先应加强牛肉的卫生检验工作，感染的胴体应做无害化处理。改进牛的饲养管理方法，防止牛接触人粪污染的饲草和饮水。改变人食生的或半生不熟牛肉的习惯，严防人感染牛囊尾蚴，要做好牛带绦虫病患者的普查与驱虫，管理好人的粪便，防止虫卵污染环境。

第九节　羊囊尾蚴病

羊囊尾蚴病是由带科带属的绵羊带绦虫（*Taenia ovis*）的中绦期幼虫-羊囊尾蚴（*Cysticercus ovis*）引起。虫体寄生于绵羊与山羊的横纹肌，如膈肌、咬肌、舌肌、心肌等处，偶然也可在肺、肝、肾、脑组织或胃肠壁发现，骆驼也有感染的报道。其成虫寄生于犬科动物的小肠内。

【病原】

1. 形态特征　羊囊尾蚴形态和猪囊尾蚴类似。卵圆形，大小为 (4～9)mm×(2～3)mm，囊内充满液体，囊壁上有一向内凹入的乳白色头节，其结构和成虫的头节类似。

绵羊带绦虫成虫体长 45～100cm，头节上有 4 个吸盘，有顶突，上有 24～36 个小钩，成熟节片内有 1 套生殖器官，生殖孔位于节片侧缘中央，孕卵节片有 20～25 对侧枝；虫卵大小为（30~40）$\mu m \times$（24~28）μm。

2. 发育过程 羊囊尾蚴被终末宿主犬、狼等吞食后，在其小肠约经 7 周发育为成虫，孕节或虫卵随粪便排出，被羊吞食后，卵内六钩蚴出来，钻入中间宿主——羊的肠壁血管内，随血流到达肌肉或其他组织，经 2.5~3 个月，囊尾蚴发育成熟。

【流行特点】 本病在国外主要流行于南美洲和澳洲，我国新疆、青海、甘肃、河北及其他一些地区都有零星报道。症状一般不明显，羔羊严重感染时，出现发育不良，生长缓慢，甚至引起死亡。同时，因为感染囊尾蚴的羊肉须销毁或进行无害化处理，所以对养殖业会造成经济损失。

【诊断和防治】 生前可采用血清学试验进行初步诊断，剖检时，在绵羊或山羊肌肉发现羊囊尾蚴包囊即可确诊。

治疗可用吡喹酮和丙硫咪唑。预防措施包括对犬定期驱虫，对驱虫后排出的粪便进行焚烧或无害化处理；防止犬粪中的虫卵污染饲料、饮水和牧地。不用含有羊囊尾蚴的肌肉和内脏喂犬等。国外澳大利亚研制了羊带绦虫的基因工程疫苗，并通过免疫接种，成功控制了澳大利亚和新西兰等国羊囊尾蚴病的发生。

第十节　牛、羊消化道线虫病★★★★★

一、牛蛔虫病

牛蛔虫病是由弓首科（Toxocaridae）弓首属（*Toxocara*）的牛弓首蛔虫（*T. vitulorum*）寄生于犊牛小肠内，引起的以腹泻为主要特征的疾病。该病分布广泛，遍及世界各地，在我国多见于南方各省，初生犊牛大量感染可引起死亡，对发展养牛业为害甚大。

【病原】

1. 形态特征 牛弓首蛔虫（*T. vitulorum*）过去被称为牛新蛔虫（*Neoascaris vitulorum*）。虫体粗大，淡黄色。头端具有 3 片唇。食道呈圆柱形，后端由一个小胃与肠管相接。雄虫长 11~26cm，有 3~5 对肛后乳突，有许多肛前乳突；尾部有一小锥突，弯向腹面；交合刺一对，形状相似，等长或稍不等长。雌虫长 14~30cm，尾直，生殖孔开口于虫体前部 1/8~1/6 处。虫卵近于球形，大小为（70~80）$\mu m \times$（60~66）μm，胚胎为单细胞期，壳厚，外层呈蜂窝状。

2. 发育过程 牛弓首蛔虫生活史非常特殊。卵随粪便排出后，在适宜条件下，变为感染性虫卵（内含第 2 期幼虫）（图 3-34）。牛吞食感染性虫卵后，幼虫在小肠内逸出，穿过肠壁，移行至肝、肺、肾等器官组织，发育为第 3 期幼虫。待母牛妊娠 8.5 个月左右时，幼虫便移行至子宫，进入胎盘羊膜液中，变为第 4 期幼虫，被胎牛吞入肠中发育。小牛出生后，幼虫在小肠内进行蜕化，后经 25~31d 发育为成虫。也有人认为，犊牛初生时肠内已有发育良好的成虫。还有报道幼虫在母牛体内移行时，除一部分到子宫外，还有一部分幼虫经循环系统到达乳腺，犊牛可以因哺食母乳而获得感染，在小肠内发育至成虫。另有一条途径是幼虫从胎盘移行到胎儿的肝和肺，以后沿一般蛔虫的移行途径（肺—气管—口—食道—小肠）转入小肠，发育为成虫。

【流行特点】 本病主要发生于 5 个月以内的犊牛。成虫在犊牛的小肠中可以寄生 2~5 个月，以后逐渐从宿主体内排出。在成年牛，只在内部器官组织中寄生有移行阶段的幼虫，尚未见有成虫寄生的报道。虫卵对干燥及高温的耐受能力较差，土壤表面的虫卵，在阳光直接照射下，经4h全部死亡；在干燥的环境里，虫卵经48～72h死亡；感染期的虫卵，需有80％的相对湿度才能够生存，但虫卵对消毒药物的抵抗力较强，虫卵在2％的福尔马林中仍能正常发育；在29℃时，虫卵在2％克辽林或2％来苏儿溶液中可存活约20h。

【症状与病变】犊牛出生两周后为受害最严重时期，虫体的机械性刺激可以损伤小肠黏膜，引起黏膜出血和溃疡，并继发细菌感染，从而导致肠炎。

症状表现为消化失调、食欲不振和腹泻，早期会出现咳嗽，口腔内有特殊的臭味，排多量黏液或血便，患畜虚弱消瘦，精神迟钝，后肢无力，站立不稳。成虫多量寄生时，会夺取大量营养，使犊牛发生消化障碍，造成肠阻塞或肠穿孔，引起死亡。虫体的毒素作用也可引起严重危害，如过敏、阵发性痉挛等。成虫聚集成团可引起肠道阻塞或肠穿孔。出生后的犊牛受感染时，幼虫的移行可造成肠壁、肺脏、肝脏等组织的损伤、点状出血、发炎，血液和组织中嗜酸性粒细胞显著增多。

【诊断】犊牛有腹泻、排大量黏液并具有特殊恶臭、咳嗽、消瘦及生长发育停滞等现象时，均可作为疑似蛔虫病的依据，进一步确诊可采用直接涂片法或饱和盐水漂浮法检查粪便中有无虫卵；也可结合症状、流行病学资料分析，进行诊断性驱虫来加以判定。死后剖检，可在小肠找到虫体或在血管、肺脏找到移行期幼虫。

【防治】

1. 治疗

阿维菌素或伊维菌素类药物：剂量为每千克体重0.2mg，皮下注射（针剂）。用药后28d内所产牛奶，不得食用；牛屠宰前21d停用药物。

左旋咪唑：剂量为每千克体重4～6mg，肌内注射；或每千克体重8mg口服。中毒可用阿托品解除；泌乳期动物禁用；休药期，内服给药为3d，注射给药为28d。

阿苯达唑：剂量为每千克体重5～20mg，口服。

2. 预防 应对15～30日龄的犊牛进行驱虫，许多犊牛尽管不表现临床症状，但可能带虫，而且此时成虫数量正达到高峰。早期治疗不仅对保护犊牛健康有益，而且可减少虫卵对环境的污染。注意保持牛舍的干燥与清洁，每天定时清理粪便并堆积发酵，以杀死虫卵。将母牛和犊牛隔离饲养，减少母牛受感染的机会。

二、毛圆科线虫病

牛、羊反刍家畜胃肠道毛圆科（Trichostrongylidae）线虫病是发生于牛、羊、骆驼等反刍家畜的一类最常见、危害较为严重的寄生性线虫病。病原主要包括血矛属（*Haemonchus*）、毛圆属（*Trichostrongylus*）、奥斯特属（*Ostertagia*）、古柏属（*Cooperia*）、细颈属（*Nematodirus*）、似细颈属（*Nematodirella*）、马歇尔属（*Marshallgia*）和长刺属（*Mecistocirrus*）等各属虫体。其中以捻转血矛线虫（*Haemonchus contortus*）危害最为严重。

【病原】

1. 形态特征 捻转血矛线虫也称捻转胃虫，寄生于宿主的真胃。虫体淡红色，头端细，口囊小，内有一矛状刺，一般有颈乳突。雄虫长15～19mm，肉眼观尾部膨大呈半环状；交合伞的背叶偏于一侧，背肋呈"人"字形；有两根等长的交合刺，刺近末端处有倒钩；导刺带为梭形。雌虫长 27～30mm，肠管呈红色（吸血所致），生殖器官呈白色，两者相互捻转，形成红白相间的麻花状外观。生殖孔处多数有一舌状阴道盖。

其他属种的毛圆科线虫可根据虫体大小、头部构造、伞肋和交合刺形态以及寄生部位等进行区别（图 3-35、图 3-36）。

2. 发育过程　毛圆科线虫主要寄生于反刍家畜胃肠道内，发育史和流行病学基本类似。一般是雌虫产卵后，卵随粪便排出宿主体外，经孵化，逐渐发育到感染性幼虫（第 3 期幼虫），再经口感染易感动物，然后到达寄生部位，渐发育为成虫。如捻转血矛线虫虫卵随粪排入外界大约 1 周，发育为感染性幼虫，感染宿主并到达真胃寄生部位后约经 20d，即可发育为成虫。

【流行特点】捻转血矛线虫流行甚广，各地普遍存在，多与其他毛圆科线虫混合感染。虫卵在北方地区不能越冬。第 3 期幼虫抵抗力强，在一般草场上可存活 3 个月；不良环境中，可休眠达 1 年；幼虫有向植物茎叶爬行的习性及对弱光的趋向性，温暖时活性增强。

【症状与病变】捻转血矛线虫矛状刺可刺破宿主胃黏膜，并分泌抗凝血酶，吸血夺取营养。据统计，2 000 条虫体每天可吸血 30mL，重度感染易导致严重贫血。大量寄生可使胃黏膜广泛损伤，发生溃疡；另外，还可分泌毒素，抑制宿主神经系统活动，使宿主消化吸收机能紊乱。

急性型多见于羔羊，高度贫血，可视黏膜苍白，短期内引起大批死亡。亚急性型表现为黏膜苍白，下颌间、下腹部及四肢水肿，腹泻、便秘相交替。慢性型病程长，宿主表现为发育不良，渐进性消瘦。

【诊断】毛圆科各属线虫的生前诊断可采用饱和食盐水漂浮法检查虫卵，但除细颈线虫、似细颈线虫、马歇尔线虫虫卵较大、有一定特征外，其他多数毛圆科线虫虫卵特征性不强，进一步鉴别需做幼虫培养后，对第 3 期幼虫进行鉴定。死后诊断可剖检找虫体，根据寄生部位和各属、种虫体的特点，不难确诊。

【防治】

1. 治疗

伊维菌素：每千克体重 0.2mg，一次口服或皮下注射。

左旋咪唑：每千克体重 6～8mg，一次口服。

阿苯达唑：牛羊每千克体重 10～15mg，一次口服。

2. 预防　在流行地区定期驱虫，春秋季各一次。夏秋感染季节反刍家畜避免吃露水草，不在低湿地带放牧，草场可和单蹄兽轮牧。加强饲养管理，粪便发酵处理，注意冬季补饲，搭建棚圈。

三、食道口线虫病

食道口线虫属于食道口科食道口属（*Oesophagostomum*），寄生于牛羊的大肠，主要是结肠。由于某些种类的食道口线虫幼虫可钻入宿主肠黏膜，使肠壁形成结节病变，故又称为结节虫病。

【病原】

1. 形态特征　牛羊常见的食道口线虫种类有哥伦比亚食道口线虫（*O. columbianum*）、辐射食道口线虫（*O. radiatum*）、微管食道口线虫（*O. venulosum*）、粗纹食道口线虫（*O. asperum*）和甘肃食道口线虫（*O. kansuensis*）等。

食道口属虫体特征：长 12～22mm。口囊较小，口孔周围有 1 或 2 圈叶冠；有的尚有头泡、颈沟、颈乳突，有的还有侧翼膜。雄虫交合伞较发达，有 1 对等长的交合刺。雌虫生殖孔位于肛门前方不远处，排卵器呈肾形。各虫种主要根据叶冠的圈数、头泡、侧翼膜的有无，颈乳突的位置、形状及神经环的位置等进行区别。

2. 发育过程　卵随宿主粪便排出后，发育为感染性幼虫，经口感染易感动物。某些种类的食道口线虫幼虫进入宿主体后，钻入肠壁，导致肠壁形成结节，一部分虫体在其内蜕皮两次后，返回肠腔，发育为成虫。从感染宿主到成虫排卵需 30～50d。

【流行特点】我国各地均有食道口线虫病的发生。一般在春末夏秋季节，宿主易遭受感染。虫卵在低于 9℃时不发育，高于 35℃则迅速死亡；当牧场上的相对湿度为 48%～50%，平均温度为 11～12℃时，虫卵可生存 60d 以上。感染性幼虫（L_3）在适宜条件下可存活几个月，但冰冻条件下可使之死亡。

【症状与病变】幼虫钻入宿主肠壁引起炎症，刺激机体产生免疫反应导致局部组织形成结节，进而钙化，使宿主消化吸收受到影响。但一般初次感染，很少形成结节；结节主要是在成年羊形成，6 月龄以下羔羊多数不能形成；另外，结节的形成和表现形式与虫种有关。此外，有时幼虫移行过程中，一部分会误入腹腔，引起腹膜炎。成虫寄生于肠道，分泌毒素，可加重结节性肠炎的发生。重度感染可使羔羊持续性腹泻，粪便呈暗绿色，含有多量黏液，有时带血，严重时引起死亡。慢性病例表现为腹泻、便秘相交替，渐进性消瘦。

【诊断与防治】生前诊断可粪检虫卵，鉴别则需进行幼虫培养。剖检诊断可检查虫体，观察结节。防治同捻转血矛线虫病。

四、仰口线虫病

牛、羊仰口线虫病也叫钩虫病，由钩口科仰口属（*Bunostomum*）的线虫引起，成虫寄生于牛、羊小肠。

【病原】

1. 形态特征　仰口属钩虫的特点是头部向背侧弯曲（仰口）。口囊大呈漏斗状，内有背齿 1 个，亚腹齿若干，随种类不同而异。雄虫长 10～20mm，交合伞外背肋不对称。右侧外背肋齿细长，起始于背肋基部；左侧外背肋粗短，起始于背肋中部。有 1 对等长的交合刺，无导刺带。雌虫长 15～28mm，生殖孔位于体中部稍前（图 3-37）。

（1）羊钩虫（*B. trigonocephalum*）　口囊内的亚腹齿为 1 对，交合刺较短，为 0.57～0.71mm。

（2）牛钩虫（*B. phlebotomum*）　口囊内的亚腹齿为 2 对，交合刺长，是羊钩虫的 3～5 倍。

2. 发育过程　卵随宿主粪便排出后，发育为感染性幼虫，经口或皮肤感染宿主，其中经皮肤感染为主要途径。感染性幼虫钻入宿主皮肤血管后，随血流进入肺，再通过支气管、气管进入口腔，被咽下后，到宿主小肠发育为成虫，从感染到成熟需 30～56d。

【流行特点】家畜在温度适宜、潮湿、草场载畜量过大时易感。秋季感染，春季发病。

在宁夏地区的 8 月份，羔羊体内开始出现虫体，此后数量逐渐增多。虫卵对寒冷和高温抵抗力较弱，在 0℃下只能存活 2 周；在 40℃高温下只能存活 3h。感染性幼虫在 0℃下可以存活 40d，在 35℃下只能存活 6d。而气温较低的春季存活时间较长，可达 3 个多月。

【症状与病变】虫体吸血导致宿主贫血，据统计每 100 条虫体每天可吸血 8mL（即宿主失去 4μg 铁），且吸血过程中频繁移位，造成宿主肠黏膜多处出血；还可分泌毒素，导致寄生部位损伤、炎症、溃疡。经皮肤感染移行过程中，会造成组织损伤、肺出血等。

可引起顽固性腹泻，粪便发黑，有时带有血液，渐进性贫血、消瘦。幼畜还可能有神经症状，发育受阻。

【诊断】采集粪便检查虫卵，新鲜钩虫卵具有一定特征性：色彩深，发黑，虫卵两端钝圆，两侧平直，内有 8～16 个卵细胞。剖检可在寄生部位找虫体。

【防治】

1. 治疗

阿苯达唑：牛的剂量为每千克体重 10～20mg，羊的剂量为每千克体重 5～15mg，一次口服。

左旋咪唑：每千克体重 6～8mg，一次口服或注射。

伊维菌素：每千克体重 0.2mg，一次口服或皮下注射。

甲苯咪唑：每千克体重 10～15mg，一次口服。

2. 预防　在流行地区，可定期驱虫，春秋季各一次。夏秋感染季节反刍家畜避免吃露水草，不在低湿地带放牧，草场可和单蹄兽轮牧。此外，要加强饲养管理，粪便发酵处理，注意冬季补饲和搭建棚圈，增强动物抵抗力。

第十一节　牛、羊肺线虫病★★★★★

牛、羊肺线虫病是由网尾科（Dictyocaulidae）或原圆科（Protostrongylidae）的线虫寄生于牛、羊的肺部所引起。前者虫体较大，叫大型肺线虫，主要包括胎生网尾线虫（Dictyocaulus viviparus）和丝状网尾线虫（D. filaria）；后者虫体较小，叫小型肺线虫，包括缪勒属（Muellerius）、原圆属（Protostrongylus）、囊尾属（Cystocaulus）等线虫。

【病原】

1. 形态特征

（1）大型肺线虫　胎生网尾线虫寄生于牛，丝状网尾线虫寄生于羊。虫体乳白色，丝线状，较长，24～100mm。头端有 4 片小唇，口囊浅。寄生于宿主的气管和支气管内。交合刺两根，为多孔性结构，棕黄色或黄褐色。导刺带色稍淡，也呈泡孔状构造。虫卵内含幼虫。不同种网尾线虫主要是根据交合伞中后侧肋的合并与分支情况进行区分。丝状网尾线虫交合伞中后侧肋仅在末端分开（图 3 - 38）；胎生网尾线虫中后侧肋则完全融合。

（2）小型肺线虫　有许多属、种，主要寄生于羊。虫体非常纤小，长 12～28mm。寄生于宿主的肺泡、毛细支气管、细支气管内。口由三个唇片围成，交合伞背肋发达。

2. 发育过程

（1）大型肺线虫　发育不需中间宿主。虫卵产出后随着宿主咳嗽，经支气管、气管进入口腔，后被咽下，进入消化道，虫卵多在大肠中孵化，幼虫随粪便排出；经过 1 周，第 1 期幼虫发育为感染性幼虫，经口感染终末宿主。幼虫进入肠系膜淋巴结，随淋巴循环进入心脏，再随血流到肺脏，约经 18d 发育为成虫。

（2）小型肺线虫　发育需要中间宿主。第 1 期幼虫随粪排出后，钻入中间宿主体，经 18～49d 发育为感染性幼虫，可自行逸出或仍留在中间宿主体，被终末宿主吞食后感染。在终末宿主体内的移行路径同大型肺线虫，感染后 35～60d 发育成熟。

【流行特点】网尾线虫耐低温，在 4～5℃环境下就可发育。第 3 期幼虫在积雪覆盖下仍能生存。成年羊易感性高，蚯蚓可作为贮藏宿主；原圆科线虫幼虫对低温、干燥的抵抗力强，在中间宿主体内可生存 2 年之久，喜潮湿、阴雨环境。

【症状与病变】肺线虫幼虫移行时，可导致肠黏膜、淋巴结、肺毛细血管的损伤和小出血点；成虫寄生引起支气管、细支气管炎症，肺萎缩、肺气肿和广泛性肺炎。网尾线虫可引起牛的变态反应性疾病，造成呼吸困难、死亡。原圆科线虫的虫卵和幼虫可引起灶状支气管性肺炎。

病畜病初表现咳嗽，尤以夜间和清晨出圈时明显，咳出的痰液中可含有虫卵、幼虫或成虫。严重时，呼吸困难，体温升高，迅速消瘦，死于肺炎或并发症。

【诊断】根据临床症状（咳嗽）和发病季节（春季），可疑为肺线虫病。进一步确诊，需检查粪便中的虫卵或幼虫。常用幼虫分离法对第 1 期幼虫进行检查，鉴别可根据其长度、特点来进行。丝状网尾线虫第一期幼虫头端较粗，有一特殊的扣状突出；胎生网尾线虫第一期幼虫头端钝圆，无扣状突。必要时还可进行寄生虫学剖检。

【防治】

1. 治疗

伊维菌素：剂量为每千克体重 0.2～0.3mg，皮下注射、内服或混饲。对注射部位局部有刺激作用；产奶牛、临产 1 个月内的牛及小于 3 月龄的犊牛禁用；牛羊内服给药后的屠宰前休药期不少于 14d。

阿苯达唑：剂量为每千克体重 5～20mg，内服。

乙胺嗪：剂量为每千克体重 200mg，混饲。该药适用于大型肺线虫童虫（感染 14～25d 的虫体）的驱除，对成虫效果较差；对小型肺线虫也有一定驱除作用。

2. 预防　定期在夏秋季驱虫；圈舍和运动场应保持清洁干燥；及时清扫粪便并堆积发酵；应尽量避免到潮湿和中间宿主多的地方放牧。国外有用射线（X 射线、^{60}Co、γ 射线）照射网尾线虫第 3 期幼虫制备疫苗后，进行免疫预防。

第十二节　牛吸吮线虫病

牛吸吮线虫病是由吸吮科吸吮属（*Thelazia*）的线虫引起，俗称牛眼虫病。虫体寄生于牛的结膜囊、第三眼睑和泪管。该病在我国各地普遍存在，导致牛的结膜和角膜发生炎症，常继发细菌感染而造成角膜糜烂和溃疡。

【病原】

1. 形态特征　吸吮线虫虫体呈乳白色，一般角皮粗糙，体表有显著的横纹。口囊小，无唇，边缘上有内外两圈乳突。雄虫泄殖孔周围通常有许多乳突；雌虫生殖孔位于虫体前部。

寄生于牛的吸吮线虫常见的有以下几种：罗氏吸吮线虫（*T. rhodesii*）是我国最常见的一种，除牛外，在绵羊、山羊、马均有发现；此外，还有大口吸吮线虫（*T. gulosa*）、斯氏吸吮线虫（*T. skrjabini*）等。

罗氏吸吮线虫头端细小，有一小长方形的口囊。食道短，呈圆柱状。雄虫长 9.3～13.0mm，尾部弯曲，二根交合刺长短不一，有 17 对较小的尾乳突，14 对在泄殖孔前，3 对在泄殖孔后。雌虫长 14.5～17.7mm，尾端钝圆，尾尖侧面上有一个小突起。雌虫生殖孔开口处的角皮无横纹，并略凹陷，胎生。

2. 发育过程 吸吮线虫雌虫在结膜囊内产出幼虫，幼虫在蝇舐食牛眼分泌物时被食入，在中间宿主体内约经 1 个月后发育为感染性幼虫；感染性幼虫移行到蝇的口器，随蝇舐食牛眼分泌物时感染易感动物，进入牛眼内，然后大约经 20d 发育为成虫。

【流行特点】 吸吮线虫的发育需要蝇类作为中间宿主，如胎生蝇（*Musca larvipara*）、秋蝇（*M. autumnalis*）等。因此，该病的流行与蝇类的活动季节密切相关。在温暖地区蝇类常年活动，该病亦可常年流行，但多流行于夏秋季节。在干燥而寒冷的冬季则很少发病。各种年龄的牛均易感染。

【症状与病变】 吸吮线虫可机械性地损伤牛的结膜和角膜，引起牛结膜角膜炎。如继发细菌感染，后果严重。临床上见有眼潮红、流泪和角膜混浊等症状。炎性过程加剧时，眼内有脓性分泌物流出，常使上下眼睑黏合，角膜炎继续发展，可引起糜烂和溃疡，严重时角膜穿孔和水晶体损伤，发生睫状体炎，最后导致失明。混浊的角膜发生崩解和脱落时，一般能缓慢地愈合，但在该处留下永久性白斑，影响视觉。病牛表现极度不安，常将眼部在其他物体上摩擦，摇头，严重影响采食和休息，导致生长、发育缓慢和生产力下降。

【诊断】 结合临床症状，在眼内发现吸吮线虫即可确诊。虫体爬至眼球表面时，易被发现；打开眼睑，有时可以在结膜囊发现虫体；还可用胶皮吸球吸取 3%的硼酸溶液，以强力冲洗第三眼睑内侧和结膜囊，用盘接取冲洗液，在盘中可发现虫体。

【防治】 治疗可用以下药物：伊维菌素注射液，按每千克体重 2mg，一次皮下注射；左旋咪唑，按每千克体重 8mg 口服，每天一次，连用 2d；3%硼酸溶液、0.5%来苏儿强力冲洗眼结膜囊和第三眼睑，可杀死或冲出虫体。

当继发细菌感染，出现结膜角膜炎时，可应用抗生素类软膏或磺胺类药物治疗。

预防则是在流行地区的每年秋冬季，结合牛体内的其他寄生虫，进行计划性驱虫。在春天蝇类大量出现以前，再对牛进行一次普遍性驱虫，以减少病原体的传播。同时应注意环境卫生，做好灭蝇、灭蛆和灭蛹工作。有报道，在牛的眼部加挂防蝇帘，可减少本病的发生。

第十三节　牛皮蝇蛆病

牛皮蝇蛆病由皮蝇科皮蝇属（*Hypoderma*）的纹皮蝇（*H. lineatum*）和牛皮蝇（*H. bovis*）幼虫寄生于牛背部皮下组织引起。皮蝇蛆偶尔也能寄生于马、驴、其他野生动物及人。

【病原】

1. 形态特征 成蝇较大，体表被有长绒毛，有足 3 对及翅 1 对，外形似蜂；复眼不大，有 3 个单眼；触角芒简单，不分支；口器退化，不能采食，也不叮咬牛只。

纹皮蝇成熟第 3 期幼虫体粗壮，棕褐色，长可达 26mm，无口前钩；体表各节具有很多结节和小刺，但最后一节腹面无刺；有 2 个较平的后气门板，上有许多所谓气孔。

牛皮蝇成熟第 3 期幼虫长可达 28mm，最后两节腹面无刺，气门板呈漏斗状（图 3-39）。

2. 发育过程 两种皮蝇生活史基本相似，属于完全变态，整个发育过程须经卵、幼虫、蛹和成蝇 4 个阶段。成蝇一般多在夏季晴朗无风的白天侵袭牛只。我国流行的皮蝇种类主要是纹皮蝇，其在牛的后肢球节附近和前胸及前腿部产卵。而牛皮蝇在牛的四肢上部、腹部、乳房和体侧产卵。卵经 4～7d 孵出第 1 期幼虫，幼虫由宿主皮肤毛囊钻入皮下。

纹皮蝇的幼虫钻入皮下后，沿疏松结缔组织走向胸腹腔后到达咽、食道、瘤胃周围结缔组织，在食道黏膜下停留约 5 个月，然后移行到牛前端背部皮下。而牛皮蝇的幼虫钻入皮下后，沿外围神经的外膜组织移行到椎管硬膜外的脂肪组织中，在此停留约 5 个月，然后从椎间孔爬出移行到牛腰背部皮下。

由牛食道黏膜等或椎管硬膜外脂肪组织移行至背部皮下的幼虫为第 2 期幼虫。它们到达牛背部皮下后，皮肤表面呈现瘤状隆起，随后隆起处出现缓慢增大的小孔；第 3 期幼虫在其中逐步长大成熟，第二年春天，则由皮孔蹦出，离开牛体入土中化蛹，蛹期为 1～2 个月，之后羽化为成蝇。整个发育期为 1 年。

【流行特点】 皮蝇广泛分布于世界各地，我国主要是西北的青海、甘肃、宁夏、新疆、西藏等放牧地区流行比较多，对养牛羊经济危害严重。成蝇出现的季节，随各地气候条件和皮蝇种类的不同而有差异。在同一地区，纹皮蝇出现的时间较牛皮蝇早，一般在 4—6 月，而牛皮蝇则出现于 6—8 月。

【症状与病变】 雌蝇产卵时可引起牛只强烈不安，表现踢蹴、狂跑（跑蜂）等，不但严重影响牛采食、休息、抓膘，甚至可引起摔伤、流产等。

幼虫初钻入牛皮肤，引起牛皮肤痛痒，精神不安。在牛体内移行时造成移行部位组织损伤。特别是第 3 期幼虫在牛背部皮下时，引起局部结缔组织增生和皮下蜂窝组织炎，有时细菌继发感染可化脓形成瘘管。患畜表现消瘦，生长缓慢，肉质降低，泌乳量下降。牛背部皮肤被幼虫寄生以后，留有瘢痕和小孔（图 3-40），影响皮革价值。

【诊断】 幼虫出现于牛背部皮下时易于诊断，可触诊到隆起，上有小孔，内含幼虫，用力挤压，可挤出虫体，即可确诊。此外，流行病学资料，包括当地牛的皮蝇蛆病流行情况和病畜来源等，对本病的诊断也有很重要的参考价值。

【防治】

1. 治疗 消灭寄生于牛体内的幼虫，对防治牛皮蝇蛆病具有极其重要的作用，既可以减少幼虫的危害，又可以防止幼虫发育为成蝇。消灭幼虫可以用机械或药物治疗的方法。

治疗牛皮蝇蛆病多在 11 月进行，各地要根据当地具体的流行病学资料确定，常用的药物如伊维菌素、多拉菌素、乙酰氨基阿维菌素或莫西菌素等，其中乙酰氨基阿维菌素和莫西菌素浇泼剂既可用于肉牛，也可用于奶牛，无需弃奶期。

伊维菌素剂量为每千克体重 0.2mg，皮下注射；产奶牛、临产 1 个月内的牛及小于 3 月龄的犊牛禁用，内服给药后的屠宰前休药期不少于 14d。也可采用伊维菌素微量注射法（每千克体重 1～2μg），一次注射。

2. 预防 要控制或消灭本病，需要了解和掌握牛皮蝇的生物学特性，如成蝇产卵和活动的季节，各期幼虫的寄生部位和寄生时间等，只有掌握了这些基本的流行病学资料，才能因地制宜地制订出行之有效的预防措施。我国牛的皮蝇蛆病分布广、寄生率高、寄生强度大，成蝇飞翔能力强（一次飞翔 2～3km），多呈区域性危害。因此，防治该病应打破行政地区界限，实行区域性联防联治，如此坚持 3～5 年，必然获得显著效果。

在牛皮蝇蛆病流行地区，每逢皮蝇活动季节，用每千克体重 1 000～1 500mg 剂量的拟除虫菊酯类药物喷洒，每 30d 喷洒一次，可杀死产卵的雌蝇或由卵孵出的幼虫。

第十四节　羊狂蝇蛆病

羊狂蝇蛆病是由狂蝇科狂蝇属（Oestrus）的羊狂蝇（O. ovis）幼虫寄生在羊的鼻腔及其附近的腔窦内引起。主要危害绵羊，对山羊危害较轻，人的眼、鼻也有被侵袭的报道。

【病原】

1. 形态特征　羊狂蝇成蝇长 10～12mm，淡灰色，略带金属光泽，形似蜜蜂。头大呈黄色，口器退化。第 3 期幼虫背面隆起，腹面扁平，长 28～30mm，前端尖，有两个黑色口前钩（图 3-41）。虫体背面无刺，成熟后各节上具有深棕色带斑。腹面各节前缘具有数排小刺。虫体后端齐平，有两个明显黑色的后气门板。

2. 发育过程　羊狂蝇发育属于完全变态，发育过程经幼虫、蛹和成虫 3 个阶段。成蝇野居，不采食，不营寄生生活。交配后，雄蝇死亡；雌蝇待体内幼虫形成后，择晴朗炎热无风白天，飞向羊群，突然冲向羊鼻孔，直接产出幼虫，一次产 20～40 个，一只雌蝇数日内可产幼虫 500～600 个；幼虫爬入羊鼻腔及其附近的腔窦内，先后蜕化两次，变为第 3 期幼虫，第二年春天成熟后随羊打喷嚏落于地面，钻入土中化蛹，尔后羽化为成蝇。成蝇的寿命为 2～3 周。

【流行特点】成蝇的寿命为 2～3 周。在温暖地区一年可繁殖两代，寒冷地区每年一代。在夏季，蛹约经过 4 周后羽化为成蝇；但在气温较低的气候条件下，需要的时间较长。当化蛹发生在秋季，成蝇直至翌年春天才出现的情况下，羊狂蝇以在羊鼻腔中滞育的第 1 期幼虫和在土壤中的蛹两种形式越冬。

【症状与病变】成蝇侵袭羊群产幼虫时，可引起羊群骚动，惊慌不安，互相拥挤，频频摇头，喷鼻，低头或以鼻孔抵于地面，严重扰乱羊的正常采食和休息。

当狂蝇幼虫在鼻腔或腔窦内固着或移行时，以口前钩和体节的小刺机械性地刺激损伤鼻黏膜，引起黏膜肿胀、发炎和出血，鼻液增加；在鼻孔周围干涸时，则形成硬痂；患羊流脓性鼻涕，打喷嚏，鼻孔堵塞，呼吸困难，体质消瘦，甚至死亡。个别第 1 期幼虫可进入颅腔或因鼻窦发炎而累及脑膜，此时可出现神经症状，即所谓"假旋回症"，患羊表现运动失调，做旋转运动。

【诊断】根据症状、流行病学和尸体剖检，可做出诊断。早期感染诊断时，可用药液喷入羊鼻腔，收集用药后的鼻腔喷出物，发现死亡幼虫，即可确诊。出现神经症状时，应注意与羊多头蚴病和羊莫尼茨绦虫病相区别。

【防治】防治羊狂蝇蛆病，应以消灭鼻腔内的第 1 期幼虫为主要措施。治疗可使用下列药物：

伊维菌素或乙酰氨基阿维菌素：剂量为有效成分每千克体重 0.2mg，1％溶液皮下注射。或乙酰氨基阿维菌素每千克体重 0.5mg 剂量，背部浇泼进行治疗，驱虫效果很好。

氯氰碘柳胺：剂量为每千克体重 5mg，口服；或每千克体重 2.5mg，皮下注射，可杀死各期幼虫。

第七单元 马的寄生虫病

第一节 驽巴贝斯虫病

驽巴贝斯虫病是由驽巴贝斯虫（*Babesia caballi*）（旧名马焦虫）寄生于马属动物的红细胞内所引起的血液原虫病。临床呈现高热、贫血、黄疸、呂血和呼吸困难等重剧症状。

【病原】属于复顶亚门（Apicocompexa）梨形虫纲（Piroplasmea）巴贝斯科（Babesidae）巴贝斯属（*Babesia*）驽巴贝斯虫（*Babesia caballi*）。

1. 形态特征

驽巴贝斯虫 大型虫体，虫体长度大于红细胞半径。其形状为梨籽形（单个或双个）、椭圆形、环形。典型的虫体为成对的梨籽形虫体，以其尖端呈锐角相连。每个虫体内有两团染色质团块。在一个红细胞内一般只有1～2个虫体，偶见3～4个。

2. 发育过程 寄生于马体内的巴贝斯虫由蜱进行传播。成蜱吸血时，把含有巴贝斯虫的红细胞吸入肠内，虫体被释放出，入侵蜱肠细胞和其他细胞进行进一步发育，然后虫体侵入蜱的唾液腺，发育为感染性虫体。当蜱吸血时，虫体随着蜱的唾液接种入马体，侵入马红细胞的巴贝斯虫以二分裂或出芽方式进行繁殖。

【流行特点】本病通过硬蜱传播，具有一定地区性和季节性。我国已查明的传播驽巴贝斯虫的蜱有草原革蜱、森林革蜱、银盾革蜱、中华革蜱；传播马巴贝斯虫的蜱有草原革蜱、森林革蜱、银盾革蜱、镰形扇头蜱。驽巴贝斯虫病主要流行于东北、内蒙古东部及青海等地。

如诊治不及时死亡率极高。幼驹发病后，症状比成年马更严重。马匹耐过驽巴贝斯虫病后，带虫免疫可持续4年；马巴贝斯虫病带虫免疫可长达7年。疫区的马匹由于反复感染马巴贝斯虫，一般不发病或只表现轻微的临床症状而耐过；外地进入疫区的新马及新生的幼驹容易发病。驽巴贝斯虫与马巴贝斯虫之间无交叉免疫反应。

【症状与病变】驽巴贝斯虫病初期，病马体温稍升高，精神不振，食欲减退，眼结膜充血或稍黄染。随后体温逐渐升高（达39.5～41.5℃），呈稽留热型，呼吸、心跳加快，精神沉郁。病情发展很快，最明显的症状是黄疸现象：眼结膜初为潮红、黄染，以后则呈明显的黄疸色；其他可视黏膜，尤其是唇、舌、直肠、阴道黏膜黄染更为明显，有时黏膜上出现大小不等的出血点。病马食欲逐渐减退甚至废绝，舌苔黄而厚。排尿淋漓，尿液黏稠、黄褐色。心搏动亢进，节律不齐。肺泡音粗厉，常流带黄色的浆液性鼻液。发病后期，病马显著消瘦，步样不稳，黏膜呈苍白黄染。后心力衰竭，潮式呼吸，由鼻腔流出多量黄色带泡沫的液体。病程 8～12d，不经治疗而自愈的病例很少。

病马血液稀薄色淡（高度脱水时血液浓稠发黑），红细胞急剧减少（常降至 200 万个/L 左右），血红蛋白量相应减少，血沉快。白细胞数变化不大，常见单核细胞增多。静脉血液中出现吞铁细胞。常发现大小不均或有核的红细胞。

【诊断】 在疫区的流行季节，如病马呈现高热、贫血、黄疸等症状，应考虑为本病。血液检查发现虫体是确诊的主要依据。驽巴贝斯虫虫体长度大于红细胞半径。

虫体检查一般在病马发热时进行，但有时体温不高也可检出虫体。一次未检出，应反复检查或集虫。无条件进行血液检查时，可进行诊断性治疗。

如发现虫体而治疗二次效果不明显，应考虑是否与马传染性贫血混合感染。

【防治】

1. 治疗 应停止病马的使役，给予易消化的饲料和加盐的清水，仔细检查和消灭体表的蜱。根据病情，按"急则治其标，缓则治其本"的原则，制订治疗方案。初发或病势较轻的，可立即注射下列药物；病重的应同时强心、补液。

咪唑苯脲：剂量为每千克体重 2mg，配成 10％溶液，一次肌内注射或间隔 24h 再用一次。

三氮脒：剂量为每千克体重 3～4mg，配成 5％溶液深部肌内注射。根据具体情况用 1～3 次，每次间隔 24h。病马注射后可出现出汗、流涎、肌肉震颤、腹痛等副作用，一般经 1h 左右自行恢复。

台盼蓝：只对驽巴贝斯虫有特效。每千克体重 5mg，以生理盐水配成 1％溶液（过滤、灭菌），当年驹按 25～40mL、一岁驹按 50～70mL、二岁驹按 100～120mL、成年马按 120～150mL 静脉注射。

锥黄素：每千克体重 3～4mg，用 0.5％浓度，成年马按 120～150mL 静脉注射。

阿卡普林：每千克体重 0.6～1mg，配成 5％水溶液，皮下或静脉注射。48h 后重复一次。

2. 预防 在梨形虫病疫区，要做好防蜱工作。在出现第一批病例后，为了防止易感马匹发病，可采取药物预防注射（与治疗同剂量）。在没有疫情但有蜱类活动的地区，对外来马匹要严格进行检疫，防止带虫马进入，并要消灭马匹体表的蜱。

第二节　马泰勒虫病（原马巴贝斯虫病）

马泰勒虫病，原称为马巴贝斯虫病，是一种蜱传原虫病，以高热、黄疸、贫血、淋巴结肿大等为其主要临床特征。病原寄生于马属动物。

【病原】

1. 形态特征 马泰勒虫（*Theileria equi*）小型虫体，虫体长度不超过红细胞半径。其形状为呈圆形、椭圆形、单梨子形、钉子形、逗点形、短杆形、圆点形等，圆形和椭圆形虫体多见。典型的虫体为 4 个梨籽形虫体以其尖端呈"十"字形相连。每个虫体内只有一团染色质团块。

2. 发育过程 与其他泰勒虫的发育过程类似，扇头蜱属、璃眼蜱属和革蜱属的多种硬蜱都可作为其传播媒介。

【流行特点】马巴贝斯虫病主要流行于新疆、内蒙古西部及南方各省。驽巴贝斯虫病一般从 2 月下旬开始出现，3—4 月达高潮，5 月下旬以后逐渐停止流行。马泰勒虫病常与驽巴贝斯虫病混合感染，前者出现时间稍晚。

【症状】分为急性、亚急性和慢性三型。急性型症状与驽巴贝斯虫病相似，但病程稍长，热型多为间歇热或不定型热，病马常出现血红蛋白尿和肢体下部水肿。亚急性型症状基本与驽巴贝斯虫病相似，但程度较轻，病程可达 30～40d，其间有一定缓解期。慢性型马巴贝斯虫病，临床上不易被发现，体温正常或在出现黄疸症状时稍高于常温，病马逐渐消瘦贫血，病程约 3 个月，然后病势加剧或者成为带虫者。

【诊断和防治】参照牛泰勒虫病。

第三节 马 媾 疫

马媾疫亦称交配疹，是马匹交配时生殖器黏膜上感染马媾疫锥虫（*Trypanosoma equiperdum*）引起的。

【病原】马媾疫锥虫隶属于动体目（Kinetoplastida）锥体科（Trypanosomatidae）锥虫属（*Trypanosoma*）。马媾疫锥虫在形态上与伊氏锥虫相似，但主要寄生于生殖器官黏膜。

【流行特点】仅马属动物（包括马、驴、骡）易感，驴和骡较马有抵抗力，主要在生殖器官黏膜寄生，短暂地寄生于血液及其他组织器官。病马与健康马交配时传染，未严格消毒的人工授精器械、用具也可传播。

马匹常为带虫者。公马尿道或母马阴道黏膜被感染后引起炎症，虫体侵入血液及各器官后引起马一系列症状，特别是神经症状最为明显。潜伏期 8～28d，少数达 3 个月。

【症状与病变】首先为水肿期，公马一般先从包皮前端开始发生水肿，逐渐蔓延至阴囊、阴茎、腹下及股内侧。触诊呈面团状，无热无痛。尿道黏膜潮红、肿胀，流出黏液，尿频，性欲旺盛。母马阴唇水肿，阴道流出黏液，后期可出现水疱、溃疡及无色素斑。

在生殖器官出现炎症后 1 个月，出现皮肤丘疹期。病马颈、胸、腹、臀部等，特别是两侧肩部的皮肤出现扁平丘疹，圆形或椭圆形，直径 5～15cm，中间凹陷，周边隆起，称"银元疹"。特点是突然出现，多在中午，消失迅速（数小时到 1 昼夜），然后再出现。

后期为神经症状期，以局部神经麻痹为主，腰神经与后肢神经麻痹，表现为步样强拘，后躯摇晃，跛行；面神经麻痹时嘴唇歪斜，耳及眼睑下垂。咽麻痹时呈现吞咽困难。

全过程中体温一时性升高，后有稽留热。后期病马贫血、消瘦，精神沉郁，极度衰竭而死亡。

【诊断】如有以上症状可作出初步诊断，确诊应采取尿道或阴道分泌物或丘疹部组织液发现锥虫。形态与伊氏锥虫无明显区别。补体结合反应也可应用，抗体在感染 3～4 周出现。可试用治疗伊氏锥虫病的药物进行诊断性治疗。

【防治】

1. 治疗 参照伊氏锥虫病的治疗。

2. 预防 目前，我国基本消灭本病，如发现病畜，除非特别名贵种马，否则应淘汰处理；开展人工授精；引进马匹先隔离检疫；公马在配种前用喹嘧胺预防盐进行预防；公、母马分开饲养；阉割无种用价值的公马。

第四节 马绦虫病

马绦虫病是由裸头科的大裸头绦虫、叶状裸头绦虫和侏儒副裸头绦虫寄生于马、骡、驴等动物的小肠，偶见盲肠所引起。我国各地均有发生，以叶状裸头绦虫较为常见。

【病原】 寄生于马属动物的裸头绦虫隶属于绦虫纲（Cestoidea）圆叶目（Cyclophyllidea）裸头科（Anoplocephalidae），包括裸头属（*Anoplocephala*）和副裸头属（*Paranoplocephala*）。

1. 形态特征

（1）裸头属

大裸头绦虫（*A. magna*）：虫体可长达 1 m 以上，最宽处可达 2.8 cm。头节宽大，吸盘发达。所有节片的长度均小于宽度，节片有缘膜，前节缘膜覆盖后节约 1/3。成节有一组生殖器官，生殖孔开口于一侧。子宫横列，呈袋状而有分支。睾丸 400~500 个，位于节片中部。虫卵近圆形，直径为 50~60 μm。卵内有梨形器，内含六钩蚴，梨形器小于卵的半径。成虫寄生于马属动物的小肠，偶见于大肠和胃。

叶状裸头绦虫（*A. perfoliata*）：虫体短而厚，大小为（2.5~5.2）cm×（0.8~1.4）cm。头节小，每个吸盘后方各有一个特征性的耳垂状附属物。节片短而宽，成节有一组生殖器官，睾丸约 200 个。虫卵直径为 65~80 μm，梨形器约等于卵的半径。成虫寄生于马属动物的小肠后部和盲肠。

（2）副裸头属 侏儒副裸头绦虫（*P. mamillana*）：虫体短小，大小为（6~50）mm×（4~6）mm。头节小，吸盘呈裂隙样。虫卵大小为 51μm×37μm，梨形器大于虫卵半径。成虫寄生于马的十二指肠，偶见于胃中。

2. 发育过程 裸头绦虫的孕节或虫卵随宿主粪便排出体外，被中间宿主地螨吞食后，在其体内发育为具感染力的似囊尾蚴。当马等食入含似囊尾蚴的地螨后，似囊尾蚴在马小肠内经 6~10 周发育为成虫。

【流行特点】 该病在我国西北和内蒙古牧区常呈地方性流行，东北牧区发生较少，以两岁以下的幼驹感染率最高。马匹多在夏末秋初感染，至冬季和次年春季出现病状。

【症状与病变】 叶状裸头绦虫有在回盲口的狭小部位群集寄生的特性，常达数十或数百条之多，造成黏膜炎症、水肿、损伤，形成组织增生的环形出血性溃疡。特别是当重剧感染时，形成状似网球的肿块，可导致局部或全部的回盲口堵塞，产生严重的间歇性疝痛。在急性大量感染虫体的病例，可致回肠、盲肠、结肠大面积溃疡，发生急性卡他性肠炎和黏膜脱落。此类病例仅见于幼驹，往往导致死亡。

临床症状主要表现为慢性消耗性的症候群，如消化不良、间歇性疝痛和腹泻等。

【诊断】 根据流行病学、临床症状结合粪便检查进行诊断，如在马属动物的粪便中发现孕卵节片或用饱和盐水浮集法发现大量虫卵即可确诊。

【防治】

1. 治疗 在轻度感染的地区，无需列入定期驱虫的对象范围，只有在重症感染时才进行药物治疗。常用药物：氯硝柳胺，按每千克体重 88mg 投服，安全有效。

2. 预防 预防马绦虫病主要在于管理好牧场，马匹最好放牧于人工种植牧草的草场，因为该地区一般地螨较少，特别是幼驹从开始放牧即放置于这样的草场。改变夜牧习惯，如日出前、日落后不放牧，阴雨天尽可能改为舍饲，减少马匹感染绦虫的机会。

第五节　马消化道线虫病

一、副蛔虫病

马副蛔虫病是由蛔科的马副蛔虫（*Parascaris equorum*）寄生于马属动物的小肠内所引起，是马属动物常见的一种寄生虫病。

【病原】马副蛔虫隶属于线形动物门（Nematoda）尾感器纲（Secernentea）蛔目（Ascaridida）蛔科（Ascaridae）副蛔属（*Parascaris*），是一种大型虫体。

虫体近似圆柱形，两端较细，黄白色。口孔周围有 3 片唇，其中背唇稍大。唇基部有明显的间唇。每个唇的中前部内侧面有一横沟，将唇片分为前后两个部分。唇片与体部之间有明显的横沟。雄虫长 15～28cm，尾端向腹面弯曲。雌虫长 13～37cm，尾部直，阴门开口于虫体前 1/4 部分的腹面。虫卵近于圆形，直径 90～100μm，呈黄色或黄褐色。新排出虫卵，内含一亚圆形的尚未分裂的胚细胞。卵壳表层蛋白质膜凹凸不平，但颇细致。

虫卵随宿主粪便排出体外，在适宜的外界环境条件下，经 10～15d 发育到感染性虫卵。感染性虫卵被马食入（按猪蛔虫体内移行路线移行），在其体内发育为成虫需 2～2.5 个月。

【流行特点】马副蛔虫病广泛流行，主要危害幼驹。老年马多为带虫者，散布病原体。感染率与感染强度和饲养管理有关。感染多发于秋冬季。虫卵对不利的外界因素抵抗力较强。

【症状与病变】马发病初期（幼虫移行期）呈现肠炎症状，持续 3d 后，呈现支气管肺炎症状——蛔虫性肺炎，表现为咳嗽、短期热候，流浆液性或黏液性鼻液。后期即成虫寄生期呈现肠炎症状，腹泻与便秘交替出现。严重感染时发生肠堵塞或穿孔。幼畜生长发育停滞。

幼虫在体内移行过程与猪蛔虫相似，移行时可损伤肠壁、肝肺毛细血管和肺泡壁，可引起肝细胞变性、肺出血及炎症。马副蛔虫的代谢产物及其他有毒物质，导致造血器官及神经系统中毒，发生过敏反应，如痉挛、兴奋以及贫血、消化障碍等。幼虫钻进肠黏膜移行时，可能带入病原微生物，造成继发感染。成虫可引起卡他性肠炎、出血，严重时引起肠阻塞、肠破裂。有时虫体钻入胆管或胰管，可引起相应症状，如呕吐、黄疸等。

【诊断】结合临床症状与流行病学特点，通过粪便检查发现特征性虫卵即可确诊。粪便检查可采用直接涂片法和饱和盐水浮集法。有时可见自然排出的蛔虫，或剖检时检出蛔虫均可确诊。

【防治】

1. 治疗

驱蛔灵（枸橼酸哌嗪）：按每千克体重 150～200mg，一次投服。重症病马可减少至每千克体重 100mg。连服 3～4 次，每次间隔 5～6d。

丙硫咪唑：按每千克体重 2.5～3mg，腹腔注射。

2. 预防

（1）定期驱虫，每年进行 1～2 次，驱虫后 35d 内不要放牧，妊娠马在产前 2 个月驱虫。

（2）发现病马及时治疗。

（3）加强饲养卫生管理，粪便及时清理并进行生物热处理。定期对用具消毒。马最好饮用自来水或井水。

（4）分区轮牧或与牛、羊畜群互换轮牧。

二、圆线虫病

圆线虫病是马匹的一种感染率最高、分布最广的肠道线虫病。此病是由圆线目 40 多种线虫所引起，为马属动物的重要寄生虫病之一。根据虫体大小，分为两类：大型圆线虫（马圆虫、普通圆虫、无齿圆虫等）和小型圆线虫。前者危害更大。本病常为幼驹发育不良的原因，成年马则可引起慢性肠卡他，以致使役能力降低，尤其当幼虫移行时，引起动脉炎、血栓性疝痛、胰腺炎和腹膜炎可导致死亡，造成重大经济损失。

【病原】 寄生于马属动物的圆线虫隶属于属于线形动物门（Nematoda）尾感器纲（Secernentea）圆线目（Strongylata）圆线科（Strongylidae）和毛线科（Trichonematidae）。其中，圆线属（*Strongylus*）的马圆线虫、无齿圆线虫和普通圆线虫虫体较大，危害严重。

1. 马圆线虫（*S. equinus*） 寄生于马属动物的盲肠和结肠。我国各地均有分布。虫体较大，呈灰红色或红褐色。口囊发达，口缘有发达的内叶冠与外叶冠。口囊背侧壁上有一背沟，基部有一大型、尖端分叉的背齿，口囊底部腹侧有两个亚腹侧齿。雄虫长 25～35mm，有发达的交合伞，有两根等长的线状交合刺。雌虫长 38～47mm，阴门开口于距尾端 11.5～14mm 处。虫卵椭圆形，卵壳薄，（70～85）μm×（40～47）μm。

2. 无齿圆线虫（*S. edentatus*） 又名无齿阿尔夫线虫（*Alfortia edentatus*），也寄生于马属动物的盲肠和结肠内。虫体呈深灰或红褐色，形状与马圆线虫极相似，头部稍大，口囊前宽后狭，口囊内也具有背沟，但无齿。雄虫长 23～28mm，有两根等长的交合刺。雌虫长 33～44mm，阴门位于距尾端 9～10mm 处。

3. 普通圆线虫（*S. vulgaris*） 又名普通戴拉风线虫（*Delafondia vulgaris*），也寄生于马属动物的盲肠、结肠。虫体比前两种小，呈深灰或血红色。口囊壁上有背沟，底部有两个耳状的亚背侧齿；外叶冠边缘呈花边状构造。雄虫长 14～16mm，有两根等长的交合刺。雌虫长 20～24mm，阴门距尾端 6～7mm。虫卵椭圆形。

圆线虫在大肠内发育成熟，雌虫产出大量虫卵随粪便排出体外，在外界适宜的条件下，经 6～14d 发育为带鞘的第三期幼虫，这种感染性幼虫主要附着于草叶、草茎上或积水中。幼虫对弱光有趋向性，常于清晨、傍晚或阴天爬上草叶。幼虫对温度有敏感性，温暖时活动力增强。当马匹吃草或饮水时，吞食感染性幼虫而感染，幼虫在马肠内脱去囊鞘，开始移行。

普通圆线虫幼虫被马、骡吞咽后，钻通肠黏膜进入肠壁小动脉，在其内膜下继续移行，逆血流方向向前移行到较大动脉（主要为髂动脉、盲肠动脉及腹结肠动脉），约 2 周后到达积聚在肠系膜前动脉根部，部分幼虫进入主动脉向前移行到心脏，向后移行到肾动脉和髂动脉。因此，普通圆虫常在肠系膜动脉根部引起动脉瘤，并在此发育为童虫，在盲肠及结肠壁上常见到含有童虫的结节。然后，各自通过动脉的分支往回移行到盲肠和结肠的黏膜下，在此蜕皮发育到第五期幼虫，最后回到肠腔成熟。

无齿圆线虫幼虫的移行不同于普通圆虫，它们移行远，时间长，幼虫钻入盲肠、大结肠黏膜后，经门静脉进入肝脏，到达肝韧带后在肠腔沿腹膜下移行，因此，童虫主要见于此处的特殊包囊中，在继续移行到达肠壁后，便形成典型的水肿病灶，然后进入肠腔发育成熟。

马圆线虫幼虫也在腹腔脏器及组织内广泛移行，幼虫穿通盲肠及小结肠黏膜，先在浆膜下结节内停留，后经腹腔到达肝脏，然后到胰腺寄生，最后回到肠腔，发育成熟。

【流行特点】感染性幼虫的抵抗力很强，在含水分8%～12%的马粪中能存活一年以上，在撒布成薄层的马粪中需经65～75d才死亡。在青饲料上能保持感染力达两年之久。但在直射阳光下容易死亡。该病既可发生于放牧的马群，也可发生于舍饲的马匹。在阴雨、多雾天气的清晨和傍晚放牧，是马匹最易感染圆线虫病的时机。在牧场放牧的马匹常常受到严重感染。

【症状与病变】临床上分为肠内型和肠外型。成虫大量寄生于肠管时，马表现为大肠炎症和消瘦，恶病质而死亡。少量寄生时呈慢性经过。幼虫移行时，以普通圆线虫引起血栓性疝痛最多见。马圆线虫幼虫移行引起肝、胰脏损伤，临床表现为疝痛。无齿圆线虫幼虫则引起腹膜炎，急性毒血症，黄疸和体温升高等。

成虫在结肠和盲肠内寄生，口囊吸血，可引起宿主贫血和卡他性炎症、创伤和溃疡。幼虫在肠壁形成结节影响肠管功能；特别是幼虫移行危害更为严重。普通圆线虫幼虫移行危害最大，可引起动脉炎，形成动脉瘤和血栓，进而引起疝痛、便秘、肠扭转和肠套叠、肠破裂。无齿圆线虫幼虫在腹膜下移行形成出血性结节，腹腔内有大量淡黄-红色腹水，引起腹痛、贫血。马圆线虫幼虫移行导致肝脏和胰脏损伤，肝脏内形成出血性虫道，胰脏内形成纤维性病灶。

【诊断】根据临床症状和流行病学资料可做出初步诊断。在粪便中查出虫卵可证实有此类圆线虫寄生。但应考虑数量，一般每克粪便检出1 000个虫卵以上应驱虫。各种圆线虫虫卵难以区分，可以三期幼虫形态进行鉴别。幼虫寄生期诊断困难，剖检可确诊。

【防治】

1. 治疗 首选驱虫剂为丙硫咪唑，以每千克体重3～5mg口服或腹腔注射，对成虫驱虫率高，对第4期幼虫作用一般。

噻苯咪唑按每千克体重50mg内服，对多种圆线虫均有效。成年及幼龄马匹应每隔4～8周驱虫1次；8～28周龄的马驹应每天用噻苯咪唑加哌嗪驱虫1次，效果最好。

硫化二苯胺也有效，伊维菌素效果也较好。

2. 预防 马圆线虫病的预防较困难。在加强饲养卫生管理的前提下，每年应对马进行定期驱虫，一年至少2次；服用低剂量硫化二苯胺（1～2g）有预防作用。

三、马胃线虫病

马胃线虫病是由旋尾科柔线属的大口德拉西线虫、小口柔线虫和蝇柔线虫的成虫寄生于马属动物胃内引起的，可致马匹全身性慢性中毒、慢性胃肠炎、营养不良及贫血。有时发生寄生性皮肤炎（夏疮）及肺炎。

【病原】 寄生于马属动物的大口德拉西线虫（大口胃虫，*Drascheia megastoma*，亦称 *Habronema megastoma*）、小口柔线虫（小口胃虫，*Habronema microstoma*）和蝇柔线虫（蝇胃虫，*Habronema muscae*）隶属于旋尾科（Spiruridae）柔线属（*Habronema*）。

1. 大口胃虫 白色线状，表面有横纹，无齿，特征是咽呈漏斗状。雄虫长 7～10mm，尾部短，呈螺旋状蜷曲。雌虫长 10～15mm，尾部直或稍微弯曲。虫卵呈圆柱形，大小为（40～60）μm×（8～17）μm，卵胎生。

2. 蝇胃虫 虫体黄色或橙红色，角皮有柔细横纹，咽呈圆筒状，唇部与体部分界不明，头部有 2 个较小的三叶唇，无齿。雄虫长 9～16mm，雌虫长 13～23mm。虫卵与前者相似。

3. 小口胃虫 较少见，形态与蝇胃虫相似，但较大，咽前部有一个背齿和一个腹齿。虫卵与大口胃虫虫卵相似。

三种胃线虫的发育史基本相同，均以蝇类为中间宿主。大口胃虫和蝇胃虫的中间宿主为家蝇和厩螫蝇，小口胃虫的中间宿主为厩螫蝇。雌虫在马的胃腺部产卵，虫卵排至外界，被家蝇或厩螫蝇的幼虫采食后，在蝇蛆化蛹时发育为感染性幼虫。马匹采食或饮水时吞食含有感染性幼虫的蝇而感染，也可在蝇吸血时经伤口感染。若含感染性幼虫的蝇落到马唇、鼻孔或伤口处，其体内幼虫也可逸出，自行爬入或随饲料饮水进入马体。感染性幼虫进入马胃内，经 1.5～2 个月发育为成虫。蝇胃虫及小口胃虫以头端钻入胃腺腔内寄生，大口胃虫钻入胃壁深层在形成的肿瘤内寄生。

【流行特点】 该病分布于世界各地，马、骡、驴均易感。

【症状与病变】 本病临床表现为慢性胃肠炎，营养不良、贫血等症状。

大口胃虫致病力最强，在胃腺部形成肿瘤，严重时化脓，引起胃破裂、腹膜炎。蝇胃虫和小口胃虫引起胃黏膜创伤至溃疡，破坏胃功能。虫体的毒性产物被吸收后机体发生继发性病理过程，如心肌炎、肠炎、肝功能异常，造血机能受到影响。幼虫侵入伤口引起皮肤胃虫症（夏疮），创口久不愈合，并有颗粒性肉芽增生，创口周围变硬，故又称为颗粒性皮炎。可见颈部、胸部、背部、四肢等处有结节。幼虫侵入肺脏能引起结节性支气管周围炎。

【诊断】 生前诊断比较困难，粪便中难以查到虫卵。根据临床症状可怀疑为本病，确诊要找到虫卵或幼虫。建议给马洗胃，检查胃液中有无虫体或虫卵。皮肤胃虫症可取创面病料或剪小块皮肤检查有无虫体。

【防治】

1. 治疗

（1）绝食 16h 后用 2% 碳酸氢钠溶液洗胃，皮下注射盐酸吗啡 0.2～0.3g，使幽门括约肌收缩，15～20min 后投服碘溶液（碘：碘化钾：水比例为 1：2：1 500）4～4.5L。

（2）对皮肤胃虫病，可用消炎药膏涂于创面。

2. 预防 疫区马匹应进行夏、秋两次计划性驱虫；加强厩舍及周围环境的清洁卫生，妥善处理粪便，注意防蝇、灭蝇；夏秋季注意保护马体皮肤的创伤，如覆盖防蝇绷带等。

第六节 马网尾线虫病

马网尾线虫病是由安氏网尾线虫寄生于马属动物的支气管引起。多见于北方，但一般寄生数量很少，仅在死后剖检时发现，或粪便检查时发现幼虫。

【病原】

1. 形态特征　安氏网尾线虫（*Dictyocaulus arnfieldi*），虫体呈白色丝状，雄虫长24～40mm，交合伞的中侧肋与后侧肋在开始时为一总干，占1/2，后半段分开。交合刺两根，棕褐色，略弯曲，呈网状结构。引器不明显。雌虫长55～70mm。卵呈椭圆形，大小为（80～100）μm×（50～60）μm，随粪便排出时，卵内已含幼虫，多在外界孵化。

2. 发育过程　成虫在支气管内产卵。卵顺器官上行，随后被吞咽，随粪便排到体外。幼虫多在外界孵化，经两次蜕皮发育为第3期（感染性）幼虫。外界环境温度为25～28℃时，需72h发育为感染性幼虫。马经口感染，以后的移行经过和羊网尾线虫相似。感染后35～40天，在肺中见到成虫。

【流行特点】与牛的胎生网尾线虫很相似，呈散发性流行。主要发生于幼驹，自夏末到秋天和整个冬季都有发生。感染性幼虫对干燥敏感，不能在牧场上越冬。

【症状与病变】与犊牛网尾线虫病相似，可引起支气管炎，肺内有结节。有研究者认为驴是胎生网尾线虫的自然宿主，可寄生大量虫体而没有任何症状。

【诊断】根据临床症状和在粪便中发现虫卵或幼虫做出诊断。死后剖检时可在支气管内发现虫体和相应病变。

【防治】可用噻苯唑或甲苯唑驱虫。在流行地区，应避免在低洼潮湿的草地上放牧；注意饮水清洁。马、驴分开放牧，幼驹与成年马分开放牧。

第七节　马脑脊髓丝虫病与浑睛虫病

一、马脑脊髓丝虫病

马脑脊髓丝虫病又称"**腰萎病**"，是指形丝状线虫（*Setaria digitata*）的晚期幼虫（童虫）侵入马、羊脑或脊髓的硬膜下或实质中而引起的疾病。

【病原】指形丝状线虫（*Setaria digitata*）隶属于丝虫目（Filariata）腹腔丝虫科（丝状科）（Setariidae）丝状属（*Setaria*）。

其形状和鹿丝状线虫相似，但口孔呈圆形，口环的侧突起为三角形，且较鹿丝状线虫的为大。背、腹突起上有凹迹。雄虫长40～50mm，交合刺两根，分别为130～140μm和250～270μm。雌虫长60～80mm，尾末端为一小的球形膨大，其表面光滑或稍粗糙。微丝蚴的大小与鹿丝状线虫相似。

指形丝状线虫的成虫寄生于黄牛和牦牛的腹腔，所产的微丝蚴进入宿主的血液循环。当中间宿主（中华按蚊、雷氏按蚊等吸血性昆虫）吸食终末宿主的外周血液时，微丝蚴随血液进入中间宿主体内，在其体内经15d左右发育为感染性幼虫。当携带感染性幼虫的蚊虫刺吸终末宿主的血液时，感染性幼虫进入终末宿主，经8～10个月发育为成虫，成虫寄生于腹腔。

当带有感染性幼虫的蚊虫刺吸非固有宿主——马血液或羊血液时，幼虫进入马或羊体内，随着淋巴或血液进入脑脊髓，停留于童虫阶段，引起马或羊的脑脊髓丝虫病。

【流行特点】我国多发于长江流域和华东沿海地区，东北和华北等地亦有发生。本病马比骡多发，山羊、绵羊也常发生，驴未见报道。本病的发生无年龄、性别、营养、马匹来源的区别，且往往训练良好、秉性温驯的辕马，新到疫区的马匹和幼龄马多发。本病的出现时间常比蚊虫出现约晚1个月，一般为7—9月，而以8月发病率最高。与蚊虫的滋生环境有一定的关系，凡低湿、沼泽、水网、稻田地区多发，洪水、台风、大潮后多发。本病流行的地区是牛多、蚊多的地区。

【症状与病变】 幼虫在脑、脊髓等处移行而无特定寄生部位，引起脑脊髓炎的症状、病情轻重及潜伏期并不一致。

马的症状大体可分为早期症状及中晚期症状。早期症状主要表现为腰髓支配的后躯运动神经障碍，后期才出现脑髓受损的神经症状。

早期症状主要表现为一后肢或两后肢提举不充分，后躯无力，后肢强拘。久立后牵引时，后肢出现鸡伸腿样动作。从腰荐部开始，出现知觉迟钝或消失。此时病马低头无神，行动缓慢，对外界反应降低，有时耳根、额部出汗。

中晚期症状表现为精神沉郁，有的患马意识障碍，出现痴呆样，磨牙、凝视、易惊、采食异常。腰、臀、内股部针刺反应迟钝或消失。弓腰、腰硬，突然高度跛行。运步中两后肢外张、斜行，或后肢出现木脚步样。强制小跑，步幅缩短，后躯摇摆。转弯，后退少步，甚至前蹄践踏后蹄。急退易坐倒，起立困难，或后坐到一定程度猛然立起；后坐时如臀端依靠墙柱，则导致上下反复磨损尾根，导致尾根被毛脱落。随着病情加重，病马阴茎脱出下垂，尿淋漓或尿频，尿色呈乳状，重症者甚至尿闭、粪闭。病马体温、呼吸、脉搏和食欲均无明显变化。血液检查常见嗜酸性粒细胞增多。

【诊断】 当病马出现临床症状时做出诊断，为时已晚，难以治愈。因此，早期诊断尤为重要。可用免疫学方法，用牛腹腔指形丝状线虫提纯抗原，进行皮内反应试验。其方法是每匹马注射抗原0.1mL，注射后30min，测量其丘疹直径，1.5cm以上判为阳性，不足1.5cm为阴性。

【防治】

1. 治疗 伊维菌素注射液，每千克体重0.2mg，一次皮下注射。海群生按每千克体重50～100mg内服和制成20%～30%注射液做肌内多点注射，连续用药4d为一疗程。

2. 预防 本病治疗困难，因此，预防对于本病具有突出意义。

（1）控制传染源　马厩应设置在干燥、通风、远离牛舍1～1.5km处；在蚊虫出现季节尽量避免与牛接触。普查病牛并治疗。

（2）切断传播途径　搞好马舍卫生，铲除蚊虫滋生地，用药物驱蚊、灭蚊。

（3）药物预防　对新马及幼龄马，在发病季节应用伊维菌素或海群生进行预防注射，每月1次，连用4个月。

（4）加强饲养管理　增强机体抗病能力。

二、浑睛虫病

马浑睛虫病是由指形丝状线虫、马丝状线虫和鹿丝状线虫的童虫寄生于马、骡的眼前房中引起。

【病原】 指形丝状线虫（*Setaria digitata*）、马丝状线虫（*S. equina*）、鹿丝状线虫（*S. cervi*）隶属于丝虫目（Filariata）腹腔丝虫科（丝状科）（Setariidae）丝状属（*Setaria*）。

1. 马丝状线虫（*S. equina*）　成虫寄生于马属动物的腹腔，有时也寄生于胸腔、盆腔和阴囊等处（其幼虫可能出现于眼前房内，称浑睛虫，长可达 30mm）。虫体呈乳白色线状。口孔周围有角质环围绕，由环的边缘上突出形成两个半圆形的侧唇、两个乳突状的背唇和两个乳突状腹唇。头部有 4 对乳突：侧乳突较大，背、腹乳突较小。雄虫长 40～80mm，交合刺两根，分别长 630～660μm 与 140～230μm。雌虫长 70～150mm，尾端呈圆锥状，微丝蚴长 190～256μm。

2. 鹿丝状线虫（*S. cervi*） 又称唇乳突丝状线虫（*S. labiatopapillosa*），成虫寄生于牛、羚羊和鹿的腹腔。口孔呈长形，角质环的两侧部向上突出呈新月状（较宽阔），背、腹面突起的顶部中央有一凹陷，略似墙垛口（颇狭窄）。雄虫长 40～60mm，交合刺 2 根，分别长 120～150μm 与 300～370μm。雌虫长 60～120mm，尾端为一球形的纽扣状膨大，表面有小刺。微丝蚴有鞘，长 240～260μm。

感染幼虫的蚊类吸血时，将幼虫注入马体，幼虫移行时误入眼内，常于眼前房内寄生 1～3 条。虫体长 1～5cm，形态与其成虫相似。

【流行特点】流行季节与马脑脊髓丝虫病一致。常出现于牛和马混养的地区。

【症状与病变】虫体寄生引起角膜炎、虹膜炎和白内障。病马畏光、流泪，角膜和眼房液稍混浊，瞳孔散大，视力减退，眼睑肿胀，结膜和巩膜充血，严重可失明。

【诊断】可对光观察患眼，见虫体在眼前房游动。

【防治】根本疗法是用角膜穿刺术取出虫体。术后患畜静养于厩内。如眼分泌物多时，可用硼酸液清洗，并用抗生素眼药水点眼。

也可用伊维菌素注射液，按每千克体重 0.2mg，一次皮下注射；甲苯唑按每千克体重 15～20mg，每天 1 次口服，连用 5d。

预防同马的圆线虫病。

第八节 马胃蝇蛆病

马胃蝇蛆病是由双翅目胃蝇科（Gasterophilidae）胃蝇属（*Gasterophilus*）幼虫寄生于马属动物胃肠道内所引起的一种慢性寄生虫病。宿主高度贫血、消瘦、中毒、使役力下降，严重时衰竭死亡。

【病原】我国常见的马胃蝇有 4 种：红尾胃蝇（痔胃蝇 *G. haemorrhoidalis*）、鼻胃蝇（烦扰胃蝇、喉胃蝇 *G. veterinus*）、兽胃蝇（东方胃蝇、黑腹胃蝇 *G. pecorum*）和肠胃蝇（*G. intestinalis*）。4 种马胃蝇在形态上基本相似。

1. 形态特征 成蝇体长 9～16mm，身上密布绒毛，口器退化，两复眼小，触角小，触角芒简单。雌蝇尾端有较长的产卵管，向腹下弯曲。

3 期幼虫粗长，分节明显，每节有 1～2 列刺。前端稍尖，有 1 对发达的口前钩；后端齐平，有 1 对后气孔。寄生于马胃部的马蝇蛆见图 3-42。

2. 发育过程 马胃蝇属完全变态发育，每年完成 1 个生活周期。以肠胃蝇为例：雌虫产卵在马的肩部、胸、腹及腿部被毛上，一生产卵 700 枚左右。卵多黏在毛的上半部，每根毛上附卵 1 枚，约经 5d 形成幼虫；幼虫在外力作用下（摩擦、啃咬等）逸出，在皮肤上爬行，马啃咬时食入第 1 期幼虫，在口腔黏膜下或舌的表层组织内寄生约 1 个月，蜕化为 2 期幼虫并移入胃内，发育为 3 期幼虫。到翌年春季幼虫发育成熟，随粪便排至外界落入土中化蛹，蛹期 1～2 个月，后羽化为成蝇。

【流行特点】本病在我国各地普遍存在，主要流行于西北、东北、内蒙古等地。除马属动物外，偶尔寄生于兔、犬、猪和人胃内。成蝇活动季节多在 5—9 月，以 8—9 月最盛。干旱、炎热的气候和管理不良以及马匹消瘦等有利于本病流行。多雨、阴天不利于马胃蝇发育。

各种胃蝇产卵部位不同。肠胃蝇产卵于前肢球节及前肢上部、肩等处；鼻胃蝇产卵于下颌间隙；红尾胃蝇产卵于口唇周围和颊部；兽胃蝇产卵于地面草上。

【症状与病变】成虫产卵时，骚扰马匹休息和采食。马胃蝇幼虫在整个寄生期间均有致病作用。病情轻重情况与马匹体质、幼虫数量及虫体寄生部位有关。发病初期，幼虫引起口腔、舌部和咽喉部水肿、炎症甚至溃疡。病马表现咀嚼、吞咽困难、咳嗽、流涎、打喷嚏，有时饮水从鼻孔流出。

幼虫移行至胃及十二指肠后，引起慢性胃肠炎、出血性胃肠炎等。幼虫吸血，加之虫体毒素作用，使动物出现以营养障碍为主的症状，如食欲减退、消化不良、贫血、消瘦、腹痛等，甚至逐渐衰竭死亡。

幼虫叮着部位呈火山口状，伴以组织的慢性炎症和嗜酸性粒细胞浸润，甚至胃穿孔和较大血管损伤及继发细菌感染。有时幼虫阻塞幽门部和十二指肠。如寄生于直肠时可引起充血、发炎，表现排粪频繁或努责。幼虫刺激肛门，病马摩擦尾部，引起尾根和肛门部擦伤和炎症。

【诊断】本病无特殊症状，主要以扰乱消化和消瘦为主，与其他消化系统疾病症状相似，因此，应结合流行特点分析辨别，包括了解既往病史、马是否从流行地区引进等。夏季可检查马体被毛上有无胃蝇卵，蝇卵呈浅黄色或黑色，前端有一斜的卵盖。检查口腔、咽部有无虫体寄生。春季注意观察马粪中有无幼虫，发现尾毛逆立、频频排粪的马匹，详细检查肛门和直肠上有无幼虫寄生，必要时进行诊断性驱虫；尸体剖检在胃、十二指肠或喉头找到幼虫也可确诊。

【防治】

1. 治疗

伊维菌素：按每千克体重 0.2mg，皮下注射，有一定效果。

2. 预防 流行地区每年秋冬两季进行预防性驱虫，这样既能保证马匹安全过冬春，又能消灭幼虫，达到消灭病原的目的。

第八单元 禽的寄生虫病

第一节　组织滴虫病

组织滴虫病是由火鸡组织滴虫（*Histomonas meleagridis*）寄生于禽类的盲肠和肝脏引起的疾病，又称盲肠肝炎或黑头病(black head disease)。多发于火鸡和雏鸡，成年鸡也能感染。孔雀、鹌鹑、野鸭、鹧鸪、鸵鸟、珍珠鸡等也有本病流行。以肝脏坏死和盲肠溃疡为疾病特征。

【病原】

1. 形态特征　火鸡组织滴虫为多形性虫体，大小不一，近圆形和变形虫形，伪足钝圆。无包囊阶段。盲肠腔中虫体的直径为 $5\sim16\mu m$，常见一根鞭毛，虫体内有一小盾和一短的轴柱。在肠和肝组织中的虫体无鞭毛，初侵入者 $8\sim17\mu m$，生长后可达 $12\sim21\mu m$，陈旧病灶中的虫体仅 $4\sim11\mu m$，存在于吞噬细胞中。

2. 发育过程　火鸡组织滴虫以二分裂法繁殖。随病禽粪便排出体外的虫体，对外界抵抗力不强，不能长期存活。当组织滴虫被同时寄生在盲肠中的异刺线虫吞食后，可进入异刺线虫的卵巢中，转入其虫卵内，得到虫卵的保护，能在虫卵及其幼虫中存活很长时间。当鸡感染异刺线虫时，同时感染组织滴虫。此外，蚯蚓、蚱蜢、土鳖虫及蟋蟀等节肢动物能充当机械性媒介。

【流行特点】本病无明显的季节性，但在温暖潮湿的夏季发生较多。在自然感染情况下，火鸡最易感。鸡和火鸡的易感性随年龄而变化，鸡在 $4\sim6$ 周龄易感性最强，火鸡 $3\sim12$ 周龄的易感性最强。

【症状与病变】潜伏期 $7\sim12d$，最短 $5d$，常发生于第 11 天。以雏火鸡易感性最强。病禽呆立，翅下垂，步态蹒跚，眼半闭，头下垂，食欲缺乏，腹泻，排出淡黄色或淡绿色的恶臭粪便。急性严重的病例，排出的粪便带血或完全是血液。部分病鸡冠、肉髯发绀，呈暗黑色，因而有"黑头病"之称。病程 $1\sim3$ 周。成年鸡很少出现症状。

病变主要发生在盲肠和肝脏，引起盲肠炎和肝炎。剖检见一侧或两则盲肠肿胀（图 3-43），内腔充满浆液性或出血性渗出物，渗出物常发生干酪化，形成干酪状的盲肠肠芯，间或盲肠穿孔，引起腹膜炎。肝脏肿大，出现呈圆形或不规则形状、中央稍凹陷、边缘稍隆起、淡黄色或淡绿色的坏死病灶，大小和数量不定，散在或密布整个肝脏表面（图 3-44）。

【诊断】根据流行病学及病理变化，可做出初步诊断。用 $40℃$ 的温生理盐水稀释盲肠内容物，做悬滴标本镜检，发现虫体即可确诊。

【防治】对鸡组织滴虫病可选用下列药物进行防治。

二甲硝咪唑：按 0.02%～0.04% 浓度混饲，用作治疗；按 0.01% 浓度饮水，用作预防。

定期驱除异刺线虫是防治本病的重要措施。此外，鸡与火鸡、成年禽与雏禽分开饲养可减少本病的发生。

第二节　住白细胞虫病

鸡住白细胞虫病是由住白细胞虫属（*Leucocytozoon*）的原虫寄生于鸡的血液细胞和内脏器官组织细胞内所引起的疾病。在我国南方比较普遍，常呈地方性流行。对雏鸡和童鸡危害严重，常可引起大批死亡；对成年鸡的危害性较小，发病率低，症状轻微，但能引起贫血和产蛋力降低。

【病原】已知的病原主要有两种，即卡氏住白细胞虫（*L. caulleryi*）和沙氏住白细胞虫（*L. sabrazesi*）。虫体在鸡体内主要有裂殖体与配子体两个发育阶段，前者寄生于鸡的内脏器官组织细胞内，后者寄生于鸡的白细胞（主要是单核细胞）和红细胞内。

1. 形态特征

（1）卡氏住白细胞虫　成熟配子体近于圆形，大小为 15.5μm×15.0μm。大配子体的直径为 12～14μm，有一个核，直径为 3～4μm；小配子体的直径为 10～12μm，核的直径亦为 10～12μm，整个细胞几乎全为核所占有。宿主细胞变为圆形，直径为 13～20μm，细胞核被压挤成一深色狭带，围绕虫体。

（2）沙氏住白细胞虫　成熟配子体为长形，大小为 24μm×4μm。大配子体的大小为 22μm×6.5μm，小配子体为 20μm×6μm。宿主细胞变形为纺锤形，大小约为 67μm×6μm，细胞核被虫体挤压至一侧。

2. 发育过程　住白细胞虫传播过程中需要吸血昆虫作为传播媒介。沙氏住白细胞虫的传播者为蚋，卡氏住白细胞虫为蠓。虫体的整个发育过程包括无性和有性两个世代。无性世代在中间宿主鸡体内进行，病原体在鸡的肝、脾、肺、心、肾、脑、脊髓及淋巴结内进行无性繁殖（裂殖生殖），最终在血细胞内形成大、小配子体。配子体在吸血昆虫蚋或蠓体内进行有性生殖，最终形成子孢子，子孢子进入蚋或蠓的唾液腺。当蚋或蠓吸食健康鸡的血液时，子孢子即随唾液进入鸡体内，鸡发生感染。

【流行特点】本病的流行有较明显的季节性，与各地吸血昆虫蚋和蠓活动的季节相一致。雏鸡和童鸡的感染和发病较严重。成年鸡虽可感染，但发病率低，症状轻微，多数为带虫鸡，是本病的传染源。

卡氏住白细胞虫主要分布在东南亚、北美和中国等地区和国家，沙氏住白细胞虫主要分布在东南亚、印度和中国等地区和国家。鸡住白细胞虫病在我国南方的福建、广东相当普遍，常呈地方性流行。

【症状与病变】自然感染的潜伏期为 6～10d。雏鸡症状明显，发病率与死亡率高。病初体温升高，食欲不振，精神沉郁，流口涎，腹泻，粪呈绿色。本病的特征性症状是死前口流鲜血，贫血，鸡冠和肉垂苍白，常因呼吸困难而死亡。成年鸡感染后病情较轻，呈现鸡冠苍白、消瘦、排水样的白色或绿色稀粪，成年鸡产蛋率下降，甚至停产。青年鸡感染后发育受阻。

死后剖检特征为：全身性出血，肝脾肿大，血液稀薄，尸体消瘦，白冠。全身皮下出血，肌肉尤其是胸肌、腿肌、心肌有大小不等的出血点，各内脏器官肿大出血，尤其是肾、肺出血最严重；胸肌、腿肌、心肌和肝脾等器官上出现白色小结节（图 3 - 45），针尖至粟粒大小，与周围组织有显著的界限。肠黏膜有时有溃疡病灶。

【诊断】根据流行病学、临床症状和剖检病变做出初步诊断。病原检查时，以消毒的注射针头从鸡的翅下小静脉或鸡冠采血一滴，涂成薄片后用瑞氏或吉姆萨染色，镜检见有虫体即可确诊。

【防治】

磺胺-6-甲氧嘧啶（SMM）：预防，按 0.003%～0.005% 混入饲料；治疗，按 0.01% 混入饲料。

磺胺-2-甲氧嘧啶（SDM）：预防，按 0.002 5%～0.007 5% 混入饲料或饮水中；治疗，按 0.05% 混入饮水中，连用 2d，后按 0.03% 混入饮水中，再连用 2d，症状减轻后改为预防量。

磺胺喹噁啉（SQ）：预防，按 0.005% 混入饲料或饮水中；治疗，按 0.01% 混入饲料或饮水中，连用 7d。

氯羟吡啶：预防，按 0.012 5% 混入饲料；治疗，按 0.025% 混入饲料中，连用 7d。

在流行季节，对鸡舍内外，每隔 6d 或 7d 喷洒杀虫剂，以减少蚋和蠓的侵袭。

第三节　鸡球虫病

鸡球虫病是养鸡业中一种重要的常见疾病，对养鸡生产的危害十分严重。本病分布很广，世界各地普遍发生，多危害 15～50 日龄的雏鸡，发病率高达 50%，死亡率为20%～30%，严重者高达 80%。病愈的雏鸡，生长发育受阻，长期不能康复。成年鸡多为带虫者，但增重和产蛋受到一定的影响。还有些感染鸡群虽不表现临床型球虫病，但可表现以生产能力下降为特征的亚临床型球虫病，造成的隐性损失可能更大。全世界每年用于药物预防的费用已超过数亿美元。

【病原】寄生于鸡的艾美耳球虫，全世界报道的有 9 种，但为世界所公认的有 7 种，在我国均有发现，分别为柔嫩艾美耳球虫（*Eimeria tenella*）、毒害艾美耳球虫（*E. neca-trix*）、堆型艾美耳球虫（*E. acervulina*）、巨型艾美耳球虫（*E. maxima*）、布氏艾美耳球虫（*E. brunetti*）、和缓艾美耳球虫（*E. mitis*）和早熟艾美耳球虫（*E. praecox*）。柔嫩艾美耳球虫因寄生于盲肠，故俗称盲肠球虫，是雏鸡球虫病的主要病原；而其余球虫寄生于小肠，故俗称小肠球虫。各种球虫往往混合感染。柔嫩艾美耳球虫孢子化卵囊见图 3 - 46。

1. 形态特征 巨型艾美耳球虫的卵囊大，呈黄褐色，囊壁厚呈浅黄色，易于鉴别。余下 6 种鸡球虫仅根据卵囊形态难以鉴别，而需要依据虫体在鸡肠道的寄生部位，引起的肉眼病变性质，卵囊的大小、形态和颜色，裂殖体和裂殖子的大小，在试验感染中的最短潜伏期和孢子化过程的最短时间等生物学特征进行综合判定（表 3 - 3）。

表 3-3　7 种鸡球虫的主要鉴别特征

种类	卵囊（μm）			最短孢子化时间（h）	最短潜伏期（h）	寄生部位	病变	致病力
	大小范围	平均大小	形状					
柔嫩艾美耳球虫	(19.5~26.0)×(22.8~26.5)	22.0×19.0	宽卵圆形	18	115	盲肠	盲肠高度肿大、出血，肠腔中充满血凝块和黏膜碎片或肠芯	最强
毒害艾美耳球虫	(13.2~22.7)×(11.3~18.3)	20.4×17.2	长卵圆形	18	138	小肠中1/3段*	肠气胀，肠道黏膜坏死出血，浆膜层有圆形白色斑点	强
布氏艾美耳球虫	(20.7~30.3)×(18.1~24.2)	24.6×18.8	卵圆形	18	120	小肠下段，直肠	肠黏膜出血，黏液增多	中等
巨型艾美耳球虫	(21.5~42.5)×(17.5~33.0)	30.8×23.9	卵圆形	30	121	小肠，以中段为主	肠腔胀气，肠壁增厚，腔内有黄色至橙色黏液和血液	中等
堆型艾美耳球虫	(17.7~20.2)×(13.7~16.3)	18.3×14.6	卵圆形	17	97	十二指肠，小肠前段	肠道苍白，含水样液体，肠黏膜覆以横纹状白色病灶	中等
和缓艾美耳球虫	(11.7~18.7)×(11.0~18.0)	15.6×14.2	亚球形	15	93	小肠前段	不明显	弱
早熟艾美耳球虫	(19.8~24.7)×(15.7~19.8)	21.3×17.1	卵圆形	12	84	小肠前1/3段	不明显	弱

*在盲肠中形成卵囊。

2. 发育过程　鸡是上述各种球虫的唯一天然宿主。球虫的发育中不需中间宿主。鸡吃到饲料、饮水或土壤中的孢子化卵囊后受感染，虫体在鸡肠道上皮细胞内依次进行裂殖生殖和配子生殖，产出新一代卵囊，并随粪便排出体外。刚排出的卵囊不具有感染性，需在体外进行孢子生殖，形成孢子化卵囊后才具有感染性。鸡吃到孢子化卵囊到排出新一代卵囊仅需5~6d，一个卵囊经鸡体内繁殖后可产生数万甚至数十万个子代卵囊。卵囊在体外孢子生殖需适宜的温度（22~30℃）、湿度和充足的氧气等条件。

【流行特点】所有日龄和品种的鸡对球虫均有易感性。球虫病一般暴发于3~6周龄雏鸡，很少见于2周龄以内的鸡群。堆型艾美耳球虫、柔嫩艾美耳球虫和巨型艾美耳球虫的感染常发生在21~50日龄的鸡，而毒害艾美耳球虫的感染常见于8~18周龄的鸡。但生产中多是一种以上的球虫混合感染。

鸡感染球虫十分普遍，凡是养鸡的地方，均有鸡球虫存在。成年鸡感染后常不发病，多为带虫者而成为传染源。患病耐过的鸡排卵囊可达数月之久，是主要的传染源。凡被带虫鸡的粪便污染过的饲料、饮水、二壤或用具等，都有卵囊存在；昆虫、野鸟等动物和尘埃以及饲养管理人员，都可成为球虫病的机械传染者。

卵囊对恶劣的外界环境条件和消毒剂具有很强的抵抗力。在土壤中可以存活 4～9 个月。温暖潮湿的环境有利于卵囊的发育。在合适的温度、湿度和氧气条件下，经过 18～30h 发育为孢子化卵囊，但低温、高温和干燥均可延迟卵囊的孢子化过程，甚至会杀死卵囊。

饲养管理条件不良和营养缺乏能促使本病的发生。拥挤、潮湿或卫生条件恶劣的鸡舍易发病。本病多在温暖潮湿的季节流行。在我国南方，3—11 月为流行季节，以 3—5 月最为严重；在北方，4—9 月为流行季节，以 7—8 月最为严重。而舍饲的鸡场中，一年四季均可发病。

【症状与病变】

1. 症状 症状很大程度上取决于感染的严重程度和球虫的种类，根据病程长短可分为急性和慢性两型。

（1）急性型 主要由柔嫩艾美耳球虫和毒害艾美耳球虫引起，因其引起的病变分别发生在盲肠和小肠，故分别称之为盲肠球虫病和小肠球虫病。

柔嫩艾美耳球虫病：病程为数天到 2～3 周，多见于雏鸡。病初精神沉郁，羽毛松乱，不喜运动，食欲减退，泄殖腔周围羽毛为稀粪所粘连。以后由于肠上皮被大量破坏和机体中毒，病鸡运动失调，翅膀轻瘫，渴欲增加，嗉囊充满液体，食欲废绝，冠、髯及可视黏膜苍白，逐渐消瘦，排水样稀粪，并带有少量血液（图 3-47）。由柔嫩艾美耳球虫引起的盲肠球虫病，开始时病鸡粪便呈棕红色，以后变为完全的血液。病的后期发生痉挛和昏迷，不久即告死亡，雏鸡的死亡率常在 50% 以上，甚至全群覆灭。有些病鸡可能拖延到数周之久，少数病鸡能够痊愈恢复，但生长受到严重影响。

毒害艾美耳球虫病：潜伏期一般为 4～5d，随后突然排出大量黏稠的血便，严重病例在发病后 1～2d 死亡。临床症状主要表现为食欲不振、精神萎靡、扎堆，腹泻或粪便呈胶冻样暗红色，增重速度下降，产蛋量下降，严重者发生死亡。自然发病的死亡率 25% 以上，试验感染死亡率可达 100%。发病多见于 7～12 周龄鸡群，但近年来发现发病日龄可提早至 29 日龄或更早，发病率有逐年增加趋势。发病后存活的鸡不能很快康复，病鸡严重衰弱，多数会因并发其他疾病而死亡。

（2）慢性型 多见于日龄较大的青年鸡（2～4 月龄）或成年鸡，临床症状不明显，病程较长，拖至数周或数月，病鸡逐渐消瘦，足和翅常发生轻瘫，产蛋量减少，间歇性腹泻，但死亡较少。

2. 病理变化 剖检病变主要在肠道，病变程度和部位与球虫种类有关。

（1）柔嫩艾美耳球虫病 病变发生在盲肠。在急性型病例，两侧盲肠显著肿大，外观呈酱油色或暗红色，肠腔内充满凝固新鲜暗红色的血液（图 3-48），盲肠上皮增厚或脱落。稍后死亡的病例，盲肠质地较正常坚实，肠腔内充满由血凝块、坏死物质及炎性渗出物凝固形成的栓子，称为肠芯；盲肠壁增厚，有坏死溃疡病灶。

（2）毒害艾美耳球虫病 病变主要发生在小肠中段，肠管高度肿胀，显著充血、出血和坏死。肠壁增厚，肠内容物中含有多量的血液、血凝块和脱落的黏膜。从浆膜面可见病灶区有小的白斑和红斑点，此为本病的特异性病变（图 3-49）。

（3）堆型艾美耳球虫病 病变主要发生在十二指肠。轻度感染时，病变局限于十二指肠祥，呈散在局灶性灰白色病灶，横向排列呈梯状。严重感染时，可引起肠壁增厚和病灶融合成片。

（4）巨型艾美耳球虫病 病变主要发生在小肠中段，出血性肠炎，肠管扩张，肠壁增厚、充血和水肿；肠内容物为黏稠的液体，呈黄色或橙色，有时混有细小血凝块。

（5）布氏艾美耳球虫病 病变主要发生在小肠下段和直肠，引起卡他性肠炎，偶见有肠黏膜脱落物和凝固的血性渗出物所形成的肠芯，肠黏膜有出血点，肠壁增厚。

（6）和缓艾美耳球虫病 寄生在小肠前半段，致病力弱，病变一般不明显。对增重与饲料转化率有较大影响。

（7）早熟艾美耳球虫病 寄生于小肠前 1/3 部位，致病力弱，病变一般不明显。严重感染时可引起饲料转化率的降低。

【诊断】可用饱和盐水漂浮法或直接涂片法检查粪便中的球虫卵囊（图 3-50）。对病死鸡，可刮取肠黏膜镜检有无各发育阶段虫体（图 3-51、图 3-52）。但由于鸡的带虫现象非常普遍，因此，仅在粪便和肠黏膜刮取物中检获卵囊及各发育阶段虫体，不足以作为鸡球虫病的诊断依据。正确的诊断必须根据临床症状、流行病学资料、病理变化、病原学检查等多方面因素加以综合判断。

【防治】

1. 治疗 鸡场一旦群暴发球虫病，应立即进行治疗。以下为常用的治疗药物。

氨丙啉：按 0.012%～0.024% 混入饮水，连用 3d。

妥曲珠利：又名百球清，2.5% 溶液，按 0.002 5% 混入饮水，连用 3d。

磺胺类药物：多种磺胺类药物具有治疗作用，如磺胺二甲基嘧啶按 0.5% 混入饲料，连用 3d 后，停药 2d，再用 3d，休药期为 5d；磺胺氯吡嗪钠按 0.03% 混入饮水，连用 3d，产蛋鸡与 16 周龄以上鸡群禁用，肉鸡休药期 1 d。

2. 预防 在集约化大群饲养时，要早期诊断或预测本病的发生极不容易，而一旦出现症状和造成组织损伤，再使用药物往往已无济于事。因此，鸡球虫病的防治重点在于预防，包括药物预防、免疫预防及加强饲养管理等。

（1）药物预防 目前，所有的肉鸡场都应进行药物预防，而且应从雏鸡出壳后第 1 天即开始。为了防止抗药虫株的产生，延长抗球虫药的使用寿命，应采用轮换用药（一种药物连续用几个月后改用另一种药物）和穿梭用药（雏鸡料添加一种药物，继之在生长、育肥期内添加另一种化学特性不同的药物）方案，合理使用抗球虫药。以下为用于预防鸡球虫病药物。

氨丙啉：按 0.012 5% 混入饲料，鸡的整个生长期都用药；休药期，肉鸡 7d。

尼卡巴嗪：按 0.012 5% 混入饲料；休药期，肉鸡 4d。

地克珠利：又名杀球灵，按 0.000 1% 混入饲料；休药期，肉鸡 5d。

氯羟吡啶：也称克球多、克球粉、氯吡醇、可爱丹，按 0.012 5% 混入饲料；休药期，肉鸡 5d。

马杜霉素：按 0.000 5% 混入饲料；休药期，肉鸡 5d。

莫能菌素：按 0.01%～0.012% 混入饲料；休药期，肉鸡 5d。

拉沙菌素：又名拉沙里菌素、拉沙洛西，按 0.007 5%～0.012 5% 混入饲料；休药期，3d。

盐霉素：又名优素精，按 0.006% 混入饲料；休药期，5d。

那拉菌素：又名甲基盐霉素，按 0.005%～0.008% 混入饲料；休药期，肉鸡 5d。

（2）免疫预防 球虫耐药性的不断产生和肉蛋产品的药物残留问题，造成预防失败及影响消费者的健康，使得药物预防越来越受到限制。因此，免疫预防越来越受到重视。目前世界各国已研制的商品化球虫病疫苗有近 20 种，主要分为两类：强毒虫苗和弱毒虫苗。前者是由未致弱的虫株活卵囊制成，后者是由经人工致弱的虫株活卵囊制成。我国已注册并上市销售的主要有鸡球虫病三价活疫苗和鸡球虫病四价活疫苗。雏鸡经口服途径或饲料途径免疫。地面平养鸡免疫程序：1～10 日龄，1 头份/只；种鸡或蛋鸡应进行二次免疫，二次免疫的时间可在转群前进行，剂量为首次免疫的 1/5。网上饲养或笼养鸡群：1～10 日龄，1 头份/只。免疫后应注意垫料的管理，垫料的最适宜湿度范围是 25%～30%。免疫后的 2 周内饲料中必须有足量的维生素 A 和维生素 K，饲料和饮水中 21d 内不能添加任何抗球虫药或有抗球虫活性的其他药物。

（3）加强饲养管理 为控制鸡球虫病，在采取药物预防和免疫预防措施的同时，应加强饲养管理，搞好清洁卫生。鸡舍保持适当温度和光照，通风良好，饲养密度适当；推广网养；及时清理鸡舍和运动场的鸡粪，并作堆积发酵处理，杀灭卵囊，减少甚至消灭传染源；幼鸡与成年鸡分开饲养，以减少感染机会；增加或补充饲料中维生素 A 和维生素 K 的含量；死鸡和淘汰鸡应妥善处理。

第四节 鸭球虫病

鸭球虫病是由艾美耳属、泰泽属（Tyzzeria）、温扬属（Wenyonella）和等孢属的多种球虫寄生于鸭肠道上皮细胞（极少数寄生于肾脏）所引起的。常为数种球虫混合感染致病。可引起雏鸭大批发病和死亡，耐过鸭生长受阻，增重缓慢，对养鸭业危害很大。本病在国外早有报道，国内北京、四川等地常有急性暴发，其他地区也有散发的报道。

【病原】我国已报道了 4 个属 18 个种。在我国北京、天津地区，北京鸭主要致病种是毁灭泰泽球虫（T. perniciosa）和菲莱氏温扬球虫（W. philiplevinei），寄生于鸭的小肠上皮细胞，致病性以前者最为严重。

1. 形态特征

（1）毁灭泰泽球虫 卵囊小，短椭圆形，壁薄，淡绿色，无卵膜孔。卵囊大小为 (9.2～13.2)μm×(7.2～12.9)μm，平均 11μm×8.8μm，孢子化卵囊内无孢子囊，有 8 个裸露的子孢子游离于卵囊内。有一个大的卵囊残体。

（2）菲莱氏温扬球虫 卵囊较大，卵圆形，有卵膜孔。卵囊大小为 (13.3～22)μm×(10～12)μm，平均 17.2μm×11.4μm。孢子化卵囊内有 4 个孢子囊，每个孢子囊内有 4 个小孢子。无卵囊残体。

2. 发育过程 与鸡球虫类似。

【流行特点】鸭球虫的发育过程与鸡球虫类似，鸭吃到了饮水、饲料或土壤中的孢子化卵囊后受感染。各种年龄鸭均有易感性，以 2～3 周龄雏鸭为最为易感，4～6 周龄鸭感染率高，但死亡率低。育肥鸭和种鸭为带虫者，是本病的重要传染源。雏鸭网上饲养时一般不发病，当由网上转为地面饲养时，常严重发病。另外，本病的发生与气温和湿度有密切的关系，流行季节为 4—11 月，其中以 9—10 月发病率最高。

【症状与病变】急性发病多发生于 2～3 周龄的雏鸭，病鸭精神委顿，食欲减少，缩头垂翅，喜卧，渴欲增加，腹泻，排血红色或暗红色粪便或血液，症状出现后当天或 2～3d 后死亡，死亡率可达 80%，一般为 20%～70%。耐过鸭多于发病后 4d 开始恢复食欲，但生长发育受阻，并可长期散布病原。慢性发病鸭多无明显症状，可偶见腹泻，但可长期散布病原。

病死鸭剖检后，常见小肠弥漫性出血性肠炎，肠壁肿胀、出血，黏膜上密布针尖大小的出血点，有的见有红白相间的小点，肠道黏膜粗糙，覆有一层糠麸样或奶酪状黏液，或有淡红色或深红色胶冻样血性黏液。毁灭泰泽球虫主要引起小肠卵黄蒂前后段的病变，而菲莱氏温扬球虫主要引起回肠和直肠病变，通常只表现为充血和出血。

【诊断】与鸡球虫病类似。根据临床症状、流行病学资料、病理变化、病原学检查等多方面因素加以综合判断。

【防治】当鸭群发生球虫病时，应及时隔离治疗。治疗药物可选用氨丙啉、氯苯胍、磺胺类药物等。

加强饲养管理，鸭舍经常清扫消毒，及时更换垫草，保持干燥清洁。在球虫病的流行季节，当雏鸭由网上转为地面饲养时，或已在地面饲养 2 周龄时，可用 0.02% 磺胺甲基异恶唑（SMZ）和甲氧苄啶（TMP）合剂（SMZ＋TMP，比例 5∶1）、0.1% 磺胺间甲氧嘧啶（SMM）或 0.000 1% 地克珠利混入饲料，连喂 4～5d。当地面污染的卵囊过多时，或有个别鸭发病时，应立即对全群进行药物预防。

第五节　鹅球虫病

鹅球虫病是由鹅的多种球虫引起的一种原虫病。已报道的感染家鹅与野鹅的球虫有 16 种之多，分别属于艾美耳属（*Eimeria*）、等孢属（*Isospora*）和泰泽属（*Tyzzeria*），其中以寄生于肾小管的截形艾美耳球虫（*E. truncata*）致病性最强，主要危害 3 周至 3 月龄幼鹅，死亡率很高。其他 15 种球虫均寄生于肠道上皮细胞，以鹅艾美耳球虫（*E. anseris*）、柯氏艾美耳球虫（*E. kotlani*）和有毒艾美耳球虫（*E. nocens*）致病性较强。国内流行的主要是肠道球虫病，通常为混合感染。雏鹅的发病率高达 90%～100%，死亡率可达 10%～80%。耐过的鹅生长受阻，增重缓慢，对发展养鹅业危害甚大。

【病原】

1. 形态特征

（1）截形艾美耳球虫　卵囊椭圆形，大小为（14～27）μm×（12～22）μm。前端截平，较狭窄。卵囊壁光滑，具卵模孔和极帽。孢子囊具残体。

（2）鹅艾美耳球虫　卵囊呈梨形，囊壁单层，无色。具卵模孔。卵囊大小为（17.5～20）μm×（15～17.5）μm。无极粒，卵囊残体为一团无定形物，位于卵模孔正下方。孢子囊卵圆形，几乎充满整个卵囊，大小为（7.5～11.25）μm×（5～8.75）μm。孢子囊残体呈颗粒状，斯氏体不明显（图 3-53）。

（3）柯氏艾美耳球虫　卵囊呈长椭圆形，一端较窄小，淡黄色，卵囊壁 2 层，大小为（27.5～32.8）μm×（20～22.5）μm。具卵模孔和极粒。无外残体，内残体呈散开的颗粒状。孢子囊大小为 $14.9\mu m \times 9.4\mu m$。

（4）有毒艾美耳球虫　卵囊呈卵圆形，也有呈袋状或灯泡状，卵模孔端截平。囊壁光滑，淡黄色，明显有两层组成，内层壁形成一突出的卵模孔，被外层壁所覆盖。卵囊大小为 $(25\sim35)\mu m \times (17.5\sim22.5)\mu m$。无极粒和外残体。孢子囊大小为 $(10\sim15)\mu m \times (7.5\sim11.25)\mu m$。有小的斯氏体和呈粗颗粒状的内残体（图3-54）。

2. 发育过程　与鸡球虫类似。

【流行特点】鹅食入饲料、饮水及放牧场地中的孢子化卵囊后受感染。野生水禽可传播鹅球虫病，大群舍饲会促发本病，5—8月为多发季节。不同日龄的鹅均可发生感染，日龄小的发病严重。鹅肾球虫病主要发生于3～12周龄的幼鹅。鹅肠球虫病主要发生于2～11周龄的幼鹅，以3周龄以下的鹅多见，常引起急性暴发，呈地方性流行。成年鹅一般为带虫者，是本病的传染源。

【症状与病变】

1. 肾球虫病　常呈急性经过，表现为精神委顿，食欲减退，消瘦，腹泻，粪白色，眼下凹，翅重，颈扭转贴于背上，一般发病后1～2d死亡。尸体剖检可见肾的体积肿大至拇指大，由正常的红褐色变成淡灰黑色或红色，可见到出血斑和针尖大小的灰白色病灶或条纹。在灰白色病灶中含有尿酸盐沉积物和大量卵囊。

2. 肠球虫病　症状与肾球虫病相似，但消化道症状明显。病鹅喜卧，不愿活动，常落群。渴欲增加，饮水后频频甩头。病初排灰白色或棕红色、带血的黏液性粪便，继而排出红色或暗红色、带有黏液的稀粪，甚至褐色的凝血。幼鹅常在发病后1～2d死亡。耐过的病鹅生长和增重迟缓。病死鹅剖检可见发生急性卡他性出血性肠炎，小肠肿胀，以小肠中段与下段最严重，其中充满稀薄的红褐色液体及脱落的肠黏膜碎片。小肠黏膜出血、坏死，形成假膜和肠芯（图3-55）。

【诊断】与鸡球虫病类似。根据临床症状、流行病学资料、病理变化、病原学检查等多方面因素加以综合判断。

【防治】主要用磺胺类药物治疗鹅球虫病，尤以磺胺间甲氧嘧啶和磺胺喹噁啉值得推荐，其他药物如氨丙啉、氯苯胍、氮羟吡啶、地克珠利等也有较好效果。

幼鹅和成年鹅分开饲养；鹅舍应保持清洁干燥，粪便应定期清除并作发酵处理；幼禽避开靠近水、污染大量卵囊的潮湿地区放牧；流行季节可在饲料中添加药物进行预防。

第六节　前殖吸虫病

前殖吸虫病是由前殖科（Prosthogonimidae）前殖属（*Prosthogonimus*）多种前殖吸虫寄生于鸡、鸭、鹅、野禽及其他鸟类的输卵管、法氏囊、泄殖腔及直肠引起的吸虫病，主要危害雌性禽类。患禽产软壳蛋或无蛋壳，严重的因继发腹膜炎而死亡，在临床上多见于放养的禽。本病呈世界性分布。

【病原】国内发现的前殖吸虫约有20种，寄生于家禽的约有16种，以卵圆前殖吸虫（*P. ovatus*）和透明前殖吸虫（*P. pellucidus*）最常见。

1. 形态特征

（1）卵圆前殖吸虫　虫体呈梨形，新鲜时呈鲜红色，体表有小刺，大小为$(3\sim6)$ mm$\times$

（1～2）mm。腹吸盘大于口吸盘，位于虫体前 1/3 处。睾丸椭圆形，不分叶，并列于虫体中部之后。卵巢分叶，位于腹吸盘的背面，生前孔开口于口吸盘的左前方，子宫盘曲于睾丸和腹吸盘前后，卵黄腺位于虫体中部的两侧。虫卵棕褐色，大小为（22～24）$\mu m \times 13\mu m$，具卵盖，另一端有小刺。

（2）透明前殖吸虫　虫体呈长梨形，大小为（6.5～8.2）mm×（2.5～4.2）mm。口、腹吸盘大小接近。睾丸卵圆形，位于虫体中央的两侧，左右并列。卵巢分 3～4 叶，位于腹吸盘与睾丸之间（图 3-56）。虫卵与卵圆前殖吸虫相似。

2. 发育过程　前殖吸虫的发育需 2 个中间宿主，第一中间宿主为淡水螺类，第二中间宿主为各种蜻蜓的稚虫和成虫。禽类吃下含囊蚴的蜻蜓稚虫和成虫后感染。成虫在寄生部位产卵，随粪便排出，被第一中间宿主吞食，在其体内发育至胞蚴和尾蚴；尾蚴从螺体内逸出，遇第二中间宿主蜻蜓的稚虫进入其肛孔，在其体内发育为囊蚴。家禽啄食含囊蚴的蜻蜓而感染，并在消化道释放出童虫，童虫经肠道进入泄殖腔，再转入输卵管和法氏囊，继续发育成熟。

【流行特点】流行季节与蜻蜓出现的季节相一致，各种年龄的禽类均可感染，常呈地方性流行，以华东和华南地区多见。

【症状与病变】前殖吸虫主要危害鸡，特别是产蛋鸡，对鸭的致病性不明显。虫体对输卵管黏膜和腺体的破坏损伤，使鸡形成蛋的生理机能受到影响。感染初期，鸡食欲及产蛋均正常，感染月余后，产蛋率下降，逐渐产出畸形蛋、软壳蛋或无壳蛋，随着病情发展，食欲减退，消瘦，羽毛脱落，精神不振，停止产蛋，有时从泄殖腔排出蛋壳碎片或流出水样液体，腹部膨大，肛门潮红，肛门周围羽毛脱落，后期体温升高，饮欲增加，可导致死亡。

剖检可见的主要病变是输卵管炎和泄殖腔炎，黏膜增厚、充血和出血，其上可见虫体附着。有的发生输卵管破裂，进一步引起卵黄性腹膜炎，腹腔中可见外形皱缩不整齐和内容物变质的卵子。

【诊断】根据临床症状和剖检所见病变，发现虫体或用水洗沉淀法检查粪便发现虫卵，即可确诊。

【防治】治疗或预防性驱虫可选用以下药物。

丙硫咪唑：每千克体重 100mg，一次口服。

硫双二氯酚：每千克体重 100mg，一次口服。

吡喹酮：每千克体重 60mg，一次口服。

定期驱虫，在流行地区根据发病季节进行有计划的驱虫；防止禽类啄食蜻蜓及其稚虫，在蜻蜓出现季节，勿在早晨或傍晚及雨后到池塘边放牧，以防感染。

第七节　后睾吸虫病

后睾吸虫病是由后睾科（Opisthorchiidae）次睾属（*Methorchis*）、后睾属（*Opisthorchis*）和对体属（*Amphimerus*）的多种吸虫寄生于家鸭、鸡、鹅、野鸭的肝脏胆管或胆囊内引起的一类吸虫病，临床上多见于放养的家鸭，严重者可引起死亡。

【病原】在我国家禽体内已发现 12 种后睾吸虫，其中以东方次睾吸虫（*M. orientalis*）、台湾次睾吸虫（*M. taiwanensis*）、鸭后睾吸虫（*O. anatis*）和鸭对体吸虫（*A. anatis*）分布较广，对禽类危害严重。

1. 形态特征

（1）东方次睾吸虫　虫体呈叶状，大小为（2.4～4.7）mm×（0.5～1.2）mm，体表有小棘。睾丸2个，分叶，前后排列于虫体后端。卵巢椭圆形，位于睾丸之前。子宫在卵巢和肠叉之间盘曲（图3-57）。虫卵呈椭圆形，淡黄色，大小为（28～31）μm×（12～15）μm，有卵盖，内含毛蚴。

（2）台湾次睾吸虫　虫体小而细长，大小为（2.37～3.04）mm×（0.35～0.48）mm。睾丸呈圆形或椭圆形，边缘略有分叶，前后排列于虫体后端。虫卵椭圆形，有卵盖，后端有一个不很明显的小突起。

（3）鸭后睾吸虫　虫体较长，大小为（7～23）mm×（1.0～1.5）mm，体表光滑，口吸盘大于腹吸盘。睾丸分叶，前后纵列于虫体的后部。卵巢分许多小叶。子宫发达。虫卵椭圆形，大小为（28～29）μm×（16～18）μm。

（4）鸭对体吸虫　鸭体内的一种大型吸虫。虫体窄长，后端尖细，大小为（14～24）mm×（0.88～1.12）mm，口吸盘大于腹吸盘。睾丸呈长圆形，分叶或不分叶，前后排列在虫体后部。卵巢分叶，位于睾丸之前。子宫位于肠支之间，从卵巢处曲折前行，直达腹吸盘。虫卵椭圆形，一端有盖，另一端有较尖的刺突，大小为（25～28）μm×（13～14）μm。

2. 发育过程　后睾吸虫的发育需2个中间宿主，第一中间宿主为纹绍螺，第二中间宿主为麦穗鱼及爬虎鱼等。囊蚴主要寄生于鱼类的肌肉和皮层，禽类吞食含囊蚴的鱼类而感染。

【流行特点】放养的禽或用生鱼喂养的禽类多发，主要危害1月龄以上的雏鸭。感染虫数可达数百条。次睾吸虫多见于胆囊，后睾吸虫和对体吸虫则多见于胆管。一般7—9月发病较多。

【症状与病变】轻度感染不表现临床症状，严重感染时不仅影响产蛋，而且死亡率也较高。患禽表现食欲减退，逐渐消瘦，在水中游走无力，缩颈闭眼，精神沉郁，两腿发软而卧伏不起。随着病情加剧，羽毛杂乱，食欲废绝，眼结膜发绀，有黏液性分泌物，呼吸困难，贫血，消瘦，粪便呈草绿色或灰白色，多因衰竭而死亡。

次睾吸虫可引起胆囊肿大，囊壁增厚，胆汁变质或消失；肝肿大，质地坚实，表面有白色小斑点。后睾吸虫和对体吸虫寄生的肝脏，有不同程度的炎症和坏死，肝常呈橙黄色，肝功能破坏，胆汁分泌受阻或肝结缔组织增生，细胞变性萎缩，引起肝硬化。

【诊断】根据流行病学特点、临床症状和病理剖检变化进行综合性诊断。生前诊断主要用沉淀法检查粪便发现虫卵（图3-58）。死后剖检，在肝脏发现大量虫体及病变，即可确诊。

【防治】治疗或预防性驱虫可选用以下药物。

吡喹酮：每千克体重15～20mg，一次口服。

丙硫咪唑：每千克体重75～100mg，一次口服。

流行地区不以生的或未煮熟的淡水鱼类作饲料；禽类在流行季节应避免到水塘或稻田放养，以免直接采食到中间宿主；定期驱虫；粪便应堆积发酵处理，杀灭虫卵；结合农业生产进行灭螺。

第八节 赖利绦虫病

赖利绦虫病主要是由戴文科（Davaintidae）赖利属（*Raillietina*）的四角赖利绦虫（*R. tetragona*）、棘沟赖利绦虫（*R. echinobothrida*）、有轮赖利绦虫（*R. cesticillus*）寄生于鸡的小肠内所引起的疾病。在临床上多见于放养的雏鸡，我国各地均有发病的报道，对养鸡业危害较大。除鸡外，火鸡、雉鸡、珍珠鸡、鹌鹑、鸽和孔雀等特种禽类也可感染发病。

【病原】

1. 形态特征

（1）棘沟赖利绦虫　虫体白色，长25cm，宽1～4mm，是鸡体内最大的绦虫。头节小，顶突上有2列小钩。吸盘4个，呈圆形，其上有8～10排小钩（图3-59）。颈节肥短。每个成熟节片通常有一组生殖器官，生殖孔位于一侧。孕节中每个卵囊（又称卵袋）含6～12个虫卵。虫卵直径25～48μm，内含一个六钩蚴。

（2）四角赖利绦虫　虫体形状、大小和内部结构颇似棘沟赖利绦虫，但本虫的头节纤弱，吸盘卵圆形（图3-60），且颈节较细长，可与之区别。

（3）有轮赖利绦虫　虫体较小，长一般不超过4cm，偶可达15cm。头节大，顶突宽厚形似轮状，突出于前端，有2列小钩。生殖孔不规则交替开口。孕节中含许多卵囊，每个卵囊内有1个虫卵。虫卵直径75～88μm。

2. 发育过程　四角赖利绦虫和棘沟赖利绦虫的中间宿主为蚂蚁，有轮赖利绦虫的中间宿主为蝇类和甲虫。虫卵在中间宿主体内发育为似囊尾蚴，含似囊尾蚴的中间宿主被鸡啄食后，在鸡体内约经20d发育为成虫。

【流行特点】放养的禽群易感染。各种年龄的鸡均可感染，但17～40日龄的鸡易感性强，死亡率高。

【症状与病变】赖利绦虫为大型虫体，大量感染时虫体积聚成团，导致肠阻塞，甚至肠破裂而引起腹膜炎；其代谢产物被吸收后可引起中毒反应，出现神经症状。临床常见鸡粪便稀且有黏液，食欲降低，渴饮增加，迅速消瘦，精神沉郁，两翅下垂，头和颈扭曲，蛋鸡产蛋量明显下降或停产，最后极度衰竭而死亡。

病死鸡剖检可见肠黏膜增厚，出血；肠腔内含有大量黏液，恶臭。棘沟赖利绦虫寄生时在十二指肠壁上有结核样结节。肠黏膜上附着虫体。

【诊断】根据鸡群的临床表现，粪便检查获虫卵或节片，剖检病鸡发现病变与大量虫体即可作出诊断。

【防治】治疗或预防性驱虫可选用以下药物。

硫双二氯酚：每千克体重100～200mg，一次口服。

丙硫咪唑：每千克体重15～20mg，一次口服。

氯硝柳胺：每千克体重50～60mg，一次口服。

吡喹酮：每千克体重10～15mg，一次口服。

禽舍内外定期杀灭蚂蚁和其他昆虫；幼禽和成禽分开饲养，定期检查，定期驱虫；保持禽舍和运动场干燥，及时清除粪便并无害化处理；对新引入的禽应先驱虫再合群。

第九节 戴文绦虫病

戴文绦虫病是由戴文科（Davaintidae）戴文属（*Davainea*）的节片戴文绦虫（*D. proglottina*）寄生于鸡的小肠内所引起的疾病。除鸡外，鸽和鹌鹑也可感染发病。

【病原】

1. 形态特征 虫体外观呈舌形，长仅为0.5～3.0mm，由4～9个节片组成。头节小，顶突和吸盘上均有小沟，但易脱落。生殖孔规则地开口于每个节片的侧缘前部。孕节子宫分裂为许多卵囊，每个卵囊内含1个虫卵。虫卵直径为35～40μm。

2. 发育过程 节片戴文绦虫以蛞蝓和蜗牛为中间宿主，虫卵在中间宿主体内发育为似囊尾蚴，禽类吃下含似囊尾蚴的中间宿主后感染，经12～16d发育为成虫。

【流行特点】 节片戴文绦虫在我国感染率较低。临床上多见于放养的雏鸡，对雏鸡危害严重。

【症状与病变】 节片戴文绦虫以头节深入肠壁，引起急性炎症。病禽经常腹泻，粪中含黏液或带血，精神委顿，行动迟缓，高度衰弱与消瘦，有时从两腿开始麻痹，逐渐发展波及全身以至死亡。

病死鸡剖检可见肠黏膜增厚，出血；肠腔内含有大量黏液，恶臭。节片戴文绦虫寄生时在十二指肠壁上有结核样结节。肠黏膜上附着虫体。

【诊断】 以水洗沉淀法检查发现虫卵或节片或尸体剖检在十二指肠找到虫体后确诊。

【防治】 参照赖利绦虫病。

第十节 剑带绦虫病

剑带绦虫病主要是膜壳科（*Hymenolepidae*）剑带属（*Rrepanidotatnia*）的矛形剑带绦虫（*D. lanceolata*）寄生于鹅小肠内引起的。本病呈世界性分布，多呈地方性流行。在我国南方，本虫是鹅类重要而常见的绦虫，家鸭、野鸭体内也有发现。对2周龄至3月龄的雏鹅危害严重，可引起大量死亡。

【病原】

1. 形态特征 虫体呈乳白色，前窄后宽，形似矛头，长达6～16cm，由20～40个节片组成（图3-61）。头节细小，新鲜时缩于节片之间，上有4个吸盘，顶端上有8个小钩，颈短。生殖孔位于节片上方的侧缘。虫卵无色，椭圆形，大小为100μm×（82～83）μm。

2. 发育过程 矛形剑带绦虫以生活在水中的剑水蚤为中间宿主，虫卵在剑水蚤体内发育为似囊尾蚴，鹅、鸭等禽类吞食含似囊尾蚴的剑水蚤后感染。似囊尾蚴在禽类体内约经19d的发育变为成虫。

【流行特点】 幼雏最易感，严重感染者可引起死亡。成年鹅往往为带虫者。感染季节多在早春以后，雏鹅放牧于水塘内而感染。野生雁形目鸟类可感染本虫，是本病的重要传染源。

【症状与病变】 成年鹅感染矛形剑带绦虫后，一般症状较轻。幼鹅和青年鹅感染后，可表现明显的全身症状。首先，出现消化机能障碍，排出白色稀薄的粪便，粪便中往往混有白色的节片。发病后期食欲废绝，饮水增多，常离群独居，双翅下垂，羽毛松乱。有时出现神经症状，运动失调，走路摇晃，两腿无力，向后面坐倒或突然向一侧跌倒，不能起立。夜间病鹅伸颈，张口，如钟摆样摇头，然后仰卧，做划水动作。发病后一般经 1～5d 死亡。有时因不良环境因素（如气候、温度）而使大批幼鹅突然死亡。

病死鹅剖检，可见在十二指肠和空肠内发现大量绦虫，严重者甚至堵塞肠道。肠道黏膜呈卡他性炎症和出血。其他浆膜组织常见有大小不一的出血点，心外膜上更为显著。

【诊断】结合症状，检查粪便中的孕卵节片和虫卵或剖检尸体在肠道内查到多量虫体可确诊。也可进行诊断性驱虫。

【防治】治疗或预防驱虫可选用下列药物。

吡喹酮：每千克体重 10～15mg，一次口服。

硫双二氯酚：每千克体重 150～200mg，一次口服。

氯硝柳胺：每千克体重 50～60mg，一次口服。

丙硫咪唑：每千克体重 20～25mg，一次口服。

对成年禽定期驱虫，一般在春秋两季进行，以减少病原对环境的污染。对于放牧的鹅，应进行成虫前驱虫，即在早春幼鹅放牧开始后第 18 天，全群驱虫一次。在流行区，水池应轮换使用，必要时可停用 1 年后再用。

第十一节　皱褶绦虫病

皱褶绦虫病主要是由膜壳科（Hymenolepidae）皱褶属（*Fimbriaria*）的片形皱褶绦虫（*F. fasciolaris*）寄生于鸭、鹅、鸡及其他雁形目鸟类小肠引起的疾病。世界性分布，多为散发，偶呈地方性流行。

【病原】

1. 形态特征　为大型虫体，体长 20～40 cm，头节细小，易脱落，头节之下有一扩张的假头节，由许多无生殖器官的节片组成。吻突有钩。生殖孔位于虫体单侧。虫卵椭圆形，两端稍尖，大小为 $131\mu m×74\ \mu m$。

2. 发育过程　片形皱褶绦虫以剑水蚤和镖水蚤剑水蚤为中间宿主，禽类吞食含似囊尾蚴的水蚤后感染，约需 16d 发育为成虫。

【流行特点】放牧的水禽多发，在我国福建、广东、湖北、四川、北京、云南、宁夏、江苏、陕西、台湾等地均有报道。

【症状与病变】严重感染时，患禽精神不振，食欲减少，常发生轻微腹泻。剖检可见肠道发炎，或形成小的溃疡灶。

【诊断】粪便检查发现孕节和虫卵或剖检在小肠内查见虫体可确诊。

【防治】防治方法参照剑带绦虫病。

第十二节　膜壳绦虫病

膜壳绦虫病主要是由膜壳科（Hymenolepidae）膜壳属（*Hymenolepis*）的冠状膜壳绦虫（*H. coronula*）和鸡膜壳绦虫（*H. carioca*）寄生于禽类小肠内所引起的疾病，对雏禽危害严重。

【病原】

1. 形态特征

（1）冠状膜壳绦虫　寄生于鸭、野鸭和鹅等水禽的小肠。成虫长 12～19 cm，宽 0.25～0.3 cm。顶突上有 20～26 个小钩，排成一圈成冠状，吸盘上无钩。生殖孔位于节片一侧的中部。虫卵椭圆形，大小为（24～35）μm×（22～32）μm，内含六钩蚴。

（2）鸡膜壳绦虫　寄生于鸡、火鸡和鹌鹑类陆栖禽类的小肠中。成虫长 3～8 cm，细似棉线，节片多达 500 个。头节纤细，极易断裂，顶端无钩。生殖孔位于节片一侧的中部。虫卵大小为（30～36）μm×（32～70）μm，内含六钩蚴。

2. 发育过程　鸡膜壳绦虫以食粪的甲虫和刺蝇为中间宿主，冠状膜壳绦虫以一些小的甲壳类和蝇类为中间宿主，禽类吞食含似囊尾蚴的中间宿主后感染。

【流行特点】放牧的水禽多发。冠状膜壳绦虫致病力强，主要危害幼龄水禽，尤其是 1～3 月龄内的放养水禽感染率高，发病严重，可引起大批死亡，常呈地方性流行。鸡膜壳绦虫寄生多时可达数千条，但致病力不大，对雏鸡的发育有一定影响。

【症状与病变】雏禽腹泻，排稀粪或混有血液及黏液，食欲减少，饮水增加。消瘦，贫血，羽毛松乱，行动迟缓，后期偶见痉挛症状，极度消瘦和渐进性麻痹而死亡。

病死鸭剖检，可见肠黏膜充血、出血，肠黏膜发炎或形成溃疡病灶。肠腔内有有大量虫体寄生，甚至堵塞肠道。

【诊断】根据鸭群的临床表现，粪便查获虫卵或节片，剖检病鸭发现病变与大量虫体即可做出诊断。

【防治】防治方法参照剑带绦虫病。

第十三节　消化道线虫病

一、鸡蛔虫病

鸡蛔虫病是由禽蛔科（Ascaridiidae）禽蛔属（Ascaridia）的鸡蛔虫（A. galli）寄生于鸡的小肠内引起的线虫病。本病遍及全国各地，是一种常见寄生虫病。在地面大群饲养的情况下，常感染严重，影响雏鸡的生长发育，甚至引起大批死亡，造成严重损失。除鸡外，鸡蛔虫还可感染鹅、鸭，以及火鸡、鹌鹑、鹧鸪等禽类。

【病原】

1. 形态特征　鸡蛔虫是寄生于鸡体内最大的一种线虫。虫体粗大，黄白色，头端有 3 片唇。雄虫长 2.6～7cm，尾端有明显的尾翼和尾乳突，有一个肛前吸盘，2 根交合刺近等长。雌虫长 6.5～11cm，阴门位于虫体中部（图 3-62）。虫卵椭圆形，卵壳厚，深灰色，大小为（70～90）μm×（47～51）μm，刚排出时内含单个胚细胞（图 3-63）。

2. 发育过程　鸡蛔虫的发育是直接发育方式。虫卵随鸡粪便排出，在适宜的外界环境中，经 17～18d 发育为感染性虫卵。鸡吞食了被感染性虫卵污染的饲料或饮水后感染。幼虫在腺胃和肌胃处逸出，钻进肠黏膜发育一段时间后，重返肠腔发育为成虫。感染性虫卵在外界发育时间约为 10d；从感染鸡到发育为成虫需 5～8 周。成虫寿命为 9～14 个月。

【流行特点】3～4 月龄的雏鸡易感。1 岁龄以上的鸡有一定的抵抗力，往往是带虫者。

不同品种的鸡易感性有差异,肉鸡比蛋鸡抵抗力强;土种鸡比良种鸡抵抗力强。鸡饲料中缺乏维生素 A、B 族维生素时,易遭受感染。感染性虫卵也可被蚯蚓摄食,鸡再吃蚯蚓时也能造成感染。

【症状与病变】雏鸡发病后表现为精神委顿,羽毛松乱,双翅下垂,便秘、腹泻相交替,有时有血便,严重时衰弱死亡。成鸡多不表现症状,产蛋鸡可影响产蛋率。

幼虫侵入肠壁,形成粟粒大的寄生虫性结节,引起肠黏膜水肿、充血、出血等,甚至使肠黏膜发生萎缩和变性。大量成虫积聚于肠道,引起肠道阻塞、破裂和腹膜炎。

【诊断】生前诊断可采用漂浮法粪检查虫卵,注意鸡蛔虫虫卵表面光滑。死后诊断:剖检小肠部位找到虫体即可。

【防治】治疗或预防性驱虫可选用下列药物。

左旋咪唑:每千克体重 20mg,一次口服,对成虫和幼虫的驱虫率均达 100%。

丙硫咪唑:每千克体重 25mg,一次口服。

丙氧咪唑:每千克体重 40mg,一次口服。

甲苯咪唑:每千克体重 30～100mg,一次口服,对成虫和幼虫均有效。

驱蛔灵(枸橼酸哌嗪):每千克体重 150～200mg,一次口服,对成虫和幼虫有效。

雏鸡 2～3 月龄时驱虫一次,冬季再驱虫一次;成年鸡秋末冬初驱虫一次;产蛋鸡产蛋前再驱虫一次。

二、鸡异刺线虫病

鸡异刺线虫病主要是由异刺科(Heterakidae)异刺属(*Heterakis*)的鸡异刺线虫(*H. gallinae*)寄生于鸡、鹅、火鸡、雉鸡、鹌鹑和孔雀等盲肠引起的线虫病,大小禽均易感,全国各地均有发生。异刺线虫还是黑头病的病原体火鸡组织滴虫的传播者。

【病原】

1. 形态特征 鸡异刺线虫虫体小,呈白色,头端略向背侧弯曲(图 3 - 64)。有侧翼,食道球发达。雄虫长 7～13mm,尾直,末端尖细(图 3 - 65),交合刺 2 根,不等长,有腔前吸盘,尾翼发达,雌虫长 10～15mm,尾细长。虫卵椭圆形,壳厚。内含单个胚细胞,大小为 (65～80) μm×(35～46) μm,外形与鸡蛔虫卵相似。

2. 发育过程 异刺线虫的发育不需要中间宿主,虫卵随粪便排出,在适宜条件下经周发育为感染性虫卵,鸡吞食了被感染性虫卵污染的饲料和饮水而感染,经 20～30d 在盲肠内发育为成虫。有时感染性虫卵被蚯蚓吞食后,能在蚯蚓体内长期生存,鸡吃到这种蚯蚓后感染。

【流行特点】任何年龄的鸡多有易感性,但幼鸡特别易感,放养和地面大群饲养的鸡多发。

【症状与病变】严重感染时引起盲肠炎和腹泻,患禽出现食欲不振或消失,消瘦,贫血;成年鸡母鸡产蛋量降低,甚至停止产蛋;幼鸡生长发育不良,逐渐衰弱引起死亡。

病死禽尸体消瘦,盲肠肿大,肠壁发炎,增厚,间或有溃疡,肠腔内可见白色丝状虫体。

【诊断】粪便检查发现虫卵或尸体剖检发现大量虫体可确诊,但要注意与鸡蛔虫卵区别。

【防治】可参照鸡蛔虫病,但丙硫咪唑驱除鸡异刺线虫效果较差。

三、禽毛细线虫病

禽毛细线虫病是由毛细科（Capillariidae）毛细属（Capillaria）的鸽毛细线虫（C. columbae）、膨尾毛细线虫（C. caudinflata）、有轮毛细线虫（C. annulata）和鹅毛细线虫（C. anseris）寄生于鸡、鸭、鹅、火鸡、鸽等禽类食道、嗉囊和小肠引起的线虫病，严重感染时可引起禽死亡。

【病原】

1. 形态特征　成虫细长呈毛发状，长 10～50 mm。虫体前部稍细，为食道部，短于或等于身体后部。雄虫交合刺一根，细长，有刺鞘；也有的无交合刺，而仅有刺鞘。雌虫阴门位于虫体前后交界处。虫卵呈桶形，两端具塞，淡黄色（图 3 - 66）。

2. 发育过程　毛细线虫的发育有需要中间宿主（如鸽毛细线虫）和不需要中间宿主（如膨尾毛细线虫和有轮毛细线虫）两种方式。不需要中间宿主的毛细线虫，禽类吞食了感染性虫卵后感染；需要中间宿主的毛细线虫，禽类啄食了含有第二期幼虫的中间宿主（蚯蚓）后感染。

【流行特点】我国各地都有分布，散养或地面平养的禽类多发本病。毛细线虫多数为多宿主寄生虫，如膨尾毛细线虫可感染 20 余种禽鸟，这有助于本病的传播和流行。

【症状与病变】禽类轻度感染一般不表现任何症状，严重感染可出现精神委顿、食欲不振、腹泻、贫血、消瘦症状。寄生于嗉囊的虫体可导致嗉囊膨大，压迫迷走神经，从而引起呼吸困难、运动失调。严重感染时，雏禽和成年禽均可发生死亡。

剖检可见寄生部位消化道出血，黏膜肿胀、溶解、脱落和坏死。食道和嗉囊出血，黏膜中有大量虫体。

【诊断】根据临床症状，结合剖检病禽，发现虫体和病变或粪便检查发现虫卵即可做出诊断。

【防治】可参照鸡蛔虫病。

四、禽胃线虫病

禽胃线虫病是由锐形科（Acuariidae）锐形属（Acuaria）、四棱科（Tetrameridae）四棱属（Tetrameres）及裂口科（Amidostomatidae）裂口属（Amidostomum）的多种线虫寄生于禽类的食道、腺胃、肌胃和肠道内引起的线虫病。放牧的禽类多发，特别对雏禽危害大，严重者可致死。我国各地均有分布。

【病原】

1. 形态特征

（1）小钩锐形线虫（A. hamulisa）　虫体粗壮，淡黄色。虫体前部有 4 条饰带，两两排列，呈不规则的波浪状弯曲，向后延伸几乎达虫体的后部，不相吻合，不折回。雄虫长 9～14mm，雌虫长 16～19mm。虫卵椭圆形，大小为 (40～45) μm × (24～27) μm，含有幼虫。寄生于鸡、火鸡等肌胃角质膜下。

（2）旋锐形线虫（A. spiralis）　虫体短钝，常蜷呈螺旋状。前部有 4 条饰带，由前向后，然后折回，但不吻合。雄虫长 7～8.2mm，雌虫长 9～10.2mm。卵具厚壳，大小为 (33～40) μm × (18～25) μm，内含幼虫。寄生于鸡、火鸡、鸽等腺胃和食道，罕见于肠道。

（3）美洲四棱线虫（*T. americana*）　雌雄异形。雄虫纤细，长 5～5.5mm，游离于前胃腔中。雌虫呈球状，长 3.5～4.5mm，宽 3mm，虫体纵线部位形成 4 条纵沟。虫体深藏在前胃的腺体内。寄生于鸡、火鸡、鸭、鸽、鹌鹑的腺胃。

（4）分棘四棱线虫（*T. fissisipina*）　雌雄异形。雄虫长 3～6mm，角质膜上有 4 行刺，交合刺 1 对，不等长。雌虫卵形或球形，大小为（2.5～6）mm×（1～3.5）mm。虫卵呈椭圆形，大小为（43～57）μm×（25～32）μm，内含幼虫。寄生于鸭、鸡、火鸡、珍珠鸡、鸽、鹌鹑等的腺胃黏膜中，偶见于食道。

（5）鹅裂口线虫（*A. anseris*）　新鲜时虫体呈淡红色，体表具有细横纹。雄虫长 9.8～14mm，有发达的交合伞和 2 根等长的交合刺。雌虫长 15～18mm，尾呈"指"状。虫卵椭圆形，大小为（68～80）μm×（42～45）μm，卵壳光滑透明，内含 12～16 个细胞（图 3-67）。虫体寄生于鹅、鸭和野鸭的肌胃角质膜下。

2. 发育过程　锐形线虫和四棱线虫的发育都需中间宿主，虫卵在中间宿主体内发育为感染性幼虫，禽类吞食了含有感染性幼虫的中间宿主后感染。中间宿主包括蚱蜢、甲虫、象鼻虫、钩虾、水蚤和蟑螂等。鹅裂口线虫不需要中间宿主，禽类因食入外界环境中的感染性幼虫而感染。

【流行特点】锐形线虫主要感染散养与平养的鸡，发病季节与中间宿主的活动季节基本一致。四棱线虫在临床上主要见于散养的鸭与鹅，且以 3 月龄以上的鸭、鹅多见。鹅裂口线虫主要危害雏鹅与雏鸭，常发生在夏秋季节，在临床上主要见于 2 月龄左右的幼鹅，感染后发病严重，常引起衰竭死亡，呈地方性流行，具有较高的死亡率。

【症状与病变】
1. 症状　禽类轻度感染时症状不明显，严重感染时出现消瘦、贫血、食欲减退、羽毛松乱、缩头垂翅和腹泻等症状。幼禽严重感染时，死亡率很高。

2. 病变　小钩锐形线虫寄生在肌胃的角质层下面，引起胃黏膜的出血性炎症，肌层形成干酪性或脓性结节，严重时肌胃破裂。

旋锐形线虫严重寄生时，尸体高度消瘦。腺胃外观肿大 2～3 倍，呈球状。腺胃黏膜显著肥厚、充血或出血，形成菜花样的溃疡病灶，聚集的虫体以前端深埋在溃疡中，不易从黏膜上分离。

四棱线虫寄生在腺胃吸血，致使腺胃黏膜溃疡出血，腺胃黏膜上形成多个丘状突起，组织深处有暗黑色的成熟虫体。

鹅裂口线虫寄生的肌胃质膜呈暗棕色或黑色，角质膜坏死，易脱落，脱落的角质层下常见充血或有溃疡病灶，在坏死病灶部位常见虫体积聚。腺胃黏膜充血，肠道黏膜呈卡他性炎症。

【诊断】结合临床症状、粪便检查发现虫卵或尸体剖检发现虫体和病变，即可作出诊断。
【防治】病禽的治疗或预防性驱虫可选用下列药物。

左旋咪唑：每千克体重 25mg，一次口服，有良好的效果。
甲苯咪唑：每千克体重 30mg，一次口服。
丙硫咪唑：每千克体重 25mg，一次口服。

发现病禽，应及时隔离治疗，并对全群禽做预防性驱虫；对流行区的禽，尤其是放牧的禽应定期驱虫，每年可进行 2～3 次；成年禽与雏禽应分开饲养，防止雏禽感染；消灭中间宿主；禽舍和运动场的粪便应及时清扫，并作堆积发酵处理。

第十四节 禽比翼线虫病

禽比翼线虫病是由比翼科（Syngamidae）比翼属（*Syngamus*）的气管比翼线虫（*S. trachea*）和斯氏比翼线虫（*S. skrjabinomorpha*）寄生于鸡、鹅及火鸡、鹌鹑等禽类的气管、支气管和细支气管内引起的线虫病。病禽有张口呼吸症状，故又称开口病。

【病原】

1. 形态特征

（1）气管比翼线虫 新鲜虫体呈红色，虫体头部膨大，有发达半球形的口囊。口囊边缘颇厚，底部有6～10个齿，雄虫比雌虫显著的小，体长仅2～4mm，有交合伞和2根等长的交合刺，雌虫长7～20mm，阴门位于虫体前部。雄虫经一次交配后就永远围在雌虫阴门处，两者交合在一起形成Y形。虫卵大小为（78～110）μm×（43～46）μm，两端有厚的卵盖，内含数个胚细胞。

（2）斯氏比翼线虫 虫体与气管比翼线虫相似，雄虫长2～4mm，雌虫长9～26mm，口囊底部有6个齿。虫卵椭圆形，大小为90 μm×49 μm。

2. 发育过程 比翼线虫的发育不需要中间宿主，对禽的感染有三种途径：感染性虫卵被禽啄食；感染性幼虫从卵孵出，再被禽摄食；感染性幼虫或幼虫被蛞蝓、螺、蝇、蚯蚓摄食，在其体内不发育，但保持感染力。当禽吃到这种贮藏宿主时受感染。感染性幼虫在外界环境中抵抗力较弱，但在蚯蚓体内可保持感染性达4年之久，在蛞蝓和蜗牛体内可活1年以上。

【流行特点】 呈地方性流行，主要侵害幼禽。各种野生和家养鸟类都有易感性，但感染后不表现临床症状。野鸟体内排出的幼虫被蚯蚓摄食后，对鸡的易感性增强，有助于本病的散布和流行。鸡缺乏维生素A、钙和磷时，对气管比翼线虫易感。

【症状与病变】 2周龄以内的幼鸡症状最严重，感染3～6条虫体即出现症状。本病的特异性症状是伸颈，张口呼吸，头左右摇甩，以排出黏性分泌物，有时在甩出的分泌物中见有少量虫体。初期食欲减退，消瘦，口内充满多泡沫的唾液。其后呼吸困难，窒息死亡。轻度感染的禽类多能康复，或无明显症状。常因呼吸困难导致窒息死亡，死亡率高达90%以上。

尸体消瘦、贫血，气管黏膜上有虫体附着，并被带血的黏液所覆盖，黏膜潮红，有线状出血及肺炎病变。

【诊断】 结合临床症状，粪便检查发现虫卵或打开口腔发现喉头附近的虫体即可确诊。

【防治】 灭蛞蝓、螺蛳、蚯蚓等贮藏宿主；定期清扫鸡粪并进行堆积发酵，杀灭虫卵；禽舍和运动场应保持干燥，经常消毒；发现病鸡及时驱虫并立即改放牧为舍饲；火鸡与鸡分开饲养，防止野鸟进入鸡舍。

病禽治疗或预防性驱虫可选用药物：阿苯达唑每千克体重50～100mg，一次口服；噻苯咪唑0.05%饲料浓度，连用2周；甲苯咪唑0.012 5%饲料浓度，连用3d；0.1%碘溶液，每雏鸡1～1.5mL，气管注射。

第十五节 禽皮刺螨病

皮刺螨病主要是由皮刺螨科（Dermanyssidae）皮刺螨属（*Dermanyssus*）的鸡皮刺螨

（*D. gallinae*）和禽刺螨属（*Ornithonyssus*）的林禽刺螨（*O. sylriarum*）与囊禽刺螨（*O. bursa*）等寄生于鸡、鸽、火鸡等禽类的体表引起的一种外寄生虫病。刺螨吸食禽血，严重侵袭时，可使鸡日渐消瘦、贫血，产蛋量下降。本病呈世界性分布。

【病原】

1. 形态特征

（1）鸡皮刺螨　又称红螨，呈长椭圆形，后部略宽，吸饱血后虫体由灰白色转为红色，体表密布细毛和细皱纹（图3-68）。雌螨长0.72～0.75mm，宽0.4mm，饱血后可长达1.5mm。雄螨长0.6mm，宽0.32mm。口器长，螯肢呈细长的针状，可以穿刺宿主皮肤吸血。足很长，有吸盘。背板为一整块，后背板较窄，背板较其余角质外皮部分显得明亮。

（2）林禽刺螨　鉴别特征：盾板后端突然变细，呈舌状；盾板后端有1对发达的刚毛；肛板卵圆形，肛孔位于前半部；螯肢呈剪状。

（3）囊禽刺螨　鉴别特征：盾板两侧自足基节Ⅱ水平后逐渐变窄，盾板后端有2对发达的刚毛，螯肢呈剪状。

2. 发育过程　鸡皮刺螨的发育包括卵、幼虫、若虫、成虫四个阶段。侵袭鸡只的雌螨在每次吸饱血后，回到鸡窝的缝隙或碎屑中产卵，卵经2～3d孵出幼虫。幼虫不吸血，经蜕化变为第1期若虫。第1期若虫吸血后经1d蜕化为第2期若虫，再经1～2d后蜕化变为成虫。从卵到成虫需经过7d。成虫耐饥能力较强，4～5个月不吸血仍能生存。

【流行特点】鸡皮刺螨白天藏于隐蔽处，夜间出来叮咬宿主吸血。林禽刺螨与鸡皮刺螨不同，白天及夜间都能在鸡体上发现，因为这种螨能连续在鸡体上繁殖。囊禽刺螨与林禽刺螨生活史相似，也能在鸡体上完成其生活史，但大部分螨卵产于鸡舍内。

产蛋鸡群多发，肉仔鸡与雏鸡发生较少。夏秋季节比冬季严重。饲养管理、卫生条件差的鸡场多发。

【症状与病变】病禽消瘦、贫血，有痒感，产蛋量下降，皮肤时而出现小的红疹。刺螨大量侵袭幼雏，可引起死亡。还可传播禽霍乱和螺旋体病。

【诊断】根据流行病学与临床症状进行初步诊断，在鸡体或鸡舍查见虫体后确诊。

【防治】以0.005%溴氰菊酯或0.006%杀灭菊酯喷洒鸡体、鸡舍、栖架。或用溴氰菊酯以高压喷雾法喷湿鸡体体表进行杀虫，同时用每千克体重1mg的伊维菌素预混剂拌料饲喂，每周2次，至少连用2周。

当鸡全部淘汰后，要对鸡舍内的全部用具进行彻底的浸泡冲刷并放在阳光下晾晒，对鸡舍的墙壁和地面进行彻底消毒。

第十六节　突变膝螨病

突变膝螨病是由疥螨科（Sarcoptidae）膝螨属（*Cnemidocoptes*）的突变膝螨（*C. matans*）寄生于鸡、火鸡的膝部与脚趾部引起的一种寄生虫病，在我国各地均有发生。

【病原】

1. 形态特征　突变膝螨又称为鳞足螨。虫体灰白色，近圆形。4对短足，尾端有一对长刚毛。雄虫长0.19～0.20mm，雌虫长0.41～0.44mm。虫体背面的褶襞呈鳞片状

（图3-69）。

2. 发育过程　生活史与疥螨相似，经接触传播。虫体寄生于鸡腿上的无羽毛处及脚趾部，开始从胫部的大鳞片上感染，穿入钻入皮肤后，在隧道中产卵，孵出的幼螨经蜕化后发育为成螨。

【流行特点】突变膝螨最常发现于年龄较大的鸡。

【症状与病变】突变膝螨引起胫部和脚趾部皮肤发炎、增厚、粗糙，并发生龟裂，渗出物干燥后形成白色痂皮，似涂上石灰，有"石灰脚"之称（图3-70）。严重时，可引起鸡行动困难，甚至发展成关节炎、趾骨坏死。

【诊断】结合临时症状，参照其他动物疥螨病的方法，刮取皮屑镜检发现虫体即可确诊。

【防治】发现病鸡立即隔离治疗，对新购进的鸡应严格检疫，经常保持禽舍卫生，坚持消毒，患禽可用氰戊菊酯、溴氰菊酯或双甲脒等杀虫药喷雾，并涂擦患部。

第十七节　新棒恙螨病

新棒恙螨病是由恙螨科（Trobiculidae）新棒恙螨属（*Neoschoengastia*）的鸡新棒恙螨（*N. gallinarum*）的幼虫，寄生于鸡、火鸡、鸽等禽类的翅内侧、胸肌及腿内侧皮肤上所引起的一种外寄生虫病，各地均有发生，为鸡的重要外寄生虫之一。

【病原】

1. 形态特征　幼虫很小，不易发现，饱食后呈橘黄色，大小为0.32～0.42mm，虫体分颚体和躯体两部分，躯体背板宽大于长，呈梯状，上有5根刚毛，感觉刚毛末端膨大呈球拍状。腹面3对足，很短。

2. 发育过程　鸡新棒恙螨又幼虫营寄生生活，刺吸鸡或其他鸟类的体液和血液，饱食时间，快者1d，慢者30d。幼虫饱食后落地，数日后发育为若虫，再过一定时间发育为成虫。成虫多生活于潮湿的草地上，以植物汁液和其他有机物为食。

【流行特点】鸡新棒恙虫螨大小鸡均可寄生，多见于放饲后的雏鸡。鸡发病高峰为每年的6—7月，发病率一般为70%～80%，有的可高达90%以上。

【症状与病变】鸡新棒恙虫螨幼虫吸取鸡的血液和体液，并由于机械性刺激和毒性作用，使病禽奇痒，逐渐皮肤形成脓肿，出现痘疹状病灶，病灶周围隆起，中间凹陷呈痘胶状，中央可见一小红点，即幼虫。大量虫体寄生时，腹部和翼下在满痘疹状病灶，病鸡贫血、消瘦、精神不振，头下垂，不食，如不及时治疗，可能死亡。

【诊断】结合临时症状，用镊子取出病灶中央小红点镜检，见有虫体即可确诊。

【防治】在鸡体患部涂擦70%酒精、碘酊或5%硫黄软膏，效果良好。亦可用每千克体重0.2mg的伊维菌素一次皮下注射。

应避免在潮湿的草地上放牧禽类，以防感染。

第十八节　禽虱病

寄生于禽类的虱称为羽虱，是禽类体表的永久性寄生虫，常具有严格的宿主特异性，而且寄生部位也较恒定。有虱寄生的禽类出现奇痒，因啄痒造成羽毛断折、消瘦、产蛋减少，往往给养禽业造成很大的损失。虱呈世界性分布，我国各地均有发现。

【病原】禽羽虱在我国已发现近20种。在鸡体上常见的有鸡羽虱（*Menopon gallinae*）、鸡体虱（*Menacanthus stramineus*）、广幅长羽虱（*Lipeurus heterographus*）、鸡翅长羽虱（*L. variabilis*）、鸡圆羽虱（*Goniocotes gallinae*）和巨角羽虱（*G. gigas*）。在鸭、鹅体上分别有鸭巨毛虱（*Trinoton querquedulae*）和鹅细虱（*Esthiopterum anseris*）等。

1. 形态特征 羽虱的形体很小，体长小的不到1mm、大的一般也仅5～6mm，呈淡黄色或灰色。虫体背腹扁平，分头、胸和腹三部分。头部钝圆，其宽度大小胸部；胸部无翅，有3对足；腹部无附肢，由11节组成，但最后数节常变成生殖器官。

2. 发育过程 虱的发育过程包括卵、若虫和成虫三个阶段，整个发育期在禽体表进行。

【流行特点】虱的传播主要是通过禽与禽的直接接触，或通过禽舍、饲养用具和垫料等间接传染。羽虱离开宿主仅能存活3～4d，日光照射和高温（35～38℃）能使羽虱很快死亡，因此，虱感染多见于寒冷的季节。

【症状与病变】羽虱以羽毛、绒毛及表皮鳞屑为食，使禽类发生奇痒和不安，因啄痒而伤及皮肉，羽毛脱落，常引起食欲不佳、消瘦和生产力降低。广幅长羽虱对雏鸡危害相当严重，可使雏鸡生长发育停滞，甚至引起死亡。

【诊断】在禽体表发现虱或虱卵即可确诊。

【防治】杀虫可选用以下药物。

伊维菌素：每千克体重0.2mg，皮下注射。

溴氰菊酯：按0.0025%～0.01%药液浓度喷雾或浸浴，具有100%的杀灭疗效。

20%氰戊菊酯乳油：按0.02%～0.04%药液浓度喷雾。

双甲脒：按0.05%药液浓度喷雾。

对羽虱的控制：在肉用鸡的生产中，更新鸡群时，应对整个禽舍和饲养用具进行灭虱。常用药物有蝇毒灵（0.06%）、甲萘威（5%）及其他除虫菊酯类药物。对饲养期较长的鸡，可在饲养场内设置沙浴箱，沙浴箱中放置10%硫黄粉或4%马拉硫磷粉。对新引进的鸡，经严格检查无虱后，方可并群饲养。对有虱病的禽类，应及时隔离治疗，并对鸡舍、饲养用具等用杀虫药彻底喷洒。

第九单元 犬、猫的寄生虫病

第一节 犬巴贝斯虫病

犬巴贝斯虫病是由巴贝斯科（Babesiidae）巴贝斯属（*Babesia*）的原虫寄生于犬红细胞内引起的疾病。主要病原为犬巴贝斯虫（*Babesia canis*）、吉氏巴贝斯虫（*B. gibsoni*）、韦氏巴贝斯虫（*B. vogeli*）。我国报道的为吉氏巴贝斯虫，它对良种犬，尤其是军犬、警犬和猎犬危害很大。

【病原】

1. 形态特征

（1）吉氏巴贝斯虫 虫体很小，多位于红细胞的边缘或偏中央，多呈环形、椭圆形、原点形、小杆形，偶尔也可见到成对的小梨籽形虫体，其他形状的虫体较少见。梨籽形虫体的长度为 $1\sim2.5\mu m$。原点形虫体为一团染色质，吉姆萨染色呈深紫色，多见于感染初期。环形虫体为浅蓝色的细胞质包围一个空泡，有一团或两团染色质。小杆形虫体的染色质位于两端，染色较深。在一个红细胞内可寄生 $1\sim13$ 个虫体，以 $1\sim2$ 个为多。

（2）犬巴贝斯虫 大型虫体。典型虫体呈梨籽形，一端尖，一端钝，长 $4\sim5\mu m$，梨籽形虫体之间可以形成一定的角度。此外，还有似变形虫、环形等其他多种形状的虫体。一个红细胞内可以感染多个虫体，多的可以达到 16 个。

2. 发育过程 虫体发育过程中需要硬蜱作为传播媒介。言氏巴贝斯虫的传播者为长角血蜱、镰形扇头蜱和血红扇头蜱。蜱在吸血的时候，将巴贝斯虫的子孢子注入动物体内，子孢子进入红细胞内，以二分裂或出芽方式进行裂殖生殖，形成裂殖体和裂殖子，红细胞破裂，虫体又侵入新的红细胞。反复几代后形成大、小配子体。蜱再次吸血时，配子体进入蜱体内进行发育。当子代蜱发育成熟和采食时，进入子代蜱的唾液腺，进一步发育。在子代蜱吸血时，将巴贝斯虫传给动物。

【流行特点】

（1）硬蜱既是巴贝斯虫的终末宿主，也是传播者，因此，该病的分布和发病季节往往与硬蜱的分布和活动季节有着密切的关系。一般而言，硬蜱多在春季开始出现，冬季消失。

（2）犬巴贝斯虫病原来认为主要发生在热带地区，然而，随着犬的流动以及温带地区蜱的存在，在亚热带地区发生的病例越来越多。目前，本病已蔓延到全世界。另外，已从狐狸、狼等多种动物体内分离到犬巴贝斯虫，说明这些动物在犬巴贝斯虫病的流行过程具有重要意义。

（3）在我国，常见吉氏巴贝斯虫感染，在江苏、河南和湖北的部分地区呈地方性流行，对犬，特别是军犬、警犬危害严重。

（4）与其他动物的巴贝斯虫病不同，幼犬和成年犬对巴贝斯虫病一样敏感。

【症状与病变】巴贝斯虫在红细胞内繁殖，破坏红细胞，导致溶血性贫血，并引起黄疸。虫体本身具有酶的作用，使动物血液中出现大量的扩血管活性物质，如激肽释放酶、血管活性肽等，引起低血压休克综合征。虫体可以激活动物的凝血系统，导致血管扩张、淤血，从而引起系统组织器官缺氧，损伤器官。

临床上，本病多呈慢性经过。病初犬精神沉郁，喜卧，四肢无力，身躯摇摆，发热，呈不规则间歇热，体温在 $40\sim41{}^\circ\mathrm{C}$，食欲减退或废绝，营养不良，明显消瘦。结膜苍白，黄染。常见有化脓性结膜炎。从口、鼻流出具有不良气味的液体。尿呈黄色至暗褐色，少数有血红蛋白尿。粪便内往往混有血液。部分病犬呕吐。

【诊断】根据症状、当地以往流行情况和血涂片染色中发现虫体即可确诊。

【防治】

1. 治疗 以下药物有较好的疗效。

硫酸喹啉脲：每千克体重 0.5mg，皮下或肌内注射，对早期病例疗效较好。出现以亢奋为主的副作用反应时，可以将剂量减为每千克体重 0.3mg，多次给药。

三氮脒：每千克体重 11mg，配成 1%溶液皮下注射或肌内注射，间隔 5d 再用药一次。

咪唑苯脲：每千克体重 5mg，配成 10%溶液皮下注射或肌内注射，间隔 24h 再用药一次。

在应用以上药物治疗的同时，应根据相应症状对症治疗。

2. 预防 主要措施有：

（1）首先要做好灭蜱工作，在蜱出没的季节消灭犬体、犬舍及运动场等处的蜱。

（2）引进犬时，要在非流行季节引进，尽可能不从流行地区引进。

第二节 犬、猫球虫病

犬、猫球虫病主要是由艾美耳科等孢属（*Isospora*）的球虫引起的，寄生于犬、猫的小肠和大肠黏膜上皮细胞内，造成程度不等的肠炎。

【病原】

（1）犬等孢球虫（*I. canis*） 寄生于犬的小肠和大肠，具有轻度至中度致病力。卵囊呈椭圆形至卵圆形，大小为（32～42）μm×（27～33）μm，囊壁光滑，无卵膜孔。

（2）俄亥俄等孢球虫（*I. ohioensis*） 寄生于犬小肠，通常无致病性。卵囊呈椭圆形至卵圆形，大小为（20～27）μm×（15～24）μm，囊壁光滑，无卵膜孔。

（3）猫等孢球虫（*I. felis*） 寄生于猫的小肠，有时在盲肠，主要在回肠的绒毛上皮细胞内，具有轻微的致病力。卵囊呈卵圆形，大小为（38～51）μm×（27～39）μm，囊壁光滑，无卵膜孔。孢子发育时间为 72h。潜在期为 7～8d。

（4）芮氏等孢球虫（*I. rivolta*） 寄生于猫的小肠和大肠，具有轻微的致病力。卵囊呈椭圆形至卵圆形，大小为（21～28）μm×（18～23）μm，囊壁光滑，无卵膜孔。

发育过程与其他动物的球虫相似。

【症状】严重感染时，幼犬和幼猫于感染后 3～6d，出现水泻或排出泥状粪便，有时排带黏液的血便。病者轻度发热，精神沉郁，食欲不振，消化不良，消瘦，贫血。感染 3 周以后，临床症状逐步消失，大多数可自然康复。

【病变】整个小肠出现卡他性肠炎或出血性肠炎，但多见于回肠段尤以回肠下段最为严重，肠黏膜肥厚，黏膜上皮脱落。

【诊断】根据临床症状（下痢）和在粪便中发现大量卵囊，便可确诊。

【治疗】

（1）磺胺六甲氧嘧啶，每天每千克体重 50mg，连用 7d。

（2）氨丙啉，犬按每千克体重 110～220mg 混入食物，连用 7～12d。当出现呕吐等副作用时，应停止使用。

【预防】搞好犬、猫的环境卫生，防止球虫感染。药物预防可用1～2大汤匙9.6%的氨丙啉溶液混于4.5L水中，作为唯一的饮水，在母犬下崽前10d内饮用。

第三节　犬并殖吸虫病

犬并殖吸虫病是由并殖科（Paragonimidae）的卫氏并殖吸虫寄生于犬、猫、人及多种野生动物的肺组织内引起的。主要分布于东亚及东南亚诸国。在我国的东北、华北、华南、中南及西南等地区的18个省与自治区均有报道，是一种重要的人畜共患寄生虫病。

【病原】卫氏并殖吸虫（*Paragonimus westermani*）成对地寄生于肺组织中形成的虫囊内。新鲜时呈深红色，肥厚，腹面扁平，背面隆起，大小为（7.5～16）mm×（4～8）mm，厚3.5～5.0mm，体表被有小棘，以单生棘为主。口、腹吸盘大小略同，腹吸盘位于体中横线稍前，两盲肠形成3～4个弯曲，终于体末端。睾丸分枝4～6个，左右并列于虫体后1/3处。卵巢分叶5～6个，形如指状，位于腹吸盘的右侧。卵黄腺由许多密集的卵黄滤泡组成，分布于虫体两侧。子宫内充满虫卵与卵巢左右相对。虫卵呈金黄色，椭圆形，不太对称，大小为（75～118）μm×（48～67）μm，内含卵黄细胞数10个。

【发育过程】发育需要两个中间宿主：第一中间宿主是淡水螺类，第二中间宿主为甲壳类。肺吸虫在肺部虫囊内产卵，虫卵通过与小支气管的通道进入支气管和气管，或随痰排出或进入口腔，再吞下经肠道随粪便排至外界。虫卵在水中适宜的温度下经2～3周孵出毛蚴。毛蚴遇到第一中间宿主淡水螺即侵入其体内发育为胞蚴、母雷蚴、子雷蚴及短尾的尾蚴。尾蚴离开螺体，在水中游动，遇到第二中间宿主甲壳类即侵入其体内变为囊蚴。猫、犬及人吃到含有囊蚴的溪蟹及蝲蛄后，囊蚴便在肠内破囊，穿过肠壁进入腹腔，多数童虫在腹壁内经数日发育后再回到腹腔，在脏器间移行窜扰后穿过膈肌进入胸腔。感染后5～23d钻过肺膜进入肺脏，经2～3个月的发育达到性成熟。虫体在体内可活5～6年。因虫体在体内有到处窜扰，除在肺部寄生外，还常侵入肌肉、脑及脊髓等处。

【流行病学】肺吸虫病的发生和流行与中间宿主的分布有直接关系。卫氏并殖吸虫的第一中间宿主为各种短沟蜷和瘤拟黑螺，它们多滋生于山间小溪及溪底布满卵石或岩石的河流中。第二中间宿主为溪蟹类和蝲蛄。溪蟹类广泛分布于华东、华南及西南等地区的小溪河流旁的洞穴及石块下，蝲蛄只限于东北各省，喜居于水质清晰河流的岩石缝内。该病广泛地流行于我国18个省及自治区内。

终末宿主范围较为广泛，除寄生于猫、犬及人体外，还见于野生的犬科和猫科动物中，如狐狸、狼、貉、猞猁、狮、虎、豹、豹猫及云豹等。第一、二中间宿主均分布于山间小溪中，而又有许多野生动物可作为终末宿主，所以该病具有自然疫源性。犬、猫及人等多因生食溪蟹及蝲蛄而遭感染。野生动物由于捕食野猪及鼠类等转续宿主所致，在后者体内含有并殖吸虫的童虫。在流行区里，生饮溪水也有可能感染，因溪蟹及蝲蛄破裂囊蚴流入水中。囊蚴对外界的抵抗力较强，经盐、酒腌浸大部不死。

【致病作用及症状】童虫和成虫在动物体内移行和寄生期间可造成机械性损伤。虫体的代谢产物等抗原物质可导致免疫病理反应。移行的童虫可引起嗜酸性粒细胞性腹膜炎、胸膜炎和肌炎及多病灶性的胸膜出血。在肺部寄生时引起慢性小支气管炎，小支气管上皮细胞增生和慢性嗜酸性粒细胞性肉芽肿性肺炎，这与在肺泡组织中变性的虫卵有关。患病的猫、犬表现精神不振和阵发性咳嗽，因气胸而呼吸困难。窜扰于腹壁的虫体可引起腹泻与腹痛；寄生于脑部及脊椎时可导致神经症状。

【诊断】根据临床症状，结合是否曾用溪蟹或蝲蛄饲喂动物的记录，并在病犬、猫的痰液及粪便中检出虫卵即可确诊。可用 X 光检查和血清学方法诊断，如间接血凝试验及酶联免疫吸附试验等。

【治疗】硫双二氯酚、苯硫咪唑、硝氯酚、丙硫咪唑、吡喹酮等药物均能有效治疗并殖吸虫病。

【预防】防止犬、猫及人生食或半生食溪蟹和蝲蛄是预防卫氏并殖吸虫病的关键性措施。

第四节　犬复孔绦虫病

犬复孔绦虫病是由囊宫科复孔属的犬复孔绦虫（*Dipylidium caninum*）寄生于犬、猫的小肠中，而引起的一种常见绦虫病，人偶可感染。

【病原】

1. 形态特征　犬复孔绦虫新鲜时为淡红色，固定后为乳白色，最长可达 50cm，约由 200 个节片组成，节片宽约 3mm。每一成节内含 2 套生殖器官，睾丸 100～200 个，位于纵排泄管的内侧，生殖孔开口于两侧的中央稍后。成节与孕节均长大于宽，形似黄瓜籽，故又称瓜籽绦虫（图 3-71）。两个生殖孔分别位于节片两侧的中央稍后。孕卵节片内的子宫初为网状，后分化为许多卵袋。每个卵袋内大约含 20 个虫卵（图 3-72）。虫卵呈球形，直径为 35～50μm，内外壳均薄，内含六钩蚴。

2. 发育过程　复孔绦虫的中间宿主主要是蚤类，如犬栉首蚤、猫栉首蚤，其次是食毛目的犬毛虱。成虫的孕卵节片随犬粪排出体外或主动爬出犬肛门外。虫卵污染外界环境，蚤类幼虫吞食虫卵后，六钩蚴在其血腔内约经 18d 发育为似囊尾蚴，后者随幼蚤发育为成蚤而寄生于成蚤体内。犬、猫等动物因舔被毛时吞入含有似囊尾蚴的跳蚤而被感染。似囊尾蚴在终末宿主小肠内约经 3 周发育为成虫。

【流行特点】本病广泛分布于世界各地，在我国各地均有流行，感染无明显季节性。犬和猫的感染率较高，狐和狼等野生动物也可感染。

【症状与病变】虫体少量寄生时致病作用轻微；大量寄生时，以其小钩和吸盘损伤宿主的肠黏膜，常引起炎症。虫体吸取营养，给宿主生长发育造成障碍；虫体分泌的毒素引起宿主中毒；虫体聚集成团，可堵塞小肠腔，导致腹痛、肠扭转甚至肠破裂。

犬、猫轻度感染时一般无症状。幼犬严重感染时，可引起食欲不振，消化不良，腹痛，腹泻或便秘，肛门瘙痒等症状。

少量虫体只引起轻微的损伤，寄生量大时，可见肠黏膜炎症。剖检可在小肠内发现虫体。

【诊断】诊断时，检查犬、猫肛门周围被毛上是否有犬复孔绦虫孕节；检查粪便中的孕节、虫卵和卵袋。若节片为新排出的，可用放大镜观察进行初步诊断。若节片已干缩，可用解剖针挑碎，在显微镜下观察其卵袋，检查到卵袋即可确诊。

【防治】

1. 治疗　可选用下列药物。

吡喹酮：犬按每千克体重 5mg，猫按每千克体重 2mg，一次内服。

氢溴酸槟榔素：犬按每千克体重 1~2mg，一次内服。

丙硫咪唑：犬按每千克体重 10~20mg，每天口服 1 次，连用 3~4d。

2. 预防　对犬、猫要进行定期驱虫，驱虫后的粪便要及时清除。可用溴氰菊酯等药物定期杀灭犬、猫体表的虱和蚤类。猫、犬的圈舍也要定期进行消毒。

第五节　孟氏迭宫绦虫病

孟氏迭宫绦虫病是由双叶槽科（Diphyllobothriidae）的孟氏叠宫绦虫［孟氏裂头绦虫（*Spirometra mansoni*）］寄生于犬、猫和一些肉食动物包括虎、狼、豹、狐狸、貉、狮、浣熊、鬣狗的小肠中引起的，人偶能感染。

【病原】孟氏叠宫绦虫一般长 40~60cm，最长可达 1m。头节指状，背腹各有一纵行的吸槽。体节宽度大于长度。子宫有 3~5 次或更多的盘旋，子宫孔开口于阴门下方。虫卵大小为（52~76）μm×（31~44）μm，淡黄色，椭圆形，两端稍尖，有卵盖。

孟氏裂头蚴呈乳白色，长度从 0.3cm 到 30~105cm 不等，扁平，不分节，前端具有横纹。

【发育过程】生活史比较复杂。孕节的虫卵从子宫孔产出，随终末宿主的粪便排至体外，在适温的水中经 3~5 周发育为钩球蚴；孵出后被第一中间宿主剑水蚤或镖水蚤食入，在其体内发育为原尾蚴。含原尾蚴的水蚤被第二中间宿主蝌蚪吞食后，发育成具有雏形的裂头蚴（*Sparganum*）。当蝌蚪发育为成蛙时，幼虫迁移至蛙的肌肉内。如果蛙被蛇、鸟类或其他哺乳动物等转续宿主吞食，则不能发育为成虫，仍停留在裂头蚴阶段。当犬和猫等终末宿主吞食了含有裂头蚴的青蛙等第二中间宿主或转续宿主时，裂头蚴便在其小肠内发育为成虫。孟氏叠宫绦虫的裂头蚴又名孟氏裂头蚴（*Sparganum mansoni*，）。

世界性分布，欧洲、美洲、非洲及澳洲均有报道。多见于东南亚诸国，我国的许多省市均有记载，尤其多见于南方各省。

人体感染裂头蚴是由于偶然误食了含有原尾蚴的水蚤，或以新鲜蛙肉敷治疮疖与眼病时，蛙肉内的裂头蚴移行入体内而受感染。

【致病作用和症状】裂头蚴对人和动物的危害较成虫严重，其危害程度主要取决于寄生部位。人感染时，可引起眼、叉下和内脏等裂头蚴病。猪严重感染裂头蚴时，在寄生部位可见发炎、水肿、化脓、坏死与中毒反应等。

人感染孟氏裂头绦虫时，有腹痛、恶心、呕吐等轻微症状；动物有不定期的腹泻、便秘、流涎，皮毛无光泽，消瘦及发育受阻等。

【诊断】粪便检查查获虫卵可对成虫感染做出诊断；裂头蚴的诊断需从寄生部位检出虫体。

【防治】对流行区犬和猫应进行定期驱虫，防止散布病原染。人的裂头蚴可用外科手术法摘除。人勿用蛙肉贴敷疮疖；不喝生水，不生食蛙、蛇及猪肉等。

第六节　犬、猫蛔虫病

犬、猫蛔虫病是由弓首科（Toxocaridae）的犬弓首蛔虫（*Toxocara canis*）、猫弓首蛔虫（*T. cati*）及狮弓蛔虫（*Toxascaris leonina*）寄生于犬、猫的小肠所引起的寄生虫病，广泛分布于世界各地。犬弓首蛔虫在兽医学及公共卫生学上都很重要，它不仅可造成幼犬生长缓慢、发育不良，严重感染时可引起幼犬死亡；而且它的幼虫也可感染人，引起人体内脏幼虫移行症及眼部幼虫移行症。

【病原】

1. 形态特征

（1）犬弓首蛔虫　头端有3片唇，虫体前端两侧有向后延伸的颈翼膜。食道与肠管连接部有小胃。雄虫长5~11cm，尾端弯曲，有一小锥突，有尾翼。雌虫长9~18cm，尾端直，阴门开口于虫体前半部。虫卵呈亚球形，卵壳厚，表面有许多点状凹陷。

（2）猫弓首蛔虫　外形与犬弓首蛔虫近似，颈翼前窄后宽，虫体前端如箭镞状。雄虫长3~6cm，尾部有指状突起。雌虫长4~10cm。虫卵表面有点状凹陷，与犬弓首蛔虫卵相似。

（3）狮弓蛔虫　头端向背侧弯曲，颈翼中间宽，两端窄，头端呈矛尖形。无小胃。雄虫长3~7cm。雌虫长3~10cm，阴门开口于虫体前1/3与中1/3交接处。虫卵偏卵圆形，表面光滑。

2. 发育过程　犬弓首蛔虫和猫弓首蛔虫发育过程类似于猪蛔虫，需在宿主体内经历复杂移行过程，发育需4~5周。年龄较大的犬感染犬弓首蛔虫后，幼虫可随血流到达体内各器官组织中，形成包囊，但不进一步发育，如被其他肉食兽摄食，包囊中幼虫可发育为成虫。此外，母犬妊娠后，幼虫还可经胎盘感染胎儿或产后经母乳感染幼犬。狮弓蛔虫发育史简单，在体内不经复杂移行，幼虫孵出后进入肠壁发育，后返回肠腔发育成熟。

感染性虫卵可被转运宿主摄入，在转运宿主体内形成含有第3期幼虫的包囊，犬猫捕食转运宿主后发生感染。犬弓首蛔虫的转运宿主为啮齿类动物；猫弓首蛔虫的转运宿主多为蚯蚓、蟑螂、一些鸟类和啮齿类动物；狮弓蛔虫的转运宿主多为啮齿类动物、食虫目动物和小型肉食兽。

【流行特点】犬蛔虫病主要发生于6月龄以下幼犬，感染率在5%~80%。

【症状与病变】幼虫在宿主体内移行时可引起腹膜炎、败血症、肝脏的损害和蠕虫性肺炎，严重者可见咳嗽、呼吸加快和泡沫状鼻漏，重度病例可在出生后数天内死亡。成虫寄生可引起胃肠功能紊乱、生长缓慢、呕吐、腹泻、贫血、神经症状等，有时可在呕吐物和粪便中见到完整虫体。大量感染时可引起肠阻塞，进而引起肠破裂、腹膜炎。成虫异常移行而致胆管阻塞，引起胆囊炎等。该病常导致幼犬和幼猫发育不良，生长缓慢，严重时可引起死亡。

【诊断】结合犬舍或猫舍的饲养管理状况，根据临床症状和病原检查做出综合诊断。可观察粪便或呕吐物中有无排出的虫体；可用直接涂片法或饱和盐水漂浮法检查粪便中的虫卵；2周龄幼犬出现肺炎症状，可考虑为幼虫移行期临床表现。

【防治】

1. 预防　需保持环境、器具、食物的清洁卫生，及时清除粪便。定期驱虫：母犬在妊娠后40d至产后14d驱虫，以减少围产期感染；幼犬应在2周龄时进行首次驱虫，2月龄时再次给药以驱除出生后感染的虫体。

2. 治疗　可选用以下药物。

芬苯达唑：也叫苯硫咪唑或硫苯咪唑，对动物的大多数线虫及其幼虫、绦虫有较强的驱除作用。此外，还有极强的杀虫卵作用。犬、猫均按每千克体重 50mg，连喂 3d。用药后少数病例可能出现呕吐。

甲苯咪唑：犬的剂量为每千克体重 25～50mg，分 3d 喂服。此药常引起呕吐、腹泻或软便，偶尔引起肝功能障碍。休药期不少于 7d。

伊维菌素：按每千克体重 0.2～0.3mg，皮下注射或口服。注意柯利犬和有柯利犬血统的犬禁用此药，其他注意事项可参考猪蛔虫病部分。

噻嘧啶：犬、猫剂量为每千克体重 5～10mg，喂服。

第七节 犬、猫钩虫病

犬、猫钩虫病是由钩口科的钩口属（*Ancylostoma*）、板口属（*Necator*）和弯口属（*Uncinaria*）线虫的一些种感染犬、猫而引起。主要种类有犬钩口线虫（*A. caninum*）、管型钩口线虫（*A. tubaeforme*）、锡兰钩口线虫（*A. ceylanicum*）巴西钩口线虫（*A. brazilliense*）、美洲板口线虫（*N. americanus*）和狭头弯口线虫（*U. stenocephala*），虫体均寄生于小肠内，以十二指肠为多。本病发病甚广，在我国华东、中南、西北和华北等温暖地区广泛流行，一般主要危害 1 岁以内的幼犬和幼猫，成年动物多由于免疫而不发病。

【病原】

1. 形态特征 成虫具有大的向背侧弯曲的口囊（图 3-73），口边缘具齿或切板。钩口属口缘腹侧具有齿状切割器。板口属和弯口属口缘腹侧则具有板状切割器。

（1）钩口线虫 虫体呈淡红色，前端向背面弯曲，口囊大，腹侧口缘上有 3 对大齿。口囊深部有 1 对背齿和 1 对侧腹齿。雄虫长 10～12 mm，交合伞由对称排列的 2 个侧叶和 1 个背叶组成，有 1 对等长的交合刺。雌虫长 14～16 mm，尾端尖锐呈细刺状。虫卵钝椭圆形，无色，内含数个卵细胞。

（2）狭头弯口线虫 虫体较犬钩口线虫小，口弯向背面，口囊发达，其腹面前缘有 1 对半月形切板，靠近口囊底部有 1 对亚腹侧齿。雄虫长 5～8.5 mm，交合伞发达，有 2 根等长的交合刺。雌虫长 7～10 mm，尾端尖细。虫卵与犬钩口线虫相似。

2. 发育过程 以犬钩口线虫为例叙述如下：虫卵（图 3-74）随粪便排出体外，在外界适宜条件下经 12～30 h 孵出第一期杆状蚴，在 48 h 内发育为第二期杆状蚴。此后，虫体继续增长，并可将摄取的食物贮存于肠内。经 5～6 d 后，虫体口腔封闭，停止摄食，咽管变长，进行第二次蜕皮后发育为丝状蚴，即感染期。感染性幼虫通过毛囊或薄嫩的皮肤侵入宿主体内，随血流经右心至肺，穿出毛细血管进入肺泡。此后，幼虫沿肺泡、小支气管、支气管移行至咽，随吞咽活动经食管、胃到达小肠。幼虫在小肠内迅速发育，并在感染后 3～4 d 进行第三次蜕皮发育为第四期幼虫，再经 10 d 左右，进行第四次蜕皮，逐渐发育为成虫。自丝状蚴钻入皮肤至成虫交配产卵，需 5～7 周。经口感染时，幼虫可能经肺移行，但多系钻进消化道管壁，经一段时间的发育重返肠腔发育为成虫。

【流行特点】感染途径有三种：一是经皮肤感染，即幼虫进入血液，经心脏、肺脏、呼吸道、喉头、咽部、食道和胃而进入小肠内定居，此途径较为常见。二是经口感染，犬、猫食入感染性幼虫后，幼虫侵入食道等处黏膜而进入血液循环（哺乳幼犬的一个重要感染方式是吮乳感染，源于隐匿在母犬组织内的虫体）。三是经胎盘感染，幼虫移行经血液循环进入胎盘，从而使胎犬感染，此途径少见。

【症状与病变】幼虫钻入宿主皮肤时可引起瘙痒、皮炎，也可继发细菌感染，其病变常发生在趾间和腹下被毛较少处。幼虫移行阶段一般不出现临床症状，有时大量幼虫移行至肺可引起肺炎。成虫寄生时吸附在小肠黏膜上，不停地吸血，并不断变换吸血部位；同时，犬不停地从肛门排出血便，而且虫体分泌抗凝血素，延长凝血时间，由此造成动物大量失血。

急性感染病例，主要表现为贫血、倦怠、呼吸困难。哺乳期幼犬更为严重，常伴有血性或黏液性腹泻，粪便呈柏油状。血液检查可见白细胞总数增多、嗜酸性粒细胞比例增大，血红蛋白含量下降，病畜营养不良，严重感染者可引起死亡。

尸体剖检可见黏膜苍白，血液稀薄，小肠黏膜肿胀，黏膜上有出血点，肠内容物混有血液，小肠内可见许多虫体。

【诊断】根据流行病学资料、临床症状和病原学检查进行综合判断。临床症状主要是贫血、排黑色柏油状粪便、肠炎和低蛋白血症等。病原学检查主要是粪便漂浮法检查虫卵、贝尔曼法分离犬、猫栖息地土壤或垫草内的幼虫及剖检发现虫体。

【防治】预防：及时清理粪便；注意保持犬、猫舍的干燥和清洁卫生；可用硼酸盐处理动物经常活动的地面，用火焰或蒸气杀死动物经常活动地方的幼虫。

治疗：常见的驱线虫药均可用于犬、猫钩虫病的治疗，详见犬、猫蛔虫病部分。

第八节 犬心丝虫病

犬心丝虫病是由恶丝虫属的犬恶丝虫（*Dirofilaria immitis*）寄生于犬的右心室和肺动脉所引起的一种临床或亚临床疾病。猫、狐、狼等动物亦能感染。人偶被感染。本病在我国分布很广，广东犬的感染率可达50%。

【病原】

1. 形态特征 成虫为细长白色，食道长。雄虫长12～16cm，尾端螺旋状蜷曲，有肛前乳突5对、肛后乳突6对，交合刺2根，不等长，左侧的长，末端尖，右侧的短，相当于左侧的1/2长，末端钝圆。雌虫长25～30cm，尾部直，阴门开口于食道后端处。

2. 发育过程 犬恶丝虫需要蚊等作为中间宿主，包括中华按蚊、白纹伊蚊、淡色库蚊等。除蚊外，微丝蚴也可在猫蚤与犬蚤体内发育。成熟雌虫产生微丝蚴，后者进入宿主的血液循环系统。蚊等吸血时，微丝蚴进入蚊体内，2周内发育为感染性幼虫，并移行到蚊的口器内。蚊再次吸血时，将虫体带入宿主体内。未成熟虫体在皮下或浆膜下层发育约2个月，然后经2～4个月的移行到达右心室，再经2～3个月后变为成虫。

【流行特点】本病呈世界性分布。我国各地犬的感染率很高，感染季节一般为蚊最活跃的6—10月，感染高峰期为7—9月。微丝蚴出现的周期性不明显，但以夜间出现较多。感染率与年龄呈正比，年龄越大则感染率越高。犬的性别、被毛长短、毛色等与感染率无关，但饲养在室外的犬感染率高于室内犬。

【症状与病变】由于虫体的刺激作用和对血流的阻碍作用以及抗体作用于微丝蚴所形成的免疫复合物的沉积作用，患犬可发生心内膜炎、肺动脉内膜炎、心脏肥大及右心室扩张，严重时因静脉淤血导致腹水和肝肿大，肾脏可以出现肾小球肾炎。

临床症状的严重程度取决于感染的持续时间和感染程度以及宿主对虫体的反应。犬的主要症状为咳嗽，训练耐力下降，体重减轻。其他症状有心悸、心内有杂音，呼吸困难，体温升高，腹围增大等。后期贫血加重，逐渐消瘦衰弱而死。

在腔静脉综合征中，右心房和腔静脉中的大量虫体可引起犬突然衰竭，发生死亡。在此之前，常有食欲减退和黄疸。图 3-75 为寄生于犬心脏中的犬恶丝虫。

患恶丝虫病的犬常伴有结节性皮肤病，以瘙痒和倾向破溃的多发性结节为特征。皮肤结节中心化脓，在其周围的血管内常见有微丝蚴。

猫最常见的症状为食欲减退、嗜睡、咳嗽、呼吸痛苦和呕吐。其他症状为体重下降和突然死亡。右心衰竭和腔静脉综合征在猫少见。

【诊断】根据临床症状，并在外周血液内发现微丝蚴即可确诊。检查微丝蚴较好的方法是改良的 Knott 氏试验和毛细管离心法。

1. 改良 Knott 氏试验 取全血 1mL 加 2％甲醛 9mL，混合后 1 000～1 500r/min 离心 5～8min，弃上清液，取 1 滴沉渣和 1 滴 0.1％美蓝（亚甲蓝）溶液混合，显微镜下检查微丝蚴。

2. 毛细管离心法 取抗凝血，吸入特制的毛细管内，用橡皮泥封住下端，离心后在显微镜下于红细胞和血浆交界处直接观察微丝蚴，或将毛细管切断，将所要检查的部分血浆置于载玻片上镜检。微丝蚴长约 315μm，宽度大于 6μm，前端尖细，后端平直，体形为直线形。

犬和猫分别有 20％和 80％以上呈隐性感染。对于这些动物，可根据症状结合胸部 X 线检查进行诊断。犬特征性的 X 线片病理变化有肺动脉扩张，有时弯曲；肺主动脉明显隆起，血管周围实质化；肺尾叶有动脉分布；心扩张。猫最常见的 X 线片病理变化是肺尾叶动脉扩张。

超声波心动记录仪有助于腔静脉综合征的诊断。成年动物右动脉 M 型超声波图转移到右心室被认为有诊断意义。

死后剖检发现成虫也可以确诊。

此外，在国外还有诊断用的 ELISA 试剂盒可以使用。

【防治】

1. 治疗 犬的治疗主要针对成虫，其次针对微丝蚴。可以用下列药物。

硫乙胂胺钠：每千克体重 0.22mL，静脉注射，每天 2 次，间隔 6～8h，连用 2d。该药是常用的驱成虫药物，但有潜在的毒性。如果犬反复呕吐，精神沉郁，食欲减退和黄疸，则应中断治疗。

碘化噻唑腈胺：每千克体重 6～11mg，口服，每天 1 次，连用 7 天。对微丝蚴效果较好。

海群生：每千克体重 22mL，口服，每天 3 次，连用 14d。

左旋咪唑：每千克体重 11mg，口服，每天 1 次，连用 7～14d。治疗后第 7d 进行血检，如果微丝蚴转阴，则停止用药。

伊维菌素：每千克体重 0.05～0.1mg，一次皮下注射。

对猫的治疗存在争议。

2. 预防

（1）消灭中间宿主是重要的预防措施。

（2）可以用以下药物进行预防。

海群生：剂量为每千克体重 2.5～3mg，在每年 5—10 月，隔天给药。

左旋咪唑：每千克体重 10mg，每天分 3 次内服。连用 5d 为一个疗程，隔 2 个月重复一次治疗。

伊维菌素：每千克体重 0.06mg，在蚊虫活动的季节，每个月 1 次皮下注射。

（3）对流行地区的犬，应定期进行血检，发现微丝蚴，及时治疗。

第九节　犬耳痒螨病

犬耳痒螨是由痒螨科耳痒螨属（*Otodectes*）的螨寄生于犬科动物的耳内引起的。引起外耳道炎、中耳炎等症状，严重时可波及内耳，甚至引起脑膜炎。

【病原】

1. 形态特征　目前认为耳痒螨只有一种，犬耳痒螨即其犬变种（*Otodectes cynotis* var. *canis*，简称为犬耳痒螨）。虫体乳白色，椭圆形，雄螨大小为（363～388）μm×（267～279）μm，4 对足末端均有短柄的吸盘，柄不分节；第 1、2、3 对足较长，足的各支节有 1～2 根短纤毛，第 4 对足不发达，其上有两根刚毛。大小为（469～534）μm×（270～347）μm，4 对足末端均有足吸盘，足支节上各有 1～2 根纤毛，第 4 对足末端有一较长刚毛。卵呈卵圆形，大小为（190～210）μm×（90～120）μm。

2. 发育过程　与痒螨相似，包括卵、幼螨、若螨和成螨 4 个阶段。耳痒螨寄生于皮肤表面，以脱落的上皮细胞和宿主的组织液为食。雌螨一生产卵约 100 个，条件适宜时，整个发育过程需 18～28d，条件不利时可转入 5～6 个月的休眠期。犬耳痒螨在 6～8℃、空气湿度为 85%～100% 的条件下可存活 2 个月以上。

【流行特点】世界性分布，多发生于春秋两季。通过健康动物与患病动物直接接触或通过被耳痒螨或卵污染的兽舍、用具等间接接触感染。

【症状】患病动物初期表现为局部皮肤发炎、瘙痒，动物不断用爪搔抓耳部或将头在墙壁、栏柱及其他物体上用力摩擦。耳道中可见棕黑色的分泌物及表皮增生症状，耳垢增多。有时继发细菌感染可造成化脓性外耳炎及中耳炎，深部侵害时可引起脑炎，出现神经症状，严重者可导致死亡。

【诊断】根据临床症状可做出初步诊断。确诊需要取耳内分泌物，镜检出耳痒螨病原。用棉签掏取内分泌物，参照疥螨检查方法镜检。

【防治】可以用塞拉菌素点剂、莫西菌素-吡虫啉复方制剂或向耳道内滴入伊维菌素外用剂。预防措施参照疥螨病。

第十节　猫背肛螨病

猫背肛螨病是由疥螨科的猫背肛螨（*Notoedres cati*）寄生于皮肤表皮内引起的，以巨痒、结痂、脱毛和皮肤增厚为特征。顽固性皮肤病。猫背肛螨形态与疥螨相似，但比疥螨小，肛门位于虫体背面，离体后缘较远。躯体呈圆形，雌、雄螨体长分别为 0.17～0.24mm 和 0.12～0.14mm，其上的指状刺、锥状刺和棘突均细小或较少。常寄生于猫的面部、鼻、耳及颈部等。背肛螨的生活史及习性、危害情况与疥螨相似。猫背肛螨病的临床症状相似，诊断方法与防治措施参照疥螨病。

第十一节 犬、猫蚤病

犬蚤、猫蚤，即通常所说的跳蚤，属于蚤科（Pulicidae）栉首蚤属（Ctenocephalides），常见的种有犬栉首蚤（C. canis）和猫栉首蚤（C. felis），此两种并无严格的宿主特异性，可在犬、猫间相互流行，并可寄生于人体。

【病原】

1. 形态特征 蚤为小形无翅昆虫，呈棕褐色，虫体左右扁平，体表覆盖有较厚的几丁质。头部三角形，口器刺吸式；侧方有 1 对单眼；触角 3 节，收于触角沟内。胸部小，3 节，有 3 对粗大的足，尤其是第 3 对足特别发达，具有很强的跳跃能力。腹部 10 节，有 7 节清晰可见，后 3 节变为外生殖器官。

2. 发育过程 蚤属于完全变态的昆虫，发育经过卵、幼虫、蛹、成虫 4 个阶段。

【流行特点】除成虫寄生于动物体外，其余三个阶段的发育均在夏季于动物活动场所的地面或犬、猫的窝内完成。

【症状与病变】蚤在动物体上大量吸血，引起动物痒感、皮肤炎症，影响采食和休息；大量寄生时可致动物贫血，消瘦或死亡。此外，更重要的是蚤能传播一些疾病，特别是作为宠物的寄生虫，可跳至人体引起瘙痒，传播病原体，导致疾病。因此，宠物饲养者应给予一定的重视。

【诊断】蚤为肉眼可见病原，因此出现症状后，拨开动物被毛，在毛间和皮肤上见到蚤即可作出诊断。

【防治】在流行地区，应清扫幼蚤的滋生场所，并喷洒杀虫药剂；在畜体发现虫体寄生时，可用菊酯类、有机磷类或甲萘威等杀虫药喷洒杀虫；对宠物及其居住场所，注意清洁卫生；还可给犬和猫佩带"杀蚤药物项圈"等。

第十单元 兔的寄生虫病

兔 球 虫 病

兔球虫病是家兔最常见且危害严重的一种原虫病，4～5 月龄内的兔感染率可达 100%，死亡率达 70%。耐过的兔生长发育受到严重影响，减重 12%～27%。

【病原】据国内文献记载，寄生于兔的艾美耳属（Eimeria）球虫有 16 种，分别是斯氏艾美耳球虫（*E. stiedai*）、穿孔艾美耳球虫（*E. perforans*）、大型艾美耳球虫（*E. magna*）、中型艾美耳球虫（*E. media*）、小型艾美耳球虫（*E. exigua*）、梨形艾美耳球虫（*E. piriformis*）、长型艾美耳球虫（*E. elongate*）、兔艾美耳球虫（*E. leporis*）、新兔艾美耳球虫（*E. neoleporis*）、肠艾美耳球虫（*E. intestinalis*）、盲肠艾美耳球虫（*E. coecicola*）、黄艾美耳球虫（*E. flavescens*）、无残艾美耳球虫（*E. irresidua*）、雕斑艾美耳球虫（*E. sculpta*）、松林艾美耳球虫（*E. matsubayashii*）和纳格浦尔艾美耳球虫（*E. nagpurensis*）。除斯氏艾美耳球虫寄生于胆管上皮细胞内以外，其余各种均寄生于肠黏膜上皮细胞内，一般为混合感染。

1. 形态特征　对兔致病性较大的球虫种类及其主要鉴别特征见表3-4。

表3-4　兔球虫病的主要致病种类及其鉴别特征

种类	卵囊			残体		孢子化时间（h）	潜伏期（d）	寄生部位	致病力
	大小（μm）	形状	卵膜孔	外部	内部				
斯氏艾美耳球虫	(26~40)×(16~25)	长圆形	有	无	有	41~51	16	肝、胆管	最强
大型艾美耳球虫	(26.6~41.3)×(17.3~29.3)	卵圆形	有	有	有	32~48	7~8	空肠、回肠	较强
肠艾美耳球虫	(24.7~31)×(17.8~23.3)	长梨形	有	有	有	24~48	10	小肠[a]	强
黄艾美耳球虫	(25~37)×(14~24)	卵圆形	有	无	有	38	8~11	空肠、回肠、盲肠、结肠	强
松林艾美耳球虫	(22~29)×(16~22)	宽卵圆形	有	有	有	32~48	8	回肠	强
中型艾美耳球虫	(18.6~33.3)×(13.3~21.3)	短椭圆形	有	有	有	42~47	6~7	空肠、十二指肠	较强
无残艾美耳球虫	(25.3~47.8)×(15.9~27.9)	长椭圆形	有	无	有	72~96	7	小肠中部	较强

注：[a] 十二指肠除外。

2. 发育过程　兔球虫的生活史与鸡球虫相似。

【流行特点】兔球虫病呈世界性分布，我国各地均有发生，其流行与卫生状况密切相关。发病季节多在春暖多雨季节，如兔舍内温度经常保持在10℃以上时，则随时可发生球虫病。各种品种家兔对球虫均易感，断奶后至3月龄的幼兔感染最严重。成年兔多为带虫者，成为重要的传染源。本病感染途径是经口食入含有孢子化卵囊的水与饲料。饲养人员、工具、鼠、苍蝇等也可机械搬运球虫卵囊而传播本病。营养不良、兔舍卫生条件恶劣是促成本病流行的重要因素。

【症状与病变】

1. 症状　按球虫种类和寄生部位不同分为肠型、肝型及混合型，临床上多为混合型。轻者一般不显症状。重者则表现为食欲减退或废绝，精神沉郁，动作迟缓，伏卧不动，眼、鼻分泌物增多，眼结膜苍白或黄染，唾液分泌增多，口腔周围被毛潮湿，腹泻或腹泻与便秘交替出现。病兔尿频或常呈排尿姿势，后肢和肛门周围被粪便所污染。腹围增大，肝区触诊疼痛。后期出现神经症状，极度衰竭死亡。即使有耐过兔，病愈后生长发育不良。

2. 病变　尸体外观消瘦，黏膜苍白，肛门周围污秽。

（1）肠球虫病　病变主要在肠道，肠壁血管充血，十二指肠扩张、肥厚，黏膜发生卡他性炎症，小肠内充满气体和大量黏液，黏膜充血，上有溢血点。在慢性病例，肠黏膜呈淡灰色，上有许多小的白色结节，压片镜检可见大量卵囊，肠黏膜上有时见有小的化脓性、坏死性病灶。

（2）肝球虫病　急性期病例可见肝脏高度肿大，肝表面及实质内有白色或淡黄色粟粒大至豌豆大的结节性病灶，多沿胆小管分布（图3-76）。取结节病灶压片镜检，可见到不同发育阶段的球虫虫体（图3-77）。慢性肝球虫病例，胆管周围和小叶间部分结缔组织增生而引起肝细胞萎缩和肝体积缩小，胆囊肿大，胆汁浓稠。

【诊断】根据流行病学、临床症状、病理剖检变化以及粪便检查发现大量卵囊或肝脏和肠道病变组织内发现大量不同发育阶段的虫体，即可确诊。

【防治】

1. 治疗　发生家兔球虫病时，可用下列药物进行治疗。

磺胺间甲氧嘧啶（SMM）：按0.01%浓度混入饲料中，连用3～5d，间隔1周后再用1个疗程。

磺胺二甲基嘧啶（SM_2）与甲氧苄啶（TMP）合剂：按5∶1比例混合后，以0.02%浓度混入饲料中，连用3～5d，间隔1周后再用1个疗程。

磺胺二甲氧嘧啶（SDM）：按0.02%浓度混入饲料中，连用3～5d，间隔1周后再用1个疗程。

氯苯胍：按每千克体重30mg混入饲料，连用5d，隔3d再用1次。

2. 预防　对流行季节的断奶仔兔，可在饲料中拌入地克珠利（0.0001%）、莫能菌素（0.004%）、拉沙菌素（0.009%）或盐霉素（0.005%）等药物，连喂1～2个月，进行药物预防。

日常应采取综合措施：发现病兔，应立即隔离治疗；引进兔先隔离观察；幼兔与成年兔分笼饲养；兔舍保持清洁、干燥；兔笼等用具可用开水、蒸汽或火焰消毒，也可在阳光下曝晒杀灭卵囊；注意饲料及饮水卫生，及时清除兔粪；合理安排母兔繁殖季节，使幼兔不在梅雨季节断奶；兔舍建在干燥、通风、向阳处；消灭兔场内鼠类与蝇类。

第十一单元　家蚕的寄生虫病

第一节　蝇蛆病

蝇蛆病是由多化性蚕蛆蝇将卵产于蚕体表面，孵化后的幼虫（蛆）钻入蚕体内寄生而引起的病害。本病对蚕业生产危害大，世界主要养蚕国均有危害。在我国每年春蚕期开始发生，夏秋季最烈，整个养蚕季节均受威胁。

【病原】多化性蚕蛆蝇又简称蚕蛆蝇，分类学上属昆虫纲双翅目环裂亚目寄生蝇科追寄生蝇属，学名家蚕追寄蝇。蚕蛆蝇是完全变态的昆虫，一个世代经卵、幼虫（蛆）、蛹、成虫（蝇）四个阶段，一年发生的世代数因气温及寄生的环境而异。越冬蛹在土中可长达数月之久，以度过冬季。

1. 成虫　雄蝇大于雌蝇，雄蝇体长约12mm。雌蝇体长10mm，展翅12～20mm，由头、胸、腹三组成。头部呈三角形，有复眼、单眼、触角和口器。头部前端的触角棒状，有芒，不分支。口器为吻吸式。胸部有三个环节，腹面有胸脚3对，背面有4条黑色纵带，中胸背面两侧有一对灰色半透明的膜状翅，后胸背面两侧有后翅退化来的1对"平衡棒"，飞翔时可保持身体的平衡。腹部呈圆锥形，共9环节，但外观只见5环节，其余转化为外生殖器官藏于腹面。第1环节背面黑色，其余环节前半部灰黄色，后半部黑色，相间似虎斑。

越冬蛹到翌年春暖时羽化。刚羽化时体色淡灰，约经半小时展翅飞翔。从早晨到下午均能羽化，以下午为多。羽化后，以植物的花蜜汁液为食饵。刚羽化时雌蝇的生殖腺尚未成熟，取食1～2d后始行交配。雌、雄蝇均能做多次重复交配。一般情况下，雌蝇交配后的次日开始产卵，每产1～2粒卵后旋即飞去。蝇卵多产于蚕体腹部第1～2环节及第9～10环节。雌蝇的产卵期可持续4～6d。除第1～2龄蚕外，其他龄期的蚕均可被蚕蛆蝇产卵寄生。每只雌蝇可产300余粒卵，产卵结束后自行死亡。

2. 卵 长椭圆形，乳白色，大小为（0.6～0.7）μm×（0.25～0.3）μm。前尖后钝，背面隆起，腹面扁平而稍凹陷，能牢固地吸附于寄主体表。刚产下的蝇卵容易脱落，经一定时间后，卵壳变硬、收缩，黏吸在蚕体表面。蝇卵在25℃经36h即行孵化，20℃以下则需2～3d或更长。孵化前卵背面略微凹陷，幼蛆用口钩在卵的腹面啮穿一孔，再挫开蚕体壁钻入其中寄生。以后卵壳背面凹陷处成一小孔，即蛆的呼吸孔。

3. 幼虫（蛆） 长圆锥形、淡黄色，老熟时大小为（10～14）mm×（4～4.5）mm。蛆体由头部及12环节组成。头部尖小，具角质化口钩及2对突起感觉器。第2环节两侧有前气门1对。末节呈截断状，有后气门1对，后气门具气门环，内有3条气门裂及1个气门钮。肛门在第11环节腹面中央。

4. 蛹 蚕蛆蝇的蛹为围蛹，即幼虫化蛹时不蜕皮，逐渐硬化成蛹的外壳。蛹体圆筒形、深褐色，大小为（4～7）mm×（3～4）mm。有12环节，但不很明显，可见到口钩及后气门的痕迹。第2～3环节两侧有纵裂，羽化时自此处裂开。第5环节两侧有1对呼吸突。

【流行特点】本病对蚕业生产危害很大，对世界主要养蚕国家均有危害。在我国每年春蚕期开始发生，夏秋季最烈，整个养蚕季节均受其威胁。蚕蝇在我国东北、华北地区一年4～5世代，华东地区一年6～7世代，华南地区一年10～14世代。蚕蝇除危害家蚕外，又是农林业许多鳞翅目害虫的天敌。

【症状与病变】家蚕从3龄到5龄上蔟时期均可被蚕蝇蛆寄生危害。最明显的病症是在寄生部位形成黑褐色喇叭状的病斑。病斑的形成，实际上是侵入蚕体内的蛆体周围形成喇叭形鞘套的过程，鞘套透过皮肤显现成蚕体上的病斑，初时较小、褐色，随着蛆体的增大，病斑也增大，颜色逐渐变成黑褐色。蛆体的迅速长大，使蚕体肿胀或向一侧扭曲。在5龄期被寄生的蚕，一般都有早熟现象，因而在始熟蚕中寄生率较高。5龄后期被寄生的蚕可上蔟结茧或化蛹，如结茧后蛆体始行蜕出，则使蛹体死亡，成为死笼茧、薄皮茧或蛆孔茧。

【诊断】蝇蛆病的诊断，可直接肉眼观察蚕体上有无蝇卵和本病特有的病斑。本病病斑为黑褐色喇叭状，早期病斑尚留有蝇蛆卵壳。如解剖病斑处，发现体壁下存在黑褐色鞘套和淡黄色蝇蛆，即可确诊为本病。

【防治】

1. 灭蚕蝇的应用 灭蚕蝇对蝇卵有触杀作用，经口添食或喷布于蚕体表面均能进入其体内将寄生的蛆蝇杀死。商品用的灭蚕蝇有乳剂、片剂两种。乳剂含有效成分25%或40%，使用时加水稀释成 300～500 倍；片剂一般按每片加水 50mL，但应根据当地情况灵活掌握。使用方法有喷雾法及添食法两种：喷雾法按每张蚕种用灭蚕蝇 300 倍稀释液 1.5～2kg，均匀喷于蚕体表面；添食法用 500 倍灭蚕蝇稀释液与桑叶 1：10 的比例充分调匀后添食，每张蚕种喂药叶 10～15kg。施药时间应掌握在 5 龄起蚕后 36h 内施第一次药，以后可在 5 龄第 2、4、5 或 6 天各施一次，华东蚕区或蚕种场可在上蔟前再施用一次。如在蝇害严重的季节，应提前在 4 龄第 2～3 天增加施用 1 次灭蚕蝇。

2. 农业方法防治蚕蛆、蛹 遭本病危害的早熟蚕要分开上蔟处理，结茧后应及时收、烘蚕茧杀灭茧内蝇蛆，以防止出蛆破坏茧质。蚕茧收购站是蛆、蛹聚集场所，应尽早收集杀灭。蚕室门窗设置门帐、纱窗，进行隔离防护。

第二节 蒲 螨 病

蚕的蒲螨病是由球腹蒲螨等寄居在家蚕幼虫、蛹、蛾体表，吸食家蚕血液，同时注入毒素而引起蚕中毒致死的一种急性蚕病。最早日本和我国称壁虱病，后来称蒲螨病。该病在与种棉区相邻的蚕区危害较多。

【病原】迄今已发现，寄生家蚕的蜱螨有 13 种以上，其中球腹蒲螨为害最为常见。球腹蒲螨俗称壁虱，在分类上属蛛形纲蜱螨亚纲真螨目辐螨亚目蒲螨科蒲螨属，学名为球腹蒲螨 (*Pyemotes ventricosus newport*)。

1. 形态特征 球腹蒲螨属卵胎生，1 世代经卵、幼螨、若螨、成螨 4 个变态发育阶段，但卵、幼螨、若螨的发育在母体内完成。刚从母体产下的成螨淡黄色，雌雄异体。成螨由颚体部（头胸部）、肢体段和末体段构成，形态上雌雄略有差异。

（1）雌幼螨及大肚雌螨 初产的雌螨身体柔软透明，呈纺锤形，长 0.16～0.27mm，宽 0.06～0.09mm，肉眼不易观察。头部小，略呈三角形，生有针状螯肢用于刺入寄主体壁取食，颚体基部两侧有气门一对。前肢体段足Ⅰ和足Ⅱ之间的体侧有假气门器一对，后肢体段有第 3、4 对足，末体段呈三角形，腹内有贮精囊，生殖孔位于末体段的末段腹面，呈纵沟状。体表及足疏生长毛，第 1 对足末端有锐爪，第 4 对足末端各生肢毛一根，长约为体长的 3/5，与足成直角。

雌螨交配后寻找寄主寄生，吸食血液生长发育，末体段逐渐膨大变成圆球形，直径达 1～2mm，此时的雌螨称大肚雌螨，其体色依寄主血液的颜色而异，一般呈淡黄色或黄褐色，表面具有光泽和黏附性。

（2）雄螨 椭圆形，长 0.14～0.20mm，宽 0.08～0.13mm。头部近圆形，螯肢退化。前肢体段近三角形，背面生有长刚毛，气门退化，无气管，仅有贮气囊。后体段呈拱形，边缘凹入，前、后缘直。末体段圆形的后缘腹面有琴形板一块，板上有交配吸盘一个，第 1 至第 3 对足类似雌螨，第 4 对足末端有粗壮的爪一对。

2. 生活习性

（1）世代数 球腹蒲螨的世代数因温度及寄主不同而异。从 4 月中下旬至 9 月底有 17～18 个世代。一般在温度 13℃ 以下停止繁殖，以大肚雌螨越冬。翌年春季温度回升后，越冬存活的大肚雌螨陆续产下的成螨，又开始寻找寄主寄生。

（2）交配和寄生 卵在母体内孵化，发育成为成螨而产出。一只大肚雌螨可产成螨

100～150头；白天多产，夜间少产；上午多产，下午少产；先产雄螨，后产雌螨，雌雄比例一般为93：7。先产出的雄螨常群集在母体的生殖孔附近，等候雌螨产出后进行交配。一头雄螨与若干只雌螨交配后，约经1d后死亡。交配后的雌螨举动活泼，爬行迅速，寻找寄主寄生。而雌螨吸收寄主营养后发育形成大肚雌螨，待产完成螨后，球形的末体段萎缩而死亡。

（3）对理化因素的抵抗力　球腹蒲螨被太阳光直射对其生长发育不利，容易死亡。浸渍水中可忍耐存活1～2d，热水（50℃以上）中1min即被烫死。球腹蒲螨对蚕用消毒剂福尔马林、石灰水等有较强的抵抗力。球腹蒲螨对理化因素的抵抗力，大肚雌螨比幼雌螨强。

【流行特点】球腹蒲螨对家蚕的危害以产棉蚕区尤为严重，产粮区养蚕亦时有发生。棉花产区在收获季节往往挪用蚕室、蚕具堆放和摊晒棉花，蒲螨常随其寄主棉红铃虫而侵入蚕室，并潜藏在蚕室、蚕具的缝隙处越冬。待来年春季温度回升，越冬的棉红铃虫及球腹蒲螨开始活动，存活的棉红铃虫羽化飞出室外，蒲螨则转移寄主，通过各种途径进入蚕座为害。蒲螨病一般在春蚕和夏蚕发生较多，秋蚕发生较少。这与不同时期蚕室中球腹蒲螨的数量消长有关。另外，蚕室堆放粮草麦秆，球腹蒲螨亦可随麦蛾、水稻二化螟、谷象、豆象等害虫进入蚕室为害。

【症状与病变】

1. 症状　球腹蒲螨对家蚕的幼虫、蛹、蛾都能寄生为害，其中以1～2龄蚕、眠蚕和嫩蛹寄生危害较严重。受害蚕食欲减退，举动不活泼，吐液，胸部膨大并左右摆动，排粪困难，有时排念珠状粪，病蚕皮肤上常有粗糙的凹凸不平的黑斑。眠中被寄生时，多成半蜕皮蚕而死，尸体一般不腐烂。

2. 病变　当雌螨找到寄主后，以针状螯肢刺入寄主体内注入毒素，致使寄主中毒昏倒，之后，寄生于昏倒不动的寄主体上继续吸食血液，直至寄主死亡。但关于蒲螨毒素进一步的理化性质及毒理机制尚不清楚。

【诊断】蒲螨病的诊断，可根据病症进行鉴别。如可疑为本病时，可将蚕连同蚕沙或蚕蛹、蛾等放在深色的光面纸上，轻轻抖动数次，如有淡黄色针尖大小的螨在爬动，再用小滴清水固定，用放大镜观察，若看到雌成螨，可确诊为本病。

【防治】防治蒲螨病，可采用浸、蒸、堵、杀等综合防治措施：严防棉红铃虫等寄主昆虫进入蚕室、蚕具；养蚕前注意蚕室、蚕具的消毒与杀螨；养蚕中发现虱螨病为害后及时处理。

蚕期发生本病时，必须更换蚕室、蚕匾，然后把用过的蚕匾进行蒸煮杀螨；蚕室用毒消散以4g/m³的药量熏烟2h杀螨，开放门窗排烟0.5h，再把蚕搬回；蚕室周围可喷洒300倍灭蚕蝇乳剂驱螨；用200～300倍杀虱灵石灰粉撒布蚕座杀螨，或用200倍甲酚皂液与10倍量的焦糠混合，撒布蚕座杀螨，亦可用灭蚕蝇驱螨。

第十二单元　蜂的寄生虫病

第一节　孢子虫病

蜜蜂孢子虫病为蜜蜂原虫性病害。发生于蜜蜂成年蜂，西方蜜蜂与东方蜜蜂均发生。在我国发生普遍。

蜜蜂孢子虫病是世界性的蜜蜂成年蜂病害，广泛发生于全球蜜蜂饲养区。在我国中华蜜蜂与西方蜜蜂均发病，是成年蜂的常见病害，且蜂群中蜜蜂发病率常年维持在15％～30％。

【病原】引起孢子虫病病原为蜜蜂微孢子虫（*Nosema apis*）（图3-78）。1994年在东方蜜蜂上又发现了一个新种，命名为东方蜜蜂微孢子虫（*Nosema ceranae*），到目前已在亚洲、欧洲、北美洲和南美洲检测到该种。两种微孢子虫的孢子极为相似，大小为（3～3）μm×（1～3）μm，椭圆形，米粒状，*N. ceranae*的孢子比*N. apis*的略短。在显微镜下孢子带蓝色折光，孢子内藏卷成螺旋形的极丝，*N. apis*有30～44个极丝螺旋，*N. ceranae*有20～23个。两种微孢子虫在东方蜜蜂和西方蜜蜂上能交叉感染，并且*N. ceranae*的致病性更强。目前，在我国，两种孢子虫均引起蜜蜂微孢子虫病。

【流行特点】病害在一年中，冬、春、初夏是流行高峰，特别是越冬后的春繁期。到了夏季，病害会显著降低。一是与蜜蜂中肠酪素酶的活力变化相吻合，冬、春、初夏酶活力低，围食膜疏松，孢子虫侵染严重，夏季酶活力高，围食膜致密，侵染减轻。二是夏季的高温抑制了孢子虫在蜜蜂体内的增殖。三是在夏、秋季节，蜜蜂排泄方便，病蜂排出的孢子不会污染蜂箱、巢脾，减少了群内个体间的互相传染。

群间传播主要是孢子能随风到处飘落，造成大面积、大范围的散布；病、健蜂采集同一区域的同一蜜源时，病蜂会污染花及水源。

【症状与病变】被孢子虫侵染的蜜蜂无明显的外观疾病症状，甚至当被侵染的蜜蜂的中肠出现明显的损伤时，也无明显的外观症状。解剖被侵染蜜蜂则可发现，孢子虫从蜜蜂中肠的后端侵入，逐渐向前端发展，被孢子虫侵染的中肠颜色由蜜黄色变为灰白色，并且中肠外表环纹消失，失去弹性，极易破裂（图3-79）。

春季常见成年蜂爬出箱外，失去飞翔能力。蜂群中被孢子虫侵染的蜜蜂的寿命只有健康个体的一半；被侵染的笼蜂寿命缩短10％～40％；并且患病个体的王浆腺发育不完全，影响对幼虫的哺育及蜂王浆的生产。孢子虫引起的王浆腺的发育不良，能使夏初发病的蜂群中大约15％的卵不能发育成正常幼虫。发病严重蜂群的蜂王浆产量受到较大影响。

冬季被侵染的蜜蜂，脂肪体的含氮量仅为健康蜂的1/4～1/2；病蜂血淋巴中的氨基酸含量也低于健康蜂。直肠内容物迅速增加，因此，冬季病蜂会腹泻（图3-80），早衰，寿命缩短，造成蜂群越冬失败或严重的"春衰"。雄蜂及蜂王对孢子虫也敏感，蜂王若被侵染，很快停止产卵，并在几周内死亡。

【诊断】由于病蜂在外观上没有明显的症状，因此，诊断依靠：

（1）解剖蜜蜂，拉出完整的中肠，观察中肠的颜色、环纹、弹性。病蜂中肠灰白、环纹消失、失去弹性，易破裂。

（2）挑取病变中肠组织一小块，置载玻片上，滴加适量蒸馏水，盖上盖片，轻压，显微镜400×～600×检查，检查孢子的存在。

【防治】

（1）要给予蜂群优质的越冬饲料，早春不得使用代用花粉。

（2）越冬、春繁保温要适当，注意保温与通风的协调，特别是使用塑料薄膜覆盖保温的，一定注意在内侧出现水流时，掀膜降湿。

（3）蜂群越冬及春季饲喂酸饲料，用柠檬酸1g溶于糖浆1 000g饲喂，预防效果较好；若在酸饲料中加入EM原露发酵液效果更好。

（4）孢子虫感染严重时，可使用烟曲霉素防治蜜蜂微孢子虫病，效果十分理想。使用方法为：蜂群越冬前饲喂越冬饲料时，即将烟曲霉素拌入蜂蜜或糖浆中，每群蜂喂8L糖浆，每升糖浆含25mg烟曲霉素。使用烟曲霉素治疗蜜蜂微孢子虫病，将药物拌入糖浆的效果优于拌入花粉、糖粉、糖饼中饲喂。

（5）被病虫污染的蜂箱要及时洗净、消毒。

第二节　蜜蜂马氏管变形虫病

蜜蜂马氏管变形虫病为蜜蜂原虫性病害，西方蜜蜂与东方蜜蜂均发生。西方蜜蜂发病较东方蜜蜂常见，是我国西方蜜蜂春季常见的成年蜂病害。

【病原】 蜜蜂马氏管变形虫病病原为蜜蜂马氏管变形虫（*Malpighamoeba mellificae*）。病原一生有两个生长阶段——变形虫（阿米巴）阶段与包囊阶段。变形虫阶段无固定形态，细胞柔软可任意变形；包囊阶段则为圆球形或椭圆形，包囊直径5~8μm，壁厚，在显微镜下有淡蓝色折光（图3-81）。

【流行特点】 疾病的群内传播主要靠随粪便排出的包囊，尽管在春季，马氏管变形虫的感染比蜜蜂微孢子虫早6周，但我国温暖的地区，在4—5月有一个变形虫侵染的明显高峰，接着突然下降。在仲夏之后，侵染几乎难以发现。这种变化，与蜜蜂微孢子虫极相似。

马氏管变形虫病与蜜蜂微孢子虫并发的原因是它们传播途径相同，发病季节也相同，但这两种病害并不互相依赖，可是混合感染为害大，极易使蜂群暴死。

【症状与病变】 春季常见被感染的蜜蜂腹部膨胀拉长，爬出箱外，失去飞翔能力。腹部末端2~3节变为黑色（图3-82），解剖病蜂，拉出中肠，可见中肠前端变为红褐色；显微镜下，马氏管变得肿胀、透明，但被侵染的马氏管上皮可能萎缩。后肠膨大，积满大量黄色粪便（图3-83）。病蜂常聚集在巢箱内上框梁处（图3-84），病蜂腹泻。

当蜜蜂马氏管变形虫病与蜜蜂微孢子虫病并发，久雨初晴时，往往造成蜂群突然死亡，大量死蜂堆积在蜂箱内底板上。

【诊断】

（1）根据症状检查病蜂腹部。

（2）拉出中肠观察其颜色，病蜂中肠前端棕红色，后肠积满黄色粪便。

（3）挑取可疑中肠的马氏管，置载玻片上，滴加蒸馏水，盖上盖片，显微镜400×~600×检查，可见从马氏管破裂处逸出的变形虫包囊，即可确诊。

【防治】 同蜜蜂微孢子虫病。

第三节　蜂螨病

蜂螨病为蜜蜂的寄生螨引起的寄生虫病。西方蜜蜂与东方蜜蜂均会发病，但以西方蜜蜂发病严重。蜂螨可侵染蜜蜂的幼虫、蛹、成年蜂。引起蜜蜂蜂螨病的主要病原有狄斯蜂螨和小蜂螨。

一、狄斯蜂螨病

蜜蜂狄斯蜂螨病是世界性的蜜蜂螨病，广泛发生于全球蜜蜂饲养区。在我国，主要发生西方蜜蜂，蜂群发病率达 100%。

【病原】狄斯蜂螨（*Varroa destructor*）属寄螨目瓦螨科。别名：大蜂螨，蜜蜂体外寄生螨。形态特征如下：

（1）成螨　雌成螨呈横椭圆形，深红棕色，长 1.11~1.17mm，宽 1.60~1.77mm。螯肢的定趾退化，动趾具齿。背板覆盖整个背面及腹面的边缘，板上密布刚毛。胸板略呈半月形，具刚毛 5 对。生殖腹板呈三角形，其上刚毛约 100 多根，长 655μm，宽 463μm。肛板近似倒三角形，长 135μm，宽 246μm，肛孔位于后半部，具刚毛 3 根。气门沟除基部附着于体表上，其余部分游离。后足板极为发达，略呈三角形，板上有很多刚毛。4 对足粗短（图 3-85）。

雄成螨较雌成螨小，体呈卵圆形，长 0.88mm，宽 0.72mm。背板一块，覆盖本背的全部及腹面的边缘部分（颚体基部除外），背板边缘部的刚毛长，中部短，排列无一定的次序。全部背板上的刚毛末端均不弯曲。在体表背二侧最宽处有 10~14 对短棘状刚毛。螯肢较短，几丁质化弱。不动趾退化，短小；动趾长，特化为导精管，末端稍弯曲。颚体的腹面结构与雌成螨同。第三胸板也与雌成螨同。前胸板无。腹面各板除肛板明显外，其余各板几丁质化弱，界限不清。雄性生殖孔位于第一基节间，凸出于板前缘。肛板盾形，肛孔位于肛板的后半部，有密集的短小针状刚毛。足 4 对，第一对足较短粗，第二至四对足较长。全部足背面均有两列针状刚毛，腹面各节相连处亦具针状刚毛，其中第四对足上较长。所有跗节末端均具钟形爪垫，无爪。

（2）卵　乳白色，卵圆形，长 0.60mm，宽 0.43mm。卵模薄而透明，产下时即可见 4 对肢芽，形如紧握的拳头。

（3）若螨　分为前期若螨和后期若螨两种。

前期若螨乳白色，体表着生稀疏的刚毛，具有 4 对粗壮的附肢，体形随时间的增长而由卵圆形变为近圆形；大小也由长 0.63mm、宽 0.49mm，增长至长 0.74mm、宽 0.69mm。

后期若螨系由前期若螨脱皮而来，体呈心脏形，长 0.87mm，宽 1.00mm。随着横向生长的加速，体由心脏形变为椭圆形，体背出现褐色斑纹，体长增至 1.09mm，宽增至 1.38mm。

【流行特点】狄斯蜂螨最适温度范围为 32~35℃。在 10~13℃即会冻僵，18~30℃开始活动。温度升高超过最适温度，则生命力下降。42℃出现昏迷，43~45℃会死亡。蜂螨对温度的适应范围与蜜蜂基本相同。

狄斯蜂螨喜欢相对湿度较高的环境，低于 40% 不利于螨的生存。在蜂群外的空蜂箱里，当气温 15~25℃、相对湿度 65%~70% 时，雌螨能生存 7d；在未封盖子脾上可生存 15d，在封盖子脾上可生存 32d；在成年蜂体表可达 60~90d，最长可达 180d。

春季，蜂群开始繁殖，巢脾上出现幼虫，蜂螨即进入幼虫房寄生和繁殖，并随子脾的扩大，寄生率及寄生密度逐渐上升；夏季，蜂群群势达到最大，蜂螨寄生率及寄生密度相对较低（但绝对数量达到最大）；夏末秋初，蜂群群势下降，蜂螨寄生率及寄生密度急剧上升；到 10 月以后，达到高峰；冬季当蜂群断子时，蜂螨即寄生于成年蜂体表，但不能完成繁殖。

季节的变化影响蜂群群势的消长，也影响蜂螨的消长。春季和秋季蜂群群势小，螨的感染率与寄生密度显著增加；夏季蜂群群势增大，蜂螨的寄生率与寄生密度呈下降趋势，狄斯蜂螨一年中的消长情况大抵符合这一规律。对同一品种的蜂群，蜂螨对雄蜂个体有较高的寄生率，每只雄蜂最多有 6 只蜂螨寄生，而工蜂个体仅有 1~2 只，很少在蜂王体上找到狄斯蜂螨。春季，雄蜂房内的螨寄生率高达 47.4%，而工蜂房内只有 8.9%；夏季，雄蜂房内螨寄生率可达 55.1%，而工蜂房内也仅有 15.4%。

狄斯蜂螨的一个繁殖世代为 10d。

【症状与病变】狄斯蜂螨不仅寄生在成年蜂体上吮吸其体液（血淋巴液），使蜜蜂体质衰弱，烦躁不安，影响其哺育、外勤采集和本身的寿命，而且更主要是潜入蜜蜂封盖的子房内产卵繁殖，吮吸幼虫和蛹的血淋巴液，造成大量被害虫蛹不能正常发育而死亡；或幸而出房，也是翅足残缺，失去飞翔能力，危害严重的蜂群，蜂群群势迅速下降（图 3-86）。

【诊断】当蜂群内无子脾时，可随机抓取蜂群内成年蜂，用扩大镜检查体表是否有蜂螨寄生。

当蜂群内有子脾时：①当子脾上既有雄蜂房，又有工蜂房时，随机选取 10~20 个雄蜂房，挑开蜡盖，夹出房内的雄蜂蛹，检查蜂蛹体表是否有蜂螨寄生。②当子脾上仅有工蜂房时，则在脾面上采用对角取点的方法，选取 4 个点及交叉点共 5 点取样，每个取样点选 5 个工蜂房，挑开蜡盖，夹出房内的工蜂蛹，检查蜂蛹体表是否有蜂螨寄生。

将蜂螨于扩大镜下观察，以确诊。

【防治】现蜂场多半采用螨扑一类的菊酯类杀螨剂，采用挂药条的防治方式，由于长期使用，狄斯蜂螨已产生一定的抗药性。目前可替代螨扑的较好的药剂是甲酸和草酸，在蜂群饲养的任何时期均可使用。使用方法：在断子期，每箱蜂（平箱）用 6mL，将甲酸滴入塞满脱脂棉的小瓶中，在瓶盖开数十个针尖大的小孔，盖好盖子，将瓶子置于蜂箱角落，任其自然挥发，3d 后再次加入甲酸，连续 5 次即可。若一段时间后发现螨害抬头，可再次使用。草酸为固体，安全性高，可于糖水中加入 3% 的草酸，溶解后均匀喷洒巢脾，每脾 2mL，3d 喷一次，连续 5 次。

二、小蜂螨病

小蜂螨（*Tropilaelaps clareae*）属寄螨目厉螨科。别名：小螨、小虱子。蜜蜂小蜂螨病主要发生于东南亚及我国，危害西方蜜蜂。在我国，主要发生于长江以南地区，近年有逐年严重的趋势。

【病原】小蜂螨的形态特征：

(1) 成螨　雌螨呈卵圆形，浅棕黄色，前端略尖，后端钝圆，体长 0.97mm，宽

0.49mm，产卵时厚 0.6mm，产卵后厚 0.3mm。螯钳具小齿，钳齿毛短小，呈针状。头盖小，不明显，呈土丘状。须肢叉毛不分叉。背板覆盖整个背面，其上密布光滑刚毛。胸板前缘平直，后缘强烈内凹，呈弓形。前侧角长，伸达基节Ⅰ、Ⅱ之间。

生殖腹板狭长，达到或几乎这到肛板的前缘，长 596.7μm，宽 117.5μm。后端平截，具刚毛一对。肛板前缘钝圆，后端平直，长 230μm，宽 150μm，具刚毛三根。气门沟前伸至基节Ⅰ、Ⅱ之间。气门板向后延伸至基节Ⅳ后缘。腹部表皮在基节Ⅳ之后密布刚毛，毛基骨板骨化强，呈棱形。

雄螨呈卵圆形，淡黄色。体长 0.92mm，宽 0.49mm。螯钳具齿。导精趾狭长，卷曲。头盖呈土丘状。须肢叉毛不分叉。背板与雌螨相似。生殖腹板与肛板分离，具 5 对刚毛和 2 对隙状器。肛板卵圆形，前端窄，后端宽圆，具 3 根刚毛。气门沟伸至基节Ⅰ、Ⅱ之间。气门板向后延伸至基节后缘。至基节之后的腹部表皮刚毛与雌螨相似（图 3-87）。

（2）卵　近圆形，腹部膨大，中间稍下凹，形似紧握拳头，卵模透明，长 0.66mm，宽 0.54mm。

（3）若螨　卵孵化后的幼螨很快变成前期若螨。前期若螨呈椭圆形，乳白色，长 0.54mm，宽 0.38mm，体背有细小的刚毛。后期若螨为卵圆形，长 0.90mm，宽 0.61mm，体背着生细小刚毛，排列无一定顺序。

【流行特点】温度对螨的影响很大。成螨在 9.8、12.7、31.9、34.5、36.3℃条件下，存活天数分别为 1.9、3.7、8.4、9.6、6.8d。螨生活最适的温度与蜜蜂子脾大体一致，绝大多数小蜂螨离开子脾后存活不超过 2d，少数可寄生于成年蜂体表越冬。

每年的春季，由于蜂群群势小，很少查到小蜂螨。到了 7 月中旬以后，小蜂螨寄生率呈直线上升，到 9 月中旬达到最高峰。到 11 月上旬以后，蜂群又基本查不到小蜂螨，越冬期蜂群内极难查到小蜂螨。小蜂螨病多发生在弱群、病群以及无王群。

小蜂螨常与狄斯蜂螨一起共同危害西方蜜蜂蜂群。狄斯蜂螨的种群密度高会抑制小蜂螨的危害和降低其种群密度。因此，在狄斯蜂螨发病低的蜂群更应关注小蜂螨病的发生。

【症状与病变】小蜂螨主要寄生在子脾上，很少出现在巢脾外的蜂体上。寄生主要对象是封盖后的老幼虫和蛹（图 3-88）。它们靠吸食幼虫和蛹体汁液进行繁殖，经常造成幼虫无法化蛹，或蛹体腐烂于巢房。幸而出房的幼蜂也是残缺不全。受危害幼虫，其表皮破裂，组织化解，呈乳白色或浅黄色，但无特殊臭味。由于小蜂螨发育期短，有的新成螨会咬破房盖，转房再行繁殖危害，从而使房盖出现如缝衣针孔状大小的穿孔。

小蜂螨繁殖速度比大蜂螨快，造成烂子也比大蜂螨严重，若防治不及时，极易造成全群烂子覆灭。

小蜂螨一个繁殖世代的时间为 6d。

【诊断】将房盖上有小孔的蜡盖挑去，夹出幼虫或蜂蛹，检查体表是否有小蜂螨寄生。

将蜂螨于扩大镜下观察，以确诊。

【防治】根据小蜂螨主要在封盖房内生活的生物学特性，在蜂群断子期防治，效果极佳。方法可参照大蜂螨的甲酸防治方法。若在蜂群繁殖期，群内有大量封盖子时，发生小蜂螨危害，则可采用升华硫防治。方法：用细长毛刷或粉扑将升华硫薄薄的均匀刷在子脾封盖上，任其升华。一般在幼虫封盖期使用一次即可。

第四篇

兽医公共卫生学

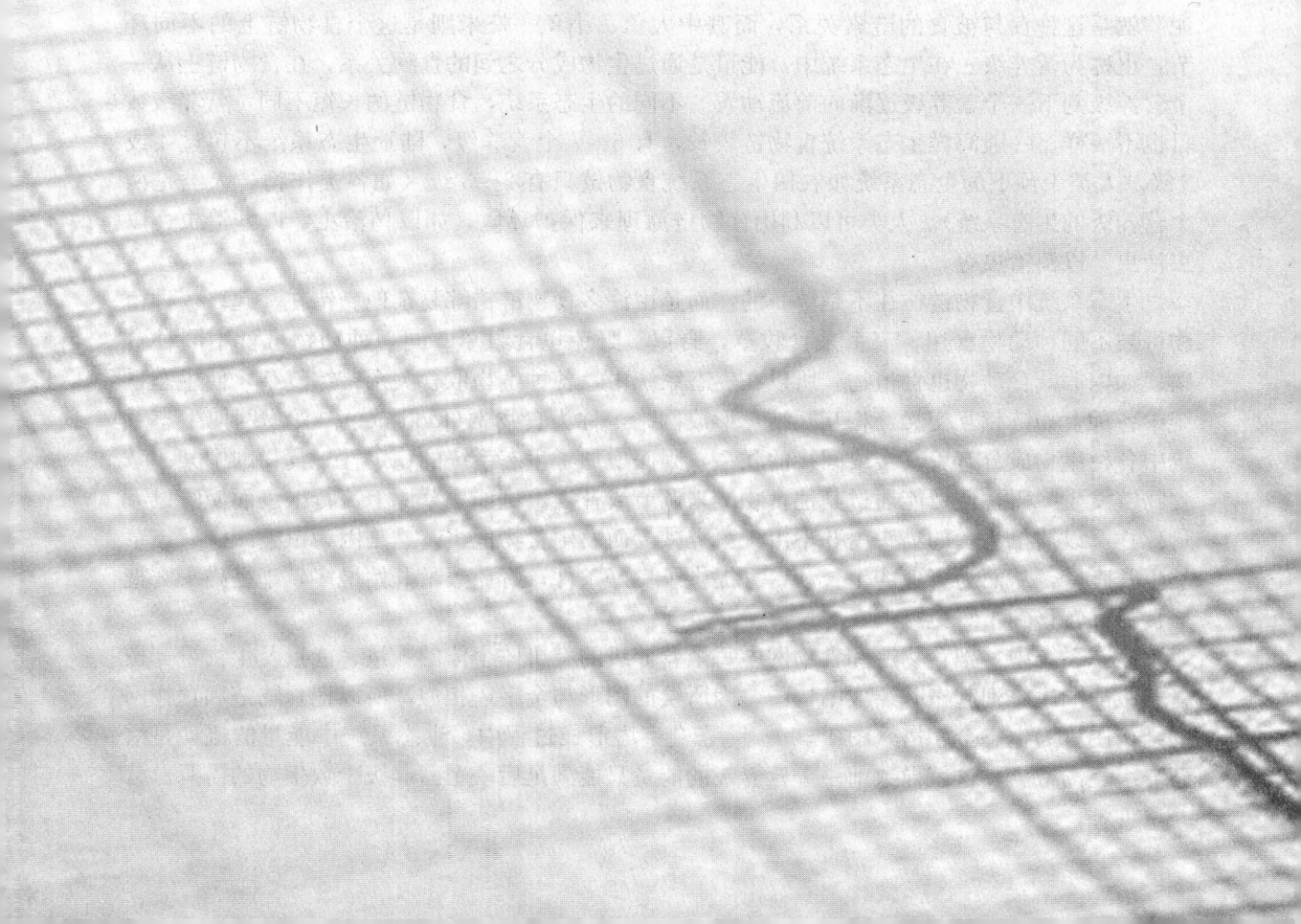

第一单元　环境与健康

第一节　生态环境与人类健康

一、食　物　链

食物链（food chain）是生态系统中以食物营养为中心的生物之间食与被食的链索关系。食物链上每一个环节，称为一个营养级。人们常说的"大鱼吃小鱼、小鱼吃虾米、虾米吃河泥"就是这种食与被食的链索关系，而其中大鱼、小鱼、虾米则是这个食物链上的不同环节，也称为营养级。在生态系统中，能量是通过生物成分之间的食物关系，在食物链上从一个营养级到下一个营养级逐渐向前流动着。不同的生态系统，食物链的长短不同，营养级数目也不一样。一般海洋生态系统食物链较长，有 6～7 个营养级，陆地生态系统不超过 4 或 5 级。人类干预下的生态系统如农田生态系统食物链只有 2～3 级（如各类作物—人类是两个营养级的生态系统）。人类可以利用食物链原理来保护环境，如以鸟治虫、以蛙治虫、以虫治虫、以菌治虫等。

生态系统中食物链往往不是单一的，而是由许多食物链错综复杂地交错在一起。一种植物可被不同种动物食用，家畜采食牧草，野鼠、野兔也食牧草；同一种动物可食不同种食物，如棕熊既食动物也食植物。所以在生态系统中，各种生物取食关系错综复杂，使生态系统中各种食物链相互交叉、相互联结，形成网络，称为食物网（food net）。食物网使生态系统中各种生物成分有着直接或间接的联系，因而增加了生态系统的稳定性。食物网中某一条食物链发生障碍，便可能通过其他食物链来调节或补偿。例如，草原上流行鼠疫而使野鼠大量死亡，以捕鼠为食的猫头鹰并不由于鼠类减少而发生食物危机。这是因为鼠类减少后，草类生长旺盛，从而为野兔的生长和繁育提供了良好条件，野兔数量开始增多，于是猫头鹰把捕食目标转移到了野兔身上。

生态系统中，把食物链和食物网中每个营养级的有机体个体的数量、能量及生物量，按营养级的顺序排列起来并绘成结构图，因所绘的图形与金字塔相似，所以把食物链和食物网的结构图称为生态金字塔（图 4-1）。生态金字塔形成过程中，生态系统中能量的流动是沿营养级逐渐减少，这就导致前一个营养级的能量只能满足后一个营养级少数生物的需要。营养级越高,生物数量越少。由于生态系统中能量随营养级呈现金字塔形,生物量和生物个体数量也必然呈金字塔形。因此,生态金字塔有三种类别,即能量金字塔、数量金字塔和生物量金字塔。

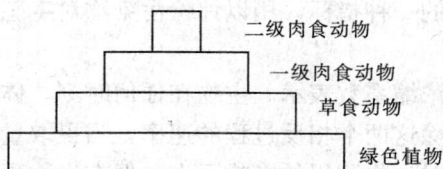

图 4-1 生态金字塔模式图

二、环境有害因素对机体作用的一般特性

(一) 有害物质作用于靶器官

所谓靶器官是指有害物质进入机体后,对机体的器官并不产生同样的毒作用,而只是对部分器官产生直接毒作用。某种有害物质首先在部分器官中达到毒性作用的临界浓度,这种器官就称为该有害物质的靶器官。如脑是甲基汞和汞的靶器官,甲状腺是碘化物和钴的靶器官等。在靶器官中的组织内可能存在该物质分子的特异作用部位受体;也可能该器官中具有较高活性的代谢酶,对物质代谢活化后对机体产生毒作用。靶器官不一定是效应器官,有些物质作用于靶器官后其毒性作用直接由靶器官表现出来,此时效应器官就是靶器官;但有些物质的毒性作用是由靶器官以外的其他器官表现出来的,如有机磷农药的靶器官是神经系统,而效应器官是瞳孔、唾液腺等。靶器官与蓄积器官也有区别,毒物对蓄积器官不一定起毒性作用,虽然有些部位有害物质浓度高于靶器官,如滴滴涕(DDT)在脂肪中可达到很高浓度,但靶器官却是中枢神经系统和肝脏。

(二) 有害物质在机体内的浓缩、积累与放大作用

1. 生物浓缩(bioconcentration) 是指生物机体或处于同一营养级上的许多生物种群,从周围环境中蓄积某种元素或难分解的化合物,使生物体内该物质的浓度超过周围环境中的浓度的现象,又称其为生物学浓缩、生物学富集。

生物浓缩程度与污染物的理化性质以及生物和环境等因素相关,通常用生物浓缩系数(BCF)表示。**生物浓缩系数**(bioconcentration factor,BCF)是指生物体内某种元素或难分解化合物的浓度与它所生存的环境中该物质的浓度比值,又称**浓缩系数**(concentration factor)、富集系数、生物积累率等。同一种生物对不同物质的浓缩程度会有很大差别,不同种生物对同一种物质也会有很大差别,即使是同一种物质,由于环境条件不同,浓缩程度也可能不同。例如褐藻对钼的 BCF 是 11,对铅的 BCF 却高达 70 000。

许多环境污染物性质稳定,易为各种生物所吸收,进入生物体内较难分解和排泄,随着摄入量的增加,这些物质在体内的浓度会逐渐增大。例如,汞、镉、铅等重金属,六六六和DDT 等有机氯农药,多氯联苯(PCB)、多环芳烃(PAH)、二噁英等环境污染物,因其性质稳定,脂溶性很强,进入人或动物体内后即储存于脂肪组织中,很难分解排泄,易发生生物浓缩。污染物通过生物的呼吸、食物和皮肤吸收等多种途径进入体内,然后经过血液循环分散至机体的各个部位,被生物的多种器官和组织吸收浓缩。生物的各种器官和组织对某污染物的浓缩程度,取决于该物质在血液中的浓度、生物组织和血液对该物质亲和性的差异,

以及生物组织对该物质的代谢水平。

2. 生物积累（bioaccumulation）　是指生物从周围环境和食物链蓄积某种元素或难降解的化合物，以致随着生长发育，浓缩系数不断增大的现象。生物机体对化学性质稳定的物质的积累性可作为环境监测的一种指标，用以评价污染物对生态系统的影响，研究污染物在环境中的迁移转化规律。

生物积累程度也用生物浓缩系数表示。生物在任何时刻，体内某种元素或难分解化合物的浓缩水平取决于摄取和消除这两个相反过程的速率，当摄取量大于消除量时，就发生生物积累。环境中污染物的浓度对生物积累的影响不大，但在生物积累过程中，不同种生物以及同一种生物的不同器官和组织，对同一种元素或化合物的平衡浓缩系数的数值，以及达到平衡所需要的时间可能有很大差别。同种生物的个体大小不同、生长发育阶段不同，其生物积累程度也不一致。动物实验表明，生物体对物质分子的摄取和保持，不仅取决于被动扩散，也取决于主动运输、代谢和排泄，这些过程对生物积累的影响都是随生物种的不同而异。

在水生态系统中，单细胞的浮游植物能从水中很快地积累污染物，如重金属和有机卤代类化合物。同等生物量的生物，其细胞较小者所积累的物质多于细胞较大者。在水生态系统的水生食物链中，对重金属和有机卤代类积累得最多的通常是单细胞植物，其次是植食性动物。水禽既能从水中，也能从食物中进行生物积累。而在陆地环境中，生物积累速度通常不如水环境中高。就生物积累的速率而言，土壤无脊椎动物传递系统较高，而大型野生动物生物积累的水平相对较低。

3. 生物放大（biomagnification）　是指有毒化学物质在食物链各个环节中的毒性渐进现象，即在生态系统中同一条食物链上，高营养级生物通过摄食低营养级生物，某种元素或难分解化合物在生物机体内的浓度随着营养级的升高而逐步增高的现象。研究生物放大作用，特别是鉴别出食物链对哪些污染物具有生物放大的潜力，对于研究污染物在环境中迁移转化规律、确定环境中污染物的安全浓度、评价化学污染物的生态风险和健康风险等都有重要的理论和现实意义。

生物放大的程度也用浓缩系数表示。生物放大的结果使得食物链上高营养级生物机体中这种物质的浓度显著地超过环境浓度。例如，藻类对有机氯农药的浓缩系数为500，鱼贝类可达2 000～3 000，食鱼鸟竟高达10万以上。生物放大是针对食物链关系而言的，若不存在这种关系，机体中污染物浓度高于环境介质的现象则分别用生物浓缩和生物积累的概念来阐述。20世纪60—70年代，阐述污染物浓度在食物链上逐级增加时，一般将这种现象称为生物浓缩或生物积累。到1973年，才有人用生物放大的概念，把它与生物浓缩和生物积累的概念区别开来。

影响生物放大的因素较多，如食物链、生物种类、发育阶段、生长条件和污染物性质。由于生物具有放大作用，因此进入环境中的污染物，即使是微量的，也会使生物尤其是处于高位营养级的生物受到毒害，甚至威胁人类健康。近年来，研究发现许多环境致癌物在环境中是极其微量的，如多环芳烃类、二噁英，它们具有难降解和生物放大作用，通过食物链转移，进入人体内的含量则会增加。

总之，有害物质通过在机体内的浓缩、积累与放大作用，将原来在环境中浓度很低的有害物质积聚到对机体发生毒性作用的浓度，从而发生对机体的毒害作用。

（三）有害物质对机体的联合作用

环境中往往有多种化学污染物同时存在，生物体通常暴露于复杂、混合的污染物中，它们对机体同时作用产生的生物学效应与任何一单独化学污染物分别作用所产生的生物学效应完全不同。因此，把两种或两种以上化学污染物共同作用所产生的综合生物效应，称为**联合作用**。根据生物学效应的差异，多种化学污染物的联合作用通常分为协同作用、相加作用、独立作用和拮抗作用等 4 种类型。

1. 协同作用（synergistic effect）　是指两种或两种以上化学污染物同时或短时间内先后与机体接触，其对机体产生的生物学作用强度远远超过它们分别单独与机体接触时所产生的生物学作用的总和。也就是说，其中某一化学物质能促使机体对其他化学物质的吸收加强、降解受阻、排泄延缓、蓄积增多和产生高毒的代谢产物等。例如，混合功能氧化酶被胡椒基丁醚抑制，可增加拟除虫菊酯和氨基甲酸酯类农药的毒性，其毒性分别增加 60 倍和 200 倍，这是因为胡椒基丁醚抑制了拟除虫菊酯和氨基甲酸酯的解毒系统，从而增加了其毒性。又如，农药马拉硫磷和苯硫磷同时存在时，由于苯硫磷抑制了动物肝脏中降解马拉硫磷的酯酶，使马拉硫磷的降解受阻，从而使马拉硫磷的毒性增强。

2. 相加作用（additive effect）　是指多种化学污染物混合所产生的生物学作用强度等于其中各化学污染物分别产生的作用强度的总和。在这种类型中，各化学物质之间均可按比例取代另一种化学物质。因此，当化学物质的化学结构相近、性质相似、靶器官相同或毒性作用机理相同时，其生物学效应往往呈相加作用。例如，一定剂量的化学物质 A 和 B 同时作用于机体，若 A 引起 10％的动物死亡，B 引起 40％的动物死亡，那么，根据相加作用，在 100 只动物中会有 50 只死亡，50 只存活。

3. 独立作用（independent effect）　是指多种化学污染物各自对机体产生毒性作用的机理不同，互不影响。由于各种化学物质对机体的侵入途径、方式、作用的部位各不相同，因而所产生的生物学效应也彼此无关联，各种化学物质自然不能按比例相互取代，故独立作用产生的总效应往往低于相加作用，但不低于其中活性最强者。例如，化学物质 A 和 B 分别引起 10％和 40％的死亡率，那么 100 只活的动物中，经 A 作用，尚存活 90 只，经 B 作用后，死亡动物应为 90 只×40％，即 36 只，故此时存活动物为 54 只。可见，独立作用与相加作用不同。

4. 拮抗作用（antagonistic effect）　是指两种或两种以上的化学污染物同时或短时间内先后进入机体，其中一种化学污染物可干扰另一化学污染物原有的生物学作用，使其减弱，或两种化学污染物相互干扰，使混合物的生物作用或毒性作用的强度低于两种化学污染物任何一种单独的强度。也就是说，其中某一种化学物质能促使机体对其他化学物质的降解加速、排泄加快、吸收减少或产生低毒代谢产物等，从而使毒性降低。例如，在酸性条件下，铝离子（Al^{3+}）对植物菌根具有很高毒性，并能诱导过氧化物歧化酶（SOD），当加入一定量的钙离子（Ca^{2+}）后，大大降低了铝离子的毒性，SOD 活性显著降低。因此，在酸雨地区的土壤中加入钙，可降低酸雨的危害。

（四）存在个体感受性差异现象

个体感受性差异是指个体健康状况、性别、年龄、生理状态、遗传因素等的差别，可以影响环境污染物对机体的作用。由于个体感受性的不同，机体的反应也各有差异。所以，当某种环境有害因素作用于人群时，并非所有的人都能出现同样的反应，而是出现一种"金字塔"式的分布，这主要是由于个体对有害性因素的感受性不同所致。

第二节　环境污染及对人类健康的影响

一、环境污染的概念

环境污染（environment pollution）是指有害物质或因子进入环境，并在环境中扩散、迁移、转化，使环境系统结构与功能发生变化，导致环境质量下降，对人类及其他生物的生存和发展产生不利影响的现象。如工业废水和生活污水的排放使水体水质变坏，因煤炭的大量燃烧使大气中颗粒物和二氧化硫浓度急剧增高等现象，均属环境污染。在通常情况下，环境污染主要是指人类活动所引起的环境质量下降而有害于人类及其他生物的正常生存和发展的现象。而自然过程引起的同类现象，称为自然突变或异常。在实际的环境管理工作中，通常以环境质量标准为尺度来评定环境是否发生污染以及受污染的程度。在世界不同的国家或地区，由于社会、经济、技术等方面存在差异，制定和使用的环境质量标准有所不同，因而环境污染的衡量存在着一定的差别。

二、环境污染的分类

环境污染因污染物性质、来源等不同，可以划分为不同的类型。按环境要素可分为大气污染、水体污染和土壤污染等；按污染物的性质可分为生物性污染（如有害病毒、细菌、支原体、衣原体、立克次体、霉菌等的污染）、化学性污染（如铅、汞、镉、酚及农药等的污染）和物理性污染（如噪声、粉尘、射线、高频电磁场等的污染）；按污染物的形态可分为废气污染、废水污染和固体废弃物污染；按污染产生的原因可分为生产污染和生活污染，生产污染又可分为工业污染、农业污染、交通污染等；按污染涉及范围又可分为全球性污染、区域性污染、局部污染等。按污染排放的可识别性，分为点源污染和面源污染，前者是任何由可识别的污染源产生的污染，如工业污水通过固定的排污口集中排放等，后者是指污染物以广域的、分散的形式进入地表及地下水体产生的污染，如养殖场粪便污水直接通过地表径流、土壤侵蚀等方式污染土壤和水体，具有分散性、隐蔽性、随机性、累积性和模糊性等特点，因此不易监测、难以量化，研究和防控的难度大。以下介绍按污染物的性质分类内容。

（一）生物性污染

生物性污染物主要指微生物、寄生虫及其虫卵；此外，还有害虫、啮齿动物，以及引起人和动物过敏的花粉。

1. 微生物

（1）空气中的微生物　主要有球菌、杆菌、霉菌和酵母的孢子。在室内或厩舍通风不良、人员或动物拥挤情况下，病原微生物可以通过空气传播，常见的有流感病毒、麻疹病毒、白喉杆菌、肺炎球菌、分枝杆菌、军团菌等，而口蹄疫病毒、炭疽杆菌、巴氏杆菌等污染空气后可严重危害人畜健康。

（2）水中的微生物　常见的有假单胞菌、不动杆菌、莫拉菌、黄色杆菌、产碱杆菌、芽孢杆菌、微球菌、链球菌、弧菌等；常见致病菌包括沙门氏菌、志贺氏菌、致病性大肠杆菌、李氏杆菌、霍乱弧菌、副溶血性弧菌、河弧菌、创伤弧菌、气单胞菌、弯曲菌等；常见的病毒有甲型肝炎病毒、轮状病毒、脊髓灰质炎病毒、诺瓦克病毒、嵌杯病毒、星状病毒等。

（3）土壤中的微生物　土壤中除了许多天然存在的土壤微生物外，还有微球菌、不动杆菌、产碱杆菌、黄色杆菌、假单胞菌、莫拉菌、节状杆菌、芽孢杆菌等，以及沙门氏菌、志贺氏菌、破伤风梭菌、肉毒梭菌、炭疽杆菌、钩端螺旋体、肠道病毒等病原微生物。

2. 寄生虫及其虫卵　环境中寄生虫及虫卵主要来自人畜排泄物。污染水体的有血吸虫、华支睾吸虫、肝片吸虫、并殖吸虫、异尖吸虫等寄生虫的虫卵或幼虫，以及阿米巴包囊、贾第虫包囊、隐孢子虫卵囊等。许多寄生虫虫卵在土壤中可存活很久或发育为感染性幼虫，常见有蛔虫、蛲虫、鞭虫、膜壳绦虫、有钩绦虫、无钩绦虫、棘球绦虫等蠕虫的虫卵，以及钩虫和类圆线虫的幼虫。

3. 害虫和鼠类　环境中的害虫很多，有些可危害农作物、食品和饲料，造成农作物减产，食品卫生质量降低，如甲虫和蛾等；有些可寄生于人畜体表或体内，引起寄生虫病，如粉螨、尘螨；有些是传播媒介，可传播多种疫病，如蚊（传播疟疾和丝虫病等）；有些可携带病原体污染食品而传播疾病，如苍蝇、蟑螂和螨等。鼠类既可毁坏农作物、食品与饲料，又可携带多种病原体而传播疾病（如鼠疫）。

4. 花粉　在一定季节，空气中常含有一些致敏性花粉，被人吸入后可引起花粉病（pollenosis），患者出现过敏性鼻炎、哮喘等症状。常见变应原有狗尾草、豚草、藜草、黄蒿等植物的花粉。

（二）化学性污染

对环境产生危害的化学性污染物主要有以下几类：①重金属和非金属元素：汞、铅、镉、铬等重金属元素，以及准金属（如砷、锑）、卤素、磷、氮等；②农药和兽药：农药如有机磷、有机氯、氨基甲酸酯类和拟除虫菊酯类等，兽药如大环内酯类、磺胺类、喹诺酮类、氯霉素类等抗菌药物；③无机物：一氧化碳、氮氧化物、卤氧化物、氟化物、氰化物、无机磷化物、无机硫化物等；④其他有机物：苯、醛、酮、酚、烷烃、芳烃、多环芳烃、二噁英等。

1. 大气中的化学污染物　进入大气中的污染物很多，按其存在形态可分为颗粒状污染物和气体污染物；按形成原因可分为一次污染物和二次污染物，一次污染物是指直接从污染源（如养殖场）排放到大气中的污染物质，常见的有二氧化硫、一氧化碳、一氧化氮、氨气、粪臭素颗粒物等，对人和动物危害严重的还有多环芳烃类和二噁英等；二次污染物是由一次污染物在大气中经物理或化学反应而形成的污染物，毒性往往比一次污染物强，常见的有硫酸与硫酸盐气溶胶、硝酸与硝酸盐气溶胶、臭氧、光化学氧化剂（O_x）以及多种自由基。

2. 水体中的化学污染物　根据污染物的性质，可将水中化学污染物分为无机污染物和有机污染物两大类。

（1）无机污染物（inorganic pollutant）　主要来自工矿企业和养殖场的废水以及生活污水，少数来自岩石的风化分解和土壤的沥滤，主要有重金属、氰化物和氟化物等。

（2）有机污染物（organic pollutant）　主要来自化工、石油、造纸、纺织、制药、食品加工、养殖场等工农业生产排出的废水，未经处理的城市生活污水，其中含有多种对水体污染严重并危害人体健康的有机污染物，如卤烃类、酚类、苯类、多氯联苯、油类和洗涤剂等。

3. 土壤中的化学污染物

（1）无机污染物 污染土壤环境的无机污染物主要有汞、镉、铅、铬、砷、铜、锌、锰和镍等重金属以及氟、氰化物、酸、碱、盐等。由于重金属不能被土壤微生物所分解，而且可发生生物富集，因此一旦污染土壤，则对环境和人类健康构成严重威胁。

（2）有机污染物 污染土壤环境的有机污染物主要有有机磷、有机氯、氨基甲酸酯类、拟除虫菊酯类等农药，化肥，石油，酚类，多环芳烃类，多氯联苯，有机合成洗涤剂，废塑料，废橡胶，纤维素和油脂等。

（三）物理性污染

1. 放射性物质 环境中的放射性物质有天然放射性核素和人工放射性核素两类。

（1）天然放射性污染物 天然辐射来自地球外层空间的宇宙射线（cosmic radiation）以及空气、水体、土壤、建筑物和其他物体中天然存在的放射性核素。如地下水、地表水和土壤环境中可能含有 ^{226}Ra（镭）、^{236}U（铀）、^{232}Th（钍）等放射性核素。

（2）人工放射性污染物 主要来自放射性物质的开采、选矿、精炼等核工业以及核试验、核动力等排出的三废。放射性核素在其他工业、农业、医疗和科研等领域中的应用，也有可能因防护设施不周而向外界环境释放一定量的放射性物质。环境中人工放射性核素有多种，如 ^{236}U（铀）、^{137}Cs（铯）、^{133}Cs 铯）、^{226}Ra（镭）、^{60}Co（钴）、^{90}Sr（锶）、^{106}Ru（钌）、^{131}I（碘）等。

2. 非电离辐射 非电离辐射是指波长大于 100nm 的电磁波，包括可见光、紫外线、红外线等，以及高频和微波等电磁辐射。环境中的非电离辐射来源于天然、日常生活和其他人为的发生源。

3. 热污染 热污染是工业企业向水体排放高温废水所致，由于水温升高，使化学反应和生化反应速度加快，水中溶解氧减少，从而影响水生生物的生存和繁殖。

其他物理因素包括磁场与极低电磁场、噪声、超声波、空气离子化、激光、气温（高温和严寒）、气湿、气流、高山环境等。

（四）畜禽养殖污染

传统散养方式的养殖规模小，所产生的畜禽粪尿可以作为有机肥料，通过种养结合的方式实现对废物的综合利用。但规模化养殖产生的粪尿、污水及臭气等对周围空气、土壤和水体污染问题越来越突出。

1. 养殖污染量 一般情况下，1 头育肥猪从出生到出栏，排粪量 850～1 050kg，排尿量 1 200～1 300kg。1 个万头猪场每年排放纯粪尿 3 万 t，再加上集约化生产的冲洗水，每年可排放粪尿及污水 6 万～7 万 t。与工业污染排放相比，畜禽养殖业污染物的化学需氧量与工业污染相当，而氨氮的排放量超过了工业排放的 27.7%。这表明规模化畜禽养殖业是我国环境污染的重要来源之一。

2. 畜禽养殖污染对环境的影响 畜禽养殖业带来的污染物主要有畜禽养殖场粪污和有机废水，其中还携带有病原微生物、抗生素及微量元素（通过饲料添加剂）等。由于畜禽粪尿量大而且集中，过去很长一段时期对养殖废弃物的治理没有跟上，对养殖场周边的水体、土壤和大气环境造成的污染已相当严重。

（1）空气污染 畜禽粪便在微生物作用下发酵，会产生大量的氨气、二氧化硫、粪臭素、甲烷、二氧化碳等有害气体，不仅会造成畜禽应激，影响生长发育，降低畜禽产品质量，而且严重影响畜禽养殖场周围的空气质量，危害饲养人员及周围居民的身体健康。

（2）水体污染　未经处理的养殖污水中含有大量污染物，包括病原微生物（含耐药菌）、抗生素等。若不经处理直接排入江河湖泊，由于含氮、磷量高，造成水质恶化，水体严重富营养化，会使对有机物污染敏感的水生生物逐渐死亡。耐药性细菌可能通过食物链直接进入人体，或通过与水体中微生物的接触造成耐药基因的水平传播。

（3）土壤污染　畜禽粪便中的污染物主要是含氮化合物、磷、钙、未消化的粗纤维、药物、重金属、微量元素等。畜禽粪便等废弃物如果处理利用得当，则是宝贵的生物资源，部分可被农作物利用，部分可被微生物降解为 CO_2 和 H_2O，对于土壤有机质的提升、土地生态状况的保护和改善，以及农作物生产的保障，都有不可替代的作用。但养殖场粪污如果不经无害化处理直接进施入土壤，超过了土壤的承受力（土壤自净能力），便会出现不完全降解或厌氧腐解，产生恶臭物质、亚硝酸盐等有害物质，引起土壤成分和性状改变，如土壤透气、透水性下降及板结，破坏土壤的基本功能，使土壤的生产力明显降低，作物徒长、倒伏、晚熟或不熟，最终造成减产。另外，粪污中的一些高浓度物质（如铜、锌、铁、微生物等）随粪污一同进入土壤，会对生物和农作物产生毒害作用。养殖场粪污还可造成土壤中病原微生物的污染，如沙门氏菌、致病性大肠杆菌、弯曲菌等。包括这些细菌的耐药菌株污染，通过直接接触或食物链进入人体，除了直接致病，还可造成耐药基因的水平传播，威胁人类健康。

三、环境污染对人类健康影响的特点

1. 广泛性　环境污染的范围大，受影响的人多，对象广泛。

2. 多样性　环境污染物的种类多，对人体健康损害表现多样性，如有急性、亚急性、慢性的损害；有局部损害，也有全身性损害；有近期损害，也有远期损害；既有特异的损害，又有非特异的损害等。

3. 复杂性　多种污染物在环境中同时存在，而且相互影响。环境污染物作为致病因素所造成的健康损害多属于多因多果，关系复杂。

4. 长期性　有些污染物可较长时间存在于空气、水、土壤等自然环境中，并长时间作用于人群；有些污染物造成的健康损害在短时间内不易被发现，一旦出现病理损害，将对人体健康产生长期影响或最终引起死亡。

四、环境污染对健康的病理损害作用

（一）临床作用

一些环境污染物对人体的毒性作用较强，一次性大量暴露或多次少量暴露后，会引起严重的病理损害，出现与有害物质毒性作用一致的临床症状，这种病理损害效应称为**临床作用**（clinical effect）。

（二）亚临床作用

绝大多数环境污染物对人呈低毒性，作用缓慢，常常是污染物及其代谢产物在人体内过量负荷而发生亚临床作用（sub‑clinical effect）。所谓亚临床作用是指不出现临床症状，用一般的临床医学检查方法难以发现阳性体征的病理损害作用。亚临床作用随着污染物浓度（剂量）的增加和接触时间的延长，才逐渐显露出对人体健康的损害或引起疾病。近年来，人们为预防疾病，已把注意力从发病期扩展到发病前期（或亚临床期），把发病前期机体的变化作为评价环境质量的依据。

（三）"三致"作用

"三致"作用即致癌、致突变和致畸作用。环境污染往往具有使人或哺乳动物致癌作用（carcinogenic effect）、致突变作用（mutagenic effect）和致畸作用（teratogenic effect），统称"三致"作用。"三致"作用的危害一般需要经过较长时间才显露出来，有些危害甚至影响到后代。

1. 致癌作用　指导致人或哺乳动物患癌症的作用。1915 年，日本科学家通过实验证实，煤焦油可以诱发皮肤癌。污染物中能够诱发人或哺乳动物患癌症的物质称为致癌物。致癌物可以分为化学性致癌物（如亚硝酸盐、石棉和生产蚊香用的双氯甲醚）、物理性致癌物（如镭的核聚变物）和生物性致癌物（如黄曲霉毒素）三类。

2. 致突变作用　指导致人或哺乳动物发生基因突变、染色体结构变异或染色体数目变异的作用。人或哺乳动物的生殖细胞如果发生突变，可以影响妊娠过程，导致不孕或胚胎早期死亡等。人或哺乳动物的体细胞如果发生突变，可以导致癌症的发生。常见的致突变物有亚硝胺类、甲醛、苯、敌敌畏等。

3. 致畸作用　指作用于妊娠母体，干扰胚胎的正常发育，导致新生儿或幼小哺乳动物先天性畸形的作用。在妊娠关键阶段对胚胎或胎儿产生毒性作用，造成先天性畸形的污染物称为致畸物。20 世纪 60 年代初，西欧和日本出现了一些畸形新生儿。科学家们经过研究发现，原来孕妇在怀孕后的 30~50d 内，服用了一种叫作"反应停"的镇静药，这种药具有致畸作用。已经确认的致畸物有甲基汞、某些病毒等。

（四）免疫损伤作用

由内源性或外源性抗原所致的细胞或体液介导的免疫应答导致的组织损伤称为**免疫损伤**（immune injury），通常包括免疫抑制、变态反应（allergic reaction，或称超敏反应 hypersensitivity reaction）和自身免疫（autoimmunity）。引起免疫损伤的因素有化学性的，如多氯联苯（PCB）、苯并（a）芘引起的免疫抑制，某些染料、油漆、药物等引起的接触性皮炎，氯化汞引起的自身免疫性肾炎；物理性的，如辐射能对免疫系统产生持久的影响，受辐射后机体巨噬细胞、$CD4^+$/$CD8^+$ T 细胞和自然杀伤（NK）细胞显著下降，且与照射剂量呈正相关，直接导致免疫调节功能低下和紊乱，严重者可引起机体感染，甚至造成死亡。

（五）激素样作用

研究发现，环境中存在一些天然和人工合成的污染物对动物和人体具有激素样活性，这些物质能干扰和破坏动物和人的内分泌功能，导致动物繁殖障碍，甚至能诱发人类肿瘤等疾病。这些物质被称为**环境激素**，或外源性雌激素（xenogenous estrogen），或环境内分泌干扰物（environmental endocrine disrupters）。环境激素主要包括以下三类。

1. 天然雌激素和合成雌激素　环境中的天然雌激素是从动物和人尿中排出的性激素，主要有 17-β 雌二醇、孕酮、睾酮。合成激素包括与雌二醇结构相似的类固醇衍生物，如二甲基己烯雌酚（DES）、己烷雌酚、乙炔基雌二醇、炔雌醚等，也包括结构简单的同型物，即非甾体激素。这些物质主要来自口服避孕药和促进家畜生长的同化激素。早在 20 世纪 70 年代，环境学家就开始研究水环境中天然雌激素和合成激素对饮用水的污染问题。例如，英国曾对 9 条河流和 8 种饮用水样进行检测：在 2 条河水中检出了炔诺酮，浓度为 17ng/L；

在 1 条河水样品和饮用水样中检出了孕酮，浓度为 6ng/L。

2. 植物雌激素 这类物质是由某些植物产生，并具有弱激素活性的化合物，以非甾体结构为主。这些化合物主要有异酮类（如染料木黄酮、染料木苷、大豆异黄酮、鸡豆苷素、β-谷甾醇）、木脂素和拟雌内酯。产生这些化合物的植物有豆科植物、茶、人参等。这些植物激素对内源性雌激素和脂肪酸的代谢及其生物活性产生影响，如抗激素活性、抗癌和抗有丝分裂作用等，还可导致牛羊不育、不孕和肝脏疾病。

3. 具有雌激素活性的环境化学物质 许多人工合成的化学物质具有激素活性，广泛存在于环境中，这些物质具有弱雌激素活性，也是常见的环境污染物。这类物质主要包括：①杀虫剂，如 DDT、氯丹、硫丹、毒杀芬、狄氏剂、开蓬等。DDT 最早被证明具有雌激素活性。②多氯联苯（PCBs）和多环芳烃（PAHs），PCBs 是一类非常复杂的混合物，共有209 个异构体，多数 PCBs 混合物表现激素样作用。③非离子表面活性剂中的烷基苯酚化合物，如 4-壬基酚、4-辛基苯、4-壬基-苯、氧基-双氧乙烯醚、4-壬基-苯氧基乙酸等。这类非离子表面活性剂大量用于洗涤剂、油漆、杀虫剂和化妆品。④塑料添加剂，如邻苯二甲酸酯。⑤食品添加剂（抗氧化剂），如丁基羟基回香醚、4-硝基甲苯、2，4-二氯苯酚等。⑥工业废水和生活污水，如漂白纸浆废水、石油化工废水和城市污水等，这些废水含有上述激素活性的化合物，具雌激素活性。

环境激素除对动物的影响外，对人体也有严重危害。危害之一是引起多种形式的雄性生殖系统发育障碍，如性腺发育不良、睾丸萎缩、睾丸癌等。环境激素与人类许多重大疾病如高血压、肿瘤等发生有关。

五、环境污染引起的疾病

（一）传染病

研究表明，许多传染病(infectious disease) 可由环境问题引起。天气变化无常应该是主要因素，很多传染病都是紧随季节的变化发生，如登革热、霍乱等。另一个致病因素是漫天飞舞的沙尘，它们来自五大洲的沙子聚集地。每年大约有几亿吨沙尘在全世界范围内飞舞，每 100 万 t 沙尘中就含有 10^{16} 个之多的细菌，许多细菌都会在沙尘转移过程中死亡，但还是有一些细菌会存活下来。细菌在空气中传播会成为人类疾病的病原体，容易导致炭疽、肺结核、流感发生等。

动物是人类传染病的重要来源。在动物的传染病中约有 60% 可以传播给人，包括细菌病、病毒病、立克次体病、真菌病等。流行较广的有以炭疽、鼠疫、日本脑炎、狂犬病等为代表的近百种。随着科学技术的发展，新的人畜共患传染病还在陆续地被发现和证实。例如新出现的 SARS 新型冠状病毒、禽流感病毒新亚型、戊型肝炎病毒、尼帕病毒、西尼罗热病毒等致病因子已经在世界上很多地方出现或者大范围存在；长期以来一直被认为只有人类才能感染的麻风病，后被发现在个别猫科动物中也可感染。另外，对人类健康危害严重的乙型肝炎也已被证实可以感染某些动物。

其他一些农业生产活动也会导致传染病的传播。美国医疗研究所报告指出，许多正在滋生的病毒往往与农业生产用地的交互更替有关。农业用地一般积聚着大量污水和淤泥，其中就含有无数的病原体。

（二）寄生虫病

寄生虫病（parasitic disease）是与环境关系最为密切的流行病之一，自然界状况对于寄生虫的存在、分布、发育等有着重要影响。例如，蛔虫是以虫卵的形式经人的粪便排至体外，粪便中的蛔虫卵随同粪便浇灌到蔬菜上，并在外界条件下发育到感染期，当人们生食了附有感染期蛔虫卵的蔬菜时，就有可能感染蛔虫病。这就使得被虫卵严重污染、卫生条件不良的发病点具有顽固、难以消除的特性。又如，许多寄生虫需要中间宿主，中间宿主的有无和数量就成为这些寄生虫病发生和发展的必要条件，如钉螺是日本血吸虫的中间宿主，如果消灭了钉螺，人类和动物的日本血吸虫病就不会发生。反之，如果钉螺在环境中大量存在，日本血吸虫病就会很难控制。还有一些寄生虫病的传播和灌溉水坝的建设有关系。水坝常是蚊虫繁殖的栖息地，并能在较短时间内导致疟疾的大量传播。如在非洲，建成的大坝为钉螺繁殖和生存提供了舒适的居所，在当地导致了血吸虫病的泛滥。

（三）职业病

职业性有害因素作用于人体的强度和时间超过一定限度，超出了机体的代偿能力，从而导致一系列的功能性/器质性的病理变化，出现相应的临床症状和体征，影响身体健康和劳动能力，这类疾病统称为**职业病**（occupational disease）。

医学上所称的职业病泛指职业性有害因素所引起的特定疾病。而在立法意义上，职业病却具有一定的范围，即政府法定的职业病。凡属法定职业病患者，在治疗和休息期间及在确定为伤残或治疗无效死亡时，均应按劳动保护有关法规或条例规定享受劳保待遇。我国《职业病分类和目录》（国卫疾控发〔2013〕48 号）规定的职业病包括：职业性尘肺病及其他呼吸系统疾病（尘肺病、其他呼吸系统疾病）、职业性皮肤病、职业性眼病、职业性耳鼻喉口腔疾病、职业性化学中毒、物理因素所致职业病、职业性放射性疾病、职业性传染病〔炭疽、森林脑炎、布鲁氏菌病、艾滋病（限于医疗卫生人员及人民警察）、莱姆病〕、职业性肿瘤、其他职业病等 10 大类 132 种（含 4 项开放性条款）。

职业病的病因很多，涉及机体各系统，临床表现形式多样，但具有以下共同特点：①病因明确，病因为职业性有害因素（化学性、物理性、生物性因素）。消除和控制了病因或限制其作用条件，就能有效地消除或减少发病；②病因大多数可以定量检测，接触有害因素的水平与发病率及病理损害程度有明确的剂量-效应关系；③接触同一种职业性有害因素的人群中有一定数量的职业病病例发生，很少出现个别病例；④如能早期发现，并及时合理的处理，预后一般良好。

（四）地方病

地方病（endemic disease）是指局限于某些特定地区发生或流行的疾病，在一定地区内经常流行，年代比较久远，而且有一定数量的患者。地方病与自然环境有密切关系，分为化学性地方病和生物性地方病。

化学性地方病又称生物地球化学性疾病。人的生长和发育与一定地区的化学元素含量有关，出于地质历史发展或人为的原因，地壳表面的元素分布在局部地区内呈异常现象，如某些元素过多或过少等，当地居民人体同环境之间元素交换出现不平衡。人体从环境摄入的元素量超出或低于人体所能适应的变动范围，就会患化学性地方病。如一个地区的碘元素分布异常，可引起地方性甲状腺肿或地方性克汀病；氟元素分布过多，可引起地方性氟中毒等。

生物性地方病是在某些特定地区，由于某些致病生物或某些疾病媒介生物滋生繁殖而造成的。如一些人烟稀少的草原和荒漠地区，存在着鼠疫的自然疫源地，进入疫区的人就可能患病。

地方病多发生在经济不发达，与外地物资交流少以及卫生保健条件不良的地区。如流行在我国黑龙江省克山县等地区的克山病，流行于某些山区和半山区的大骨节病等。

六、兽药对生态环境的污染与影响

随着养殖业生产向现代化、集约化和规模化方向的发展，兽药（包括药物添加剂）在降低动物发病率与死亡率、提高饲料利用率、促进动物生长和改善产品品质等方面起着重要作用，已成为现代畜牧业不可缺少的因素。然而，无论是作为饲料添加剂或作为治疗用兽药，在动物体内代谢后大部分以原药或代谢物的形式通过粪便和尿液排出体外，进入外界环境，对土壤、水体等环境产生不良影响，并通过食物链影响环境中动植物和微生物的生命活动，最终影响人类的健康，其后果不容忽视。

（一）兽药对环境的污染

由于兽药在畜牧和水产养殖业中的大量使用，环境中兽药的种类和含量也呈现不断增加的趋势。以丹麦为例，1996 年，在自然环境样本中检测到 25 种药物，1999 年上升到 68 种。由于新兽药的不断推出，这个数目仍然有增加的趋势。20 世纪 90 年代末，欧洲一些国家开始比较系统地调查环境中兽药的残留和污染问题。Steger 等分别于 1997 年和 1999 年在德国发现地表水中有 $\mu g/L$ 级水平的大环内酯类、磺胺类、喹诺酮类、氯霉素、泰乐星、甲氧苄氨嘧啶等抗菌药物。Lindsey 等在美国某地表水中发现了四环素类抗生素。Campagnolo 等在猪和家禽大型养殖场储便池中检测到多种畜用抗生素，并在其附近的地表水及地下水中检测到同类抗生素。Giorgia 等发现，四环素和氟甲喹在养殖场底泥中的最高浓度分别达到 246.3、578.8$\mu g/kg$（干物质）。Hirsch 等在农业区地下水中检测到磺胺甲基异噁唑和磺胺嘧啶。Frank 等从采集的 105 份地下水样中检测到 39 份有磺胺甲基异噁唑、罗红霉素和红霉素降解产物在内的多种药物。在奥地利、英国、意大利、西班牙、瑞士、荷兰、日本等国的水体中相继检测到 80 多种抗菌药物，如一些大环内酯类、磺胺类和四环素类等药物。在我国，曾经滥用和超标使用兽药尤其是抗菌药物的现象十分严重，动物的排泄物未经无害化处理排放于周边水域或土壤中，造成环境中兽药持续性蓄积，污染日趋严重。

（二）兽药残留对生态环境的影响

1. 对水环境的影响　研究表明，大多数兽药不能完全被动物吸收，部分经由粪尿排泄，直接进入污水或排入周边环境。现有的水处理技术对污水中含有的大部分抗生素类药物没有明显的去除效果，导致水中药物残留量超标。由于水体中的浮游生物数量大、种类多，而且对多种化学品污染比较敏感，所以对浮游生物生态毒理学的研究较多。如多拉菌素（doramectin）对大型水蚤（*Daphnia magna*）的作用浓度低达 0.63ng/L。鱼类在水生生态系统中处于较高的营养级，并与人类生活密切相关，而且鱼类对水质的变化很敏感。因此，用鱼作为生物材料研究污染物对水生生态系统影响的研究较多。研究表明，伊维菌素对大型蚤的毒性大于鱼类，伊维菌素对太阳鱼和虹鳟鱼 48h 的半数致死浓度分别为 4.8、3.0$\mu g/L$。土霉素能引起斑马鱼和鲫鱼的 DNA 损伤，喹乙醇有明显的致染色体断裂的作用，具有潜在的遗传毒性。

2. 对土壤环境的影响　随着兽药在养殖业中的大量使用，排放到环境中的兽药造成土壤污染问题日益严重。大多数兽药以原药或代谢产物的形式经动物粪尿排出，通过一定途径进入农田，影响土壤中的微生物和农作物。有机砷制剂曾被广泛用作饲料添加剂，其随动物粪便进入土壤环境后，可经过氧化还原作用转化成其他价态的砷，从而对土壤生物产生很强的毒害效应。兽药残留影响了土壤微生物的正常生命活动以及土壤酶的活性，进而也给土壤植物的生长发育造成影响。此外，兽药在土壤中的残留对植物也可能产生直接作用。对农作物而言，兽药残留对植物的危害有两种情况，一是农作物减产或品质降低，二是植物可食部分有毒物质积累量超过允许限量（造成食品安全问题），但农作物产量没有明显下降或不受影响。药物对植物生长发育的影响取决于药物的类型、剂量，药物与土壤吸附能力及其在土壤中的稳定性；药物对作物的影响还随药物和植物的品种不同以及同一种植物的不同部位而异，根系和叶是植物体内污染物的主要蓄积场所，它们对污染物的反应较明显。有研究表明，部分抗生素可以抑制作物的根系生长，其中以四环素作用最为显著，其次是诺氟沙星、红霉素、磺胺二甲嘧啶和氯霉素。不同作物中，生菜对兽药的作用最为敏感。土霉素和金霉素对杂色豆的生长有明显抑制作用，具体表现为植株的生节、鲜重下降，并影响植物对钙、钾和镁等离子吸收。

3. 对环境微生物耐药性和人类健康的影响　动物广泛使用抗生素，通过粪尿排入附近水域和土壤，除了影响水和土壤生态环境，还会将动物体内产生的耐药性细菌直接排入环境，或环境中低剂量抗菌药物长期存在诱导敏感菌耐药性的增加。这些耐药基因不但可以储存于水或土壤环境中，而且可以通过耐药基因的水平转移，使耐药菌增多，从而改变土壤和水中的微生物区系，影响生态平衡。Esiobu 等人的研究表明，用奶牛粪便作为肥料的园林土中分离获得的细菌中，70%菌株对氨苄青霉素、四环素、万古霉素和链霉素耐药。耐药菌还可以通过食物链危害人类，如水产养殖中使用抗生素可以直接诱导水体中的细菌产生耐药性，并且可以通过基因水平转移，使人类病原获得耐药性，直接或间接获得耐药性的细菌可以通过食物链进入人体。Akinbowale 等研究表明，从养殖鱼、贝壳类产品和养殖水中分离的细菌对氨苄青霉素、阿莫西林、头孢氨苄和红霉素类抗生素广泛耐药，其次是土霉素、四环素、部分磺胺类药。Monterio 研究了罗非鱼肾脏分离菌，发现这些细菌对磺胺类、喹诺酮类和四环素类抗生素耐药。随着肠杆菌科细菌对碳青霉烯类抗生素耐药性的增加，多黏菌素成为这类耐药性细菌感染人体的最后一种可以使用的抗生素。然而，2015 年我国学者首先发现了耐多黏菌素的基因 mcr-1，该基因由质粒编码，具有可转移性。随后的研究证实，携带 mcr-1 基因的耐药菌广泛存在于生态系统中。Chen 等 2017 年通过对 1 371 份食物样品、480 份动物粪便样品、150 份人粪便样品和 34 份水样的分析，发现携带 mcr-1 基因细菌的阳性率分别为 36%、51%、28%和 71%。由于杆菌肽长期作为生长促进剂用于家畜，该研究提示携带 mcr-1 基因很可能来自动物肠道内的大肠杆菌。上述例子均说明，人体可以通过与动物直接接触、食物链或与携带耐药菌的水域或环境直接接触获得耐药性细菌，并最终影响多黏菌素作为人类抗碳青霉烯类耐药菌治疗的效果。耐药菌进入人体消化道，除了产生基因水平转移，还可以直接或间接改变肠道菌群的结构。

因此，开展兽药残留及其对生态环境影响的研究，对于认识兽药残留的规律及其对环境影响的作用机制，降低其对环境的负效应，减少耐药性细菌产生等方面具有重要的现实意义。

七、环境污染的控制

随着我国经济的高速发展，环境污染已成为当前亟待解决的重大问题。尽管 20 世纪 80 年代初我国把环境保护确定为一项基本国策，近 30 年来相继颁布了《中华人民共和国海洋环境保护法》（1982 年公布，1999 年修订，2017 年第 3 次修订）、《中华人民共和国水污染防治法》（1984 年公布，1996 年第 1 次修正，2008 年修订，2017 年第 2 次修正）、《中华人民共和国固体废弃物污染环境防治法》（1995 年公布，2004 年第 1 次修订，2013 年第 1 次修正，2016 年第 3 次修正，2020 年第 2 次修订）、《中华人民共和国环境噪声污染防治法》（1996 年公布，2018 年修改，2021 年第 2 次修改）、《中华人民共和国环境保护法》（1989 年公布，2014 年修订）、《中华人民共和国大气污染防治法》（1987 年公布，1995 年第 1 次修正，2000 年第 1 次修订，2015 年第 2 次修订，2018 年第 2 次修正）法律和《畜禽规模养殖污染防治条例》（国务院 2013 年颁布）等法规。此外，还制定了一系列的政策、方案和计划，如《中国环境与发展十大对策》《中国环境保护战略》《中国环境保护 21 世纪议程》等。但我国的环境污染问题仍然相当严重，环境污染防治工作的任务还十分艰巨，重点是要做好污染的预防，必须从源头抓好下述几个方面的工作。

（一）预防农业性污染

1. 合理使用农药　施用农药要严格按照国家规定，控制使用的范围和用量，执行一定间隔期，以减少农药在食品的中残留。对于有致癌、致畸、致突变作用的农药，应禁止生产和使用。

2. 加强污水灌溉农田的管理　利用城市污水、工业废水或养殖业废水灌溉农田，既可解决污水处理及其成本问题，又可为农业生产提供不可缺少的水、肥等资源。但如果用未经处理的含毒工业废水或养殖污水直接灌田，则可能带来破坏土壤、污染环境（特别是污染地下水）等不良后果。因此，要求在灌溉前对各类污水进行预处理，并使水质达到灌溉标准后才能使用。

3. 防止畜禽养殖污染　养殖场建设粪污处理设施是保证环境清洁和对粪污进一步处理的基础。可考虑实施"三改两分再利用"模式，即改水冲清粪为干式清粪，改无限用水为控制用水，改明沟排污为暗道排污，固液分离，雨污分离，这样可以减少养殖污染物处理的压力和成本。为了防止畜禽养殖对环境的污染，对畜禽粪污进行资源综合利用是降低环境污染的重要途径，主要有粪便还田和沼气工程两种实现方式。粪便还田前需要进行合理的前处理，如固液分离、高温堆肥、人工烘干和制作液状肥料等，是提高肥效、减少污染的前提。国家政策的导向是经过全行业共同努力，2020 年以后规模养殖场配套建设粪污处理设施比例达 75% 以上，规模化养殖场粪便和污水处理利用率分别达到 90% 和 60% 以上，畜禽粪污基本实现资源化利用。因此，养殖企业在规划和建设时要充分论证，并与地方主管部门、环保部门等积极交流沟通，确定粪污排放与处理方式。具体做法：一是根据周边土地的容量，确定养殖规模，实现种养结合的生态养殖模式；二是根据《畜禽规模养殖污染防治条例》规定的环保排放要求，考虑畜禽污染物处理方案，并进行相应的环保除污设施建设，达到粪污排放无害化处理的技术要求。

（1）种养结合　即"以地定养、以养肥地、种养对接"的生态养殖模式。根据畜禽养殖规模配套相应粪污消纳土地，或根据种植需要发展相应养殖场户，就近消化畜禽粪污。可将畜禽粪尿作为肥料直接施入农田后经过耕翻，使鲜粪尿在土壤中分解，或者是将畜禽排出的新鲜粪便在专用场地经腐熟堆肥法处理后施入农田。这种生态循环农牧业可以包含"两个循环"：一是主体小循环，养殖业与种植业为同一主体，产生的畜禽粪污在养殖场周边自有的土地进行农牧结合，生态循环；二是区域中循环，以村镇为单位或第三方作为纽带，将一定区域范围内的养殖场与种植户对接，将区域内的养殖场粪便实施专业化收集和运输，避免粪便运输过程中对沿路环境的二次污染。可以由政府牵头，企业运作，统一收集，集中处理，实现一定区域内农牧结合，生态循环。

（2）厌氧消化　即"沼气工程"，是国际上公认首选的畜禽污染物处理技术。这是以养殖场粪污为对象，以获取能源和治理环境污染为目的的工程。将畜禽粪便与其他有机废弃物混合，利用微生物的厌氧消化过程，使粪污中的有机物通过生化反应向能量转化，最后产生以甲烷为主体的沼气，供电供暖。各种微生物菌群在这一过程的不同阶段扮演着不同角色，包括发酵性细菌、产氢产乙酸菌、耗氢产乙酸菌、食氢产甲烷菌、食乙酸产甲烷菌五大类群构成一条食物链。前三类群细菌的活动可使有机物形成各种有机酸，后两类群细菌的活动可使各种有机酸转化成甲烷。通过厌氧发酵及相关处理降低粪水中有机质含量，达到或接近排放标准，这是养殖场解决环境污染的一种良性循环机制，也是生态农业发展的一部分。

（3）清洁回用　养殖场采用机械干清粪，半固体或固体粪便通过堆肥发酵，直接制成有机肥，或用于养殖蚯蚓、蝇蛆、黑水虻后再加工成有机肥，或用于种植蘑菇，或制成碳棒燃料等。而养殖的蚯蚓、蝇蛆、黑水虻等收集后可生产高价值的动物蛋白饲料。

（4）养殖废水处理　养殖废水富含有机物、悬浮物、氨氮等，特别是猪场废水是比较难处理的有机废水，因为其排量大、废水中固液混杂，有机物含量高，氮、磷含量丰富且不易去除，单纯使用物理、化学或生物学方法都很难达到排放要求。因此，养殖废水处理是一个系统工程，需要遵循生态学原理，结合多种处理方法来实现科学的综合利用，处理达标后循环使用猪场用水，有效改善养殖环境，减少对周边环境的威胁。但无论采取何种工艺及措施来进行处理，都应先采取一定的预处理方法，使废水污染物在之后处理步骤中的负荷降低，同时防止大的固体或杂物进入后续处理环节，造成处理设备的拥堵或损害。预处理方法包括沉淀、过滤等固液分离技术，常见的格栅、沉淀池及筛网都属于此范畴。有废水处理设施的规模猪场要建2~3个沉淀池串联，通过过滤、沉淀及氧化分解将粪污进行处理。此外，还有一些机械过滤设备包括自动转鼓过滤机、离心盘式分离机等都可用于猪场粪污废液的预处理。后续处理常采用生物法，其中以厌氧发酵效果最佳，但厌氧法的BOD（生化需氧量）负荷大，处理后的水体仍具有一定的臭味，各项指标并不一定能达到国家排放的标准，不能直接排放，适量用于农田灌溉或鱼塘用水。采用进一步的好氧处理（氧化塘等）来作为厌氧处理的二级净化，是目前处理高浓度有机物污水的一种好方法，也是许多规模化猪场采用的废水处理方法。

另外，要合理使用兽药，严格执行兽药和饲料添加剂的使用对象、使用期限、使用剂量以及休药期等，禁止使用违禁药物和未被批准的药物，限制或禁止使用人畜共用的抗菌药物或可能具有"三致"作用和过敏反应的药物，尤其禁止将它们作为促生长剂使用。慎用治疗用抗生素，限制抗生素作为饲料添加剂，可以降低或避免细菌耐药性的产生和耐药基因的扩散。

（二）治理工业"三废"

工业"三废"是环境污染的主要来源，治理工业"三废"是防止环境污染的主要措施。

因此，应在工业企业设计和生产过程中采取有效措施，力求不排放或少排放"三废"。对于不得不排放的"三废"，在排放前要进行适当的净化处理，使其达到国家排放标准。

（三）预防生活性污染

日常生活中生产大量的废气、污水及垃圾等，生活污水及粪便、垃圾中富含氮、磷、钾及其他有机物质，可以作为农业生产的肥源，但若未经处理，直接排放，也可引起环境污染，甚至引起疾病。如人体粪便中可能含有各种寄生虫卵和病原微生物；医院的污水、垃圾中更是含有大量的病原微生物，对此应经过专门的消毒处理才能排放。

（四）预防交通性污染

汽车尾气是造成大中型城市大气污染的主要原因之一。按照传统的汽车燃料成分，汽车尾气中可向大气排放氮氧化物、一氧化碳、碳氢化合物、多环芳烃及铅等化学污染物。近年来，在全球范围内，针对汽车尾气污染新开发的交通工具燃料、新的汽化器等对降低汽车尾气中有毒有害化学成分起到非常重要的作用。如用无铅汽油取代有铅汽油后，道路旁大气中铅含量明显下降。

第二单元　动物性食品污染及控制

动物性食品被污染，对人体健康有潜在危害。为促进养殖业高质量发展，全面提升动物性食品供应安全保障能力，保障人类健康和公共卫生安全，更好地满足消费者多元化的食品消费需求，应当坚持绿色养殖业发展，防止动物性食品污染。

第一节　动物性食品污染概述

一、概　　念

（一）食品动物

食品动物（food - producing animal）指各种供人食用或其产品供人食用的动物。包括牛、羊、猪、兔、驴等家畜，鸡、火鸡、鸭、鹅、珍珠鸡、鹌鹑和鸽等家禽，鱼、虾、蟹等水生动物，以及蜂蜜等动物。

（二）动物性食品

动物性食品（animal derived food）指供人食用的动物组织以及奶、蛋、蜂蜜等初级农产品，或以其为原料的加工制品，包括 3 大类产品。

1. 畜产品　主要有肉与肉制品、蛋与蛋制品、乳与乳制品。肉类分为畜肉和禽肉两类，前者包括猪肉、牛肉、羊肉、兔肉、驴肉等，后者包括鸡肉、鸭肉、鹅肉等；蛋类有鸡蛋、鸭蛋、鹅蛋、鹌鹑蛋等；生鲜乳主要有牛乳、羊乳等。

2. 水产品　包括鱼类、虾、蟹、贝类等，其中鱼类最多。

3. 蜂产品　主要有蜂蜜、蜂王浆和蜂花粉等。

（三）动物性食品污染

动物性食品污染（animal derived food pollution）指在食品动物养殖、动物性食品加工和流通等过程中，有害物质进入动物机体或动物性食品，可能对人体健康产生潜在危害的现象。

（四）食品安全

食品安全（food safety）指食品在按照预期用途进行制备和/或食用时，不会对消费者造成伤害。《中华人民共和国食品安全法》的定义：食品安全，指食品应无毒、无害，符合应当有的营养要求，对人体健康不造成任何急性、亚急性或者慢性危害。

（五）食品防护

食品防护（food defense）指确保食品生产和供应过程的安全，防止食品因不当逐利、恶性竞争、社会矛盾和恐怖主义等原因影响而受到生物、化学、物理等因素的故意污染或蓄意破坏。

（六）兽医食品卫生

食品卫生（food hygiene）指为确保食品安全性和适用性，在食品链所有阶段应当采取的条件和措施。**兽医食品卫生**（veterinary food hygiene）指为确保动物性食品安全和卫生，在生产、加工、贮存、运输和销售动物产品时必须要求的条件和措施。

二、动物性食品污染的分类

根据污染物性质不同，动物性食品污染可分为生物性污染、化学性污染和物理性污染3类。

（一）生物性污染

生物性污染（biologica pollution）指微生物、寄生虫和食品害虫对动物性食品的污染。

1. 微生物污染　包括细菌、霉菌、病毒的污染。

（1）细菌污染　食源性致病菌可分为2类：①食物中毒病原菌，主要有沙门氏菌、志贺氏菌、致泻性大肠埃希菌、副溶血性弧菌、小肠结肠炎耶尔森菌、空肠弯曲菌、金黄色葡萄球菌、溶血性链球菌、肉毒梭菌、产气荚膜梭菌、蜡样芽孢杆菌等；②人畜共患病病原菌，如牛分枝杆菌、布鲁氏菌、炭疽杆菌等。

（2）霉菌污染　常见产毒霉菌有曲霉属（Aspergillus）、青霉属（Penicillium）和镰刀菌属（Fusarium）等，对人畜健康危害的霉菌毒素主要有黄曲霉毒素、赭曲霉毒素、杂色曲霉素、展青霉素、伏马菌素等。2017年WHO国际癌症研究机构（IARC）黄曲霉毒素被列为1类致癌物。

2. 寄生虫污染　寄生于食品动物的寄生虫有4类：①原虫（protozoa），主要有弓形虫、隐孢子虫、肉孢子虫等；②吸虫（trematode），主要有片形吸虫、华支睾吸虫等；③绦虫（cestode），主要有囊尾蚴、棘球蚴、日本血吸虫等；④线虫（nematode），主要有旋毛虫、广州管圆线虫等。

3. 食品害虫污染　食品害虫（food pest）指能引起食源性疾病、毁坏食品和造成食品腐败变质的各种害虫。常见有昆虫纲鞘翅目和鳞翅目的昆虫，蛛形纲蜱螨目的螨类，食品害虫除蛀蚀、破坏动物性食品，还可携带病原菌、霉菌孢子、寄生虫虫卵污染食品，引起食品霉变，传播疫病。

（二）化学性污染

化学性污染（chemical pollution）指各种有害化学物质对食品造成的污染。

1. 重金属污染　有汞、铅、镉、砷、铬等污染。

2. 农药残留　有机氯、有机磷、氨基甲酸酯类、拟除虫菊酯类等农药残留。

3. 兽药残留　主要有抗微生物药物、抗寄生虫药物、激素类以及其他促生长剂等残留。

4. 食品添加剂污染　食品添加剂（food additives）指为改善食品品质和色、香、味以及为防腐、保鲜和加工工艺的需要而加入食品中的人工合成或者天然物质。我国《食品安全国家标准　食品添加剂使用标准》（GB 2760—2014）附录D按照食品添加剂功能类别，将其分为酸度调节剂、抗结剂、消泡剂、抗氧化剂、漂白剂、膨松剂、胶基糖果中基础剂物质、着色剂、护色剂、乳化剂、酶制剂、增味剂、面粉处理剂、被膜剂、水分保持剂、防腐剂、稳定剂和凝固剂、甜味剂、增稠剂、食品用香料、食品工业用加工助剂、其他等22类。此外，还包括营养强化剂。食品添加剂的滥用、超剂量、超范围使用，可造成动物性食品污染。例如，肉制品中过量添加护色剂硝酸盐或亚硝酸盐。食品添加剂应按照GB 2760—2014、《食品安全国家标准　食品营养强化剂使用标准》（GB 14880—2012）的规定使用。

5. 食品接触材料及制品污染　食品接触材料及制品（food contact materials and products）指在正常使用条件下，各种已经或预期可能与食品或食品添加剂接触或其成分可能转移到食品中的材料和制品，包括食品生产、加工、包装、运输、贮存、销售和使用过程中用于食品的包装材料、容器、工具和设备，及可能直接或间接接触食品的油墨、黏合剂、润滑剂等。目前食品接触材料及制品使用量较大，如果选择不当，其中所含有害成分可迁移到食品中，造成游离单体、添加剂、裂解物等残留，重金属溶出，迁移进入食品。

6. 其他有害物质污染 动物养殖、动物性食品加工中可能被多氯联苯、多环芳烃、N-亚硝基化合物、杂环胺等物质污染。

（三）物理性污染

物理性污染（physical pollution）指由机械杂质、放射性物质引起的食品污染。杂质包括毛发、纸片、指甲、骨屑、鬃毛、塑料、石头、金属丝等。**放射性污染**主要是人工辐射源或开采、冶炼、使用具有放射性物质操作不当引起的污染。

三、动物性食品污染的来源与途径

根据污染来源与途径不同，动物性食品污染可分为内源性污染和外源性污染。**内源性污染**（endogenous pollution）指食品动物在生前受到的污染，又称**一次污染**（primary pollution）。**外源性污染**（exogenous pollution）指动物性食品在加工、运输、贮存、销售、烹饪等过程中受到的污染，又称**二次污染**（secondary pollution）。生物性和化学性污染物，均可造成动物性食品的内源性污染、外源性污染。

（一）内源性污染

1. 内源性生物性污染 主要原因有 3 方面：①动物感染了人畜共患病，如牛结核病、布鲁氏菌病牛的乳中有牛分枝杆菌、布鲁氏菌，沙门氏菌病禽的蛋可能带有沙门氏菌；②动物感染普通病，抵抗力降低，会引起沙门氏菌等继发性感染；③动物带菌，在长途运输、过劳、饥饿等状况下，抵抗力降低，病原微生物增殖，可侵入其他组织器官。

2. 内源性化学性污染 化学物质在工业、农业及日常生活等方面的广泛应用，排放的废弃物进入环境，再通过饮水、呼吸、食物链（包括饲料）进入动物体内。

（1）工业生产污染 工业生产排放的废气、废水、废渣含重金属、有机物等有害物质，特别是采矿、冶金、采煤、炼焦、炼油、化工、电镀、印染、皮革、制药、农药等工业排放的污染物进入环境，残留于农作物中，通过空气、饮水、饲料进入食品动物体内并富集，造成动物性食品污染。

（2）农业生产污染 农药和化肥等农业投入品使用量的增加，尤其是农药滥用、不遵守安全间隔期等，引起农药通过饮水、饲料残留于动物可食用组织。

（3）动物养殖污染 兽药和饲料添加剂等农业投入品的不规范使用，或在养殖中使用违禁物质，是造成动物性食品化学性污染的主要原因。例如，给畜禽使用 β-受体激动剂（瘦肉精类），引起该类物质残留；在鸡、鸭饲料中添加苏丹红，生产的"红心蛋"即含有苏丹红。有些养殖者在垃圾填埋场放养猪，或用泔水喂生猪，即"垃圾猪"，有害物质会进入猪体内并富集。

（二）外源性污染

1. 外源性生物性污染 主要包括：①通过空气的污染；②通过水的污染；③通过土壤的污染；④加工过程中的污染；⑤运输过程的污染；⑥保藏和销售过程的污染。

2. 外源性化学性污染 主要包括：①食品添加剂污染；②食品包装用接触材料污染；

③食品加工中污染，如腌、熏、烤、炸等方法加工肉、鱼，可产生亚硝基化合物、多环芳烃、杂环胺等化合物；④食品腐败变质后产生有害物质，例如，肉腐败后产生胺类化合物，动物油脂氧化后产生醛、酮等羰基化合物；⑤食品掺假使假造成的污染，有些不法生产、经营者为了降低生产成本、牟取暴利，以劣充优、以假充真，有意在动物性食品中加入危害人体健康的物质，例如。牛乳中掺入防腐剂、中和剂、尿素、三聚氰胺等物质。

四、动物性食品污染的危害

有害物质污染动物性食品，引起食品腐败变质、感官性状改变、食用价值降低，对人体健康有潜在危害，主要是引起食源性疾病。世界卫生组织（WHO）将**食源性疾病**（foodborne disease）定义为：通过摄食进入人体内的各种致病因子引起的通常具有感染或中毒性质的一类疾病。《中华人民共和国食品安全法》的定义：食源性疾病，指食品中致病因素进入人体引起的感染性、中毒性等疾病，包括食物中毒。食源性疾病包括常见的食物中毒、肠道传染病等，以及化学性污染物所引起的慢性中毒，发病率居各类疾病总发病率的前列，是当今世界上最突出的食品安全问题，严重时会引发食品安全事故。《中华人民共和国食品安全法》将食品安全事故定义为：指食源性疾病、食品污染等源于食品，对人体健康有危害或者可能有危害的事故。

（一）食源性感染

1. 概念 食源性感染（foodborne infection）指食用了含有病原体污染的食品而引起的感染性疾病，包括食源性传染病和食源性寄生虫病。

2. 分类

（1）食源性传染病（foodborne infectious diseases） 指因摄入病原微生物污染的食品而感染的传染病。如炭疽、布鲁氏菌病（布氏杆菌病）、牛结核病等，被我国列为屠宰检疫对象。

（2）食源性寄生虫病（foodborne parasitosis） 指易感个体摄入寄生虫污染的食物而感染的寄生虫病。通过畜肉传播的寄生虫病有囊尾蚴病、旋毛虫病、肉孢子虫病、弓形虫病等，通过水产品传播的寄生虫病有华支睾吸虫病、广州管圆线虫病等。

（二）食物中毒

1. 概念 食物中毒（food poisoning）指食用了被有毒有害物质污染的食品或者含有毒有害物质的食品后出现的非传染性急性、亚急性疾病。

2. 特点

（1）有病因食物 发病与食物有关，患者在近期内食用过含致病因子的食物，发病范围局限于食用了中毒食品的人，停止食用该食物后发病很快停止。

（2）发病急剧 潜伏期短，发病来势急剧，呈暴发性，短时间内可能有较多的人同时发病。

（3）有类似症状 患者一般具有相似的、与该病因引起的致病作用相符而与其他疾病不同的特殊症状，多表现急性胃肠炎症状。

（4）无传染性 患者对健康人不具有传染性。

3. 分类 根据致病因子不同，将食物中毒分为5类。

（1）细菌性食物中毒（bacterial food poisoning） 指摄入细菌和/或其毒素污染的食品

而引起的非传染性的急性、亚急性疾病。如沙门氏菌食物中毒、肉毒梭菌毒素食物中毒。

（2）真菌性食物中毒（food poisoning of fungal origin）　指食用含真菌毒素的食品而引起的急性、亚急性中毒。如黄曲霉毒素中毒、毒蕈中毒等。

（3）动物性食物中毒（food poisoning of animal origin）　指食用含天然有毒成分的动物及组织或含变质产物的动物性食品而引起的中毒，前者如河豚中毒、贝类中毒，后者如鲐鱼引起的组胺中毒。

（4）植物性食物中毒（food poisoning of plant origin）　指食用含有毒成分的植物性食品而引起的中毒。植物性中毒食品主要有桐油、大麻油、苦杏仁等。

（5）化学性食物中毒（chemical food poisoning）　指摄入化学性毒物污染的食品或者将有毒物质当作食物误食而引起的急性、亚急性中毒。化学性中毒食品主要有 4 类：①被有毒有害的化学物质污染的食品，如瘦肉精中毒；②误为食品、食品添加剂、营养强化剂的有毒有害的化学物质；③添加非食品级、伪造或禁止使用的食品添加剂、营养强化剂的食品，以及超量使用食品添加剂的食品，如亚硝酸盐中毒；④营养素发生化学变化的食品，如油脂酸败。

第二节　化学性污染

化学性污染（chemical contamination）指有毒有害化学物质对食品的污染。化学污染物种类繁多，来源广泛，性质稳定，半衰期长，环境降解和生物代谢慢，通过多种途径进入动物体内，可经食物链发生富集，残留于动物性食品，影响产品质量安全。

一、农药残留

（一）概念

1. 农药（pesticides）　指用于预防、消灭或者控制危害农业、林业的病、虫、草和其他有害生物，以及有目的地调节植物、昆虫生长的化学合成或者来源于生物、其他天然物质的一种物质或者几种物质的混合物及其制剂。

2. 农药残留（pesticide residue）　指农药使用后其母体、衍生物、代谢物、降解物等在环境、动植物或食品中的残余存留现象。

3. 农药残留物（residues definition）　指由于使用农药而在食品、农产品和动物饲料中出现的任何特定物质，包括被认为具有毒理学意义的农药衍生物，如农药转化物、代谢物、反应产物及杂质等。

（二）农药残留的来源

动物在生长期间或动物性食品在加工与流通中均可受到农药的污染，引起原料和成品的农药残留。主要来源有以下几方面。

1. 施药后直接污染　有些兽药属于农药，使用不当会引起动物性食品中药物残留。例如，在兽医临床上，使用驱虫药（有机磷、拟除虫菊酯、氨基甲酸酯等）杀灭畜禽体表寄生虫时，药物被动物吸收或舔食，可引起动物产品中药物残留；治疗蜜蜂螨病时，在蜂箱内施用拟除虫菊酯等杀虫剂，造成蜂产品污染；在河塘使用杀螺剂等，造成水生动物体内药物残留。

2. 从环境中吸收　农药使用后有 40%～60%降落至土壤，5%～30%扩散于大气中，有些进入水体，逐渐积累，通过多种途径进入动物体内，引起动物性食品农药残留。水体被污染后，鱼、虾、贝等水生动物对农药有很强的富集作用。畜禽从饮用水中吸收农药，引起畜产品农药残留。

3. 通过食物链富集　畜禽饲料来自牧草、秸秆、谷实、豆粕等，其中含有的农药。食品动物能富集农药，可造成动物性食品中农药残留。蜜蜂采集残留农药的蜜源植物，引起蜂蜜、蜂花粉等产品中农药残留。

4. 其他途径　各种杀虫剂在食品加工企业、家庭、公共场所的使用，使动物性食品污染农药的机会逐渐增多。

（三）农药残留对健康的影响

人体内约 90%的农药来自被污染的食品，当农药在体内蓄积到一定量，可对机体产生潜在危害：①影响酶的活性，干扰机体代谢；②损害神经系统、内分泌系统、生殖系统、肝脏和肾脏；③降低机体免疫功能；④某些农药有致癌、致畸和致突变作用。

（四）动物性食品中残留的农药

1. 有机氯农药（organochlorine pesticides，OCPs）　是一类应用最早的高效广谱杀虫剂，品种有滴滴涕（DDT）和六六六（学名六氯环己烷，HCH），其次是艾氏剂（aldrin）、狄氏剂（dieldrin）、异狄氏剂（endrin）、毒杀芬（camphechlor）、氯丹（chlordane）、七氯（heptachlor）、林丹（lindane）等。虽然这类农药被禁用或限用，但因其性质极稳定，环境残留时间长，半衰期长，不易分解，从而波及全球的每个角落，被列为持久性有机污染物，目前仍是一类重要的环境污染物，也是动物性食品中重要的农药残留物。

（1）食品残留状况　动物体内有机氯农药主要来源于被污染的饲料、饲草、饮水以及环境。有机氯农药进入动物机体后，蓄积于脂肪或含脂肪多的组织，不易排出，动物性食品残留量高于植物性食品，含脂肪多的食品高于脂肪少的食品。1984 年我国禁止使用这类农药，其残留量逐渐降低。

（2）毒性作用　有机氯农药通过食物进入人体被吸收，代谢缓慢，主要蓄积在脂肪组织，其次为肝、肾、脾和脑组织，少部分随乳汁排出，并能通过胎盘，对人体产生影响。中毒后表现四肢无力、头痛、头晕、食欲不振、抽搐、肌肉震颤和麻痹等神经症状。DDT 有较强的蓄积性，能损伤肝、肾和神经系统，引起肝脏肿大、贫血、白细胞增多，对免疫系统、生殖系统和内分泌系统也有显著影响，有致癌性。艾氏剂、狄氏剂、氯丹和林丹等的急性毒性强，能损害中枢神经系统和肝脏，导致神经中毒、肝脏肿大和坏死。慢性中毒，可影响造血功能，有致癌性。2017 年 WHO 国际癌症研究机构（IARC）公布的致癌物清单中，林丹被列为 1 类致癌物。

（3）测定方法　按照《食品中有机氯农药多组分残留量的测定》（GB/T 5009.19—2008）、《动物性食品中有机氯农药和拟除虫菊酯农药多组分残留量的测定》（GB/T 5009.162—2008）、《食品安全国家标准　乳及乳制品中多种有机氯农药残留量的测定　气相色谱-质谱-质谱法》（GB 23200.86—2016）和《食品安全国家标准　水产品中多种有机氯农药残留量的检测方法》（GB 23200.88—2016）、《冻兔肉中有机氯及拟除虫菊酯类农药残留的测定方法　气相色谱/质谱法》（GB/T 2795—2008）等标准执行。

（4）最大残留限量　《食品安全国家标准　食品中农药最大残留限量》（GB 2763—

2021）规定了动物性食品中 8 种有机氯农药最大残留限量（MRL）（表 4-1、表 4-2）。

表 4-1 动物性食品中滴滴涕、六六六和林丹最大残留限量

食品类别（名称）		最大残留限量（mg/kg）		
		滴滴涕[a]	六六六[b]	林丹
哺乳动物肉类及其制品（海洋哺乳动物除外）	脂肪含量 10% 以下（以原样计）	0.2	0.1	0.1
	脂肪含量 10% 以上（以脂肪计）	2	1	1
哺乳动物内脏		—	—	0.01
禽类肉	以脂肪中残留量计			0.05
禽类可食用内脏		·		0.01
水产品		0.5	0.1	—
蛋类		0.1	0.1	0.1
生乳		0.02	0.02	0.01

注：a. 残留物：p, p'-滴滴涕、o, p'-滴滴涕、p, p'-滴滴伊和 p, p'-滴滴滴之和；b. 残留物：α-六六六、β-六六六、γ-六六六和 δ-六六六之和。

表 4-2 动物性食品中艾氏剂、狄氏剂、氯丹、七氯、异狄氏剂最大残留限量

食品类别（名称）	最大残留限量（mg/kg）				
	艾氏剂	狄氏剂	氯丹[a]	七氯[b]	异狄氏剂[c]
哺乳动物肉类（海洋哺乳动物除外）（以脂肪计）	0.2	0.2	0.05	0.2（原样）	0.1
禽肉类（以脂肪计）	0.2	0.2	0.5	0.2（原样）	—
蛋类	0.1	0.1	0.02	0.05	—
生乳	0.006	0.006	0.002	0.006	

注：a. 残留物包括顺式氯丹、反式氯丹与氧氯丹；b. 残留物包括七氯与环氧七氯；c. 残留物包括异狄氏剂与异狄氏剂醛、酮。

2. 有机磷农药（organophosphorus pesticides，OPP） 广泛用于农作物的杀虫、杀菌、除草，种类有敌敌畏、乐果、倍硫磷、二嗪磷（地亚农）和敌百虫等，有些在兽医临床用作杀虫剂。

（1）食品残留状况 在农业生产中，有机磷农药使用广、用量大，以植物性食品残留为主。有机磷用作动物杀虫剂，或污染蜜源植物、动物饮用，均可引起动物性食品有机磷农药残留。

（2）毒性作用 有机磷农药随食物进入人体后，分布于全身器官组织，以肝脏最多，其次为肾脏、骨骼、肌肉和脑组织。有机磷主要抑制胆碱酯酶活性，引起乙酰胆碱大量蓄积，胆碱能神经功能紊乱而出现中毒症状。人大量摄入有机磷农药会引发急性中毒，出现毒蕈碱型、烟碱型和中枢神经系统中毒症状。轻者头痛、头晕、恶心、呕吐、无力、胸闷、视力模糊；中度中毒时神经衰弱、皮炎、失眠、出汗、肌肉震颤、运动障碍、语言失常、瞳孔缩小；重者神经错乱、肌肉抽搐、痉挛、昏迷、血压升高、呼吸困难，可因呼吸麻痹而死亡。

人群流行病学调查和动物试验资料显示，有机磷具有慢性毒性和特殊毒性作用，引起肝功能障碍、糖代谢紊乱、白细胞吞噬能力减退。慢性中毒者可出现神经衰弱症候群，如腹胀、多汗等，偶见肌肉震颤和瞳孔缩小等症状。2017 年国际癌症研究机构（IARC）将敌敌畏、马拉硫磷、二嗪磷列为 2A 类致癌物。

（3）测定方法 按照《食品安全国家标准 动物源性食品中 9 种有机磷农药残留量的测定 气相色谱法》（GB 23200.91—2016）、《食品安全国家标准 食品中有机磷农药残留量的测定 气相色谱-质谱法》（GB 23200.93—2016）等标准规定的方法测定。

（4）最大残留限量《食品安全国家标准 食品中农药最大残留限量》（GB 2763—2021）规定了动物性食品中有机磷农药最大残留限量（表 4-3）。

表 4-3 动物性食品中有机磷农药最大残留限量

食品类别/名称	最大残留限量（mg/kg）										
	硫丹[a]	苯线磷	丙溴磷	草铵膦	敌敌畏	毒死蜱	乐果	甲基嘧啶磷	甲胺磷	甲拌磷	甲基毒死蜱
哺乳动物肉类（海洋哺乳动物除外），以脂肪中残留量表示	0.2	—	0.05	—	—	0.02[b]，1[c]	—	—	—	—	0.1
哺乳动物肉类（海洋哺乳动物除外）	—	0.01*	—	0.05*	0.01*	—	0.05*	0.01	0.01	0.02	
哺乳动物内脏（海洋哺乳动物除外）	0.1（肝）0.03（肾）	0.01*	0.05	3*	0.01*	0.01	0.05*	0.01	0.01	0.02	0.01
哺乳动物脂肪（乳脂肪除外）	—	—	—	—	0.01*	—	0.05*	—	—	—	—
禽肉（以脂肪计）	0.01	0.01*	0.05	0.05*	0.01*	0.01	0.05*	0.01	0.01	0.05	0.01
禽内脏	0.01	0.01*	0.05	0.1*	0.01*	0.01	0.05*				0.01
禽类脂肪					0.01*		0.05*				
蛋类（鲜蛋）	0.03	0.01*	0.02	0.05*	0.01*	0.01	0.05*			0.05	0.01
生乳	0.01	0.005*	0.01	0.02*	0.01*	0.02	0.05*		0.02	0.01	0.01

注：*该限量为临时限量；a. 残留物包括 α-硫丹和 β-硫丹及硫丹硫酸酯之和；b. 猪肉；c. 牛肉、羊肉。

3. 氨基甲酸酯农药（carbamate pesticides） 具有高效、低毒、低残留等特点，广泛用于杀虫、杀螨、杀线虫、杀菌和除草等。品种有呋喃丹、涕灭威、西维因、速灭威等。呋喃丹曾被用作兽药，引起动物中毒。我国《食品动物禁止使用的药品及其他化合物清单》（农业农村部公告第 250 号〔2019〕）规定，禁止在所有食品动物中使用呋喃丹。

（1）食品残留状况 氨基甲酸酯类农药在畜禽肉和脂肪中残留量低，残留时间约 7d。

（2）毒性作用　氨基甲酸酯类农药中毒机理和症状与有机磷农药类似，但对胆碱酯酶抑制作用是可逆的，水解后的酶活性有不同程度恢复，且无迟发性神经毒性，中毒恢复较快。动物毒性试验表明，氨基甲酸酯除具有抗胆碱酯酶活性外，还对造血系统有影响，剂量高时对肝、肾功能有影响。氨基甲酸酯类农药具有氨基，在环境中或动物胃的酸性条件下与亚硝酸盐反应易生成亚硝基化合物，使该类农药具有潜在的致癌性和致突变性。人急性中毒时出现精神沉郁、流泪、肌肉无力、震颤、痉挛、低血压、瞳孔缩小、呼吸困难等胆碱酯酶抑制症状，重者心功能障碍，甚至死亡。中毒轻时表现头痛、呕吐、腹痛、腹泻、视力模糊、抽搐、流涎、记忆力下降。在我国，因误食、误用此类农药引发的急性中毒事件时有发生。

（3）测定方法　按《动物性食品中氨基甲酸酯类农药多组分残留高效液相色谱测定》（GB/T 5009.163—2003）、《食品安全国家标准　乳及乳制品中多种氨基甲酸酯类农药残留量的测定　液相色谱-质谱法》（GB 23200.90—2016）等标准方法测定。

（4）最大残留限量　《食品安全国家标准　食品中农药最大残留限量》（GB 2763—2021）规定了动物性食品中氨基甲酸酯类农药最大残留限量（表4-4）。

表4-4　动物性食品中氨基甲酸酯类农药最大残留限量

食品类别/名称	最大残留限量（mg/kg）							
	丁硫克百威	吡唑醚菌酯	吡唑萘菌胺	多菌灵	克百威	甲萘威	涕灭威	灭多威
哺乳动物肉类（海洋哺乳动物除外），以脂肪中残留量表示	0.05	0.5*	—	—	—	—		0.02*
哺乳动物肉类（海洋哺乳动物除外）	—	—	0.01	0.05（牛肉）	0.05	0.05	0.01	0.02*
哺乳动物脂肪（乳脂肪除外）			0.01		0.05			
哺乳动物内脏（海洋哺乳动物除外）	0.05	0.05*	0.02	0.05	0.05	1（肝），3（肾）		
禽肉类	0.05	0.05*		0.05	—			0.02*
禽类脂肪					—			
禽内脏	0.05	0.05*			—			0.02*
蛋类	0.05	0.05*						0.02*
生乳		0.03*		0.05		0.05	0.01	0.02*

注：＊该限量为临时限量。

4. 拟除虫菊酯类农药残留（pyrethroid pesticides）　是一类化学合成的杀虫剂和杀螨剂，具有高效、广谱、低毒、低残留等特点，广泛用于农作物，也用于防治家畜、蜜蜂体外寄生虫和杀灭家庭害虫。品种有氯氰菊酯、联苯菊酯、氯菊酯、醚菊酯、氰戊菊酯等。这类农药不溶或微溶于水，易溶于有机溶剂，碱性条件下易分解，在自然环境中降解快，但对水生动物如鱼类毒性大。

（1）食品残留状况　拟除虫菊酯类农药半衰期短，不易在生物体内残留，在哺乳动物体内代谢后，组织中残留量较低。

（2）毒性作用　拟除虫菊酯为中等毒或低毒类农药，在体内不产生蓄积效应，对人的毒性弱。拟除虫菊酯作用于神经系统，使神经传导受阻，中毒后出现痉挛和共济失调等症状。动物试验表明，大剂量氰戊菊酯有诱变性和胚胎毒性。人急性中毒多因误食或农药生产和使用中接触所致，中毒后出现恶心、呕吐、流涎、口吐白沫、多汗、运动障碍、言语不清、意识障碍、反应迟钝、视力模糊、肌肉震颤、呼吸困难等症状，严重时抽搐、昏迷、血压下降、心动过速、瞳孔缩小、对光反射消失、大小便失禁，因衰竭而死亡。

（3）测定方法　按照《动物性食品中有机氯农药和拟除虫菊脂农药多组分残留量的测定》（GB/T 5009.162—2008）、《食品安全国家标准　乳及乳制品中多种拟除虫菊酯农药残留量的测定　气相色谱-质谱法》（GB 23200.85—2016）、《食品安全国家标准　蜂产品中氟胺氰菊酯残留量的检测方法》（GB 23200.95—2016）等标准规定的方法测定。

（4）最大残留限量　《食品安全国家标准　食品中农药最大残留限量》（GB 2763—2021）规定了动物性食品中拟除虫菊酯类农药最大残留限量（表4-5）。

表4-5　动物性食品中拟除虫菊酯类农药最大残留限量

食品类别（名称）	最大残留限量（mg/kg）				
	氯氰菊酯和高效氯氰菊酯	联苯菊酯	氯菊酯	醚菊酯	氰戊菊酯和S-氰戊菊酯
哺乳动物肉类（海洋哺乳动物除外），以脂肪中残留量表示	0.2	3	1	0.5*	1
哺乳动物内脏（海洋哺乳动物除外）	0.02	0.2	0.1	0.05*	0.02
禽肉类（以脂肪中残留量表示）	0.1	—	—	—	0.01
禽肉类	—	—	0.1	0.01*	—
禽内脏	0.05	—	—	0.01*	0.01
禽类脂肪	0.1	—	—	—	—
蛋类	0.01	—	0.1	0.01*	0.01
生乳	0.05	0.2	—	0.02*	0.1
乳脂肪	0.5	3	—	—	—

注：* 该限量为临时限量。

二、兽药残留

（一）概念

1. 兽药（veterinary drug）　指用于预防、治疗、诊断动物疾病或者有目的地调节动物生理机能的物质（含药物饲料添加剂），主要包括血清制品、疫苗、诊断制品、微生态制品、中药材、中成药、化学药品、抗生素、生化药品、放射性药品及外用杀虫剂、消毒剂等。

2. 兽药残留（veterinary drug residue）　指对食品动物用药后，动物产品的任何食用部分中所有与药物有关的物质的残留，包括药物原型或/和其代谢产物。

3. 总残留（total residue） 指对食品动物用药后，动物产品的任何可食用部分中药物原形或/和所有代谢产物的总和。

4. 休药期（withdrawal time） 指食品动物从停止给药到允许屠宰和/或动物产品（乳、蛋等）许可上市的间隔时间，也称停药期（withdrawal period）。在休药期间，动物可食用组织中存在的具有毒理学意义的残留物可逐渐消除，直至达到"安全浓度"，即低于"最大残留限量"。其长短是根据药物进入动物体内吸收、分布、转化、排泄与消除过程的快慢而确定的，即使同一种药物，因用法不同休药期也不尽相同。此外，休药期的长短还与药物的剂量、剂型等有关。

（二）兽药残留产生的途径和原因

1. 兽药残留产生的途径

（1）兽药的使用 ①使用兽药预防、治疗动物疫病；②使用药物饲料添加剂促进动物生长、预防疫病。

（2）环境污染 动物养殖和疫病防治中大量使用药物，有的药物以原形或有活性的代谢产物随粪便、尿液进入环境，在土壤、微生物、水生生物、植物等蓄积或贮存，引起生态环境中兽药残留，污染饲料、饮水，通过食物链富集于食品动物体内。

2. 兽药残留产生的原因 ①不遵守休药期规定；②未按兽药标签和说明书使用，如用法不当，超剂量、超范围用药，疗程过长；③饲料在加工、贮藏、运输中被兽药污染；④环境污染；⑤其他原因。动物性食品中兽药残留与所用药物的种类、剂型、用量，给药途径、剂量，以及食品动物的种类、生长期有关，但主要是由于人为使用不当所致。

（三）兽药残留对健康的危害

1. 变态反应 有些药物可引起某些个体会出现变态反应（allergic reaction）或过敏反应（hypersensitive reaction）。常见症状有皮疹、荨麻疹、皮炎、发热、血管性水肿、哮喘、过敏性休克等。例如，青霉素、四环素类、磺胺类等药物有致敏作用，食用这些药物残留量高的动物性食品，可引起某些个体出现变态反应。

2. 毒性作用 长期食用兽药残留的动物性食品，药物在人体内蓄积，达到一定浓度后，对肌体可产生慢性毒性作用，损害肝脏、肾脏、消化系统、神经系统、心血管系统等。例如，氨基糖苷类可引起前庭功能障碍和耳蜗听神经损伤，导致眩晕和听力减退；磺胺类药物可损害肾脏，大剂量喹诺酮类药物易损害肝脏。

3. 影响胃肠道微生物 大量使用抗微生物药物，破坏或抑制胃肠菌群中敏感菌的生长，导致条件性病原菌的大量繁殖或体外病原菌侵入肠道，改变肠道菌群的代谢活性，使菌群固有活性和毒性的生物转化能力发生变化。

4. 出现耐药性 耐药性（drug resistance）指某些病原体对通常能抑制其生长繁殖的某种浓度的药物产生了耐受性。抗微生物药物的大量应用，特别是长期应用，敏感菌不断被抑制，耐药菌大量繁殖，使细菌对某种药物的耐药率不断升高，出现"超级细菌"。由于抗菌药物对致病菌不敏感，引起治疗无效。

5. 激素样作用 物性食品中残留的激素具有激素样作用：①对内分泌功能的影响；②对生育能力的影响；③儿童性早熟。

6. "三致"作用 有的药物具有致癌、致突变、致畸作用，简称"三致"作用。如磺胺二甲基嘧啶能诱发啮齿类动物的甲状腺增生；有的喹诺酮类药物在真核细胞显示有致突变作用。2017 年 IARC 公布的致癌物清单中，磺胺异噁唑、磺胺二甲嘧啶、磺胺甲噁唑汞及汞化合物为 3 类致癌物。

（四）动物性食品中残留的兽药

1. 抗微生物药物（antimic-obial drugs） 指能够抑制或杀灭病原微生物的药物，包括抗生素、合成抗微生物药物。

（1）残留来源 ①治疗动物疾病；②预防动物疾病；③促进动物生长。

（2）对人体健康影响 ①变态反应；②毒性作用；③菌群失调；④耐药菌株出现。

2. 抗寄生虫药物（antiparasitic drugs） 指能够杀灭或驱除动物体内、外寄生虫的药物。抗寄生虫药物可残留于畜禽肉、肝和肾等可食用组织。人长期摄入这类食品可出现头晕、胃肠道症状，对肝脏有损害，有些药物具有"三致"作用。

3. 激素 动物性食品中残留的激素主要有雌激素及其类似合成药物、促性腺激素、孕激素、雄激素及同化激素、肾上腺皮质激素及促肾上腺皮质激素等，以性激素对人体健康危害最大。主要表现在 3 个方面：①对生殖系统功能有严重影响，如雌性激素引起女性早熟、男性女性化，雄性激素导致男性早熟，女性男性化等；②诱发癌症，如长期经食物摄入雌激素可引起子宫癌、乳腺癌、睾丸肿瘤等；③对肝脏等器官有一定损害作用。2017 年 IARC 公布的致癌物清单中，己烯雌酚为 1 类致癌物。

4. β-激动剂残留 β-激动剂又称为 β-兴奋剂，是一类能与肾上腺素受体结合并能激活该受体的药物。β-激动剂能促进动物生长，提高畜禽瘦肉率，减少脂肪沉积，提高饲料转化率，对生长激素和胰岛素还具有调节作用。自 20 世纪 80 年代以来，β-激动剂被大量非法用于畜牧生产，以促进畜禽生长和改善肉质。在畜禽养殖中非法使用最广泛的 β-激动剂是克仑特罗，其次是使用沙丁胺醇（又称舒喘宁），还有莱克多巴胺、塞曼特罗（又称息喘宁）、塞布特罗、溴布特罗、马布特罗、特布他林等 10 余种。这类药物在动物体内半衰期长，消除缓慢，可残留于肌肉、肝和肺等可食组织。

克仑特罗是一种平喘药，俗称瘦肉精，为 β2-受体激动剂。克仑特罗对心脏有兴奋作用，可损害胃、肝、气管等组织。人食用了具有较高残留浓度瘦肉精的动物产品后，会出现头痛、头晕、心悸、心律失常、呼吸困难、肌肉震颤和疼痛等中毒症状。

（五）兽药最大残留限量

《食品安全国家标准 食品中兽药最大残留限量》（GB 31650—2019）规定了动物性食品中阿苯达唑等 104 种（类）兽药的最大残留限量；醋酸等 154 种允许用于食品动物，但不需要制定残留限量的兽药；氯丙嗪等 9 种允许作治疗用，但不得在动物性食品中检出的兽药。《食品安全国家标准 食品中 41 种兽药最大残留限量》（GB 31650.1—2022）规定了动物性食品中得曲恩特等 41 种兽药的最大残留限量。

三、重金属和非金属污染

在 80 多种金属和类金属元素中，引起人中毒的主要是汞、镉、铅、铬等重金属。砷兼有金属与非金属的性质（称为准金属），也是常见的有毒元素。非金属污染物主要有多氯联苯、N-亚硝基化合物、多环芳烃、杂环胺、二噁英等，多数有致癌、致突变和致畸作用。

（一）汞的污染

汞（hydrargyrum，mercury，Hg）有金属汞、无机汞和有机汞 3 种形式。金属汞（水银）常温下可蒸发，污染环境和食品。无机汞通过微生物作用可形成甲基汞。甲基汞易溶于脂肪，通过食物链富集，难以排出体外。2017 年 IARC 公布的致癌物清单中，汞、无机汞化合物、甲基汞为 3 类致癌物。2019 年我国将汞及汞化合物列入有毒有害水污染物名录（第一批）。

1. 污染来源

（1）自然环境 朱砂矿是硫化汞矿物（HgS），通过风化和雨水冲刷等进入环境，引起动物性食品汞的污染。

（2）工业三废 汞用于多种工业，排放的三废含有大量的汞，用含汞废水灌溉农田，造成饲料污染，被畜禽采食，导致产品汞的残留。水生动物特别是鱼，体内的甲基汞主要来自水体，也可通过食物链富集。

（3）农业生产 20 世纪 70 年代之前使用有机汞农药（氯化乙基汞、醋酸苯汞、磺胺苯汞等）作为杀菌剂，造成了环境和作物的汞污染。饲料和饲草受汞污染后，被畜禽采食，导致其可食产品中残留汞。

20 世纪 50 年代发生于日本水俣湾地区的"水俣病"是世界历史上首次发生重金属污染的重大事件，经查明起因是水俣湾附近化工厂采用汞作催化剂，将大量含汞的废水排入海湾，当地居民食用该水域捕获的鱼类而引起甲基汞中毒。

2. 毒性作用 无机汞主要损害肝脏和肾脏。甲基汞可通过血脑屏障、血睾屏障及胎盘屏障，损害中枢神经系统。

（1）急性中毒 表现胃肠道和神经系统功能紊乱症状，患者迅速昏迷、抽搐，死亡。

（2）慢性中毒 患者出现消瘦、视力障碍、听力下降、口唇发麻、震颤、手脚麻痹、步态不稳、言语不清等症状，重者瘫痪、耳聋眼瞎、智力丧失、神经错乱，最后痉挛、窒息而死亡。甲基汞可引起孕妇流产、胎儿畸形。先天性水俣病是母体摄入有机汞污染的食物，通过胎盘引起胎儿中枢神经系统障碍，新生儿出现发育不良、智力低下、脑瘫痪等症状，甚至死亡。

3. 测定方法 按照《食品安全国家标准 食品中总汞及有机汞的测定》（GB 5009.17—2021）规定的方法测定。

4. 限量指标 《食品安全国家标准 食品污染物限量》（GB 2762—2022）规定了动物性食品中汞的限量指标（表 4-6）。

表 4-6 动物性食品中汞限量指标

食品类别（名称）	限量（以 Hg 计，mg/kg）	
	总汞	甲基汞*
水产动物及其制品（肉食性鱼类及其制品除外）	—	0.5
肉食性鱼类及其制品（金枪鱼、金目鲷、枪鱼、鲨鱼及以上鱼类的制品除外）	—	1.0
金枪鱼及其制品	—	1.2
金目鲷及其制品	—	1.5
枪鱼及其制品	—	1.7
鲨鱼及其制品	—	1.6

（续）

食品类别（名称）	限量（以 Hg 计，mg/kg）	
	总汞	甲基汞*
肉及肉制品 　肉类	0.05	—
乳及乳制品 　生乳、巴氏杀菌乳、灭菌乳、调制乳、发酵乳	0.01	—
蛋及蛋制品 　鲜蛋	0.05	—

注："—"指无相应限量要求；＊对于制定甲基汞限量的食品可先测定总汞，当总汞含量不超过甲基汞限量值时，可判定符合限量要求而不必测定甲基汞；否则，需测定甲基汞含量再作判定。

（二）铅的污染

铅（lead，Pb）为灰白色金属，熔点低，性质稳定，延伸性好，应用广泛，排放到环境，难以降解，长期蓄积，是常见的重金属污染物之一。2017 年 IARC 公布的致癌物清单中，无机铅化合物为 2A 类致癌物、铅为 2B 类致癌物、有机铅化合物为 3 类致癌物。

1. 污染来源

（1）工业生产　铅在工业应用很广，排放到环境，通过食物链进入食品动物体内。

（2）农业生产　含铅农药的使用，污染牧草、农作物，通过食物链进入动物体内。

（3）交通运输　含铅汽油的使用，造成公路两侧农作物和饲料含铅量升高，被畜禽采食后可引起可食用组织中铅的残留。

（4）食品加工　动物性食品加工、贮藏以及运输中使用含铅的添加剂、包装材料、加工机械和运输管道，均可使食品受到污染。例如，在传统皮蛋加工中添加的黄丹粉（四氧化三铅），会引起铅残留。

2. 毒性作用　人体内的铅主要来自食物，铅经消化道吸收后，蓄积于脑、肾和肝，可通过胎盘从母体向胎儿转移。铅主要损害神经系统、造血系统和肾脏，使免疫功能降低、消化道黏膜坏死、肝脏变性坏死。

（1）急性中毒　症状有口腔有金属味、出汗、流涎、呕吐、便秘或腹泻、血压升高等，严重时抽搐、瘫痪、昏迷，甚至死亡。

（2）慢性中毒　以神经系统功能紊乱症状为主，出现食欲不振、头痛、头昏、失眠、记忆力下降等。重者表现为多发性神经炎，肌肉关节疼痛，牙龈有"铅线"，贫血，肾功能障碍乃至衰竭，视力模糊，记忆力减退，脑水肿等，甚至发生休克或死亡。

铅对婴幼儿的危害较大，损害脑组织，导致儿童发育迟缓、智力低下、烦躁多动、癫痫、行为障碍、心理异常，甚至脑性瘫痪。

3. 测定方法　铅含量的测定按照《食品安全国家标准　食品中铅的测定》（GB 5009.12）规定的方法测定。

4. 限量指标　《食品安全国家标准　食品污染物限量》（GB 2762—2022）规定了动物性食品中铅的限量指标（表 4-7）。

表 4-7 动物性食品中铅限量指标

食品类别（名称）	限量（以 Pb 计，mg/kg）
肉及肉制品	
肉类（畜禽内脏除外）	0.2
畜禽内脏	0.5
肉制品（畜禽内脏制品除外）	0.3
畜禽内脏制品	0.5
水产动物及其制品	
鲜、冻水产动物（鱼类、甲壳类、双壳类除外）	1.0（去除内脏）
鱼类、甲壳类	0.5
双壳贝类	1.5
水产制品（鱼类制品、海蜇制品除外）	1.0
鱼类制品	0.5
海蜇制品	2.0
乳及乳制品（生乳、巴氏杀菌乳、灭菌乳、调制乳、发酵乳除外）	0.2
生乳、巴氏杀菌乳、灭菌乳	0.02
调制乳、发酵乳	0.04
蛋及蛋制品	0.2
蜂产品　　蜂蜜	0.5
花粉（松花粉、油菜花粉除外）	0.5
油菜花粉	1.0
松花粉	1.5

（三）镉的污染

镉（cadmium，Cd）富延展性且柔软，耐磨，具有鲜艳的颜色和火焰，在自然界分布广泛，多以硫镉矿存在，常与锌、铅、铜、锰等矿共存。2017 年 IARC 公布的致癌物清单中，镉及镉化合物为 1 类致癌物。2019 年我国将镉及镉化合物列入有毒有害水污染物名录（第一批）。

1. 污染来源

（1）工业生产　镉在工业中应用极广，排放的三废污染环境和饲料，通过食物链而导致动物体可食用组织内镉残留。

（2）农业生产　使用含镉化肥和农药，污染环境、饲草料和饮水。动物采食含镉饲料，通过食物链的富集，可食用组织中镉维持在较高含量水平。

（3）食品加工　使用含镉的包装材料，因其与食品尤其是酸性食品接触，镉迁移至食品中。

1955—1972 年日本富山县发生的"痛痛病"（itai - itai disease），因附近炼锌厂排放的废水中含有大量的镉，经食物链进入人体并富集，引起人镉中毒，出现骨质疏松、骨骼萎缩、关节疼痛、行动困难，后期骨骼软化、身体萎缩、四肢弯曲、脊柱变形、易骨折、疼痛难忍，由此得名为"痛痛病"，造成 200 多人死亡。

2. 毒性作用　人体内的镉主要来源于食物。镉经消化道吸收，主要分布于肝脏、肾脏，可在体内长期蓄积。镉的毒性较大，能损害肾脏、骨骼和消化系统，使人体骨骼中的钙大量流失，引起骨质疏松和骨折。

（1）急性中毒　患者出现流涎、恶心和呕吐等症状，重者衰竭而死亡。

（2）慢性中毒　患者骨质疏松症、骨质软化、骨骼疼痛、容易骨折，出现高钙尿、肾绞痛、高血压、贫血。

3. 测定方法　按照《食品安全国家标准　食品中镉的测定》（GB 5009.15—2023）规定的方法测定。

4. 限量指标　《食品安全国家标准　食品污染物限量》（GB 2762—2022）规定了动物性食品中镉限量指标（表4-8）。

表4-8　动物性食品中镉限量指标

食品类别（名称）	限量（以 Cd 计，mg/kg）
肉及肉制品（畜禽内脏及其制品除外）	0.1
畜禽肝脏及其制品	0.5
畜禽肾脏及其制品	1.0
水产动物及其制品	
鲜、冻水产动物	
鱼类	0.1
甲壳类（海蟹、虾蛄除外）	0.5
海蟹、虾蛄	3.0
双壳类、腹足类、头足类、棘皮类	2.0（去除内脏）
水产制品	
鱼类罐头	0.2
其他鱼类罐头	0.1
蛋及蛋制品	0.05

（四）砷的污染

砷（arsenic，As）是一种非金属元素，因其许多性质类似于金属，又将其称为"类金属"。元素砷极易氧化为剧毒的三氧化二砷（As_2O_3，砒霜），毒性强。2017年IARC公布的致癌物清单中，砷和无机砷化合物为1类致癌物。2019年砷及砷化合物被我国列入有毒有害水污染物名录（第一批）。

1. 污染来源

（1）自然环境　砷多以无机砷形态分布于矿石中，如砷黄铁矿（FeAsS）、雄黄矿（As_4S_4）与雌黄矿（As_2S_3）。

（2）工业生产　砷矿的开采和冶炼，煤的燃烧及砷化物在工业中广泛应用，排放的三废含砷，污染环境、饲料、饮水，通过食物链进入食品动物体内。

（3）农业生产　含砷农药的使用，引起作物中砷的污染，经食物链进入动物体内，进而造成动物性食品砷的残留。

（4）畜牧业生产　砷制剂用作促生长剂或抗寄生虫药，引起动物性食品中砷的残留。

（5）食品加工　在食品加工中，使用的食品添加剂、加工助剂和包装材料含砷，造成食品污染。1956年日本森永奶粉公司用磷酸氢二钠作为奶粉的稳定剂，因其含砷量过高，致使奶粉受到污染，引起1万多名婴儿砷中毒，其中128人因脑麻痹而死亡，即"森永奶粉"事件。

2. 毒性作用　砷经消化道吸收分布到全身，蓄积在肝、肺、肾、脾、皮肤，生物半衰期80~90d，可通过胎盘进入胎儿体内。砷可损害神经系统、肾脏和肝脏，对消化道黏膜有腐蚀作用。砷中毒可持续存在很长时间，逐渐显示出远期危害——皮肤损害、恶性肿瘤及其他疾病等。

（1）急性中毒　经消化道摄入砷量较高时可出现明显的消化道症状，中毒后表现有恶心、呕吐、腹泻、兴奋、躁动、意识模糊、四肢痉挛等症状，重者意识丧失、昏迷、呼吸麻痹而死亡。

（2）慢性中毒　砷的蓄积性很高，长期摄入污染砷的食品，人会出现神经系统功能衰弱症候群和消化机能紊乱。患者食欲不振，多发性神经炎，慢性结膜炎，脱发，皮肤色素沉着和角化。

我国台湾、新疆某些地区居民由于长期饮用含砷过高的水而发生的地方性砷中毒（endemic arsenism），称黑脚病（black foot disease）。轻病区，患者皮肤色素沉着、手掌和脚跖皮肤高度角化、皮肤皲裂；重病区，患者出现有不同程度的临床症状，同时心血管病、肝病、肿瘤等并发较多见，可能转化为皮肤癌、下肢皮肤变黑、肢体末端坏疽等。

3. 测定方法　按照《食品安全国家标准　食品中总砷及无机砷的测定》（GB 5009.11—2014）规定的方法测定。

4. 限量指标　《食品安全国家标准　食品污染物限量》（GB 2762—2022）规定了动物性食品中总砷、无机砷的限量指标（表4-9）。

表4-9　动物性食品中砷限量指标

食品类别（名称）	限量（以As计，mg/kg）	
	总砷	无机砷
水产动物及其制品（鱼类及其制品除外）	—	0.5
鱼类及其制品	—	0.1
肉及肉制品	0.5	—
乳及乳制品		
生乳、巴氏杀菌乳、灭菌乳、调制乳、发酵乳	0.1	—
乳粉	0.5	—
油脂及其制品（鱼油及其制品、磷虾油及其制品除外）	0.1	—
鱼油及其制品、磷虾油及其制品	—	0.1
调味品（水产调味品、复合调味料和香辛料类除外）	0.5	—
水产调味品（鱼类调味品除外）	—	0.5
鱼类调味品	—	0.1
复合调味料	—	0.1

（五）铬的污染

铬(chromium，Cr)为银白色金属，进入环境中的3价铬可转变成6价铬。铬过量摄入，对人和动物有害。2012年4月中国"铬超标毒胶囊"事件曝光后，铬的毒性引起了广泛关注。2017 年 IARC 公布的致癌物清单中，铬（6 价）化合物被列为 1 类致癌物，铬化物（3 价）、金属铬被列为 3 类致癌物。

1. 污染来源

（1）自然来源　铬铁矿（$FeCr_2O_4$）含铬，岩石风化时向环境排铬，经食物链和饮水进入食品动物体内。

（2）工业生产　铬及铬化合物应用领域广泛，排放的三废是环境和食品中铬的主要污染来源。用含铬废水灌溉农田，可造成环境及农作物污染，进入食品动物体内。

（3）食品加工　铬含量较高的食品是水产品及添加了明胶类的食品，如肉皮冻加工过程中非法添加工业明胶。此外，不锈钢容器中含铬，在盛放、烹煮食品过程中会发生金属铬的迁移导致食品污染。

2. 毒性作用　食品中的铬经消化道进入人体，在肝肾蓄积。铬摄入量过多会损害机体健康，引起机体蛋白质变性，核酸和核蛋白沉淀，干扰酶系统，从而导致机体中毒。6 价铬具有免疫毒性、神经毒性、泌尿生殖毒性。

（1）急性中毒　一次性摄入大量铬，可引起急性胃肠炎、胃肠出血、肝坏死、急性肾衰竭等。

（2）慢性中毒　流行病学调查发现，从事铬冶炼、印染、制革等职业的工人，因长期暴露于铬，会出现单纯性铬性鼻炎、鼻中隔溃疡和穿孔（鼻铬病）等，出现流鼻涕、打喷嚏、鼻出血、鼻中隔穿孔、黏膜穿孔、肝炎、哮喘、呼吸系统溃疡及脑膜炎和呼吸道系统癌症（多局限于肺脏和鼻部）等，说明铬有致癌性。

3. 测定方法　按照《食品安全国家标准　食品中铬的测定》（GB 5009.123—2023）的方法测定。

4. 限量指标　《食品安全国家标准　食品污染物限量》（GB 2762—2022）规定了动物性食品中铬的限量指标（表 4 - 10）。

表 4 - 10　动物性食品中铬限量指标

食品类别（名称）		限量（以 Cr 计，mg/kg）
肉及肉制品		1.0
水产动物及其制品		2.0
乳及乳制品	生乳、巴氏杀菌乳、灭菌乳、调制乳、发酵乳	0.3
	乳粉和调制乳粉	2.0

（六）多环芳烃的污染

多环芳烃（polycyclic aromatic hydrocarbon，PAH）是由两个以上苯环连在一起的化合物，具有亲脂性，是重要的环境污染物。PAH 是最早被发现和研究的致癌物，在已知的 400 多种化合物中约有 200 多种有致癌作用，其中 3，4 - 苯并芘［苯并（a）芘］是最重要的一种致癌物。2017 年 IARC 将苯并（a）芘列为 1 类致癌物，二苯并［a，h］蒽、25 二苯并［a，j］吖啶、26 二苯并［ε，l］芘等被列为 2A 类致癌物。

1. 污染来源

（1）来自环境　燃料燃烧不完全、焚烧垃圾释放产生的 PAH，通过饮水、呼吸、食物链进入动物体内，造成可食用组织内残留。

（2）食品熏烤加工　动物性食品在熏、烤、炸等加工中，与烟接触而产生 PAH。燃料燃烧越不完全、熏烤时间越长、食品被烧焦或炭化，产生的 PAH 就越多。

2. 毒性作用　PAH 可引起实验动物的组织增生，神经系统、免疫系统、肝、肾和肾上腺损害。苯并［a］芘及多种 PAH 可诱发肺、肝、食道、胃肠、乳腺等组织器官肿瘤，引起子代肿瘤、胚胎死亡或免疫功能降低，且有致畸和致突变作用。

3. 测定方法　按照《食品安全国家标准　食品中多环芳烃的测定》（GB 5009.265—2021）、《食品安全国家标准　食品中苯并［a］芘的测定》（GB 5009.27—2016）规定的方法测定。

4. 限量指标　《食品安全国家标准　食品污染物限量》（GB 2762—2022）规定了动物性食品中苯并［a］芘的限量指标（表 4-11）。

表 4-11　动物性食品中苯并［a］芘限量指标

食品类别（名称）		限量（μg/kg）
肉及肉制品	熏、烧、烤肉类	5.0
水产动物及其制品	熏、烤水产品	5.0
乳及乳制品	稀奶油、奶油、无水奶油	10
油脂及其制品		10.0

（七）N-亚硝基化合物的污染

N-亚硝基化合物（N-nitroso-compound，NOC）广泛存在于自然界、食品（如海产品、肉制品、腌菜类）和药物中的致癌物质。2017 年 IARC 将二甲基甲酰胺、N-甲基-N′-硝基-N-亚硝基胍、N-甲基-N-亚硝基脲、N-亚硝基二乙胺、N-亚硝基二甲胺等为 2A 类致癌物。

1. 污染来源

（1）形成 N-亚硝基化合物的前体物质　形成 N-亚硝基化合物的两种前体物质是可亚硝化的含氮物质和 N-亚硝基化剂。这两种前体物质在适宜条件下，可在环境、动物体内、食物或人胃中经亚硝基化反应生成 N-亚硝基化合物。

（2）食品污染来源　肉、鱼类在腌制过程中使用的护色剂硝酸盐或亚硝酸盐，遇到肉或鱼中胺类、酰胺等化合物即可生成 N-亚硝基化合物，尤其是腐败变质肉中的胺类化合物很多。加热干燥食品时，空气中的氮氧化合物与食品中胺类作用，生成亚硝胺。烤鱼中也常检出高浓度的 NDMA，尤其是用煤气炉明火烧烤时产生的亚硝胺更多。奶酪等食品在发酵中可产生亚硝胺。

2. 毒性作用

（1）急性中毒　主要引起肝脏坏死和出血。

（2）慢性中毒　以肝硬化为主。

（3）"三致"作用　多种亚硝基化合物有致癌性，可引起多种组织器官的肿瘤，如神经系统、口腔、食道、胃肠、肝、肺、肾、膀胱、胰、心脏、皮肤和造血系统等发生肿瘤。亚硝基化合物也能通过胎盘，诱发后代出现肿瘤或畸形。

3. **测定方法** 按照《食品安全国家标准 食品中 N-亚硝胺类化合物的测定》（GB 5009.26—2021）规定的方法测定。

4. **限量指标** 《食品安全国家标准 食品污染物限量》（GB 2762—2022）规定了肉类、水产品中 N-二甲基亚硝胺的限量指标（表 4-12）。

表 4-12 动物性食品中 N-二甲基亚硝胺限量指标

食品类别（名称）		限量（μg/kg）
肉及肉制品	肉制品（肉类罐头除外）	3.0
	熟肉干制品	3.0
水产动物及其制品	水产制品（水产品罐头除外）	4.0
	干制水产品	4.0

（八）多氯联苯的污染

多氯联苯(polychlorinated b phenyl，PCB) 是一类由多个氯原子取代联苯分子中氢原子而形成的氯代芳烃类化合物，有 200 多种异构体。理化性质稳定，不溶于水，耐热绝缘，耐酸碱，耐腐蚀，抗氧化，不易燃烧和挥发，容易蓄积，是世界上公认的全球性环境污染物之一。2017 年 IARC 公布的致癌物清单，多氯联苯被列为 1 类致癌物。

1. 污染来源

（1）工业生产 含 PCB 的废水排放到外界环境，是造成动物性食品污染的主要原因。

（2）食品加工 在食品加工中使用 PCB 作热载体而污染了食品；食品包装纸中发现的 PCB，大部分来自回收废纸中的油墨或无碳复写废纸。

1968 年日本发生的"米糠油事件"，因在米糠油生产中使用 PCB 作热载体而污染了油，引起 13 000 多人中毒，16 人死亡。美国曾发生鸡因采食被 PCB 污染的鱼粉的中毒事件。

2. 毒性作用 PCB 经食物进入人体后，主要蓄积于脂肪组织。

（1）急性中毒 患者主要表现为恶心、呕吐、眼皮肿胀、手掌出汗、皮肤溃疡、黑色痤疮、手脚麻木、肌肉疼痛等症状，严重者死亡。

（2）慢性中毒 患者的胃肠黏膜受损，肝脏肿大、坏死，胸腺和脾脏萎缩，体重下降，记忆力减退或丧失。

（3）致癌和致畸作用 动物试验表明，PCB 有致癌作用；PCB 还可通过母体转移给胎儿，导致胎儿畸形。

3. 测定方法 按照《食品安全国家标准 食品中指示性多氯联苯含量的测定》（GB 5009.190—2014）规定的方法测定。

4. 限量指标 《食品安全国家标准 食品污染物限量》（GB 2762—2022）规定的多氯联苯限量指标为：水产动物及其制品≤20μg/kg，水产动物油脂≤400μg/kg（多氯联苯以 PCB28、PCB52、PCB101、PCB118、PCB138、PCB153 和 PCB180 总和计）。

第三节 放射性污染

食品吸附外来放射性核素，当其放射性高于自然界放射性本底时，称为食品的放射性污染（radioactive pollution）。放射性物质种类多，半衰期一般较长，在人体内可长期蓄积，危害大，消除影响的时间长。

一、食品放射性污染的来源和途径

（一）污染来源

1. 天然放射性物质的来源 天然放射性物质在自然界中分布广，存在于矿石、土壤、水体、大气和动植物组织中。天然食品中有微量的放射性物质，如动植物组织中主要是^{40}K，但通常天然放射性本底对食品安全性和人体健康影响甚微。

2. 人工放射性物质的来源

（1）核试验 核爆炸产生大量的放射性裂变产物，与土壤或水作用而产生的感生放射性核素，大部分在爆炸点的附近地区沉降，较小的粒子能进入对流层甚至平流层，绕地球运行，经数天、数月或数年缓慢地沉降到地面，成为放射性污染的主要来源。

（2）核工业 核工业生产、核装置材料运输和废物储存、排放和生产放射性核素等，可使放射性物质排入环境。

（3）核动力工业 核电站的建立和运转，可产生放射性裂变产物，如^{3}H、^{55}Fe（铁）、^{60}Co（钴）、^{90}Sr（锶）等。核电站的温水排放出的放射性物质，经过水生生物链而被浓缩，成为水产品物质污染的来源之一。

（4）放射性矿石的开采和冶炼 放射性矿石（如铀、钍矿等）开采和冶炼，产生的放射性粉尘、废水和废渣，可造成环境和食品污染。

（5）其他来源 放射性核素在工业、农业、医学和科研等方面的应用，也会向外界环境排放一定量的放射性物质，并通过食物链进入人体。

（二）污染途径

环境中放射性核素污染水域和植被，然后通过作物、饲料、牧草等进入畜禽体内，通过水体进入水产动物体内。水生生物对放射性核素有明显的富集作用，富集系数可达10^{3}～10^{4}。人进食受污染的水产品，会摄入较高浓度的放射性核素。放射性核素进入机体，参与相应同位素的代谢。例如，^{90}Sr和^{137}Cs可分别参与体内钙和钾的代谢，它可在机体内富集，故其具有重要的食品卫生学意义。半衰期长的^{90}Sr、^{137}Cs及半衰期短的^{89}Sr、^{131}I和^{140}Ba是食物链中重要的放射性核素，可通过牧草、饲料、饮水等途径进入食品动物体内。乳牛一次摄入^{131}I或^{137}Cs后7d，乳中排出量分别可达摄入量的8％和10％。放射性碘、锶和铯还可进入禽蛋中。

二、食品放射性污染的危害

放射性物质主要经消化道进入人体，当放射性物质达到一定浓度后会对健康产生危害，有急性损伤和慢性损伤。

（一）急性损伤

人在短时间受到大剂量放射性物质照射，轻者脱发，中度损伤，出现腹泻、呕吐等肠胃损伤。极高剂量照射下，中枢神经损伤，直至死亡。

（二）慢性损害

通过食物链蓄积在人体内的放射性核素，产生潜在危害，主要是小剂量引起的慢性放射病和长期效应，例如引起血液学变化、生育能力障碍、白内障、寿命缩短、遗传效应，以及诱发肿瘤等。2017 年 IARC 公布的致癌物清单中，被列为 1 类致癌物的有 7 种：放射性碘，包括 ^{131}I；放射性核素，α 粒子放射，内部沉积；放射性核素，β 粒子放射，内部沉积；^{224}Ra 及其衰变产物，^{226}Ra 及其衰变产物，^{228}Ra 及其衰变产物；^{222}Rr 及其衰变产物。

1. 致癌作用 当所受有效剂量较小时，患癌症风险增大，例如 ^{144}Ce、^{60}Co 主要引起肝硬化及肝癌，^{90}Sr、^{226}Ra 等引起骨癌及白血病，^{137}Cs 及 ^{216}Po 引起软组织肿瘤。

2. 生殖毒性 ^{90}Sr 和 ^{238}U 的裂变产物可引起雄性动物的性机能改变、畸形精子增多、精子生成障碍、精子数减少、睾丸与体重比值降低等；雌性动物的胎仔减少、死胎及子代生活力减弱等。放射性核素可引起动物多种基因突变及染色体畸变，即使小剂量也能对动物的遗传过程产生影响。如，广岛原子弹爆炸辐射后，有孕妇的子代出现弱智。

三、辐照食品的安全性

辐照食品（irradiated food）是指用 ^{60}Co、^{137}Cs 产生的 γ 射线或电子加速器产生的低于 10MeV 电子束辐照加工处理的食品，包括辐照处理的食品原料、半成品。1980 年 10 月在日内瓦召开的联合专家委员会指出：总体平均剂量为 10kGy 以下辐照的任何食品，没有毒理学上的危险，不需做毒理学试验，同时在营养学上和微生物学上也是安全的。FAO/WHO/IAEA 专家联合会提出，食品的辐照剂量低于 10kGy 时是毒理学安全剂量，无须做毒理学试验；高剂量辐照过的食品，应对每批食品重新评价。

第四节 细菌性食物中毒

细菌性食物中毒常见多发，特点如下：①发病以夏秋季节多见；②原因食品较明确，主要是畜禽肉及其制品、蛋与蛋制品、乳与乳制品及水产品等动物性食品；③引起食物中毒的原因明显，多为在小餐馆就餐或食用剩饭等所致。

一、沙门氏菌食物中毒

（一）病原

沙门氏菌属（*Salmonella*）为肠杆菌科中的一个大属，有 2 600 多个血清型，引起食物中毒最常见的有鼠伤寒沙门氏菌（*S. typhimurium*）、猪霍乱沙门氏菌（*S. cholerae-suis*）和肠炎沙门氏菌（*S. enteritidis*）等。

（二）流行病学

沙门氏菌食物中毒是细菌性食物中毒中最常见的一类。发病率 40%～60%，各种年龄的人都可发生，以婴幼儿、老人和体弱者多见。

1. 季节性 四季均有发生，多发生于 5—10 月，7—9 月最多。

2. 中毒食品 多为动物性食品，尤其是肉与肉制品，如病死畜禽肉、酱卤肉、熟内脏等。

3. 食品被污染的原因 沙门氏菌在自然界分布极广，土壤、水体、畜禽、水生动物、昆虫、食物及人体等均可分离出该菌。畜禽带菌率高，屠宰加工中极易污染肉品。

4. 中毒原因 沙门氏菌污染肉品和其他食品，大量增殖，食品通常无感官变化，食用前未加热或加热不彻底。

（三）症状

潜伏期 4～48h，一般 12～24h，主要症状为急性胃肠炎。病初恶心、头痛、头晕、食欲不振，继而呕吐、寒战、面色苍白、全身无力、腹痛、腹泻，有的发热（38～40℃）。急性腹泻以黄色或黄绿色水样便为主，恶臭。重者痉挛、脱水、休克等。病程 3～7d，预后良好；但老人、儿童、婴儿或病弱者，如不及时治疗也会导致死亡。

（四）诊断

根据流行病学特点和症状可做出初步诊断。用可疑食物、病人呕吐物或排泄物检出血清学型别相同的沙门氏菌，即可做出确诊，检验方法见《食品安全国家标准　食品微生物学检验　沙门氏菌检验》（GB 4789.4—2016）。

二、志贺氏菌食物中毒

（一）病原

志贺氏菌属（*Shigella*）为肠杆菌科，包括 A 群痢疾志贺氏菌、B 群福氏志贺氏菌、C 群鲍氏志贺氏菌及 D 群宋内志贺氏菌。宋内志贺氏菌抵抗力强，是食物中毒主要致病菌。

（二）流行病学

1. 季节性　多发生于春、夏、秋季。

2. 中毒食品　主要是熟肉制品，乳及其制品。

3. 食品被污染的原因　宋内志贺氏菌在 5～10℃可生长，20～30℃生长繁殖最佳，室温生长良好，污染食品机会多。苍蝇、蟑螂等昆虫为主要传播媒介。

4. 中毒原因　熟制动物性食品污染志贺氏菌，在 20～30℃的室温存放，该菌大量繁殖，食用前未再加热灭菌或加热不彻底。

（三）症状

潜伏期 4～24h，多见进食 10～20h 后发病。病人突然剧烈腹痛、恶心、呕吐和频繁腹泻，多为水样便，继之出现泡沫黏液便或血液便，里急后重显著；病人大多发冷、寒战、头晕、头痛，体温升高（38～40℃）。有的患者出现肌肉痛、发绀、痉挛等。3d 后恢复，个别重症患者 10d 左右痊愈。

（四）诊断

根据流行病学特点和症状可做出初步诊断。从病因食品和病初 1～2d 内病人腹泻物中分离出相同血清型的宋内志贺氏菌，可做出诊断，检验方法见《食品安全国家标准　食品微生物学检验　志贺氏菌检验》（GB 4789.5—2012）。

三、致泻性大肠埃希菌食物中毒

（一）病原

大肠埃希菌（*Escherichia coli*）为肠杆菌科埃希菌属，俗称大肠杆菌，主要存在于人和动物的肠道，有少数菌株有致病性。致泻性大肠埃希菌（Diarrheagenic *E. coli*）是一类引起人以腹泻症状为主的大肠埃希菌，根据其所致食物中毒的临床型、流行病学、发病机理及 O∶H 血清型、由质粒编码的毒力特性、与肠黏膜特有的相互作用和产生肠毒素或细胞毒素型别的不同分为 6 种类型：产肠毒素大肠埃希菌（Enterotoxigenic *E. coli*，ETEC）能分泌热稳定性肠毒素/热不稳定性肠毒素；肠致病性大肠埃希菌（Enteropathogenic *E. coli*，EPEC）能引起宿主肠黏膜上皮细胞黏附及擦拭性损伤；肠侵袭性大肠埃希菌（Enteroinvasive *E. coli*，EIEC）能侵入肠道上皮细胞而引起痢疾样腹泻；肠出血性大肠埃希菌（Enterohemorrhagic *E. coli*，EHEC）能分泌志贺毒素，引起宿主肠黏膜上皮细胞黏附及擦拭性损伤，有特定血清型，主要为 O157：H7，致病性极强；肠集聚性大肠埃希菌（Enteroaggregative *E. coli*，EAEC）不侵入肠道上皮细胞，但能引起肠道液体蓄积；弥散黏附性大肠埃希菌（diffusely adherent *E. coli*，DAEC）的致病机制主要是与其黏附作用有关。

（二）流行病学

1. 季节性 多发生于夏秋季节。

2. 中毒食品 主要为熟肉制品及冷荤，其次为蛋与蛋制品、乳酪等食品。

3. 食品被污染的原因 致泻性大肠埃希菌存在于人和动物的肠道内。健康人和儿童肠道带菌率为 2%～8%，有时高达 44%，肠炎病人和腹泻婴儿的带菌率为 29%～52%；畜禽的带菌率为 7%～22%。病原菌随粪便排出体外，污染环境，进而污染食品。

4. 中毒原因 致泻性大肠埃希菌在 60℃经 15min 可被杀灭，但耐热肠毒素（ST）在 100℃经 20min 仍有毒力。若食入了被该菌及其毒素污染严重且未充分加热的动物性食品，可引起食物中毒。苍蝇是重要的传播媒介。

（三）症状

1. 急性胃肠炎型 产肠毒素大肠埃希菌引起。多见于婴幼儿和旅游者，主要症状有水样腹泻、上腹痛、呕吐、头痛、不发热或低热。病程 2～3d。

2. 急性腹泻型 肠致病性大肠埃希菌引起。多见于婴儿，症状有水样腹泻、腹痛，严重者死亡。

3. 急性菌痢型 肠侵袭性大肠埃希菌引起。多见于婴儿，潜伏期 48～72h，症状为出血性腹泻、里急后重、腹痛、发热（38～40℃）。病程 1～2 周。

4. 出血性肠炎型 肠出血性大肠埃希菌引起。潜伏期 3～4d，症状有痉挛性腹痛、腹泻、发热、呕吐，初为水样便，后为血便。病程约 10d，病死率 3%～5%。

（四）诊断

根据流行病学特点和症状可做出初步诊断。通过病原菌和毒素鉴定可确诊，检验方法见《食品安全国家标准 食品微生物学检验 致泻大肠埃希氏菌检验》（GB 4789.6—2016）、《食品安全国家标准 食品微生物学检验 大肠埃希氏菌 O157：H7/NM 检验》（GB 4789.36—2016）。

四、小肠结肠炎耶尔森菌食物中毒

（一）病原

小肠结肠炎耶尔森菌（*Yersinia enterocolitica*）属于肠杆菌科耶尔森菌属，嗜冷菌，有 17 个血清群和 57 个血清型，与人类疾病有关的主要为 O：3、O：8 和 O：9 型，还有 O：5 和 O：1 型。我国从腹泻病人分离出的主要是 O：3 型。

（二）流行病学

1. 季节性 多发生于秋末和冬季。

2. 中毒食品 主要是畜禽肉、乳和乳制品，也见牡蛎、蛤和虾。

3. 食品被污染的原因　小肠结肠炎耶尔森菌分布很广，带菌动物和病人的排泄物可直接或间接污染食品。

4. 中毒原因　小肠结肠炎耶尔森菌生长温度 1～44℃，最适生长温度为 22～29℃，4℃仍能生长繁殖，对冷藏食品的安全构成威胁。食用被该菌污染且未充分加热的动物性食品，引起食物中毒。

（三）症状

潜伏期 3～10d，以幼儿多发。无明显的前驱症状，起病急骤。临床表现多样，主要为急性胃肠炎，患者出现腹痛（41.2%～84%，以脐部和右下腹部多见）、腹泻（35.8%～78%，胆汁绿色样水泻）、发热（43%～87%，39～40℃），其次头痛、恶心、呕吐；也见结节性红斑、红色斑丘疹、关节痛等，少见败血症。死亡率较高。

（四）诊断

根据流行病学特点和临床表现可做出初步诊断。从中毒食品和病人腹泻物中分离出同一血清型的小肠结肠炎耶尔森菌，即可诊断，检验方法见《食品安全国家标准　食品微生物学检验　小肠结肠炎耶尔森氏菌检验》（GB 4789.8—2016）。

五、空肠弯曲菌食物中毒

（一）病原

空肠弯曲菌（*Campylobacter jejuni*）为螺菌科（Spirillaceae）弯曲菌属。根据耐热可溶性 O 抗原的间接血凝分型法，可将该菌分为 45 个血清型，第 11、12 和 18 血清型最为常见。

（二）流行病学

1. 季节性　多见于夏、秋季。

2. 中毒食品　主要是畜禽肉、牛乳等，以肉类多见。

3. 食品被污染的原因　空肠弯曲菌广泛存在于畜、禽及鸟类的肠道，随粪便排出体外，易污染动物性食品。

4. 中毒原因　空肠弯曲菌对低温的抵抗力强，在 5℃保存的鸡肉可存活 9d，在−25℃时可存活 3～4 个月，在冷冻 3 个月的畜禽肉中仍存活，是冷藏肉品容易发生食物中毒的重要原因。摄食被该菌污染且未充分加热或加热不彻底的动物性食品，引发食物中毒。

（三）症状

潜伏期 35h 左右，可长达 3～5d。病初发热（可达 40℃），全身乏力，头痛，肌肉酸痛。腹痛是早期症状，位于脐周或上腹部，间歇性或绞痛，常放射至右下腹部，排便前腹痛加剧，便后可暂时缓解。发热 12～24h 后出现腹泻，先水样便，每天 4～5 次，甚至多达 20 余次，继有黏液便或血黏液便，少数便血。病程多 1 周左右，但少数间歇腹泻，持续数周。预后通常良好，个别病例死亡。

（四）诊断

根据流行病学特点和症状可做出初步诊断。从中毒原因食品和病人腹泻物中分离到同一血清型的空肠弯曲菌，可做出诊断，检验方法见《食品安全国家标准　食品微生物学检验　空肠弯曲菌检验》（GB 4789.9—2014）。

六、葡萄球菌食物中毒

（一）病原

葡萄球菌食物中毒是由葡萄球菌肠毒素（staphylococcus enterotoxin）引起的一种食物中毒。病原为金黄色葡萄球菌（*Staphylococcus aureus*），产生的肠毒素是一种单链小分子蛋白，已发现 A、B、C_1、C_2、C_3、D、E、F 型肠毒素，其中 A 型是引起食物中毒的主要肠毒素，B、C 和 D 型次之。肠毒素耐热稳定，能抵抗胃蛋白酶作用。

（二）流行病学

发病率可达 30%，儿童发病率更高，中毒表现也较成人严重。

1. 季节性　多发于夏秋季节。

2. 中毒食品　主要为乳与乳制品、含乳的冷冻食品，其次为肉类（熟肉和内脏）和其他动物性食品。

3. 食品被污染的原因　食品中金黄色葡萄球菌的来源：①该菌在自然界分布非常广泛，化脓性皮肤病、急性上呼吸道炎症和口腔疾患的病人带菌普遍，健康人鼻腔、咽喉、皮肤及肠道带菌率 20%～30%；②动物带菌率较高，禽体表带菌率可达 43%～67%；③该菌是乳腺炎的主要病原，患牛乳中有大量金黄色葡萄球菌；④食品从业人员手不洁，也是常见的污染源。

4. 中毒原因　金黄色葡萄球菌污染食品后，在适宜条件下（25～30℃）放置 5～10h，可产生引起人中毒的肠毒素。肠毒素耐热抗酸，能经受 100℃加热 30min，产生毒素的食品无感官变化，被人食用引起中毒。

（三）症状

潜伏期 2～4h。主要症状为突然恶心，反复剧烈呕吐，大量分泌唾液，上腹部不适或腹痛、腹泻。呕吐为本病的特征症状，常呈喷射状，初为食物残渣，后干哕，有时混有胆汁或带血液。腹泻多为水样便或黏液样便。病程 1～2d。

（四）诊断

根据症状、流行病学特点可做出初步诊断。确诊需从中毒食品中直接检测出肠毒素，或从中毒食品、患者吐泻物中经培养检出金黄色葡萄球菌，检验方法见《食品安全国家标准食品微生物学检验　金黄色葡萄球菌检验》（GB 4789.10—2016）。

七、链球菌食物中毒

（一）病原

链球菌属（*Streptococcus*）有 30 多种，根据在血琼脂平板上的溶血现象分为 α、β、γ 共 3 类，以 β 型引起的食物中毒多见。链球菌对热和高渗抵抗力强，在 50℃能生长，在含有 6.5%食盐和 pH9.6 的环境里也能生长。该菌在粪便中可存活数月，在－30℃可生存 4 个月以上。

（二）流行病学

1. 季节性　于 5—11 月。

2. 中毒食品　主要为动物性食品，尤以畜禽内脏、熟肉类、乳类、冷冻食品和动物性水产品多见。

3. 食品被污染的原因　链球菌广泛分布于自然环境中，在空气、尘埃、水、牛乳及人、畜的肠道和皮肤病灶中均有存在，污染食品机会多。

4. 中毒原因　动物性食品污染链球菌后，烹饪加热不彻底，或熟食被污染，在20～50℃放置时间长，该菌大量繁殖，若食前不经高温杀菌或加热不彻底，食后可引起食物中毒。

（三）症状

潜伏期2～10h。主要表现上腹部不适、恶心、呕吐、腹胀、腹痛、腹泻等急性胃肠炎症状，腹泻多为水样便。少数病人有头晕、头痛、低热、乏力等症状。病程1～2d。

（四）诊断

根据流行病学特点、症状可做出初步诊断。在中毒食品及病人的吐泻物中检查出同型链球菌，即可做出诊断，检验方法见《食品安全国家标准　食品微生物学检验　β型溶血性链球菌检验》（GB 4789.11—2014）。

八、李氏杆菌食物中毒

（一）病原

李氏杆菌食物中毒的病原菌为产单核细胞李氏杆菌（*Listeria monocytogenes*），也称单核细胞增生李斯特菌，简称单增李斯特菌，是一种重要食源性病原菌。根据O抗原和H抗原，可分为16个血清型，以4b、1b、1a多见。

（二）流行病学

1. 季节性　春季可发生，夏秋季呈季节性增长。

2. 中毒食品　主要是乳与乳制品、肉与肉制品、水产品等动物性食品，以冰箱保藏时间长的乳品和肉品多见。

3. 食品被污染的原因　乳的污染来自粪便和环境，肉的污染源于屠宰加工过程环境、工器具、胃肠道内容物。

4. 中毒原因　食品被该菌污染，人食用前未经彻底加热，食后引起中毒。

（三）症状

1. 腹泻型　潜伏期8～24h。主要症状为腹泻、腹痛和发热。

2. 侵袭型　潜伏期2～6周。病初常有胃肠炎症状，主要症状是发热、败血症、脑膜炎、脑脊髓炎，有时引起心内膜炎。

（四）诊断

根据流行病学特点和症状可做出初步诊断。从中毒食品和患者粪便中分离出同一血清型单增李斯特菌，可做出诊断，检验方法见《食品安全国家标准　食品微生物学检验　单核细胞增生李斯特氏菌检验》（GB 4789.30—2016）。

九、肉毒梭菌毒素食物中毒

肉毒梭菌毒素食物中毒简称肉毒中毒，因摄入肉毒梭菌毒素而发生的一种细菌毒素性食物中毒。

（一）病原

肉毒梭状芽孢杆菌（*Closridium botulinum*）简称肉毒梭菌，厌氧条件下在食品中繁殖，产生肉毒毒素。根据毒素抗原性不同，将该菌分为 A、B、C$_\alpha$、C$_\beta$、D、E、F、G 共 8 型，A、B、E、F 型引起人中毒，在我国多由 A 型引起。肉毒毒素为锌结合蛋白质，是毒性最强的神经麻痹毒素之一，不被胃液破坏，80℃经 30min 或煮沸 5～20min 才可被破坏，固体食物煮沸 2h，毒素才被破坏。

（二）流行病学

1. 季节性　一年四季都有发生，多发于 3—5 月。

2. 中毒食品　在我国，中毒食品多为家庭自制豆、谷类的发酵制品（臭豆腐、豆豉、豆酱等），少数由牛肉、羊肉等动物性食品引起。

3. 食品被污染的原因　肉毒梭菌广泛分布于自然界，畜禽粪便可检出该菌，食品中肉毒梭菌主要来自土壤。

4. 中毒原因　食品被肉毒梭菌或其芽孢污染，该菌在厌氧环境和适宜温度下繁殖、产生毒素，人食用前不加热或加热不彻底而引起中毒。

（三）症状

潜伏期 12～48h，长可达 8～10d，中毒特征为肌肉麻痹。病初有头痛、头昏、眩晕、乏力、恶心、呕吐（E 型者恶心呕吐重，A 型及 B 型者较轻）；稍后，眼内外肌瘫痪，出现眼部症状，如视力模糊、复视、眼睑下垂、瞳孔散大，对光反射消失，咽痛，呼吸困难，头向前倾或倾向一侧。重者死亡。

（四）诊断

根据流行病学特点、临床表现可做出初步诊断。从中毒食品或患者粪便、血液中检出型别相同的肉毒毒素，即可确诊，检验方法见《食品安全国家标准　食品微生物学检验　肉毒梭菌及肉毒毒素检验》（GB 4789.12—2016）。

十、产气荚膜梭菌食物中毒

（一）病原

产气荚膜梭菌（*Closridium perfringens*）曾称魏氏梭菌（*C. welchii*），是一种厌氧菌。根据各菌产生的外毒素性质和致病性的不同，将该菌分为 A、B、C、D、E、F 6 个型，引起食物中毒的主要是 A 型，其次是 C 型。该菌产生的毒素可分为 α、β、γ、δ、ε、η、θ、ι、κ、λ、μ、ν 等 12 种，其中 α 毒素是重要的致病因子，具有致死和坏死的作用。

（二）流行病学

1. 季节性　多发生在夏秋季节。

2. 中毒食品　多为同批大量加热、烹煮后，在较高温度下长时间缓慢冷却且不经再加热而直接食用的肉、鸡、鸭、鱼等。

3. 食品被污染的原因　产气荚膜梭菌广泛分布于自然界，在土壤、污水、垃圾、昆虫、人和动物粪便中均有存在，极易污染动物性食品。

4. 中毒原因　产气荚膜梭菌污染食品，大量繁殖，食品无明显腐败变质现象，被人食用极易造成食物中毒。

（三）症状

1. 急性胃肠炎型　A 型菌株产生的毒素引起，潜伏期 8～24h。90％以上的病人以腹痛、腹泻等急性胃肠炎症状为主，腹泻多为稀便或水样便，偶见便中混有黏液和血液，恶心、呕吐者较少，不发热或有微热。病程 1～2d，预后良好。

2. 坏死性肠炎型　C 型菌株产生的毒素引起，潜伏期 2～3h。表现为严重的下腹部疼痛，重度腹泻，便中带有血液、黏液甚至黏膜屑片，并伴有呕吐。有的出现高热（38～39℃）、发冷、恶寒、抽搐、虚脱、神志不清，甚至昏迷。预后多不良，重者发生毒血症，病死率高达 35%～40%。

（四）诊断

根据流行病学特点和临床表现可做出初步诊断。从多数患者粪便中检出该菌肠毒素，或者从多数患者的粪便与可疑中毒食品中检出血清型相同且数量很多的产毒素性产气荚膜梭菌，即可做出诊断，检验方法见《食品安全国家标准　食品微生物学检验　产气荚膜梭菌检验》（GB 4789.13—2016）。

第五节　动物性食品的安全性评价

一、食品卫生标准和食品安全标准

（一）食品卫生标准

2009 年 6 月 1 日《中华人民共和国食品安全法》实行之前，我国实行的是食品卫生标准。食品卫生标准是指对食品中具有安全、营养和保健功能意义的技术要求及其检验方法和评价规程所作的规定。制定和实施食品卫生标准的目的是保障消费者的健康，所以食品卫生标准紧紧围绕食品的安全、营养、保健功能制定了一系列的技术规定。

在我国，从食品卫生标准的制定和管理上看，可分为国家标准（用 GB 表示）、行业标准〔用 SB（商业行业标准）、NY（农业行业标准）、QB（轻工业行业标准）、SN（商检标准）等表示〕、地方标准（DB＋省级行政区划代码前两位）和企业标准（Q＋企业代号）4种类型。《中华人民共和国标准化法》第六条规定："对需要在全国范围内统一的技术要求，应当制定国家标准。国家标准由国务院标准化行政主管部门制定。对没有国家标准而又需要在全国某个行业范围内统一的技术要求，可以制定行业标准。行业标准由国务院有关行政主管部门制定，并报国务院标准化行政主管部门备案，在公布国家标准之后，该项行业标准即行废止。对没有国家标准和行业标准而又需要在省、自治区、直辖市范围内统一的工业产品的安全、卫生要求，可以制定地方标准。地方标准由省、自治区、直辖市标准化行政主管部门制定，并报国务院标准化行政主管部门和国务院有关行政主管部门备案，在公布国家标准或者行业标准之后，该项地方标准即行废止。企业生产的产品没有国家标准和行业标准的，应当制定企业标准，作为组织生产的依据。企业的产品标准须报当地政府标准化行政主管部门和有关行政主管部门备案。已有国家标准或者行业标准的，国家鼓励企业制定严于国家标准或者行业标准的企业标准，在企业内部适用。"

从标准的法律效力上看，可分为强制性标准和推荐性标准，《中华人民共和国标准化法》规定："保障人体健康，人身、财产安全的标准和法律、行政法规规定强制执行的标准是强制性标准，其他标准是推荐性标准"。《中华人民共和国标准化法实施条例》第十八条规定："药品标准、食品卫生标准、兽药标准为强制性标准。"

（二）食品安全标准

食品安全标准是为了保证食品安全，保障公众身体健康和生命安全，对食品生产和流通过程中影响其安全性的各种要素及关键环节所规定的统一技术要求。《中华人民共和国食品安全法》（2021年）第二十五条规定，食品安全标准是强制执行的标准。除食品安全标准外，不得制定其他食品强制性标准。《中华人民共和国食品安全法实施条例》（2019）第二条规定，食品生产经营者应当依照法律、法规和食品安全标准从事生产经营活动，建立健全食品安全管理制度，采取有效措施预防和控制食品安全风险，保证食品安全；第十二条规定，保健食品、特殊医学用途配方食品、婴幼儿配方食品等特殊食品不属于地方特色食品，不得对其制定食品安全地方标准。

截至2023年11月，我国已制定公布1 563项食品安全国家标准，涵盖我国居民消费的所有30大类340个小类食品，其中涉及2.3万余项食品安全指标。

二、生物性污染评价指标

（一）菌落总数

1. 概念 菌落总数(aerobic plate count)指食品检样经过处理，在一定条件下（如培养基、培养温度和培养时间等）培养后，所得每g（mL）检样中形成的微生物菌落总数。所得菌落总数以菌落形成单位（colony forming unit，CFU）报告。检验方法见《食品安全国家标准 食品微生物学检验 菌落总数测定》（GB 4789.2—2022）。

2. 食品卫生学意义 测定菌落总数有两方面的意义：①食品被细菌污染程度的标志；②观察细菌在食品中繁殖动态，以便为检样进行安全性评价提供依据。

（二）大肠菌群

1. 概念 大肠菌群(coliforms)指在一定培养条件下能发酵乳糖、产酸产气的需氧和兼性厌氧的革兰氏阴性无芽孢杆菌。最可能数（most probable number，MPN）是基于泊松分布的一种间接计数方法。食品中大肠菌群数系以100g（mL）检样中大肠菌群最可能数（MPN）表示。检验方法见《食品安全国家标准 食品微生物学检验 大肠菌群计数》（GB 4789.3—2016）。

2. 食品卫生学意义 大肠菌群主要来源于人畜粪便，其测定具有两方面意义：①作为粪便污染指标来评价食品安全性；②推断食品中是否污染肠道致病菌。

（三）病原微生物

病原微生物(pathogenic microorganism)指可以危害人畜健康、引起感染甚至传染病、食物中毒的微生物。GB 4789系列标准规定检验的食源性病原微生物有16种，包括沙门氏菌、志贺氏菌、致泻性大肠埃希菌、副溶血性弧菌、小肠结肠炎耶尔森菌、空肠弯曲菌、金黄色葡萄球菌、β型溶血性链球菌、肉毒梭菌及其肉毒毒素、产气荚膜梭菌、蜡样芽孢杆菌、产单核细胞李氏杆菌、唐菖蒲伯克霍尔德氏菌（椰毒假单胞菌酵米面亚种）、克罗诺杆菌属（阪崎肠杆菌）、创伤弧菌检验、诺如病毒检验。食品的种类不同，检验何种致病菌各有侧重。我国规定，在食品中一般不得检出致病菌。预包装食品、散装即食食品中致病菌限量指标分别见《食品安全国家标准 预包装食品中致病菌限量》（GB 29921—2021）和《食品安全国家标准 散装即食食品中致病菌限量》（GB 31607—2021）。

（四）寄生虫

2023年农业农村部颁布了7项畜禽屠宰检疫规程，规定的检疫对象包含寄生虫病，其中生猪检疫囊尾蚴病和旋毛虫病，牛检疫日本血吸虫病，羊和鹿检疫棘球蚴病和片形吸虫病，鸡和兔检疫球虫病。

三、化学性污染评价指标

(一) 每日允许摄入量

每日允许摄入量（acceptable daily intake，ADI）指人类的一生每日从食物中摄入某种物质，而不产生可检测到的危害健康的估计量，以每千克体重可摄入的量表示（mg/kg 体重）。《食品安全国家标准　食品添加剂使用标准》（GB 2760—2014）、《食品安全国家标准　食品中农药最大残留限量》（GB 2763—2021）、《食品安全国家标准　食品中兽药最大残留限量》（GB 31650—2019）分别规定了食品添加剂、农药、兽药的 ADI。

(二) 限量

限量（maximum levels，ML）指污染物、真菌毒素等有害物质在食品原料和/或食品成品可食用部分中允许的最大含量水平。制定食品中限量标准的目的是将食品中污染物和真菌毒素等有害物质减少到实际可能达到的最低浓度，对保障食品安全、规范食品生产经营、维护公众健康具有重要意义。我国颁布了 2 项有害物质限量标准：①《食品安全国家标准　食品中污染物限量》（GB 2762—2022），规定了食品中铅、镉、汞、砷、锡、镍、铬、亚硝酸盐、硝酸盐、苯并［a］芘、N-二甲基亚硝胺、多氯联苯、3-氯-1，2-丙二醇的限量指标；②《食品安全国家标准　食品中真菌毒素限量》（GB 2761—2017），规定了食品中黄曲霉毒素 B_1、黄曲霉毒素 M_1、脱氧雪腐镰刀菌烯醇、展青霉素、赭曲霉毒素 A 及玉米赤霉烯酮的限量指标。

(三) 最大残留限量

最大残留限量（maximum residue limit，MRL）是指在食品或农产品内部或表面法定允许的兽药或农药最大浓度，以每千克食品或农产品中农药残留的毫克数表示（mg/kg），又称为最高残留限量。

1. 农药最大残留限量 《食品安全国家标准　食品中农药最大残留限量》（GB 2763—2021）中农药最大残留限量的定义：指在食品或农产品内部或表面法定允许的农药最大浓度，以每千克食品或农产品中农药残留的毫克数表示（mg/kg）。GB 2763 规定了食品中 2，4-滴丁酸等 564 种农药 10 092 项最大残留限量，GB 2763.1 规定了食品中 2，4-滴丁酸钠盐等 112 种农药最大残留限量。

2. 兽药最大残留限量 《食品安全国家标准　食品中兽药最大残留限量》（GB 31650—2019）的定义：对食品动物用药后，允许在食物表面或内部的该兽药残留的最高量/浓度（以鲜重计，表示为 $\mu g/mL$）。最大残留限量指标见 GB 31650 和 GB 31650.1。

(四) 再残留限量

再残留限量（extraneous maximum residue limit，EMRL）是指一些持久性农药虽已禁用，但还长期存在环境中，从而再次在食品中形成残留，为控制这类农药残留物对食品的污染而制定其在食品中的残留限量，以每千克食品或农产品中农药残留的毫克数表示（mg/kg）。《食品安全国家标准　食品中农药最大残留量》（GB 2763—2019）规定了艾氏剂、滴滴涕（DDT）、狄氏剂、毒杀芬、林丹、六六六、氯丹、灭蚁灵、七氯、异狄氏剂等 10 种有机氯农药的再残留限量。

第六节 动物性食品污染的控制

动物性食品中污染物种类多、来源广，污染控制需要多部门联合，严格执行国家有关法律法规和标准，建立健全动物性食品安全管理体系，应当从源头抓起，做好动物防疫工作，规范使用兽药，建立畜禽标识和可追溯管理体系。

一、生物性污染控制措施

（一）防止一次污染

防止一次污染，重在养殖环节，主要措施有：①科学选址，合理局部，配备必需的设施设备，健全防疫、消毒等制度，保持环境卫生；②加强动物防疫活动管理，预防、控制、净化、消灭动物疫病，建立无规定动物疫病区、无疫小区；③加强饲养管理，提高动物抗病能力；④实施动物及动物产品可追溯管理；⑤执业兽医做好动物疫病尤其是人畜共患病的防控工作，对病害动物及废弃物进行无害化处理，防止污染环境。

（二）防止二次污染

防止二次污染，应注重在动物性食品加工、包装、贮藏、运输及销售等环节中采取有效措施，预防微生物、寄生虫的污染。在畜禽屠宰、乳畜挤乳等过程中应严格遵守卫生制度，采用 GMP 和 HACCP 控制体系，从原料到产品实行全过程质量安全监控。生产用水应符合我国《生活饮用水卫生标准》（GB 5749—2022）。乳品、肉品加工中，严格执行良好卫生规范，保持车间、用具和设备、包装材料、运输车船以及贮藏间的卫生。从业人员应当保持良好卫生习惯，不得患有国家规定的疾病。建立健全各级动物卫生监督、检验机构，加强屠宰检疫和动物性食品卫生检验。

二、化学性污染控制措施

（一）农药残留控制措施

防止农药污染的主要措施：①合理使用农药；②执业兽医在寄生虫病防治中，应按国家有关规定使用杀虫药；③动物饲料中农药残留量应符合《饲料卫生标准》（GB 13078—2017）的规定；④加强农药监督管理；⑤开展动物性食品中农药残留检测和风险评估。

（二）兽药残留控制措施

1. 加强兽药监督管理 兽药监督管理部门按照《兽药管理条例》及有关法规要求，加强兽药生产、经营、使用等管理。

2. 规范使用兽药 ①兽药使用单位，应当遵守《兽药管理条例》等法规，合理使用兽药，建立用药记录（包括所用药物名称、剂型、剂量、给药途径、疗程，药物生产企业、产品批准文号、批号等）；②执业兽医使用兽药时应严格遵守国家兽药管理有关法规，兽用处方药必须由依法备案的执业兽医师按照其备案的执业范围开具兽医处方，严格按规定用药；③所用兽药必须来自具有《兽药生产许可证》并获得农业农村部颁发《兽药 GMP 证书》的兽药生产企业，或农业农村部批准注册进口的兽药；④所用兽药必须符合《中华人民共和国兽药典》《兽药质量标准》《兽用生物制品质量标准》《进口兽药质量标准》等相关规定；⑤在无公害养殖、绿色养殖中，使用兽药时还应遵循《无公害食品 兽药使用准则》（NY/

T 5030—2016)、《绿色食品 兽药使用准则》（NY/T 472—2022）等标准的规定。

3. 合理使用饲料药物添加剂 ①除中药外，其他药物不能用作促生长类药物饲料添加剂；②禁止将原料药直接添加到饲料及饮用水中或者直接饲喂动物；③在饲料加工中，应将加药饲料和不加药饲料分开加工；④按食品动物种类、生长阶段的不同，正确使用药物饲料添加剂。

4. 严格执行休药期 休药期（停药期）的规定是为了减少或避免动物可食用组织或产品中残留的兽药超出最大残留限量。兽药使用应当严格遵守国家有关休药期规定：①有休药期规定的兽药用于食品动物，执业兽医师开具的处方笺还应当注明休药期；②饲养者应当向购买者或者屠宰者提供准确、真实的用药记录；③购买者或者屠宰者应当确保动物及其产品在用药期、休药期内不被用于食品消费；④生产者必须严格遵守食用动物屠宰前休药期和用药后禁止上市期限的规定，以保证动物性食品中药物残留量不超标，禁止销售含有违禁药物或者兽药残留量超过标准的食品动物产品。

5. 禁止使用违禁药物 ①严禁使用国家规定的禁用药品；②禁止使用假、伪兽药，以及未经农业农村部批准或已淘汰的药品；③禁止添加激素类药品；④禁止将人用药品用于动物。

6. 开展兽药残留监控 ①建立并完善兽药残留监控体系，加强兽药在动物性食品中残留的风险监测和风险评估工作；②对兽药生产、销售和使用进行监控；③对动物及动物源食品中兽药残留进行监控。

7. 遏制微生物耐药 为积极应对微生物耐药带来的挑战，贯彻落实《中华人民共和国生物安全法》，更好地保护人民健康，国家卫生健康委、农业农村部等13部门联合制定的《遏制微生物耐药国家行动计划（2022—2025年）》规定了总体要求、主要指标、主要任务和保障措施。主要任务共8大项，其中与兽药监测、培训、使用、风险评估等有关的如下：强化抗微生物药物污染排放管控工作，推动抗微生物药物废弃物减量化，加强抗微生物药物环境污染防治监管能力建设；定期举办提高抗微生物药物认识周活动；加强养殖业与兽医从业人员抗微生物药物合理应用的培训力度；加强兽用抗微生物药物监督管理，进一步规范兽用抗微生物药物使用，推进养殖业绿色发展，持续推进兽用抗菌药使用减量化行动，推广使用安全、高效、低残留的兽用中药等兽用抗菌药物替代产品；严格执行促生长用抗菌药物饲料添加剂退出计划；推行凭兽医处方销售使用兽用抗菌药。继续开展兽用抗微生物药物安全风险评估和兽药残留监控，维护食品安全和公共卫生安全；推动建立健全兽用抗微生物药物应用监测网和动物源微生物耐药监测网，完善动物源细菌耐药监测网，监测面逐步覆盖养殖场、动物医院、动物诊所等，获得兽用抗微生物药物使用数据和动物源微生物耐药数据；建立健全微生物耐药风险监测、评估和预警制度。

三、放射性污染控制措施

（一）加强放射性污染源的监控
严格遵守技术操作规程，定期检查放射源装置的安全性。核装置和同位素实验装置的废物排放，必须做到合理、无污染。

（二）规范食品辐照操作
按照食品辐照有关国家标准或相关行业标准，对动物性食品进行辐照处理时，应严格遵守照射源和照射剂量的规定，禁止任何能够引起食品和包装物产生放射性的照射，严禁将放射性核素作为食品保藏剂。

（三）开展食品放射性物质监测与评估

按《食品中放射性物质检验》（GB 14883.1～10—2016）规定方法，开展食品放射性污染的检测与监测，及时掌握食品放射性污染的动态。尤其对应用于工农业、医学和科学试验的核装置及同位素装置附近地区的食品，可疑有核污染的食品定期进行监测。动物性食品中人工放射性核素应符合《食品中放射性物质限制浓度标准》（GB 14882—1994）规定的限制浓度。

（四）销毁污染的食品

通过检测、监测，发现不符合《食品中放射性物质限制浓度标准》（GB 14882—1994）规定的食品，予以销毁。尤其是发生意外事故造成的偶然性放射性污染，要全力进行控制，将污染缩小到最小范围。

四、畜禽标识和可追溯管理

畜禽标识及产品质量安全可追溯管理是利用畜禽生产、屠宰、加工、冷藏、流通过程中各关键环节的信息记录，实现全程追溯或追踪的系统。对保障动物性食品质量安全、增强消费者信任度和满意度、提升畜禽产品市场竞争力等具有重要意义。

（一）可追溯体系

可追溯体系（traceability system）指在动物及其产品供应的整个过程中对产品的各种相关信息进行记录存储的质量保障体系，又称为可追溯系统、可追溯管理。畜禽标识及可追溯体系是以新型的动物标识为载体，以现代信息网络技术为手段，通过标识编码、标识佩戴、身份识别、信息录入与传输、数据分析和查询，实现动物及其产品从牧场到餐桌的全程安全监管，为动物疫病防控和动物产品质量安全控制提供可靠的科学依据。

我国的动物标识及疫病可追溯体系由动物标识申购与发放管理系统、动物生命周期全程监管系统、动物产品质量安全追溯系统组成。三大系统既紧密衔接，又相互独立，构成从耳标生产、配发，到动物饲养、流通，再到动物屠宰、动物产品销售全程监管追溯体系。目前确定的动物标识及疫病可追溯体系基本模式是以畜禽标识为基础，利用移动智能识读设备，通过无线网络传输数据，中央数据库存储数据，记录动物从出生到屠宰的饲养、防疫、检疫等管理和监督信息，实现从畜禽出生到屠宰全过程的数据网上记录，达到对动物及其产品的快速、准确溯源和控制。

（二）畜禽标识管理规章

为规范畜牧业生产经营行为，加强畜禽标识和养殖档案管理，建立畜禽及畜禽产品可追溯制度，有效防控动物疫病，保障畜禽产品质量安全，我国颁布了《畜禽标识和养殖档案管理办法》（以下简称《办法》），建立国家实施畜禽标识及养殖档案信息化管理制度，实现畜禽及畜禽产品可追溯。农业农村部建立包括国家畜禽标识信息中央数据库在内的国家畜禽标识信息管理系统。省级人民政府农业农村主管部门建立本行政区域畜禽标识信息数据库，并成为国家畜禽标识信息中央数据库的子数据库。县级人民政府农业农村主管部门根据数据采集要求，组织畜禽养殖相关信息的录入、上传和更新工作。

畜禽标识是指经农业农村部批准使用的耳标、电子标签、脚环以及其他承载畜禽信息的标识物，也称动物标识，目前常用耳标。《办法》（2006）规定，畜禽标识实行一畜一标，编码应当具有唯一性。畜禽标识编码由畜禽种类代码、县级行政区域代码、标识顺序号共15位数字及专用条码组成。猪、牛、羊的畜禽种类代码分别为1、2、3。编码形式为：×（种类代码）－××××××（县级行政区域代码）－××××××××（标识顺序号）。

生产企业生产的畜禽标识应当符合农业农村部制定的畜禽标识技术规范的规定。省级动物疫病预防控制机构统一采购畜禽标识，逐级供应。畜禽养殖者应当向当地县级动物疫病预防控制机构申领畜禽标识，并按照规定对畜禽加施畜禽标识。畜禽标识严重磨损、破损、脱落后，应当及时加施新的标识，并在养殖档案中记录新标识编码。

（三）畜禽标识申购与发放管理系统

畜禽标识申购与发放管理系统包括畜禽标识生产、发放、使用、登记、回收、销毁等环节。各县区动物疫病预防控制机构通过网络申请畜禽标识种类和数量，省级动物疫病预防控制机构审批并指定生产厂家，再通过网络上报到中国动物疫病预防控制中心，该中心根据省级机构上报的信息统一进行编码，并把生产命令下达到生产企业，同时通过网络对畜禽标识数量、质量、包装全程监控；畜禽标识生产完成后，生产企业发放到指定的县区；接收单位验货后通过网络签收，乡镇需要的前往县区动物疫病预防控制机构领用动物标识，村级防疫员到乡里领用畜禽标识，领用动物标识号段通过网络上报。

（四）畜禽生命周期全程监管系统

畜禽生命周期全程监管系统包括饲养、产地检疫、流通监督、屠宰检疫等环节。主要通过将饲养信息、防疫档案、检疫证明和监督数据传输到中央数据库，快速、准确地追溯动物产品产地、防疫检疫等信息，实现发生重大动物疫病和动物产品安全事件时，利用畜禽标识追溯原产地和同群动物，达到快速、准确控制动物疫病的目的。

1. 饲养环节 动物防疫员为初生动物佩戴畜禽标识，对外引动物进行标识重新注册，录入标识、免疫等信息，并利用移动智能识读器将有关信息存入IC卡，通过网络上传到中央数据库。

2. 产地检疫环节 官方兽医通过移动智能识读器扫描二维码动物标识，在线查询免疫等情况，对检疫合格的动物出具电子产地检疫证明（无纸出证）；将产地检疫信息通过网络上传到中央数据库，并存入流通IC卡。

3. 流通监督环节 农业行政执法监督人员使用移动智能识读器扫描电子检疫证上的二维码或通过网络查询以鉴别动物标识和电子检疫证的真伪，并将监督信息通过网络上传到中央数据库。如发现动物染疫或疑似染疫的，则应根据耳标编码及时识读追溯原产地，并通报原产地及有关方面采取疫情控制、扑灭措施。

4. 屠宰检疫 畜禽屠宰企业的兽医卫生检验人员通过移动智能识读器扫描畜禽标识和电子动物检疫证明上的二维码进行信息查核，记录每批进厂（场）动物的来源、数量、检疫证明号。如发现动物患病，则应根据耳标编码及时识读追溯原产地，并通报原产地及有关方面采取疫情控制、扑灭措施。

5. 畜禽标识注销 死亡动物和扑杀动物的畜禽标识要注销，其中流通和运输环节由农业综合执法人员注销，产地和养殖场由当地兽医和养殖场的兽医注销。

（五）动物产品质量安全追溯系统

动物产品质量安全追溯系统是通过畜禽进入屠宰企业时，对畜禽标识与胴体及副产品编码进行绑定，在发生重大动物疫病和动物产品质量安全事件时，动物分割品依据其绑定的编码来实现对供体的原产地及同群畜的追溯。主要包括畜禽胴体标识调转、畜禽分割产品标识分发、消费者产品安全信息查验 3 个环节。

1. 动物入场和屠宰环节　屠宰企业兽医卫生检验人员使用识读设备读取畜禽标识，由系统自动进行标识转换，将二维码标识转换为标准条码，在动物屠宰过程中，将该条形码加载胴体上，以产品标签形式随同动物胴体出厂，达到能追溯到供体动物的目的。

2. 动物产品分割环节　由屠宰企业相关人员使用终端设备识读、打印动物胴体标准条码，粘贴于分割产品包装上，达到能追溯到胴体及其生产商的目的。

3. 动物产品流通环节　建立动物产品消费查询网络平台，消费者可通过互联网、手机、移动智能识读设备查询畜禽从出生到屠宰再到餐桌的全程质量安全监管信息，实现动物产品质量安全可追溯。

第七节　安全动物性食品的生产与管理

一、无公害食品的生产与管理

无公害食品指产地环境、生产过程和产品质量符合国家有关标准和规范的要求，经认证合格获得认证证书并使用无公害农产品标志的未经加工或初加工的食用农产品。其生产与管理应遵守《无公害农产品管理办法》的规定。

（一）无公害食品的生产与质量控制

无公害食品行业标准由农业农村部制定，是无公害农产品认证的主要依据。包括强制性标准和推荐性标准，现行有效标准 126 项，涵盖基础标准、产地环境质量要求、水质要求、生产技术或饲养管理、检验检测方法等。

1. 无公害食品产地环境质量标准　对产地的空气、农田灌溉水质、渔业水质、畜禽养殖用水等的指标以及浓度限值做出规定：一是强调无公害食品必须产自良好的生态环境地域，以保证无公害食品最终产品的无污染、安全性；二是促进对无公害食品产地环境的保护和改善。

2. 无公害动物性食品生产技术标准　无公害食品生产技术操作规程是按畜禽种类和不同农业区域的生产特性等分别制定，用于指导无公害食品动物饲养管理等生产活动，规范无公害食品生产，内容包括畜禽饲养、水产养殖和食品加工等技术操作规程。

（二）无公害食品的管理

1. 认证管理　无公害农产品管理工作，由政府推动，实行产地认定和产品认证的工作模式。国家鼓励生产单位和个人申请无公害农产品产地认定和产品认证。实施无公害农产品认证的产品范围由农业农村部、国家认证认可监督管理委员会等部门共同确定、调整。《无公害食品　产地认定规范》（NY/T 5343—2006）规定了无公害农产品产地认定的环境质量要求、生产过程要求、认定程序要求和产地管理。

2. 标志管理　获得无公害农产品认证证书的单位和个人，可以在证书规定的产品及其包装、标签、说明书上印制或加施无公害农产品标志。无公害农产品标志图案由绿色和橙色组成，标志图案由麦穗、对勾和无公害农产品字样构成，麦穗代表农产品，对勾表示合格，金色寓意成熟和丰收，绿色象征环保和安全（图 4 - 2）。

图4-2　无公害农产品标志图案

二、绿色食品的生产与管理

绿色食品（green food）指产自优良生态环境、按照绿色食品标准生产、实行全程质量控制并获得绿色食品标志使用权的安全、优质食用农产品及相关产品。绿色食品分为AA级绿色食品和A级绿色食品。AA级绿色食品是指在生态环境质量符合规定标准的产地，生产过程中不使用任何有害化学合成物质，按特定的生产操作规程生产、加工，产品质量及包装经检测、检查符合特定标准，并经专门机构认定，许可使用AA级绿色食品标志的产品。A级绿色食品是指在生态环境质量符合规定标准的产地，生产过程中允许限量使用限定的化学合成物质，按特定的生产操作规程生产、加工，产品质量及包装经检测、检查符合特定标准，并经专门机构认定，许可使用A级绿色食品标志的产品。

（一）绿色食品的生产与质量控制

绿色食品有严密的质量标准体系，实施全程质量控制。绿色食品标准由农业农村部颁布，为推荐性标准，现有标准有158项，包括产地环境质量标准、投入品使用标准、产品标准。为绿色食品生产提供指导，为管理提供指南，为审批提供依据。

1. 产地环境质量标准　《绿色食品　产地环境质量》（NY/T 391—2021）规定了绿色食品产地的术语和定义，产地生态环境基本要求、隔离保护要求，产地环境质量通用要求、环境可持续发展要求。

2. 生产投入品使用准则　农业投入品使用准则是对绿色食品生产过程中物资投入的一个原则性的规定，包括农药、化肥、兽药和饲料添加剂等标准。《绿色食品　兽药使用准则》（NY/T 472—2022）规定了绿色食品生产中兽药使用的术语和定义、基本要求、生产绿色食品的兽药使用规定和兽药使用记录。《绿色食品　饲料及饲料添加剂使用准则》（NY/T 471—2023）规定了绿色食品畜牧业、渔业养殖过程允许使用的饲料和饲料添加剂的术语和定义、使用原则、要求、使用规定、加工、包装、储存和运输。《绿色食品　食品添加剂使用准则》（NY/T 392—2023）规定了绿色食品生产中食品添加剂的术语和定义、使用原则和使用规定，适用于绿色食品生产过程中食品添加剂的使用和管理。

3. 生产操作规范　绿色食品生产操作规程涵盖种植业、畜牧业、水产养殖业和食品加工诸领域。畜牧业生产的操作规程指畜禽在选种、饲养、防治疾病等环节必须遵守的规定，主要内容包括：①必须饲养适应当地生长条件的种畜、种禽；②饲料的原料应主要来源于无公害区域内的草场和种植基地，饲料添加剂的使用必须符合NY/T 471；③畜禽圈舍内不得使用毒性杀虫、灭菌和防腐等药物；④不可对畜禽使用各类化学合成激素、化学合成促生长素、有机磷和其他有机药物，兽药的使用必须符合 NY/T 472；⑤绿色食品水产养殖过程中的要求养殖用水质达到绿色食品要求的水质标准，鱼、虾等水生物饵料的固体成分应主要来源于无公害生产区域；海洋捕捞应符合 NY/T 1891《绿色食品　海洋捕捞水产品生产管理规范》；⑥食品添加剂使用符合 NY/T 392，不能使用国家规定禁用的色素、防腐剂、品质改良剂等添加剂，禁止使用糖精及人工合成添加剂，允许使用的添加剂，要严格控制用量；⑦生产加工过程、包装材料选用、产品流通媒介等具备完全无污染的条件。

4. 绿色食品产品标准　我国已颁布 100 多项绿色食品产品标准，其中 12 项为动物性食品，规定了绿色食品产品的术语和定义、要求、检验规则、标签、包装、运输和储存。

（二）绿色食品的管理

1. 认证管理　中国绿色食品发展中心负责全国绿色食品标志使用申请的审查、颁证和颁证后跟踪检查工作。省级人民政府农业农村主管部门所属绿色食品工作机构负责本行政区域绿色食品标志使用申请的受理、初审和颁证后跟踪检查工作。承担绿色食品产品和产地环境检测工作的技术机构，应当具备相应的检测条件和能力，并依法经过资质认定，由中国绿色食品发展中心按照公平、公正、竞争的原则择优指定并报农业农村部备案。申请人申报产品通过绿色食品标志许可审查合格，符合绿色食品标志许可使用条件，即可获得标志使用证书。证书实行"一品一证"管理制度，即为每个通过绿色食品标志许可审查合格产品颁发一张证书。证书有效期为 3 年。

2. 标志管理　县级以上人民政府农业农村主管部门依法对绿色食品及绿色食品标志进行监督管理。绿色食品标志由特定的图形来表示。图形由三部分构成，即上方的太阳、下方的叶片和蓓蕾（图 4-3）。标志图形为正圆形，意为保护、安全。

图 4-3　绿色食品标志图形

三、有机食品的生产与管理

有机食品（organic food）指来自有机农业生产体系，根据有机农业生产的规范生产加工，并经独立的认证机构认证的农产品及其加工产品。有机农业生产体系指在动植物生产过程中不使用化学合成的农药、化肥、生产调节剂、饲料添加剂等物质，以及基因工程生物及其产物，而是遵循自然规律和生态学原理，采取一系列可持续发展的农业技术，协调种植业和养殖业的平衡，维持农业生态系统持续稳定的一种农业生产方式。

（一）有机食品的生产与质量控制

《有机产品　生产、加工、标识与管理体系要求》（GB/T 19630—2019）规定了有机产品的生产、加工、标识与管理体系的要求，适用于有机动物等的生产，有机食品、饲料等的加工，有机产品的包装、贮藏、运输、标识和销售。该标准是中国有机产品生产、经营、认证实施的唯一标准，明确了有机产品生产、加工、标识、销售和管理应达到的技术要求。GB/T 19630 规定了畜禽养殖、水产养殖、蜜蜂养殖的有机生产要求，其中畜禽养殖包括饲料、畜禽的转换期，平行生产，畜禽的引入，饲料，饲养条件，疾病防治，非治疗性手术，繁殖，运输和屠宰，有害生物防治，环境影响 11 个方面。

（二）有机食品的管理

1. 认证管理 我国制定的《有机产品认证管理办法》规定国家市场监督管理总局负责全国有机产品认证的统一管理、监督和综合协调工作。该办法明确了国家推行四统一的有机产品认证制度（实行统一的认证目录、统一的标准、统一的认证实施规则、统一的认证标志）。有机产品认证程序有 3 个：①对农业生产阶段大气、土壤、水进行监测、检测；②对获得认证企业的生产和加工现场检查；③对获得认证的产品进行风险检测，保证产品从源头上符合有机产品标准的要求。该办法规定：建立了进口有机产品的监督管理制度，对境外有机产品认证体系的等效性评估和进口有机产品监管。认证监管部门可以根据发布的动植物疫情、环境污染等风险预警、监督检查和消费者投诉、媒体反映等情况，及时发布有机产品认证区域、获证产品及其认证委托人、认证机构的认证风险预警信息，并采取相关应对措施。建立有机食品风险预警机制，监管部门应当综合影响有机生产、加工、经营的各种因素，及时发布预警信息，必要时暂停某个区域或某类产品的认证，降低认证风险，保证获证产品质量，保护消费者利益。

有机产品实施认证管理，通过独立的有机产品认证机构审查并颁发证书。为规范有机产品认证活动，中国国家认证认可监督管理委员会制定了《有机产品认证实施规则》，规定了有机产品认证机构开展认证的程序和基本要求，内容包括目的和范围、认证机构要求、认证人员要求、认证依据、认证程序、认证后管理、再认证、认证证书、信息报告、认证收费共 10 部分。

依据国家和有关行业对有机食品认证管理的规定，申请有机食品认证的单位或个人，应向有机食品认证机构提出书面认证申请，经认证机构审查，符合要求的，颁发有机产品认证证书，有机食品认证证书必须在限定的范围内使用，证书有效期为 1 年。

2. 标志管理 《有机产品认证管理办法》规定有机产品认证标志为中国有机产品认证标志，标志标有中文"中国有机产品"字样（图 4-4）。图案由 3 部分组成：外围的圆形、中间的种子图形及周围的环形线条。标志外围的圆形似地球，象征和谐、安全，圆形中的"中国有机产品"字样为中英文结合方式，既表示中国有机产品与世界同行，也有利于国内外消费者识别；标志中间类似种子的图形代表生命萌发之际的勃勃生机，象征有机产品是从种子开始的全过程认证，同时昭示出有机产品就如同刚刚萌生的种子，正在中国大地上茁壮成长；种子图形周围圆润自如的线条象征环形的道路，与种子图形合并构成汉字"中"体现出有机产品植根中国，有机之路越走越宽广；处于平面的环形又是英文字母"C"的变体，种子形状也是"O"的变形，意为"China organic"。

《有机产品认证管理办法》第三十二条规定：中国有机产品认证标志应当在认证证书限定的产品类别、范围和数量内使用。认证机构应当按照国家市场监督管理总局统一的编号规则，对每枚认证标志进行唯一编号，并采取有效防伪、追溯技术。该办法第三十三条：获证产品的认证委托人应当在获证产品或者产品的最小销售包装上，加施中国有机产品认证标志、有机码和认证机构名称。

C:100 M:0 Y:100 K:0
C:0 M:60 Y:100 K:0

图 4-4　中国有机产品认证标志

第八节　食品安全监督管理与控制

一、食品安全监督管理

（一）食品安全监督管理概述

1. 食品安全及监管的概念

（1）食品安全　指食品中不应包含有可能损害或威胁人体健康的有毒、有害物质或不安全因素，不可导致消费者急性、慢性中毒或感染疾病，不能产生危及消费者及其后代健康的隐患。食品安全的范围包括食品数量安全、食品质量安全、食品卫生安全。

（2）食品安全监管　是指为了促食品卫生质量达到应有的安全水平，政府监管部门综合运用法律、行政和技术等手段，对食品的生产、加工、包装、贮藏、运输、销售、消费等环节进行监督管理的活动。

2. 食品安全监管理念

（1）全过程监管理念　以前人们对食品安全、质量的监管主要以食品的终端产品抽样检验为主。这种监管模式要等到终端产品的检验才发现问题，往往为时已晚，不但造成食品浪费，还可能已对消费者的健康产生危害。FAO 在 2003 年提出了"从农场到餐桌"全过程控制食品安全的理念，并在全球进行推广实施。这种以过程监管为主、终产品的抽检为辅的管理模式，强调从农田到餐桌的整个过程的有效控制，监管环节包括生产、收获、加工、包装、运输、贮藏和销售等，监管对象包括化肥、农药、饲料、包装材料、运输工具、食品标签等。通过全程监管，对可能给食品安全构成潜在危害的风险预先加以防范，避免重要环节的缺失，并以此为基础实行问题食品的追溯制度。

（2）风险评估理念　为应对不断发生的食品安全问题，国际上普遍采用食品安全"风险评估"的方法评估食品中有害因素可能对人体健康造成的风险，并被 WTO 和 CAC 作为制定食品安全监管控制措施和标准的科学手段。我国也施行了食品安全风险监测评估制度，颁布了《食品安全风险评估管理规定（试行）》，成立了国家食品安全风险评估专家委员会，制定并组织实施了国家年度风险评估计划。

（二）食品安全监督管理体系

我国食品安全监督管理体系由行政组织体系、法律体系、标准体系、检测体系、认证认可体系、风险监测和评估体系、应急管理体系、诚信体系、信息反馈体系和社会宣传体系等多个相互独立且紧密联系的体系组成。

1. 行政组织体系　食品安全监管行政组织体系是我国《食品安全法》法律法规体系所确立的食品安全监管部门的职责分工与协调关系。

（1）国务院食品安全委员会　主要负责分析食品安全形势，研究部署、统筹指导全国的食品安全工作，提出食品安全监管的重大政策措施，督促落实食品安全监管责任。

（2）县级以上地方人民政府　对本行政区域的食品安全监督管理工作负责，统一领导、组织、协调本行政区域的食品安全监督管理工作以及食品安全突发事件应对工作，建立健全食品安全全程监督管理工作机制和信息共享机制。

（3）食品安全监督管理部门　目前为市场监督管理部门，对食品生产经营活动实施监督管理。

（4）卫生健康主管部门　组织开展食品安全风险监测和风险评估，会同国务院食品安全监督管理部门制定并公布食品安全国家标准。

（5）农业农村主管部门　主要负责初级农产品生产（包括种植业和养殖业）环节的监管。

（6）海关总署　负责进口食品安全监督管理。

2. 法律法规体系

（1）法律　我国颁布的食品安全监管法律为《中华人民共和国食品安全法》《中华人民共和国农产品质量安全法》，相关法律有《中华人民共和国产品质量法》《中华人民共和国进出境动植物检疫法》《中华人民共和国农业法》《中华人民共和国渔业法》《中华人民共和国国境卫生检疫法》《中华人民共和国动物防疫法》《中华人民共和国畜牧法》等。《中华人民共和国食品安全法》是我国食品安全监管法律体系的核心，确立了以食品安全风险监测和评估为基础的科学管理制度；进一步落实企业作为食品安全第一责任人的责任，强化事先预防和生产经营过程控制，以及食品发生安全事故后的可追溯，建立问题食品的召回制度；强化各部门在食品安全监管方面的职责，完善监管部门在分工负责与统一协调相结合体制中的相互协调、衔接与配合；加大了对食品生产经营违法行为的处罚力度，以切实保障人民群众的生命安全和身体健康；规定建立国家食品安全委员会及建立统一的食品安全国家标准。

（2）行政法规　主要有《食品安全法实施条例》《生猪屠宰管理条例》《乳品质量安全监督管理条例》《兽药管理条例》《饲料和饲料添加剂管理条例》《农业转基因生物安全管理条例》等。

（3）部门规章　主要有《食品生产加工企业质量安全监督管理实施细则（试行）》《农产品产地安全管理办法》《农产品包装和标识管理办法》《食品安全风险评估管理规定（试行）》《食品生产许可管理办法》《食品安全信用信息公布管理办法》《食品动物禁用的兽药及其他化合物清单》《食品生产企业安全生产监督管理暂行规定》《农业转基因生物安全评价管理办法》《动物检疫管理办法》《无公害农产品管理办法》《农产品质量安全监测管理办法》《食品安全国家标准管理办法》《新食品原料安全性审查管理办法》《农业部农产品质量安全风险评估实验室管理规范》《畜禽标识和养殖档案管理办法》等。

3. 标准体系　食品安全标准（food safety standards）是为了保证食品安全，保障公众身体健康，防止食源性疾病，对食品、食品添加剂、食品相关产品及生产经营过程中的安全要求，依照法定权限做出的统一规定。

4. 监测体系

（1）检测监测机构　我国已形成具有一定规模的食品监测体系。主要分布在卫生、农业、市场等行政部门，以及粮食、轻工、商业等行业系统，大、中型食品生产企业已建成具备一定能力的检测实验室；此外，还有第三方检测机构。市场监管部门建立了针对食品批发为主体的市场检测体系，配备了流通检测车、快速检测仪等快速筛选检测设备。

（2）检测内容　食品安全检测的内容包括：①食品、食品相关产品中的致病性微生物、农药残留、兽药残留、重金属、污染物质以及其他危害人体健康物质的含量；②食品添加剂的品种、使用范围、用量；③对与食品安全、营养有关的标签、标识、说明书的要求；④食品生产经营过程的卫生要求；⑤与食品安全有关的其他质量要求。食品安全检测常用的方法有感官检验、理化检验、微生物学检验等。

5. 认证认可体系　认证指由国家认证机构证明产品、服务、管理体系符合相关标准、技术规范或强制性要求的合格评定活动。认可指由认可机构对认证机构、检查机构、实验室以及从事评审、审核等认证活动人员的能力和执业资格，予以承认的合格评定活动。认证认可指由认证机构证明相关技术规范的强制性要求或者标准的合格评定活动。

国家实行统一的认证认可监督管理制度。我国食品安全认证认可体系包括产品认证和体系认证两方面，产品认证的对象是特定的产品，如无公害食品认证、绿色食品认证和有机产品认证、农产品地理标志认证等认证制度。体系认证的对象是企业的管理体系，包括 HAC-CP、GAP、GMP 和 ISO 22000 等体系认证等，涵盖从农田到餐桌的全过程的质量安全管理与控制。

6. 风险监测和评估体系　《中华人民共和国食品安全法》《食品安全风险评估管理规定》建立了食品安全风险监测和风险评估制度。具体内容详见本节"二、食品安全风险监测和评估"所述。

7. 应急管理体系　食品安全应急体系指以最大限度地减少重大食品安全事故危害为目标，针对突发食品安全事件的预防、预备、响应和恢复等 4 个阶段形成的组织机构、管理体制和运行机制。主要包括法律法规体系、组织管理机构、食品安全信息系统、预警与应急方案 4 部分。

（1）法律法规体系　《食品安全法》第七章"食品安全事故处置"制定了食品安全应急管理制度，明确了食品安全事故处置过程中各级政府部门的工作职责，包括应急预案制定、发生食品安全事故报告和调查、应急处置等。此外，《中华人民共和国突发事件应对法》《突发公共卫生事件应急条例》《国家突发公共事件总体应急预案》《国家重大食品安全事故应急预案》《国务院关于进一步加强食品安全工作的决定》也建立了应急制度。《突发事件应对法》，明确规定了各级政府在自然灾害、事故灾难、公共卫生事件和社会安全事件的预防与应急准备、监测与预警、应急处置与救援、事后恢复与重建等应对工作方面的权利和义务。

（2）组织管理机构　《食品安全法》及相关预案对食品安全应急组织机构及其职责等做了明确规定。在组织机构建设方面，《国家食品安全事故应急预案》确立了国家重大食品安全事故应急指挥部、地方各级应急指挥部、重大食品安全事故日常管理机构、专家咨询委员会等共同组成的应急处理指挥机构体系。

（3）食品安全信息系统 国家建立统一的食品安全信息平台，实行食品安全信息统一公布制度。该平台由一个主系统和各食品安全监管部门的相关子系统共同构成，按照"标准统一、业务协同、信息共享、安全可靠"原则，构建互联互通的国家、省、地市、县4级食品安全信息网络体系。国家食品安全总体情况、食品安全风险警示信息、重大食品安全事故及其调查处理信息和国务院确定需要统一公布的其他信息由国家市场监督管理总局、国家卫生健康委员会等部门统一公布。食品安全风险警示信息和重大食品安全事故及其调查处理信息的影响限于特定区域的，也可以由有关省、自治区、直辖市人民政府市场监督管理局、卫生健康委员会公布。公布食品安全信息，应当做到准确、及时，并进行必要的解释说明，避免误导消费者和社会舆论，任何单位和个人不得编造、散布虚假食品安全信息。有关部门应当设立信息报告和举报电话，畅通信息报告渠道，确保食品安全事故的及时报告与相关信息的及时收集。

（4）预警与应急处理机制 我国的食品安全采用分段监管的模式，相关部门建立了侧重点不同的食品安全监测和安全预警系统。卫生健康主管部门食品污染物和食源性疾病监测工作；农业农村部建立了农产品质量安全例行监测制度；国家市场监督管理总局组织制定食品安全重大政策并组织实施，负责食品安全应急体系建设，组织指导重大食品安全事件应急处置和调查处理工作，建立健全食品安全重要信息直报制度，承担国务院食品安全委员会日常工作，建立全国食品安全风险快速预警与快速反应系统。通过动态收集、监测和分析食品安全信息，初步实现了食品安全问题的早发现、早预警、早控制和早处理。

食品安全事故发生后，卫生健康主管部门依法组织对事故进行分析评估，核定事故级别。食品安全事故共分4级，即特别重大食品安全事故、重大食品安全事故、较大食品安全事故和一般食品安全事故。特别重大食品安全事故，由国家市场监督管理总局、国家卫生健康委员会会同食品安全办向国务院提出启动Ⅰ级响应的建议，经国务院批准后，成立国家特别重大食品安全事故应急处置指挥部，统一领导和指挥事故应急处置工作；重大、较大、一般食品安全事故，分别由事故所在地省、市、县级人民政府组织成立相应应急处置指挥机构，统一组织开展本行政区域事故应急处置工作。

8. 诚信体系 《中华人民共和国食品安全法》第一百一十三条规定："县级以上人民政府食品安全监督管理部门应当建立食品生产经营者食品安全信用档案，记录许可颁发、日常监督检查结果、违法行为查处等情况，依法向社会公布并实时更新；对有不良信用记录的食品生产经营者增加监督检查频次，对违法行为情节严重的食品生产经营者，可以通报投资主管部门、证券监督管理机构和有关的金融机构。"

我国制定了《食品工业企业诚信体系建设工作指导意见》及实施方案。2016年颁布实施的《食品工业企业诚信管理体系》（GB/T 33300—2016）规定了食品工业企业建立及实施诚信管理体系的总则、诚信方针、策划、运行、检查和改进、管理评审和声明，实施了食品经营主体信用分级监管，启动了乳制品、肉类食品、葡萄酒、调味品、罐头、饮料行业诚信建设试点工作。此外，建成了产品质量信用记录发布平台，发布了《信用 基本术语》（GB/T 22117—2018）、《企业质量信用等级划分通则》（GB/T 23791—2009）、《商贸流通企业信用评价指标》（GB/T 39450—2020）、《电子商务企业信用档案信息规范》（GB/T 36314—2018）等十几项项国家标准。

二、食品安全风险监测和评估

为应对不断暴露的食品安全问题，国际相关组织及许多国家采用食品安全风险评估方法评估食品中有害因素可能对人体健康造成的风险。我国《食品安全法》第二章"食品安全风险监测和评估"明确了食品安全风险监测和评估。通过食品安全风险监测和评估，为制定或者修订食品安全国家标准提供科学依据、确定监督管理的重点领域、发现食品安全隐患。同时，通过将风险监测和评估结果及时通报各食品安全监管部门，可以预防、控制食品安全事故的发生，提高监督执法的针对性。《食品安全法》第四十八条规定：国家鼓励食品生产经营企业符合良好生产规范要求，实施危害分析与关键控制点体系，提高食品安全管理水平。对通过良好生产规范、危害分析与关键控制点体系认证的食品生产经营企业，认证机构应当依法实施跟踪调查；对不再符合认证要求的企业，应当依法撤销认证，及时向县级以上人民政府食品安全监督管理部门通报，并向社会公布。

（一）食品安全风险监测

食品安全风险监测是通过系统和持续地收集食源性疾病、食品污染以及食品中有害因素的监测数据及相关信息，进行综合分析和及时通报的活动。食品安全风险监测是制定、修订食品安全标准、开展食品安全风险评估的技术依据，是食品安全监管的重要基础。我国《食品安全法》第十四条规定："国家建立食品安全风险监测制度，对食源性疾病、食品污染以及食品中的有害因素进行监测。国务院卫生行政部门会同国务院食品安全监督管理等部门，制定、实施国家食品安全风险监测计划。"

目前，我国已制定并组织实施国家年度食品安全风险监测计划。定期监督检测蔬菜、畜产品、水产品质量安全状况。建立生产加工环节食品安全风险监测制度，加强对加工食品中法律法规已经明确禁止的非食品原料和滥用食品添加剂的监测。实施进出口食品质量安全风险监测机制，建立了进口食品质量安全监控体系和出口动植物源性食品残留监控、有毒有害物质监控体系。构建国家食物中毒网络直报系统，每季度定期收集、发布食物中毒信息。2023年2月17日农业农村部发布的《2023年畜禽及畜禽产品兽药残留监控计划》，要求畜禽产品样品原则上应从动物养殖和屠宰环节抽取，牛奶样品从奶牛养殖场（户）、生鲜乳收购站抽取，开展鸡肉、鸡肝以及鸡蛋中兽药残留检测的，从养殖场抽取的样品数量应超过抽样总数的三分之一。2023年2月9日农业农村部发布的《2023年畜禽屠宰质量安全风险监测计划》规定，部级监测病原微生物、违法添加物和兽药残留，省级监测有水分、违法添加物和兽药残留。

（二）食品安全风险评估

食品安全风险评估（risk assessment）指利用现有的科学资料和科学手段，对食品、食品添加剂中生物性、化学性和物理性危害对人体健康可能造成不良影响的危害因子所进行的科学评估。我国《食品安全法》第十七条规定："国家建立食品安全风险评估制度，运用科学方法，根据食品安全风险监测信息、科学数据以及有关信息，对食品、食品添加剂、食品相关产品中生物性、化学性和物理性危害因素进行风险评估。"

1. 风险评估的目的及原则 《食品安全法》第二十一条："食品安全风险评估结果是制定、修订食品安全标准和实施食品安全监督管理的科学依据。"《食品安全风险评估管理规定》第四条："食品安全风险评估结果是制定、修订食品安全国家和地方标准、规定食品中有害物质的临时限量值，以及实施食品安全监督管理的科学依据。食品安全应急风险评估和风险研判主要为实施食品安全风险管理提供科学支持。"第五条："风险评估应当以食品安全风险监测和监督管理信息、科学数据以及其他有关信息为基础，遵循科学、透明和个案处理的原则进行。"

2. 风险评估的情形　我国《食品安全法》第十八条规定，有下列情形之一的，应当进行食品安全风险评估：①通过食品安全风险监测或者接到举报发现食品、食品添加剂、食品相关产品可能存在安全隐患的；②为制定或者修订食品安全国家标准提供科学依据需要进行风险评估的；③为确定监督管理的重点领域、重点品种需要进行风险评估的；④发现新的可能危害食品安全因素的；⑤需要判断某一因素是否构成食品安全隐患的；⑥国务院卫生行政部门认为需要进行风险评估的其他情形。

3. 风险评估的要素和程序　风险评估是指对食品、食品添加剂、食品相关产品中的生物性、化学性和物理性危害对人体健康造成不良影响的可能性及其程度进行定性或定量估计的过程，包括危害识别、危害特征描述、暴露评估和风险特征描述等（图4-5）。

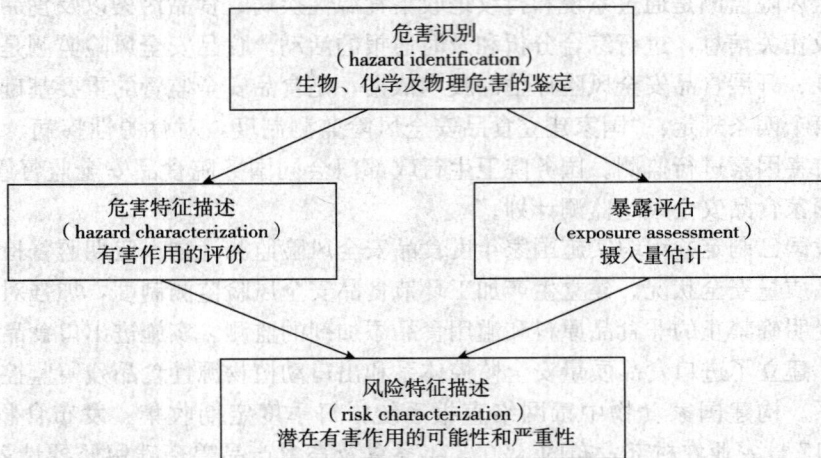

图4-5　食品安全风险评估的要素与程序

（1）**危害识别**（hazard identification）　确定食品中可能存在的对人体健康造成不良影响的生物性、化学性或物理性因素的过程。根据流行病学、动物试验、体外试验、结构活性关系等科学数据和文献信息确定人体暴露于某种危害后是否会对健康造成不良影响、造成不良影响的可能性，以及可能处于风险之中的人群和范围。

（2）**危害特征描述**（hazard characterization）　危害特征描述是对与危害相关的不良健康作用进行定性或定量描述。可以利用动物试验、临床研究以及流行病学研究确定危害与各种不良健康作用之间的剂量-反应关系、作用机制等。如果可能，对于毒性作用有阈值的危害应建立人体安全摄入量水平。

（3）**暴露评估**（exposure assessment）　描述危害进入人体的途径，估算不同人群摄入危害的水平。根据危害在膳食中的水平和人群膳食消费量，初步估算危害的膳食总摄入量，同时考虑其他非膳食进入人体的途径，估算人体总摄入量并与安全摄入量进行比较。

（4）**风险特征描述**（risk characterization）　在危害识别、危害特征描述和暴露评估的基础上，对特定人群中发生已知或潜在的健康损害效应的概率、严重程度以及评估过程中伴随的不确定性进行定性和/或定量估计。风险特征描述的主要内容可分为评估暴露健康风险和阐述不确定性两个部分。

三、HACCP 体系

HACCP 是危害分析与关键控制点（hazard analysis and critical control point，HACCP）的英文缩写，是对食品安全有显著意义的危害加以识别、评估和控制的体系。HACCP 体系是涉及从农场到餐桌全过程食品安全的预防体系，已成为国际上公认的最有效预防和识别产品危害并相应实施预防措施和科学管理体系。

（一）HACCP 的概念

《食品工业基本术语》GB/T 15091 对 HACCP 的定义：生产（加工）安全食品的一种控制手段；对原料、关键生产工序及影响产品安全的人为因素进行分析，确定加工过程中的关键环节，建立、完善监控程序和监控标准，采取规范的纠正措施。国家认证认可监督管理委员会发布的《食品生产企业危害分析与关键控制点（HACCP）管理体系认证管理规定》的定义：对食品安全危害予以识别、评估和控制的系统化方法。

（二）HACCP 的原理

HACCP 体系是一个系统的、连续性的食品安全预防和控制体系，包括 7 项基本原理：①进行危害分析（hazard anaylsis，HA）；②确定关键控制点（critical control point，CCP）；③确定关键限值（CL）；④建立监控关键控制点的程序；⑤建立纠偏措施（corrective actions）；⑥建立验证程序（verification procedures）；⑦建立记录保持程序（record - keeping procedures）。

（三）我国 HACCP 标准

我国已颁布 13 项食品 HACCP 国家标准，《危害分析与关键控制点（HACCP）体系食品生产企业通用要求》（GB/T 27341—2009）规定了食品生产企业危害分析与关键控制点（HACCP）体系的通用要求，使其有能力提供符合法律法规和顾客要求的安全食品。《畜禽屠宰 HACCP 应用规范》（GB/T 20551—2022）规定了畜禽屠宰加工企业危害分析与关键控制点（HACCP）体系的应用要求以及良好操作规范（GMP）、卫生标准操作程序（SSOP）、标准操作程序（SOP）、有害微生物检验和 HACCP 体系的建立规程方面的要求，提供了畜禽屠宰 HACCP 计划模式表。

四、GMP 体系

GMP 是良好操作规范（good manufacturing practice）的英文缩写，是一种具有专业特性的品质保证或制造管理体系，特别注重制造过程中对产品质量与卫生安全的自主性管理。不但用于药品质量管理，也广泛用于食品质量管理。

（一）GMP 的含义

GMP 是为保障食品安全、质量而制定的贯穿食品生产全过程的一系列措施、方法和技术要求。GMP 要求食品生产企业具备良好的生产设备、合理的生产工艺、完善的质量管理和严格的检测系统，确保终产品的质量符合标准。

（二）食品 GMP 的内容

GMP 是对食品生产过程的各个环节、各个方面实行全面质量控制的具体技术要求和为保证产品品质必须采取的监控措施，包括硬件和软件两部分，硬件指对食品企业提出的厂房、设备、卫生设施等方面的要求，软件指先进的生产工艺、规范的生产行为、完善的管理组织和严格的管理制度等规定和措施。主要内容包括厂房与设施的结构、设备与工器具、人员卫生、原材料管理、加工用水、生产程序管理、包装与成品管理、标签管理以及实验室管理等方面。

（三）我国的 GMP 标准

我国颁布了《食品安全国家标准 食品生产通用卫生规范》（GB l4881—2013）、《食品安全国家标准 畜禽屠宰加工卫生规范》（GB 12694—2016）、《食品安全国家标准 乳制品良好生产规范》（GB 12693—2010）、《食品安全国家标准 水产制品生产卫生规范》（GB 20941—2016）等 20 余项食品 GMP 专用标准，规定了食品企业的食品加工过程、原料采购、运输、储存、工厂设计与设施的基本卫生要求及管理准则，适用于食品生产、经营的企业、工厂，并作为制定各类食品厂的专业卫生规范的依据。2024 年 1 月 1 日实施的《生猪屠宰质量管理规范》共 11 章 80 条，规定生猪屠宰质量管理应当遵循预防为主、风险管理、全程控制的原则。

五、食品安全的其他质量控制体系

食品安全的监管体系覆盖"从农场到餐桌"的全过程，除了应用 HACCP 体系、GMP 体系外，还可采用适应食品链不同环节的其他质量控制体系。

（一）GAP 体系

1. GAP 的含义 GAP 是良好农业规范（good agriculture practices）英文缩写称，是指应用现有的知识来处理农场生产和生产后过程的环境、经济和社会可持续性，从而获得安全而健康的食用和非食用农产品。GAP 主要针对未加工和最简单加工（生的）初级农产品的种植、养殖、采收、屠宰、清洗、摆放、包装和运输过程中常见的微生物及其他危害的控制，包含从农场到餐桌的整个食品链的所有步骤。

2. 我国 GAP 标准 截至目前，我国已颁布 89 项 GAP 标准，其中《良好农业规范 第 1 部分：术语》（GB/T 20014.1—2005）规定了良好农业规范控制点要求与符合性判定的通用术语和定义，与动物生产有关的标准主要有《良好农业规范 第 6 部分：畜禽基础控制点与符合性规范》（GB/T 20014.6—2013）、《良好农业规范 第 8 部分：奶牛控制点与符合性规范》（GB/T 20014.8—2013）、《良好农业规范 第 9 部分：猪控制点与符合性规范》（GB/T 20014.9—2013）、《良好农业规范 第 13 部分：水产养殖基础控制点与复合性规范》（GB/T 20014.13—2013）、《良好农业规范 第 16 部分：水产网箱养殖基础控制点与符合性规范》（GB/T 20014.16—2013）等。

（二）GPVD 体系

1. GPVD 的含义 GPVD 是兽药使用良好规范（good Practice in the use of veterinary drugs）的英文缩写，由国际食品兽药残留法典委员会（Codex Committee on Residues of Veterinary Drugs in Foods，CCRVDF）提出，目的是降低食品中兽药的残留。

2. 我国 GPVD 自 2001 年我国实施无公害食品行动计划以来，农业部相继颁布实施了《无公害食品 生猪饲养兽药使用准则》（NY 5030—2001）等系列标准，规定了作为无公害食品的生猪、肉鸡、蛋鸡、肉牛、奶牛、肉羊、肉兔、蜜蜂及鱼类等动物养殖过程中允许使用的兽药种类以及使用准则，目前除了《无公害食品 渔用药物使用准则》（NY 5071—2002）现行有效，将《无公害食品 畜禽饲养兽药使用准则》（NY 5030—2006）合并修订为《无公害食品 兽药使用准则》（NY 5030—2016）外，其他无公害食品兽药使用准则均已被 NY 5030—2016 所取代。2006 年农业部颁布了《绿色食品 兽药使用准则》（NY/T 472—2006，后修订为 NY/T 472—2013），现修为 NY/T 472—2022，从而使我国绿色食品生产中兽药的使用有了统一规范。

农业农村部每年发布国动物及动物性食品中兽药残留监控计划》，加强了兽药残留检测、监测以及风险评估。

（三）SSOP 体系

1. SSOP 的含义 SSOP 是卫生标准操作程序（sanitation standard operating procedures）的英文缩写。SSOP 是食品企业为了满足食品安全的要求，在卫生环境和加工过程等方面所需实施的具体程序；是实施 HACCP 的前提条件；是企业为了达到 GMP 所规定的要求，为保障食品卫生质量，在食品加工过程中应遵守的卫生操作规范。

2. SSOP 的基本内容 SSOP 主要包括 8 个方面：①用于接触食品或食品接触面的水，或用于制冰的水的安全；②与食品接触的表面的卫生状况和清洁程度，包括工器具、设备、手套和工作服；③防止发生食品与不洁物、食品与包装材料、人流和物流、高清洁区的食品与低清洁区的食品、生食与熟食之间的交叉污染；④手的清洗消毒设施以及卫生间设施的维护；⑤保护食品、食品包装材料和食品接触面免受润滑剂、燃油、杀虫剂、清洗剂、消毒剂、冷凝水、涂料、铁锈和其它化学、物力和生物性外来杂质的污染；⑥有毒化学物质的正确标志、储存和使用；⑦直接或间接接触食品的职工健康情况的控制；⑧害虫的控制（防虫、灭虫、防鼠、灭鼠）。

（四）ISO 22000 体系

1. ISO 22000 简介 为了统一食品安全标准，在丹麦标准协会的倡导和支持下，国际标准化组织（ISO）自 2001 年开始起草 ISO 22000《食品安全管理体系要求》，简称 ISO 22000。ISO 于 2005 年 9 月正式颁布了其中的第一个标准，即《食品安全管理体系—适用于食品链中各类组织的要求》（ISO 22000：2005）。该标准于 2006 年 3 月被我国国家质量监督检验检疫总局和标准化管理委员会等同转化为国家推荐标准《食品安全管理体系—食品链中各类组织的要求》（GB/T 22000—2006）。

ISO 22000 是一个自愿采用的国际标准。它为全球食品安全管理体系提供了一个统一参照，同时，标准的实施可以让生产企业避免因不同国家的不同要求而产生尴尬。ISO 22000 是 ISO 制定的一个适合审核的食品安全管理体系标准。该标准进一步确立了 HACCP 在食品安全管理体系中的作用，整合了世界各国采用的食品质量、卫生、安全方面的标准与技术规程，体现了从"农田到餐桌"全程监管的食品安全管理理念与模式。

2. 我国 22000 标准 《食品安全管理体系 食品链中各类组织的要求》（GB/T 22000—2006）规定了食品安全管理体系的要求，以便食品链中的组织证实其有能力控制食品安全危害，确保其提供给人类消费的食品是安全的。《食品安全管理体系 GB/T 22000—2006 的应用指南》（GB/T 22004—2007），提供了应用 GB/T 22000—2006 的通用指南。

第三单元　人畜共患病概论

第一节　人畜共患病的概念与分类

一、人畜共患病的概念

人畜共患病（zoonosis）是指在脊椎动物和人类之间自然传播的疾病和感染，即脊椎动物和人类由共同病原体引起的、在流行病学上相互关联的疾病。目前该类病有多种名称，如人兽共患病、人与动物共患病、人兽共通病等，其中人畜共患病和人兽共患病最为常用，而且表达的意思相同。

根据上述定义，人畜共患病应符合以下条件。

（1）病原体是微生物（病毒、细菌、真菌）或寄生虫（原虫、吸虫、绦虫、线虫）。

（2）同一种病原体在自然条件下能使人或某种（或多种）脊椎动物感染或发病，并可以在人与人、动物与动物以及人与动物之间相互或单向传播。

（3）病原体在人和动物之间可以直接接触传播，也可以间接接触传播。

二、人畜共患病的分类

（一）按病原体的种类分类

本分类法是人医学和兽医学常用的分类方法。按此方法可将人畜共患病分为病毒病、细菌病、真菌病、寄生虫病等；病毒病又可分为接触性传染的病毒病、虫媒性传染的病毒病和朊病毒病等；细菌病又可分为革兰氏阴性细菌病、革兰氏阳性细菌病、放线菌病、支原体病、衣原体病、立克次体病、埃立克体病、螺旋体病等；真菌病又可分为曲霉菌病、皮肤真菌病、隐球菌病、念珠菌病、孢子丝菌病、毛霉菌病等；寄生虫病又可分为原虫病、蠕虫病（包括吸虫病、绦虫病、线虫病）等。

（二）按病原体储存宿主的性质分类

1. 动物源性人畜共患病（anthropozoonoses）　病原体的主要储存宿主是动物，主要在动物之间传播，偶尔感染人类。人感染后往往成为病原体传播的生物学终端，失去继续传播的机会，如狂犬病、鼠疫、布鲁氏菌病、棘球蚴病、旋毛虫病、马脑炎等。

2. 人源性人畜共患病（zooanthroponoses）　病原体的储存宿主是人，主要在人群间传播，偶尔感染动物。动物感染后往往成为病原体传播的生物学终端，失去继续传播的机会，如人型结核、阿米巴痢疾和人的 A 型流感等。

3. 互源性人畜共患病（amphixenoses）　人和动物都是病原体的储存宿主。在自然条件下，病原体可以在人间、动物间及人与动物间相互传播，人和动物互为传染源，如炭疽、日本血吸虫病、钩端螺旋体病等。

4. 真性人畜共患病（euzoonoses）　病原体必须以动物和人分别作为中间宿主或终末宿主，缺一不可，又称真性周生性人畜共患病，如猪带绦虫病及猪囊尾蚴病，牛带绦虫病及牛囊尾蚴病等。

（三）按病原体的生活史分类

1. 直接传播性人畜共患病（direct zoonoses）　指通过直接接触或间接接触（通过媒介物或媒介昆虫机械性传递）而传播的人畜共患病。其病原体本身在传播过程中没有增殖，也没有经过必要的发育阶段。主要感染途径是皮肤、黏膜、消化道和呼吸道等。这类人畜共患病包括全部细菌病，大部分病毒病，部分原虫病，少部分线虫病、舌形虫病等。如狂犬病、炭疽、结核病、布鲁氏菌病、钩端螺旋体病、弓形虫病、旋毛虫病等。

2. 媒介传播性人畜共患病（metazoonoses）　指病原体的生活史必须有脊椎动物和无脊椎动物共同参与才能完成的人畜共患病。无脊椎动物作为重要的传播媒介，病原体在其体内完成必要的发育阶段或增殖到一定的数量，才能传播到另一易感脊椎动物体内继续发育，从而完成其整个发育过程。如流行性乙型脑炎（日本脑炎）、森林脑炎、登革热、莱姆病、并殖吸虫病、华支睾吸虫病、利什曼原虫病等。

3. 循环传播性人畜共患病（cyclozoonoses）　指病原体的生活史需要有两种或多种脊椎动物宿主，但不需要无脊椎动物参与。这类疾病又分为真性和非真性两种，前者病原体的生活史必须有人类的参与才能完成，如猪带绦虫病（人）和牛带绦虫病（人）及其囊尾蚴病（猪、牛、人）；后者病原体的生活史不一定有人类的参与也能完成，人类的参与有一定的偶然性，如棘球绦虫病（犬、狼等）及其棘球蚴病（羊、牛、骆驼等为主，人偶尔感染）。

4. 腐物传播性人畜共患病（saprozoonoses）　指病原体的生活史需要至少有一种脊椎动物宿主和一种非动物性滋生物或基质（有机腐物、土壤、植物等）才能完成感染的人畜共患病。病原体在非动物基质上繁殖或进行一定阶段的发育，然后才能传染给脊椎动物宿主。如肝片吸虫病、钩虫病等。

第二节　人畜共患病的特征及危害

一、人畜共患病的特征

1. 动物是主要传染源　人畜共患病主要是由动物或动物性产品传播给人，由人传播给动物的很少。据估计，动物传染病和寄生虫病有 60% 可以传播给人，人类传染病和寄生虫病大约有 60% 来自动物。

2. 突发性　地球部分地区存在的人畜共患病将在何时、以何种方式传播至地球的其他区域，这种传播在其内在必然性的基础上往往表现为偶然性，因此就增加了疾病传播的突发性。鸟类越洋跨洲的迁徙，可以远距离传播人畜共患病，如禽流感、西尼罗河热等，其发生很难预测，给防控工作带来很大挑战。

3. 隐蔽性　许多动物在感染病原体后，自身并不发病，呈隐性感染或病原体携带状态，如犬的弓形虫病、狂犬病和猫抓病（猫的汉赛巴尔通体病）。人类与伴侣动物接触亲密，而且不易产生警惕，因此容易被感染而导致发病。此外，蝙蝠、鸟类等动物可在较广范围内自由活动，人们常常在无意识中接触到这些动物的分泌物或排泄物，从而导致感染。这种隐蔽性，可使疾病诊断的流行病学资料缺失。

4. 区域性　在人畜共患病中，自然疫源性疾病占据重要地位。自然疫源性疾病具有明显的区域性和季节性，易感的人和动物一旦进入这一区域，就可能感染而发病，并导致该病进入人群，从而在人群中发生和流行。因此，是否进入过某种人畜共患病的自然疫源地，就成为诊断该类疾病的重要流行病学线索和依据。

5. 职业性　动物是人畜共患病的主要传染源，接触发病动物或携带病原动物是感染的重要前提。因此，从事某些特定职业的人员，就更有可能感染某种人畜共患病。如畜牧养殖和皮毛加工者易患布鲁氏菌病，养猪场或屠宰场人员易患猪链球菌病及尼帕病毒性脑炎等。

二、人畜共患病的危害

人畜共患病病原种类繁多、分布广泛、病原生态系统复杂，并不断有新的疾病出现或被发现。不但严重危害畜牧业的发展，而且更为严重的是威胁人类的生命和健康，而由此造成的公共安全威胁、社会经济损失更是难以估量。

（一）人畜共患病种类多、分布广

目前，已经证实的人畜共患病有 200 多种，广泛分布于世界各地，我国已发现的也有100 余种。由联合国确定的在公共卫生方面具有重要意义的人畜共患病约 90 种，其中在许多国家流行，危害严重的人畜共患病有 50 多种。随着新病原体的不断出现和医学、兽医学的发展，新的人畜共患病还会不断出现或被发现。20 世纪 70 年代以来，全球范围新出现的传染病（emerging infectious diseases，EID）和重新出现的传染病（re‐emerging infectious diseases，R‐EID）约有 60 多种，其中半数以上是人畜共患病。近年来，发现和证实的新型人畜共患病逐年增多，如莱姆病（lyme disease）、人的猪链球菌病（human swine strep-tococosis）、高致病性禽流感（highly pathogenic avian influenza）、甲型 H1N1 流感（type A H1N1 influenza）、猴痘（monkeypox）、轮状病毒感染（rotavirus infection）、艾滋病（AIDS）、非典型性肺炎（SARS）、牛海绵状脑病（bovine spongiform encephalopathy，BSE）、拉沙热（Lassa fever）、埃博拉出血热（Ebola haemorrhagic fever）、马尔堡出血热（Marburg haemorrhagic fever）、西尼罗河热（West Nile fever）、尼帕病毒性脑炎（nipah virus encephalitis）等。过去认为只有人类才能感染的麻风病（leprosy），现已证实有些动物也可以感染。

（二）人畜共患病严重危害人类健康

人畜共患病不仅在古代和近代广泛流行、危害严重，即使是在现代医学和兽医学高度发展的今天，人类也无法完全控制人畜共患病的发生和流行。人畜共患病的发生和流行，可造成感染者的死亡、残疾或丧失劳动能力，使感染者生活品质下降，给家庭带来痛苦和灾难，给社会带来巨大的损失或负担。

人畜共患病毒病的威胁呈上升趋势。近年来，不但狂犬病、流行性出血热、流行性乙型脑炎（日本脑炎）、登革热等传统病毒病频频发生流行，而且新出现的病毒性传染病的威胁也日益严重。以高致病性禽流感为代表的新出现的人畜共患病毒病，严重地威胁着畜牧业健康发展和人类的生命安全。SARS 病毒、甲型 H1N1 流感病毒、朊病毒、人免疫缺陷病毒（HIV）、新型汉坦病毒、亨德拉病毒、尼帕病毒、猴痘病毒和西尼罗病毒等新病原体的出现或感染新的宿主，已导致重要的新型人畜共患病毒病。新的传染病不断席卷而至，传播迅速，病死率高，给畜牧业生产、世界贸易和人类健康都造成了空前打击和严重威胁，给社会稳定带来极大危害。

在人畜共患细菌病中，鼠疫给人类造成的危害最为严重。布鲁氏菌病几乎遍布世界各地，危害也十分严重，全世界每年约有 800 万新病例发生。结核病的发病率回升，每年因结核病死亡的人数超过 300 万，并出现新的具有多重抗药性的菌株，且常与 HIV 合并感染，潜在威胁巨大。近年来，人畜共患细菌病也出现了一些新的成员，如伯氏疏螺旋体引起的莱姆病、大肠埃希菌 O157：H7 引起的出血性肠炎等。

危害较严重的人畜共患寄生虫病有弓形虫病、钩虫病、丝虫病，全世界感染者数以亿计。

（三）人畜共患病给畜牧业经济造成巨大损失

人畜共患病给畜牧业带来的危害和损失同样难以估量，主要包括因发病造成的大批畜禽死亡和扑杀、大量的畜禽产品废弃、畜禽产品产量减少和质量下降而造成的直接损失，以及因采取控制、消灭措施和贸易及旅游限制而带来的巨大间接损失。对畜牧业危害最为严重的人畜共患病有结核病、布鲁氏菌病、口蹄疫、禽流感（特别是高致病性禽流感）、牛海绵状脑病（疯牛病）等。

第三节 人畜共患病疫源地和自然疫源地

一、人畜共患病疫源地

（一）疫源地的概念

在发生人畜共患病的地区，病人、病畜和病原携带者散播病原体，病原体可污染物品、场地和局部环境，与传染源或污染环境接触过的人或动物也可能带染病原体。这种有传染源及其排出病原体存在的地区称为**疫源地**。即凡存在传染源，并在一定条件下病原体由传染源向周围传播时可能波及的地区，称为疫源地。包括传染源的停留场所、周围的环境，以及所有可能与传染源接触过的人或动物。构成疫源地有两个必不可少的条件，一是传染源的存在，二是病原体能够继续传播。

（二）疫源地的范围

不同的人畜共患病，其疫源地的范围也不同，这主要取决于病原体的传播媒介、传播途径和传播条件。一般来说，经水源、空气、媒介昆虫传播的人畜共患病，其疫源地的范围较大；而以直接接触为传播途径的人畜共患病，其疫源地的范围较小。

在实际工作中，为了限制疫源地的扩大和便于采取扑灭措施，常把传染源明确和集中的独立单位划为**疫点**，而把包括疫点在内的可能受到病原体污染的区域划为**疫区**。

（三）疫源地的消失

只要有传染源及其病原体存在，疫源地即存在。当传染源痊愈、死亡或从疫源地移走时，病原体在环境中仍然可以存活一段时间，疫源地仍然存在。当确认传染源及其病原体在该区域已经消失，即疫源地内最后一个传染源痊愈、死亡或移走后，经过一个该病最长的流行周期以上的时间，在本地区的人群和动物中没有新的病例出现，可认为该疫源地消失。

二、自然疫源地

(一) 自然疫源性疾病与自然疫源地

有些疾病的病原体、传播媒介（昆虫）和宿主动物（野生动物）在自己的世代交替中无限期地存在于自然界中，组成独特的生态系统，这种生态系统自然维持平衡状态，不依赖于人和家畜的参与，但是对该病原体易感的人和家畜闯入此系统时就会感染发病，这种疾病称为**自然疫源性疾病**(disease of natural foci)。而由此病原体、传播媒介和宿主动物组成的生态系统所处的地域，称为**自然疫源地**(natural focus)。这些地方主要包括原始森林、沙漠、草原、深山、沼泽、荒岛等。

自然疫源地不会因人或家畜的偶然闯入而消失。相反，闯入该区域的人和家畜可将病原体带出，使这种疾病在人或家畜中形成新的疫源地。许多人畜共患病最初或现在仍有自然疫源性，如森林脑炎、狂犬病、流行性乙型脑炎（日本脑炎）、淋巴细胞脉络丛脑膜炎、流行性出血热、鼠疫、布鲁氏菌病、钩端螺旋体病、弓形虫病等。当然，可以想象在人迹罕至之处还是存在着某种未知的、更可怕的自然疫源性疾病的可能性。

(二) 自然疫源性疾病的特点

1. 有明显的区域性　这是由于病原体只在特定的生物群落中循环，而特定的生物群落只在特定的地域才存在，因而导致这种疾病具有明显的区域性。如蜱传回归热只在荒漠中出现，鼠疫的典型自然疫源地多存在于草原、半荒漠和荒漠地区。

2. 有明显的季节性　自然疫源性疾病的病原体主要以野生脊椎动物（兽和鸟）为天然宿主，以节肢动物为传播媒介。而宿主的活动性和抵抗力，媒介者的活动性和数量多与季节的变化有关，季节也影响人和家畜的活动范围。因此，这类疾病在人群或家畜中流行时呈现明显的季节性，如流行性乙型脑炎（日本脑炎）主要发生在高温的夏秋季节。

3. 受人类活动的影响　人类的活动，如垦荒、修路、水利建设、采矿、旅游、探险等，常会破坏或扰乱原来的生物群落，使病原体赖以生存、循环的宿主、媒介发生变化，而导致自然疫源性增强、减弱或消失，也会引入从前在本地并不存在的新的自然疫源性疾病。

第四单元　动物检疫

第一节　动物检疫概述

动物检疫（animal quarantine）是指为了防止动物疫病传播，促进养殖业发展，保护人体健康，维护公共卫生安全，由国家法定机构、法定人员，依照法定条件和程序，对动物、动物产品的法定检疫对象进行认定和处理的行政许可行为。

动物检疫所称动物，是指家畜家禽和人工饲养、合法捕获的其他动物；所称动物产品，是指动物的肉、生皮、原毛、绒、脏器、脂、血液、精液、卵、胚胎、骨、蹄、头、角、筋，以及可能传播动物疫病的奶、蛋和其他检疫物项目中的动物疫苗、血清、诊断液、动物性废弃物等；所称动物疫病，是指动物传染病、寄生虫病等。

动物检疫与一般的兽医诊断都是用兽医诊断技术对动物进行疫病诊断，但二者在目的、对象、范围和处理等方面有很大的不同。一般的兽医诊断是兽医技术人员采取各种诊断技术，对患病动物进行确诊，为有效的治疗提供依据。而动物检疫则是由动物卫生监督机构和出入境检验检疫机构的检疫人员，按照法定的检疫项目和规范的检疫方法，对法定检疫对象进行检查，以确定该群动物是否患有法定检疫的疫病或携带有该病的病原体，进而按照有关规定对受检疫的动物或动物产品进行认定和处理，从而防止疫病的传播。

动物检疫是发展养殖业所采取的必要的安全措施，如果掉以轻心，就可能给生产带来难以估量的损失。随着我国对外贸易和旅游事业的不断发展，动物及动物产品的出入境业务将会越来越多，因此，做好动物检疫工作，保护生产安全和人民健康是检疫工作者的责任和义务。对此我们必须从长远和全局利益出发，切实做好动物检疫工作，真正做到有法必依，有章必循。严格按照《中华人民共和国动物防疫法》《中华人民共和国进出境动植物检疫法》和《动物检疫管理办法》等相关法律及其相关法规做好动物检疫工作，是保护我国养殖业可持续发展和保障动物源性食品安全的关键环节和重要措施。

一、动物检疫的任务和作用

动物检疫的任务和作用在于对活体动物及动物产品进行检疫，以检出患病动物或带菌（毒）动物，以及带菌（毒）动物产品，并通过兽医卫生措施进行合理处理和彻底消毒，以防止动物疫病和人畜共患病的传入或传出，从而保障动物及动物产品的正常贸易，促进国民经济的发展。

（一）动物检疫的任务

具体来说，动物检疫的任务包括国内动物检疫和出入境动物检疫两大方面。

国内动物检疫的任务是按照国家或地方政府的规定，对饲养场养殖的动物、乡镇集市交易的动物及动物产品和各省（直辖市、自治区）、市、县之间运输的动物及动物产品进行规定病种的检疫，以防止动物疫病和人畜共患病在国内各地区间传播。根据动物及其产品的动态和运转形式，国内动物检疫包括产地检疫、屠宰检疫、运输和市场检疫监督等。

出入境动物检疫的任务是按照我国出入境动物检疫的有关法规、国际动物卫生法典以及我国与贸易国签订的有关协议，对出入境的动物及动物产品进行规定疫病的检疫，既不允许境外动物疫病传入境内，也不允许将境内的动物疫病传出。出入境动物检疫包括入境检疫、出境检疫、过境检疫、进出境交通工具检疫及携带物/邮寄物检疫。

动物检疫最根本的任务就是通过对动物和动物产品的检查和处理，达到防止动物疫病传播扩散、保障动物源性食品安全、保护养殖业生产和消费者身体健康的目的。

（二）动物检疫的作用

1. 动物卫生监督作用　动物检疫人员通过索证、验证，发现和纠正违反《动物防疫行政法》的行为，保证动物、动物产品生产经营者的合法经营，维护消费者的合法权益。对运输的动物和动物产品，货主必须提供动物检疫合格证明，经检查无动物检疫合格证明者，则禁止其进入流通，并依法予以处罚，起到了动物卫生监督的作用。

2. 促进动物防疫工作　动物检疫人员依法实行产地检疫时，首先要查验动物的免疫证明（或免疫标识），对无免疫证明或免疫标识者，不予出具产地检疫证明，并按规定予以处理。这极大地促进了动物免疫防疫工作的开展。同时，对检疫发现的动物疫情进行记录和分析，可反映动物疫病流行的动态，为制定动物疫病防控规划和防疫计划提供科学依据。

3. 消灭和控制疫病的有效手段　动物疫病种类繁多，严重制约了养殖业的健康发展。现在仍有许多疫病，如牛海绵状脑病、绵羊痒病、鼻疽等无疫苗可用，但通过检疫，可以采取扑杀病畜、无害化处理染疫产品等手段达到消灭疫病的目的。

4. 维护动物及动物产品的对外贸易　通过对入境动物及动物产品的检疫，发现有患病动物或染疫产品，可依照双方协议进行索赔，使国家入境贸易免受损失。同时，通过对出境动物及动物产品的检疫，可避免因动物疫病和染疫动物产品而蒙受赔偿造成经济损失，维护我国的对外贸易信誉。这对拓宽国际市场，扩大畜产品出口创汇，具有重要意义。

二、动物检疫的原则

动物检疫是一项具体的技术行政行为。根据《动物卫生行政法》的基本原则和检疫工作技术性强的特点，动物检疫应遵循以下原则。

（一）依法实施的原则

动物检疫是政府行政行为。检疫一方实施这一行为必须严格依照法律规定进行。被检疫一方也必须按照法律规定，主动报检并接受检疫，并配合检疫人员做好处理工作。合法行为将受法律保护，违法行为则受到法律制裁。因此，检疫机构和检疫人员必须依法实施检疫，做到有法可依、有法必依，这是应当首先明确的原则。

（二）尊重事实的原则

处理是检疫工作的最后一道程序，处理患病动物、染疫动物产品时，必须以事实为依据，以法律为准绳。要掌握事实依据，检疫人员必须做到以下两点：

1. 亲临现场，认定事实　检疫人员必须对动物、动物产品亲自进行检查，根据检查结果认定动物、动物产品不带检疫对象时，才能依法出具检疫合格证明。严禁不经检疫随意开具检疫合格证明的渎职行为。

2. 平等待人，不徇私情　对待被检疫一方不论亲疏厚薄、职位高低，都应一视同仁，依法办事，不得出具"人情证""违心证"；不得以权谋私，乞请受贿，出具"私心证"；更不准借手中职权进行打击报复，应出证而不出证。检疫员既要对国家、社会和消费者负责，也要对生产经营者负责。

（三）尊重科学的原则

检疫工作是一项技术性很强的工作。检疫人员必须使用科学的检疫方法、先进的检疫技术和设备，结合丰富的实践经验和熟练的技术操作，才能真正揭示被检动物或其产品是否带有检疫对象。否则，就有可能出现漏检或错判的情况。

（四）促进生产，有利流通的原则

被检动物、动物产品，绝大部分已经进入或即将进入流通领域，对于生产、经营者来说，流通速度越快，经济效益越高，对生产的促进作用就越大。因此，动物检疫工作必须在准确的基础上力求快速，杜绝因检疫时间过长而影响流通，制约生产。特别需要强调的是，检疫工作的范围大多数为鲜活产品，时间长了极易腐败、变质，直接影响其食用和经济价值，这是检疫工作在速度上必须求快的又一原因。为此要求检疫工作：第一，检疫方法应准确、快速、先进；第二，检疫手续应简便、易行；第三，检疫布局要合理，既有利于检疫把关，又要方便往来，有利流通；第四，检疫人员工作要熟练，办事要迅速，讲究工作效率。

（五）预防为主的原则

检疫的目的之一是预防和控制、扑灭动物疫病，因而必须贯彻预防为主的方针。这条原则是动物疫病的流行特点决定的，失去这个原则，动物检疫工作就会变得毫无意义。根据这一原则，动物检疫工作的重点应放在动物、动物产品进入流通之前，也就是应放在饲养、生产、加工环节。动物防疫法律、法规、规章中明确规定要做好动物、动物产品的产地检疫工作，并把具有在有效期内的免疫证明或免疫标记，作为出具产地检疫合格证明的条件之一，从而使预防为主的方针，在检疫工作中具体化。为促进基层检疫工作，规定了加强流通环节的监督。不把好流通环节的监督检查关，产地检疫有可能流于形式，难以落到实处。因此，为了贯彻好预防为主的方针，必须以产地检疫为基础，同时加强流通环节的监督检查，二者相辅相成，缺一不可。

（六）检疫与经营相分离的原则

检疫作为执法行为，不能与经营合在一起，只有分离，才能体现检疫行为的公正性。

第二节 动物检疫方式

一、现场检疫

现场检疫是指动物在交易、待宰、待运或运输前后，以及到达口岸时，在现场集中进行的检疫方式。现场检疫方式适用于国内动物检疫和出入境动物检疫，是一种常用而且必要的检疫方式。

（一）现场检疫程序及内容

现场检疫一般包括查证验物和通过对动物进行群体检查和个体检查，发现某些症状，结合流行病学调查资料，做出初步检疫结论。在现场检查中，一般遵循先群体检查、后个体检查的原则。

1. 查证验物　查证就是查看无有检疫证书，检疫证书是否是法定检疫机构的出证，检疫证书是否在有效期内，查看贸易单据、合同以及其他应有的证明。验物就是核对被检动物的种类、品种、数量、产地等是否与上述证单相符合。

2. 群体检查与个体检查　进行"三观一查"。"三观"是指现场检疫中群体检疫的静态、动态和饮食状态三方面的观察，"一查"是指现场检疫中的个体检查。也就是说，通过"三观"从群体中发现可疑病畜禽，再对可疑病畜禽个体进行详细的检查，以便得出检疫结果。

（1）群体检查　指对待检动物群体进行现场观察，其目的是通过动物群体症状的观察，对整群动物的健康状况做出初步评价，并从群体中把病态动物挑出来，做好病号标记，留待进行个体检疫。群体检查通常把同一地区或把同一批来源的动物划为一群，也可以把一圈或一舍的动物划为一群。禽、兔、犬还可按笼、箱、舍划群。运载畜禽检疫时，可登车、船、机舱进行群体检查，或在卸载后集中进行群体检查。

群体检查一般采用静态、动态、饮食状态的观察，即所谓"三态"检查法。

①静态观察：检疫人员深入圈舍、车、船、仓库，在动物保持自然的状态下，仔细观察其表现，如对外界事物的反应能力，站立或卧睡姿势，被毛、呼吸、反刍（反刍动物）状态等。注意有无异常站立或卧睡姿势，有无咳嗽、气喘、呻吟、战栗、流涎、嗜睡、独立一隅等异常现象。

②动态观察：经过静态观察后，再看动物被驱赶过程中的反应，重点观察动物的起立姿势、行动姿势、精神状态等，注意有无站立不稳、行动困难、跛行、屈背拱腰、离群掉队以及喘息、咳嗽等异常现象，从中发现可疑患病动物。

③饮食状态观察：在畜群进食过程中，观察其采食和饮水情况，注意有无少食少饮、不食不饮。吞咽困难、呕吐、流涎或异常鸣叫等情况，动物在进食后或进食期间（奶牛等）一般都有排粪、排尿的习惯，借此机会再观察排粪、排尿姿势，并注意有无粪便干燥、腹泻、尿少、尿色发红等异常现象。

经上述检查发现有异常现象的动物，应标上记号，予以隔离，有待进一步检查。

（2）个体检查　指对群体检疫时所检出的单个病畜和可疑病态动物，进行系统的检查。个体检查的目的是初步判定该动物是否有病（尤其是否患有规定检疫的疫病），然后，再根据具体情况进行实验室检查。

若群体检疫未发现可疑患病动物，必要时可抽出 10% 做个体检查。若抽检中发现传染病，应继续抽检10％，必要时全部进行个体复查。但当产地或启运地动物检疫机关发有检疫证书，与运输的动物相符，在运输途中和到达目的地时经群体检疫未发现异常或死亡时，可不再做个体检查。

个体检查方法包括检测体温、视诊、触诊、听诊和叩诊。

①检测体温：各种健康动物的体温都有一定的正常范围。体温不正常是动物对内外因素的反应。体温的变化对畜禽的精神、食欲、心血管、呼吸器官等，都有明显的影响。体温显著升高的动物，一般都视为可疑患病动物。如果怀疑是由于运动、曝晒、运输、拥挤等应激因素导致的体温升高，应让动物充分休息后（一般休息4h）再测体温。当动物的体温低于正常体温时，称为体温过低，见于大失血、内脏破裂、休克、虚脱、极度衰弱和传染病的濒死期等。检测体温的方法，家畜均以检测直肠温度为标准，而家禽常测其翼下温度。

②精神状态的观察：健康动物的兴奋与抑制保持着动态平衡，静态时安详，行动时灵活，对外界反应敏锐。当平衡失调时，动物就出现兴奋或抑制。精神兴奋是中枢神经机能亢进的结果。轻的兴奋如脑膜炎等，重的兴奋如狂犬病等。精神抑制为中枢神经机能障碍的另一种表现形式。轻的抑制常见于各种热性疫病，重的抑制表现为嗜睡甚至昏迷，常见于侵害中枢神经的传染病、中毒病、代谢病等。

③可视黏膜的检查：可视黏膜包括眼结膜和口腔、鼻腔、阴道的黏膜。黏膜具有丰富的微血管，根据其颜色的变化，可推断血液循环状态和血液成分的变化。眼结膜苍白是贫血的表现，急速苍白见于大出血、肝脾等内脏破裂；逐渐苍白见于慢性消耗性疾病；结膜潮红是充血的表现，弥漫性潮红见于眼病及各种急性传染病，树枝状充血常见于脑炎及心脏病；结膜黄染是血液中胆红素增多的表现，见于肝脏疾病、胆道阻塞、溶血性疾病等；结膜蓝紫（发绀）见于伴有心、肺机能障碍的重症病程中；结膜有出血点或出血斑，见于败血症、血斑病、牛的蕨中毒、巴贝斯虫病、马传染性贫血等。

④被毛和皮肤检查：健康畜禽的被毛（羽毛）光泽柔润，不易脱落。在患慢性消耗性疾病或内寄生虫病时，往往被毛粗乱、无光泽、易断和易脱落；患疥螨和湿疹的家畜，患部脱毛，伴有皮肤增厚、变硬、擦伤和自己啃咬患部。皮肤的检查主要包括皮肤的气味、温度、湿度、弹性、颜色、肿胀和皮疹等。

⑤排泄检查：动物排泄情况能提示消化系统和泌尿系统的情况。排泄检查主要检查排泄动作和排泄物。排泄动作包括排粪、排尿疼痛、努责、里急后重、失禁等。排泄物性状包括粪便干硬（便秘）、稀薄（腹泻）、颜色和气味异常等。腹泻见于肠卡他、肠炎、副伤寒、猪瘟、仔猪痢疾、结核及副结核等；便秘多见于各种热性传染病、慢性胃肠卡他和弛缓；排泄带痛可见于腹膜炎、肠炎和泌尿道的炎症；里急后重是直肠黏膜炎症和顽固性泄泻的表现；粪、尿失禁常见于脑脊髓疾病或顽固性腹泻。

⑥体表淋巴结检查：检查体表淋巴结多用触诊，主要是触感淋巴结的大小、硬度、温度、敏感性和移动性。健康的牛可摸到下颌淋巴结、颈浅背侧淋巴结、髂下淋巴结和乳房上淋巴结。马通常只检查下颌淋巴结。猪、羊的体表淋巴结不易触及，只有在肿大的情况下才可触及。淋巴结急性肿胀是由于病原微生物及其毒素侵害的结果，特征是淋巴结体积增大、变硬、增温、有压痛反应。下颌淋巴结急性肿胀见于马腺疫、急性鼻疽、牛结核、咽喉炎等；体表淋巴结均肿大时，见于牛白血病和泰勒虫病等。

⑦脉搏检查：现在通常借助心脏听诊来代替脉搏检查。脉搏数增多，见于热性病（体温

每升高 1℃，脉搏增加 8～10 次）、疼痛性疾病、贫血、心力衰竭及某些中毒病；脉搏数减少，可见于引起颅内压增高的疾病、房室传导阻滞及动物濒死期等。

⑧呼吸系统检查：呼吸数增多在临床上最常见，如发热性疾病；呼吸数减少，见于脑积水、生产瘫痪和气管狭窄等。正常时家畜的呼吸为胸腹式，若变为胸式呼吸，则病变在腹部；若变为腹式呼吸，病变多在胸部。呼吸困难多见于呼吸器官本身疾病、心力衰竭、循环障碍、中毒等。如果呼吸系统有炎症，可流出较多的鼻液。鼻液呈粉红色或鲜红而混有许多小气泡，可能是肺气肿、肺充血、肺出血。湿咳表明气管和支气管有稀薄痰液存在，干咳表明无痰或痰液黏稠。

胸部叩诊主要判断叩诊音的变化，肺脏存在较大炎症区或肝变区时呈浊音，胸腔积液时呈水平浊音，有轻度浸润或水肿时呈半浊音，肺泡充气而同时肺泡弹性降低时呈鼓音。

肺部听诊时，肺泡呼吸音增强见于发热性疾病和支气管肺炎，肺泡呼吸音减弱或消失见于慢性肺泡气肿或支气管阻塞等；当支气管黏膜上有黏稠的分泌物、支气管黏膜发炎肿胀或支气管痉挛时，可听到干啰音，是支气管炎的典型症状；当支气管中有大量稀薄的液状分泌物时，可听到湿啰音，见于支气管炎、各型肺炎、肺结核等侵及小支气管的情况。

（二）发现可疑患病动物后的检疫处理

当经过现场一般检疫后，若发现有可疑患病动物，并经过个体详细检查后认为患有传染病和寄生虫病时，必须进行更详细的检疫内容。

1. 疫情调查　按照检疫方法中的流行病学调查内容进行流行病学调查，以便了解动物产地疫病情况，为进一步确诊提供诊断线索。

（1）当前疫情调查　一是查清当前疫病的发病时间、地点、蔓延过程、流行范围和分布；二是查清有关数率，即疫病流行区内各种动物的数量、发病动物的种类、数量、性别、年龄、感染率、发病率、患病率、致死率、死亡率。

（2）疫情来源的调查　一是进行本地调查，即本地以往是否发生过该种疫病，若发生过，则调查当时流行情况和防治措施，有无养殖档案相关记录；二是进行邻地调查，当本地以往未发生过该病时，则调查邻地是否发生了该疫病；三是现场调查，即发生此次疫情前，是否从外地引进过畜禽、畜禽产品以及饲料等，所引进畜禽的原输出地是否发生过类似的疫病。

（3）传播途径的调查　一是调查饲养管理情况，即当地饲养管理方法、放牧情况、畜禽流动情况以及采购情况；二是调查当地畜禽卫生防疫情况；三是调查当地疫病的传播因素。

（4）自然与社会情况的调查　自然情况包括发病地区的地形、河流、气候、昆虫、野生动物以及交通状况等；社会情况包括当地人民生产、生活情况，有关干部、业务技术人员及有关人员对疫情的态度等。

2. 病理剖检　当被检群体中有症状明显或病死动物时，检疫人员可进行病理剖检，应用病理解剖学的知识，对动物尸体进行剖检，观察其病理变化，为确诊提供诊断依据。

尸体剖检往往可以发现在临床上不显示任何典型症状的特征性病变，这将为检疫人员做出正确结论提供依据。尸体剖检时，应先观察尸体外表，注意其营养状况、皮毛、可视黏膜及天然孔的情况。剖检时，应在严密消毒和隔离情况下进行，以防剖检时的血、尿等污染而引起病原扩散，造成疾病的流行。如果怀疑为烈性传染病如炭疽、鼻疽、牛瘟、恶性水肿、气肿疽、狂犬病、羊快疫、羊肠毒血症、马流行性淋巴管炎、马传染性贫血等的动物尸体，则严禁剖检。在进行尸体剖检时，应采用重点检查和系统检查相结合的方法进行，目的是找到病理变化，做出初步的分析和诊断。

动物检疫中用的病理剖检法不同于家畜病理学的尸体剖检，其特点是以能检查出是哪种疫病为限，一般不宜扩大检查范围，只是在某些情况下找不出病死的原因时，才做全面系统的病理剖检。

3. 实验室检测　对于怀疑患有产地检疫规程规定的疫病及临床检查发现其他异常情况时，应按相应疫病防治技术规范进行实验室检测，如进行病料涂片、染色、镜检及央速免疫学诊断，以便为疫病确诊提供重要依据。实验室检测须由动物疫病预防控制机构和具有资质的实验室承担，并出具检测报告。

4. 消毒和病死动物处理　对动物运输工具、饲喂工具、包装和铺垫材料，以及动物停留过的场地，都必须在检疫人员监督下，由货主按照要求进行认真的消毒，对病死动物按规定进行处理。

（三）检疫结果处理

（1）经检疫合格的动物、动物产品，由官方兽医出具加盖动物卫生监督机构印章的动物检疫合格证明。

（2）经检疫不合格的，官方兽医出具《检疫处理通知单》，并监督货主按照农业农村部门规定的技术规范处理。

（3）临床检查发现患有动物产地检疫规程规定的动物疫病的，扩大抽检数量并进行实验室检测。

（4）发现患有动物产地检疫规程规定检疫对象以外动物疫病，影响动物健康的，应按规定采取相应防疫措施。

（5）发现不明原因死亡或怀疑为重大动物疫情的，应按照《中华人民共和国动物防疫法》《重大动物疫情应急条例》和《农业农村部关于做好动物疫情报告等有关工作的通知》（农医发〔2018〕22号）等有关规定处理。

（6）病死动物应在动物卫生监督机构监督下，由畜主按照《病死及病害动物无害化处理技术规范》（农医发〔2017〕25号）进行处理。

（7）动物启运前，动物卫生监督机构须监督畜主或承运人对运载工具进行有效消毒。

（8）准备调运的乳用、种用动物，无有效的种畜禽生产经营许可证和动物防疫条件合格证的，检疫程序终止。

（9）准备调运的乳用、种用动物，无有效的实验室检测报告的，检疫程序终止。

二、隔离检疫

（一）隔离检疫的概念

隔离检疫是指将动物放在具有一定条件的隔离场或隔离圈（列车箱、船舱）进行的检疫方式。隔离检疫主要用于出入境检疫，跨省（自治区、直辖市）引进乳用、种用动物检疫，输入到无规定动物疫病区的动物检疫，建立健康畜群时的净化检疫。

（二）检疫隔离场的条件

为防止动物疫病的传播，动物检疫隔离场应具备一定的条件。

1. 相对偏僻　检疫隔离场的场址应远离城镇、市场、牧场、配种站、兽医院、屠宰场、畜产品加工厂以及学校、水源和交通要道，远离的距离最好在 1 000m 以上。

2. 有隔离设施 隔离设施包括围墙、隔离圈舍、更衣室、病理解剖室等。

3. 有消毒和尸体处理设施 消毒设施包括入口消毒设施、污水消毒处理设施、粪便垫草污物消毒处理设施；患病动物尸体处理设施，根据条件不同，可设有焚尸炉、湿化机或专用尸体坑。

4. 其他条件 能供应水、电，夏有防晒条件，冬有保暖条件，有汽车道路。

（三）隔离检疫的内容

隔离检疫的主要内容有临诊检查和实验室检查。

1. 临诊检查 动物在隔离场期间，必须按规定进行临诊健康检查。临诊检查是诊断动物疫病的最基本的方法，它是利用人的感官或借助一些简单的器械，如体温计、听诊器等直接对动物外貌、动态、排泄物、体温、脉搏、呼吸等进行检查。如观察动物静态、动态和饮食状态，并定时进行体温检查，以便及时掌握动物的健康状况。一旦发现可疑患病动物，应及时采取病料送检。若有病死动物时，应及时剖检，并做好有关记录。

2. 实验室检查 动物在隔离期间，按照我国有关规定，或两国政府间签订的条款，以及双方合同的要求，进行规定项目的实验室检查，并严格按照有关规定进行检疫后的处理。

第三节 产地检疫

产地检疫是指对出售或者运输的动物、动物产品在离开饲养、生产地之前，由动物卫生监督机构及其官方兽医，依照法定的条件和程序，对法定检疫对象进行认定和处理的行政许可行为。产地检疫是整个动物检疫工作的基础和重要环节，通过防止染疫动物及其动物产品进入流通领域，直接起到避免动物疫病传播的作用。

产地检疫一般是到现场或指定地点实施检疫，如到饲养场、饲养户进行就地检疫。实施产地检疫的人员为动物卫生监督机构指派的官方兽医。

一、产地检疫对象

根据农业农村部制定的《生猪产地检疫规程》《反刍动物产地检疫规程》《家禽产地检疫规程》《马属动物产地检疫规程》《跨省调运乳用种用家畜产地检疫规程》《跨省调运种禽产地检疫规程》（农牧发〔2023〕16 号）的规定，产地检疫的对象如下：

（一）生猪

口蹄疫、非洲猪瘟、猪瘟、猪繁殖与呼吸综合征、炭疽、猪丹毒。

（二）反刍动物

（1）牛 口蹄疫、布鲁氏菌病、炭疽、牛结核病、牛结节性皮肤病。

（2）羊 口蹄疫、小反刍兽疫、布鲁氏菌病、炭疽、蓝舌病、绵羊痘和山羊痘、山羊传染性胸膜肺炎。

（3）鹿、骆驼、羊驼 口蹄疫、布鲁氏菌病、炭疽、牛结核病。

（三）家禽

（1）鸡、鸽、鹌鹑、火鸡、珍珠鸡、雉鸡、鹧鸪、鸵鸟、鸸鹋 高致病性禽流感、新城疫、马立克病、禽痘、鸡球虫病。

（2）鸭、鹅、番鸭、绿头鸭　高致病性禽流感、新城疫、鸭瘟、小鹅瘟、禽痘。

（四）马属动物

马传染性贫血、马鼻疽、马流感、马腺疫、马鼻肺炎。

（五）犬

狂犬病、布鲁氏菌病、犬瘟热、犬细小病毒病、犬传染性肝炎。

（六）猫

狂犬病、猫泛白细胞减少症。

（七）兔

兔出血症、兔球虫病。

（八）跨省调运乳用种用家畜

（1）猪　口蹄疫、非洲猪瘟、猪瘟、猪繁殖与呼吸综合征、炭疽、伪狂犬病、猪细小病毒感染、猪丹毒。

（2）牛　口蹄疫、布鲁氏菌病、炭疽、牛结核病、牛结节性皮肤病、地方流行性牛白血病、牛传染性鼻气管炎（传染性脓疱外阴阴道炎）。

（3）羊　口蹄疫、小反刍兽疫、布鲁氏菌病、炭疽、蓝舌病、绵羊痘和山羊痘、山羊传染性胸膜肺炎。

（4）鹿、骆驼、羊驼　口蹄疫、布鲁氏菌病、炭疽、牛结核病。

（5）马（驴）　马传染性贫血、马鼻疽、马流感、马腺疫、马鼻肺炎。

（6）兔　兔出血症、兔球虫病。

（九）跨省调运种禽

高致病性禽流感、新城疫、鸭瘟、小鹅瘟、禽白血病、马立克病、禽痘、禽网状内皮组织增殖病。

二、产地检疫方法

由于产地检疫主要是在动物的原产地（即到场到户实施检疫），因此，临床检查是产地检疫的主要内容之一。实验室（病原学和/或抗体检测）检测根据相应疫病的防治技术规范和检测技术规范进行。

（一）生猪产地检疫

1. 临床检查

（1）检查方法

①群体检查：从静态、动态和饮食态等方面进行检查。主要检查生猪群体精神状况、外貌、呼吸状态、运动状态、饮水饮食情况及排泄物状态等。

②个体检查：通过视诊、触诊和听诊等方法进行检查。主要检查生猪个体精神状况、体温、呼吸、皮肤、被毛、可视黏膜、胸廓、腹部及浅表淋巴结，排泄动作及排泄物性状等。

（2）检查内容

①口蹄疫：出现发热、精神不振、食欲减退、流涎；蹄冠、蹄叉、蹄踵部出现水疱，水疱破裂后表面出血，形成暗红色烂斑，感染造成化脓、坏死、蹄壳脱落、卧地不起；鼻盘、口腔黏膜、舌、乳房出现水疱和糜烂等症状的，怀疑感染口蹄疫。

②非洲猪瘟：出现高热、倦怠、食欲不振、精神委顿、呕吐、便秘，粪便表面有血液和

黏液覆盖，或腹泻，粪便带血；可视黏膜潮红、发绀，眼、鼻有黏液脓性分泌物；耳、四肢、腹部皮肤有出血点；共济失调、步态僵直、呼吸困难或其他神经症状；妊娠母猪流产等症状；或出现无症状突然死亡的，怀疑感染非洲猪瘟。

③猪瘟：出现高热、倦怠、食欲不振、精神委顿、弓腰、腿软、行动缓慢；间有呕吐，便秘腹泻交替；可视黏膜充血、出血或有不正常分泌物、发绀；鼻、唇、耳、下颌、四肢、腹下、外阴等多处皮肤点状出血，指压不退色等症状的，怀疑感染猪瘟。

④猪繁殖与呼吸综合征：出现高热；眼结膜炎、眼睑水肿；咳嗽、气喘、呼吸困难；耳朵、四肢末梢和腹部皮肤发绀；偶见后躯无力、不能站立或共济失调等症状的，怀疑感染猪繁殖与呼吸综合征。

⑤炭疽：咽喉、颈、肩胛、胸、腹、乳房及阴囊等局部皮肤出现红肿热痛，坚硬肿块，继而肿块变冷，无痛感，最后中央坏死形成溃疡；颈部、前胸出现急性红肿，呼吸困难、咽喉变窄，窒息死亡等症状的，怀疑感染炭疽。

⑥猪丹毒：出现高热稽留；呕吐；结膜充血；粪便干硬呈粟状，附有黏液，下痢；皮肤有红斑、疹块，指压退色等症状的，怀疑感染猪丹毒。

2. 实验室疫病检测

（1）对怀疑患有本规程规定疫病及临床检查发现其他异常情况的，应当按相应疫病防治技术规范进行实验室检测。

（2）需要进行实验室疫病检测的，抽检比例不低于10%，原则上不少于10头，数量不足10头的要全部检测。

（3）省内调运的种猪可参照《跨省调运乳用种用家畜产地检疫规程》进行实验室疫病检测，并提供相应检测报告。

（二）反刍动物产地检疫

1. 临床检查

（1）检查方法

①群体检查：从静态、动态和饮食态等方面进行检查。主要检查动物群体精神状况、外貌、饮水饮食状况，呼吸、运动、反刍及排泄物状态等。

②个体检查：通过视诊、触诊、听诊等方法进行检查。主要检查动物个体精神状况、体温、呼吸、皮肤、被毛、可视黏膜、胸廓、腹部及体表淋巴结，排泄动作及排泄物性状等。

（2）检查内容

①口蹄疫：出现发热、精神不振、食欲减退、流涎；蹄冠、蹄叉、蹄踵部出现水疱，水疱破裂后表面出血，形成暗红色烂斑，感染造成化脓、坏死、蹄壳脱落，卧地不起；鼻盘、口腔黏膜、舌、乳房出现水疱和糜烂等症状的，怀疑感染口蹄疫。

②小反刍兽疫：羊出现突然发热、呼吸困难或咳嗽，分泌黏脓性卡他性鼻液，口腔黏膜充血、糜烂，齿龈出血，严重腹泻或下痢，母羊流产等症状的，怀疑感染小反刍兽疫。

③布鲁氏菌病：孕畜出现流产、死胎或产弱胎，生殖道炎症、胎衣滞留，持续排出污灰色或棕红色恶露以及乳腺炎症状；公畜发生睾丸炎或关节炎、滑膜囊炎，偶见阴茎红肿，睾丸和附睾肿大等症状的，怀疑感染布鲁氏菌病。

④炭疽：出现高热、呼吸增速、心跳加快；食欲废绝，偶见瘤胃膨胀，可视黏膜紫绀，突然倒毙；天然孔出血、血凝不良呈煤焦油样、尸僵不全；体表、直肠、口腔黏膜等处发生

炭疽痈等症状的，怀疑感染炭疽。

⑤牛结节性皮肤病：牛出现全身皮肤多发性结节、溃疡、结痂，并伴随浅表淋巴结肿大，尤其是肩前淋巴结肿大；眼结膜炎，流鼻涕，流涎；口腔黏膜出现水泡，继而溃破和糜烂；四肢及腹部、会阴等部位水肿；高热、母牛产奶量下降等症状的，怀疑感染牛结节性皮肤病。

⑥牛结核病：出现渐进性消瘦，咳嗽，个别可见顽固性腹泻，粪中混有黏液状脓汁；奶牛偶见乳房淋巴结肿大等症状的，怀疑感染牛结核病。

⑦蓝舌病：羊出现高热稽留，精神委顿，厌食，流涎，嘴唇水肿并蔓延到面部、眼睑、耳以及颈部和腋下，口腔黏膜、舌头充血、糜烂，或舌头发绀、溃疡、糜烂以至吞咽困难，有的蹄冠和蹄叶发炎，呈现跛行等症状的，怀疑感染蓝舌病。

⑧绵羊痘或山羊痘：羊出现体温升高、呼吸加快；皮肤、黏膜上出现痘疹，由红斑到丘疹，突出皮肤表面，遇化脓菌感染则形成脓疱继而破溃结痂等症状的，怀疑感染绵羊痘或山羊痘。

⑨山羊传染性胸膜肺炎：山羊出现高热稽留、呼吸困难、鼻翼扩张、咳嗽；可视黏膜发绀，胸前和肉垂水肿；腹泻和便秘交替发生，厌食、消瘦、流涕或口流白沫等症状的，怀疑感染山羊传染性胸膜肺炎。

2. 实验室疫病检测

①对怀疑患有本规程规定疫病及临床检查发现其他异常情况的，应当按照相应疫病防治技术规范进行实验室检测。

②需要进行实验室疫病检测的，抽检比例不低于 10%，原则上不少于 10 头（只），数量不足 10 头（只）的要全部检测。

③省内调运的乳用、种用动物可参照《跨省调运乳用种用家畜产地检疫规程》进行实验室疫病检测，并提供相应检测报告。

（三）家禽产地检疫

1. 临床检查

（1）检查方法

①群体检查：从静态、动态和饮食态等方面进行检查。主要检查禽群精神状况、外貌、呼吸状态、运动状态、饮水饮食情况及排泄物性状等。

②个体检查：通过视诊、触诊、听诊等方法检查家禽个体精神状况、体温、呼吸、羽毛、天然孔、冠、髯、爪、粪、嗉囊内容物性状等。

（2）检查内容

①禽流感：出现突然死亡、死亡率高；病禽极度沉郁，头部和眼睑部水肿，鸡冠发绀、脚鳞出血和神经紊乱；鸭鹅等水禽出现明显神经症状、腹泻，角膜炎甚至失明等症状的，怀疑感染高致病性禽流感。

②新城疫：出现体温升高、食欲减退、神经症状；缩颈闭眼、冠髯暗紫；呼吸困难；口腔和鼻腔分泌物增多，嗉囊肿胀；下痢；产蛋减少或停止等症状的；或少数禽突然发病，无任何症状死亡的，怀疑感染新城疫。

③鸭瘟：出现体温升高；食欲减退或废绝、翅下垂、脚无力，共济失调、不能站立；眼流浆性或脓性分泌物，眼睑肿胀或头颈浮肿；绿色下痢，衰竭虚脱等症状的，怀疑感染

鸭瘟。

④小鹅瘟：出现突然死亡；精神萎靡，倒地两脚划动，迅速死亡；厌食，嗉囊松软、内有大量液体和气体；排灰白或淡黄绿色混有气泡的稀粪；呼吸困难，鼻端流出浆性分泌物，喙端色泽变暗等症状的，怀疑感染小鹅瘟。

⑤马立克病：出现食欲减退、消瘦、腹泻、体重迅速减轻，死亡率较高；运动失调、劈叉姿势；虹膜褪色、单侧或双眼灰白色混浊所致的白眼病或瞎眼；颈、背、翅、腿和尾部形成大小不一的结节及瘤状物等症状的，怀疑感染马立克病。

⑥禽痘：出现冠、肉髯和其他无羽毛部位发生大小不等的疣状块，皮肤增生性病变；口腔、食道、喉或气管黏膜出现白色结节或黄色白喉膜病变等症状的，怀疑感染禽痘。

⑦鸡球虫病：出现精神沉郁、羽毛松乱、不喜活动、食欲减退、逐渐消瘦；泄殖腔周围羽毛被稀粪沾污；运动失调、足和翅发生轻瘫；嗉囊内充满液体，可视黏膜苍白；排水样稀粪、棕红色粪便、血便，间歇性下痢；群体均匀度差，产蛋下降等症状的，怀疑感染鸡球虫病。

2. 实验室疫病检测

（1）对怀疑患有本规程规定疫病及临床检查发现其他异常情况的，应当按照相应疫病防治技术规范进行实验室检测。

（2）需要进行实验室疫病检测的，抽检比例不低于5%，原则上不少于5只，数量不足5只的要全部检测。

（3）省内调运的种禽可参照《跨省调运种禽产地检疫规程》进行实验室疫病检测，并提供相应检测报告。

（四）马属动物产地检疫

1. 临床检查

（1）检查方法

①群体检查：从静态、动态和饮食态等方面进行检查。主要检查动物群体精神状况、外貌、呼吸状态、运动状态、饮水饮食情况及排泄物状态等。

②个体检查：通过视诊、触诊、听诊等方法进行检查。主要检查动物个体精神状况、体温、呼吸、皮肤、被毛、可视黏膜、胸廓、腹部及体表淋巴结，排泄动作及排泄物性状等。

（2）检查内容

①马传染性贫血：出现发热、贫血、出血、黄疸、心脏衰弱、浮肿和消瘦等症状的，怀疑感染马传染性贫血。

②马鼻疽：出现体温升高、精神沉郁；呼吸、脉搏加快；下颌淋巴结肿大；鼻孔一侧（有时两侧）流出浆液性或黏性鼻液，偶见鼻疽结节、溃疡、瘢痕等症状的，怀疑感染马鼻疽。

③马流感：出现剧烈咳嗽，严重时发生痉挛性咳嗽；流浆液性鼻液，偶见黄白色脓性鼻液；结膜潮红肿胀，微黄染，流出浆液性乃至脓性分泌物，有的出现结膜混浊；精神沉郁，食欲减退，体温升高；呼吸和脉搏次数增加；四肢或腹部浮肿，发生腱鞘炎；下颌淋巴结轻度肿胀等症状的，怀疑感染马流感。

④马腺疫：出现体温升高，结膜潮红稍黄染，上呼吸道及咽黏膜呈卡他性化脓性炎症，下颌淋巴结急性化脓性肿大（如鸡蛋大）等症状的，怀疑感染马腺疫。

⑤马鼻肺炎：出现体温升高，食欲减退；分泌大量浆液乃至黏脓性鼻液，鼻黏膜和眼结膜充血；下颌淋巴结肿胀，四肢腱鞘水肿；妊娠母马流产等症状的，怀疑感染马鼻肺炎。

2. 实验室疫病检测

（1）对怀疑患有本规程规定疫病及临床检查发现其他异常情况的，应当按照相应疫病防治技术规范进行实验室检测。

（2）需要进行实验室疫病检测的，每批马属动物抽检比例不低于20％，原则上不少于5匹，数量不足5匹的要全部检测。

（3）省内调运的种用马属动物可参照《跨省调运乳用种用家畜产地检疫规程》进行实验室疫病检测，并提供相应检测报告。

（五）犬产地检疫

1. 临床检查

（1）检查方法

①群体检查：从静态、动态和食态等方面进行检查。主要检查犬群体精神状况、呼吸状态、运动状态、饮水饮食情况及排泄物性状等。

②个体检查：通过视诊、触诊和听诊等方法进行检查。主要检查犬个体精神状况、体温、呼吸、皮肤、被毛、可视黏膜、胸廓、腹部及体表淋巴结，排泄动作及排泄物性状等。

（2）检查内容

①狂犬病：出现行为反常，易怒，有攻击性，狂躁不安，高度兴奋，流涎；有些出现狂暴与沉郁交替出现，表现特殊的斜视和惶恐；自咬四肢、尾及阴部等；意识障碍，反射紊乱，消瘦，声音嘶哑，夹尾，眼球凹陷，瞳孔散大或缩小；下颌下垂，舌脱出口外，流涎显著，后躯及四肢麻痹，卧地不起；恐水等症状的，怀疑感染狂犬病。

②布鲁氏菌病：出现母犬流产、死胎，产后子宫有长期暗红色分泌物，不孕，关节肿大，消瘦；公犬睾丸肿大，关节肿大，极度消瘦等症状的，怀疑感染布鲁氏菌病。

③犬瘟热：出现眼鼻脓性分泌物，脚垫粗糙增厚，四肢或全身有节律性的抽搐；有的出现发热，眼周红肿，打喷嚏，咳嗽，呕吐，腹泻，食欲不振，精神沉郁等症状的，怀疑感染犬瘟热。

④犬细小病毒病：出现呕吐，腹泻，粪便呈咖啡色或番茄酱色样血便，带有特殊的腥臭气味；有些出现发热、精神沉郁、不食，严重脱水、眼球下陷、鼻镜干燥、皮肤弹力高度下降、体重明显减轻，突然呼吸困难、心力衰弱等症状的，怀疑感染犬细小病毒病。

⑤犬传染性肝炎：出现体温升高，精神沉郁；角膜水肿，呈"蓝眼"；呕吐，不食或食欲废绝等症状的，怀疑感染犬传染性肝炎。

2. 实验室疫病检测

（1）对怀疑患有本规程规定疫病及临床检查发现其他异常情况的，应当按照相应疫病防治技术规范进行实验室检测。

（2）需要进行实验室疫病检测的，应当逐只开展检测。

（六）猫产地检疫

1. 临床检查

（1）检查方法

①群体检查：从静态、动态和食态等方面进行检查。主要检查猫群体精神状况、呼吸状

态、运动状态、饮水饮食情况及排泄物性状等。

②个体检查：通过视诊、触诊和听诊等方法进行检查。主要检查猫个体精神状况、体温、呼吸、皮肤、被毛、可视黏膜、胸廓、腹部及体表淋巴结，排泄动作及排泄物性状等。

（2）检查内容

①狂犬病：出现行为异常，有攻击性行为，狂暴不安，发出刺耳的叫声，肌肉震颤，步履蹒跚，流涎等症状的，怀疑感染狂犬病。

②猫泛白细胞减少症：出现呕吐，体温升高，不食，腹泻，粪便为水样、黏液性或带血，眼鼻有脓性分泌物等症状的，怀疑感染猫泛白细胞减少症。

2. 实验室疫病检测

（1）对怀疑患有本规程规定疫病及临床检查发现其他异常情况的，应当按照相应疫病防治技术规范进行实验室检测。

（2）需要进行实验室疫病检测的，应当逐只开展检测。

（七）兔产地检疫

1. 临床检查

（1）检查方法

①群体检查：从静态、动态和食态等方面进行检查。主要检查兔群体精神状况、呼吸状态、运动状态、饮水饮食情况、排泄物性状等。

②个体检查：通过视诊、触诊、听诊等方法进行检查。主要检查兔个体精神状况、体温、呼吸、皮肤、被毛、可视黏膜、胸廓、腹部及体表淋巴结，排泄动作及排泄物性状等。

（2）检查内容

①兔出血症：出现体温升高到41℃以上，全身性出血，鼻孔中流出泡沫状血液；有些出现呼吸急促，食欲不振，渴欲增加，精神委顿，挣扎、啃咬笼架等兴奋症状；全身颤抖，四肢乱蹬，惨叫；肛门常松弛，流出附有淡黄色黏液的粪便，肛门周围被毛被污染；被毛粗乱，迅速消瘦等症状的，怀疑感染兔出血症。

②兔球虫病：出现食欲减退或废绝，精神沉郁，动作迟缓，伏卧不动，眼、鼻分泌物增多，眼结膜苍白或黄染，唾液分泌增多，口腔周围被毛潮湿，腹泻或腹泻与便秘交替出现，尿频或常呈排尿姿势，后肢和肛门周围被粪便污染，腹围增大，肝区触诊疼痛，后期出现神经症状，极度衰竭死亡的，怀疑感染兔球虫病。

2. 实验室疫病检测

（1）对怀疑患有本规程规定疫病及临床检查发现其他异常情况的，应当按照相应疫病防治技术规范进行实验室检测。

（2）需要进行实验室疫病检测的，抽检比例不低于5%；原则上不少于5只，数量不足5只的要全部检测。

（3）省内调运的种兔可参照《跨省调运乳用种用家畜产地检疫规程》进行实验室疫病检测，并提供相应检测报告

（八）跨省调运乳用种用家畜产地检疫

1. 临床检查　按照相关动物产地检疫规程要求开展临床检查外，还应当做下列疫病

检查。

(1) 伪狂犬：发现母猪返情、空怀，妊娠母猪流产、产死胎、木乃伊胎等，公猪睾丸肿胀、萎缩等症状的，怀疑感染伪狂犬。

(2) 猪细小病毒感染：发现母猪，尤其是初产母猪产仔数少，流产，产死胎、木乃伊胎，以及发育不正常胎等症状的，怀疑猪细小病毒感染。

(3) 地方流行性牛白血病：发现体表淋巴结肿大，贫血，可视黏膜苍白，精神衰弱，食欲不振，体重减轻，呼吸急促，后躯麻痹乃至跛行瘫痪，周期性便秘及腹泻等症状的，怀疑感染地方流行性牛白血病。

(4) 牛传染性鼻气管炎（传染性脓疱外阴阴道炎）：发现体温升高，精神委顿，流黏脓性鼻液，鼻黏膜充血，呼吸困难，呼出气体恶臭；外阴和阴道黏膜充血潮红，有时黏膜上面散在有灰黄色、粟粒大的脓疱，阴道内见有多量的黏脓性分泌物等症状的，怀疑感染牛传染性鼻气管炎（传染性脓疱外阴阴道炎）。

2. 实验室疫病检测

(1) 检测疫病种类

①猪：非洲猪瘟。

②牛：布鲁氏菌病、牛结核病。

③羊：布鲁氏菌病、小反刍兽疫。

④鹿、骆驼、羊驼：口蹄疫、布鲁氏菌病、牛结核病。

⑤马（驴）：马传染性贫血、马鼻疽。

⑥兔：兔出血症。

⑦精液、胚胎：检测其供体动物相关动物疫病。

(2) 通过农业农村部评审并公布的非洲猪瘟等动物疫病无疫小区、国家级动物疫病净化场，无需开展相应疫病的检测。

（九）跨省调运种禽产地检疫

1. 临床检查 按照《家禽产地检疫规程》要求开展临床检查，还应当开展以下疫病检查。

(1) 禽白血病：发现消瘦、冠部苍白、腹部增大、产蛋下降等症状的，怀疑感染禽白血病。

(2) 禽网状内皮组织增殖症：发现生长受阻、瘦弱、羽毛发育不良等症状的，怀疑感染禽网状内皮组织增殖症。

2. 实验室疫病检测

(1) 检测疫病种类

①种鸡：高致病性禽流感、新城疫、禽白血病。

②种鸭、种番鸭：高致病性禽流感、鸭瘟。

③种鹅：高致病性禽流感、小鹅瘟。

④种蛋：检测其供体动物相关动物疫病。

(2) 通过农业农村部评审并公布的动物疫病无疫小区、国家级动物疫病净化场，无需开展相应疫病的检测。

第四节　屠宰检疫

一、屠宰检疫的目的和作用

（一）屠宰检疫的目的

屠宰检疫是指官方兽医按规定的程序和标准对解体后的畜禽胴体、脏器、组织及其他应检疫部位实施的全流程同步检疫及必要的实验室疫病检测，并根据检验结果进行处理的行为。畜禽屠宰检疫检验的目的就是通过检查发现染疫畜禽及产品，依法进行防疫监督和无害化处理，保证畜禽产品的卫生质量，防止动物疫病的传播和扩散，保证消费者的食肉安全和身体健康，保护养殖业的健康发展，维护公共卫生安全。

（二）屠宰检疫检验的作用

屠宰检疫检验有三个方面的作用：一是保证动物产品的卫生质量，防止动物产品携带致病微生物和寄生虫，保证动物产品的生产卫生和安全食用，保护消费者的合法权益。二是促进动物疫病的预防与控制。实施宰前检疫监督，促使动物生产经营者主动接受检疫，推动动物产地检疫工作的开展，促进动物疫病计划免疫和强制免疫的落实，推进防检结合、以检促防、以监保检的动物防疫工作良性运行机制的建立。三是可以及时掌握动物疫病动态。进行动物屠宰检疫检验和抽样监测，可及时了解动物疫病动态，分析动物疫病的发生和发展规律，为制定动物疫病防控规划和防疫计划提供可靠的科学依据。

二、屠宰检疫对象

（一）猪的检疫对象

口蹄疫、非洲猪瘟、猪瘟、猪繁殖与呼吸综合征、炭疽、猪丹毒、囊尾蚴病、旋毛虫病。

（二）牛的检疫对象

口蹄疫、布鲁氏菌病、炭疽、牛结核病、牛传染性鼻气管炎（传染性脓疱外阴阴道炎）、牛结节性皮肤病、日本血吸虫病。

（三）羊的检疫对象

口蹄疫、小反刍兽疫、炭疽、布鲁氏菌病、蓝舌病、绵羊痘和山羊痘、山羊传染性胸膜肺炎、棘球蚴病、片形吸虫病。

（四）家禽的检疫对象

高致病性禽流感、新城疫、鸭瘟、马立克病、禽痘、鸡球虫病。

（五）兔的检疫对象

兔出血症、兔球虫病。

（六）马属动物的检疫对象

马传染性贫血、马鼻疽、马流感、马腺疫。

三、宰前检疫方法

畜禽的宰前检疫一般只做临床检查，再结合肉联厂、屠宰场（点）的实际情况灵活应用。由于进厂（场、点）的畜禽数量、批次较多，待宰时间不能拖长，而采取临床方法、逐头检查是困难的，因此，实践中常采取群体检查和个体检查相结合的方法进行。必要时进行实验室检查确诊。一般对猪、羊、兔、鸡、鸭、鹅的宰前检疫都采用群体检查为主，辅以个体检查；对牛、马等大家畜的宰前检疫是以个体检查为主，辅以群体检查。

（一）群体检查

将畜禽按种类、产地、入场批次，分批、分圈进行检查。群体检查主要包括静态检查、动态检查、饮食状态检查三大环节和逐头测温。经过群体检查发现异常者，都应标上记号，予以隔离，留待进一步检查。

（二）个体检查

个体检查是对在群体检查中剔出的病畜禽和可疑病畜禽，集中进行较详细的临床检查。即使群体检查已经判为健康无病的畜禽，必要时也可抽 5%～20% 做个体检查。对受检的个体应按看、听、摸、检四大要领进行，分析判定，做出正确处理。

四、宰后检验方法

宰后检验以感官检查为主，必要时辅以病原学、血清学、组织病理学、理化学等实验室检查。

（一）宰后检验的方法

1. 感官检查　官方兽医采用视检、触检、嗅检及剖检的方法，判断畜禽胴体及内脏等是否有病变，并对患病畜禽做出诊断及处理。具体检验方法如下：

（1）视检　用肉眼观察胴体的皮肤、肌肉、胸腹膜、脂肪、骨骼、关节、天然孔，以及各种脏器的色泽、形状、大小、组织状态等是否正常，为进一步剖检提供依据。如生猪喉颈部肿胀，应注意检查炭疽。

（2）触检　采用手或刀具触摸和触压的方法，判定组织、器官的弹性和软硬度是否正常，这对发现位于被检组织或器官深部的硬结性病灶具有重要意义。如在肺叶内的病灶只有通过触摸或剖开才能发现。

（3）嗅检　利用嗅觉嗅闻畜禽的组织和脏器有无异常气味，以判定肉品的卫生质量。有时畜禽患某些疾病时，其组织和器官无明显可见或特征性的病理学变化，必须依靠嗅其气味来判定卫生质量。如屠宰动物生前患有尿毒症，肉中带有尿味；药物中毒时，肉中则带有特殊的药味。

（4）剖检　借助于检验刀具，剖开被检组织和器官，检查其深层组织的结构和组织状态，以发现组织和器官内部的病变。这对淋巴结、肌肉、脂肪、脏器和所有病变组织的检查及探明病变的性质和程度是非常重要的。

2. 实验室检查　当感官检查不能对发现的问题做出准确的判定时，则视情况进行实验室检验，以便对宰后检验中发现的患病畜禽做出准确的诊断，以及判定肉品中有害物质的残留情况，并做出相应的卫生处理。

（1）病理学诊断　采取病料组织，制作切片，观察组织病理变化，做出病理组织学诊断。

（2）病原学诊断　病原菌的检查可采取有病变的器官、组织、血液等，直接涂片，染色镜检，若发现具有特征性形态的病原菌，即可做出诊断。必要时再进行细菌分离培养、生化试验及动物试验。病毒的检查主要是将病料经适当处理后，接种细胞培养物、鸡胚或易感动物，初步分离病毒后，对病毒核酸类型、脂溶剂（乙醚、氯仿等）及对酸和热的敏感性等生物学特性进行检验，做出初步鉴定，必要时可通过电子显微镜对病毒粒子进行形态学鉴定。

（3）血清学诊断　针对所怀疑疫病的检测需要，采用适合的检测方法来鉴定疫病的性质。血清学试验特异性强，敏感性高，可为疾病的确诊提供依据。

（4）理化检验　根据检验需要，畜禽宰后，采集其脏器、局部组织或尿液等，检测农药、兽药、重金属或其他有害化学物质。例如，生猪宰后检验中，要求采集膀胱的尿液检测盐酸克仑特罗、莱克多巴胺和沙丁胺醇三种"瘦肉精"类物质。

（二）宰后检验的技术要求

（1）检验人员必须具有相关的专业技术、资格条件和资格证书。熟悉动物解剖学、兽医病理学、兽医传染病学和寄生虫学等方面的知识，并要熟练掌握宰后检验的技能，具有及时识别和判定屠宰畜禽组织和器官病理变化的能力。

（2）为了保证在屠宰加工流水线上能迅速、准确地对屠宰畜禽的健康状况做出准确的判剖检，并严格遵循一定的检验程序和操作方式，应养成良好的工作习惯，以免漏检。

（3）为确保肉品的质量安全和商品价值，宰后剖检不允许任意切割，只能在一定的部位顺着肌纤维切开，且切口深浅应适度，严禁胡乱切割或拉锯式切割，非必要不得横断，以免造成裂开性切口。在切开淋巴结时不要损及肌肉，检验带皮猪肉的淋巴结时，应尽可能从剖开面沿长轴切开检查，以免皮肤切口太多，损伤商品外观。

（4）当切开脏器和胴体的病变部位时，应防止病变组织污染产品、地面、设备、器具、官方兽医的手和工作服。如果在进行内脏和内脏淋巴结检验时割破了胃肠道，其内容物流出后污染了胴体和脏器，此时应将污染部分洗净或修切后弃去。脓肿、血疱或水疱切破后也应如此处理。

（5）每位检验人员必须配备两套检验刀和钩，在切开病变部分或传染病畜禽胴体后，刀具应立即消毒，严禁用已经污染的刀具再去剖检健康畜禽胴体。检验人员还应搞好个人防护，穿戴清洁的工作服、鞋帽、围裙和手套上岗，工作期间不得到处走动。

（6）在某些情况下，单凭感官检验是不够的，须辅以实验室检验（理化检验、微生物学检验、寄生虫学检验等），这就需要检验人员在工作中积累经验，应用一些适合现场操作、快速、准确的检验方法。

第五节　屠宰畜禽疫病的检疫与处理★★

一、口蹄疫

口蹄疫（foot-and-mouth disease，FMD）是由口蹄疫病毒（foot-and-mouth disease virus，FMDV）引起的偶蹄动物的一种急性、热性、高度接触性传染病。家畜中牛、羊、猪均易感。世界动物卫生组织（WOAH，OIE）将其列为法定报告的动物传染病，我国将其列为一类动物疫病。

（一）宰前检疫

口蹄疫病牛主要症状表现在口腔黏膜和蹄部的皮肤形成水疱和溃疡。患牛病初体温升高，食欲减退，闭口流涎。病畜表现运步困难，重者蹄壳脱落。

羊对本病的易感性较低，症状与牛基本相似，但较轻微，水疱较少并很快消失。绵羊主要在四肢蹄部见有水疱，偶尔也见于口腔黏膜。山羊的水疱多见于口腔。猪水疱以蹄部多见，严重者蹄壳脱落。口腔和吻突的病变较少见。

（二）宰后检验

宰后应仔细检查瘤胃黏膜，尤其是肉柱部分常见浅平褐色糜烂，胃、肠有时出现出血性炎症。心脏因心肌纤维脂肪变性，可见柔软扩张。病势严重时，左心室壁和室中间隔往往发生明显的脂肪变性和坏死，断面可见不整齐的斑点和灰白色或带黄色的条纹，形似虎皮斑纹，称为"虎斑心"。心内膜有出血斑，心外膜有出血点。肺有气肿和水肿，腹部、胸部、肩胛部肌肉中有淡黄色麦粒大小的坏死灶。

（三）鉴别诊断

本病的临诊症状具特征性，易于辨认，结合流行病学调查资料分析，诊断一般并不困难。但疾病经过不典型或病变不完全时，往往与传染性水疱性口炎、猪水疱病相混淆。确诊必须进行病毒分离鉴定和血清学试验。

（四）处理

宰前检疫发现口蹄疫病畜时，采取不放血的方法扑杀，将尸体焚烧处理。确诊为口蹄疫病畜的整个胴体、内脏、皮毛及血液等，必须做销毁处理。

二、炭 疽

炭疽（anthrax）是由炭疽芽孢杆菌（*Bacillus anthracis*）引起的人畜共患的一种急性、热性、败血性传染病。本病主要呈急性经过，多以突然死亡、天然孔出血、尸僵不全为特征。人感染本病往往是直接接触病畜、剖检和处理胴体或染有炭疽病原体的畜产品导致的，可发生败血症死亡。因此，炭疽在公共卫生学上意义重大。WOAH将炭疽列为法定报告的动物传染病，我国将其列为人的法定报告乙类传染病和二类动物疫病。

（一）宰前检疫

1. 最急性型 多见于羊，发病急剧，其特征表现为突然站立不稳，全身痉挛，迅即倒地；高热，呼吸困难，天然孔出血，血凝不全，迅速死亡。

2. 急性或亚急性型 多见于牛，病牛精神不振，少数兴奋不安，但很快转为高度沉郁。病畜体温升高，食欲废绝，行走蹒跚，肌肉震颤，呼吸高度困难，可视黏膜发绀或有出血点，天然孔出血，最后窒息而死。急性者一般2d死亡，亚急性者病程为2～5d。

3. 痈型 牛、羊的痈型炭疽可见颈、胸、腰或外阴部出现界限明显的局灶性炎性水肿，触诊如面团，开始热痛，不久则变冷无痛，甚至软化龟裂，渗出带黄色液体。

4. 咽型 猪对炭疽的抵抗力较强，主要为咽型炭疽，一般无明显症状。

（二）宰后检验

宰前检验无明显异常的动物，宰后检验发现的炭疽多为痈型炭疽、咽型炭疽、肠型炭疽和肺炭疽等。

牛宰后检验多见痈型（局灶型）炭疽，主要病变是痈肿部位的皮下有明显的出血性胶样浸润，附近淋巴结肿大，周围水肿，淋巴结切面呈暗红色或砖红色。

猪炭疽多呈局部性病变，宰后检验以咽型炭疽最为常见，其特征是一侧或双侧下颌淋巴结肿大、出血，刀切时感觉硬而脆，切面呈樱桃红色或砖红色，上有数量不等的紫黑、砖红或黑红色小坏死灶，淋巴结周围组织有不同程度的胶样浸润。此外，扁桃体也常发生充血、水肿、出血及溃疡。猪肠型炭疽主要见十二指肠和空肠前半段的少数或全部肠系膜淋巴结肿大、出血、坏死，其病变与咽型炭疽相似。

（三）鉴别诊断

牛炭疽应与梨形虫病、出血性败血症以及气肿疽相鉴别。猪炭疽须与猪丹毒、猪瘟、猪肺疫以及猪弓形虫病相鉴别。细菌学检查、沉淀反应、串珠试验、荧光抗体试验等方法均可确诊本病。

（四）处理

宰前检疫发现炭疽病畜时，采取不放血的方法扑杀，将尸体焚烧处理。确诊炭疽的病畜整个胴体、内脏、皮毛及血液等，必须做销毁处理。

三、结 核 病

结核病（tuberculosis）是由分枝杆菌属（*Mycobacterium*）的分枝杆菌引起的人畜共患的一种慢性传染病。最常见于牛（尤其是奶牛），其次是猪和鸡，羊少见。WOAH将结核病列为法定报告的动物传染病，我国将其列为人的法定报告乙类传染病，将牛结核病列为二类动物疫病。

（一）宰前检疫

结核病患畜的生前症状随患病器官的不同而异，其共同表现为全身渐进性消瘦和贫血，尤其是患牛最为明显。发生肺结核时，患畜常咳嗽并伴有肺部异常，呼吸迫促，呼吸音粗厉并伴有啰音或摩擦音。乳房结核的临诊表现多种多样，有的表现为单纯的乳房肿胀，无热无痛；有的表现为表面凹凸不平的坚硬大肿块或乳腺中有多数不痛不热的坚硬结节。泌乳期可见乳汁稀薄，颜色微绿，内含大量白色絮片和碎屑。发生肠结核时，表现为便秘和腹泻交替出现，或持续性腹泻。

猪结核在临诊上能被发现的多为淋巴结的结核，常见有下颌淋巴结、咽淋巴结和颈淋巴结等。主要特征是淋巴结肿大发硬，无热痛。

禽结核病鸡不活泼，精神萎靡，软弱。病鸡进行性消瘦，胸部肌肉明显萎缩，胸骨显露，羽毛粗乱，出现严重贫血，冠及肉髯苍白，个别病鸡出现腹泻，但体温正常。

（二）宰后检验

结核病畜的胴体通常都比较消瘦，器官或组织形成结核结节或干酪样坏死是结核病的特征性病变。结核病变可发生在体内任何器官和淋巴结。牛结核病在胸膜和肺膜可发生密集的结核结节，形如珍珠状。禽结核病常在肝、脾、肠及骨髓中发现结核结节病变，而其他脏器则少见。

（三）鉴别诊断

在宰后检验中，各器官组织的结核病变应注意与放线菌病、寄生虫结节、假性结核以及真菌性肉芽肿相区别。根据结核菌素变态反应及剖检特点，配合细菌学检查即可做出确诊。

（四）处理

确诊患结核病的病畜禽或整个胴体及其产品，均应做无害化处理。

四、布鲁氏菌病

布鲁氏菌病（brucellosis）又称布氏杆菌病，简称布病，是由布鲁氏菌属（*Brucella*）

细菌引起的人畜共患传染病。在家畜中以牛、羊、猪较易感。人可通过与病畜或带菌动物及其产品的接触，食用消毒不充分的病畜肉、乳及乳制品而引起感染发病。WOAH 将布鲁氏菌病列为法定报告的动物传染病，我国将其列为人的法定报告乙类传染病和二类动物疫病。

（一）宰前检疫

怀孕母畜流产是主要症状，流产时胎衣往往滞留，胎儿死亡。公畜主要表现为睾丸炎或附睾炎，有些病例呈现关节炎、黏液囊炎，常侵害膝关节和腕关节，关节肿胀、疼痛，出现跛行。必要时可进行血清凝集试验。

（二）宰后检验

主要病变为生殖器官的炎性坏死，脾、淋巴结、肝、肾等部位形成特征性肉芽肿（布病结节）。如发现屠畜有下列病变之一时，应考虑有布鲁氏菌病的可能：①猪有阴道炎、睾丸炎及附睾炎、化脓性关节炎、骨髓炎、颈部及四肢肌肉变性、子宫黏膜有较多的高粱粒大的黄白色结节。牛、羊有阴道炎、子宫炎、睾丸炎等。②肾皮质部出现荞麦粒大小的灰白色结节。③管状骨或椎骨中积脓或形成外生性骨疣，使骨外膜表面呈现高低不平的现象。

确诊本病可做细菌学检查或血清凝集试验、补体结合试验等。

（三）处理

确诊患布鲁氏菌病的病畜整个胴体及其产品，均应做无害化处理。

五、非洲猪瘟

非洲猪瘟（African swine fever，ASF）是由非洲猪瘟病毒（African swine fever virus，ASFV）感染家猪和各种野猪（非洲野猪、欧洲野猪等）引起的一种急性、出血性、烈性传染病。WOAH 将非洲猪瘟列为法定报告的动物传染病，我国将其列为一类动物疫病。

（一）宰前检疫

1. 最急性型　往往未见到明显临诊症状即倒地死亡。有时可见食欲消失、惊厥，数小时内即死亡。

2. 急性型　表现无食欲，体温升高至 40～42℃，稽留 3～5d，体温下降，心跳加快，呼吸困难，皮肤出血，病死率高。

3. 亚急性型　与急性型表现相似，体温升高，鼻、耳、腹肋部发绀，有出血斑。时有咳嗽，眼、鼻有浆液性或黏液性脓性分泌物，后肢无力，出现短暂性的血小板、白细胞减少。

4. 慢性型　怀孕母猪流产、腹泻、呕吐，粪便有黏液、血液。病死率较低。

（二）宰后检验

急性病例出现全身各脏器严重出血，特别是淋巴结尤为明显。下颌淋巴结肿胀、出血，呈紫红；腹股沟浅淋巴结肿大、出血，呈紫褐色；肠系膜淋巴结出血，淋巴结切面严重出血，指压时有血液渗出。脾脏淤血、出血、极度肿大、质脆易碎，切面可见粥样物流出；心包积液，心肌外膜或内膜有出血点或出血斑，心外膜附有纤维素；肾脏表面布满出血点，肾盂及肾乳头部有出血斑；肺脏充血、出血、水肿，心肺粘连，偶见肺部肉芽肿病变；肝脏肿大、淤血、出血；胆囊壁水肿，胃肠均有出血。慢性病例极度消瘦。

（三）鉴别诊断

非洲猪瘟临床症状与猪瘟症状相似，确诊须进行实验室检测。本病的诊断按《非洲猪瘟诊断技术》（GB/T 18648—2020）进行，采用 PCR、荧光 PCR、荧光型核酸扩增试验（荧光 RAA）、高敏荧光免疫分析法、夹心 ELISA 抗原检测法、间接 ELISA 抗体检测法、阻断 ELISA 抗体检测法、夹心 ELISA 抗体检测法、间接免疫荧光法等。农业农村部规定，屠宰企业要做好非洲猪瘟的自检工作。

（四）处理

宰前检疫发现非洲猪瘟，禁止屠宰，以不放血方式扑杀后做焚烧或深埋处理。宰后检验发现非洲猪瘟，其胴体和全部产品，必须做销毁处理。

六、猪　　瘟

猪瘟（classical swine fever，CSF）是由猪瘟病毒（classical swine fever virus，CSFV）引起猪的一种高度传染性疾病。猪瘟病毒对人虽无致病性，但发病猪常有沙门氏菌及巴氏杆菌继发感染，有重要的食品卫生学意义。WOAH 将其列为法定报告的动物疫病，我国将其列为二类动物疫病。

（一）宰前检疫

1. 最急性型　病猪表现急性败血病症状。病猪突然发病，高热稽留，皮肤和黏膜发绀，有出血点。

2. 急性型　病猪发热，精神沉郁，食欲减退或不食，寒战，背拱起，后肢乏力，步态蹒跚，重者可见全身性痉挛现象。两眼无神，眼结膜潮红，口腔黏膜发绀或苍白。在耳、鼻、腹下、股内侧、会阴等处可见出血斑点，先便秘后腹泻。公猪阴茎鞘内积有恶臭尿液。

3. 亚急性型　与急性型表现相似，体温升高，扁桃体、舌、唇及齿龈可见到溃疡。病猪多处皮肤可见有出血点，常并发肺炎和肠炎。

4. 慢性型　病猪消瘦，便秘与腹泻交替出现。腹下、四肢和股部皮肤有出血点或紫斑。扁桃体肿大，有时出现溃疡。

（二）宰后检验

1. 最急性型　可见黏膜、浆膜和内脏有少量出血斑点，但无特征性病变。

2. 急性型　全身皮肤特别是颈部、腹部、股内侧、四肢等处皮肤，有暗红或紫红的小点出血或融合成出血斑。脂肪、肌肉、浆膜、黏膜、喉头、胆囊、膀胱和大肠也有出血点。全身大部分淋巴结常呈现出血性炎症变化，淋巴结肿胀和出血，且出血的髓质与未出血的皮质镶嵌，使之呈现大理石样外观。脾脏边缘出血性梗死，呈紫黑色。肾脏呈土黄色，表面有针尖状出血点。胃肠黏膜潮红，上面散布许多小出血点。

3. 亚急性和慢性型　病变主要见于肺脏和大肠。亚急性型病猪肺的切面呈暗红色，质地致密，间质可见水肿、出血，局部肺表面有红色网纹。慢性型病猪肺脏表面有黄色纤维素，间质增厚，呈大理石样。肺脏、心包和胸膜常发生粘连。慢性型猪瘟病猪大肠病变主要为回肠末端、盲肠和结肠黏膜有纽扣状溃疡。

（三）鉴别诊断

本病应注意与猪丹毒、猪肺疫、猪副伤寒和猪弓形虫病相鉴别。

（四）处理

确诊患猪瘟的病猪或整个胴体及其产品，均应做无害化处理。

七、猪繁殖与呼吸综合征

猪繁殖与呼吸综合征（porcinereproductiveandrespiratory syndrome，PRRS）是由猪繁殖与呼吸综合征病毒（PRRSV）病毒引起的猪的一种高度接触性、高致死性传染病，高致病性毒株引起的又名高致病性猪繁殖与呼吸综合征（HP－PRRS）。WOAH 将其列为法定报告的动物疫病，我国将其列为二类动物疫病。

（一）宰前检疫

不同感染猪群，临床症状差别较大。病猪体温升高达 41℃ 以上，呈稽留热，精神沉郁。食欲不振，呼吸困难，咳嗽、气喘。眼结膜炎、眼睑水肿；部分猪有后躯无力、不能站立或共济失调等神经症状。有的皮肤发红，或有肺炎症状。病程稍长出现败血症，耳发绀，皮肤出现紫斑。

（二）宰后检验

可见脾脏边缘或表面出现梗死灶，镜检可见出血性梗死；肾脏呈土黄色，表面可见针尖至小米粒大出血点（斑）；皮下、扁桃体、心脏、膀胱、肝脏和肠道均可见出血点和出血斑；心脏、肝脏和膀胱可见出血性、渗出性炎等病变；部分病例可见胃肠道出血、溃疡、坏死。若高致病性猪繁殖与呼吸综合征病毒分离鉴定阳性及 RT－PCR 检测阳性，即可确诊。

（三）处理

确诊患猪繁殖与呼吸综合征的病猪做焚烧或深埋处理；病猪的胴体及其产品，必须做无害化处理。

八、猪 丹 毒

猪丹毒（swine erysipelas）是由红斑丹毒丝菌（*Erysipelothrix rhusiopathiae*，俗称猪丹毒杆菌）引起的一种人畜共患的急性、热性传染病。该病主要发生于猪，其他家畜、家禽及一些鸟类和鱼也可感染。人感染发病主要是病原菌从损伤的皮肤或黏膜侵入人体，也可通过吃肉感染，称为类丹毒（erysipeloid），以与由链球菌感染引起的丹毒相区别。我国将猪丹毒列为三类动物疫病。

（一）宰前检疫

1. 急性败血型 体温升高达 42℃ 以上，呈稽留热，寒战，喜卧阴湿地方，食欲废绝，间有呕吐，离群独卧。发病 1～2d 后，皮肤上出现红斑，其大小不等，形状不同，耳、腹及腿内侧较多见，指压时退色。

2. 亚急性疹块型 特征性症状是在颈、肩、胸、腹、背及四肢等处皮肤上出现圆形、方形、菱形或不规则形的红色疹块，有的疹块中心部分变浅，边缘部分呈灰紫色。已有的疹块表面中心出现小水疱，或变成棕色痂块。还有的痂块自然脱落，留下缺毛的疤痕。

3. 慢性型 四肢关节，特别是腕关节、跗关节常发生浆液性纤维素性关节炎。伴发心内膜炎时，听诊心跳加快、杂音明显。有的病猪皮肤成片坏死或脱落，也有的整个耳壳或尾巴甚至蹄壳全部脱落。

（二）宰后检验

1. 急性败血型 耳根、颈部、胸前、腹壁和四肢内侧等处皮肤上，见有不规则的鲜红色斑块，指压退色。红斑可相互融合成片，微隆起于周围正常的皮肤表面。全身淋巴结充血肿胀，切面多汁，呈红色或紫红色。脾肿大明显，质地柔软，呈樱桃红色，切面外翻，结构模糊不清。肾脏肿大淤血，皮质部可见大小、数量不等的小点状出血，切面常有肿大出血的肾小球显现。肺充血、水肿。心包积液，心冠脂肪充血发红，心内外膜点状出血。胃肠黏膜呈急性卡他性或出血性炎症变化。

2. 亚急性疹块型　以颈、背、腹侧部皮肤疹块为特征，疹块部的皮肤和皮下结缔组织充血并有浆液浸润和出血变化，或有坏死。有的疹块部分病变发生坏死脱落，留下灰色的疤痕。内脏仍具有败血型的病变。

3. 慢性型　主要病变为心脏二尖瓣上有菜花状赘生物。四肢关节变形肿大或粘连，切开腕关节和跗关节的肿胀部分有黄色浆液流出，其中常混有白色絮状物。

（三）鉴别诊断

亚急性疹块型和慢性猪丹毒一般不难做出诊断，但急性败血型猪丹毒容易与急性败血型猪瘟混淆，应注意鉴别。

（四）处理

确诊为猪丹毒的病猪或胴体及其产品应做无害化处理。

九、牛传染性鼻气管炎

牛传染性鼻气管炎（bovine infectious rhinotracheitis，IBR）又名传染性脓疱外阴阴道炎，是由牛传染性鼻气管炎病毒（bovine infectious rhinotracheitis virus，IBR IBRV）引起牛的一种接触性传染病。临床表现形式多样，以呼吸道型为主，伴有结膜炎、流产、乳腺炎，有时诱发小牛脑炎等。WOAH 将该病列为法定报告的动物传染病，我国将其列为二类动物疫病。

（一）宰前检疫

1. 呼吸道型　急性病例主要表现整个呼吸道受损害，其次是消化道。患牛病初突发高热，精神委顿，拒食，流黏脓性鼻液，鼻黏膜高度充血，有浅溃疡，鼻窦及鼻镜因组织高度发炎而称为红鼻病。常因炎性渗出物阻塞而呼吸高度困难，甚至张口喘气，由于鼻黏膜坏死而呼出恶臭气体，并有深部支气管性咳嗽。病牛有时排血痢。

2. 生殖道型　又称牛传染性脓疱阴户阴道炎、交合疹，经配种传染。病初轻度发热，尿频，排尿时感痛而不安。外阴和阴道黏膜充血潮红，黏膜表面有灰色小病灶，继而发展成小脓疱，外观黏膜呈颗粒状，黏膜表面覆盖黏性分泌物。部分病例小脓疱融合成片，连成一层灰色坏死膜。孕牛一般不发生流产。公牛包皮和阴茎上出现与母牛相似的症状和病变，故名传染性脓疱性龟头包皮炎。

3. 眼炎型　主要表现为角膜和结膜炎症。可见角膜下水肿，其上形成灰色坏死膜，呈颗粒状外观。眼、鼻流浆性或脓性分泌物。结膜充血、水肿，形成灰色坏死膜。有时可与呼吸道型同时发生。

4. 流产型　一般见于初胎青年母牛怀孕期的任何阶段，有时也可见于经产牛。常于怀孕的第5~8个月发生流产，多无前驱症状，胎衣常不滞留。

5. 脑膜脑炎型　仅犊牛发生，主要表现脑膜脑炎。病牛共济失调，出现神经症状。先沉郁后兴奋或沉郁、兴奋交替发生，口吐白沫，惊厥，最后倒卧，角弓反张。病程短，发病率低，但病死率高。

（二）宰后检验

特征性病变为呼吸道黏膜的高度炎症，有浅溃疡，其上覆有灰色、恶臭、脓性渗出物。可见化脓性肺炎和脾脓肿，肾脏包膜下有粟粒大、灰白色至灰黄色坏死灶散在，肝脏也有少量散在、粟粒大、灰黄色坏死灶。流产的胎儿有坏死性肝炎和脾脏局部坏死，有的皮肤水肿。确诊靠病毒分离鉴定和血清学试验。

（三）处理

确诊患牛传染性鼻气管炎的病畜或整个胴体及其产品，应做无害化处理。

十、牛结节性皮肤病

牛结节性皮肤病（lumpy skin disease，LSD）是由痘病毒科山羊痘病毒属牛结节性皮肤病病毒（lumpy skin disease virus，LSDV）引起的牛全身性感染疫病，临床以皮肤出现结节为特征。WOAH 将其列为法定报告的动物传染病，我国农业农村部暂时将其列为二类动物疫病管理。

（一）宰前检疫

临床表现差异很大，跟动物的健康状况和感染的病毒量有关。体温升高，可达 41℃，可持续 1 周。浅表淋巴结肿大，特别是肩前淋巴结肿大。奶牛产奶量下降。精神消沉，不愿活动。眼结膜炎，流鼻涕，流涎。发热后 48h 皮肤上会出现直径 10～50mm 的结节，以头、颈、肩部、乳房、外阴、阴囊等部位居多。结节可能破溃，吸引蝇蛆，反复结痂，迁延数月不愈。口腔黏膜出现水疱，继而溃破和糜烂。牛的四肢及腹部、会阴等部位水肿，导致牛不愿活动。公牛可能暂时或永久性不育。怀孕母牛流产，发情延迟可达数月。

（二）宰后检验

消化道和呼吸道内表面有结节病变。淋巴结肿大，出血。心脏肿大，心肌外表充血、出血，呈现斑块状淤血。肺脏肿大，有少量出血点。肾脏表面有出血点。气管黏膜充血，气管内有大量黏液。肝脏肿大，边缘钝圆。胆囊肿大，为正常 2～3 倍，外壁有出血斑。脾脏肿大，质地变硬，有出血状况。胃黏膜出血。小肠弥漫性出血。

（三）鉴别诊断

牛结节性皮肤病与牛疱疹病毒病、伪牛痘、疥螨病等临床症状相似，需开展实验室检测进行鉴别诊断。

（四）处理

发现牛结节性皮肤病，禁止屠宰，以不放血方式扑杀后做焚烧或深埋处理。宰后检验发现牛结节性皮肤病，其胴体和全部产品，必须做销毁处理。

十一、小反刍兽疫

小反刍兽疫（peste des petits ruminants，PPR）是由副黏病毒科麻疹病毒属的小反刍兽疫病毒（peste des petits ruminants virus，PPRV）引起的一种急性接触性传染病，主要感染小反刍兽，特别是山羊和绵羊，野生动物偶尔感染。其特征是发病急剧，高热稽留，眼鼻分泌物增加，口腔糜烂，腹泻和肺炎。WOAH 将其列为必须报告的动物传染病。我国将其列为一类动物疫病。

（一）宰前检疫

本病临床症状和牛瘟相似，但只有山羊和绵羊感染后才出现症状，感染牛不出现临床症状。羊发病急，高热可达 41℃以上，持续 3～5d，病羊精神沉郁，食欲减退，鼻镜干燥，口鼻腔流黏脓性分泌物，呼出恶臭气体。口腔黏膜先是轻微充血及出现表面糜烂，大量流涎，黏膜坏死通常首发于牙床下方黏膜，其后坏死现象迅速向牙龈、硬腭、颊、口腔乳突、舌等黏膜蔓延。坏死组织脱落，出现不规则且浅的糜烂斑。后期出现带血水样腹泻，严重脱水，消瘦，并常有咳嗽、胸部啰音及腹式呼吸。死前体温下降。幼年动物严重，发病率和病死都很高。超急性病例可能无病变，仅出现发热及死亡。

（二）宰后检验

可见结膜炎、坏死性口炎等肉眼病变，在鼻甲、喉、气管等处有出血斑，严重病例可蔓延到硬腭及咽喉部。皱胃常出现有规则、有轮廓的糜烂，创面出血呈红色。肠可见糜烂或出血，结肠和直肠结合处出现特征性线状出血或斑马样条纹。淋巴结肿大，脾脏出现坏死灶。确诊需要进行实验室检查，通常包括病毒分离鉴定和血清学试验。

（三）处理

确诊为小反刍兽疫的病畜必须扑杀后做销毁处理，病羊产品做销毁处理。

十二、蓝 舌 病

蓝舌病（blue tongue）是由蓝舌病病毒（blue tongue virus，BTV）引起的反刍动物的一种虫媒性传染病，主要发生于绵羊。山羊的症状一般较轻，牛感染后通常缺乏症状，但牛是绵羊发生蓝舌病的重要传染源。WOAH 将其列为法定报告的动物传染病，我国将其列为二类动物疫病。

（一）宰前检疫

绵羊病初体温升高达 40.5～42℃，稽留 2～3d，精神萎靡，厌食。几天后口颊、唇、舌黏膜青紫糜烂，并逐渐带有恶臭。鼻液增多，继而在鼻孔周围形成干痂，致使呼吸困难或引起鼾声。有时蹄冠、蹄叶发炎，跛行。有些病例便秘或腹泻，甚至粪中带血。病程稍长的显著消瘦，虚弱。山羊的症状与绵羊相似，但一般比较轻微。牛一般不表现症状。

（二）宰后检验

病变主要见于口腔、瘤胃、心、肌肉、皮肤和蹄部。口腔出现糜烂，舌、唇、齿龈和颊黏膜水肿。瘤胃暗红。心肌、呼吸道、消化道和泌尿道黏膜有小点出血。皮肤潮红，常见斑状疹块区，蹄冠充血或出血。

（三）鉴别诊断

牛、羊蓝舌病与口蹄疫、牛病毒性腹泻、恶性卡他热、牛传染性鼻气管炎、水疱性口炎、茨城病、牛瘟等有相似之处，应注意鉴别。

（四）处理

确诊患蓝舌病的病畜或整个胴体及其产品，应做无害化处理。

十三、绵羊痘和山羊痘

绵羊痘（variola ovina，sheep pox）和山羊痘（variola caprina，goat pox）是由绵羊痘病毒（sheeppox virus）和山羊痘病毒（goatpox virus）引起的急性接触性传染病，以皮肤

（有时也在黏膜）出现痘疹为特征。WOAH 将绵羊痘和山羊痘列为法定报告的动物传染病，我国将其列为一类动物疫病。

（一）宰前检疫

1. 典型羊痘 分前驱期、发痘期和结痂期。病初体温升高达 41～42℃，呼吸加快，结膜潮红肿胀，流黏液脓性鼻液。经 1～4d 后进入发痘期。痘疹多见于无毛部或被毛稀少部位，如眼睑、嘴唇、鼻部、腋下、尾根以及公羊阴鞘、母羊阴唇等处，先呈红斑，1～2d 后形成丘疹，突出于皮肤表面。随后形成水疱，此时体温略有下降，再经 2～3d 后，由于白细胞集聚，水疱变为脓疱，此时体温再度上升，一般持续 2～3d。在发痘过程中，如没有其他病菌继发感染，脓疱破溃后逐渐干燥，形成痂皮，即结痂期，痂皮脱落后痊愈。

2. 顿挫型羊痘 常呈良性经过。通常不发热，痘疹停止在丘疹期，呈硬结状，不形成水疱和脓疱，俗称"石痘"。

3. 非典型羊痘 全身症状较轻。有的脓疱融合形成大的融合痘（臭痘）；脓疱半发出血形成血痘（黑痘）；脓疱伴发坏死，形成坏疽痘。重症病羊常继发肺炎和肠炎，导致败血症或脓毒败血症而死亡。

（二）宰后检验

特征性病变是在咽喉、气管、肺和皱胃等部位出现痘疹。在消化道的嘴唇、食道、胃肠等黏膜上出现大小不同的扁平的灰白色痘疹，其中有些表面破溃形成糜烂和溃疡，特别是唇黏膜与胃黏膜表面更明显。但气管黏膜及其他实质器官如心脏、肾脏等黏膜或包膜下则形成灰白色扁平或半球形的结节，特别是肺的病变与腺瘤很相似，多发生在肺的表面，切面质地均匀，但很坚硬，数量不定，性状则一致。在这种病灶的周围有时可见充血和水肿等。确诊需做病毒中和试验。

（三）处理

确诊为绵羊痘和山羊痘的病畜扑杀后做销毁处理，病畜的整个胴体及其产品应做销毁处理。

十四、山羊传染性胸膜肺炎

山羊传染性胸膜肺炎（contagious caprine pleuropneumonia）又称烂肺病，是由山羊支原体山羊肺炎亚种（*Mycoplasma capricolum* subsp. Capripneumoniae，Mccp）引起的高度接触性传染病。WOAH 将山羊传染性胸膜肺炎列为法定报告的动物传染病，我国将其列为二类动物疫病。

（一）宰前检疫

山羊传染性胸膜肺炎的典型特征是极度高热（41～43℃），发病率和病死率很高，妊娠山羊易流产，在高热约 2～3d 后，出现明显的呼吸症状，呼吸加速，状态痛苦，偶尔出现呼噜声，持续性地剧烈咳嗽。在病程后期山羊失去运动能力，前腿分开站立，颈项强硬前伸，有时候嘴里不断地流出涎液。

（二）宰后检验

主要表现在胸腔，多见一侧肺发生明显的浸润和肝样病变。病肺呈红灰色，切面呈大理石样，肺小叶间质增宽，界线明显。支气管淋巴结、纵隔淋巴结肿大。胸膜变厚，表面粗糙不平，有的与胸壁发生粘连。有的病例中，肺膜、胸膜和心包三者发生粘连。胸腔积有多量黄色胸水。

（三）处理

确诊患山羊传染性胸膜肺炎的病畜或整个胴体及其产品，应做无害化处理。

十五、高致病性禽流感

禽流行性感冒（avian influenza）简称禽流感，是由禽流感病毒（Avian influenza virus，AIV）引起的禽类的一种急性传染病。鸡和火鸡均易感，鸭、鹅很少感染。高致病性禽流感（highly pathogenic avian influenza，HPAI）不但可以引起大量禽的发病和死亡，也可感染人，引起人发病和死亡。WOAH 将高致病性禽流感列为法定报告的动物传染病，我国将其列为一类动物疫病。

（一）宰前检疫

高致病性禽流感常突然暴发，流行初期的病例可不见明显症状而突然死亡。症状稍缓和者可见精神沉郁，头翅下垂，鼻分泌物增多，常摇头企图甩出分泌物，严重的可引起窒息。病鸡流泪，颜面浮肿，冠和肉髯肿胀、发绀、出血、坏死，脚鳞变紫，腹泻，有的还出现歪脖、跛行及抽搐等神经症状。蛋鸡产蛋停止。

（二）宰后检验

特征性病变是口腔、腺胃、肌胃角质膜下层和十二指肠出血。颈胸部皮下水肿。胸骨内面、胸部肌肉、腹部脂肪和心脏均有散在性的出血点。头部青紫，眼结膜肿胀，有出血点。口腔及鼻腔积有黏液，并混有血液，头部眼周围、耳和肉髯水肿，皮下有黄色胶样液体。肝、脾、肺、肾有灰黄色小坏死灶。卵巢和输卵管充血或出血，产卵鸡常见卵黄性腹膜炎。

（三）处理

宰前发现高致病性禽流感时，必须扑杀后做销毁处理；宰后确诊为高致病性禽流感的整个胴体及其产品，均做销毁处理。

十六、鸡新城疫

鸡新城疫（newcastledisease，ND）又称亚洲鸡瘟或伪鸡瘟，是由鸡新城疫病毒（Newcastle disease virus，NDV）引起的鸡的一种急性、热性、接触性传染病。该病的主要特征是呼吸困难、腹泻、神经紊乱、黏膜和浆膜出血。WOAH 将新城疫列为法定报告的动物传染病，我国将其列为二类动物疫病。

（一）宰前检疫

急性型病鸡体温高达 $43 \sim 44\,^{\circ}\mathrm{C}$，食欲减退或废绝，有渴感，精神沉郁，不愿走动，垂头缩颈或翅膀下垂，眼半开或全闭，状似昏睡，鸡冠和肉髯逐渐变为暗红色或暗紫色，母鸡产蛋停止或产软壳蛋。随后出现典型症状，咳嗽，呼吸困难，有黏液性鼻漏，常伸头，张口呼吸，并发出"咯咯"的喘鸣声或尖锐的叫声。嗉囊内充满液体，倒提时常有大量酸臭液体从口内流出。患鸡排黄绿色稀粪，有时混有血液。亚急性或慢性者可见下肢瘫痪、翅下垂、伏地旋转等神经症状。

（二）宰后检验

主要特征是全身黏膜、浆膜和内脏出血，尤其是腺胃乳头肿胀，挤压后有豆腐渣样坏死物流出，乳头有散在的出血点，肌胃角质膜下层有条纹状或点状出血，有时见不规则溃疡，腺胃与肌胃交接处有出血斑或出血条。整个肠道发生出血性卡他性炎症，重症病例可见肠黏膜出血和坏死，并形成溃疡，尤以十二指肠、空肠和回肠严重。有的心冠脂肪、心耳外膜及心尖脂肪上有针尖状小出血点。

（三）处理

确诊为新城疫的病禽或其整个胴体、脏器、血液和羽毛，均做无害化处理。

十七、鸭　瘟

鸭瘟（duckplague）又称鸭病毒性肠炎，俗名"大头瘟"，是由鸭瘟病毒（duck plague virus，DPV）引起的鸭和鹅的一种急性败血性传染病。该病传染迅速，发病率和病死率都很高。我国将鸭瘟列为二类动物疫病。

（一）宰前检疫

病初体温升高到43℃以上，呈稽留热，病鸭精神委顿，头颈缩起，食欲减少或停食，渴欲增加，两翅下垂，两腿发软或麻痹，走动困难，严重者卧地不动。病鸭不愿下水。流泪和眼睑水肿，上下眼睑黏着在一起。眼结膜充血，常有小出血点或小溃疡，鼻流稀薄或黏稠分泌物，呼吸困难，叫声粗厉。部分病鸭头颈部肿胀，严重的头颈变成一样粗细，俗称"大头瘟"。病鸭腹泻，排出绿色或灰白色稀粪。

（二）宰后检验

食道与泄殖腔的疹性病变具有特征性。全身皮肤散布出血斑点，尤以头颈浮肿部皮肤出血最为严重，有时连成大块的出血斑；该部皮下组织呈明显的出血性胶样浸润。眼睑常被分泌的黏液所闭合，结膜充血、出血，偶见角膜混浊，甚至形成溃疡。口腔黏膜，主要是舌根后面的咽部和上腭黏膜被覆一层灰黄色或淡黄褐色的假膜，剥去假膜见有不规则的出血性浅溃疡。食管黏膜也有同样性质的变化。泄殖腔黏膜肿胀。

（三）处理

确诊为鸭瘟的病禽或整个胴体及其产品，应做无害化处理。

十八、马立克病

鸡马立克病（Marek's disease，MD）是由马立克病病毒（Marek's disease virus，MDV）引起的鸡的一种淋巴组织增生性疾病。其特征是病鸡的外周神经、性腺、虹膜、各种脏器、肌肉和皮肤等部位的单核细胞浸润和形成肿瘤病灶。我国将马立克病列为三类动物疫病。

（一）宰前检疫

1. 神经型（古典型）　主要侵害外周神经。其临诊特点是病鸡的一侧或两侧肢体发生麻痹，步态不稳，跛行，蹲伏呈劈叉姿势。还可见嗉囊膨大，翅膀下垂。个别病鸡有腹泻、消瘦、食欲减退。

2. 内脏型　主要症状为精神萎靡，食欲不振，体重减轻，面色苍白，腹泻等。神经症状不明显，常突然死亡。

3. 皮肤型　生前不易发现，往往在宰后脱毛时见局部（主要是胸部和大腿部）或大部皮肤增厚，毛囊肿大呈结节状，有时可在肌肉上形成肿瘤。

4. 眼型　较少见，常为一侧眼失明，对光反射减弱或消失，虹膜褪色，瞳孔小，边缘不整齐。

（二）宰后检验

1. 神经型　主要病变为被侵害的神经水肿、变粗，横纹消失，甚至出现小结节。

2. 内脏型　可见内脏器官发生细胞性肿瘤病灶。其特点是肝、脾、肾及卵巢等器官比正常时明显增大，颜色变淡。卵巢病变最常见，肿大卵巢的正常结构消失，形成很厚的皱褶，外观似脑回状。法氏囊常萎缩，未见有肿瘤性结节，可据此与鸡淋巴细胞性白血病相区别。

3. 皮肤型和眼型　病变基本同宰前检疫。

（三）鉴别诊断

因内脏型马立克病与淋巴白血病的病变和症状极为相似，应注意鉴别。剖检时，可以采取新鲜病变组织制成涂片，用吉姆萨或瑞氏染色镜检，淋巴白血病浸润的细胞类型主要是淋巴母细胞，而马立克病则是大小不同的多形的淋巴样细胞，淋巴母细胞较少。

（四）处理

确诊为马立克病的病禽或整个胴体及其产品，应做无害化处理。

十九、禽　痘

禽痘（variolaavium，fowlpox，avianpox）是由禽痘病毒（Aviaepox virus）引起禽类的一种高度接触性传染病。该病以体表无毛处皮肤痘疹（皮肤型），或以上呼吸道、口腔和食管部黏膜的纤维素性坏死形成假膜（白喉型）为特征。我国将禽痘列为三类动物疫病。

（一）检疫检验

禽痘可分皮肤型、黏膜型（白喉型）、混合型和败血型4种。皮肤型多发生于冠、肉髯、喙角和眼的皮肤，也可在腿、胸、翅内侧、泄殖腔周围形成痘疹。鸡痘结节隆起于皮肤上，表面不平，干而硬，有时多个结节融合在一起，以后变为黄色并形成深棕色片状结痂，脱落后可形成疤痕。黏膜型病初鼻、眼有分泌物，面部肿胀，咳嗽，呼吸困难，随后可在口腔和咽喉黏膜形成纤维素性坏死性炎症，常形成假膜，又称禽白喉。有的在肝、肾、心、胃肠等处可发生病变。混合型即兼有皮肤型、黏膜型两种病变。败血型极为少见，可出现全身症状，继而发生肠炎。

（二）处理

确诊为禽痘的病禽或整个胴体及其产品，应做无害化处理。

二十、兔出血症

兔出血症（rabbits haemorrhagic disease，RHD）俗称兔瘟，是由兔出血症病毒（rabbits haemorrhagic disease virus，RHDV）引起的兔的一种急性、致死性、高度接触性传染病。特征为突然发病、呼吸急促、猝死、全身实质器官出血，传播迅速，发病率和病死率极高，给养兔业造成严重危害。WOAH将兔出血症列为法定报告的动物传染病，我国将其列为二类动物疫病。

（一）宰前检疫

1. 最急性型　患兔无明显症状，突然死亡。

2. 急性型　病兔体温升高达41℃以上，全身性出血，精神萎靡，食欲减退或废绝，口渴。呼吸迫促，抽搐而死。有些病例兴奋不安，癫痫样发作，惨叫而死。

3. 慢性型 体温升高，食欲不振，迅速消瘦，排胶冻样粪便。有的病兔可以耐过，呈隐性感染状态。

（二）宰后检验

主要病变为支气管、肺出血，鼻腔、喉头、气管黏膜等处可见淤血或弥漫性出血，并有泡沫状血色分泌物。齿龈黏膜出血。肝变性肿大，呈淡黄、土黄色，有的肝脏淤血，呈紫红色，并有出血斑点。肾脏淤血，呈暗红色、肿大。消化道主要表现为胃肠黏膜脱落，小肠黏膜充血和出血，膀胱积尿。母兔子宫黏膜充血和出血。

（三）鉴别诊断

本病主要应与兔巴氏杆菌病区别，可取病死兔的心血或肝脏、肺脏等病料涂片、染色（瑞氏、吉姆萨或美蓝染色）、镜检，兔巴氏杆菌病可见两极着色球杆菌；或用病料进行细菌分离鉴定，或接种小鼠做致病性试验，即可做出鉴别。

（四）处理

确诊为兔出血症的病兔或整个胴体及其产品，应做无害化处理。

二十一、马传染性贫血

马传染性贫血（epuine infectious anemia，EIA）简称马传贫，是由马传染性贫血病毒（equine infecttous anemia virus，EIAV）引起的马属动物的一种慢性传染病。WOAH 将马传染性贫血列为法定报告的动物传染病，我国将其列为二类动物疫病。

（一）宰前检疫

本病分为急性、亚急性、慢性和隐性 4 型。隐性型病马不显症状，实质上就是带毒马。自然感染发病的几乎都呈亚急性型和慢性型，急性型很少，亚急性型和慢性型症状基本相似，呈现反复发作的间歇热或不规则热，以及逆温差现象，临诊症状有规律地随体温的升降而变化。本病的特征性症状是贫血，结膜及黏膜苍白，黄染，有出血点，尤以舌下更为常见。心搏亢进，心律不齐，胸前、腹下及四肢水肿。食欲变化不大，畜体急剧消瘦。

（二）宰后检验

一般可见皮下胶样浸润及出血斑，血液稀薄，体腔积液。淋巴结特别是脾淋巴结和肠系膜淋巴结肿大，切面多汁，常有溢血。脾脏肿大，暗红色，由于白髓增生，使切面呈颗粒状。

肝肿大，色灰黄或暗红，切面有槟榔状花纹。心内外膜出血，心肌呈土黄色。肾灰黄色，肿大，散在有出血点。慢性型者尚见骨髓呈乳白色胶冻状。

本病的组织学变化具有一定的诊断价值，主要是脾、肝、肾、心脏及淋巴结等的网状内皮细胞增生及铁代谢障碍。

（三）处理

确诊为马传染性贫血的病套或整个胴体及其产品，应做无害化处理。

二十二、马 鼻 疽

鼻疽（malleus）是由鼻疽假单胞菌（*Pseudomonas mallei*）引起的单蹄动物（马、驴、骡）的一种传染病。通常马呈慢性经过，骡、驴多为急性。人主要通过损伤的皮肤或黏膜感染，也可以经飞沫传播和消化道感染，发病后常在病原体入侵处形成鼻疽结节或溃疡，局部淋巴结和输出淋巴管呈现炎性肿胀。WOAH将马鼻疽列为法定报告的动物传染病，我国将其列为二类动物疫病。

（一）宰前检疫

该病分为肺鼻疽、鼻腔鼻疽和皮肤鼻疽。肺鼻疽常突发鼻出血，或咳出带血黏液，并可发生干性无力短咳，呼吸次数增加。鼻腔鼻疽可见一侧或两侧鼻孔流出浆液或黏液性鼻液，鼻黏膜潮红并有小米粒至高粱粒大小的黄白色小结节，周围绕以红晕，结节迅速坏死、崩解，形成溃疡，溃疡愈合后可形成放射状或冰花状疤痕，下颌淋巴结肿大。皮肤鼻疽主要发生在四肢、胸侧及腹下，尤以后肢较多见，病初局部皮肤炎性肿胀，继而发生鼻疽结节，结节破溃后形成深陷的溃疡，结节常沿淋巴管径路向附近蔓延，形成串珠状索肿。宰前诊断常用鼻疽菌素做点眼或补体结合试验进行确诊。

（二）宰后检验

鼻疽的特异病变多见于肺脏。肺脏的鼻疽病变主要是鼻疽结节和鼻疽性肺炎。在肺实质内有小米粒大至小豆大结节，新生者为灰色胶状透明，中央部呈灰黄色，质坚韧，周围有暗红晕；陈旧者呈灰白色，常发生钙化或干酪化，周围有结缔组织包围，结节通常略高于肺胸膜表面。鼻疽性肺炎有支气管肺炎、小叶性肺炎和融合性支气管肺炎三种情况。鼻中隔有粟粒大的灰白色或淡黄色小结节并可形成溃疡，重者鼻中隔穿孔，愈合瘢痕常呈现放射状。皮肤、淋巴结、肝、脾等受侵害时，也表现类似的鼻疽结节变化。

（三）处理

宰前检疫发现鼻疽病畜时，采用不放血的方法扑杀后销毁。确诊为鼻疽的病畜整个胴体及副产品均做无害化处理。

二十三、马 流 感

马流行性感冒（epuine influenza）简称马流感，是由正黏病毒科（*Orthomyxoviddae*）A型流感病毒属（*Influenzavirus* A）流感病毒引起马属动物的一种急性暴发式流行的传染病。WOAH将马流感列为法定报告的动物传染病，我国将其列为二类动物疫病。

（一）宰前检疫

病毒亚型的不同，临床症状不完全一样。典型病例表现发热，体温上升至39.5℃，稽留2~5d。而H3N8亚型较H7N7亚型有较强的毒力和更趋肺性，发热可达41.5℃。最主要的症状为最初2~3d内呈现经常的干咳，随后逐渐变为湿咳，持续2~3周。也常发生鼻炎，先为水样尔后变为黏稠鼻液。H7N7亚型感染时常发生轻微的喉炎，有继发感染时才呈现喉、咽和喉囊的病症。所有病马在发热时都呈现全身症状，精神委顿，食欲降低，呼吸和脉搏频数，眼结膜充血水肿，大量流泪。病马在发热期常表现肌肉震颤，肩部的肌肉最明显，并因肌肉酸痛而不爱活动。

（二）宰后检验

主要病理变化发生在下呼吸道，能观察到细支气管炎或扩散而呈支气管炎、肺炎和肺水肿。

（三）处理

确诊为马流感的病畜或整个胴体及其产品，应做无害化处理。

二十四、马 腺 疫

马腺疫（equine strangles）俗称喷喉，中兽医称槽结、喉骨胀，是由马腺疫链球菌（马链球菌马亚种）引起的马、骡、驴的一种急性传染病。WOAH 将马腺疫列为法定报告的动物传染病，我国将其列为三类动物疫病。

（一）宰前检疫

1. 一过性腺疫　患畜表现鼻黏膜卡他，流浆液性或黏液性鼻液，体温稍升高，下颌淋巴结轻度肿胀。症状逐渐消失而自愈。

2. 典型腺疫　以发热、鼻黏膜急性卡他性炎症和下颌淋巴结发炎肿胀、化脓为主要特征。病畜体温突然升高至 40～41℃，鼻黏膜潮红、干燥、发热，流水样浆液性鼻液，后变为黄白色黏稠脓性鼻液。下颌淋巴结急性发炎肿胀，起初较硬，触之有热痛感，之后化脓变软，破溃后流出大量黄白色黏稠脓汁。因咽部发炎疼痛常头颈伸直，出气粗粝，见有拉锯声，个别表现吞咽和转头困难。

3. 恶性腺疫　高热，感染转移至肺部等部位，出现多处淋巴结肿胀，严重呼吸困难和吞咽困难。低头、咳嗽和咀嚼时，有大量脓汁从鼻孔流出，伴有恶臭味，病死率高。

（二）宰后检验

鼻、咽黏膜有出血斑点和黏稠脓性分泌物，下颌淋巴结显著肿大和炎症性充血，后期形成核桃至拳头大的脓肿。喉、额窦、副鼻窦、耳咽管及泪管等黏膜也可见到这些病变。腺疫性肺炎常发生于肺的尖叶或心叶，发炎部稍隆起，呈污秽暗红色或褐色的肝变。膈叶的前缘常有胶样浸润，切开后，中央部分可见化脓性坏疽。病变部的支气管常有微绿的黄白色黏液脓性液体。

（三）处理

确诊为马腺疫的病畜或整个胴体及其产品，应做无害化处理。

二十五、猪囊尾蚴病

猪囊尾蚴病（cysticercosiscellulosae）俗称猪囊虫病，是猪带绦虫的蚴虫（猪囊尾蚴）寄生于猪体所致的疾病。人感染囊尾蚴时，在四肢、颈背部皮下可出现半球形结节，重症病人有肌肉酸痛、疲乏无力、痉挛等表现。当虫体寄生于脑、眼、声带等部位时，常出现神经症状、失明和变哑等。若人吃进生的或未经无害化处理的猪囊尾蚴病猪肉，猪囊尾蚴即可在肠道中发育成有钩绦虫（猪带绦虫），因此，本病在公共卫生上十分重要。WOAH 将其列为法定报告的动物寄生虫病，我国将其列为三类动物疫病。

（一）宰前检疫

轻症病猪无明显症状。重症病猪可见眼结膜发红或有小结节样疙瘩，舌根部见有半透明的米粒大小的水疱囊。有些病猪表现肩胛部增宽，臀部隆起，不愿活动，叫声嘶哑等。

（二）宰后检验

猪囊尾蚴为米粒大至豌豆大的白色半透明的囊泡，囊内充满液体，上有一粟粒大小的白色头节。钙化后的囊尾蚴呈白色圆点状。显微镜检查可见头节的四周有 4 个吸盘和内外两圈排列整齐的小钩。猪囊尾蚴多寄生于肩胛外侧肌、臀肌、咬肌、深腰肌、膈肌、颈肌、股内侧肌、心肌、舌肌等部位。我国规定猪囊尾蚴主要检验部位为咬肌、深腰肌和膈肌，其他可检验部位为心肌、肩胛外侧肌和股内侧肌等。

（三）处理

囊尾蚴病猪屠体、胴体及内脏，应做销毁或化制处理。

二十六、旋毛虫病

旋毛虫病（trichinelliasis）是由旋毛虫（*Trichinella spiralis*）所引起的一种人畜共患的寄生虫病。多种动物均可感染，屠畜中主要感染猪和犬。该病对人危害较大，可致人死亡，人感染旋毛虫多与吃生的或未煮熟的含旋毛虫包囊的猪肉、犬肉有关。临床上主要表现为在急性期有发热、眼睑水肿、皮疹等过敏反应，继之出现肌肉剧烈疼痛、四肢酸困乏力等症状，重症患者可因并发症而死亡。我国将其列为三类动物疫病。

（一）宰前检疫

动物感染后大都有一定耐受力，往往不显症状。但感染严重的猪和犬，初期食欲减退，呕吐，腹泻，以后幼虫移行时可引起肌炎，病畜出现肌肉疼痛，麻痹，运动障碍，声音嘶哑，发热等症状，有的表现眼睑和四肢水肿。

（二）宰后检验

1. 常规检验法　常寄生于膈肌、舌肌、喉肌、颈肌、咬肌、肋间肌及腰肌等处，其中膈肌部位发病率最高，并多聚集在筋头。我国规定旋毛虫的检验方法是：在每头猪左右横膈膜肌脚采取不少于30g肉样2块（编上与胴体同一号码），先撕去肌膜进行肉眼观察，然后在肉样上剪取24个肉粒（每块肉样12粒），制成肌肉压片，在低倍显微镜下观察。肌旋毛虫包囊与周围肌纤维有明显的界限，显微镜下包囊内的虫体呈螺旋状。被旋毛虫侵害的肌肉发生变性、肌纤维肿胀、横纹消失，甚至发生蜡样坏死。

2. 其他检验方法　包括集样消化法、快速消化法、肌肉压片染色法。免疫学检查以ELISA的应用最广泛。

（三）鉴别诊断

旋毛虫包囊特别是钙化和机化的包囊，镜检时易与囊尾蚴、肉孢子虫及其他肌肉内含物相混淆，应注意鉴别。

（四）处理

病畜的整个胴体和内脏做无害化处理，皮张做化学消毒处理。

二十七、日本血吸虫病

日本血吸虫病（schistosomiasis japonica）是由日本血吸虫（*Schistosoma japonicum*）引起的一种人畜共患寄生虫病，主要感染人和牛、羊、猪、犬、啮齿类及一些野生动物，寄生于门静脉和肠系膜静脉内，是一种危害严重的人畜共患寄生虫病。在我国主要发生和流行于长江流域广大地区。我国将其列为人的法定报告乙类传染病和二类动物疫病。

（一）宰前检疫

家畜感染日本血吸虫后，临诊表现与家畜种类、年龄、感染程度、免疫状态以及饲养管理有密切关系。一般是黄牛的症状较水牛明显，犊牛的症状较成年牛明显。黄牛或水牛牛犊大量感染日本血吸虫尾蚴时，常呈现急性经过，首先是食量减少，精神萎靡，行动迟缓，甚至呆立不动。体温升高，呈不规则间歇热。继而消化不良，腹泻或便血，消瘦，发育迟缓，贫血,严重时全身衰竭而死亡。母牛则不孕或发生流产。胎儿期感染日本血吸虫的犊牛,症状尤为明显。多于娩出后不久死亡。其中存活的犊牛出现生长发育障碍,成为"侏儒牛"。

(二) 宰后检验

日本血吸虫病的基本病变是由虫卵沉着在组织中所引起的虫卵结节。虫卵结节分急性和慢性两种。急性由成熟活虫卵引起,结节中央为虫卵,周围聚积大量嗜酸性粒细胞,并有坏死,称为嗜酸性脓肿。脓肿外围有新生肉芽组织与各种细胞浸润。急性虫卵结节形成10d左右,卵内毛蚴死亡,虫卵破裂或钙化,围绕类上皮细胞、异物巨细胞和淋巴细胞,以后肉芽组织长入结节内部,并逐渐被类上皮细胞所代替,形成慢性虫卵结节。最后结节发生纤维化。病变主要出现于肠道、肝脏、脾脏等脏器。异位寄生者可以引起肺、脑等其他器官以肉芽肿为主的相应病变。

确诊推荐方法为粪便毛蚴孵化法和间接血凝试验。

(三) 处理

发生病变的脏器做无害化处理。

二十八、棘球蚴病

棘球蚴病(echinococosis)旦称包虫病(hydatid disease),是由细粒棘球绦虫(*Echinococcus granulosus*)的中绦期——棘球蚴(*Echinococcus cyst*)引起的一种人畜共患寄生虫病。家畜中牛、羊、猪和骆驼均可感染,以牛和绵羊受害最重。人受感染后棘球蚴骨寄生于肝脏和肺脏,对人体健康危害很大。WOAH 将棘球蚴病列为法定报告的动物寄生虫病,我国将其列为人的法定报告丙类传染病和二类动物疫病。

(一) 宰前检疫

轻度感染或初期感染都无症状。绵羊对该病最易感,寄生于肝脏严重时,腹部明显膨大,触诊和按压肝区时出现疼痛反应;寄生于肺部则连续咳嗽,卧地不能起立。寄生于牛肝脏严重时,营养失调,反刍无力,体瘦衰弱,右腹部显著增大,触诊和按压检查时有疼痛反应;寄生于肺部严重时,呼吸困难和有微弱的咳嗽,听诊时在病灶处肺泡呼吸音减弱或消失。

(二) 宰后检验

棘球蚴主要寄生在肝脏,其次是肺脏。肝、肺等受害脏器体积增大,表面凹凸不平,可在该处找到棘球蚴;有时也可在脾、肾、脑、皮下、肌肉、骨、脊椎管等器官发现棘球蚴。切开棘球蚴可有液体流出,将液体沉淀,用肉眼或在解剖镜下可看到许多生发囊与原头蚴(即包囊砂);有时肉眼也能见到液体中的子囊甚至孙囊;偶然还可见到钙化的棘球蚴或化脓灶。

(三) 处理

棘球蚴寄生的脏器和有病变的脏器做化制处理,皮张做化学消毒处理。

二十九、片形吸虫病

片形吸虫病是由片形科(Fasciolidae)片形属(*Fasciola*)的肝片吸虫和大片吸虫寄生于家畜肝脏、胆管而引起的一种蠕虫病。主要侵袭牛(黄牛、水牛、奶牛、牦牛、犏牛)和羊(绵羊、山羊),在某些地区的马、骡、驴、骆驼、猪、犬、猫、鹿和兔及其他野生动物中也有发现，人偶有感染。我国将片形吸虫病列为三类动物疫病。

（一）宰前检疫

牛、羊患本病时多呈慢性型，主要症状为体态消瘦，食欲减退，颌下、胸前、下腹部水肿，贫血，结膜与口黏膜苍白，生长受阻，产奶量降低，孕畜可能流产。急性型仅偶见于羊，可出现微热，肝脏浊音区扩大，肝部有压痛，有时突然死亡。根据临床症状、当地的流行病学资料、采集粪便检查虫卵等进行诊断。

（二）宰后检验

肝片吸虫虫体扁平，外观呈柳叶片状，自胆管取出时呈棕红色，固定后变为灰白色。虫体长 20～35mm，宽 5～13mm。体表前端有小棘，后部光滑；虫体前部较后部宽，前端呈圆锥形，锥体后部宽阔，呈双肩样突出。

大片吸虫与肝片吸虫形态相似，区别点为体型较大，竹叶状，虫体长 33～76mm，宽 5～12mm。体前端头锥不明显，因而无明显的肩；虫体窄长，长度超过宽度 2 倍以上，两侧近于平行，后端钝圆。腹吸盘比肝片吸虫的大。

牛、羊急性感染时，肝肿大，包膜有纤维素沉积，并有暗红色虫道，内有凝固的血液和很小的童虫，常伴有腹膜炎。慢性病例，主要呈现慢性肝炎和慢性胆管炎。早期肝脏肿大，以后萎缩硬化，小叶间结缔组织增生，胆管扩张、肥厚、变粗，呈绳索样突出于肝脏表面。胆管内壁有盐类沉积，内膜粗糙，切时有"沙沙"声，在牛多见。

（三）处理

将寄生片形吸虫的脏器做无害化处理。

三十、球 虫 病

球虫病（coccidiosis）是由艾美耳属（*Eimeria*）的各种球虫引起的一种原虫病。马、牛、羊、猪、犬、兔、鸡、鸭、鹅等都可感染，但以鸡和兔球虫危害最为严重。各种动物都有其专性寄生的球虫，而不相互传染。我国将鸡球虫病和兔球虫病列为三类动物疫病。

（一）宰前检疫

1. 鸡球虫病　病鸡的突出症状是腹泻并混有血液，以致排出鲜血。病鸡精神不振，衰弱，羽毛松乱，翅下垂，嗜睡，严重者死亡。宰前用饱和盐水漂浮法或粪便涂片查到球虫卵囊，可确诊为球虫感染。

2. 兔球虫病　病兔消瘦、贫血，被毛粗乱无光泽，食欲减退或废绝。

（1）肠型　顽固性腹泻，粪便污染肛门周围。由于肠管胀气，膀胱充满尿液和腹腔积水，常引起腹部膨胀。有时病兔突然倒下，四肢痉挛抽搐，很快死亡。

（2）肝型　触摸肝肿大，并有痛感；眼结膜和口腔黏膜黄染。后期出现顽固性腹泻，甚至痉挛或麻痹。

（3）混合型　具有肠型、肝型症状。

（二）宰后检验

1. 鸡球虫病　病病变主要集中在消化道，不同种的球虫所造成的病变部位不一样。柔嫩艾美耳球虫主要侵害盲肠，可见肠管扩张，肿胀，外表呈暗红色，硬度较大。切开盲肠，可见肠壁增厚，黏膜出血，肠内容物为血液和血凝块或混有血液的黄色干酪样坏死物。

堆型艾美耳球虫主要寄生于小肠前段和十二指肠部分。肠壁发炎增厚，肠管变粗，弹力消失，外观上呈明亮的灰白色。黏膜面可见黏膜肥厚和球虫增殖的白色小点。宰后取肠黏膜触片或刮取肠黏膜涂片查到裂殖体、裂殖子或配子体，可确诊为球虫感染。

2. 兔球虫病

（1）肠型 屠体消瘦，肠腔充满气体。最常受侵害的是十二指肠，表现肠壁增厚，黏膜潮红，肿胀，散在点状出血，被覆多量黏液，呈急性出血性卡他性炎症变化。病情严重者，则呈现纤维素性坏死性炎。盲肠蚓突的黏膜也常见出血性卡他性炎变化，慢性经过时，肠黏膜呈浅灰色，肠壁肥厚，在盲肠，尤其是蚓突黏膜常见黄白色、含有虫体的细小的硬性结节，有时形成化脓和坏死性病灶。采取病变肠黏膜涂片镜检，可发现大量球虫卵囊。肠系膜淋巴结肿胀，膀胱积有黄色浑浊尿液。

（2）肝型 严重病例屠体消瘦，黏膜贫血或黄染。肝脏肿大，肝表面和切面散布数量不等、大小不一脓样结节病灶，小的如粟粒大，大的至豌豆大，形状不定，稍微突出，淡黄色或灰白色。切面含有脓样或干酪样物质。压片镜检可见大量球虫卵囊。

（3）混合型 以上两种类型的球虫病病理变化同时存在，只是病变情况更为严重。

（三）处理

病变脏器及病损严重或过度消瘦的胴体，应做无害化处理。

第五单元　乳品卫生

第一节　影响乳品质量安全的因素

一、饲养管理

合理的饲养管理和供给乳畜全价优质饲料，不仅可增加产乳量，而且有利于乳品质的提高。饲料影响乳的色泽、风味、化学组成，若长期饲料供应不足，可使乳的风味改变、干物质含量降低。突然变更饲料的配方能影响乳的成分和性质。麸皮、禾本科谷料、优良干草能使乳中脂肪含量增高；青饲料能增加乳中维生素的含量；而各种榨油的副产品，则能使乳脂的熔点降低，奶油变软；相反，黄豆粉和豌豆则能提高乳脂的熔点和奶油的硬度，降低维生素的含量；啤酒糟、胡萝卜等饲料，能增加乳的产量；大蒜、洋葱等喂牛能使乳有不良的滋味，乳脂肪含量降低。

二、乳畜的健康状况

乳畜的健康状况对产乳量和乳的质量安全影响非常显著。乳畜患有乳腺炎，会引起产乳量下降，乳中脂肪、蛋白质和乳糖等干物质含量急剧下降，而氯离子含量则有所增加；同时，乳的感官性状改变，体细胞数增加。乳畜患有结核病、布鲁氏菌病、炭疽等人畜共患病，会引起乳的内源性微生物污染。乳畜患有酮病、生产瘫痪、低钾血症、创伤性心包炎等普通病时，乳的理化性质也会发生改变。

三、化学性污染

乳与乳制品中可能残留有多种有毒有害化学污染物，主要通过食物链进入乳汁，如农药、有害元素、霉菌毒素、硝酸盐和亚硝酸盐等，兽药则因预防和治疗疾病时残留进入乳汁，还有的是将掺假物故意加入鲜乳中。

四、微生物污染

微生物污染后，可引起乳的酸败和人的食源性疾病，不但造成经济损失，而且对消费者的健康有很大危害。

（一）乳中微生物的来源

乳被微生物污染有两个途径，一是在挤乳前被微生物污染，二是在挤乳后被微生物污染。

1. 内源性污染（乳房内污染）　即乳在挤出之前被微生物污染。无论是健康乳畜，还是患病乳畜，其乳头管内都有一定数量和一定类群的微生物，因此挤出的乳中含有微生物。乳畜乳房常与地面或物体接触，容易被粪便、垫草和土壤污染，环境中微生物通过乳头管移行至乳房内部并大量繁殖，挤乳时随乳汁排出。进入乳房内的细菌主要存在于乳头管及其分支处，尤其是前端。一般而言，健康奶牛乳汁中细菌数量较少，为 $200 \sim 600$ 个/mL；最先挤出的乳液中细菌较多，大约为 6 000 个/mL，随后挤出的乳汁中细菌含量逐渐减少，最后挤出的乳中细菌含量为 400 个/mL。所以，挤乳时最好将最先挤出的两三把乳汁废弃。

除了上述途径外，侵害动物的致病菌也可引起乳的内源性污染。如果乳畜患传染病，体内的病原微生物通过血液循环进入乳房，分泌的乳汁中则带有病原微生物。影响乳品卫生的奶牛常见疾病有结核病、布鲁氏菌病、炭疽、口蹄疫、李氏杆菌病、副伤寒和乳腺炎等，尤其是布鲁氏菌病、结核病和乳腺炎等疾病最为常见。

2. 外源性污染（乳房外污染）　即乳挤出后被微生物污染。引起外源性污染的微生物种类和数量比内源性污染的多而复杂，在乳品微生物污染方面占有重要地位。引起乳中微生物外源性污染的来源可概括为以下几个方面。

（1）**体表的污染**　乳畜的体表，特别是乳房皮肤常常附着有各种各样的微生物，如果挤乳前未清洗乳房或不注意操作卫生，极易造成乳汁污染。据某资料报道，如果挤乳前未清洗奶牛的乳房和腹部，牛乳中细菌数为 7 058 个/mL，清洗后细菌数降为 718 个/mL。

（2）**环境的污染**　灰尘、饲料、粪便、垫草、毛发、昆虫等表面含有大量的微生物，落入乳中可造成污染。如果牛舍中空气污浊，则空气中微生物较多，附着在灰尘和气溶胶中的微生物均可污染乳。通常牛舍内空气细菌含量为 50～100 个/L，污染严重时细菌数可达10 000个/L。环境中的微生物主要是芽孢菌、球菌和大量的霉菌孢子，还有肠道致病菌。

（3）容器和设备的污染　乳品在生产加工、运输及储存过程中，使用或接触不清洁的乳桶、挤乳机、过滤纱布、过滤器、储乳槽车、离心机等加工设备和包装材料，是造成乳品中微生物严重污染的主要因素。特别是夏秋季节，若容器或设备洗刷不彻底、消毒不严格，微生物便在乳的残渣中生长繁殖，进而污染乳。容器中最常见的是耐热性芽孢菌，一旦污染，则难以彻底消灭。

（4）工作人员的污染　挤乳人员或乳品加工人员的手臂和衣服不清洁或患有传染病，挤乳和加工乳品时均会引起乳品微生物污染。

（5）其他方面的污染　生产用水不卫生、苍蝇和蟑螂等昆虫滋生，也可造成乳品的微生物污染。

（二）乳中微生物的种类

乳中常见的微生物有细菌和真菌。

1. 细菌　牛乳中的细菌种类很多，主要有两大类。

（1）腐败菌　乳品中常见的腐败菌有乳酸菌、丙酸菌、丁酸菌、大肠杆菌、产气杆菌、枯草杆菌、巨大芽孢杆菌、凝结芽孢杆菌、丁酸芽孢杆菌、酪酸梭状芽孢菌，它们来自饲料和环境，可引起乳的发酵。

此外，乳中还有假单胞菌属、产碱杆菌属、小球菌属的细菌，它们存在于牛舍、饲料、粪便或环境中，污染乳品，分解蛋白质、糖类和脂肪，氧化有机物，使牛乳或乳品发酵、酸败和氧化而腐败变质。

（2）致病菌　乳中致病菌有几十种，常见的有金黄色葡萄球菌、牛分枝杆菌、溶血性链球菌、致病性大肠杆菌、沙门氏菌、志贺氏菌、变形杆菌、炭疽芽孢杆菌、肉毒梭菌、布鲁氏菌等。这些病原菌主要来源于病畜、病人和带菌者，污染乳品的机会较多。

2. 真菌

（1）霉菌　乳品中的霉菌主要有乳粉孢霉、乳酪粉孢霉、黑念珠霉、腊叶芽枝霉、灰绿曲霉、黑曲霉、乳酪青霉、灰绿青霉等。大多数霉菌有害，可引起干酪、乳酪、奶油等乳制品变质，有些霉菌可产生毒素。

（2）酵母　乳品中的酵母主要有酵母菌属、毕赤酵母属、球拟酵母属和假丝酵母属等。酵母菌可引起乳品发酵，滋味发酸、发臭，干酪和炼乳罐头发生膨胀。

3. 微生物污染乳品的卫生意义　牛乳一旦被微生物污染，在适宜条件下微生物即可大量繁殖，引起乳的腐败变质，还有可能造成食物中毒或人畜共患病的发生。

（1）乳的酸败　乳的营养丰富、含水量高、pH 接近中性，一旦被微生物污染，可引起蛋白质分解，产生吲哚、硫醇、粪臭素和硫化氢，乳糖分解产生乳酸，同时其他营养物质也发生不同程度分解。

①乳的感官性状改变：乳发生变质后，乳液胨化，颜色变黄、红或青，并出现酸味、臭味或哈喇味等异常气味和滋味。

②乳的营养价值降低：微生物利用乳糖、蛋白质、脂肪和其他营养物质，使其分解后产生许多变质产物，导致其营养价值降低，甚至完全不能食用。

（2）乳源性疾病 人食入被病原微生物污染的乳或乳制品，可引起传染病或细菌性食物中毒。

第二节 乳的生产卫生

生鲜乳生产环节质量控制与乳品质量安全紧密相关。为进一步规范生鲜乳生产，推进标准化规模养殖，提高生鲜乳质量安全水平，按照2008年10月6日国务院第28次常务会议通过的《乳品质量安全监督管理条例》（国务院令第536号）的要求，2008年10月29日农业部制定了《生鲜乳生产技术规程（试行）》，重点对生鲜牛乳生产技术加以规范，其他乳畜生鲜乳生产参照此规程实施。

一、环境与设施

奶牛场的建设与环境控制是生鲜牛乳质量安全的保障。奶牛场的规划建设要利于生产发展，符合动物防疫条件要求，不污染周围环境。鼓励适度规模的奶牛养殖小区向奶牛养殖场、各种形式的奶牛合作社过渡。

（一）选址

1. 原则 符合当地土地利用发展规划，与农牧业发展规划、农田基本建设规划等相结合，科学选址，合理布局。

2. 地势 选择总体平坦、地势高燥、背风向阳、排水通畅、环境安静，具有一定缓坡的地方，不宜建在低凹、风口处。

3. 水源 应有充足并符合卫生要求的水源，取用方便，能够保证生产、生活用水。

4. 土质 以沙壤土、沙土较适宜，不宜在黏土地带建设。

5. 气象 要综合考虑当地的气象因素，如最高温度、最低温度、湿度、年降雨量、主风向、风力等，选择有利地势。

6. 交通 交通便利，但与公路主干线距离不小于500m。

7. 周边环境 应距居民点1 000m以上，且位于下风处，远离其他畜禽养殖场，周围1 500m以内无化工厂、畜产品加工厂、畜禽交易市场、屠宰场、垃圾及污水处理场所、兽医院等容易产生污染的企业和单位，距离风景旅游区、自然保护区以及水源保护区2 000m以上。

（二）布局

奶牛场一般包括生活管理区、辅助生产区、生产区、粪污处理区和病畜隔离区等功能区。养殖小区实行集中机械挤奶，统一饲养管理。

1. 生活管理区 包括与经营管理有关的建筑物。应建在奶牛场上风处和地势较高地段，并与生产区严格分开，保证50m以上距离。

2. 辅助生产区 主要包括供水、供电、供热、维修、草料库等设施，要紧靠生产区。干草库、饲料库、饲料加工调制车间、青贮窖应设在生产区边沿下风地势较高处。

3. 生产区 主要包括牛舍、挤奶厅、人工授精室和兽医室等生产性建筑。应设在场区的下风位置，入口处设人员消毒室、更衣室和车辆消毒池。生产区奶牛舍要合理布局，能够满足奶牛分阶段、分群饲养的要求，泌乳牛舍应靠近挤奶厅，各牛舍之间要保持适当距离，布局整齐，以便防疫和防火。

4. 粪污处理、病畜隔离区　主要包括隔离牛舍、病死牛处理及粪污储存与处理设施。应设在生产区外围下风地势低处，与生产区保持 100m 以上的间距。粪尿污水处理、病牛隔离区应有单独通道，便于病牛隔离、消毒和污物处理。

（三）奶牛场内环境

1. 道路　场区内净道和污道要严格分开，避免交叉。净道主要用于牛群周转、饲养员行走和运料等。污道主要用于粪污、废弃疫苗药物和病死牛等废弃物出场。

2. 牛舍　牛舍内的温度、湿度和气流（风速）应满足奶牛不同生长和生理阶段的要求；保证牛舍的自然采光，夏季应避免直射光，冬季应增加直射光；控制灰尘和有毒、有害气体的含量。

3. 牛床　应有一定厚度的垫料，坡度达到 $1°\sim1.5°$。

4. 水质　牛场用水水质要达到《生活饮用水卫生标准》（GB 5749—2022）的要求。

5. 运动场　地面平坦，中央高，向四周方向有一定的缓坡或从靠近牛舍的一侧向外侧有一定的缓坡，具有良好的渗水性和弹性，易于保持干燥。可采用三合土、立砖或沙土铺面。应经常清理运动场的粪便，防止饮水槽跑、冒、滴、漏造成饮水区的泥泞，保证奶牛体表的清洁。四周应建有排水沟。

6. 牛场排水　场内雨水可采用明沟排放，污水采用三级沉淀系统处理。

7. 粪污堆放和处理　粪污应遵循减量化、无害化和资源化利用的原则，安排专门场地，采用粪尿分离方式处理。粪呈固态贮放，最好采用硬化地面。固态粪便以高温堆肥发酵处理为主，远离各类功能地表水体（距离不得小于 400m），并应设在养殖场生产及生活管理区的常年主导风向的下风向或侧风向处，最好在农田附近。

二、动物卫生条件

保证乳畜的健康是生产优质乳的先决条件。为了提高乳用动物健康水平，保证生鲜乳质量，维护公共卫生安全，依据《中华人民共和国动物防疫法》《乳品质量安全监督管理条例》等法律法规，以及 2008 年 12 月 30 日农业部发布的《乳用动物健康标准》（农业部公告第 1137 号），加强动物疫病防控工作，保障畜牧业持续健康发展，提高动物产品质量安全水平。

1. 奶牛健康标准

（1）饲养场（养殖小区）符合农业农村部规定的动物防疫条件，并取得县级以上地方人民政府兽医主管部门颁发的《动物防疫条件合格证》。

（2）按国家规定开展重大疫病强制免疫工作，免疫抗体合格率达到国家规定要求，免疫档案齐全。

（3）饲养场（养殖小区）引进奶牛必须严格执行检疫和隔离观察制度。

（4）开展定期消毒、灭鼠杀虫。

（5）按国家规定加施畜禽标识，养殖档案齐全。

（6）未发生口蹄疫、布鲁氏菌病、结核病、炭疽、牛瘟、牛肺疫和牛海绵状脑病等动物疫病。

（7）临床健康。

（8）按照国家动物疫病监测计划对口蹄疫、牛瘟、牛肺疫、布鲁氏菌病、结核病、炭疽进行监测，监测结果符合规定要求。

（9）经农业农村部批准进行布鲁氏菌病免疫的，免疫抗体检测合格；不进行布鲁氏菌病免疫的，血清学检测结果应为阴性；结核病经变态反应检测为阴性。

2. 奶山羊健康标准

（1）～（5）与奶牛相同。

（6）未发生口蹄疫、布鲁氏菌病、山羊痘和小反刍兽疫等动物疫病。

（7）临床健康。

（8）按照国家动物疫病监测计划对口蹄疫、山羊痘、小反刍兽疫进行监测，监测结果符合规定要求。

（9）进行布鲁氏菌病免疫的，免疫抗体检测合格；不进行布鲁氏菌病免疫的，血清学检测结果应为阴性。

3. 检测频率　为保障畜群的健康，所有奶牛、奶山羊应每年定期接受兽医检查，当地动物疫病预防控制机构每年至少对奶牛、奶山羊检测一次，并保存兽医检查的记录。

4. 检测数量

（1）奶牛、奶山羊布鲁氏菌病、结核病检测比例为100%。

（2）按国家动物疫病监测计划对口蹄疫、牛瘟、炭疽、结核病、牛肺疫、牛海绵状脑病、山羊痘、小反刍兽疫、布鲁氏菌病等进行监测。

三、饲养卫生和管理

（一）饲养卫生
1. 卫生防疫

（1）奶牛场应建立出入登记制度，非生产人员不得进入生产区。

（2）职工进入生产区，穿戴工作服，经过消毒间洗手消毒后方可入场。

（3）奶牛场不得饲养其他畜禽，特殊情况需要养犬的，应加强管理，并实施防疫和驱虫处理，禁止将畜禽及其产品带入场区。

（4）定点堆放牛粪，定期喷洒杀虫剂，防止蚊蝇滋生。

（5）污水、粪尿、死亡牛只及产品应做无害化处理，并做好器具和环境等的清洁消毒工作。

（6）当奶牛发生疑似传染病或附近牧场出现烈性传染病时，应立即按规定采取隔离封锁和其他应急防控措施。

2. 奶牛保健

（1）乳房卫生　保健应经常保持乳房清洁，注意清除损伤乳房的隐患。挤奶时清洗乳房的水和毛巾必须清洁，建议水中加0.03%漂白粉或3%～4%的次氯酸钠等进行消毒。

（2）蹄部卫生　保持牛蹄清洁，清除趾间污物，坚持定期消毒，每年对全群牛只进行肢蹄检查1次，春季或秋季对蹄变形者统一修整，对患蹄病牛应及时治疗。

（3）营养代谢病监控　高产牛在停奶时和产前10d左右进行血样抽样检查，测定有关生理指标，监控营养代谢病。

3. 兽药使用准则

（1）禁止使用国家明文禁用的兽药和其他化学物质；禁止使用禁用于泌乳期动物的兽药种类。

(2) 禁止使用未经国家兽医行政管理部门批准的药品。

(3) 严格按照兽药管理法规、规范和质量标准使用兽药，严格遵守休药期规定。

(4) 预防、治疗奶牛疾病的用药要有兽医处方，并保留备查。

(5) 建立并保存奶牛的免疫程序记录；建立并保存患病奶牛的治疗记录和用药记录。

（二）饲养管理

1. 饲料原料要求 禁止在饲料和饮用水中添加国家禁用的药物以及其他对动物和人体具有直接或者潜在危害的物质。禁止在饲料中添加肉骨粉、骨粉、肉粉、血粉、血浆粉、动物下脚料、动物脂肪、干血浆及其他血浆制品、脱水蛋白、蹄粉、角粉、鸡杂碎粉、羽毛粉、油渣、鱼粉、骨胶等动物源性成分（乳及乳制品除外），以及用这些原料加工制作的各类饲料。禁止在饲料中加入三聚氰胺、三聚氰酸以及含三聚氰胺的下脚料。不饲喂可使生鲜牛乳产生异味的饲料，如丁酸发酵的青贮饲料、芜菁、韭菜、葱类等。

2. 饲料卫生要求 使用的精料补充料、浓缩饲料等要符合饲料卫生标准。防止饲草被养殖动物、野生动物的粪便污染，避免引发疾病。不喂发霉变质的饲料，避免造成生鲜牛乳中黄曲霉素等生物毒素的残留。

3. 饲料贮藏要求 要防雨、防潮、防火、防冻、防霉变及防鼠、防虫害；饲料应堆放整齐，标识鲜明，便于先进先出；饲料库应有严格的管理制度，有准确的出入库、用料和库存记录。化学品（如农药、处理种子的药物等）的存放和混合要远离饲草、饲料储存区域。

4. 饲养管理要求

(1) 饲喂前饲草应铡短，拨弃泥土，清除异物，防止污染；块根、块茎类饲料需清洗、切碎，冬季防冷冻。

(2) 按饲养规范饲喂，不堆槽、不空槽，不喂发霉变质和冰冻饲草饲料。

(3) 每天应清洗牛舍槽道、地面、墙壁，除去褥草、污物、粪便。清洗工作结束后，应及时将粪便及污物运送到贮粪场。运动场牛粪派专人每天清扫，集中到贮粪场。

四、工作人员的健康与卫生

(1) 场内工作人员每年进行健康检查，取得健康合格证后方可上岗工作。场内有关部门应建立职工健康档案。

(2) 患有下列疾病之一者，不得从事饲草、饲料收购、加工、饲养、挤奶和防治工作：痢疾、伤寒、弯杆菌病、病毒性肝炎等消化道传染病（包括病原携带者）；活动性肺结核、布鲁氏菌病；化脓性或渗出性皮肤病；其他影响人畜健康的疾病。

(3) 挤奶员手部受刀伤和其他开放性外伤，伤口未愈前不能挤奶。

(4) 饲养员和挤奶员工作时必须穿戴工作服、工作帽和工作鞋（靴）。挤奶员工作时不得佩戴和涂抹化妆品，并经常修剪指甲。

(5) 饲养、挤奶人员的工作帽、工作服、工作鞋（靴）应经常清洗，使用前进行消毒；对更衣室、淋浴室、休息室、厕所等公共场所要经常清扫、清洗、消毒。

五、挤奶卫生

（一）手工挤奶

(1) 刨刷、冲洗牛体。

（2）清除牛床上粪便，固定牛尾。使用 40～45℃ 温水清洗，并用干净毛巾擦干乳房，乳头严禁涂布润滑油脂。

（3）挤奶时，第一、第二把奶应弃去，应防止牛排尿或排粪污染牛奶。

（4）挤奶后应对奶牛乳头逐个进行药浴消毒。

（5）按先健康牛后病牛的顺序挤奶。

（6）病牛的奶，尤其是患乳腺炎病牛的奶或使用抗生素后未过休药期的奶，应单独存放，另行处理。

（7）盛奶用具使用前、后必须彻底清洗、消毒。

（二）机器挤奶

（1）挤奶机在使用时应保持性能良好，贮奶罐及挤奶机使用前应消毒，使用后应及时清洗干净，按操作规定放置。

（2）挤奶前，应检查奶牛是否患病。对病牛尤其是患乳腺炎的牛或使用抗生素后未过休药期的牛，不得上机挤奶，应转入手工挤奶，并将挤出的奶单独存放，另行处理。

（3）挤奶前用温水清洗乳房和乳头，并用一次性纸巾擦干。

（4）挤奶后用消毒液喷淋乳头消毒。

六、鲜乳盛装、储藏与运输卫生

（1）鲜乳应设单间存放，与牛舍隔离，并且有防尘、防蝇、防鼠的设施。

（2）鲜乳必须由过滤器或多层纱布进行过滤才能装入容器储藏，2h 内应冷却到 0～4℃。

（3）按照《生乳贮运的技术规范》（NY/T 2362—2013）的规定，生乳应存放于直冷式或带有制冷系统的贮乳罐，贮存温度应在 2h 内降至 0～4℃，运输过程的温度控制在 0～6℃。生乳挤出后应在 48h 内运至乳品加工企业。

（4）鲜乳从挤出至加工前防止污染，质量应符合《食品安全国家标准生乳》（GB 19301—2010）的规定。

七、免疫与消毒

（一）免疫

奶牛场应根据《中华人民共和国动物防疫法》及其配套法规的要求，结合当地实际情况，对强制免疫病种和有选择的疫病进行预防接种，疫苗、免疫程序和免疫方法必须经国家兽医行政主管部门批准。

（二）消毒

1. 消毒剂 应选择国家批准的，对人、奶牛和环境安全没有危害以及在牛体内不产生有害积累的消毒剂。

2. 消毒方法 可采用喷雾消毒、浸液消毒、紫外线消毒、喷洒消毒、热水消毒等。

3. 消毒范围 对养殖场（小区）的环境、牛舍、用具、外来人员、生产环节（挤奶、助产、配种、注射治疗及任何与奶牛进行接触）的器具和人员等进行消毒。

八、监测与净化

（1）奶牛场每年应依法接受县级以上动物防疫监督机构的定期监测，对检出的结核病、布鲁氏菌病等疫病阳性奶牛及其产品应坚决予以销毁。

（2）动物防疫监督机构对临床检查未见异常且监测合格的奶牛发放奶牛健康合格证。

（3）奶牛场奶牛应逐头建立奶牛健康档案，如实记录奶牛健康状况、用药情况、免疫情况、监测情况等。

第三节 乳品掺假及不合格乳的卫生评定

一、乳品掺假

凡是人为地使乳的成分改变都称为掺假。为牟取暴利，一些乳品生产和经营者在乳中加入各种物质，以假乱真、以杂充真或以伪充真。获取非法利润是掺假者的最终目的。乳中掺假是非法行为，必须对掺假乳进行细致的检验，对当事人进行严厉处理。

（一）乳中掺假物的特点

1. 掺假物是廉价的物质 最常用的是加入水。

2. 掺假物和乳的物理性质非常相似 在乳中加入米汤、豆浆、大白粉、白鞋粉等，因其色泽与乳的色泽相似，通过感官检查难以辨别。

3. 掺假物起特殊作用

（1）提高乳的密度 乳掺水后，密度降低，然后加入食盐、蔗糖或尿素等物质以提高乳的密度，以假乱真。

（2）提高乳的"蛋白质"含量 三聚氰胺是一种低毒的化工原料，由于其含氮量为66％左右，而蛋白质平均含氮量为16％左右，因此，三聚氰胺被称为"蛋白精"，常被不法商人用作添加剂，以提高乳品检测中的"蛋白质"含量。

（3）降低乳的酸度 乳酸败后加入中和剂，以中和过多的乳酸。

（4）防止乳的酸败 乳中加入甲醛、过氧化氢等，以抑菌和防腐。

（4）阻止酒精阳性试验结果出现 为了防止酒精阳性试验结果出现，作假者在乳中掺入洗衣粉。

（二）常见掺假物的分类

牛乳掺假情况极其复杂，掺假物种类繁多，有时难以检出。据报道，掺假物有50余种，其中以水、碱、盐、糖、淀粉、豆浆、尿素等物质较为常见，并且以混合物掺假现象较为普遍。按掺假物的性质不同，分为以下几类物质。

1. 水 水是最常见的一种掺假物质，加入量一般为5％～20％，有时高达30％。

2. 电解质 为增加乳的密度或掩盖乳的酸败，在乳中掺入电解质。

（1）中性盐类 为了提高乳的密度，在乳中掺入食盐、土盐、芒硝等物质。

（2）碱类物质 为了降低乳的酸度，掩盖乳的酸败，防止乳因酸败而发生凝结现象，常在乳中加入少量的碳酸钠、碳酸氢钠、明矾、石灰水、氨水等中和剂。

3. 非电解质物质 这类物质加入水中后不发生电离，如在乳中掺入尿素、蔗糖等，其目的是为了增加乳的比重。

4. 胶体物质 一般都是大分子物质，在水中以胶体液、乳浊液等形式存在，能增加乳的黏度，感官检验时没有稀薄感。如在乳中加入米汤、豆浆和明胶等，以增加比重。

5. 防腐物质 为了防止乳的酸败，在乳中加入具有抑菌或杀菌作用的物质，常见的有防腐剂和抗生素两类。防腐剂主要有甲醛、苯甲酸、水杨酸、硼酸及其盐类、过氧化氢等。

6. 其他物质 在乳中掺入三聚氰胺、牛尿、人尿、白陶土、滑石粉、大白粉、白鞋粉等物质。

（三）牛乳掺假乳检验

乳中掺入其他物质，不但降低乳的营养价值和风味，影响乳的加工性能和产品品质，使消费者经济受到损失，而且许多掺假物质会损害食用者的健康，严重时造成食物中毒，甚至危及人的生命，导致死亡。因此，生产单位和检验部门应严格把关，加强原料乳和乳产品的掺假检验。

检验人员应通过现场调查，获取资料，对可疑掺假物进行初步分析，确定检验方案。首先进行感官检验，如色泽、气味、滋味、黏稠度和乳凝块等有无异常，再通过加热煮沸检查滋（气）味有无咸味、苦味或其他异味。然后采用物理方法检验乳的冰点、相对密度、电导率等。同时，根据现场调查和感官检验结果，通过综合分析，确定化学检验项目，采用定性或定量分析方法检验乳中掺假物质的性质和含量。通过检验与分析，判定乳中是否有掺假物。

皮革水解蛋白粉检测只需取 5mL 乳样，加除蛋白试剂 5mL 混合均匀、过滤、沿滤液试管壁慢慢加入饱和苦味酸溶液约 0.6mL 形成环状接触面。如果环状接触面清亮，表明乳样中不含皮革水解蛋白；如果环状接触面呈现白色环状，说明乳样中含皮革水解蛋白。

乳与乳制品中三聚氰胺的检测按《原料乳中三聚氰胺快速检测 液相色谱法》（GB/T 22400—2008）和《原料乳与乳制品中三聚氰胺检测方法》（GB/T 22388—2008）进行测定。

二、不合格乳的卫生评定

经过检验，原料乳或成品乳有下列缺陷者，不得食用，应予以销毁。

1. 感官性状异常 乳呈现黄色、红色或绿色等异常色泽，乳汁黏稠，有凝块或沉淀，有血或脓、肉眼可见异物或杂质，或有明显的饲料味、苦味、酸味、霉味、臭味、涩味及其他异常气味或滋味。

2. 理化指标异常 重金属、兽药、农药、黄曲霉毒素及其他有害物质超标。

3. 微生物指标异常 乳中检出致病菌，菌落总数或大肠菌群数超标。

4. 掺假乳 乳中掺水或掺入其他任何物质。

5. 病畜乳 乳畜患有炭疽、鼻疽、口蹄疫、狂犬病、钩端螺旋体病、结核病、布鲁氏菌病、李氏杆菌病、乳房放线菌病等传染病时所产的乳。

第六单元 场地消毒及无害化处理

第一节　场地消毒技术

消毒是指用物理的、化学的和生物的方法杀灭物体及环境中的病原微生物，而对非病原微生物及其芽孢（真菌孢子）并不严格要求全部杀死。

一、养殖场的消毒

（一）人员消毒

（1）养殖场生产区入口应设消毒间或淋浴间。消毒间地面设置与门同宽的消毒池（垫），上方设置喷雾消毒装置。

（2）消毒池（垫）内消毒剂可选择 2%～4% 或 0.2%～0.3% 过氧乙酸溶液，至少每 3d 更换一次；喷雾消毒剂可选用 0.1%～0.2% 过氧乙酸或 800～1 200mg/L 季铵盐消毒液。

（3）人员进入生产区应经过消毒间，更换场区工作鞋服并洗手后，经消毒池对靴鞋消毒 3～5min，并进行喷雾消毒 3～5min 后进入；或经淋雨、更换场区工作鞋服（衣、裤、靴、帽等）后进入。

（4）每栋畜禽舍进、出口应设消毒池（垫）和洗手、消毒盆。消毒池或消毒垫为消毒剂要求同（2）；消毒盆内科选用有效含量为 400～1 200mg/L 季铵类消毒液、2～4.5g/L 胍类消毒剂或 0.2% 过氧乙酸溶液。

（5）生产人员出入栋舍，可穿着长筒靴站入消毒池（垫）中消毒 3～5min；可将手和裸露胳膊于消毒盆内浸泡 3～5min。

（6）用过的工作服可选用季铵盐类、碱类、0.2%～0.3% 过氧乙酸或有效氯含量为 250～500mg/L 的含氯消毒剂浸泡 30min，然后水洗；也可煮沸 30min，或用流通蒸汽消毒 30min，或进行高压灭菌。

（二）出入车辆消毒

（1）进出养殖区的车辆在远离养殖区至少 50m 外的区域实施清洁消毒。

（2）用高压水枪等，清除车身、车轮、挡泥板等暴露处的泥、草等污物。

（3）清空驾驶室、擦拭干净，再用干净布浸消毒剂消毒地面和/或地垫、脚踏板。所有从驾驶室拿出的物品都应清洗和消毒。

（4）大中型养殖场可在大门口设置与门等宽的自动化喷雾消毒装置，小型养殖场可使用喷雾消毒器，对出入车辆的车身和底盘进行喷雾消毒。可选用有效氯含量为 10 000mg/L 的含氯消毒剂、0.1% 新洁尔灭、0.03%～0.05% 癸甲溴铵或 0.3%～0.5% 过氧乙酸以及复合酚等任何一种消毒剂，从上往下喷洒至表面湿润，作用 60min。消毒后，用高压水枪把消毒剂冲洗干净。

（5）轮胎消毒。养殖场办公区与养殖区入口大门应设与门等宽、长 4m 以上、深 0.3～0.4m，防渗硬质水泥结构的消毒池；池顶修盖遮雨棚，消毒液可选用 2%～4% 氢氧化钠液或 3%～5%来苏儿液，每周至少更换 3 次。车辆进入养殖场应经消毒池缓慢驶入。

（三）出入设备用具消毒

（1）保温箱、补料槽、饲料车和料箱等物品冲洗干净后，可用 0.1%新洁尔灭或 0.2%～0.3%过氧乙酸或 2%漂白粉澄清液（有效氯含量约 5 000mg/L）进行喷雾、浸泡或擦拭消毒，或在紫外线下照射 30min，或在密闭房间内进行熏蒸消毒。

（2）进入生产区的设备用具在消毒后，应将消毒液冲洗干净后才可使用。

（四）场区道路、环境清洁消毒

1. 道路清洁 场区道路应每日清扫，硬化路面应定期用高压水枪清洗，保持道路清洁卫生。

2. 道路和环境消毒

（1）进动物前，对畜禽舍周围 5m 内地面和道路清扫后，用 0.3%～0.5%过氧乙酸或 2%～4%氢氧化钠液彻底喷洒，用药量为 300～400mL/m²。

（2）保持场区道路清洁卫生，每 1～2 周用 10%漂白粉液、0.3%～0.5%过氧乙酸或 2%～4%氢氧化钠等消毒剂对场区道路、环境进行喷雾消毒 1 次；每 2～3 周用 2%～4%氢氧化钠液对畜禽舍周围消毒 1 次。

（3）场内污水池、排粪坑、下水道出口，定期清理干净，用高压水枪冲洗，至少每月用漂白粉消毒 1 次。

（4）被病畜禽的排泄物、分泌物污染的地面土壤，应先对表层土壤清扫后，与粪便、垃圾集中深埋或进行生物发酵和焚烧等无害化处理；然后，用消毒剂对地面喷洒消毒，可选用 5%～10%漂白粉澄清液、2%～4%氢氧化钠液、4%甲醛液或 10%硫酸苯酚合剂，用药量为 1L/m²；或撒漂白粉 0.5～2.5kg/m²。

（5）被传染病病畜污染的土壤，可首先用 10%～20%漂白粉乳剂或 5%～10%二氯异氰尿酸钠喷洒地面后，掘起 30cm 深度的表层土壤，撒上干漂白粉与土混合，将此表土运出掩埋；或将表土深翻 30cm 后，每平方米表土撒 5kg 漂白粉，混合后加水湿润，原地压平；若是水泥地，则用消毒剂仔细冲刷。

（五）空畜禽舍消毒

1. 新建畜禽舍

（1）对畜禽舍地面和墙面进行清扫，对畜禽舍内设施设备进行擦拭清洁。

（2）用 2%～4%氢氧化钠或 0.2%～0.3%过氧乙酸液进行全面彻底的喷洒。

（3）没有可燃物的畜禽舍，也可采用火焰消毒法，用火焰喷枪对地面和墙壁进行消毒。

2. 排空畜禽舍

（1）畜禽舍清洁干燥后，选用 3%～5%氢氧化钠液、0.2%～0.3%过氧乙酸液、500～1 000mg/L 二溴海因液或 1 000～2 000mg/L 有效氯含氯消毒剂任何一种喷洒地面、墙壁、门窗、屋顶、笼具、饲槽等 2～3 次。

（2）其他不宜用水冲洗和氢氧化钠消毒的设备，可用 250～500mg/L 含氯消毒剂或 0.5%新洁尔灭擦拭消毒。

（3）能够密闭的畜禽舍，特别是幼畜舍，可将清洁后设备和用具移入舍内，进行密闭熏蒸消毒。

（4）没有易燃物的畜禽舍，也可采用火焰消毒法，用火焰喷枪对地面、墙壁消毒。

（六）饮水、饲喂设备用具消毒

（1）饮水、饲喂用具每周至少洗刷消毒1次，炎热季节增加次数。

（2）拌饲料的用具及工作服可每天用紫外线照射1次，持续20～30min。

（3）每周对饲槽、水槽、饮水器以及所有饲喂用具进行彻底清洁、干燥，可选用0.01%～0.05%新洁尔灭、0.01%～0.05%高锰酸钾、0.2%～0.3%过氧乙酸、漂白粉或二氧化氯等消毒剂喷洒涂擦消毒1～2次，消毒后应将消毒剂冲洗干净。

（七）带畜禽消毒

1. 常用消毒剂　用于带畜禽消毒的消毒剂，可选用0.015%～0.025%癸甲溴铵溶液、0.1%～0.2%过氧乙酸溶液、0.1%新洁尔灭溶液或0.2%次氯酸钠溶液。

2. 消毒方法　采取喷雾消毒，喷雾量为50～80mL/m³，以均匀湿润墙壁、屋顶、地面，畜禽体表稍湿为宜，不得直接喷向畜禽。

3. 注意事项

（1）带畜禽消毒宜在中午前后，冬季选择天气好、气温较高的中午进行。

（2）日常带畜禽消毒可每周进行2～3次，发生疫情后每日1次。

（3）免疫接种时慎行带畜禽消毒，免疫前后各2d，不得实施带畜禽消毒。

（八）垫料消毒

（1）可将垫草放在烈日下暴晒2～3h，少量垫草可用紫外线灯照射1～2h。

（2）在进动物前3d，对碎草、稻壳或锯屑等垫料用消毒液掺拌消毒，可选用50%癸甲溴铵液2 000倍液（或10%癸甲溴铵液400倍液）、0.1%新洁尔灭溶液或0.2%过氢乙酸溶液等。

（3）清除的垫料可与粪便集中堆放，进行生物热消毒；或喷洒10 000mg/L有效氯含氯消毒液，作用60min以上后深埋。

（九）贮粪场消毒

畜禽粪便要运往远离场区的贮粪场，统一在硬化的水泥池内堆积发酵后利用。贮粪场周围也要定期消毒，可用2%氢氧化钠或撒生石灰消毒。

（十）病尸消毒

畜禽病死后，要进行焚烧、深埋等无害化处理。同时立即对其原来所在的圈舍、隔离饲养区等场所进行彻底消毒，防止疫病蔓延。

需要注意的是，无论选择哪种消毒方式，消毒药物都要定期更换品种，交叉使用，这样才能保证消毒效果。

二、屠宰加工车间的消毒

屠宰加工车间的消毒，包括经常性消毒和临时性消毒两种。

（一）经常性消毒

1. 生产车间消毒

（1）更衣室可采取下列方式消毒：

①设置分布合理的紫外线杀菌灯，每天下班后开启，持续作用时间不少于2h。注意定期检查更换紫外线灯。

②使用臭氧发生器时，应按要求确定使用范围和使用方法，每天下班后开启，持续作用

时间不少于 2h。

③下班后使用有效氯含量 200～300mg/L 的含氯消毒剂等喷雾消毒。

（2）车间、卫生间入口处应配有适宜水温的洗手设施及干手和消毒设施，洗手设施应采用非手动式开关。

（3）屠宰、分割车间入口应设与门等宽的鞋靴消毒池，内置有效氯含量 600～700mg/L 的含氯消毒剂等消毒液，或放置靴底消毒垫。

（4）每日工作完毕，应先用不低于 40℃的温水洗刷干净车间地面、墙壁、食品接触面等，再分别对车间不同部位消毒，作用 0.5h 以上，然后用水冲洗干净。不同部位消毒方法如下：

①对车间的台案、工器具、设施设备选用有效氯含量 200～300mg/L 的含氯消毒剂等消毒。

②对地面、墙裙、通道以及经常使用或触摸的物体表面选用有效氯含量 300～500mg/L 的含氯消毒剂等消毒。

③对放血道及附近地面和墙裙选用有效氯含量 700～1 000mg/L 的含氯消毒剂等消毒。

④对排污沟选用有效氯含量 1 000mg/L 以上的含氯消毒剂等消毒。

⑤每周应对车间进行一次全面、彻底的消毒。

2. 工器具及防护用品消毒

（1）在畜禽屠宰、检验过程中使用的某些器具、设备，如宰杀、去角设备、检验刀具、开胸和开片刀锯、检疫检验盛放内脏的托盘等，每次使用后，应使用 82℃以上的热水进行清洗消毒。

（2）生产加工或检疫检验过程中，所用刀、钩等工具触及病变屠体或组织时，应立即彻底消毒后再继续使用。

（3）下班后将所用刀、钩等生产加工和检疫检验工具清洗干净，煮沸消毒；也可使用 0.5%过氧乙酸溶液等浸泡消毒并清洗干净。

（4）人员用工作服、帽清洗后使用 200～300mg/L 次氯酸钠溶液、0.5%过氧乙酸溶液等等浸泡消毒。胶靴、围裙等橡胶制品，下班后清洗后使用有效氯含量 600～700mg/L 的含氯消毒剂等擦拭消毒。

（二）临时性消毒

临时性消毒是指在生产车间发现疫情时进行的以消灭特定传染性病原为目的的消毒，在控制疫情、防止肉品污染上具有重要的作用。

（1）发生疫情时，应增加消毒频次、消毒剂浓度及用量和作用时间。

（2）发生高致病性禽流感时的消毒按照 NY/T 767 的规定执行，发生口蹄疫时的消毒按照 NY/T 1956 的规定执行，发生非洲猪瘟时的消毒按照农业农村部发布的非洲猪瘟疫情应急实施方案中的有关消毒规范执行。发生其他疫情时的消毒应按国家相关规定执行。

三、冷库的消毒

（一）平时消毒

（1）应每天对冷库穿堂、发货站台、缓冲间使用有效氯含量 300～500mg/L 的含氯消毒剂等消毒。

（2）预冷间和 $0\sim4℃$ 产品储藏库的产品每清空一次，使用有效氯含量 $300\sim500$mg/L 的含氯消毒剂等进行消毒。

（二）定期消毒

$-18℃$ 及以下储藏库，$-28℃$ 及以下冻结间宜每年至少清空消毒一次。消毒时先除霜，使用 0.5% 过氧乙酸溶液等毒性残留低、安全性高、绿色环保的消毒剂熏蒸消毒或使用臭氧消毒，不得使用有剧毒、强烈气味的消毒剂。

消毒完毕后，打开库门，通风换气，驱散消毒药物气味。

四、车辆及运载工具的消毒

凡载运过畜禽及其产品的车船和其他运输工具，都应进行消毒，以防止病原的散布。

（1）装运畜禽及产品的车辆、笼筐及其他装载工具，卸载后应清理清洗，使用有效氯含量 $300\sim500$mg/L 的含氯消毒剂等进行消毒；装载前，应再次使用有效氯含量 $300\sim500$mg/L 的含氯消毒剂等进行消毒。

（2）装运健康畜禽的车辆，卸载畜禽后，应先清理车厢内草料、粪便等杂物，用水清洗后，再用有效氯含量 $300\sim500$mg/L 的含氯消毒剂等进行消毒，最后用水冲洗干净。

（3）装运患病畜禽的车辆，卸载畜禽后，应先使用 4% 氢氧化钠溶液等作用 $2\sim4$h 后，再彻底清理杂物，然后用热水冲洗干净。清理后的杂物应无害化处理。

（4）装运患有恶性传染病畜禽及其产品的车辆，卸载畜禽及其产品后，应先使用 4% 甲醛溶液或有效氯含量不低于 4% 的含氯消毒剂等喷洒消毒（均按 0.5kg/m² 消毒液量计算），保持 0.5h 后清理杂物，再用热水冲洗干净，然后再用上述消毒液消毒（1kg/m²），清理后的杂物应进行无害化处理。

第二节 污水的处理

一、污水处理的原理与基本方法

屠宰污水的处理方法通常包括预处理和生物处理两部分。

（一）预处理

主要利用物理学的原理除去污水中的悬浮固体、胶体、油脂和泥砂。常用的方法是设置格栅、格网、沉砂池、除脂槽、沉淀池等，故又称物理学处理或机械处理。

预处理的意义主要在于减少生物处理时的负荷，提高排放水的质量，还可以防止管道阻塞，降低能源消耗，节约费用，便于综合利用。

1. 格栅和格网 防止羽毛、碎肉等较大杂物进入污水处理系统，堵塞管道，甚至损坏水泵。格栅、格网能使五日生化需氧量（BOD₅）及悬浮物（SS）去除率达 $10\%\sim20\%$。

2. 除脂槽 用于收集污水中的油脂。污水中的油脂，一部分为乳化状态，温度较低时能黏附在管道壁上，使流水受阻，而且还会严重妨碍污水的生物净化。因此，污水处理系统必须首先设置除脂槽。进入除脂槽的污水，一般取 0.075m/s 的流速，停留 30s 使油脂颗粒上浮到水面，除脂槽的除脂效率为 $60\%\sim70\%$。

除脂槽是一种长方形的水槽，槽内具有几层横断水槽的隔板，隔板与槽底之间留有窄缝。入水和出水管孔低于隔板的高度，因此，槽内的水面高度总是低于隔板的高度，污水不会从隔板上面漫过，只能从隔板下的窄缝流出，而浮在污水上层的脂肪层就被贮留在槽内，可定期取出作工业用油。

3. 沉沙池　又叫沉井，用以沉淀污水中不溶性矿物质和杂质，主要为沙、泥土、炉渣及骨屑等。这些物质的比重较大，污水流入沉井后，因流速骤减，沙土、杂质沉淀于池底，污水由井身上部的出口流出。

4. 沉淀池　污水处理中利用静止沉淀的原理沉淀污水中固体物质的澄清池，称为沉淀池。该池设于生物反应池之前，也称初次沉淀池。使用中应注意延缓污水流经水池的速度，并使其在整个池里均匀分配流量，以利于污物的沉淀。沉淀池沉积的污泥要经常排出，以免厌氧细菌作用产生气体，使污泥上升到水面，降低沉淀效果。

（二）生物处理

利用自然界大量微生物氧化有机物的能力，除去污水中的胶体、有机物质。污水中各种有机物被微生物分解后形成低分子的水溶性物质、低分子的气体和无机盐。根据微生物嗜氧性能的不同，将污水处理分为好氧处理法和厌氧处理法两类。

1. 好氧处理法的基本原理　污水的好氧处理法是在有氧的条件下，借助于好氧微生物的作用对污水中的有机物进行降解的过程。在此过程中，污水中溶解的有机物质可透过细菌细胞壁，为细菌所吸收，对于一些固体和胶体的有机物，则被一些微生物分泌的黏液所包围，附着于菌体外，再由细菌分泌的胞外酶分解为溶解性物质，渗入细菌细胞内。细菌通过自身的生命活动——氧化、还原、合成等过程，把一部分被吸收的有机物氧化成简单的无机物，释放出细菌生长活动所需要的能量，而把另一部分有机物转化为本身所需的营养质，组成新的原生质，于是细菌逐渐长大、分裂，产生更多的细菌。除了醚类物质外，几乎所有的有机物都能被相应的细菌氧化分解。

污水好氧处理法主要有土地灌溉法、生物过滤法、生物转盘法、接触氧化法、活性污泥法及生物氧化塘法等。其中，活性污泥系统对有机污水的处理效果较好，应用较广。一般生活污水和工业废水经活性污泥法二级处理均能达到国家规定的排放标准，可减少 BOD_5 94%～97%、悬浮固体 85%～92%，所得污泥可作为农田的肥料。肉类加工企业的污水净化处理，也已广泛采用此法。

活性污泥系统是利用低压浅层曝气池，使空气和含有大量微生物（细菌、原生动物、藻类等）的絮状活性污泥与污水密切接触，加速微生物的吸附、氧化、分解等作用，达到去除有机物、净化污水的目的。初次沉淀池排出的污水，与曝气池流向二次沉淀池按比例返回的活性污泥混合，进入曝气池的源头。污水在曝气池内借助机械搅拌器或加压鼓风机，与回流来的活性污泥充分混合，并通过曝气提供微生物进行生物氧化过程所需要的氧，加速对污水中有机物的氧化分解。曝气处理后的混合流出物流入二级沉淀池中沉淀，上层清液经氯化消毒后排出，沉积的剩余污泥则需进行浓缩处理。返回到曝气池的活性污泥，由于给污水加入大量的微生物而被活化。

2. 厌氧处理法的基本原理　污水的厌氧处理法是在无氧条件下，借助于厌氧微生物的作用将污水中可溶性或不溶性的有机废物进行生物降解。本法适用于高浓度的有机污水和污泥的处理，一般称为厌氧消化法。污水中的有机物进行厌氧分解，经历酸性发酵和碱性发酵两个阶段。分解初期，微生物活动中的分解产物是有机酸，如脂肪酸、甲酸、乙酸、丙酸、丁酸、戊酸及乳酸等，还有醇、酮、二氧化碳、氨、硫化氢等。此阶段由于有机酸的大量积聚，故称酸性发酵阶段。在分解后期，由于产生的大量氨的中和作用，污水的 pH 逐渐上升，加之另一群专性厌氧的甲烷细菌分解有机酸和醇，生成甲烷和 CO_2，结果使 pH 迅速上升，故将这一阶段称为碱性发酵阶段。

用厌氧法处理污水，由于产生硫化氢等有异臭的挥发性物质而发出臭气，加之硫化氢与铁形成硫化铁，使污水呈现黑色。这种方法净化污水需要较长的处理时间（停留约 1 个月），而且温度低时效果不显著，有机物含量仍较高。所以，目前多数厂家在进行厌氧处理后，再用好氧法进一步处理，才能达到净化污水的目的。

污水厌氧处理法主要有普通厌氧消化法、高速厌氧消化法和厌氧稳定池塘法等。

二、测定指标（DO、BOD、COD、SS）

（一）溶解氧（DO）

溶解于水中的氧称为**溶解氧**（dissolved oxygen，DO），单位是 mg/L。水中溶解氧的含量与空气中氧的分压、大气压以及水的温度都有密切关系。水受污染时，由于有机物被微生物氧化而耗氧，使水中溶解氧逐渐减少；当污染严重时，氧化作用进行得很快，而水体又不能从空气中吸收充足的氧来补充其耗量，水中溶解氧不断减少，甚至会接近于零。这时，厌氧性细菌开始繁殖，有机物发生腐败，使水体发臭。因此，测定水中溶解氧也可作为水被污染程度的标志。我国的河流、湖泊、水库水的溶解氧含量多高于 4mg/L，有的可达 6～8mg/L。当水中溶解氧小于 4mg/L 时，鱼类就难以生存。

（二）生化需氧量（BOD）

生化需氧量（biochemical oxygen demand，BOD）是指在一定时间和温度下，水体中有机污物受微生物氧化分解时所耗去水体溶解氧的总量，单位是 mg/L。国内外现在均以 5d、水温保持 20℃时的 BOD 值作为衡量有机物污染的指标，用 BOD_5 表示。BOD_5 数值越高，说明水体有机污物含量越多，污染越严重。污水处理的效果，常用生化需氧量能否有效降低来判断。清洁水生化需要氧量一般小于 1mg/L。

（三）化学耗氧量（COD）

化学耗氧量（chemical oxygen demand，COD）是指在一定条件下，用强氧化剂如高锰酸钾或重铬酸钾等氧化水中有机污染物和一些还原物质（有机物、亚硝酸盐、亚铁盐、硫化物等）所消耗氧的量，单位为 mg/L。COD 是测定水体中有机物含量的间接指标，反映水体中可被氧化的有机物和还原性无机物的总量，测定方法简便快速。化学耗氧量是水被污染程度的指标之一，但不能完全表示出水被有机物污染的程度，因为有机物的降解主要靠水中微生物的作用。

当用重铬酸钾作氧化剂时，所测得的化学耗氧量用 COD_{cr} 表示，而高锰酸钾法则用 COD_{mn} 表示。因屠宰污水中污物含量很多，成分复杂，COD_{cr} 法氧化较完全，能够较确切地反映污水的污染程度。

（四）悬浮物（SS）

悬浮固体物质（suspended solid，SS）简称悬浮物，是水中含有的不溶性物质，包括不溶于水的淤泥、黏土、有机物，以及微生物等细微的悬浮物，直径一般大于 $100\mu m$。悬浮物能够截断光线，影响水生植物的光合作用，也会阻塞土壤的空隙。我国污水排放标准规定，污水排入地面水体后，下游最近用水点水面，不得出现较明显的油膜和浮沫。悬浮物的最大允许排放浓度为 400mg/L。

三、处理后消毒

经过生物处理后的污水一般还含有大量的微生物，特别是病原微生物，需经药物消毒处理，方可排出。

常用的方法是氯化消毒法，将液态氯转变为气体，通入消毒池，可杀死 99％以上的有害细菌。近年的研究证明，用漂白粉或液态氯消毒污水，会造成氯对环境的二次污染。现在已研究出将紫外线灯成排地安装在污水净化处理后排水口前面的消毒技术，待排出的水在紫外线灯周围经过 0.3s，即可达到消毒的目的。

第三节　粪便、垫料及其他污物的无害化处理

一、粪便的无害化处理

畜禽粪便的无害化处理有生物发酵、掩埋、焚烧及化学消毒等方法，其中生物热消毒是一种最常用的粪便消毒处理方法，粪便在集中发酵过程中所产生的生物热可达 70℃或更高，能杀灭一切不形成芽孢的病原微生物和寄生虫卵。用这种方法处理后的粪便，既可达到无害化处理的目的，又可利用无害化处理开展畜禽粪便的能源化、肥料化利用，提高养殖废物的应用价值。此方法通常有发酵池法（含沼气发酵法）和堆肥法两种。

（一）生物发酵

1. 发酵池法　适用于动物养殖场，多用于稀粪便的发酵处理，多采用沼气发酵法。将畜禽粪便、有机垫料、污物、废弃草料、料槽地面冲洗液等原料，按一定比例放入沼气池内，经过一定时间的厌氧发酵可消灭 90％以上的畜禽寄生虫卵和有害微生物，并产生大量清洁再生能源沼气。沼气可以作为燃料，沼液、沼渣可以直接肥田，沼渣还可以用来养鱼，形成养殖业与种植业和渔业紧密结合的物质循环生态模式。

2. 堆肥法　适用于干固粪便的发酵消毒处理。堆肥法生物热消毒应在专门的场所设置堆放坑或发酵池，其侧壁和底面应由水泥或黏土筑成，常用的生物热消毒法有地面泥封堆肥发酵法、地上台式堆肥发酵法及坑式堆肥发酵消毒法。采用堆肥消毒应注意如下几点：①设专门堆肥场，堆放坑或发酵池应远离居民区、生活区、养殖场、屠宰场、饮用水源，避开斜坡。②堆料内不能只堆放粪便，还应混合一些垫草、秸秆、稻草之类富含有机质的物质，以保证堆料中有足够的有机质，作为微生物活动的能量来源。③堆料应疏松，切忌夯压，以保证堆内有足够的空气，各层薄厚一致，高度可达 2m，侧面斜度为 70°。堆好后表面覆盖一层 5～10cm 厚的泥土。④堆料的干湿度要适当，发酵时如为干粪，应加水浇湿，以便促进发酵，含水量应为 50％～70％。⑤堆肥时间要足够，须等彻底腐熟后方可开封、施肥。一般好气堆肥，在夏季需 1 个月左右，冬季需 2～3 个月方达腐熟。被分枝杆菌污染的粪便，应堆放 6 个月之久。⑥必须注意的是生物热消毒法虽然是粪便消毒优选方法，可以杀灭许多种传染性病原，如口蹄疫病毒、猪瘟病毒、布鲁氏菌、猪丹毒杆菌等，但对于炭疽杆菌、气肿疽梭菌等芽孢菌感染病畜的粪便，只能用焚烧方法处理。

（二）掩埋

适用于较偏远地区疫病畜禽粪便的无害化处理，掩埋地点应远离村庄、远离水源。将粪

便与漂白粉或新鲜的生石灰混合，然后深埋在地下 2m 左右的坑里。

（三）焚烧

焚烧法是消灭一切病原微生物最有效的方法，故用于最危险的传染病畜禽粪便（如炭疽、牛瘟、朊病毒病等）的无害化处理。

（四）化学消毒

可用含 2%～5%有效氯的漂白粉液、20%石灰乳等消毒粪便。因粪便数量庞大，选用这种方法操作比较麻烦，动力耗能较高，药剂费用较大，可能造成二次污染，处理后再利用受限。因此，除非重大动物疫病粪便，一般不用化学消毒法。

二、垫料及其他污物的无害化处理

养殖场的一般性垫料及其他污物，可以选择随粪便一起进行生物热发酵处理。但染疫或重大疫病畜禽场垫料及其他污物应采取严厉的无害化处理措施，采用深埋、焚烧、化学消毒等方法进行无害化处理。

1. 深埋 将垫料和其他不可再用的污染物收集起来，喷淋混合化学消毒液，杀灭病原体，并进行深埋处理。

2. 焚烧 当发生抵抗力强的病原体引起的传染病（如炭疽、口蹄疫、牛海绵状脑病、高致病性禽流感等）时，病畜的饲料残渣、垫草、污染的垃圾和其他价值不大的物品，均可采用焚烧的方法杀灭一切病原体或致病因素。

3. 化学消毒 对可再用的污染物品（如胶靴、橡胶手套、工作服、饲槽、水槽、笼架、清洁工具等）的无害化处理中，化学药品进行消毒是最常用和最有效的方法。可用化学消毒液对污染物品进行喷雾消毒或浸泡消毒，也可将污染物品集中放在密闭室内进行福尔马林熏蒸消毒。

第七单元　动物诊疗机构及其人员公共卫生要求

第一节　动物诊疗机构的卫生要求

动物诊疗机构是指从事动物疾病预防、诊断、治疗和动物绝育手术等经营性活动的机构，包括兽医站、动物医院、宠物医院、宠物诊所等，是患病动物较为集中的场所，具有重要的兽医公共卫生学意义。为了加强动物诊疗机构管理，规范动物诊疗行为，保障公共卫生安全，农业农村部根据《中华人民共和国动物防疫法》制定发布《动物诊疗机构管理办法》，

2022 年农业农村部修订后的《动物诊疗机构管理办法》共五章四十二条，包括总则、诊疗许可、诊疗活动管理、法律责任及附则，是动物诊疗机构依法经营和规范管理的依据，也是相关部门开展管理和监督执法工作的规范性文件。动物诊疗机构既要为动物养殖或宠物健康提供良好的诊疗服务，又要最大限度地避免环境污染、防止从业者感染和控制疫病传播，必须依照《动物诊疗机构管理办法》规定，加强动物诊疗机构的卫生管理和卫生监督。

一、环境和公共区清洁卫生要求

动物诊疗机构是患病动物集中的场所，如果卫生管理不当，将成为人畜疫病的散播地、自然环境的污染源。随着我国经济的快速发展和人民生活水平的提高，城市养宠物的人群越来越多，宠物医院的数量也越来越多，宠物医院在公共卫生中的地位日益重要。为了使动物诊疗机构既能够为动物养殖和宠物疾病提供诊疗服务，又避免环境污染和有利于控制疫病传播，必须加强动物诊疗机构的卫生管理和卫生监督。

（一）动物诊疗机构的基本条件要求

（1）有固定的动物诊疗场所，且动物诊疗场所使用面积符合省、自治区、直辖市人民政府农业农村主管部门的规定。

（2）动物诊疗场所选址距离动物饲养场、动物屠宰加工场所、经营动物的集贸市场不少于 200m。

（3）动物诊疗场所设有独立的出入口，出入口不得设在居民住宅楼内或者院内，不得与同一建筑物的其他用户共用通道。

（4）具有布局合理的诊疗室、隔离室、药房等功能区。

（5）具有诊断、消毒、冷藏、常规化验、污水处理等器械设备。

（6）具有诊疗废弃物暂存处理设施，并委托专业处理机构处理。

（7）具有染疫或者疑似染疫动物的隔离控制措施及设施设备。

（8）具有与动物诊疗活动相适应的执业兽医。

（9）具有完善的诊疗服务、疫情报告、卫生安全防护、消毒、隔离、诊疗废弃物暂存、兽医器械、兽医处方、药物和无害化处理等管理制度。

（二）环境和公共卫生要求

（1）动物诊疗机构门前及周围应经常保持清洁卫生，不能影响到周围居民和行人的卫生和安全。环境卫生至少每天清扫 2 次，动物在就诊过程中排泄的粪尿要及时清理，必要时应进行临时消毒。

（2）动物诊疗场所必须设置动物普通病区和动物疫病区，根据动物疾病性质进行分区诊疗。由于很多动物疫病都是人畜共患病，分区诊疗有利于保障动物诊疗人员、动物主人及就诊动物的公共卫生安全。

（3）门厅、走廊、楼梯等公共场所应保持清洁卫生，每天上午和下午都应各打扫 1 次，并随时清理病畜排泄物，必要时进行消毒处理。

（4）认真搞好室内、室外卫生，诊疗室要保持清洁、卫生、整齐，每天至少要清扫 2 次，并做到随脏随清扫，必要时进行消毒。

（5）每天坚持紫外线消毒。每天下班前搞好室内外清洁、卫生，定时开启紫外线消毒灯对诊室、手术室等空气和表面进行消毒。

二、医疗废弃物和污水处理要求

（一）动物医疗废弃物处理要求

动物医疗废弃物是指动物诊疗机构在动物医疗、预防、保健以及其他相关活动中产生的具有直接或者间接感染性、毒性以及其他危害性的废弃物。动物诊疗机构应遵照我国《医疗废物管理条例》，管理和处理动物医疗废弃物，加强医疗废物安全管理，防止动物疫病及人畜共患病传播，避免环境污染，维护公共卫生安全。

1. 动物医疗废物的分类

（1）感染性废物　指可能携带病原微生物，具有引发感染性疾病传播危险的医疗废物。包括被病畜的血液、体液、排泄物污染的物品，包括棉球、棉签、引流棉条、纱布、各种敷料及其他使用后的一次性医疗卫生用品；传染病病畜或者疑似传染病病畜的呕吐物、分泌物、粪便等污染的物品或一次性医疗卫生用品；其他感染性废物还有病原培养物、检后病料（血液、血清等）、废弃的菌种、毒种等。

（2）病理性废物　指诊疗过程中产生的病畜废弃组织、器官和实验动物尸体等。包括手术中产生的废弃动物组织、器官，病理切片后废弃的动物组织、病理蜡块等。

（3）损伤性废物　指能够刺伤或割伤人体的废弃的医用锐器，包括医用针、解剖刀、手术刀、玻璃试管等。

（4）药物性废物　指过期、淘汰、变质或被污染的废弃药品，包括废弃的一般性药品、废弃的细胞毒性药物和遗传毒性药物等。

（5）化学性废物　指具有毒性、腐蚀性、易燃易爆性的废弃化学物品，如废弃的化学试剂、化学消毒剂、汞温度计等。

2. 动物医疗废物处理原则　动物诊疗机构应当根据就近集中处置的原则，及时将医疗废物交由医疗废物集中处置单位处置。

（1）动物医疗废物的分类、收集、运送、贮存、处置以及监督管理等活动，应遵照《医疗废物管理条例》进行。

（2）动物诊疗机构产生的感染性废物、病理性废物、损伤性废物和一般药物性废物按照医疗废物进行管理和处置。

（3）动物诊疗机构废弃的麻醉性、毒性、腐蚀性、易燃易爆性的药品或化学制品，应依照有关法律、行政法规和国家有关规定、标准执行。

3. 动物医疗废物处理要求

（1）动物诊疗机构应安排专人负责动物医疗废物管理工作，负责本单位医疗废物的分类、收集、贮存、处置及监督管理。

（2）动物医疗废物管理人员，应进行医疗废物分类、收集、贮存、处置等相关法律、专业技术、安全防护等知识的培训。

（3）动物诊疗机构应及时收集本单位的医疗废物，并按照类别存放于防渗漏、防穿透的专用包装袋或者密闭容器内，放入医疗废物临时存放点或设备内。

（4）动物医疗废物临时存放点或贮存设备，应远离诊疗区、饮食区和人员活动场所，并设置明显的警示标识（图4-6）和防渗漏、防鼠、防蚊蝇、防蟑螂、防盗等安全措施。医疗废物的暂时存放点或贮存设备应当定期清洁和消毒。

图4-6　医疗废物警示标识

（5）收集和临时贮存的医疗废物，应及时交由专业医疗废物集中处置单位统一管理和处置。无专用防护设备、运输工具的单位和个人，不许从事医疗废物的收集、运送工作。

（6）动物诊疗机构产生的污水、传染病病畜或者疑似传染病病畜的排泄物，应按照国家有关规定彻底消毒处理后方可排入公共污水系统。

（7）不具备集中处置医疗废物条件的农村，动物诊疗机构应当按照县级以上地方人民政府卫生主管部门、环保主管部门的要求，自行就地处置其产生的医疗废物。自行处置医疗废物的，应当符合下列基本要求：①使用后的一次性医疗器具和容易致人损伤的医疗废物，应当消毒并作毁形处理；②能够焚烧的，应当及时焚烧；③不能焚烧的，消毒后集中填埋。

（8）遵守动物医疗废物登记制度，应对本单位医疗废物进行实时登记。登记内容应包括医疗废物的来源、种类、重量或者数量、临时存贮地点或设备、接收处置单位（或处置方法）、交接（或处置）时间，最后由经办人签名等。

（二）动物诊疗机构污水处理要求

动物诊疗机构的污水中含有动物粪尿及其大量的细菌、病毒、虫卵等病原体外，还含有一些化学污染物，如果任意排放到周围环境中，就会对环境造成公共卫生危害。因此，动物诊疗机构的污水必须经过无害化处理并达到排放标准后，才能排放到允许排放的下水道。

根据动物诊疗机构的位置、规模大小和污水排放去向，合理确定污水处理方法。具体方法可参照《医院污水处理工程技术规范》（HJ 2029—2013）进行，也可购置动物诊疗机构废水处理装置进行污水处理。动物诊疗机构废水处理装置具有技术先进、流程合理、自动化程度高、无需专人值守、处理效果好、达标排放、操作管理方便、外形美观、占地面积小等优点。

三、放射线防护要求

随着动物医院的大型化、规模化和专业化，更多的动物医院设有X线设备机房，添置了放射诊断设备，如普通X线拍片机、计算机X线摄影系统（CR）、直接数字化X线摄影系统（DR）、计算机X线断层扫描（CT）等，承担动物疾病的常规X线检查和造影检查等任务。动物诊疗场所的X线设备机房的设计建造、设备安装及放射防护等都应符合相关卫生安全规定［参照《放射诊断放射防护要求》（GBZ 130—2020）］，要把安全防护放在第一位。

（一）机房的位置、建筑和防护要求

1. 机房位置的选择　建造X射线设备机房应充分考虑邻室（含楼上和楼下）及周围场

所的人员防护与安全。为了防止动物医院医护人员和动物主人的散线照射、电离辐射，机房应建造在动物医院相对僻静的位置，远离诊疗室、会议室、主要通道等人员密集区。

2. 机房建筑和防护结构

（1）机房空间要求　每台固定式 X 线机应设有单独的机房，机房应满足使用设备的空间要求。对新建、改建和扩建的 X 线机房，其最小有效使用面积、最小单边长度应符合标准要求，如单管头 X 线机要求机房最小有效面积为 $20m^2$，最小单边长度为 3.5m。

（2）机房屏蔽防护　机房屏蔽防护应符合标准要求。如标称 125kV 以上的摄影机房中有用线束方向墙壁防护的铅当量应有 3mm（主防护），其他侧墙壁防护的铅当量应有 2mm（副防护）；标称 125kV 及以下的摄影机房中主防护应有 2mm 铅当量，副防护应有 1mm 铅当量。应合理设置机房门、窗和管线口位置，机房的门和窗应有其所在墙壁相同的防护铅当量。设于多层建筑中的机房（不含顶层）顶棚、地板（不含下方无建筑物的）应满足相应照射方向的屏蔽要求。隔室、操作室与机房间的观察窗要用足够铅当量的铅玻璃。

（3）机房其他要求　机房内要布局合理，应避免有用线束直接照射门、窗和管线口位置；机房应设置动力排风装置，并保持良好的通风；机房门应有闭门装置，且工作状态指示灯和与机房相通的门能有效联动。

3. 放射性安全警示　因为 X 线电离空气对人体有害，根据规定，机房门外应有电离辐射警告标识（图 4-7）、放射防护注意事项、醒目的工作状态指示灯，灯箱处应设警示语句。警告标志的含义是使人们注意可能发生的危险，避免一切非工作人员在机房周围停留。

4. X 射线设备及其机房的防护监测　X 线设备机房放射防护安全设施在项目竣工时应进行验收检测，在使用过程中，应按有关规定进行定期检测。X 线设备及其机房防护监测合格并符合国家有关规定后方可投入使用。

图 4-7　电离辐射警告标识

（二）对放射工作人员和受检动物的防护要求

（1）放射工作人员必须熟练掌握业务技术和射线防护知识，配合有关执业兽医做好 X 线检查的临床判断，遵循医疗照射正当化和放射防护最优化原则，正确、合理地使用 X 线诊断。

（2）除临床必需的透视检查外，应尽量采用摄影检查，以减少受检动物和工作人员的受照剂量。

（3）放射工作人员在透视前必须做好充分的暗适应。在不影响诊断的原则下，应尽可能采用"高电压、低电流、厚过滤和小照射野"进行工作。

（4）用 X 线进行各类特殊检查时，要特别注意控制照射条件和重复照射，对受检动物和工作人员都应采取有效的防护措施。摄影时，放射工作人员必须根据使用的不同管电压更换附加过滤板；并应严格按所需的投照部位调节照射野，使有用线束限制在临床实际需要的范围内，同时对受检动物的非投照部位采取适当的防护措施。

（5）摄影时，放射工作人员必须在屏蔽室等防护设施内进行曝光，除正在接受检查的动物外，其他人员和动物不应留在机房内。

（6）应随时关闭机房门，X 射线机曝光时，应关闭机房与操作室间的门，并应通过观察窗等密切观察受检动物状态。

（7）放射工作人员应接受个人剂量监测，个人剂量应符合相关规定。

第二节　动物诊疗机构医护人员防护要求

动物诊疗机构医护人员在诊治动物疾病的过程中，不可避免要近距离接触患病动物。动物疫病大多具有感染性或人畜共患性，医护人员在工作中受到感染的危险性较大，所以动物医疗工作人员必须熟悉医疗防护知识、技术和要求，强化防护意识。在医疗工作中要根据具体情况采取合理的防护措施，减少医护人员职业暴露造成感染的危险，减少因诊疗活动造成的环境污染。但防护也并不是越多越好，科学有效的防护是防止医护人员感染和环境污染的有力保证。

一、疫病预防措施

（一）预防原则

（1）确认患病动物的血液、体液、分泌物、排泄物具有传染性时，不论是否有明显的血迹污染或是否接触非完整的皮肤与黏膜，接触者都必须采取防护措施。

（2）既要防止血源性疾病的传播，也要防止非血源性疾病的传播。

（3）强调双向防护，既要防止传染病从发病动物传至兽医人员，又要防止因诊治活动，使传染病经过兽医人员或诊疗器械传播给其他动物。

（4）根据传染病的传播途径，采取相应的隔离措施，防止传染病传播。

（二）预防措施

主要是降低动物诊疗机构内已知或未知来源传播病原微生物的危险性，感染来源包含所有就诊动物的血液、体液、分泌物、排泄物，以及不完整的皮肤和黏膜等。其主要措施如下：

（1）洗手　接触传染病动物的血液、体液、分泌物、排泄物及其污染物品时，不论其是否戴手套，都必须洗手；遇有下述情况必须立即洗手：①摘除手套后；②接触传染病病畜前后可能污染环境或传染其他人时。

（2）戴防护手套　接触传染病动物的传染性物质及其污染物品时，接触发病动物黏膜和非完整皮肤前均应戴防护手套；既接触清洁部位，又接触污染部位时应更换手套。

（3）戴防护眼镜和口罩、穿防护衣　上述物质有可能发生喷溅时，应戴眼镜和口罩，并穿防护衣，以防止医护人员皮肤、黏膜和衣服的污染。

（4）清洁消毒

①医疗用品消毒处理：被上述物质污染的仪器设备和医疗用品应及时清洗和消毒处理。被污染的医疗仪器设备应进行清洁和有效消毒。锐利器具和针头应小心处理，以防刺伤。用过的一次性医疗用品要注意消毒和毁形处理。

②污染场地消毒处理：对污染的现场地面用 0.1%～0.2% 的含氯消毒液进行喷洒、擦地消毒和清洁处理，对可能被污染的所有使用过的卫生工具也应当进行消毒。

③防护用品消毒处理：医疗工作结束后，耐用性防护用品需清洗消毒处理，一次性防护用品需消毒或灭菌处理后毁形，按照医疗废物处理。

（5）如果在操作中医护人员的身体（皮肤）不慎受伤，应及时采取处理措施，更换防护用品，受污染皮肤部位用 0.25% 过氧乙酸擦拭，3min 后清洗，必要时接受医疗处理。

二、卫生安全防护要求

（一）基本防护

（1）防护对象　在动物医疗机构中从事诊疗活动的所有医疗人员。

（2）着装要求　工作服、工作帽、医用口罩、工作鞋。

（二）加强防护

（1）防护对象　进行动物体液或可疑污染物操作的医疗人员；对重要人畜共患传染病动物进行诊疗的工作人员；处理疫病动物分泌物、排泄物、病理组织和动物尸体的工作人员。

（2）着装要求　在基本防护的基础上，可按危险程度使用以下防护用品。

①防护眼罩或防护眼镜、面罩：有体液或其他污染物喷溅的操作时使用。

②外科口罩或医用防护口罩：接触高危险性人畜共患病、传染病动物时使用。

③乳胶手套：操作人员皮肤破损或接触体液或破损皮肤黏膜的操作时使用。

④鞋套：进入高危险性人畜共患病病区时使用。

图书在版编目（CIP）数据

2024 年执业兽医资格考试（兽医全科类）预防科目应
试指南 /《执业兽医资格考试应试指南》编写组编 . —
北京：中国农业出版社，2024.3
ISBN 978-7-109-31858-8

Ⅰ.①2… Ⅱ.①执… Ⅲ.①兽医师—资格考试—自
学参考资料 Ⅳ.①S851.63

中国国家版本馆 CIP 数据核字（2024）第 061990 号

2024 年执业兽医资格考试（兽医全科类）预防科目应试指南
2024 NIAN ZHIYE SHOUYI ZIGE KAOSHI（SHOUYI QUANKE LEI）YUFANG KEMU
YINGSHI ZHINAN

中国农业出版社出版
地址：北京市朝阳区麦子店街 18 号楼
邮编：100125
策划编辑：武旭峰 刘 伟 责任编辑：周锦玉 弓建芳
版式设计：王 晨 责任校对：吴丽婷
印刷：中农印务有限公司
版次：2024 年 3 月第 1 版
印次：2024 年 3 月北京第 1 次印刷
发行：新华书店北京发行所
开本：787mm×1092mm 1/16
印张：36.5
字数：910 千字
定价：86.00 元